KB268379

최신

Welding Handbook

용접핸드북

김 교 두 역편

대 광 서 림

머 리 말

熔接은 오늘날 모든 金屬工作에 있어 必須的인 **接合**方法으로서, 그 應用分野는 작게는 트랜지스터나 眞空管의 製作에서 크게는 船舶, 航空機, 自動車, 鐵道車輛, 橋梁, 各種壓力容器, 貯藏탱크, 水壓鐵管, 發電機械, 土木機械 또는 電氣製品, 家庭用品외에, 原子爐의 製造에 까지 이르고 있다.

또한 熔接에서 取扱하는 金屬材料는 普通鋼, 特殊鋼, 非鐵金屬의 모든 種類의 것이며, 그 熔接方法으로서 現在 實用되고 있는 것은 被覆아아크熔接, 서브머어지드아아크熔接(유니온멜트熔接), 不活性가스아아크 熔接, 炭酸가스아아크熔接, 가스熔接 等 各種融接方法을 비롯하여, 點熔接, 시임熔接, 플래시熔接等 抵抗熔接외에, 冷間壓接이나 가스壓接等이 있으며, 또한, 硬납땜, 가스切斷, 아아크切斷等의 方法의 問題가 있다. 이밖에 最近에 開發된 方法으로서 엘렉트로슬래그熔接, 超音波熔接, 電子線熔接, 플라즈마제트切斷등 새로운 熔接 및 切斷方法이 實用化되고 있다.

上述한 바와 같은 熔接은 複雜하고 廣範圍한 技術이며, 數秒程度의 짧은 時間에 材料의 局部的熔融과 凝固를 수반하는 冶金學的接合方法임으로, 材料의 冶金學的知識이 前提가 되며, 同時에 熔接設計, 熔接施工, 熔接檢査 및 熔接機器에 關한 廣範圍한 知識이 必要하다. 따라서 簡單한 熔接의 參考書 또는 敎科書程度의 것으로는 별로 쓸모가 없게 된다.

本書는 日本의 山海堂版 "最新熔接핸드북(鈴木春義著)"中, 우선 第11章까지를 번역해서 여기에 韓國의 工業規格을 導入하여 엮어놓은 것이며, 同書는 最近의 熔接技術專門書로는 가장 斬新하고 豊富한 內容이 收錄됨과 동시에, 現場技術者, 設計者, 研究者에게 모두 알맞도록 企劃된 것으로, 日本의 讀者들에게 大好評을 받아 14版을 거듭한 名書이다. 本書에서는 各種熔接과 熔斷方法, 鋼材의 熔接冶金, 熔接設計, 殘留應力과 收縮變形,

熔接試驗과 檢査, 熔接施工에 대한 一般事項을 詳述하고, 나아가 一般讀者에게 關係가 깊은 鑄鉄, 炭素鋼 및 高張力鋼의 熔接에 대하여 記述하고 있다. 따라서 스테인리스鋼, 耐熱鋼, 輕合金, 銅合金, 티탄, 지르코늄 및 原子爐材料의 熔接에 대해서는 다음 機會에 미루기로 한다.

本書의 內容은 大學 또는 熔接專問學校用의 敎科書로는 너무나 자세하고, 차라리 熔接技術者를 위한 高度의 參考書라 할 수 있겠으나, 記述은 간단하고 쉽게 쓰여져 있으므로, 高校卒業정도로서 충분히 이해될 수 있을 것이며, 새로히 熔接을 연구하고자하는 讀者에게도 利用될 수 있을 것으로 期待된다.

여기서, 本書가 熔接工學의 敎科書 또는 많은 學生諸兄이나 技術者, 硏究者의 좋은 伴侶가 되어준다면, 역편자로서 무한한 영광이겠으며, 本書의 譯編內容에 있어 未洽한 점이 있으면 讀者諸賢의 아낌없는 편달을 바라는 바이다. 끝으로 本書의 出版에 즈음하여 盡力해 주신 大光書林의 金周穆 社長에게 깊은 謝意를 표하는 바이다.

譯 編 者

目　　　次

第 1 章　緒　　　論

第 2 章　被覆아아크熔接

第 3 章 서브머어지드아아크熔接
및 엘렉트로슬래그熔接

第 4 章 不活性가스아아크熔接
및 炭素가스아아크熔接

第 5 章 가스切斷, 아아크切斷 및 가스熔接

第 6 章　熔　接　冶　金

第 7 章 熔 接 設 計

第 8 章　殘留應力 및　收縮變形

第 9 章　熔接의 試驗 및 檢査

附 録

第 1 章 緒　　　論

1.1 熔接의 利點 및 缺點

1.1.1 熔接의 利點

용접(welding)은 1,000년 이전에 刀劍의 제작에 쓰였으며, 오랜 역사를 갖고는 있으나 그 應用은 限定된 것이었다. 그런데 제 1 차대전 당시부터 비약적으로 발달하여 특히 제 2 차대전 이후는 鋼材 및 非鐵金屬에 대한 용접기술의 진보 발달이 눈부신 바 있으며, 오늘날에 와서는 金屬接合法으로서 용접이 뛰어난 방법이라는 것이 인정되어 造船, 車輛, 自動車, 航空機, 橋梁, 建築, 壓力容器, 파이프, 機械, 原子爐, 電氣製品, 家庭用品 및 기타 모든 金屬工業에 널리 이용되고 있다. 용접은 構造物의 工作에 쓰일 뿐만 아니라, 또한 그 保守, 修理用에도 이용되고 있다.

용접의 일반적 특징을 들면,

  (가) 資材의 절약

  (나) 工數의 감소

  (다) 性能과 壽命의 향상

이다. 특히, 鋲接 및 鑄鍛造와 비교할 때 다음과 같은 특징을 갖고 있다.

 (1) 鋲接에 비하여 우수한 點.

  가) 構造의 簡易化   나) 높은 이음效率   다) 특히 뛰어난 油密, 氣密, 水密性

  라) 재료의 절약   마) 工數의 節減   바) 두께의 無制限   사) 제작비의 低下

 (2) 鑄造에 비하여 우수한 點.

  가) 木型이나 鑄型이 不要   나) 높은 强度   다) 顯著한 重量輕減   라) 製品時 原料虛費가 적음   마) 異種材料의 組合可能   바) 工數의 감소   사) 제작비의 低下

  아) 補修의 容易   자) 複雜한 形狀도 可能

 (3) 鍛造에 비하여 우수한 點.

  가) 設備費가 싸고, 大型의 鍛造機械나 비싼 주형이 不要   나) 군살이 적어 重量輕減   다) 加工工數의 절약   라) 鍛造균열이나 흠이 없어 原料虛費가 적음   라) 두께의 無制限   마) 製品數가 적을 때는 제작비의 輕減   바) 複雜한 形狀의 鍛造品을 熔接으로 組立可能

용접은 보수나 수리분야에서도 중요한 역할을 하고 있다. 즉, 鑄物의 補修, 摩耗한 部品의 덧붙이 熔接에 의한 再生, 表面硬化熔接에 의한 耐摩耗性, 耐蝕性, 또는 耐熱性의 向上 등에 널리 이용되고 있다.

1.1.2 熔接의 缺點

그러나, 용접은 短時間에 高熱을 수반하는 복잡한 冶金的接合法이므로, 不注意한 용

2 第1章 緒 論

접을 하게 되면, 材質變化, 變形과 收縮, 殘留壓力 등이 현저하게 되며, 또한 여러가지 용접결함이 생기기 쉽고, 現在로도 未解決의 문제가 허다하게 남아 있다. 따라서 용접의 應用에 있어서는 設計, 工作 및 材料에 대한 충분한 지식이 필요하다. 또한, 용접은 品質檢查가 곤란하고, 應力集中에 敏感하며, 構造用鋼材의 경우는 低温에서 脆性破壞의 위험이 생기기 쉬운 결점이 있다. 따라서 이러한 결점들을 보충할 수 있도록 재료, 설계 및 공작에 있어 유의하여야 한다.

1.2 各 種 熔 接 法

1.2.1 熔接法 및 切斷法의 種類

熔接은 2개 또는 서너개의 금속을 局部的으로 癒着(coalescence)시키는 方法이며, 현재로는 약40종에 이르는 多種多樣한 熔接法이 實用化되고 있으나, 그中에서도 비교적 중요한 것을 들면 表 1 . 1과 같다. 이들은 大別하여 融接(fusion welding), 壓接(pressure welding) 硬납땜(brazing)의 3種으로 나누어진다.

表 1.1 熔接法 및 切斷法의 分類

- **熔接**
  - **融接**
    - 아아크熔接
      - 消耗式
        - 裸 아아크
          - 金屬아아크熔接
          - 裸스터드熔接
        - 保護아아크
          - 스터드熔接
          - 被覆아아크熔接
          - 서브머어지드아아크熔接
          - 不活性가스金屬아아크熔接 (MIG)
          - 炭酸가스金屬아아크熔接
      - 非消耗式
        - 保護아아크
          - 不活性가스텅스텐아아크熔接 (TIG)
          - 原子水素熔接
        - 裸 아아크 (炭素아아크熔接)
    - 가스熔接
      - 酸素아세틸렌熔接
      - 酸素水素熔接
      - 空気아세틸렌熔接
    - 테르밋熔接
    - 엘렉트로슬래그熔接
    - 電子線熔接
  - **壓接**
    - 가스壓接
    - 抵抗熔接
      - 겹치기
        - 点熔接
        - 시임熔接
        - 프로젝션熔接
      - 맞대기
        - 플래시맞대기熔接
        - 오프셋맞대기熔接
        - 衝擊熔接
    - 鍛接
    - 冷間壓接
    - 超音波熔接
  - **납땜**
    - 硬납땜
      - 가스硬납땜
      - 炉內硬납땜
      - 誘導硬납땜
      - 抵抗硬납땜
      - 담금硬납땜
      - 眞空硬납땜
    - 軟납땜

```
          ┌酸素切斷 ┌가 스 切斷
          │       └粉末切斷
切 斷 ─────┤酸素아아크切斷
          │         ┌消 耗 式 ┌被覆金属아아크切斷
          └아아크切斷┤        └不活性가스金属아아크切斷(MIG 式)
                    └非消耗式 ┌炭素아아크切斷
                            └不活性가스아아크切斷(TIG 式)
```

融接은 熔融熔接이라고도 하며, 接合部에 용융금속을 生成 또는 공급하여 행하는 용접방법이며, 이 때 母材도 용융되기는 하나 加壓은 불필요하다. 壓接은 접합부를 가압한 채로, 가스 불꽃이나 電流에 의하여 加熱하여 접합하거나, 또는 單純히 塑性變形을 주어 용접하는 방법이다. 그리고 경납땜은 용접되는 母材는 전연 용융되지 않고 別途의 용융금속이 接合面의 틈새에 表面張力作用으로 吸引되어 이에 의하여 접합이 행해지는 것이다.

용접에 있어서는 재료의 절단, 접합부의 加工, 용접부의 가열 및 깎아냄에 있어서 여러가지 切斷方法이 쓰인다. 이 절단방법에는 機械切削에 의하는 것 외에, 가스불꽃 및 아아크를 이용하는 방법이 있으며, 後二者는 용접에 특히 관계가 깊고 表 1.1에서와 같은 절단방법이 이용되고 있다.

다음에 중요한 용접 및 절단방법에 대하여 간단하게 설명한다. 또한 이中, 被覆金屬아아크熔接, 서브머어지드아아크熔接, 不活性가스아아크熔接 및 切斷方法에 대하여는 다음章이하에서 기술키로 한다.

1.2.2 아 아 크 熔 接

(1) 被覆아아크熔接, 서브머어지드아아크熔接 및 不活性가스아아크 熔接

아아크용접법으로는 表1.1과 같이 여러가지가 있으나, 이들은 2종류로 대별된다. 즉, 被覆아아크熔接(shielded arc welding) 과 같이 아아크를 발생하는 金屬電極棒이 연속적으로 녹아서 熔着金屬이 되는 消耗式(consumable, 熔極式이라고도 함)의 것과, 炭素나 텅그스텐 等의 소모치 않는 電極을 쓰는 非消耗式(non-consumable)의 것이 있다. 後者에서는 보통, 棒이나 線狀의 熔加材(filler metal)를 필요로 한다.

아아크는 대단한 고열을 발생함으로, 大氣中의 산소나 질소가 용융금속에 작용 하게 되며, 따라서 熔着金屬이 약해지는 것을 방지하기 위하여 아아크나 용융금속을 大氣로부터 遮蔽하여 보호하는 방법이 널리 쓰이고 있다. 이保護方法으로는 金屬心線周圍에

図 1.1 被覆아아크熔接에 의한 鋼管의 現場熔接

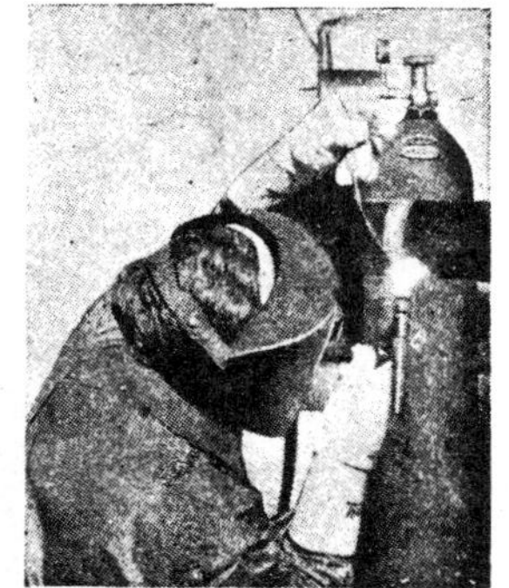

図 1.2 텅스텐不活性가스아아크熔接(TIG) 에 의한 크롬몰리브데鋼管의 熔接

被覆한 固形플락스(flux)의 燃燒 分解物을 이용하는 것(被覆아아크용접, 그림1.1), 最近 流行되고 있는 아르곤이나 헬륨과 같은 이너어트가스(不活性가스, inert-gas)를 아아크주위에 흐르게 하여 보호하는 方法(不活性가스아아크熔接, 그림1.2) 및 粒狀플락스를 熔接線上에 쌓아올려 그속에 裸心線을 꼽아넣고 아아크를 발생시키는 방법(서브머어지드아아크熔接, submerged arc welding, 그림 1.3) 등이 있다.

図 1.3　5萬톤프레스用의 보(두께300mm)의 서브머어지드아아크熔接

　최근에는 이너어트가스로 보호하는 대신 값싼 炭酸가스(CO_2)를 쓰는 방법도 실용화되고 있다. 이들 피복아아크용접, 서브머어지드아아크용접 및 불활성가스 아아크용접에 대해서는 다음章以下에서 詳述하기로 한다.

(2) 原子水素熔接

原子水素熔接(atomic hydrogen welding)은 아아크용접의 일종이며, 그림1.4와 같이 수소氣流中에서 2개의 텅그스텐電極에 아아크를 발생시켜 용접하는 방법이다. 수소분자(H_2)는 아아크의 高熱로 原子狀水素(H)로 解離하고, 이 원자상수소가 용접물의 표면에서 냉각되어 分子狀수소로 再結合할 때 放出하는 熱을 이용하여 용접한다. 수소의 還元性분위기속에서 용접이 행해지게 됨으로 緻密한 微細結晶의 組織이 얻어져, 耐蝕性이나 延性이 뛰어난바 있다. 이 방법은 不活性가스아아크熔接의 出現으로 현재 거의 쓰이지 않게 되었으나, 熔接入熱의 조절이 容易함으로 스테인리스鋼의 薄板이나 工具鋼의 熔接에 쓰이고 있다(그림 1.5 參照).

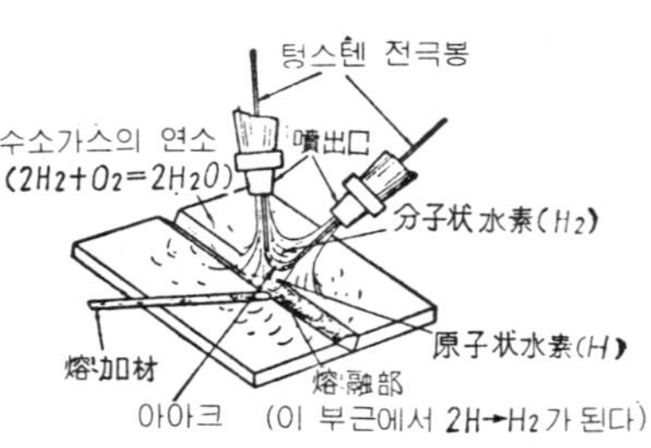

図 1.4　原子水素아아크

(3) 스터드熔接

스터드熔接(stud welding)은 直徑 약10mm정도까지의 鋼棒, 黃銅棒 등을 보울트 代身 母材에 熔植하는 방법이며, 아

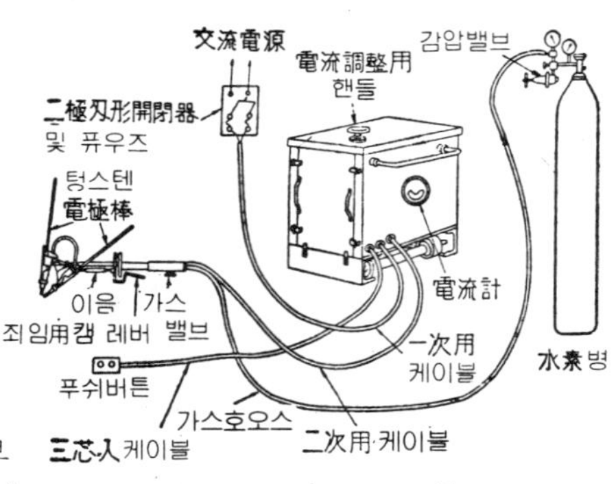

図 1.5　原子水素熔接裝置

아크용접의 일종이다. 막대(stud)를 母材에 접촉시켜 두고, 電流를 통한 다음 막대를 모재에서 떨어지게 하여 아아크를 발생시켜 적당히 熔融한 때 스터드를 熔融푸울에 눌러 붙여서 熔着시킨다. 이 용접과정은 모두 自動化되어 있다. 그림 1.6은 스터드熔接斷面의 일예이다. 스터드용접의 應用은 造船에서는 데크보울트, 防熱材附着用 보울트, 電氣配線固定用 보울트에, 또한 보일러에는 보일러管의 放熱能率을 증가시키기 위하여 多數의 스터도를 管에 熔植하고 있다.

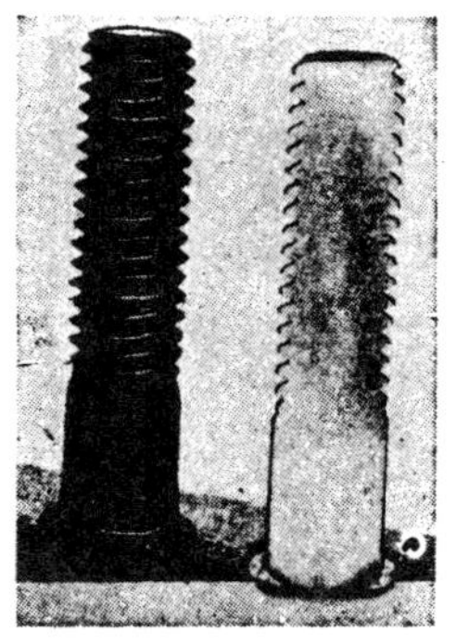

図 1.6 鋼보울트의 스터드熔接

1.2.3 가 스 熔 接

가스熔接(gas welding)은 가스와 산소의 혼합물의 燃燒熱을 이용하여 용접하는 방법이며, 가장 일반적인 것은 그림 1.7과 같은 酸素아세틸렌熔接(oxy-acetylene welding)이다. 산소아세틸렌 불꽃의 성질은 토오치內의 아세틸렌과 산소의 混合比에 의하여 아세틸렌過剩炎(炭化불꽃 또는 還元불꽃), 酸素過剩炎(酸化불꽃) 또는 中性불꽃이 된다. 보통의 용접에서는 그림 1.7과 같은 中性불꽃(neutral flame)이 쓰인다. 中性불꽃中의 反應은,

$$C_2H_2 + O_2 \longrightarrow 2CO + H_2 \quad (白心)$$

와 같이 되며, 이 O_2(酸素)는 酸素容器로부터 供給된 것이고, 다음 二次炎中에서는 大氣中의 산소에 의하여 다음의 반응이 일어난다.

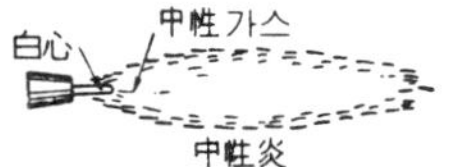

(산소와 아세틸렌가스의 혼합: 약 1 : 1)

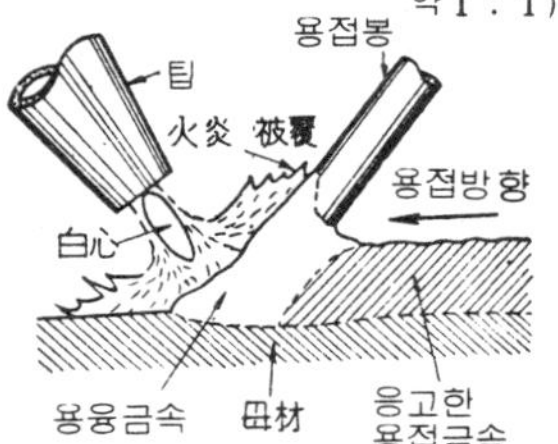

図 1.7 酸素아세틸렌熔接

$$2CO + O_2 \longrightarrow 2CO_2$$
$$2H_2 + O_2 \longrightarrow 2H_2O$$
$$\left.\right\} 二次炎$$

즉, 最終生成物은 탄산가스와 물이 된다.

가스熔接의 火炎溫度는 약3,000℃이며, 아아크용접의 아아크溫度 약6,000℃에 비하면 훨씬 낮고 또한 열의 集中이 나쁘므로 용접이 非能率的이지만, 토오치와 용접물 사이의 거리를 조절하여 加熱정도를 加減할 수 있으므로 아아크용접이 곤란한 薄物의 熔接에는 好適이다. 또한 불꽃의 퍼짐으로써 熔融金屬을 공기로부터 보호하는 작용이 있다. 가스용접은 설비비가 싸고, 簡便함으로 널리 보급되고 있으며, 적당한 材料로 올바르게 행하면 아아

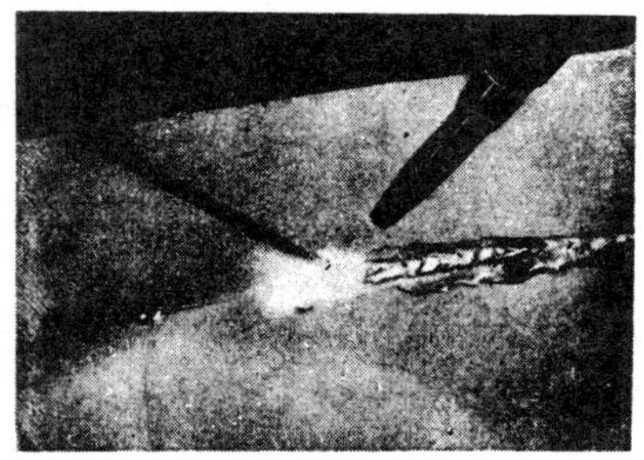

図 1.8 알루미늄合金薄板의 가스熔接
(右側이 토오치, 左側이 熔接棒)

크용접과 同一정도로 良質의 용접부를 얻을 수 있다. 그림 1.8은 알루미늄合金薄板의 가스용접에 있어서 토오치(右)와 용접봉(左)를 나타낸 것이다.

가스용접의 일종에 **가스壓接**(gas pressure welding)이 있다. 이 방법은 密着시킨 접합부를 外側에서 가열하여, 境界面을 용융함이 없이 단순히 **再結晶**시켜 **接合**시키는 방법이며, 최근에는 **鐵筋**, 레일, 기타의 용접에 잘 쓰이게 되었다.

1.2.4 抵 抗 熔 接

抵抗熔接(resistance welding)은 접합면에 直角으로 大電流를 흐르게 하여, 接合面에서의 抵抗發熱에 의하여 局部的熔融을 일으켜서 용접하는 방법이다.

(1) 点 熔 接

点(스포트)熔接(spot welding)은 그림 1.9와 같이 2枚의 금속판을 純銅 또는 銅合金의 棒狀電極間에 끼워서 강하게 加壓시키면서 短時間 大電流를 흐르게 하여 접촉면에 바둑돌 모양의 너겟(nugget, 용융금속이 凝固한 부분)을 만들어 용접하는 방법이다. 따라서, 너겟部分은 外部에서 보이지 않으므로 표면에는 電極으로 누른 약간의 오목자국이 생길 뿐이다.

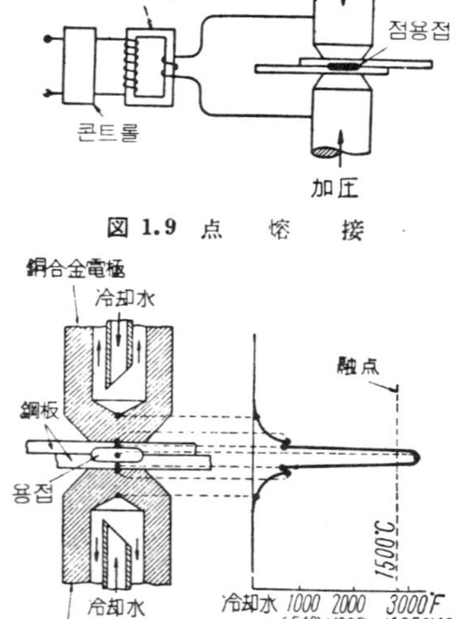

図 1.9 点 熔 接

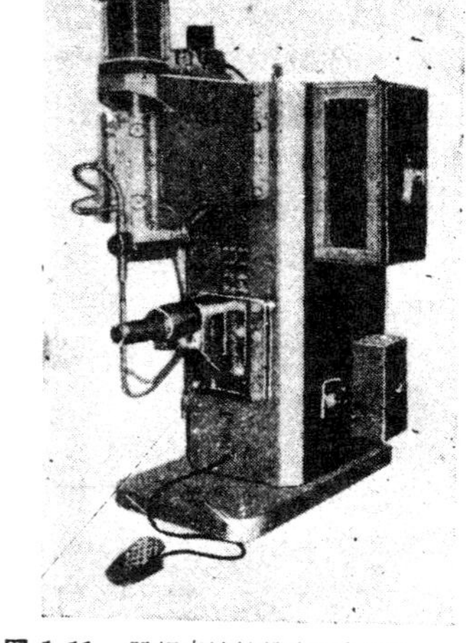

図 1.11 單相点熔接機(프레스型, 45KVA, 17000A)

図 1.10 鋼의 点熔接時의 温度分布

点熔接中의 材料各部의 温度分布는 그림 1.10과 같으며, 電極이 過熱하여 軟化하지 않게끔 水冷하고 있다. 軟鋼 및 高力알루미늄合金의 점용접의 條件例를 들면 表 1.2와 같다. 그림 1.11은 프레스型의 單相点熔接機(45KVA, 17000A)의 일예이다.

熱傳導가 良好한 알루미늄合金에는 數萬암페어의 大電流가 필요하며, 小電流를 長時間 흐르게 하여도 抵抗熱이 逸散해버려 용접목적이 달성되지 못한다. 따라서 單相式대신에 三相電源에서 均等하게 電力을 취하는 복잡한 三相低周波式点熔接機를 써서 단시간에 대전류를 흐르게 하는 방식이 최근 輕合金用에 널리 사용되고 있다.

表 1.2　軟鋼 및 高力알루미늄合金板의 点熔接條件例

材　料	板 두께 mm	加 壓 力 kg	通電時間 ~	電 流 A	너겟 直径 mm
軟	0.4	115	5	5 200	4.0
	1.2	270	12	9 300	6.2
鋼	2.0	470	20	13 300	7.9
板	3.2	820	32	17 400	10.3
高合	0.4	144	4	15 000	3.0
力알	1.2	297	8	33 000	5.5
미	2.0	387	10	41 800	7.5
늄金	3.2	585	15	76 000	11.0

점용접의 결과에 영향을 미치는 가장 중요한 요소는 電流値, 壓力, 通電時間, 및 電極先端의 形狀이다. 前三者를 정확하게 제어하기 위하여는 보통 電子管을 이용한 제어장치(콘트롤)가 붙어 있다. 그림 1.12는 点熔接에 쓰이는 전류와 加壓力의 例들이다.

점용접에서는 재료의 가열이 극히 단시간이므로 용융금속이 공기중의 산소나 질소의 영향을 받는 일이 적다. 따라서 용접부를 특별하게 中性가스로 보호할필요는 없다. 또한 용접이 高能率임으로 航

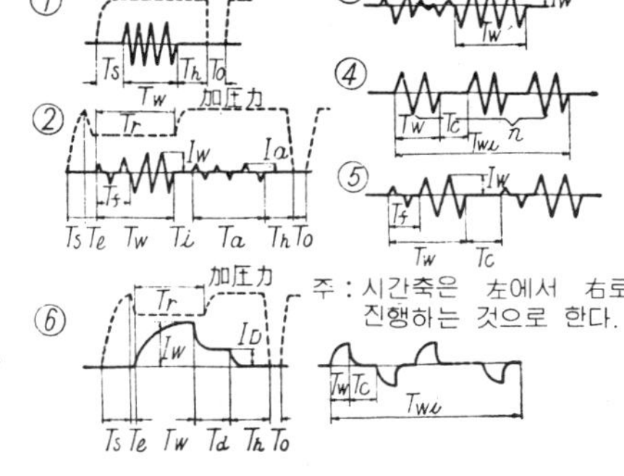

図 1.12　点熔接에서의 電流와 加壓力의 形式

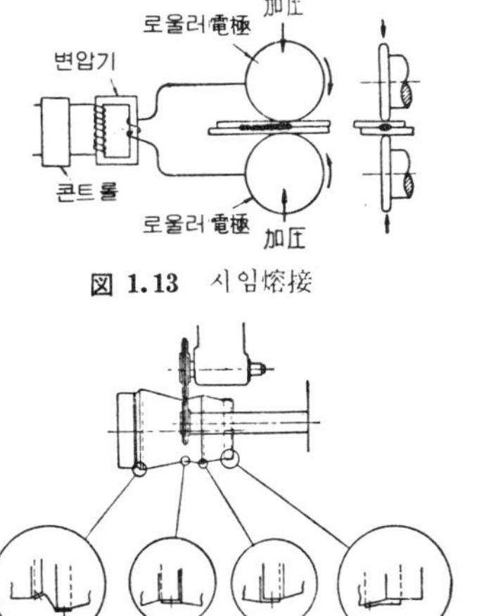

図 1.13　시임熔接

図 1.15　제트엔진燃燒室의 시임熔接

図 1.14　알루미늄合金用 三相低周波式 시임熔接機(300KVA)

空機, 自動車, 車輛, 기타 家庭用品工業 등에 널리 쓰이고 있다.

(2) 시 임 熔 接

시임熔接(縫合熔接, seam welding)은 점용접을 연속적으로 이은 것으로, 棒狀電極 대신에 그림 1. 13과 같은 円板狀電極을 회전시키면서 용접물을 送入하여 용접한다. 이 것은 氣密, 油密, 水密을 요하는 이음에 쓰인다. 그림 1. 14는 最近의 알루미늄合金用 三相低周波式시임熔接機(容量 300KVA)의 일예이다. 또한, 그림 1. 15는　제트엔진의 燃燒室(니모닉75, 두께1.6㎜의 円筒)을 시임熔接하는 일예이다.

(3) 플래시熔接

플래시熔接(flash welding)은 그림 1. 16과 같 이 용접면을 가볍게 접촉시키면서 大電流를 흐르 게 함으로써 접촉면에 電氣불꽃(플래시)을 발생 시켜, 그 熱로 재료를 가열하여 적당한 시각에 용 접면이 金屬蒸氣와 熔融金屬으로 덮여진 상태에 이르면 急히 強壓力을 가하여 壓接하는 방법이다. 壓接時에 용융금속은 용접면에서 押出되어 깨끗 한 용접부가 얻어지며, 그 機械的性質은 매우 우 수하다. 용접은 보통 數秒間에 완료되며, 극히 高 能率이므로 항공기, 자동차, 건축, 차량공업 방면 에 널리 실용화되고 있다.

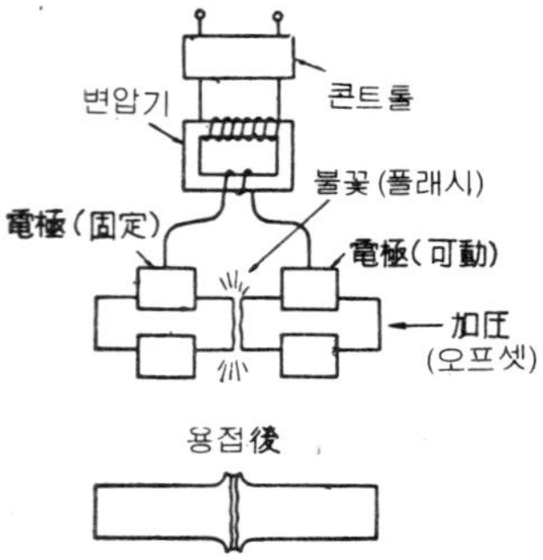

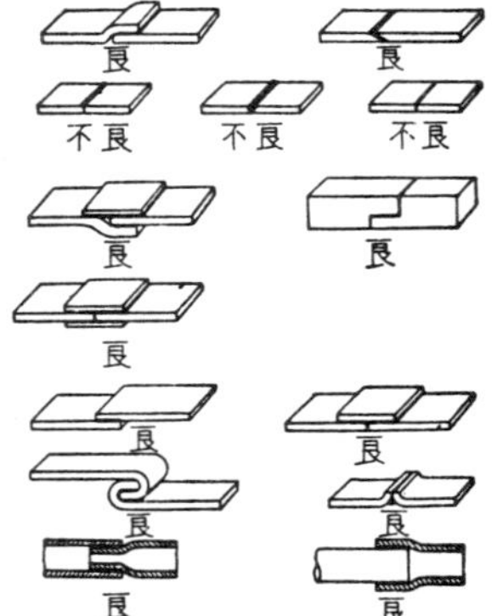

図 1.16 플래시맞대기熔接

1.2.5 硬　納　땜

硬납땜(브레이징, brazing)은 접합되어야 할 금속 접촉면에 그보다 融点이 낮은 金 屬을 熔融添加하여 접합하는 방법이다. 여기서 첨가하는 금속의 融点이 800°F (427℃) 이상의 것을 硬납이라 부르며, 이에 의한 납땜을 "브레 이징"이라 한다. 또한 융점이 427℃ 이하의 軟납을 쓰는 납땜을 특히 **軟납땜**(soft soldering)이라 부른다. 〔KS에 서는 450℃로 구별하고 있다〕.

납金屬과 母材와의 融合部는 보통, 납이 母材에 약간 擴散되어 있거나, 또는 兩者가 얇은 合金層을 구성하고 있다. 납땜은 용접면의 틈새 또는 그 入口에　납금속을 두고, 이것을 가스불꽃, 爐, 電氣抵抗熱 등으로 가열하 여 납금속만을 녹여서 용접한다. 또한 高溫酸化를 방지 하기 위하여 還元性 또는 中性의 분위기中에서 용접하던 가 또는 공기중에서 행할 때는 산화물을　용해제거하기 위하여 필요한 플락스(熔劑)를 쓰지 않으면 안된다.　납 接合의 例를 들면 그림 1. 17과 같다. 납으로는 용접물의 재질에 따라 各種의 銀合金, 銅合金, 알루미늄合金, 기타가 쓰인다. 최근에는 납땜에 대한 연구가 진보하여 신뢰될 수 있는 용접이 가능하게 되었으므로 납땜의 應用범위는 매우 넓게 되었다. 특히　多

図 1.17 硬납땜이음의 形式

數의 小物의 용접, 變形의 발생이 기피되는 용접작업 等에 잘 사용된다.

1.2.6 其他의 熔接法

이상은 가장 일반적으로 쓰이는 용접방법이나, 특수한 경우에는 다음과 같은 용접방법도 사용되고 있다.

(1) 테르밋熔接

微細한 알루미늄粉末과 酸化鐵의 혼합물(이것을 테르밋混合劑, thermit mixture 라한다)을 도가니에 넣고, 그위에 過酸化바륨, 마그네슘 等의 混合粉末을 올려놓아 성냥 等으로 点火하면, 다음 式에 의한 强力한 發熱反應(테르밋反應)을 이르켜 약2800℃의 純粹한 熔融鐵과 알루미나로 變換된다.

이 테르밋反應을 이용하여 鐵鋼을 용접하는 방법을 테르밋熔接(thermit welding)이라 한다. 실제로는 용융금속의 품질과 성질을 조정하기 위하여 테르밋混合劑에는 다른 合金元素나 脫酸劑를 배합하고 있다.

이 方法에서는 테르밋反應의 결과, 도가니 속에서 얻어진 2800℃의 湯을 도가니 밑부터 그림 1.18과 같이 事前에 이음매周圍에 만들어진 鑄形內에注入하여 용접部의 홈을 熔着한다. 또한 용접이음 部分은 800~900℃로 豫熱하여 용융금속과의 융합을 촉진한다.

테르밋용접은 車軸, 레일, 船舶의 船尾프레임 等斷面이 큰 部材의 맞대기熔接에 이용된다. 또한 그

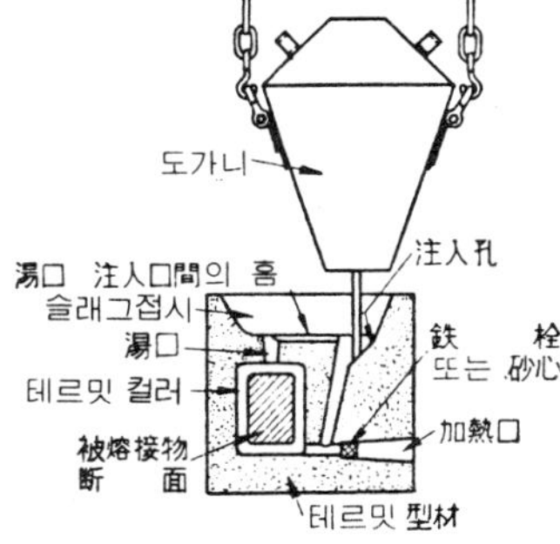

圖 1.18 테르밋熔接

림 1.18과는 다른 樣式의 加壓테르밋熔接이 있는데 이것은 일종의 壓接으로서, 그 部材의 접촉면 둘레에 테르밋反應이 생긴 슬래그(slag) 및 용융금속을 注入加熱한 다음, 强壓을 가하여 용접하는 方法이다.

(2) 엘렉트로슬래그熔接

이 방법(electro-slag welding)은 최근 쏘련에서 개발된 高能率의 電氣熔接方法이다. 이것은 熔融슬래그中의 抵抗發熱을 이용하여 融接하는 방법이며, 1951年부터 실용화되고 있다. 이에 대하여는 第3章에서 기술키로 한다.

(3) 超 音 波 熔 接

超音波熔接(ultrasonic welding)은 熔加材, 플락스, 그리고 外部로부터의 加熱이 不必要한 새로운 용접법이다. 이것은 그림 1.19와 같이 接合材를 가벼운 靜壓力으로 2個의 熔接팁(tip)(音極, sonotrode)間에 支持하고, 1~3초間 초음파를 가하면 접합면에 變形, 熔融이 거의 일어나지 않는 강한 接合이 얻어지는 것이다. 최근에는 抵抗熔接機와 같이 전류를 흐르게 하여 접합면을 가열한 다음, 초음파용접을 하는 것도 실용화되고 있다. 이에 의하면 초음파의 出力이 적어도 되고, 또한 適用板두께를 두껍

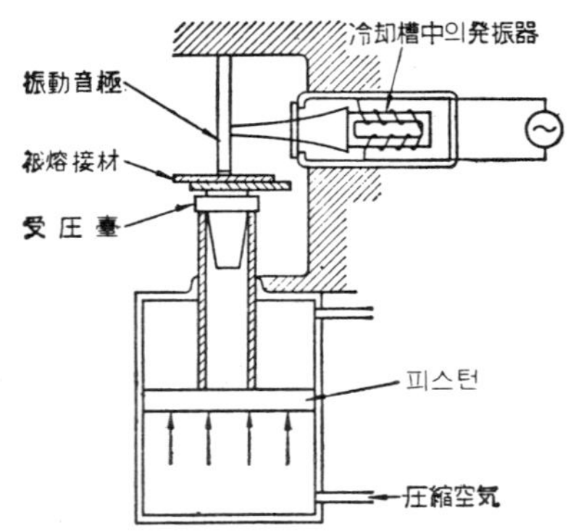

圖 1.19 超音波熔接

圖 1.20 超音波熔接에 의한 알루미늄薄板
과 厚板(12mm)의 용접

게 할수 있다. 그림 1.20은 두께 12mm의 듀랄루민板에 알루미늄薄板을 초음파용접한 것이다. 이와 같이 두께가 다른 경우의 接合은 点熔接으로는 곤란하다.

(4) 眞 空 熔 接

眞空中에서 金屬의 熔解나 鑄造를 한다는 것은 有害가스의 제거 및 용응금속의 純度向上이란 뜻에서 극히 중요한 冶金技術로 되어 있으나, 최근에는 眞空中에서 용접을 하는 利點이 確認되고 있다. 특히, 眞空中에서 高速의 電子線을 이음部分에 衝擊시켜 그 발열로써 용접하는 방법이 발달되고 있으며, 이것은 原子爐의 熔接에 필요한 지르코늄, 니오브 等 活性金屬의 熔接에 이용되고 있다.

(5) 冷 間 壓 接

冷間壓接(cold pressure welding)은 外部로부터의 加熱 또는 電流를 가함이 없이 延性材料의 겹침部分을 室溫下에서 强하게 壓縮함으로써 境界面을 局部的으로 塑性變形시켜 壓接을 하는 방법이다. 이 방법은 非鐵金屬, 특히 알루미늄과 그 合金, 카드뮴, 鉛, 銅, 니켈, 亞鉛, 銀 등에 쓰이며, 가장 좋은 결과가 얻어지는 것은 알루미늄이다. 接合面은 異物이나 油脂, 페인트 等이 없는 깨끗한 面이어야 한다.

1.3   熔接用語와 定義

熔接用語에 대하여는 KS B 0106에 규정되어 있으나, 부족한 점을 補充하여 다음에 설명한다.

〈가   行〉

加壓테르밋熔接(pressure thermit welding) 테르밋反應에 의하여 생기는 高熱의 液体金屬과 슬래그의 熱을 이용하고, 壓力을 가하여 接合하는 테르밋熔接法, 化學反應에 의하여 생기는 液体金屬자체는 熔加材로서 쓰이지 않는다.

加壓力(welding force) 接着시키기 위하여 熔接部分에 가하는 압력

仮熔接(tack weld) 本熔接에 들어가기 前에 定해진 위치에 용접물의 部材를 支持固定하기 위한 짧은 용접 또는 熔着部.

겹치기 이음(lap joint) 2母材의 일부를 겹쳐서 母材의 表面
과 두께面에서 필렛 熔接하는 이음.

硬납(hard solder) 납땜에 쓰이는 熔融點이 450°C보다 높은
용가재를 말한다.

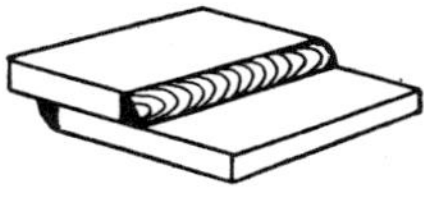

図 1.21 겹치기 이음

交流아아크熔接(A. C. arc welding) 交流아아크의 加熱에 의하여 하는 용접.

金屬담금硬납땜(metal dip brazing) 熔加金屬이 용융금속浴에서 얻어지는 浸漬납땜 方
法.

金屬아아크熔接(metal-arc welding) 金屬아아크熔接棒을 써서 하는 金屬의 용접방법.

끝加工(edge preparation) 熔接을 위하여 母材의 가장자리를 적당한 傾斜角으로 加
工하는 것.

氣孔(gas pocket, blowhole) 용착금속中에 殘留 하는 가스에 의하여 생긴 空洞. 블로
우홀이라고도 함.

〈 나   行 〉

裸아아크熔接棒(bare electrode) 아아크熔接의 電極으로서 쓰이는 용접봉이며 被覆
劑를 입히지 않은 것.

露出心線部(exposed core) 피복아아크용접봉의 끝을 호울더로 잡기 위하여 피복하지
않는 部分.

노치脆性(notch brittleness) 홈이 없을 때는 충분히 延伸性을 나타내는 재료라도 노
치를 붙여서 外力을 가하면 취약하게 파괴될 때가 있다. 이 취성을 말한다.

〈 다   行 〉

多孔性(porosity) 熔着金屬中 또는 母材의 熱影響部內에 있어서 氣孔이나 空洞의 密
集度.

다리(leg of fillet weld) 이음의 루우트로 부터 필렛
용접의 직각변 끝까지의 거리.

多電極點熔接機(multiple electrode spot welding
machine) 電極을 많이 갖인 點 熔接機

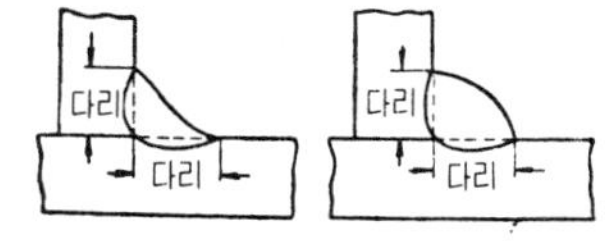

図 1.22 필렛熔接의 다리

單式아아크熔接機(single operator welding machine) 용접공 1인이 사용하도록 제작
된 용접기

鍛接(black smith welding, forge welding, roll welding, hammer welding) 加熱한
金屬을 打擊 또는 加壓하여 하는 熔接方法.

담금硬납땜(dip brazing) 熔融된 금속 또는 化學藥品통속에 被熔接物을 담궈 경납땜
하는 방법.

덧살(flash, burr) 溶融金屬이 壓力作用으로 밀려나와 熔
着部 또는 切斷部둘레에 凝固한 것.

덧개板이음(strapped joint) 母材表面과 덧개板 두께面에서
필렛熔接하는 이음

図 1.23 덧개판 이음

뒷면막기熔接(backing weld) 아아크용접에 있어 熔融金屬이 뒷면으로 빠져 떨어지
　는 것을 방지하기 위하여 미리 뒷면에서 하는 용접.

뒷면熔接(back run, back weld, root running) 한면 홈 熔接을 할 때, 表面을 용접
　한 다음, 뒷면에서 하는 용접.

드래그(drag) 가스切斷面上에 있어서, 切斷氣流의 入口點에서 出口面에 내린 投影과
　出口點사이의 水平距離. (그림 1.24 參照)

띠엄필렛熔接(intermittent fillet weld) 용접한 部分과 용접안한 부분이 교대로 있
　는 필렛熔接.

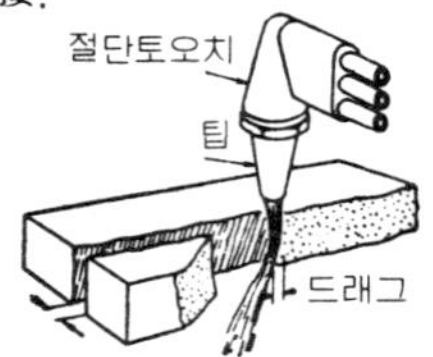

図 1.24　드래그

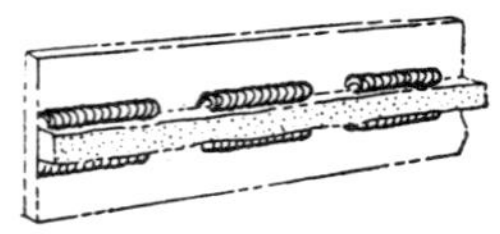

図 1.25　띠엄(斷續)필렛熔接

〈라　　行〉

炉內납땜(furnace brazing) 爐를 사용하여 加熱해서 땜질하는 硬납땜.

로울러電極(roller electrode) 시임용접等에 쓰이는 円盤形으로 만들어진 電極

로울러點熔接(roller-spot welding) 로울러電極을 사용하여 一定間隔을 두고 연속적
　으로 접합하는 點熔接.

루우트間隔(root opening root gap) 홈밑部分(루우트)의 間隔.

루우트굽힘試驗片(root-bend specimen) 맞대기熔接 이음의 루우트쪽을 引張側 으로
　하여 구부리는 굽힘試驗片.

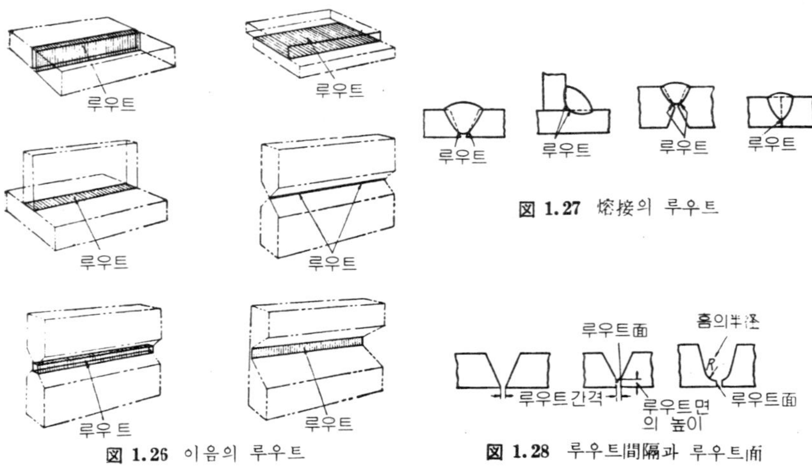

図 1.26　이음의 루우트　　　　　図 1.27　熔接의 루우트

図 1.28　루우트間隔과 루우트面

루우트面(root face, shoulder) 홈의 밑部分의 곧은 面.

루우트半徑(root radius) J形, U形 및 H形홈의 밑部分半徑(글루브半徑이라고도 함).

〈마　　行〉

맞대기 시임熔接(butt seam welding) 金屬部材의 끝面을 맞대고, 그 맞댄 面의 일부에 전류를 공급하여 加熱하는 동시에, 그 部材를 加壓하여 이음을 따라 연속적으로 접합하는 일종의 저항용접법이며, 主로, 管製作에 응용된다.

맞대기 이음(butt joint) 2部材가 대략 같은 面에서 접합되는 이음.

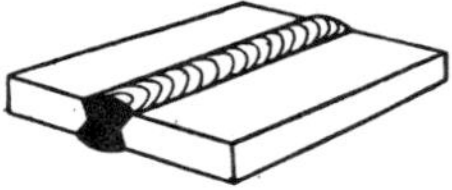

図 1.2) 맞대기 이음

맞대기抵抗熔接(butt resistence welding) 抵抗용접의 일종이며, 金屬面을 맞대고 그 접촉면을 통하여 전류를 통해서 發生하는 저항열에 의하여 가열하고, 壓力을 가하여 접합하는 용접.

맞눌림겹치기이음(joggled lap joint) 겹치기 이음한 한 쪽部材에 段을 지어 兩部材面이 대략 同一平面上에 오도록 한 겹치기 이음.

図 1.30 맞물림겹치기 이음

脈動熔接(pulsation welding) 하나의 接合個所에 2回以上 電流를 통해서 행하는 抵抗熔接이며, 點熔接, 프로젝션熔接 또는 오프셋熔接에 응용된다

모서리이음(corner joint) 2部材를 대략 直角인 L자 모양으로 유지하고 그 角진 곳을 접합하는 이음

母材(base metal, parent metal) 熔接 또는 切斷하는 金屬

목의 두께(throat) 목의 理論두께 參照.

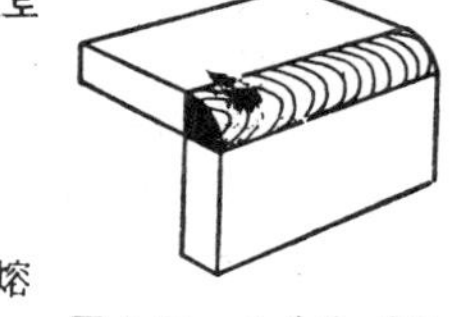

図 1.31 모서리 이음

목의 實際두께(actual throat) 필렛熔接部의 斷面에 있어서 熔接의 루우트로 부터 表面까지의 最短거리. 맞대기熔接의 경우는 熔着部의 斷面에 있어서 루우트를 通하는 最小두께.

목의 理論두께(theoretical throat)
필렛용접의 크기로 정해지는 三角形의 이음의 루우트로부터 測定한 높이, 맞대기용접에서는 접합하는 部材의 두께, 두께가 다를 때는 얇은 쪽의 部材의 두께로 한다

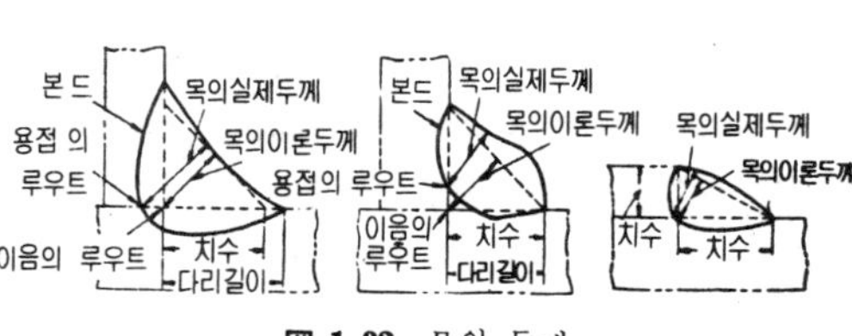

図 1.32 목의 두께

MIG 熔接(MIG welding) 不活性가스金屬아아크熔接의 項 參照.

밑면따내기(back chipping) 맞대기용접에서 밑부분의 熔入이 불량한 부분, 또는 第1層의 부분을 뒷면에서 떼어 내는 것.

〈바　　行〉

反應납땜(chemical dip brazing) 납땜이음매部分에 미리 납을 두고, 化學藥品 통속에

담그어 접합하는 납땜方法.

半自動熔接(semi-automatic welding) 용접봉의 送給이 자동적으로 될 수 있도록 한
장치를 써서, 손으로 運棒하는 용접방법.

반침(backing) 熔接의 밑(루우트)에 뒷면으로 부터 받치는 材料이다. 예를 들면, 金
屬, 石綿, 카아본, 粒狀플락스, 不活性가스等이 있다. 또는 그 操作.

받침쇠(backing strip) 반침에 쓰이는 금속.

放電衡擊熔接(percussion welding) 미리 축적한 電氣的에너지를 金屬의 접촉면을
통하여 급격히 放電시켜, 이때 발생하는 아아크에 의하여 接合部를 가열하고, 放
電中, 또는 방전직후에 충격적인 압력을 가하여 접합하는 용접방법. 퍼어커션熔接
이라고도 함.

베벨角度(bevel angle) 母材의 끝加工面과 母材表面에 垂直인 平面이 이루는 角度.

변두리이음(edge joint) 2이상의 平行 또는 거의 평행인 部材의 끝면
사이의 이음.

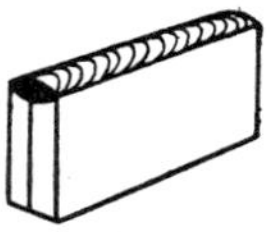

保護안경(goggles) 熔接中 및 切斷中에 쓰이는 필터유리를 갖는 안
경이며, 有害한 光線이나 스패터로부터 눈을 保護한다.

保護유리(cover glass) 용접할 때 헬멧의 용접용필터유리를 스패터로
부터 보호하기 위한 透明유리.

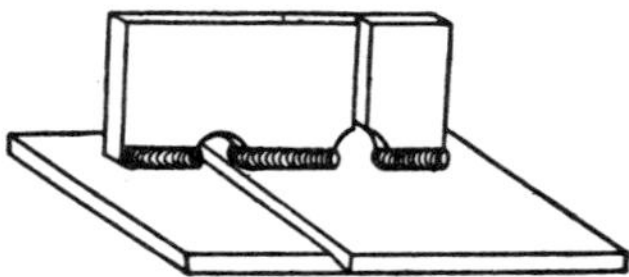

図 1.33
변두리 이음

複式熔接機(multiple operator welding machine) 1대로 2인이상의 용접공이 동시에
사용할 수 있도록 만들어진 용접기.

본드(bond) 母材와 熔接金屬의 境界面

볼록필렛熔接(convex fillet weld) 表面이 볼록한
필렛용접.

부채꼴오목部(scallop) 용접한 板에 部材를 용접할
때, 熔接線의 交叉를 피하기 위하여 部材에 파
놓은 부채꼴의 오목 들어간 部分

図 1.34 부채꼴오목部(스켈롭)

불꽃硬化(flame hardening) 가스불꽃으로 가열한 다음 急冷하여 硬化處理를 하는 것

불꽃淸掃(flame cleaning) 金屬表面을 불꽃으로 加熱하여 녹이나 黑皮等을 제거하
여 표면을 깨끗이 하는 것.

불꽃흰색 部分(cone, flame cone) 가스불꽃안에서 팁끝에 나타나는 흰색의 円錐形
部分

不活性가스金屬아아크熔接(MIG welding, inert-gas metal-arc welding) 불활성 가스
아아크熔接의 일종이며, 熔接心線을 電極으로 하는 용접(MIG熔接 또는 消耗電
極式이너어트가스아아크熔接이라고도 한다.)

不活性가스아아크熔接(inert gas arc welding) 아르곤, 헬륨等의 不活性가스 또는
이들에 少量의 活性가스를 加한 가스분위기 안에서 하는 아아크용접.

不活性가스텅그스텐아아크熔接(TIG welding, inert-gas tungsten-arc welding) 不活

性가스아아크의 일종이며, 텅 스텐 기타 용융되지 않는 金屬을 電極으로 하는 용접.

브레이즈熔接(braze welding) 熔融點이 450°C以上이고 母材보다 낮은 非鐵金屬 또는 그 合金을 熔加材로서 사용하여, 母材는 熔融하지 않고 接合하는 方法.

블로우홀(blowhole, gas pocket, porosity) 氣孔의 項 參照.

비이드(bead) 1回의 熔接패스의 결과 생긴 一連의 熔着部.

비이드熔接(bead welding) 갈라진 곳이 없는 連續한 表面上에 비이드를 용접하는 것.

비이드밑터짐(underbead crack) 熱影響部에 나타나는 터짐의 일종으로, 母材의 表面까지 進行치 않는 균열. 보통 비이드에 아주 近接하여 나타난다

〈사　　　行〉

酸水素熔接(oxy-hydrogen welding) 산소와 수소가 연소하는 열을 이용하여 하는 용접방법.

酸素아세틸렌熔接(oxy-acetylene welding) 산소와 아세틸렌의 연소에 의하여 생기는 열을 이용하는 용접방법.

酸素아아크切斷(oxy-arc cutting) 母材와 電極間에 발생하는 아아크熱로 母材를 가열하고, 여기에 산소를 불어대어 모재를 절단하는 방법.

酸化불꽃(oxidizing flame) 中性불꽃보다 산소량이 많은 가스불꽃.

서브머어지드아아크熔接(submerged arc welding) 被覆하지 않는 용접봉과 母材사이, 또는 피복하지 않은 아아크용접봉사이의 아아크에 의하여 생긴 熱로 용접하는 방법이며, 아아크는 母材面上의 粒狀熔融性物質中에 잠기어 外部에서는 보이지 않는다.

손熔接(manual welding, hand welding) 용접작업을 손으로 하는 방법

垂直姿勢(vertical position) 용접선이 대략 鉛直인 이음을 옆에서 용접하는 자세 (그림 1.42 參照).

收縮應力(shrinkage stress) 收縮이 拘束됨으로 인한 應力

水平姿勢(horizontal position) 용접선이 대략 水平인 이음을 옆쪽에서 용접하는 자세. (그림 1.42참조)

스킾熔接(skip welding) 主로 용접에 의한 變形을 적게 하기 위하여, 먼저 떠엄 떠엄 용접을 한 다음, 다시 冷却된 용접부 사이를 용접하는 방법.

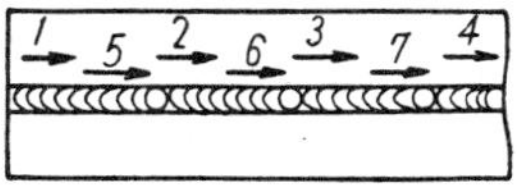

圖 1.35 스킾熔接

스패터(spatter) 아아크용접 및 가스용접에 있어서 용융中에 飛散하는 金屬類이며, 熔着金屬의 一部를 形成치 않는 것.

스패터損失(spatter loss) 스패터에 의한 金屬의 손실

슬래그(slag) 熔着部에 나타난 非金屬物質 熔滓

슬래그섞임(slag inclusion) 熔着金屬中 또는 母材와의 融合部속에 슬래그가 남는 것.

슬래그해머(slag hammer) 슬래그를 除去하는데 쓰이는 망치

슬롯熔接(slot welding) 겹쳐진 2部材의 한쪽에 가공한 좁고
　긴 홈에 하는 용접.

시일드아아크熔接(shieldarc welding) 아아크 및 용융금속을
　保護媒質로서 大氣로부터 차단하는 아아크용접방법

시임熔接(seam welding) 抵抗熔接의 일종이며, 로울러 電極을
　사용하여 通電 및 加壓을 하고, 電極을 회전시킴으로써 이음에 따라 연속적으로 하
　는 용접방법 縫合熔接이라고도 함.

心線(core wire) 被覆아아크熔接을 할 때 熔加材로서 사용하는 金屬의 線 또는 棒.

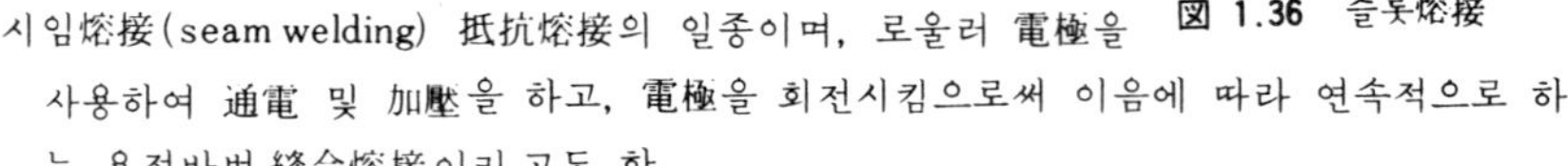

図 1.36　슬롯熔接

〈아　　　行〉

아래보기姿勢(flat position) 熔接이 대략 水平인 이음을 윗쪽에서 용접하는 장세. 그림
1. 42 參照.

아세틸렌發生器(acetylene gas generator) 카아바이드($C_2 C_2$)와 물을 접촉 반응시켜,
　그 상호작용으로 아세틸렌가스를 발생시키는 기구, 가스발생기라고도 함.

아아크硬납땜(arc brazing) 母材와 電極 또는 2개의 電極間에 발생하는 아아크로 생
　기는 熱로 行하는 電氣납땜.

아아크 블로우(arc blow) 磁氣쏠림의 項 參照.

아아크熔接(arc welding) 아아크의 加熱에 의하여 行하는 용접방법

아아크의 길이(arc length) 아아크兩端間의 거리

아아크電壓(arc voltage) 아아크의 兩端間에 걸리는 電壓.

아아크切斷(arc cutting) 아아크熱로 金屬을 溶解하여 전단하는 방법.

Ⅰ型홈(square groove) 홈의 項 參照

壓接(pressure welding) 용접부에 기계적인 압력을 가하여 하는 용접방법.

兩面홈이음(double groove joint) 結合해야 될 2部材間의 兩表面에 홈을 파서 용접
　한 이음이며, 基本的形狀으로서 X形(double-Vee), K形(double bevel), H形(dou-
　ble-U), 兩面J形(double-J)이 있다. 홈 參照(그림 1

언더컷(under cut) 용접의 용접끝을 따라 母材가 파
　여지고, 溶着金屬이 채워지지 않고 홈으로 되
　어 남아 있는 部分.

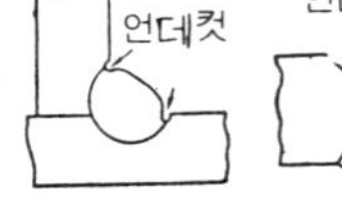
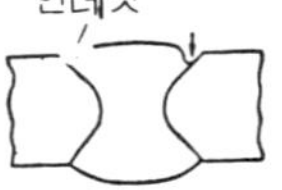

図 1.37　언더컷

엘렉트로슬래그熔接(electro-slag welding) 電氣熔接의
　일종이며, 주로 熔融슬래그中의 電氣抵抗發熱에 의하여 하는 融接方法. 아아크는 始
　初에만 발생하나, 용접 途中에는 아아크가 없는 상태에서 용접한다.

엇갈린띠엄필렛熔接(staggered intermittent fillet welding) T形接合部의 兩面에 띠엄
　필렛용접을 할 때 各面의 용접비이드를 상호 교대로 두는 용접방법.

逆極性(reverse polarity) 直流아아크熔接時의 接續方法이며, 被熔接物을 電源의 (ー)
　極에, 용접봉을 (＋)極에 접속한 경우를 말한다. 陽極性(electrode positive)이라
　고도 함.

逆火(back fire, flash back) 팁끝의 불꽃이 突發的으로 팁안으로 逆行하는 현상.

軟납(soft solder) 450°C보다 낮은 용융점을 갖인 때에 쓰이는 熔加材.

軟납땜(soldering) 연납을 사용하여 母材를 용융시키지 않고 붙이는 방법.

連續필렛熔接(continuous fillet weld) 용접부全長에 걸쳐 연속되어 있는 필렛용접.

熱影響部(heat affected zone) 용접이나 切斷等의 熱로 인하여 顯微鏡組織이나 機械的 性質이 變化를 받은 熔融되지 않은 母材의 部分.

豫熱(preheating) 용접 또는 가스절단작업에 앞서 母材를 가열하는 것.

오목필렛熔接(concave fillet weld) 表面이 오목한 필렛熔接 (그림 1.50참조)

오우버랩(overlap) 溶着金屬이 용접끝에서 母材에 融合되지 않고 겹친 部分.

図 1.38 오우버랩

오프셋熔接(upset welding) 金屬体의 面과 面을 맞대고 加壓하면서 熱을 주어 맞댄 面을 接合하는 용접방법.

熔加材(filler metal) 熔着部를 만들기 위하여 녹여서 加하는 金屬.

熔融速度(melting rate) 單位時間에 녹는 용접봉의 重量 또는 길이.

熔融푸울(molten pool) 熔接中 아아크熱에 의하여 용융된 母材部分으로서 오목하게 되어 있는 곳.

熔入(penetration, weld penetration, depth of fusion) 熔接前의 母材面부터 측정한 融合部의 깊이.

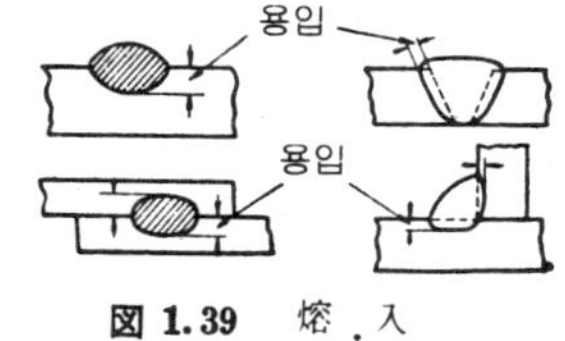

図 1.39 熔 入

熔接(welding) 2 또는 2이상의 金屬部材를 局部的으로 加熱 또는 加壓, 또는 兩者의 方法을 倂用하여 冶金的接合을 얻는 방법.

熔接金屬(weld metal) 熔接部의 일부이며, 용접하는 동안 용융응고된 금속, (그림 1.43參照)

熔接끝(toe of weld) 母材의 面과 용착부의 外表面이 맞우치는 點.

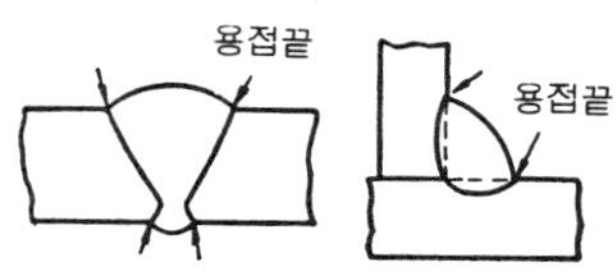

図 1.40 熔接끝

熔接記號(welding symbol) 熔接을 그림에 의하여 지시하기 위한 記號.

熔接길이(weld length) 中斷되지 않은 용접의 始發點 및 크레이터를 제외한 부분의 길이.

熔接방패(hand shield, hand face shield) 아아크용접을 할 때, 얼굴을 보호하기 위하여 앞을 내다보는 窓이 있는 손으로 잡는 保護具.

熔接變壓器(welding transformer) 용접전류를 공급하기 위한 變壓器.

熔接棒(welding rod, filler metal) 線狀, 棒狀, 또는 板狀의 熔加材.

熔接部(weld zone) 용접의 결과 얻어진 冶金的接合部 近傍의 總稱.

熔接部의 루우트(root of weld) 용접부의 斷面에 있어서 용착부의 밑부분과 母材面이 마주치는 點.

熔接線(weld line) 비이드, 필렛용접 및 맞대기용접의 延長方向을 표시하는 線.

熔接性(weldability) 母材의 材質이 용접에 적합한가, 적합하지 않는가의 정도.

熔接時間(weld time) 저항용접에 있어서 용접전류를 통하는 시간.

熔接의 補强덧붙임(reinforcement of weld) 홈 또는 필렛
용접의 치수이상으로 表面에 덧붙여진 용착금속.

熔接의 有效길이(effective length of weld) 設計치수대로
의 斷面이 存在하는 熔接部의 全長.

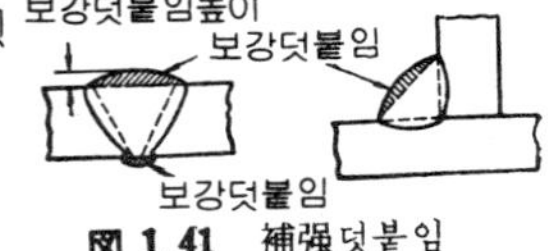

圖 1 41　補强덧붙임

熔接이음(welded joint) 熔接에 의하여 이제부터 接合해야 할 이음, 또는 이미 接合된
이음.

熔接姿勢(welding position) 용접작업자가 용접부에 향하는 자세를 말하며, 아래,수평,
수직, 위보기의 네가지 자세가 있다.

熔接電流(welding current) 용접에 필요한 熱을
주기 위하여 보내는 電流.

熔接軸(axis of weld) 熔接線에 直角인 熔着部
의 斷面中心을 通하고, 용착부단면에 수직인
線.

熔接헬멧(helmet, helmet shield) 아아크熔接을
할 때, 얼굴을 보호하기 위하여 쓰이며, 앞
을 보기위한 窓이 있고 머리에 쓰는 保護具.

溶劑(flux) 용접 및 가스절단時에 酸化物이나
기타 有害物을 분리제거하기 위하여 쓰이는
것. 플락스라고도 한다.

熔着金屬(depesited metal) 용접操作에 의하여
熔加材로부터 母材에 熔着한 金屬.

熔着速度(rate of deposition) 單位時間에 용착
되는 용착금속의 量.

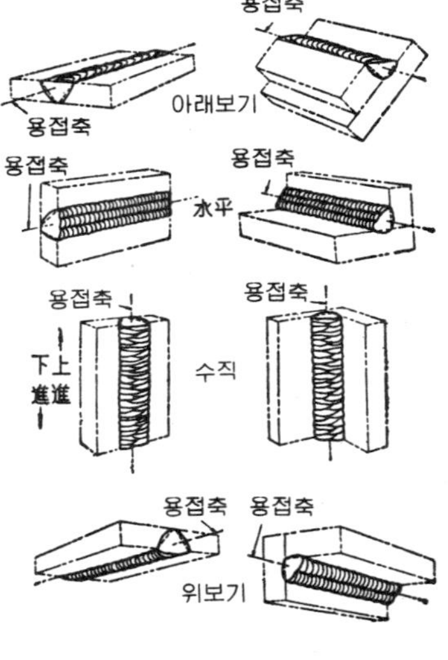

圖 1.42　熔　接　姿　勢

熔着部(weld metal zone) 熔接部中에서 용접하
는 동안 용융결합된 部分. 이 部分의 금속을
熔接金屬(weld metal)이라 한다.

熔着비이드(weld bead) 1回의 패스의 結果 만들
어진 熔着金屬.

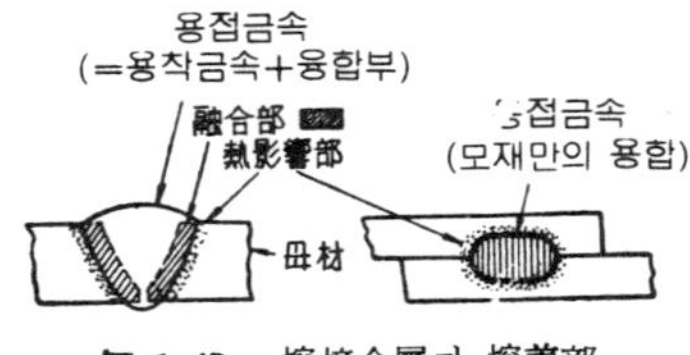

圖 1.43　熔接金屬과 熔着部

熔着率(deposition efficiency) 용접봉의 消耗重量
에 대한 熔着金屬의 重量比. 단, 용접봉의 쓰고 남은 部分除外. 被覆棒에 대하여는
被覆重量 包含하나 특별한 경우는 除外.

熔解아세틸렌(dissolved acetylene) 아세톤에 溶解시킨 아세틸렌이며, 보통 容器中의
多孔性物質에 흡수시키고 있다.

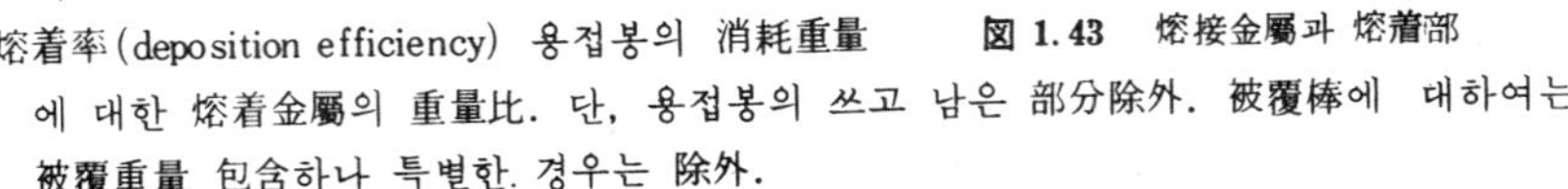

原子水素熔接(atomic-hydrogen welding) 水素氣流中에서 2개의 金屬電極사이에 아아크를 발생시켜, 이에 의하여 생긴 열을 이용해서 하는 아아크熔接方法.

위보기姿勢(overhead position) 熔接線이 대략 水平인 이음을 아랫쪽에서 용접하는 자세. 熔接姿勢의 그림(그림 1. 42)參照.

위이빙(weaving) 熔接棒을 熔接進行方向에 대하여 가로方向으로 교대로 움직이면서 용접하는 運棒方法.

誘導加熱硬납땜(induction brazing) 誘導電流에 의하여 얻어지는 熱을 이용하여 하는 경납땜.

融接(fusion welding) 熔融狀態에 있어서 金屬에 機械的壓力 또는 衝擊을 가하지 않고 접합하는 용접방법, 가스용접, 아아크용접, 테르밋용접, 엘렉트로슬래그용접, 전자 비임용접이 이에 속한다.

銀납땜(silver-alloy brazing) 銀合金을 熔加材로 사용하는 납땜方法.

銀點(fish eye) 용착금속의 破斷面에 나타나는 銀白色의 고기눈 모양의 缺陷部.

이음의 루우트(root of joint) 熔接되기 前의 이음에 있어서 2部材가 가장 接近하고 있는 部分. 즉, 맞대기이음에서는 母材間의 가장 접근한 部分, 필렛용접 이음에서는 2部材의 表面이 마주치는 線. 斷面에서 보면 루우트는 點, 線 또는 面이다.

<h2 align="center">〈자　行〉</h2>

磁氣쏠림(magnetic blow) 아아크가 電流의 磁氣作用에 의하여 한쪽으로 쏠리는 현상.

自動熔接(automatic welding) 操作員이 常時 조작하지 않아도 연속적으로 용접이 진행하도록 한 장치를 써서 하는 용접방법.

殘留應力(residual stress) 熱 또는 기계적加工 또는 이 兩者때문에 部材에 殘留하고 있는 應力.

抵抗硬납땜(resistance brazing) 電氣抵抗熱로 가열하여 땜질하는 경납땜.

抵抗熔接(resistance welding) 접합할 部材의 접촉부를 통하여 전류를 흐르게 하여, 그곳에 발생하는 저항열로 가열하고 압력을 가하여 접합하는 용접법.

電極팁(electrode tip) 점용접에 있어서 金屬部材에 직접 접촉하여 용접전류를 통함과 동시에 加壓力을 전달하는 작용을 하는 棒狀電極.

電氣熔接(electric welding) 아아크熱 또는 電流의 抵抗熱을 이용하여 행하는 용접방법

前面필렛熔接(fillet weld in normal shear, front fillet weld) 熔接線의 方向이 傳達해

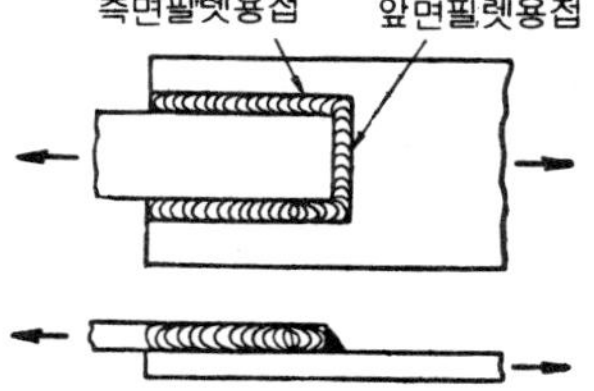

圖 1.44 앞面필렛 및 側面필렛熔接

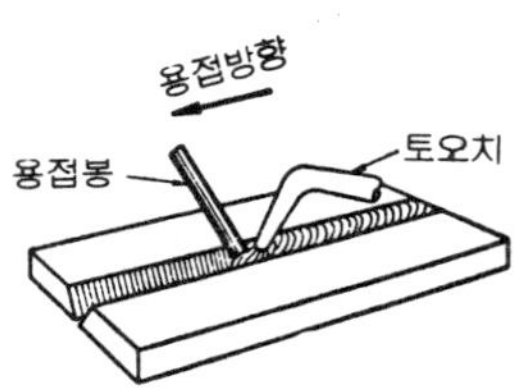

圖 1.45 前進熔接

야 할 應力方向과 直角인 필렛용접.

全熔着金屬試驗片(all weld metal test specimen) 시험하는 부분이 전부 용착금속으로 되어 있는 시험편.

電子비임熔接(electron beam welding) 高眞空中에서 高速電子비임에 의한 衝擊發熱을 이용하여 용접하는 방법.

前進熔接(forehand welding) 熔加材가 토오치 앞을 進行하는 용접법.

切斷緣(cutting edge) 가스절단을 한 절단면에서의 母材表面의 가장자리.

切斷토오치(cutting blow-pipe, cutting torch) 가스절단時에 쓰이는 토오치.

切斷팁(cuitting tip) 가스切斷토오치의 先端에 붙이는 팁.

點熔接(spot welding) 겹친 金屬部材를 적당히 成型한 電極의 先端에 끼워놓고 비교적 작은部分에 電流를 集中시켜 局部的으로 가열함과 동시에 電極으로 加壓하여 접합하는 일종의 저항용접법.

接地接續(ground connection) 아아크용접에 있어서 母材 또는 母材와 接觸하는 金屬으로의 용접용케이블의 接續.

正極性(straight polarity) 直流아아크熔接의 경우의 접속방법이며, 被熔接物을 電源의 (＋)極에, 용접봉을 (－)極에 접속하는 것. 陰極性이라고도 함.

中性불꽃(neutral flame) 酸化作用도 還元作用도 하지 않는 中性의 가스불꽃.

直列點熔接(series spot welding) 2이상의 接合部에 直列로 直流를 통하여 이들을 同時에 접합하는 저항용접방법.

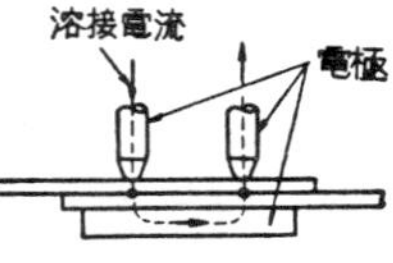

圖 1.46 直列点熔接

直流아아크熔接機(D. C. are welding) 直流아아크의 가열에 의하여 행하는 용접방법.

〈차　　　行〉

遷移溫度(transition temperature) 金屬이 어떤 온도를 境界로 하여, 그 보다 高溫에서는 延伸性이 있는 破壞를 하고, 그보다 低溫에서는 脆性破壞가 될 때이 境界溫度를 말한다.

超音波熔接(ultrasonic welding) 超音波振動에 의한 發熱을 이용하여 겹치기 용접을 하는 方法.

側面굽힘試驗片(side-bend specimen) 熔着部의 側面을 겉으로 하여 굽히는 시험편.

側面필렛熔接(filled weld in parllel shear, side fillet weld) 용접선의 방향이 전달해야 할 應力方向에 平行인 필렛용접(그림 1.44참조).

層(layer) 하나 또는 그 以上의 패스로 形成된 熔着金屬의 層.

〈카　　　行〉

크레이터(crater) 아아크熔接의 비이드끝에 생기는 오목 파진 곳.

〈타　行〉

炭酸가스아아크熔接(CO₂ gas arc welding)　탄산가스 또는 이에 少量의 活性가스를 加한 가스분위기内에서 하는 아아크熔接.

炭化불꽃(carburizing flame)　遊離炭素를 포함한 還元性을 갖인 가스불꽃.

테르밋熔接(thermit welding)　테르밋反應熱로 용접하는 방법이며, 熔加材를 사용하는 경우는 이 반응에서 생긴 용융금속을 그대로 용가재로 하여 熔着한다.

테르밋混合劑(thermit mixture)　테르밋反應에 쓰이는 混合劑이며, 金屬酸化物과 알루미늄粉末等과의 混合物.

토오치(torch, blow-pipe)　가스를 혼합 및 가스의 흐름을 조절하는 목적으로 용접 또는 切斷에 쓰이는 기구.

토오치헤드(torch head)　熔接 및 切斷用토오치의 팁을 맞추는 자리가 있는 部分.

TIG熔接(TIG welding, inert-gas tungsten-arc welding)　不活性가스 탕그스텐 아아크용접의 項 參照.

T이음(tee joint)　한개의 板材끝面을 다른 板材의 表面에 올려놓고, T型으로 대략 直角이 되도록 접합하는 이음.

팁(tip, nozzle)　熔接이나 切斷토오치의 끝에 붙이는 불꽃이 나오는 구멍부분.

팁호울더(tip holder)　抵抗熔接에 있어서 電極팁을 잡는 것.

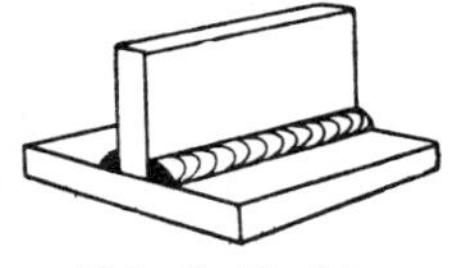

図 1.47　T 이음

〈파　行〉

패스(pass, run)　熔接進行方向에 따라 하는 1回의 熔接操作.

퍼어커션熔接(percussion welding)　放電衝擊熔接의 項을 參照.

펄세이션熔接(pulsation welding)　脈動熔接을 參照.

포로시티(porosity)　多孔性의 項 參照.

表面硬化熔接(hard surfacing)　金屬表面에 硬度가 높은 금속을 熔着시켜, 경도가 높은 層을 만드는것.

表面굽힘試驗片(face-bend specimen)　맞대기용접 이음의 表面(루우트의 반대쪽)을 引張側으로 하여 굽히는 試驗片.

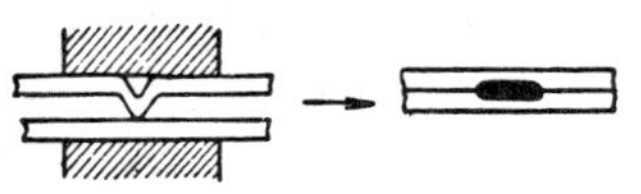

図 1.48　프로젝션熔接

프로젝션熔接(projection welding)　금속부재의 접합장소에 형성된 突起部를 접촉加壓하고, 여기에 전류를 통하여, 저항열의 발생을 비교적 작은 特定部分에 限定시키면서 접합하는 일종의 저항용접방법이다.

플락스(flux)　용제의 項 參照.

플래시熔接(flash welding, flash butt welding)　맞대기抵抗熔接의 일종이며, 電流를 처음 통할 때는, 센 압력을 가하지 않고, 接触部는 불꽃으로 熔触飛散시키도록 하여 그동안 접합부 전체를 충분히 加熱한 다음, 센 압력을 加하여 맞댄 面을 접합하는 용접방법이다.

플러그熔接(plug welding) 接合하는 部材한 쪽에 구멍을 뚫고, 그 구멍으로 부터 용접하여 다른 한쪽部材와 접합하는 용접방법.

被覆아아크熔接棒(coated electrode, covered electrode) 溶아아크熔接의 電極으로서 쓰이는 용접봉이며, 被覆劑를 입힌 것.

図 1.49 플러그熔接

피이닝(peening) 金屬表面을 망치로 두드리는 加工法, 熔接의 경우는 비이드 또는 그 부근을 두드린다.

필렛熔接(fillet welding) 겹치기이음, T이음, 모서리이음에 있어서 대략 直交 하는 2面을 결합하는 三角形斷面의 熔着部를 갖는 용접.

필렛熔接의 크기(fillet weld size) 필렛용접부의 斷面에 그려질 수 있는 最大直角二等邊三角形의 다리길이(필렛용접의 치수 參照).

필렛熔接의 치수(size of fillet weld) 필렛용접의 크기와 形狀(S, S_1, S_2)을 指定하기 위하여 設計上 쓰이는 다리의 치수이며, 이 치수로서 定해지는 三角形은 필렛 용접부의 橫斷面에 包含되어야 한다.

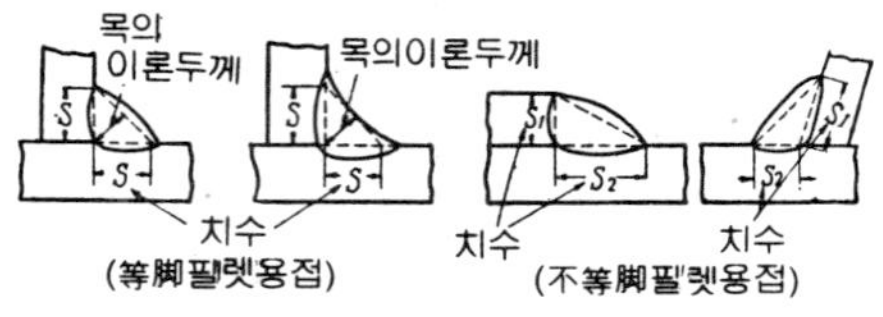

図 1.50 필렛용접의 치수

필터유리(filter lens) 용접할 때 발생하는 害로운 光線을 차단하는 성질을 갖인 유리.

〈하　行〉

한면홈이음(single groove joint) 接合하는 2部材間의 한쪽면에 홈을파서 용접한 이음. 홈의 項 參照.

型틀굽힘試驗(guided-bend test) 숫형틀과 암형틀을 사용하여 그 형틀에 따라 굽히는 시험.

호울더(electrode holder) 아아크熔接 또는 抵抗熔接에 있어서 機械的으로 電極을 保持하고 電流를 통하게 하기 위한 장치 또는 기구.

混合室(mixing chamber) 연소가스와 산소를 혼합하는 部分.

홈(groove) 接合되는 2部材사이에 加工한 홈. 홈形狀의 基本形式은 그림 1.

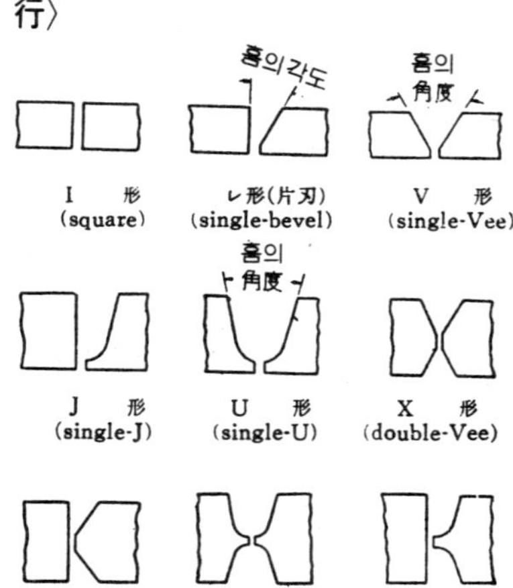

図 1.51 홈의 種類

과 같다.

홈熔接(groove weld) 홈에 層狀으로 용접하는 것.

홈의 角度(groove angle) 接合할 2部材사이에 加工한 홈의 각도.

還元불꽃(reducing flame) 還元作用을 하는 部分을 갖은 가스용접의 불꽃

後熱(postheating) 용접 또는 가스切斷의 操作後에 용접부 또는 용접물에 열을 가하
는 것.

後進熔接(backhand welding) 熔加材가 토오치 뒤를 따라 進行하는 熔接技法. 右進熔
接이라고도 함.

第2章 被覆아아크熔接

2.1 槪 説

　被覆아아크熔接은 被覆金屬아아크熔接 (shielded metal arc welding)이라고도 하며, 被覆劑를 바른 용접봉과 被熔接物間에 발생한 電氣아아크의 熱을 이용하여 용접을 하는 방법이다. 이 방법은 가장 오래전부터 발달되고 있던 것으로, 設備費도 싸고 簡便하게 용접할 수 있으므로 構造用鋼을 비롯하여 거의 모든 金屬材料의 接合에 사용되고 있다.

　이 용접은 그림 2.1의 略圖와 같이 호울더(electrode holder)로 붙잡은 被覆熔接棒 (coated electrode)과 被熔接物 (이것을 母材, base metal이라 한다)間에 交流 또는 直流電壓을 걸어 그 間隙에 아아크(그림 2.10의 炭素아아크를 더욱 짧게 한 모양의

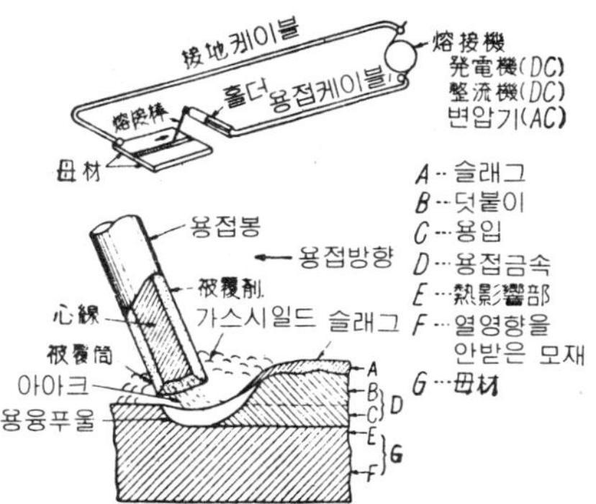

圖 2.1 被覆아아크熔接図(실제로 2 部材를
용접하는 방법에 대하여는 表2.20, 그림
6.63 또는 10章을 참조하기 바란다)

아아크)를 발생시킨다. 아아크의 强熱 (約6000℃)에 의하여 熔接棒이 녹고, 金屬蒸氣 또는 熔融방울 (globule)이 되어 熔融푸울 (molten pool)에 熔着 (deposit)되고, 그곳에서 母材의 일부로서 融合되어 熔接金屬 (weld metal)을 만든다. 2 部材를 용접할 때는 예를 들어, 表 2.20中의 그림과 같이 적당한 홈 (groove)을 만들어 두고, 거기에 용착금속을 메워서 접합하게 된다. 그림 2.2는 그 일예이다. 비이드表面은 용융방울의 凝固에 따라 잔물결과 같은 모양을 하고 있다. 接合斷面의 例는 第6章 및 第10章에서 表示되고 있다.

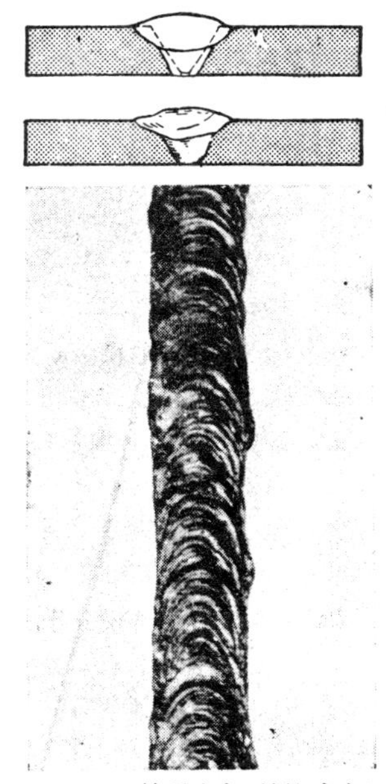

圖 2.2 被覆아아크熔接비이드
의 表面과 斷面

　　熔接棒은 金屬心線(core wire) 둘레에 有機物, 無機物 또는 兩者의 혼합물로 만든 被覆劑(coating)를 약간 두껍게 피복한 것이다. 이 피복제는 아아크熱로 分解되어 아아크를 安定시킴과 동시에 발생한 가스 또는 슬래그에 의하여 용융금속을 外氣로부터 保護하여 酸化, 窒化를 방지하며, 또한 적당한　化學反應에 의하여 熔融金屬을 精錬하고 必要한 때는　合金元素의 添加도 可能하다. 만일 피복제가 없는 裸棒으로 용접한다면 空氣의 惡影響을 받아 용접부가 脆弱해 지므로 重要部材의 熔接에는 裸棒을 쓸 수 없다.

　　피복아아크용접장치로는 그림 2.3과 같이 交流　또는 直流의　熔接電源(용접기, welding machine, welder), 피복용접봉, 호울더, 케이블, 보호기구 및 熔接工常用의 小道具類가 필요하다. 또한 熔接工(welding operator, weldor)이 용접봉을 손으로 조작하는 소위 손용접 (manual welding) 외에 피복아아크용접봉을 機械的으로 操作하는 自動熔接(automatic welding)이 있다. 이들에 대하여는 章末에서 詳述한다.

　　피복아아크용접은 軟鋼의 용접에 가장 널리 쓰이는 중요한 방법이며, 本章에서는 主로 基礎的事項에　대해서만 기술키로 하며, 이 용접방법에 수반하는 熔接冶金 및 施工에 대하여는 第6, 10章에서 詳述키로 한다.

2.2 아아크의 性質

2.2.1 아　아　크

　　용접봉과 모재사이에 직류전압을 걸은 채로 兩者를 한번 接觸시킨 다음 조금　멀어지게 하면 靑白色의 强烈한 빛의 아아크(arc)가 發生한다. 이 아아크를 통하여 큰 電流(약50~400 A)가 흐르게 되는데, 이 전류는 金屬蒸氣나 그 주위의 各種 氣体分子를 解離하여 陽電氣를 띤 陽이온(positive ion)과 陰전기를 띤 電子(electron)로 분리되고, 이들이 各各 陰 및 陽의 電極을 向하여 高速度로 운동하는 결과 소위 아아크 電流가 발생하게 된다.

　　直流아아크中의 電壓分布는 均一하지 않고 3種의 領域으로 분명하게 나뉘고 있다. 즉, 그림 2.4에서와 같이, (가) 陽極電压降下(anode drop) V_A, (나) 陰極電压降下(cathode drop) V_K 및, (다) 아아크柱電压(arc column voltage) V_P로 나누어 진다. 兩極의 電壓 降下는 電極表面부터 극히 짧은 거리의 空間에 생기는 큰 전압강하이며, 그 값은 주로 電極物質의 종류에 의하여

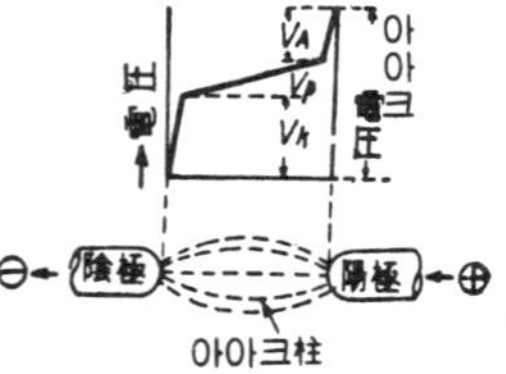

図 2.3　　被覆아아크熔接裝置
① 熔接機　　　② 케이블
③ 헬멧　　　　④ 호울더
⑤ 가죽장갑　　⑥ 熔接棒
⑦ 遠隔制御用 핸드콘트롤

図 2.4　아아크의 電压分布

정해지며 **아아크의 길이**(arc length)나 **아아크電流**(arc current)와는 관계없이 거의
一定하다. 아아크柱는 플라즈마(plasma)라고 불리우며, 여기서는 **氣体** 및 **金屬原子**가
陽 및 陰이온으로 **解離**되어 운동하고 있어 그속의 電壓은 電極부터의 거리에 거의 比

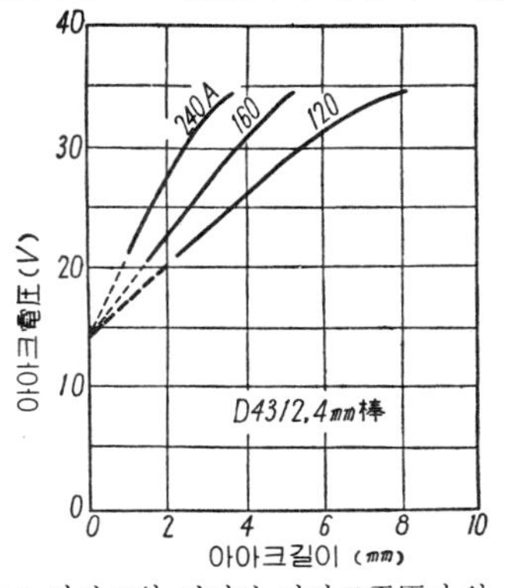

圖 2.5 아아크의 길이와 아아크電壓과의 關係

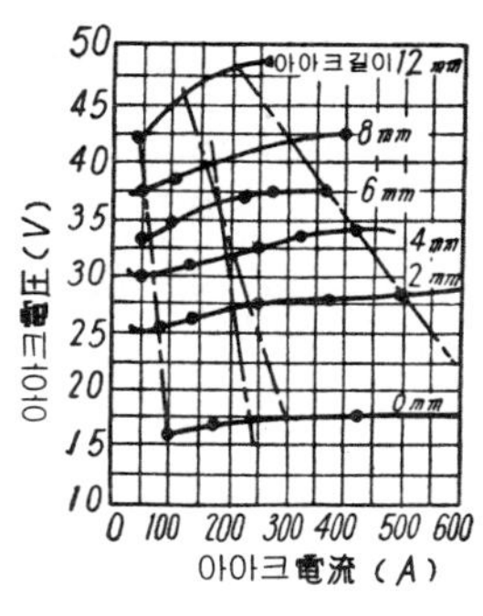

圖 2.6 아아크의 길이가 一定할 때,
아아크電流와 아아크電壓과의 關係

例하여 變化하나, 그 比例定數는 주로 피복제의 종류나 아아크電流의 크기에 영향된다.
　아아크柱의 電壓은 아아크의 길이에 대략 비례하여 증가하므로 **아아크電壓**(arc vo-
ltage)은 一定한 電壓降下와 아아크柱電壓과의 計가 되며, 아아크의 길이와 함께, 예
를 들어 그림 2.5와 같이 變化한다. 또한 아아크의 길이를 一定하게 한 경우의 아아
크電壓은 그림 2.6과 같이 아아크電流와 같이 어느정도 증가하는 경향이 있다.

2.2.2 極　　　　性

被覆아아크熔接에 있어서 直流의 熔接電源(직류용접기)을 쓴 경우를 **直流熔接**(D. C.
arc welding), 交流熔接機를 쓰는 경우를 **交流熔接**(A. C. arc welding)이라　한다.
　직류용접에 있어서 그림 2.7(가)과 같이
용접봉을 용접기의 (一)極에 연결한 경우를
正極性(straight polarity, 略語 DCSP)
라 하며, 반대로 (十)極에 연결한 경우를
逆極性(reverse polarity, DCRP)라 한다.
일반적으로 電子의 충격을 받는 陽極쪽이
陰極보다 發熱이 크므로 正極 쪽이 용접

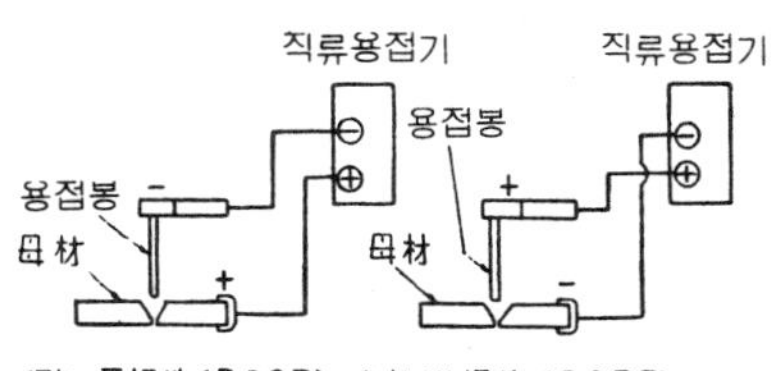

圖 2.7 直流熔接의 極性

봉의 용융이 늦고 母材側의 용입이 깊어지게 되며, 이와 반대로 逆極性에서는 용접봉
의 용융속도가 빠르고 모재의 용입이 얕아지는 경향이 있다. 따라서 薄板의 용접에는
熔落(burn through)를 피하기 위하여 逆極性으로 하는 것이 좋다. 직류용접의 극성은
용접봉의 心線의 材質, 被覆劑의 종류, 용접이음의 形狀, 熔接姿勢 등에 따라 적당히
선정된다.
　交流熔接의 경우는 電流方向이 1秒間에 使用周波數만큼 변화하므로 極性도 주파수
와 같은 回數만큼 변화한다. 아아크의 維持와 發生에는 어느정도의 電壓이　필요하게

되며, 교류용접에서는 1초간에 사용주파수의 2배에 상당하는 回數만큼 아아크電壓이 零이 되므로, **裸熔接棒**(bare electrode)을 쓴 경우에는 아아크가 明滅하여 **安定性**이 나빠져 熔接을 할 수 없다. 그러나 被覆熔接棒을 쓰게 되면, 高溫으로 가열된 피복제부터 이온이 발생되기 쉽고, 이것이 아아크의 維持를 容易하게 함으로 교류용접의 경우에도 安定한 아아크를 얻을 수 있다. 熔接의 初期에는 歐美에서도 주로 직류용접이 쓰여졌으나 그後 被覆熔接棒의 出現에 의하여 훨씬 廉價의 交流熔接機가 다량으로 사용되게 되었으며, 이것은 용접에 있어서 큰 발전이라 할 수 있다.

2.2.3 熔 接 入 熱

熔接部에 外部로부터 주어지는 熱을 **熔接入熱**(weld heat input)이라 한다. 被覆아아크 熔接에 있어서, 아아크가 용접의 單位길이(1cm)當에 발생하는데 요하는 電氣的 에너지H는, 아아크電壓을 E(V), 아아크電流 I(A), 熔接速度 v(cm/min)라 할 때,

$$H = \frac{60EI}{v} \quad [joule/cm]$$

로 주어진다. 실제로는 이 전기적 에너지외에 피복제의 分解에 수반하는 化學的 熱에너지가 上述한 전기적에너지에 加算된다.

피복아아크용접에서 보통 쓰이는 아아크電流는 50~400A, 아아크電壓은 20~40V, 아아크의 길이는 1.5~4mm, 아아크速度는 8~30cm/min이다. 예를 들어, **熔接電流**(아아크電流와 같음, welding current)가 200A, 아아크電壓이 25V, 速度 15cm/min인 경우의 熔接길이 1cm當의 熔接入熱은 20,000joule이 된다. 이 入熱의 몇%가 母材에 吸收되는가 하는 比率을 아아크의 **熱效率**이라 한다. 이 열효율은 많은 因子 즉, 母材의 **板두께**(thickness of base metal), **이음形狀**(joint geometry), 熔接前의 板의 **豫熱溫度**(preheating temperature), 熔接棒의 **直徑**(**싸이즈**, size), 용접속도, 아아크길이, 아아크電流, 피복제의 종류와 두께, 모재와 용접봉의 열전도율이나 溫度擴散率 등에 의하여 左右된다. 例를 들어, 板두께 13mm의 軟鋼板에 各種의 現用被覆棒 E6010, E6012, E6015, E6020(記號에 대해서는 2.4.3項 參照)으로 비이드를 熔着한 경우에 대한 測定結果에 따르면, 아아크의 全에너지入力(電壓×電流×時間)은 다음 比率로 消費되고 있다.

熔接棒의 熔融   約 15%
熔接金屬의 生成   20~40%
其他(母材의 加熱, 被覆劑의 熔解, 對流, 輻射, 스패터 等) 60~85%

또한, 母材에 吸收되는 熱量은 入熱의 75~85%정도가 보통이다. 아아크 길이가 길면 아아크柱부터의 輻射에 의한 에너지 損失이 크게 되며, 따라서 熱效率이 나빠진다.

2.2.4 熔 融 速 度

熔接棒의 **熔融速度**(melting rate)는 單位時間當 소비되는 용접봉의 길이 또는 重量으로 表示된다. 實驗에 의하면, 주어진 하나의 용접봉의 용융속도는 아아크電壓에 관계 없이 아아크電流에 正比例한다.   또한 直徑이 다른 棒이라도 同一種類

라면 心線의 熔融(重量) 速度는 電流만에 比例하고 棒지름에는 관계가 없다. 그림 2.8은 軟鋼用의 各種용접봉心線에 대한 용융중량속도를 비교한 것이며, 心線의 化學成分이 같아도 피복제의 종류에 따라 약간씩 差가 있으나 대략 0.034 ～ 0.044 1b/100A·min (2.5～3.3×10⁻³ g/A·sec) 정도이다.

棒의 熔接速度가 아아크電壓의 變化 즉, 아아크길이에 거의 관계가 없는 理由는, 棒의 용융이 電極電壓降下에 수반하는 電力(電壓降下×電流)에 의한 것이며, 아아크柱部分의 電力에 의한 영향이 없기 때문이라고 생각되고 있다.

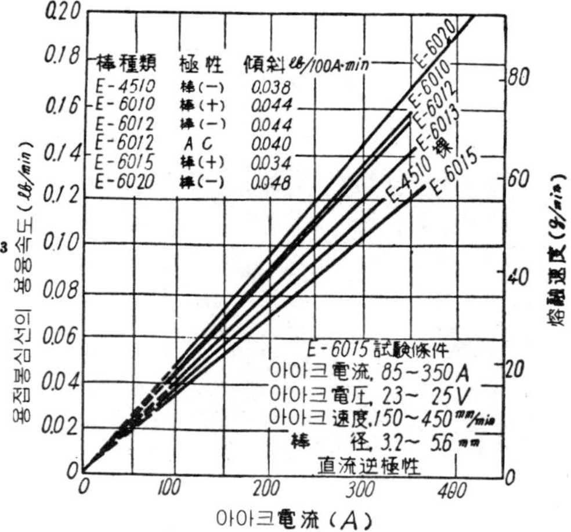

図 2.8 各種軟鋼用裸棒 및 被覆棒의 熔融速度와 아아크電流와의 關係

용접봉으로 부터 용융금속으로의 移行에 대하여는 여러가지로 硏究되고 있으나, 特히 日本大阪大學의 安藤敎授에 의한 연구가 有名하다. 移行의 形式으로는 그림 2·9와 같이 세가지型이 있다.

(가)　短絡型　그림 2.9(가)와 같이 棒과 母材의 용융금속이 서로 機械的으로 接融短絡하여 表面張力의 도움으로 移行하는 方法이며, 熔融金屬은 큰 熔融방울이 되어 移行한다. 軟鋼裸棒은 그 대표적인 예이며, 피복이 얇은 棒의 경우에도 일어난다. 短絡의 발생은 용융금속의 一酸化炭素 (CO가스)가 重要한 역할을 하는 것으로 생각되고 있다.

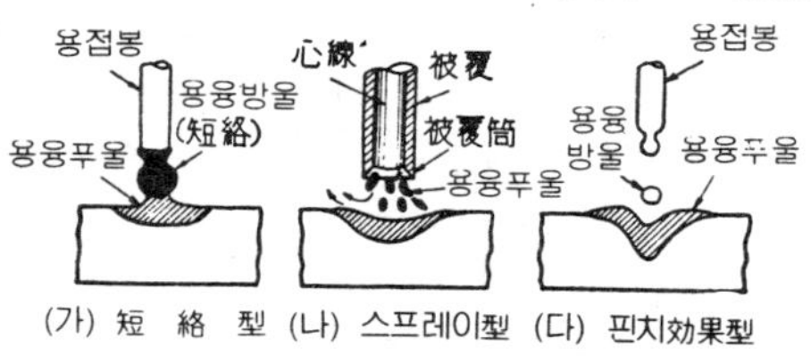

図 2.9　熔融金屬의 移行形式

(나)　스프레이型　그림 2.9 (나)와 같이 被覆筒內部의 피복一部가 가스로 되어 맹열하게 분출하여 용융금속을 小粒子로서 불어내는 移行方式이다.

(다)　핀치效果型　円柱導體에 電流가 흐르면, 電流素子間에 吸引力이 작용하여 円柱의 지름이 가늘게 조여지는 傾向이 생긴다. 따라서 棒端의 용융금속이 가래떡을 비틀어 뜯는 모양으로 되어 棒端에서 떨어져 나온다. 이것을 핀치效果 (pinch effect) 라 한다. 이 作用은 電流의 2乘에 비례하여 강하게 됨으로, 大電流의 경우에 현저하게 되며, 또한 裸棒의 경우에 많이 나타난다. 용융방울은 비교적 小粒子로서 母材에 移行하며, 이것도 또한 스프레이型이라 불리고 있다. 이 型의 移行은 서브머어지드아아크熔接이나 미그熔接 (MIG welding)의 경우에 실제 로 쓰이고 있다.

2.2.5 磁氣쏠림(아아크블로우)과 그 對策

용접중에 아아크가 正方向에서 側方으로 偏向하는 일이 있다. 이것을 **아아크블로우**(arc blow)라고 하며, 특히 直流의 裸棒의 경우에 많이 일어난다. 아아크블로우는 그림 2.10과 같이 용접전류가 아아크주위에 誘起하는 磁場이 아아크에 대하여 非對稱의 경우에 일어나는 것이며, **磁氣쏠림**(magnetic blow)라고도 한다.

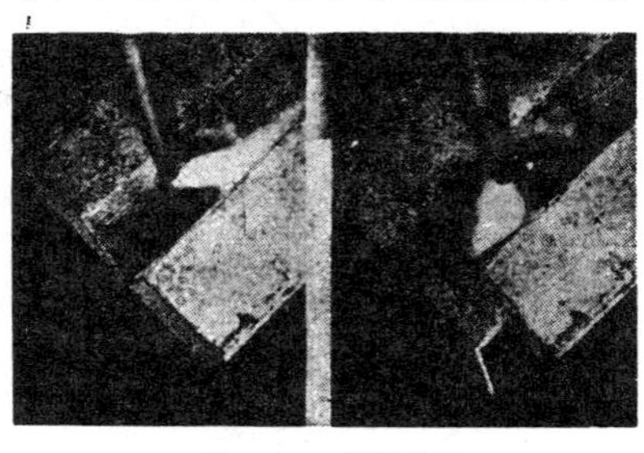

図 2.10　磁氣쏠림
(左)　이음의 끝에 일어난 磁氣쏠림
(右)　鋼片을 끝에 대서 磁氣쏠림을防止

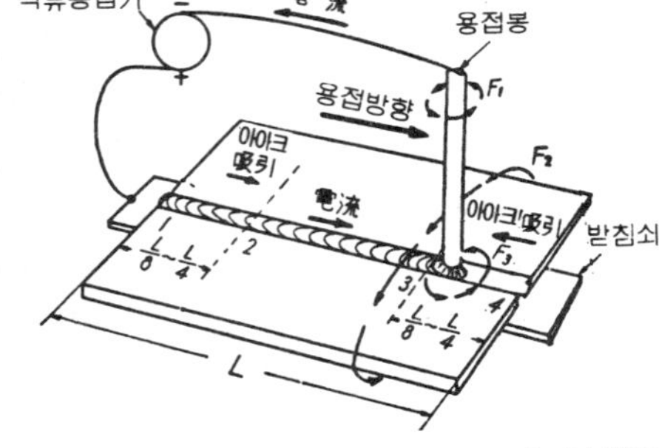

図 2.11 磁氣쏠림을 이르키는 磁場의 非対稱性

電流가 흐르고 있는 導体주위에는 어떤方向으로 磁場이 생기며, 그 방향은 가장 抵抗이 적은 通路를 빠져나가게 된다. 예를들어, 그림 2.11의 용접예에서는 용접의 始端과 終端部分 ($1/8 \sim 1/4$) × (全長)에서 아아크가 內部로 향하여 강하게 吸引된다〔그림 2.10 (左側)參照〕. 그러나, 中央部分에서는 아아크블로우가 생기지 않는다. 이것은 主로 棒주위의 板內에 있는 磁場F_3가 熔接線의 始端과 終端부근에서 강하게 非對稱이 되기 때문이다.

아아크블로우의 防止對策으로는 다음과 같은 方法이 有效하다.

(가)　直流熔接을 하지말고 交流熔接을 사용할 것.

(나)　큰 仮熔接部 또는 이미 용접이 끝난 熔着部로 向하여 용접할 것.

(다)　長大한 용접에서는 後退熔接法(back step welding)으로 熔着할 것.

(라)　接地点(earth)을 용접부에서 될 수 있는대로 멀리 할 것.

(마)　小熔接物에서는 용접始点에 어어스를 취하고, 可能하면 큰 仮熔接部로 向하여 용접할 것.

(바)　짧은 아아크를 쓸 것. 被覆劑가 母材에 접촉할 정도로 接近시켜, 棒끝을 아아크블로우와 反對쪽으로 기우릴 것.

(사)　받침쇠, 긴 仮용접부, 시임의 始点과 終点의 엔드탭(end tap) 등을 이용할 것.

以上에서 (가)가 가장 效果가 있다. 특히 짧은 용접이 다수 包含되는 物品(예를들어, 箱子形의 용접물)의 용접에서는 아아크블로우를 방지하기 위하여 交流熔接을 채용하는 것이 좋다.

2.3 被覆아아크熔接機器

2.3.1 熔接機에 必要한 條件

(1) 直流와 交流의 比較

아아크熔接機 (arc welding machine, arc welder *)에는 直流機와 交流機가 있다. 용접의 발달초기에는 우수한 被覆棒이 없었으므로, 아아크의 安定上 직류용접기가 많이 쓰여졌으나, 그後 피복용접봉의 改良에 의하여 交流로도 安定된 아아크를 얻을 수 있게 되어, 그 결과로서 교류용접기가 많이 쓰이게 되었다. 우리나라에서는 특히 교류용접기가 많다. 이것은 교류용접기쪽이 값이 싸고, 效率도 좋을 뿐더러 保守도 便利하기 때문이다. 그러나, 薄板이나 스터트熔接과 같은 特殊目的에는 直流熔接機가 쓰이며, 또한 熔接棒의 種類에 따라서는 직류 용접기의 사용이 필요하다. 最近에는 不活性가스아아크熔接의 必要上, 直流機의 사용이 증가되고, 또한 整流器를 사용한 직류용접기가 出現하여 가격도 상당히 싸게 되었으므로 재차 직류용접기의 사용이 증가하게 되었다.

表 2.1 直流熔接機와 交流熔接機의 比較.

比 較 項 目	直 流 熔 接 機	交 流 熔 接 機
아아크의 安定	優 秀	약간 떨어짐
裸棒使用	可 能	不 可 能
極性変化	可 能	不 可 能
磁氣쏠림防止	不可能	可 能
水上作業에서의 電解腐蝕	있 음	없 음
無負荷電圧	약간 낮음	높 음
電擊의 危險	약간 적음	많 음
構 造	複 雜	簡 單
維 持	약간 힘듬	容 易
故 障	回轉機에는 많음	적 음
力 率	훨씬 良好	뒤떨어짐
三相平衡負荷	可 能	不 可 能
騷 音	回轉機는 현저함. 整流器型은 靜肅	靜 肅
價 格	高價 (數倍)	廉 價

(2) 熔接機에 必要한 條件

피복아아크용접은 비교적 低電壓으로 大電流下에서 行하여지나 아아크의 發生에는 어느정도 높은 無負荷電壓〔또는 開路電壓 (open circuit voltage)〕이 필요하며, 또한 아아크의 安定을 위하여 용접기의 外部特性曲線〔external characteristic curve. 負荷電流 (横軸)와 負荷端子電壓 (縱軸)의 關係曲線〕이 그림 2.12와 같이 右下向의 소위 垂下特性 (drooping characteristic) (PQRS線)을 갖게끔 만들어지고 있다. 용접기는 그 種類나 容量에 따라 外部特性曲線이 다른 것은 當然하다. 그림 2.12에 있어서 破線은 아아크길이一定의 경우의 아아크特性을 나타낸 것이며, 兩線의 交点R에 있어서 아아크가 발생한다. 또한 그림과 같이 電源特性과 아아크特性이 交叉하고 있을 때는, 아아크가 R点에서 安定되는 것으로 알려져 있다.

---

* 從來는 熔接機와 熔接工을 모두 welder라는 同一語로서 나타내고 있었으나, 美國에서는 최근, 前者를 welder, 後者를 weldor로서 區別하고 있다.

하나의 熔接機에서도 그 外部特性曲線은 여러가
지로 調節될 수 있게 되어 있다. 그림 2. 12 (나)
가 같이 아아크의 作動点R와 短絡点S가 接近하는
경사가 급한 특성곡선에서는 아아크電壓이 多少변
동하여도 아아크電流가 별로 변하지 않는다. 이것
을 定電流特性(constant current characteristic)
이라 하며, 被覆아아크熔接機로서 바람직한 特性
의 하나이다. 이에 반하여 서브머어지드 아아크
熔接이나 MIG熔接에서는 定電壓特性(constant po-
tential characteristic)이 바람직하다.

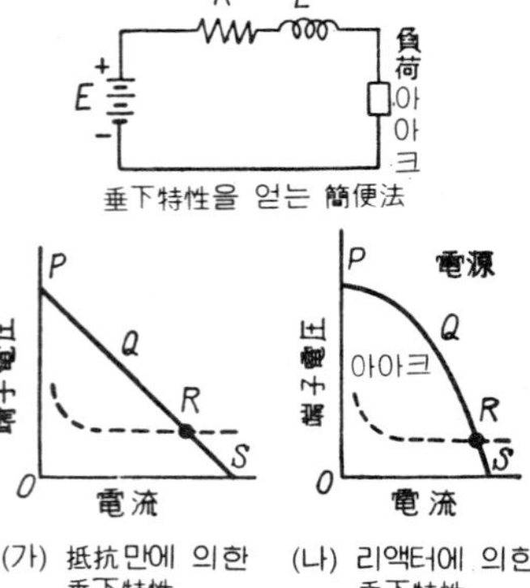

図 2.12 熔接機의 垂下特性

용접전류는 연속적으로 調節할 수 있는 것이 중
요하며, 또한 1 대의 용접기로 厚物에도 薄物에도
이용될 수 있도록 電流를 광범위하게 조절할 수 있
다면 實用上 편리하다. 그러나 大工場에서는 大容量 또는 小容量專用의 용접기를 사용
하는 쪽이 일반적으로 경제적이다. 아아크의 發生이 容易하다는 것은 용접기에있어서
중요한 성질의 하나이며, 이를 위하여는 無負荷電壓을 높게 해주는 것이 가장 손쉬운
방법이지만, 熔接工에 대한 電擊防止란 面에서 보아 좋지 않으므로, 자연히 限度가 있
게 되어, 직류용접기에서는 60V정도, 교류용접기에서는 70~90V정도가 上限値가 된다.
또한 아아크의 斷續에 대하여 용접기의 過渡的特性이 良好한 것, 效率 및 力率이 좋
을 것, 取扱이 簡便하고 튼튼한 것, 그리고 가격이 低廉한 것이 바람직하다. 또한 電
流의 調節範圍가 넓고, 遠隔制御(romote control)할 수 있는 장치가 붙은 것이 좋다.

2.3.2 直流아아크熔接機

(1) 種   類

被覆아아크熔接用의 直流熔接機(D. C. arc welder)는 특히 安定한 아아크를 必要로
하는 薄板의 용접이나, 輕合金 및 스테인리스鋼의 용접等에 잘 사용된다. 직류용접기
로서 현재 主要한 것을 들면,

(가) 電動發電式直流아아크熔接機(motor-generator arc welder)
(나) 엔진驅動式直流아아크熔接機(engine-driven D. C. arc welder)
(다) 整流式直流아아크熔接機(rectifier type arc welder)

의 3種이 있다. (가)는 三相交流의 誘導電動機를 써서 直流發電機를 驅動하는 것 (그
림 2.13), (나)는 가솔린 엔진이
나 디젤엔진으로 直流發電機를驅
動하는 것으로 屋外에서 交流電
源이 없을 때 便利하며, (다) 는
셀렌整流器 기타의 整流器로 交
流에서 直流를 얻는 것 (그림2.14)
이다.

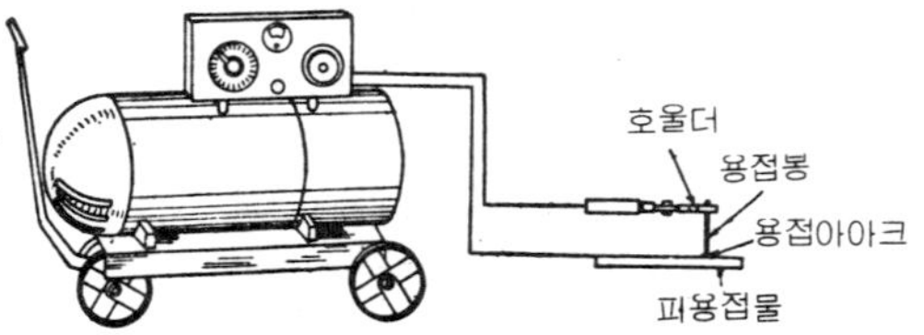

図 2.13 電動發電式直流아아크熔接機

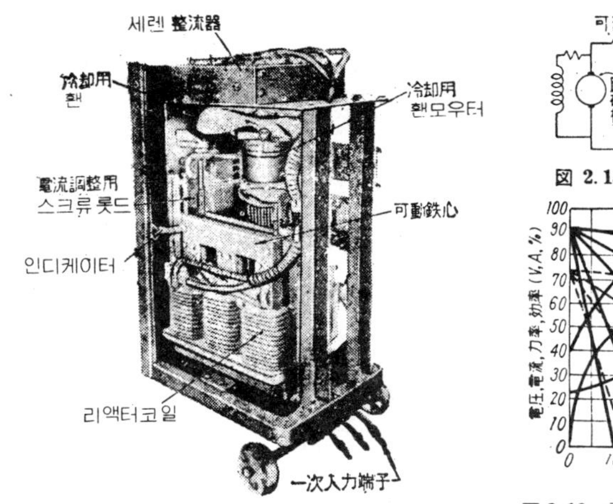

図 2.14 세렌整流式直流아아크熔接機

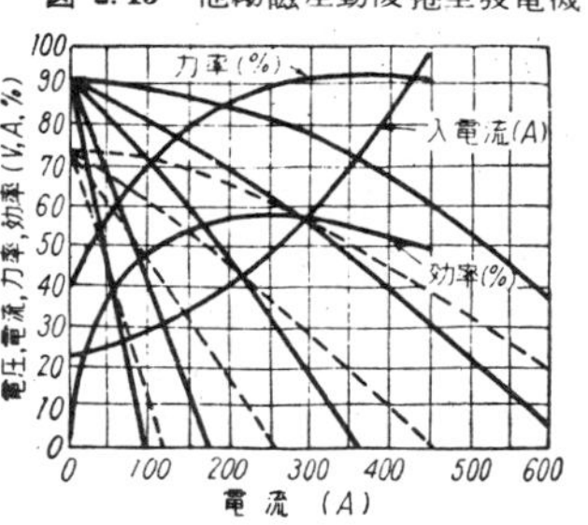

図 2.15 他勵磁差動複捲型發電機

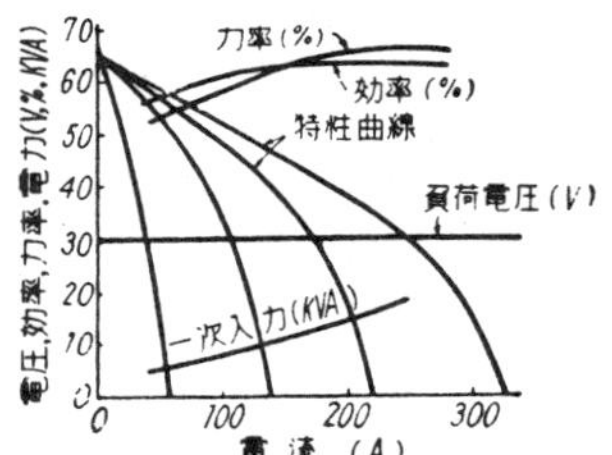

図 2.16 電動機直結直流아아크熔接機의
特性曲線

直流熔接機의 垂下特性은 定電壓電源에 直列抵抗을 接續함으로서 얻어지나, 그렇게 하면 抵抗中의 손실이 크게 됨으로 그 對策으로서 負荷電流의 增加에 따라 發電機의 磁極磁束이 감소하여 起電力自體가 低下함으로써 垂下特性을 주도록 한 것이 많다. 그 代表的인 一例는 **他勵磁差動複卷型發電機**이다. 이외에 로젠베루히型發電機等이 있다. 그림 2.16은 電動式直流아아크熔接機의 外部特性(電壓對電流) 및 力率과 效率을 나타낸 것이다. 이러한 回轉型용접기에서는, 起電力의 變化가 磁極의 磁束變化에 의한 것이나, 負荷가 急變한 경우에 磁束의 變化가 이에 即應하지 않으면 아아크가 不安定하게 됨으로 여러가지로 硏究되어 特殊한 구조로 되어 있다. 따라서 보통의 定電壓發電機에 비하여 重量, 價格이 높고 效率도 나쁘다. 또한 이와같이 起電力이 변화하는 것은 同一電源에서 同時에 2個의 아아크를 並列로 발생시킬 수 없으므로 당연히 1人用의 **單式直流熔接機**(single operator D. C. arc welder)로서 사용된다. 이에 대하여 定電壓電源에 直列抵抗을 並列로 接續하면 同時에 다수의 아아크를 발생시킬 수 있으므로 이것을 **複式直流熔接機**(multiple operator D. C. arc welder)라 부르고 있다.

整流式直流熔接機는 최근 발달한 것으로, 그림 2.17과 같이 交流를 直接 整流하는

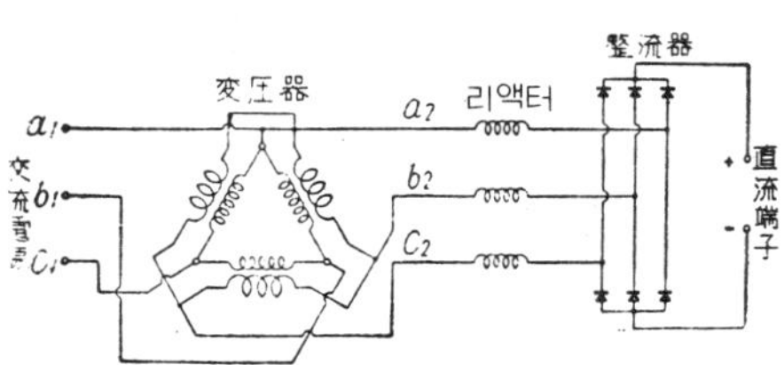

図 2.17 整流式直流아아크熔接機의 結線

図 2.18 세렌整流式直流熔接機의
特性曲線, 效率, 力率

것으로, 回轉部分이 없고, 無負荷損失이 적으며, 조용하고 **價格도** 싸고 **保守容易함**과 동시에 從來의 回轉式의 欠点을 보상하는 것이므로 **最近** 급격히 **普及되고** 있다. 그러나, 交流熔接機에 비하면, 아직도 高價이고 效率도 떨어진다. 그림 2.18은 그 特性曲線의 一例이다.

정류식직류용접기의 電流調整은 整流前의 交流側에서 行해지고 있으며, 이에는 주로

  (가) 可飽和리액터型
  (나) 可動鐵心型
  (다) 可動線輪型

의 세가지 方法이 쓰인다.

表 2.2 세렌整流式直流아아크熔接機仕樣一覽表

容 量 A	二次電流調整範圍 A	一次入力 kVA	使用率 %	負荷電壓 V	二次無負荷電壓 V	使用熔接棒 mm φ	치 수 幅 奥行 高	重 量 kg
100	10—100	7.5	60	25.0	65	2.0〜4.0	630 × 700 × 1.000	300
150	15—150	11.5	〃	27.5	〃	2.0〜5.0	700 × 800 × 1.050	320
200	20—200	15.0	〃	30.0	〃	2.3〜6.0	700 × 800 × 1.050	340
250	25—250	19.0	〃	32.5	〃	3.0〜7.0	750 × 900 × 1.100	410
300	30—300	23	〃	35.0	〃	3.0〜8.0	750 × 900 × 1.100	460
400	40—400	30	〃	40.0	〃	4.0〜10.0	800 × 1000 × 1.250	600
500	50—500	38	〃	45.0	80	5.0〜12.0	850 × 1000 × 1.300	730

（2） 아아크드라이브特性

그림 2.19(a)와 같이 깊은 홈의 밑部分을 용접하는 경우에, 아아크를 P点에 集中시키고 Q 点 등에 散亂치 않게 하기 위하여는, 아아크길이를 짧게 유지할 필요가 있다. 그 결과, 棒끝과 母材의 熔融金屬이 때때로 기계적으로 접촉하게되어 전기적으로 短絡된다. 이와같이 아아크의 길이를 짧게 한 경우에는 短絡電流가 큰 소위 **아아크드라이브特性**(arc drive characteristic)을 갖는 電源쪽이 아아크維持가 容易한 것으로 알려져 있다. 이것은 多分히 短絡電流가 클수록 熔融部에 작용하는 電磁的판치效果가 증가하여 용융접촉부가 신속히 遮斷되는 결과, 熔接棒의 融着凝結이 일어나기 힘든 때문일 것이다. 이때문에 그림 2.19(b)와 같은 特性曲線의 電源이 考案되고 있다. 이렇게 하면 端子電壓이 S点以下가 될 때 主回路에 並列로 설치된 回路가 整流器를 거쳐 전류를 흘리게 됨으로 圖中의 ST와 같이 電流가 증가하게 된다.

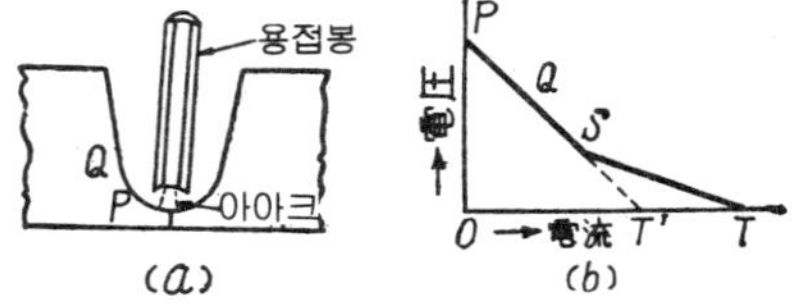

圖 2.19 아아크드라이브特性의 電源

2.3.3 交 流 熔 接 機

（1）種　類

交流熔接機는 一種의 **變壓器**이며, 그 구조가 비교적 간단하고, 가격이 싸고 保守도

용이함으로 널리 쓰이고 있다. 또한 磁氣쏠림의 防止에도 効果가 있다.

交流熔接機는 그 電流調整方法에 따라 다음과 같은 3種이 主로 쓰인다.

  (가) 可動鐵心型交流아아크熔接機 (moving core A. C. arc welder)

  (나) 可動線輪型交流아아크熔接機 (moving coil A. C welder)

  (다) 可飽和리액터型交流아아크熔接機 (saturable reator A. C. arc welder)

이中, 우리나라에서 (가) 可動鐵心型이 가장 많이 쓰이고 있다. (나) 可動線輪型은 아아크의 安定이란 点에서 (가)보다 뛰어나지만, 最近의 피복용접봉은 아아크가 충분히 安定되게끔 만들어져 있으므로, (가), (나)의 實際上優劣은 거의 없는 것으로 봐도 된다. 또한 (다) 可飽和리액터型은 최근 발달된 것으로 (가), (나)에 비하여 可動部分이 없고 또한 後述하는 遠隔制制方式에 있어 뛰어난 바 있다.

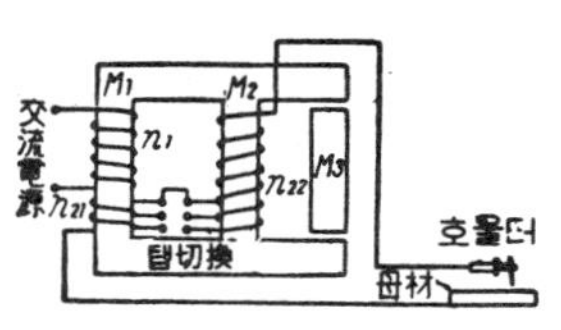

圖 2.20 可動鉄心 탭의 切換에 의한 電流調整

가동철심형의 전류조정은 그림 2.20과 같이 變壓器의 鐵心 M_1과 M_2外에 第 3의 鐵心 M_3를 설치하고 이것을 可動으로 하여 漏洩磁束의 크기를 變化시켜 熔接電流의 크기를 조정한다. 이때, 보통, 二次捲線 n_{21}, n_{22}를 탭切換하여 전류를 크게 調整하고, 細密한 調整은 可動鐵心으로 하도록 되어 있다. 그림 2.21은 이 型式의 용접기의 一例이다. 또한 그 外部特性曲線 기타의 一例는 그림 2.22와 같다. 여기서 보면 탭切換에 의하여 電流範圍가 크게 변화하고 있다.

可動線輪型의 電流調整은 그림 2.23과 같이, 二次코일에 대하여 一次코일을 移動시켜 漏洩리액턴스의 값을 變化시키는 方式으로 하며, 可飽和리액터型에서는 그림 2.24와 같이 二次回路에 直列로 리액터를 揷入하

圖 2.21 可動鉄心型交流아아크熔接機의 一例

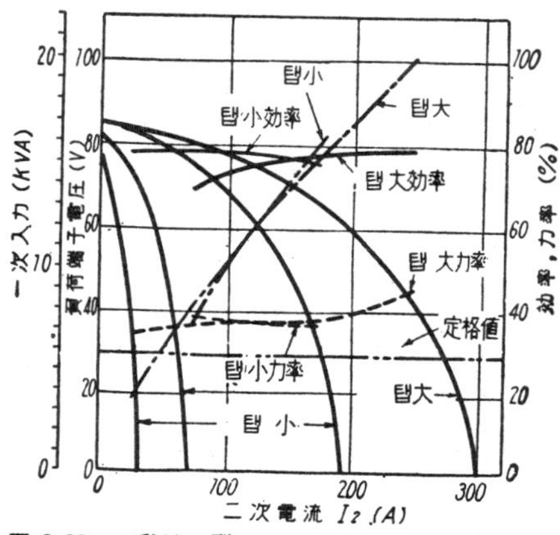

圖 2.22 可動鉄心型交流아아크熔接機의 負荷特性曲線

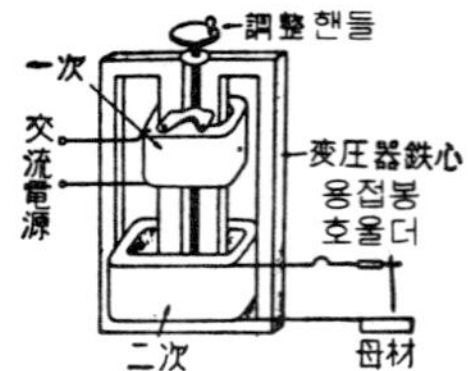
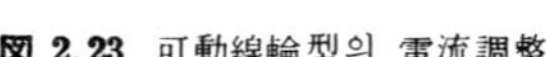

圖 2.23 可動線輪型의 電流調整

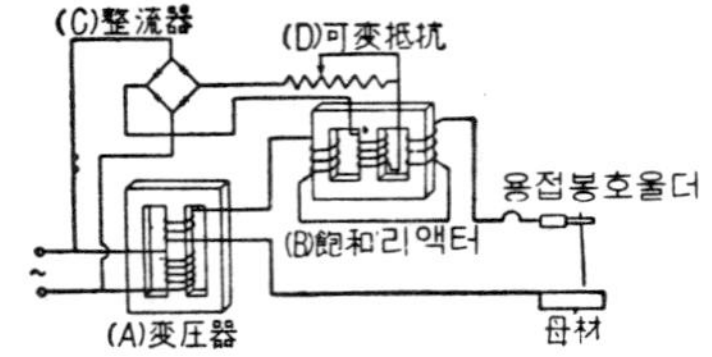

圖 2.24 可飽和리액터型의 電流調整

여 가급적이면 그것을 別途 電源〔整流器 (C)〕로서 勵磁하여 그 磁氣回路 의 飽和度를 변화시킴으로써 實効리액턴스를 변화시키는 方式을 사용하고 있다. 이 方法은 電流調整 이 容易한 外에 또 하나의 利点은 圖中의 可變抵抗 (D)를 써서 熔接電流의 遠隔制御 가 可能한 点이다. 熔接工場, 特히 造船所에서는, 陸上 또는 船体上에서 용접할 때에 용접기가 數10m 떨어져 있는 경우가 많다. 따라서, 電源電壓 의 變化, 板두께變化等에 副應 하여 그때마다 용접기까지 가서 용접전류의 조정을 하게 되면 매우 불편하고 作業能率도 매우 나빠진다. 그러므로 熔接工이 現場에 있어 遠隔의 용접기의 전류를 조정할 수 있는 소위 遠隔制御의 필요성이 요구된다.

　　從來의 可動鐵心이나 可動線輪型에서는 손으로 용접기의 핸들을 돌리는 대신 小型 모우터를 遠隔스위치를 써서 回轉시켜 電流를 제어하는 방법이 쓰이고 있었으나, 이 方法에서는 릴레이나 모우터에 故障이 많은 欠点이 있다. 上述한 可飽和리액터에서는 可變抵抗의 다이얼을 돌리기만 하면 遠隔제어를 할 수 있으므로 操作이 간단하고 고 장이 적은 利点이 있다. 最近 日本電氣試驗所 杉原技官은 현재 널리 이용되고있는 可 動鐵心部를 固定하고 그 위에 制御코일을 감어 이것에 可變임피던스를 연결하고 制御 코일의 電流를 變化시킴으로써 용접전류를 조정하는데 成功하여 實用化 되고 있다.

　交流아아크熔接機에서는 電源周波의 半 사이클 마다 極性이 변화한다. 또한 아아크電流와 電壓 의 關係는 그림 2.25와 같이 아아크電流增加時의 아아크電壓P가 減少時에 비하여 상당히 높다. 따 라서 電源의 無負荷電壓 P_0가 아아크電壓 P 보다 높지않으면, 아아크가 消失된다. 그런데 最近에는 多幸히도 被覆劑의 研究가 발달하여 P의 값이 감 소하였으므로, 용접기의 無負荷電壓의 低下가 가 능케 되었으며, 電擊에 대한 安全性이 증가하였다.

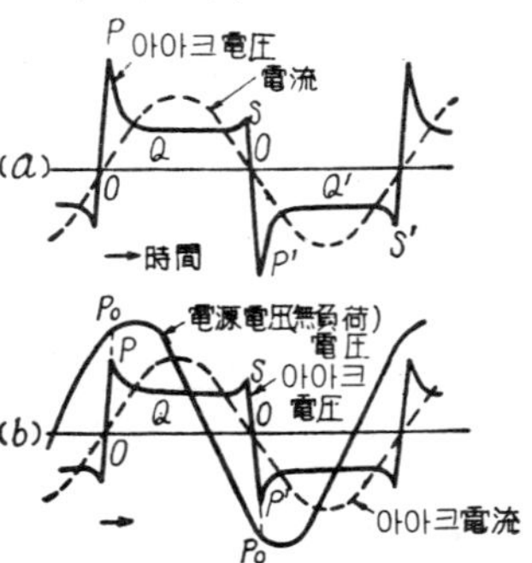

圖 2.25 交流아아크의 電壓과 電流波形

(2) 아아크熔接機의 KS規格

韓國工業規格 KS C 9602 - 1971에서는 表 2.3과 같이 용접기를 규정하고 있다. 二次無負荷電壓의 安全을 위하여는 85V以下 (500A만은 95V以下)로 억제하고, 二次電流 (아아크電流)의 調整範圍는 아아크電壓29～40V에 대 하여 表와 같이 결정되고 있다. 500A機는 造船所等 용접기로 부터 아아크까지의 二

表 2.3 交流아아크熔接機規格(KS C 9602 - 1971)

種 別	定格二次電流 A	定格使用率 %	定格負荷電壓 抵抗降下 V	定格負荷電壓 리액턴스降下 V 60c/s	最高二次無負荷電壓 V	二次電流 最大値 A	二次電流 最小値 A	적용할수 있는 용접봉의 직경 mm
AW -180	180		29			180 以上 200 以下	35 以下	3.8 以下
AW -240	240		32			240 以上 270 以下	50 以下	2~3.2
AW -300	300	40	35	0	85 以下	300 以上 330 以下	60 以下	2.5~5
AW -400	400		40			400 以上 440 以下	80 以下	3~6
AW -500	500	70	40		95 以下	500 以上 550 以下	100 以下	4~8

次導線이 긴 경우를 고려하여 그 임피던스降下를 적당히 감안한 것이므로, 導線이 짧으면 500A 以上의 전류가 흐를 可能性이 있다. 또한 熔接機의 絶緣은 A, B, E, H의 4種으로 나누어지며, 絶緣被覆의 위에서 測定한 溫度上昇許容限度는 各各 60, 70, 80 150℃로 되어 있다.

2.3.4 熔接機使用上의 注意事項

(1) 使 用 率

熔接工場에서 용접기의 二次側에 아아크가 발생하고 있는 時間比率은 대략 40%정도이며, 나머지 60%는 아아크가 없는 休止時間이다. 용접기의 溫度上昇에 관계있는 1~1.5時間정도에 대하여 생각하면 使用率이 60%정도이다. 表 2.3中의 使用率은 아아크時間의 全時間에 대한 比率이다.

또한 定格電流, 例를들어, 300A의 용접기를 실제로 200A로 사용하는 경우의 許容使用率은 다음式으로 계산한다.

$$許容使用率 = \frac{(定格二次電流)^2}{(實際\ 熔接電流)^2} \times 定格使用率$$

$$= \left(\frac{300}{200}\right)^2 \times 50 = 112\%$$

즉, 이때는 連續使用하여도 支障없는 것을 나타내고 있다.

(2) 力率과 效率

熔接機로의 入力, 즉 電源入力(二次無負荷電壓×아아크電流)에 대한 아아크로의 入力(아아크電壓×電流)과 二次側의 内部損失의 合의 比率을 **力率**(power factor)라 하며, 또한 아아크로의 入力과 内部損失과의 合에 대한 아아크로의 入力의 比率을 **效率**(efficiency)이라 한다. 例를들면, 無負荷電壓80V, 아아크電壓30V, 아아크電流300A

의 경우에,　　　아아크로의 入力＝30V×300A＝9.0 kW

電源入力　　　＝80V×300A＝24.0 kVA

内部損失(一例)＝4.0 kW

라 仮定하면,

$$效率 = \frac{出力(kW)}{入力(kW)} = \frac{9.0}{9.0+4.0} \times 100 = 69\%$$

$$力率 = \frac{入力(kW)}{入力(kVA)} = \frac{9.0+4.0}{24.0} \times 100 = 54\%$$

交流아아크熔接機가 低力率이고 效率이 나쁜 것에 대한 상세한 설명을 생략키로 하나, 이것은 垂下特性을 주고 있기때문이다. 力率을 改善하는데는 無負荷電壓을 낮게 할 必要가 있으며, 이것은 용접봉의 피복제의 改良에 의하여 점차 낮게되고 있으나, 直流아아크에 비하여 交流아아크에서는 무부하전압이 약간 높아야 한다.

交流아아크熔接機는 單相負荷이고 力率도 나쁘므로 電力供給의 立場에서 보면 바람직한 負荷가 못된다. 單相負荷를 三相의 平衡負荷로 고치고자 하는 試圖는 理論的으로 不可能한 것으로 되어 있다. 또한 力率을 改善하는데는 熔接機의 一次側에 並列로 콘덴서를 접속하면 된다. 이것은 美國에서 널리 普及되고 있으나 우리나라에서는 별로 보급되고 있지 않다. 그 原因은 最初의 設備費가 높아지기 때문이며, 그러나 우리나라에서도 이것을 實施하면 電力料金이 싸지게 되어 2年以内에 충분히 償却할 수 있는 것으로 알려져 있다. 力率改善用콘덴서를 사용하면 다음과 같은 利益이 얻어진다.

(가) 入力 kVA가 적어짐으로 電力料金이 싸진다.

(나) 電源容量이 적어도 된다. 또한 同一電源容量이라면, 많은 臺數를 접속시킬 수 있다.

(다) 配電線의 材料가 節減된다.

(라) 電壓變動率이 적어진다.

(3) 高周波의 併用

交流 아아크熔接機의 아아크 安定을 確保하기 위하여 常用周波의 아아크電流外에 高電壓(2000～3000V)의 高周波電流(300～1000 kc)(弱電流)를 重疊시키는 方式이 때때로 사용된다. 이와같이 하면 高周波때문에 아아크가 消失하는 일이 없으므로, 이것을 쓰지 않는 경우보다 용접이 쉽게 되나 高周波가 라디오나 텔레비等에 妨害를 주는 欠点이 있다. 高周波를 씀으로써 얻어지는 큰 利点은 熔接의 無負荷電壓을 낮게 할 수 있는 것이며, 이에 의하여 電源入力 kVA를 적게하여 力率을 改善함과 동시에 電撃의 危險이 적게 되는 것이다. 또한 아아크發生 始初에 棒을 母材에 접촉시키지 않아도 高周波불꽃이 튀어 아아크가 스타아트되는 利点이 있다(이것은 텅그스텐電極이 쓰이는 不活性가스아아크熔接에 잘 쓰인다).

(4) 아아크부우스터

처음 아아크를 点弧(스타아트)할 때는 棒도 母材도 차거우므로, 入熱이 不足하게되어 아아크가 不安定하게 된다. 그래서 용접봉이 처음 母材에 접촉한 순간의 1/4～

1/5秒間만 瞬間的으로 큰 전류를 흘려서 加熱을 세게 함으로써 아아크의 스타아트를 安定케 하는 장치, 즉 **아아크부우스터**(arc booster)를 갖은 交流용접기가 있다. 이에 의하면 무부하전압을 70V以下로 저하할 수 있으며, 電擊의 危險이 그만큼 감소될 수 있다.

(5) 熔接用電源容量의 算定

아아크용접에 필요한 전원용량의 산정은 다음과 같이 한다.

P_a＝熔接機의容量≒(開路電壓 E_{20})×(熔接電流 I_{20}),

β＝逓減係數〔熔接機는 항상 最大容量으로 사용되는 것이 아니므로, 一般的으로 $\beta P_a (\beta \leqq 1)$와 같은 容量으로 사용되는 것으로 한다〕

α＝使用率＝(通電時間 合計)/(通電時間과 休止時間의 合計)

n＝熔接機 臺數

Q＝必要한 電源容量:

$$Q = N \cdot \beta \cdot P_a$$

단, $$N = \sqrt{n\alpha}\sqrt{1+(n-1)\alpha}$$

(図 2.26 参照).

($n\alpha$ 가 충분히 크면 $N \doteqdot n\alpha$)

算定例

例를들면, 300A의 아아크熔接機에서 開路電壓을 80V로 하면,

$P_a \doteqdot 300 \times 80 = 24\,kVA$, 通常 $25\,kVA$.

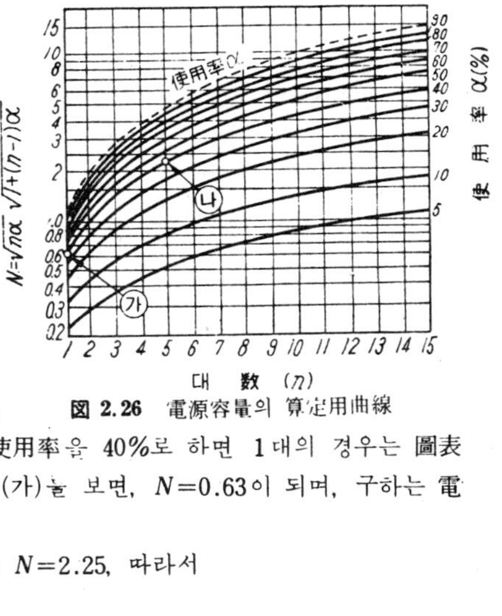

이것을 200A정도에서 常時使用하는 것으로 하면. $\beta = 2/3$, 따라서 $\beta P_a \doteqdot 16\,kVA$. 또한 使用率을 40%로 하면 1대의 경우는 圖表의 $\alpha = 40\%$의 곡선에 대하여 $n = 1$의 点 (가)을 보면, $N = 0.63$이 되며, 구하는 電源容量은, $Q = 16\,kVA \times 0.63 \doteqdot 10\,kVA$

또한 熔接機 5대이면, $n = 5$의 点 (나)에서 $N = 2.25$, 따라서

$$Q = 16 \times 2.25 = 36\,kVA$$

필요한 것을 알 수 있다.

(6) 熔接機의 保守

용접기를 長年間 사용하여 그 機能을 維持하기 위하여는, 平常時의 保守点檢이 필요하다. 点檢에 있어서는 電流調整핸들, 冷却홴, 電源스위치의 確實한 動作 如否를 조사하고 熔接機, 케이블, 스위치, 기타의 通電部分의 過熱 및 平常時와 다를 異常音과 異臭의 有無에 주의한다.

용접기의 설치장소는 될 수 있는대로 鐵粉, 먼지 濕度가 많지 않은 곳이 바람직하다. 용접기는 적어도 年1回정도 綜合的으로 內部의 淸掃手入을 하여 絶緣抵抗이나 一次無負荷電流의 測定을 하여 異常有無를 조사할 필요가 있다.

또한, 용접기를 다음과 같은 장소에서 사용할 때는 注文時에 미리 이것을 明記하여 그 用途에 알맞게 **特別**하게 제작한 용접기를 쓰지 않으면 안된다.

図 2.26　電源容量의 算定用曲線

  (가)　屋外에서　風雨에　노출되는　場所

  (나)　周圍温度가　－10℃以下인　場所

  (다)　有害한　腐蝕性가스가　存在하는　場所

  (라)　水蒸氣　또는　濕氣가　있는　場所

  (마)　油蒸氣가　많은　場所

  (바)　爆發性가스가　存在하는　場所

  (사)　異常한　振動　또는　衝擊을　받는　場所

  (아)　먼지가　매우　많은　場所

따라서　普通의　熔接機를　上記場所에서　長期間　사용해서는　안된다.

(7) 熔接電流와 電壓의 測定

용접기에는　二次電流(아아크電流)用의　電流計가　附屬하고　있는　것과　없는　것이　있다. 普通은 핸들 또는 노브(knob)로 電流調整을 하는 곳에 電流눈금자가 붙어 있다. 그러나 實際의 아아크電流는 용접기의 종류나 二次回路의 長短에 의하여 달라 짐으로, 實際로 아아크電流를 測定할 必要가 자주 있게 된다.

가장 간단한 電流計로는 그림 2.27과 같은 구조의 携帶用테스터가 있다. 이 테스터는 二次回路의 리이드線 1本만 그림과같이 물려보면 電流値를 알 수 있는 것이며, 交流, 直流兩用이다. 이밖에 直流의 경우는 二次回路의 리이드線途中에 分流器付의 直流電流計를, 交流의 경우는 變流器付電流計를 붙여 測定한다.

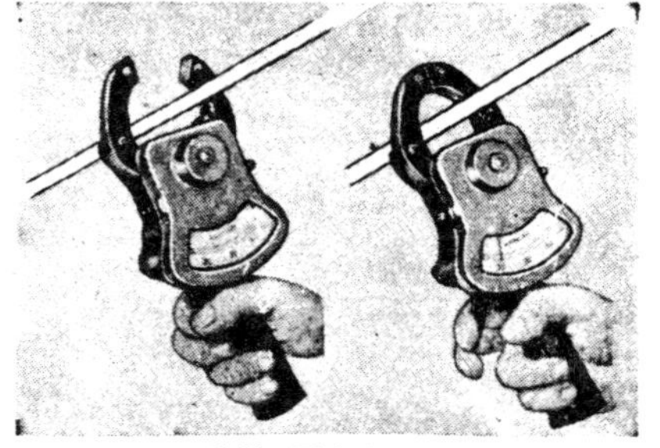

図 2.27　携帶用電流計의　一種

2.3.5　熔接用器具

피복아아크용접에는 전술한 아아크용접기외에 용접봉, 용접봉호울더, 케이블(導線), 防　器具 및 기타付屬的인 雜工具가 必要하다.

(1) 被覆아아크熔接棒(coated electrode)

용접봉은 裸의 金屬心線에 被覆劑를 塗裝한 것이나, 이에 대해서는 다음節에서 詳細하게 記述한다.

(2) 熔接棒호울더(electrode holder)

호울더는 熔接棒의 末端을 확고하게 붙잡고 용접전류를 케이블에서 棒에 전하는 器具이다. 호울더는 棒지름이 다른 각종용접봉을 손쉽게 脫着할 수 있고, 熔接工의 疲勞를 덜기 위해서 輕量이어야 하나, 호울더 自体의 電氣抵抗이나 棒을 끼우는 部分의 接觸抵抗에 의하여 加熱되어 가죽장갑을 통하여 잡을 수 없을 정도로 過熱되는 것이 아니라야 한다. 또한 絕緣이 充分하고 튼튼한 것이라야 한다.

호울더는 韓國工業規格 KS C 9607－1971에 의하면 表 2.4와 같은 종류가 있다. 大別하여 A形(安全호울더)와 B形으로 나뉘어진다. 그 一例는 그림 2.28과 같다. 感電防

表 **2.4** 熔接棒호울더(KSC 9607 - 1971)

種　　別	定　　　格			적용할수있는 용접봉의직경	접속할수 있는 최대 홀더용케이블
	사용율 %	용접전류 A	아아크電壓 V		
100号	70	100	25	1.2~3.2	22
200号	70	200	30	2.0~5.0	38
300号	70	300	30	3.2~6.4	50
400号	70	400	30	4.0~8.0	60
500号	70	500	30	5.0~9.0	80

止란 見地에서는 그림의 제일위의 것보다 아래쪽의 피복물로 완전하게 덮여진 **安全型** 이 바람직하나, 그러나 이것은 무거운 것이 欠 点이다. 熔接에 關聯한 感電事故는 主로 호울 더의 不良이 原因이다(10章參照).

（3）熔接用電線 (welding cable)

용접기에 사용하는 전선에는 一次側의 電源 (普通 交流200~220V)까지의 케이블과 용접 기부터 被熔接物까지의 二次側케이블이 필요하 다. 이에는 四種線이나 캡타이어케이블등이 所 要電流, 길이 및 用途에 따라 쓰이고 있다.

용접전선의 크기는 용접기의 용량이 200,300, 400A에 따라 一次側에는 각각 굵기 5.5mm, 8 mm, 및 14mm가 적당하며, 또한 二次側에는 각각 斷面積이 50 mm², 60 mm² 및 80 mm²가 적당 하다. 二次側케이블에는 可撓性이 풍부한 용접 용캡타이어 電線을 쓰고, 特히 호울더近處의 적어도 2～3m의 部分에는 作業이 容易하도록 特別하게 柔軟한 캡타이어電線을 쓴다. 캡타이 어 電線은 細徑(0.2～0.5 mm)의 銅線을 數100 내지 數1000 개를 꼬아서 튼튼한 종이로 싸고,

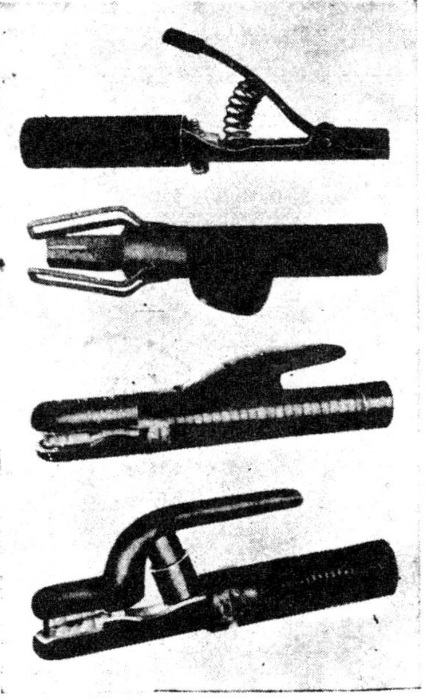

図 **2.28** 熔接棒호울더의 種類

그위에 고무被覆을 한 것이며, 二次電流의 크기와 케이블길이에 따라 表 2.5의 치 수의 것이 사용된다. 이 表는 日本電線工業會規格의 熔接用캡타이어電線에 대한 것 이다. 또한 아아크용접기의 二次側에 사용하는 용접용케이블에 대하여는 KSC 3321 - 1971에서 규정되고 있다.

二次側接地用케이블의 一端에는 接地接續을 위하여 그림 2.29와 같은 **그라운드클램 프**(ground clamp)가 쓰이며, 손쉽게 脫着할 수 있도록 되어 있다. 또한 케이블中間 에는 脫着容易한 **케이블죠인트**(cable joint)가 쓰이는 일이 있다.

表 2.5　熔接用캡타이어케이블의 距離와 치수(斷面積mm²)

距離 m 電流 Amp	20	30	40	50	60	70	80	90	100
100	38	38	38	38	38	38	38	50	50
150	38	38	38	38	50	50	60	80	80
200	38	38	38	50	60	80	80	100	100
250	38	38	50	60	80	80	100	125	125
300	38	50	60	80	100	100	125	125	
350	38	50	80	80	100	125			
400	38	60	80	100	125				
450	50	80	100	125	125				
500	50	80	100	125					
550	50	80	100	125					
600	80	100	125						

(備考)　本表는 直流使用時, 電壓降下 4 V以下의 치수(單位mm²)이며, 交流의 경우에는 한계단 큰 치수를 사용할 것.

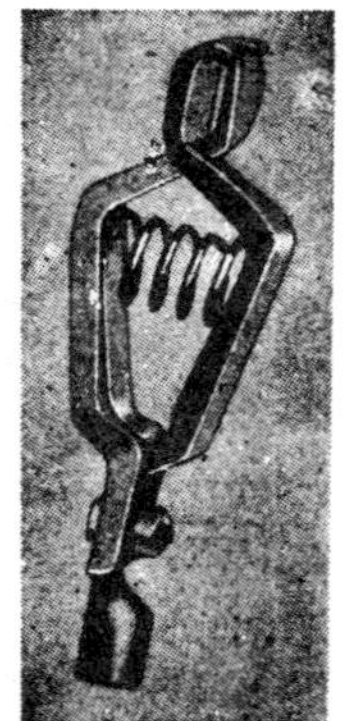

図 2.29　그라운드클램프

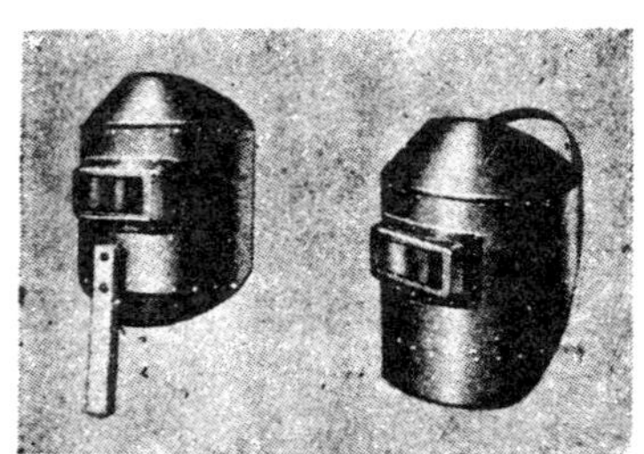

図 2.30　헬멧(右) 및 핸드시일드(左)

（4） 防護器具

熔接아아크는 有害한 光線(紫外線, 赤外線)을 발생하고, 또한 **스패터링**(spattering)에 의하여 熔融粒子를 飛散함으로, 용접작업자의 얼굴이나 머리를 보호하기 위하여 그림 2.30과 같이 머리로부터 쓰는 **용접헬멧**(helmet) 또는 손으로 잡는 **용접방패**(hand shield)를 사용한다. 이들에는 눈의 보호를 위하여 着色한 유리를 끼우고 있다. 이 유리의 遮光度는 아아크電流의 크기에 따라 表 2.6과 같이 결정되고 있다. (JIS B 9902 - 1954).

아 밖에 身体를 보호하기 위하여 그림 2.31과 같은 에프론, 팔카버, 장갑, 정강이카버等을 쓴다. 장갑은 皮革製가, 기타 는 防火加工된 帆布가 사용된다.

表 2.6 遮光유리의 規格 (JIS B 9902)

遮光度番号	
6～7	中程度의 가스熔接 및 切斷, 30A 未滿의 아아크熔接및 切斷, 金屬熔解作業等에 대하여 사용한다.
8～9	高度의 가스熔接, 切斷 및 30A 以上 100A 未滿의 아아크熔接, 切斷에 대하여 사용한다.
10～12	100A 以上 300未滿의 아아크熔接 및 切斷에 대하여 사용한다.
13～14	300A 以上의 아아크熔接 및 切斷에 대하여 사용한다.

(5) 其　　他

以上의 것들외에 이음의 청소, 용접후의 슬래그除去, 필렛용접부의 다리길이 測定등의 目的을 위하여, 와이어브러시, 칩핑해머, 정, 피이닝해머, 게이지 기타 각종工具類가 필요하다. 그 一例를 들면, 그림 2.32와 같다.

용접을 하는데는 작은 용접물일 때는 鋼製의 **熔接臺**(welding table)위에서, 큰 용접물은 例를들어 그림 2.33과 같은 **포지셔너**(positioner)에 ㄷ 올려놓고 有利한 아래보기용접 자세로서 작업하는 것이 바람직하다. 이에 대하여는 10 章에서 설명한다. 또한 아아크光線을 차단하는 目的으로 **스크린**(screen) 또는 커어튼이 쓰이고 있다.

2.4 被覆아아크熔接棒

피복아아크용접에 쓰이는 **被覆熔接棒**(coated electrode)은 金屬心線의 周圍에 **被覆劑**를 발라서 乾燥한 것이며, 그 一端은 호울더로 保持하여 電流를 흐르게 하기위하여 心線을 길이 約2.5mm 만큼 露出시키고 있으며, 다른 一端은 아아크發生을 용이

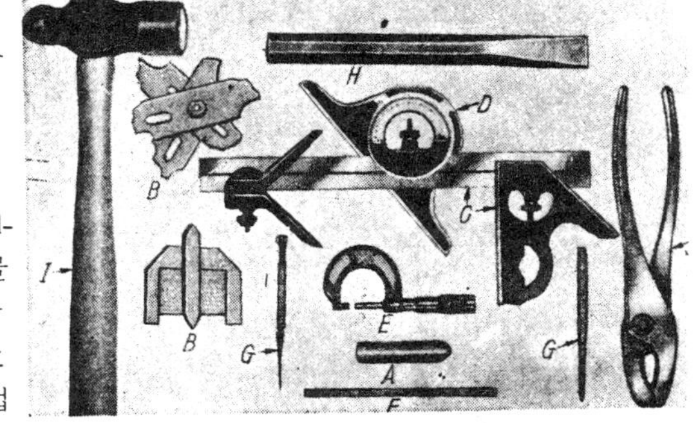

図 2.31 熔接工의 防護品

図 2.32 熔接用工具

図 2.33 熔接用포지셔너의 一例

하게 하기 위하여 一部分(길이 3 mm以下)의 心線을 노출하고 있다. 그 心線의 直徑
은 작은 것은 1 mm에서 큰 것은 10 mm의 것까지 各種棒지름이 있으며, 길이는 대략
350〜600 mm이다.

피복아아크용접봉에는 여러가지 種類가 있다. 被熔接物의 材質에 따라서, 炭素鋼,
特殊鋼, 輕合金, 銅合金, 니켈合金等의 熔接棒이 있으며, 이들은 母材의 材質, 용접물
의 사용목적, 용접자세, 사용전류의 極性, 이음形狀등에 따라 選定使用되고 있다.

2.4.1 心   線

軟鋼아아크熔接棒用心線의 化學成分은 表 2.7 (KSD 3508 - 1971)과 같이 規定되고 있
으며, 이들은 電氣爐, 平爐 또는 純酸素轉爐에 의한 鋼塊로 부터 熱間壓延 및 冷間引
拔에 의하여 만들어진다. 心線은 熔接金屬의 터짐 (균열)을 방지하기 위하여 極히 低

表 2.7 被覆아아크熔接棒心線 (KSD3508 - 1971)

種 類		記 号	化 學 成 分 %					
			C	Si	Mn	P	S	Cu
第1種	A	SWRW 1 A	0.09 以下	0.03以下	0.35〜0.65	0.020以下	0.023以下	0.20以下
	B	SWRW 1 B	0.09 以下	0.03以下	0.35〜0.65	0.030以下	0.030以下	0.30以下
第2種	A	SWRW 2 A	0.10〜0.15	0.03以下	0.35〜0.65	0.020以下	0.023以下	0.20以下
	B	SWRW 2 B	0.10〜0.15	0.03以下	0.35〜0.65	0.030以下	0.030以下	0.30以下

直 径 mm	5.0〜12.0	許 容 差 偏 徑 差
		±0.50 0.65以下

炭素이고 硫黃이나 燐等의 不純物이 특히 적게 되도록 指定하고 있다. 또한 珪素의 量
을 적게 하여, 소위 림드鋼(rimmed steel)으로서 만들어지고 있다. 이것은 熔融金屬
의 移行을 促進하기 위하여 필요하다.

2.4.2 被   覆   劑

(1) 被覆劑의 作用

일반적인 아아크熔接棒의 被覆劑의 作用을 열거하면 다음과 같다.

(가) 中性 또는 還元性의 분위기를 만들어, 大氣中의 산소나 질소의 침입을 방
지하고 熔融金屬을 보호한다.

(나) 아아크를 安定하게 한다.

(다) 熔融点이 낮은, 適當한 粘性이 가벼운 슬래그(slag)를 만든다.

(라) 熔接金屬(weld metal)의 脱酸精錬作用을 한다.

(마) 熔接金屬에 적당한 合金元素의 첨가를 한다.

(바) 熔融방울을 微細化하여 熔着效率을 높게 한다.

(사) 熔接金屬의 凝固와 冷却速度를 완만하게 한다.

　(아)　위보기 其他姿勢의 熔接을 容易하게 한다.

　(자)　슬래그의 除去를 容易하게 하고, 波形의 아름다운 비이드를 만든다.

　(차)　母材表面의 酸化物을 除去하여 熔接을 완전하게 한다(특히 輕合金의 경우는 그 效果가 현저하다).

　(카)　大部分의 棒에서는 絶縁作用을 한다.

　熔接中의 被覆劑의 중요한 작용으로는 (Ⅰ) 被覆筒의 生成, (Ⅱ) 아아크 분위기의 生成, (Ⅲ) 슬래그作用이 있다.

(i) 被覆筒의 生成

　피복제는 용접중에 心線보다도 약간 늦게 녹는 소위 被覆筒(그림 2.1 參照)을 形成하여, 그 결과 아아크의 集中 및 指向性과 熱効率이 向上되고, 熔着率과 熔入이 向上되고, 비이드表面이 아름답게 된다.

(ii) 아아크雰圍氣

　피복제는 아아크熱에 의하여 分解하여 多量의 가스가 發生한다. 이들의 가스源은 主로 피복제中의 有機物, 炭酸塩, 濕氣기타가 있다. 용접봉에 의한 아아크분위기의 組成의 一例는 表 2.8과 같이, 低水素系(D 4316)以外의 棒에서는 一酸化炭素CO와 水素H_2 가스가 大部分을 차지하고, 여기에 炭酸가스CO_2와 水蒸氣H_2O가 少量 包含되어 있는데 反하여, 低水素系에서는 水素가스가 極히 적고 대신 炭酸가스가 상당히 包含되어 있다. 이들 가스가 熔融金屬과 아아크를 大氣로부터 보호해 주는 것이다.

表 2.8　아아크雰圍氣의 組成例(%)

被覆아아크熔接棒	CO	CO_2	H_2	H_2O
D 4301	49.2	4.6	34.4	11.8
〃　　　(乾燥)*	57.0	5.1	27.1	10.0
D 4311	44.6	3.4	38.8	13.2
〃　　　(乾燥)	45.8	3.1	42.2	8.9
D 4312(13)	39.2	3.7	43.5	16.6
〃　　　(乾燥)	41.2	4.1	37.8	16.9
D 4316	50.8	27.6	6.9	14.7
〃　　　(乾燥)	50.7	31.0	3.9	14.4
D 4320(30)	40.2	7.5	30.8	21.5
〃　　　(乾燥)	55.6	7.3	.24.0	13.1

* 110°C 2時間 乾燥

(iii) 슬 래 그 作用

　피복제中의 가스發生源은 아아크분위기를 生成하나, 기타部分은 슬래그가 되어 용융금속과 反應 또는 이것을 보호한다. 슬래그는 主로 용융금속의 주위를 둘러싸서 이것을 보호하면서 熔融푸울 로 移行하고, 푸울(pool)內에 浮上하면서 脫酸反應이나 不純物을 제거하는 플럭스作用(熔媒作用)에 의하여 용융금속의 精錬을 한다. 또한 적당한 合金成分의 補充, 용융금속의 流動性增加등에 의하여 良好한 용융금속의 生成을 돕는다. 또한 슬래그는 凝固한 高温金屬을 덮어 이것을 보호함과 동시에 急冷을 緩和하는 작용을 한다.

(2) 被覆配合劑의 種類

　被覆劑原料에는, 예를들어 表 2.9와 같은 各種 有機物과 無機物이 사용되며, 그 作用은 반드시 同一한 것이 아니므로, 이들을 配合하여 우수한 피복제를 만들지 않으면 안된다. 同一規格分類品이라도 各製造者에 따라 配合이 다르며, 各各 秘密로 하고, 특징있는 商品名의 棒을 생산하고 있다. 日本 八幡熔接棒株式會社에서 內外各社의 **被覆配合比**를 조사한 결과는 表 2.10과 같다. 原料中 특히 多量 包含되어 있는 것은, 가스시일드系(E 6010)에서는 셀루로우즈, 高티타니아系(E 6012)에서는 루티일, **酸化鐵系**(E

表 2.9 被覆配合劑의 性質

物質 \ 性質	아크安定化	슬래그化	脱酸劑	還元가스發生劑	酸化性	合金劑	流動性增加	固着劑	슬래그剥離性增加
炭酸소오다(Na_2CO_3), 重炭酸소오다($NaHCO_3$), 酸性白土	○	○							
炭酸카리(K_2CO_3), 石灰(CaO), 石灰石($CaCO_3$)	○	○							
黄血塩($K_4Fe(CN)_6$)	○	○					○		
螢石(CaF_2)	○	○					○		○
硼砂($Na_2B_4O_7$), 硼酸(H_3BO_3), 苦土(MgO), 製鋼슬래그		○							
炭酸마그네슘($MgCO_3$), 알루미나(Al_2O_3)		○							
氷晶石(Na_3AlF_6)		○					○		
珪砂(SiO_2), 二酸化망간(MnO_2)	○	○			○		○		○
酸化티탄(TiO_2), 石綿	○	○					○		○
第二酸化鉄(Fe_2O_3), 밀스케일(Fe_3O_4), 砂鉄	○	○			○		○		
펠로실리콘, 펠로티탄, 펠로바나듐.			○			○			
酸化몰리브덴, 酸化니켈						○			
망간, 페로망간, 크롬, 페로크롬			○			○			
알루미늄, 마그네슘			○						
니켈, 니크롬線, 銅						○			
珪酸소오다(水硝子), 珪酸칼리	○	○						○	
小 麦 粉	○		○	○				○	
綿糸, 綿布, 紙, 木材톱밥	○		○	○					
炭 粉			○	○		○			
아교, 카세인, 제라틴, 아라비아고무, 糖密.				○				○	

表 2.10 (a) 軟鋼用熔接棒被覆劑의 原料例

原料	가스시일드系 (E 6010)	가스슬래그시일드系 (E 6012)	슬래그시일드系 (E 6020)	低水素系 (E 6015)
셀루로우즈	35	5	—	—
石綿	20	10	15	5
티타니아	12	—	—	—
루티일	—	55	20	—
粘土	—	10	5	5
酸化鉄	—	1	30	—
石灰石	—	—	—	40
螢石	—	—	—	15
氷晶石	—	—	—	5
페로실리콘	—	—	—	5
珪酸소오다	80	40	70	25

(b) 軟鋼用被覆劑의 成分例

成　分	일메나이트系 11 種 (%)	高셀루로우즈系 3 種 (%)	티나니아系 13 種 (%)	低水素系 28 種 (%)	高酸化鉄系 5 種 (%)	제트웰드 (%)
SiO_2	23~28	20~26	15~31	5~25	35~40	19.2
TiO_2	10~18	11~15	24~48	<22	<1	4.3
MnO	10~19	6~8	5~17	2~7	16~18	12.9
FeO	7~25	2~12	4~22	2~20	30~35	65.0
MgO	1~8	3~5	<5	<5	<5	1.5
Al_2O_3	3~9	9~10	4~16	<12	<4	4.1
CaO	4~8	<2	<10	8~26	<3	3.3
CaF_2	—	—	—	10~33	—	—
揮　発　分	2~10	27~31	<12	<20	<2	8.9

6020)에서는 酸化鐵 및 低水素系에서는 石灰石(라임)이다.

2.4.3 軟鋼用熔接棒의 規格과 特性

(1) 規格 (JIS Z 3211-1957)

軟鋼用피복아아크熔接棒(coated electrode for mild steel)은 현재 가장 多量으로사용되는 것이므로, 이에 대하여 충분한 知識을 갖을 필요가 있다. 韓國에서는 KS D 7004 - 1971에 상세히 규정되고 있다. JIS는 美國熔接協會(American Welding Society, 略稱AWS)의 규격에 맞추고 또한 日本의 實情에 맞도록 만들어진 것이다. 棒의 種類는 全熔着金屬의 引張强度, 熔接姿勢 및 被覆劑의 종류에 따라, 規格書內의 表 1에 表示한 15種類에 分類되어 있다. 그中 主要한 것은

    일메나이트系   (ilmenite type)······D 4301
    高셀루로우즈 系(high cellulose type)···· D 4310, D 4311
    高酸化티탄系   (high titania type)···· D 4312, D 4313
    低水素系 (low hydrogen type)······D 4315, D 4316
    高酸化鉄系 (high iron-oxide type)······D 4320, D 4330
    鉄粉系 (iron powder type)······D 4324, D 4327

이다. 즉, 棒의 記號는 다음 뜻을 갖고 있다.

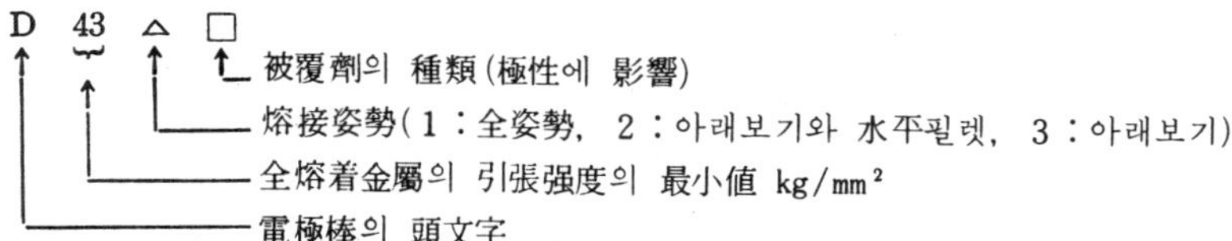

또한 美國에서는 D代身에 E(electrode의 頭文字)를,또한 引張强度 43kg/mm² 대신에 lb/in² 單位의 60000psi의 처음 2자리를 써서 E 6010, E 6016이라 부르고 있다. 즉,

               D 4310 ⇌ E 6010
               D 4316 ⇌ E 6016

이다.

다음에 JIS規格의 概要를 들고, 다음節에서 各種類의 특성을 든다.

(ⅰ) 種類 및 치수

JIS규격에서는 용접하기 쉬운 炭素鋼 및 低合金鋼의 용접에 쓰이는 薄被覆 및 厚被覆의 金屬아아크熔接棒에 대하여 규정하고 있다. 그 種類는 表 2.11과 같다. 또한 後述하는 深熔入의 型틀굽힘試驗 및 필렛熔接試驗에 合格하면, 種類記號에 後置文字P를 附記하여 **深熔入熔接棒**(deep penetration electrode)라 부를 수 있다.

表 2.11 軟鋼用被覆아아크熔接棒의 種類

熔接棒의種類	被覆劑의系統	熔接姿勢 (가)	使用電流의種類 (다)
D 4300	規定치 않음	F, V, OH, H	AC 또는 DC
D 4301	일메나이트系	F, V, OH, H	AC 또는 DC
D 4302	規定치 않음	F, H-Fil	AC 또는 DC
D 4303	라임티타니아系	F, V, OH, H	AC 또는 DC
D 4310	高셀루로우즈系	F, V, OH, H	DC (R)
D 4311	高셀루로우즈系	F, V, OH, H	AC 또는 DC (R)
D 4312	高酸化티탄系	F, V, OH, H	DC (S) 또는 AC
D 4313	高酸化티탄系	F, V, OH, H	AC 또는 DC (S)
D 4315	低水素系	F, V, OH, H	DC (R)
D 4316	低水素系	F, V, OH, H	AC 또는 DC (R)
D 4320	高酸化鉄系	F, H-Fil	水平필렛熔接에서는 AC 또는 DC (S) 아래보기熔接에서는 AC 또는 DC
D 4324	鉄粉酸化 티탄系	F, H-Fil	AC 또는 DC
D 4327	鉄粉酸化鉄系	F, H-Fil	水平필렛熔接에서는 AC 또는 DC (S) 아래보기熔接에서는 AC 또는 DC
D 4330	高酸化鉄系	F	AC 또는 DC
D 4600	規定치 않음	F, H-Fil	AC 또는 DC

〔註〕 (가) F·아래보기, V……垂直, OH…위보기, H……水平, H-Fil……水平필렛
　　　(나) AC……交流, DC……直流兩極性, DC(S)……直流正極性, DC(R)……直流逆極性.

心線의 化學成分은 表 2.7과 같은 것을 標準으로 하고, 그 以外의 心線을 쓰는 경우에는 P, S는 各各 0.030%以下, Cu는 0.30以下이어야 한다. 또한 心線의 표준치수는,

　　　棒지름(mm) (3.2, 4, 5, 6, 6.4, 7, 8) ±0.05
　　　길이　　　　(350, 400, 450, 500) ±3

라 규정되고 있다. 또한 熔接棒의 偏心率(心線直徑＋片側被覆의 두께 의 最大値와 最小値와의 差의 最小値에 대한 百分率)은 3%以下로 규정되고 있다.

(ⅱ) 品   質

熔接棒의 品質로는, (가) 被覆, (나) 全熔着金屬의 機械的性質, (다) 型틀굽힘試驗

表 2.12 試驗의 種類, 熔接姿勢,* 및 電流 **

棒 径 (mm)	引張試驗	衝擊試驗	型굽힘試驗	필렛試驗	水素試驗	熔接棒種類	電流 및 極性
3.2	—	—	—	—	—	D4300…AC 또는 DC	
4,5	F	F	V,OH	V,OH	—	D4301…AC 또는 DC	
6,6.4	F	F	F	F	—	D4303…AC 또는 DC D4310…DC(R)	
7,8	F	F	F	F	—	D4311…AC 또는 DC(R)	
3.2	—	—	—	—	—	D4302…AC 또는 DC	
4,5	F	F	F	H	—	D4320‥ (필렛)AC 또는 DC(S)	
6,6.4	F	F	F	H	—	(아래보기)AC 또는 DC	
7,8	F	F	F	—	—	D4600…AC 또는 DC	
3.2	—	—	—	—	—		
4,5	F	—	V,OH	V,OH	—	D4312…DC(S) 또는 AC	
6,6.4	F	—	F	H	—	D4313…AC 또는 DC(S)	
7,8	F	—	F	—	—		
3.2	—	—	—	—	—		
4	F	F	V,OH	V,OH	—	D4315…DC(R)	
5	F	F	F	H	F	D4316…AC 또는 DC(R)	
6,6.4	F	F	F	H	—		
7,8	F	F	F	—	—		
3.2	—	—	—	—	—		
4,5	F	—	F	H	—	D4324…AC 또는 DC	
6,6.4	F	—	F	H	—		
3.2	—	—	—	—	—		
4,5	F	F	F	H	—	D4327… (필렛)AC 또는 DC(S)	
6,6.4	F	F	F	H	—	(아래보기)AC 또는 DC	
3.2	—	—	—	—	—		
4,5	F	F	F	—	—	D4330…AC 또는 DC	
6,6.4	F	F	F	—	—		
7,8	F	F	F	—	—		

〔註〕 * F…아래보기, V…垂直, OH…위보기, H…水平
    ** AC…交流, DC…直流, DC(R)…直流逆極性(棒陽極), DC(S)…直流正極性(棒陰極).

成績, (라) 필렛試驗成績 및 (마) 水素定量 試驗成績이 규정되고 있다. 이들 시험의 實施區分은 棒種, 棒지름 및 熔接姿勢에 따라 表 2.12와 같이 규정되어 있다.

우선 被覆에 대하여는 均質이고 欠陷이 없고, 剝離나 變質하지 않는 것이 要求된다.

가) 全熔着金屬試驗   전용착금속의 기계적성질은 인장시험과 충격시험의 성적이 表 2.13의 값以上이어야 한다. 이때 引張試驗片은 그림 2.34와 같이 丸棒試驗片(標点距離와 直徑의 比 $L/D=4.0$이고, JIS 와는 조금 다르나 미국의 AWS와 一致)을 쓰고, 또한 충격시험은 그림 2.35의 샤르삐衝擊試驗을 室溫(15~20℃)에서 行하는 것으로 되어 있다(脆性破壞에 대한 노치脆性을 조사하는 意味에

表 2.13　全熔着金属의 機械的性質(D 4600除外, 熔接한 그대로 表의 값以上)

種　類	引張强度 (kg/mm²)	降伏点 (kg/mm²)	延伸 (%)	衝擊值(U 샤르삐) (15~20°C) (kg-m/cm²)
D 4300	43	35	22	9
D 4301	43	35	22	9
D 4302	43	35	22	9
D 4303	43	35	22	9
D 4310	43	35	22	9
D 4311	43	35	22	9
D 4312	47	37	17	—
D 4313	47	37	17	—
D 4315	47	37	22	12
D 4316	47	37	22	12
D 4320	43	35	25	9
D 4324	47	37	17	—
D 4327	43	35	25	9
D 4330	43	35	25	9
D 4600	46	38	26	9

（備考）　D 4600의 경우는 応力除去熱處理(625°C×1h)한 다음의 값을 表示

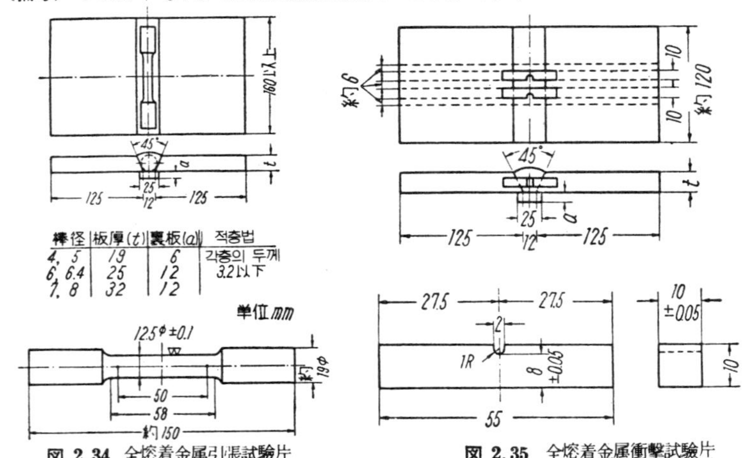

図 2.34　全熔着金属引張試驗片　　　　図 2.35　全熔着金属衝擊試驗片

서는 0 °C의 V 샤르삐쪽이 좋다. 第 6, 9, 11章 參照). 또한 이때의 봉접조건은 다음과 같이 상세히 지정되고 있다.

試驗板은 두께 12 mm 이상의 石綿으로 定盤과 熱的으로 차단하고, 이음의 仮熔接을 한 다음, 용접을 하기 전에, 試驗板을 沸騰水로 약 5分 加熱한다. 용접작업은 아래 보기로 하고, 室溫은 15°C 以上으로 한다(위이빙은 홈의 全幅에 같게 하고, 最終層은 2回의 패스로서 熔着하는 것이 좋다). 各層 또는 패스의 두께는 3.2 mm 以下로 한다.

各패스의 熔着을 완료할 때마다, 試驗板을 石綿위에서 적어도 5分間以上 靜止大氣中에서 冷却한 다음, 沸騰水中에 約 5分間 담그어, 다시 끄내서 즉시 다음 熔着을 한다.

最後패스의 용착이 끝나면, 試驗板을 최종적으로 5分間 沸騰水中에 담그어 두어야 한다. 만일 이 順序를 中絶할 필요가 생긴 경우에는 시험판을 비등수중에 5分間 담근 다음 靜止大氣中에서 냉각해야 한다. 다음 재차 용착을 시작할 때는 시험판을 비등수중에 5分間 담그어 豫熱하여야 한다.

용접이 끝난 시험판으로 부터 그림 2.34와 그림 2.35와 같이 1個의 熔着金屬引張試驗片과 2個의 衝擊試驗片을 作製한다. 이때 시험편은 機械切斷으로 잘라낸다. 또한 D 4600以外의 시험판 및 시험편에 대하여는 應力除去를 하여서는 안된다. D4600 으로 용접이 끝난 시험판은 다음 요령에 의하여 應力除去를 위한 熱處理를 한다. 즉, 시험판을 적당한 爐에 의하여 均等하게 徐徐히 加熱(目標는 每時150～170℃의 昇溫) 하여 625±25℃로 도달시키고, 이 온도로 1時間 유지시킨 다음, 爐內에서 徐冷하여 250℃에 도달했을 때, 爐外에 끄내서 放冷한다.

나) 型틀굽힘試驗

棒지름 4 mm 및 5 mm의 용접봉에 대하여는, 그림 2.36과 같은 시험편을 써서 表面굽힘과 뒷面굽힘, 봉지름 5 mm 를 넘는 용접봉에

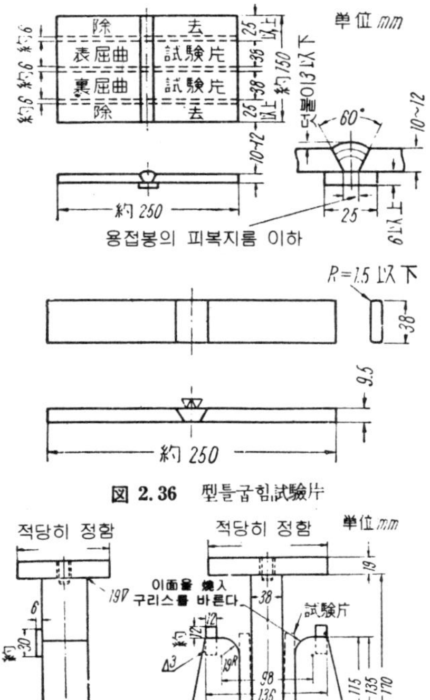

図 2.36 型틀굽힘試驗片

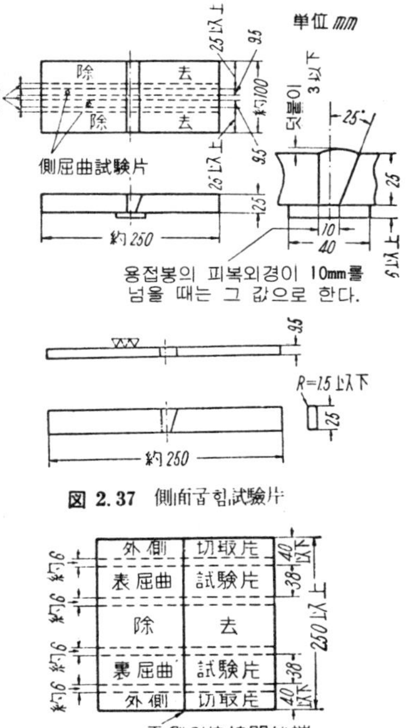

図 2.37 側面굽힘試驗片

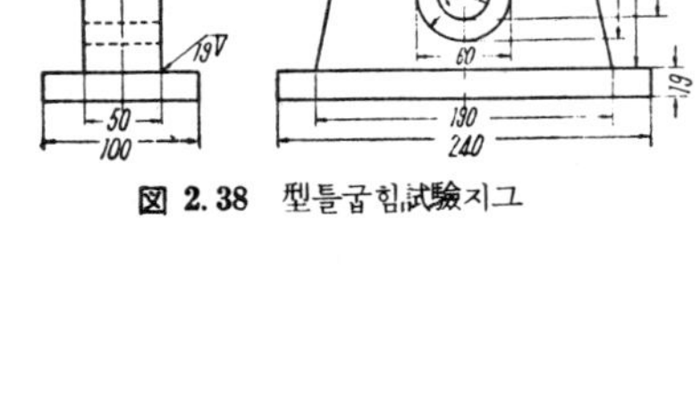

図 2.38 型틀굽힘試驗지그

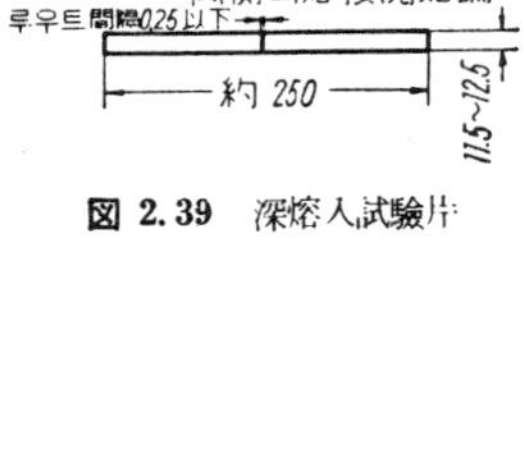

図 2.39 深熔入試驗片

대하여는 그림 2.37과 같은 시험편을 써서 側面굽힘의 형틀굽힘시험 (guided-bend test)을 한다. 이 시험은 板두께 9.5mm로 깎은 굽힘시험편을 그림 2.38과 같은 型틀굽힘지그를 써서 180℃굽혀서 굽혀진 外面에 여하한 方向에도 길이3.2mm 이상의 균열 또는 결함이 있어서는 안된다.

형틀굽힘시험판의 용접은 棒의 종류, 봉지름 및 電流極性에 따라 表 2.12와 같은 자세로 한다. 第1層의 開始前의 板溫度는 15~40℃, 層은 3層以上 덧붙임하는 것으로 되어 있다.

또한 深熔入熔接試驗의 경우는 棒지름 6mm를 사용하여 그림 2.39와 같은 I型맞대기이음의 兩側熔接을 한다. 各側의 용접개시전 板온도는 15~45℃로 하고, 시험판 및 시험편의 應力除去를 해서는 안된다. 용접완료후, 그림 2.36과 同一한 表 및 뒷面굽힘시험편을 만들어, 이것을 형틀굽힘시험 한다. 判定은 上述한 바와 同一하다. 또한 그림 2.39부터의 시험편切取는 機械切斷으로 한다. 단, 가스切斷에 의하는 경우에

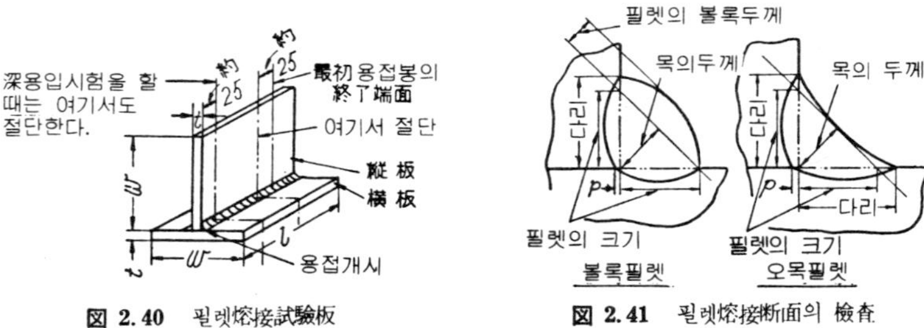

圖 2.40　필렛熔接試驗板　　　　**圖 2.41**　필렛熔接斷面의 檢査

表 2.14　필렛熔接試驗板의 치수, 其他(mm)

| 棒 徑 | 母材의 치수 | | | 필렛의 크기 * | | | | | 필렛의 크기 * | | |
	두께 (t)	幅 (w)	길이 (l)	姿 勢	A群	B群	C群	D群	姿 勢	E群	F群
3.2	—	—	—	—	—	—	—	—	—	—	—
4	6	76	300	V, OH	6.5 以下	4 以上	5 以下	6.5以下	H	4 以上	5 以上
5	9	76	460	V, OH	8 以下	5 以上	6.5以下	5 以上	H	5 以上	6.5 以上
6	12	76	460	H	7 以上	7 以上	6.5以上	7 以上	H	7 以上	7.5 以上
6.4	12	76	460	H	8 以上	8 以上	6.5以上	8 以上	H	8 以上	8 以上
7	—	—	—	—	—	—	—	—	—	—	—
8	—	—	—	—	—	—	—	—	—	—	—

* 適用棒種, A群…D4300, D4301, D4303, D4312, D4313.　　B群…D4302
C群…D4310, D4311.　　　D群…D4315, D4316.　　　E群…D4320, 4600.
F群…4324, D4327.

는 다듬질余裕두께를 3mm以上 남겨서 자르도록 한다.

다)　필렛熔接試驗　　　　　　　이 시험에서는 그림 2.40과 같은 T 이음 (치수는 表 2.14)을 表 2.12의 組合에 따라 水平, 수직, 위보기의 各姿勢 (어느것이나 縱板을 鉛直으로 둘것)로 필렛용접하여 兩側의 용접부에 균열, 기타 결함의 有無를 조

사한다. 또한 圖示된 위치에서의 切斷面을 硏摩하여 엣칭(腐蝕)하고, 그림 2.41과 같이 측정하여 필렛용접의 形狀(필렛의 크기, 다리기리, 볼록의 정도) 및 熔入을 조사한다. 시험성적으로는 필렛이 밑까지 충분히 용입하고, 필렛의 다리길이의 差가 1.6 mm以下, 그리고 볼록필렛의 볼록程度는 그림 2.42의 값以下이어야 한다. 또한 용접부에는 균열 및 有害하다고 인정되는 氣孔, 언더컷, 오우버랩 및 슬래그섞임이 있어서는 안된다. 그리고 검사는 최초로 용접을 한 필렛에 대하여 하기로 되어 있다.

이 필렛용접시험의 용접은 이음의 片側에 1層으로 하여야 한다. 또한 수직자세에서는 上進法에 의한다. 最初의 용접봉은 아아크를 中斷함이 없이, 그 全長(露出心線部를 包含하여 50mm 除外)을 용착시켜야 한다.

深熔入熔接試驗에서는 그림 2.40과 같이 2斷面에 대하여 검사하고 또한 필렛의 용입(그림 2.41의 P)이 2.5 mm 以上이어야 한다.

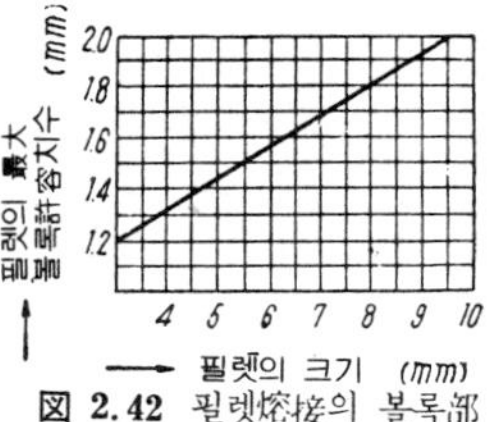

図 2.42 필렛熔接의 볼록部 許容치수

라) **水素試驗**　　　이 試驗은 용착금속의 含有水素에 대한 定量을 하는 것으로 低水素系에 대하여 適用된다. 시험은 두께 12mm, 幅25mm, 길이 130mm의 短冊型의 軟鋼試驗材 4個에 각각 棒지름 5mm의 용접봉각 1本씩을 써서, 아아크電壓22〜23V, 용접전류170〜200A로 비이드를 용착한다. 또한 용착直前에 용접봉의 先端25 mm를 別途의 鋼板위에서 녹여서 除去하고, 그 다음 계속하여 길이 약115mm의 비이드를 용접봉 약130mm를 사용하여 만든다.

各試驗片은 各各 용착완료후 30초以內에 20℃의 물에 담그어 急冷한 다음 청소하고 **글리세린置換法**(第9章 參照)에 의한 **水素捕集器**中에 挿入한다. 이 操作에 요하는 時間은 용착완료후 120초內라 규정되고 있다. 4個의 시험편全部를 水素捕集器內에 挿入이 끝나는 全時間은 30分以內로 정해져 있다.

시험편은 약45℃의 글리세린中에 48時間 담그어 두고, 捕集된 水素量이 D 4315 및 D 4316의 低水素系용접봉에 대하여는, 용착금속 1g當 0.1cm³를 넘어서는 안되는 것으로 규정되고 있다.

(2) **特　　　性**

가) **D 4300** 被覆劑의 系統에서 다른 종류에 포함시킬 수 없는 것이 일단 이 종류에 속하게 된다.

나) **D 4301** 피복제中의 主成分으로서 일메나이트를 30%以上 含有한 슬래그시일드型의 소위 **일메나이트系熔接棒**(ilmenite type electrode)이다. 全姿勢用이며, 交流(A. C.)用으로 만들어지고 있으나, 直流(DC)正極性으로서 사용될 수 있다. 機械的性質이 양호하고 重要한 一般機器 및 構造物, 汽缶, 造船, 高壓容器, 建築, 橋梁, 車輛等 모든 구조물의 용접에 쓰인다. 단, 피복제中의 有機物의 量에 따라 作業性과 균裂性이 현저하게 變化함으로 주의를 요한다.

다) **D 4302** 아래보기 및 수평필렛熔接用으로서 特히 作業性 및 作業能率의 向上을 目的으로 하는 棒이며, 피복제의 계통은 규정되어 있지 않다. 深熔入棒 또는 高酸

化鐵系以外의 아래보기 및·水平필렛용접용으로 만들어진 각종 **被覆棒**이 이에 속한다.

라) **D 4303** 酸化티탄을 약 30%이상 含有하고, 塩基性酸化物도 多量 含有한 슬래그시일드型熔接棒이며, **라임티타니아系**의 것이다. 最近 急速하게 발달되고 있으며, 以前에는 D 4300에 포함되어 있었다. 全姿勢用, A. C. 또는 D. C.에 사용되며, 슬래그시일드型용접으로서 使用性能이 우수하다 酸化티탄을 많이 함유하고 있으나, 티타니아系의 D 4312, D 4313보다도 기계적성질이 뛰어나고 있다.

마) **D 4310, D 4311** 피복제中에 셀루로우즈를 重量으로 20~30%以上 포함한 가스시일드型의 棒이며, **高셀루로우즈系熔接棒** (high cellulose type electrode)이라 불리고 있다. 强力한 스프레이型아아크를 발생한다. 단, 電流가 너무 크면 스패터가 심하게 된다. 슬래그는 얇아 除去가 용이하나, 비이드는 약간 거치른 波形이 된다. 全자세로 사용할 수 있으며, D 4310 (高셀루로우즈나트륨型)은 直流逆極性用에, D 4311 (高셀루로우즈카륨型)은 交流 또는 直流逆極性用으로 만들어지고 있으나, D 4311 直流逆極性의 경우는 D 4310 直流逆極性에 비하여 作業性이 약간 떨어진다. 어느것이나 피복제가 얇고, 그 두께는 心線直徑의 14~20%정도이다. 用途는 造船, 建築, 橋梁, 貯藏탱크, 高壓容器의 付屬品等의 용접에 쓰인다. 또한 아아크가 强함으로 亞鉛鍍鐵板의 용접에도 사용된다.

바) **D 4312, D 4313** 피복제中에 酸化티탄 (루티일 rutile)을 重量으로 30%以上 함유하는 **高酸化티탄系熔接棒** (high titania type electrode)이며 **루티일系** (rutile type)라고도 불리우는 全姿勢用봉접棒이다. 아아크는 조용하고 스패터가 적으며, 슬래그의 流動性이 양호하여 그 피복상태도 좋아 作業性이 우수하다. 용입은 中程度임으로, 薄板 용접이나, 附着面이 고르지 않는 이음의 용접에 적당하다. D 4312는 高酸化티탄나트륨型이며 直流正極性用에, D 4313은 高酸化티탄카륨型이고 交流 또는 直流正極性用으로 만들어지고 있으며, 熔入이 얕으므로 특히 살두께가 얇은 이음이나 薄板의 용접에 적합하다. 이러한 종류의 용착금속은 非金屬介在物을 많이 含有하고, 機械的性質도 다른 용접봉에 비하여 약간 떨어지고, 또한 용접중에 高溫터짐이 생기기 쉬운 欠点이 있다.

사) **D 4315, D 4316** 이것은 **低水素系熔接棒** (low hydrogen type electrode)라 불리우며, 아아크雰圍氣中의 水素量을 감소시킬 目的으로 피복제中에 有機物을 감소시키고 그대신 炭酸石灰 (lime carbonate) 또는 炭酸마그네슘을 다량 含有시킨 것이다. 그러고 이에 의하여 발생한 탄산가스로 아아크를 시일드 (shield) 한다. 따라서 **라임系**라 할 때도 있다. 이 피복은 他棒에 비하여 두껍고, 아아크길이가 짧고 끊기기 쉬움과동시에 용융금속의 粘性이 크므로 作業性이 매우 좋지 않다. 兩者 共히 全자세로 쓰이나, D 4315는 直流逆極性用에, D 4316은 交流 또는 直流逆極性用으로 제작되고 있다. 용착금속은 특히 延伸性과 靭性에 뛰어남으로 重要構造物의 용접에 쓰인다. 또한 低水素系熔接棒은 後章에서 기술하는 바와 같이, 極厚軟鋼, 低合金鋼 및 强靭鋼의 **비이드밑터짐** (lnderbead cracking)의 防止에 매우 有効하며, 또한 硫黃을 多量 함유한 快의 용접에 적합하다. 기타종류의 용접봉으로는 母材를 豫熱하지 않으면 용착부가

터지는 경우에도, 低水素系용접봉을 쓰면, 예열온도를 훨씬 낮게 할 수 있는 利点이
있다.

아) D 4320, D 4330 이 종류는 피복제中에 **酸化鐵**을 30%정도 함유한 나트륨型, 즉
소위 **高酸化鐵系熔接棒** (high iron oxide type electrode)이며, 슬래그시일드型의 아래
보기熔接用으로서 交直流兩用에 사용된다. D 4320은 특히 水平필렛도 可能한 棒이다.
슬래그는 무겁고 完全하게 덮이며, 벌집모양의 良好한 슬래그가 얻어진다. 용착속도도
빠르고 또한 용착금속의 기계적성질이 양호함으로 X線透過試驗에 合格할 필요가 있는
水平필렛熔接이나 厚板의 아래보기 용접에 적합하다. 壓力容器나 重機械의 基礎構造物
의 용접에 잘 사용된다. D 4320에 의한 필렛용접의 形狀은 오목하게 되는 경향이 있
다. 비이드의 表面은 매끈하고 평평한 波形이 생긴다.

자) D 4324 이것은 高酸化티탄系의 D 4312, D 4313의 被覆劑系統의 것에 多量의
鐵粉 (約50%以上)을 添加한 것이며, **鐵粉酸化티탄系** (iron powder titania type)이다.
이 鐵粉은 心線과 함께 용융하여 용착금속으로 移行함으로, 他被覆系에 비하여 용착
속도가 매우 빠르다(約1.5倍).

D 4324는 他系의 棒에 비하여 매우 두꺼운 피복을 갖으며, 보통 棒重量의 약50%정
도이다. 厚被覆임으로 깊은 保護筒을 形成하게 되며, 棒端을 母材에 접촉시킨채로 용
접(接觸熔接)을 할 수 있다. 이때문에, 操作이 특히 容易하다. D 4324는 軟鋼의 필렛
용접에 적합하다. 비이드는 약간 볼록型이 되며, 波形은 잘고 아름다운 外觀을 나타
낸다. 아아크는 조용하고 스패터가 적다. 電流는 交流 또는 直流兩極性에 사용된다.
용입이 적다. 이 棒은 普通 軟鋼에 쓰이나, 低合金鋼 및 中, 高炭素鋼에도 사용 된다.

차) D 4327 이것은 高酸化鐵系의 피복에 多量의 鐵粉을 添加한 것으로, **鐵粉酸化**
鐵系(iron powder iron oxide type)라 한다. 目的은 D4324와 같이 빠른 熔着速度
와 接觸熔接 및 作業의 容易性을 얻기 위함이다.

D4327의 필렛 및 홈용접의 비이드는 平坦 또는 오목形에 가깝다. 전류는 交流 또는
直流兩極性으로 쓰인다. 용융방울은 스프레이形이며, 용입은 中程度, 스패터損失은 극
히 적다. 슬래그除去도 용이하다. 이 棒은 厚板에 적합하고, 기계적성질도 우수하다.

(以上의 D4324와 D4327은 아래 보기 및 水平필렛用의 용접봉이나, 最近에는 **低水**
素系의 鐵粉入熔接棒도 제작되고 있으며, 이것은 全姿勢用이다.)

카) D 4600 이것은 보일러用壓延鋼材 SB-46의 용접목적에 쓰이는 것으로, 650℃
의 應力除去어니일링 (annealing)으로 引張强度 46kg/mm², 延伸26%가 얻어지도록 한
용접봉이며, 피복계통은 지정되어 있지 않다. 아래 보기 및 水平필렛용접용이다.

타) 深熔入熔接棒 특히 大電流를 써서 용입을 깊게 함으로써 맞대기 및 필렛용
접의 能率向上을 꾀하는 용접봉을 **深용입용접봉**(deep·penetration electrode)이라 한
다. 前述한 JIS Z 3211 에서는 맞대기 및 필렛의 深용입시험에 합격한 것이 이에 該
當한다. 種類記號에 後尾文字 P를 附記하여 表示한다.

파) 二重被覆熔接棒 이것은 최근 발달하고 있는 용접봉이며, 그림 2. 43과 같
이 2種類의 피복제를 同一心線에 二重으로 피복한 것이다. 일반적으로 피복중에는

表 2.15　軟鋼用被覆아아크

熔接棒의級別番號 (D…JIS, E…AWS)		D 4301	D 4303	D 4310 / E 6010	D 4311 / E 6011	D 4312 / E 6012
被覆剤의系統		일메나이트系	라임티타니아系	高셀루로오즈나트륨系	高셀루로우즈칼륨系	高酸化티탄나트륨系
熔着金属의機械的性質	引張強度 (kg/mm²)	44~48	44~49	44~50	44~50	48~55
	降伏点 (kg/mm²)	37~42	37~42	37~41	37~41	39~46
	延伸率 (%)	22~28	22~28	22~28	22~28	17~22
	断面収縮率 (%)	≧40	≧40	≧35	≧35	≧25
	衝撃値 (샤르삐) (kg-m/cm²)	10~15	12~17	13~18	13~18	—
	疲勞限度 (kg/mm²)	—	—	19.7~22.5	19.7~22.5	—
	브리넬硬度	130~160	—	140~160	140~160	150~170
	比重	7.80~7.85	—	7.82~7.86	7.82~7.86	7.80~7.85
熔接電流 (A)	心線直径 4 (mm)	120~180	—	120~160	120~160	120~180
	〃 5 (mm)	170~250	—	140~220	140~220	140~250
아아크電壓(V)	心線直径 4 (mm)	25	—	24~26	24~26	18~22
	〃 5 (mm)	27	—	26~30	26~30	20~24
아아크의狀況		스프레이型	약간 大	强力스프레이型		安定
熔入		大	中庸	大		中庸
슬래그의狀況		多量, 카버完全	카버 完全	少量, 카버不完全,剝離容易		稠密, 카버完全
비이드의外觀		美	美	약간 粗		美
필렛의狀況		平 또는 약간 凹	平 또는 약간 凹	平		凸
內部組織		優秀	良好	良 好		不純物混在
스패터		少	少	多		少
主要한 特徵 또는 用途		軟鋼에 使用하며, 造船, 建築等 모든 構造의 熔接에 쓰인다.	全姿勢用熔接棒이며, 특히 아래보기 및 垂直의 다리 길이가 짧은 필렛熔接에 적합하다.	全姿勢用의 熔接, 특히 X線檢査를 필요로 하는 垂直 및 위보기 熔接에 勸獎된다. 軟鋼에 많이 使用됨. 그러나, 亞鉛鍍鋼板이나低合金鋼에도 사용할 수 있다 代表的利用分野는 造船, 建築, 橋梁등의 構造物,貯藏탱크, 管, 및 高壓容器의 付屬物 等.		全姿勢用熔接棒이지만, 垂直, 위보기보다 아래보기 및 水平熔接에 많이 사용된다. 특히 1層高速度大電流의 필렛熔接에 勸獎된다. 工作 및 맞춤이 고르지 않는 이음,高炭素鋼에 적합하다.

熔接棒의 種類와 그 特性

D 4313 E 6013 高酸化티탄 칼륨系	D 4315 E 6015 低水素·나트륨系	D 4316 E 6016 低水素 칼륨系	D 4324 E 6024 鉄粉酸化티탄系	D 4327 E 6027 鉄粉酸化鉄系	D 4320 E 6020 高酸化鉄系	D 4330 E 6030 同　左
48～55	48～54	48～54	48～55	44～48	44—48	44～48
39～46	39～44	39～44	39～46	37～41	37～41	37～41
17～22	28～35	28～35	17～22	25～30	25～30	25～30
≧25	55～75	55～75	≧25	≧40	≧40	≧40
—	15～30	15～30	—	9～15	10～15	10～15
—	—	—	—	—	21.1～22.9	21.1～22.9
150～170	140～160	140～160	—	—	150～170	150～170
7.80～7.85	7.80～7.85	7.80～7.85	—	—	7.82～7.95	7.82～7.95
120～170	130～190	130～190	—	180～240	120～180	—
140～240	160～230	160～230	—	230～290	170～250	—
18～22	21～24	21～24	—	—	26～30	—
20～24	22～25	22～25	—	—	30～36	—
D4312보다 더 安定	짧게 維持해야 함		스프레이型	스프레이型	스프레이型	스프레이型
D4312보다 적음	中　庸		中　庸	약간 大	大電流로 큰 熔入을 얻음	大
同　左	多 量, 剝 離 容 易		稠密, 카버 完全	多量, 카버 完全	多量, 카버 完全	少量, 稠密 流動性없음
美	美		美	美	美	美
凸	平 또는 약간 凸		凸	平	平 또는 약간 凸	凹
D4312보다 良	良　好		不純物混在	優　秀	優　秀	優　秀
少	—		少	少	—	—
薄板의 垂直 下進熔接에 가장 적합 하다.	D4310, D4311 보다 機械的性質良好. 合金鋼 高炭素鋼, 高硫黃등에 利用되는 외에, 可鍛鑄鐵, 스프링鋼, 鍍金의 熔接, 其他 熔接後 琺瑯을 입히는 鋼材나세렌을 含有하는 鋼材에 사용될 수 있다. 이 系統의 棒은 低水素인것이 특징임으로 사용할 때는 잘 乾燥시킬 것.		被覆中에 鐵粉을 多量 含有하고, 熔接能率이 매우 좋다. 아아크發生이 容易하고 熔接中 短絡하는 일이없다. D4327쪽이 熔着金屬의 性質이 良好하다. 水平필렛 및 아래보기 熔接에 쓰이나, 水平필렛의 경우에도 運棒上 熟練을요하지 않고 均 一確實한 熔接을 할 수 있다.		이 熔接棒은 嚴格한 X線 檢査를 要하는 水平필렛 및 아래보기 熔接에 勸奬된다. 用途는 高壓容器, 大型機械臺등厚板의 아래보기 高速度熔接에 적합하다.	D 4320보다 아래보기高速度熔接에 적합하다. 좁고 깊은 홈形狀의용접에 특히 적합하다. 用途는 D 4320과같다

여러가지 目的과 기능을 가진 原料가 配合
되어 均一하게 混合된 다음 塗裝되고 있으
나, 그中에서 특히 作業性(아아크의 세기,
安定性, 기타)에 좋은 영향을 미치는 材料
를 內側에 集中的으로 塗裝하면, 그림과 같
이 아아크의 發生端에 있어서는 우선 內側

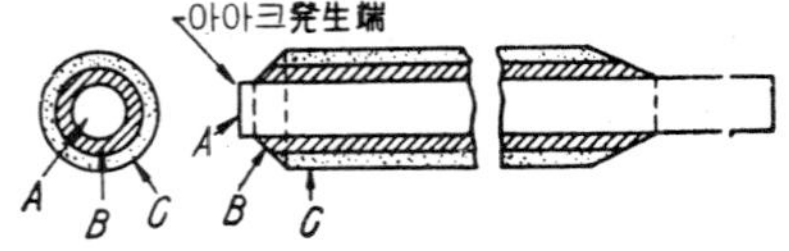

図 2.43　二重被覆아아크熔接棒

피복만의 작용에 의하여 强力하고 安定된 아아크가 얻어지게 된다. 이 原理에 의하여
二重被覆의 低水素系용접봉이 제작되고 있다.

以上 各種熔接棒의 特性을 비교하여 表示하면 表 2.15와 같다.

2.4.4　熔接棒의　選擇

(1)　熔接棒의　評價

적당한 용접봉을 선택하기 위하여는, 용접구조물에 요구되는 品質, 利用可能한 용접
기, 용접장소와 용접자세, 費用, 母材의 材質, 이음形狀, 熔接部의 性質을 고려할 필
요가 있다. 本節에서는 主로 용접자세, 이음形狀, 용착금속의 성질 및 作業性에 관하
여 기술키로 하나, 棒의 선택에 있어서는 용접비용이나 施工方法에 대해서도　고려하
여야 하며, 이에 대하여는 後章에서 설명한다.

美國金屬學會(ASM)의　熔接棒選定方法委員會에서는
美國에서 現用되고 있는 軟鋼用被覆아아크熔接棒의 性
能評價를 하여 表 2.16의 結果를 얻고 있다.　이것은
各種項目에 대하여 相對的優劣을 採點하여　10點滿點
으로 表示한 것이며, 이 表는 이에 對應하는 우리나
라 熔接棒에 대해서도 대략 적용될 수 있는 것으로
보아도 된다. 比較項目의 1～4는 이음形狀과 용접자
세에 관한 것으로 이것이 熔接費用에 크게　영향하고
棒의 選定上 重要한 因子가 되고 있다.

또한 日本熔接協會造船部會內의 熔接施工委員會는 同
一趣旨의 評價를 하여 表 2.17과 같은 結果를 얻고
있다. 이 表는 日本의 일메나이트系熔接棒 (D 4301)
의 市販品이 耐균裂性 또는 作業性을 主眼으로 한 2

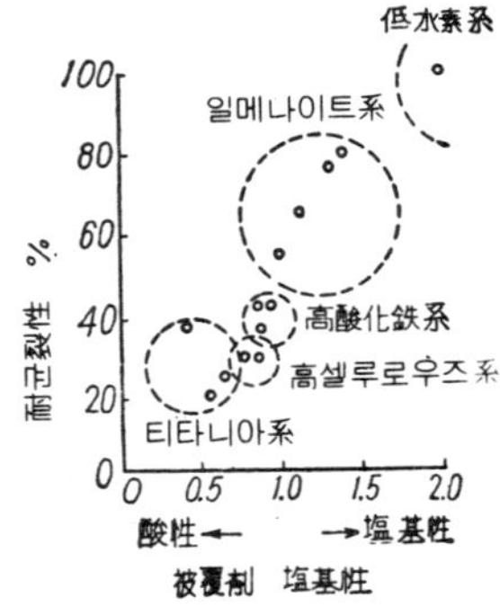

図 2.44　熔接棒의 耐균裂性의
比較

種類로 分明하게 區別될 수 있으므로, 前者를 D4301A型, 後者를 D4301B型으로 하고,
또한 高酸化鐵系熔接棒(D4320)에서는 標準的인 림드心線을 갖는 것과, 0.30%의 炭素
를 함유하는 킬드鋼心線을 갖는 두가지型이 제작되고 있으므로 前者를 D4320 L型, 後
者를 D4320 H型으로 區別하고 있다. 또한 高能率의 것은 D 4320 L, H 및 D4327 (鐵粉
酸化鐵系)이며, 表에서 알 수 있는 바와 같이 高能率棒은 經濟性과 作業性에　있어서
우수하나, 용착금속의 性質은 低水素 및 일메나이트系보다 多少 뒤떨어진다. 그러나
D4327(鐵粉酸化鐵系)은 아래보기나 水平熔接에서는 低水素系나 일메나이트系용접봉
에 비하여 손색이 없다.

表 2.16 軟鋼用被覆아아크熔接棒의 評價(美國 A S M) (10点滿点)

比較項目	規格 (JIS 相当) 被覆系統									
	E 6010	E 6011	E 6012	E 6012 X	E 6013	E 6016	E 60XX	E 6020	E 6024	E 6027
	D 4310	D 4311	D 4312	—	D 4313	D 4316	—	D 4320	D 4324	D 4327
	高셀루로우즈나트륨	高셀루로우즈칼륨	高酸化티탄나트륨	高酸化티탄나트륨	高酸化티탄칼륨	低水素칼륨	鉄粉低水素	高酸化鉄	鐵粉高酸化티탄	鉄粉酸化鉄
1. 맞대기 홈熔接, 아래보기 (t > 6 mm)	4	5	3	2	8	7	9	10	9	10
2. 맞대기 홈熔接, 全姿勢 (t > 6 mm)	10	9	5	4	8	7	6	(b)	(b)	(b)
3. 필렛熔接, 아래보기 또는 水平	2	3	8	7	7	5	7	10	10	7
4. 필렛熔接, 全姿勢	10	9	6	4	7	8	6	(b)	(b)	(b)
5. 熔接電流 (c)	DCR	AC DCR	AC DCS	AC DCS	AC DC	AC DCR	AC DC	AC DC	AC DC	AC DC
6. 薄板 (t < 6 mm)	5	7	8	10	9	2	2	(b)	7	(b)
7. 厚板 또는 拘束이큰 이음	8	8	6	(b)	8	10	9	8	7	8
8. 高硫黃 또는 規格外의 鋼材	(b)	(b)	5	4	3	10	9	(b)	5	(b)
9. 熔着速度	5	5	7	7	7	5	8	9	10	10
10. 熔入의 깊이	10	9	6	5	5	7	7	8	4	8
11. 外觀, 언더컷	6	6	8	7	9	7	10	9	10	10
12. 內部의 健全性	6	6	3	3	5	10	8	9	8	9
13. 延性	6	7	4	3	5	10	10	10	5	10
14. 低溫衝擊値	8	8	4	4	5	10	10	8	9	9
15. 스패터	1	2	6	6	7	6	8	9	10	10
16. 맞춤不良	6	7	10	10	8	4	4	(b)	8	(b)
17. 熔接工의 기好	7	6	8	8	9	6	8	9	10	10
18. 슬래그의 剝離性	10	8	6	6	8	4	7	8	8	8

〔註〕 (a) 數字는 同一 棒徑에 대한 比較點數 (10點滿點). 採點은 棒徑에 따라 差異가 있다.
　　　{ E 6012X…高酸化티탄나트륨系 (아래보기 및 水平用特別試作)
　　　{ E 60 XX…鉄粉低水素系 (아직 規格에 들어있지 않음)
　　(b) 不適當
　　(c) A C…交流, D C…直流, DCR…直流逆極性 (棒陽) DCS…直流正極性 (棒陰)

용착금속의 耐균裂性은 棒의 選擇上 重要한 因子이다.

피복제의 塩基度에 대하여 耐균裂性을 비교하면 그림 2.44와 같이 低水素系가 가장 우수하고 다음 일메나이트系, 高酸化鐵系, 高셀루로우즈系, 高酸化티탄系의 順으로 되어 있다. 즉, 피복제가 酸性이 되어 作業性이 向上될수록 逆으로 터지기 쉽게 된다. 또한 同一일메나이트系中에서도 耐균裂性이 뛰어난 것과 그보다 멀어지는 것이 있다.

表 2.17　各種軟鋼用아아크被覆棒의 性能比較表　（1956 施工法委制定）

種　別　　　被覆의系統（特性）　　性能比較因子			D4301 A 일메나이트系 （熔接性）	D4301 B 일메나이트系 （使用性）	D4302 P 티타니아系（深熔入）	D4303 라임티타니아系	D4311 쉘루로우즈系	D4312 티타니아系	D4313 티타니아系	D4316 라임系（低水素）	D4320 L 高酸化鉄系 （低炭素心線）	D4320 H 高酸化鉄系 （高炭素心線）	D4327 鉄粉酸化鉄系
熔接性	터 짐 感 受 性		9	8	5	7	6	4	5	10	7	7	9
	피　　트		10	9	8	8	6	8	4	10	7	7	10
	불 로 우 호 울		10	9	5	8	7	8	8	5	7	8	9
	延　性		9	8	7	8	7	4	6	10	9	8	9
	衝 擊 値		9	8	7	9	8	5	5	10	8	8	9
使用性	作業의難易	아래보기 맞대기	X. V 型（厚板）	9	9	7	7	5	7	8	6	9	9	10
			I 型（薄板）	7	8	8*	9	8	10	10	4	2	2	4
		아래보기 및 水平 필렛	1層	7	7	4	7	6	7	7	6	10	10	8
			多層	9	9	0	10	8	9	9	6	8	8	6
		垂直 및 위보기 맞대기, 필렛		9	9	0	9	8	6	7	7	0	0	0
	비 이 드 의 外 觀		8	9	6	9	6	9	10	7	9	9	9
	熔　入		8	7	10	6	9	5	5	7	8	8	7
	스 패 터		8	8	7	8	5	8	8	7	8	9	10
	슬래그의 剝離性		8	9	8	9	9	8	8	6	9	9	9
	外 觀 不 良		7	8	4	8	7	10	10	6	4	4	4
熔 着 速 度			7	8	9	7	5	7	7	6	9	9	10

〔註〕（ i ）最高値를 10点으로 한다.
　　　（ii）* 板두께 5〜7mm를 對象으로 한 採点을 表示.

（2）熔接棒의 作業性

（i）作業性判定의 基礎條件

　피복아아크용접봉을 써서 손용접을 할 때 용접을 하기 쉬운 것을 **作業性**(usability)
이 좋다고 하며, 일반적으로 작업성이 좋은 용접봉이 환영받는다. 그런데, 이 작업성
이란 말은 매우 애매한 점이 많고, 그 定量的測定方法은 確立되어 있지 않으므로 從
來 大部分의 경우 熔接工의 直感에 의하여 判斷되어 오고 있다. 그러나 이래서는 용
접봉의 작업성을 客觀的으로 판단할 수 없으므로 여러가지로 研究中이며, 여기서는 日
本熔接協會의 熔接棒技術委員會에 의한 作業性에 대한 定義와 그 判定法試案을 소개한
다. (韓國에서는 KS B 0895 - 1971연강용피복아아크용접봉의 작업성이 規定되고 있다.)
　우선, 熔接棒의 作業性의 可否는 完全한 所定의 熔接을 얻고자 하는 용접操作中에
肉体的 및 精神的인 消耗가 많은가, 적은가에 따라 결정되는 것으로 간주한다. 이 용
접작업의 難易에 미치는 周圍의 因子는 매우 많이 存在하며, 예를 들어 다음과 같은

各項目으로 나누어 진다.

　　가)　熔接棒固有의 性質

　　나)　周圍의 條件에 의한 것(예를 들어, 材質, 홈, 이음形狀, 용접기의 特性, 용접방법 및 용접조건의 差異).

　　다)　熔接工의 技能, 버릇 等의 個人差.

　　라)　熔接棒의 種類에 대한 익숙한 정도, 熔接時의 身体의 콘디션, 氣分 等의영향.

　그러나 作業性을 客觀的으로 判斷하는데는 上述한 項目中 가)의 熔接棒固有의 性質만을 抽出하고 싶으므로, 作業性의 測定에는 다음 各項을 必要한 前提條件으로서 들고 있다.

　　가)　용접공에는 JIS Z 3801〔熔接工의 技倆檢定 및 그 判定基準〕의 有資格者 또는 同等의 實力者를 채용한다.

　　나)　용접기에는 JIS C 9301規格의 교류용접기를 사용한다.

　　다)　其他 용접용구로는 JISC호울더를, 용접용전선은 導体의 公稱斷面積이 30~100mm²의 JIS147規格品을 쓴다.

　　라)　용접용재료는 그림 2.45의 치수의 JIS SS-41 또는 이와 同等强度의 軟鋼板을 쓰며, 豫熱은 하지 않는다.

　또한, 용접자세는 아래 보기, 수직 및 위 보기의 3種類로 하고 그림 2.45의 맞대기 및 필렛용접이음에 대하여, 용접자세別, 이음의 종류別로 작업성을 측정한다.

(ii) 作業性의 種類

　작업성의 판정에 있어서는 완전한 용접을 하는 것이 前提가 되어 있으나, 完全한 熔接이란 다음과 같은 內容의 것이다.

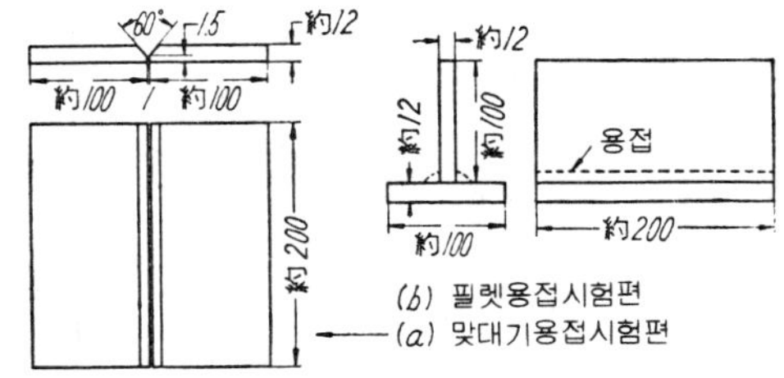

図 2.45　作業性試驗片 (a) 맞대기, (b) 필렛

　　가)　용접비이드의 波形이 가늘고 나란히 되어야 하고, 비이드表面의 볼록·오목이 없음과 동시에 아름답고, 비이드間의 이음이 매끈하여야 한다.

　　나)　目的에 알맞는 形狀을 갖을 것.

　　다)　언더컷, 오우버랩이 없거나 또는 매우 적어야 한다.

　　라)　용접이음의 性質上 좋지 않은 슬래그섞임, 氣孔, 피트, 기타 여하한 균裂도 없어야 한다.

　　마)　용접이음으로서의 所定强度와 延伸性 및 기타 能力을 갖는다.

　　바)　용접작업에 있어 현저한 有害가스를 발생하거나, 기타 특별한 危險을 수반하지 않는다.

　以上의 諸條件을 具備한 熔接部를 만드는데 있어, 영향을 미치는 것으로 생각되는 용접봉의 작업성을 분류해 보면 表 2.18과 같이 直接作業性과 間接作業性으로 분류된다.

表 2.18 熔接棒의 作業性의 種類

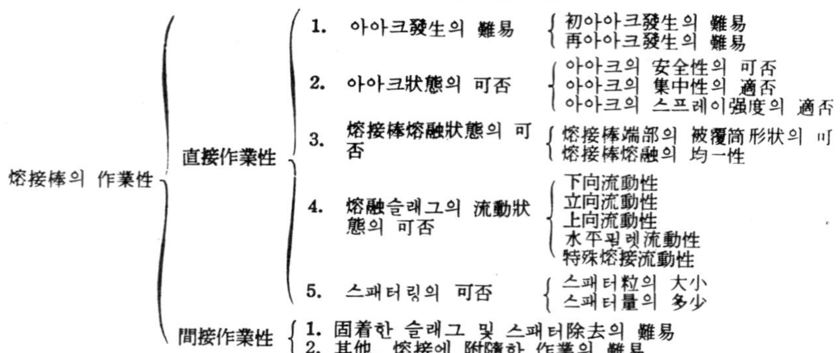

熔接棒의 作業性
- 直接作業性
  1. 아아크發生의 難易 { 初아아크發生의 難易 / 再아아크發生의 難易 }
  2. 아아크狀態의 可否 { 아아크의 安全性의 可否 / 아아크의 集中性의 適否 / 아아크의 스프레이强度의 適否 }
  3. 熔接棒熔融狀態의 可否 { 熔接棒端部의 被覆筒形狀의 川 / 熔接棒熔融의 均一性 }
  4. 熔融슬래그의 流動狀態의 可否 { 下向流動性 / 立向流動性 / 上向流動性 / 水平필렛流動性 / 特殊熔接流動性 }
  5. 스패터링의 可否 { 스패터粒의 大小 / 스패터量의 多少 }
- 間接作業性
  1. 固着한 슬래그 및 스패터除去의 難易
  2. 其他, 熔接에 附隨한 作業의 難易

가)　아아크發生의 難易 : 용접작업의 開始에 있어, 아아크를 發生시킬 목적으로 용접봉의 一端을 試驗材表面에 접촉시킨 다음 떨어지게 하는 動作에 의하여 즉시 持續되는 아아크의 발생의 難易를 나타내는 尺度이다. 새로운 용접봉에 의한 아아크發生과, 쓰다 남은 용접봉에 의한 아아크發生의 조건은 다르므로, 이것을 區別하여 前者를 初아아크發生의 難易, 後者를 再아아크發生의 難易로 한다. 또한 어느것이나 아아크發生直前의 熔接棒先端을 특히　處理하지 않고 또한 常溫으로 유지되었을 때의 難易이다.

나)　아아크狀態의 可否 : 熔接中의 아아크狀態가 용접작업進行에 적합한가의 如否를 결정하는 尺度이며 이것은 다시 다음 세가지로 분류된다.

　a) 아아크의 安定性可否 : 아아크의 安定性이란 實用上의 아아크 持續性을 말하며, 용접중에 아아크 길이가 變動하는데 대하여 아아크가 安定性있게 持續하는가, 안하는가 하는 것.

　b) 아아크의 集中性의 適否 : 아아크가 前後左右로 動搖하는 일이 적고 直線的으로 進行하는가의 如否를 말하는 것이며, 이 集中性은 아아크의 擴散과 용융방울의 크기에 밀접한 관계가 있다. 일반적으로 아아크의 擴散이 적고 용융방울이 작을수록 集中性이 좋다. 또한 集中性이 좋고 安定된 아아크는 용융금속을 母材의 크레이터部分에 원하는 位置에 注入시킬 수 있다.

　c) 아아크의 스프레이强度의 適否 : 아아크自体의 불어내는 힘으로 重力에 對抗하여 용융방울을 날리는 姿勢의 용접에서는 어느정도 이 힘이 强한 것이 좋다.

다)　熔接棒熔融狀態의 適否 : 용접봉 끝의 被覆筒形狀이 올바른가 아닌가 하는 것과 熔融이 1本의 熔接棒에 대하여 始終一貫 同一한 것으로 볼 수 있는가 하는 것이다.

라)　熔融슬래그流動狀態의 適否 : 크레이터附近의 流動狀態인 슬래그가 凝固하기까지의 過程에 있어서 슬래그의 性質이 作業性에서 보아 適當한가 아닌가의 정도이며, 용접자세의 상이에 의하여 현저히 달라진다.

따라서 이것을 (1) 下向流動性, (2) 立向流動性, (3) 上向流動性, (4) 水平필렛流動性, (5) 特殊熔接流動性으로 대별하여 이 分類別로 適否를 判定된다.

下向流動性이란, 슬래그가 크레이터의 後方으로 깨끗하고 매끈하게 流動하여 용착금속비이드表面을 露出시킴이 없이 均一하게 덮어 凝固하는가의 如否에 대한 尺度이다.

立, 上向流動性이란 수직, 위보기姿勢에 있어서 크레이터로부터 슬래그가 完全하게 分離하여 容易하게 빠져 나오는 것과, 이 슬래그가 溫度低下와 함께 急激하게 粘性이 증가하거나 또는 적당한 表面張力을 갖음으로 해서 흘려떨어지는 것을 防止할 수 있는가의 如否에 대한 것이다.

水平필렛流動性이란, 1層덧붙임의 水平필렛熔接作業에 적당한 流動性을 갖는 슬래그인가 또는 아닌가의 尺度이다.

特殊熔接流動性이란, 例를 들어, 뒷결용접에 요구되는 슬래그의 流動과 같이 獨特한 것이다.

마) 스패터링의 可否 : 아아크 또는 크레이터附近에서 爆發的으로 飛散하는 슬래그, 용융방울 또는 이 두가지의 混合物을 總稱하여 스패터라 하는데, 그 粒子의大小가 問題가 되며, 또한 아아크와 동시에 發生하는 스패터量의 多小에 의하여 그 良否가 左右된다. 스패터는 일반적으로 그 量이 적은 것이 좋다.

바) 固着한 슬래그 및 스패터除去의 難易 : 先端이 銳利한 칩핑해머(chipping hammer)를 써서 한손으로 가볍게 두드려 슬래그 및 스패터를 쉽게 除去할 수 있는가의 如否에 대한 尺度이다. 各各, 固着의 形狀, 多層덧붙임의 各層 또는 除去時의 溫度에 따라 그 정도가 현저하게 달라지므로 여기서는 平坦한 板에서의 熔接비이드의 슬래그 및 스패터의 除去에 대하여 그 尺度를 결정한다.

(iii) 作業性의 判定試驗法

以上의 作業性의 定義와 分類에 의한 判定方法으로서 다음과 같은 試案이 提示되고 있다.

(가) 아아크 發生의 難易

a) 初아아크發生의 難易 : 熔接機의 開路電壓과 短路電壓을 정하고 新品의 용접봉 10本을 준비하여 母材를 가볍게 1回만 두드려서 아아크가 나오는 것의 個數의 差異에 따라 判定한다.

b) 再아아크發生의 難易 : 被覆筒을 깨지 않아도 아아크가 나오는 것. 피복통을 깨면 아아크가 나오기 쉬운 것, 피복통을 깨도 아아크가 나오기 힘든 것으로 區別하여 判定한다.

(나) 아아크狀態의 可否

a) 아아크安定性의 可否 : 아아크를 길게 또는 짧게 하여 아아크가 持續되는 아아크길이의 範圍로 나타낸다.

b) 아아크集中性의 適否 : 용접 속도를 매우 빨리 한 경우의 비이드의 均等程度에 의하여 나타낸다.

(다)　熔接棒熔融狀態의 可否

被覆筒先端의 소위 熔口를 보아, 그 깊이, 치우침에 의하여 判定한다.

熔融의 均一性은 熔接棒先端의 20mm, 被覆이 있는 最終부터 20mm前 및 그 中間의 被覆筒의 熔口를 비교한다.

(라)　熔融슬래그流動狀態의 適否

熔融슬래그의 溫度와 粘度, 表面張力과의 關係에서 구한다. 또는 母材를 傾斜시켜서 슬래그가 흐르는 길이에 의하여 判定한다.

(마)　스패터링의 可否

熔接비이드부터 어떤 距離의 單位面積의 스패터를 모아 그 粒子의 크기와 量을 測定한다.

(바)　固着한 슬래그 및 스패터除去의 難易

칩핑해머로 슬래그를 거의 깨지 않고 除去될 수 있다. 크게 깨서 除去, 잘게 깨지 않으면 除去될 수 없음 等의 세가지로 區別한다.

스패터는 와이어브러시로 문지르는 回數로 결정한다.

(iv)　作業性을 좋게하는 要素

지금까지의 경험에 의하면, 아래보기용접에 있어서 작업성을 좋게 하기 위하여는 다음과 같은 사항이 필요하다. 즉,

(1) 아아크의 安定 및 集中이 좋을 것.　(2) 아아크가 조용히 나올 것.

(3) 슬래그의 凝固溫度가 낮을 것.　(4) 슬래그가 가볍고, 流動性 및 카버 (cover)가 良好할 것.　(5) 슬래그의 浮揚, 빠져나감이 良好할 것.

(6) 용입의 깊이 및 幅이 적당할 것. 等이 필요하다.

또한 위보기용접의 작업성을 좋게 하기 위하여는,

(1) 슬래그가 적당한 粘性을 갖고, 큰 용융방울의 生成이 容易할 것.

(2) 가스發生이 왕성하여 용융방울이나 슬래그의 落下를 받칠 수 있을 것.

(3) 슬래그가 쳐져 매달리지 않을 것.　(4) 被覆筒이 얇을 것. 等 사항이 필요하다.

경험에 의하면, 作業性을 判定하는 因子로는,

(a) 아아크의 安定度, (b) 偏心度, (c) 언더컷, 오우버랩, (d) 슬래그의 流動性, (e) 슬래그除去의 難易, (f) 비이드外觀, (g) 熔融의 均一性, (h) 스패터링, (i) 슬래그의 덮임, (j) 피트(表面小孔) 또는 터짐의 發生, (k) 被覆筒 形狀 等이 있다. 이들 各因子에 대한 採點을 종합하여 용접봉의 작업성이 결정된다. 작업성은 棒의 종류, 棒지름 및 용접姿勢等에 따라 달라지는 것은 當然한 일이다.

가)　**아아크의 安定性**　아아크電壓을 낮게 되도록 하는 被覆物質은 아아크를 安定시키는 것으로 알려 있다. 일반적으로 알루카리 및 알루카리土金屬元素는 아아크電壓을 낮게 하고, 아아크를 安定시킨다.

나)　**스패터링**　熔融金屬의 小粒子가 飛散하는 소위 스패터링(spattering)이 일어나기 쉬운 것은, (a) 슬래그의 粘度가 높을 때, (b) 過大電流, (c) 被覆中의 水分,

(d) 긴 아아크, (e) 運棒角度 不適當, (f) 母材溫度가 낮은 경우이며, 또한 (g) 直流 보다 交流熔接쪽이 스패터가 적다.

다) 슬래그의 性質 슬래그의 熔融點, 凝固範圍, 粘性 및 表面張力은 作業性에 크 게 영향을 미친다. 表面張力이 적을수록 용 융금속을 잘 커버한다. 酸化鐵FeO는 슬래 그의 표면장력을 적게 하고 용융방울을 적 게 한다.

또한 參考로서 슬래그를 高溫부터 徐冷한 경우의 凝固溫度域의 一例를 비교해 보면 그림 2.46과 같이 된다. 여기서 보면 半流 動狀態의 溫度域이 높고 넓은 것이 作業性 이 좋은 것 같다.

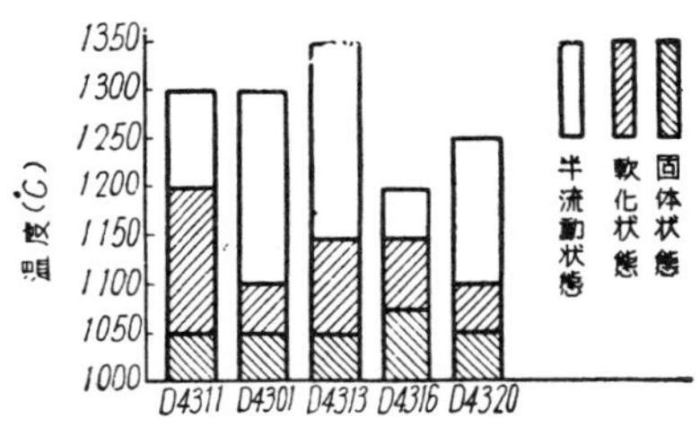

図 2.46 슬래그의 凝固溫度

2.5 被覆아아크熔接技法

피복아아크용접의 施工法에 대하여는 다른 章에서 설명하기로 하고 여기서는 運棒 法, 熔接條件 및 熔接欠陷의 對策에 대하여 기술한다.

2.5.1 運 棒 法

(1) 아아크의 發生 및 中斷

아아크의 發生에는 그림 2.47과 같이 용접봉先端을 母材에 순간적으로 가볍게 맞대 서 急速히 떨어지게 하는 方法이 쓰인다. 이때 용접봉이 모재에 癒着하는 것을 방지 하기 위하여, (a)圖와 같이 棒을 약간 옆으로 흔들면서 아아크를 발생시키는 것 이 좋다.

피복아아크熔接棒의 용융금속은 아아 크로부터 일종의 衝擊風을 받아 熔融푸 울로부터 밀려나가는 것 같이 보인다. 그 結果, 용융푸울의 표면이 약간 오목하게 되어 그림 2.48과 같이 크레이터(crater) 가 생긴다. 아아크를 급히 끊으면, 비이드의 後端에 오목한 크레이터가 남는다. 크레이터에는 不純物이나 偏析이 남기 쉽고 冷却中에 균열이 생기기 쉽다. 따 라서 이것을 남기면 대부분의 경우 破壞나 腐蝕의 原 因이 되기 쉬우므로 完全하게 메우도록 하여야 한다.

棒을 交換할 때는, 棒을 신속하게 옆으로움직여 아 아크를 中斷하는 것이 보통이나, 맞대기홈熔接의 第1 層에서는 루우트에 크레이터가 남지 않도록 반드시 片側의 루우트面上에 크레이터를 올려놓은다음 아아

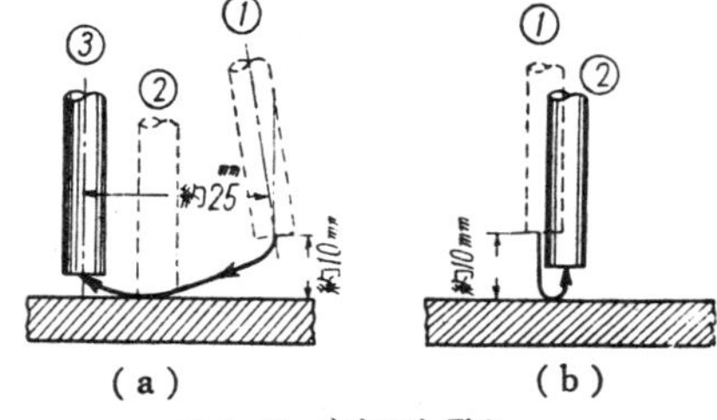

図 2.47 아아크의 發生

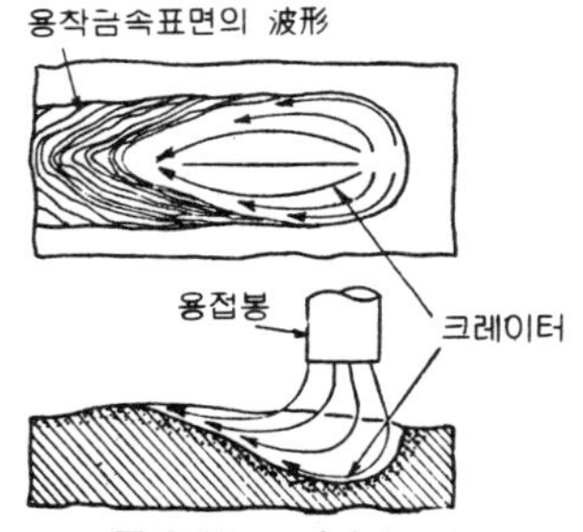

図 2.48 크레이터

크를 끊어야 한다. 또한 熔接終了時에는 크레이터
를 완전하게 덧붙여 메꾼다음 아아크를 끊어야
한다. 또한 終了時가 아니더라도 크레이터터짐이
생기기 쉬운 材料에서는 크레이터를 약간 메꾸어
놓는 것이 좋다.

아아크를 再發生시킬 때는 그림 2.49와 같이 크
레이터의 약간 前方에 아아크를 發生시켜 크레이
터를 충분히 補修한 다음 前進하기 시작한다.

図 2.49　中斷된 아아크의 再發生

（2）棒 의 角 度

熔接棒의 각도는 언더컷이나 슬래그섞임을 방지
하고, 均一하고 아름다운 熔着비이드를 얻기 위하
여 중요한 것이다. 맞대기 용접에서는 그림 2. 50
과 같이 棒을 용접자세에 따라 적당히 경사지게
하고 또한 필렛용접에서는 그림 2.51의 例와 같이
層에 따라 기울게 할 필요가 있다.

（3）위 이 빙

熔接線上을 直線的으로 棒을 움직이면 直線비이
드(string bead)가 얻어진다. 이에 대하여 幅넓은
비이드를 만들기 위하여 아아크를 左右로 움직이
면서 용접하는 것을 위이빙(weaving)이라 한다.
위이빙은 多層熔接이나 덧붙이는 경우
큰 용착금속을 얻기 위하여 잘 쓰인다.

위이빙의 方法은 그림 2.52와 같이
多樣하다. 運棒이 좋지 않으면 熔着金
屬이 고르지 않게 되고 또한 언더컷,
오우버랩 또는 슬래그섞임 等의 欠陷
이 생기게 된다. 그림 2.53은 아래보
기 위이빙熔接運棒의 一例이다.

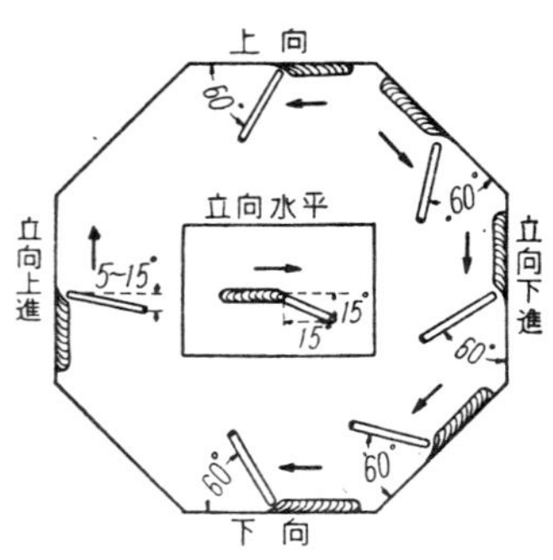

図 2.50　맞대기熔接에서의 熔接棒의 角度

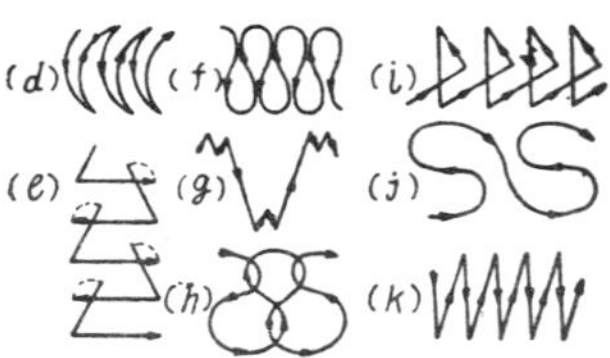

図 2.52　위이빙의 方法

2.5.2 熔 接 條 件

（1）아아크電壓 및 아아크의 길이

図 2.53　위이빙熔接의 一例

좋은 용접을 하는 데는 原則的으로 짧은 아아크를 써야 한다. 아아크의 길이(arc
length)는 心線의 直徑에 대략 같을 정도가 좋고, 아아크電壓으로서 적당한 값은 表
2. 19와 같다. 아아크의 길이가 적당한 때는 正常的인 짧은 스파아크가 발생하며, 마치
프라이팬에서 기름을 튀길 때처럼 예리한 急速調의 소리가 난다. 아아크길이가 길면,
아아크가 不安定하게 되어 熔融金屬의 酸化나 窒化가 일어나기 쉽고, 또한 스패터링
이 심하게 되어 좋지않다.

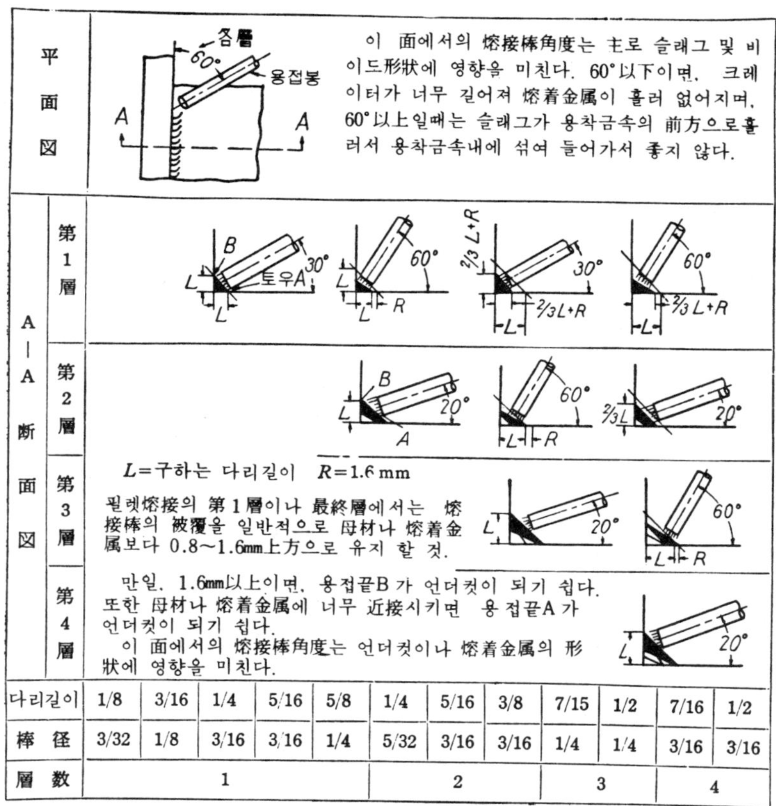

다리길이	1/8	3/16	1/4	5/16	5/8	1/4	5/16	3/8	7/15	1/2	7/16	1/2
棒　徑	3/32	1/8	3/16	3/16	1/4	5/32	3/16	3/16	1/4	1/4	3/16	3/16
層　数	1					2			3		4	

図 2.51 필렛熔接에서의 棒의 角度

表 2.19 軟鋼用被覆아아크熔接棒의 適正電流 및 電壓

棒　徑 (mm)	DXX 10 및 DXX 11 電流 (A)	아아크電壓 (V)	DXX 12 電流 (A)	아아크電壓 (V)	DXX 13 電流 (A)	아아크電壓 (V)	DXX 15 및 DXX 16 電流 (A)	아아크電壓 (V)	DXX 20 및 DXX 30 電流 (A)	아아크電壓 (V)
1.6	20~ 40	20~22	20~40	17~20	20~ 40	17~20	—	—	—	—
2.0	25~ 60	20~22	25~60	17~21	25~ 50	17~20	—	—	—	—
2.4	30~ 80	22~24	30~80	17~21	30~ 80	17~21	76~110	20~22	—	—
3.2	80~120	24~26	80~130	18~22	70~120	18~22	100~150	20~22	100~140	24~28
4.0	120~160	24~26	120~180	18~22	120~170	18~22	135~200	21~23	120~180	26~30
4.8	140~220	26~30	140~250	20~24	140~240	20~24	160~240	22~24	175~250	30~36
5.6	170~250	26~30	170~300	20~24	170~300	21~25	260~320	23~25	200~325	30~36
6.4	200~300	28~32	200~400	20~24	200~350	22~26	300~375	24~27	250~400	30~36
7.9	250~450	28~32	250~500	22~26	250~450	23~27	350~450	24~28	350~450	32~38

(備考) 옆보기 및 위보기姿勢로 용접할 때는, 下限에 가까운 電流, 電壓値를 採用한다.

鐵粉系熔接棒에서는 被覆筒의 先端을 母材에 붙인채로 接触熔接을 할 수 있으니, 아아크길이의 調整은 필요없다.

(2) 熔 接 電 流

熔接電流(welding current), 즉, 아아크電流(arc current)의 값은 被熔接物의 材質形狀과 크기, 이음形式, 姿勢, 용접봉의 종류와 크기, 용접속도, 熔接工의 熟練等에 의하여 결정된다. 厚板이나 필렛용접에서는 熱이 急速하게 逸散함으로 電流가 많이 필요하게 된다. 또한 薄板이나, 수직 및 위보기용접에서는 약간 적은 電流値를 사용한다. 표 2.19 는 적당한 熔接電流範圍를 표시해 놓은 것이다.

(3) 熔 接 速 度

熔接速度(welding speed)는 母材에 대한 熔接線方向의 아아크速度이며, 運棒速度

표 2.20 構造用鋼材의 被覆아아크熔接條件의 一例

이 음 形 狀	板두께 t (mm)	姿勢	비이드 또는 패 스	熔接棒 사이즈 (mm)	아아크 電 流 (A)	最小아아크 電 壓 (V)	1時間当의 熔接長(正味) (m/h)	熔接棒 所要量 (kg/m)
	1	下向	1	2.4	40	18	36	0.022
	2	下向	1	4.0	115	25	27	0.057
	4.8	下向	1	6.4	190	30		0.116
			2	6.4	190	30	14	0.116
	6.4	下向	1	4.0	130	25		0.16
			2*	4.8	175	28	5.3	0.37 / 0.53
	9.5	下向	1	4.0	130	25		0.22
			2*	6.4	225	30	3.9	0.64 / 0.86
	12.7	下向	1	4.0	130	25		0.22
			2	6.4	225	30		0.34
			3	6.4	275	30		0.37
			4*	7.9	325	38	2.7	0.49 / 1.42
	19.1	下向	1	4.0	130	25		
			2	6.4	275	30		
			3	6.4	275	30		
			4	6.4	275	30		
			5	7.9	325	34		
			6	6.4	275	30	1.8	2.7
	25.4	下向	1	4.0	130	25		
			1a	6.4	275	30		
			2	6.4	275	30		
			2a	6.4	275	30		
			3	6.4	275	30		
			3a	6.4	275	30		
			4	7.9	325	34		
			4a	7.9	325	34	1.14	3.4

(備考) * 위이빙비이드

(travel speed) 또는 **아아크速度**라 할 때가 있으며, 그 값은 棒의 종류 및 電流値,
이음의 形狀, 母材의 材質, 맞춤의 良否, 위이빙의 有無等에 따라 결정된다.

아아크電壓과 電流를 一定하게 하여 용접속도를 증가시키면, 비이드의 幅이 감소하
나, 용입은 어느 最適速度以下에서는 증가하고, 그 以上의 속도에서는 용입이 오히려
감소한다. 실제로는 너무 늦은 것보다 빠른쪽이 좋고, 보통은 비이드外觀이 損傷되지
않을 정도로 빠른 것이 좋다. 또한 이음의 루우트間隔이 클수록 용접속도가 늦어지며
能率에 크게 영향을 미친다.

（4） 標準熔接條件

피복아아크용접의 상세한 施工條件은 第10章 熔接施工法에서 기술되고 있으므로 여
기서는 一例를 表 2.20과 같이 一括함에 끝이기로 한다. 勿論 이것은 하나의 指標로
서 槪略平均値에 불과하므로 이것에 구애를 받을 필요는 없다. 용접봉에는 제작자가
지정하는 最適의 電流와 電壓範圍가 있으므로 사용하는 용접봉의 종류, 이음의 맞춤
(fit up)의 良否,등에 따라 實情에 적합한 용접조건을 취해야 한다.

板두께가 큰 경우에는 多層熔接을 하게 되나 多層비이드의 두께는 대략 3 mm以下로
유지하는 것이 좋다. 이것은 피이닝을 效果的으로 하고 다음層에 의한 熔融作用으로
노말라이징效果가 있는 利點이 있다 . 물론, 目的에 따라서는 大徑棒을 써서 두꺼운
層을 붙임으로써 能率向上을 圖謀하는 경우도 많다.

2.5.3 熔接部의 欠陷과 그 對策

용접부의 결함에 대해서는 第6章에서 기술하나, 이미 第1章의 熔接用語에서 설명
되고 있다. 피복아아크용접에 있어서의 **용접결함**(welding defect)과 熔接部의 脆弱化
및 그 對策은 表 2.21과 같다.

表 2.21 構造用鋼의 被覆아아크熔接時의 용접결함 및 脆化에 대한 対策

A. 熔 入 不 足

原　　因	対　　策
（1） 運棒速度가 適当치 않은 경우	（1） 熔接速度를 適当하게 하고, 슬래그가 熔融푸울이나 아아크에 先行치 않도록 할 것
（2） 熔接電流가 낮은 경우	（2） 슬래그의 包被性을 害치지 않는 程度로 電流를 많게 할 것.
（3） 홈의 角度가 좁은 경우	（3） 홈의 角度를 크게 하거나, 角度에 따른 棒지름의 것을 선정할 것.

B. 언 더 컷

原　　因	対　　策
（1） 熔接棒의 保持角度, 運棒速度가 適当치 않은 경우	（1） 棒지름에 따른 均一한 위이빙을 注意 깊게 할것.

| （2） 熔接電流가 너무 높을 때. | （2） 運棒速度를 늦게 하고, 電流를　약간 적게 할 것. |
| （3） 不適当한 熔接棒을 사용할 때. | （3） 目的에 따른 熔接棒을 선정할 것. |

C. 비이드外觀의 粗密

原　　因	対　　策
（1） 熔接電流가 너무 높을 때.	（1） 母材에 따른 電流値를 선정할 것.
（2） 비이드가 너무 커지거나, 덧붙이 順序를 잘못했을 때.	（2） 슬래그가 熔融푸울의 半정도로　들어가게끔 速度를 선정할 것.
（3） 運棒速度가 適当치 않을 때.	（3） 슬래그가 적고 表面張力이 어느정도 큰 것을 선정할 것.
（4） 슬래그의 包被性이 나쁠 때.	

D. 슬 래 그 섞 임

原　　因	対　　策
（1） 前層의 슬래그剝離의 不完全.	（1） 앞서의 비이드에서 슬래그를　충분히 떼어내서 깨끗하게 할 것.
（2） 이음設計의 不適当.	（2） 아아크길이 또는 操作을 적당히 할 것.

E. 気　　孔

原　　因	対　　策
（1） 아아크雰圍氣中의 水素 또는 一酸化炭素가 너무 많을 때.	（1） 適当한 棒을 선정할 것.
（2） 熔着部가 急冷될 때.	（2） 위이빙, 後熱等에 의하여 冷却 速度를 늦게 할 것.
（3） 母材中의 硫黃量(偏析包含)이 많을 때.	（3） 低水素系熔接棒을 쓴다(단, 乾操해서)
（4） 이음部에 油脂, 페인트, 녹等이 부착해 있을 때.	（4） 이음의 清掃를 충분히 할 것.
（5） 아아크길이, 電流値等이 不適当할 때.	（5） 所定의 範圍内에서 약간 길게 아아크 길이를 취한다.
（6） 熔接棒 또는 이음에 湿氣가 많을 때.	（6） 잘 乾燥한 棒과 材料를 사용한다.
（7） 두꺼운 亞鉛被覆等이 있을 때.	（7） D4310型棒을 쓴다.

F. 熔 着 鋼 터 짐

原　　因	対　　策
（1） 이음의 剛性이 너무 클 때.	（1） 予熱, 피이닝을 하여, 後退法, 블록法 等을 써서 용접한다.
（2） 熔着鋼에 氣泡等의 欠陷이 있을 때.	（2） 氣泡가 생기지 않는 熔着金属을 만들것.
（3） 棒心線이 나쁘거나, 棒의 乾燥가 不充分할 때.	（3） 棒을 交換하거나, 충분히 건조시켜 湿氣를 제거할 것.
（4） 이음의 親和性이 나쁠 때.	（4） 루우트갭을 증가시키고, 棒을 바꾼다.
（5） 이음角度가 너무 좁아, 작고 좁은 비이드로 될 때.	（5） 비이드斷面積을 증가시키고, 棒種類를 바꾼다.

（6） 母材부터 過剩의 炭素, 合金元素가 加해졌을 때.	（6） 電流値 및 速度를 낮추어, 熔入을 減少시키거나, 熔入이적은 棒을 쓴다.
（7） 熔接底部의 引張에 의한 角度化를 이르킨 때.	（7） 앞뒷面에 平均的인 熔接을 하거나, 위이빙에 의하여 冷却速度를 늦게 한다.
（8） 母材中의 硫黃量(偏析包含)이 많을 때	（8） 低水素系熔接棒을 쓴다.

G. 母材터짐(비이드밑터짐包含)

原　因	対　策
（1） 아아크雰圍氣中에 水素가 너무 많을때.	（1） 低水素系熔接棒을 쓰거나, 予熱, 後熱을 한다.
（2） 母材의 燒入性이 클때.	（2） 予熱, 後熱을 하여, 冷却速度를 늦게 한다.
（3） 母材에 異方性(方向에 따라 强度가 다른것)이 있을 때.	

H. 熔着鋼의 延性과 노치脆性의 惡化

原　因	対　策
（1） 冷却速度가 너무 빠를 때.	（1） 予熱, 後熱을 할 것.
（2） 熔接棒이 不適当한 때.	（2） 가장 延性이나 노치脆性이 좋은 棒을 쓸 것.
（3） 母材부터 炭素合金元素가 過度하게 加해 졌을 때.	（3） 電流値를 낮추어 熔入을 적게 할 것.

I. 母材熱影響部의 延性과 노치脆性의 惡化

原　因	対　策
（1） 冷却速度가 너무 빠를 때.	（1），（2） 予熱, 後熱을 할것.
（2） 母材의 燒入性이 클 때.	
（3） 母材가 変形時効를 이르킬 때.	（3） 応力除去어니일링을 할 것.
（4） 아아크분위기中에 水素가 너무 많을때	（4） 低水素系용접봉을 쓸것.

J. 線　狀　組　織

原　因	対　策
（1） 熔接部의 冷却速度가 너무 빠를 때.	（1） 予熱, 後熱을 할것.
（2） 母材의 炭素, 硫黃等이 너무 많을 때.	（2） 母材를 檢討할 것.
（3） 脫酸生成物(슬래그)을 많이 混入 할때	（3） 脫酸이 잘되고, 슬래그가 가벼운 용접봉을 쓸 것.
（4） 水素熔解量이 너무 많을 때	（4） 高酸化鉄系, 低水素系용접봉을 쓸 것.

〔註〕(1) 熔接棒의 種類, 特性, 아아크분위기는 熔接棒의 項을 參照할 것.
　　　(2) 予熱, 後熱, 応力除去 어니일링等은 殘留応力, 変形의 項을 參照할 것.

2.6 特殊한 被覆아아크自動熔接法

以上에서 記述한 것은 피복아아크용접봉을 쓰는 **손熔接**(manual welding)方法이지만 피복아아크熔接棒을 사용한 **自動熔接**(automatic welding)方法도 여러가지로 **實用化**되고 있다.

(1) 퓨우즈아크法

英國의 퓨우즈아크社(Fusarc)의 製品이며, 이것은 心線주위에 가느다란線을 螺旋狀으로 감고, 心線과 螺線間에 被覆劑를 발라넣은 긴 용접봉을 쓰는 방법이며, 電流는 周圍의 螺旋狀細線을 통하여 供給된다.

(2) BBC의 方法

스위스의 브라운·보베리會社(BBC)의 方法(유니自動熔接機.Uni-welder)이며. 裸電極線의 先端에 플락스粉末을 磁氣的으로 吸着시켜 即席製의 被覆熔接棒으로서 자동용접을 하는 方法이다. 즉, 그림 2.54와 같은 노즐 1中에 供給管 6으로 부터 플락스가 落下해서, 心線을 흐르는 熔接電流에 의하여 磁化되어 心線에 附着한다. 피복의 두께는 구멍 4의 굵기에 의하여 결정된다. 플락스를 円滑하게 공급하기 위하여 바이브레이터 3이 管 2를 振動시킨다. BBC의 軟鋼用플락스成分(%)의 一例는

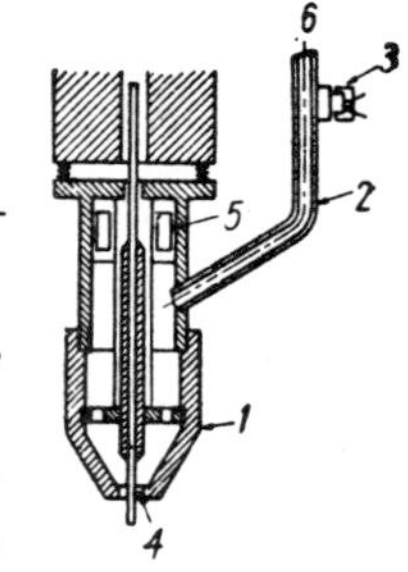

図 2.54 BBC Uni-welder의 노즐

$$FeO\ 44.6 \quad CaO\ 22.3 \quad SiO_2\ 12.4 \quad MnO_2\ 6.5 \quad Al_2O_3\ 4.5$$
$$TiO_2\ 3.0 \quad MgO\ 1.7$$

이며, 主成分은 酸化鐵FeO이다.

용접기의 사용범위는, 용접전류200~1500A, 용접속도200~800 mm /min, 板두께와 棒지름의 關係는 그림 2.55와 같다. 이 그림은 板두께 5 mm까지는 홈을 取하지 않고, 그 以上은 홈의 角度60°를 취한 경우를 나타낸 것이다.

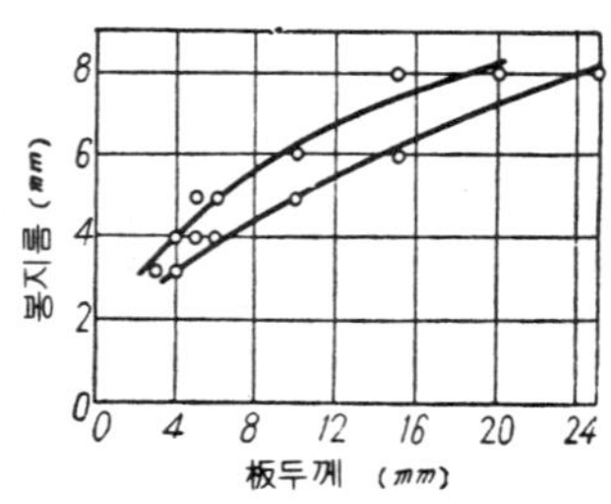

図 2.55 BBC Uni-welder 의
棒지름使用例

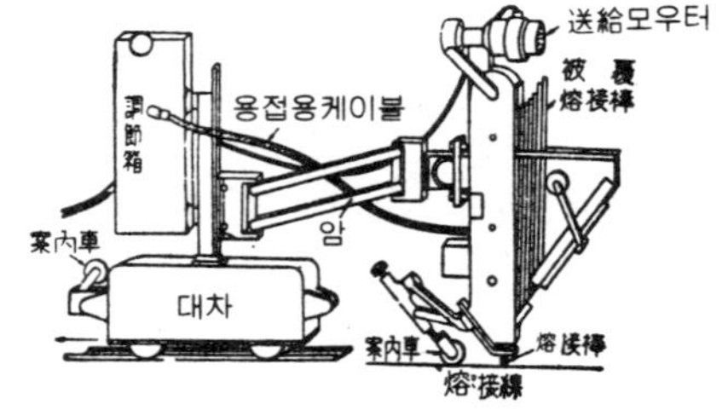

図 2.56 스바브式自動아아크熔接機

(3) 스 바 브 式

스웨덴의 ASEA會社가 發明한 方法이며, 손용접의 피복봉을 그대로 연속적으로 사

용하는 방법이다. 그림 2.56과 같은 **스바브式아아크自動熔接機**를 사용한다. 이것은 電極收容箱에 용접봉이 一列로 配置되어 順次的으로 1本씩 호울더에 支持되어 아래 보기용접을 하는 것이다. 數個의 호울더가 無端채인에 부착되어 있어 上下의 齒車둘레를 回轉하여 이동한다. 棒이 녹아 호울더가 下端에 도달하여 方向을 바꾸기 直前에, 다른 호울더에 물린 다음 용접봉이 아아크位置에 配置되게 되어 並列아아크가 되어 円滑하게 아아크가 계속된다. 동시에 소모된 棒은 自動的으로 除去된다.

(4) 아 까 자 기 式

日本의 아까사기(赤崎繁)에 의하여 1931年에 시작된 方式이며, 처음에는 피복 아아크용접봉을 용접선상에 뉘어놓고, 棒의 一端과 母材와를 一時 短絡시켜 아아크를 發生시킴으로써 直線비이드를 自動的으로 얻는 方法이었으나, 新아까사기式(1942年)에서는 그림 2.57과 같이 모래속에서 하는 方法으로 改良되었다.

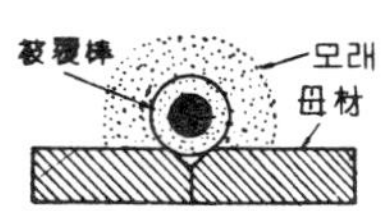

図 2.57 新아까자기式

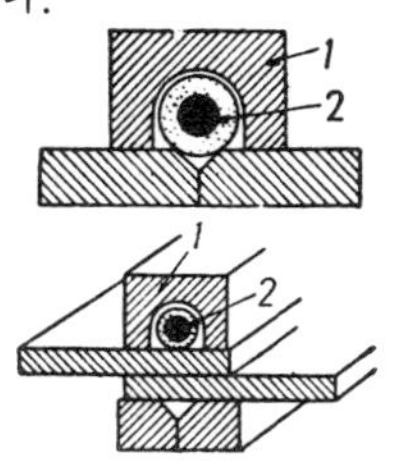

図 2.58 엘린·하아페르구트式

(5) E-H法(Elin-Hafergut 法)

오스트리아의 엘린會社의 하아페르구트가 1939年 시작한 方法이며, 독일에서는 橋梁의 製作등에 쓰였고, 英國에서는 Fire-craker welding 으로 알려져 있는 방법이다. 이것은 그림 2.58과 같이 피복봉(2)를 銅의 누름쇠(1)로 누른 채로 자동적으로 용접하는 방법이며, 銅의 누름쇠가 용접봉의 저항발열을 흡수해 줌으로, 길이 2 m 정도끼지의 긴 棒을 쓸 수 있다. 이 방법은 熟練工을 필요로 하지 않으며, 많은 용접을 동시에 並行할 수 있으므로 最近 잘 쓰이게 되었다.

(6) 傾　斜　式

아까자기式이나 에린·하아페루구트式과 같이, 용접봉을 母材에 밀착시키지 않고, 기울여 두는 방법이다. 이것에는 吳船式외에 最近에는 日本川崎重工業에서 연구한 스프링熔接法이 있다. 後者는 용접봉을 母材에 대하여 약간 경사지게 하여, 스프링으로 누른채로 자동적으로 용접하는 방법이며, 용접봉의 피복제에 연구를 경주한 결과 實用化하기에 이르고 있다.

文　　献

1) Am. Weld. Soc.: "Welding Handbook" 4th ed. (1958), Sec. I, II.
2) Rossi, B. E.: "Welding Engineering" (1954), McGraw-Hill Co.
3) Sacks, R. J.: "Theory and Practice of Arc Welding" (1951), Nostrand Co.
4) "Procedure Handbook of Arc Welding Design and Practice" (1957), Lincoln Electric Co.
5) 熔接学会編 "溶接便覧" (1956), 丸善.
6) Am. Weld. Soc.: "The Welding Journal" (月刊).
7) 熔接学会: "熔接学会誌" (月刊).
8) 日本熔接協会: "溶接技術" (月刊).
9) 岡田実編: "溶接技術ハンドブック" (1957), 朝倉.
10) 木原博: "熔接データブック" (1954), 熔接協会.
11) 仲威雄, 有安久: "実用溶接技術" (1956), 森北出版.
12) 横田清義, 江藤祐春, "写真熔接, 電弧熔接法" (1955), 日本文化興業.

第3章 서브머어지드아아크熔接 및 엘렉트로슬래그熔接

3.1 槪 説

3.1.1 서브머어지드아아크熔接

서브머어지드아아크熔接(submerged are welding)은 그림 3.1과 같이 이음의 表面에 쌓아올린 微細한 粒狀플락스中에 裸의 熔接棒電極을 꽂아놓고 아아크용접을 하는 것이다. 따라서, 아아크도, 發生가스(fume)도 外部에서 보이지 않으므로 서브머어지드아아크란 이름이 붙은 것이다.

이 方法은 發明者인 美國의 유니온카 아바이트社(린데社의 母會社)의 이름을 취하여 商標名을 **유니온멜트熔接**(Union-melt welding)이라 한다. 美國의 린컨社에서는 同一方法을 **린컨웰드**라 부르고 있다.

플락스(린데社에서는 콤포지션 composition이라 부르고 있다)는 서브머어지드아아크 용접에 있어서 매우 重要한 役割을 하는 것으로, 차거울 때는 電氣의 不導体 이지만, 熔融하면 電導性이 된다. 따라서, 아아크의 스타아트時에는 心線과 母材사이에 스틸울(steel wool)을 끼워서 通電하거나, 또는 高用波를 써서 아아크를 발생시킨다.

플락스의 시일드(shield) 作用으로 大電流를 心線에 흘릴 수 있고, 또한 熱에너지의 放失이 방지될 수 있으므로, 용입이 매우 커지고 熔接이 高能率이 된다. 그림 3.2는 板두께 **80mm**의 **軟鋼**의 X型홈맞대기熔接部의 斷面마크로組職이며, 이것을 보면, 兩側부터 단지 1層씩만으로 熔接이 完了되

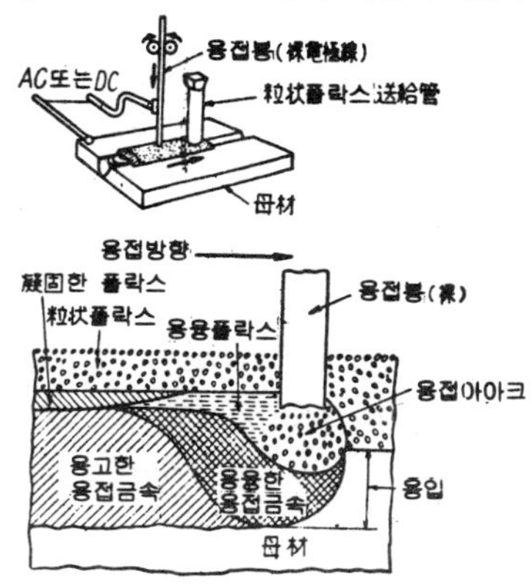

図 3.1 서브머어지드아아크熔接의 原理

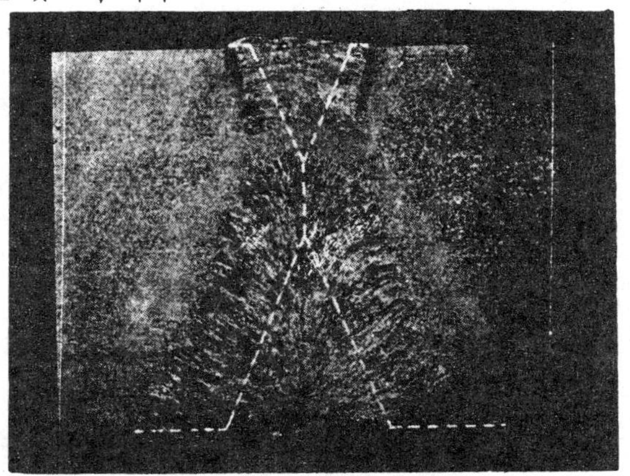

図 3.2 서브머어지드아아크熔接斷面의 마크로組織(板두께80mm)

고 있다. 용입이 깊으므로, 손용접의 경우보다 훨씬 작은 홈을 쓸 수 있으며, 보통 용
착금속量의 약 2倍의 母材가 熔融한다.

　서브머어지드아아크용접의 第一의 利点은. 大電流의 使用에 의한 용접의 비약적인
高能率化에 있다. 心線의 용융속도, 나아가 용접봉의 용착속도는 대략 電流에 비례하
나, 單一의 電極線을 사용하게 되면, 용접전,
류를 증가시키기 위하여 棒지름을 현저하게
크게 하여야 하는데, 이는 操作上 困難을 수
반함으로, 2本以上의 電極線을 쓰는 多電極
서브머어지드아아크熔接法이 必要하게 된다.
그림 3.3은 피복아아크손熔接과 비교한 각종서
브머어지드아아크熔着速度이다. 서브머어지드
아아크용접은 보통 自動熔接이므로,機械의 세
팅 및 調整때문에 綜合作業能率은 被覆아아
크손熔接에 비하여, 板두께12mm에서는 2～
3倍, 두께25mm에서는 5～6倍, 두께50mm에
서는 8～12倍이다.

　서브머어지드아아크熔接의 第2의 利点은
용접금속품질이 良好한 것이다. 强度, 延伸,
衝擊値, 均一性, 健全性(soundness, 內部欠
陷이 없는 것) 및 耐蝕性이 일반적으로 우수하

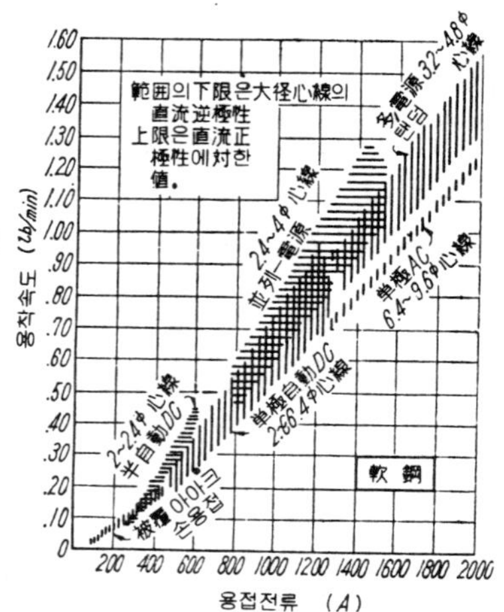

図 3.3 손熔接과 比較한 서브머어지드
　　　　아아크熔接의 熔着速度(軟鋼)

며, 適切한 용접만 한다면 母材의 것과 견줄 수 있는 品質이 保證되고 있다.

　上記利点에 대하여 欠点이라 생각되는 것은 (가) 設備費가 비싼 것, (나) 熔接線이
짧거나, 複雜한 경우는 機械의 세팅이나 操作때문에 오히려 非能率이 된다는 것, (다)
홈加工의 精度가 嚴格하여 0.8mm를 넘는 루우트間隔에서는 熔落의 危險性이 있는 것,
(라) 아아크가 보이지 않으므로 熔接의 適否를 確認하면서 용접할 수 없는 것을 들
수 있다.

　서브머어지드아아크熔接의 用途는 主로 造船, 鋼管, 壓力容器, 貯藏탱크, 水壓鐵管,
橋梁, 原子爐用各種容器, 大型鑄鍛鋼品 및 덧붙이等, 비교적 긴 熔接線의 연속용접이
가능한 厚物分野이지만, 반대로 1.2～1.6mm 정도의 薄板에도 사용될 수 있으므로 車
輛關係에도 用途가 있다.

3.1.2 엘렉트로슬래그熔接

엘렉트로슬래그熔接(electro-slag welding)은 第1章에서 기술한 바와 같이 극히 두
꺼운 部材의 용접과 덧붙이에 威力을 발휘하고 있는 熔接方法이며, 서브머어지드아아
크熔接보다도 高能率이고, 最近 各國에서 注目되고 있으므로 이에 대해서는 別項Ⅱ
(3.3節)에서 설명한다.

3.2 裝置 및 材料

3.2.1 熔接裝置

(1) 構成 및 種類

보통 쓰이는 裝置는 그림 3.4와 같이 와이어리일(wire reel)에 감긴 裸의 熔接心線 (Welding rod)가 送給電動機에 의하여 연속적으로 로 送出되고, 아아크熱에 의하여 용융된다. 용접 전류는 용접전원으로부터 콘택트조오 (接觸電極)을 통하여 공급되며, 또한 콤포지션은 호퍼에서 용접에 先行하여 용접선에 따라 散布된다. 心線의 送給速度는 電壓制御箱에 의하여 調整되며, 항상 一定한 아아크길이가 유지되게끔 加減된다. 心線 送給裝置, 電壓制御箱, 콘택트조오, 호퍼를 一括 하여 熔接헷드(welding head)라고 한다.

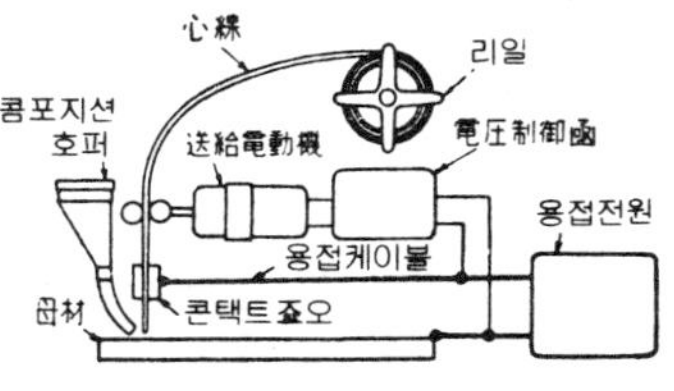

図 3.4　서브머어지드아아크 熔接裝置의 槪略

헷드는 走行臺車(carriage) 위에 설치되어, 가이드레일(guide rail)上을 적당한 속도 로 移動하고, 용접을 자동적으로 하거나, 또는 円周이음과 같은 경우에는 헷드를 固 定하고 被熔接物을 回轉시켜 용 접한다.

서브머어지드아아크熔接機에는, (가) 最大電流4000A, 75mm의 厚 板도 단번에 용접되는 超大型의 것(M型), (나) 最大電流2000A까지 의 標準萬能型(UE型, USW型), (다) 最大電流1200A까지의 輕量 型(DS型, SW型) 및 (라) 最大 電流900A의 半自動式(UMW型, FSW 型)이 있다. 그림 3.5는 UE-37型熔接機(2000A用)에 特殊 誘導車輪(guide wheel)을 장비하여 水平필렛 용접을 하고 있는 예이며, 그림 3.6은 手動式 토오치를 쓰는 半自動(semi-automatic) U M E-2型용접기이다. 그러나, 이 半自動式은 용 접선이 콤포지션에 덮여서 보이지 않는, 소위 盲熔接이 되기 때문에, 용접이 잘못될 危險 性이 많으므로 案內輪을 併用하는 쪽이 安全 하다.

図 3.5　유니온멜트熔接機(UE-37)에 의한 필렛熔接(가이드휘일付)

図 3.6　半自動유니온멜트熔接機 (UME-2 型)

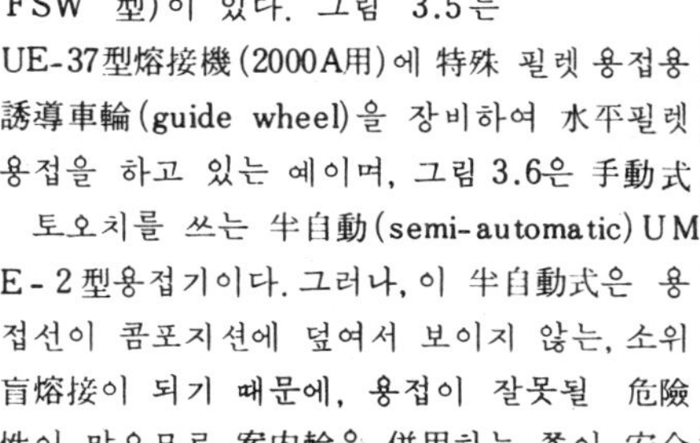

　서브머어지드아아크熔接機에는　未熔融콤포지션을　回收하기 위한　**真空回收裝置**가　付屬하고 있다. 또한　電源으로는　交流 또는　直流熔接機가 쓰인다. 交流는　設備費가　싸고　또한　磁氣쏠림을　방지함으로　有利하지만, 약400A以下로서　薄板을　高速용접하는 경우 또는 스테인리스鋼, 銅合金등의 용접에는　直流逆極性쪽이 깨끗한 용접을 얻을수 있어 바람직하다. 外部特性은　垂下特性의 것도 좋으나, 最近에는　**定電壓特性**(CP 特性, constant potential characteristic)의 직류용접기가 쓰이고 있다. 이것은 서브머어지드아아크용접이나 熔極式活性가스아아크용접과 같이 高電流密度의 自動아아크 용접에 적합한 것이며, 아아크起動의 容易, 아아크電壓의 安定, 電流調整의 容易란 点에서 매우 우수하다.

　서브머어지드아아크용접의 아아크發生은 從來, 한번 心線을 母材에 접촉시킨 다음 떨어트리는 方法(retract start)이 쓰이고 있었으나, 제대로 잘 안됨으로 最近에는 高周波를 利用한 아아크스타트(arc start)가 쓰이고 있다. 이것은 心線을 母材에 접촉 시키지 않아도 약5mm以內의 간격이면 고주파의 스파크가 튀어 어것이 아아크를 誘發함으로 매우 편리하다. 高周波는 라디오電波를 방해함으로 스타아트時에만 쓰고, 아아크가 발생하면 고주파가 차단되도록 되어 있다.

（2）多電極熔接機

　以上은　1개의 전극을 쓰는 方式이나, 용접능률의 향상 및 특수목적용에는　2개이상의 전극을 동시에 쓰는 **多電極熔接機**(multiple electrode welding machine)이　實用化되고 있다. 예를들어, 그림 3.7은 그 例들이며, (a) **탠덤式**(tandem position), (b) **橫並列式**(parallel transverse position), 및 (c) **橫直列式**(series transverse position)이라 한다. (a)는 2개의 心線을 獨立의 電源(AC 또는 DC)에 접속하고, (b)에서는 共通電源을 접속하고, (c)는 心線間에만 電流를 直列로 통하는, 소위 시리즈아

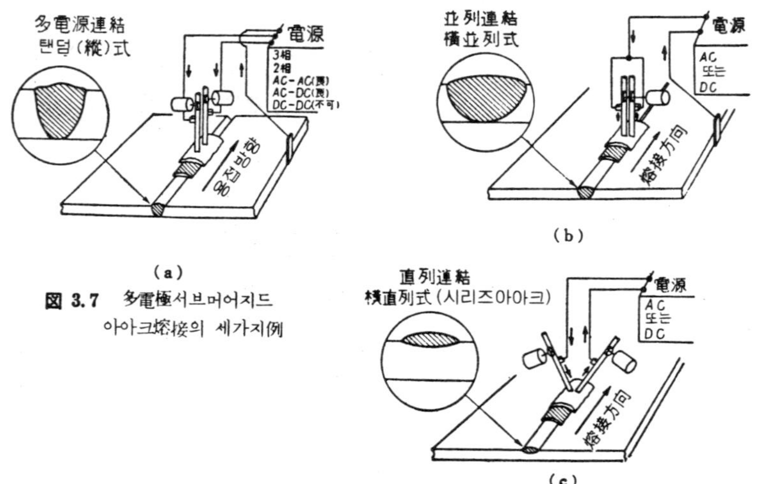

図 3.7　多電極서브머어지드 아아크熔接의 세가지例

아크方式(series arc method)이다. 용입은 (a) 깊고 좁음, (b) 넓고 깊음, (c) 넓고
얕음 이란 특징이 있다. 탠덤方式(a)는 兩極 共히 DC로 하면 아아크블로우가 생기므
로 보통 DC-AC(DC가 前方) 또는 AC-AC連結이 쓰인다. 電源의 結線은 各各 그림
3.8의 三相DC와 單相AC, 또는 그림 3.9의 스코치結線方式(三相, AC 2 대, 特性과

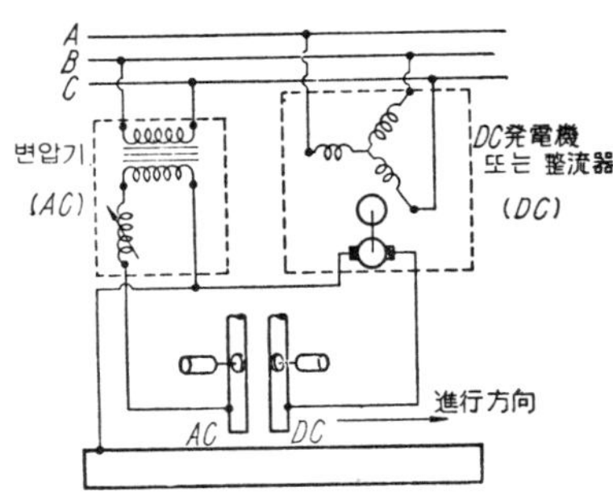

図 3.8 DC-AC탠덤方式(DC前, AC後)

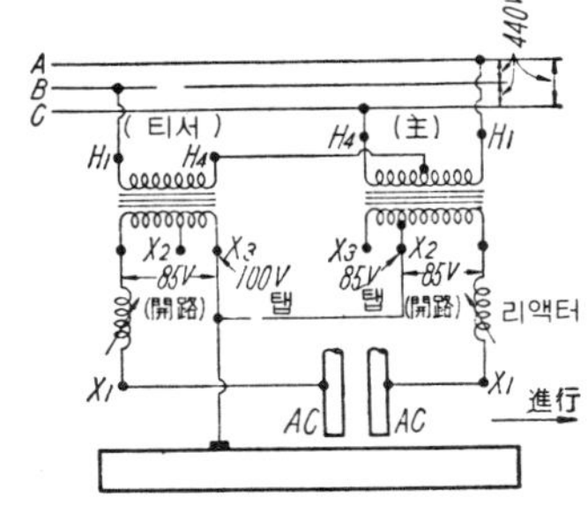

図 3.9   AC-AC탠덤方式

容量은 달라도 좋음)이 잘 쓰인다.
 그림 3.10은 탠덤方式의 多電極熔接機의 일예이다. 또한 시리즈아아크(c) 는 특히 스
테인리스鋼등의 덧붙이용접에 쓰이며, 용입을 10%以下의 僅小値로 누르고 용접을 할
수 있다. 그림 3.11은 軟鋼製로울에 스테인리스鋼의 덧붙이용접을 하는 예이다.

図 3.10 多電極熔接機(탠덤式)

図 3.11 시리즈아아크 유니온멜트熔接에
의한 軟鋼로울에 대한 스테인리스
鋼의 덧붙이熔接

(3) 各方式의 選定

 서브머어지드아아크용접의 各方式中 어느것을 선택하는가 하는 문제는 다음 項目에
의하여 영향을 받는다. 즉, (가) 半自動, 自動別, (나) 交流와 直流, (다) 單極과 多
極, (라) 콘트롤型式, (마) 電源, 및 (바) 特殊用途이다.

(i) 直 流 熔 接

 직류용접은 교류용접에 비하여 비이드形狀, 용입 및 용접속도가 우수하다. 또한, 아

아크발생도 용이하다. 따라서, 직류용접이 요구되는 경우는 다음과 같다.

(가) 迅速正確한 아아크스타아트가 필요할 때(즉, 小物이나 斷續熔接을 效率좋게 하고 싶을 때)   (나) 아아크길이의 緻密한 制御가 필요할 때(薄板의 高速熔接等)

(다) 어려운 曲線熔接이 필요한 때

또한, 直流逆極性(電極 陽)은 비이드形狀의 制御에 적합하고, 용입이 最小가 된다. 반면, 正極性에서는 용착속도가 最小가 되고, 용입이 最大가 된다.

그러나 직류용접에서는 아아크블로우(磁氣쏠림)이 일어나기 쉬운 欠点이 있다. 특히 탠덤의 경우에 兩極에 직류를 쓰면 아아크블로우가 생겨 좋지 않다.

(ii) 交 流 熔 接

교류용접에서는 아아크블로우가 전연없지는 않지만 크게 감소시킬 수 있다. 따라서 高速度熔接에 적합하다. 원래 아아크블로우는 이음形狀, 接地線의 연결狀況, 다른 아아크의 近接에 의하여 영향되며, 또한 高電流의 경우에 현저하게 나타난다. 따라서, 교류용접이 바람직한 것은, 큰 熔着部를 얻고 싶을 때, 두꺼운 플러그熔接, 特히 길이가 짧은 熔接등이다.

교류는 多電極方式에 특히 좋다. 同極性의 2개의 直流아아크는 서로 吸引하고 異極性인 때는 반발한다. 만일 교류와 직류를 組合시키게 되면 이 현상이 크게 抑制된다. 더우기 兩極 모두 交流이면 서로간의 영향은 더욱 감소된다. AC-AC의 組合은 高速의 製管熔接에 利用된다.

(iii) 多 電 極 熔 接

이 方式은 전체적인 용착속도를 증가하여 용접속도를 빠르게 하는데 그 目的이 있다(그림 3.3 參照). 또한 多電極式에서는 용접금속의 응고가 늦어져 氣孔의 發生이 감소하는 利點이 있다.

近接한 2개의 아아크의 相互作用을 방지하기 위하여 다전극방식은 AC-AC 또는 DC-AC의 組合이 쓰이며, DC를 先導시킨다.

그림 3.7(a)의 탠덤方式에서는 單極의 경우의 2배를 넘는 속도가 얻어진다. 3개의 아아크를 쓰면 2.5배 이상이 된다. 그러나 이 방식은 전원이 다른 2개의 아아크를 각각 독립적으로 제어해야 하기때문에 그 調整이 번거롭다. 따라서 그 應用은 高速製管을 연속적으로 하는 경우, 造船이나 車輛 등의 긴 용접, 또는 厚物에 쓰인다. 그림 3.12는 두께 150mm의 壓力容器의 세로이음을 탠덤熔接하고 있는 狀況이다. 이음의 兩端에 붙인 큰 엔드탭(end tap)은 각각 여기서 아아크의 스타아트 및 終了를 함으로써 용접의 始終端에

圖 3.12 板두께 150mm의 壓力容器 시임의 탠덤式 서브머어지드 아아크熔接

생기기 쉬운 결함부가 용기의 이음部에 오지 않도록 하기 위한 것이며 또한 앞쪽의 엔드탭은 용접완료후 절단하여 이음試驗을 함으로써 용접의 良否를 검사하는 목적에 쓰인다.

그림 3.7(b)의 並列式은 2개의 電極線에 하나의 용접기로부터 同一한 콘택트조오를 통하여 전류가 공급되므로 역시 용착속도를 증대시킬 수 있다. 이 方式은 비교적 홈의 角度가 넓은 홈을 메우거나 아래보기자세로 큰 필렛용접을 하는 경우 등에 쓰이며, 兩쪽의 아아크가 서로 吸引하고 있다. 용접속도는 單極의 경우보다 약50% 增加한다.

그림 3.7(c)의 시리즈아아크方式이 덧붙이용접을 高效率로 하는데 적합한 것은 前述한 바와 같다. 이 방식에서는 약45°의 傾斜를 갖는 兩電極心線이 각각 別途의 送給機構와 제어장치로 제어된다. 전류는 하나의 心線에서 다른 心線으로 흐르며, 용접물로는 흐르지 않는다.

3.2.2 心　　　線

表 3.1　構造用鋼熔接用心線의 代表成分 및 用途

心線 의 種類	化 學 組 成 (%)					特 性　및　用 途
	C	Mn	Si	P & S	Mo	
린 데 #43 린 데 #35 린 컨 #60	0.08 0.13 0.08	0.3 1.05 0.5	0.03 0.03 0.03	0.03 以下 0.03 以下 0.03 以下	— — —	極軟鋼이며, 延伸率大, 설파밴드가 있는 鋼材, 큰 收縮応力이 加해질 때의 熔接, 가령, 필렛熔接 等.
린 데 #36	0.13	1.95	0.03	0.03 以下	—	1層, 또는 多層熔接에 알맞는 萬能棒이며, 軟鋼, 低合金鋼의 各種板두께, 또한 이들의 応力除去處理를 하는 경우
린 데 #40A	0.08	0.70	0.03	0.03 以下	0.5	高張力鋼의 보일러用鋼材의 單層 또는 多層熔接.
린 데 #40	0.13	1.95	0.03	0.03 以下	0.5	高張力鋼의 熔接한 그대로, 또는 応力除去處理를 하는 경우, 多層熔接에 의한 高張力鋼보일러의 熔接.
린 데 #29	0.13	1.05	0.30	0.03 以下	—	薄板의 高速度熔接·高張力鋼熔接, 단, 3層以上의 多層熔接에, 또한 설파밴드, 래미네이션이 있는 鋼材에 써서는 안된다.

피용접물의 재질, 판두께 및 이음형상에 따라 적당한 화학성분과 치수를 갖는 심선이 적당한 플락스(콤포지션)와 組合되어 사용된다.

低炭素鋼心線의 組成의 一例 및 用途를 表示하면 表 3.1과 같다. 이들 心線에는 어느 것이나 매우 얇은 銅被覆이 되어 있어 녹의 발생을 방지함과 동시에 전류의 移行을 원활하게 하고 있다.

스테인리스鋼心線의 組成은 表 3.2와 같으며, 대략 母材와 同一組成의 것이 쓰인다. 또한 덧붙이用心線의 組成은 表 3.3과 같다.

이 밖에 非鐵金屬心線으로는 실리콘브론즈心線(실리콘브론즈, 亞鉛鍍鋼材, 鑄物用), 脫酸銅心線(銅用), 알루미늄브론즈心線(알루미브론즈, 덧붙이용접用), 기타 니켈, 모넬, 인코넬用心線 等이 있다.

表 3.2 스테인리스鋼心線의 代表成分 및 用途

種類	化学成分 (%)						適用
	C	Mn	Si	Cr	Ni	其他	
U304 U304 ELC	0.04 0.03	1.79 1.70	0.34 0.36	21.07 21.10	10.02 9.88		301, 302, 304, 308 系의熔接 304 ELC 系의熔接
U309	0.07	1.82	0.50	23.91	14.40		309 系의熔接. 302 또는 304 系 라이닝의 接合. 鋼의덧 붙이 그組成은 304 系 가 된다.
U309 Mc	0.05	1.93	0.42	24.40	14.00	Mo 2.28	鋼의 덧붙이에 써서 316系의 熔接金属을 얻는다.
U309 S–Cb	0.06	1.85	0.60	23.83	14.31	Cb+Ta<1.00	309 S 系의熔接
U310	0.12	1.74	0.36	26.38	22.17		310 系의熔接 410 系 의 라이너熔着
U312	0.12	1.50	0.50	29.00	9.00		오오스테나이트系스테인리스 鋼의 熔接에 大部分 適合. 터짐이 일어나기 힘듬.
U316	0.05	1.84	0.44	19.02	13.09	Mo 2.21	316系高温材料의 熔接, 鋼의 表面덧붙임.
U316 ELC	0.03	1.93	0.45	19.03	13.08	Mo 2.30	316 ELC 系
U316 S–Cb	0.06	1.75	0.21	20.44	13.69	Cb 0.76, Mo 1.95	316 S–Cb의熔接
U347	0.06	1.64	0.49	19.79	11.48	Cb 1.16	347 系의熔接
U410	0.11	0.40	0.21	13.48	—		410 系의熔接
Oxweld 4254	0.39	0.45	0.37	12.82			420 系의熔接, 鋼의 表面덧붙임
U430 U442	0.06 0.07	0.23 0.96	0.40 0.40	16.45 20.10			430系의 熔接, 鋼의 덧붙임. 410系의 成分을 얻는다. 405系의 鋼으로의 라이닝熔着.
U446	0.17	0.46	0.38	27.30			鋼의 덧붙임, 13-16%Cr 의 熔着鉄을 얻는다.
U521	0.11	0.55	0.40	2.30		Mo 0.9	CrMo鋼의 熔接 耐熱鋼의 熔接

表 3.3 덧붙이用心線의 組成의 一例

心線種類	化学成分 (%)					熔接한 그대로의 硬度 H_B
	C	Mn	Ni	Cr	Mo	
♯ 296	0.6	1.05			(Si 0.5)	325
♯ 1730	0.55	0.53		0.9	0.18	350
♯ 1928	0.53	0.74		0.9	(V 0.16)	330
♯ 2437	0.55	0.78	1.8	0.8	0.33	365
♯ 2842	0.15	0.9		5.5		425
♯ 4254	0.39	0.45		12.82	(Si 0.4)	525

　유니온멜트用心線의 直徑은 3/32in (2.4mm)에서 1/2in (12.7mm)에 이르는 各種이 있으며, 鋼心線의 直徑과 그 電流範圍는 表 3.4와 같다.

　즉. 心線의 電流密度는 피복아아크용접봉의 3~5倍 정도의 큰 값이 쓰이며, 용착

表 3.4 유니온멜트熔接用心線의 直徑과 電流範圍(鋼材)

直　徑	in	3/32	1/8	5/32	3/16	1/4	5/16	3/8	1/2
	mm	2.4	3.2	4.0	4.8	6.4	7.9	9.5	12.7
熔接電流範圍A		120～350	220～550	340～750	400～950	600～1600	1 000～2 200	1 500～3 400	2 000～4 800

속도를 빠르게 할 수 있는 것은 아아크의 바로 옆에서 心線에 전류를 공급하는 方式을 취하고 있기 때문이다.

또한 心線은 코일狀으로 감어, 重量으로 25, 65, 150 1b單位로 包裝되고 있다.

3.2.3 플　락　스

플락스(flux)는 粉末狀의 被覆劑라 생각하면 되며, 린데社에서는 商品名으로서 콤포지션(composition)이라 부른다. 이것은 低水素系의 鑛物性物質로 구성되며, 한번 용융 또는 燒成한 다음 粉 한 것이다. 그러나, 最近에는 合金鋼用으로서 이와 제조법이 다른 본드플락스(bonded flux)가 쓰이고 있으며 이에 대해서는 後述키로 한다.

(1) 콤포지션

콤포지션은 단순히 아아크를 보호할 뿐만 아니라, 作業性, 熔接金屬(weld metal)의 性質, 形狀 및 熔接性을 左右하는 중요한 것이다. 그 粒度(mesh size)는 용접성에 크게 영향을 미치므로 전류에 따라 적당한 粒度範圍를 選定하여야 한다. 입도는 8×200 또는 20×D라는 式으로 표시되고 있으나 前者는 8메시보다 가늘고 200메시보다 거치치른 것을 표시하고, 後者는 20메시 以上 微粉(dust)까지를 말하는 것이다. 일반적으로 微細한 것일 수록 용입이 감소하고 幅넓고 平滑한 비이드로 되며 언더컷이 생기기 어렵다. 또한 보통, 小電流의 경우우는 粗粒을, 大電流에는 細粒을 쓴다. 콤포지션은 그레이드50(grade 50, G50), 그레이드80(G80)… 等으로 부르고 있으며, 각종 콤포지션의 分析結果를 보면 表 3.5와 같다. 이들 性質은 다음에 기술한다.

表 3.5 콤포지션의 分析例(%)

種類	成分	SiO_2	MnO	FeO	Al_2O_3	CaO	MgO	Na_2O	K_2O	P	S	F	TiO_2	BaO	MnO_2
린 데	G20	54.52	0.30	1.03	3.81	31.82	9.24	0.40	0.24	0.011	0.042	0.7	0.20		
〃	G50	40.20	40.69	2.93	3.42	6.21	0.90	—	0.42	0.061	0.028			2.36	
〃	G70	45.76	9.21	1.21	7.01	28.16	6.39	0.18	0.19	0.029	0.046				
〃	G80	37.95	9.20	1.60	10.55	25.30	12.10	2.21	0.35	0.022	0.025	1.7	0.60		
〃	G90	38.0	26.4	4.8	17.2	10.10	0.1						2.8	0.1	
린 컨	780	43.56	22.32	5.87	3.74	3.24	0.10	1.04	0.40	0.102	0.125				21.42
에 리 러	黑	52.12	10.51	7.94	0.53	2.93	tr	4.96	tr	0.119	0.144	1.45			27.85

린데　G20 : 石灰, 마그네샤, 硅酸에 小量의 알루미나, 弗化物을 含有하며, MnO이 없는 것이며 가장 일반적이고 또한 경제적인 것이다. 板面의 더러움, 스케일에는 별로 영향을 받지 않는다. 大電流로 사용가능. 단, 3層以上의 多層熔接에서는 硅素 Si가 증가하여 脆弱해지며, 最終層에 터짐이 생기기 쉽다.

린데　**G50**：MnO를 **多量** 含有하며, **融點**이 낮고 **粘性**도 적기때문에 너무 큰 **電流** (1700A以上)에서는 사용할 수 없다. SiO₂는 적다. **薄板**의 **高速熔接**, 또는 니켈, 모넬, 인코넬, **銅 等**의 **非鐵金屬**의 용접에 쓰인다. 밀스케일, 油 等의 더러움에 **鈍感**하고 특히 설파밴드가 많은 **鋼材**에는 **＃43心線**과 **組合**하여 사용한다. **造船用鋼材**SM41W에 대하여도 이 **組合**이 **認定**되고 있다.

린데　**G70**：G20보다 양호한 기계적 성질의 용착금속이 얻어지나, 용접부의 밀스케일, 油等의 더러움에 **極히 銳敏**하다. 용융상태에서 가장 **粘性**이 높으므로 직경이 작은 **円周**이음에 적합하다.

린데　**G80**：SiO₂가 적고, Al₂O₃를 넣은 것이며, **厚板**의 **多層熔接**에 가장 적합하고, G20, G70에 비하여 용착금속내의 Si가 **過大**하지 않고 또한, C, Mn의 감소가 **僅少**함으로 양호한 용착부의 성능을 얻을 수 있다. 그러나 밀스케일, **油等**에 **銳敏**하므로 이음部分에서 이들을 **完全**하게 **除去**해야 한다. 스테인리스**鋼**, **耐熱鋼**의 용접 및 덧붙이 용접에 적합하다.

린데　**G90**：MnO, Al₂O₃를 **多量** 함유하고 있으나, SiO₂, CaO는 G20에 비하여 적다. 다른 것에 비하여 Si가 적고 Mn이 많은 **組成**이 되므로 **大形필렛熔接**과 같이 **收縮力**이 큰 경우에도 터지는 율이 적다. 또한 **高速度熔接**에 적합하다. Mn가 G80보다 높으므로 **低合金鋼**의 **多層熔接**에도 양호하다. 덧붙이용접에 잘 쓰인다. **表面**의 더러움에 예민하다.

린데　**G85**：G90과 비슷한 성분이고, 용착부의 C％를 별로 감소시키지 않으므로 1層 및 다층용접에 共히 적합, **多極熔接**에 쓰여 고속도로 아름다운 표면이 얻어진다.

表 3.6　熔接電流에 따른 유니온멜트콤포지션의 標準粒度 및 用途

콤포지션의 種類	熔接電流範囲 (A)					特性 및 用途
	600 以下	600〜800	800〜1100	1100〜1750	1750以上	
G 20	12×200	12×200	12×200 20×200 20×D	20×200 20×D	20×D	가장 일반적인 広範囲한 用途를 갖으며 이음面의 더러움에 鈍感.
G 50	8×48	8×48 12×150	12×150 20×D	20×D	—	薄鋼板의 高速度熔接에 好適. ＃43과 組合하여 설파밴드가 있는 鋼材에 適合.
G 55	12×150	12×150	12×150	—	—	G20과 대략같지만, 熔着鋼의 機械的性質이 良好. 이음의 더러움, 밀스케일의 除去必要.
G 70	12×200	12×200	12×200	20×D	20×D	G20보다 熔着金屬의 機械的性質良好. 슬래그의 粘度大. 小直徑의 円筒体의 円周이음에 適当.
G 80	12×65	12×65 20×D	20×200 20×D	20×D	20×D	熔着金屬의 機械性最良. 多層熔接 및 合金鋼의 熔接에도 適当. 이음의 清浄必要.
G 85	12×200	12×200	12×200	12×200	—	탠덤熔接法을 써서 高速度熔接이 可能. 表面덧붙임에도 適当.
G 88	12×65	12×65	20×200	20×200	—	熔接金屬에 Cr와Mo를 添加하는데 使用. ＃40A 와 組合하여 耐熱보일러 鋼板에 適当.
G 90	12×150	12×150 12×200	20×D	20×D	—	G 85와 同一

린데 G88 : 合金元素를 용착금속에 添加하는 특징을 갖으며, Cr 및 Mo의 산화물을 함유하고 있다. #36心線과 組合하여도 1%Cr, 0.2%Mo의 용착금속이 얻어지며, 合金鋼, 특히 耐熱鋼의 용접 및 덧붙이용접에 쓰여 우수한 결과를 보인다.

린데 G342 : 용접용이 아니고, 용접부의 뒷받침에 쓰인다. 耐火性이 큰 SiO, 系의 것이며, 이것을 용접이음의 뒷면에 받쳐서 배킹의 역할을 시킨다(melt backing).

이외에 銅 및 銅合金熔接用에 G. AB, 銅니켈合金用(70% Ni-30% Cu)에 G. K, 니켈 및 니켈合金用에 G. N이 있다.

유니온멜트콤포지션의 표준粒度는 용접전류에 따라 表 3.6과 같이 區分되고 있다. 또한 콤포지션은 500 lb의 드럼缶 또는 100 lb의 포대에 넣어 판매되고 있다.

(2) 固着熔劑(본드플락스 bonded flux)

從來의 서브머어거드아아크熔接用콤포지션은 보통의 탄소강에는 우수한 것이지만, 低合金鋼이나 스테인리스鋼의 용접에는 반드시 最善이라고는 할 수 없다. 최근의 高張力鋼, 특히 調質系의 것(第11章 참조)은 强度가 특히 우수하지만. 이를 위하여는 從來의 콤포지션으로는 不適當하며, 용착금속의 脫酸을 더 强하게 함과 동시에 正確하게 合金元素의 含有量을 調整할 필요가 있다. 또한 스테인리스鋼의 용접에 있어서 從來의 콤포지션을 쓰면, 슬래그의 脫離가 곤란함과 동시에 크롬의 消耗가 많아 化學成分이 規格外로 變質하기 쉬우므로 해서 高能率의 서브머어지드아아크용접이 스테인리스鋼의 용접에는 敬遠되는 경향이 있었다. 이와같은 難點은 從來의 플락스製造方法에 연유한 것이다.

즉, 종래의 플락스는 完全한 熔融型(fused type)과 集合型(agglomerated type)로 나누어 진다. 이 兩型 共히 그 製造途中에 그속의 粉末合金(powdered alloy)나 脫酸劑(deoxidizer)를 變質시켜 버릴 만큼 충분히 높은 高溫에 노출된다. 예를 들어 美國의 용융형에서는 각종광물을 약1370℃로 가열하여 제조된다. 이 온도에서는 구성성분이 서로 融合하여 유리狀이 됨으로, 이것을 粉碎選別하여 細粒의 製品으로 하고 있다. 또한 집합형 플락스는 窯業用結合劑로 굳혀서 760~980℃로 燒成(baking)하여 만들어진다.

이러한 高溫에서는 일반적으로 피복아아크용접봉의 피복제로서 쓰이는 脫酸劑, 예를 들어, 페로실리콘, 페로망간, 페로티탄은 酸化되어 그 效力을 대부분 상실하고 만다. 이에 反하여, 피복아아크용접봉의 플락스는 原料를 혼합하여 固着劑로 굳혀서 心線에 塗裝한 後, 上述한 바와 같은 高溫度로 加熱하지는 않은 것이다. 이러한 피복아아크용접봉의 피복제 제조방법을 서브머어지드아아크용접용 플락스의 제조에 도입하여 만들어진 것이 소위 본드플락스(bonded flux)이며, 좋은 成果를 거우고 있다(美國特許品). 이 본드플락스의 燒成溫度는 전술한 온도(760~980℃)의 약 半정도의 낮은 온도에서 행하며, 따라서 플락스에 鐵合金을 넣어도 結合操作中에 酸化되는 일이 없다.

본드플락스는 피복봉의 플락스와 마찬가지로 만들어지고 있다. 즉, 원료를 處方에 의하여 달아서 건조한 채로 잘 혼합하고, 이것을 液狀固着劑로 굳힌 다음 질 반죽 다음 킬룬(Kiln)으로 건조시킨다. 건조온도는 低水素系용접봉보다 약간 높게 하나, 鐵合金을 산화시킬 정도로 高溫이 아니다. 건조한 플락스는 체질하여 크기와 比重이 같은 것으로 **選別**한다. 그림 3. 13은 종래의 **熔劑**(플락스)와 새로운 **固着熔劑** (본드플락스)**粒子**의 **比較擴大**사진이다.

본드플락스는 린컨社의 **報告**에 의하면, **4種**의 **基本플락스**(Cr, Mo, V, Ni 플락스) 및 이것에 **中性**플락스를 **加하여**, **合計 5種**을 적당히 **混合하여** 사용한다. **混合**은 **母材**와 **心線**의 **化學成分**에 따라 **熔接工場**에서 하기로 되어 있다. 또는 **注文**에 의하여 제조할 수도 있다. 이들 **基本** 플락스로서 할 수 있는 용착금속으로의 **合金元素 注入限界**는 다음과 같다.

図 **3.13** 從來의 熔製플락스(黑)과 새로운 본드플락스(灰色)

Cr……8.7%,　　Mo……6.2%

V……2.2%,　　Ni……11.0%

軟鋼心線과 본드플락스의 **組合**으로 모든 종류의 **低合金鋼**, 또는 **合金鋼**의 서브머어지드아아크**熔接**이 **可能**케 되었으며, 동시에 우수한 용착금속의 기계적성질이나 노치**靭性**이 얻어지고 있다. 따라서 피복**棒**과 마찬가지로 **低合金鋼用**의 **心線**은 반드시 필요치는 않고 **軟鋼心線**을 공통으로 쓸 수 있다.

본드플락스의 **利點**은 용접조건이 변화하여도 용착금속의 화학성분을 일정하게 유지

表 3.7　數種의 다른 熔接條件에 대한 金熔着鋼成分의 均一性　（目標 $2^1/_2$ Cr—$1^1/_4$ Mo）

軟鋼熔接心線径 (mm)	熔 接 電 流 (A)	아아크電压 (V)	熔 接 速 度 (in/min)	Cr (%)	Mo (%)
2.0	300	30	15	2.63	1.34
3.2	400	28	15	2.90	1.27
3.2	600	38	15	2.83	1.27
4.0	500	30	15	2.76	1.40
4.0	600	36	15	2.82	1.31
5.6	700	36	15	2.54	1.23

할 수 있는 것이다. **例**를 들어, 表 3. 7은 **軟鋼心線**과 본드플락스**併用**으로,　**棒**지름, 용접전류, 아아크**電壓**이 변화하여도 용착성분이 **一定值**($2^1/_2$ Cr- $1^1/_4$ Mo 目標)로 매우 잘 유지되는 것을 나타낸 것이다.

본드플락스의 **利点**은 스테인레스**鋼**이나, 덧붙이용접에 있어서도 발휘된다. 종래, 오오스티나이트**系**스테인리스**鋼**의 서브머어지드아아크**熔接**은 **敬遠**되었었다. 그 **理由**는, **從來**의 플락스를 사용하면,

　　(가)　용착금속내의 크롬**成分變化率**이 많음(**數**% **減少**)으로 **規格外**의 **化學組成**이 되며,

　　(나)　슬래그의 **剝離**가 나쁘다.

는 **欠点**이 있었으나, 본드플락스의 **利用**에 의하여 이러한 결점이 **全部** 제거되었다. **表**

表 3.8 본드플락스를 쓴 스테인리스全熔着鋼의 化学成分(%)

心 線 과 熔 接 条 件	C	Mn	Si	Cr	Ni
(가)　308 型心線	0.04	1.70	0.35	19.98	10.08
全熔着金属 (28～30 V×600 A)	0.05	1.33	0.77	19.47	10.17
〃	0.05	1.36	0.70	19.36	9.94
〃	0.05	1.33	0.61	19.51	10.01
(나)　309 型心線	0.10	1.83	0.56	24.70	13.98
全熔着金属 (30 V×250 A)	0.12	1.51	0.62	25.10	13.39
〃　　(30 V×600 A)	0.10	1.50	0.82	24.30	13.27

3.8은 본드플락스를 사용한 경우의 스테인리스鋼의 용착금속이 心線의 화학성분과 완전히 一致되는 것을 나타낸 것이다.

또한 슬래그의 剝離性을 향상시키는 일은, 플락스와 스테인리스鋼의 膨脹係數가 크게 다르게끔 某種의 鑛物을 첨가함으로써 깨끗이 成功하고 있다. 즉, 본드플락스의 슬래그는 용접후냉각중에 제절로 떨어져 나오게 된다. 그 결과, 그림 3.14와 같은 스테인리스鋼의 連續的인 **덧붙이용접**이 본드플락스를 씀으로써 가능케 되었다.

図 3.14 본드플락스를 利用한 스테인리스鋼의 表面硬化덧붙이熔接 (사이크론 集塵器)

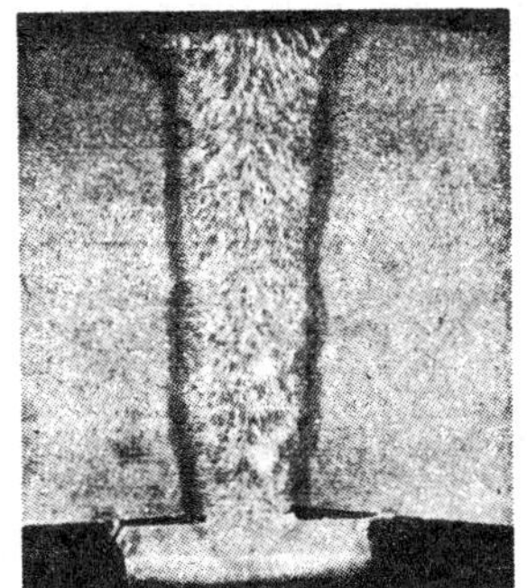

図 3.15 본드플락스에 의한 좁은 홈의 熔接(2 Cr- 1 Mo鋼, 두께60mm)

본드플락스의 또하나의 利点은 鋼의 젖음이 良好함으로 厚板의 홈熔接에서는 홈을 좁게 하여도 언더컷이나 슬래그섞임이 없이 깨끗하게 용접할 수 있다는 것이며, 그림 3.15는 두께60mm의 2 Cr- 1 Mo鋼의 맞대기熔接 (6 層)에서 용접시간과 용접봉을 1／3 절약할 수 있어 能率向上에 도움을 준 예이다.

또한 플락스에 窯業用의 着色을 할 수 있어, 종래의 플락스에서 볼 수 없었던 色에 의한 識別이 可能하다. 現在 아코스社에서는 綠色은 低合金鋼用에, 灰色은 스테인리스鋼用의 플락스에 쓰고 있다.

본드플락스도 濕氣를 吸收함으로, 습도가 높은 지방에서는 가열 건조시켜 保存할 필요가 있다. 만일, 吸濕한 경우는 200℃로 약 1 시간 가열하면 건조시킬 수 있다.

以上의 利点에서 보아 본드플락스는 低合金鋼. 合金鋼, 스테인리스鋼, 耐熱耐蝕鋼,

및 其他 非鐵合金의 서브머어지드아아크熔接用플락스로서 널리 쓰일 可能性이 있다.

3.2.4   心線과 콤포지션의 選定

心線과 콤포지션의 組合은 용착금속의 기계적성질이나 비이드外觀에 크게 영향을 미치므로 그 선택에 있어 다음과 같은 점에 주의를 하여야 한다.

(가)   母材의 材質과 表面狀態(녹, 스케일, 油脂, 水分)

(나)   이음形狀과 치수(板두께, 홈의形狀)

(다)   熔接條件(용접전류, 電壓, 速度)

만일 選定에 착오가 있으면, 용착부의 기계적성질이 저하하고, 氣泡, 균열, 등의 결함이 생기는 일이 있다.

(1) 構造用鋼材

一般構造用鋼材(軟鋼, 高張力低合金鋼等)에 대하여는 原則的으로,

表 3.9   一般構造用鋼의 心線 및 콤포지션의 適用例

母材의 性質, 板두께 및 그 用途	大略의 熔接電流 速度	適 当 한 材 料
溫水器, 低壓가스容器等에 쓰이는 薄鋼板 (게이지板), 炭素鋼 또는 低合金高張力鋼	600〜800 A 까지 2.5m/min 까지	Oxweld ＃29, G50, 8×48 mesh 高張力鋼을 熔接한 그대로의 狀態로서, 큰 延伸이 필요한 경우에는 Oxweld ＃43을 쓴다.
薄板材 및 型鋼材로 組立한 構造物. 例를들어, 鉄道車輛, 自動車車体等	1200 A 까지 0.25〜25m/min	＃29 또는 ＃43, G 50, 8×48 또는 12×150mesh
49kg/mm² 까지의 引張强度를 갖는 材料로 만들어진 高圧容器	兩側부터 各 1層熔接 또는 多層熔接	두께 25mm까지의 2重V→X型 맞대기熔接 또는 1200A以下의 電流로 熔接可能한 맞대기이음, 특히 그 鋼材의 性質이 不明하거나, 래미네이션의 存在가 고려되는 장소에는, ＃43과 G 50(12×150mesh). 50mm까지의 2重→X型맞대기 용접 또는 1800A 以下의 전류로 용접 가능한 맞대기이음에서는 ＃36 또는 40A와 G 80(12×150mesh). 多層熔接의 경우는 ＃43과 G 50(12×150mesh). 또한 應力除去를 수반하는 경우는 ＃36 또는 40A 와 G 80(20×D mesh)
最低引張强度 49kg/mm²의 材料를 써서 만들어진 高圧容器,	多層熔接 또는 兩側부터各 1層熔接	應力除去處理를 하지않는 경우: - ＃36 또는 40A 와 G 80(20×D mesh) 多層熔接 또는 兩側 1層熔接 應力除去處理를 하는 경우: - ＃40 G 20(20×D mesh) 兩側부터 1層熔接 ＃40 또는 40A 와 G 80(20×D mesh)의 多層熔接.
造 船 用	맞대기 및 작은 필렛熔接	例를 들어 ABS, NK, LR에서는 12mm以下에서는 ＃43 또는 ＃36과 G 50(12×150 mesh). 25mm까지는 ＃43과 G 50(12×150mesh). 25mm以上에서는 ＃36과 G 20 메시사이즈는 使用하는 電流에 따라 定한다.
多電極에의한 파이프熔接	全 範 圍	＃36 또는 ＃35 와 G 85, G 90

板두께	心　線 (린데社)	콤포지션
6mm 以下	No 29	G 50
6~25mm	43	G 50
25mm 以上	36	G 80 또는 G 20

가 적당하다.

상세한 選定例는 表 3.9와 같다.

(2) 低合金高張力鋼

低合金高張力鋼의 化學組成에는 여러가지가 있으나, 가장 일반적으로 쓰이는 보일러 및 壓力容器用高張力炭素鋼ASTMA 212-52T에 쓰이는 心線과 콤포지션의 적당한 組合은 表 3.10과 같다. 熔接金屬內의 C%를 너무 크게 하지 않고, Mn, Mo, Cr 등에 의하여 强度를 유지하도록 한다.

表 3.10　ASTM A212-52T 보일러 및 压力容器用高张力炭素鋼과 그
熔接에 적당한 心線과 콤포지션의 組合

種　別	化　学　成　分　(%)			機　械　的　性　質		
	C	Mn	Si	降伏点 kg/mm²	引張强度 kg/mm²	延伸率(8″) %
그레이드 A	0.28~0.33 以下 (板두께에 의함)	0.90 以下	0.15~0.30	24.6 以上	45.7~54.1	20 以上
그레이드 B	0.31~0.35 以下 (板두께에 의함)	0.90 以下	0.15~0.30	26.7 以上	49.2~59.7	18 以上

板　두　께	Oxweld 心　線	콤포지션	選　定　順　位
10 mm 以下	＃ 29 ＃ 43 ＃ 36	G50 G50 G20	1 2 代用
10~25 mm	＃ 36 ＃ 36 ＃ 36	G80 G20 G70	1 2 代　用
10 mm 以下応力除去	＃ 40A ＃ 40A ＃ 40	G80 G90 G70, 80, 20	1 2 代　用

또한 日本에서의 研究結果에 의하면, 引張强度52~60kg/mm²의 Mn-Si系 52킬로高張力鋼의 2~3層용접에 대하여는 ＃36(2％Mn)과 G80의 組合이 용착금속의 노치靭性이란 점에서 바람직하고 또한 인장강도60~70kg/mm²를 갖는 Mn-Ni-Cr-Mo-V-Ti 系의 60킬로高張力鋼(板두께 20mm)에는 ＃40(2％Mn－1/2％Mo)과 G80의 組合이 좋은 것으로 알려 있다. 또한 美國의 實驗例에 의하여도 60킬로 高張力鋼에는 心線＃40과 콤포지션G80의 組合을 사용하여 좋은 成績을 얻고 있다.

여기서 주의해야 할 일은, 60킬로以上의 高張力鋼中에는 熱處理에 의하여 强度를 증가시킨 소위 熱處理性高張力鋼(調質鋼)이 있으나, 이러한 종류의 것은 원래 合金元素가 약간 적으므로, 용접금속의 강도를 확보하는데는 心線과 콤포지션의 組合에 주의하여, 그 용접금속의 合金成分量이 母材의 그것보다 많게 되도록 하여야 한다. 低合金高張力鋼의 强度가 70kg/mm²以上에서는 軟鋼心線과 본드플락스의 組合이 成功을 거두고

있다. (表 3.15)

(3) 보일러用鋼板

34mm以上의 板두께에 대하여는 多層熔接이 行하여진다. 母材에 의한 稀釋을 적게하기 위하여 心線만으로 충분한 强度를 갖게 하여야 한다. ♯36이 많이 쓰이나, ♯40A, ♯40도 사용된다. 콤포지션은 G80이 가장 좋다.

(4) 스테인리스鋼

母材에 의한 稀釋과 炭化物의 粒界析出에 의한 耐蝕性劣化에 주의하여야 한다. 이에 대하여는 表 3.2는 適用例이다.

(5) 덧붙이 및 表面硬化

덧붙이를 目的으로 하는 경우에는 ♯36, ♯40과 G90, G80의 조합이 쓰인다. 耐摩耗性을 얻는 목적으로 硬化性心線에 의한 表面硬化덧붙이熔接 (hard surfacing) 의 경우는 그 硬度에 따른 心線을 선정하고, 必要에 따라 용접후의 열처리를 한다. 表 3.11 에 硬度別의 使用心線을, 表 3.12에는 그 實用例를 表示한다.

表 3.11 덧 붙 이 用 心 線

硬度範圍	心 線	加工硬化된 硬度	熱処理된 硬度, 부터焼入		875°C	熔 着 金 属 組 成 (%)		
H_B	Oxweld	H_B	空 気	油	水 H_B	C	Cr	其 他
150～200	♯ 40	355	—	—	—	0.15	—	Mo-0.5
200～275	♯ 296	325	—	—	—	0.5	—	—
210～290	♯ 1730	350	277	490	520	0.3	1.0	Mo-0.25
220～275	♯ 1928	330	230	401	490	0.3	1.0	V-0.15
250～350	♯ 2437	365	375	444	495	0.25	0.5	Ni-1.75, Mo-0.25
275—400	♯ 2842	425	380	430	450	0.12	4.3	Mo-0.5
400～550	♯ 4254	525	—	—	—	0.25	7.0	—

表 3.12 덧붙이用心線의 適用例

♯ 36	鑄鋼, 鍛鋼의 摩耗部補修덧붙임, 遠心鑄造파이프의 鑄型 補修. 로울, 피스턴로드, 및 피스턴링 홈의 補修덧붙임, 表面硬化의 事前덧붙임.
♯ 40	熔接한 그대로도 ♯36으로 덧붙임한 경우보다 높은 硬度를 要할 때, 鑄鋼, 鍛鋼의 摩耗部補修덧붙임에 사용된다. 鑛山의 機關車타이어, 휘일의補修, 로울 로울넥크, 크레인의 휘일. 피스턴로드 및 水圧機의 棒피스턴의 補修덧붙임.
♯ 296	크레인, 휘일, 피스턴링의 홈. 로울넥크, 및 摩耗샤프트의 補修덧붙임, 高炭素鋼의 熔接
♯ 1730	로울, 피스턴로드 피스턴링의 補修덧붙임. 熱處理可能.
♯ 1928	♯296으로 덧붙임한 것보다 熔着鉄은 平滑하고 强靭하다. 熱處理可能.피스턴로드의 先端, 밸브의 軸部. 로울넥크, 크레인휘일, 分塊밀의 主抽등의 補修덧붙임.
♯ 2437	로울, 피스턴로드, 피스턴링의 補修덧붙임. 熱處理可能. 各層의 上部일수록 硬度가 높아진다.
♯ 4254	브레이크드럼의 덧붙임. 드로오블록, Ⅰ型鋼로울. 로울넥크, 코일러로울. 핀치로울의 補修덧붙임.

3.3 熔接部의 諸性質과 欠陷

本節에서는 主로 炭素鋼 및 低合金鋼의 서브머어지드아아크熔接部에 대하여 기술한다. 其他金屬에 대하여는 第11章에서 설명한다.

3.3.1 熔着部의 諸性質

(1) 熔着部의 組織과 化學成分

서브머어지드아아크熔接의 熔接金屬은 그림 3.2와 같이 현저한 樹枝狀結晶(dendrite)이 熔融境界(본드 bond)에 直角으로 비이드中央頂部를 향하여 발달하고 있다. 그러나 多層熔接의 경우는 다음層의 용접열에 의하여 變態点以上으로 가열된 小部分이 燒準(normalizing)되어 結晶粒이 微細化된다.

서브머어지드아아크용접에서는 용입이 매우 큼으로, 용접금속의 화학성분은 母材의 영향을 비교적 강하게 받는다. 炭素鋼의 서브머어지드아아크熔接에서는 1種類의 心線과 콤포지션의 結合으로 各各 母材의 成分과 大差없는 成分을 갖는 용접금속이 얻어지며, 또한 母材보다 뛰어난 기계적성질이나 靭性을 얻는 경우가 많으므로, 低合金高

表 3.13 서브머어지드아아크熔接多層熔接金属의 化学成分
(母材 C 0.14, Mn 0.58, Si 0.19%)

Oxweld 心　　線	Unionmelt 플 라 스 Grade	板두께 (in)	試 驗 資 料 採 取 位 置	化 学 成 分 (%)			
				C	Mn	Si	Mo
36	20	2	底　　　　部 中　　　　央 頭　　　　部 母　　　　材	0.100 0.086 0.068 0.14	0.70 0.68 0.64 0.58	0.58 0.87 1.09 0.19	
36	50	2	表面부터 1 1/2 in 〃　　　　1 〃　　　　1/2 頭部	0.095 0.097 0.099 0.094	1.46 1.69 1.54 1.36	0.18 0.17 0.06 0.12	
36	80	2 1/2	層　　　　1 8 15 22 27	손　　熔　　接 0.092 0.094 0.088 0.076	 0.94 1.17 1.20 1.23	 0.30 0.40 0.45 0.45	
36	85	2	底　　　　部 中　　　　央 頭　　　　部 母　　　　材	0.092 0.080 0.071 0.15	0,98 1.02 1.02 0.52	0.44 0.49 0.54 0.20	
36	90	2	層　　　　1 6	0.14 0.10	0.94 1.51	0.31 0.25	
40	80	3/4 3 3/8	6 層의平均 28~32 層의平均	0.076 0.12	1.10 1.45	0.30 0.38	0.41 0.42
40 A	80		20 層 의 平 均	0.07	0.69	0.30	0.47

張力鋼에 대하여도 가끔 軟鋼用心線과 콤포지션의 組合이 쓰일 정도이다.

용접금속의 合金元素는, 母材, 心線 및 콤포지션에서 導入됨으로, 그 化學成分은 용접조건의 영향을 상당히 받는다. 즉, 용접전류, 아아크電壓, 또는 용접속도가 변하면, 心線과 콤포지션의 熔融比率, 母材로의 熔入量이 변함으로, 용접금속의 化學成分도 변화하게 된다.

또한 용접層數에 따라 용착금속의 化學成分이 變化하는 것은 당연하다. 例를 들어 表 3.13은 다른 心線과 콤포지션의 組合에 대한 同一母材(0.14％C, 0.58％Mn, 0.19％Si의 킬드鋼)厚板의 맞대기용착부 化學成分이 層數에 따라 變化하는 一例를 나타낸것이다. 예를들어, 低炭素高망간의 No.36心線에 콤포지션그레이드80을 組合한 경우, 初層은 母材成分에 가까운 값을 나타내나, 層을 겹침에 따라 C量이 감소하고, Mn와 Si量이 증가한다. Mn의 增加는 心線에 의하여, 또한 Si의 증가는 콤포지션의 主成分인 SiO_2의 還元에 의한 것이다. SiO_2가 가장 많은 G20콤포지션을 쓰면, Si의 증가가 현저하고, 이음의 頭部에서는 1％에 달하여 노치靭性이 저하함으로 G20은 多層 용접에 적합치 않다. MnO를 주성분으로하는 G50콤포지션을 쓰면 Si量을 낮게 유지할 수 있으나, Mn량이 과대하게 됨으로 일반적으로 No43, No40A등의 低Mn 心線과 함께 사용된다.

(2) 熔着部의 性能

서브머어지드아아크熔接의 용접금속은 용접한 채로도 인장강도, 延伸, 굽힘, 疲勞强度, 衝擊値, 共히 良好하다. 이것은 용융부가 外氣로부터 충분히 차단되고, 또한 용융시간이 길므로 인하여 콤포지션에 의한 精鍊作用이 잘 되기 때문이다.

一例로서, 板두께42mm의 킬드鋼厚板 (C 0.6, Mn 0.78, Si 0.17％)의 맞대기 서브머어지드아아크용접 (♯36×G80)과 손용접에 의한 용접금속의 화학성분과 노치靭性의 비교를 表 3.14에, 또한 기계적성질의 비교를 그림 3.16에 표시한다. 우선 화학성분에서 주목할 점은 그 水素含有量이 적은 것이며, 손용접의 低水素에는 미치지 못하나, 일메나이트系에 비하면 현저하게 적고, 이 때문에 용접금속의 성질, 특히 靭性이 뛰어나고 있다. 또한 일반적으로 650

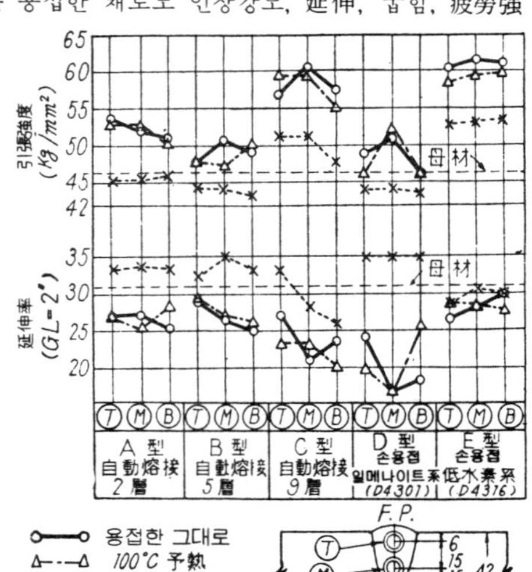

図 3.16 板두께42mm, 0.16％C 킬드鋼에 대한 서브머어지드아아크熔接과 손熔接時의 熔接金属機械的性質의 比較(大庭)

℃의 應力除去어니일정 (stress relief annealing)에 의하여 延伸性과 靭性이 증가하고 있다. 이것은 일메나이트系에서 특히 현저하지만, 低水素系에서는 거의 변화하지 않

表 3.14 板두께42mm의 킬드鋼(0.16C, 0.77Mn, 0.17Si)에 대한 서브머어지드아아크熔接과 손熔接時의 熔着部化学成分과 노치靭性의 比較(大庭)

| 施工法 | 位**置 | 化 学 成 分 (%) | | | | | H+ (cc/gr) | | V샤르삐遷移温度 (°C) | | | | | |
| | | C | Mn | Si | N+ | O+ | T_{r15}§ | | | | T_{rs}§ | | |
							AW	AN	AW	100P	650A	AW	100P	650A
(A型)* 서브머어지 2層덧붙임	T	0.15	1.18	0.24	.006	.040	.105	.007	−24	−20	−15	23	33	25
	M	0.14	1.24	0.24	.006	.048	.048	.003	−38	−12	−12	33	33	18
	B	0.14	1.07	0.28	.007	.047	.075	.003	−33	−45	−20	21	22	6
(B型)* 서브머어지 5層덧붙임	T	0.08	0.68	0.28	.006	.063	.026	.002	−15	−32	− 6	22	15	30
	M	0.11	0.66	0.23	.007	.066	.013	.004	−47	−42	−28	− 7	6	10
	B	0.10	0.71	0.26	.005	.065	.012	.003	−40	−40	−11	7	24	37
(C型)* 서브머어지 9層덧붙임	T	0.11	1.48	0.38	.006	.061	.012	.003	−30	−34	−28	− 2	30	0
	M	0.13	1.11	0.27	.007	.053	.013	.009	−46	−47	−30	−21	3	− 6
	B	0.15	1.05	0.31	.005	.049	.009	.003	−42	−42	−45	2	− 8	−17
(D型) 손熔接 일메나이트系	T	0.10	0.53	0.08	.006	.083	.107	.002	−40	−48	−40	−20	−30	−12
	M	0.13	0.81	0.10	.007	.075	.160	.002	−35	−52	−30	−20	−16	− 2
	B	0.10	0.61	0.08	.007	.075	.098	.005	−42	−48	−40	−20	−30	−18
(E型) 손熔接 低水素系	T	0.10	1.10	0.48	.005	.026	.006	.004	−55	−55	−44	−26	−32	−25
	M	0.13	0.94	0.47	.006	.031	.006	.002	−52	−45	−54	−23	−14	−30
	B	0.11	1.11	0.53	.009	.035	.004	.004	−64	−80	−48	−31	−32	−28
母 材	T	0.16	0.79	0.15	.010	.010	.012	—	—	—	—	—	—	—
	M	0.18	0.77	0.18	.008	.009	.018	—	—	—	—	—	—	—
	B	0.16	0.75	0.18	.008	.010	.016	—	—	—	—	—	—	—

〔註〕1 * 心線 No.36 과 콤포지션 G80의 組合
  ** 位置는 図 3.16参照
  † 窒素 및 酸素는 熔接한 그대로와 어니일링後와 同一
  AW…… 熔接한 그대로
  AN…… 어니일링
  § T_{r15}…… 吸収에너지가 15ft-lb(2.6kgm/cm²)를 표시할 때의 温度
   T_{rs}…… 剪断破面率이 50%를 표시하는 温度
   AW…… 熔接한 그대로, 100P··100℃ 予熱, 650A……650℃ 応力除去어니일링

는 것은 용접금속内의 수소가스放出이 有力한 原因이 되어 있기 때문이다. 또한 노치靭性(notch toughness)을 나타내는 V샤르삐遷移温度는 낮은 것이 좋지만, 表 3.14에 의하면, 서브머어지드아아크용접에서는, 過大한 樹枝狀結晶組織을 피하기 위하여, 多層용접의 層數를 증가시키는 것이 노치靭性向上에 有利하다. 약30mm이상의 厚板용접에서 특히 양호한 노치인성이 요구되는 경우에는, 1~2층의 용접을 피하고 될 수 있는대로 층수를 증가시키는 것이 좋다.

담금질硬化性을 갖는 鋼材의 서브머어지드아아크용접에서는 冷却速度가 늦으므로 열영향부의 硬化가 극히 적고, 용착부의 延伸性이 일반적으로 우수하다. 이에 대하여는 後述키로 한다(第6章 참조)

低合金鋼의 서브머어지드아아크熔接部의 성질 기타에 대하여는 後述한다(第7, 11章 참조). 여기서는 一例로서 美國의 低合金高張力鋼HY80(降伏應力56kg/mm²이상)을 본드플락스를 써서 서브머어지드아아크熔接한 용접금속의 기계적성질을 表 3.15에 表示한다. 이 鋼은 熱處理를 하고 있으므로, 母材熱影響部의 템퍼링(tempering) 軟化를

表 3.15　高張力鋼 HY 80의　서브머어지드아아크熔接金属의　機械的性質（Campbell）
（두께25mm, 본드플락스使用）

全熔着金属	C	Mn	Si	P	S	Ni	Cr	Mo
化学成分(%)	0.030	0.63	0.43	0.036	0.009	2.09	0.70	0.50

機械的性質 （丸棒）	熔接한 그대로(3 個)	応力除去*
降伏強度 (kg/mm²)	57.9～60.6	54.1
引張強度 (kg/mm²)	63.2～67.5	62.1
延伸 (2″) (%)	10～21	22
絞縮 (%)	18～57	53

衝撃値 （V 샤르삐）

	熔接한 그대로			応力除去*	
(°C)	(kgm/cm²)	(°C)	(kgm/cm²)	(°C)	(kgm/cm²)
22	9.0	−62	3.3～3.5	−73	3.6～4.7
0	8.1	−73	3.3～4.9 (7 個)		
−12	6.6～8.3	−84	3.6～3.8		
−40	3.5～4.3	−101	1.7～3.1		
−51	3.5～3.8				

* 650°C × 1 h, 空冷

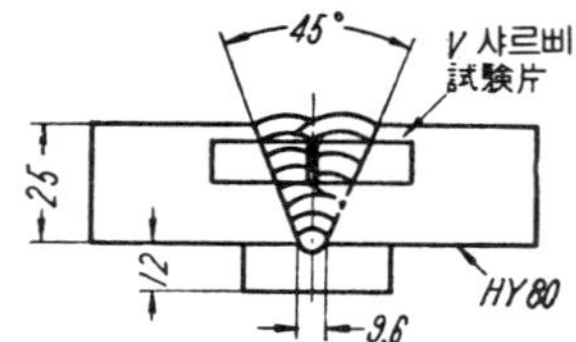

방지하기 위하여 熔接入熱을 44000 (Joule/in) 이하로 限定하고 있다(例를 들어 440A, 30V, 18in/min).

3.3.2 變形 및 收縮

서브머어지드아아크熔接에서는 일반적으로 용착금속의 量을 감소할 수 있을 뿐만 아니라, 용접속도가 크기때문에 母材를 과외로 加熱하는 일이 적으므로, 熔接에 의한 變形이 적어도 되는 利点이 있다.

맞대기이음에서는 홈의 각도가 손용접에 비하여 적으므로 收縮量도 적다.　6～14mm 板두께의 V型홈이음의 橫收縮은 약0.3mm, 6～25mm의 X型홈에서는 약0.6mm 정도이다. 또한 맞대기이음의 앞뒤兩面의 加熱이 대략 맞먹으므로, 角變化가 손용접에 비하여 현저하게 작은 利点이 있다.

3.3.3 熔接部의 欠陷

서브머어지드아아크용접부에 생기기 쉬운 결함으로는 氣孔, 硫黄터짐, 高温터짐, 및 언더컷等이 있다.

氣孔(blow hole)은 비이드中央에 발생하는 일이 많다. 原因은 主로 水素가스가 氣泡로서　용접금속내에 포착되기 때문이다.　　그 대책으로는 水素源을 제거하기 위하여 心線과 이음의 녹, 기름, 수분, 습기等의 除去가 필요하며, 더우기　콤포지신을 잘 건조하여 습기를 몰아내는 것이 중요하다.
또한 용접전류를 증가하고, 용접속도를 감소시
켜 용융금속의 응고속도를 적게 하는 것도 有
效하다. **銀点**(fish eye)도 水素가스가 原因이
되어 引張破斷面에 나타나는 결함이나, 이에 대
하여는 第6章에서 기술한다.

　硫黃터짐(설파크래크 sulphur crack)은 설파
밴드(sulphur band,)가 강한 鋼材(特히 림드鋼)
를 용접했을때 설파밴드에 의하여 용접금속내에
생기는 터짐이다. 이 터짐에 대하여는　第6章
에서 설명하지만, 그 原因은 설파밴드에 함유된

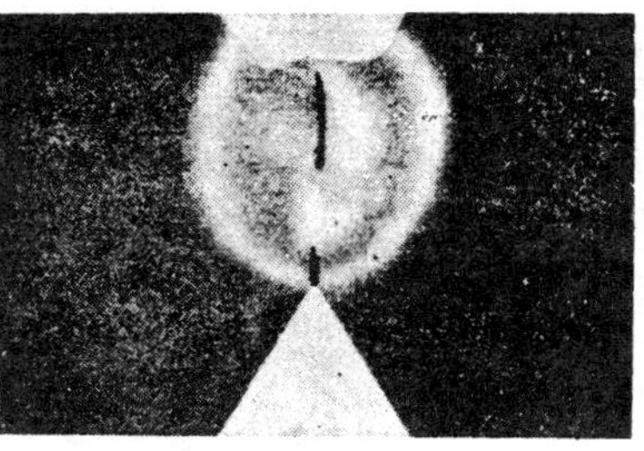

図 3.17　板두께40mm軟鋼킬드鋼의 서브머어
지드아아크熔接金属内의 高温터짐 (윗쪽의 터
짐은 表面에서 보이지 않음. 아래쪽의 터짐은
루우트부터 갈라진 노치터짐)

表 3.16 (A)　서브머어지드아아크熔接의 熔接欠陷에 대한 原因 및 対策

欠　陷	原　　　　　　　因	対　　　　　　　策
블로우홀	1)　이음의 녹, 스케일　有機物(油脂, 木材)	이음의 研削, 불꽃굽기, 清掃
	2)　플락스의 吸湿(檢査는 　가)　試薬瓶試験* 　나)　카아바이드法 **에 의함.)	約 300℃에서 乾燥
	3)　더렵혀진 플락스(핸드브러시의 毛混入)	플락스를 모으는데는 毛브러시를 쓰지 않고, 鋼線브러시만을 쓴다. 특히 熔接部가 식기前에는 注意를 요함.
	4)　過大한 熔接速度(필렛熔接에서는 650 mm/min以上)	熔接速度를 低下시킨다.
	5)　플락스의 높이不足.	플락스 호오스口를 높게 한다.
	6)　플락스의 높이가 과대해서 가스의 脱出不充分(粒度가 微細한 경우에만)	플락스호오스口를 낮게 한다. 全自動의 경우, 적당한 높이는 30~40mm
	7)　녹이나 油脂로 더렵혀진 心線	心線의 清淨化 또는 交換.
	8)　極性不適当(特히 이음이 약간　더러운 경우에 氣泡가 생긴다.)	電極을 陰極이 아니고 陽極으로 한다.
터　짐	1)　母材에 대하여 心線과 플락스의 組合이 不適合(母材의 炭素量過大, 熔着金属의 망간量過少)	망간量이 많은 心線의 使用, 母材의 炭素量이 많을 때는 予熱한다.
	2)　熔着部의 急冷에의한 熱影響部의 硬化	熔接電流와 電圧의 增加, 熔接速度의 減少, 母材의 予熱
	3)　心線의 炭素와 硫黄의 含有量過大	心線의 交換
	4)　多層熔接의 第1層에 생기는 터짐은 비이드가 收縮変形에 견디지 못할 때	第1層비이드를 強大하게 한다.
	5)　필렛熔接에서는 특히 림드鋼에서 깊은 熔入으로 偏析이 交叉할 때	熔接電流와 熔接速度를 減少시킨다. 極性을 바꾼다.
	6)　잘못된 熔接施工, 母材의 拘束大	指定된 施工方法에 留意한다. 熔接技術者와 相議한다.
	7)　不適当한 비이드形狀, 비이드幅에 대하여 비이드높이 過大, 비이드幅過小	비이드幅과 비이드高를 대략 1：1로 한다. 電流를 감소시키고 電圧을 높인다.

表 3.16 (B)　서브머어지드아아크熔接의 熔接欠陷에 대한 原因 및 対策(継續)

欠　陷	原　　　因	対　　　策
슬래그섞임	1) 熔接方向으로 母材가 傾斜해 있어 슬래그가 先行한다.	熔接方向을 逆으로 한다. 母材를 되도록 水平으로 한다.
	2) 多層熔接에서 흠側面이 파여질 때, 心線이 側面에 너무 가깝다.	흠側面과 心線과의 距離를 적어도 心線의 直徑以上으로 한다.
	3) 熔接開始點의 슬래그섞임, 엔드탭을 붙였을 때, 잘 생긴다.	엔드탭의 두께와 흠形狀을 母材와 同一하게 한다.
	4) 電流過小, 2層間에 슬래그 殘留薄板의 터짐熔接時에 일어나기 쉽다.	電流를 높여서, 殘留플락스를 녹이도록 한다.
	5) 熔接速度가 過小하고 슬래그가 先行	電流와 熔接速度를 증가시킨다.
	6) 最終層의 아아크電壓이 너무 높아, 遊離한 플락스가 비이드끝에 混入된다.	電壓을 감소시키거나, 速度를 빠르게 한다. 必要하면 幅넓은 1層대신에 幅좁은 2層으로 最終層을 덧붙인다.

〔註〕　* 試藥甁試驗…試驗해야 할 플락스를 試藥甁에 넣는다. 바닥을 분젠바아너로 덥히면, 플락스中의 水分은 병上部에 蒸着된다.

　　　** 카아바이드法…直徑70mm, 높이 7Cmm의 容器中에 시험될 플락스와 카아바이드를 1：1의 比率로 混合한다. 容器두껑의 하나의 구멍부터 고무管이 透明한 油를 채운 試藥병 또는 円柱狀의 유리容器로 連結되어 있다. 만일, 2～3分間內에 1～2個의 氣泡가 나올 정도이면, 플락스를 乾燥시키지 않아도 그대로 사용할 수 있다.

低融点의 硫化鐵FeS와, 水素가스의 存在때문이므로, 그 防止에는 설파밴드가 적은 세미킬드鋼 또는 킬드鋼을 사용하는 것이 有效하며, 또한 이음表面과 콤포지션의　淸淨과 乾燥가 필요하다. 또한 各層의 熔入을 적게 하고 손용접에 가깝게 하는 것이 效果的이다.

　서브머어지드아아크熔接에서는 비이드內에 그림 3.17과 같은 **高溫터짐**이 생기는 일이 있다. 특히 始点 및 終点(그레이터)에는 터짐이 발생하기 쉬우므로, 熔接線의 始点과 終点에는 크기 약150mm角정도의 엔드탭(run off tab, end tab)을 붙여 不良個所가 이음의 外側에 오도록 하여야 한다. 高溫터짐은 이음의 拘束이 클 때, 또한 熔接金屬內의 Si量이 클 때, 특히 생기기 쉽다.　電流에 비하여 용접속도가 너무 빠르면, 언더컷이 생기기 쉽다.　表 3.16은 各種欠陷과 그 對策을 一括 表示한 것이다.

3.4 施　工　法

3.4.1 熔接準備

(1) 材料의 選擇

　서브머어지드아아크용접에서는 母材의 용입이 크므로, 母材의 良否가 용착부의 성능이나 결함발생에 크게 영향을 미친다. 예를들어, 硫黃터짐을 방지하기 위하여는 硫黃偏析이 없는 良質의 鋼材가 필요하며, 이를 위하여는 밀시이트(mill sheet　製鋼所의 製品記錄)에 의하여 化學成分을 확인하여 偏析의 有無를 推定하거나, 또는 板端을 硏摩하여 설파프린트(sulphur print, 第6章 참조)를 취하여 설파밴드의 多少를　조사할 필요가 있다. 이에 의하여 心線과 콤포지션의 組合이나, **層數**의 결정을 하여야 한다. No43 心線과 G50콤포지션의 組合으로 비교적 低速度로 용접을 하면, 설파크랙크를 어느정도 방지할 수 있다.

일반적으로 심선과 콤포지션의 조합은 요구되는 용착부의 성능, 모재의 화학성분, 이음형상에 따라 선택되어야 하며, 이에 대하여는 이미 기술한 바 있다(3.2 節).

（2）이음加工, 맞춤

서브머어지드아아크용접뿐만 아니라, 일반적으로 자동용접에서는 **이음加工**(joint preparation)과 **맞춤**(fit up)의 精度가 중요한 요소가 된다. 따라서 機械加工 또는 自動가스切斷에 의한 精密加工이 쓰인다. 만일, 精度가 不充分하면, 一定한 용접조건하에서의 용입 및 補强덧붙임量에 過不足이 생겨, 氣泡, 터짐, 및 **熔落**(burn through) 등을 수반하는 일이 많으므로, 그 補修을 위하여 作業能率이 현저하게 저하한다. 그러므로, 이음精度로는,

(Ⅰ)　홈의 角度　　±5度
(Ⅱ)　루우트間隔　　0.8mm 以下 (단, 받침쇠使用時 除外)
(Ⅲ)　루우트面　　±1mm

가 要求되고 있다. 만일 루우트 間隔이 0.8mm를 넘는 경우는 미리 그림3.18과 같은 손용접에 의한 **시일링비이드** (sealing bead)를 붙여, 용락을 방지할 필요가 있으며, 또는 다음과 같은 받침쇠를 사용하여야 한다.

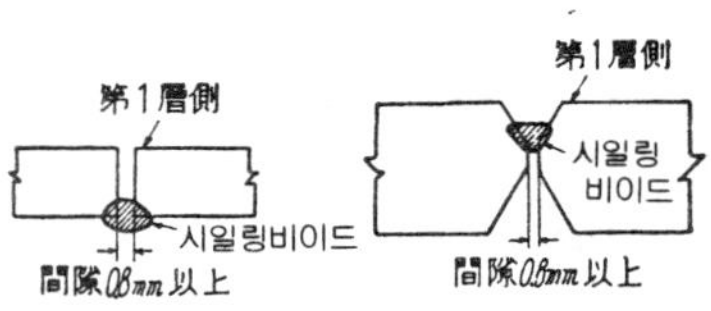

図 3.18　漏泄防止熔接

（3）받　　침

용접해야 할 板材두께가 별로 크지 않고 板의 맞댄面 즉 루우트面(root face)의 치수가 용융금속을 지지할 만큼 깊지 못할 경우, 또는 板材가 두꺼워도 板의 片側부터 單層熔接을 하여 뒷면까지 충분한 용입을 얻고자 할 경우에는, 용융금속의 용락을 방지하기 위하여 **받침**(backing)을 사용한다. 이에는 그림 3.19와 같이, 銅板받침 方法이 종종 쓰인다. 銅은 熱傳導가 극히 양호함으로, 가령 母材의 一部가 熔落하여도　自身

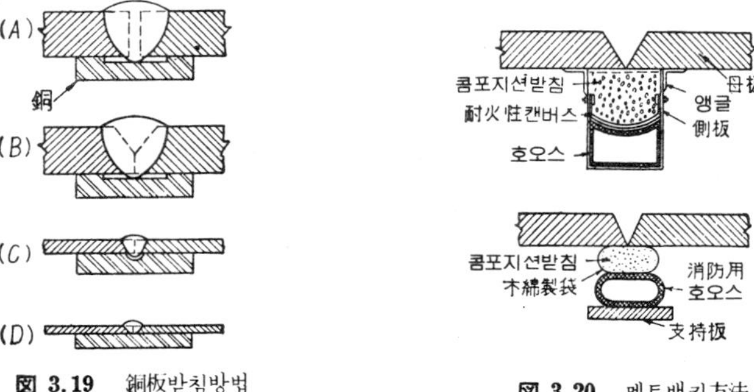

図 3.19　銅板받침방법　　　　　　　図 3.20　멜트배킹方法

은 녹지 않고 즉시 그것을 凝固시킨다. 板두께3.5mm以上의 板材에서는 그림 (A)～(C)와 같이 銅받침쇠에 홈을 붙인다. 홈의 깊이는 0.5～1.5mm, 幅은 6～20mm로 한다.

단, 薄板(3.5mm以下)에서는 홈을 붙이지 않는다. 熱量이 많을 때는 水冷式받침도 사용된다. 받침을 쓰게 되면, 熔接部를 急冷시키므로 熔接變形을 감소시키는 効用이 있다. 또한 銅板대신에 母材와 同一材質의 받침쇠를 써서 이것도 같이 용착시키는 방법, 및 손용접으로·第1層을 용접하여 받침에 代用하는 경우도 있다. 그리고 그림 3.20과 같이 특히 耐火性이 큰 콤포지션(G342)를 뒷면에서 받치는 경우도 있다. 이것을 **콤포지션백킹** 또는 **멜트백킹**(melt backing)이라 한다. 上圖에서는 母材의 裏面과 콤포지션 사이에 두께 2～3mm의 크래프트紙와 같은 것을 끼우고, 下圖에서는 木綿袋에 콤포지션을 넣고 있다. 이렇게 함으로써 뒷面이 깨끗하게 나오게 된다. 이들 종이나 木綿袋는 어느정도 눈게되나 용융금속내에 氣泡를 생기게 하는 일은 없다.

(4) 엔　　드　　탭

용접개시점의 不完全熔着部와 終点의 長大한 크레이터를 이음에서 제거하기 위하여 용접선의 前後에 약150mm×150mm×板두께의 **엔드탭**(end tab)을 붙여 용접비이드를 이음끝에서 약100mm연장시켜 용접완료후 절단할 필요가 있다. 보일러缶板의 시임(縱)이음에서는 일반적으로 이음加工한 엔드탭을 특히 크게 하여(약500mm角), 그 용착부로 부터 기계시험용의 試驗片을 採取하고 있다.

(5) 材料의 防濕 및 淸掃

용접금속의 **健全性**(soundness)을 증가시키는 뜻에서 용접재료의 방습과 청소는 극히 중요한 사항이다. 母材의 이음이나 心線의 表面에 有機物, 油脂, 먼지, 水分 等이 붙어 있으면, 용접금속내에 氣泡가 발생하기 쉽다. 赤錆이나 두꺼운 밀스케일等도 水分을 함유하기 쉬움으로 제거하는 것이 좋다. 가스切斷面의 슬래그는 完全하게 제거할 필요가 있으나, 얇은 酸化被膜은 그대로 두어도 된다. 손용접에 의한 뒷면막기용접 및 假用接時에 용착鋼에 잔류하는 水素가 많을 때는 氣泡發生의 원인이 된다. 용접전에 이음을 가스불꽃으로 60～80℃ 정도로 予熱하는 것은 濕氣의 除去에 有効하며, 氣泡發生防止에도 매우 効果가 많다.

콤포지션은 150～250℃로 30分정도 건조시켜 사용한다. 또한 용접후 回收한 未熔融 콤포지션은 再乾燥하여 粒度調整을 위하여 새로운 콤포지션과 50%씩 잘 혼합하여 사용한다.

3.4.2 施工上의 注意事項

(1) 熔入 및 비이드形狀

서브머어지드아아크용접의 **용입**(penetration)은 주로 용접전류의 크기로 정해진다. 一例를 들면 그림 3.21과 같이 용접전류의 증대와 함께 용입이 急增한다. 동시에 補强 덧붙임도 증가하게 되나, 過大電流는 오우버랩을 생기게 하여 좋지 않다(그림 3.22)

용접전압의 영향은 그림 3.22와 같이, 전압이 낮으면 용입이 깊고 덧붙여진 비이드가 생기고, 전압이 過大(아아크의 길이過大)하면, 반대로 용입이 얕고 扁平한 幅넓은

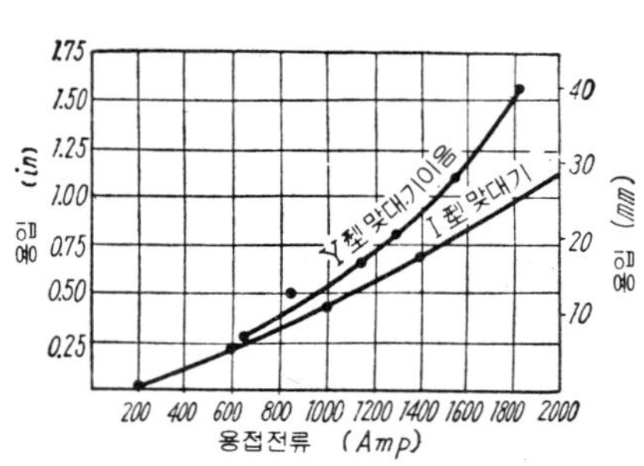

図 3.21 熔入과 熔接電流와의 關係

図 3.22 熔入과 비이드形狀에 미치는 熔接條件의 影響

비이드가 생긴다.

　용접속도의 영향은, 속도가 늦으면, 용입이 약간 깊어지고 덧붙여진 비이드가 생기며, 속도가 너무 빠르면 용입이 얕아지고 비이드는 좁고 덧붙여져 마침내 언더컷이 생긴다(그림 3.22)

　板위에 비이드용접한 경우의, 용입에 미치는 電流, 電壓, 速度의 영향은 다음과 같은 잭슨(Jackson)의 實驗式으로 주어진다.

$$P=K\sqrt[3]{\frac{I^4}{SE^9}}$$

단,　P :　熔　　　　入　(in)
　　　I :　熔 接 電 流　(A)
　　　E :　아아크電圧　(V)
　　　S :　熔 接 速 度　(in/min)
　　　K :　定数,　0.00115～0.00120

　이 式의 圖式解法은 그림 3.23과 같다. 例를 들면, $E=30V$, $S=12.5$in/min, $I=1200A$의 경우는 右에서 左로 鎖線을 따라 가서 용입0.7in가 얻어진다.

　용접선의 傾斜도 비이드形狀에 영향을 미친다. 例를들어, 그림 3.24와 같은 上向傾

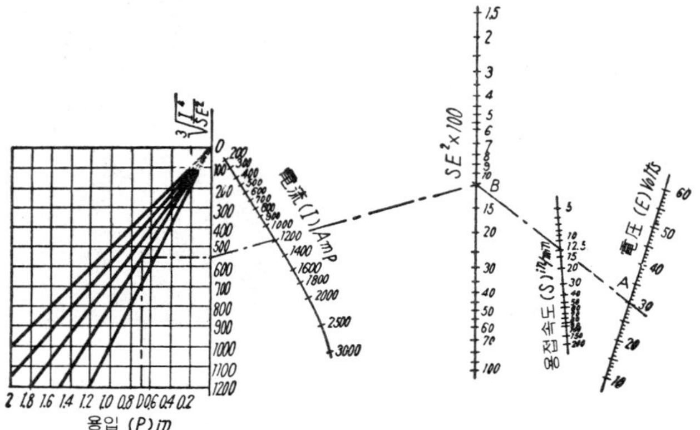

図 3.23 熔入의 推定図 (Jackson)

斜에서는 (A)와 같이 용입이 깊고 비이드가 좁고 덧붙여지며, 下向傾斜에서는 (B)와 같이 얕고 편평해진다. 실제로 용접가능한 最大傾斜度는 용접전류에 따라 一定치는 않으나 800A까지의 전류에서는 最大 6°(1m에 대하여 약 10cm)의 경사까지 작업가능하다.

（2）其他의 注意事項

콤포지션을 散布하는 깊이에는 적당한 범위가 있으며, 그보다 깊어져도 얕아져도 안된다. 너무 얕으면, 아아크의 保護가 不充分해져서 비이드가 더럽고 氣泡가 생긴다. 또한 너무 깊게 되지 않도록 하여 內部에 생긴 가스가 자유로히 빠지는 정도의 余地를 남겨두어야 한다. 適當한 때는 그림 3.25와 같이 電極直後에서 內部에서 發生한 가스가 赤黃色의 불꽃으로 타고 있으며, 그레이드 20, 80과 같이 半透明의 콤포지션을 쓸 경우는 때때로 內部의 아아크가 靑色으로 보인다.

용접홈에 대한 心線의 相對的位置나 傾斜度는 용접결과에 중대한 영향이 있으므로 그 調整이 重要하다.

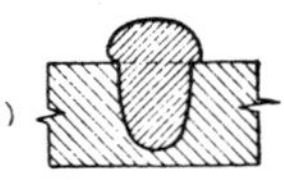

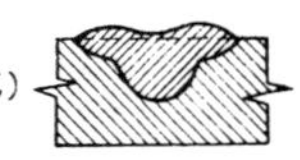
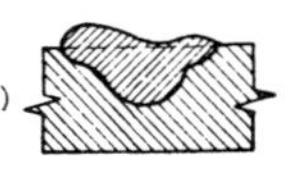

圖 3.24 板의 勾配와 비이드斷面形狀
(A) 上向傾斜
(B) 약간 下向傾斜
(C) 下向傾斜
(D) 橫 傾

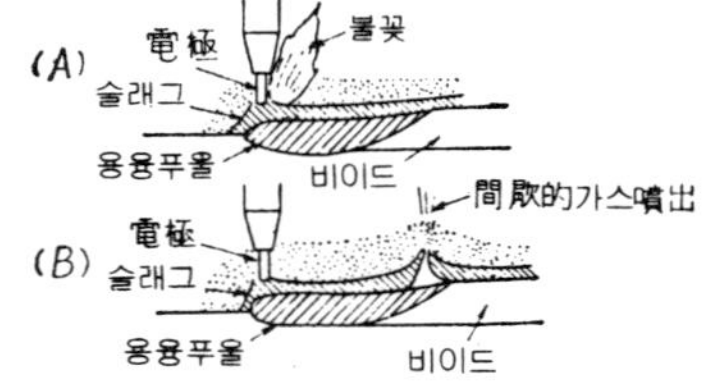

圖 3.25 콤포지션의 깊이
（A）適当 （B）過大

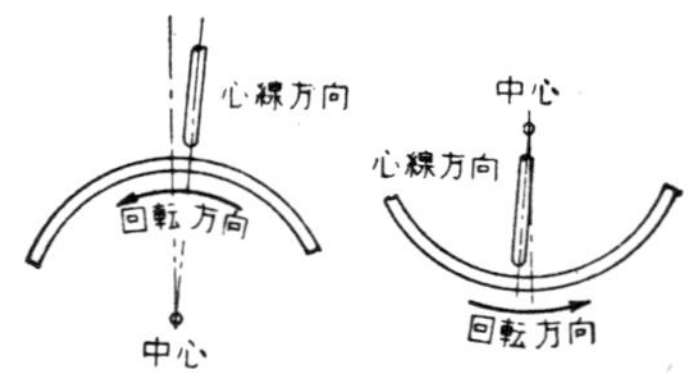

圖 3.26 円周熔接에서의 心線位置

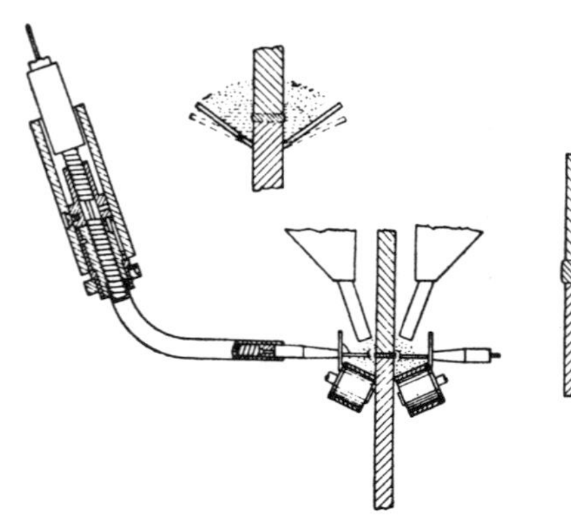

（a） 3時熔接의 方法   （b） 貯藏탱크의 3時熔接 實例
圖 3.27 이음의 兩側부터 同時에 용접하는 3時熔接

서브머어지드 아아크熔接은 厚板뿐 아니라, 손용접으로는 곤란한 1.2mm 薄板까지
용접할 수 있다. 또한 맞대기 및 필렛용접뿐만 아니라, 덧붙이용접이나 表面硬化熔接
에 많이 쓰이고 있다. 特히 耐摩耗, 耐蝕, 耐熱, 耐衝擊用의 表面硬化方面의 用途가
넓으며, 이를 위하여는 母材에 의한 稀釋을 감소시키기 위하여 그림 3.7(C)와 같은
시리즈아아크方式을 써서 용입을 얕게 하는 方法이 有效하다.

円周熔接에 있어서는 그림 3.26과 같이 心線을 回轉中心을 向하게 하고, 그 位置를

表 3.17 低炭素鋼薄板의 Ⅰ型맞대기熔接條件 (1層)

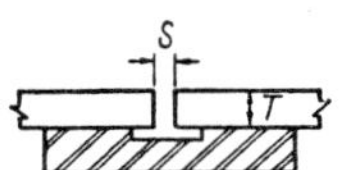

콤포지션 : 그레이드50, 粒度 8×48, 또는
그레이드90, 粒度12×150
板은 剪斷機로 剪斷하여 맞대고 銅받침쇠로 죄여붙인다.

| 板두께 T (mm) | S (mm) | 心　線 | | 콤포지션 | 熔接電流 | 電　圧 | 熔接速度 |
		直径 (mm)	消費量 (kg/m)	消費量 (kg/m)	(A)	(V)	(cm/min)
1.6	0	2.4	0.03	0.03	250—350	22—24	250—380
2.0	0	2.4	0.03	0.03	325—400	24—26	250—380
2.8	0	3.2	0.05	0.05	350—425	24—26	190—250
3.6	0—1.6	3.2	0.09	0.08	400—475	24—27	120—200
4.4	0—1.6	4.0	0.10	0.09	500—600	25—27	100—180
4.8	0—1.6	4.0	0.15—0.20	0.13	575—650	25—27	90—110
6.4	0—2.4	4.8	0.21—0.35	0.18—0.3	750—850	27—29	77— 89
8.0	0—2.4	4.8	0.38—0.45	0.32—0.39	800—900	26—30	66— 74

薄板에 대하여도 交流가 쓰이나, 2.4mm以下의 薄板을 高速熔接하는데는 直流逆極性쪽이 바람직하다.
매우 高速으로 薄板熔接하는 경우에는 板을 최고18° 정도까지 水平面으로부터 기울게 하면 좋은 결과를
얻을 수 있다. 이때 용접은 下向傾斜쪽으로 進行시킨다. 또한 용접봉을 용접방향으로 25° 기울게 하면
好結果가 얻어진다.

表 3.18 低炭素鋼厚板의 Ⅰ型맞대기熔接條件 (2層)

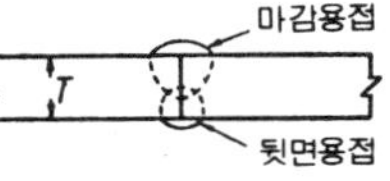

콤포지션 { G 2C, 粒度 12×2C0 또는 G 5C, 粒度 8×48 ……板두께 6.4~15.9mm
G 2C, 粒度 12×2C0 ……板두께 17.5~19mm

| 板두께 T (mm) | 層 | 電流 (A) | 電圧 (V) | 熔接速度 (cm/min) | 心　線 | | 第2層째의 熔接을 하기前의 準備 |
					直径 (mm)	消費量 (kg/m)	
6	裏	400	32	71—114	3.2 또는 4.0	0.15	없음
	表	500	30	70—114	3.2 또는 4.0	0.18	
8	裏	420	32	71—100	3.2 또는 4.0	0.165	없음
	表	520	30	66—100	3.2 또는 4.0	0.225	
10	裏	500	32	71— 81	4.0 또는 4.8	0.21	없음
	表	650	32	61— 81	4.0 또는 4.8	0.27	
11	裏	600	33	61	4.0 또는 4.8	0.30	없음
	表	700	33	56— 68	4.0 또는 4.8	0.375	
12	裏	650	33	56	4.0 또는 4.8	0.35	없음
	表	750	35	51— 63	4.0 또는 4.8	0.40	
14	裏	700	33	51	4.0 또는 4.8	0.36	없음
	表	800	35	46	4.0 또는 4.8	0.48	
16	裏	725	33	46	4.8	0.42	치핑
	表	850	35	40	4.8	0.57	
19	裏	960	38	30	4.8	0.67	치핑
	表	1 100	42	30	4.8	0.75	

약간 前方으로 치우치게 하여 용접한다.

또한 鉛直의 板에 대한 水平맞대기熔接을 兩側에서 동시에 하는 경우에는 그림 3.27 (a)와 같이 心線을 對稱으로 斜上方에서 對向하도록 배치함으로, 이것을 時計바늘에

表 3.19 低炭素鋼厚板의 V型맞대기熔接條件 (2 層)

콤포지션 : G 20, 粒度 12×200

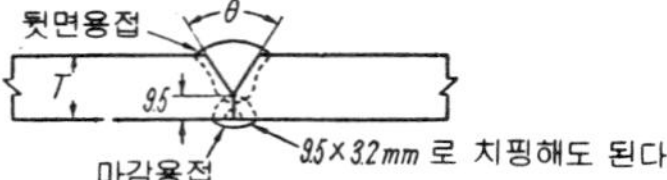

板두께 T (mm)	層	電 流 (A)	電 壓 (V)	熔接速度 (cm/min)	心　　線 直 径 (mm)	消 費 量 (kg/m)	홈의 角度 θ 度
14	裏	850	33	51	6.4	0.57	75
	表	650	33	56	4.8	0.31	
16	裏	900	33	46	6.4	0.66	75
	表	700	33	56	4.8	0.32	
19	裏	950	33	40	6.4	0.75	60
	表	750	33	51	4.8	0.37	
22	裏	1 100	35	36	6.4	0.90	45
	表	800	35	46	4.8	0.48	
25	裏	1 200	35	30	6.4	1.12	40
	表	850	35	46	4.8	0.51	

마감熔接은 덧붙임이 너무 높지 않게 함과 동시에, 충분한 熔入이 얻어지도록 하기 위하여, 3.2~8mm깊이로 밑면따내기를 한다.

表 3.20   低炭素鋼厚板의 X型맞대기熔接條件

콤포지션 {
G 20및 70   粒度 20×200…1 750 A 까지
G 20및 70   粒度 20×D …1 750 A 以上
G 80   粒度 20×D …全電流範囲
}

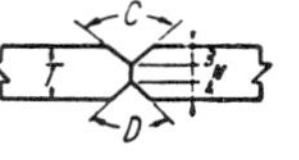

| 板두께 T (mm) | 파이프의 最小内径 (mm) | 마 감 熔 接 (第 2 層째) | | | | | | 뒷 面 熔 接 (第 1 層째) | | | | | | | 心線全 消費量 |
		B (mm)	C (度)	最小 電流 (A)	最大 電壓 (V)	速度 cm/ min	心線 直径 (mm)	N (mm)	A (mm)	D (度)	電流 (A)	最大 電壓 (V)	速度 cm/ min	心線 直径 (mm)	(kg/ m)
10	350	3.2	치핑 *	600	33	50	4.8	9.5	0	0	550	33	56	4.8	0.6
12	350	3.2	치핑 *	900	35	40	4.8	9.5	3.2	90	650	33	46	4.8	0.9
16	460	4.8	90	1 050	35	35	6.4	6.4	5	90	750	33	40	6.4	0.98
19	530	6.4	90	1 150	35	33	6.4	8	5	90	850	33	40	6.4	1.2
22	610	8.0	90	1 250	35	30	6.4	8	6.4	90	950	34	38	6.4	1.43
25	610	9.5	90	1 300	36	28	6.4	8	8.0	90	1 000	34	38	6.4	1.65
32	760	12.7	70	1 450	36	25	7.9	9.5	9.5	60	1 100	35	33	6.4	2.4
38	900**	16	70	1 600	37	23	7.9	11	11	60	1 300	35	25	6.4	2.94
44	900**	17.5	80	1 800	38	18	7.9	11	16	60	1 450	35	20	7.9	4.15
50	1 100**	19	80	1 850	38	15	7.9	12.7	19	70	1 500	35	18	7.9	5.6
57	大	22	80	1 850	39	13	7.9	16	19	70	1 600	36	15	7.9	6.9
63	大	25	80	2 000	40	13	7.9	16	22	70	1 650	36	13	7.9	8.7

* 뒷面熔接後 第2層째를 V홈으로 따낼 것.

** G 80의 콤포지션을 쓸 때는, 이 熔接條件이 適用 되는 最小内徑은 1.2 m.

許容치수公差.

1. 맞대기面의 最大間隙 0.8mm   2. N; -1.6mm, +0 mm
3. 맞대기面의 表面不一致 3.2mm
4. 板굽힘時의 變形을 고려하여 홈切斷時에 C, D에 餘裕를 취할 것.
5. 第1層때의 熔接電流值는 板사이의 맞대기間隙에 따라 바꾼다. 단, 熔落치 않는 限 度内에서 되도록 大電流를 使用할 것.

表 3.21　低炭素鋼厚板의 Ｖ型多層熔接條件

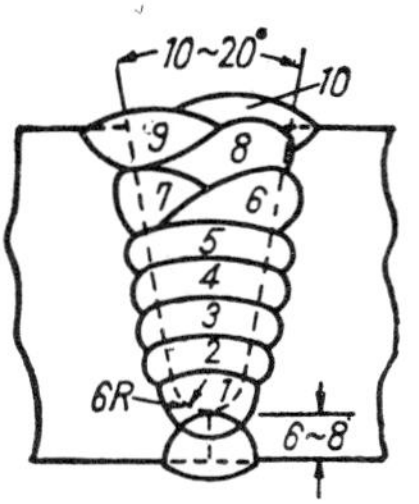

콤포지션 : G 80, 粒度 20×D
心　　　線 : 要求되는 이음強度에 따라 No. 36, 40,
　　　　　40A, 43을 사용한다.

層	電　流 (A)	電　　圧 (V)	熔接速度 (cm/min)	心線直径 (mm)
1	400	28	15	4.0
2	500	28	15	4.0
3	600	29	15	4.0
4	700—800	30—32	20	4.0*—4.8
그以後의 層	800—900	31—33	20—25	4.0*—4.8
最後의 2 層	850—900	34—35	25	4.0*—4.8

* 4.0mm心線을 쓸 때는 二重速度기어의 熔接헤드를 사용할 것.

表 3.22　低炭素鋼板의 水平필레熔接條件

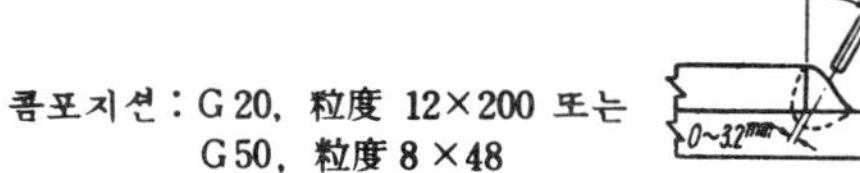
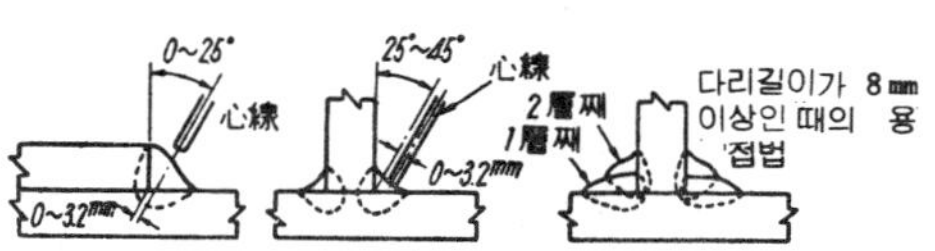

콤포지션 : G 20, 粒度 12×200 또는
　　　　　G 50, 粒度 8 ×48

다리길이 (mm)	같은 強度를 얻기위한 손熔接의 다리길이. (mm)	電　流 (A)	電　　圧 (V)	熔接速度 (cm/min)	心線 直 径 (mm)	心線 消 費 量 (kg/m)
3	3—5	400	25	75—165	3.2	0.09
4	5—6.5	450	27	66—140	3.2	0.10
5	6.5	500	27	56—100	3.2	0.13
6.5	8	550	28	50— 75	4.0	0.21
8	9.5	650	28	46— 64	4.0	0.30
9.5	13	700	28	38— 51	4.0	0.43
9.5	第 1 層	520	30	56	4.0	0.46
	第 2 層	520	30	56	4.0	
13	第 1 層	650	33	56	4.8	0.61
	第 2 層	750	35	50	4.8	
16	第 1 層	725	33	46	4.8	0.86
	第 2 層	850	35	40	4.8	
19	第 1 層	800	33	23	4.8	1.7
	第 2 層	820	35	23	4.8	

비유하여 **3時熔接**(three o'clock welding)이라 부르고 있다. 이 方法에서는 콤포지션이 落下치 않도록 이음 側下方에서 받쳐지고 있다. 그림 3.27(b)는 大型貯藏 탱크의 円筒部分의 円周熔接에 3時熔接을 실시중인 사진이다. 이것은 이음兩側의 용접기臺가 板頭部의 로울러에 의하여 지지되고 一定速度로 水平移動하면서 용접을 하게 되어 있다.

3.4.3　標準熔接條件

각종이음形狀에 대한 표준용접조건이 린데社에 의하여 발표되고 있으나, 그中 低炭素鋼에 대한 代表例를 表 3.17~24에 표시한다.

表 3.23　雙極탠덤式(並列電源)熔接條件(X型홈) *

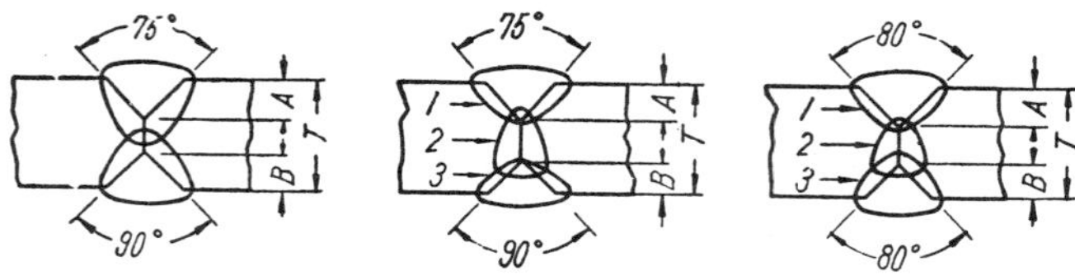

板 두께 (mm)	패 스 No.	電 流 (A)	電 壓 (V)	心線径 (2本) (mm)	熔接速度 (cm/min)	電極間隔 (内側) (mm)	치 수 A (mm)	B (mm)
19	1	1 000	39	2.4	81	9.6	4.8	
	2	1 300	39	〃	56	〃		9.6
22	1	1 000	39	2.4	81	9.6	6.4	
	2	1 400	38	〃	46	〃		11.2
25	1	1 200	35	2.4	58	9.6	9.6	
	2	1 400	38	〃	46	〃		11.2
29	1	1 200	38	2.4	56	9.6	9.6	
	2	1 500	38	〃	41	〃		12.7
32	1	1 400	34	3.2	48	12.7	11.2	
	2	1 500	33	〃	41	〃		
	3	1 300	35	〃	43	〃		14.4
35	1	1 500	34	3.2	36	12.7	12.7	
	2	1 500	33	〃	41	〃		
	3	1 300	35	〃	41	〃		16.0
38	1	1 500	34	3.2	36	12.7	12.7	
	2	1 500	33	〃	36	〃		
	3	1 500	35	〃	33	〃		19.0

* 루우트間隔은 끝 또는 熔融플락스가 홀러떨어지지 않도록 받침쇠를 사용한다. 第 1 層側의 틈새를 事前에 高速度로 漏泄防止熔接(시일링비이드, 圖3.18참조) 하라.

表 3.24 双極탄덤式(並列電源)熔接條件(손熔接과의 組合, I型홈) *

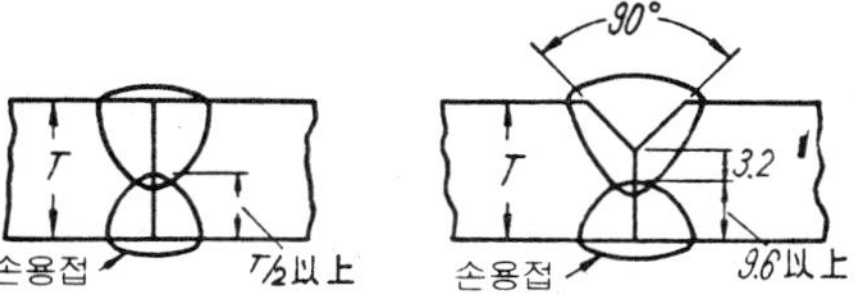

板두께 (mm)	패 스 No.	電 流 (A)	電 壓 (V)	心 線 径 (2本) (mm)	熔接速度 (cm/min)	電極間隔 (内側) (mm)
10	1	1 000	36	2.4	107	9.6
12	1	1 200	38	〃	102	〃
16	1	1 300	38	〃	56	〃
19	1	1 200	37	〃	69	〃
22	1	1 300	38	〃	56	〃
25	1	1 500	38	〃	41	16.0
28	1	1 500	39	〃	28	〃

* 自動熔接前에 손熔接을 한다. 손용접의 덧붙이두께는 적어도 1.6mm로 한다.

3.5 엘렉트로슬래그熔接

3.5.1 槪　　　説

(1) 原　　　理

엘렉트로 슬래그熔接(electro-slag welding)은 蘇聯의 키에프의 바톤電氣研究所에서 특히 超厚物의 熔接을 목적으로 하여 개발된 것이며, 1951年以來 實用化되고 있다. 이 용접방법은 電氣熔接法의 一種이지만, 아아크熱이 아니고 心線과 熔融슬래그中을 흐르는 電流의 抵抗發熱(쥬울熱)을 이용하는 특수 용접방법이다.

엘렉트로슬래그용접은 그림 3.28과 같이, 용융한 슬래그中에 裸電極線(熔接棒)을 연속적으로 꼽아넣어 용접봉과 슬래그 및 용융금속내를 흐르는 전류의 쥬울熱,

$$Q = 0.24\,EI$$

(E는 電極호울더와 母材間의 電壓, I는 용접전류)을 써서 전극을 용융시키는 것이 특징이다. 물론 용접개시에 있어서는 粒狀플락스中에서 아아크가 순간적으로 발생하지만 플락스가 충분히 용융하면 아아크가 꺼져 心線은 주로 용융슬래그의 抵抗熱로 녹는다. 또한 용융금속이 홈에서 흘러나오지 않도록 母材 兩側에 있는 水冷式銅壁을 서서히 위로 끌

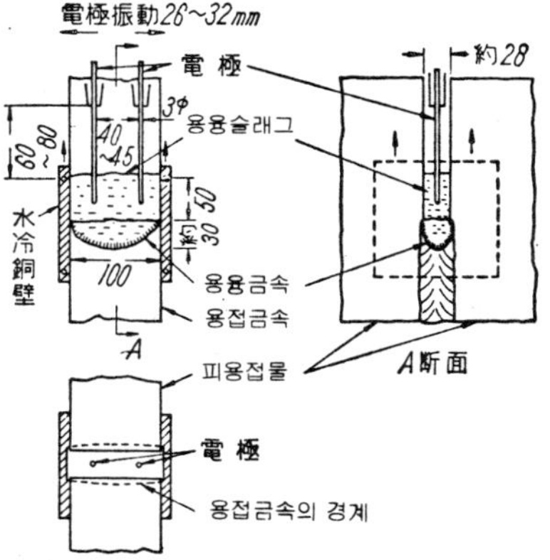

圖 3.28 엘렉트로슬래그熔接法의 略図

어 올리면서 連續鑄造式으로 용접을 윗쪽으로 진행시킨다. 필요한 슬래그(僅少)는 때때로 윗쪽에서 홈에 보충한다.

(2) 利   點

엘렉트로슬래그熔接法은 보일러의 厚板드럼 및 其他의 壓力容器의 세로이음 (시임 seam)과 円周熔接(맞대기)에서 성공을 거두고 있다. 이外에 重機械의 大型部品熔接에도 이용되고 있다. 이때문에 巨大한 工作機械, 數千數萬톤의 大型프레스, 大型로울, 水力터어빈用大型사프트의 제작방법이 근본적으로 변화됨에 이르렀다. 또한 엘렉트로슬래그용접법의 도움으로 大型의 鑄鍛鋼品은 小型의 주단강품 또는 壓延品을 용접하

図 3.29   엘렉트로슬래그熔接한 6300톤 鍛造用프레스(鑄造品보다 20% 가볍고, 生産費도 훨씬 싸다.)

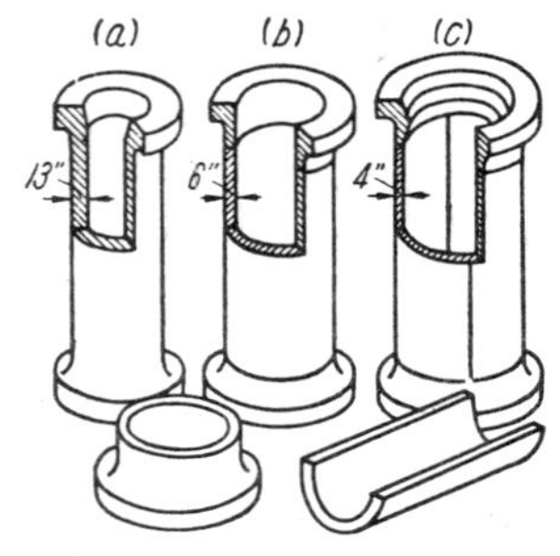

図 3.30   水力터어빈軸의 製作法 比較 (코스트는 表 3.25參照) (a)…1 体鍛造 (b)…管과 플래지의 鍛造品을 熔接, (c)…管은 半管을 말아서 熔接해 만들고, 이것을 鍛造한 플랜지에 熔接

여 組立하기 쉽게 되었다. 이때문에 鑄物工場과 鍛造工場의 重作業이 편하게 되었고, 床面積을 증가시킴이 없이 生産量의 向上이 가능케 되었으며 어떤 工場에서는 4000톤 또는 6300톤의 鍛造用프레스의 프레임을 엘렉트로슬래그용접함으로써 주조품보다 20% 의 중량 輕減(그림 3.29)됨과 동시에 생산비가 싸게 되었다. 쏘련에서는 그림3.30과 같이 厚板을 말아서 세로용접을 함으로써 中空管을 만들고 이것을 鍛造한 플랜지에 용접하여 火力發電用의 中空大型터어빈軸을 제작하고 있다. 이때 엘렉트로슬래그용접의 이용으로 생산비가 表 3.25와 같이 대략 半減하고 있다.

엘렉트로슬래그용접은 炭素鋼, 高張力鋼, 스테인레스鋼, 耐熱鋼 등 各種 超厚板의 맞대기이음, T이음 및 덧붙이용접에 이용되고 있다. 또한 아아크용접과 달라 극히 低電流(0.64A/in² 정도)에 대하여도 安定함으로 복잡한 形狀의 物品용접에도 이용될 수 있는 可能性이 있다.

表 3.25 大型水力터어빈軸의 엘렉트로 슬래그熔接에 의한 生産量과 材料의 節約

| 軸의 製法 | 軸 치 수 | | 部品名 | 粗 切 削 | | | 完 成 軸 | | | |
	外径 (mm)	두께 (mm)		鋼材使用量 (t)	切削안한 重量 (t)	粗切削時間 (h)	完成重量 (t)	完成切削時間(h)	生産費 (%)	材料利用率 (%)
全 鍛 造	1 520	325	軸全体	223	124	590	64.0	1 250	100	29
鍛 造 管 플랜지熔接	1 800	150	{管 플랜지	105 27	66 19.8	480} 200}	43.7	1 330	63.7	33
熔 接 管 플랜지熔接	1 800	150	{管 플랜지	75 27	53 19.8	140} 200}	43.7	1 000	48.2	43

(3) 條 件

엘렉트로슬래그용접에서는 板두께에 따라 電極數를 表 3.26과 같이 변화시키거나 帶板狀電極을 사용한다. 厚板에서는 전극을 左右로 振子運動시키는 것이 보통이다. 振子運動時에는 冷却板부터 10mm의 거리까지 接近하여 約 5 秒間停止後 逆方向으로 움직인다. 振動速度는 40～50mm/min이다.

용접에는 大電流를 사용한다. 보통 직경 3mm의 용접봉을 사용하고 용접전류는 650～750A, 電壓은 42～46V, 電流密度는 93～107A/mm² 용착속도는 18～24kg/h이다. 이 값들은 서브머어지드아아크용접의 경우보다 약간 크다. 棒지름 3mm의 경우의 平均용착속도를 20kg/h로 할 때, 이것은 鋼의 体積으로는 2560cm³/h에 상당함으로 루우트간격 28mm이고 板두께 t mm의 홈 1m를 n 개의 전극을 써서 용접하는 시간 h 는 간단한 계산에서 알 수 있는 바와 같이

表 3.26 板두께, 電極數, 및 熔接時間

| 板두께 (mm) | 電 極 數 [가] | | 熔接時間 [나] |
	固定式	振動式	(h m)
50	1	—	0.55
100	2	—	0.55
150	3	—	0.55
200	—	2	1.10
300	—	3	1.10
400	—	3	1.46

(가) 直径 3mm.
(나) 루우트間隔 28mm의 경우.

$$h = 0.011 \frac{t}{n} \ (\text{h/m})$$

가 된다(表 3.26참조). 이것을 極數가 같은 서브머어지드아아크용접에 비교하면, 板두께 50～100mm의 경우는 약2.5～3.0배 高能率이다. 그리고, 서브머어지드아아크용접과 같이 多層이 아니고 단 1패스로 용접이 완료된다.

完全한 용접을 하는데는 슬래그熔融層의 높이, 용융금속의 깊이가 중요한 因子가 된다(그림 3.28 참조).

이 방법에서는 용융금속의 凝固가 늦으므로 큰 樹枝狀結晶組織이 생겨 용접금속이 터지기 쉽거나 또는 노치靭性이 나쁘게(샤르삐衝擊値가 낮게) 되기 쉽다. 이를 방지하기 위하여는 용융層을 幅넓고 얕게 할 필요가 있다. 이를 위하여는 루우트간격을 선택하고, 電壓을 올리고 電流를 내림과 동시에 電極의 移動速度를 빨리 한다

이 방법에 의한 용융금속의 粗粒化를 방지하기 위하여는, 鋼에 대해서는 알루미늄, [illegible] 等을 少量 加하면 微細化시킬 수 있다. 또한 熱處理에 의하여도 可能하다. 凝[illegible] 그 항상 슬래그로 덮여 있으므로 용접금속내의 氣孔發生은 거의 없다.

3.5.2 材料및 裝置

(1) 플 락 스

엘렉트로슬래그熔接用플락스는 보통의 서브머어지드아아크熔接에 비하여 消費量이 매우 적어도 되며, 1kg의 熔接金屬에 대하여 約 50g 이다. 플락스는 될수 있는대로 多量의 슬래그가 생기고 冷却銅板과 熔着金屬사이에 슬래그의 薄膜이 생기는 것이 좋다.

쏘련의 엘렉트로슬래그熔接用플락스로는 表 3.27과 같이 AN8, AN22 및 FZ 7이

表 3.27　　쏘련의 엘렉트로슬래그熔接用플락스의 化學成分(%)

플락스	SiO_2	Al_2O_3	MnO	CaO	MgO	Na_2O K_2O	FeO	CaF_2	S	P
A N 8	33~36	11~15	21~26	4~ 7	5~ 7	—	~1.5	13~19	0.15以下	0.15以下
A N22	18~22	19~23	7~ 9	12~15	12~15	1.3~1.7	~1.0	20~24	〃	〃
F Z 7	46~48	~3	24~26	~3	16~18	0.6~0.8	~1.5	5~ 6	〃	〃

사용된다. 그 化學成分은 表와 같다. AN22는 SiO_2와 MnO가 적은 것이다. 이때문에 용융금속에 대한 硅素吸收가 극히 적다. 이것은 成分이 中性이므로 合金鋼 및 非鐵合金의 熔接에 사용된다. AN8과 FZ 7은 高SiO_2系이며, MnO의 含有量은 中정도이다. 粉末은 잘 건조시켜 사용토록 하여야 한다.

(2) 心　　　線

軟鋼用의 心線으로는 表 3.28과 같이 서브머어지드아아크용접에 사용되는 것과 같은 것을 쓴다. 이것은 C : 0.10~0.18, Mn : 0.35~1.10%의 低合金鋼으로 구성된다. 高張力鋼에는 C : 0.35以下, Mn : 1.20以下, Si : 1.20以下, Cr : 0.2~0.6, Mo : 0.6%以下의 것을 사용한다. 또한 合金鋼 및 스테인레스鋼用心線도 表 3.28에 表示한다. 心線直徑은 3mm를 사용한다.

壓延材 및 機械部品의 용접에는 粉末狀心線을 사용한다. 이것은 1.5×0.8mm의 裝入

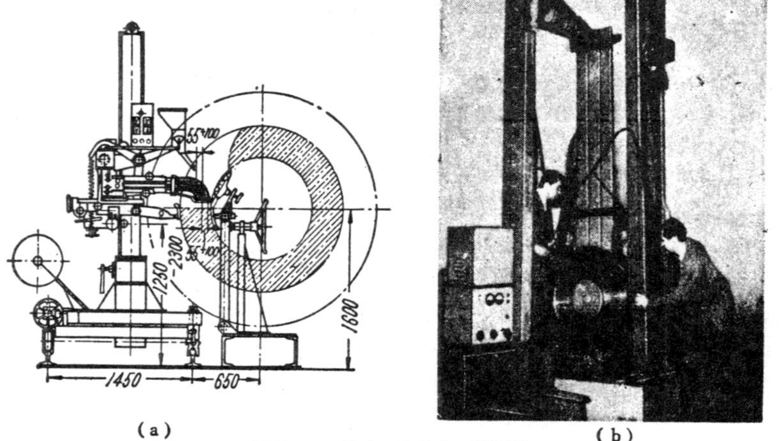

(a)　　　　　　　　　　　　　(b)

図 3.31　엘렉트로슬래그熔接機

表 3.28　엘렉트로슬래그熔接用心線의 化學成分(%)

	C	Mn	Si	Cr	Ni	Mo	Ti	Nb	S	P
(가) 軟 鋼 用										
SW-08A	0.10	0.35～0.60	0.03 以下	0.10 以下	0.25 以下	—	—	—	0.03以下	0.03以下
SW-08G A	0.10	0.80～1.10	〃	〃	〃	—	—	—	〃	〃
SW-15G	0.11～0.18	〃	〃	0.20 以下	0.30 以下	—	—	—	0.04以下	0.04以下
SW-10G S	0.14	〃	0.60～0.90	〃	〃	—	—	—	0.03以下	〃
(나) 耐熱鋼 (Cr-Mo)										
SW-12XM	0.12	0.4～0.7	0.15～0.35	0.8～1.1	0.3 以下	0.4～0.6	—	—	0.03以下	0.03以下
(다) 크롬鋼(페라이트系)										
SW-0X14	0.08	0.3～0.7	0.3～0.7	13～15	0.6	—	—	—	0.03以下	0.03以下
(라) 오오스테나이트系스테인리스鋼										
SW-0X18N9	0.06	1～2	0.5～1.0	18～20	8～10	—	—	—	0.02以下	0.03以下
SW-0X18N9S2	0.06	〃	2.0～2.8	〃	〃	—	—	—	〃	〃
SW-1X18N9T	0.10	〃	0.3～0.7	〃	〃	—	0.5～0.8	—	〃	〃
SW-1X18N9B	0.09	〃	0.3～0.8	〃	9～11	—	—	1.2～1.5	〃	〃
SW-X18N11M	0.06	〃	〃	〃	10～12	2～3	—	—	〃	〃
SW-X20N10G6	0.12	5～7	〃	〃	9～11	—	—	—	0.03以下	0.04以下
(마) 耐摩耗用										
SW-10G SM	0.14	0.9～1.2	0.7～1.1	0.20	0.3 以下	0.15～0.25	—	—	0.03以下	0.04以下
SW-30X G S A	0.25～0.35	0.8～1.1	0.9～1.20	0.8～1.1	〃	—	—	—	0.025以下	0.03以下
SW-18XMA	0.15～0.22	0.4～0.7	0.15～0.35	0.8～1.1	〃	0.15～0.25	—	—	〃	〃
SW-X5M	0.12	0.4～0.7	0.15～0.35	4～6	〃	0.4～0.6	—	—	0.03以下	〃
(바) 덧붙이用粉末狀熔加材										
P P ch 12V F	2.3	0.5	0.3	15	W1.12	V0.26	—	—		
P P ch 2V8	0.7	1.6	0.3	3	W9.2	V0.40	—	—		

箱에 의하여 熔接部에 注入된다. 그 成分은 마찬가지로 表 3. 28과 같다.

(3) 裝　　　置

엘렉트로슬래그용접기는 다음과 같은 諸性能을 갖출 필요가 있다.

(가)　心線의 送給速度는 一定值(250~400m/h)로 유지할 것.

(나)　홈內에서 心線을 振子運動시킬 수 있을 것.

(다)　熔接機全体를 垂直方向으로 直接運動시킬 수 있을 것.

(라)　熔融金屬과 슬래그熔融層을 보호하기 위하여 冷却銅板도 定速度로　上方으로 摺動할 수 있을 것.

그림 3. 31(a)，(b)는 용접기의 一例이다.　(a)圖에서는 용접봉으로서 지름 3 mm의 裸線을　(b)圖에서는 용접전류를 증가시키기 위하여 帶狀의 용접봉을 사용하고 있다.

3. 5. 3　施　工　法

엘렉트로슬래그용접에서는 보통 I 型홈을 사용하고, 그 母材間의 간격 (루우트간격)은 보통 28mm로 한다. 이음形狀은 그림 3.32와 같이, 板두께 가 다른 것도 맞대기용접할 수 있으 며, 또한 필렛용접이나 덧붙이용접도 할 수 있다.

大型管이나 缶胴의 **円周이음** 용접 에는 그림 3. 33과 같은 방법이 쓰인 다. 이때 루우트間隔·零의 V 또는 U홈으로 하면 底部의 용입이 나빠 좋은 결과가 얻어지지 않으므로, 루 우트間隔을 14mm정도로 하고 그곳을 冷却銅板으로 뒷받칠 필요가 있다. 또는 완전히 I 型홈으로 하여 용접한다.

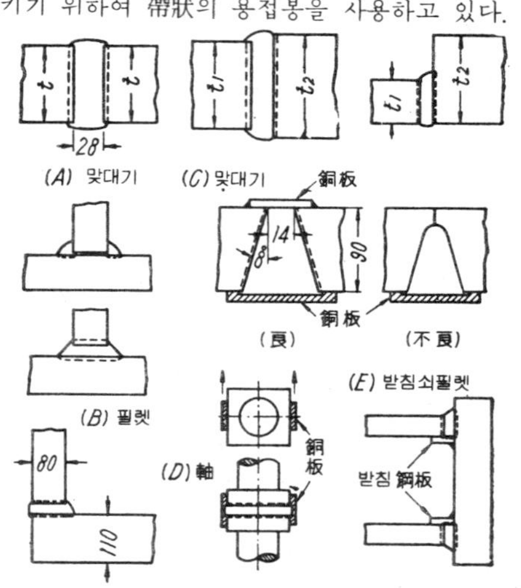

図 3. 32 이 음 形 狀

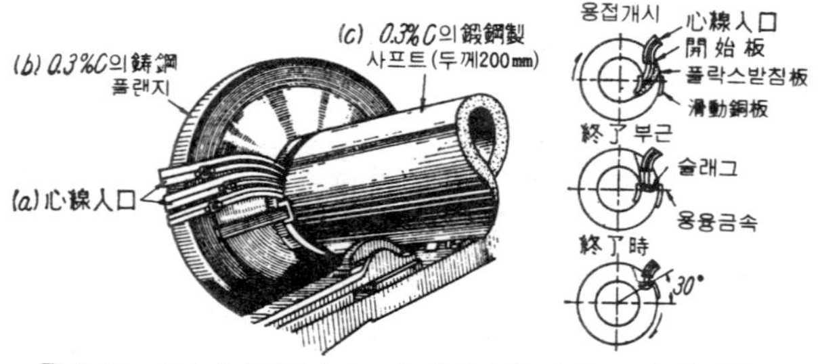

図 3. 33　水力터어빈用샤프트와 플랜지의 엘렉트로슬래그熔接

a…熔接棒送入口 ·
b…0.3%C의 鑄鋼플랜지(外徑 2 m)
c…0.3%C의 鍛鋼管(外徑0.8m, 管壁두께 200mm)

또한 덧붙이熔接에는 그림 3.34의 方法이 쓰인다.

3.5.4 熔接部의 性質

엘렉트로슬래그熔接部의 기계적 성질은 일반적으로 양호하다. 예를 들어 表 3.29는 두께 90mm의 炭素鋼缶胴板 22K(C=0.21∼0.25%)를 SW15GA心線과 플락스FZ7에 의하여 용접한 용융금속의 기계적성질을 表示한 것이다. 試驗値의 分母는 10∼15개의 시험편에 대한 평균치이다, 굽힘시험에서는 노오멀라이징(normalizing) 또는 템퍼링(tempering)을 하면 터지지 않고 180°굽혀졌다.

엘렉트로슬래그용접에 의한 板두께30mm의 高張力鋼熔接部의 機械的 性質을 表3.30

表 3.29 두께90mm의 軟鋼보일러缶板(22K) 의 엘렉트로슬래그熔接金屬의 機械的性質

(数値는 10∼15 個의最大, 最小値, 分母는平均値)

熱　處　理	試驗溫度 (°C)	降伏点 (kg/mm²)	引張強度 (kg/mm²)	延伸率 (%)	絞縮 (%)	衝擊値 (kgm/cm²)
熔接한 그대로	20	26.0∼29.5 27.2	45.0∼45.5 45.4	22.5∼32.6 28.7	53.0∼66.5 61.7	12.7∼16.3 14.1
900∼910°C×45min 노오말라이징 650∼670°C×2h 템퍼링	20	23.0∼26.0 25.0	42.5∼46.6 43.0	29.0∼34.0 32.3	58.0∼67.5 63.3	8.1∼16.7 14.6
熔接한 그대로	320	27.5∼32.0 29.3	54.5∼56.0 55.5	—	—	10%人工時効 (250°C×2h)
900∼910°C 노오말라이징 650∼670°C 템퍼링	320	21.0∼24.0 22.6	43.6∼50.0 48.0	—	—	0.9∼12.0 5.5

化学成分 (%)	C	Mn	Si	P	S
母材 22K	0.18	0.81	0.29	0.021	0.022
心線 SW-08GA	0.09	0.96	0.04	0.017	0.028
熔接金屬	0.13	0.81	0.12	0.019	0.023

表 3.30 板두께30mm의 GSA鋼의 엘렉트로슬래그熔接部의 機械的性質

(880°C에서 油燒入, 550°C에서 템퍼링)

試　片	降伏点 (kg/mm²)	引張強度 (kg/mm²)	延伸率 (%)	絞縮 (%)	衝擊値 (kgm/cm²)
熔接金屬	111.2∼111.5 113.8	118.0∼124.2 121.1	10.0∼11.7 10.8	30.6∼41.4 36.0	5.6∼6.9 5.9
境界部	92.0∼92.0 92.0	103.1∼104.5 104.0	13.3∼16.7 15.0	43.5∼43.5 43.5	2.2∼3.5 2.9
母材	84.7∼88.4 85.9	103.3∼104.0 103.6	15.0∼15.7 15.5	36.0∼43.5 41.0	—

心線……3mm 直径, SW18XMA
플락스　……AN22
루우트間隔……18∼20 mm
熔接金屬成分 (%)……C 0.21, Mn 0.71, Si 0.57, Cr 0.97, Mo 0.61.

에 表示한다. 용접 조건은,

　　心線……直径 3 mm, SW 18 X MA

　　熔接플락스　……AN 22

　　間隔……18～20 mm

　　熔接金属成分……C 0.21, Si 0.57, Mn 0.71, Cr 0.97, Mo 0.61

　　熔接物은　880℃ 로 油담금질 (hardening), 550℃로 템퍼링 (tempering) 하였다. 엘렉트로슬래그용접의 열영향부는 항상 徐冷되므로 最高硬度가 브리넬300以下이며, 비이드밑터짐의 우려가 전연 없다.

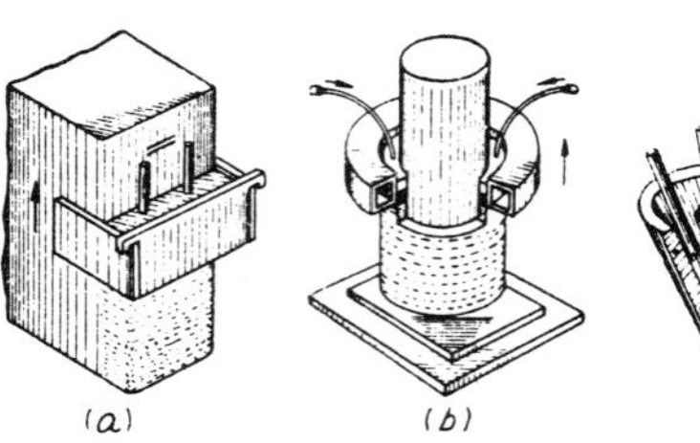

図 3.34　덧붙이熔接의 方法

文　　献

1)　"Submerged-Arc Welding," Welding Handbook, Section II (1958), 28. 1-28. 40.

2)　"サブマージドアーク熔接," 溶接便覧 (1956), 216-234.

3)　吉田俊夫, 大庭浩, 長谷川光雄 : "自動アーク熔接," 熔接叢書第 9 巻 (1956) 1-230.

4)　Wilson, R. A. : "A Selection Guide for Methods of Submerged-Arc Welding," Weld. J. (1956) No. 6, 549-555.

5)　Kubli, R.A. and Shrubsall, H.I.: "Multipower Submerged-Arc Welding of Pressure Vessels and Pipe," Weld. J. (1956) No. 11, 1128-1135.

6)　Wilson, R.A.: "Alloy Welding Fluxes for Low-Alloy Steels, Stainless Steels and Hard Surfacing," Weld. J. (1959) No. 1, 20-27.

7)　Campbell, H.C. and Johnson, W.C.: "Welding Alloy Steels Under Bonded Fluxes," Weld. J. (1958) No. 11, 1081-1085.

8)　Campbell, H.C. and Johnson, W.C.: "Bonded Fluxes for Submerged-Arc Welding of Alloy Steels," Weld. J. (1957) No. 11, 1078-1084.

9)　Stern, I.L., Kahn, N.A. and Nagler, H.: "Notch-Toughness Characteristics of Submerged-Arc Weld Deposits," Weld. J. (1957) No. 5, 226s-234s.

10)　Rice, W.H.: "Welding Cast Components for Nuclear-Power Applications," Weld. J. (1958) No. 10, 971-978.

11)　Chapin, N.A., Soldan, C.H. and Songer, L. W.: "Welding Low-Alloy Steel Castings for High-Pressure and High-Temperature Service," Weld. J. (1958) No. 10, 979-987.

12)　Anders, W.: "Das Lichtbogenlose Schweissen dicker und grosser Kompakter Querschnitte mit der Elektro-Schlacke-Schweissung," Schw, u. Schn. (1957) No. 1, 12-24.

13)　Barash, M.M., Heginbotham, W.B. and Oxley, P.B.L.: "Electro-Slag Methods of Welding Metals of Large Thickness," Weld. J. (1959) No. 2, 132-134.

14)　Paton, B.E.: "Elektro-Schlacke-Schweissung," VEB Verlag, Berlin (1957), 1-179.

第4章 不活性가스아아크熔接 및 炭酸가스아아크熔接

4.1 槪說

1.1.1 原理 및 利点

(1) 原理

　不活性가스아아크熔接 (inert-gas arc welding)은 從來의 被覆아아크熔接 또는 가스 용접에 의하여는 용접이 곤란한 各種金屬의 용접에 널리 쓰이는 중요한 방법이다. 이 方法은 그림 4.1과 같이 아르곤 또는 헬륨 等 高温에서도 금속과 반응하지 않는 **不活性가스** (이너어트가스) 雰圍氣中에서 텅스텐裸棒 또는 金屬電極線과 被용접물사이에 아아크를 발생시켜, 그 熱로 용접을 하는 것이다. 이에는 그림과 같이 티그熔接 (TIG) 〔(a) 圖〕 및 미그熔接 (MIG) 〔(b) 圖〕의 두가지方法이 있다.

　TIG 熔接은 텅스텐棒을 電極으로 쓴 것이며, **이너어트가스텅스텐아아크熔接** (inert-gas tungsten-arc welding, 頭文字를 取하여 略稱 (TIG)이라 하며, 가스熔接과 마찬가지로 **熔加材** (filler metal)의 **롯드** (rod, 熔接棒)를 아아크로 녹이면서 용접한다. 그림 4.2는 알루미늄의 麥酒통을 TIG용접하고 있는 모습이며, 오른손으로 토오치를, 왼손으로 용접봉을 잡고 있다. 단, 薄板에 대하여는 용접봉을 쓰지 않고 아아크熱만으로 용접한다. 텅스텐은 거의 消耗되지 않으므로 **非熔極式** (nonconsumable, 非消耗式)不活性가스용접이라고도 한다. 商品名으로는 **헬리아크** (Heliarc), **헬리웰드** (Heliweld), **아르곤아아크** (Argonarc) 용접등으로 불리고 있다. 이 方法은 1942年 美國의 린데社가 처음 公開한 것이며, 최초에는 天然헬륨가스를 사용하고 있었으므로, 헬륨아아크 즉, 헬리아아크란 商品名이 생긴 것이다. 그 後, 아르곤가스가 더욱 有效한 것이 알려져, 現在는 아르곤쪽이 더 많이 쓰이고 있다.

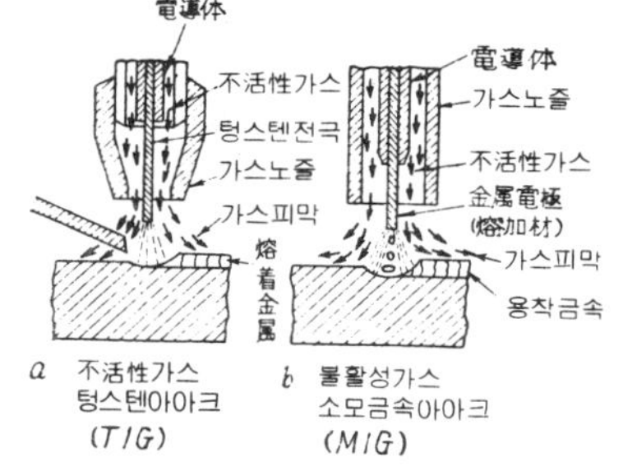

図 4.1 不活性가스아아크熔接의 2型式

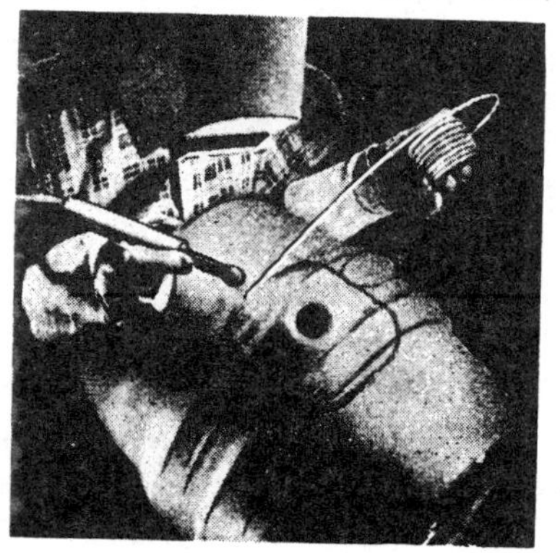

図 4.2 알루미늄麥酒통의 TIG熔接

　　MIG熔接은 텅스텐電極대신 熔加材의 電極線을 연속적으로 送給하여 아아크를 발생시키는 방법이며, **不活性가스金屬아아크熔接**(inert-gas metal-arc welding, 頭文字를取하여 略稱 MIG) 또는 **熔極式**(consumable, **消耗式**)不活性가스아아크용접이라고도한다. 商品名으로는 1948年에 이 방법을 처음 세상에 내

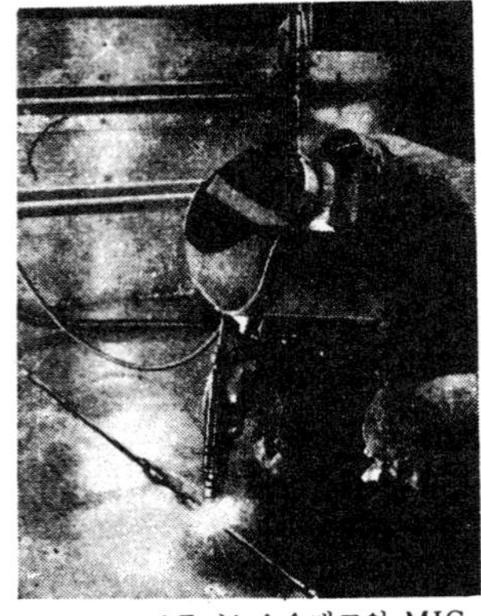

놓은 美國에어코社의 **에어코마틱**(Aircomatic), **시그마**(Sigma, 이것은 shielded inert-gas metal arc 의 略語), **필러 아아크**(Fillerarc), **웨스팅아아크**(Westing-arc) 및 英國의 **아르고노오트**(Argonaut) 용접 등으로 불린다. 그림 4.3은 알루미늄 合金製탱크를 MIG 용접하고 있는 모습이며, 오른손으로 잡은 것이 토오치이다.

　　炭酸가스 아아크熔接(CO$_2$ arc welding)은 MIG용접에서의 不活性가스대신에 廉價의 CO$_2$가스를 쏜 方式이며, 최근 炭素鋼의 용접에 試用되어 장래성있는 용접방법이다. 日本에서는 各古屋大學의 關口敎授에 의하여 연구되어, 同氏의 關口心線과 組合해서 쓰면 우수한 용접을 할 수 있으므로 **炭關**(당제끼)**熔接**(C-S

図 4.3 　알루미늄合金탱크의 MIG 熔接

arc welding)이라고도 불리고 있다. 또한 플락스粉末을 併用한 炭酸가스아아크용접도 있다. 이에 대해서는 本章末에서 설명한다.

(2) 利　　　点

　　不活性가스아아크熔接은 매우 우수한 용접방법이며, 다음과 같은 利点이 있다.

(i) 被覆劑 및 플락스가 不要

　　일반적인 아아크용접 또는 가스용접에서는 용융금속의 酸化와 窒化를 방지하기위하여 피복제 또는 플락스의 사용이 필요하나, 不活性가스아아크용접에서는 不活性가스中에서 용접함으로 그 필요가 없고, 또한 용접후 슬래그 또는 殘留플락스를 제거하기 위한 機械的 또는 化學的處理가 불필요하기 때문에 作業이 극히 간단하다. 또한 알루미늄, 마그네슘, 스테인리스鋼의 용접에서는 從來의 融接에서 볼 수 있었던 殘留플락스에 의한 熔接部의 부식우려가 전연 없다. 不活性가스아아크용접이 輕合金이나 스테인리스鋼의 용접에 있어 환영받는 것은 이 이유때문이다.

(ii) 全姿勢의 熔接이 容易하고 高能率

　　일반적으로 不活性가스아아크용접의 아아크는 매우 安定함으로, 스패터가 적고 操作이 비교적 용이하다. 全姿勢로서 용접할 수 있으며, 또한 열의 集中이 좋아 용접이 高能率임으로, 薄板에 사용할때 용접속도가 빠르고 용접후의 變形이 적은 利点이 있다. 또한, 熱傳導가 좋은 銅合金, 輕合金의 용접에 유리하다. 서브머어지드아아크용접의 경우와 달라서, 아아크나 용융푸울을 보면서 용접할 수 있는 것도 큰 잇점이다.

(iii) 熔接의 品質이 優秀

　　不活性가스아아크용접부는, 기타아아크용접 또는 가스용접의 용착부에 비하여 延伸性, 强度, 氣密性 및 耐蝕性이 일반적으로 뛰어난 바 있다.

不活性가스아아크용접의 欠点을 들면, 設備費가 약간 비싸다는 점이지만, 不活性가스가 高價일지라도 全熔接費는 오히려 싸게 되는 경우가 많으므로, 최근에는 널리 이용되며 알루미늄合金, 銅合金, 炭素鋼과 低合金鋼의 용접 및 表面硬化에 사용되고 있다. 특히 티탄合金, 질코늄合金등 高溫에서 大氣中의 산소나 질소에 의하여 침식되기 쉬운 금속의 용접에는 不活性가스아아크용접만이 사용될 수 있다.

또한 TIG용접은 보통 板두께 0.6~3 mm의 薄板에, MIG용접은 약 3 mm이상의 厚板에 적합하다. 後者는 前者보다 휠씬 高能率이다.

4.1.2 種　　　類

不活性가스아아크熔接 및 이에 關聯하는 方法은 大別하여 다음과 같은 종류로 나누어진다.

```
          ┌ 不活性 가스   ┌ 非熔極式 (TIG)   ┌ 手動式
          │ 아아크熔接    │  (非消耗式)     │ 半自動式 (아이론型토오치)
          │             │                │ 全自動式 (機械 토오치)
          │             │                └ 아아크点熔接
          │             │
          │             └ 熔 極 式 (MIG)   ┌ 半自動式
  熔 接 ─┤                (消耗式)        │ 全自動式
          │                             └ 아아크点熔接
          │                             ┌ 半自動式
          │ 炭 酸 가 스 아 아 크 熔 接 ─┤ 全自動式
          │                             └ 아아크点熔接·
          └ 炭酸 가스플락스아아크熔接

          ┌ 不活性 가스   ┌ 非熔極式 (TIG)   ┌ 手動式
  切 斷 ─┤ 아아크切斷    │                └ 自動式
          │             │
          └             └ 熔 極 式 (MIG)   ┌ 半自動式
                                          └ 全自動式
```

TIG熔接에는, 아아크를 발생시키는 電極部分, 즉 **토오치**(torch) 및 용접봉을 용접공이 손으로 操作하는 **手動式**(manual)과, 機械를 써서 自動的으로 조작하는 **全自動式**(automatic) 및 용접봉의 送給을 모우터로 하고 토오치만을 손으로 조작하는 **半自動式**(semiautomatic)의 3種類가 있다. 또한 連續한 긴 용접을 하는 대신, 点狀의 용접을 하는 아아크点熔接(arc spot welding)이 있으며, 이밖에 **아아크切斷用**에도 특수한 TIG토오치가 쓰이고 있다. 그리고 TIG용접에서는 原子水素아아크용접법과 같이 2個의 텅스텐電極棒間에 아아크를 발생시켜 熱源으로 하는 **双極아아크法**(twin arc method)이 사용되고 있다. 이것을 쓰면 아아크와 被용접물間의 간격을 조절하여 入熱을 조절할 수 있는 잇점이 있다.

MIG용접에서는 용접봉이 모두 自動送給으로 되며, 토오치를 被용접물에 대하여 손으로 움직이는 **半自動式**과 기계로 움직이는 **全自動式**의 2종류가 있다. 물론 토오치를 고정하고 피용접물을 움직이는 方式도 전자동식이라 한다. 또한 덧붙이用에는 補助의 熔加와이어(cold wire)를 側面에서 送給하여 용착속도를 증가시키는 종류의 것도 있다. **아아크点熔接**에도 사용되며, 또한 **아아크切斷**에도 사용된다.

4.2　不活性가스텅스텐아아크法 (TIG 熔接)

4.2.1 特　　　性

TIG용접에서는 交流 또는 直流가 쓰이며, 그 極性은 용접결과에 미치는 영향이 큼으로 다음에 설명한다.

(1) 直 流 熔 接

직류용접에서 아아크中을 흐르는 電子(electron) 및 이온(ion)의 흐름은 그림 4.4와 같다. 正極性에서는 金屬蒸氣 및 不活性가스의 이온이 電極을 向하고, 電子는 母材

를 강하게 충격함으로 용입이 집중적으로 깊게 된다. 전극은 속도가 늦은 이온의 충돌로는 별로 發熱하지 않으므로, 直徑이 적어도 큰 電流를 흐르게 할 수 있다. 이에 反하여 逆極性에서는 電子가 전극을 향하고 가스이온이 母材表面을 넓게 衝擊함으로 幅넓고 얕은 용입이 얻어진다. 전극은 전자의 충격을 받아 過熱됨으로 同一電流를 흐르게 하는데 있어 正極性의 경우보다 약 4 배의 큰 전극을 필요로 한다.

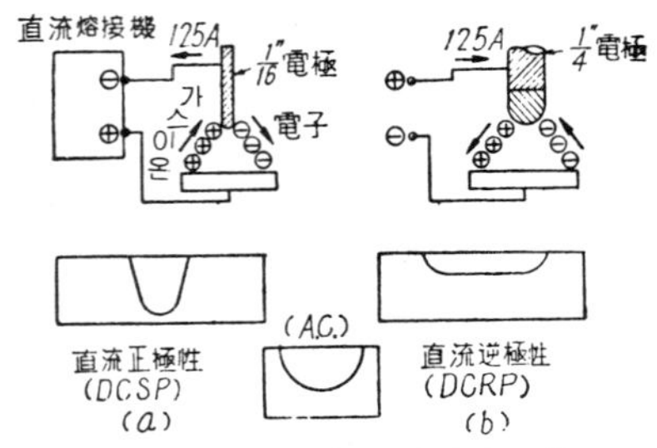

図 4.4　直流TIG熔接에서의 極性의 影響

크리닝作用　아르곤가스를 쓴 逆極性에서는 아아크가 그 周邊의 母材表面의 酸化膜을 제거하는 특별한 作用, 즉 **크리닝作用**(淸淨作用, cleaning action)이 있다. 에를 들어, 알루미늄의 용접에서는, 表面酸化物(Al_2O_3)이 耐火性이고 母材의 融点(660℃)에 비하여 훨씬 높은 融点(2050℃)을 갖으므로 이것을 제거하지 않으면 熔入融合이 방해되기 때문에 被覆아아크熔接이나 가스熔接에서는 피복제 또는 熔劑를 써서 산화물을 화학적으로 융해제거하고 있다. TIG熔接의 逆極性에서는 아르곤가스이온이 母材表面에 충돌하여, 마치 샌드블라스트(sand blast)를 한 것과 같이 산화물을 제거하는 작용이 있으며, 이때문에 플락스 없이도 용접이 가능케 되고, 용접후의 비이드周邊이 그림 4.5와 같이 白色이 된다. 이 白色部分을 가볍게 브러시로 문지르면 쉽게 알루미늄의 金屬光澤이 나타나게 된다. 이 크리닝作用은, 헬륨을 쓴 경우에는 헬륨가스가 너무 가벼운 탓인지 거의 나타나지 않는다. 正極性에서는 산화막의 크리닝作用이 없으므로 直流正極性은 輕合金에 쓰일 수 없다. 또한 逆極性은 아루미늄이나 마그네슘에 쓰이지 못하는 것은 아니지만, 아아크가 짧아 操作이 불편함으로 그 대신 다음과 같은 交流熔接이 쓰인다.

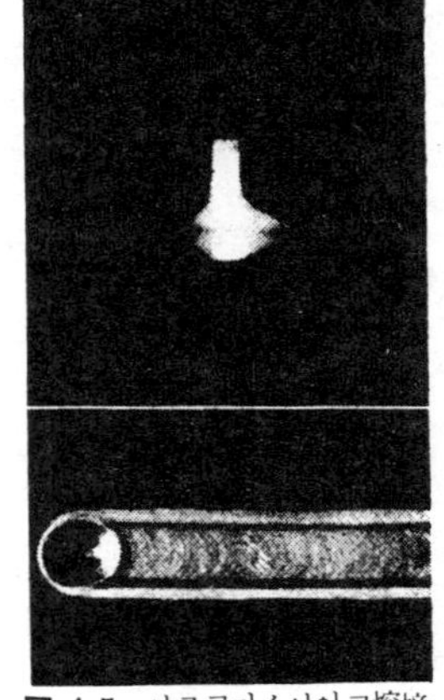

図 4.5　아르곤가스아아크熔接에서의 酸化膜의 크리닝作用

(2) 交 流 熔 接

交流에서는 直流正 및 逆極性의 中間狀態가 되어, 各各의 특징이 이용될 수 있다. 즉, 電極直徑은 비교적 작어도 되며, 아르곤가스를 쓰면 輕合金등의 표면산화막의 그리닝作用이 있고, 용입은 그림 4.4와 같이 약간 幅넓고 깊게 된다. 단, 交流에서는 裸電極임으로 아아크가 끊어지기 쉽기 때문에, 弱電流의 **高周波**를 용접전류에 겹쳐서, 이에 의하여 가스이온을 항상 발생시키면서 아아크가 끊어지는 것을 방지할 필요가 있다. 이와같이 함으로써, 아아크가 매우 安定하게 되며, 전극을 모재에 접촉하지 않아도 아아크스타트를 할 수 있으므로 전극이 더럽히지 않고 항상 깨끗한 비이트가 얻어지고 전극의 수명이 길어짐과 동시에, 아아크를 길게 사용될 수 있으므로 용접이 쉽고 위보기용접이 편하게 된다.

電極의 整流作用 교류용접에는 한가지 不利한 점이 있다. 즉, 텅스텐전극에 의한 정류작용이다. 텅스텐은 아아크발생중의 高溫에서는 **熱電子放射性**이 강하나, 이에 비하여 母材로부터는 電子가 나오기 힘들다. 따라서 교류를 쓴 경우에는, 텅스텐電極이 陰極이 되는 경우의 半波가 母材가 陰極이 되는 경우의 半波보다 電子가 많이 放出되며, 이때문에 아아크電流가 그림 4.6과 같이 증가하여 그 結果 二次電流는 部分的으로 整流되어 不平衡이 된다. 이 不平衡部分을 **直流成分** (D. C. component)이라 하며, 그 크기는 交流成分의 1/3에 달할 때가 있다. 또

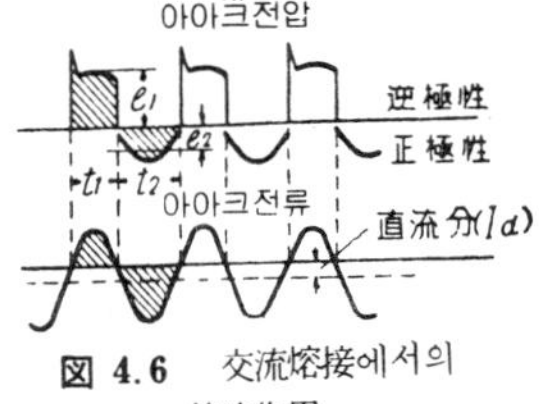

図 4.6 交流熔接에서의 整流作用

한 때에 따라서는 半波가 完全하게 또는 部分的으로 消失되는 경우가 있어 아아크를 不安定하게 만든다.

정류작용에 의한 불평형전류가 흐르면, 그 직류성분에 의하여 용접기의 鐵心이 一方向으로 磁化되어 飽和되고, 一次電流가 많아져 過負荷가 되기 때문에, **定格의 70％以下**로 사용하지 않으면, 變壓器를 燒損할 위험성이 있다. 이와같은 불평형전류를 해소시키기 위하여 二次回路에 蓄電池, 整流器와 리액터, 또는 直列콘덴서를 挿入하는 등의 방법이 취해지고 있으며 이것을 **平衡型交流熔接機**라 한다. 平衡型사용의 잇점은 용입과 용접속도의 증가, 시일드가스(shield gas)의 節約, 平滑하고 좋은 비이드, 더러움이 적은 용착금속이 얻어지는 것이다.

(3) 材料에 適合한 極性

재료에 적합한 극성은 表 4.1과 같다. 前述한 바와 같이 直流逆極性은 전극이 과열되고 용입이 얕아짐으로 거의 사용되지 않지만, 輕合金薄板의 경우에는 크리닝作用이 강하고 용락의 위험성이 적으므로 이 극성이 사용된다. 이 以外의 輕合金에서는 크리닝作用의 必要上, 일반적으로 高周波付交流 (ACHF)가 쓰인다. 이에 대하여 크리닝을 별로 필요로 하지 않는 재료에는 直流正極性이 쓰인다. 이것은 아아크가 安定하고 용입이 깊으므로 熱傳導가 좋은 銅合金이나 각종 鋼材의 厚板에 적합하다.

(4) 시일드가스(shield gas)와 그 作用

不活性가스로는 아르곤 또는 헬륨이 쓰인다. 美國에서는 天然産헬륨이 廉價임으로

表 4.1　材料의 種類와 TIG熔接의 極性

材　料　의　種　類	高周波付交流	直流正極性	直流逆極性
알루미늄　　板두께 2.4mm 以下	良	不可	可
〃　　　　　〃　　2.4mm 以上	良	不可	不可
알루미늄鑄物	良	不可	不可
마그네슘　　板두께 3.2mm 以下	良	不可	可
〃　　　　　〃　　3.2mm 以上	良	不可	不可
마그네슘鑄物	良	不可	可
스테인리스鋼	可	良	不可
黄　　　銅	可	良	不可
脱　酸　銅*	不可	良	不可
실리콘銅	不可	良	不可
銀	可	良	不可
銀크래드	良	不可	不可
하스테로이合金	可	良	不可
表面硬化	良	良	不可
鑄　　鉄	可	良	不可
티타늄	可	良	不可
지르코늄			
軟　　鋼　板두께 0.8mm 以下	可**	良	不可
〃　　　　〃　　0.8mm 以上	不可	良	不可
高炭素鋼　〃　　0.8mm 以下	可	良	不可
〃　　　　〃　　0.8mm 以上	可	良	不可

〔註〕　* 板두께 6mm以上일때는 플락스를 사용하는 것이 좋다.
　　　** 拘束이 큰 지그作業時는 不可

가끔 쓰이고 있으나, 아르곤쪽이 시일드作用이 우수함으로 최근에는 아르곤가스의 사용이 많다. 우리나라나 구라파에서는 헬륨이 비싸므로 아르곤이 專用되고 있다.

（i）物理的性質

헬륨, 아르곤의 物理的특성을 공기와 비교하면 表 4.2와 같다. 즉, 아르곤은 공기에

表 4.2　아르곤, 헬륨 및 空氣의 物理的性質

性　　　質	単　　位	아　르　곤	헬　　륨	空　　気
密　度 (20°C, 1 気圧)	g/cm³	1.663×10^{-3}	0.1664×10^{-3}	1.205×10^{-3}
比　熱 (20°C, 定 圧)	cal/g/°C	0.125	1.250	0.241
熱伝導度 (20°C, 1 気圧)	cal/cm³/°C/sec	0.406×10^{-4}	3.32×10^{-4}	0.624×10^{-4}

대하여 약1.4배 무겁고, 헬륨은 반대로 공기의 약 1/7 의 무게이다.

（ii）아르곤가스의 純度

용접용아르곤가스의 순도는 表 4.3과 같다. 티타늄用에는 알루미늄의 경우보다 순도가 좋은 것이 필요하다. 가스의 순도를 간단하게 조사하는데는, 알루미늄이나 티타늄板表面을 아아크로 点狀으로 가열하거나, 또는 짧은 비이드를 붙여 놓고, 冷却後의 表

表 4.3 熔接用아르곤의 品質

純度 및 不純物		JIS K 1105-1957 (日 本)	MIL-A 4144 (美軍) *	現 用 例 (美國)
純	度 %	99.9 以上	99.8 以上	99.9 以上
酸	素 %	0.002 以下	0.005 以下	0.002 以下
水	素 %	0.01 以下	0.01 以下	0.004 以下
水	分 mg/l	0.02 以下	0.02 以下	0.02 以下
窒	素 %	0.1 以下	0.2 以下	0.1 以下

〔註〕 * 알루미늄用의 美軍規格

面光澤의 有無로 判定한다.

(iii) 시일드特性

아아크 및 高溫金屬을 不活性가스의 흐름속에 有效하게 시일드 될 수 있도록 하기 위한 適當한 노즐의 치수形狀 및 不活性가스流量은 아아크電壓에 따라 결정되고 있다. (表 4.4 참조). 그림 4.7은 아지랭이와 同一原理의 **슈리이렌寫眞方法**(schlieren photography)을 써서 헬륨 및 아르곤가스가 아아크를 시일드(shield)하는 모습을 촬영한것이며, 그림左側의 아래보기용접에서는 공기보다 무거운 아르곤가스가 상당히 광범위하게 高溫금속을 시일드할 수 있는 것을 나타내고, 반대로 가벼운 헬륨가스는 노즐을나온 잠시후에 윗쪽으로 올라가고 있다. 그러나 위보기용접에서는 반대로 헬륨쪽이 시일드

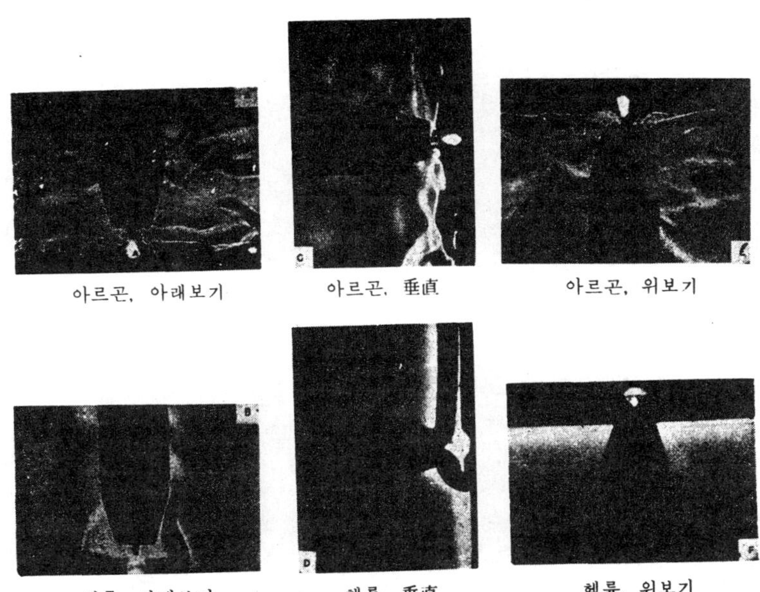

圖 4.7 不活性가스에 의한 시일드狀況의 슈리이렌寫眞

(가스流量 5 l /min, 3/8인치노즐, 아아크電流 75A)

가 완전하다. 實驗에 의하면, 헬륨은 流量(*l*/min)을 아르곤의 약 2 배로 증가시킬때 아르곤과 同一정도의 시일드能力이 있는 것을 알 수 있다.

아르곤은 1氣壓下에서 약6500 *l*의 量을 약140기압의 고압으로 하여 용기에 충전하고 있으므로, 減壓밸브를 써서 조금씩 노즐에서 流出시킨다. 流量은 약10∼30 *l*/min 이며, 토오치의 노즐을 나오는 아르곤速度는 약 2∼3 m/sec임으로, 아아크近處에서風速0.5m/sec以上의 通風이 있을때는 시일드作用이 흐트러진다. 따라서 바람을 차단하여 용접할 필요가 있다. 또한 시일드가스의 유량이 過少하면 시일드가 不安全하게 되나, 過多하면 흐름이 亂流가 되어 아아크의 安定을 阻害한다.   적당한 유량은 表 4.4 와 같다.

또한 티타늄이나 지르코늄과 같이 大氣와 매우 잘 反應하는 금속에서는 아아크의 後方에 대하여 相當部分을 시일드 해야 함으로, 특수한 가스노즐을 써서 시일드를 잘 할 필요가 있다.

(iv) 시일드가스와 아아크特性

아르곤가스中의 아아크는 그림 4.7과 같이 円錐形을 이루고 있으나, 헬륨中의 아아크는 半円形으로 부플고 있다. 아아크의 길이가 같은 경우에 헬륨의 아아크電壓은 그림 4.8과 같이 아르곤에 비하여 매우 크다. 예를 들어, 아아크길이 4 mm에 대하여 대략 2 배의 크기이다. 이것은 아르곤에 비하여 헬륨의 熱傳導度가 좋은 것 (表4.2) 및 가벼운 것이 원인이라 생각되고 있으나 이 때문에 헬륨을 쓰면 아아크의 熱에너지가 커지고, 따라서 용입이 증대하는 잇점이 있으며 용접속도는 아르곤의 경우보다 2∼3배 빠르게 된다.

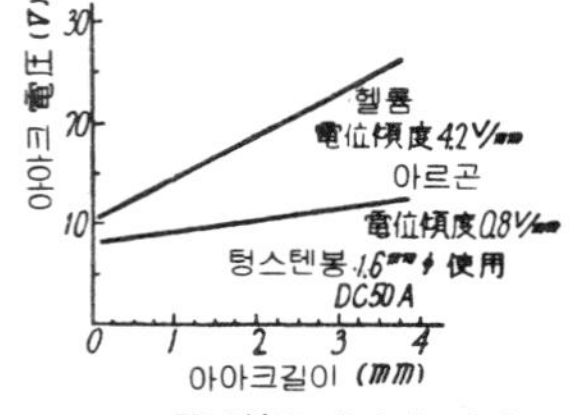

図 4.8   TIG熔接에서의 아아크 電壓과 아아크의 길이.

4.2.2 裝置 및 機械
(1) 構   成

TIG용접에는 前述한 바와 같이 手動式, 半自動式 및 全自動式의 3種이 있다.

手動式 TIG 熔接裝置의 一例는 그림 4.9와 같이 토오치, 아아크熔接機, 制御裝置, 不活性가스系 및 대부분의 경우 冷却水系로 구성되고 있다. 그림 4.10은 아르곤을 쓰는 TIG용접의 接續圖이다. 우선, **푸트스위치** (foot suitch)를 누르면 아르곤가스와 冷却水가 토오치로 흐르게 되며, 다음, 토오치와 피용접물間에 아아크를 발생시켜 용접을 한다. 아아크의 發生方法은 後述한다. 용접후에 아아크를 끊으면, 冷却水의 흐름이 끊기고, 또한 **가스세이버** (gas saver)中의 時限裝置((타이머)가 작동하여 아르곤가스의 흐름이 數秒後에 정지

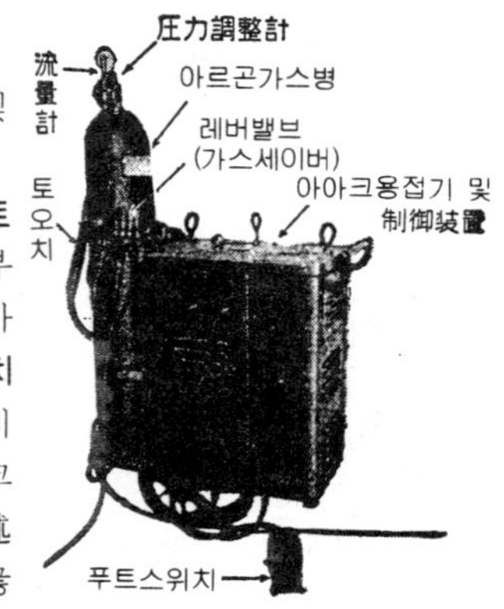

図 4.9   手動式 TIG熔接裝置의 一例

된다. 圖中의 스라이다크는　아아크電流
의　遠隔制御에 쓰이며, 또한　接地側에 붙
인　二次直列抵抗은 용접기의 용량에 대
하여 낮은 아아크電流를 얻기 위한 것이
다.

　半自動TIG熔接裝置의　一例는 그림 4.11
과 같다. 이 그림에서는 아이론型의 HW
-14토오치를 손으로 움직이고, **필러와이
어**(裸熔接棒)만을　自動送給한다. 필러와
이어 **速度調整器**의 작용에 의하여　一定
속도로　送給된다. 토오치의 버튼을 누르
면 아르곤가스가 흐르기 시작하고, 용접
공이 아아크를 스타트시킴과 동시에 용접봉
의　送給이 자동적으로 시작되어 용접을 하

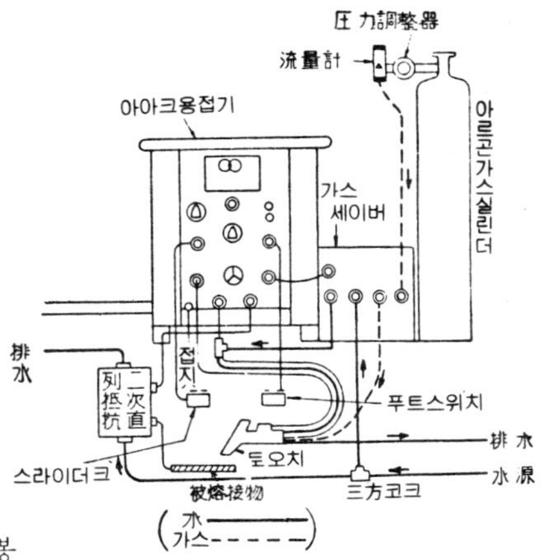

図 4.10 手動式아르곤아아크熔接接續圖의　一例

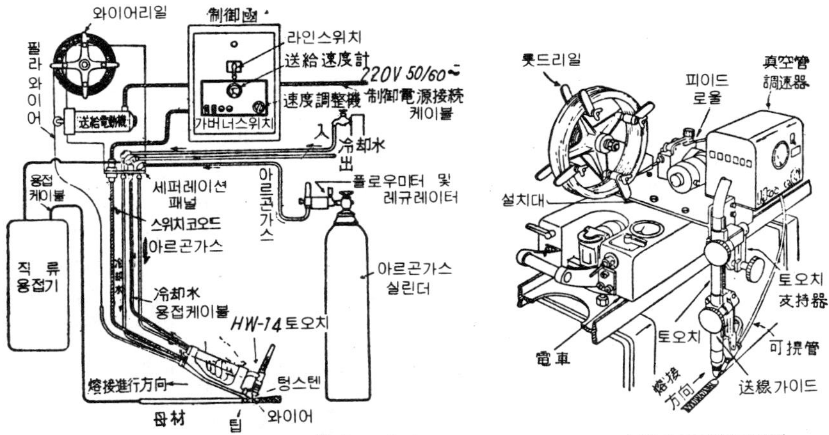

図 4.11　半自動TIG熔接裝置의 接續圖.　　　　図 4.12　自動式TIG熔接裝置.

고, 최후에 아아크를 절단하면 용접봉의　送給이 자동적으로 정지되고 一定時間後 가스
세이버의　作用으로 아르곤의 공급이 정지된다. 또한 이 HW-14토오치에 의한 반자동
식용접에서는, 토오치가 손으로　推進되는 것같이 보이지만, 실제로는 용접봉의　先端이
항상 이음線에 가볍게 닿도록 하기만 하면, 그　反動으로 토오치가 거의 자동적으로　後
退하여 용접이 진행된다는 잇점이 있으며, 曲線이음의 용접에 적당하다. 특히 제트엔
진의　耐熱鋼의 용접이나　自動車工業에서 쓰인다.

　自動式TIG熔接裝置에서는 그림 ·4.12와 같이 토오치, 와이어리일 및　制御裝置가 하
나의　電動臺車에 설치되어　移動하거나, 또는 이것이　固定되고　被熔接物이 이동하게끔
되어 있다.

다음 이들裝置의 主要部分에 대하여 설명한다.

(2) 토　오　치.

토오치는 그림 4.13과 같은 구조의 것이며, 텅스텐電極棒은 **가스노즐**(gas nozzle) 의 先端부터 數mm(맞대기에서는 3～5 mm, 필렛용접에서는 6～9 mm)突出시켜 支持되 며, 용접전류는 보통 水冷式 의 支持쇠를 통하여 電極에 전해진다. 노즐은 不活性가스의 흐름을 誘 導하는 作用을 하고 耐火物 또 는 水冷式金屬筒으로 되어 있다. 토오치에는 電流用케이블, 不活 性가스 및 冷却水用파이프가 붙 어 있으며, 電線을 合成樹脂製 의 冷却水파이프內部를 통하게 함으로써 同時에 水冷의 目的을 달성하고 있다. 冷却水의 所要

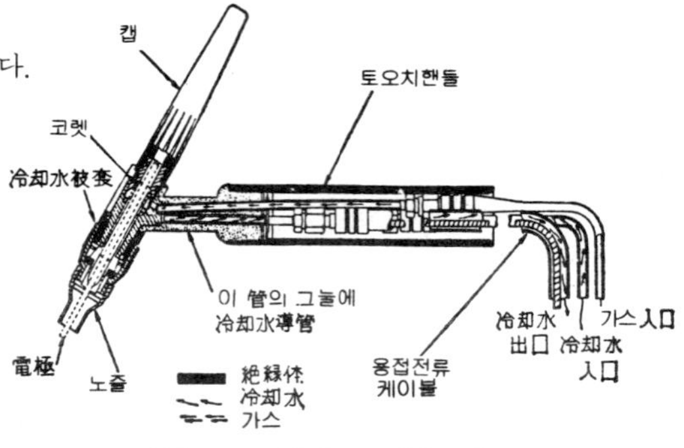

図 4.13　TIG토오치의 一例

流量은 300A토오치의 경우 每時15갤론, 500A토오치에서는 약22갤론 정도이다. TIG토 오치는 피복아아크용접봉의 호울더에 비하여 상당히 무겁다.

電流容量약100A以下의 小型토오치는 水冷을 필요로 하지 않으며, 또한 좁은 구석까 지 용접할 수 있으므로, 般空機, 冷藏庫, 自動車工業등에서 잘 쓰인다. 그림 4.14 는 제트엔진의 部分品을 용접하는 데 쓰이는 **空冷式토오치**의 一例이다.

용접전류가 약100A이상에서는 일반적으 로 **水冷式토오치**가 필요하다. 토오치先端 의 가스노즐이, 耐火性의 세라믹 노즐의 경우는 絕緣이 좋아 被熔接物에 접촉하 여 스파크가 나는 일이 없으나, 기계적으 로 약해서 破損되기 쉽다. 최근에는 실 리콘카이바이드製의 것이 나오고 있다. 그러나 튼튼한 点에서는 電極으로 부터 절연된 **金屬노즐**(메탈노즐)이 좋고, 또한

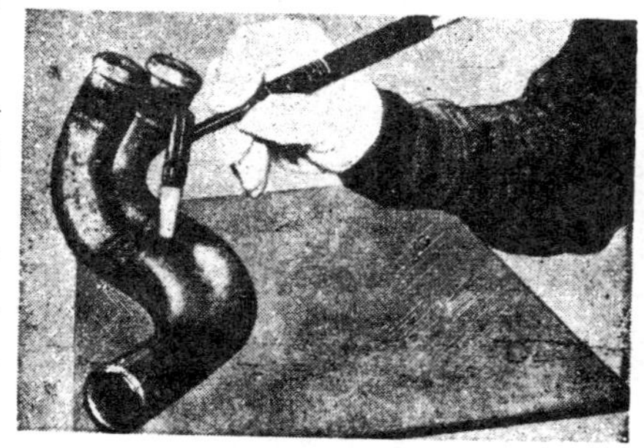

図 4.14　空冷式小型토오치에 의한 제트. 엔진部品의 熔接.

大電流用토오치에서는 이 노즐도 水冷되고 있다. 토오치에는 그 텅스텐電極棒을 용접전류에 따라 교환할 수 있도록 각종 콜리트 착크 (collet chuck)가 준비되고 있다.

(3) 텅스텐電極棒

텅스텐전극봉은, 센터레이드(center lathe)研摩 또는 琢摩되어 정확한 치수로 만들 어져 있으며, 極性 및 不活性가스의 종류에 따라 그 最高許容電流의 값이 정해지고 있 다. 아아크를 安定시키기 위하여는, 電子放射가 왕성한 高溫度일수록 좋으므로, 許容

限度까지의　高電流로 사용하는 것이 좋다. 즉, 전류가 주어지면 허용되는　범위내에
서 될 수 있는대로 작은 전극봉을 쓴다. 換言하면, 텅스텐의 融滴이 떨어지지 않을 정
도로 電流密度를 높일 必要가 있다. 표 4.4는 용접전류에 대한 電極直徑 및 노즐크기

表 4.4　各種接續電流에 대한 電極, 메탈노즐, 및 세라믹노즐의 치수와
아르곤가스流量

熔接電流 (A)				電極直径	電極直径	아르곤流量*		세라믹노즐內径 (1/16 in 單位)		메탈노즐內径 (1/16 in 單位)	
ACHF		DCSP	DCRP								
純텅스텐電極	토륨入텅스텐電極	純텅스텐 및 토륨入텅스텐電極	純텅스텐 및 토륨入텅스텐電極	in	mm	cfh	lpm	HW-9	HW-10 HW-12	HW-10	HW-12
5~15	5~20	5~20		0.020	0.5	6~14	3~7	4~5~6			
10~60	15~80	15~80		0.040	1.0	8~15	4~8	4~5~6	4	4	6
50~100	70~150	70~150	10~20	1/16	1.6	12~18	6~9	4~5~6	4~5	4~5	6
100~160	140~235	150~250	15~30	3/32	2.4	15~20	7~10		6~7	5~6	6~8
150~210	225~325	250~400	25~40	1/8	3.2	20~30	10~15		6~7~8	6~7~8	8
200~275	300~425	400~500	40~55	5/32	4.0	25~40	12~20				8
250~350	400~500	500~800	55~80	3/16	4.8	30~50	15~25				8~10
325~475	500~700	800~1100	80~125	1/4	6.4	40~60	20~30				10~12

(備考) HW는 헬리아아크토오치. * cfh＝立方피트／時, 1pm＝ℓ／min＝리터／分.

(1) HW－12型토오치에 세라믹노즐을 사용할 때는 冷却水자켓에 컵어댑터를 쓸 必要가 있다.

(2) 세라믹노즐은 連續作業時 200A, 短時間作業時 250A以下로만 使用. 또한　세라믹노즐보다
메탈노즐쪽이 長時間使用에 견디게 됨으로, 事情이 허락하는 限, 메탈노즐을 쓰는 것이
좋다.

를 表示한 것이다. 表中에 있는 **토륨入텅스텐電極**은 1～2 %의 토륨을 함유한 텅스텐
棒이며, 純텅스텐棒에 비해 電子放射能力이 현저하게 뛰어난 利點이 있으며 따라서 電
極溫度가 낮아도 되고 그만큼 전극봉의 전류용량이 크게 된다. 토륨텅스텐은 低電流
에 있어서도 아아크發生이 容易하고, 또한 低電壓回路에서도 사용할 수 있다. 純텅스
텐電極은 온도가 높으므로 용접중에 母材나 용접봉과 잘못 접촉되거나 또는 金屬蒸氣
가 붙어 더럽혀지기 쉽다. 이 汚物 (콘태미네이션, contamination)은 電子放射를 저해
하고 제거하지 않으면 양호한 용접을 할 수 없으므로 때때로 先端을 硏摩할 필요가
있으며 따라서 전극봉의 소모가 相當量이 된다. 이에 대하여 토륨텅스텐에서는　動作
溫度가 낮으므로 콘태미네이션의 우려가 적은 잇점이 있으며 따라서 소모가 적으므로
不活性가스아아크點熔接의 전극으로서 또한 直流正極性 (電極이 陰極) 의 경우에　특히
적합된다. 그러나 직류역극성이나 교류에서는 그 효과가 감소될뿐만 아니라 輕合金의
교류용접에서는 整流作用에 의한 不平衡電流가 오히려 증대하여 좋지 않다.

전극의 수명을 길게 하는 데는 過小 또는 過大한 電流를 피하고, 피용접물과의　接
觸을 감소시키고 또한 아아크切斷後 전극이 약300℃로 冷却되기까지 不活性가스를 흐

르게 하여 보호하지 않으면 안된다. 電極先端은 冷却後에 거울과 같이 빛나고 있어야
한다.

(4) 롯 드(熔接棒)

롯드는 필요에 따라 사용한다. 될 수 있는대로 母材와 同一한 材質의 금속이 좋다.
母材(板)의 一部를 剪斷한 棒을 써도 되나 보통은 引拔線을 사용한다. 그 크기는 電
流値에 따라 적당히 선택할 필요가 있다. 롯드의 先端은 항상 不活性가스의 氣流中에
있도록 運棒할 필요가 있으나 잘못하여 이것을 전극에 접촉시켜서는 안된다.

自動 및 半自動용접에서는 細徑1. 2~2. 4mm의 필러와이어(filler wire)를 自動送給함
으로 均一하고 아름다운 비이드가 얻어진다.

(5) 不活性가스系統

일반적으로 아르곤가스는 1 氣壓下에서 약6500 *l*의 量이 약140기압의 아르곤가스容
器에 충전공급된다. 따라서 容器頭部에 붙인 壓力調整器(레규레이터, regulator)를 써
서 2段으로 減壓하고 또한 流量을 一定하게
하는 必要上, 그림 4. 15와 같은 流量
計(flow meter) 가 쓰인다. 그림의 流量計
는 浮遊式의 것이며, 테이퍼(taper)한 유리
管中을 흐르는 가스流에 의하여 밀려 올려진
작은 볼의 位置에 의하여 流量이 直讀되도록
되어 있는 것이다.

(6) 制 御 裝 置

不活性가스는 高價이므로 그 供給을 자동적
으로 제어하는 장치가 사용되고 있다. 手動式
의 TIG熔接에서는 토오치를 손으로 잡고, 푸

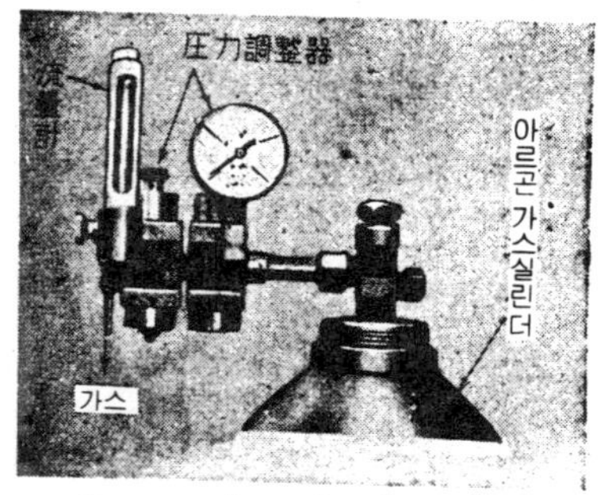

図 4.15 아르곤가스壓力調整器 및
流量計.

트스위치를 밟으면 가스가 노즐에서 流出하기 시작하며, 아아크를 끊으면 타이머와
솔레노이드밸브(solenoid valve)의 작용으로 一定時間(數秒)後에 가스흐름이 자동적으
로 정지되는 가스세이버가 붙어있는 것이 보통이다. 이 대신, 레버밸브(lever valve)
를 備置하여 토오치를 그 레버에서 벗겨내면 가스가 流出하기 시작하고, 레버에 걸면
가스가 停止하는 形式이 美國에서 잘 쓰이고 있다.

冷却水의 절약을 도모하기 위하여 流水回路에 솔레노이드밸브를 설치하여 아아크發
生中에만 通水하는 制御裝置를 쓴것이 있다. 또한 斷水의 경우에는 流水繼電器를 써서
自動的으로 용접전류를 정지하여 아아크發生을 不能하게 하는 제어장치도 쓰인다.

용접전류의 제어장치로는 電磁開閉器에 의하여 용접전류를 開閉하고, 아아크發生時
에만 高周波를 발생시켜 전극을 母材와 접촉시키지 않고 아아크를 스타트(no-touch
start)한 다음, 용접중에는 高周波를 中斷시키는 形式의 制御裝置(高周波아아크스타아
터)가 직류자동용접에 있어서 잘 쓰인다.

自動熔接에서는, 가스의 流出, 아아크의 開始, 용접봉의 送給開始, 臺車의 進行開始
및 이의 停止 등 一連의 용접작업이 모두 제어장치에 의하여 자동적으로 행해진다. 또

한 아아크의 길이를 一定하게 유지하는 **電壓制御機構**가 붙어있다. 曲線의 自動熔接을 위하여는 模倣型틀을 따라 자동追跡하는 제어장치도 쓰이고 있다.

（7）熔 接 電 源

용접전원으로는 피복아아크용접용의 **直流** 또는 **交流**용접기를 그대로 이용할 수 있으며, **垂下特性**의 것이 쓰인다. 또 **無被覆**의 전극을 쓰므로 교류용접에서는 **高周波**의 倂用이 필요하다. **薄物**의 용접에서는 **低電壓**이고 아아크의 **安定**이 중요하므로, **低電流域**에서 세밀한 전류조정을 할 수 있는 용접기가 요망된다. 現有의 直流機에서 低電流를 얻기 힘들 경우에는 **接地回路**에 **水抵抗** 等을 삽입하여 **安定性**이 좋은 낮은 아아크電流를 얻도록 하여야 한다. 　용접기의 **開路電壓**으로는 **直流**에서는 50~60V以上이면 되고, **交流**에서는 약간 높아 65V이상이면 된다. **輕合金**용접에는 전술한 **高周波付交流熔接機**를 쓰지 않으면 안되나 전극의 정류작용이 있으므로 **平衡型**이 아닌 보통의 용접기의 경우는 **容量**의 70%以下로 사용하여야 한다.

용접기에는 전술한 **高周波스타이터**를 장비한 것, 또한 **크레이터필러**(crater filler)라 하여 아아크**切斷後 數分**의 1 秒 정도의 **短時間**동안만 **電流**를 **漸減**하여 크레이터를 덧붙이는 장치가 붙은 것이 있다. 이것을 **輕合金**이나 스테인리스**鋼** 등에 쓰면 크레이터터짐의 **發生**을 방지할 수 있는 **利點**이 있다.

（8）防 護 器 具

피복아아크용접과 대략 **同一한 安全注意**가 필요하다. 또, 아아크가 그보다 약간 **高溫**이므로 눈의 **保護**를 위하여 한층 짙은 **色度**의 **遮光렌즈**를 쓴다. **紫外線**에 의한 **火傷**에도 주의하여야 한다.

용접기에 병용하는 **高周波**는 라디오周波의 2000~3000V이지만 **弱電流**이므로 **電擊**의 위험성은 없다. 그러나 **熔接工**의 손에 **漏泄**하면 적지만 잘 치료되지 않는 **火傷**을 입으므로 주의를 요한다. 不活性가스로 부터는 **有害**가스가 거의 발생치 않으므로, **熔接材料**부터 발생할지도 모르는 **有害**가스에 대하여만 조심하면 된다.

（9）지그 및 固定具

TIG용접은 **薄物**에 응용되는 일이 많으므로, 그림4. 16과 같은 적당한 **지그**(jig)나 **固定具**(fixture)를 써서 피용접물을 정확하게 고정할 필요가 있다. 이에 의하여 홈의 정확한 **保持**, **變形**의 **防止**, 받침쇠의 사용에 의하여 용착부의 용락방지와 용접금속뒷面의 **保護**가 달성된다. 그림 4. 16에 있어서, 예를 들어, 두께1. 2mm의 **板**을 누르는 지그의 **壓力**은 길이 1 cm**當** 片側에 대하여 60~100kg가 필요한 것으로 되어 있다. 그림 4. 17은 **自動車**의 **後部**펜더에 대한 TIG**熔接**용지그의 **一例**이다. 薄板의 용접에서는 **變形**을 방지하기 위하여 확고하게 **固定**하여, TIG토오치를 써서 **高速度**로 용접하는 **方法**이 좋다. 지그나 **固定具**에는 **非磁性材料**를 써서 직류용접중의 **磁氣**쏠림을 피하지 않으면 안되므로, **硬質**

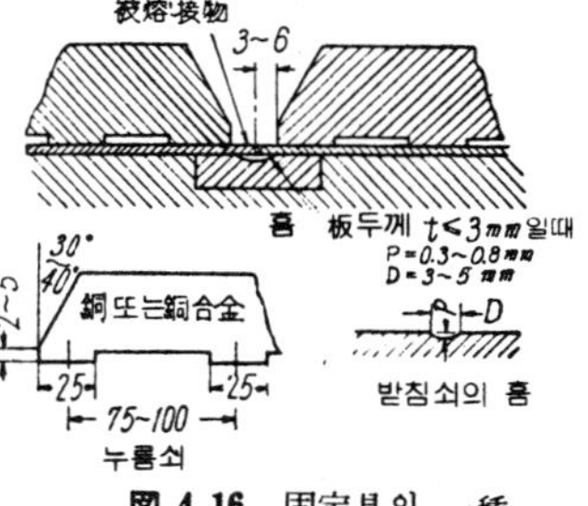

図 4.16 固定具의 一種

銅合金이 가장 좋다. **받침쇠**로는 스테인리스鋼용접에는 銅板이 적당하고, 알루미늄이나 마그네슘合金의 용접에는 스테인리스鋼板 또는 銅板이 쓰인다. 받침쇠의 홈은 円弧狀으로 하고, 두께 3 mm 까지의 용접물의 경우에는 깊이를 두께에 따라서 대략 0.3~0.8mm로 하며, 홈의 幅은 이음加工精度가 양호한 자동용접에서는 3~5mm로 취한다. 약 3 mm이상의 厚板에서는 받침쇠를 생략할 수 있으나, 이때는 뒷면부터 不活性가스로 받쳐주거나 하여 용접한다. 이에 대해서는 後述한다.

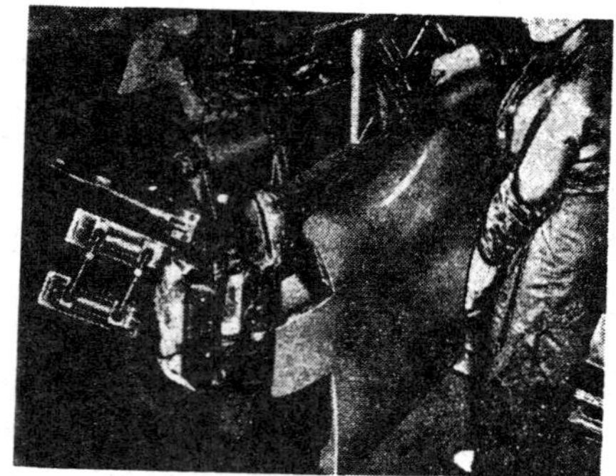

図 4.17   自動車後部펜더의 TIG 熔接用 지그.

4.2.3 이음準備와 熔接條件

(1) 이음의 크리닝

不活性가스아아크용접은 보통의 피복아아크용접으로는 곤란한 재료의 용접에 쓰이는 것이나 이의 成功을 위하여는 우선 材料의 적당한 **크리닝**(cleaning)이 필요하다. 특히 表面에 强固한 耐火性의 酸化被膜이 생기는 輕合金의 경우에는 더욱 重要하다.

이음表面의 酸化膜, 스케일, 油脂, 페인트, 구리스, 더러움, 녹 및 기타異物은 완전히 제거치 않으면 안된다. 그렇지 않으면 용접금속중에 氣孔이 생기기 쉽고 또한 비이드表面이 더러워져서 外觀이 損傷되고 耐蝕性이 低下한다.

表面크리닝方法은 우선 트리크롤에틸렌 기타의 溶劑로서 脫脂한 다음 小物의 경우는 油氣가 없는 細毛의 와이어브러쉬, 에머리(金鋼砂)페이퍼, 스틸울(鋼毛) 등으로 표면을 문지르거나 또는 샌드블라스트, 볼블라스트 等을 적용하여 表面酸化膜을 제거한다. 이것을 **機械的 表面處理** (mechanical cleaning)

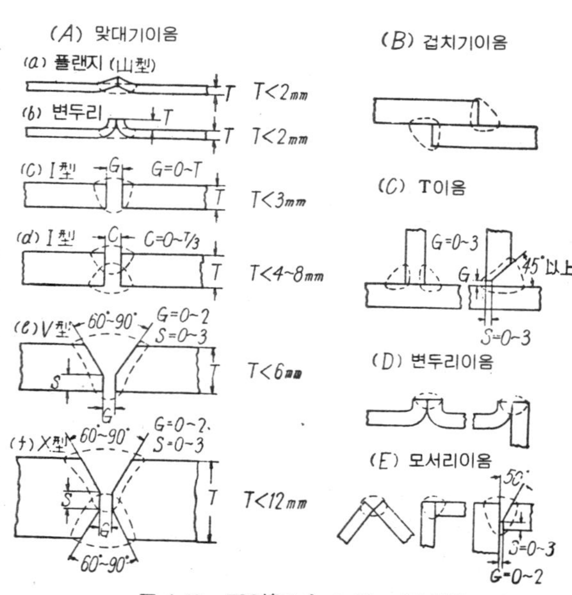

図 4.18   TIG熔接에 쓰이는 이음形狀

이라 한다. 경우에 따라서는 그대신 弗素, 가성소다, 硝酸 등의 화학약품용액을 써서
산화막을 제거한다. 이것을 化學的表面處理(chemical cleaning)라 한다. 이에는 酸洗
滌 또는 알루카리洗滌이 쓰인다. 大용접물이나 多量生産用에는 蒸氣洗滌 또는 탱크洗
滌이 경제적이다.

(2) 이 음 形 狀

TIG용접에 쓰이는 이음(joint)은, 맞대기(butt), 겹치기(lap), T이음, 모서리(corn-
er), 변두리(edge)이음等이 있다. 代表的모양은 그림 4.18과 같은 것이다. I型맞대기는
板두께가 1~3 mm일 때 사용하여 1層 또는 兩側부터 各1層으로 용접하고, 板두께
가 두꺼워질수록 조금 틈새를 두어 용입을 容易하게 하며, 또한 V型 또는 X型의 이
음形狀을 쓰도록 한다. 2 mm以下의 薄板에서는 이음部를 조금 굽혀 山形으로 맞대거
나 변두리이음을 사용한다. 이외에 겹치기, T型, 변두리 및 모서리이음에서 板두께가
커지게 되면 그림에서 보다도 더욱 복잡한 홈을 붙여 용접한다.

(3) 받 침

TIG용접에서는 대부분의 경우 받침 (weld backing)이 필요하다. 그 목적은 여러
가지 있으나, 薄物에서는 용착부의 뒷面이 大氣에 노출되어 용접금속내에 氣孔이 생기
거나 外觀이 損傷되는 것을 방지하기 위함이다. 또한 용착금속의 용락을 방지하는데
도 유효하다. 받침의 방법에는 (i) 金屬받침(metal backing), (ii) 不活性가스받침
및 (iii) 플락스받침이 있다. 이中 금속 받침쇠로는 그림 4.19와 같은 것이 잘 쓰이며,
平坦한 받침쇠는 山型이음이나 변두리이음에만 쓰이고 보통 (c)와 같은 홈있는 받침
쇠를 사용한다. 홈의 깊이는 0.3~0.8mm, 홈의 幅은 厚板의 10倍정도 (최저 5 mm)로

취하나 厚板에 대하여는 幅을
5 ~10mm정도로 하면 된다.
또한 맞대기이음뿐만 아니라
모서리이음이나 T이음에도
받침쇠를 낼 필요가 생길 경
우가 있다. 받침쇠의 材料는
前節(9)에서 전술 하였다.

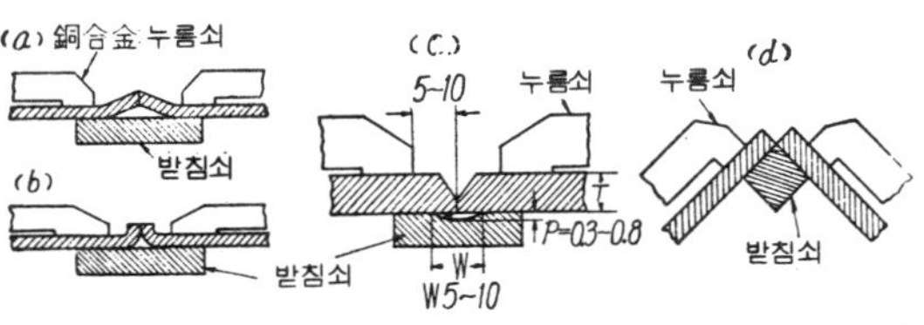

図 4.19 받침쇠의 使用例

용접금속의 화학성분에 대한 요구가 엄격한 경
우, 또는 티탄, 지르코늄 等 조금만 大氣에 侵蝕
되어도 脆弱해지는 금속의 경
우, 또는 받침쇠의 사용이 금지되는 경우에는 不
活性가스받침(inert-gas backing)을 사용한다. 이
것은 그림 4.19의 받침쇠홈部分에 不活性가스를
흐르게 하는 方法(그림 4.20), 또는 직접 이음의
뒷面에 불어 대는 방법이 있다. 스테인리스鋼에는
질소가스를 불어대도 되나 알루미늄, 마그네슘, 지

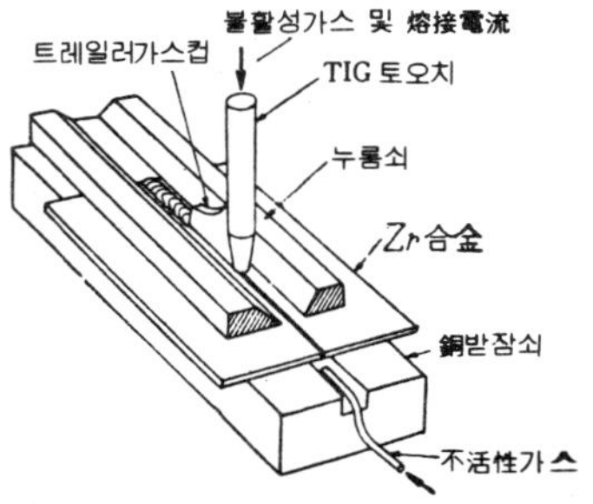

図 4.20 지르코늄合金의 TIG熔接에
서의 不活性가스 뒷받침.

르코늄, 티탄 等에는 아르곤 또는 헬륨이 필요하다. 폭발위험성이 없을 때는 水素가스를 불어대도 된다.

그림 4.21은 파이프 맞대기용접에 있어 아르곤가스를 充滿시켜 뒷받침하기 위하여 파이프內에 삽입하는 도구이다. 이것은 고무製円盤 사이에 이음을 끼워서 거기에 아르곤을 채우는 것이다.

図 4.21　파이프의 맞대기熔接에서 아르곤가스받침을 위하여 쓰이는 道具.

티탄, 지르코늄, 베리륨 및 그 合金은 大氣中에서의 不活性가스아아크용접으로는 아무래도 시일드가 不完全하기 쉬우므로 이것을 아르곤가스를 채운 密閉容器內에서 용접할 때가 많다. 그림 4.22는 이러한 熔接涵內에 붙여진 장갑을 이용하여 지르코늄을 TIG용접 하고 있는 모습이다.

（4）熔　接　條　件

TIG용접조건은 材料, 板材두께, 이음形狀, 이음部의 整不整, 용접자세등에 따라 달라지는 것이며, 일반적으로 자동용접에서는 손용접의 경우보다 高電流로 高速熔接이 채용될 수 있다. 表 4.5는 손용접조건의 一例이다. 이것은 스테인리스鋼, 脫酸銅, 알루미늄 및 마그네슘에 대한 것이나, 용접속도

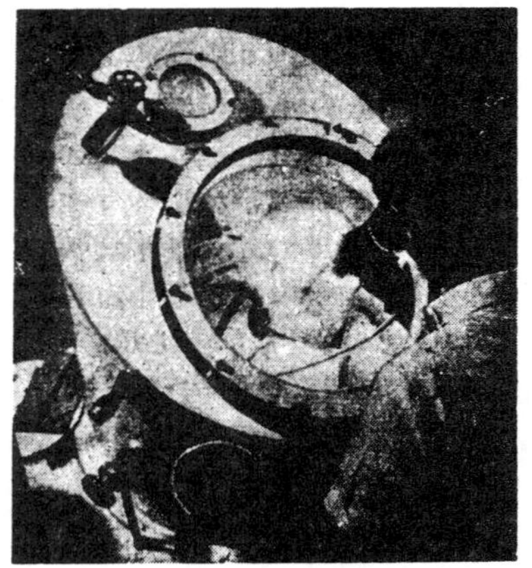

図 4.22　아르곤을 채운 密閉容器내에서의 지르코늄의 TIG熔接

는 알루미늄의 두께 2～3 mm의 경우 250～300 mm/min 정도이다.

（5）熔　接　技　法
（ⅰ）스타아트

高周波를 重疊하지 않는 직류용접의 경우에는, 딩스텐전극을 모재에 가볍게 부디치거나 가볍게 그어대서, 아아크를 스타아트(start) 시키며, 이것은 피복아아크용접의 경우와 마찬가지이다. 교류용접에서는 고주파를 겹치고 있으므로 전극을 모재에서 3～4 mm접근시키면 아아크가 발생한다. 용접중에는 전극끝과 모재사이의 간격을 4～5 mm로 유지한다. 만일, 잘못하여 전극을 용접봉이나 모재에 접촉시키면, 딩스텐이 더럽혀짐으로 토오치에서 뽑아내서 연마하여 부착물을 제거하여야 한다.

딩스텐전극이 충분히 덥혀지기 까지는 電子放射가 나쁘고 아아크가 安定되지 못해서 비이드가 지저분하게 됨으로, 스타아트時에는 別途의 小片(스크랩板)으로 아아크를 발생시켜, 電極이 충분히 덥혀진 다음 아아크를 용접의 스타아트部分에 옮기는 것이 좋다. 아아크를 끊을 때는 토오치를 재빨리 옆으로 삽아땐다.

表 4.5 TIG 손 熔 接 条 件

材　　料*	板두께 (mm)	電極直径 (mm)	熔加棒直径 (mm)	熔接電流 (A)**	아르곤 流量 (lpm)	層数	홈 形狀	노즐孔徑 (mm)
스테인리스鋼 (18-8 Cr-Ni) (DCSP)	0.6	1〜1.6	0〜1.6	20〜40	4	1	(a) 또는 (b)	9
	1.0	1〜1.6	0〜1.6	30〜60	4	1	〃	9
	1.6	1.6〜2.3	0〜1.6	60〜90	4	1	(b)	9
	2.3	1.6〜2.6	1.6〜2.6	80〜120	4	1	〃	9〜11
	3.2	2.3〜3.2	2.3〜3.2	110〜150	5	1	〃	9〜11
	4.0	2.3〜3.2	2.6〜4.0	130〜180	5	1	(d) 또는 (c)	11〜12.5
	5.0	2.6〜4.0	3.2〜5.0	150〜220	5	1	〃	12.5
	6.0	3.2〜4.7	3.2〜5.5	180〜250	5	1〜2	〃	12.5〜16
	8.0	3.2〜4.7	4.0〜6.3	220〜300	5	2〜3	〃	12.5〜16
	12.0	4.0〜5.5	5.0〜6.3	300〜400	6	2〜4	(d) 또는 (e)	16〜19
脫 酸 銅 (DCSP)	0.6	1.0〜1.6	0〜1.6	50〜70	3〜4	1	(a) 또는 (b)	9
	1.0	1.6	0〜1.6	60〜90	3〜4	1	〃	9
	1.6	2.3〜2.6	1.6〜2.3	80〜120	3〜4	1	(b)	9〜11
	2.3	2.6〜3.2	2.3〜3.2	110〜150	4	1	〃	9〜11
	3.2	3.2〜4.0	3.2〜4.7	140〜200	4〜5	1	(c)	9〜11
	4.0	3.2〜4.7	4.0〜5.0	180〜250	4〜5	1	(d) 또는 (c)	11〜12.5
	6.0	4.0〜5.5	5.5〜6.3	300〜400	5〜6	1〜2	〃	12.5〜16
알루미늄 (ACHF)	1.0	1.6	0〜1.6	50〜60	5〜6	1	(a) 또는 (b)	9
	1.6	1.6〜2.3	0〜1.6	60〜90	5〜6	1	(b) 또는 (a)	9〜11
	2.3	1.6〜2.3	1.6〜2.3	80〜110	6〜7	1	(b)	9〜11
	3.2	2.3〜3.2	2.3〜4.0	100〜140	6〜7	1	〃	11〜12.5
	4.0	3.2〜4.0	3.2〜4.7	140〜180	7〜8	1	〃	12.5
	5.0	3.2〜4.0	4.0〜5.5	170〜220	7〜8	1	〃	12.5〜16
	6.0	4.0〜4.7	4.0〜5.5	200〜270	7〜8	1〜2	(c) 또는 (d)	12.5〜16
	8.0	4.7〜5.5	4.0〜5.5	240〜320	7〜8	2	(d) 또는 (e)	12.5〜16
	12.0	4.7〜6.3	6 以上	250〜400	8〜9	2〜3	〃	16〜19
마 그 네 슘 (ACHF)	1.0	1.6	0〜1.6	30〜40	3〜4	1	(a)	9
	1.6	1.6〜2.3	1.6〜2.3	40〜70	4〜5	1	(b)	9〜11
	2.3	1.6〜2.3	1.6〜2.6	60〜90	4〜5	1	〃	9〜11
	3.2	2.3〜2.6	2.6〜3.2	75〜110	5〜6	1	〃	11〜12.5
	4.0	2.6〜3.2	3.2〜4.0	90〜125	5〜6	1	(d) 또는 (c)	11〜12.5
	5.0	3.2〜4.0	3.2〜4.7	110〜150	5〜6	1	〃	11〜12.5
	6.0	3.2〜4.0	4.0〜5.0	130〜170	6〜7	1〜2	〃	12.5〜16
	8.0	4.0〜4.7	4.7〜5.5	160〜220	6〜7	2	〃	12.5〜16
	12.0	4.7〜6.3	6 以上	200〜280	7〜8	2〜4	(d) 또는 (e)	16〜19

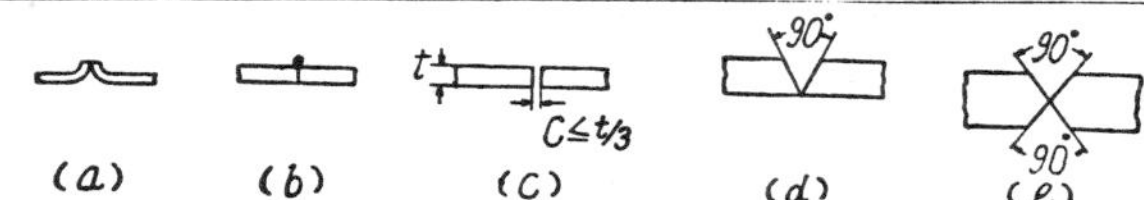

〔註〕　* 材料名밑에 있는 것은 使用極性. DCSP…直流正極性. ACHF…高周波付交流.
　　** 겹치기이음. T이음等의 필레熔接에서는 熔接電流를 10%內外 증가시키고. 텅스텐電極을 한 치수 굵은 것을 사용함과 동시에 아아크길이가 6mm以上이 되지 않도록 電極의 突出길이를 조절할 것

(ⅱ)　토오치의　角度

용접중의 토오치와 棒의 角度는 그림 4.23과 같다. TIG용접에서는 원칙적으로 그림 4.24의 前進法(forehand 左進)이 쓰인다. 銅, 스테인리스鋼, 黃銅等에서는 용접봉을 용접선상에 뉘어놓고, 용접할 수 있으나, 알루미늄, 마그네슘등 산화되기 쉬운 재료의 용접에서는 용접봉을 아르곤氣流中에서 나오지 않는 범위에서 용융푸울부터 出入하도

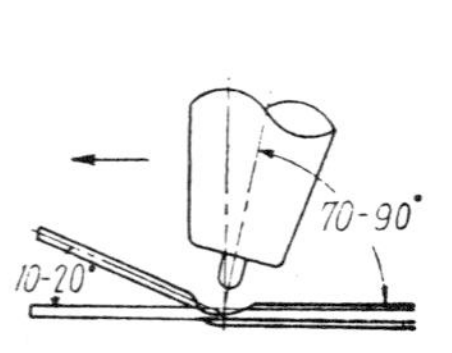

図 4.23　토오치와 熔接棒의 角度

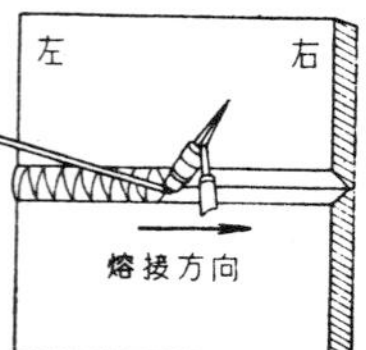

図 4.24　前進法과 後退法

록 運棒한다. 수직용접에서는 토오치를 피용접물에 수직으로 향하게 하고, 棒을 鉛直에서 10~20° 기울게 하여 밑으로 부터 아아크로 향하면서 下進熔接을 하는 것이 좋다.

필렛용접에서는 가스노즐의 先端보다 電極을 약간 길게(6~9 mm) 突出시켜 아아크를 구석에 集中시켜 용입을 안전하게 하지 않으면 안된다.

(6)　自 動 熔 接

자동용접에서는 용접봉을 사용하는 경우와 안하는 경우가 있다. 棒을 사용치 않는 경우에는 보통 토오치를 臺車에 붙인 간단한 것이지만, 應用範圍가 매우 넓다. 특히

表 4.6　Ⅰ型맞대기이음의 스테언리스鋼과 알루미늄合金의 TIG自動 및 손熔接條件의 比較(熔接棒 없음)

材　料	板두께 mm	自動手 動의別	電極直径 A	熔接電流* mm	熔接速度 mm/min	아르곤 流 量 *l*/min	極 性**
스테인리스鋼板	0.8	自 手	1.6 1~1.6	90~140 30~50	1 000 300	7 3	DCSP
	1.2	自 手	1.6~2.4 1.6~2.4	120~180 40~70	750 250	8 4	〃
	1.6	自 手	2.4	140~200	620	8 4	〃
	2.4	自 手	2.4	160~250	380	9 5	〃
알루미늄板	0.8	自 手	1.6 1.6	130 50~60	1 500 700	10 6	ACHF
	1.6	自 手	3.2 1.6~2.4	250 60~80	1 130 300	10 6	〃
	3.2	自 手	4.0 2.4~3.2	400 100~140	750 300	12 7	〃

〔註〕　*　받침쇠使用의 경우
　　**　DCSP……直流正極性 (電極陰)，ACHF……高周波付 交流.

1.2mm이하 0.25mm까지의 맞대기용접에 적합하고, 손용접으로는 도저히 용접을 할 수 없는 薄物일지라도, 均一하고 아름다운 비이드가 高速度로 얻어진다.

스테인리스鋼 및 알루미늄의 자동TIG용접조건을 表 4.6에 표시한다. 表에서는 手動의 경우도 참고로 표시하였다.

자동용접에 있어 熔接棒을 쓰는 경우는, 板두께1.6mm이상이고, 또한 적당한 덧붙임이 필요한 경우이다. 이때의 아아크길이 L의 調整은 그림 4.25와 같이

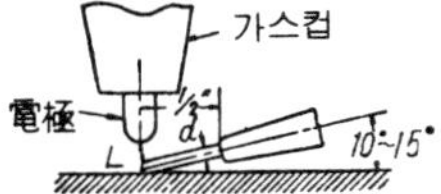

$$L = (1 \pm 0.5) \times d$$

図 4.25 아아크길이의 調整

의 범위에 취하면 된다. 단, d는 棒지름이다. 또는 母材와 電極間의 間隙을 $2d$ 정도로 하면 된다.

半自動熔接의 토오치는 高周波絶緣되어 있지 않으므로, 직류에만 사용될 수 있다. 이것은 특히 스테인리스鋼이나 炭素鋼에 대하여 가장 좋은 결과가 얻어진다. 두께는 1 ~ 3 mm에 최적이다. 軟鋼에 대한 용접조건은 表 4.7과 같다.

表 4.7 軟鋼의 半自動TIG熔接條件(I型맞대기 이음)

板두께 mm	熔接電流 A	아르곤流量 l/min	熔接速度 mm/min	熔接棒直徑 mm	루우트間隔 mm
0.8·	80~400	5~10	200~2 500	0.8~1.6	0~1.6
1.6	100~400	5~10	150~1 250	1.2~1.6	0~1.6
2.4	125~400	6~10	100~1 000	1.6~2.4	0~1.6
3.2	150~400	7~10	100~750	1.6~2.4	0~1.6

(備考) DCSP(直流正極性). 電極은 電流에 따라 選定(表 4.4). 銅받침쇠使用. 熔接電流는 100~200A가 좋다.

4.2.4 아르곤아아크点熔接

아르곤아아크 熔接(argon arc spot welding)은 그림 4.26과 같이 접합 하는 2枚의 板을 겹쳐서, 그 片側에서 피스톨型의 토오치先端의 鋼製노즐로 눌러붙이고, 두 板을 밀착시킨 채로 가스노즐內의 텅스텐전극과 모재사이에 0.5 ~ 5초 정도의 아아크를 계속시켜, 電極直下部分을 국부적으로 융합시키는 一種의 点熔接이다. 이 용접에 사용하는 토오치는 그림 4.27과같이 피스톨型이나, 構造,원리는 보통토오치와 같다. 또한 용접장치(그림 4.27)로는 보통의 TIG 용접장치에 간단한 타이머를 붙이면 된다. 아아크는 高周波스타아터를 써서 발생시키거나, 또는 토륨入텅스텐電極을 순간적으로 모재에 접촉시켜 急速하게 끌어 올리는 터치스타아트(touch start)를 쓰고 있다. 그림

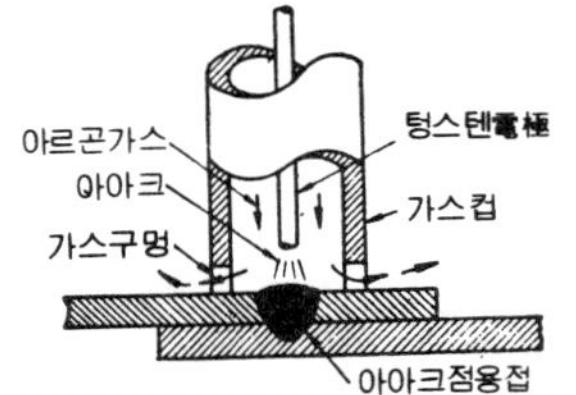

図 4.26 아르곤아아크點熔接

4.28은 板두께0.8mm軟鋼의 아아크点熔接의 斷面例이며, 아름답게 용접되고 있다.

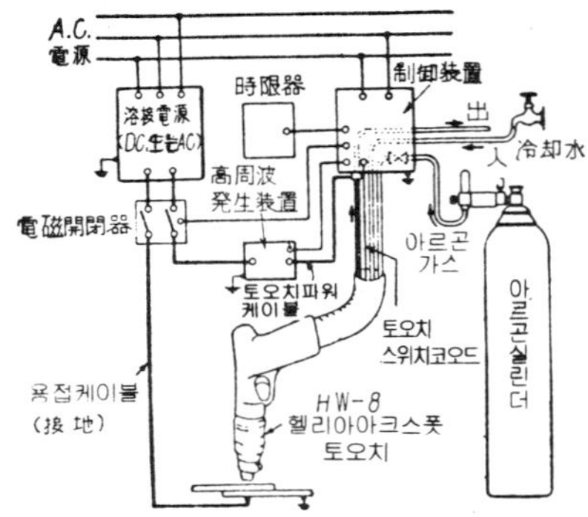

図 4.27　TIG아아크點熔接接續圖

図 4.28　板두께 0.8mm 軟鋼板의 TIG아 아크스폿熔接(아아크길이 1.6mm, 125A, 1/2秒) 上圖

表 4.8　스테인리스鋼 및 軟鋼의 TIG 아아크點熔接條件

材　　　料	板두께	熔接電流		아르곤 流　量	熔　接 時　間*	아아크의 길　이	電極直径	剪斷强度 (1 点)
	mm	直流正極	交　流	l/min	sec	mm	mm	kg
스 테 인 리 스 鋼	0.5	80	125	4	1	3.2	3.2	450
	0.8	90	140	4	$1^{1/4}$	3.2	3.2	700
	1.2	100	150	4	2	3.2	3.2	900
	1.6	120	180	4	3	3.2	3.2	1 100
軟　　　鋼	0.8	115	175	4	1~2	3.2	3.2	—
	1.1	125	190	4	1~2	3.2	3.2	—
	1.4	160	250	4	3~4	3.2	3.2	—

〔註〕 * 熔接電流를 크게 하면 熔接時間을 短縮시킬 수 있다.

　TIG아아크点熔接은 電氣抵抗式点熔接에 비하여 (i) 兩側부터의 電極에 의한 加壓이 不必要하고 人力으로 片側으로 부터 가볍게 누르기만 하면 되고, (ii) 電力費와 設備費가 싸다는 利点이 있으나, 欠点으로는 (i) 作業 속도가 늦고(1点에 數秒), (ii) 鋼材에 쓰일 수 있으나, 輕合金에는 쓰일 수 없는 것이다. 알루미늄등에서는 접속표면의 酸化膜이 融接을 阻害하여 목적이 달성되지 못한다.

　스테인리스鋼 및 軟鋼에 대한 용접조건을 表 4.8에 表示한다. 그림 4.29는 그 應用一例이며 鐵道車輛의 스테인리스鋼 外板(두께 0.6mm)를 아아크点熔接하고 있는 모습이다. 1点의 剪斷强度 (shear strength)는 용융直徑이 같은 저항점용접 과 대략 같은 값이다. 아르곤아아크点熔接은 自動車工業에 잘 사용되고 있다.

図 4.29　스테인리스鋼車輛 外板(두께0.6mm)의 텅스덴아아크 點熔接

4.2.5　텅스텐아아크切斷

텅스텐아아크切斷(tungsten-arc cutting)은 특수의 TIG토오치를 사용하여 輕合金, 銅合金등 非鐵金屬을 고속도로 깨끗하게 절단하는 새로운 방법이다. 이 방법은 美國 린데會社의 발명에 의한 것이다. 이 방법은 그림 4.30과 같이 絞縮노즐(constricted nozzle) 內에 收容된 텅스텐전극과 被切斷物사이에 아아크를 발생시켜 母材를 녹여, 그것을 高速가스의 氣流로 불어버려 切斷한다. 가스에는 **아르곤**과 **水素**의 混合가스(混合比80 : 20 또는 65 : 35)를 사용하고, 아아크열로 가열된 가스는 노즐〔그림 4.30(b)〕에서

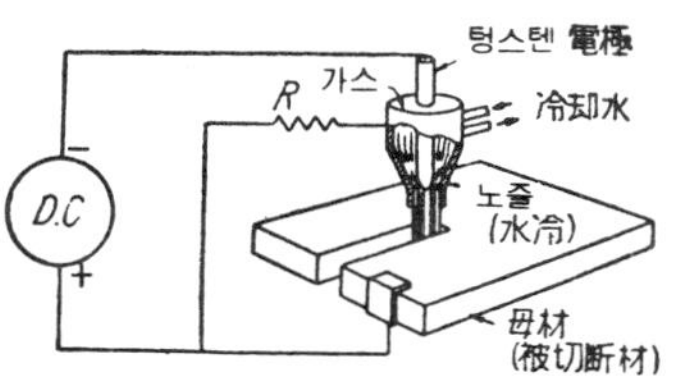

図 4.30 (a)　텅스텐아아크切斷

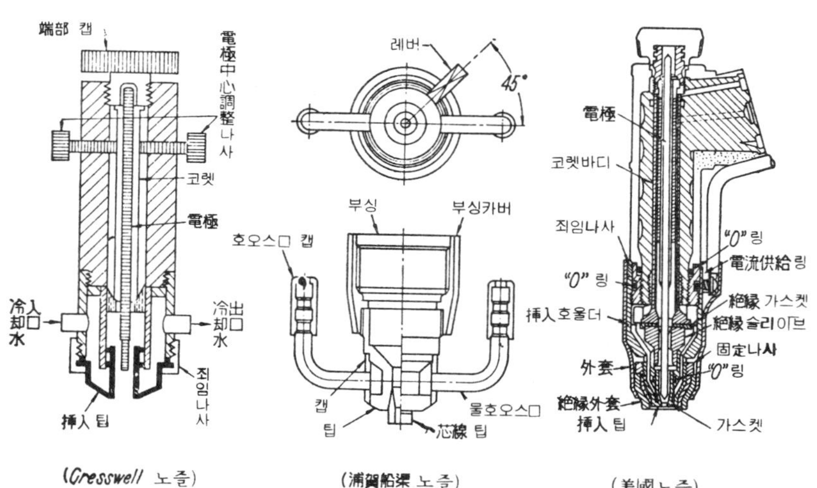

図 4.30 (b)　切斷用아아크노즐의 數例

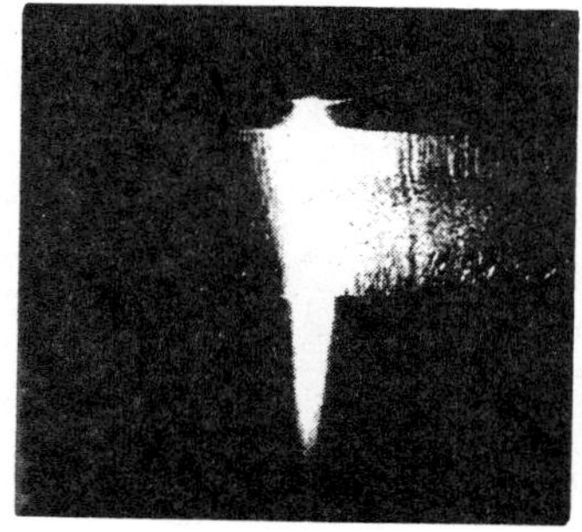

図 4.31　두께25mm 알루미늄의 緣切斷 中의 텅스텐아아크

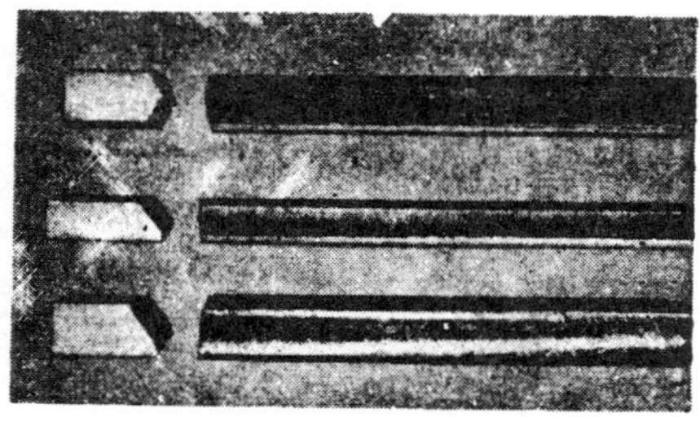

図 4.32　텅스텐아아크切斷에 의한 厚板의 홈加工面.

고속으로 분출되며, 또한 아아크는 그림 4.31에서 볼 수 있는 바와 같이 가늘고 길며
集中的이다. 切斷面은 그림 4.32에서와 같이 매우 깨끗하고, 또한 현저한 高速度로절
단된다. 表 4.9는 알루미늄의 절단조건(手動 및 自動)을 表示한 것이다.

토오치는 가스氣流의 속도를 증가하기 위하여 口徑을 3mm로 죄이고 있다. 電源으로

表 4.9 알루미늄의 텅스텐아아크切斷條件(린데社)

手動自動 의 別	板두께 (mm)	아아크* 電流 (A)	아아크* 電壓 (V)	切斷速度 (mm/min)	가 스 流 量		備 考
					(cfh)*	(l/min)	
手 動	6	200	50	1 500	50	24	아르곤 80%와 水素 20%의 混合 가스
	12	280	60	1 000	60	29	
	19	300	65	650	70	34	
	25	330	68	500	70	34	
	32	350	73	500	70	34	
	38	360	76	400	70	34	
自 動	6	240	62	2 500	50	24	아르곤 65%와 水素35%의 混合 가스
	6	380	70	7 500	60	29	
	12	280	62	1 900	60	29	
	12	400	65	3 800	60	29	
	19	280	70	1 100	60	29	
	19	350	70	1 900	60	29	
	25	330	70	900	60	29	
	25	400	72	1 200	60	29	
	32	330	74	500	60	29	
	32	400	74	1 200	70	34	
	38	360	76	500	70	34	
	38	400	80	900	70	34	

〔註〕 * 直流正極性 (電極 陰)

는 직류600A, 開路電壓은 보통아아크용접기의 약 2 배의 용접기면 된다. 또는 직류용
접기를 2 대 直列로 연결해도 된다. **直流正極性**(電極陰極)으로 사용하고 **强力**한 **高周
波**에 의하여 아아크를 스타아트하나, 절단중에는 라디오**妨害**를 피하기 위하여 **遮斷**된
다. 또한 수소가스의 병용은 아아크電壓을 증가시켜 **熱入力**을 증대하는 것과 아아크
주위의 수소가 강하게 팽창하여 분출가스의 고속화를 기하기 위함이다.

4.3   不活性가스金屬아아크法 (MIG熔接)

4.3.1 特   性

MIG용접은 그림 4.1에 표시한 바와 같이 直徑1.0~2.4mm의 **無被覆熔加材와이어**(電
極線, 心線이라고도 함)를 一定**速度**로 토오치의 노즐로 부터 **送給**하여, 와이어 **先端**과

피용접물사이에 메탈(金屬)아아크를 발생시키고, 그 열로 와이어를 용착한다. 아아크 및 용융금속은 不活性가스의 흐름속에 있어서 공기로 부터 차단보호된다. 용접은 보통 **直流逆極性**(電極陽極)으로 행해진다.

아르곤가스中의 MIG아아크는 그림 4.33과 같이, **中心部**에 가늘고 긴 白熱의 円錐部가 있으며, 그 주위에 인경모양의 微光部가 보인다. 그리고 그 外側을 차거운 아르

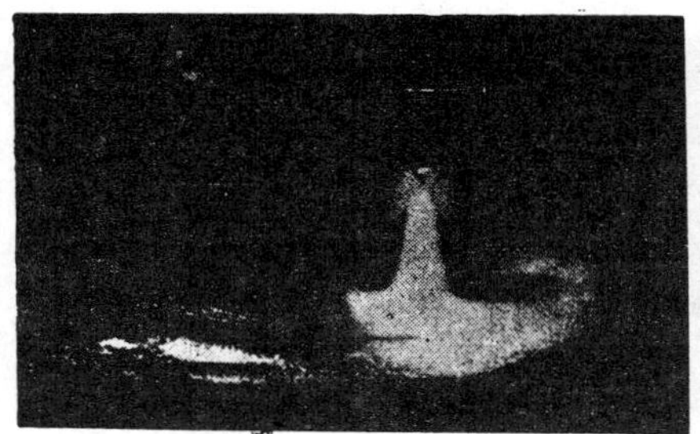

図 4.33 不活性가스金屬아아크(MIG아아크, 아르곤가스, 直徑1.6mm의 2%망간鋼 電極線)

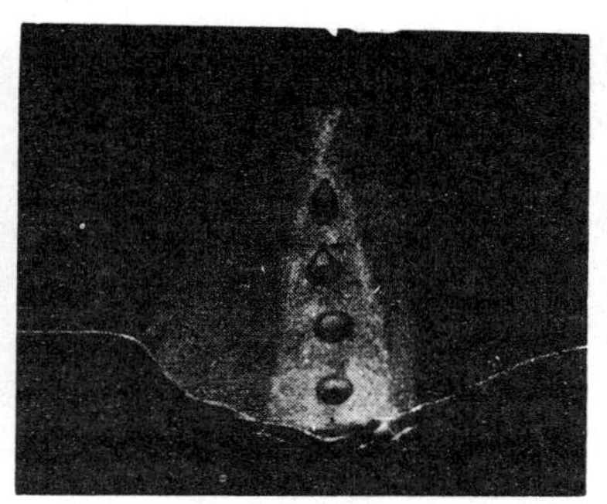

図 4.34 MIG아아크中의 熔滴

곤가스流가 흘러 둘러싸고 있다. 아아크는 극히 安定하며, 그 中心의 円錐部는 金屬蒸氣가 發光하고 있는 部分이며, 그속을 그림 4.34의 **高速度寫眞**(1秒間14000고마, 1/100000秒의 노출)에서와 같이 와이어의 용융방울이 고속도로 熔融푸울로 投射되는 것이다. 中心의 円錐部를 둘러싼 微光部는 주로 아르곤가스의 發光에 의한 것이며, 가스이온은 電極(＋)에서 母材表面에 충돌하여 비철금속에 대하여는 표면산화막의 **크리닝作用**을 한다. 이것은 알루미늄, 마그네슘등 輕合金에 있어 중요한 성질이며, 이때문에 플락스가 불필요한 것은 TIG의 경우와 마찬가지이다.

MIG용접의 특징은 전류밀도가 현저하게 큰 것이며, 피복아아크용접의 약 6배. TIG용접의 약 2배이고 서브머어지드아아크용접의 경우와 同一정도이다. 만일, 아아크電流가 적으면, 피복아아크용접의 경우와 같이 용융 금속이 비교적 큰 용융방울이 되어 떨어짐으로, 비이드표면은 凹凸이 커서 더럽게 되나 電流가 어떤 臨界値, 가령 직경 1.6mm의 알루미늄線의 경우에는 그림 4.35와 같이 아아크電流가 140A를 넘으면 용융방울이 급격하게 가늘게 되어 每秒30個以上이 전극으로 부터 고속으로 投射하게 되며, 200A에서는 용융방울數가 每秒100個이상이 된다. 이때문에 비이드表面의 리플(ripple)이 매우 적고, 텅스텐아아크가 보이지 않는 매끈한 아름다운 비이드(그림 4.36) 가 만들어질 뿐만 아니라, 아아크가 **强한** **指向性**

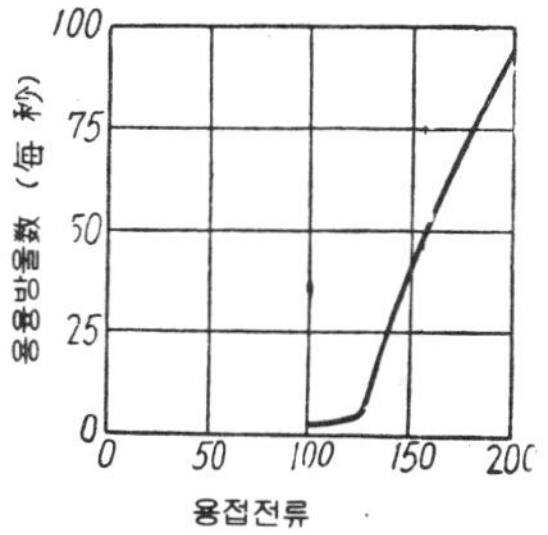

図 4.35 아아크電流와 熔滴 (Al, 1.6mm 径)

(stiffness)을 갖게 됨으로, 아래보기, 수직, 위보기, 어느자세라도 용이하게 용접될 수 있는 잇점을 갖는다. 또한 용접속도가 매우 빨라서 TIG용접에 비하여 **高能率**임으

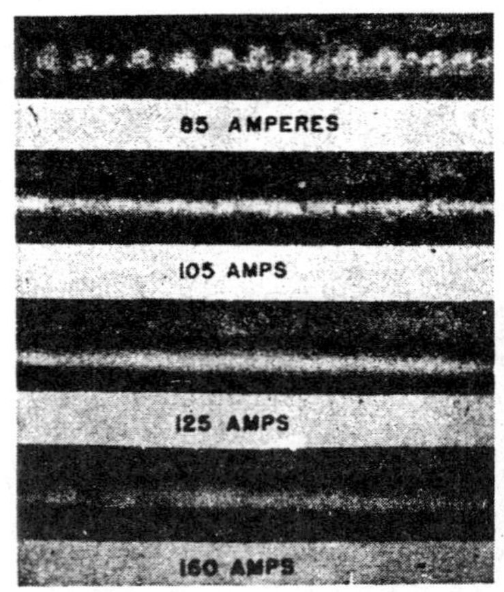

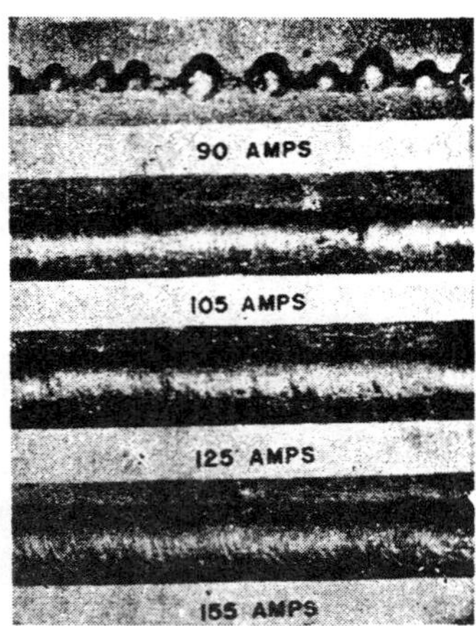

図 4.36 MIG熔接비이드와 아아크電流와의 關係

로, 주로 板두께 3 mm이상의 용접에 이용된다.

(1) 熔 融 速 度

熔融速度(melting rate, burn-off rate)는 每分 熔融되는 와이어의 길이 또는 무게로 표시된다. 용융한 금속일부는 스패터, 증발 등에 의하여 소모되고 나머지가 母材에 용착되나, 不活性가스아아크熔接에서는 熔着效率(deposition efficiency)이 거의 98%임으로 용융속도가 그대로 熔着速度(deposition rate)와 거의 일치한다. 그림 4.37, 4.38은 알루미늄 및 炭素鋼線의 용융속도를 표시한 것이다. 그림에서 알 수 있는바와 같이, 용융속도는 대략 전류에 비례하여 증가하나, 同一電流値에 대하여도 와이어의 크기에 따라 달라지게 된다. 일반적으로 가느다란 와이어일수록, 용융속도가 빠르다. 탄소강에서는 純아르곤가스中에 산소를 1%정도 가하면, 용융속도가 현저하게 증가한다.

직류정극성에서는, 용융속도가 역극성의 경우보다 약 2배 크지만, 큰 용융방울이 불연속적으로 용융푸울에 떨어져서 아아크가 不安定하게 되어 實用이 되지 않는다. 그러나 아르곤가스中에 1～5%의 酸素를 混入하면, 아아크는 逆極性과 같이 조용히 安定하게 되어 實用可能하게 된다. 이 酸素入아르곤을 린데社에서는 시그마級아르곤(sigma grade argon)라 부르고 있다. 直流正極性은 산화막의 크리닝作用이 없으므로 輕合金을 제외한 스테인리스鋼, 炭素鋼 또는 合金鋼에 쓰여서 高能率의 용접을 할 수 있다.

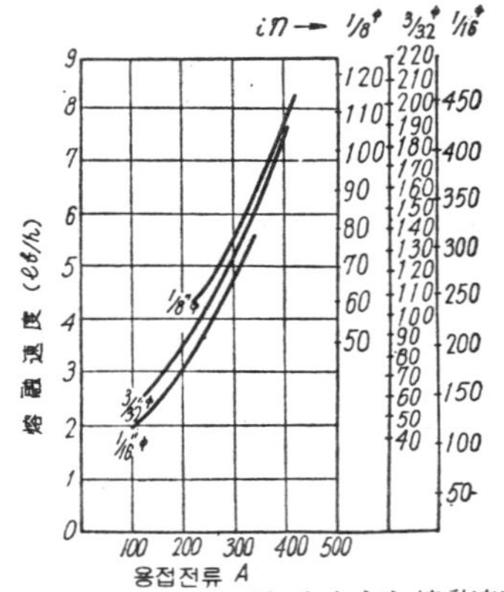

図 4.37 알루미늄와이어의 熔融速度
(아르곤, 直流逆極性)

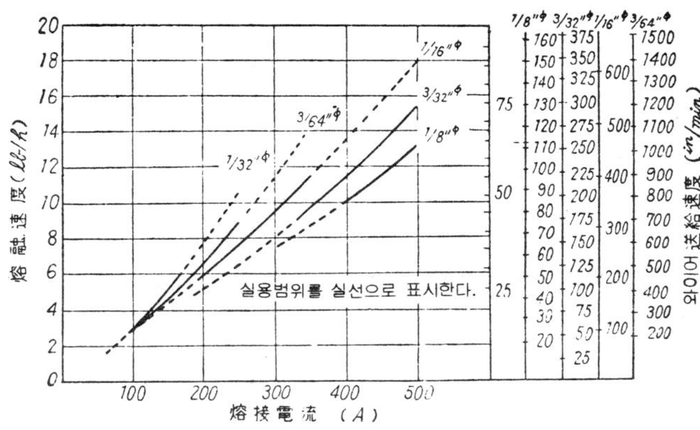

図 4.38　炭素鋼와이어의 熔融速度(酸素入아르곤, 直流逆極性)

(2) 아아크의 自己制御

피복아아크용접心線의 용융속도는 아아크전류에 의해서만 결정되고 아아크電壓에는 거의 관계가 없었으나, MIG용접에서는 아아크電壓의 영향을 받는다. 즉, 그림 4.39와 같이 同一電流下에서 아아크電壓이 크면 용융속도가 저하한다. 따라서 와이어의 送給速度가 激減하거나, 또는 용접물이 오목하게 파여 아아크길이가 길어짐으로써 아아크電壓이 높아지면, 전극의 용융속도가 감소함으로, 아아크 길이가 짧아져 다시 원래길이로 돌아간다. 반대로 어떤原因에 의하여 아아크길이가 짧아져도, 이것을 다시 길게 하여 원래의 길이로 돌아오는 작용이 전극의 용융현상中에 존재한다. 이것을 MIG아아크의 **自己制御能**(self regulation)이라 한다. 이때문에 와이어送給速度의 調速 콘트롤이 간단하게 되고 용접도 용이하게 된다. MIG의 半自動용접에서 아아크電壓이 일정하게 되도록 와이어의 送給速度를 자동제어할 필요가 없는 이유는, 이 자기제어능에 의한 것이다. 자기제어능에 대하여는 여러가지로 연구되고 있으나, 그 원인으로서 有力한 것은, 아아크의 直上電導파이프부터 노출한 와이어부분의 電氣抵抗熱 및 아아크의 輻射熱에 의한 것이라 생각되고 있다.

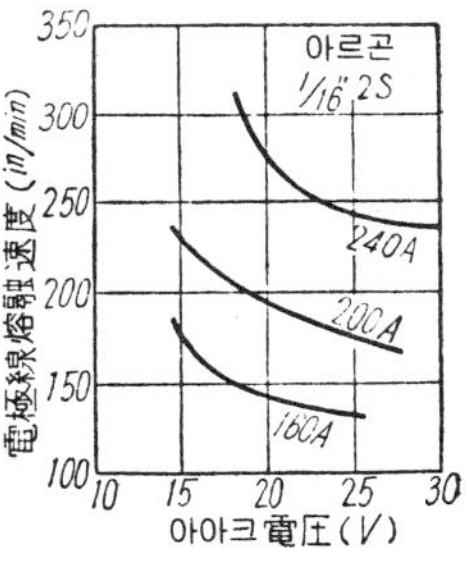

図 4.39　熔融速度와 아아크 電壓(Al, 1.6mm와이어, 아르곤, 直流逆極性)

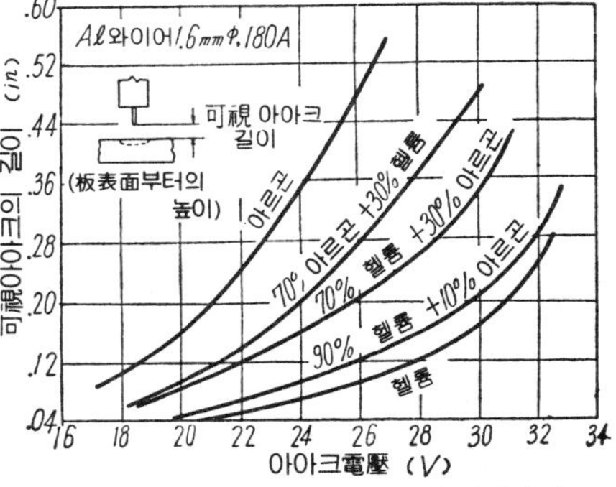

図 4.40　아아크電壓과 아아크의 길이와의 關係에 미치는 시일드가스의 影響.

(3) 시일드가스 (shield gas)

시일드用의 不活性가스로는 아르곤과 헬륨이 쓰이고 있다. 兩者는 아아크電壓에 大差가 있다. 즉, 그림 4.40과 같이 同一아아크길이에 대하여 헬륨가스의 경우는 아르곤가스의 경우보다 아아크電壓이 현저히 높다. 이 때문에 헬륨가스를 쓰면 入熱이 증가하고 또한 용접속도가 빨라진다. 아아크의 길이는 보통 10～12mm정도로 사용한다.

4.3.2 裝　　　置

(1) 構　　　成

MIG용접에는 半自動式과 全自動式이 있으며, 前者는 토오치의 操作을 손으로 하고 電極線만을 自動送給하는 것은 전술한 바와 같다.

MIG半自動熔接에 필요한 것은 그림4.41과 같이, 토오치, 와이어, 시일드가스系, 直流熔接機, 制御裝置, 기타 安全保護具 및 지그나 固定具이다. 그 作動은 制御裝置에서 함께 설명한다.

그림 4.42는 린데社의 半自動 시그마熔接機의 接續圖이다. 또한 그림 4.43은 全裝置를 可搬式으로 한 MIG半自動熔接機이다.

(2) 토오치와 와이어(電極線)

용접토오치(torch, 건 gun 이라고도 함)는 그림 4.44와 같은 斷面을 갖으며, 와이어는 中空의 콘택트튜브(電導銅파이프)內部를 摺動하여 定速으로 送給된다. 가스노즐은 水冷의 金屬筒이다. TIG 토오치와 마찬가지로 冷却水, 不活性가스 및 電流導線이 可撓고무管內에 一括收容되어 토오치에 연결되고 있다.

와이어(電極線)는 정확한 치수로 된 직경1.2, 1.6, 2.4mm의 금속선이 쓰이나, 표면에 먼지, 스케일, 두꺼운 酸化膜, 油脂등이 부착하지 않도록 충분히 크리닝한 상태에서 사용할 필요가 있다. 특히 알루미늄合金의 MIG용접에서는 산

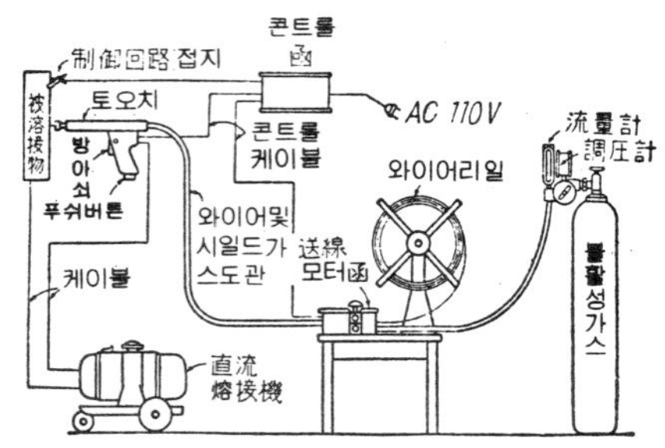

図 4.41　半自動MIG熔接 接續圖

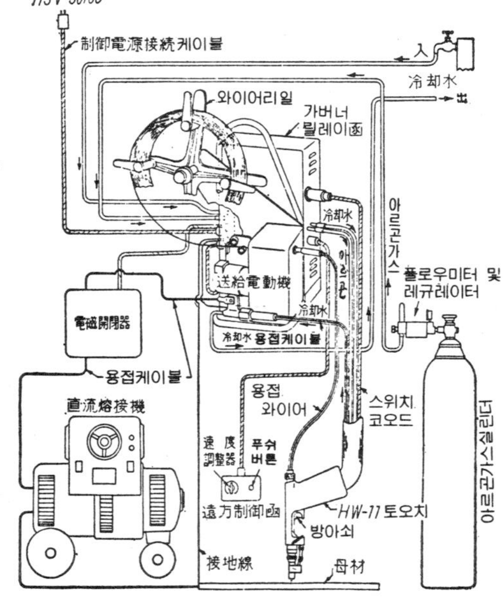

図 4.42　半自動시그마熔接機

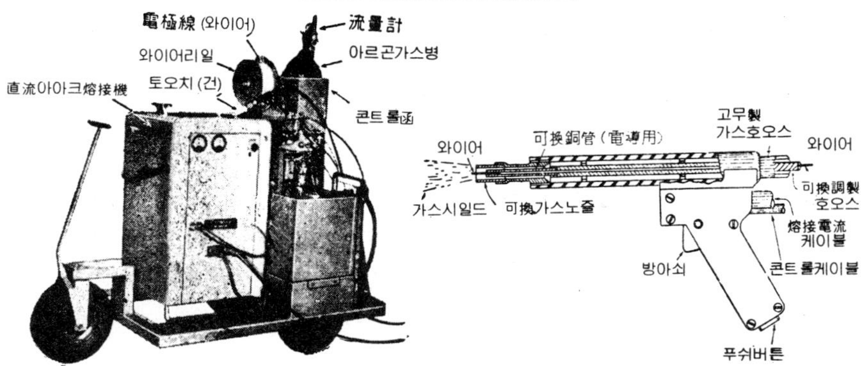

図 **4.43** 半自動MIG熔接機 一式   図 **4.44** MIG 토오치斷面

화막에 함유된 수분이 氣孔發生의 원인이 되기 쉬우므로 와이어의 청소가 重要하다. 그리고 휜 곳이나 엉킨 곳이 있으면 와이어送給이 不円滑하게 되고, 아아크가 끊기는 일이 있다. 最近 美國에서는 裸의 電極線에 電子放射를 돕는 薄被膜을 시공한 것이 쓰이고 있다. 이에 의하여 용융방울의 細粒化가 진척되고 직류정극성이나 교류용접도 가능하게 되는 것으로 알려져있다.

板두께가 얇은 것의 용접에는 細徑의 와이어를 쓸 필요가 있으나, 시그마 및 에어코마틱式MIG熔接機에서는 와이어의 送給로울러가 콘트롤박스位置에 있고, 여기서 길이 약 2 m의 가느다란 可撓管을 통하여 와이어를 토오치로 밀어내는 方式이므로, 직경 1. 2mm 이하의 細線, 특히 알루미늄細線은 挫屈하여 實用化할 수 없다. 그러므로 美國의 GE社에서는 최근 토오치헷드에 送給로울러를 옮겨서 細線을 거꾸로 리일 (reel)에서 끌어내는 形式의 **필러아아크토오치**를 고안하였다. 이것을 쓰면 직경0. 8mm까지의 細棒을 쓸 수 있고, 알루미늄은 두께1.6mm까지, 스테인리스鋼은 두께 0.8mm까지의 薄板의 MIG용접이 가능케 된다. 또한 종래의 押出式에서는 직경 1. 6mm 이상의 와이어가 보통이며, 따라서 板두께도 3mm 이상의 厚板용접에 한정되고 있었다.

또한 細徑電極線을 쓰는 MIG용접기에 대하여는 그림 4. 67을 참조하기 바란다.

（3） 制 御 裝 置

MIG용접의 전기적제어는 TIG용접장치의 경우보다 훨씬 복잡하고, 이것을 一括하여 콘트롤박스에 收納하고 있다.

그림 4. 41 및 4. 42의 와이어리일 (wire reel)에 감긴 熔加材와이어는 可變速모우터로 驅動되는 한 쌍의 로울러에 끼워져 定速으로 토오치노즐에서 送出된다. 半自動式 (手動式)에서는 송급속도가 40～450in/min (1000～11500mm/min) 정도로 遠隔제어될 수 있으며, 또한 眞空管調速器가 붙어있다. 아아크發生前에 원격제어의 버튼 (그림 4. 42 참조)을 눌러 와이어만을 송출할 수 있다. 冷却水를 通水하면서 토오치의 방아쇠를 당기면 아르곤이 흐르기 시작하며, 母材에 긁어대는 조작으로 아아크를 發生 (스크래치스타아트, scratch start)함과 동시에 릴레이의 작용으로 와이어의 送給이 시작된다.

용접완료와 동시에 재차 토오치의 방아쇠를 당기면 아르곤과 냉각수가 정지된다. 사용 중에도 냉각수가 정지하면 릴레이의 작용으로 아아크의 계속이 不可能하게 된다.

　　全自動MIG용접장치에서는 半自動式과 달라서 아아크電壓을 一定하게　유지하게끔 送線速度를 자동제어하고 있기때문에 반자동식보다 용이하게 薄板의 용접이 가능하다.

(4) 直 流 熔 接 機

　　종래의 垂下特性直流熔接機에서 開路電壓이 55V이상의 것이라면 이것을 逆極性으로 하여 MIG용접에 사용할 수 있다. 그러나 MIG아아크는 피복아아크와 다른 電壓對電流特性을 갖으며. 右上向의 **上昇特性**(rising characteristics)이 있으므로　최근에는 이 특성에 적합한 **定電壓特性**(constant potential characteristics , CP) 또는　상승 특성의 직류용접기가 실용되고 있다.

　　예를 들어, 直徑1mm의 알루미늄電極線의 MIG아아크特性은 그림 4.45의 破線과 같으나 이것에 垂下特性AB의 직류기를 써서 C點에서 아아크를 發生 (그림에서는 아아크길이 8mm)하고 있는 것으로 한다. 만일, 와이어의 送給이　급격히 증가하면 아아크의 길이가 짧아져 마침내 B點에서는 와이어가 母材에 短絡해서 붙어 (stubbing) 버린다. 이것은 B點에 이르러도 아아크전류의 증가가 와이어를 급격하게 녹여버릴만큼 충분히 크지 못하

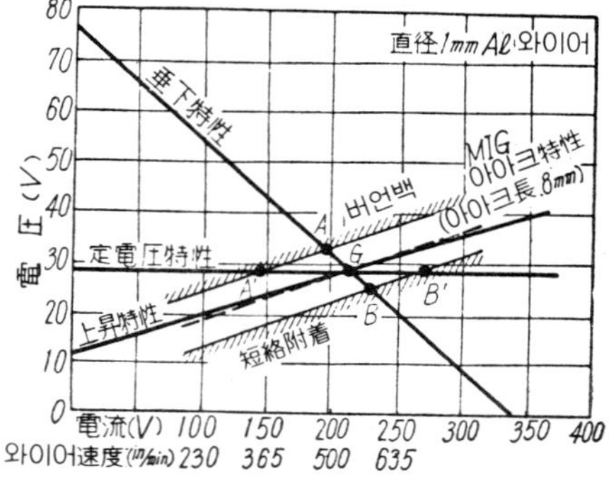

図 4.45　MIG아아크와 直流熔接機의 垂下. 定電壓. 및 上昇特性.

기 때문이다. 또한 반대로 와이어의 送給이 갑자기 방해되면 아아크가 길어지고, 마침 내 A點에서는 아아크가 콘택트튜브에 도달하여 **燒付** (버언백, burn back)가　생기기 쉽다. MIG용접기의 콘트롤中에는 아아크電壓이 어느정도 길어지면 아아크電流를　자 동적으로 차단하는 장치가 붙어있으나 미처 미치지 못하여 버언백이 생기는 일이 많 아서 이것을 고치는데 시간이 낭비되고 만다. 이에 대하여 定電壓特性의 용접기를 쓰 면 버언백(A'點)과 短絡 (B'點)의 幅이 넓어져 이에 따른 전류의 변화범위가 커진다. 이때문에 실제상은 와이어가 母材에 단락하기 전에 와이어가 급속히 용융되어 단락이 예방되고, 또한 버언백도 방지되어 아아크전압이 일정하게 유지된다. 또한　아아크의 스타아트는, **數千**암페아의 전류가 순간적으로 흐르므로 매우 용이하게됨과 동시에, 용 접중에 전압을 일정하게 유지한 채로 전류의 단독조정이 가능하다. 따라서 용접은 수 하특성을 사용하는 경우보다 훨씬 용이하고 전극부의 고장이 적은 잇점이 있다.

　　上昇特性熔接機는 **美國GE社**가 처음 제작한 것이며, **商品名**으로는 필러아아크(Filler arc)용접기라 불리고 있다. 그 **特性**은 그림 4.45와 같이 MIG아아크특성에 대략 平行 하도록 제작되고 있으므로, 와이어의 送給이 변화하여도 아아크길이는 항상 일정하 게 유지된다. 물론 아아크의 스타아트가 용이하고 단락이나 버언백이 完全하게　방지

된다. 이 용접기에는 전류의 눈금대신에 아아크 길이를 규정하는 눈금盤이 쓰이고 있는 것이 특징 이다. 定電壓直流熔接機는 三相交流의 遞降變壓器와 整流器를 조합시킨 것과 직류발전기型의 것이 만들어지고 있다. 이것은 MIG용접에 쓰일뿐만 아니라 비슷한 아아크특성을 갖는 서브머어지드아아크熔接에도 愛用되고 있다.

4.3.3 이음準備 및 熔接條件

MIG용접에서는 TIG용접과 同一정도로 이음의 크리닝에 주의를 요한다. 아아크가 集中的으로 高速度임으로, TIG용접의 경우보다 용접금속의 응고속도가 빠르기 때문에 가스氣泡가 浮上할 틈이 없이 속에 남아 氣孔(porosities)이 되기 쉽다. 氣孔의 主因은 水素일 때가 많으므로 이음 및 와이어의 크리닝 및 건조에 특히 주의를 하여야 한다.

表 4.10 알루미늄合金 2 S의 MIG熔接條件(61S나 52S에 대해서는 :表의 熔接電流의 80% 를 사용한다).

熔接方法	板두께 mm	이음形狀 * 型式	形狀	와이어径 mm	아르곤流量 *l*/min	層數	熔接速度 mm/min	熔接電流(直流逆極性) A	아아크電壓 V	와이어速度 mm/min	토오치角度	姿勢
半自動	5	겹 치 기	(마)	1.6	17	1	610	200	23	48 000	5	아래보기
	5	맞 대 기	(가)	1.6	17	1	920	230	25	50 000		
	6	맞 대 기	(나)	2.4	18	2	610	250	23	30 000		
	10	겹 치 기	(마)	2.4	19	1	510	290	27	40 000		
	10	맞 대 기	(나)	2.4	20	2	590 640	320 300	27 25	38 000 38 000		
	19	맞 대 기	(다)	2.4	25	2	310 330	370 370	27 27	40 000 40 000		
全自動	2.4	맞 대 기	(가)	1.6	17	1	1 000	120	19		5	아래보기
	3.2	〃	(가)	1.6	17	1	660	125	19			
	5	〃	(가)	2.4	17	1	610	200	21			
	6	〃	(가)	2.4	17	1	500	240	25			
	12	필 렛	(바)	3.2	25	1	230	340	25		15	
	12	맞 대 기	(다)	3.2	25	2	300	345 375	25 25			
	25	〃	(라)	3.2	25	2	100 120	400 420	27 27		5	

* 이음形狀

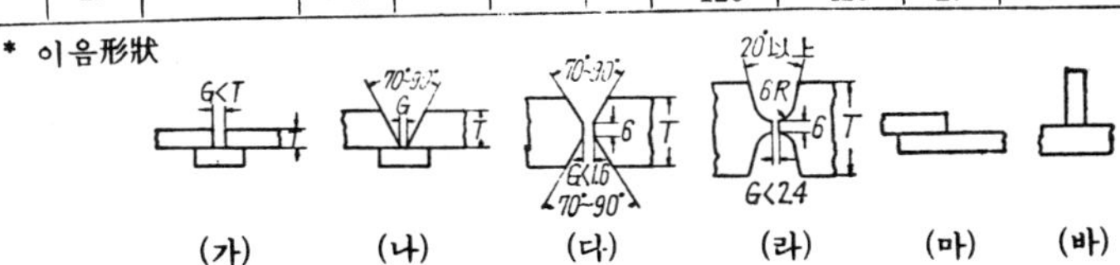

MIG용접은 아아크열이 집중적이고 강하므로 용입이 깊고 따라서 두께 6 mm 까지의 맞대기용접은 I型홈에서 1層이면 완료될 정도이므로 일반적으로 이음形狀이 간단해도 된다. 알루미늄 및 오스테나이트系스테인리스鋼의 MIG용접조건을 表4. 10 및 表 4. 11 에 표시 한다.

表 4.11　오오스테나이트스테인레스鋼의 MIG熔接條件

板 두 께 (mm)	홈 形 狀 (루우트面)	姿 勢	와이어 直径 (mm)	아아크* 電流 (A)	아아크 電壓 (V)	熔接速度 (mm/min)	送線速度** (mm/min)	아르곤 流量 (cfh)
3.2～6.4	5mm 以下는 I 型 密着, 6mm 以上 은 60°X 型으로. 1.6mm 루우트面 密着	全	0.8	110～150	—	—	5 600～7 800	20～30
6.4～25.4		立, 上向	0.8	110～140	—	—	5 600～6 600	20～30
12.7～25.4		立, 上向	1.2	140～180	—	—	3 800～5 000	20～30
4.8～9.5		下, 橫向	1.2	190～310	—	—	5 800～11 200	30～40
＞6.4		下, 橫向	1.6	280～350	25～27	280～330	6 100～8 400	30～40
3.2 (單層)	I 型 密着	下, 橫向	0.8	210	—	—	9 600	25
6.4 (2層)	60°X型, 1.6mm 面	下 橫	1.6	300	—	—	4 600	25

* 直流逆極性 (電極, 正極).　　** 5% 酸素入아르곤使用時는 25～50%增加

(1) 熔 入

MIG용접의 하나의 특징은 깊은 용입에 있다. 大電流를 쓰면 25mm의 厚板을 兩側부터 各 1 層씩 맞대기용접할 수 있다. 깊은 용입을 얻기 위하여는 낮은 아아크電壓下에서 큰 電流를 사용하면 된다. 예를들어 두께 6 mm의 耐蝕性 Al- 4 %Mg- 1 %Mn 合金 (日本 防衛廳ANP材) 의 비이드斷面 形狀에 미치는 아아크電壓과 電流의 영향을 표시하면 그림 4. 46과 같다. 同一電流에 대하여는 아아크電壓이 높을수록, 비이드가 幅넓고 또한 용입이 얕게 된다. 또한 MIG용접의 용입 p 에 미치는 아아크電壓 (V) 電流(I) 및 速度(v) 의 영향은 그림 4. 47과 같이 $I/\sqrt{v}$ 나, I/v 로 정해지지 않고, 오히려 서브머어지드아아크용접의 경

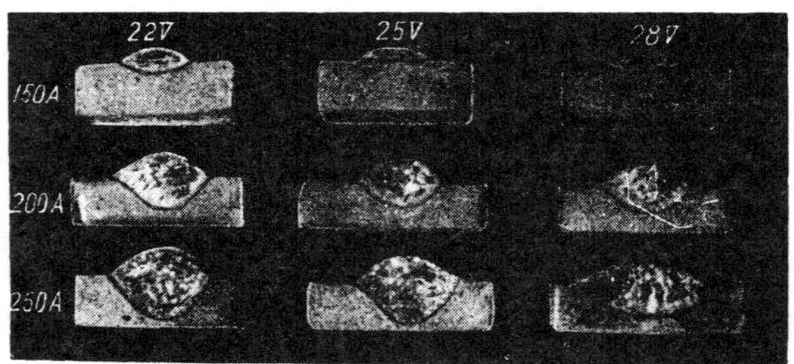
図 4.46　알루미늄合金의 MIG熔接비이드斷面形狀에 미치는 아아크電壓과 電流의 影響

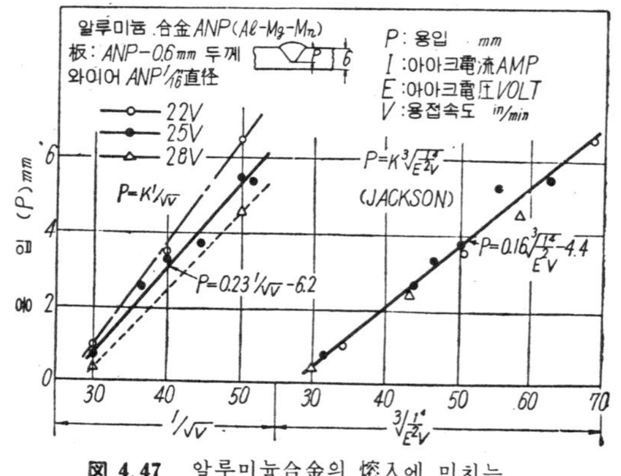

図 4.47　알루미늄合金의 熔入에 미치는 熔接條件의 影響

우의 **잭슨의 變數** $\sqrt[3]{I^4/E^2V}$를 쓰는 것이 測定値가 고르게 되는 것 같다. 즉, 板두께 6mm의 ANP 材에 1.6mm徑의 同一材質와이어를 쓴 때의 MIG용접의 용입은 다음 試驗式

$$p=0.16\sqrt[3]{I^4/E^2V}-4.4\,(\mathrm{mm})$$

로 주어진다. 단, p (mm), I (A), E (V), V (in/min) 이다.

（2） 熔接技法

　　아아크의 發生 MIG토오치의 방아쇠를 당겨, 그림 4.48과 같이 **스크래치스타아트** (scratch start)한다. 아아크發生과 함께 와이어의 送給이 시작된다. 단, 定電壓용접기에서는 스크래치가 불필요하고 단순히 와이어先端을 母材에 가볍게 대기만 하면 아아크가 발생한다. 또한 필러아아크法에서는 방아쇠를 당김과 동시에 와이어가 송출되어 母材에 접촉함과 동시에 아아크가 발생한다.

図 4.48　MIG아아크의 發生.

　　토오치의 角度　토오치는 母材에 직각으로 保持하지 말고, 그림 4.49와 같이 약간 기울게하여 토오치先端이 앞으로 進行되도록 한다. 이 각도는 보통 5～15°이며, Al-Mg合金의 52S 등에서는 20°가 좋다. 이 각도는 아르곤시일드를 양호하게 하기 위한 것이며, 이것이 不適當하면 비이드兩側의 **黑粉發生**이 극히 현저해진다. 알루미늄合金

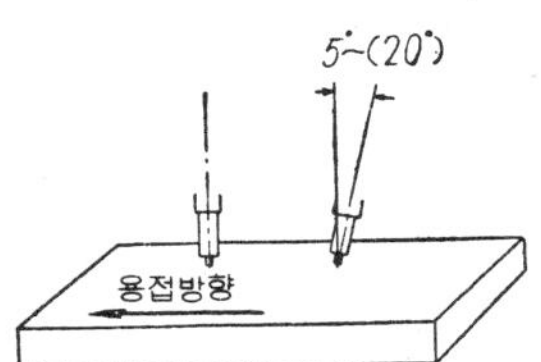

図 4.49　토오치의 角度

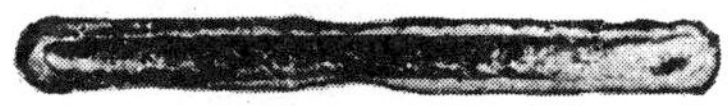

図 4.50　Al 52S의 MIG熔接비이드周邊의 黑粉
（上圖는 와이어를 化學的으로 크리닝한 경우 비이드에 隣接한 하얀 部分은 크리닝作用의 자국, 下圖는 와이어를 크리닝하지 않았을 때）

용접비이드주위에는 그림4.50과 같이 黑色粉末이 부착하는 것이 보통이다. 이 黑粉은 와이어의 크리닝이 불충분할 때 특히 현저하게 나타난다. 이것은 아르곤시일드가 스패터링 等으로 인하여 순간적으로 깨지는 결과, 금속증기가 산화 또는 질화되어 비이드兩側에 남은 것이며, 브러시로 가볍게 문지르면 쉽게 제거된다. 가벼운 黑粉부착은 용접결과에 거의 惡影響이 없는 것으로 생각해도 된다. 52S合金 등에서는 토오치角度를 크게 (20°)로 취하면 黑粉이 감소한다.

　　아아크의 길이　아아크의 길이는 약 6～8mm가 적당하며, 가스노즐의 端面과 母材間의 間隔은 12mm정도가 좋다.

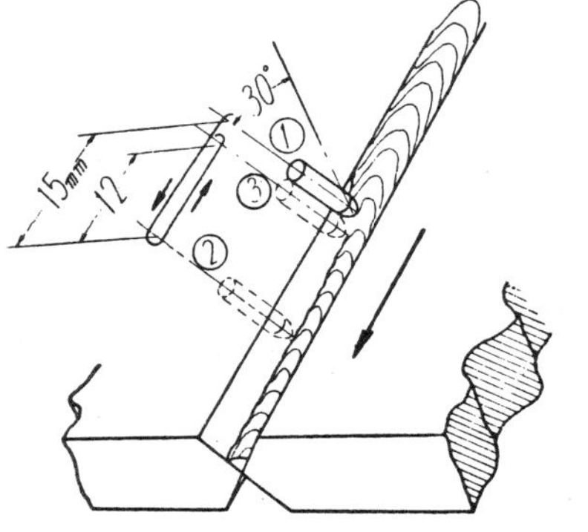

図 4.51　MIG熔接의 氣孔減少에 有效한 윗핑法
（이 方法에서는 토오치를 逆方向으로 기울이는 것에 注意）

運棒法　MIG용접에서는 전술한 바와 같이 **氣孔**이 생기기 쉽다. 따라서 용접금속의 냉각을 될 수 있는대로 늦게 할 필요가 있다. 즉, 전류를 증가시켜 용접속도를 늦게 하거나 적당한 **豫熱**(150℃ 정도)이 **有効**하다. 원래 MIG용접은 예열이 불필요하며 또한 고속용접을 할 수 있는 것이 특징이므로 **直線**비이드에서 **氣孔**이 생기는 경우에는 그림 4. 51과 같은 **윗핑**(whipping technique)을 하면 좋다. 이것은 토오치의 **角度**를 **逆**으로 하여 **進行方向**에 따라 조금씩 **往復**시키면서 용접을 진행시키는 **方法**이다. 이것을 맞대기 및 필렛 용접의 **兩**쪽에 쓰면 **氣孔**을 현저하게 감소시킬 수 있다.

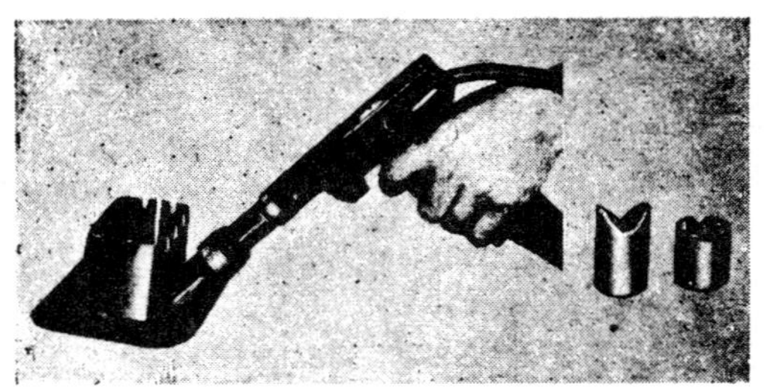

図 4.52　MIG아아크點熔接用의 토오치

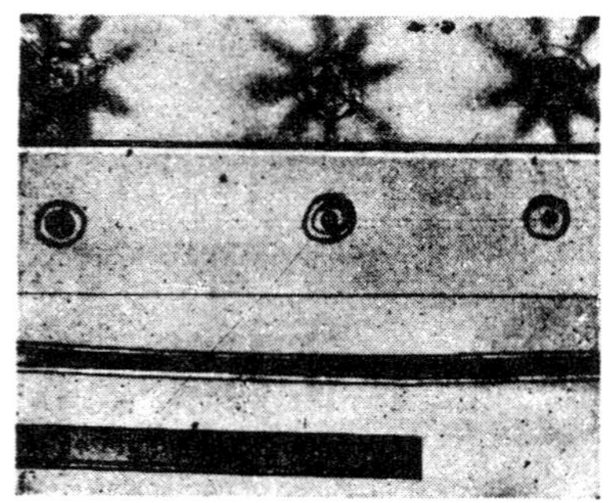

図 4.53 두께 1 6 mm의 炭素鋼板의 空間熔接 (MIG아아크點熔接의 應用) (280A, 2.2 秒, 2 回休止 1.6 秒 27V 流量 10 lpm)

4.3.4 MIG點熔接 및 아아크切斷

MIG토오치로도 역시 아아크點熔接을 할 수 있다. 단, 토오치의 가스노즐은 특수한 **形狀**의 것을 쓰고, 아아크는 타이머를 이용하여 **數秒**동안만 **持續**시킨다. 이것도 片側에서만 가볍게 눌러서 점용접할 수 있다. 그림 4. 52는 點용접용 토오치이며, 겹치기, 필렛, 모서리이음의 아아크점용접을 할 수 있다. 또한 이 **方法**을 쓰면 겹쳐진 2枚의 板사이에 작은 간극이 있어도 덧붙여진 용융금속이 그간극을 메워주어서 용접이 완료되는 잇점이 있다. 린데社에서는 이것을 **空間熔接**(space welding)이라 하고 있다. 그림 4. 53은 板두께 1.6mm의 2枚의 탄소강을 4 mm의 틈새를 두고 아아크點熔接한 것의 **表面, 裏面** 및 **側面圖**이다.

또한 MIG토오치로 **鋼製**와이어를 써서 그보다 **低融點**의 알루미늄이나 **銅合金** 등을 절단하는 아아크**切斷方法**이 **英國**에서 이용되었으나, **切斷面**이 **不良**하고 **高電流**가 필요함으로, TIG**切斷**에 비하여 훨씬 **效率**이 떨어진다.

4.4　不活性가스아아크熔接의 應用

4.4.1　熔接法의 優劣과 熔接費用

(1)　熔接法의 優劣

不活性가스아아크용접에는 전술한 바와 같이, 텅스텐아아크法(TIG)과 消耗電極式金屬아아크法(MIG)이 있다. 이들은 그 특징에 따라 各方面에 應用되고 있으나, 應用例의 설명에 들어가기전에 兩 熔接法의 優劣을 비교해 보면 表.4.12와 같이 된다. 不活性가스아아크용접법의 특색은 플락스가 불필요하고, 高電流密度의 사용, 용접열의 강한 集中, 우수한 용착율과 高能率의 용접이 비교적 熟練을 요하지 않고 容易하게 되고, 나아가 그 强度, 延伸性 및 耐蝕性이 우수하다는 것이다. 이외에 아름다운 비이

表 4.12　不活性가스아아크熔接과 被覆아아크 및 가스熔接과의 比較.

比　較　事　項	T I G	M I G	被覆아아크	가스熔接
電　源	DC 또는 ACHF	DCRP	DC 또는 AC	不　要
가　스	아르곤 또는 헬륨		不　要	酸素아세틸렌
플　라　스	不　要	不　要	必　要	必　要
有毒発生 가스	없　음	없　음	있　음	적　음
플락스除去	不　要	不　要	必　要	必　要
電流密度比率	3	6	1	—
아아크 및 가스의 溫度℃	約 6 000	約 6 000	約 6 000	約 3 000
熔接熱集中度	大	極　大	中	小
熔　入	大	甚　大	中	小
熔接熱콘트롤	易	難	難	易
熱　効　率	大	極　大	中	小
熔　着　率	中	大	小	小
合金成分移行率	大	極　大	小	小
熔　接　速　度	中	大	中	小
作　業　性	易	極　易	難	難
気　密　性	秀	秀	약간 劣	劣
强度와 延性	優	秀	良	可
耐　蝕　性	秀	秀	良	劣
変　形	小	極　小	中	大
熱影響部의 幅	小	極　小	中	大
비이드表面의 平滑度	優	秀	良	不　可
스　패　터	없　음	적　음	많　음	없　음
熔　加　材	必要 또는 不要	必　要	必　要	必要 또는 不要
위보기 垂直熔接	可　能	易	難 또는 不可	不　可
熔　接　費　用	中	小	大	大(厚板)
適用板두께(手動式)	0.6 mm 以上	3 mm 以上	2.4 mm 以上	0.5 mm 以上
設　備　費　用	약간 大	大	中	小
厚板 (3 mm 以上)	適	最　適	適	不　適

드, 적은 熔接變形, 모든 姿勢로 용접可能한 것이 큰 잇점이다. 용접후에 용착부를 청소할 필요가 없고, 극히 高能率임으로, 아르곤이 비싸도 全体的인 용접비용은 오히려 적어지는 경우가 많다. 단, 設備費가 약간 높은 것이 欠点이다.

TIG용접은, 산소아세틸렌용접과 同一要領으로 행해지며, 熱入力의 조절이 쉽고, 0.6mm이상의 비교적 薄物에 잘 쓰이지만, MIG용접은 3 mm 이상의 厚板에 쓰이는 것이 보통이다. 全自動式에서는 手動式의 半정도두께의 薄板까지 용접할 수 있다. 예를들어, TIG용접에서는 그림 4.54와 같이 0.10∼0.25mm의 얇은 튜브의 맞대기나 모서리용접을 할 수 있으며, 또한 MIG式의 필러아아크로는 自動式에서 두께0.8mm의 薄板까지 용접할 수 있다. 薄物의 용접에서는 收縮歪나 變形어 중요한 문제가 되나, 變形의 발생을 감소시키기 위하여는 TIG보다 MIG쪽이 더 적합하다.

不活性가스용접에서는 스패터損失이 매우 적고, 피복아아크용접봉의 35∼45 %에 비하여 불과 2 %정도밖에 안된

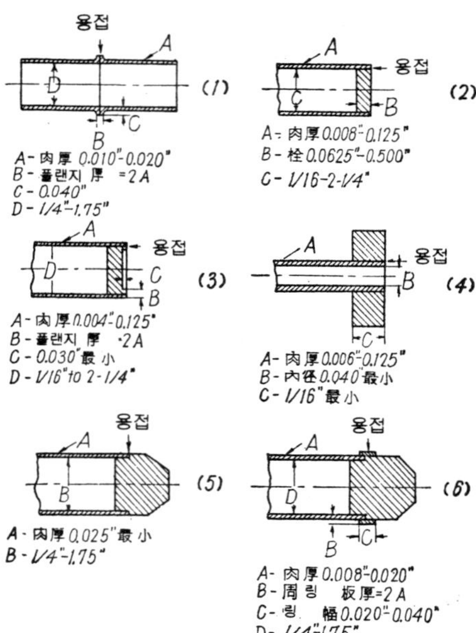

図 4.54   薄肉管의 TIG自動熔接

다. 또한 MIG용접에서는 용접봉의 自動送給 및 後處理가 不必要함으로 作業率(아아크발생時間과 作業時間의 比)을 80%까지 높일수 있다. 被覆棒에서는 최고 60%이다. (보통은 40%). 용접속도는 피복아아크용접보다 훨씬 빠르지만, 서브머어지드 아아크용접보다는 약간 늦다. 예를 들어, 두께 6 mm의 鋼板에서는, 後者의 30∼35 /min에 대하여 MIG는 25∼30in/min이다.

(2) 熔 接 費 用

不活性가스아아크용접은 아르곤가스가 약간 비싸지만, 稼動率(作業率)이 크므로 용접비는 기타 피복아아크용접이나, 가스용접보다 적을 때가 많다.

예를 들어, 알루미늄合金板의 맞대기용접 비용을 비교해 본다. 그림 4.55와 같이 TIG용접은 산소아세틸렌용접(플락스必要)에 비하여 板두께약 4 mm 이상에서는 오히려 용접비용이 적다. 이것은 가스용접에서는 殘留플락스의 제거에 매우 큰 勞力과 費用이 들기 때문이다. 또한 TIG와 MIG의 비교 예를

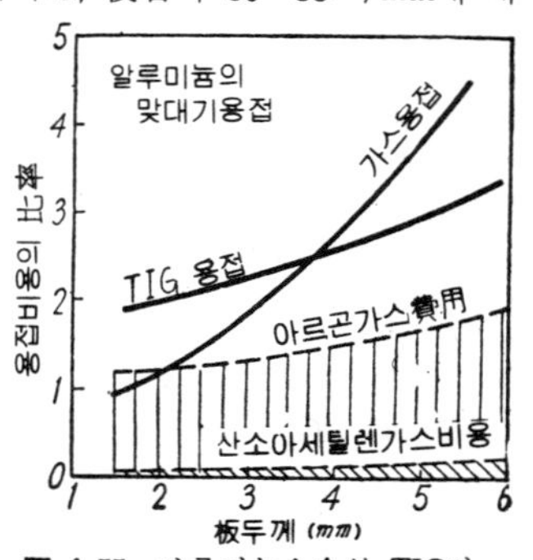

図 4.55   알루미늄合金의 TIG와 가스熔接費用과의 比較.

들면, 두께10mm의 알루미늄厚板을 V型홈으로 맞대기용접할 때의 비용은 表 4.13과 같이 MIG쪽이 TIG의 약半으로 된다. 또한 이 表에서는 熔接工의 작업율 (아아크타임의 比率)을 60%로 하고, 아르곤의 소비량은 아아크발생전후의 소비도 포함하였다.

또하나의 예로서 두께 6 mm의 **스테인리스鋼**의 맞대기용접비용을 TIG, MIG, 피복아아크 및 서브머어지드아아크용접에 대하여 비교해 보면, 表 4.14와 같다. 材料는 18-

表 4.13 두께10mm알루미늄合金板의 TIG 및 MIG맞대기熔接費用의 比較 (용접길이 100 m, 60° V홈)

		TIG 熔接	MIG熔接(半自動)
熔 接 速 度 (各패스)	mm/min	130	600
層 数		2	2
아아크 時 間 (100 m)	min	1 540 (25.7 hr)	330 (5.5 hr)
作 業 率	%	60	60
熔接工実働時間 (100 m)	min	2 570 (42.9 hr)	550 (9.2 hr)
熔 接 棒 所 要 量	kg	18 (5 mmø)	18 (2.4 mmø)
아 르 곤 流量	l/min	10	20
아 르 곤 消費量 (100 m)	m³	20	7
熔 接 電 流	A	350 (ACHF)	300 (DCRP)
労 賃 (100 m)	¥	4 290	920
熔 接 棒 費 用 (100 m)	¥	10 800	10 800
아르곤가스費用 (100 m)	¥	20 000	7 000
小 計	¥	35 090	18 720
間 接 費 (労賃の 150%)	¥	6 430	1 380
合 計 費 用 (100 m)	¥	41 520	20 100
(参考) 一式設備費 (電源包含)	¥	450 000	1 200 000

〔註〕 労賃単価 100 円/h
熔接棒単価 600 円/kg
아르곤가스單價 1 000 円/m³

8 Cr-Ni鋼(AISI 304)의 경우이며, 이에 의하면, 서브머어지드아아크용접비용이 가장 적고, 다음 全自動MIG가 싸고, 다음 MIG와 TIG가 同一정도이며, 가장 비싼 것이 피복아아크용접이다. 이表는 板두께 6 mm의 예이지만, 더 두껍게 되면 TIG보다 MIG쪽이 훨씬 비용이 적게 된다.

軟鋼의 不活性가스아아크용접은 피복아아크에 비하여, 비용이란 점에서는, 경쟁 할 수 없는 것으로 생각되고 있었다. 또한 軟鋼의 MIG용접금속내에는 氣泡가 생기기 쉬운 결점이 있었으나, 최근에는 와이어의 化學成分 (脱酸元素의 첨가), 酸素入아르곤, 運棒法등의 연구가 진보된 결과, 軟鋼으로의 實用化가 이루어지게 되었다. 美國의 研究에 의하면, 25mm厚板의 모서리용접 (L型홈, 4~5패스 多層용접)에서는 피복아아크 손용접보다 MIG용접쪽이 비용이 싸다는 것이 증명되고 있으며, 또한 캐나다의 造船所에서는 造船用軟鋼板의 맞대기 및 필렛용접에 MIG용접을 쓰는 것이 로이드 및 AB船級協會에 의하여 承認되고, 그 費用은 피복아아크棒을 쓸때보다 20~30%싼 것으로

表 4.14 두께 6 mm의 18 - 8 Cr-Ni 스테인리스鋼板의 맞대기熔接費用의 比較
(용접길이 100 ft)

		手　動　式			全　自　動　式	
		T I G	M I G	被覆아아크	M I G	섭브머어지드 아아크
熔 接 速 度 (各層)	mm/min	250	500	250	750	750
層　　数		2	2	2	1	1
아아크 時 間	hr	4	2	4	0.7	0.7
作·業 率	%	60	60	40	60	40
熔接工実働時間	hr	6.7	3.3	10	1.2	1.8
아르곤 消費量	m³	1.9	1.7	—	0.6	—
熔 接 棒	kg	9	9	9	8	8
콤 포 지 션	kg	—	—	—	—	8
労　　賃	¥	670	330	1 000	120	180
아르곤 費用	¥	1 900	1 700	—	600	—
熔 接 棒 費用	¥	5 400	6 300	7 200	5 600	4 800
電 力 費 用	¥	200	200	200	200	200
콤포지션 費用	¥	—	—	—	—	800
小　　計		8 170	8 530	8 400	6 520	5 980
間接費 (労賃의 150%)	¥	1 000	500	1 500	180	270
合　　計 (100呎)		9 170	9 030	9 900	6 700	6 250

〔註〕 労賃単価　100 円/h
　　　熔接棒単価　800 円/kg (被覆棒), 600 円/kg (TIG 및 서브머어지드아아크用 裸와이어)
　　　　　　　　　700 円/kg (MIG用 裸와이어)
　　　아르곤가스單價　　1 000 円/m³
　　　콤포지션單價　　　100 円/kg

보고되고 있다. 우리나라에서는 工賃이나 被覆棒의 費用에 비하여 아르곤이 高價임으로, 軟鋼의 不活性가스아아크용접은 피복아아크용접에 비하여 훨씬 비싸게 된다. 이와 같은 不利한 점을 배제하기 위하여 아르곤대신에 값싼 炭酸가스를 사용하여 MIG와 同一方法으로 용접하는 소위 炭酸가스아아크熔接이 軟鋼用으로 實用화함에 이르렀다. 이에 대하여는 後述한다.

4.4.2 応 用 例

不活性가스아아크용접의 用途는, 종래 용접곤란하였던 非鐵金屬이나 合金에 적당하다. 특히 알루미늄, 마그네슘, 티탄, 지르코늄等의 輕金屬이나 그 合金에 잘 사용된다. 특히 티탄이나 지르코늄의 融接에는 이 방법밖에 다른 방법이 없다. 이들 輕合金에는 플락스를 사용치 않으므로 플락스가 殘留하여 부식될 염려가 없다. 또한 氣密性이나 機械的性質이 우수하다. 應用分野는 造船, 輕合金보우트, 航空機, 車輛, 家庭用品, 耐蝕容器의 용접에 쓰인다. 그림 4.56은 TIG및 MIG용접한 52S알루미늄合金製魚雷艇의 內

部이며, 용접후의 크리닝을 요하지 않는 이 용접법의 利点을 最高度로 발휘한 例이다. 또한 그림 4.57은 **酸運搬用**알루미늄탱크車의 MIG용접例이며, 탱크의 시임(軸方向) 용

図 4.56 TIG 및 MIG 熔接한 알루미늄 合金(52S) 製魚電艇의 엔진室

図 4.57 酸運搬用알루미늄탱크 MIG熔接.

접에는 앵글組立 캔틸레버(cantile-ver) 프레임先端에 MIG용접기를 설치하여 용접하고, 또한 맞대기(円周方向)용접에는 용접기를 固定하고 탱크를 회전시키면서 용접한다. 그리고 그림 4.58은 摩耗한 알루미늄合金製 디젤엔진피스턴을 MIG 용접으로 덧붙이 한 다음, 表面을 기계다듬질하여 키이의 홈을 붙여 再生하는 例이다.

不活性가스아아크熔接은 **스테인리스鋼** 및 **耐熱合金**에도 잘 쓰이며, 從來의 被覆메탈아아크나 電子水素아아크용접에 대신하고 있다. 용착율이 높으므로, 熔加材가 적어도 되고, 또한 化學成分의 **移行率**이 매우 높다. 예를 들어, 피복아아

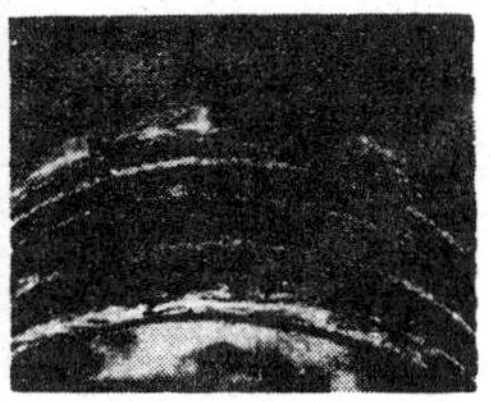

(b) 덧붙이完了

(a) 덧붙이 狀況

(c) 다듬질完了

図 4.58 디젤엔진用알루미늄合金피스턴의 MIG 덧붙이再生.

크용접에서는 거의 **燒失**되어 버리는 티탄과 같은 合金元素도 65%이상이라는 높은 効率로 용착된다. 이때문에 18-8 Cr-Ni 오스테나이트系스테인리스鋼의 용접에서는, 피복아아크용접에서는 쓰일 수 없는 티탄入18-8 Ti용접봉이 實用될 수 있어, 高價인 코롬뷰入18-8 Cb의 代用을 할 수 있다는 利点이 있다. 또한 熱効率이 높으므로 터짐이나

變形이 적다. 應用面에서는 般空機用 제트엔진의 耐熱鋼이나 耐熱鋼合金의 용접 (主로 自動式)에 많이 이용되고 있다. 예를 들면, 그림 4.59는 18-8 Ti製 제트엔진 아프터프레임曲線部를 TIG半自動式으로 용접하는 예이며, 그림 4.60은 엔진用파이프의 MIG용접 例이다.

化學工業用熔接 및 파이프類의 용접외에 탄소강厚板에 스테인리스 鋼을 **덧붙이** 용접하여 크래드鋼으로 하는 목적에도 **시리즈아아크式**의 MIG

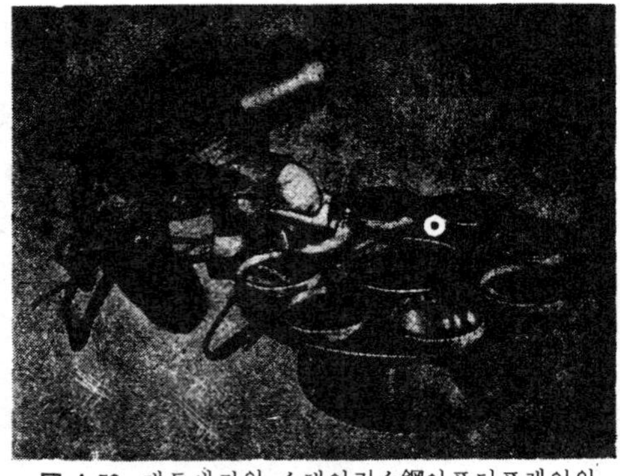

図 4.59 제트엔진의 스테인리스鋼아프터프레임의 半自動TIG熔接

용접이 쓰이고 있다. 또한 原子爐의 용접에도 중요한 역할을 하고 있다.

이밖에, **銅 및 銅合金, 炭素鋼 및 低合金鋼**의 용접에도 쓰인다. TIG용접은 **自動車**

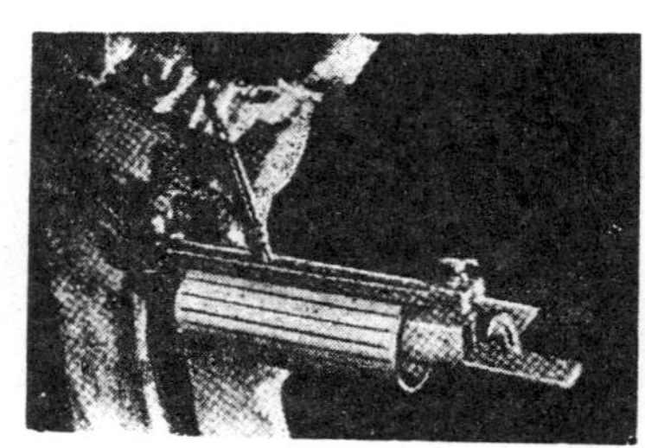

図 4.60 스테인리스파이프의 시임의 MIG熔接.

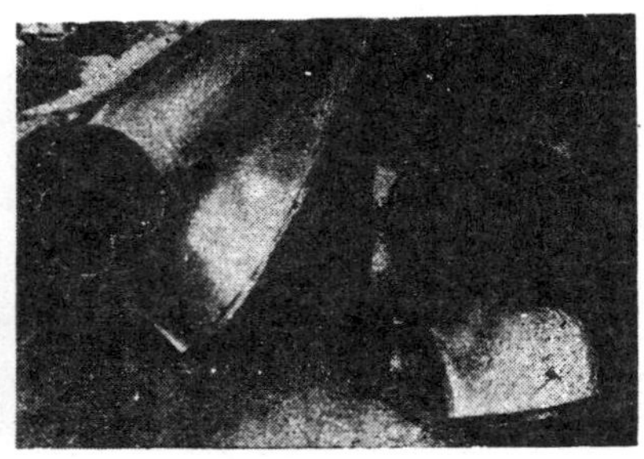

図 4.61 TIG熔接前後의 自動車用펜더

薄板의 용접에도 잘 쓰인다. 그림 4.61은 前部펜더의 TIG용접前後의 사진이다. 용접속도가 빠르므로 變形이 적고 용접후의 變形고침이나 글라인더다듬질이 적어도 됨으로 總經費는 오히려 적게 된다.

TIG용접의 특수하고 중요한 응용분야는 **파이프맞대기이음**의 **第1層熔接**이다. 작은 파이프의 맞대기용접에서는 그림 4.62와 같이, 종래는 **받침링**(backing ring)을 이음內部에 용접하고 있었으나 이와같이 하면 內面의 円滑이 阻害되고 또한 그림과 같이 **루우트터짐**이 생기기 쉬운 결점이 있었다. 이러한 결점을 제거하기 위하여

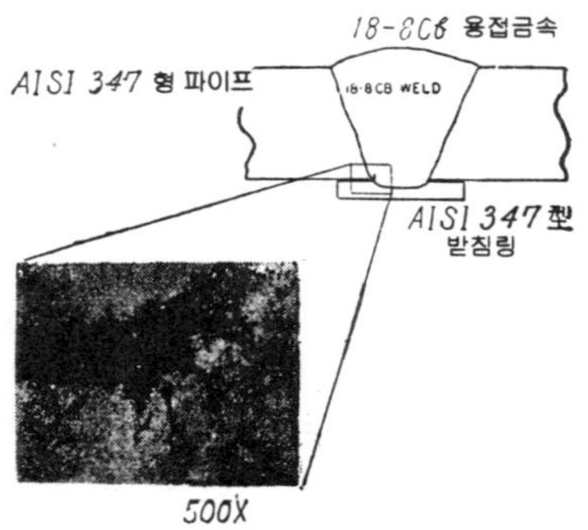

図 4.62 받침링을 사용한 스테인리스 鋼管의 맞대기熔接루우트터짐

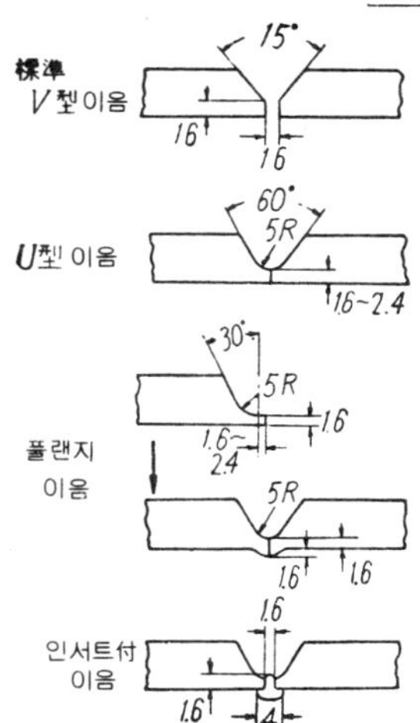

図 4.63 파이프의 아르곤가스 받침 TIG熔接用이음.

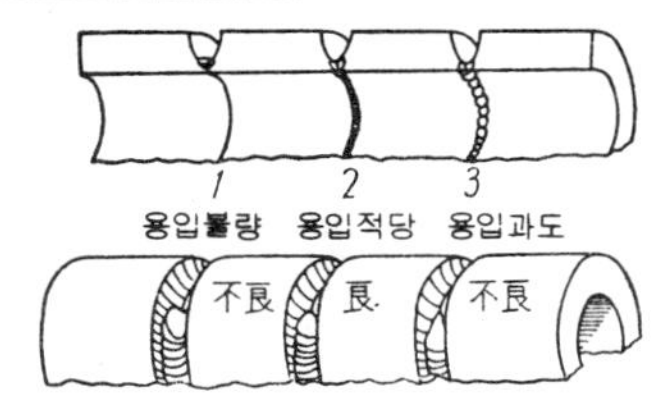

図 4.64 熔融푸울의 形狀과 熔入의 良, 不良
(TIG 熔接)

不活性가스로 뒷받침하여 裏面에 平滑한 용착금속이 얻어지도록 연구되고 있다. 이를 위하여는 그림 4.63과 같은 이음形狀으로 TIG용접된다. 용접조건은 용착금속이 뒷面에 충분하게 나타나게끔 정한다. 루우트面이 밀착하고 있는 이음 또는 인서어트링을 포함하는 이음에서는 용접봉을 쓰지 않고, TIG토오치만으로 용접한다. 이때, 용입의 良, 不良은 그림 4.64와 같이 熔融푸울先端의 形狀으로 판단된다. 그림의 中央에서와 같이 先端이 약간 둥그스름하게 뽀족한 경우가 가장 좋다. 이러한 용접은 火力發電用의 스테인리스파이프, 化學工業用容器 및 原子爐用 파이프의 이음에 중요한 것이다. 용접조건의 例는 表 4.15와 같다. 또한 그림 4.65는 두께75mm의 스테인리스鋼厚板의 第1層TIG 용접의 사진이다.

表 4.15　파이프第1層의 TIG熔接條件

| 材料 | 管 | | 이 음 | | | 姿勢 | 不活性가스 * | | | 텅스텐電極径 mm | 熔接電流 ** A | 아아크電壓 V | 備 考 | |
	外径 mm	두께 mm	形状	루우트面 mm	홈角度		種類	流量 l/min	받침				S R	뒷궁面힘試驗
스테인리스鋼	200	12	V	1.6	75°	水平	He	30	A	2.4	125	15	없음	良
18–8 Cb	150	6	U	2.4	20° 5R	垂直 水平	He	15	A	1.6	50	14		良
4～6% Cr 1/2% Mo	150	10	U	2.4	20° 5R	垂直 水平	A	9	A	1.6	120	13	予熱 200°C S R 730°C	良 良
2 1/4% Cr 1% Mo	175	16	V	1.6	75°	水平 回転	A	6	A	3.2	280	18	700°C	良
	175	16	U	2.4	20° 5R	水平 回転	A	6	A	2.4	165	12	700°C	良
炭素鋼	150	12	V	1.6	75°	水平	A	9	A	2.4	200	13	없음	良

〔註〕　* He… 헬륨 , A… 아르곤
　　　** 直流正極性

不活性가스아아크용접은 製管工業에도 널리 이용되고 있다. 管壁이 두꺼운 大徑管은, 厚板을 말아서 시임을 MIG용접하고(탱크), 또한 薄板파이프는 스트립을 그림 4.66과 같이 연속적으로 용접하여 파이프로 한다. 이때, 아르곤中에 水素를 15%정도 混入하

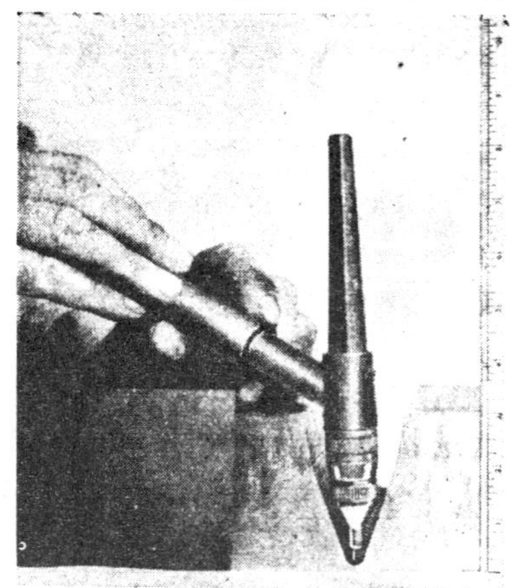

図 **4.65**　두께75mm스테인리스鋼厚板의
맞대기TIG第 1 層熔接.

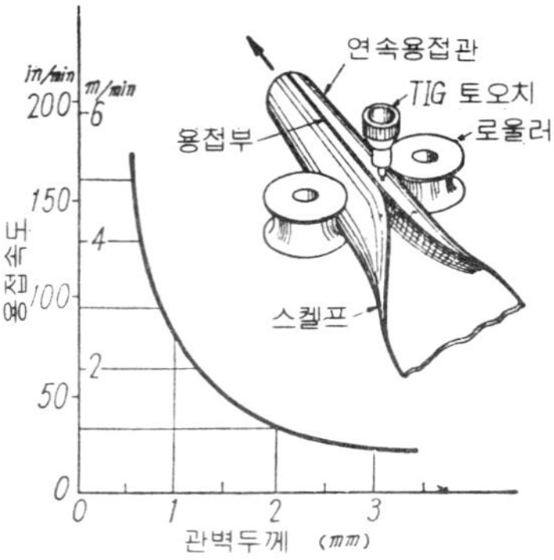

図 **4.66**　TIG熔接에 의한 連續製管(스테인
리스鋼管, 0.4〜4.0mm두께)

면, 용접속도가 증가하여, 그림과 같이 고속도
로 용접管이 제조되고 있다.

　薄板에서는 熔落을 방지하기 위하여, TIG용
접이 종래의 MIG용접보다 우수하나 細徑熔接
心線(가령 直徑0.8mm)을 사용하면 薄板에도 M
IG용접이 이용될 수 있다. 최근에는 그림 4.67
과 같은 MIG용접의 **小型토오치**(midget 미제트)
가 주로 航空機用에 쓰이고 있다. 이것은 와이
어리일이 토오치의 머리에 붙어 있어 細徑線을
써서 간편하게 용접될 수 있는 것이 특징이다.

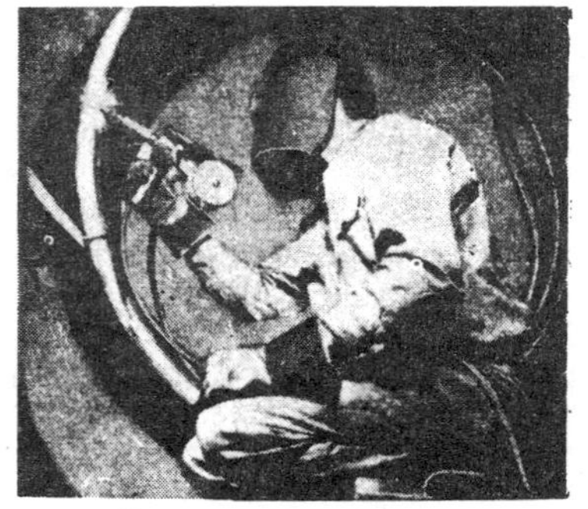

図 **4.67**　MIG熔接小型토오치

4.5　炭酸가스아아크熔接 및 其他 가스시일드아아크熔接

4.5.1　炭酸가스아아크熔接

　炭酸가스아아크熔接(carbon-dioxide arc welding, CO_2-arc welding)은 MIG용접의
不活性가스代身에 炭酸가스를 이용하는 **消耗電極式**용접방법이다. 전술한 바와 같이,
MIG용접은 不活性가스가 高價임으로, 軟鋼熔接에는 不經濟이고, 또한　용착금속내에
氣孔이 생기기 쉬운 결점이 있다. 이들 결점을 제거하기 위하여 아르곤가스에 비하여
廉價인 炭酸가스의 利用이 연구되게 된 것이며, 熔加材(와이어)의 化學成分에도 연구
가 가해져 용접금속의 脫酸에 노력한 결과, 현재로는 各方面에서 실용화되고 있다.
現在로는 軟鋼, 킬드鋼, 세미킬드鋼의 용접은 氣泡없이 용이하게 용접할 수 있으나,

림드鋼에는 용가재의 화학성분에 주의가 필요하다. 日本에서는 名古屋大學의 關口敎授가 脫酸劑로서 망간 및 실리콘을 비교적 많이 함유한 軟鋼用心線 소위 同氏의 關口心線을 사용하는 탄산가스아아크용접이 실용화되고 있다. 또한 CO_2外에 小量의 酸素를 混入한 CO_2-O_2아아크용접을 C. S.自動아아크熔接 (CO_2-O_2-Sekiguchi arc welding process)라 부르고 있다. 그림 4.68은 日本東亞精機株式會社製의 C. S. 자동 아아크용접기이며, 電源으로는 전술한 上昇特性을 갖는 直流發電機를 이용하고 있다. 또한 탄산가스中에 1/3정도의 산소를 혼입하면 용착이 양호하게 되고 슬래그의 剝離가 용이하게 됨으로, 탄산가스와 산소용기를 併用하고 있다.

軟鋼母材의 成分에 적합한 용가재와이어를 併用한 경우의 탄산가스아아크용접은 다음과 같은 잇점을 갖고 있다.

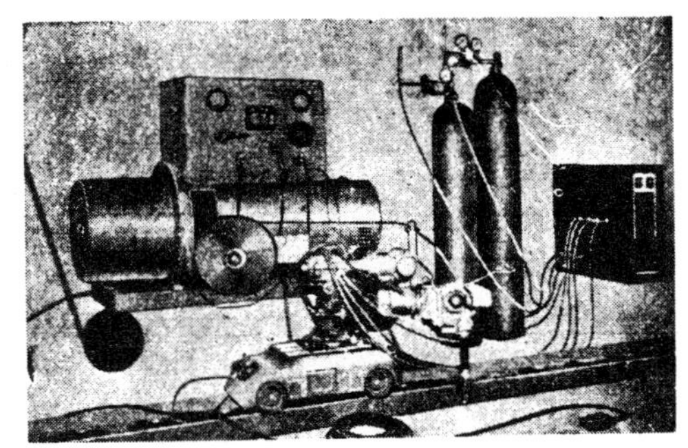

図 4.68　C. S. 自動아아크熔接裝置

1. 산소, 질소 및 수소를 함유치않는 우수한 용착금속이 얻어진다.
2. 특히, 熔着鋼의 水素含量이 타용접에 비하여 극히 少量이다. 따라서, 수소로 인한 銀点(fish eye) 기타의 용접부결함이 전연 보이지 않는다.
3. 킬드鋼, 세미킬드鋼은 물론 림드鋼도 완전하게 용접할 수 있고, 용착강의 기계적 성질은 적당한 강도와 충분한 延伸性을 갖으며, 매우 우수하다.
4. 被包가스로서 低廉한 탄산가스(또는 산소가스를 混入한 것)를 사용하고, 細線材 고속용접을 할 수 있으므로, 타용접법에 비하여 코스트가 싸게 된다.
5. 용접전류밀도가 크므로, 용입이 깊고, 용접속도도 매우 빠르다.
6. 플락스를 사용치 않으므로, 피용접물내에 플락스가 들어가는 일이 없고 용접후의 처리가 간단하다.
7. 아아크特性에 적합한 上昇特性의 전원기기를 채용하고 있으므로, 스패터가 적고 안정된 아아크가 얻어진다.
8. 可視아아크이고, 용접자세에 제한이 적으므로 용접시공이 용이하다.
9. 아르곤가스被包金屬아아크에 비하여 용착강에 氣孔이 발생하는 율이 적다.
10. 서브머어지드아아크용접에 비하여 母材表面의 녹, 기타 표면狀況에 鈍感하다.
11. 크레이터필러가 붙어 있으므로 크레이터균裂이 생길 우려가 없다.
12. 操作이 간단하고 숙련을 요치 않는다.

C. S. 아아크용접의 전극선(와이어)로는 表 4.16과 같은 망간, 실리콘含量이 많고 티탄을 함유한 "DS"와이어를 쓰는 것이 특징이다. 脫酸劑로서 Mn, Si, Ti를 넣고 있는 것은 탄산갸스가 高溫에서 解離하여,

$$2CO_2 \rightleftharpoons 2CO + O_2$$

表 4.16　C. S. 아아크熔接用熔加와이어.

| 種　　類 | 化 学 成 分 | | | | 全熔着鋼의機械的性質 | | | (備　考) |
	C	Si	Mn	Ti	引張強度 kg/mm²	延伸(4d) %	衝撃値 (20°C) kgm/cm²	시일드 가스 *
DSI-X	0.04	0.59	1.64	0.21	54.6 46.3	27.9 33.0	21.9 19.5	CO₂ CO₂+O₂
DSI-Y	0.06	0.75	1.78	0.19	49.1 43.6	32.7 36.3	25.8 20.1	CO₂ CO₂+O₂

〔註〕　*　CO_2 시일드 , 流量 $19 l/min$
　　　　CO_2+O_2 시일드 , 流量 CO_2 $15 l/min$, O_2 $6 l/min$

表 4.17　各種熔接方法에 의한 熔着金屬의 水素量

熔　接　法	熔接後 48時間內에 45°C의 글리세린 中으로 放出된 水素量 cm³/100 g	800°C 의 眞空中으로放 出된 殘留水素量 cm³/100 g
일메나이트系被覆아아크熔接棒	21.9	10.0
低水素系아아크熔接棒	3.15*	1.1
서브머어지드아아크熔接	2.71	—
MIG熔接	0.67	1.9
C. S. 아아크熔接	0.03	0.5
乾操한 CO₂를 쓴 C. S. 아아크熔接	0.00	—

*　低水素系아아크熔接의 規格에서는 10以下

가 되며, 용융금속주위에 酸化性雰圍氣를 조성하기 때문이다. 만일, 중분한 탈산제가 포함되지 않으면, 그것이 산화되어 酸化鐵FeO가 생기고, 이것과 熔鋼中의 炭素가 化合하여,

$$FeO + C \longrightarrow CO + Fe$$

一酸化炭素CO가 생기게 되는데, 凝固時에는 이 反應이 격심해져서 미처 離脫하지 못한 CO가스가 용접금속내에 氣孔으로서 남게 된다. 따라서 이 대책으로서 表 4.16中의 DSI級의 脫酸劑Mn, Si, Ti를 함유한 와이어를 쓰게 되면, 軟鋼림드 鋼을 용접하여도 용접금속내에 氣泡가 발생치 않는 것이 증명되고 있다.

C. S. 아아크용접에서는 용착금속의 水素含有量이 티용접봉과 비교할 때 表 4.17과 같이 매우적다. 따라서 引張破斷面에 銀点이 발생 확률이 현저하게 낮다. 그러나, 이를 위하여는 탄산가스中에 水分이 다량으로 함유하지 않는 것이 필요 조건이며, 關口敎授는 탄산가스로서 JIS 2 級以上 (CO₂中의 水分含量을 0.05wt%以下)의 건조가 필

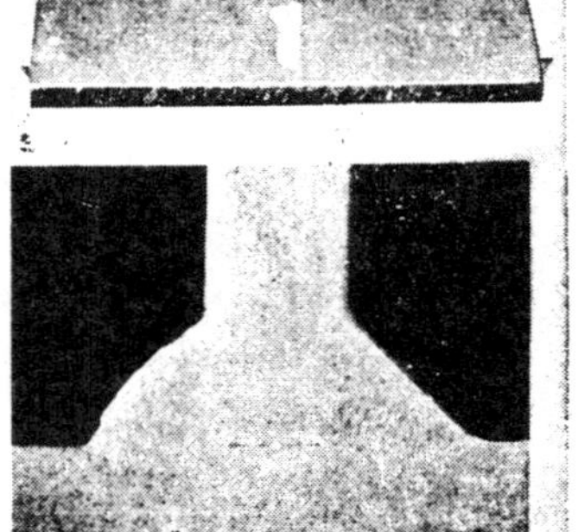

図 4.69　C. S. 아아크熔接에 의한 軟鋼의 필렛熔接
(上)　外觀　(下)　斷面

요한 것으로 하고 있다.

C. S. 아아크용접의 一例를 그림 4.69에 表示한다. 이 방법에서는 아아크를 짧게 조작할 필요가 있으며, 이에 의하여 용입을 깊게 하고 스패터를 감소시킬 수 있다. 따라서, 토오치를 손으로 조작할 때는 용접이 어렵고 또한 비이드表面이 더럽게 되기 쉬운 결점이 있으며, 이것은 今後의 연구문제이다. 그러나, CO_2 가스가 산소를 混入함으로써(약 1 / 3), 슬래그의 덮임과 剝離性이 향상된다. 또한 換氣에 주의하지 않으면, 탄산가스가 충만하여 건강에 해롭다.

CO_2-O_2아아크용접은 기계적성질이 피복아아크용접에 비하여 손색이 없고, 터짐도 적으므로 各方面에 많이 응용되게 되었다. 表 4.18 및 表 4.19는 軟鋼에 대한 맞대기 및 필렛용접조건이다.

CO_2-O_2 아아크용접의 應用例는 冷藏庫의 콤프렛서하우징, 오일쟈크, 車輛, 壓力容器, 梳毛機로울러, 鐵構, 特殊파이프, 造船用小物 기타의 용접이다.

표 4.18 軟鋼의 맞대기이음形狀과 熔接諸條件(全自動)

板두께 mm	맞대기이음形狀	루우트 間隔 mm	層	使用鋼線 直徑 mm	鋼線送給速度 cm/min	走行速度 cm/min	先端距離* l mm	熔接電流 A	아아크 電壓 V
10	40° 1.0 10	1.0	1	1.6	1 000	75	10	500～530	33～35
				2.0	580	80	15	490～510	30～32
12	45° 1.0 12	1.0	1	1.6	1 000	40	10	540～570	36～38
				2.0	580	45	13	490～510	30～32
16	45° 1.6 16	1.6	1	1.6	1 000	50	10	500～520	34～36
				2.0	580	50	10	490～510	30～32
			2	1.6	1 000	60	13	540～560	36～38
				2.0	580	60	17	490～510	30～32
20	45° 1.6 20	1.6	1	1.6	1 000	50	5	480～500	32～34
				2.0	580	50	5	490～510	30～32
			2	1.6	1 000	50	10	480～500	34～36
				2.0	580	50	12	490～510	30～32
			3	1.6	1 000	40	13	510～530	36～37
				2.0	580	40	15	490～510	30～32
25	45° 1.6 25	1.6	1	1.6	1 000	50	4	500～520	32～34
				2.0	580	50	5	470～490	30～32
			2	1.6	1 000	40	10	520～540	36～38
				2.0	580	40	12	490～510	30～32
			3	1.6	1 000	30	13	540～560	36～38
				2.0	580	30	15	490～510	30～32

(1) 銅받침쇠를 써서 100%熔入을 얻는경우　　(2) 노즐의 型式 B
(3) 가스流量 CO_2 15l/min, O_2 5l/min　　* 노즐端面과 板表面의 距離.

表 4.19   軟鋼의 水平필렛 1 層熔接諸條件(全自動)

板두께 mm	다리길이 mm	받침의 有 無	노즐의 型 *	使用鋼線 直 径 mm	鋼線送給 速 度 cm/min	走行速度 cm/min	先端距離** l mm	熔接電流 A	아아크 電 壓 V
1.0	2	有	C	1.0	230	50	12	60〜70	17〜18
1.2	2	有	C	1.0 1.2	230 280	45 60	12 12	60〜70 110〜120	17〜18 17〜18
1.6	2.5	有	C	1.2	370	80	12	130〜140	18〜19
2.3	2.5	有	C	1.2	600	100	12	190〜200	20〜21
3.2	3.5	無	C	1.2	1 000	120	15	310〜320	30〜31
4.5	5	無	B	1.2 1.6	1 380 800	130 140	15 20	360〜380 420〜440	32〜33 34〜36
6	5	無	B	1.6	800	120	20	420〜440	35〜37
8	5.5	無	B	1.6	800	100	20	420〜440	36〜38
10	7.5	無	B	1.6	800	80	20	420〜440	36〜38
12	10	無	B	1.6 2.0	800 450	65 65	20 20	420〜440 420〜440	36〜38 35〜37
16	12	無	B	1.6 2.0	800 450	42 42	20 20	420〜440 420〜430	38〜39 36〜38
20	13.5	無	B	1.6 2.0	800 450	27 27	20 20	420〜440 420〜440	38〜39 36〜38
25	15	無	B	1.6 2.0	800 450	20 20	20 20	420〜440 420〜440	38〜39 36〜38

* 노즐 B—外径 30 mm, 內径 18 mm   ** 노즐端面부터 필렛이음의 루우트까지의 距離
노즐 C—外径 22 mm, 內径 17 mm
（1）토오치의 角度는 水平인 橫板에서 45〜60°（2） 가스 流量 CO_2 15 l/min, O_2 5 l/min

4.5.2   其他의 가스시일드아아크熔接

炭酸가스아아크용접에서는 와이어의 化學成分에 嚴重한
制限이 있고, 또한 스패터가 많으므로 탄산가스아아크용접
의 와이어주위에 그림 4.70과 같이 粒狀의   磁性플락스를
부착시켜 용접을 하는 새로운 방법, 즉 **磁性플락스가스시일
드아아크熔接**(magnetic-flux gas-shielded arc welding)이
軟鋼用으로서 美國의 린데社에 의하여 **유니온아아크** (Union-
arc) 란 商品名으로 발표되었다. 플락스는 **CO_2** 가스中에 浮
遊시키고 있는 것이 特色이며, 이 방법에 의하면 스패터가
적고, 아아크特性은 피복아아크와 비슷하고, 또한 극히 大
電流로 사용될 수 있으므로 피복아아크에 비하여 용착속도
를 50〜100% 빠르게 할 수 있다. 熔接費도 피복아아크용

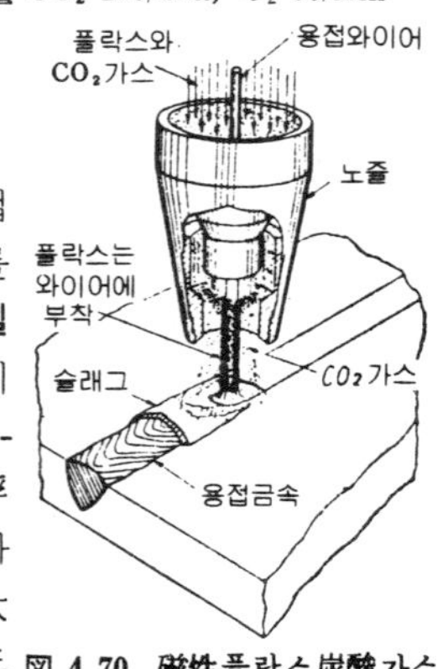

**圖 4.70 磁性플락스炭酸가스
아아크熔接法
(유니온아아크)**

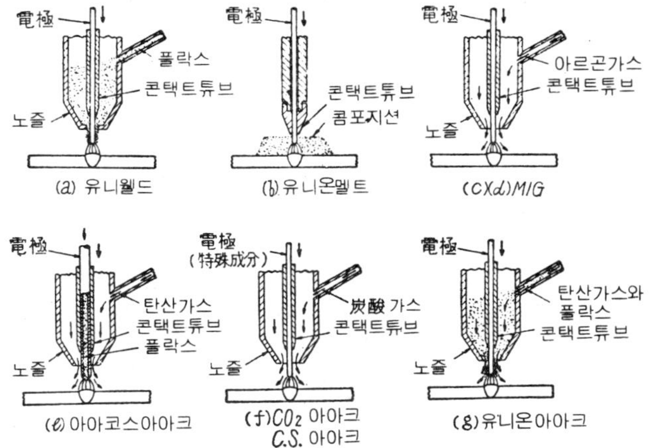

図 4.71 各種消耗電極式시일드아아크熔接法.

접에 비하면 35~75% 낮아지며 용착부의 외관이 매우 良好하고, 용입이 깊고, 기계적 성질이 양호하고, 기공이 발생치 않는다. 또한 언더컷의 위험성도 적은 것으로 알려 있다. 그러나 피복아아크와 마찬가지로 슬래그의 除去가 필요하다(유니온 아아크용접에서는 슬래그의 박리가 매우 용이하다).

이밖에 탄산가스아아크용접의 變種으로서 薄板을 복잡하게 구부려 外徑을 円筒狀으로 하고 内部에 플락스를 담은 方法, 즉 商品名으로 아아코스아아크 (Arcos arc) 용접법이 아아코스社에서 발표되고 있다. 이것은 그림 4.71(e)와 같은 방법이며, 그림中의 기타 시일드아아크용접법에 비하여 아아코스社特製의 와이어를 사용하는 것이 특징이다.

以上의 것 외에 CO₂中에서 하는 퓨우즈아아크熔接이 있으며, 또한 中空心線内에 플락스를 충전한 버나드方法 등이 있다.

文　　献

1) 中村孝, 清原道也: "．アルゴンアーク熔接", 熔接叢書第 8 巻 (1955), 1-147.

2) 鈴木春義: "イナートガスアーク溶接", 溶接便覧 (丸善)(1956), 200-216.

3) Pilia, F. J.: "Recent Developments in Inert-Arc Welding," Weld. J. (1956) No. 1, 40-46.

4) Thompson, J. M., Jr.: "Inert-Gas Welding in the Aircraft Industry," Weld. J. (1955) No. 7, 635-640.

5) Lesnewich, A. and Cushman, E.: "Power Supplies for Gas-Shielded Metal-Arc Welding," Weld. J. (1956) No. 7, 655-664.

6) Winsor, L. P. and Turk, R. R.: "A Comparative Study of Thoriated, Zirconiated and Pure Tungsten Electrodes," Weld. J. (1957) No. 3, 113s-119s.

7) Lesnewich, A.: "Electrode Activation for Inert-Gas-Schielded Metal-Arc Welding," Weld. J. (1955) No. 12, 1167-1178.

8) Helmbrecht, W. H. and Oyler, G. W.: "Shielding Gases for Inert-Gas Welding," Weld. J. No. 10, 969-979.

9) McClean, C. A.: Inert-Gas-Shielded Tungsten-Arc Spot Welding," Weld. J. (1955) No. 7, 648-656.

10) Hackman, R. L.: "Consumable-Electrode Inert-Arc Spot Welding," Weld. J. (1955) No. 9, 839-845.

11) Kehoe, J. W. and Bichsel, H. J.: "Inert-Gas-Shielded Metal-Arc-Spot Process," Weld. J. (1956) No. 9, 895-903.

12) Oyler, G. W., O'brien, R. L. and Maier, J., III.: "Constricted Tungsten-Arc Cutting of Aluminum," Weld. J. (1956) No. 12, 1214-1221.

13) 鴨忠躬, 守政弘安: "タングステンアーク切断法の研究", 浦賀技報 (1959) 第 4 号, 1-23.

14) Koopman, K. H. and Zuchowski, R. S.: "New Surfacing Technique," Weld. J. (1956) No. 7, 665-671.

15) Mc Elrath, T. and Gorman, E. F.: "Argon-Hydrogen Shielding-Gas Mixtures for Tungsten-Arc Welding," Weld. J. (1957) No. 1, 28-35.

16) Richter, K. E. and Essig, F. M.: "Consumable Electrode Inert-Gas Welding with Small-Diameter Wires," Weld. J. (1957) No. 9, 893-899.

17) Mc Elrath, T.: "Inert-Gas Consumable-Electrode Welding of Thin Material," Weld. J. (1959) No. 1, 28-33.

18) Keller, R. J.: "Carbon-Dioxide-Shielded Metal-Arc Welding of Carbon-Steel Plate," Weld. J. (1959) No. 1, 27s-38s.

19) Sekiguchi, H. and Masumoto, I.: "A Japanese Process for CO_2-shielded Arc Welding of Steel," Brit. Weld. J. (1957) No. 5, 205-212.

20) Sekiguchi, H. and Masumoto, I.: "Low Crack Sensitivity of Steel Joint by CO_2-O_2 Arc Welding," Weld. J. (1958) No. 7, 326s-336s.

21) 関口春次郎: "炭酸ガス酸素アーク熔接法", エンジニアリング (1958) No. 9, 別刷 1-21.

22) Davis, N. and Telford, R. T.: "Manual Magnetic-Flux Gas-Shielded Arc Welding of Mild Steel," Weld. J. (1957) No. 5, 475-480.

23) Telford, R. T. and Stanchus, F. T.: "Industrial Apllications of Magnetic-Flux Gas-Shielded Arc Welding," Weld. J. (1958) No. 4, 771-778.

24) Chouinard, A. F. and Howery, J. A.: "Flux-Cored CO_2 Welding Process," Weld. J. (1959) No. 4, 334-341.

第5章 가스切斷, 아아크切斷 및 가스熔接

5.1 槪　　　說

가스切斷(gas cutting) 및 **아아크切斷**(arc cutting)은 용접재료의 절단,　용접홈의 加工, 용접부의 가열 및 치핑 等 作業에 필수적인 작업이므로 항상 용접과 함께 취급되는 중요한 공작법이다. 최근의 가스 및 아아크切斷의 利用은 매우 **巧妙한** 바　있으며 또한 **高精度**가 얻어짐과 동시에 기계절단에 비하여 비교가 안될 정도로 **高能率**이다. 最近과 같이 용접이 광범위하게 보급된 하나의 원인은 가스 또는 아아크절단방법의 발달때문이라고 해도 과언이 아니다. 가스용접은 **火炎**을 이용하는 용접법이나　가스절단과 밀접한 관계가 있으므로 **本章**에서 기술키로 한다.

5.1.1 種　　　類

가스切斷은 酸素가스와 金屬의 反應熱을 이용하여 金屬을 절단하는 방법이며, 또한 아아크切斷은 電氣아아크의 熱을 利用하는 것이나 이들 切斷方法에는 표 5.1과 같은 많은 종류가 있다.

표 5.1　가스 및 아아크切斷方法의 種類

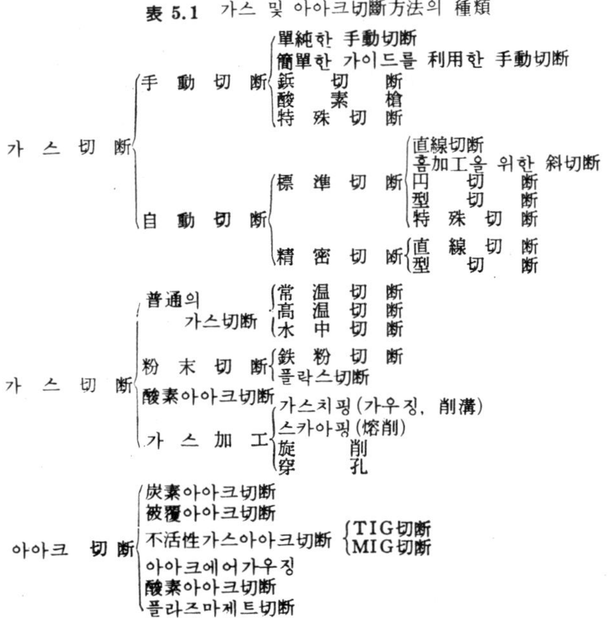

가스절단을 操作方法에서 大別하면 手動式과 自動式으로 나누어진다. 또한 사용목적에서 분류하면 보통의 가스절단외에 粉末切斷, 酸素아아크切斷이 있으며, 가스加工方法으로는 가스가우징, 스카아핑 等이 중요하다. 아아크切斷方法으로는 이미 第4章에서 기술한 바와 같이, 炭素아아크切斷과 被覆아아크切斷外에 최근 발달한 不活性가스아아크切斷方法이 있으며, 또한 아아크에어가우징이 최근 널리 쓰이게 되었다. 이들에 대한 詳細에 대하여는 다음節以下에서 설명한다.

5.1.2 原   理
(1) 가 스 切 斷

普通의 가스절단은 鋼 또는 合金鋼의 절단에 널리 이용되며, 非鐵金屬에서는 粉末가스切斷 또는 아아크切斷이 이용된다. 우선, 鋼의 가스절단은 **酸素切斷**(oxygen cutting)이라고도 한다. 이것은 산소와 鐵의 反應熱을 이용하는 절단방법이며 그림 5. 1과 같은 토오치를 쓴다. 우선, 鋼材切斷部分을 그림 5. 2와 같은 **팁**(tip)에서 불어낸 가스

불꽃 (예를 들어, 酸素아세틸렌炎)으로 사전에 가열(豫熱)하고, 약 800~900℃에 도달한 때 팁의 中心부터 高壓의 酸素流를 불어내면 鐵이 연소하여 酸化鐵이 된다. 그런데 이 산화철의 融點은 母材보다 낮으므로 酸素氣流에 의하여 불어버리게 되어 홈이 생김으로써 절단목적이 달성된다. 절단時의 鋼의 酸化는 보통 다음과 같은 熱化學的 反應에 의한다.

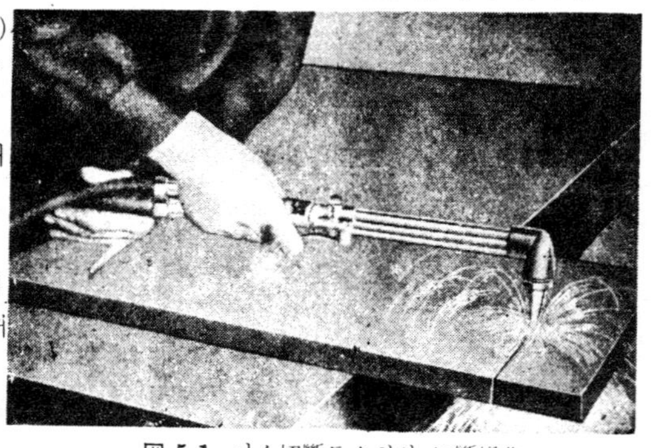

図 5.1 가스切斷토오치와 切斷操作

$$Fe + {}^1\!/_2 O_2 = FeO + 64.0\,kcal$$

$$2Fe + 1{}^1\!/_2 O_2 = Fe_2O_3 + 190.7\,kcal$$

$$3Fe + 2O_2 = Fe_3O_4 + 266.9\,kcal$$

이 式에 의하여 鐵1kg가 연소할 경우 除去된 鐵의 65%가 FeO가 되는 것으로 하면 약 750kcal의 열을 수반하게 되는데 이 열량은 鐵1kg을 연소온도(약1350℃)까지 가열하는데 요하는 열량 약 216kcal 보다 훨씬 높으므로 일단 절단이 개시되면 그 다음부터는 산소를 불어대기만 하여도 연속적으로 절단이 유지될 정도이지만 실제로는 豫熱불꽃을 사용한 상태에서 절단을 하고 있다.

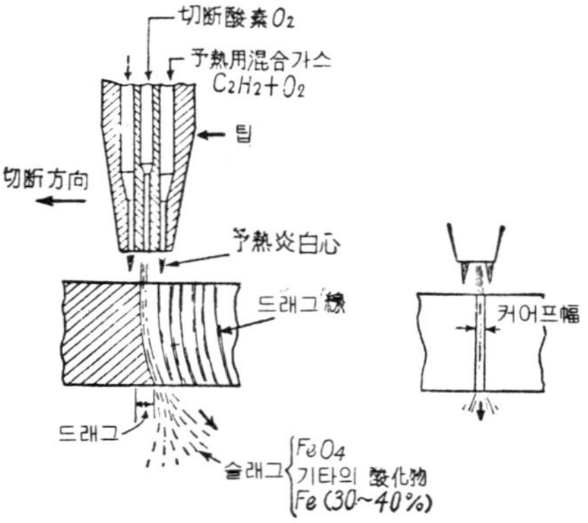

図 5.2 가스切斷의 原理

일반적으로 가스절단에서는 板두께 3~300mm의 절단을 손쉽게 할 수 있으나 表5.2

表 5.2 가스切斷性에 미치는 各種元素의 影響

| 元素 | | 融点 °C | 酸化物 記号 | 酸化物 의融点 °C | 가스切斷性에 미치는 影響 |
名称	記号				
炭　素	C	>3 500	CO CO_2	-205 -57	C≤0.25%；　切斷性良好 （低炭素鋼） C>0.25%；　予熱必要 （高炭素鋼）
망　간	Mn	1 260	MnO	1 785	14%Mn, 1.5%C 鋼；　切斷困難, 予熱必要
珪　素	Si	1 410	SiO_2	1 710	Si는 影響이없으나, Si鋼은 Mn와 C를 含有함으로 予熱必要
크　롬	Cr	2 575	Cr_2O_3	2 275	Cr≤ 5%；　切斷性良好 Cr>10%；　粉末切斷
니　켈	Ni	1 455	NiO	1 950	Ni≤20~30%；　C 가 적으면 切斷可能 Ni≤7%；　切斷性良好 18-8, 35-15 Cr-Ni：　粉末切斷
몰리브덴	Mo	2 620	MoO_3	795	Cr 와 同一.Cr-Mo 鋼；　切斷性良好 高 Mo-W 鋼；　特殊한 切斷方法必要
텅스텐	W	3 370	WO_3	1 470	W≤12~14%；　切斷性良好 W≥20%；　切斷困難
알루미늄	Al	660	Al_2O_3	2 048	Al≤10%；　切斷可能 Al≥10%；　切斷困難
銅	Cu	1 082	CuO Cu_2O	1 021 1 230	Cu≤2%；　影響없음

와 같이 鑄鐵, 10%이상의 크롬을 함유하는 스테인리스鋼 및 非鐵金屬에서는 다음과 같은 이유로 有効치 않다.

　즉, 加熱된 금속이 산소절단되는데는 항상 固体金屬表面에 새로운 산소가 反應(燃燒)될 수 있어야 하며 이를 위하여는 反應生成分이나 용융금속이 산소기류에 의하여 용이하게 불어버려지지 않으면 안됨으로 다음과 같은 조건이 필요하다.

　(i)　금속의 산화물 또는 슬래그가 母材보다 低温에서 녹고, 流動性과 母材로부터 의 剝離性이 좋을 것.

　(ii)　母材의 연소온도가 그 용융온도보다 낮을 것.

　(iii)　母材의 含有成分中의 不燃燒物이 될 수 있는대로 적을 것.

　炭素鋼에서는 鐵의 연소온도(1350℃)가 그 融點(1539℃)보다 낮고 산화물과 용융철이 融合한 슬래그의 용융온도는 그보다 훨씬 낮음과 동시에 슬래그의 流動性이 극히 양호하고 절단을 방해하는 不燃物이 적으므로 上述한 條件을 충분히 만족하고 있다.

　이에 반하여 鑄鐵에서는 融點이 燃燒温度 및 슬래그의 融點보다 낮고, 또한 鑄鐵中의 黑鉛은 鐵의 연속적연소를 방해하므로 鐵이나 炭素鋼만큼 손쉽게 절단되지 않는다. 또한 스테인리스鋼이나 알루미늄의 경우에는 절단중에 생기는 산화물 Cr_2O_3 또는 Al_2O_3가 모재보다 훨씬 高融點의 耐火物이므로, 이들 粘度가 큰 슬래그가 切斷表面을 덮어 산소와 母材間의 反應을 방해하므로 절단이 阻害된다. 이때는 耐火性의 산화물을 용해제거하기 위하여 적당한 粉末狀플락스를 산소기류중에 혼입하거나 또는 미리 鐵粉을 混入하여 火炎温度를 높이는 等의 연구가 필요하며 이것이 粉末切斷이라 하는 것이다.

(2) 아 아 크 切 斷

아아크切斷의 一部에 대하여는 이미 第4章 4.2, 4.3節에서 기술하였으나 이것은 아아크熱로 母材를 용융시켜 절단하는 방법이다. 이때 壓縮空氣나 酸素流 等을 이용하여 용융금속을 불어버리면 能率的이다. 이에 대해서는 後述한다.

5.2   가스切斷裝置

5.2.1 가스切斷裝置의 種類

가스절단장치는 보통 그림 5.3, 5.39 및 5.40 과 같이 切斷토오치(cutting torch), 산소 및 연소가스용의 호오스(hose), 壓力調整器(regulator) 및 가스실린더(cylinder)로 구성된다. 절단토오치의 先端팁은 절단板두께에 따라 任意 치수의 것으로 交換된다. 또한 自動가스切斷에서는 그림5.4와 같이 토오치를 電動臺車에 설치하여 一定속도로 走行시켜 기계가 自力으로 절단하는 것이다. 단, 이 방법은 直線切斷에 쓰이는 것이 보통이며 복잡한 曲線切斷에는 그림 5.5와 같은 半自動式가스切斷機가 쓰인다. 이것은 모우터에 의하여 動輪을 회전시켜 一定速度로 走行시키면서 그 方向을 左右로 손으로 조절하면서 곡선절단하는. 것이다. 그림中番號 (10)이 토오치, (11)이 豫熱팁, (12)가 절단팁이다. 中央의 円筒中에 모우터가 들어있다. 또한 그림 5.6과 같이 手動式 토오치에 간단한 案內車를 붙여 이것을 손으로 움직여 절단하는 形式의 것도 있다. 이例에서는 앞쪽의 큰 것이 豫熱用의 산소아세틸렌 팁이며, 그 왼쪽의 가는 것이 절단산소용 팁이다.

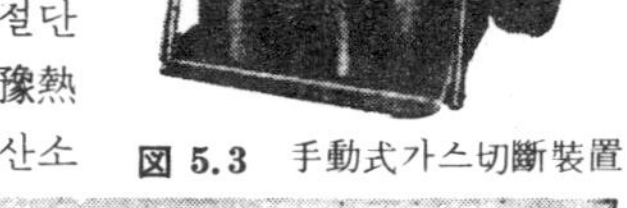

図 5.3 手動式가스切斷裝置

또한 그림 5.7과 같은 플레임플레이너와 같이 大型電動臺車에 다수의 토오치를 붙여 平行切斷을 하는 것도 있으며 造船所 등에서 큰 鋼板의 兩面削稜에 잘 쓰인다. 또한 그림 5.8과 같이 型틀에 따라 복잡한 形狀의 절단을 하는 型틀 切斷機도 잘 쓰인다. 이 그림은 型의 追跡(trace)을 光電管을 이용하여 하고 그 움직임에 따라 切斷토오

図 5.4 自動가스切斷機.

치가 자동적으로 曲線圖形을 절단하는 것 이며 많은 토오치를 써서 同時에 多數의 圖形을 절단할 수 있다. 또한 粉末切斷裝置 기타 特殊切斷機에 대해서는 後述한다.

5.2.2 切斷토오치 및 팁
(1) 切 斷 토 오 치

切斷토오치는 그 先端에 붙인 절단팁(노즐)부터의 가스流出을 조절하는 기구이며 그림 5.6 또는 그림 5.9와 같은 구조의 것이다. 즉 切斷酸素는 토오치內의 導管을 통하여 팁의 中央구멍에 분출되나 豫熱用酸素는 그 도중에서 分岐되어 아세틸렌가스와 混合된 다음 절단산소孔 가까이의 구멍에서 분출되어 豫熱炎이 된다. 이 가스의 混合은 팁中央部의 混合室內에서 행해지는 形式(토오치믹싱, torch mixing) 과, 팁中에서 행해지는 形式(팁믹싱(tip mixing)이 있다.

토오치는 아세틸렌의 사용압력에 따라 低壓式과 中壓式으로 나누어 진다. 低壓式은 아세틸렌 壓力이 $0.07kg/cm^2$ 미만의 것이 쓰인다. 아세틸렌壓力은 酸素壓에 비하여 현저하게 낮으므로 그 自身의 壓力으로 混合部까지 도달할 수 없으므로 豫熱用酸素를 그림 5.9(b)와 같이 작은 噴出口에서 放出시켜 그 吸引力에 의하여 아세틸렌을 引出하는 構造(인젝터式, injector type)로 되어 있다. 또한 니들밸브(needle valve)를 비치하여 산소流量을 加減하는 型式(可變壓式)과 니들밸브를 갖지 않는 不變壓式이 있다. 그림 5.9는 니들밸브를 갖는 低壓式토오

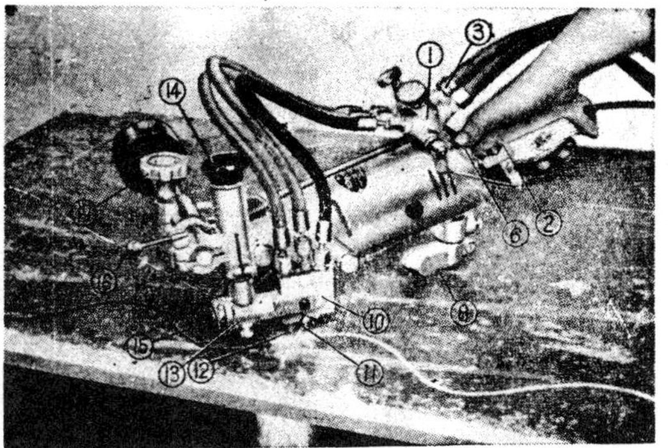

図 5.5 半自動切斷機에 의한 曲線切斷

(2)	切斷酸素 밸브핸들	(6)	速度調整
(3)	酸素아세틸렌호오스口	(8)	自 在 車
(10)	토 오 치	(11)	予 熱 팁
(12)	切斷 팁	(14)	上下핸들

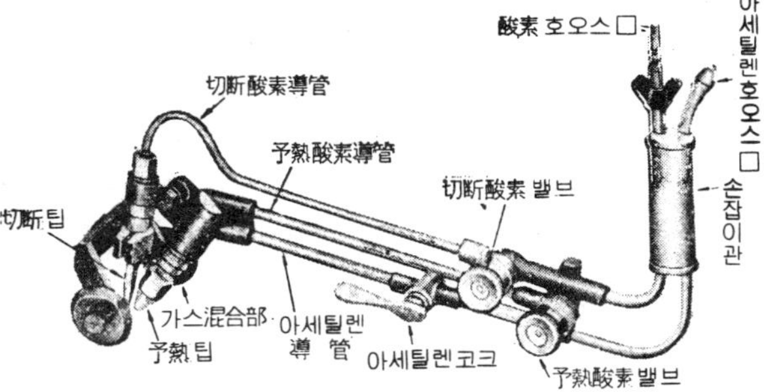

図 5.6 案内車를 붙인 手動式 가스切斷機

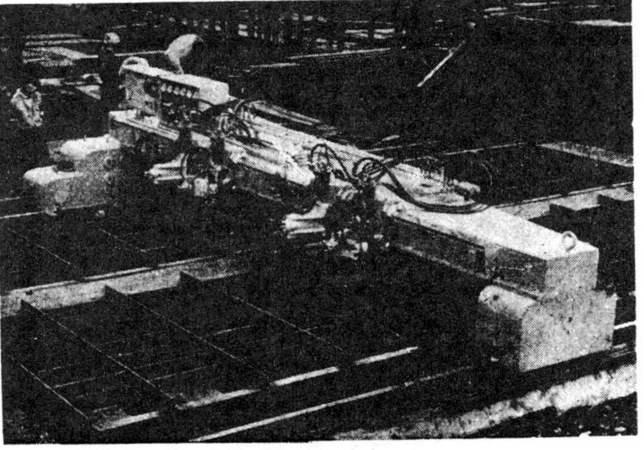

図 5.7 또레임플레이너 (田中製作所提供)

치의 一例이다.

低壓式토오치의 發明에 의하여 그때까지는 照明用으로 밖에 사용되지 않았던 低廉한 低壓아세틸렌이 널리 가스절단에 쓰이게 되었으나 그後 中壓아세틸렌 (게이지壓力 0.07~0.4kg/cm²) 發生技術의 발달에 수반하여 中壓器具의 利點이 인정되어 歐美에서는 거의 中壓化되고 있으며 우리나라에서도 그 利用이 많게 되었다. 中壓切斷토오치에

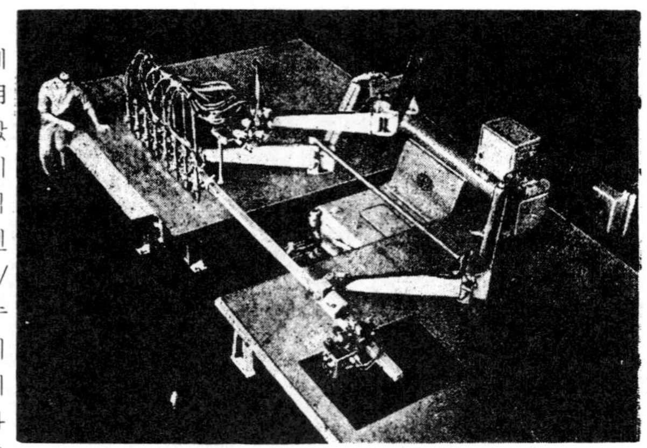

図 5.8　型切斷機(光電管式트레이서付)

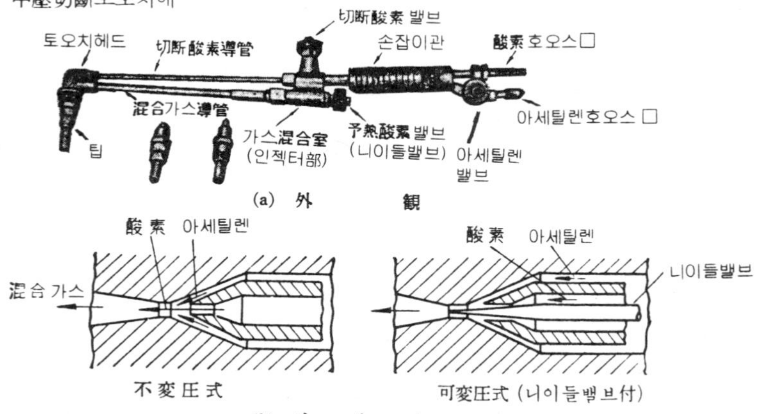

図 5.9　切斷토오치(低壓아세틸렌用)

서는 인젝터形式이 不要하고 팁헷드에서의 **팁믹싱**이 可能케 됨으로 逆火를 防止하기 쉽게 되며, 또한 가스消費量이 적어도 되는 잇점이 있다.

팁은 가스절단기의 생명이라 할 수 있을 정도로 중요한 것이며 各方面에서 연구되어 그 구조와 제작 방법이 급속하게 진보하고 있다. 팁에는 그림 5.6과 같이 切斷酸素用과 豫熱炎用이 別途形式의 것 (독일式) 과, 兩者가 同一팁에 同心狀으로 모두어진 것 (프랑스式) 이 있다. 前者는 切斷面이 깨끗하나 急한 曲線狀의 절단에 불편하고, 後者는 절단방향을 任意로 변경시킬 수 있는 장점이 있다.

팁의 材料로는 熱傳導, 耐熱性 및 加工性 등의 見地에서 銅 또는 硬質의 銅合金이 사용된다. 프랑스型팁의 斷面은 그림 5.10의 例와 같이 中央에 切斷酸素孔이 있으며

그 周圍에 同心円의 豫熱 孔이 있는 것 및 4~6個의 구멍이 同心円上에 配列된 것이 있다.

(2) 切斷酸素孔

절단산소는 가늘고 高速(대부분의 경우 超音速)으로 분출할 필요가 있다. 表 5.3은 절단산소의 噴出速度의 例이다. 따라서 現在로는 各種斷面形狀의 것이 高速噴流를 얻기 위하여 연구

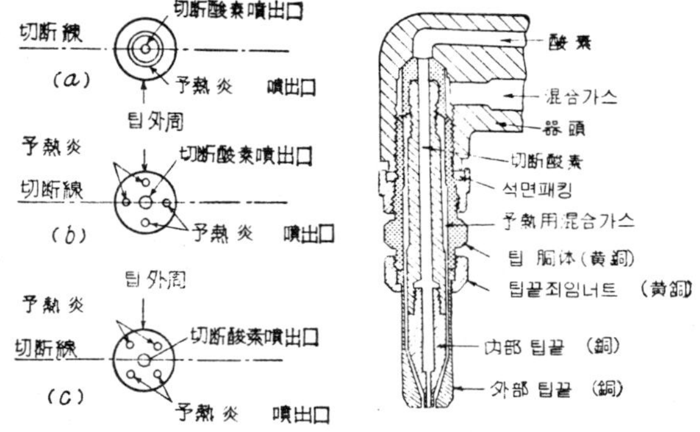

図 5.10 切斷팁斷面例

表 5.3 切斷酸素의 팁噴出速度

板두께 mm	酸素圧力 kg/cm²	酸素消費量 m³/h	噴出速度 m/s
12	0.4~2.8	1.15~4.82	162~603
50	2.5~4.1	3.23~9.01	264~909
150	4.5~7.2	9.32~20.2	485~1 148
300	8.2~11.5	26.0~45.2	883~1 500

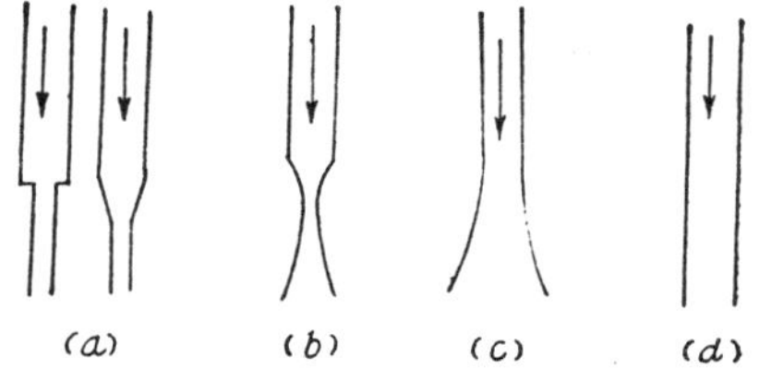

図 5.11 切斷酸素孔의 各種形式

(a) 普通의 切斷팁에 使用.

(b) 다이버젠트노즐, 酸素氣流는 音速을 넘으며, 切斷速度가 增大하고, 酸素消費量은 적어도 된다.

(c) 低速다이버젠트노즐, 가우징, 스카아핑에 사용한다.

(d) 直線型노즐, 厚物의 切斷에 쓴다.

되고 있다. 그림 5.11은 그 基本例이며 그中 **다이버어젠트노즐**(divergent nozzle)은 고속기류를 얻기 위하여 特히 우수한 것이나 製作 및 補修上의 곤란이 많다.

5.2.3 가스와 그 供給裝置
(1) 豫熱가스

가스절단의 예열용연소가스로는 아세틸렌, 天然가스, 프로판, 都市가스 等 數種의 것이 있으나 特殊한 것을 제외하고 아세틸렌이 가장 많이 쓰인다. 각종 연료가스의 發熱量, 火炎溫度를 비교하면 表 5.4와 같다. 이 表에서 알 수 있는 바와 같이 아세틸렌가스는 불꽃온도가 특히 높고, 발열량이 크며, 또한 廉價로 容易하게 발생될 수 있는 잇점이 있다. 表 5.4와 같이 完全燃燒에는 아세틸렌 1容에 대하여 酸素 2.5容이 필요하므로 보통의 豫熱炎 및 가스熔接炎에서는 等量의 산소를 사용하고 나머지 1.5容은 大氣中의 산소를 이용하고 있다. 이에 대하여 酸素水素炎은 산소아세틸렌炎과 같이 白色円錐(白心)이 없고 靑色의 外炎에 둘러싸인 짧은 無光輝炎心으로 구성되기 때문에 肉眼으로 불꽃조절이 곤란함으로 최근에는 水中切斷을 제외하고는 거의 쓰이지 않는다. 또한 프로판가스는 輕度의 壓力을 가하면 액화할 수 있

表 5.4　各種燃料가스의 性質.

가　　　스	完全燃燒의化学式	発熱量 kacl/m³	混合比(燃料/酸素)			最高火炎 温　　度 °C
			低	高	最適	
아세틸렌	$C_2H_2 + 2\frac{1}{2}O_2 = 2CO_2 + H_2O$	12 690	1 : 1.1	1 : 1.8	1 : 1.7	3 430
水　　素	$H_2 + \frac{1}{2}O_2 = H_2O$	2 420	1 : 0.5	1 : 0.5	1 : 0.5	2 900
프　로　판	$C_3H_8 + 5O_2 = 3CO_2 + 4H_2O$	20 780	1 : 3.75	1 : 4.75	1 : 4.5	2 820
메　　탄	$CH_4 + 2O_2 = CO_2 + 2H_2O$	8 080	1 : 1.8	1 : 2.25	1 : 2.1	2 700
一酸化炭素	$CO + \frac{1}{2}O_2 = CO_2$	2 860	1 : 0.5	1 : 0.5	1 : 0.5	2 820

고 취급이 간단함과 동시에 燃燒時의 발열량이 높고 폭발의 위험성이 적으며 가격이 싸므로 최근 많이 쓰이게 되었다. 酸素프로판炎은 火炎傳播速度가 수소나 아세틸렌의 경우보다 현저하게 늦고, 爆發 限界도 좁으므로 逆火의 危險性이 적다. 또한 연소 生成物은 산화성이 강하고, 切斷面 의 슬래그 剝離가 양호하여 깨끗한 절단면이 얻어진다. 그림 5. 12는 산소프로판용의 절단팁이며 가스流量이 많아서 火炎이 불어날리기 쉬우므로 팁 先端에 外套를 붙여 이 것을 방지하고 있다.

図 5.12　酸素프로판切斷用 팁

(2) 아세틸렌가스

아세틸렌은 산소절단의 예열용으로서 가장 우수한 것은 전술한 바와 같다. 아세틸렌 (C_2H_2)은 칼슘카아바이드 (CaC_2)에 물을 반응시켜 제조된다. 칼슘카아바이드는 石灰 (CaO)와 코크스 (C)를 電氣爐에서 灼熱하여 만들어진다. 즉,

$$CaO + 3C = CaC_2 + CO$$

이 CaC_2에는 石灰中의 燐, 코크스中의 硫黃이 함유됨으로 CaC_2와 물을 반응시켜 다음의 화학식

$$CaC_2 + 2H_2O = C_2H_2 + Ca(OH)_2 + 31\,872\,cal$$

에 의하여 발생하는 아세틸렌가스 (C_2H_2)中에는 不純가스로서 燐化水素 (PH_3), 암모니아 (NH_3), 硫化水素 (H_2S) 등의 惡臭가스가 함유되므로 原料카아바이드로서는 純良한 것을 선택할 필요가 있다. 純粹한 아세틸렌은 無色이고 에텔과 같은 냄새가 난다.

(i) 아세틸렌發生裝置

카아바이드와 물을 反應시켜 아세틸렌을 발생시키는 장치에는 여러가지가 있으나 보통 쓰이는 것은 投入式, 注水式, 및 浸漬式 등이 있다. 또한 가스壓力에 의하여 低壓式과 中壓式, 그리고 使用上에서 보아 定置式과 移動式으로 분류된다.

投入式은 그림 5. 13과 같이 多量의 水中에 카아바이드를 投入하는 方式이며 아세틸렌이 水中에서 溶解하여 多少 損失이 있기는 하나, 溫度上昇이 일어나지 않고 純度가 좋다. 多量의 가스를 사용하는 곳이나 용해아세틸렌工場에서 이方式이 쓰인다.

또한, 그림 5. 14는 多量의 카아바이드에 少量의 물을 注入하는 方式 (注水式)이며, 給水의 자동조절이 극히 용이함으로 大小各容量의 컷에 적합하다. 단, 發生가스溫度

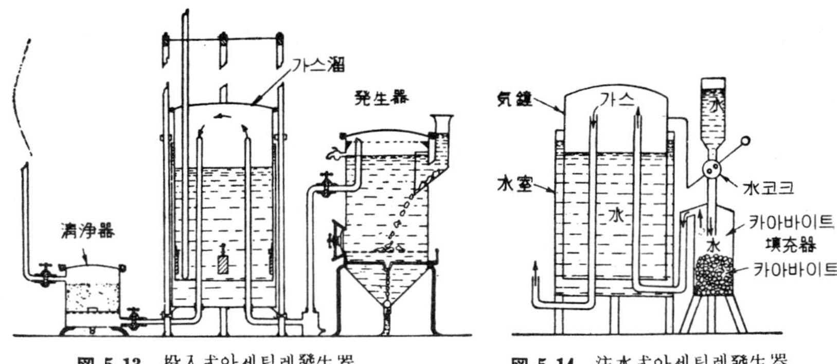

図 5.13　投入式아세틸렌發生器　　　図 5.14　注水式아세틸렌發生器

가 上昇하기 쉽고 또한 가스中에 不純物이 다량 포함되기 쉬우며 空氣의 混入을 완
전하게 방지할 수 없다. 그리고 그림 5.15는 철제바구니속에 카아바이드를 넣고
氣鐘속에 매 달아서,　氣鐘을 昇降시킴으로써 카아바이드
를 水中에 잠겨서 아세틸렌을 발생시키는 浸漬式이다.
小型의 것에 많이 쓰이나, 아세틸렌의 遲延發生(使用後에
아세틸렌이 발생하는 것)이 생기기 쉬운 결점이 있다.

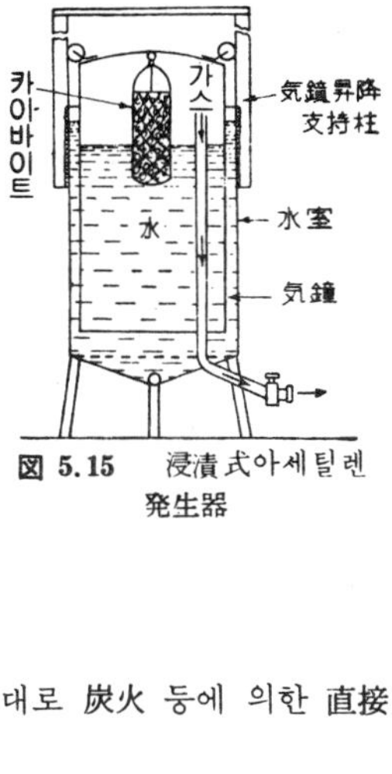

　아세틸렌은 原來 매우 폭발하기 쉬우므로 아세틸렌발생
기의 취급에 있어서는 특별한 주의가 필요하며, 法規에 정
한　安全 규칙을 지켜야 한다. 일반적인 注意事項으로는,

i)　카아바이드를 再充塡하였을 때, 공기와 아세틸렌의
　　混合가스가 생기므로 이것을 반드시 排除할 것.

ii)　가스漏泄의 點檢에는 비눗물을 사용한다. 절대로

図 5.15　浸漬式아세틸렌
發生器

　　裸火, 담뱃불 等을　近接시켜서는 안된다.

iii)　發生器近處에서 담배 및 火氣를 사용하지 말 것.

iv)　衝擊, 振動 等을 주지 말 것.

v)　加熱이 필요할 때는, 溫水, 水蒸氣 등을 사용하고 절대로 炭火 등에 의한 直接
　　加熱 하지 말 것.

vi)　發生器의 水溫에 留意하고 換水를 게을리 하지 말 것.　　약60℃를 넘어서는
　　좋지 않다.

vii)　카아바이드의 充塡時에 照明을 必要로 할 때에는 電燈을 사용하고 양초 기타
　　의 火氣를 쓰지 말 것.

viii)　카아바이드의 찌꺼기는 가스에 의한 危險이 없어질 때까지 가스溜에 넣어두거
　　나, 또는 安全한 곳에서 處理한다.

(ii) 아세틸렌의 淸淨

　카아바이드中에는 여러가지 不純物이 섞여 있으므로 아세틸렌가스中에는　硫化水素,

燐化水素 등의 不純物이 混入하게 되며 따라서 이것이 熔着金屬이나 切斷되는 母材性質을 惡化시키고 또한 아세틸렌가스의 폭발을 이르키는 원인이 되므로 이것을 清淨하게 淨化하여야 한다. 이를 위하여 발생한 아세틸렌가스를 물로 洗滌하는 외에 化學藥品을 써서 淨化한다. 後者는 燐化物, 硫化物을 酸化性藥品에 浸潤시킨 珪藻土中에 沈着시킨다. 清淨材로는 漂白粉 (CaOCl), 過망간酸카리(KMnO₄), 重크롬酸소다(Na₂Cr₂O₇)에 黃酸을 가한 것, 塩化第二鐵, 기타가 쓰인다. 清淨器는 그림 5.13의 左側에서와 같은 円筒容器이며 밑으로부터 아세틸렌가스를 流入시켜서 清淨劑中을 通한 다음 윗쪽에서 淨化된 가스를 排出하도록 되어 있다.

(iii) 아세틸렌安全器

아세틸렌發生器를 쓰는 경우에는 보통 산소보다 훨씬 낮은 압력으로 아세틸렌을 사용하고 있으므로, 토오치의 故障 또는 팁이 막힘으로 인하여 산소가 아세틸렌가스導管쪽으로 逆流하여 發生器까지 도달해서 아세틸렌 가스와 혼합함으로써 폭발하는 일이 있으므로 發生器와 토오치間에 安全器를 설치하여 危險을 방지하고 있다. 安全器로는 主로 水封式이 쓰이고 있으며 그 原理는 그림 5.16과 같이 (a)는 정상적인 動作中임을 表示하고 (b)는 고압가스가 導出管부터 逆流하여 온 경우를 나타낸 것이다. 즉, 安全器内의 水面이 밀려내려지고 반대로 排氣管中의 水位가 上昇하여 一定壓을 넘으면 高壓가스가 排氣管으로부터 大氣에 放出된다.

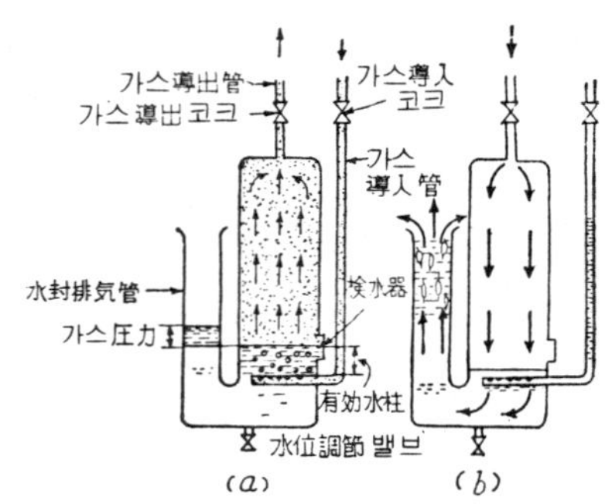

図 5.16 低圧式水封安全器[(a)平常, (b)作動]

(iv) 溶解아세틸렌

아세틸렌이 공기 또는 산소와 혼합된 경우에는 點火 또는 衝擊 등의 원인으로 폭발이 일어난다. 또한 아세틸렌은 단순히 加壓만 하여도 分解爆發을 일으키는 성질이 있다. 더구나 이 壓力은 1.5氣壓에서 위험상태가 되고 2氣壓에서 자연폭발하는 것으로 알려있다. 이때문에 多量의 아세틸렌을 安全하게 저장한다는 것은 매우 곤란한 일이었다. 그런데 1容의 아세톤은 15℃, 1氣壓에서 약25容의 아세틸렌을 溶解하고 또한 15℃, 15氣壓에서는 아세톤 1容이 실로 375容의 아세틸렌을 용해하는 성질이 있다. 그래서 그림 5.17과 같은 鋼製의 아세틸렌容器内에 아세톤을 吸収시킨 木炭 또는 珪藻土와 같은 多孔質物質을 均等하게 充填하고 이것에 아세틸렌을 용해한 것이 소위 市販의 溶解아세틸렌이며, 15℃에서 15.5kg/cm² 이하의 압력으로 充填되고 있다. 아세틸렌用容器의 容量은 보통 30ℓ 의 것이 쓰인다. 多孔質1ℓ 가 용해할 수 있는 아세틸렌量은 1氣壓으로 환산했을 때 150ℓ 에 상당하므로 15氣壓 30ℓ 容量中에는 4500ℓ 의 아세틸렌이 중전되고 있는 것이 된다.

용해아세틸렌은 발생기에 의한 아세틸렌에 비하여 훨씬 安全性이 높

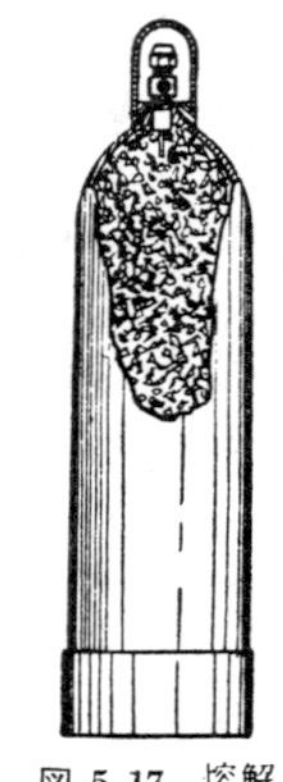
図 5.17 溶解
아세틸렌容器

고, 高純度이다(KSM1102에서는 아세틸렌98%以上으로 規定). 아세틸렌가스發生器에는 안전장치가 필요하나, 그래도 不注意에 의한 事故가 때때로 발생하고 있다. 이에 반하여 용해아세틸렌은 이와같은 사고가 전연 없어 매우 안전하다. 또한, 용해 아세틸렌은 純粹하고 乾燥하고 있으므로 熔斷部의 성질이 良好하다. 그러나, 용해아세틸렌을 사용할 때는 기타 高壓가스를 취급할 때와 마찬가지로 細心한 주의를 하여야 하며, 특히 충격, 加熱, 裸火의 접근을 금지하여야 한다. 또한 실린더를 옆으로 뉘어서 사용할 수는 없다. 이것은 산소와 크게 다른 점이다.

(3) 酸　　素

산소는 보통 液体空氣를 分溜하여 제조되지만 때로는 물의 電氣分解를 이용 할 때도 있다. 산소는 鋼製실린더에 보통 35℃에서 150氣壓으로 충전되고 있다. 실린더는 壓力試驗을 한 다음 사용되지만 그 취급에 있어서는 역시 주의를 요한다. 용기의 어깨 部分을 綠色으로 塗裝한 것이 산소실린더, 黃色의 것이 아세틸렌 실린더이다.

산소는 −183℃에서 액화되어 액체산소가 된다. 液酸 1 容은 大氣壓下의 가스体酸素850容이 된다. 6000*l* 入실린더에 충전된 산소는 무게로 약8.4kg이나, 실린더자체의 무게는 약70kg이다. 따라서 가스체의 산소를 운반하는 것보다 液体酸素를 운반하는 것

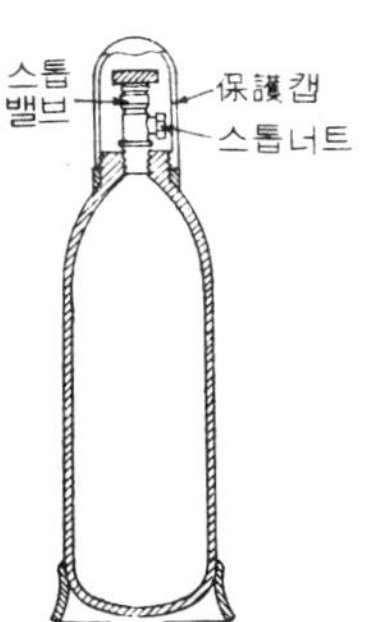

図 5.18 酸素실린더

이 훨씬 有利함으로 최근에는 酸素製造所로부터 액체산소를 운반하는 경우가 많게 되었다.

산소실린더는 0.55%C以下의 炭素鋼으로 제조하게 되어 있으나 現用실린더의 化學成分 (%) 는

C	Si	Mn	P	S	Cu
0.40~0.52	0.10~0.35	0.5~1.0	<0.04	<0.04	<0.25

이다. 또한 容量으로는 5000, 6000, 7000*l* 의 3種이 있으며, 이들 內容積은 各各33.5, 40.7, 46.7*l* 이다. 또한 頭部에는 黃銅製의 容器밸브(그림 5.19)가 붙어 있으며 밸브의 開閉에는 핸들을 左右에 돌리므로서 스템이 上下하게 되어 있다.

酸素실린더의 취급상 注意事項은, 衝擊을 주지 말 것, 항상 40℃이하로 유지되게끔 하고, 直射日光에 노출시키지 말 것, 밸브기타에 油脂類가 묻어 있지 않을 것. 밸브의 開閉는 조용히 할 것等이다.

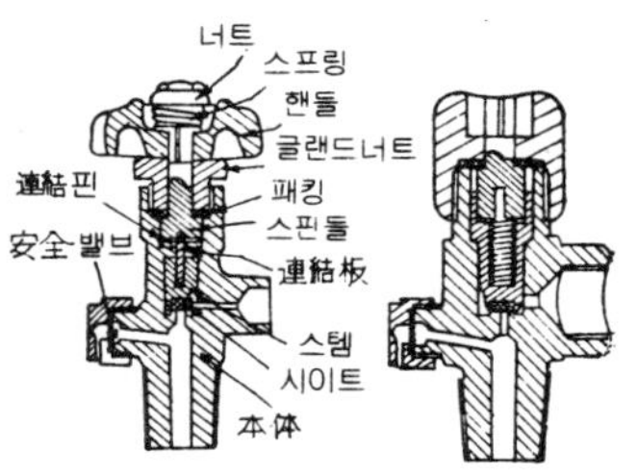

図 5.19 酸素容器밸브

(4) 壓力調整器

산소실린더, 용해아세틸렌, 산소아세틸렌配管 등의 압력은 매우 고압이므로, 이것을 실제로 熔斷作業에 필요한 압력으로 저하시켜 적당한 流量으로 確保하기 위하여는 그

림 5.20과 같은 **壓力調整器**를 각각 산소 및 아세틸렌에 대하여 사용한다. 그 **構造原理**는 그림 5.21과 같이 **調壓**나사(7)을 **右回轉**시켜 다이어프램을 밀어 내리면 가스導入口로부터 들어온 고압가스가 **一次側氣密室**을 통하여 밸브시이트와 **二次側氣密室** 사이에서 **減壓**되어서 가스導出口로 흘러나간다. 그리고 **一次側**과 **二次側**의 **壓力**은 각각의 **壓力計**에 의하여 지시된다. **調整器**의 **本体**는 **砲金鑄物**, **黃銅鍛造品** 및 **鑄鐵** 등으로 만들어지며, 다이어프램은 고무板 또는 얇은 **可燒金屬**

図 5.20 **压力調整器**

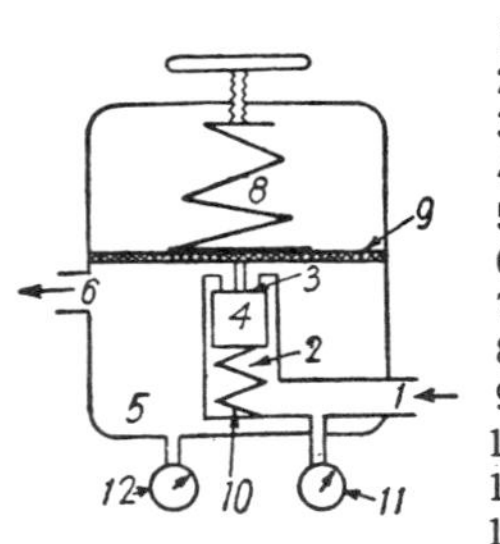

1. 가스導入口
2. 一次側氣密室
3. 시이트
4. 밸브
5. 二次側氣密室
6. 가스導出口
7. 調壓나사
8. 大스프링
9. 다이아프램
10. 小스프링
11. 一次側壓力計
12. 二次側壓力計

図 5.21 **壓力調整器**의 **原理**

図 5.22 **2段型压力調整器斷面**

板으로 만들어지고 있다. 또한 중요한 밸브시이트패킹에는 에보나이트, 고무, **弗素樹脂** 등이 쓰이고 있다.

　壓力調整器에는 밸브1개로 **調壓**하는 **1段型**외에 밸브2개로 **2段減壓**하는 **2段型**이 있다. 이것은 실린더**內**의 **壓力如何**에 불구하고 항상 **一定한** 가스**壓力**을 얻을 수 있는 잇점이 있다. 그림 5.22는 그 **斷面圖**이다.

　압력조정기는 예민하게 작용하는 것이므로 먼지가 들어가지 않도록 주의하고 또한 산소와 **化合**하기 쉬운 **油脂**, 구리스 **等**을 근접시켜서는 안된다.

(5) 매니폴드 **(連結器)**와 **配管**

　절단작업에서는 다량의 산소, 아세틸렌을 필요로 하므로, **多數**의 실린더를 **並列**로 매니폴드(manifold)로써 **直結**하여 사용한다. 예를 들어, 두께25mm의 **鋼板**을 절단할 때는 산소 소비량이 4 m³/h이므로 6m³의 실린더로는 1**時間半**에 공병이 된다. 따라서 절단량이 많은 때는 **數10個**의 실린더를 **直結**할 필요가 있다.

　매니폴드 또는 **發生器**로부터 **作業現場**으로 가스를 공급하기 위한 **配管**에 있어서 우선 문제가 되는 것은 그 **管徑**이다. 이를 위하여는 가스**流量**은 **瞬間最大流量**을 규준으로 잡고, 또한 배관길이 때문에 가스**壓力**이 저하하는 것도 고려하여야 한다. 현재로는

實驗데이터와 經驗에 따라 결정되고 있다. 또한 各 토오치로의 分岐部에는 적당한 壓力調整器를 설치하는 것이 좋고, 아세틸렌의 매니폴드出口에는 반드시　水封安全器를 설치할 필요가 있으며 또한 主配管에서 分岐配管으로 갈라지는 곳에도 安全器를 설치하여야 한다.

5.2.4　自動가스切斷機

정밀하게 加工된 切斷팁을 쓰고, 적당한 절단조건을 선정하면 절단면의 凹凸을 1/100mm 정도로 할 수 있으며 普通의 팁으로도 3/100~5/100mm 정도의 거칠기로　할 수 있어, 他工作機械의 切削에 맞먹는 精度가 얻어진다. 그러나 手動切斷에서는　表面의 凹凸이 자동절단시의 數倍 내지 數十倍가 되어 高精度는 기대하기 어렵다. 그러므로 精度가 높은 용접이음의 홈加工을 하기 위하여는 自動切斷機가 중요한 存在가된다.

(1) 直線切斷機

직선절단기는 直線레일上을 所望의 一定 速度로 주행하는 電動臺車에 1개 또는 數個의 토오치를 설치한 것이다. 小型의 자동절단기(그림 5.4참조)는 한사람이 자유롭게 갖고 다닐 정도로 輕量의 것이며, 길이 2m 정도의 小型앵글의 레일 또는 平板에 홈을 판 레일上에 올려놓은 것이고, 그 以上의 길이를 절단할 때는 레일을 이어서 사용한다. 그림 5.23은 3개의 토오치를 장치하여 同時에 X型 홈을 加工하는 자동절단기이며, 그림5.24는 소형자동가스절단기

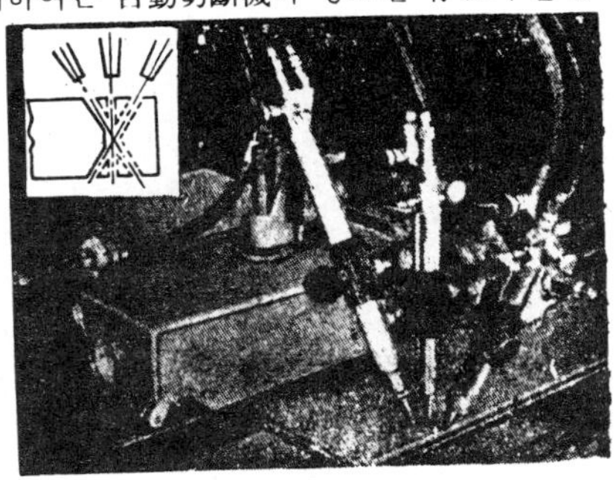

図 5.23　自動가스切斷器에 의한 X型홈加工

에 장치한 2개의 토오치로 軟鋼板의 兩側面에 V型 홈을 平行으로 加工하고 있는 모습이다. 이러한 平行切斷機에서 大型의 것은 프레임플레이너(그림 5.7 참조)라 하여 造船所 등에서 많이 이용되며, 서브머어지드아아크용접홈 等의 精密切斷에 있어 高能率을 발휘하고 있다. 走行臺車의 레일간격은 4.~7m나 되며, 홈(I, V, X型)切斷加工이 되게끔 3개의 토오치群이 2~4군데 설치되고 있다. 레일의 延長은 보통 30m 以上이고 그 直線度는 10m에 대하여 1/100mm 정도의 精度가 要望되고 있다.

(2) 型切斷機

曲線切斷은 그림 5.5와 같은 半自動가스절단기로 할 수도 있으나 同一形狀을 반복절단하는 경우에는 그림 5.8과 같은 多토오치式型切斷機를 사용한다. 이 기계

図 5.24　自動가스切斷機에 의한 平行切斷(板端에 V型홈加工)

에서는 앞쪽에 보이는 原型圖에 따라 光電管을 이용하는 自動트레이서(追跡裝置)로 움직이고, 이 움직임을 토오치의 支持臺에 전달해서 同時에 8個의 절단이 可能하다.

　型절단기에서는 原型의 트레이서(tracer)方式으로는 i) 手動式, ii) 機械的, iii) 電磁石利用, iv) 光學的 및 v) 光電管利用의 諸方式이 있다.

　최근, 工作機械의 自動化의 영향을 받아 **數値制御方式**의 자동가스절단기가 實用化되고 있다. 종래의 方法은 型板(template)을 기계적, 電磁的, 또는 光學的으로 追跡하는 形式을 취하고 있으나 수치제어방식은 그림 5.25와 같이 절단해야 할 曲線을 折線 AB, BC, CD, ……로 近似시킨다. (예, 誤差 0.1mm以下). 이것을 補間操作이라 한다. 토오치의 中心 A′, B′ 間의 X, Y兩座標의 差 Δx, Δy 를 數値로 나나내고, 이 값에 正比例하는 個數의 電流펄스(pulse) (가령, 0.1mm의 整數倍)를 두어, 토오치를 Δx, Δy mm 씩 이동시킬수 있도록 연구되고 있다. 즉, 切斷치수를 펀칭테이프에 옮겨, 이것

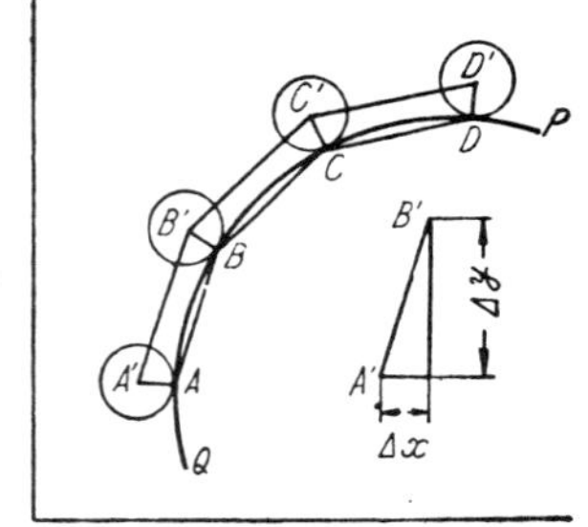

図 5.25　切斷曲線의 補間

을 수치제어장치에 걸어서 磁氣테이프를 만들고, 이 자기테이프를 써서　토오치를 移動시킴으로써 自動型切斷을 하는 것이다. 이와같이 함으로써 全體的인 절단경비가 저렴해지는 것으로 알려있다.

(3) 모노폴自動가스切斷機

　型切斷機의 型板을 쓰지 않고, 그대신 寫眞陰画에 의하여 光學的으로 자동제어하여 복잡한 圖形이 절단될 수 있는 새로운 방식이 최근 실용화되고 있다. 그림 5.26은 시이하우社의 모노폴(monopol)自動가스切斷機의 모습이다.

　이 機械의 兩아암(arm)은 同時에 3 × 12m의 2枚의 鋼板을 對稱形 또는　一定比率

図 5.26　모노폴自動가스切斷機

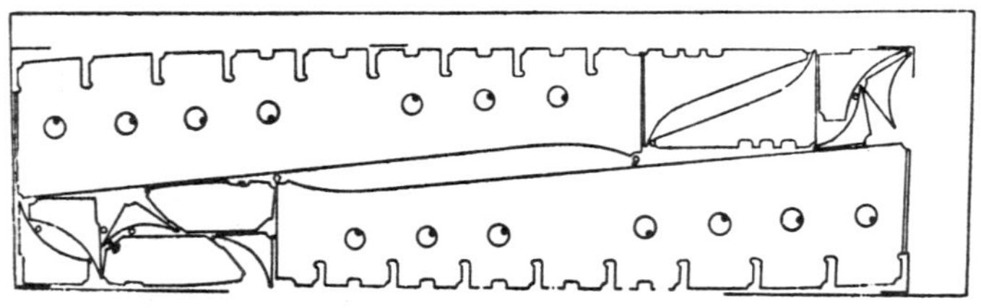

図 5.27　모노폴에 의한 鋼板切斷圖形의　一例

의 形狀으로 切斷할 수 있다. 이것은 우선, 實物의 1/10 縮尺圖를 그리고, 이것을 나시 1/10의 寫眞乾板에 촬영하여, 이 乾板을 콘트롤裝置內에 揷入하여 절단을 한다.

그림 5. 27의 例와 같이, 절단해야 할 圖形을 잘 配置해서 材料를 100%有効하게 사용할 수가 있어 工作能率의 向上에 威力을 발휘하고 있다.

5.2.5 特殊切斷機

가스切斷의 진보에 따라, 從來의 산소아세틸렌切斷으로는 不可能했던 特殊鋼, 非鐵金屬의 切斷, 水中切斷, 가우징, 스카아핑 等과 같은 특수분야가 개척되었으며, 절단기도 이에 맞는 것이 考案되고 있다.

(1) 酸素프로판가스切斷機

전술한 바와 같이 프로판切斷은 그 安全性, 經濟性 및 切斷面의 깨끗함 때문에 최근 잘 사용되게 되었으나, 燃燒速度가 늦기 때문에 火炎이 불어날리는 것을 방지하기 위하여 그림 5. 12와 같은 外袋가 붙은 절단팁을 사용한다.

(2) 其他의 特殊切斷機

일반적인 가스切斷과는 그 취지를 달리한 절단기가 가우징用, 스카이핑用, 水中切斷用, 粉末切斷用, 酸素槍用 등에 쓰이고 있으나 이들에 대해서는 5.5, 5.6節에서 설명한다.

5.3 가 스 切 斷 方 法

5.3.1 切 斷 의 基 礎

가스절단을 效率좋게 經濟的으로 하기 위하여는 가스切斷現象에 대한 基礎知識이 필요하다.

(1) 切斷에 影響하는 因子

가스切斷結果의 良否는 다음 事項에 의하여 判定한다.

(가) 切斷效率이 좋을 것(經濟的일 것).

(나) 切斷面의 形狀이 좋을 것.

(다) 切斷精度가 좋을 것.

가스切斷으로 良好한 切斷部를 얻기 위하여는 다음點에 주의하여야 한다.

(i) 팁의 크기와 形態

(ii) 酸 素 壓 力

iii) 切 斷 速 度

(iv) 切斷材의 두께

(v) 切斷材의 材質

(vi) 切斷材의 表面狀況

(vii) 使用가스, 特히 酸素의 純度

(viii) 豫熱炎의 强度

(ix) 切斷材 및 酸素의 豫熱温度

(x)　팁의 距離 및 角度

(xi)　其　　他

(2) 드 래 그

가스切斷을 定速度로 할 때는 切斷溝下部에 가까울 수록, 슬래그의 妨害, 酸素의 汚染, 酸素速度의 低下 等에 의하여 酸化作用과 切斷이 늦어져 切斷面을 보면, 그림5.2 및 그림 5.28과 같이 거의 一定間隔의 平行曲線이 나타난다. 이 곡선을　드래그라인 (drag line)이라 하며, 進行方向으로 測定한 하나의 드래그라인始終兩端의 거리를 드래그(drag) 또는 드래그의 길이라 한다.

드래그의 길이는 主로 절단속도, 산소소비량 등에 따라 변화한다. 예를 들어, 절단속도를 늦게 하면 드래그도 零이 된다. 그림 5.29는 드래그의 길이와 절단속도의 관계이다.

一定한 절단속도하에서 그림 5.30과 같이 산소소비량(壓力)이 적으면, 드래그가 길고 슬래그가 부착하여 절단면이 좋치 않으나, 산소소비량이 증가하면 드래그가 점차로 짧아진다. 그러나, 산소압력을 증가시켜도 그 以上　드래그가 짧아지지 않는 限界가 있다. 경제적으로는 될 수 있는대로 긴 것이 좋지만, 절단終端에 있어 未切斷部가 남지 않을 정도의 드래그를 「標準드래그길이」로 하는 것이 보통이며, 그 값은,

図 5.28　드래그라인

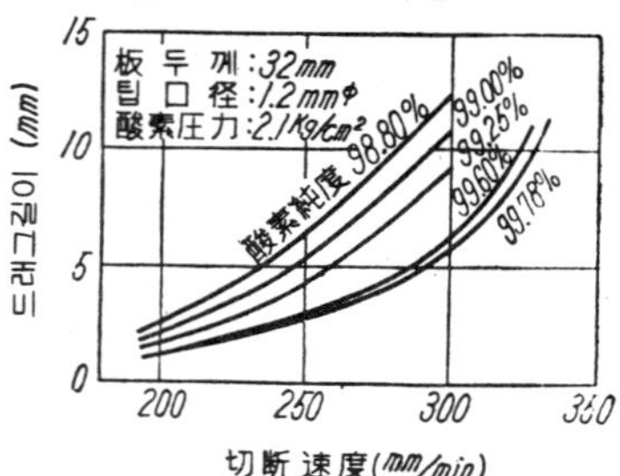

図 5.29　드래그의 길이에 미치는 切斷 速度와 酸素純度의 影響

板두께mm	12.7	25.4	51	51~152
드래그의 길이mm	2.4	5.2	5.6	6.4

(3) 切 斷 速 度

切斷速度는 가스절단의 良否를 판정하는데 있어 중요한 因子이며, 이것에 영향을 미

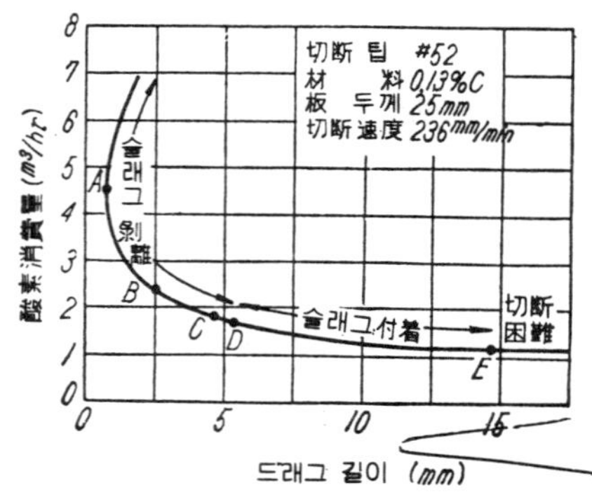

図 5.30　드래그의 길이와 酸素消費量의 關係

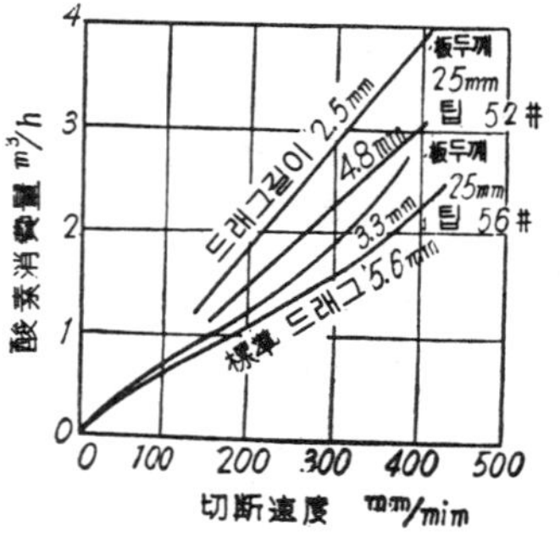

図 5.31　切斷速度와 酸素消費量

치는 것은, 산소압력, 母材温度, 산소의 純度, 팁의 形狀 등이다.

가) 酸素壓力 절단산소의 압력이 높고, 따라서 산소소비량이 많을수록 절단속도는 그림 5.31과 같이 거의 비례적으로 증가한다. 이 그림은 板두께 25mm의 軟鋼板切斷의 경우이다. 또한 여러가지 두께의 鋼板을 드래그를 거의 0으로 하여 절단할 때의 팁口徑과 單位절단길이當의 酸素消費量의 관계는 그림 5.32와 같으며, 薄板에서는 대략 直線的으로 변화하고 소비량증가는 主로 切斷溝의 幅增加에 의하나, 이에 反하여 厚板에서는 팁口徑이 작은 경우에 절단속도가 늦게 되어 오히려 單位길이當의 산소소비량이 증가하는 범위가 존재한다. 따라서 板두께에 따라 적당한 팁口徑과 산소압력을 선정하여 절단하는 것이 경제적이다.

나) 母材의 温度(熱間切斷) 절단속도는 모재의 온도가 높을수록 빨라진다. 一例를 그림 5.33에 표시한다. 炭素鋼에서는 共析鋼(C≒0.75%)이 가장 절단속도가 빠르고, 低炭素 및 超共析鋼은 절단속도가 약간 늦다. 최근에는 鋼材의 壓延이나 鍛造過程에 있어서 1000~1250℃부근의 高温高速切斷이 採用되고 있다.

다) 酸素의 純度 산소의 순도가 낮아지면 절단속도가 현저하게 저하되고 절단면의 外觀도 나빠진다. 그림 5.34는 板두께 20mm의 軟鋼의 自動가스절단에 있어서 절단속도와 절단단위길이 1m當의 산소소비량에 미치는 산소純度의 영향을 비교한 것이며, 불순물이 절단능력을 현저하게 低下시키는 것을 나타내고 있다. 現在로는 純度99.5%이상의 산소의 入手가 容易하지만 純度의 영향이 현저한 理由는 다음과 같이 생각되고 있다. 즉, 산소절단에 있어서 豫熱炎이 鐵을 약700℃以上으로 가열하면 산소가 직접 철과 반응하여 FeO가 생긴다. FeO의 融點은 鐵의 용점보다 낮으므로 가스제트에 불어날려서 새로운 鐵의 表面이 노출하게 되어 산소와의 새로운 反應이 일어나고 그 反應熱로 인하여 母材가 더욱 加熱된다. 산소와 鐵과의 反應速度는 酸素分壓의 平方根에 比例하며 이것은 산화물을 제거하는 速度에 비례한다. 산소中에 불순물이 있으면 절단표면에 생긴 불순물의 슬래그가 산소의 擴散을 妨害하고 鐵과 산소의 反應을 현저하게 지연시키게 되므로 절단속도가 급격하게 저하한다. 따라서 만일 절단표면의 산화물을 급속하게 제거하는 방법을 講究해야한다.

라) 팁形狀 가스절단의 절단속도는 절단산소의 噴出形狀과 속도에 따라 크게 左右

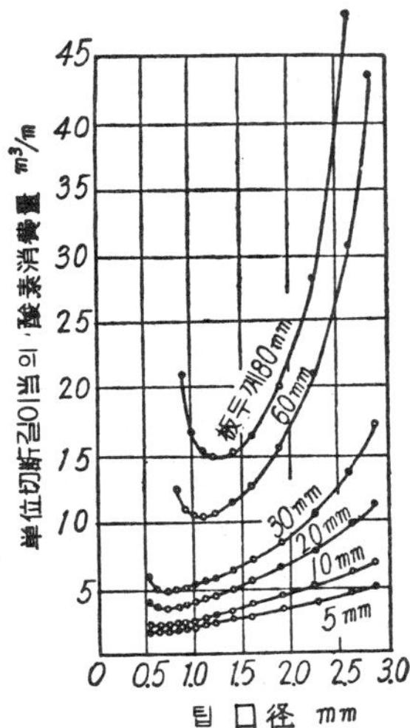

図 5.32 酸素消費量과 팁口徑, 板두께의 關係
(零드래그切斷)

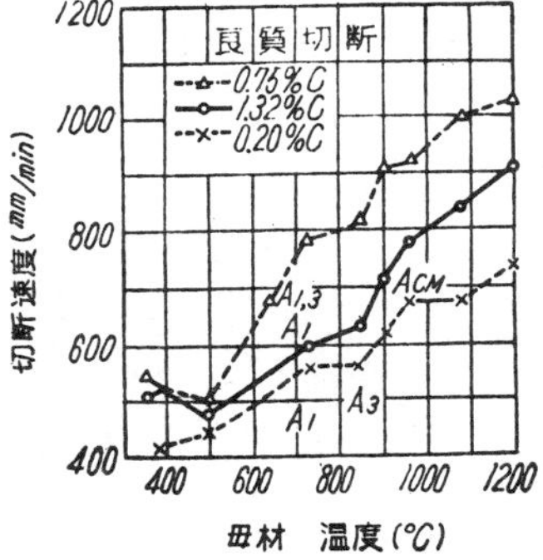

図 5.33 熱間切斷에서의 切斷速度와 母材温度

된다. 슈리이렌寫眞裝置를 이용하여　噴流의 形狀이 여러가지로 연구되고 있다. 그中 다이버젠트노즐은 高速噴流를 얻는데 最適의 것이며 그림 5. 35(a)와 같이 보통의 팁에 비하여 절단속도가 동일한 조건하에서는 산소소비량을 25~40% 절약할 수 있으며, 또한 산소소비량이 같을 때는 同圖(b)와 같이 절단속도를 20~25% 증가할 수 있다.

절단산소의 팁口徑은 板두께에 따라 적당하게 변화시켜야 하며 실험에 의하면 兩者間에는 그림 5. 36과 같은 관계가 있다.

(4) 豫　熱　炎

가스切斷의 豫熱炎(preheating flame)의 역할은, 우선 절단개시점을 급속하게 연소온도로 가열하는 것이나, 이외에 절단진행중에 절단부로부터 전열이나 복사에 의하여 손실되는 열을 보충함으로써 계속 절단부를 연소온도로 유지하는 작용을 갖으며, 또한 鋼材表面의 스케일을 剝離熔解하여 절단산소와 鐵의 反應을 촉진하는 것이다. 이외에 그림 5. 37의 슈리이렌사진에서와 같이 절단산소噴出의 速

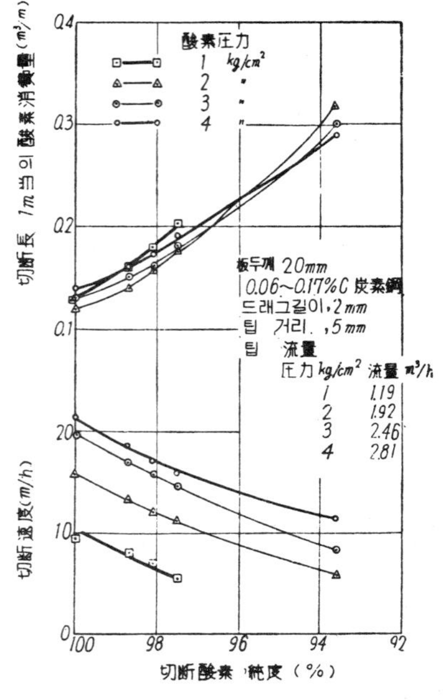

図 5.34　自動가스切斷에서의　切斷速度와 單位 길이當의 酸素消費量에　미치는 酸素純度의 影響

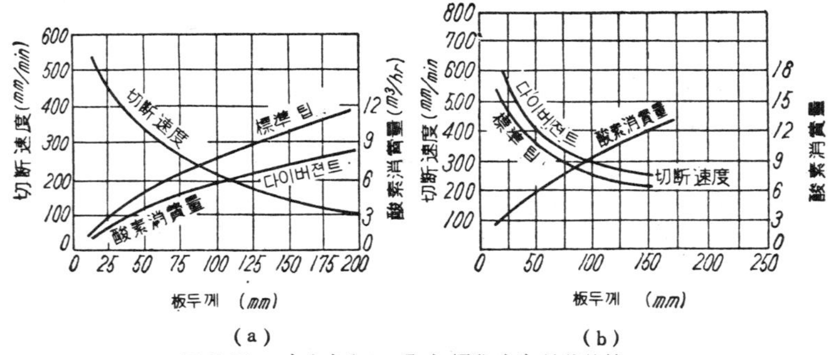

（ a ）　　　　　　　（ b ）

図 5.35　다이버젠트노즐과 標準팁의 性能比較.

度減衰를 방지하는데도 도움이 된다.

豫熱炎이 절단산소孔과 同心円上의 구멍에서 나오는 形式에서는 토오치를 前後左右 어느方向으로 움직여도 切斷이 계속되는 利點이 있으나 豫熱炎의 半이 허비가 된다. 이에 대하여 그림 5. 6과 같이 절단산소팁과 豫熱炎팁이 一平面内에 있는 형식에서는 直線 또는 緩曲線의 절단이 가능하나 토오치를 左右나 後方으로 움직일 수 없는 不便이 있으며, 切斷溝幅은 비교적 적고 절단면이 깨끗한 利點이 있다.

豫熱炎이 너무 强하면,

　가)　切斷面의 上線이 용융하여 염주모양이 되
　　　고 角이 져서 좋지 않다.

　나)　裏面에 슬래그의 부착이 많아진다.

　다)　必要以上으로 강하면, 불꽃이 팁에서　떨
　　　어지게 된다.

또한 너무 弱하면,

　가)　절단속도가 감소하여 절단이 中斷되기 쉽다.

　나)　드래그가 增大하여 뒷面까지 貫通하기 힘
　　　들게 된다.

　다)　逆火가 일어나기 쉽다.

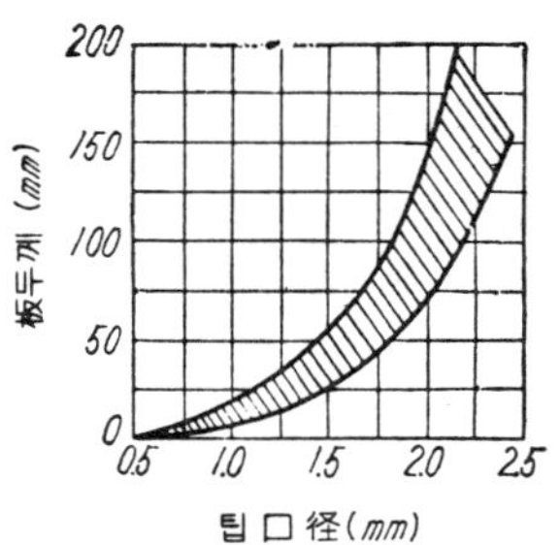

図 5.36　軟鋼의 自動가스切斷에
　　서의 板두께와 팁口径과의
　　關係

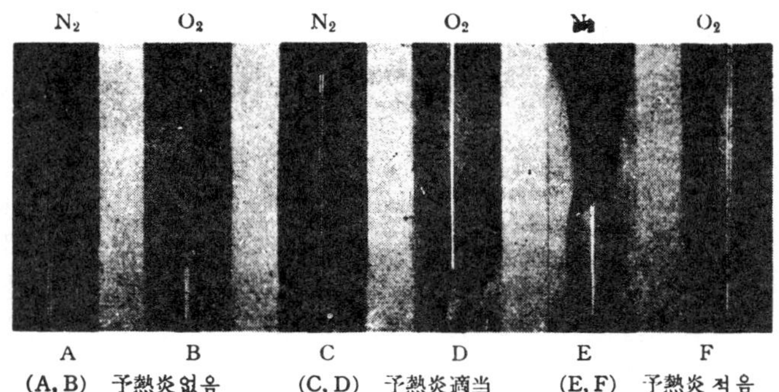

図 5.37　切斷酸素噴流에 미치는 豫熱炎 有無의　影響(팁口径1.5mm, 酸素壓力 6.0kg/cm²)

또한 逆火에 대하여는, 5.3.2項의　(3)을 참조하기 바란다.

豫熱의 强度에 대하여는 다음式이 適用된다.

$$Q = 0.00156T + 0.0504$$
$$= 0.226P + 0.184$$
$$= 0.00062K + 0.467$$

단,

　　Q : 豫熱用酸素의 消費量 m³/h

　　T : 板두께 mm

　　P : 豫熱用酸素의 壓力 kg/cm²

　　K : 切斷用酸素의 消費量

(5)　팁距離 및 溝幅

　팁先端부터 母材表面까지의 간격, 즉 팁距離는　豫
熱炎의 白心先端이 母材表面에서 약1.5~2.5mm上方에
있는 정도가 좋은데 이것이 너무 적으면　절단면上線
이 용융되고, 또한 이 部分이 현저하게 加炭된다. 그

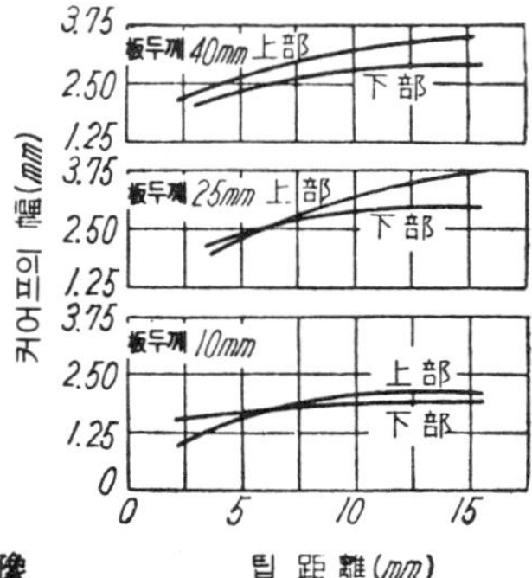

図 5.38　切斷溝(커어프)의 幅에
　　미치는 팁距離의 影響.

림 5. 38은 팁距離와 커어프(kerf, 切斷溝)幅과의 관계를 표시한 것이며, 팁距離가 커지면 幅이 점차로 커진다.

5. 3. 2 切斷操作 및 切斷條件
(1) 切 斷 準 備

가스절단장치는 아세틸렌發生器에 의한 아세틸렌을 사용할 때는 그림 5. 39와 같이, 또한 용해아세틸렌을 사용할 때는 그림 5. 40과 같이 連結한다. 이 연결은 가끔 爆發危險을 수반하므로 愼重을 기하여야 하며, 특히 아세틸렌發生器를 쓰는 경우에는 위

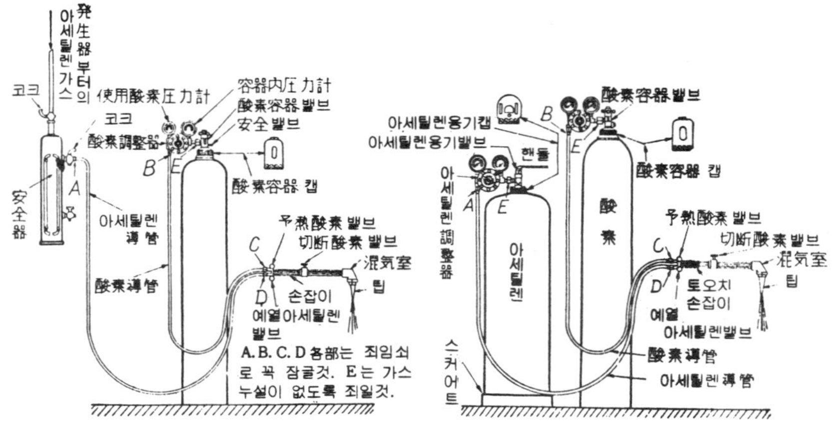

圖 5.39 가스切斷裝置의 連結(發生 器아세틸렌을 使用)

圖 5.40 가스切斷裝置의 連結(溶解 아세틸렌을 사용)

험성이 많으므로 법규에 의한 안전규칙이 지켜져야 한다. 절단에 사용하는 가스의 연결에 대하여는 前述한 바와 같으나 要는 가스누설이 없게 주의할 것과 導管内에 먼지나 異物이 들어가지 않도록 하나의 器具를 연결할 때마다 가스를 불어내서 먼지, 異物을 불어내 도록 하는 것이다. 이때, 가스를 火氣로 향하게 하면 위험하다. 토오치를 붙이는 경우에도 가스가 새지 않도록 나사를 꼭 죄이고 고무호오스의 삽입부분도 죄임쇠로 꼭 죄이도록 한다. 연결이 전부 끝나면 토오치 의 밸브를 닫고, 容器나 조정기의 밸브를 열어 비누 물을 器具나 導管에 발라서 누설점검을 한다. 고무호오스는 물을 채운 양동이에 담궈서 점검을 한다.

절단개시에 있어서는 절단재의 板두께에 따라 表5. 5 5. 6과 같은 적당한 孔徑의 팁을 붙이고 또한 산소와 아세틸렌의 壓力을 所定値에 조절한다. 이를 위하여는 토오치의 아세틸렌밸브와 切斷酸素밸브를 獨立的으로 열고 각각의 실린더調整器를 조절하여 規定壓力으로 한다. 다 음, 토오치의 아세틸렌밸브만을 1/4만을 열어 點火한다.

點火는 성냥이나 걸레 등의 有機物을 사용하지 말고, 가스切斷用의 라이터(點火器)를 사용한다. 다음, 이 밸브를 全開하면 黑煙을 발하면서 아세틸렌이 연소한다. 그런 다음, 豫熱酸素밸브를 조금씩 열어서 白心의 길이를 보면서 그림 5.41과 같이 불꽃을 中性으로 한다. 그리고 切斷酸素밸브를 열어서 절단산소를 放出하면 豫熱炎이 同圖(b)와 같이 약간 아세틸렌過剩이 되므로 다시 예열용산소밸브를 열어 (c)圖와 같이 中性炎으로 한다. 그 後에는 切斷산소를 일단 닫어 豫熱炎만으로 절단재료의 끝을 예열한다.

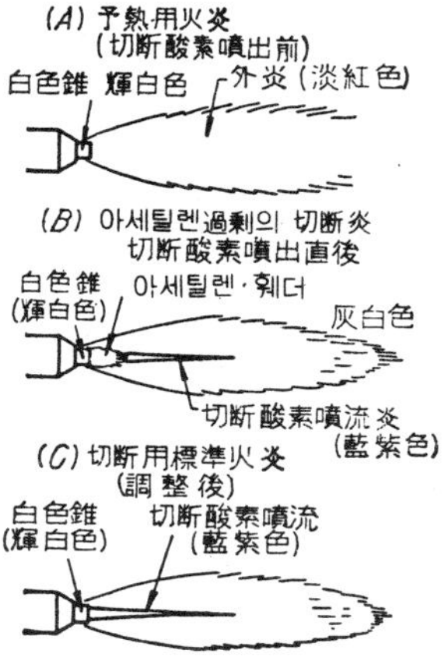

(2) 切斷操作 및 條件

切斷器는 그림 5.1과 같이 保持하고 절단개시에 있어서는 豫熱炎만으로 切斷開始點을 그림 5.42와 같이 加熱한다. 팁은 板表面에 直角으로 하고, 白心의 先端1.5～2.5mm정도의 곳이 板表面에 닿도록 한다. 開始點이 燃燒溫度(輝赤色)로 됐을 때 切斷酸素의 밸브를 열면 瞬時間에 절단이 행해지므로 切斷이 板表面까지 貫通된 것을 확인한 다음 切斷線에 따라 적당한 속도로 팁을 이동시켜 절단한다. 切斷終了時에는 우선 절단산소를 정지시키고, 다음 豫熱炎의 산소밸브를 닫고서 최후로 아세틸렌의 밸브를 닫는다

(ⅰ) 手動가스切斷條件

軟鋼板의 手動切斷標準條件은 表 5와 같다. 절단板두께가 두꺼워질 수록 팁口徑(切斷酸素孔直徑)이 커지며, 또한 산소, 아세틸렌壓力이 증가한다. 豫熱炎用 아세틸렌壓力은 토오치나 팁의 構造形式에 따라 크게 左右되나, 절단산소압력의 대략1/10정도로 취한다. 表에서는 참고삼아 兩가스의 소비량도 표시되고 있다. 이表는 하나의 指標가 되는 것이므로, 이와 다른 조건으로도 물론 절단을 할 수도 있다.

(ⅱ) 自動가스切斷條件

軟鋼板의 자동가스절단표준조건은 表 5.6과 같다. 同一板두께, 同一가스소비량의 경우에는 수동가스절단에 비하여 그 절단속도가 상당히 빠른 것이 인정되고 있다.

(ⅲ) 切斷面의 良否

수동 또는 자동가스절단에 있어서 아름다운 절단면을 얻기 위하여는 다음과 같은 점에 주의를 하여야 한다.

가) 팁口徑치수, 산소 및 아세틸렌가스의 壓力 및 절단속도는 板두께에 따라 適當한 값을 선정할 것.

나) 절단산소噴出孔 및 豫熱炎孔을 청소하여 가스의 流出을 均一하게 한다.

다) 팁의 높이와 角度를 항상 一定하게 유지한다.

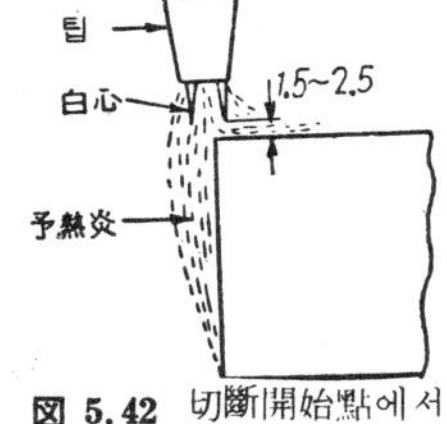

図 5.41 切斷用火炎의 調整

図 5.42 切斷開始點에서의 豫熱炎의 位置

表 5.5　手動가스切斷條件(軟鋼, 豫熱없음)

板 두 께 mm	팁 口 徑 mm	切斷压力 kg/cm²		切斷速度[†] mm/min	가스消費量 m³/h	
		酸 素*	아세틸렌**		酸 素	아세틸렌
3	0.5~1.0	1.0~2.1	0.21	510~760	0.5~1.6	0.17~0.26
6	0.8~1.5	1.1~1.4	0.21	410~660	1.0~2.6	0.19~0.31
9	0.8~1.5	1.2~2.1	0.21	380~610	1.3~3.3	0.19~0.34
12	1.0~1.5	1.4~2.2	0.21	305~560	1.9~3.6	0.28~0.37
19	1.2~1.5	1.7~2.5	0.21	305~510	3.3~4.1	0.34~0.43
25	1.2~1.5	2.0~2.8	0.21	230~460	3.7~4.5	0.37~0.45
38	1.5~2.1	2.1~3.2	0.21	150~305	4.2~6.4	0.43~0.57
50	1.7~2.1	1.6~3.5	0.21	150~330	5.2~6.5	0.45~0.57
75	1.7~2.1	2.3~3.9	0.28	100~255	5.9~8.2	0.45~0.65
100	2.1~2.2	3.0~4.0	0.28	100~210	6.7~11.0	0.57~0.74
125	2.1~2.2	3.9~4.9	0.35	90~160	7.9~12.3	0.57~0.82
150	2.5	4.5~5.6	0.35	75~140	11.3~16.1	0.71~0.90
200	2.5~2.8	4.0~5.4	0.42	65~110	14.3~17.7	0.85~1.10
250	2.5~2.8	4.6~6.8	0.42	50~80	17.3~21.2	1.02~1.30
300	2.8~3.0	4.1~6.0	0.42	35~65	20.4~26.2	1.19~1.55

*) 호오스의 길이가 8mm以上인 때는 그 压力을 높여야 한다
**) 予熱用아세틸렌의 压力은 토오치나 팁의 型式에 따라 상당히 다른 点에 注意.
†) 熟練者일 수 록 切斷速度를 빠르게 할 수 있다.

表 5.6　自動가스切斷條件(軟鋼, 豫熱없음)

板 두 께 mm	팁 口 徑 mm	切斷压力 kg/cm²		切斷速度[†] mm/min	가스消費量 m³/h (1時間当)	
		酸 素*	아세틸렌**		酸 素	아세틸렌
3	0.5~1.0	1.0~2.1	0.21	560~810	0.5~1.6	0.14~0.26
6	0.8~1.5	1.1~2.4	0.21	510~710	1.0~2.6	0.17~0.31
9	0.8~1.5	1.2~2.8	0.21	480~660	1.3~3.3	0.17~0.34
12	0.8~1.5	1.4~3.8	0.21	430~610	1.8~3.5	0.23~0.37
19	1.0~1.5	1.7~3.5	0.21	380~560	3.3~4.5	0.34~0.43
25	1.2~1.5	1.9~3.8	0.21	350~480	3.7~4.9	0.37~0.45
38	1.7~2.1	1.6~3.8	0.21	300~380	5.2~6.8	0.39~0.51
50	1.7~2.1	1.6~4.2	0.21	250~350	5.2~7.4	0.45~0.57
75	2.1~2.2	2.1~3.5	0.28	200~280	5.9~9.4	0.45~0.65
100	2.1~2.2	2.8~4.2	0.28	160~230	8.3~10.9	0.59~0.74
125	2.1~2.2	3.5~4.5	0.35	140~190	9.8~11.6	0.65~0.82
150	2.5	3.1~4.5	0.35	110~170	11.3~13.9	0.74~0.91
200	2.5	4.2~5.3	0.42	90~120	14.4~17.7	0.88~1.10
250	2.5~2.8	4.9~6.3	0.42	70~100	17.3~21.2	1.05~1.27
300	2.8~3.0	4.8~7.4	0.42	60~90	20.4~24.9	1.19~1.47
350	2.8~3.0	7.4	0.42	50~80	23.5~29.6	1.36~1.67
400	3.2~4.0	7.7	0.49	45~75	26.5~38.6	1.62~1.99
450	3.7~4.0	8.4	0.49	43~75	29.6~47.7	1.84~2.35
500	4.0~5.0	9.5	0.49	38~75	32.8~58.2	2.12~2.81

*) 호오스길이가 8m以上인 때는 이 压力을 높여야 한다.
**) 豫熱用아세틸렌压力은 토오치나 팁의 型式에 따라 상당히 다른 點에 注意
†) 熟練者일수록 切斷速度를 빠르게 할 수 있다.

라) 高純度의 酸素(99.5%以上)를 사용할 것.

마) 母材表面의 스케일, 녹을 제거할 것.

例를 들어, 上線이 녹고 下部가 파여지는 切斷面은, 주로 절단속도가 너무 늦을 때 생기기 쉬우나, 이외에 豫熱炎이 너무 强하거나 산소분출량이 過大한 것도 그 원인이 될 수 있다. 또한 드래그의 길이가 너무 큰 것은 절단속도가 너무 빠른 것을 의미한다. 또한 下面에 슬래그가 부착하는 것은 절단산소압력의 부족, 예열불꽃이 너무 센 것에 起因함으로, 그 대책으로서 산소압력의 증가, 가벼운 예열 또는 팁거리를 조금 크게 하면 有效하다.

(iv) 酸素프로판가스切斷條件

전술한 바와 같이 산소프로판가스炎을 豫熱炎으로 하는 산소절단이 최근 사용되게 되었다. 그 절단조건을 표 5.7에 표시한다.

(3) 安　　　全

(i) 保護眼鏡

가스절단에 있어서는, 불꽃, 특히 白心에서 발하는 强한 紫外線, 赤外線에서 눈을 보호하기 위하여 **보호안경**(goggles)(色안경)을 사용한다. 그 遮光度番號(JIS B9902)로는 切斷火炎이 강해짐에 따라

表 5.7 酸素프로판가스切斷條件(軟鋼)

	板두께 mm	팁口径 mm	酸素圧力 kg/cm^2	프로판圧力 kg/cm^2	切斷速度 mm/min
自動切斷	6	1.0	1.8	0.21	850
	12	1.1	2.1	0.25	915
	19	1.3	2.0	0.21	495
	25	1.6	2.5	0.25	368
	50	1.6	2.7	0.28	267
手動切斷	3	1.1	1.1	0.14	—
	12～19	1.3	2.1	0.21	—
	25～32	1.6	2.5	0.21	—
	50	1.6	3.2	0.21	—
	100	2.3	4.6	0.28	—
	200	2.8	7.4	0.35～0.42	—
	300	3.6	10.0	0.49	—

No.5 (綠, 黃褐)～No.7 (濃綠, 濃黃褐)의 렌즈를 사용한다.

(ii) 逆　　　流(contra flow)

아세틸렌發生器에서 공급되는 아세틸렌가스는, 低壓, 中壓에서도, 토오치의 인젝터 作用으로 산소의 압력에 의하여 吸引되는 장치로 되어 있으나 만일 팁끝이 막히면, 아세틸렌보다 산소壓이 강하기 때문에 산소가 아세틸렌導管內로 흘러들어가서 水封式安全器에 流入한다. 만일, 安全器가 不完全하면 산소가 아세틸렌발생기내에 들어가 폭발이 일어나게 된다. 이것이 逆流이다. 단, 용해아세틸렌에서는 安全器를 쓰지 않아도 이와같은 사고가 일어나지 않는다.〔5.2節(3) - (2) 참조〕

(iii) 逆　　　火(back fire)

逆火는 토오치의 취급이 나쁨으로 인하여 순간적으로 불꽃이 토오치의 팁끝속으로 펑하는 소리를 내고 빨려들어가 다시 나타나거나 또는 완전하게 消滅되는 現象이다. 逆火가 일어나는 것은 팁이 절단물에 접촉했을 때, 가스壓力이 不適當한 때, 팁의 죄어붙임이 불충분하기 때문이다. 다음에서 설명하는 引火의 경우처럼 重大한 것은 아니므로 토오치의 밸브를 닫고 各接續部를 點檢한 다음 再點火하면 된다.

(iv) 引　　　火(flash back)

引火는 불꽃이 混氣室까지 逆行하는 것이며, 이것이 다시 不完全한 安全器를 통하여

發生器까지 가서 폭발을 일으킴으로써 **死傷事故**를 야기하는 일이 있다. **引火**가　생기면 즉시 토오치의 산소밸브를 닫고. 다음 아세틸렌밸브를 닫아서 **混氣室**에서 불을 끄도록 할 필요가 있다. 다음 **調整器**의 밸브를 닫어 **引火**의 원인을 검토한 다음이 아니면 재점화해서는 안된다. **引火**의 **原因**으로서　생각될 수 있는 것은 팁의 **過熱**, 팁의 막힘, 팁의 죄임불충분, 팁의 시이트맞춤**不良** **各器具**의 연결**不良**, 먼지의 부착, 가스**壓力**의 부적당, 호오스의 비틀림**等**을 들 수 있다.

引火나 **逆火**가 일어나는 것은　산소아세틸렌의 분출속도가 불꽃의 연소속도보다 늦어질 때이다. 따라서 가스**壓力**이 부족한 경우에는 **引火**나 **逆火**가 특히 일어나기 쉽다. 그림 5.43은 팁口徑1.93mm의 팁에 대한 각종 산소아세틸렌**混合**가스炎의 **安定域**을 표시하는 것이며, **流量**, 즉, **噴出速度**가 늦은 곳에 **逆火**나 **引火**가 일어나는 **危險域**이 존재한다. 특히 **酸性炎**에서는 불꽃의 연소속도가 빨라서 **逆火**가 일어나기 쉽다. 가장 위험한 것은 아세틸렌 약30%의 **酸性炎**이다. 그러나, **中性炎**(아세틸렌50%)에서는 넓은 **流量範圍**에 걸쳐 **安定**하다.

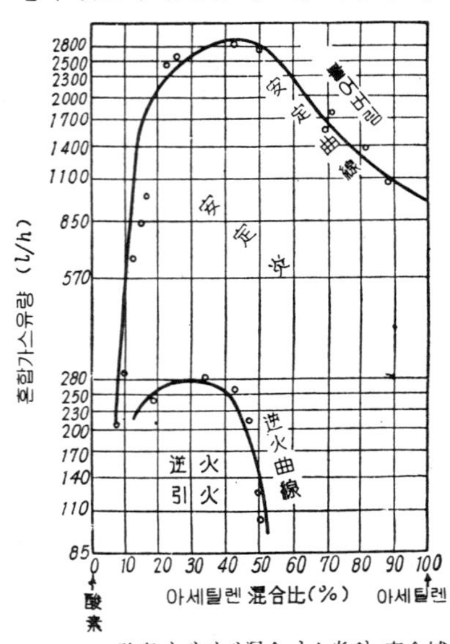

図 5.43　酸素아세틸렌混合가스炎의 安全域
(팁. 1.93mm)

5.4　가스切斷面의 性質

5.4.1　切斷面의 凹凸

炭素鋼의 가스절단에서는 절단조건만 적당하면 **凹凸**이 매우 적은 절단면을 얻을 수 있으며, 그대로 용접이음의 홈으로서 이용되고 있다. 예를 들어 **板**두께 20mm의 **軟鋼**의 자동가스절단에서는 **凹凸**의 **山**에서 골까지의 높이가 대략0.03~0.05mm 정도이며, 인접하는 **山**의 간격은 대략 0.5mm정도이다. 그러나 **手動**절단에서는 **凹凸**이 그　**數倍**인 0.06~0.18mm, **山**의 간격이 약0.7~1.5 mm 정도이다. 그러나, 자동가스절단에서도 절단기가 도중에서 걸려 토오치가 1~2초간 정지하면 그림의 (d)와 같이 큰 오목部(가스놋치)가 생긴다.

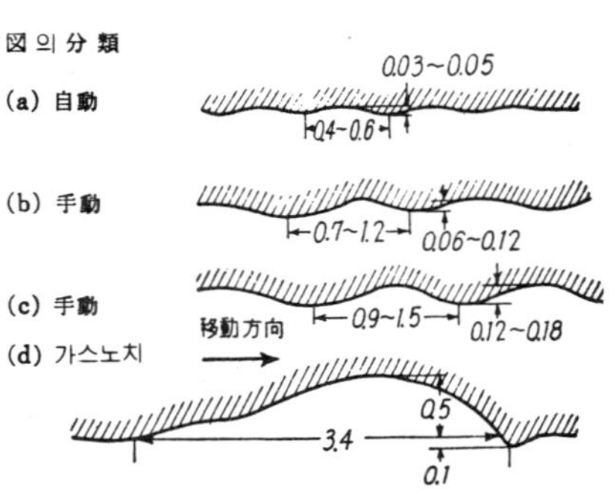

図 5.44 가스切斷面의 凹凸(板두께 20mm의 軟鋼,
切斷面, 上面中央, 下面의 凹凸平均)

5.4.2 溫 度 分 布

가스절단에서는, 절단면부근의 모재가 場所에 따라서 여러가지 溫度로 急熱急冷된다. 가령, 板두께25mm의 軟鋼의 가스절단면부근에 대한 溫度사이클 例를 표시해 보면 그림 5. 45와 같다. 이때 切斷面부터 25mm 떨어진 곳에서는 最高加熱溫度가 200℃이하이다.

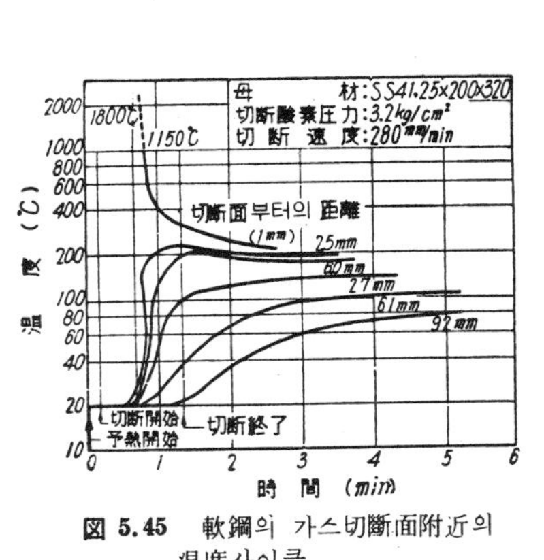

図 5.45 軟鋼의 가스切斷面附近의 溫度사이클

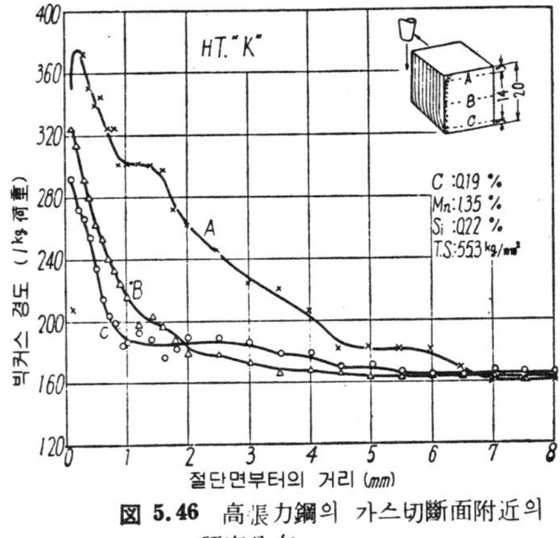

図 5.46 高張力鋼의 가스切斷面附近의 硬度分布

5.4.3 硬度 및 顯微鏡組織

炭素鋼의 가스절단면은 急冷에 의하여 燒入硬化되나, 그 정도는 材質, 板두께, 및 절단조건에 따라 달라진다. 일반적으로 軟鋼에서는 硬化가 적고, 高張力鋼에서는 상당히 硬化하며, 防彈鋼板 등의 合金鋼에서는 현저하게 굳어져서 冷却中에 切斷面에 微小한 가로方向의 균裂이 생기기 쉽다. 美國의 ASME 보일러規定에서는 0.35% 以上의 炭素鋼의 가스切斷面은 豫熱을 하지 않고 그대로 용접해서는 안되는 것으로 규정하고 있다. 그림 5. 46은 두께 20mm의 高張力鋼(0.19C, 1.35Mn, 0.22Si, 55.3kg/mm²) 厚板을 자동가스절단한 경우에 대하여 절단면 부근의 빅커스(Vickers)硬度分布를 表示한 것이며, 팁에 가까운 側이 특히 강하게 硬化되고 있다. 이 硬化는 熔接의 第1層熱影響部와 同一 정도이다. 또한 硬化層의 두께는 절단면中心部에서는 端面부터 약1.0~1.5mm, 팁側에서는 약4 mm에 이르고 있다.

절단면부근의 현미경조직은 용접열영향부의 그것과 비슷한 점이 많다. 鋼의 절단면부근은 過熱로 인하여 粗粒化하여 硬化하고 있다. 切斷面의 매우 가까운 곳에서는 炭素, 니켈, 銅 등이 局部的으로 凝集하여 크롬이나 珪素가 減少하고, 망간의 含有量은 거의 變化치 않는다.

5.4.4 變形 및 內部應力

가스절단된 鋼板에는 절단면의 局部的인 加熱 및 그後의 冷却에 의하여 塑性變形 및 殘留應力이 발생한다. 예를들어 그림 5. 47과 같이 板은 절단후 緩曲한다. 이것을 　방

지하기 위하여는 板의 兩側을 同時에 平行으로 절단하거나　그
림 5. 48과 같이 片側에서만 절단을 할 때는 토오치의 直後를 水
冷하면 變形이 현저하게 감소하는 것이 인정되고 있다.

5. 4. 5　切斷面의 機械的性質

　가스절단면은 燒入硬化되는 結果, 일반적으로 그 延性이 약간
低下한다. 그러나 軟鋼이나 低炭素의 高張力鋼에서는 室溫에서
切斷面을 屈曲加工해도 터지는 정도로 延伸性이 弱해지지는 않
는다. 그러나 —50℃ 정도의 低溫에서는 조용히 굽히는　途中에
서도 脆性破壞를 이르키게 된다.

　가스절단면을 그대로 용접하면 절단면 부근의 脆弱化部分이
용융되어 버림으로 문제가 없으나 절단면을 그대로 두고 용접구

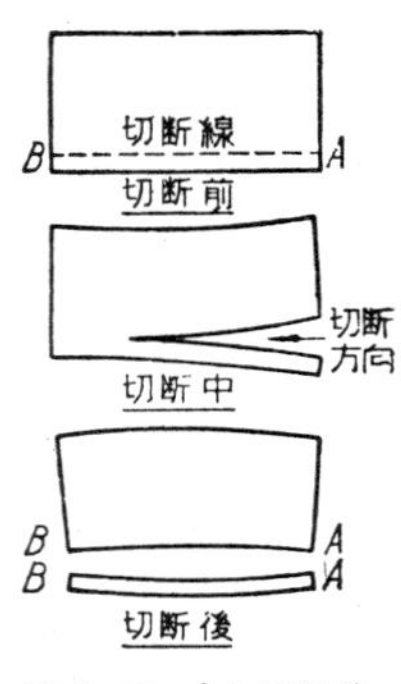

図 5.47　가스切斷에
의한 變形

조물의 일부로 사용하는 경우에 절단면부분에 응력이 걸리게 되면 그림 5. 49의　例와
같이 절단면이 平滑치 않은 部分에 脆性균열이 일어나기 쉽다. 절단면은 硬化脆弱해지
고 있으므로 그곳에 노치部分이 있으면 더욱 脆性破壞가 일어나기 쉽게 된다. 따라서

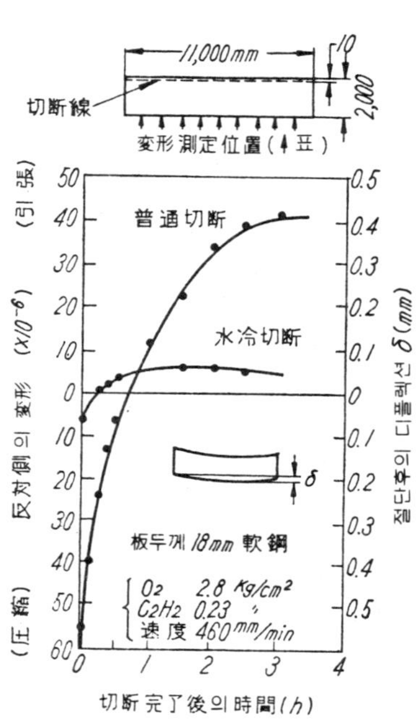

図 5.48　가스切斷直後의 水冷에 의한
變形의 減少 (토오치直後에 放水
하여 冷却)

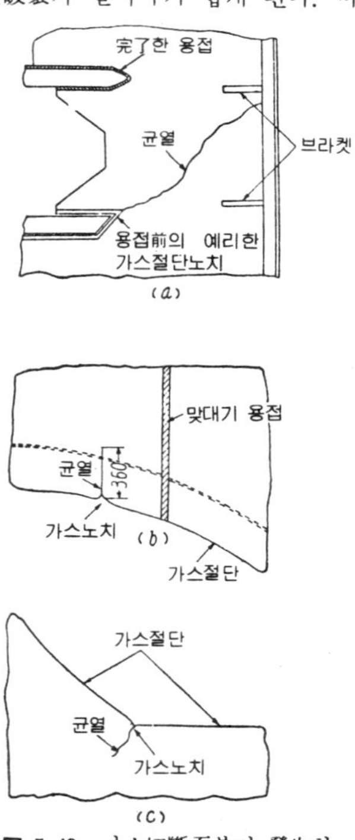

図 5.49　가스切斷面부터 發生한
脆性균裂의 數例

가스切斷面에는 局部的으로 큰 오목部나 예리한 屈曲面이 있는 것은 바람직하지 못하다. 이에 대하여는 第6章 그림 6.88에서도 설명하겠으나 이와같은 노치部는 形狀이 緩慢한 曲線이 되도록 機械的으로 깎아낸 다음 글라인더로 연마하는 것이 좋다. 자동 가스절단면은 매끈하므로 문제가 없겠으나 그래도 토오치의 移動이 円滑치 않아 생긴 그림 5.44(d)와 같은 오목部는 脆性破壞란 見地에서 危險하며, 또한 手動切斷面의 거 치른 凹凸은 마찬가지로 위험하므로 절단면에 큰 應力이 걸리는 구조물에서는 이들 凹凸을 글라인더(또는 기계加工後글라인더)를 써서 平滑하게 하는 것이 좋다.

5.5　特殊가스切斷方法

5.5.1　鑄鐵의 切斷

주철의 용융온도는 슬래그의 경우와 대략 같거나 오히려 낮은 편이며 또한 주철중의 黑鉛은 酸化反應을 방해하므로 매우 절단하기 힘들다. 그러므로 後述하는 粉末切斷을 이용할 필요가 있다. 또는 이에 의하지 않을 때는 그림 5.50과 같이 補助豫熱用의 팁을 쓰는 일이 있다. 일반적으로 軟鋼用의 보통팁을 써서 예열불꽃의 길이를 母材두께와 대략 같게 되도록 조절하고 산소압력을 軟鋼의 경우보다 25 ~100%증가시켜 그림 5.51과 같이 토오치를 左右로 이동시키면서 서서히 進行시켜 절단한다. 일반적으로 주철은 절단열로 均裂이 생기기 쉬우므로 豫熱과 後熱을 併用하는 것이 좋다. 절단조건은 表 5.8과 같다.

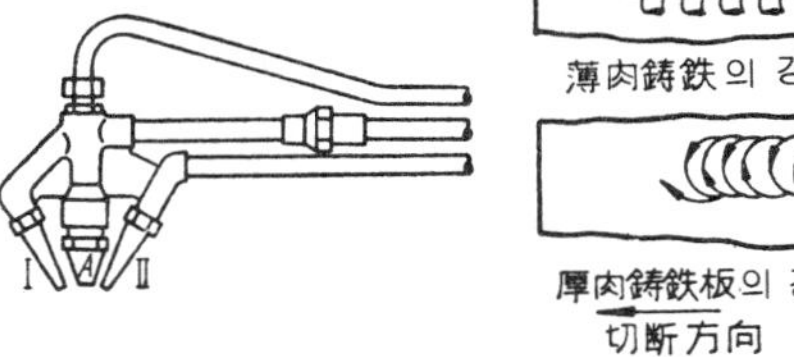

図 5.50　補助火炎을 갖　　図 5.51　鐵鑄切斷用 팁
는 鑄鐵切斷器　　　　　 의 操作法

表 5.8　鑄 鉄 의 切 斷 条 件

板두께 (mm)	팁口徑 (mm)	酸 素 壓 力 (kg/cm²)	切 斷 速 度 (mm/min)	切斷길이 1m 当의 酸素消費量 m³/m
25 以下	1.2	7.0	65	1.9~2.3
25~75	1.6	7.7~8.5	50	2.7~3.3
75~200	2.4	8.5~9.8	25~40	12.5~21.0
200~250	2.8	10.2~10.5	10	46.5~56.0
250~300	3.2	10.5~12.0	7	98.0~140.0

5.5.2　겹치기切斷

가스절단의 산소 소비량은 얇은 板일수록 소비율이 많아지므로 그림 5.52와 같이 薄板(특히 6mm以下)을 몇장 겹쳐서 同時에 절단하면 경제적이며 이것을 겹치기切斷이라 한다. 이때, 板사이에 스케이나 汚物이 있어 0.08mm 以上의 틈이 있으면 아래의 板이 절단되지 않으므로 板은 미리 청소하고 强壓力으로 겹친 다음 절단한다. 겹치는 두께는 切斷線의 許容誤差가 0.8 mm 이면 全体두께를 50mm까지, 1.6mm이

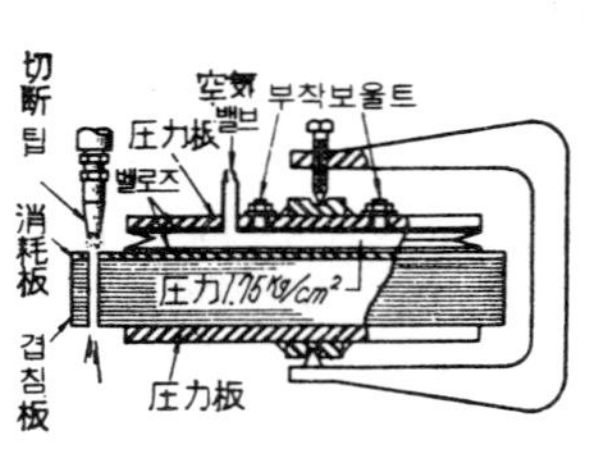

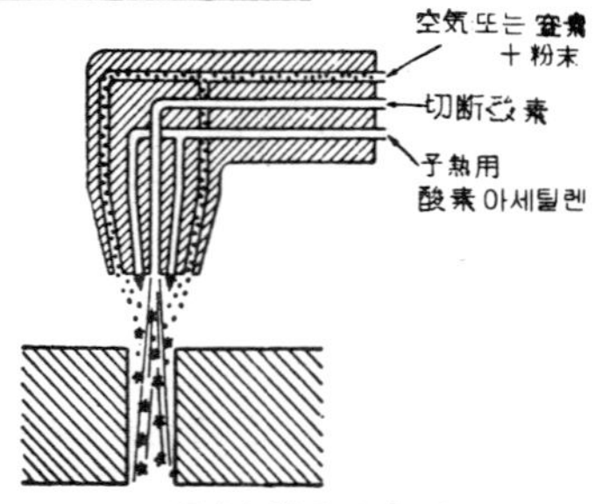

図 5.52 겹치기切斷   ■ 5.53 粉末切斷用 팁의 原理

表 5.9 鉄粉切斷에 의한 各種金屬의 切斷條件

金屬材料			切斷器		가스壓力		切斷速度 m/h	消費量			備考
種類	두께 mm	狀態	토오치	팁口径 mm	酸素 kg/cm²	아세틸렌 g/cm²	m/h	酸素 m³/h	아세틸렌 m³/h	鉄粉末 kg/h	備考
18-8 스테인리스鋼	5	常温	G.1(自動)	10/10	2.5	200	25.0	2.64	0.34	9	鉄粉 No.1
	10			15/10	3.2	200	22.0	4.68	0.46	10	
	30			20/10	3.0	250	13.0	8.23	0.73	10	
	90			25/10	4.0	250	9.0	14.9	0.90	12	
	200			30/10	5.0	400	3.0	23.7	1.48	15	
鑄鉄	10	常温	G.1(自動)	20/10	3.0	200	11.0	8.15	0.65	9	鉄粉 No.1
	30			25/10	3.0	200	6.5	12.0	0.80	10	
	90			30/10	3.5	300	4.0	18.0	1.28	12	
	200			30/10	5.0	400	2.0	23.8	1.48	15	
純銅 (99.99%)	40	常温 暗赤色 予熱	G.2	40/10	3.5	400	9.0	37.0	3.0	15	予熱時間 25 sec
					3.5	400	10.0	35.0	3.0	15	〃 5 sec
		真赤 予熱			3.5	300	24.0	37.0	2.0	15	〃 必要없음 / 鉄粉 No.2
	70	常温 暗赤色 予熱		45/10	3.5	500	4.0	40.0	4.5	20	〃 45 sec
					3.5	400	7.0	44.0	4.0	20	〃 10 sec
		真赤 予熱			3.5	400	15.0	40.0	4.0	20	〃 必要없음
두랄루민	30	常温	G.1(自動)	20/10	2.5	200	12.0	7.0	0.6	6	鉄粉 No.1
	60			25/10	3.5	300	10.0	13.5	1.0	6	
	120			30/10	5.0	400	6.0	22.0	1.5	14	
銅 / 靑銅	10	常温	G.1(自動)	20/10	3.0	300	18.0	8.3	0.8	12.5	鉄粉 No.2
	40			25/10	3.5	400	7.0	13.6	1.16	18	
	80			30/10	4.0	400	5.0	19.9	1.48	20	
	150		G.2	35/10	3.5	450	2.7	27.6	2.06	25	
모넬	70	常温	G.1	30/10	3.5	500	6.0	18.0	1.6	18	鉄粉 No.2
	120			35/10	3.5	400	5.0	27.0	1.8	20	
특수금속	100	常温	G.1	25/10	3.5	250	6.0	14.0	1.0	15	鉄粉 No.1
	250			30/10	6.0	400	4.0	27.0	1.5	15	

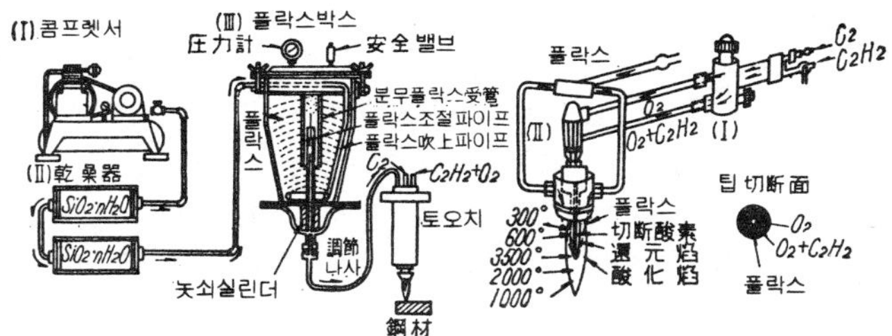

図 5.54　鉄粉切斷裝置의 連結

면 100mm 정도까지 겹친다. 오차를 문제로 하지 않을 때는 두께 150mm 정도까지 겹칠 수 있다. 上層에서는그림 5.52와 같이 두께 약 6mm의 消耗板

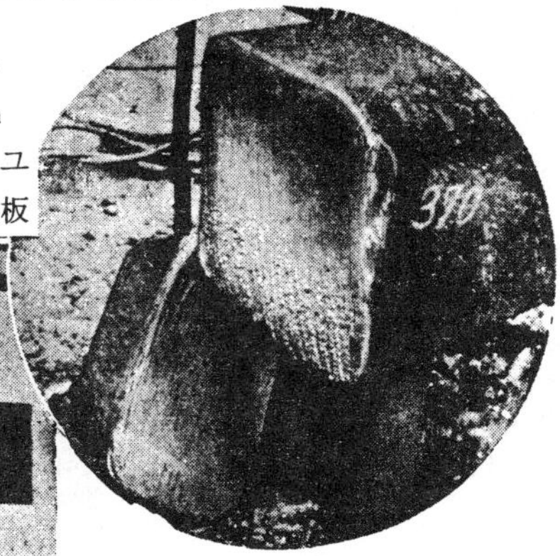

図 5.55　370mm의 13크롬鋼의 粉末切斷狀況

図 5.56　스테인리스鋼의 鐵粉切斷面

을 두어 上層의 용융을 막음과 동시에 치수誤差를 적게 한다. 겹치기 切斷에 다이버젠트노즐을 쓰면 板사이의 틈새가 별로 문제가 안되며, 또한 다음의 粉末切斷에서는 틈새는 문제가 안되고 容易하게 절단할 수 있으나 斷面의 치수精度가 低下한다.

5.5.3 粉末切斷

　鑄鐵, 高合金鋼, 非鐵金屬 등에서는 切斷可能한 物性을 구비하고 있지 않으므로 간편하게 가스切斷을 할 수 없다. 그래서 그림 5.53과 같이 鐵粉末 또는 플락스粉末을 자동적, 연속적으로 절단산소에 混入供給하여 그 산화열 또는 熔劑作用을 이용한 절단방법이 발달하였다. 이것을 粉末切斷(powder cutting)이라 하며, 鐵, 非鐵金屬뿐만 아니라 콘크리트의 切斷에도 利用된다. 그러나 절단면은 보통의 가스절단면만큼 깨끗하지 못하다.

（1） 鐵粉切斷法

　이것은 微細한 純鐵粉 또는 이것에 알루미늄粉末을 小量 配合하고 다시 적당한 添加劑를 混入한 것을 그림 5. 54와 같은 장치로 건조공기 또는 질소가스에 의하여 절단부에 연속적으로 注入함으로써 酸化燃燒時에 얻어지는 强力한 發生熱과 熔劑作用을 이용하여 절단하는 것이다. 그림 5. 55는 13Cr스테인리스鋼을 자동분말절단중의 모습이고, 그림 5. 56은 스테인리스鋼의 절단면이다. 또한 表 5. 9는 鐵粉切斷에 의한 각종금속의 절단조건이다. 철분절단면은 거칠고 또한 오스테나이트 스테인리스鋼의 절단면에는 鐵粉이 들어갈 우려가 있으므로 그 以外의 재료에 대한 절단에 적합하다.

（2） 플라스切斷方法

　이것은 스테인리스鋼의 절단을 主目的으로 한 것이며, 절단산소를 그대로 媒介로 해서 耐酸性의 炭酸소오다, 重炭酸소오다를 主成分으로 한 熔劑(플락스)粉末을 送給하여 高融點와 酸化크롬을 용해함으로써 流動性이 좋은 알루카리塩으로 바꾸는 效果를 이용하는 절단방법이다. 表 5. 10은 스테인리스鋼의 절단조건을 표시한 것이다.

表 5. 10   18 - 8 스테인 리스鋼의 플락스切斷條件

板두께	mm	6.4	12.7	25.4	38.1	50.8	76.2	101.6
切斷酸素孔	(드릴番号)	2(54)	4(54)	4(49)	5(45)	5(45)	7(34)	7(34)
予 熱 孔 (드릴番号) (6孔)		(60)	(60)	(57)	(56)	(56)	(55)	(55)
切 斷 速 度	mm/min	279	229	229	229	203	153	127
切斷酸素圧力	kg/cm^2	3.85	5.25	3.85	3.85	4.20	5.25	5.95
플락스消費量	g/min	14.2	21.2	28.3	35.4	42.5	56.6	56.6

　플락스절단과 철분절단을 비교해 볼 때 前者는 절단산소에 직접 분말을 삽입하는 것이고 절단산소가 稀釋되는 일이 없으며 또한 噴流形도 정확하게 유지되고 절단면이 깨끗할 뿐만 아니라 분말과 산소소비가 적어도 된다.

5.5.4 水 中 切 斷

　沈沒船의 解體, 橋梁의 橋脚改造, 댐, 港灣, 防波堤 等의 工事에서는 水中에서 가스절단을 할 필요가 있다. 水中切斷(underwater cutting)에서는 水中의 氣泡發生을 적게 하여 作業을 容易케 하기 위하여 보통 산소수소炎을 이용하여 그림 5. 57과 같은 팁을 사용한다. 즉, 同圖(A)와 같이 팁先端에 外套를 붙여 豫熱炎의 安定을 도모한 것과 (B)및 (C)와 같이 팁의 最外周부터 산소 또는 壓縮空氣를 분출시켜 불꽃을 安定시키는 것이 있다. 豫熱가스는 空氣中보다 4 ~ 8倍의 流量이 필요하며 절단산소의 噴出孔도 空氣中 보다 50~100% 큰 것이 쓰인다. 절단속도

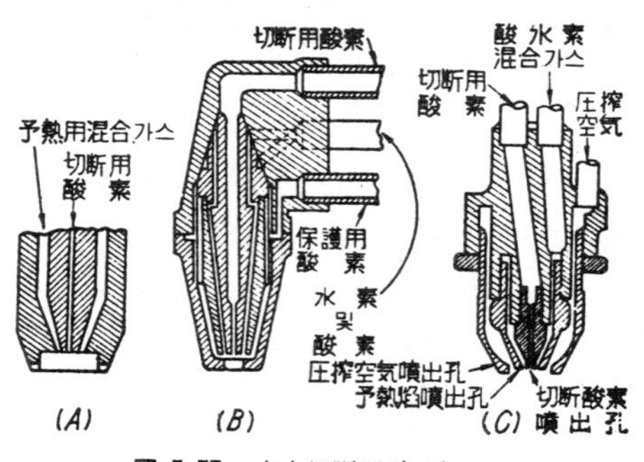

図 5.57 水中切斷器의 팁

는 板두께 12~50mm 까지의 깨끗한 軟鋼板이면 6~9m/h의 속도로 절단될 수 있다. 그림 5.58은 水中切斷器토오치의 一種이다. 이것은 水深 45m에서 절단능력은 板두께 100mm 의 것이다.

図 5.58 水中切斷토오치

5.5.5 酸素槍切斷

酸素槍(oxygen lance) 절단은 토오치팁代身에 그림5.59와 같이 가늘고 긴 鋼管을 써서 절단산소를 큰 鋼塊의 深部까지 보내어 절단하는 방법이다. 槍으로는 内徑3.2~6 mm, 길이1.5~3m 의 鋼管을 쓰며 切斷中에는 槍자체가 燃燒함으로써 鐵粉切斷法과 같은 원리로 절단하는 것이므로 槍의 先端이 소모되며 따라서 상당히 긴 것을 사용한다. 아세틸렌을 쓸 필요가 없으므로 製鋼所 등에서 熔鋼 낚비 바닥에 남는 호떡모양의 鋼塊의 절단 等에 쓰인다. 또한 切斷開始部의 가열에는 산소아세틸렌炎을 쓰는 方法과 槍과 母材間에 아아크를 튀기는 방법, 赤熱한 鋼부스러기를 쓰는 방법 등이 있다.

図 5.59 酸素槍 切斷

5.6 가 스 加 工

5.6.1 種   類

酸素切斷의 원리를 써서 팁의 形狀, 角度, 速度, 산소압력 등을 적당히 바꾸어 주게되면 旋盤, 드릴링머신, 平削盤 등의 기계가공과 同一作業을 精度좋게 할 수 있다. 이러한 방법을 가스加工 또는 가스切削(flame machining, oxygen machining) 이라 하며, 金屬工作의 각분야에 이용되어 최근 점차 그 重要度가 증가해 가고 있다.

가스加工은 다음과 같이 分類된다.

$$
\text{가 스 加 工}\begin{cases}\text{平} \quad\quad \text{削}\begin{cases}(\,i\,) \quad \text{가우징}\\(ii) \quad \text{스카아핑}\end{cases}\\\text{旋} \quad\quad \text{削}\\\text{穿} \quad\quad \text{孔}\end{cases}
$$

이中 가우징(gouging)은 金屬面에 깊은 홈을 파는 방법이며, 홈의 깊이와 幅의 比가 1:(1~3) 정도의 것을 말한다. 스카아핑(scarfing)은 표면을 얕게 깎아내는 방법이며 깊이와 幅의 比率은 1:(3~7) 정도의 것을 말한다.

5.6.2 가 우 징
(1) 가우징 및 그 條件

熔接部의 **밑면따내기**에는 종래 **空氣作動**의 **鋼鐵끌**을 사용하고 있었으나, 가우징 토오치를 써서 홈을 파면 매우 **能率的**이며 6～10배의 속도로 치핑을 할 수 있다. 또한 **鍛造品**의 주름없애기, **鑄鐵**의 **균裂補修**를 위한 홈파기 **等**, 좁은 홈파기에 **效果的**이다. 그림 5.60과 같이 **豫熱炎**으로 **局部的**으로 가열한 부분에 **低速**의 산소를 불어대서 홈을 파는 것이므로 산소의 속도보다 그 **量**이 필요하며 팁口 **徑**은 절단팁의 2배정도로 크게 만들어지고 있다. 또한 가우징토오치는 그림 5.61과 같이 **좁**은 홈에 맞게끔 **兩側面**을 깎아내고 **先端**을 약 20° 구부린 것도 있다.

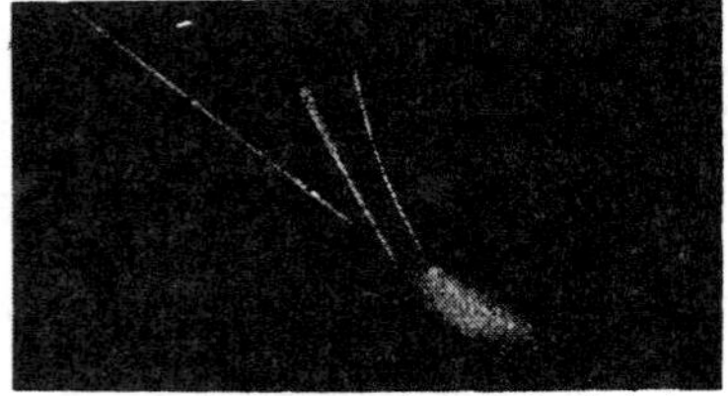

図 5.60 가우징토오치에 의한 홈파기

가우징으로 얻어지는 홈의 **幅**과 깊이의 **比** 및 홈**底部半徑**은 주로 팁치수, 산소**噴流**가 **母材**에 닿는 **角度**, 산소압력,

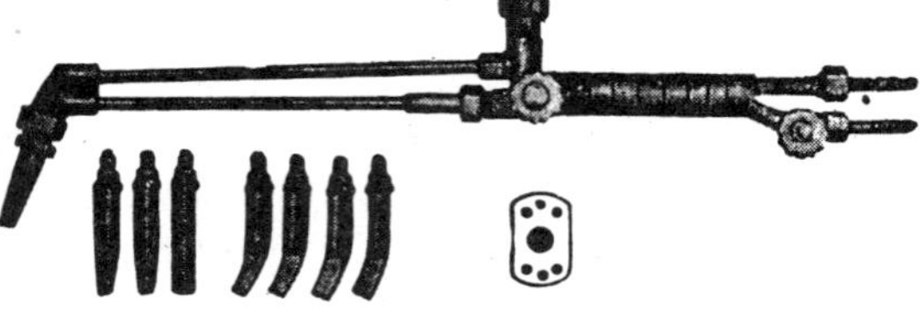

図 5.61 가우징토오치와 팁

팁의 **進行速度**에 따라 결정된다. 그 관계는 **孔徑** 3.2, 4.8, 6.4mm의 세가지 팁을 쓰고, 산소압력(0.7～3.5kg/cm²), 팁**角度**(15～25°), 팁의 **速度**(300～1200mm/min)를 변화시킨 경우, 그림 5.62와 같이 된다. 이에 의하여 **任意條件**에 대한 가우징조건이 얻어진다. 또한 **表** 5.11은 수동 및 자동가우징조건이다.

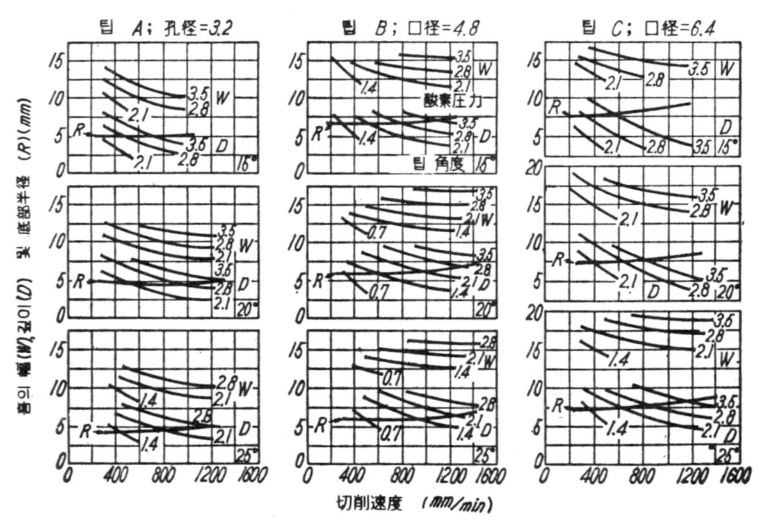

図 5.62 가우징條件과 홈의 幅, 길이, 및 底部半徑의 關係

表 5.11　가스가우징條件

	홈의 幅 mm	팁口径 mm	팁의 角度 度	가우징 速度 mm/min	가스壓力 kg/cm²		가스 消費量 m³/h	
					酸素	아세틸렌	酸素	아세틸렌
手動	8~10	3.3	25~30	300~450	1.75	0.49	5.7~6.1	2.1~2.2
	11~13	4.3	25~30	400~610	1.75	0.49	7.8~8.4	2.3~2.4
	14~16	5.6	25~30	500~810	1.75	0.70	10.6~11.3	2.5~2.9
自動	8~10	3.3	25~30	610~760	2.10	0.49	5.5~5.8	1.1~1.3
	11~13	4.3	25~30	710~910	2.45	0.49	8.4~8.8	1.1~1.7
	14~16	5.6	25~30	810~1100	2.80	0.56	12.7~13.3	2.2~2.3

（2）가우징 操作

가우징은 手動으로 할 때와 기계를 쓰는 자동적 방법이 있다. 수동의 경우는 그림 5.63과 같이 開始點에서 (A)圖와 같이 팁을 지지하고, 豫熱炎의 白心이 母材表面에 닿을 정도로 하여 충분히 가열한 다음, 팁을 10mm정도 後退시켜 規定의 角度(25~30°)로 유지시키면서 절단산소밸브를 서서히 열어 切削을 시작하고 팁의 角度와 速度를 적당하게 유지하면서 前進시킨다. 作業中 팁은 홈바닥에 닿을까 말까 할 정도로 유지될 때 最良의 結果가 얻어진다. 또한 절단개시점이 모재표면에 있을 때는 同圖 (B), (C)와 같이 스타아트한다.

자동가스가우징은 토오치를 자동적으로 보내는 방법이나 그 절단 조건은 表 5.11과 같이 수동에 비하여, 同一가스소비량에 대하여 속도가 1.5~2배 빨라진다.

그림 5.64는 가우징의 주요한 應用例이며, 용접부의 결함제거, 홈의 削成, 밑면따내기 實施例이다.

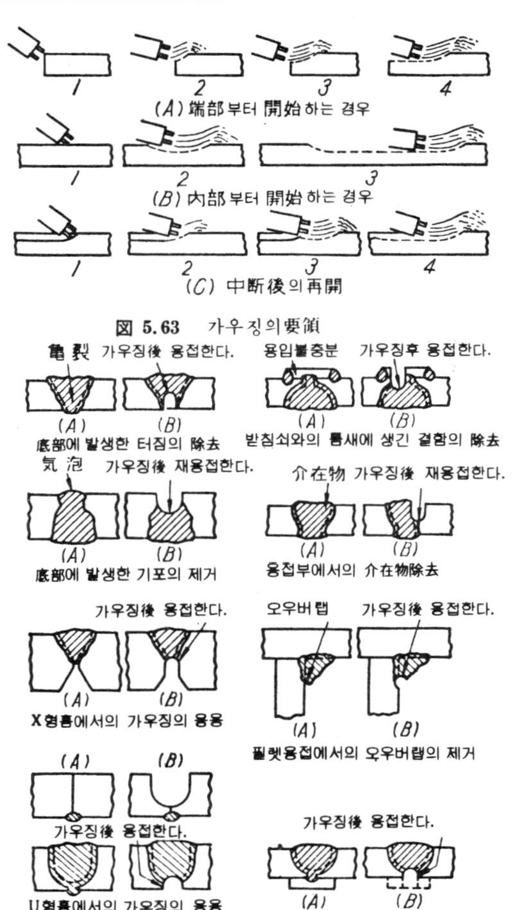

図 5.63　가우징의 要領

図 5.64　가스 가우징의 熔接으로의 應用

5.6.3　스카아핑

스카아핑(scarfing)은 될 수 있는대로 얕고 넓게 마치 껍질을 베끼는 것 같이 表面을 깎는 것이며　現在 鋼塊의 壓延過程에 있어 表面의 치핑에 널리 이용되고 있다. 이것은 室溫下에서 하는 것과, 壓延途中의 高溫에서 하는 훗스카아핑 (hot scarfing)이 있다. 토오치는 高熱 및 불꽃을 피하기 위하여 作業者가 서서 작업할 수 있도록 대단히 긴 것이 쓰이며, 또한 開始點의 예열시간을 단축시켜 작업을 원활하게 진행시킬 목적으로 直徑　5mm 정도의 燃燒補助棒이 쓰이고 있다.

5.7　아아크 切斷

아아크切斷은 아아크의 熱에너지로 母材를 녹여 절단하는 방법이며, 절단면의 平滑이나 精度란 점에서는 가스절단보다 못하지만 보통의 가스절단이 곤란한 금속에도 이용될 수 있는 利點이 있다.

아아크절단의 종류는 表 5. 1에 표시되고 있다.

5.7.1　炭素아아크切斷

탄소 또는 黑鉛電極棒과 母材間에 아아크를 튀겨 절단한다. 보통, 直流正極性이 쓰이나, 交流를 써도 안되는 것은 아니다. 大電流를 필요로 하기 때문에 酸化防止의 目的으로 電極棒表面에 銅鍍金을 한 것도 있다. 또한 炭素전극봉보다 黑鉛電極棒이　전기저항이 적어 大電流를 흐르게 할 수 있으므로 有利하다. 두께 12mm 이상의 厚板에서는 그림 5. 65와 같이 전극봉을 커어프(kerf)에 찔러넣고, 커어프의 底面부터 시작하여 上表面까지 아아크를 이동시켜 이것을 반복하면서 底面이 上面보다 항상 先行하게끔 절단하면 용융금속의 熔落이 신속하게 된다. 흑연전극의 직경과 사용전류의 관계는 表 5. 12와 같다. 또한 주철과 압연강의 절단조건은 表 5. 13과 같다.

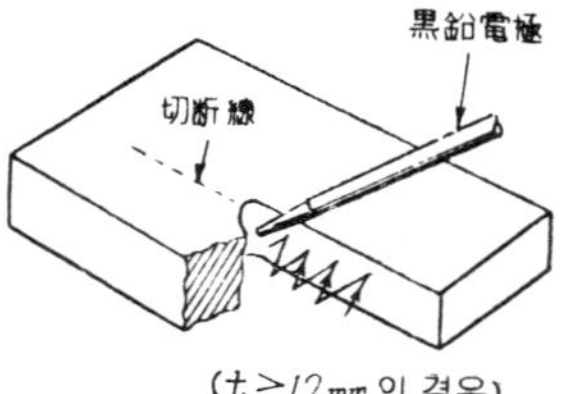

図 5.65　炭素아아크切斷

表 5.12　黑鉛電極의 直徑과 使用電流

電極棒　直徑 mm	아아크電流範圍 A
6	200 以下
9	200〜400
12	300〜600
16	400〜700
19	600〜800
22	700〜1 000
25	800〜1 200

表 5.13　壓延鋼 및 鑄鐵의 炭素아아크切斷條件

板두께 mm	電流 A	切斷速度 mm/min	板두께 mm	電流 A	切斷速度 mm/min
6.4	400	381	76.2	600	28.0
9.5	〃	305	101.6	〃	17.8
12.7	〃	254	152.4	800	10.2
15.8	〃	178	203.2	〃	7.6
19.1	〃	102	254.0	〃	5.1
25.4	600	81.3	304.8	〃	3.8
38.1	〃	60.9	355.6	1 000	2.5
50.8	〃	45.7	406.4	〃	1.5

5.7.2   金屬아아크切斷

被覆棒을 쓰는 것이 보통이며, 直流正極性(棒이 陰極)이 적합하나 交流도 쓰인다.
切斷操作은 탄소아아크절단의 경우와 동일하며 板두께 25mm의 軟鋼, 주철, 스테인리스
鋼에 대하여 비교하면 表 5. 14와 같다.

表 5.14 軟鋼, 鑄鉄, 스테인리스鋼(18-8)의 金屬아아크切斷의 諸數值 比較(板 두께25mm)

切斷棒 直径 (mm)	母材 種類	電 流 (A)	切斷速度 (mm/min)	길이 300mm의 切斷棒으로 切斷할수 있는 길이 (mm)	切斷棒 1kg으로 除去할 수 있는 金屬量 (kg)
2.4	軟 鋼	140	35.6	11.4	0.93
	鑄 鉄	155	42.7	11.4	0.68
	스테인리스鋼	125	50.8	13.5	1.24
3.2	軟 鋼	195	64.3	27.6	1.35
	鑄 鉄	220	79.0	32.2	1.35
	스테인리스鋼	190	76.2	34.3	2.26
4.0	軟 鋼	215	68.1	38.2	1.32
	鑄 鉄	250	72.3	33.2	1.55
	스테인리스鋼	235	91.4	48.8	2.00
4.8	軟 鋼	305	108	63.0	1.98
	鑄 鉄	215	84.8	47.7	1.55
	스테인리스鋼	300	114	64.8	2.39

이에 의하면 절단효율이 주철이 가장 나쁘고, 스테인리스鋼이 가장 우수하다.

5.7.3   不活性가스아아크切斷

이에 대하여는 第4章에서 설명한 바 있으므로 여기서는 생략한다. 특히 TIG 切斷
이 가장 우수하고 깨끗한 절단면이 얻어진다.

5.7.4   아아크에어가우징法

(1) 特   色

아아크에어法은 탄소아아크절단에 壓縮空氣를 倂用한 방법이라 생각해도 되며, 용
접부의 가우징(밑면따내기), 용접결함부의 제거, 절단 및 穿孔에 극히 적합하고, 특히
가우징用에 이용된다. 최근에는 가스가우징에 대신하여 아아크에어가우징法(arc-air
gouging)이 보급되고 있다. 이 방법은 그림 5. 66과 같이 일부 黑鉛化한 炭素棒에 銅
鍍金을 한 것을 電極으로 하고, 直流逆極性으로 아아크를 발생시켜서 용융금속을 그
림 5. 67과 같이 호울더의 구멍으로 부터 분출하는 압축공기에 의하여 불어버려서 홈
을 파는(때에 따라서는 절단도 한다) 방법이다.

아아크에어가우징法은 가스가우징이나 치핑에 비하여 많은 잇점이 있다. 즉,

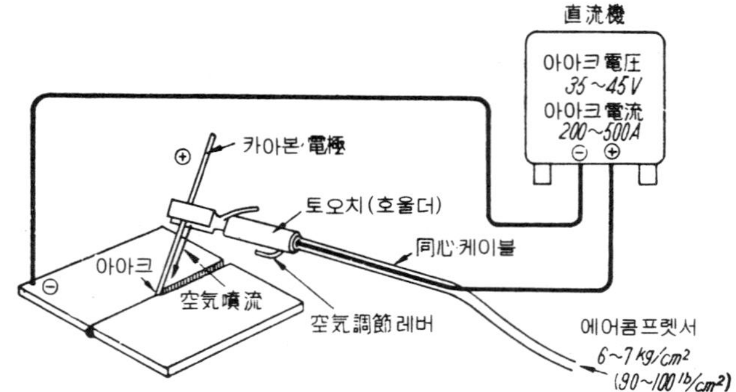

図 5.66 아아크에어法의 接續

i) 作業能率이 높다. 가스가우징의 2～3배의 能率.

ii) 母材에 대한 惡影響이 없다. 용융금속을 즉시 불어버리고 移動速度가 빠르므로 모재의 加熱범위가 좁고 가스가우징의 경우같은 變形이나 균裂의 발생이 없다. 단, 施工面에 어느정도 카아본이 혼입하게 되나 表面層의 약0. 15mm정도의 얇은 層이므로 용접시에 擴散하여 나쁜 영향이 없는 것으로 알려있다.

図 5.67 軟鋼의 아아크에어가우징狀況

iii) 熔接欠陷을 밀어 붙이지 않으므로 그대로 발견할 수 있다.

iv) 騷音이 없다.

v) 操作이 容易하다.

vi) 經費가 가장 低廉하다.

vii) 응용범위가 넓다. 銅板, 스테인리스鋼, 硬合金, 黃銅鑄物 등에도 쓰일 수 있다.

(2) 裝   置

아아크에어가우징장치의 電源으로는 아아크의 安定을 위하여 直流機(아아크電壓 35～45V, 아아크電流 200～500A)를 사용한다. 직류기의 공급전압이 너무 낮으면 아아크 발생이 곤란하게 되고, 너무 높으면 炭素電極의 소모가 증가한다. 압축공기用의 콤프렛서는 보통 공장용의 壓力6～7kg/cm²이면 되고, 壓力變動이 다소 있어도 작업에는 지장이 없으나, 압력이 4kg/cm²이하로 내려가면 용융금속을 불어버리기 힘들게 된다.

토오치는 보통 공기조정밸브와 전극을 끼워서 그 方向을 자유로히 회전시킬 수 있는 헷드(head)를 갖고 있으며, 이 헷드에는 콤푸렛서로부터의 호오스가 접속되고 헷드의 正面에 뚫린 小孔에서 電極의 外側에 平行으로 공기를 분사한다. 噴射孔은 정확하게 탄소전극의 **直後**로 **向**하게 하여야 한다.

　탄소전극은 특히 그 목적을 위하여 만들어진 것을 사용한다. 즉, **表** 5.15와 같이 **高電流**를 사용하므로 **發熱**로 **酸化**되어 가늘어지는 것을 방지하기 위하여 **表面**에 **銅鍍金**이 되어있다.

（3） 操 作 方 法

　호울더와 **直流電源**은 **逆極性** (**電極棒**이 **陽極**) 으로 접속한다. 만일 이것을 반대로 접속하면　아아크가 **不安定**하고 시공이 곤란하게 된다. **電極棒**은 **先端**부터 약 **15cm** (**中央**) 의 위치가 되도록 호울더의 **回轉**헷드에 끼운다. 전극은 약간 뒤로 기울게 하고　아아크가 나온 **直後**에 공기를 불어대게끔 하여　전극을 **前進**시킨다. 전극은 보통 **母材**로 향해서 **右**에서 **左**로 진행시킨다. 전극과 모재표면사이의 각도는 그림

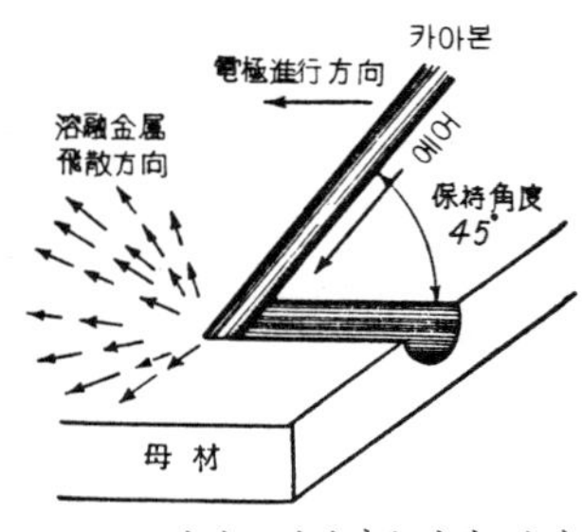

図 5.68 아아크에어가우징에 있어서의 **電極角度**

5.68과 같이 보통 **45°**로 유지한다. 이 각도가 적으면 홈이 얕게 되고 크면 깊게 된다.

表 5.15　아아크에어가우징 **施行條件** (**軟鋼**)

카아본 치수 mm		**銅 被 覆**	**使 用 電 流** A	가우징 速度 mm/min	홈 의 **形 狀** mm	
直　　径	**길　이**				깊　**이**	**幅**
5.0	305	有	100～200	900～1 200	3～4	7～9
6.5	〃	〃	200～350	900～1 200	4～5	9～11
8.0	〃	〃	250～400	700～1 000	5～6	10～12
9.0	〃	〃	300～450	400～700	6～7	11～13
11.0	〃	〃	400～550	300～400	8～9	13～15
13.0	〃	〃	450～600	200～300	9～10	15～17

軟鋼의 가우징 **條件**을 들면, **表** 5.15와 같다. **幅** 10mm, 깊이 6 mm의 홈을 파는데는 가우징 속도가 약 0.9m/min이며 (가스가우징속도의 약 2～3배), 전극 1 個 (길이305mm) 로는 1.5～3.0m의 홈을 팔 수 있다.

（4） 切 斷 作 業

　이 방법으로 절단을 하는데는 그림 5.69와 같이 전극을 모재에 수직으로 세워서, **先端**이 **母材**밑에 약간 나올 정도로 잡고, 전극을 직각으로 옆**方向**으로 이동시킨다. 절단속도는 **板**두께와 전류에 -,하여 달라지나, 500～2000mm/min 정도이다.

　아아크에어절단법의 결점은 **切斷溝幅**이 큰 것이며, 직경 5.0mm의 카아본**電極**을 쓰면 이 **幅**이 약 8 mm가 되므로, **軟鋼**의 가스**切斷** (**切斷溝幅**약 2～ 4 mm정도) 의 대용으로는 할 수 없으나, 가스절단이 곤란한 **鑄物**, 스테인리스**鋼**, **黃銅 等**의 절단에 이 방법을 쓰면 상당히 두꺼

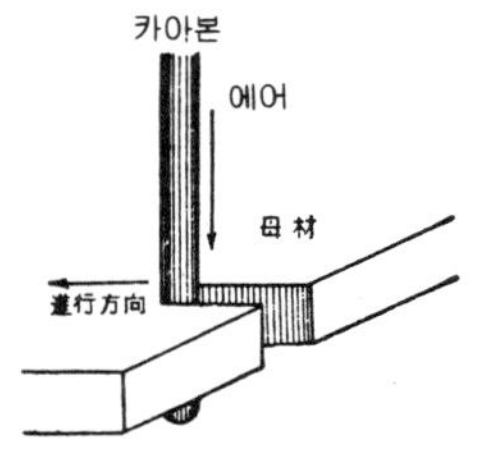

図 5.69 아아크에어**切斷要領**

운 母材라도 容易하고 고속으로 절단할 수 있으며 따라서 溫度上昇도 적고　切斷面도 깨끗하다.

5.7.5　酸素아아크切斷

이 방법은 그림 5.70과 같이 中空의 전극봉과 母材間에 아아크를 발생시켜　모재를 가열하고, 棒의 心孔에서 절단산소를 분출시켜 가스절단하는 방법이다. 切斷에는 직류가 사용되나, 교류도 쓰인다.

中空鋼製電極棒은 다음과 같은 치수의 것이 판매되고 있으며, 이음매無 또는 이음매 있는 鋼파이프로 되어있다. 被覆은 보통의 피복아아크용접봉과 같은 정도의 두께로 하고 있다.

直径 mm	4.8	7.2	8.0
길이 mm	450	450	450
內径 mm	1.6	2.0	2.5

酸素아아크切斷에서는 거의 運棒技法이 필요없고, 板두께 75mm까지의 軟鋼이나 12mm까지의 某種非鐵金屬에 대하여는 절단방향으로 전국봉을 이동시키기만 하면 된다. 그러나, 절단면은 他아아크절단과 마찬가지로 平滑性이 불충분함으로 용접전에 약간 表面을 切削 하여야 한다.　表5.16은 각종금속에 대한 절단조건이다.

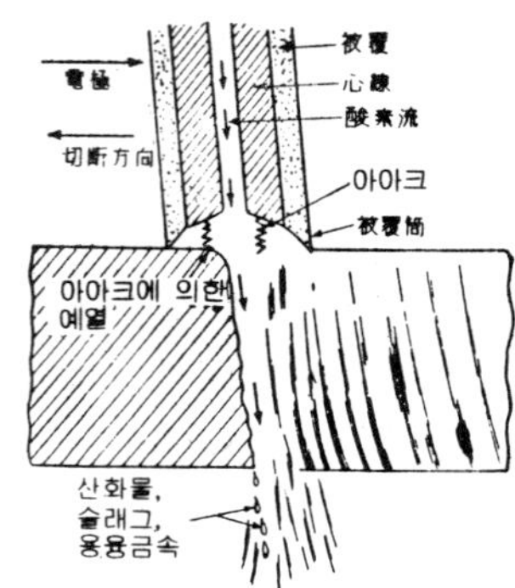

図 5.70　酸素아아크切斷法

表 5.16　各種金屬의 酸素아아크切斷條件

板두께 mm	크롬－니켈, 크롬, 모넬－니켈		黄銅, 青銅, 銅		鑄　　鉄		알 루 미 늄		低合金鋼 (合金成分 12% 以下)		炭素鋼, 低合金高張力鋼	
	電流 A	酸素* psi	電流 A	酸素 psi	電流 A	酸素 psi	電流 A	酸素 psi	電流 A	酸素 psi	電流 A	酸素 psi
6	175	3〜5	180	10〜15	180	10	200	30	175	30〜35	175	75
12	185	5〜10	185	10〜15	185	10〜15	200	30	180	35〜40	175	75
19	195	10〜15	190	15〜20	190	15〜20	200	30	190	40〜45	175	75
25	200	15〜20	200	20〜25	200	20〜25	200	30	200	45〜50	175	75
32	210	20〜25	210	25〜30	210	25〜30	200	35	205	50〜55	200	75
38	215	25〜30	215	30〜35	215	30〜35	200	35	210	55〜60	200	75
44	225	35〜40	220	35〜40	220	35〜40	200	40	215	60〜65	200	75
50	220	40〜45	225	40〜45	225	40〜45	200	40	220	65〜70	200	75
56	225	45〜50	225	45〜50	225	45〜50	175	45	225	70〜75	225	75
62	225	50〜55	230	50〜55	230	50〜55	175	45	225	75	225	75
68	230	55〜60	230	55	230	55〜60	175	45	230	75	225	75
75	230	60	235	55	235	60	175	45	230	75	225	75

*　psi＝lb/in² ＝0.0703 kg/cm²

또한, 산소아아크절단을, 탄소아아크 절단, 금속아아크절단과 비교해보면, 表 5.17과 같다.

表 5.17 두께 10mm軟鋼의 切斷能率比較

方 法	電極直径 mm	材 質	電 流 A	酸素圧力 kg/cm²	切斷速度 mm/min
炭 素 아 아 크	9	카 아 본	300	—	125
金 屬 아 아 크	4.8	鋼	300	—	200
酸 素 아 아 크	4.8	鋼 管	175	5.2	1 125
〃	8.0	〃	300	2.1	1 125

5.7.6 플라즈마제트切斷

氣体를 數千度의 高溫으로 가열하면, 그속의 가스原子가 原子核과 電子로 遊離하여 陰, 陽의 이온상태가 되며, 이것을 **플라즈마**(plasma)라 한다. 空氣中의 탄소아아크는 이 플라즈마中의 이온을 媒介로 하여 전류가 흐르고 있는 것이다. 일반적으로 아아크를 이용하면, 가스를 가열하여 고속으로 분출 시켜 切斷炎으로서 이용할 수 있다. 이것을 **플라즈마炎**(plasma f-lame)이라 한다. 예들 들어 그림5.71과 같이 中央에 非消耗 電極을 두어, 그 주위의 水冷銅合金노즐과의 사이에 아아크를 발생시키고, 그 사이에 적당한 가

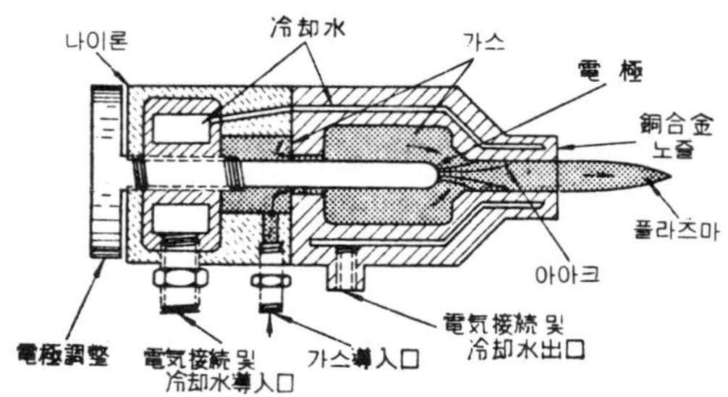

圖 5.71 플라즈마제트의 原理

스를 送入하면, 아아크部分에 의하여 가열되어 팽창된 高溫가스는 좁은 노즐孔으로부터 고속으로 분출하게 되어, 소위 **플라즈마제트**(plasma jet)가 된다. 이 제트를 쓰면, 金屬, 非鐵金屬할 것없이 어느것이나 고속 도로 절단할 수 있다. 이 절단법의 잇점은 切斷토오치와 被절단물사이에 아아크를 발생시킬 필요가 없으므로 電氣의 絶緣物, 예를들어 耐火物등의 절단이 가능한 것이다.

5.8 가 스 熔 接

5.8.1 概   説

가스불꽃의 熱을 이용하여 融接하는 **가스熔接**(gas welding)에는 연소가스의 종류에 따라 다음과 같은 방법이 있다.

가) **酸素아세틸렌熔接**(oxy-acetylene welding)

나) **空氣아세틸렌熔接**(air-acetylene welding)

다) **酸素水素가스熔接**(oxy-hydrogen welding)

라) **其他의 가스熔接**

또한 가스炎을 써서 接合面을 가열하여 壓接하는 소위 **가스壓接**(gas pressure welding)은 융접이 아니고 압접의 일종이다. 가스炎의 종류에 대하여는 가스切斷用予熱炎

에 관하여 기술한 바와 같다, 산소아세틸렌炎이 가장 高溫을 얻기 쉬우므로, 가스용접이라 하면, 보통 **酸素아세틸렌熔接**을 뜻하며, 기타 방법은 별로 쓰이지 않는다.

산소아세틸렌용접은 1900年경부터 이용되고 있는 오랜 용접법이지만, 設備費가 싸고 간편함으로 오늘날에도 광범위하게 이용되고 있다. 아아크용접에 비하면, 불꽃의 溫度가 약 半인 3300°C정도이며, 또한 加熱의 集中性이 떨어지므로, 厚物의 용접이 곤란하고 母材가 광범위하게 가열되어 熔接變形이 크게 되는 欠點이 있으나, 불꽃과 모재 사이에 거리를 변화시켜 가열의 조절을 할 수 있으므로, 올바로 施工된 가스용접부의 기계적성질은 아아크용접부에 못지 않은 양호한 것이나, 종래 가스熔接工들에게는 잘못된 버릇이 많아 용접부에 결함을 수반하는 경우가 많으므로, 가스용접은 아아크용접에 비하여 일반적으로 그 信賴性이 희박하다고 생각되고 있다.

5. 8. 2　酸素아세틸렌熔接

산소아세틸렌용접에 쓰이는 산소와 아세틸렌가스는 가스절단시와 동일한 것이 쓰인다. 기타 압력조정기, 호오스, 및 防護用具類도 절단의 경우와 같아도 되나, 단지, 토오치만이 다르다. 가스용접에서는 산소와 아세틸렌의 혼합가스를 분출하는 구멍이 1개만 있으면 되고 절단토오치와 같이 予熱炎과 절단산소용의 2종류의 구멍이 필요없다.

(1) 토 오 치

가스용접용 토오치는 사용하는 아세틸렌가스壓力에 의하여 가) 低壓式, 나) 中壓式, 다) 高壓式으로 나누어진다.

가) 低壓式토오치 저압식은 아세틸렌의 供給壓力이 0.07kg/cm² 미만에 쓰이는 吸引

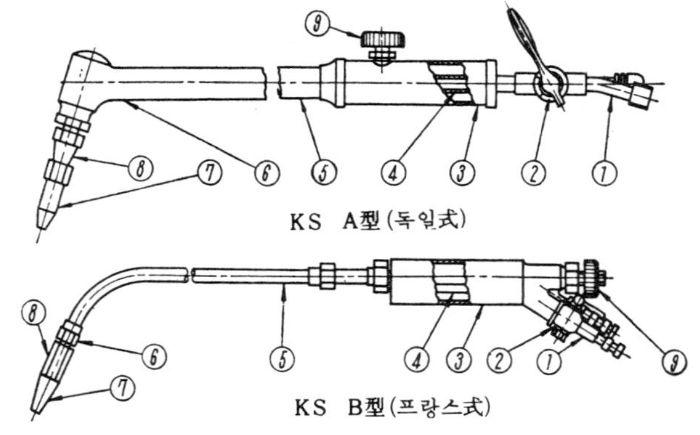

(1) 호 오 스 口		(2) 코크 또는 밸브		(3) 손 잡 이 管	
(4) 內 管		(5) 外 裝 管		(6) 토오치 헤드	
(7) 팁 끝		(8) 팁 本 体		(9) 아세틸렌調節밸브	

圖 5.72 低壓式가스熔接투오치, A型(독일式)과 B型(프랑스式)
(KSB 4602 - 1971)

式(인젝터式)의 토오치이며, 그림5.9와 같은 인젝터를갖고, 低壓아세틸렌發生器뿐만
아니라, 中壓發生器 및 용해아세틸렌容器에 대하여도 사용될 수 있다. KS B 4602－
1971 (저압가스용접기)에서는 그림5.72와 같이 인젝터의 산소通路에 니들밸브(need-
le valve)를 갖지 않는 것(A型 독일式)과 니들밸브를 갖는 것(B型 프랑스式)의 2種
이 규정되고 있다. A型(독일式)에서는 그림5.73에서와 같이 토오치헷드에 인젝터와 混
氣室이 포함되고 있으므로 B型(프랑스式) 보다도 구조가 간단한 것과 불을 끊는 콕크
(cock)와 아세틸렌조절밸브가 모두 토오치를 잡은 오른손으로 조작할 수 있는 便利함
이 있기 때문에 널리 쓰이고 있다. 또한 그림5.72의 B型(프랑
스式)에서는 핸들管內의 인젝터에 니들밸브(그림5.9참조)가 있
어 산소의 유량을 조절하는 方式이다.

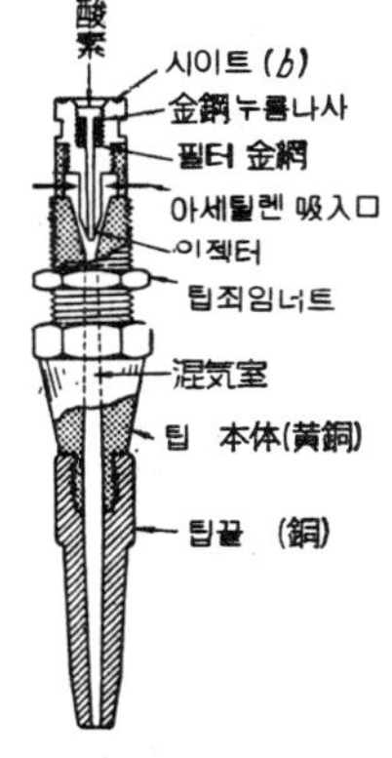

図 5.73 독일式 팁斷面
(인젝터付)

　토오치는 모두 孔徑이 다른 팁을 나사式으로 교환할 수 있
다. 팁番號는 標準불꽃을 얻기 위하여 1時間當의 아세틸렌消
費量(ℓ /h)에 상당하는 숫자가 붙여지고 있으며 예를들어 軟
鋼에 대하여는 表5.19와 같이 板두께에 따라 적당한 팁口徑이
결정되고 있다.

　나) 中壓式토오치 아세틸렌壓力0.07～0.4kg/km² 정도의 아세
틸렌에 대한 것이며, 역시 일종의 인젝터式토오치이다. 그러나,
이때도 산소壓力은 아세틸렌의 2～3배이며 逆火의 위험성이
가시지 않는다. 또한 中壓式토오치를 低壓아세틸렌에 쓰면 위
험하다. 그러나, 低壓式토오치는 中壓아세틸렌에 이용될 수 있
다

　다) 高壓式토오치 아세틸렌壓力이 0.4kg/cm² 以上인 경우에
쓰이는 토오치이며, 원칙적으로 산소와 아세틸렌을 같은 壓力
으로 하여 사용함으로 　等壓토오치라고도 한다. 이때는 混氣部에서 산소가 아세 틸렌
導管內에 逆流할 위험이 적다. 따라서, 토오치形狀을 크게 할 수 있으므로, 厚鋼板의
용접이 가능케 된다. 이 等壓토오치는 高壓아세틸렌을 사용함으로 安定하고 不純物이
적은 불꽃을 얻을수 있고, 용접부의 성질도 양호하다. 逆火에 의한 폭발위험도적으므
로, 重要한 高强度를 필요로 하는 方面에 이용된다. 또한 高壓토오치는 팁을 바꾸어
줌으로써, 切斷用에도 사용될 수 있다.

　(2) 熔 接 棒
　가스용접에서는 보통, 裸熔接棒을 사용한다. 용착금속의 화학성분과 성질이 모재의
그것과 일치하여야 함으로, 이 목적을 위하여 여러가지 가스용접봉이 규격화되고 있다.
그 화학성분은 용접중의 성분과 성질의 변화를 補充하게끔 연구되고 있다. 올바른 용
접을 하면, 우수한 强度와 延伸性이 좋은 용접금속이 얻어지는 것이 보통이다.

　(3) 플 락 스
　어떤 種類의 金屬에서는 가스용접중에 산화물이 생겨서 용착금속의 융합이 불충분
하게 되는 경우가 있다. 이것은 알루미늄, 마그네슘, 크롬等과 같이 그 酸化物이 母

材보다 高融點일 때에 특히 현저하다. 따라서 적당한 플라스(熔劑)를 사용하여 酸化膜을 용해재거치 않으면 안된다. 생긴 슬래그는 용융금속을 덮어 그 산화나 窒化를 감소시키는 효과가 있다.

플라스는 건조한 粉末, 페이스트, 또는 미리 용접봉表面에 피복한 固形의 것도 있다. 보통 固形粉末을 물 또는 알콜로 반죽하여 용접전에 브러시를 써서 홈面과 용접봉에 발라서 사용한다.

軟鋼의 가스용접에서는 보통 플라스가 불필요하다. 이것은 不熔性酸化物의 生成이 적은 것. 標準불꽃에서는 還元性분위기인 것. 裏面의 酸化鐵자체가 어느정도 플라스의 작용을 하는 것等의 이유에 의하는 것이지만, 때로는 플라스로서 硼砂, 硼酸, 珪酸소오다 等이 사용된다.

高炭素鋼, 特殊鋼, 鑄鐵등의 가스용접에는 重炭酸소오다, 黃血塩, 硼砂, 硼酸, 등이

表 5.18   各種金屬의 가스熔接棒과 플라스의 選擇

母材	熔接棒	火炎	熔剤	熔材	火炎	熔剤
炭素鋼	低炭素鋼	N	不要	高亜鉛黄銅	N-SO	要
	低合金鋼	SR	不要	銀合金	SR-N	要
合金鋼	母材와同一材質	SR	不要	銀合金	SR-N	要
스테인리스鋼	特殊熔接棒	N	要	銀合金	SR-N	要
	母材와同一材質					
高망간鋼	母材와同一材質	N-SR	不要			
鑄鉄	母材와同一材質	N	要	高亜鉛黄銅	N-SO	要
可鍛鑄鉄	白心鑄鉄	N-R	要	高亜鉛黄銅	N-SO	要
니켈	母材와同一材質	R	不要	銀合金	SR-N	要
니켈銅合金	母材와同一材質	N-SR	不要	銀合金	SR-N	要
	실리콘모넬메탈	N-SR	不要			
銅	脫酸銅	N	不要	高亜鉛合金	N-SO	要
				銀合金 또는 銅·燐合金	SR-N	要
실리콘브론즈	母材와同一材質	N-SO	要	高亜鉛合金	SR-N	要
				銀合金 또는 銅·燐合金	SR-N	要
七三黄銅	高亜鉛黄銅	N	要	銀合金 또는 銅·燐合金	SR-N	要
四六黄銅	母材와同一材質	O	要	銀合金 또는 銅·燐合金	SR-N	要
알루미늄	母材와同一材質	SR-N	要	알루미늄납	N-R	不要
알루미늄合金	母材와同一材質	SR-N	要	알루미늄납	N-R	不要
	알루미늄					
	실리콘合金					
알루미늄鑄物	알루미늄	SR-N	要			
	실리콘合金	SR-N	要			
鉛	母材와同一材質	N	不要			

N＝標準炎   O＝酸化炎   R＝還元炎 (炭化炎)
SR＝僅少하게 炭化炎   SO＝僅少하게 酸化炎

쓰인다. 銅 및 그 合金에는 硼砂, 硼酸, 弗化소오다, 珪酸소오다, 燐酸化物등이 적합하다. 또한 輕合金의 熔接에는 塩化物(예를들어, KCl 45%, NaCl 30%, LiCl 15%, KF 7%, K_2SO_4 3%)이 가장 유효하다.

表5.18에는 各種金屬의 용접용플락스와 용접봉의 선택자료를 표시한다.

(4) 熔 接 方 法

가스용접에서는 TIG용접과 마찬가지로 薄板에는 熔加材를 사용치 않으나, 厚板에는 그것이 必要하게 된다. 용접조작은 TIG용접의 경우와 비슷하며, 第4章 그림4.24와같이 前進용접(左進)과 後進용접(右進)이 사용된다. 후진용접은 板두께 3mm이상의 厚板에 적합하며, 팁을 홈底部에 向하게 한 채로, 용접방향에 직선적으로 진행하고, 용접봉은 근소하게 左右로 위이빙하면서 용접한다. 厚板에서는 必要에 따라 多層熔接을 한다. 同一板두께에서는 層數를 증가할 수 록, 용접금속의 强度가 약간 감소하나, 衝擊值는 向上한다.

表5.19에는 팁口徑과 適用板두께(軟鋼), 熔接棒徑 및 가스消費量을 表示한다.

表 5.19 軟鋼의 가스熔接의 팁口徑 가스壓力 및 消費量

팁 番 号 (KS B型)	팁 의 口 徑 韓國 (mm)	美國 (mm)	適用板두께 (mm)	熔接棒 直徑 (mm)	火炎의 平均長 (mm)	壓力調整器 壓力 (psi) 아세틸렌	酸 素	가스의 消費量 (l/h) 아세틸렌	酸 素
100	0.9	0.94	0.6~1.2	1.6	4.8	1	1	114	114
140	1.0	1.07	1.6~3.2	1.6~3.2	6.4	2	2	142	142
250	1.4	1.40	3.2~4.8	3.2	8.0	3	3	228	228
400	1.6	1.60	4.8~8.0	4.8	9.6	4	4	340	340
500	1.8	1.93	8.0~11.2	4.8	11.2	5	5	540	540
630	2	2.18	11.2~16.0	6.4	12.7	6	6	653	653
1 000	2.4	2.50	12.7~19.0	6.4	12.7	7	7	994	994
1 200	2.6	2.70	16.0~25.4	6.4	14.4	8	8	1 360	1 360
2 000	3	2.95	25 以上	6.4	16.0	9	9	1 620	1 620
3 000	3.4	3.55	厚 物	6.4	19.0	10	10	2 700	2 700
3 500	3.6	3.73	〃	6.4	22.4	10	10	2 840	2 840
4 000	3.8	3.78	〃	6.4	22.4	10	10	3 125	3 125

文　献

1) 手塚敬三： "ガス溶接法", (1955), 1-545, (産業図書 KK).
2) "ガス溶接法", 溶接便覧 (熔接学会編) (1956), 99-140, (丸善).
3) 大西巖, 水野政夫： "ガス切断およびガス加工", 熔接叢書第7巻 (1955), 1-164.
4) 三上博, 中西実： "ガス熔断機器" 熔接叢書第17巻 (1956), 1-99 (熔接協会).
5) "ガス切断", 溶接技術ハンドブック (岡田実編) (1957), 197-227 (朝倉書店).
6) "Gas Welding" および "Gas Welding and Brazing Equipment", Welding Handbook, Section Ⅱ (1958), 21.1-21.22, 23.1-23.34.
7) Stoecker, R. L. and Moen, W. B.： "Fundamental Concepts of Oxygen Cutting", Weld. J. (1957) No. 3, 151s-156s.

8)　Deily, R. L. : "Mechanization Applied to Oxygen Cutting ", Weld, J, (1955) No. 5, 433-439.

9)　小池酸素工業 KK : "数値制御方式自動ガス型切断機 " 熔接界 (1958) No. 9, 577-582.

10)　村上敏夫他 : "急速冷却によるガス切断歪の防止について ", (1958) (名古屋造船報告).

第6章 熔 接 冶 金

6.1 金屬의 結晶構造 및 狀態圖

6.1.1 金屬의 結晶構造
(1) 結 晶 格 子

金屬에서는 固体内의 原子가 규칙적인 幾何學的配列을 하고 있으므로 그것을 **結晶** (crystal)이라 하며, 空間에 있어서의 原子의 配列을 **空間格子**(space lattice)라 한다.

금속결정내의 원자배열은 **數種**의 **單純**한 **基本方式中** 하나에 속하고 있다. 결정격자의 기본단위를 **單位格子**(unit cell)라 한다. 단위격자는 이것을 三次元的으로, 즉, 前後左右 및 上下方向에 쌓아겹치면 하나의 결정이 구성되 는 原子配列의 單位이며, 마치 建築에서 쓰는 벽돌과 같은 것이다. 實用金屬에서 가장 많은 單位格子는 立方形이며, **体心立方格子**(body‑centered cubic lattice) 또는 **面心立方格子**(face‑centered cubic lattice) 이다. 이것은 그림6.1(a), (b)와 같은 것 이며, 그림에서 黑點은 原子의 中心位置를 나타낸

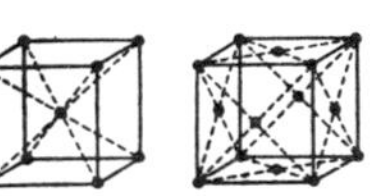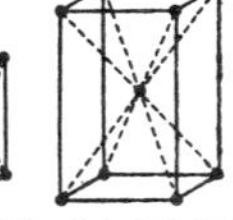

図 6.1　結晶의 單位格子, （a）体心
立方格子, （b）面心立方格子
（c）体心正方格子,
黑點은 原子의 中心位置

것이다. X線回折을 써서 조사하면 이들 單位格子는 매우 작은 것이며, 鐵의 体心立方 格子의 室溫에서의 크기는 一邊$2.86×10^{-8}$cm이다. 크롬, 텅스텐, 모리브덴은 体心立方 晶系이며, 알루미늄, 銅, 銀, 金, 니켈等에서는 面心立方晶系이다. 鐵은 徐冷하면, 910°C 의 面心立方에서 体心立方으로 **變態**(tranformation)하며, 반대로 徐熱하면 同一溫度에 서 体心立方부터 面心立方으로 **變態** 하는 特性이 있다.

合金과 같이 異種의 原子가 결정격자를 만드는 경우에는 이 다른 原子가 서로 어느 정도 비슷한가에 따라 **格子**가 달라진다. 예를들어, 鐵에 니켈을 少量 가하면 니켈원자 는 철원자의 **格子位置**에 불규칙하게 **置換됨**으로, 그 구조는 **置換形固熔体**(substitutio‑ nal solid solution)라 불리운다. 만일 母材原子보다도 훨씬 작은 原子가 固熔할 때는 母材原子와 置換하지 않고 그들의 틈새 또는 格子欠陷에 들어가는 일이 많다. 이구조를 **侵人形固熔体**(interstitial solid solution)이라 한다. 탄소, 수소, 질소는 철에 녹아 侵 入形固熔体를 만든다.

合金成分金屬이 서로 **化學的吸引力**에 의하여 대략 **化學式**으로 표시되는 **成分比率**로 새로운 **化合物**을 만들때가 있다. 이것을 **金屬間化合物**(intermetallic compound)이라고 하며, 原子配列上에서 보아 熔媒가 되는 甲金屬의 결정원자를 熔質이 되는 乙原子로 規則的으로 置換한 것이며, 固熔体의 **特殊例**이다. 後述하는 그림6.10中의 Mg‑Cu合金 内의 Mg_2Cu, $MgCu_2$는 이 例이다.

（2） 樹枝狀結晶과 結晶粒

凝固中에 液体内에 최초로 생기는 固体結晶의 發生場所는 液의 평균온도보다　약간 온도가 낮고, 더우기 거기에 원자가 우연히 凝集하여 凝固를 촉진하는 點이라고 생각 되고 있다. 보통은 容器의 壁이 그와같은 點이되며, 凝固는 그곳붐터 시작된다. 최초 의 微小한 결정을 核(nucleus)이라 부르고, 그것이 種子가 되어 응고가 진행되어　결 정이 成長한다. 液中에 懸濁된 작은 固体不純物도 核을 만드는 계기가 된다.

結晶의 成長(growth)이란 이미 格子型으로 配列된 固体原子의 덩어리에 다른　自由 로운 액체원자가 參加하는 것이다. 액체원자는 어떤 特定의 結晶面에 容易하게 붙기쉬

우므로, 결정의　성장 은 어떤 方向으로 選 擇的으로 행해지는 것 이 보통이다.　예를들 어, 立方晶系에서는成 長이 立方面에 直角으 로 일어나기 쉽다. 그 결과, 그림6.2와 같이, 樹枝狀骨格이 생기고, 大枝, 小枝가 서로 直

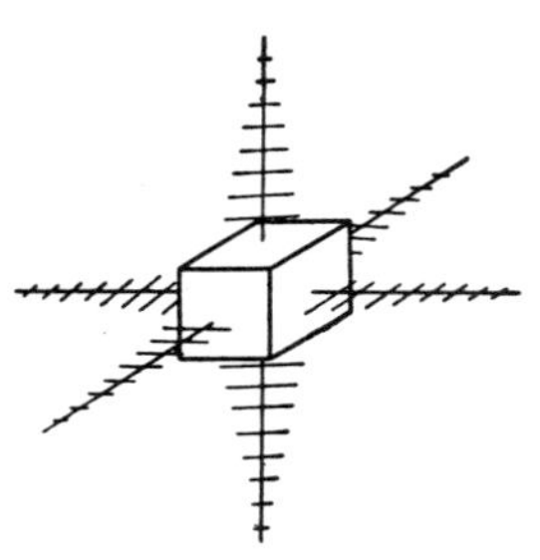

図 6.2　樹枝狀結晶의 成長原理

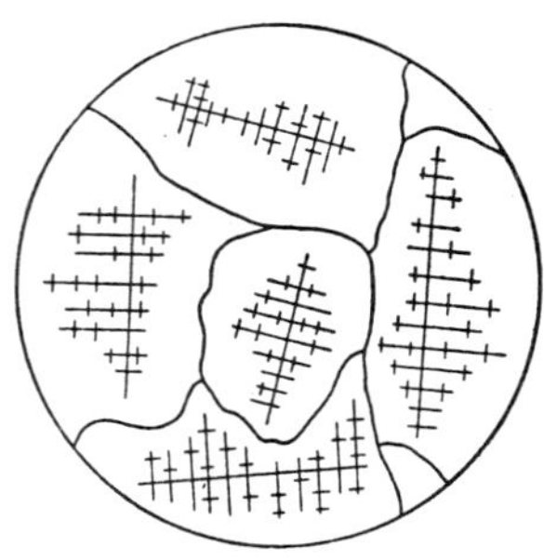

図 6.3　樹枝狀結晶과 粒界

角으로 생긴다. 이 樹枝狀結晶을 덴드라이트(dendrite)라 부른다. 成長이 진행됨에 따 라 가지는 두껍고 크게 되며, 枝間의 空隙은 최후로 응고하는 液이나 不純物로　채워 지게 된다. 응고가 진행함에 따라, 수지상결정은 서로 접촉하게 되나, 각각의 結晶方 位가 다르므로 合一한 單一結晶이 되는 일은 거의 없다. 따라서 거기에 結晶粒의境界, 즉 粒界(grain boundary)가 생기며, 그 결과, 응고한 금속은 多數의 單結晶의 集合体 인 것이 보통이다. 각각의 單位結晶은 粒界에서 서로 原子的吸引力으로 끌어당기고 있 다. 이 狀況은 그림6.3과 같다. 하나의 수지상결정의 크기는 材質, 불순물의 多少, 冷

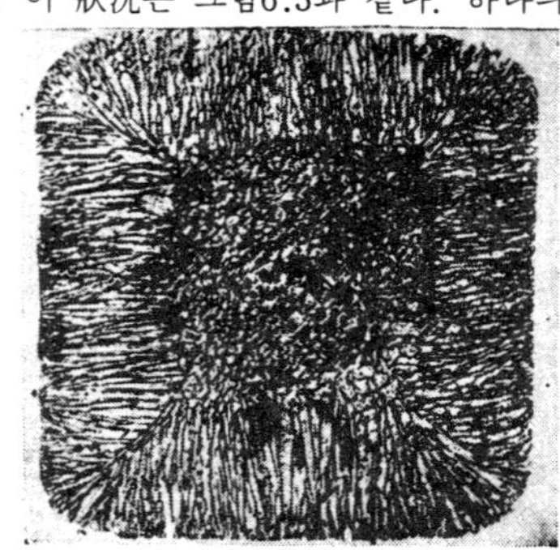

（a） 잉고트

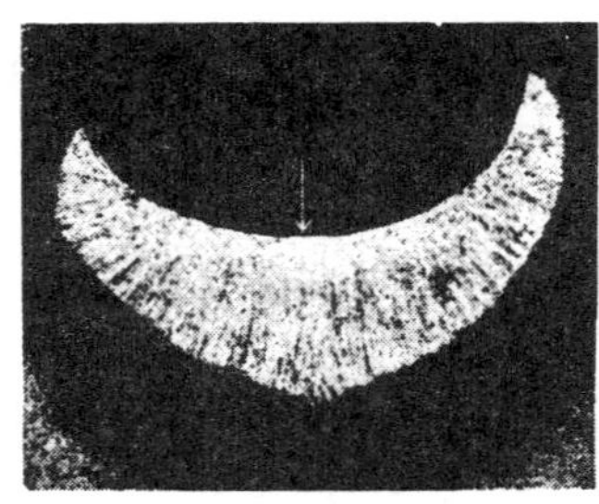

（b）熔接金属

図 6.4　柱狀組織

却條件에 의하여 달라지며, 大는 손가락크기의 것부터 小는 100分之 數밀리의 微小한 것까지 여러가지가 있다. 角砂糖크기의 金屬小片中에는 보통, 幾千이란 結晶粒(crystal grain)이 포함되고 있다. 後述하는 바와 같이, 鋼의 結晶体 크기는 그 機械的性質과 熱處理反應에 영향이 큰 것이다.

容器의 壁은 內部液体보다 차거우므로, 核은 壁에 생기기 쉽다. 核부터 結晶이 成長할 때는 溫度가 높은 方向으로 향하는 경향이 있으며, 바로 옆에도 결정이 있으므로, 左右에는 거의 넓혀지는 機會가 없다. 따라서 결정은 壁에 直角으로 가늘고 긴形狀이되며, 柱狀組織(columnar structure)이 생긴다. 그림6.4는 인고트(ingot 鑄塊)와 용접금속(weld wetal) 내의 주상결정이다. 이러한 주상조직에서는 結晶粒에 平行으로 불순물이나 수소가스를 함유하는 약한 粒界가 생기기 쉽고 冷却中이나 그 後의 加工作業 中에 균裂되거나 터지는 일이 있다. 용접금속이 고온에서 터지는 것은 이에 의하는 경우가 많다.

6.1.2 平衡狀態図

(1) 金屬組織

金屬은 外觀上은 같아도, 化學成分이나 기계적성질에는 大差가 있다. 同一材料 라도 熱間壓延한 그대로의 것과 熱處理한 것과는 성질이 크게 다른 것이 보통이나, 이와같은 事實은 그 내부의 금속조직이 다른데 起因하고 있다.

금속조직에는 2種類가 있다. 肉眼 또는 小倍率의 擴大鏡으로 識別할 수 있는 마크로組織(macrostructure 肉眼組織)과, 高倍率(50~2000倍)의 光學顯微鏡으로 식별될 수 있는 顯微鏡組織(mirostructure)이 있다. 또한 약2000배이상에서 數萬倍의 高倍率로 조직을 조사하는데는 電子顯微鏡이 쓰인다.

(i) 顯微鏡組織

금속의 현미경조직을 조사하는데는, 試料表面을 平滑하게 다듬질하여 표면을 金鋼砂布(emery cloth)를 써서 硏削하고, 다시 硏摩布(polishing cloth)를 쓰던가 電解硏摩法을 사용하여 表面을 거울과 같이 연마한다. 다음, 그 面을 적당한 藥液으로 가볍게

에치(腐蝕 etch)한다. 이 에치에 의하여 試料表面은 結晶粒界, 結晶方位, 化學成分 및 結晶構造의 차이에 따라 選擇的인 부식작용을 받아서 표면에 多數의 微小한 凹凸이 생긴다. 이 표면에 강한 빛을 대서 그 反射光을 擴大하면 그림6.5와 같이 凹凸에 의한 亂反射때문에 反射光의 一部가 對眼鏡으로 부터 벗어남으로, 視野에는 結晶內의 明細, 粒界, 介在物등의 存在가 明暗의 모양이 되어 나타난다. 이것을 寫眞촬영한 것이 本書에서 계시되고 있는 현미경사진들이다.

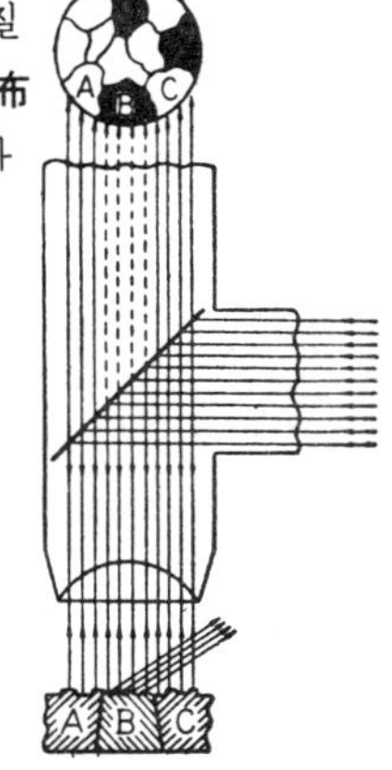

図 6.5 顯微鏡組織이 보이는 原理

(ii) 마크로組織

마크로조직을 보는데는 표면을 조금 硏削한 정도로 平滑하게 다듬질한 다음, 적당한 藥液으로 에치하면 肉眼으로도 조직의

차이가 인식되며, 큰 균裂, 氣孔, 불순물, 結晶粒의 大小나 方向등을 조사하는데 쓰인다. 그림6.4는 마크로組織寫眞의 一例이다.

(2) 組織成分 및 相

현미경조직은 금속의 合金成分, 온도, 加工, 熱處理등에 의하여 현저한 영향을 받으므로, 현미경조직을 조사하면, 그 合金種類, 處理, 性能의 良否를 推定할 수 있다.

현미경조직은 여러가지 組織成分(microstructural constituent)으로 구성되어 있고, 하나의 조직성분은 單一 또는 2, 3의 相(phase)으로 되어 있다. 相은 金屬의 하나의 純粹한 상태를 表示하는 것이며, 그에 속하는 어떤 部分을 취하여도 同質(homogeneous)이고, 또한 다른 相과 物理的으로 區別될 수 있는 상태를 말한다. 예를 들어 氷水는 얼음이라는 固相과 물이라는 液相의 2相混合物이다.

(3) 平 衡 狀 態 圖

조직을 형성하는 成分이나 相이 평형상태하에서 溫度에 따라 변화하는 모양을 나타내는 一覽圖를 狀態圖(constitutional diagram) 또는 平衡圖(equilibrium diagram)이라 한다. 이것은 극히 중요한 것이며 熔接冶金을 공부하는데는 반드시 이해하여 두어야 한다. 상태도는 보통 이론적으로 정확하게 구할 수 있는 것이 아니고 실험적으로 구해지는 것이다.

상태도를 실험적으로 구하는 방법의 一例를 들어 설명하기 위하여 銅과 니켈合金의 경우를 생각하기로 한다. 化學成分을 여러가지로 바꾸어 銅·니켈 合金을 만들고, 온도를 변화시켜 우선 融點(melting point)과 凝固點(freezing point)을 측정한다. 融點도 凝固點도 각각 열의 흡수와 방출을 수반함으로 보통 쓰이는 방법으로는 녹은 試料를 극히 徐徐히 冷却하면서 時間에 대한 溫度變化(冷却曲線)를 측정하는 것이다. 凝固熱에 의하여 냉각곡선에 이완이나 不連續이 생기므로 응고한 온도와 그 狀況을 알 수 있다. 純金屬은 그 固有의 일정온도에서 응고하나 대부분의 合金에서는 어느 온도범위에 걸쳐 응고한다. 純銅 및 50%Cu-50%Ni合金의 냉각곡선은 그림 6.6과 같이 A點과 B點이 이완의 始初와 終端이며, 各各 응고의 개시와 종료의 온도를 표시하고

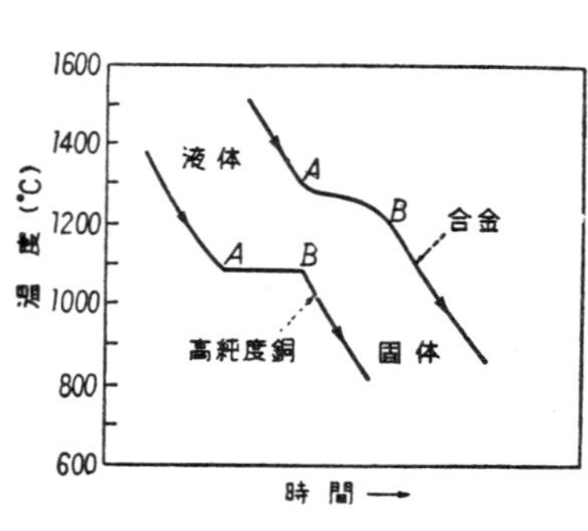

圖 6.6 銅 및 50%Cu-50%Ni 合金
의 冷却曲線

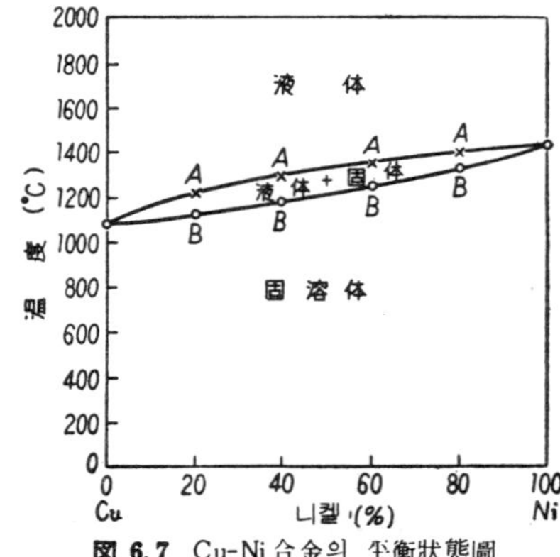

圖 6.7 Cu-Ni 合金의 平衡狀態圖

있다. 上例와 같이 여러가지 성분의 Cu-Ni合金에 대하여 응고의 개시와 종료온도를 측정한 결과는 그림 6.7이다. 그림에서는 縱軸에 온도를, 橫軸에 合金成分을 취하고 있다. 모든 A點을 이으면, **液相線**(liquidus)이 얻어지며 이것은 응고의 開始溫度를 표시한다. 마찬가지로 B點을 이어 **固相線**(solidus)이 얻어지며, 이것은 응고終了溫度를 나타낸다. 그러므로, 어떤成分의 合金이라도, 液相線A以上의 온도로 가열하면 완전히 액체가 되며, A와 B의 兩線中間溫度로 가열되면 液体와 固体의 混合狀態가 되며, B 線以下의 온도에서는 完全固体이다. 이러한 3狀態領域을 相으로 나타내면, 각각 液相, 液相과 固相, 및 固相이다. 銅과 니켈은 어떤 成分比率일지라도 단지 하나의 面心立 方結晶構造로 됨으로, **固熔合金**(solid-solution alloy)을 만든다. **熔解度**(solubility)에 제한이 없는 二元合金系는 그림6.7과 마찬가지 모양의 상태도를 나타낸다. 물론, 液相 線과 固相線의 위치와 形狀이 合金에 따라 달라지게 된다.

上述한 바는 平衡狀態를 가정한 경우, 換言하면, 合金內의 변화가 모두 可逆變化 라고 가정한 경우에 대한 것이다. 즉, 온도강하를 수반하는 어떠한 相變化도 온도를 원상으로 회복시키면, 逆變化시킬 수 있다는 것이다. 이 平衡狀態는 극히 서서히 온도변화시킴으로써 近似的으로 實現시킬 수 있다. 急速한 온도변화에서는 일반적으로 液相線이나 固相線이 평형상태의 그것에서 어느정도 벗어나게 된다. 이에 대하여는 後述키로 한다.

다음, 合金元素의 용해도에 제한이 있는 경우는 다음과 같이 된다. 예를 들어, 銀－銅系의 각종 성분합금을 만들어, 그 冷却曲線에서 액상선과 고상선을 구하면, 그림6.8 과 같이 된다. 이 그림에서 左側의 銀에 가까운 合金(Cu<8.8%)에서는 액체가 냉각되어 고상선아하의 온도가 되면, 單一의 α(**알파**)固熔体가 된다. 이 α 相은 銀이 銅에 완전하게 固熔한 상태이다. 마찬가지로 左側의 銅에 가까운 合金(Ag< 8 %)은 액체가 고상선이하온도로 냉각되면 單一의 β(**베타**)固熔体가 생긴다. 이 β 相은 銅이 銀에 완전하게 고용한 것이다.

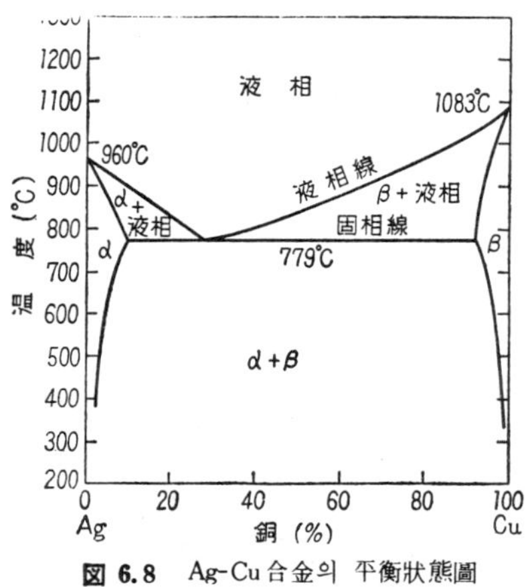

図 **6.8** Ag-Cu 合金의 平衡狀態圖

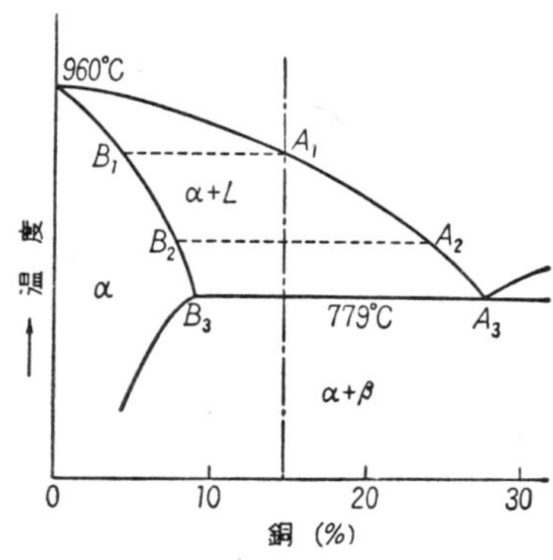

図 **6.9** Ag-Cu 合金의 銀側의 狀態圖

그림6.8에서 Cu28.5%의 合金은 액상선과 고상선이 일치하여, 純金屬과 마찬가지로 일정온도(여기서는 779°C)에서 응고한다. 이와같은 경우에는 일반적으로 그 현미경조직은 α相과 β相의 兩結晶이 동시에 생기며, 이들이 조밀하게 혼합되어 교대로 薄層이 되거나 또는 소금에 들깨를 섞은 것같은 상태가 된다. 이와 같은 조직을 共晶(eutectic)이라 한다. 共晶은 Ag-Cu合金뿐만 아니라, 多數의 合金系에서 나타나기 쉬운 조직이며, 그 合金系中에서 極小의 融點을 나타내는 것이다(硬납땜에서는 적당한 共晶合金을 사용하여 金屬을 接合한다).

다음 복잡한 예로서 15%銅-85%銀의 合金의 응고를 생각한다. 그림6.9에 있어 서 액체합금이 액상선(A₁)까지 서서히 냉각되면, 固体結晶이 생기기 시작한다. 이것은 α相의 粒子이며, 初晶(primary crystal)이라 한다. 이 최초에 생긴 결정은 액체와 同一成分이 될 수 없다. 그 이유는 이 결정이 液中에 떠서 그 온도에서 液相과 平衡狀態이어야 하기 때문이며, 이것을 만족하는 合金成分은 그림6.9의 A₁點에서 水平으로 그은 等溫線과 固相線의 交點B₁으로 표시된다. 이 B₁成分은 母液보다 銅含有量이 적으므로, 殘液은 반대로 銅含有量이 증가하는 결과가 된다. 더욱, 온도가 내려감에 따라, 初晶의 α結晶과 殘液의 化學成分은 各各 固相線B₁B₂液相線A₁A₂曲線上을 따라 변화하게 된다. 즉, 온도 A₂B₂의 平衡狀態에서는 α相의 화학성분이 B₂點으로, 殘液成分은 A₂點으로 표시된다. 다시 온도가 A₃B₃線(779°C)까지 내려가면, 결정은 B₃點의 成分18.8%銅)을 갖게 되고, 殘液은 A₃點의 성분 즉, **共晶成分(28.5%銅)**으로써 서로 평형하고 있다. 온도가 共晶溫度779°C보다 약간 내려가면 殘液은 모두 응고하여 α와 β相이 혼합한 共晶이 된다. 결과적으로 15% 銅-85%銀合金의 고체조직은 高温에서 생긴 큰 α相의 初晶이 α,β의 共晶中에 散在하는 조직이 된다.

上述한 2例(Cu-Ni, Ag-Cu系)보다 복잡한 合金은 많지만,일반적으로 복잡한 상태도도 이것을 細分하면 前述한 2例에 歸着하게 된다. 단, 金屬間化合物이 생길지 모르지만, 그것을 하나의 금속으로 간주하여 그곳을 경계로 하여 상태도를 左右 2分하여 생각하면 간단하게 된다. 예를 들어, 마그네슘과 銅의

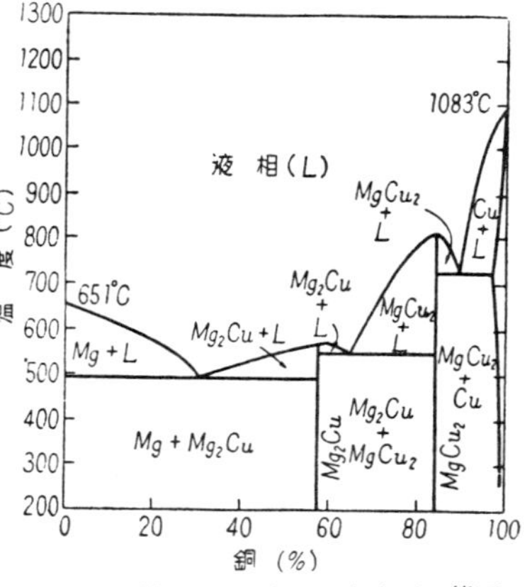

図 6.10 Mg-Cu合金系狀態圖

二元合金系에서는 金屬間化合物이 두가지, 즉, Mg₂Cu, MgCu₂가 생겨, 이들이 마치 純金屬과 같은 작용을 한다. 그림6.10의 Mg-Cu合金의 상태도는 Mg₂Cu와 MgCu₂로서 셋으로 나누면 간단한 상태도로 나누어져 버린다.

6.2 鉄-炭素合金

6.2.1 鉄-炭素合金의 狀態圖

（1） 鉄

工業用純鐵(commercially pure iron)은 延伸性이 좋지만, 强度가 불충분 引張强度 약27kg/mm²)함으로 構造用材料로서 널리 쓰일 수 없다. 그러나 이것에 炭素를 少量(약 1%以下)가하면, 鐵이 여러가지 우수한 성질을 갖게 되어, 현재 가장 價値있는 工業 用材料가 되고 있다. 어니일링(annealing)한 純鐵의 室溫(20°C)에서의 性質은 다음 과 같다.

密度……7.87(g/cm³) 融点……1 539(℃) 沸点……2 740(℃)

比熱……0.11(cal/g/°C) 양그 率……20 000(kg/mm²) 延伸……40~60(%)

線膨脹係数……11.7×10⁻⁶(1/°C) 브리넬强度……60~80 絞縮……70~85(%)

熱伝導度……0.18(cal/cm³/°C/sec) 引張强度……24~28(kg/mm²)

比抵抗……9.71×10⁻⁶(Ω−cm) 降伏点……7~14(kg/mm²)

鐵의 중요한 특성은 加熱冷却中에 固相인새로 結晶構造가 변화하는 것이며, 이것을 變態(transformation)이라 한다. 즉, 室溫에서는 体心立方格子의 **알파鐵**(α iron)이지 만, 徐熱하면 점차 팽창하여 910°C에 달하면 그 온도에서 面心立方格子의 **감마鐵**(γ iron)으로 변태하고, 동시에 체적이 약 1% 收縮한다. γ 鐵은 加熱中 1400°C 까지는 面心立方格子이나, 그 온도에서 재차 体心立方格子로 환원한다. 이것을 **델타鐵**(δ ir-on)이라 한다. δ 鐵은 1539°C에서 融解하여 액체가 된다. 반대로 액체인 鐵을 徐冷하 면 徐熱의 경우와 거의 同一溫度에서 완전히 逆順의 變態 $\delta \rightarrow \gamma \rightarrow \alpha$ 를 한다. 또한, 같은 体心立方格子의 α 鐵이면서도, 768°C에서 磁氣的性質이 변화한다. 즉, 768°C以 下에서는 强磁性을 갖으나, 768°C以上의 高溫에서는 强磁性을 갖지 않는다. 이 磁氣 變態點(768°C)을 **큐리點**(curie point)이라 한다.

（2） 炭化鐵

탄소는 鐵의 중요한 合金元素이며, 兩元素는 分子成 Fe_3C의 金屬間化合物을 만든다. 이 화합물은 극히 脆弱하고, 6.67重量%의 炭素를 함유한다. 이 **炭化鐵**(카아바이드 carbide)은 보통 **시멘타이트**(cementite)라 불린다. 鐵−炭素含量은 平衡狀態下에서는 탄소가 탄화철로서 존재함으로 이 合金系는 鐵−炭化鐵合金系라고도 불리운다.

（3） 鉄—炭化鉄平衡状態図

鐵−炭化鐵平衡狀態圖는 그림6.11과 같이 鐵(0 %C)과 炭化鐵(6.67%C)間에 끼여있 어, 一見 매우 복잡하게 보이나, 간단한 部分圖로 나누어 조사하면 용이하게 이해할 수 있다.

鐵−炭素系合金의 凝固는 그림6.11의 액상선ABCD와 고상선AHJECF에서 일어난다. 左上구석의 복잡한 부분(AHNJBA)은 本書에서는 중요치 않으므로 이것을 생략하여 생 각하면, 이 상태도는 共晶合金의 例이다. 즉, 온도1130°C에서 4.3% C의 共晶이 생긴 다. 이 共晶을 **레데브라이트**(ledeburite)라 한다. 레데브라이트는 대략等量의 시멘타 이트와 오오스테나이트의 細粒이 난잡하게 뒤섞여서 마치 소금에 들깨를 섞은 것과 같 은 조직이 나타나고, 鐵−炭化鐵合金中 가장 融點이 낮다.

다음 線GSE와 PSK가 표시하는 部分에서는 물론 固相만이 존재하나, 상태도의 상

태가 共晶系와 비슷함으로 이것을 液狀의 共晶領域 (eutectic region) 과 구별하기위
하여 **共析領域**(eutectoid region)이라 부른다.

　그림6.11에 있어서 室溫에서 固熔하는 炭素量은 0.008%이다. 炭素量이 이보다 적
은 범위를 **鐵**(iron)이라 하고, C＝0.008〜2.0%의 범위를 **鋼**(steel), C＝2.0〜6.67%
의 범위를 **鑄鐵**(cast iron)이라 하여 구별하고 있다. 주철中의 탄화철Fe₃C는 용이하

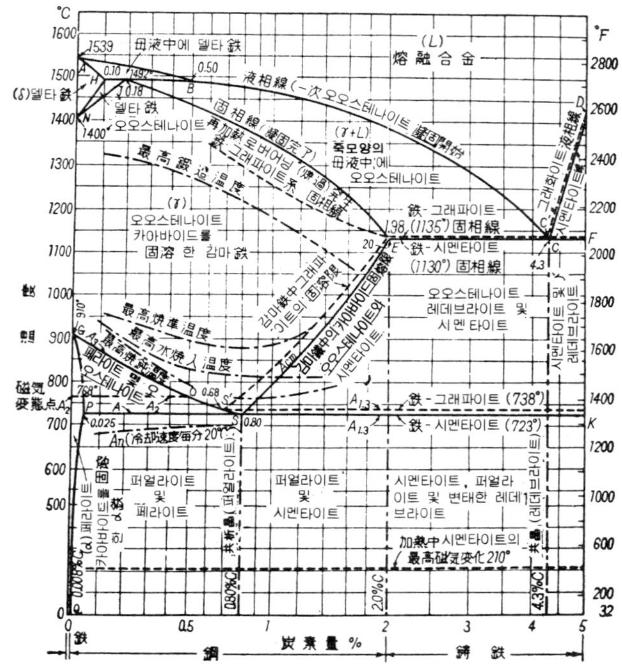

図 6.11　鉄-炭化鉄系平衡状態図

게 分解하여 鐵과 黑鉛狀炭素로 분리되기 쉽다.

　그림6.11에 表示된 여러가지 相 및 組織成分의 이름과 뜻은 다음과 같다.

　오오스테나이트(austenite)＝γ (감마)……面心立方格子의 γ 鐵에 炭素를 固溶한 相,
　1130°C에서 最大固熔度2.0%C.

　페라이트(ferrite)＝α (알파)……体心立方格子의 α 鐵에 炭素를 固熔한 相, 723°C에
　서 最大固熔度0.025%C

　시멘타이트(cementite)＝Fe₃C……6.67%C를 함유하는 炭化鐵(iron carbide). 단순
　히 **카아바이드**라고도 함. 正斜方晶.

　레데브라이트(ledeburite)……鐵-炭化鐵系의 共晶組織(eutectic structure)의 別名.
　4.3%C의 共晶成分인 液体가 1130°C에서 응고하여 생기는 조직이며, 細粒의 오오

스테나이트와 시멘타이트의 粒子가 混合한 조직.

퍼얼라이트(pearlite)……鐵-炭化鐵系의 共析組織(eutectoid structure)의 別名. 0.80%C의 오오스테나이트가 徐冷하여 723°C의 페라이트와 시멘타이트의 2相으로 變態한 層狀의 組織.

Acm……過共析鋼(C>0.80%)의 오오스테 나트⇄시멘타이트의 變態溫度. 炭素量 과 함께 증가한다.

A₃……亞共析鋼(C<0.80%)의 오오스테나이트⇄페라이트의 變態溫度. 910°～723°C 의 범위에 있으며, 탄소량이 적을 수록 높다.

A₂……768°C의 磁氣變態溫度 단, 格子變態는 일어나지 않는다.

A₁……共析變態가 일어나는 溫度, 723°C.

그림6.11의 平衡狀態圖에 있어서 合金의 탄소량이나, 온도가 변화한 경우의 相變化 는 다음節에서 설명한다.

6.2.2 鐵-炭素合金의 變態와 組織(平衡狀態)

鐵-炭素合金을 융점부터 실온까지 徐冷한 경우의 相變化를 예를 들어 설명 한다.

(1) 共 析 鋼

탄소량0.80%의 **共析鋼**(eutectoid steel) 이 融點부터 室溫까지 徐冷되는 경우를 생각한다. 그림6.11의 평형상태도에 있어서 액체共析鋼이 액상선까지 냉각되면 약1470°C에서 오오스테나이트結晶粒이 응고하기 시작한다. 이것은 감마鐵에 탄소가 固熔한相이다. 온도강하에 따라 液中에는 점차 많은 오오스테나이트경정립이 생겨, 마침내 약 1380°C에서 고상선에 도달하면 응고가 완료하여 완전하게 오오스테나이트가 된다. 이 오오스테나이트는 온·도가 723°C(A₁)까지 냉각되는 도중에는 相變化가 없고, 結晶 粒 의 크기는 대략 凝固完了時 그대로의 거칠기와 크기로 유지된다. 오오스테나이트는 平衡狀態에서는 723°C이상의 高溫에서만 存在함으로, 현미경에서 그것을 사진으로 촬영하는 것은 일반적으로 용이치 않다. 그러나, 어떤種類의 高合金鋼에서는 室溫까지 오오스테나이트組織이 보존되는 일이 있다. 그림6.12는 그 일예이며 共析鋼의 오오스테나이트도 이와 類似하다. 그림의 黑線이 結晶粒界이며, 粒界에 둘러싸여 있는 것이각각 하나의 오오스테나이트單結晶이다.

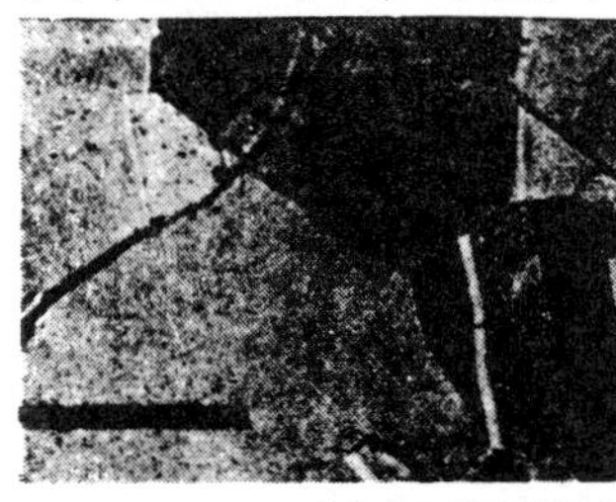

図 6.12 오오스테나이트顯微鏡組織 (×200)

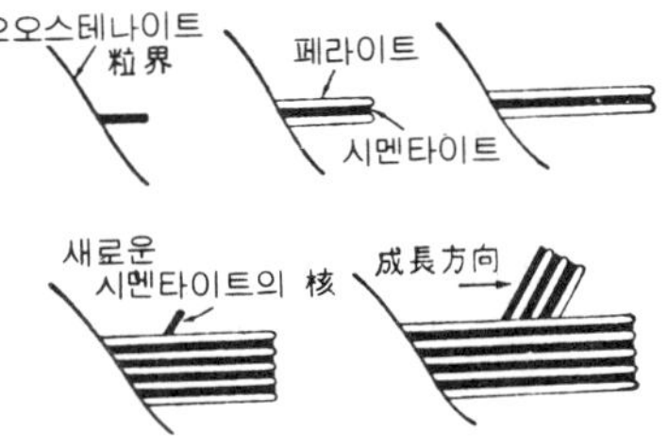

図 6.13 퍼얼라이트의 層狀組織生成

共析鋼의 오오스테나이트는 그림6.11에 의하면, 723°C에서 동시에 페라이트와 시멘타이트로 變態한다. 이 변태는 그림6.13과 같이 오오스테나이트粒界부터 核의 발생과 성장이 行해지며, 마침내 오오스테나이트粒이 그림6.14와 같이 全部層狀의 組織으로 덮여진다. 이조직을 **퍼얼라이트**라 한다. 같은 퍼얼라이트 粒內이라도, 層方向이 반드시 同一하지 않는 것은 그림6.13의 生成過程에서 보아도 용이하게 이해할 수 있는 것이다. 퍼얼라이트는 하나의 현미경성분이지만, 하나의 相은 아니고, 페라이트와 시멘타이트의 2相의 혼합물이다. 그

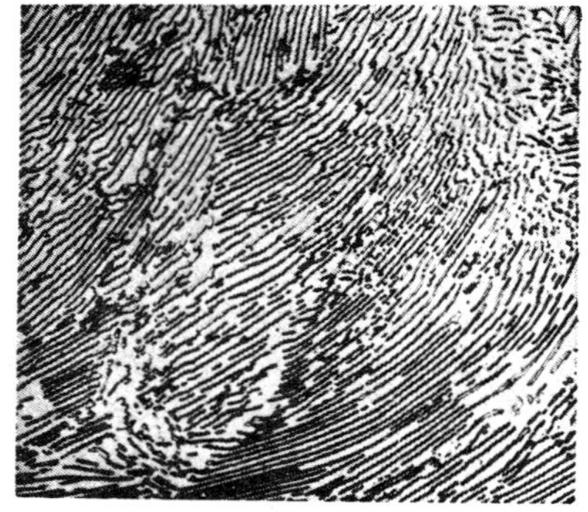

図 **6.14** 共析鋼(0.80%)의 퍼얼라이트 組織(×500)

림6.14에서 白色으로 連續되고 있는 것이 페라이트, 黑色線狀으로 보이는 것이 시멘타이트이다. 퍼얼라이트中에는 페라이트가 **88%**(重量) 포함되어 있으며, **12%**가 시멘타이트이다. 또한 퍼얼라이트의 줄무늬는 100배 정도의 적은 拡大率로는 식별될 수 없으므로, 粒全体가 까맣게 보인다.

(2) 亞 共 析 鋼

亞共析鋼(C=0.008~0.80%, hypo-eutectoid steel)의 예로서 0.45%炭素鋼을 취한다. 이 鋼에서는 응고가 완료하면 그

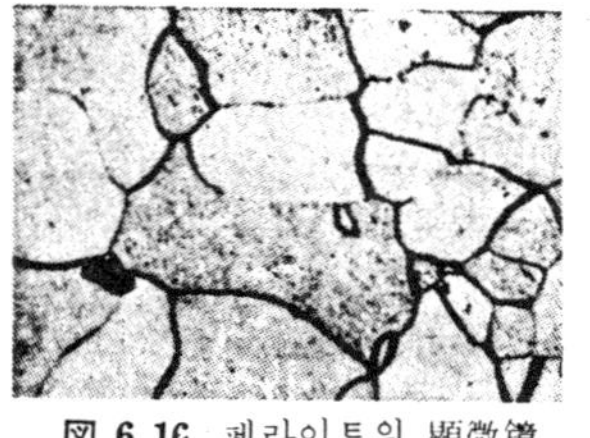

図 **6.16** 페라이트의 顯微鏡 組織(C≒0.008%)(×500)

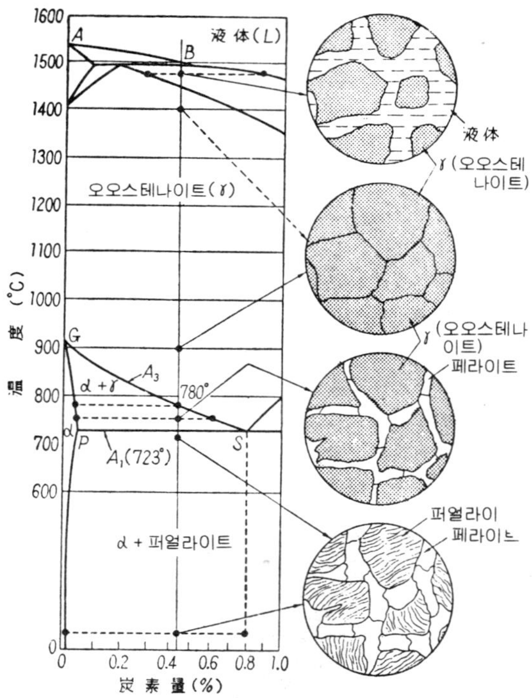

図 **6.15** 0.45%炭素鋼의 徐冷中의 顯微鏡組織變化

림6.15가 같이 오오스테나이트조직이 된다. 이것이 냉각되어 780°C가 되면 GS線(A₃)에 도달하고, 여기서 오오스테나이트가 分解하기 시작하여 그 粒界에 페라이트가 析出

되기 시작한다. 이것을 **初析퍼얼라이트**라 한다. 이 온도(780°C)에서는 初析 페라이트
는 약0.02%의 炭素를 固熔한 α鐵이다. 페라이트結晶粒이 多數 모인 조직은 工業用純
鐵에서 볼 수 있고, 이것은 그림6.16과 같다. 그림에서 網狀의 黑線은 페라이트單 結
晶의 粒界를 나타낸것이다. 0.45%탄소강의 初析페라이트는 오오스테나이트粒界에 생겨
數個의 페라이트核으로부터 成長함으로, 온도가 723°C(A₁)에 가까워지면, 그림 6.15
의 현미경조직과 같이 오오스테나이트單結晶주위에 페라이트結晶의 網目이 생긴다. 이
때, 오오스테나이트는 低炭素의 페라이트를 析出하는 反面, 그 炭素含有率은 GS線에
따라 증가하고, 723°C에서는 0.80%의 共析成分이 되어, 그 온도에서 나머지의 오오
스테나이트가 퍼얼라이트로 變態한다. 따라서 0.45%탄 소강의 室溫에서의 조직은, 그
림 6.17과 같이 까만 퍼얼라이트粒둘레에 하얀 페라이트粒이 網狀으로 보인다.

(3) 過共析鋼

過共析鋼(hyper-eutectoid steel)의 例로서, 1.1%炭素鋼에서는, 응고에 의하여 우
선 오오스테나이트가 생기고, Acm(그림 6.11의 SE線)에 도달하면, 약 830°C 에서

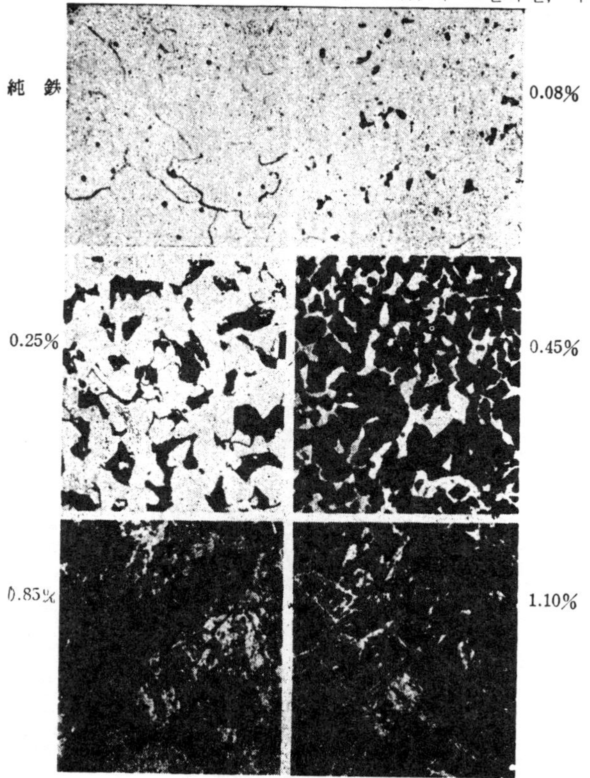

図 6.17 各種炭素鋼의 顯微鏡組織(×100)

오오스테나이트粒界에 **初析시멘타이트**가 析出되기 시작한다. 시멘타이트는 炭素量이 6.67%이므로, 그 析出에 수반하여 나머지 오오스테나이트炭素量은 Acm線에 따라 점차 감소하여 723°C에 달하면 共析成分 0.80%가 된다. 그리고, 이 온도에서 나머지 오오스테나이트가 全部 퍼얼라이트로 變態한다. 따라서 1.1%炭素鋼의 室溫組織은 그림 6.17과 같이 까만 퍼얼라이트粒주위에 하얗고 가는 網狀의 시멘타이트가 보인다.

（4） 各種 炭素鋼의 顯微鏡組織

炭素鋼의 室溫에서의 徐冷組織은 以上의 설명에 의하여 共析成分(0.80%)을 경계로 하여 달라지게 된다. 즉, 그림 6.17과 같이 亞共析鋼에서는 까맣게 보이는 퍼얼라이트와 하얗게 보이는 페라이트가 있으며, 過共析鋼에서는 까맣게 보이는 퍼얼라이트粒界에 網狀의 하얀 시멘타이트가 있다. 퍼얼라이트는 高倍率에서는 물론 層狀의 조직이 나타난다. 그림에서 알 수 있는 바와 같이 퍼얼라이트量은 炭素量에 따라 달라진다.

6.2.3　鉄－炭素合金의　性質

（1）　機械的性質

모든 合金性質은, 그것을 구성하고 있는 각종 相의 성질과 分布樣式에 따라 결정된다. 평형상태의 鐵－炭素合金은 室溫에서 페라이트와 시멘타이트의 2相으로 되어 있다. 페라이트는 軟하고 잘 늘어나며, 시멘타이트는 딱딱하고 부서지기 쉬우며 거의 늘어나지 않는다. 그러나 兩者가 層狀으로 配列한 組織成分(퍼얼라이트)는 페라이트가 대략 連續하고 있으므로, 퍼얼라이트는 어느정도 延性이 있으며, 引張强度는 兩相보다 크다. 이性質(어니일링)을 설명하면 대략 다음과 같다.

亞共析鋼은 페라이트바탕에 퍼얼라이트의 小島가 散在하는 조직임으로, 적당한 延伸性을 갖으며, 引張强度와 硬度는 퍼얼라이트의 증가, 즉 炭素量과 함께 그림 6.18과 같이 증가한다. 그러나 延伸 및 衝擊値는反

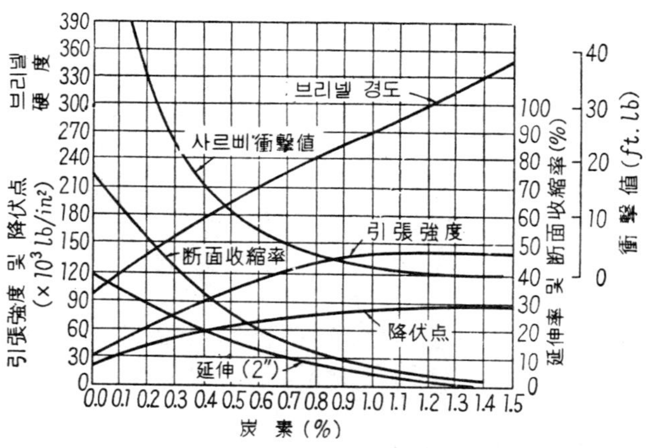

図 6.18　鐵一炭素合金의 機械的性質

相 및 成分	引張强度 (kg/mm²)	延伸率 (4d) (%)	브리넬硬度 H_B	備　　考
페라이트	28	50	80	軟하고 伸張 大
시멘타이트	?	0	700	硬固하고 脆弱
퍼얼라이트	75	10	210	引張强度 大

比例的으로 감소한다. 그런데 過共析鋼에서는 퍼얼라이트量이 대략 같으므로 引張强度
가 飽和하여 거의 一定하게 되며, 시멘타이트의 증가에 수반하여 硬度가 증가한다. 2·0
%이상의 炭素量(鑄鐵)에서는 인장강도가 점차 감소하고, 동시에 延伸이나 絞縮이 거
의 0이 된다.

(2) 少量의 含有元素의 影響

以上의 평형상태도에서는 鐵에 탄소만이 가해지는 경우를 설명하였으나, 실제로는 탄
소이외에 실리콘(珪素), 망간을 少量 가하고, 또한 硫黄, 燐, 기타의 불순물이 소량씩
함유된다.

가) 硫黄(S) 유황은 철과 화합하여 硫化鐵 FeS가 되며, 또한 망간과 화합하여 硫化
망간 MnS 를 만든다, FeS는 融點이 낮은(약 988°C) 共晶을 만드므로, 응고중에 오오
스테나이트粒界에 모여, 熱間加工性을 해친다. 즉, **赤熱脆性**(hot-shortness)의 原因
이 된다. 그러나 유황은 철보다 망간과 화합하기 쉬우므로, 망간이 適量以上 있으면 유
화철을 만들지 않고 不熔性의 유화망간이 되어 浮上해서 슬래그中으로 除去되거나 또
는 조직내에 分散한 불순물이 되어, 赤熱脆性을 방지할 수 있다. 보통, 망간量은 유황
의 3~8배로 하는 것이 바람직하다. 또한 대부분의 鋼에서는 유황함유량을 0.05%이
하로 제한하고 있다. 그러나 유황을 0.075~0.15% 첨가한 鋼은 硫化物이 介在되어 切
削性이 향상함으로 **快削鋼**(free cutting steel)으로서 實用되고 있다.

나) 燐(P) 少量의 燐은 페라이트中에 固熔하여 强度와 硬度를 증가시킨다. 보통의
鋼에서는 燐이 0.05%이하로 제한되고 있다. 多量으로 함유되면, 강도는 증가하나, 延
性과 靭性이 감소한다.

다) 珪素(실리콘 Si) 0.2%의 실리콘은 페라이트中에 완전하게 固熔시킬 수 있다.
0.2~0.6%정도의 범위에서는 鋼의 延性을 거의 감소시킴이 없이 彈性限度와 引張强
度를 증가시키는 잇점이 있다. 실리콘은 熔鋼의 제조중에 含有酸素가스를 제거하는 脱
酸作用이 있으며, 後述하는 **킬드鋼**의 제도에서 중요한 역할을 한다.

라) 망간(Mn) 망간은 탄소강에 있어 중요한 元素이며, 유황의 害를 제거하는 외에
强度와 靭性을 증가시키는 作用이 있다. 최근의 용접용軟鋼에는 0.6~0.9%의 망간을
가하고 있다. 그러나, 1.5%이상의 망간은 延性을 감소시킨다.

以上의 元素外에 다른 원소의 영향에 대해서는 第11章에서 기술한다.

6.3 鐵鋼의 種類와 製法

6.3.1 鐵鋼의 種類

鐵鋼에는 **工業用純鐵**, 鋼 및 鑄鐵의 3種이 있다. 공업용순철에 대해서는 前述한
바 있으므로, 鋼의 종류에 대하여 간단히 기술한다.(詳細는 第11章參照). **鑄鐵**(Cast
iron)은 鐵, 炭素 및 珪素의 合金이며, 共晶溫度에서의 炭素固熔限度보다 훨씬 多量의
탄소를 함유하는 것이다. 그 組成은 보통, C=2.7~3.6%, Si=1.0~3.0%, Mn및 P
<1%, 나머지는 Fe 라는 정도이지만, 각종合金元素를 가한 **合金鑄鐵**도 많이 만들어

지고 있다. 주철은 鑄造한 대로는　伸이 거의 없고(0～2%)室溫에서는 鍛錬할 수없
으나, 鑄造가 용이함으로 복잡한 形狀의 물품을 주조하는데 많이 쓰이고 있다.

　銑鐵(pig iron)은 주철의 일종이며, 鐵鑛石을 熔鑛爐(blast furnace, 高爐)에서　還元
하여 제조되고, 약 4.0%C, 약 10%Mn, 약 2.0%Si 를 함유하는 주철이다. 銑鐵의 대
부분은 다음에서 설명되는 바와 같이 製鋼原料로서 사용된다.

6.3.2　製　　　　鋼

(1) 酸性 및 塩基性製鋼

　鋼은 탄소량2.0%이하의 鐵合金이므로, 銑鐵이나 屑鐵을 적당한 爐에서 녹여, 그 탄
소량이나 불순물을 감소시킨 다음, 적당한 脫酸操作이나, 合金元素를 添加함으로써 鋼
을 제조할 수 있다. 이와같이 爐에서 만든 熔鋼은 래들(ladle)에 옮겨서 鑄型에 부어
잉곳트(鋼塊, ingot)로 만들고, 이것을 熱間 및 때에 따라서는 冷間壓延하여, 板, 型
材, 棒, 시이트, 線材등 각종강제품으로 가공한다.

　제강용의 爐는 內部에 붙인 耐火物이나, 슬래그의 성질에 따라 酸性(acid) 및 塩基性
(basic)으로 구별된다. 제강에 쓰이는 보통의 酸性物質은 실리카SiO_2와 五酸化燐P_2O_5
이며, 반대로 塩基性物質은 石灰CaO, 燒成돌러마이트(dolomite) MgO·CaO, 酸化鐵Fe
O 및 酸化망간MnO이다.

　산성 및 염기성제강법의 큰 차이는 불순물로서의 燐이나 유황을 제거할 수 있는 能
力差이다. 酸性爐에서는 산성의 슬래그가 불순물인 燐이나 유황과 化學的으로 反應할
수 없으므로, 이들 불순물을 제거하는 능력이 거의 없다. 따라서 製鋼原料로서 燐이나
유황이 적은 高級원료를 쓰지 않으면 안되나, 결함이 적은 健全한 熔鋼이 얻어지는 잇
점이 있으므로, 산성로는 주로 高級鋼의 제조에 쓰인다.

　이에 대하여 塩基性爐는 雰圍氣가 酸化性인가 還元性인가에 따라 염기성슬래그가 燐
이나 유황을 화학반응에 의하여 제거할 수 있는 특징을 갖는다. 燐은 산화되어 P_2O_5
로서 浮上해서, 슬래그中의 CaO와 화합하여 燐酸石灰가 된다. 유황은 일부분이 硫化
망간MnS가 되어 슬래그中에 浮上하고, 一部는 슬래그에 직접 흡수되나, 어느것이나
硫化石灰CaS로서 슬래그中에 保持된다.

(2) 轉　　　　爐

　轉爐(converter)는 그림 6.19와 같이, 크기가 직경 약 3
m, 높이 약 4 m 의 傾注式容器이며, 바닥에 多數의 小孔이
뚫려 있다. 이것에 위로부터 銹鐵을 注入하여 바닥의 小孔
부터 像熱치 않은 空氣를 불어넣으면, 실리콘, 망간이 우선
연소하고, 다음 탄소, 燐이 산화돼버려, 鐵이 남는다. 단,
이 型式의 轉爐鋼은 窒素의 함유량이 많아서 노치(notch)

図 6.19　転　　炉

制性이 적은 결점이 있으나, 밑에서 공기를 불어넣는 대신, 위부터　산소를 불어넣어
製鋼하는 上吹轉爐가 실용화되어, 이에 의하여 극히 노치制性이　뛰어난 鋼材의 생산
이 이루어지게 되었다.

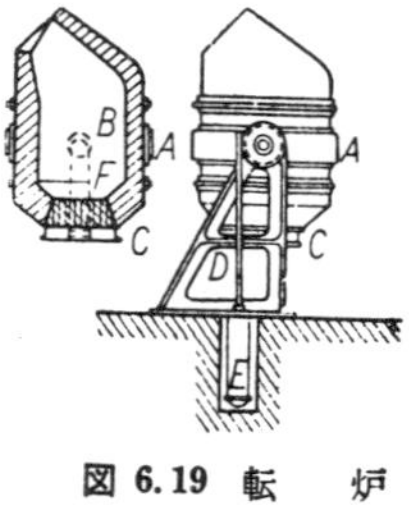

(3) 平　　　爐

오늘날 鋼材의 대부분은 **平爐**(open hearth furnace)를 써 제강되고 있다. 평로는 그림 6.20과 같은 구조로서 얕은 **爐床**(hearth)를 갖은 것이다. 예를 들어 幅 5 m, 길이 15m, 높이 1 m 크기의 爐床에서는 6時間마다 150톤의 제강능력이 있다. 爐床은 염기성 또는 산성의 耐火物로 內裝되고 있으며,

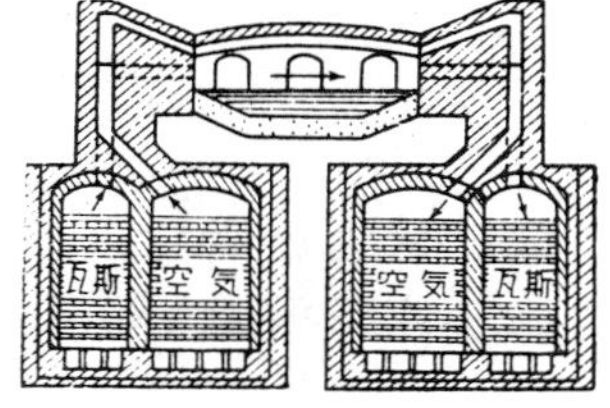
図 6.20 平　　　炉

각각 **塩基性平爐** 및 **酸性平爐**라고 부르고 있다. 염기성평로에서는 燐이나 유황을 제거하는 능력이 있으므로, 불순물이 특히 적은 원료를 쓸 필요가 없다. 따라서 普通 鋼의 생산에는 거의 모두 염기성평로가 쓰이고 있다. 그 內裝은 보통 燒成마그네사이트 또는 돌러마이트로 되어 있다. 완성한 熔鋼은 爐後部의 湯出口로부터 래들中으로 排出되며, 鑄型에 注入하여 鋼塊가 만들어진다. 한편, 비어진 평로에는 다시 원료가 裝入되어 熔解가 개시된다.

(i) 裝入 및 融解

염기성평로에서는, 原料로서 冷銑鐵, 熔銑, 屑鐵 및 熔劑와 슬래그의 원료로서 石灰石이 裝入(차아지 charge) 된다. 裝入物은 左右의 吹入口로부터 微粉炭, 가스, 重油 등의 연료와 熱風을 불어넣어 연소가열하고 融解(melt) 한다. 湯(molten metal) 과 이것을 덮는 슬래그表面이 연소가스에 노출되고 있으므로 平爐란 이름이 붙여진 것이다.

(ii) 精　　　鍊

湯을 精鍊하는데는, 鐵鑛石, 밀스케일, 石灰石等을 가하고, 湯에 충분한 산소를 공급하여, 湯內의 실리콘, 망간, 炭素, 燐을 산화한다. 탄소는 연소하여 가스로서 빠져나가며, 기타산화물은 浮上하여 슬래그中에 들어간다. 유황도 전술한 바와 같이 슬래그로서 제거된다.

(iii) 마무리 및 脫酸

精鍊이 끝나서, 湯內의 C, Si, Mn, P, S의 含量이 希望量까지 감소되면, 다음 爐內 또는 래들內에서 경우에 따라 **合金元素, 脫酸劑** 등을 첨가하여 所望되는 湯을 만든다. 탈산제의 사용전의 湯은 산소, 다시 말해서 **酸化鐵** FeO로서 飽和되고 있다. 그리고 이산소함유량은 탄소량이 적을 수록 많다. 이 飽和酸素는 응고중에 CO 가스를 生成하여, 이것이 큰 氣孔이 됨으로 어느정도 산소를 제거할 필요가 있다. 이 脫酸의 强弱은 湯의 凝固에 크게 영향을 미치는 것이며, 탈산정도에 따라 세가지 鋼種, 즉 **킬드鋼, 세미킬드鋼, 림드鋼**으로 분류된다. 이에 대해서는 後述한다.

(4) 電　氣　爐

製鋼에 쓰이는 **電氣爐**(electric furnace) 로는 아아크式과 誘導式이 있으나, 아아크式이 가장 일반적으로 쓰인다.

(i) 아 아 크 爐

아아크爐는 湯을 넣는 접시狀의 爐床을 갖으며, 3個의 炭素電極棒과 湯表面間의 아아크熱로 原料를 용융한다. 보통 쓰이는 內裝은 燒成마그네사이트(MgO─塩基性) 또는

크롬벽돌(Cr_2O_3 — 弱酸性)이다. 裝入原料는 屑鐵, 銑鐵, 鐵鑛石 및 合金이다. 湯表面은 아아크發生中을 제외하고 항상 슬래그로 덮여있다. 아아크爐에서는 현저한 高溫을 얻을 수 있고, 溫度의 정확한 조정이 용이함과 동시에 湯이 純粹하고 더럽혀지는 일이 없으며, 슬래그成分의 조정도 용이함으로 製鋼에는 매우 效率的인 爐이다. 단, 平爐나 轉爐보다 高價임으로 特殊鋼의 제조에 쓰이며, 모든 스테인리스鋼 및 特別注文에 의한 炭素鋼이나 低合金鋼등의 제강에 사용된다.

(ii) 電氣誘導爐

高周波爐는 高周波誘導電流에 의한 저항열로 용해하는 方式이며, 아아크爐보다 더욱 高級의 特殊鋼材의 제조에 쓰인다. 예를 들어, 스페인리스鋼, 特殊工具鋼, 기타 코발트基나 니켈基의 耐熱合金등의 熔製에 쓰인다. 湯은 고주파유도에 의하여 격심하게 攪亂됨으로 精鍊은 數分으로 끝나고, 湯은 鑄型에 주입된다. 高周波爐에서는 미리 정련된 좋은 원료를 쓰고, 고주파로내에서는 脫燐이나 脫硫를 하지않는 것이 보통임으로, 크롬, 망간, 실리콘等, 산화되기 쉬운 金屬元素가 약간 없어지는 정도이다. 경우에 따라서는 도가니안에 아르곤가스를 흐르게 하여 湯을 공기로부터 차단해서 보호하는 경우도 있다.

(5) 鋼塊의 凝固

鑄鐵의 鑄型에 注入한 湯은 서서히 그림 6.21과 같이 응고한다. 우선 주형에 接한 부분은 急冷되어 얇은 **急冷層**이 된다. 여기서는 수많은 結晶核이 거의 동시에 발생함으로 결정이 적다. 그 內側에서는 溫度勾配가 약간 완만하게 된다. 凝固는 온도가 높은 方向으로 진행됨으로 결정은 壁面에서 中央으로 향하여 平行으로 발달한다. 이것을 **柱狀晶**이라 하며, 그 모임을 柱狀組織이라 한다. 柱狀結晶이 어느 정도 발달하면 내부온도가 거의 균일하게 되어, 湯의 冷却速度가 늦어짐으로, 그 속에서는 核부터 결정이 任意方向으로 발달하며 거칠고 큰 소위 **粒狀結晶**(自由晶)을 形成한다.

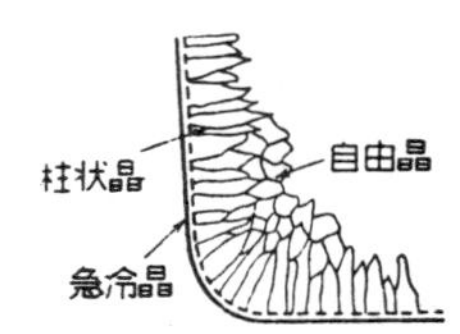

図 6.21 鋼塊의 凝固

응고에 있어서 불순물은 일반적으로 융점이 낮으므로 鋼塊中心部에 모이기 쉽고, 그 부분에서 결함이 생기기 쉽다. 또한 鋼塊內의 응고는 상당히 빠르고 非平衡狀態임으로, 최초에 응고하는 부분(周邊)과 나중에 응고하는 中心部에서는 그 화학성분이 상당히 달라지게 되며, 이와같이 化學成分이 場所的으로 달라지는 것을 **偏析**(Segregation)이라 한다. 그림 6.22는 그 一例를 表示한 것이다.

湯中에 용해한 가스는 응고에 수반하여 방출됨으로, 湯의 가스量에 따라 鋼塊는 매우 다른 特性을 나타내게 된다. 즉, 응고의 樣式과 鋼塊斷面內의 氣孔分布에 따라, 鋼塊는 림드鋼, 킬드鋼 및 세미킬드鋼으로 나누어진다.

(i) 림드鋼(rimmed steel)

림드鋼塊는 산소, 즉 FeO를 함유하는 湯을 주철제주형에 주입하여 만들어진다. 우선, 주형의 內壁에 沿하여 최초에 응고하는 層은 응고점이 높고 거의 純鐵에 가까운 화학성분을 갖는 것이며, 나머지湯은 점차적으로 탄소함유량이 많아진다. 이 탄소와 湯中의 산소(엄밀하게는 FeO)와 화합한 一酸化炭素CO가스의 氣抱의 大部分은 浮上하여 湯表面부터 스파아크가 되어 飛散하고, 나머지氣泡은 응고한 鋼塊中에 남어 수많은 氣孔(porosity, blowhole)을 만들게 된다. 그 결과, 鋼塊의 周緣에는 그림 6.23과 같이 거의 純鐵의 껍질(**림部** rim)이 있으며, 中央部에는 탄소, 燐, 유황이 偏析한 核(**코아部** core)이 있다. 이 특수한 偏析은 그後의 鍛造, 壓延, 成形加工에 있어서도 없어지지 않는다. 림드鋼의 특징은 결함이 없는 아름다운 表面을 갖는 것이며, 原板, 薄板 및 鐵糸를 만드는데 다량으로 사용되고 있다. 構造用鋼의 熔接棒心線은 림드鋼으로 만들어지고 있다. 림드鋼의 결점은 코아部에 불순물의 偏析이 많고, 그것이 壓延되어 層狀으로 되는 것이다. 특히 유

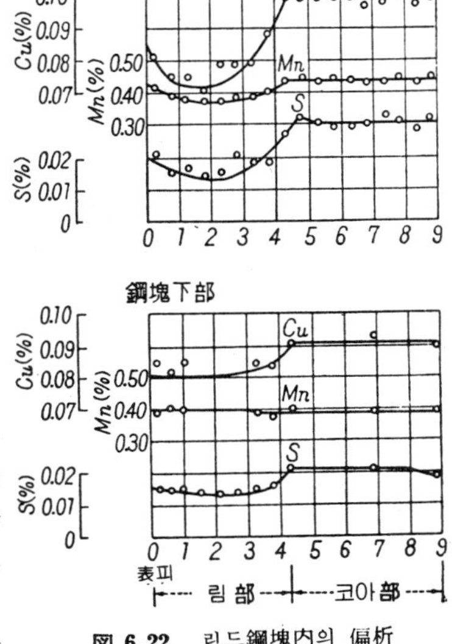

図 6.22 림드鋼塊內의 偏析

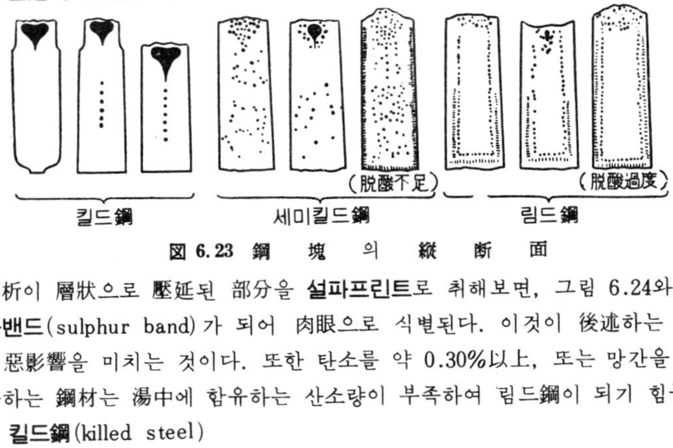

図 6.23 鋼 塊 의 縱 斷 面

황의 偏析이 層狀으로 壓延된 部分을 **설파프린트**로 취해보면, 그림 6.24와 같이 분명한 **설파밴드**(sulphur band)가 되어 肉眼으로 식별된다. 이것이 後述하는 바와 같이 용접에 惡影響을 미치는 것이다. 또한 탄소를 약 0.30%以上, 또는 망간을 약0.6%以上 함유하는 鋼材는 湯中에 함유하는 산소량이 부족하여 림드鋼이 되기 힘들다.

(ii) 킬드鋼(killed steel)

적당한 탈산제를 가하여 湯中의 산소를 대부분 제거하면, 림드鋼과 반대로 CO가스의 逸散이 거의 없고, 따라서 湯은 주형內에서 매우 조용하게 응고해서 킬드鋼塊가 만들어진다. 킬드鋼은 **鎭靜鋼**이라고도 한다. 탈산제로는 실리콘, 알루미늄, 티탄, 지르코늄등을 사용할 수 있다. 실제로는 페로실리콘(ferrosilicon)을 平爐에 넣어 대부분의 산소를 탈산한다. 실리콘은 산소와 화합하여 실리카 SiO_2가 되며, 실리카는 浮上하여 슬래그中으로 들어간다. 더욱 철저하게 탈산하려면, 알루미늄이나 페로티탄(ferrotitanium)을 래들이나 주형內에 첨가한다. 알루미늄이나 티탄은 鋼塊內의 結晶을 微細하

게 하는외에 여러 가지 특수한 작용이 있으며, 용접용鋼材에는 잘 쓰이고 있다. 킬드鋼塊는 그림 6.23과 같이 偏析이나 氣孔이 적은 良質의 斷面을 갖으나,中央上部에 큰 收縮孔(파이프, shrinkage pipe)이 만들어져 그곳이 공기에 노출되어 산화하거나, 또는 슬래그가 들어가게 됨으로, 그 部分을 제가할 필요가 있다. 즉, 주형의 頭部에 耐火物의

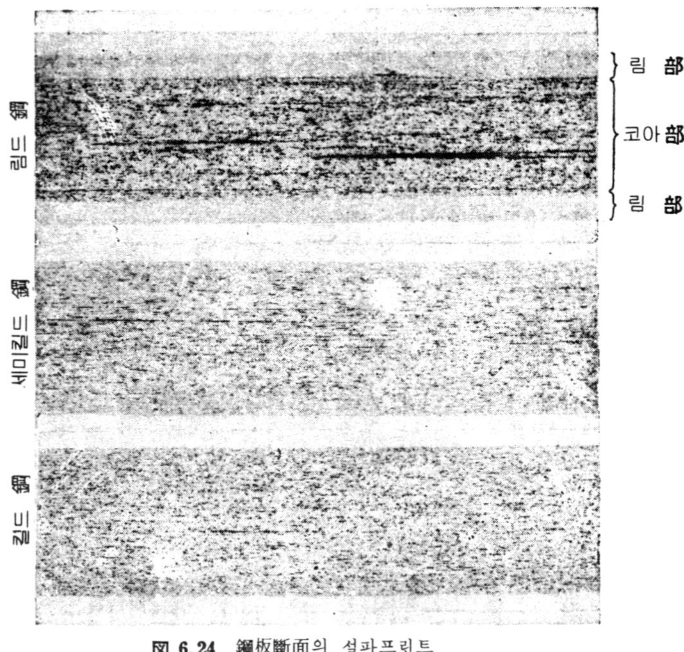

図 6.24　鋼板斷面의 설파프린트

라이저(riser, feeder head)를 붙여, 여기에 수축공이 收容되게끔 연구되고 있다. 이 라이저는 鋼塊의 10~20%의 용적을 갖으며 이것을 잘라버리고 나머지를 이용하기 때문에 킬드鋼은 림드鋼보다 약20% 實生產量이 적어지며, 따라서 가격도 그만큼 비싸진다. 그러나 특별하게 두꺼운 板은 예외로 하고, 일반적으로 킬드鋼에는 그림 6.24와 같이 설파밴드가 거의 없으며, 기타元素의 偏析도 적은 잇점이 있으므로, 高級合金鋼은 모두 킬드鋼이다.

(iii)　세미킬드鋼(semi- killed steel)

세미킬드鋼은 이름그대로 림드鋼과 킬드鋼의 中間狀態로 脫酸을 한 半鎭靜鋼이다. 少量의 탈산제, 예를 들어 펠로실리콘 또는 알루미늄을 爐, 래들, 또는 주형內에 첨가하여 湯을 탈산하게 되나, 그 정도는 CO가스의 逸出을 어느정도 억제하고, 산소를 일부 잔류케 한다. 이 산소에 의하여 생기는 CO가스 때문에 킬드鋼에서는 항상 있기 마련인 큰 收縮孔이 생기지 않게 된다. (그림 6.23). 주형에 注入直後에는 湯의 頭部에 厚鋼板을 올려놓아 表面을 급속하게 응고시키는 방법이 쓰인다. 이와같이 表面에 凝固皮膜을 만들면, 그 밑에 생기는 收縮孔을 공기와 접촉치 않으므로, 熱間壓延中에 鍛接되어버려, 그 부분을 잘라버리지 않아도 된다. 따라서 原料의 虛費가 적어져 킬드鋼의 경우보다 低廉하게 製造될 수 있다. 또한 림드鋼과 같이 현저한 偏析이 없다. 그 斷面의 설파프린트를 보면, 설파밴드가 그림 6.24와 같이 매우 僅少하다. 歐美에서는

熔接用 構造用鋼으로는 림드鋼이 쓰이는 경우는 매우 적다.

以上의 세가지 鋼材를 비교해 보면, 다음과 같다.

比　　較　　量	림　드　鋼	세미킬드 鋼	킬　드　鋼
C ％	<0.3	<1.0	<1.5
Si ％	<0.03	0.03～0.10	>0.10
收　縮　孔	없　음	없　음	大
気　　孔	매우 많음	약간 많음	없　음
偏　　析	매우 많음	少	極　少

(6) 壓　　延

以上 各種爐에서 제조된 湯(熔鋼)은 直接 주조하여 鑄鋼製品으로 하거나, 또는 鋼塊라 하는 큰 덩어리로 주조한다. 鋼塊는 熱間壓延(hot rolling)하여 型材, 棒, 線, 厚板 薄板등의 壓延製品을 만든다.

6.3.3 鋼材의 種類와 規格

(1) 鋼 의 種 類

鋼은 炭素量 2.0%이하의 鐵合金이나, 炭素만을 주요한 合金元素로 하는 **炭素鋼**(carbon steel)과, 이것에 탄소이외의 합금원소, 예를 들어, Mn(망간), Si(珪素), Ni(니켈), Cr(크롬), Cu(銅), Mo(몰리브덴), W(텅스텐), Co(코발트), V(바나듐), Al (알루미늄), Ti (티탄), B(硼素) 등을 가한**合金鋼**(alloy steel)으로 大別된다. 合金鋼은 添加元素의 종류와 量에 따라 특수한 성질, 高張力, 靭性, 耐蝕性, 高温强度, 耐摩耗性, 高磁性 및 기타성질을 갖게 한 鋼이며, 합금원소의 總量의 多少에 따라 **高合金鋼**(high alloy steel) 과 **低合金鋼**(low alloy steel)으로 나누어진다. 또한 **特殊鋼**(special steel) 이란 이름은 합금원소의 종류, 제조법 또는 **熱處理**에 특별한 考慮가 되어 있는 鋼의 뜻이며, 합금강뿐만 아니라, 高級炭素鋼(예를 들어 工具鋼, 表面硬化鋼, 等)도 포함하는 매우 넓은 뜻을 갖고 있다. 이에 대하여 보통의 **多量生産方式**으로 제조되는 탄소강을 **普通鋼**이라 한다.

鋼의 規格 鋼은 國內에서는 **KS**(韓國工業規格)로 商去來되며, KS에서 아직 규정되어 있지않은 一部 特殊鋼은 外國規格 또는 會社의 商品名으로 불리고 있다. 또한 美國, 英國, 독일, 日本등에서는,

AISI ……美國鐵鋼協会規格(American Iron and steel Institute), 大部分 SAE와 共通.

SAE ……美國自動車工學協會規格(Society of Automotive Engineers)

ASTM ……美國材料試驗協會規格(American Society for Testing Materials)

BS ……英國規格(British Standards)

DIN ……독일工業規格(Deutche Ingenieur Normen)

JIS ……日本工業規格(Japanese Industrial Standards)

등에서 규정하고 있다. 어느것이나 英字記號와 番號로서 鋼種을 분류하고 있다. 詳細

에 대하여 日本規格協會發行의 "JIS鐵鋼"또는 日本熔接協曾發行의 "熔接데이터북", 日本鐵鋼協曾編 "鐵鋼便覽"또는 美國自動車工學協曾編의 "SAE Handbook"을 참조하기 바란다. 또한 더 자세한 것은 美國金屬學曾編 "Metal Handbook"이 편리하다. 또한 本節에서는 종류를 설명하는데 끝이고 各各의 熔接性에 대하여는 第11章에서 기술키로 한다.

(2) 構 造 用 鋼

構造用鋼(Structural steel)은, 鋼板, 型鋼, 棒鋼으로서 造船, 車軸, 橋梁, 建築, 機械, 기타 모든 方面에 이용된다. 그 종류에는 普通鋼, 低合金鋼, 强靭鋼, 表面硬化鋼, 窒化鋼, 軸受鋼, 스프링鋼, 高망간鋼, 快削鋼이 있다.

(i) 普 通 鋼 (炭素鋼)

鋼生産의 大部分을 찾이하는 것은 炭素鋼이며, 그 主成分은 C, Mn, Si, P, S 이며, 이외에 少量의 Al, Ti 등의 탈산제가 포함되는 경우가 있다. 이들의 含有量은 보통,

$$C \leqq 0.8\%, \quad Mn \leqq 0.9\%, \quad Si \leqq 0.4\%, \quad P \leqq 0.05\%, \quad S \leqq 0.05\%$$

으로 제한되고 있다. 탄소강은 탄소이외에 특별하게 가한 합금성분을 함유치 않는다는 뜻이며, 보통강이라고도 한다.

탄소강은 탄소량의 증가와 함께 强度, 硬度가 증가하고, 延伸이 감소한다. 따라서 탄소량은 다음과 같이 분류된다.

表 6.1　普 通 鋼 의 分 類

種　別	C (%)	降伏点 (kg/mm²)	引張強度 (kg/mm²)	延伸率 (%)	硬度 (H$_B$)	用　途
特別極軟鋼	<0.08	18〜28	32〜36	30〜40	95〜100	薄板(鍍金, 디이프드로잉用)
極 軟 鋼	0.08〜0.12	20〜29	36〜42	30〜40	80〜120	熔接棒, 線材, 디이프드로잉用
軟 鋼	0.12〜0.20	22〜30	38〜48	24〜36	100〜130	(構造用各方面)
半 軟 鋼	0.20〜0.30	24〜36	44〜55	22〜32	112〜145	
半 硬 鋼	0.30〜0.40	30〜40	50〜60	17〜30	140〜170	(機械部品, 工具)
硬 鋼	0.40〜0.50	34〜46	58〜70	14〜26	160〜200	
最 硬 鋼	0.50〜0.80	36〜47	65〜100	11〜20	180〜235	레일, 스프링, 다이스, 피아노線

普通鋼의 構造用壓延鋼材로서 KS에 규정되고 있는 것에는 一般構造用(SB), 熔接構造用(SWS), 보일러用(SBB), 리벳用(SBV) 및 機械構造用炭素鋼(SM)이 있다.

SB規格은 普通림드鋼으로 만들어지며, 일반적으로 熔接性이 좋지 않다.

(ii) 低 合 金 鋼

일반구조용압연강재의 SB50에서는 引張強度50〜62kg / mm² 의 것이 얻어지나, 이것은 炭素만으로 强度를 높이고 있으므로 材質的으로 最良의 것이 아니고, 탄소량이 많음(0.25〜0.50%)으로, 특히 용접이 곤란해진다. 그러므로, 少量의 合金元素, 예를들어, Mn, Si, Ni, Cr, Mo, Cu, V, Ti, B 등을 소량(약 1% 以下) 첨가하여 壓延 또는 鍛造한 그대로 사용할 수 있는 高張力鋼(high strength steel)의 필요성이 생긴 것이다. 이때문에 최초로 독일에서 St 52가 만들어지고, 다음 英美에서도 저합금고장력강이 제

조되고, 최근 널리 용접구조에 도입되고 있다. 高張力鋼에 대하여는 第11章에서 기술된다.

(iii) 强 靭 鋼

機械構成材料로서 강도 및 靭性이 큰 鋼을 總稱하여 强靭鋼이라 한다. 강인강은 燒入(quenching)에 의하여 균일하게 硬化시키고, 이것을 적당한 온도에서 **템퍼링**(tempering)함으로써 强靭性을 갖게 한다. 燒入硬化를 증가시키기 위하여는 특수한 금속원소, 예를들어 **Mn, Cr, Ni, Mo, W, V**등을 數% 첨가한다. 이들 合金元素의 數%以內의 것도 역시 低合金鋼이라 불리운다.

强靭鋼으로는, (1)Ni鋼, (2)Cr鋼, (3)Cr-Mo鋼, (4)Ni-Cr鋼, (5)Ni-Cr-Mo鋼, (6)朋素鋼등이 있다. 熱處理後의 引張强度는 $70 \sim 170 \, kg/mm^2$ 정도의 각종재료가 있다. 用途別로는 (가) 自動車, 航空機 및 기타機械部品用, (나) 低溫用 및 (다) 高溫用이 있다. (나)의 低溫用에는 寒冷地에서 使用하는 土木機械類, $-60°C$의 成層圈航空機, 液体空氣貯槽뭉에 쓰인다. 보통의 구조용강에서는 이러한 低溫에서는 延性및 靭性이 부족하고 脆性破壞되기 쉬우므로, 이 결점을 보완하기 위하여 니켈을 10%以下 첨가한 低合金鋼이 쓰인다. 이에 대하여 高溫에서 사용하는 蒸器過熱器, 化學反應用레토르트, 油塔등에는 耐熱性을 증가시키기 위하여 Cr, Mo를 소량 첨가(1%前後)한 것이나 Ni-Cr-Mo鋼이 쓰인다.

强靭鋼으로서 KS에 규정되고 있는 것은 Ni-Cr鋼(KSD3708), Cr鋼(KSD3707) Cr-Mo鋼(KSD3711), 등이 있다.   이들 合金鋼의 화학성분은 $C=0.12 \sim 0.50\%$, $Si=0.15 \sim 0.35\%$, $Mn=0.35 \sim 1.00\%$, $P \leqq 0.030\%$, $S \leqq 0.030\%$, $Ni=0.4 \sim 4.5\%$, $Cr=0.40 \sim 3.50\%$, $Mo=0.15 \sim 0.50\%$의 범위에 있으며, 熱處理(燒入, 템퍼링)後의 기계적성질은 인장강도 $75 \sim 125kg/mm^2$이상, 降伏點$60 \sim 110kg/mm^2$이상, 伸張 $12 \sim 22\%$이상, 絞縮$40 \sim 55\%$이상, 충격치(U샤르삐 $4 \sim 12kg\text{-}m/cm^2$이상, 브리넬硬度 $212 \sim 429$정도이다.

(iv) 其他의 構造用鋼

이밖에 구조용으로 쓰이는 강으로는 表面硬化鋼, 窒化鋼, 스프링鋼(KSD3701), 高망간鋼, 快削鋼(KSD3569) 등이 있다.

6.4 鋼의 熱處理

鋼의 **熱處理**(heat treatment)는 鋼을 固体인 채로 적당히 가열냉각시켜 희망하는 재질을 얻는 操作이다. 鋼이 各方面에 사용되는 것은, 熱處理에 의하여 각종성질을 줄 수 있는 特性때문이다.

6.4.1 加熱 및 冷却中의 變態

6.2節에서 설명된 鐵—炭素合金의 變態는 모두 平衡狀態의 경우에 대한 것이다. 그러나 실제로는 엄밀한 평형상태가 일어나기 힘들다. 예를 들어 亞共析鋼을 徐熱할 때, 變態는 평형상태에서의 變態溫度Ae_1, Ae_3點에서 일어나지 않고, 이보다 약간 높은 온

도 A₁, A₃ 點에서 일어난다. 加熱速度가 늦을 수록, A₁, A₃點은 半衡狀態의 변태온도 Ae₁, Ae₃點에 가까워진다. 그러므로 가열중의 변태온도를 Ac₁, Ac₃ 點으로 하여, 이것을 평형상태의 변태온도 Ae₁, Ae₃ 와 구별하고 있다.

반대로 鋼을 徐冷하면, 변태온도가 평형상태의 경우보다 낮아진다. 그리고 냉각속도가 늦을 수록, 兩者가 접근한다. 그러므로 냉각중의 변태온도에는 Ar₁, Ar₃, Arcm 과 같이 添字r를 붙여 구별하고 있다.

가열, 냉각중의 변태점을 측정하는데는, 보통, 熱膨脹計를 사용한다. 그림6.25는 어떤 高炭素鋼을 室溫에서 900°C까지 가열 및 냉각할 때의 線膨脹을 나타낸 것이다. 이 鋼은 $Ac_1 = 729°C$까지는 α鐵로서 均一하게 팽창하고, 이 온도에서 $Ac_3 = 759°C$까지는 오히려 收縮하며, 그後는 다시 팽창하고 있다. 즉, 이 Ac₁, Ac₃點間에서 α鐵이 γ鐵로 변태하고, 동시에 炭化鐵(Fe_3C)이 γ鐵에 固熔 하게 되며 Ac₃(759°C) 이상에서는 완전하게 γ鐵(오오스테나이트)로서 直線的膨脹을 하게 되는 것이다. 마찬가지로 냉각중에는 변태가 각각 Ar₃(685°C)와 Ar₁(659°C)에서 일어나며, 以後는 α鐵로서 실온까지 수축하고 있다.

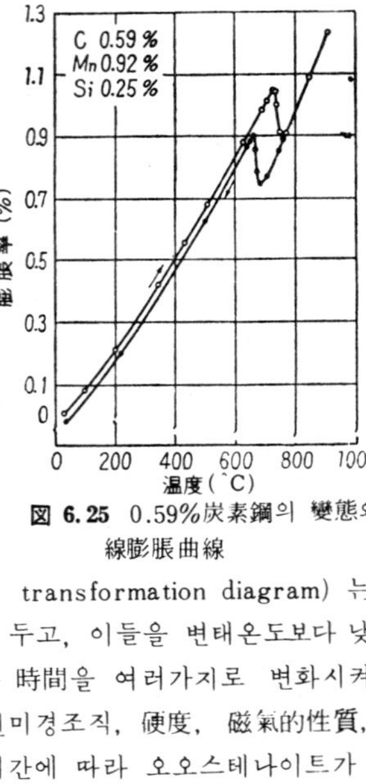

熔接의 경우에는, 母材의 熱影響部가 急熱急冷될때, 溫度사이클을 받게 됨으로, 그 변태는 當然히 평형상태의 경우와 매우 달라지게 되는 것이 보통이다.

図 6.25 0.59%炭素鋼의 變態와 線膨脹曲線

6.4.2　恒　溫　変　態

冷却中의 鋼의 變態를 이해하는데 있어 편리한 것중의 하나로서 恒溫度態圖가 있다. 恒溫變態圖(isothermal transformation diagram) 는 극히 작은 수많은 試驗片을 오스테나이트溫度로 가열해 두고, 이들을 변태온도보다 낮은 여러가지 中間溫度로 急冷하여, 이들溫度로 유지되는 時間을 여러가지로 변화시켜서, 그다음 室溫까지 急冷하는 方法으로 구하여진다. 현미경조직, 硬度, 磁氣的性質, 기타를 조사함으로써, 각시험편이 중간온도로 유지된 시간에 따라 오오스테나이트가 몇% 변태하였는가를 알 수 있으며, 또한 현미경조직의 성질을 조사할 수 있다. 이 결과를 써서, 縱軸에 溫度, 橫軸에 時間(對數눈금)을 취하여 각온도에서의 변태의 開始終了時間을 나타내는 곡선을 그리면, 그림 6.26과 같은 C形의 曲線이 얻어진다. 이것에 마르텐사이트變態(M_s, M_f)를 加하면, 恒溫變態圖는 S字가 됨으로, 이것을 S曲線(S-curve)라고도 한다. 또한, 圖形의 성질에서 TTT 線圖(time temperature transformation diagram) 이라고도 한다.

(1) 共析鋼의 恒溫變態

그림6.26은 共析鋼(0.80%)의 항온변태도이다. 이 鋼은 Ae₁(723°C) 이상에서는 오오스테나이트가 되나, 그림은 900°C에서 오오스테나이트로 한 경우의 실험예이다.

水平線은 Ae₁온도(723°C)를 표시한 것이다. 이線밑의 P_s, P_f 曲線은 퍼얼라이트 反應:

$$\gamma \rightarrow \alpha + Fe_3C$$

의 開始 P_s 및 終了 P_f 의 時間을 표시한 것이다. 온도가 내려감에 따라 변태가 신속하게 진행하게 되며, 약 550°C에서 가장 변태하기 쉽게 된다. 그런데 페라이트(0.025%C)와 시멘타이트(6.7%C)는 탄소성분에 大差가 있으므로, 均一한 오스테나이트로부터 이 兩相이 析出하는데는 炭素의 擴散이 필요하다. 만일, 변태가 완만하게 일어나면, 탄소가 확산하기 쉬우므로, 퍼얼라이트의 줄무늬間隔이 거칠게 되며, 반대로 변태가 급격하게 일어나면, 탄소의 擴散餘裕가 적으므로 퍼얼라이트의 줄무늬가 치밀하게 된다. 이때문에 700°C부근에서 천천히 恒溫變態한 퍼얼라이트는 거칠고 軟하며(coarse pear

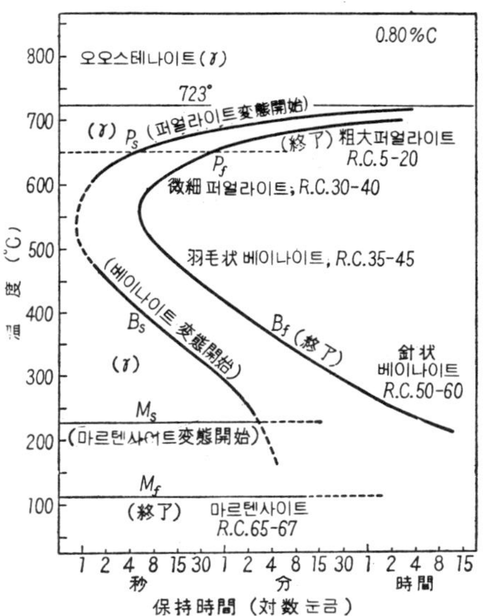

図 6.26　共析鋼의 恒溫變態圖(0.80%C, 0.70% Mn 鋼, 오오스테나이트温度 900°C, 오오스테나이트粒度 No. 6)

lite), 이와 반대로 600°C부근에서 항온변태한 퍼얼라이트는 緻密硬固하다(fine pearlite).

약510~220°C의 中間温度에서는 온도가 낮을 수록, 변태에 長時間을 요한다. 이러한 경우의 變態生成組織은 發見者의 이름을 취하여 **베이나이트**(Bainite)라 불린다. 450°C부근의 베이나이트는 그림 6.27과 같이 羽毛状이고, 페라이트 및 극히 微細한 시멘트타이트가 羽毛状으로 모인것이며, 이에 대하여 220°C부근의 베이나이트는 針状이고 매우 딱딱하다. 針状 베이나이트는 에치(etch)하여 까맣게 보이며, 렌즈状의 針状組織으로 되어 있으며, 그속의 시멘타이트는 光學현미경으로는 식별할 수 없지만, X線을 사용하여 그 存在가 확인될 수 있다.

図 6.27　羽毛状 베이나이트(中央), 微細퍼얼라이트(一次 트루우스타이트) (黒) 및 마르텐사이트(白) (×500)

퍼얼라이트 및 베이나이트變態는 核의 발생과 성장에 의하여 행하여지나, 核의 발생, 성장은 온도에 의하여 현저한 영향을 받으므로, 變態曲線은 그림 6.26과 같이 복잡한 形狀이 되는 것이다.

그림6.26에서 약220°C에 그은 水平線 M_s 보다 낮은 온도에서 오오스테나이트로부터 직접 변태한 조직은, 그림 6.35에서 볼 수 있는 針状組織이지만, 에

치되기 힘들므로 하얗게 보인다. 이것을 α(알파) 마르텐사이트(α martensite 또는 white martensite) 라 한다.

마르텐사이트는, 탄소가 페라이트中에 過飽和로 固熔한 体心立方에 극히 가까운 正方晶形의 결정구조를 갖는 것으로 일반적으로 생각되고 있으며, 그 生成은 퍼얼라이트및 베이나이트와 같이 核의 發生, 成長에 의한 것이 아니고, 오오스테나이트結晶格子内의 鐵原子가 어떤 面内에 剪斷運動하여 생기는 구조라고 믿어지고 있다. 이 결정은 常溫에서는 準安定(metastable)이고 높은 應力이 内在하는 상태이며, 共析鋼의 마르텐사이트의 硬度는 $R_c = 65$ 정도로서 매우 딱딱하다.

그림 6.26에 있어서 마르텐사이트生成域인 M_s와 M_f는 마르텐사이트의 발생개시와 완료溫度를 의미한다. 따라서, 가령 150°C로 急冷한 오오스테나이트는 그 몇%인가가 순간적으로 마르텐사이트가 되며, 나머지 오오스테나이트는 이 變態圖에 의하면 數分 또는 30分정도 경과하면 베이나이트로 변태하기 시작하겠지만, 마르텐사이트의 量은 변화하지 않는다. 마르텐사이트反應은 溫度降下와 함께 진행하게 되나, 一定溫度로 유지하고 있어도 그 量이 거의 증가하지 않는 것이다.

（2） 亞共析鋼의 恒溫變態

다음 아공석강의 항온변태例로서 그림 6.28에 0.35%탄소강의 경우를 표시한다. 평형상태에서 이 鋼은 800°C(Ae₃點)에서 페라이트가 생기며, 723°C(Ae₁點)에서 퍼얼라이트가 생긴다. C字形의 曲線은 왼쪽부터 페라이트의 析出開始, 카아바이드의 析出開始, 및 오오스테나이트의 消失(變態 完了)의 시간을 나타낸다(破線은 50%변태시간)

변태가 가장 신속하게 終了하는 온도는 약 565°C이며, 數分之 1秒이하의 短時間에서, 변태가 시작되고 약 3秒로 끝난다. 이 온도 이상에서 생기는 最終의 변태는 퍼얼라이트이지만, 565°C이하에서 M_s이상의 온도에서의 변태에서는 베이나이트가 생긴다. 그리고 온도가 M_s(약400°C)에 달하면 마르텐사이트가 생기기 시작한다. 약 300°C의 변태에서는 오오스테나이트의 99%가 마르텐사이트組織이 되지만, 이 경우에는 탄소함유량이 共析鋼보다 적으므로 그 硬度는 共析鋼마르텐사이트의 硬度 $R_e = 65$보다 훨씬 낮아서, 대략 $R_c = 47$이 된다.

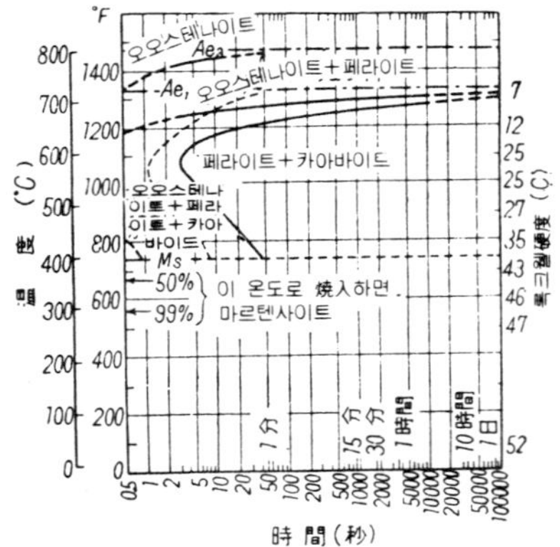

図 6.28 0.35%C, 0.37%Mn 炭素鋼의 恒溫變態圖(오오스테나이트溫度 845°C)

6.4.3 連續冷却變態 및 臨界冷却速度

熔接에 의한 母材의 熱影響을 알기 위하여는 連續冷却中의 변태를 알 필요가 있다. 連續冷却變態圖(continuous cooling transformation diagram. CCT圖)가 있으면, 그鋼의 용접조건을 像知하는데 있어 매우 편리하다. 이에 대해서는 第11章에서 설명한다.

일반적으로 연속냉각변태도는 항온변태
도보다 右下方으로 移動되고 있다. 그림
6.29는 共析鋼에 대하여 冷却速度〔1300°
F (700°C)를 통과할 때의 냉각속도〕를 여
러가지 변화시켰을 때의 연속냉각변태도
이다. 냉각속도가 어떤 값(약200°C/sec)
보다 빠른 경우에는 오오스테나이트가 M_s
—M_f의 온도범위내에서 모두 마르텐사이
트로 變態하고, 냉각속도가 약200°~50°
/sec 의 범위에서는 마르텐사이트와 微
細 퍼얼라이트(트루우스타이트)가 되며,
그보다 늦은 냉각속도에서는 마르텐사이
트가 나타나지 않고 모두 퍼얼라이트가 된
다. 마르텐사이트로의 변태를 **Ar″變態**라
하며, 이에 대하여 微細퍼얼라이트로의 변
태를 **Ar′變態**라 한다. Ar′변태에 의하
여 생긴(一次) **투루우스타이트**(troostite)
는 페라이트와 시멘타이트를 혼합한 극

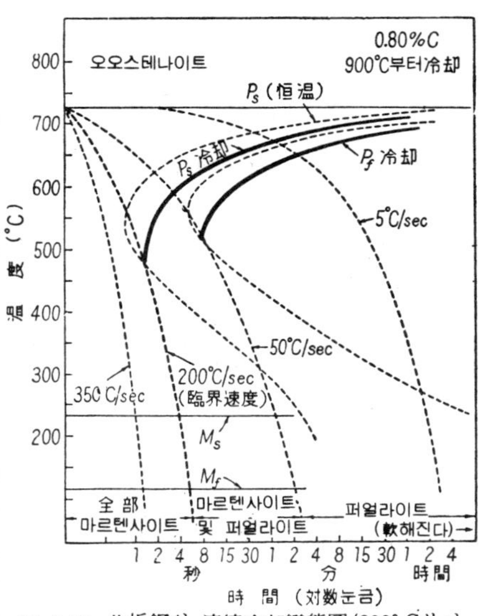

図 **6.29** 共析鋼의 連續冷却變態圖(900°C부터
冷却 冷却速度는 700°C를 通過할 때
의 速度)

히 치밀한 퍼얼라이트이고, 원래의 오오스테나이트粒界(또는 粒內)에 발생하며 보통
倍率로는 까맣게 보이나, 3000배의 擴大率로 보면 層狀의 퍼얼라이트가 判別된다.

臨界冷却速度 그림 6.29에서 어떤 냉각속도의 값(200°C/sec)을 경계로 하여, 그
보다 빠르면 조직이 전부 딱딱한 마르텐사이트가 되
고, 늦으면 그보다 軟한 퍼얼라이트가 생기기 시작
함으로, 조직의 硬度에 不連續이 생긴다. 이 값을 **臨**
界冷却速度(critical cooling rate)라 한다. 이 임계
냉각속도는 鋼種에 따라 다르며, 燒入硬化를 이용하
는 强靭鋼이나 工具鋼에서는 중요한 뜻을 갖는 것
이다. 또한 鋼의 용접에 있어서 熱影響部의 硬化가
적게 되도록 용접조건을 결정할 때에 극히 중요한

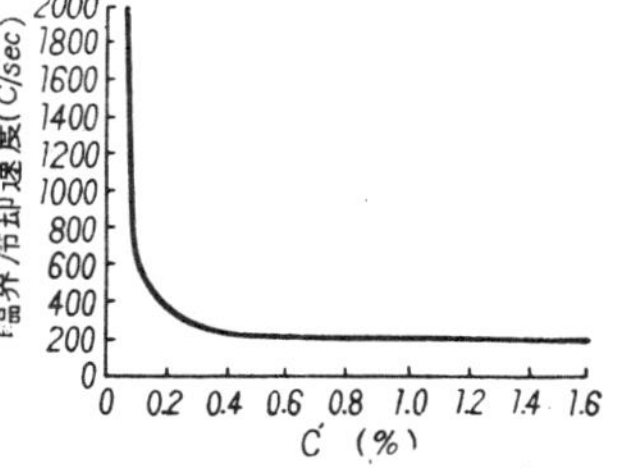

図 **6.30** 臨界冷却速度와 炭素量

의미를 갖는 것이다. 그림 6.30은 탄소강의 탄소량과 임계냉각속도와의 관계를 나타낸
것이다. 보통의 구조용강(0.1~0.3%C)의 임계냉각속도는 약400~200°C/sec이며, 일
반적인 용접에 있어서의 냉각속도는 이보다 낮으므로, 완전하게 마르텐사이트만이 생
기는 일은 드물다. 단, 아아크스트라이크 또는 짧은 假熔接의 경우는 예외이다.

6.4.4 結 晶 粒 度

(1) 結 晶 粒 度

合金의 성질은 조직내의 相(phase) 종류뿐만 아니라, **結晶粒의 크기**(grain size) 에

의하여도 영향을 받는다. 粒子의 大小를 나타내는 尺度를 **粒度**(grain size number)라
한다. 어니일링鋼에서는 페라이트와 퍼얼라이트粒의 크기가 鋼의 성질에 크게 영향하
며, 그 粒子크기는 이들粒子를 生成시킨 高溫의 오오스테나이트(γ)粒子의 크기에
어느정도 左右된다. γ粒이 적으면, 生成되는 페라이트나 퍼얼라이트粒子도 작은 것이
보통이다. **오오스테나이트粒度**는 鋼의 變態나 燒入性에 크게 영향을 미친다.

亞共析鋼에 대하여 어떤溫度(T₁)에서의 γ粒의 크기를 조사하기 위하여는, 예를 들
어, 그 온도에서 Ar₃點보다 약간 낮은 온도(단, Ar₁ 보다 높다)까지 徐冷한, 다음,
물로 담금질하면 된다. Ar₃點이하로 徐冷
하면, γ粒界에 初析페라이트가 網狀으로 析
出한다. 다음 燒入에 의하여, 初析페라이트
의 析出이 阻止되고, γ粒은 마르텐사이트
(또는 微細퍼얼라이트와의 混合組織)로 됨
으로, 그림 6.31과 같이 最初의 初析페라이
트의 網目에 의하여 원래의 γ粒界를 明確
하게 알 수 있다. 이밖에, 浸炭粒度試驗方
法도 잘 쓰인다. 詳細는 KSD 0205 - 1973
(철강의 오오스테나이트결정입도 시험방법)
을 참조하기 바란다.

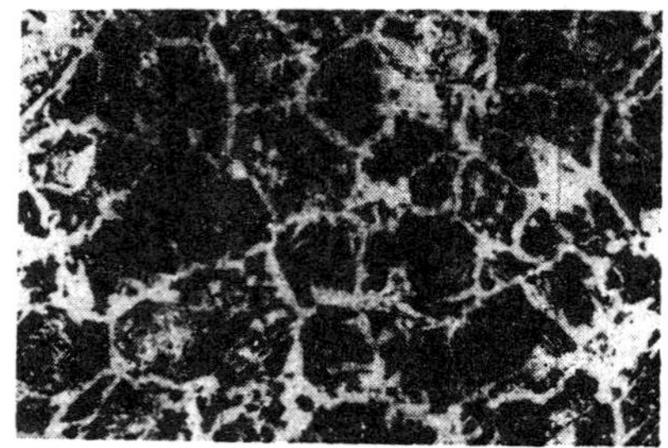

図 6.31 初析페라이트의 網目으로 표시되
는 變態前의 오오스테나이트結晶粒
크기(×100)

오오스테나이트粒度의 表示方法은 보통**ASTM No.**를 사용한다. ASTM(美國材料試
驗協會) 및 우리나라의 KSD 0205에서는 100배로 확대한 오오스테나이트粒界의 현미
경조직을 그림 6.32의 표준도와 비교하여 番號(No.)를 아는 방법을 쓰고 있다. 100배
의 확대사진에 의하여 每平方인치當의 粒數를 n로 했을 때, $n=2^{N-1}$ 로 주어지는 N
의 값을 ASTM No로 하고 있다. 즉, 表 6.2와 같이 된다.

表 6.2 ASTM 結 晶 粒 度

(N) ASTM No.	(n) 粒 의 平 均 數 (1 in² 當)(100 倍)	實際치수 1 mm² 當의 粒子數	
1	1	16	
2	2	32	
3	4	64	粗 粒 (coarse grains)
4	8	128	
5	16	256	
6	32	512	
7	64	1 024	細 粒 (fine grains)
8	128	2 048	
9	256	4 096	

(2) 細粒鋼 및 粗粒鋼

鋼을 가열하여 Ac₁點의 直上에서 새로히 생긴 γ粒은 가장 작으나, 첫째 온도상승,
그 다음으로는 保持時間이 길어짐에 따라 점차 그 크기가 증대한다. 이 增大하는 速

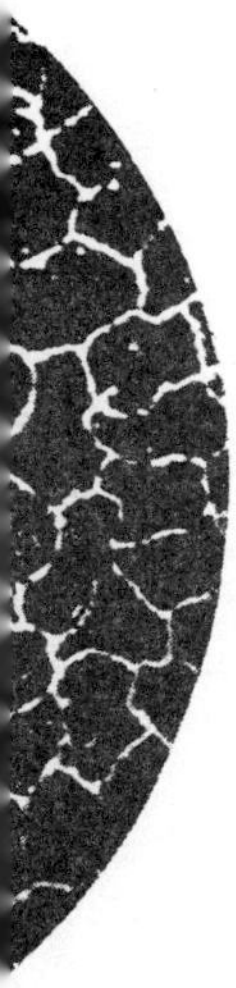

粒度番号 7

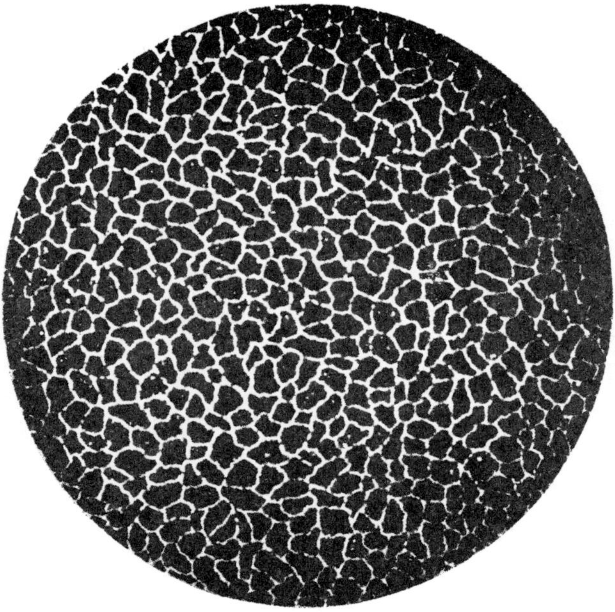

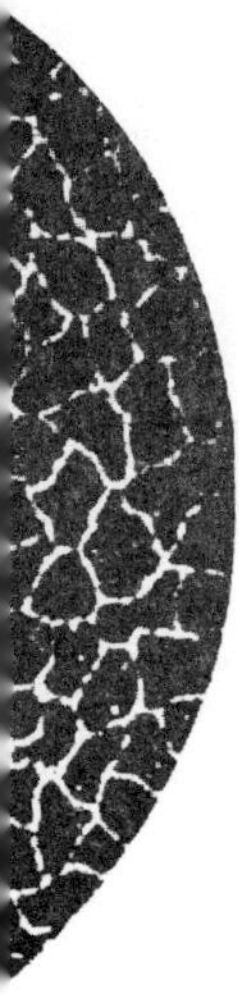

粒度番号 8

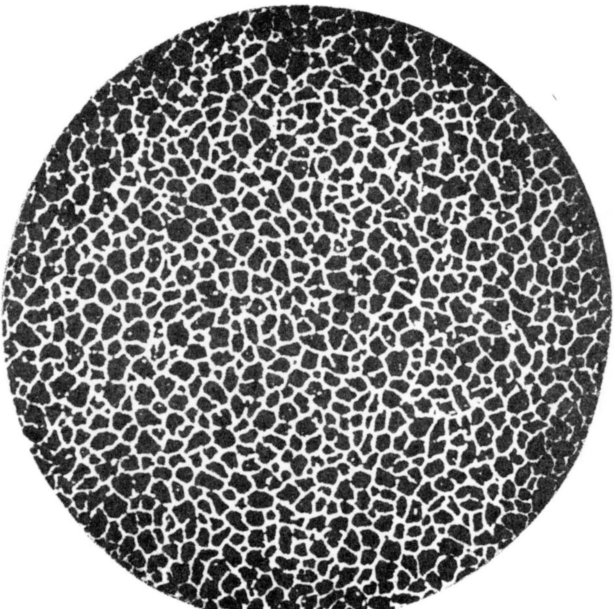

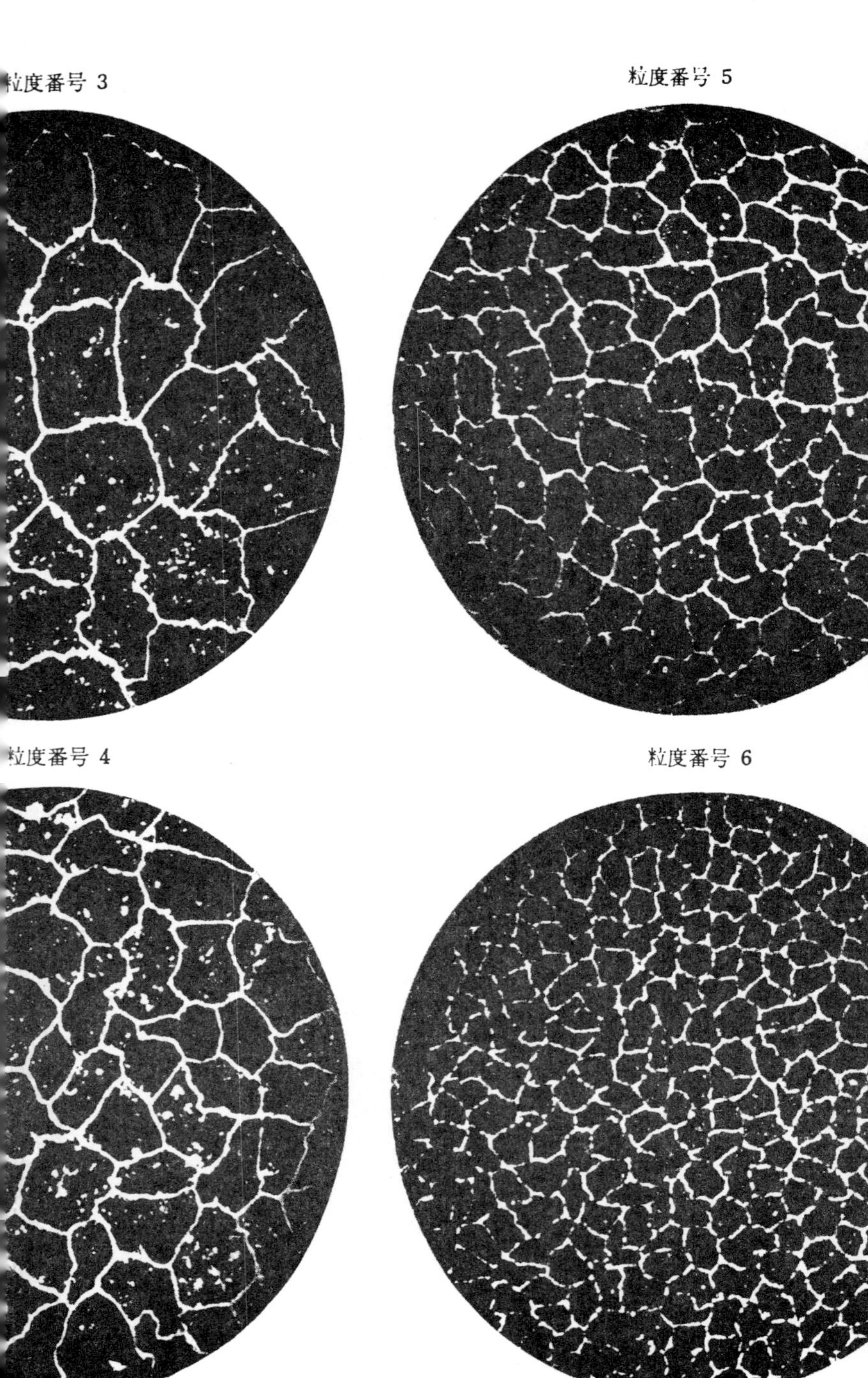

図 6.32　鉄鋼의 오오스테나이트 結晶粒度標準圖　(倍率　100)

粒度番号 1

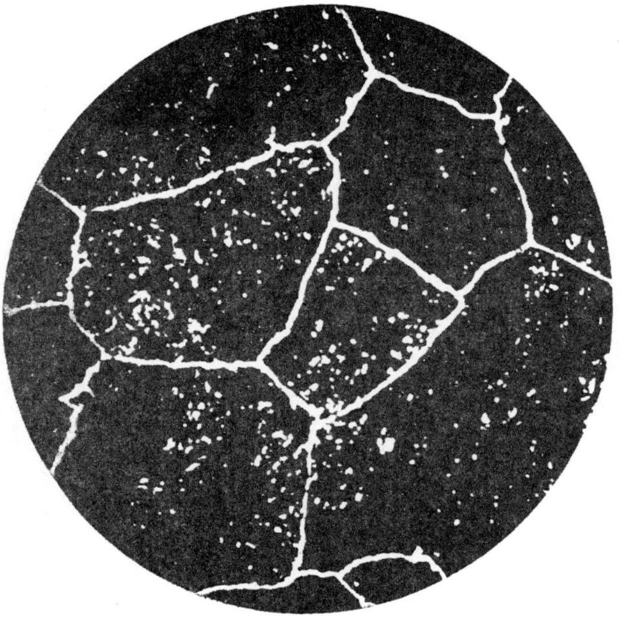

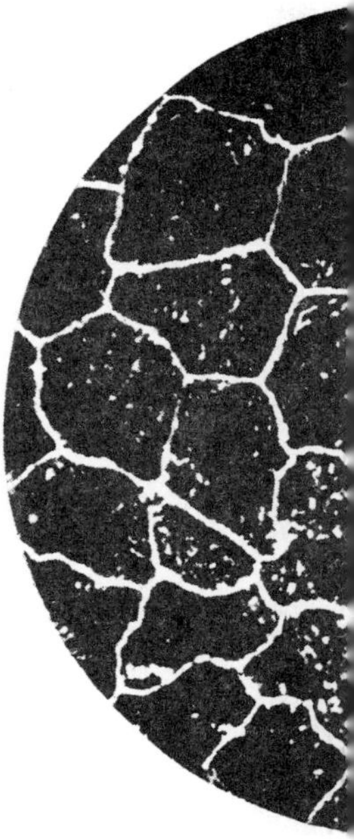

粒度番号 2

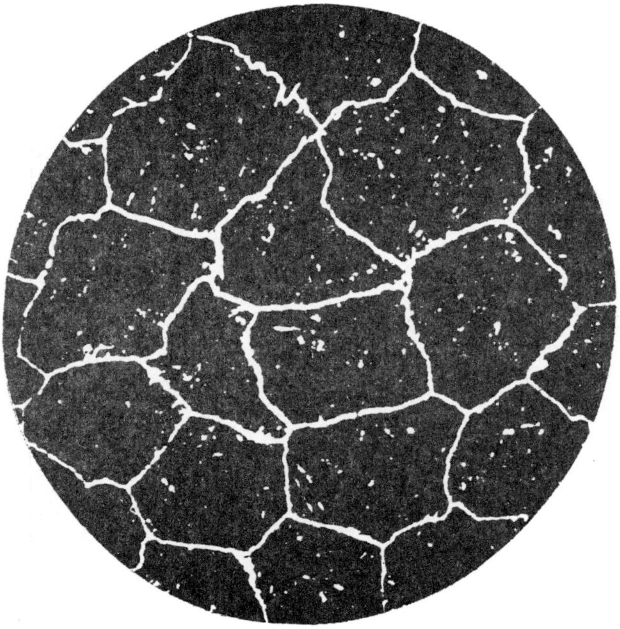

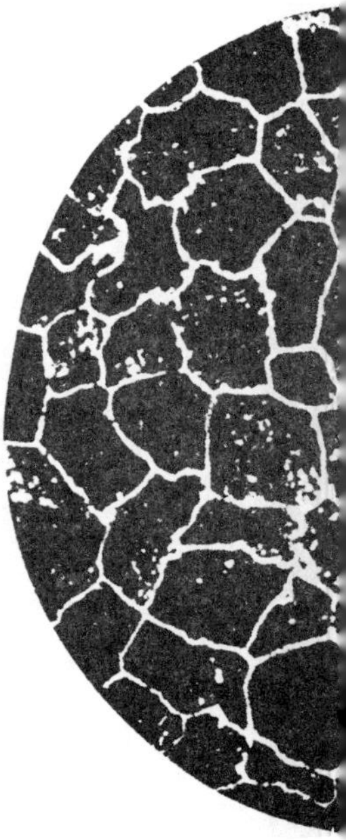

度는 鋼種에 따라 달라진다. 특히 粒內에 微細한 分散粒子가 있으면, 그것이 오오스테나이트(γ)粒의 核이 될 수 있으므로, 多數의 γ粒이 생기고, 따라서 γ粒의 크기가 작게 된다. 예를 들어, 비교적 용해되기 힘든 過剩의 카아바이드나, 微小한 酸化物, 예를들어 알루미나(Al_2O_3)등은 보통의 熱處理溫度域에서 γ粒의 粗大化를 방지할 수 있다. 構造用鋼에 알루미늄을 少量(약 2 lb/t) 첨가한 것은, 가열에 의하여 粗粒化하지 않으므로 細粒鋼(fine grained steel)이라 하며, 後述하는 바와 같이 그 노치靭性이 뛰어난 것이 큰 잇점이라 생각되고 있다. 그림 6.33은 알루미늄을 첨가한 細粒鋼과 첨가치 않은 粗粒鋼(Coarse grained steel)의 가열에 의한 γ粒의 粗大化傾向을 비교한 것이다. Ac_1直上 및 極高溫(1150°C以上)에서는 兩者의 γ粒度에 差異가 없으나, 그 中間, 소위 열처리온도域에서는 큰 차가 있다.

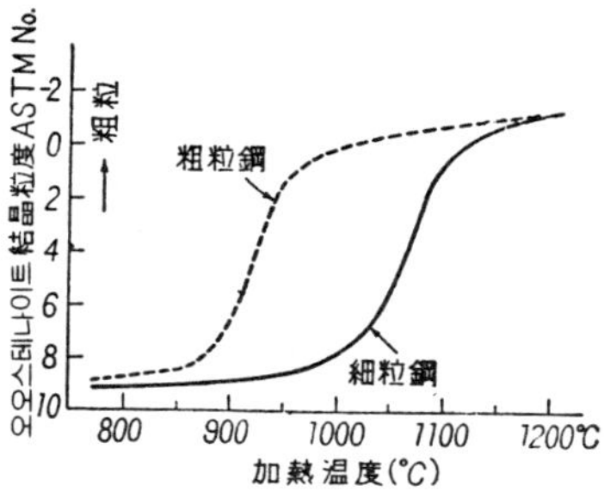

図 6.33 加熱에 의한 오오스테나이트粗粒化의 比較(Al 添加의 影響)

以上은 細粒鋼이 바람직한 경우에 대한 것이나, 燒入性은 後述하는 바와 같이 粗粒鋼쪽이 우수함으로, 燒入性을 重視하는 鋼에서는 오오스테나이트粒度가 거치른 쪽이 좋고, 따라서 ASTM No.가 적은 것이 요구된다. 또한 高溫에서의 耐크리이프性을 높이기 위하여는 粗粒쪽이 좋다. 이것은 高溫에서는 粒界가 약해져 變形되기 쉽고, 따라서 細粒鋼은 크리이프에 弱하기 때문이다.

6.4.5 오오스테나이트變態에 影響을 미치는 因子

탄소강 및 일반합금강의 오오스테나이트變態는 恒溫變態에서 또한 連續冷却變態에서도 여러가지 因子의 영향을 받는다. 예를들어, 鋼의 化學成分, 오오스테나이트 結晶粒

(1) 化 學 成 分

合金鋼의 化學成分은 오오스테나이트變態에 가장 큰 영향을 미친다. 예를들어, 恒溫變態曲線을 오른쪽에, 즉 長時間쪽으로 移動시키는 作用을 갖는 元素로는, C, Ni, Mn, Cu가 있으며, 變態曲線을 현저하게 變貌시키는 元素로는 Cr, Mo, V, Ti 및 기타 炭化物生成元素가 있다. 일반적으로 합금원소의 첨가가 많아지면 臨界冷却速度가 적어지며, 따라서 燒入이 容易케 된다.

M_s나 M_f比度는 합금원소의 첨가에 의하여 일반적으로 低下한다. 高炭素鋼이나 合金鋼에서는, 때로는 M_f가 室溫以下가 되어, 燒入後에도 얼마간의 오오스테나이트가 殘留하게 된다. 예를 들어, 탄소강에서는 M_s, M_f 및 殘留오오스테나이트가 그림6.34와 같이 탄소량과 함께 變

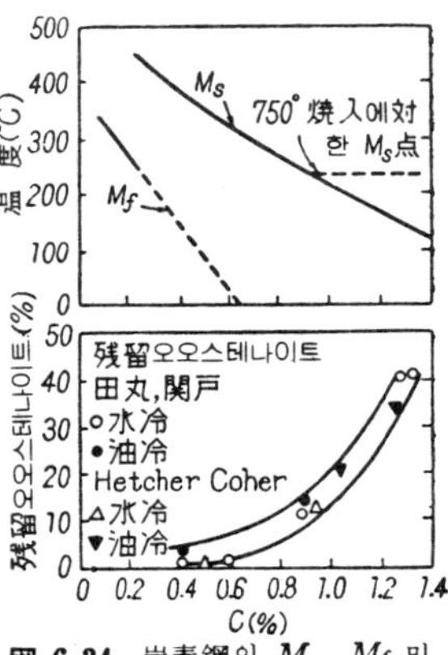

図 6.34 炭素鋼의 M_s, M_f 및 殘留오오스테나이트와 炭素量

化한다. 탄소강이나 低合金鋼의 M_s溫度에 미치는 영향에 대해서는 다음과 같은 Gran-
ge 의 實驗式：　　　$M_s(°C) = 550 - 361\,C - 39\,Mn - 20\,Ni - 39\,Cr - 28\,Mo$

〔단, 式中의 C, Mn ……에는 成分値(%) 를 代入한다〕가 成立한다. 이 式에 의하여, 계
산한 M_s의 例를 들면,

純　鉄	550°C
軟　鋼 (0.20% C+0.60% Mn)	455
高張力鋼 (0.18% C+1.30% Mn)	434
中炭素鋼 (0.40% C+0.60% Mn)	383
共析鋼 (0.80% C+0.70% Mn)	235

와 같다.

（2） 오오스테나이트結晶粒度

　오오스테나이트결정입도는 變態에 크게 영향을 미친다. 이것은 변태의 開始點이 되
는 퍼얼라이트의 核이 오오스테나이트粒界에 발생하여, 그것이 粒內部로 成長하기때
문이며, 粗粒의 것일 수록 변태를 完了하기 힘들고, 따라서 燒入하기 용이하게 된다.

（3） 오오스테나이트均一度

　일반적으로 오오스테나이트가 不均一할수록, 變態하기 쉽다. 즉, 燒入하기 힘들게
된다. 보통의 熱處理에서는 충분히 長時間동안 오오스테나이트를 均一하게 한 다음
燒入을 하게 되나, 용접에서는 急熱急冷이기 때문에 均一한 오오스테나이트로 되기
힘들므로 일반적으로 鋼의 變態는 長時間加熱의 경우와 달라지게 된다. 오오스테나
이트의 不均一度는 偏析, 不熔解炭化物 및 非金屬介在物의 多少에 의하여 정해진다.
偏析에 의하여 탄소나 합금원소에 차이가 생기므로 變態가 場所的으로 상당히 변화하
는 것은 당연하다. 구조용鋼板에서, 퍼얼라이트粒이 帶狀으로 배열된 조직(pearlite-
banding) 이 생기는 것은 燐이나 망간의 顯微鏡的偏析으로 인한 變態速度差에 의한 것
으로 알려 있다. 炭化物이나 非金屬介在物은 核發生點으로서 기용되기 때문에, 변태
를 촉진시키게 되며, 따라서 燒入이 곤란하게 된다.

（4） 冷　却　速　度

　냉각속도가 오오스테나이트變態에 현저한 영향을 미치는 것은 당연하며, 이에　대
하여는 이미 설명한 바 있다.

6.4.6　各種熱處理法

（1） 熱處理의 目的

　鋼은 열처리에 의하여 그 성질이 크게 변화하는 것이 큰 특징이며, 이것을 이용하
기 위하여 여러가지 熱處理(heat treatment) 가 널리 實用되고 있다. 이　열처리의
목적은 (가) 酸洗나 鍍金 또는 熔接中에 吸收한 水素에 의한 脆性의 回復, (나) 變態
에 의한 미크로(顯微鏡的)應力의 除去(템퍼링), (다) 機械加工中의 變形發生 또는 使
用時의 破壞原因이 되는 마크로應力의 除去(應力除去어니일링), (라) 冷間加工의 影響
除去(中間어니일링), (마) 組織의 均一化(노오말라이징), (바) 軟化 또는 切削性向上

을 위한 組織의 變化(完全 또는 球狀化어니일링), (사) 强度와 硬度의 현저한 增加 (燒入)등이 있다. 이中 (가)는 120~230°C에서 행해지나, 조직의 변화를 수반치 않는다. 實用되는 열처리中, 주요한 것을 들면 다음과 같다.

(2) 어니일링(燒鈍)

어니일링(annealing)은 鋼의 軟化를 목적으로 하는 것이며,이에는 **完全어니일링**(full anealing)과 **中間어니일링**(process annealing)의 2種이 있다. 完全어니일링은 鋼을 Ac$_3$ (亞共析鋼) 또는 Ac$_1$(過共析鋼)보다 약50°C의 高温으로 加熱하여, 所定時間 保持하여 均一한 오오스테나이트로 한 다음, 극히 서서히 냉각하는 열처리이며, 일반적으로 爐冷된다. 그 목적은 鋼의 軟化 또는 延性의 증가, 内部應力의 除去, 및 結晶粒의 均整化에 있다. 이에 대하여 中間어니일링에서는 鋼을 A$_1$點부근의 온도로 가열하여 所定時間 保持한 다음, 적당하게 냉각하는 열처리이며, 그 主目的은 鋼을 어느정도 軟化하는 것 및 内部應力을 제거하는 것이다. 그러나 變態는 일어나지 않으므로, 結晶粒의 均整化는 바랄 수 없다. 이 中間어니일링은 薄板이나 線材의 처리에 쓰이며, 鋼은 550~650°C로 가열된다. 용접후의 **應力除去어니일링**(stress relief annealing)은 中間어니일링에 속한다.

(3) 노오말라이징(燒準)

노오말라이징(normalizing)은 鋼을 오오스테나이트温度(A$_3$ 또는 Acm보다 약60°C高温)로 가열하여,所定時間 保持한 다음,靜止空氣中에서 放冷하는 처리를 말한다. 그 목적은 그때마다 다르다. 組織의 改善, 結晶粒微細化, 가벼운 燒入硬化, 鑄物이나 鍛造品의 組織改善등이다. 구조용강은 壓延한대로 보다도 노오말라이징하면, 노치靭性이 현저하게 向上된다. 熔着비이드가 거치른 鑄造組織은 다음層의 비이드의 열영향으로 노오말라이징조직으로 변하여, 延性이나 靭性이 현저하게 향상하는 것은 잘 알려있는 사실이다.

(4) 燒   入(담금질)

燒入(quenching)은 鋼을 A$_3$(亞共析鋼) 또는 A$_1$(過共析鋼)點보다 30~50°C高温으로 가열하여, 소정시간동안 두어둔 다음, 急冷하는 處理를 말한다. 그 목적은 燒入에 의한 硬化에 있으며, 急冷方法으로는 鋼의 성분에 따라 물, 기름, 공기 또는 金型中에서의 燒入이 쓰인다.

(5) 템 퍼 링

템퍼링(tempering 또는 drawing)은 燒入 또는 어니일링鋼을 A$_1$點이하의 온도로 가열하고, 소정시간 保持한 다음, 적당히 냉각하는 처리이다. 목적은 鋼의 硬度減少, 内部應力의 除去, 延性 및 靭性의 증가이다. 鋼種에 따라서는 약620°C로 가열한 다음 徐冷하면 약해진다. 이것을 **템퍼링脆性**(tompering brittleness)라 한다. 이것은 크롬니켈鋼이나 高炭素鋼에 일어나기 쉬우므로 防止策으로는 템퍼링温度로부터 急冷하거나, 또는 特殊한 合金元素를 少量 첨가한다. 몰리브덴은 이러한 脆性을 감소시키는데 있어 有效한 元素로서 잘 쓰인다.

燒入템퍼링組織 燒入한 그대로의 α마르텐사이트는 일반적으로 페라이트中에 炭素

가 過飽和로 固熔한 것으로 생각되고 있다. 結晶格子는 變形하여 体心正方晶系로 되어 있으나, 이것은 準安定한 상태이므로, 약간의 加熱 **100~230°C**, 예를들어 熱湯中의 가열에 의하여도 体心立方晶系의 β(베타) **마르텐사이트**로 변화되어 버린다. 이 β 마르텐사이트는 暗色으로 에치(etch) 되기 쉬우며, α마르텐사이트와 마찬가지로 극히 딱딱한 조직이다. 예를 들어, 0.40%炭素鋼의 α, β마르텐사이트는 그림 6.35의 (a), (b)와 같다. 템퍼링溫度가 **230~400°C**가 되면, 過飽和炭素가 극히 微細한 炭化物粒子로서 析出되며, 조직전체가 까맣게 에치되는 (二次) **트루우스타이트**(troostite)가 되며, 硬度가 약간 감소한다. 다시 템퍼링溫度를 **400~650°C**로 높이면, 粒狀炭化物이 1000배정도의 高倍率에서 보일 정도로 크게 된다. 이 조직을 **소르바이트**⟨sorbite⟩ 라 하며, 硬度가 약간 감소하고 있다〔그림의(c)〕. 다음, **650~723°C**로 템퍼링하면, 炭

化物이 球狀이 되어 페라이트의 바탕中에 點在하는 조직이 얻어진다. 이것을 **스페로이다이트**(spheroidite)(球狀化組織)이라 한다. 이 球狀化組織은 퍼얼라이트를 이 온도로 상당히 긴 時間 가열하여 얻어지며, 靭性이 매우 좋으나, 硬度가 낮다.

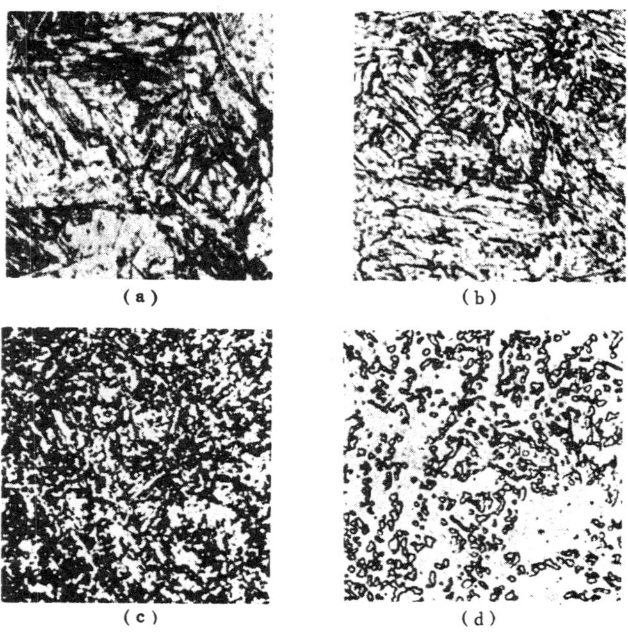

図 **6.35** 0.40%炭素鋼의 燒入템퍼링組織,
(a) 845°C부터 水燒入(α마르텐사이트), (b) 200°C 템퍼링(β 마르텐사이트), (C) 650°C 템퍼링(소르바이트), (d) 690°C×24 h 템퍼링(스페로이다이트), (×600)

共析炭素鋼(0.8% C)의 燒入템퍼링組織의 硬度는, 록크웰硬度(Rockwell hardness) C스케일(R_c) 로는,

마르텐사이트	65	소르바이트	45~20
트루우스타이트	60~63	스페로이다이트	20~5

정도이다. 소르바이트는 매우 靭性이 좋은 조직이며, 工具鋼에서는 이 조직을 쓰는

일이 많다. 또한 强靭鋼을 이 조직으로 하면, 노치靭性이 매우 증가하고 또한 熔接性이 向上한다.

從來, 템퍼링에 의한 分解過程을

$$M\alpha \rightarrow M\beta \rightarrow \alpha + Fe_3C$$

라 생각하고 있었으나, 大阪大學의 岡田敎授는 다음과 같은 분해과정에 의한 것이라는 새로운 說을 발표하고 있다.

$$M\alpha \,(正方晶) \rightarrow \varepsilon \,相\,(六方晶) + \alpha, \quad (\beta \,마르텐사이트) \quad (約\,100°C)$$
$$\rightarrow \chi Fe_2C \,(斜方晶) + \alpha, \quad (템퍼링트루우스타이트) \quad (約\,300°C)$$
$$\rightarrow Fe_3C \,(斜方晶) + C + Fe\} + \alpha, \quad (소르바이트) \quad (約\,400°C)$$

단, 分解의 右側괄호안의 온도는 변화의 개시점을 나타내나, 이것은 재료의 純度나 加熱速度에 의하여 상당히 영향을 받는다. 上記한 온도는 가열속도 $3°C/min$의 경우이다. 熔接에 의한 熱影響部가 보일러 等의 高溫使用中에 遊離炭素가 생겨 소위 黑鉛化가 일어나는 일이 있는데, 이것은 上記學說에 의하여 비로소 설명이 가능케 되었다.

6.4.7 燒　入　性
(1) 燒　入　硬　化

連續冷却變態의 項에서 설명한 바와 같이 鋼材는 오오스테나이트溫度부터의 冷却速度를 빠르게 하면. 그 强度와 硬度가 증가한다. 最大의 **燒入硬化** (hardening by quenching)는 그 鋼의 임계냉각속도보다 빨리 燒入하여 100%의 마르텐사이트組織으로 한 경우에 얻어지며, 그 값은 주로 그 炭素含量에 의하여 결정되고 기타성분에 의한 영향은 비교적 적다. 그림 6.36은 탄소강의 最大燒入硬度에 미치는 탄소량의 영향을 나타낸 것이며, 어니일링狀態에 대한 硬度의 增加百分率이 가장 높은 것은 C=0.35 ～ 0.70%이다. 또한, 탄소량이 0.55%이상에서는 硬度의 값이 대략 一定하다. 마르텐사이트의 含有量이 다른 경우의 炭素鋼의 最大硬度는 그림 6.37과 같다.

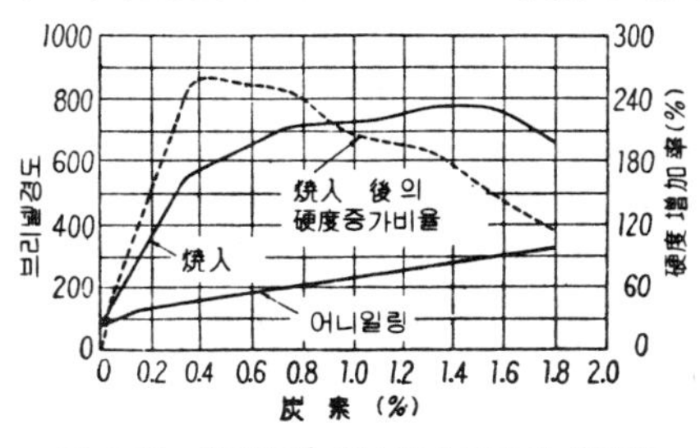

図 6.36 炭素鋼의 最大燒入硬度와 炭素量

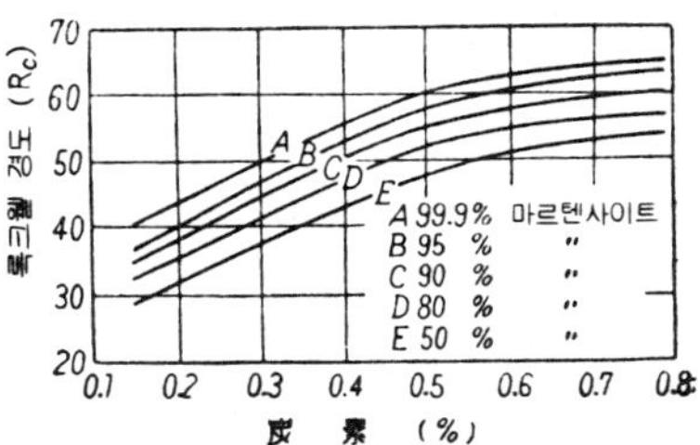

図 6.37 各種마르텐사이트量에 대한 炭素鋼의 硬度

(2) 燒　入　性

鋼을 燒入한 경우에는 熱이 表面에서만 빼앗기므로 內部보다 빨리 表面이 냉각되며 따라서 斷面이 조금 큰 물건에서는 그림 6.38과 같이 표면부터의 깊이에 따라 **燒入硬**

化가 달라지게 된다. 그리고 同一크기의 斷面에서도 同一條件으로 燒入한 경우에 내부까지 완전하게 마르텐사이트가 되는 鋼種과, 表面의 薄層만이 마르텐사이트가 되는 鋼種이 있다. 즉, 鋼은 燒入에 의하여 얻어지는 硬度의 깊이와 分布가 결정되는 어떤 特性을 갖고 있다. 이 特性을 燒入性 (hardenability) 라 한다. 硬度는 燒入性을 측정

하는데 가장 많이 쓰이고 있으나 燒入性은 硬度의 大小를 문제로 하는 것이 아니라 어떤 깊이까지 硬化하였는가 하는 깊이 (depth of hardening)를 문제로 하고 있는 것이다.

燒入性은 물건의 內部깊숙히 燒入硬化시키고자 할 때에 意味가 있으며 强靱鋼이나 工具鋼에 대해서는 특히 중요한 성질이다. 또한 熔接熱影響部의 燒入硬化에도 관계가 깊다. 보통의 용접에서는 열영향부의 냉각속도가 油燒入의 경우와 同一程度 또

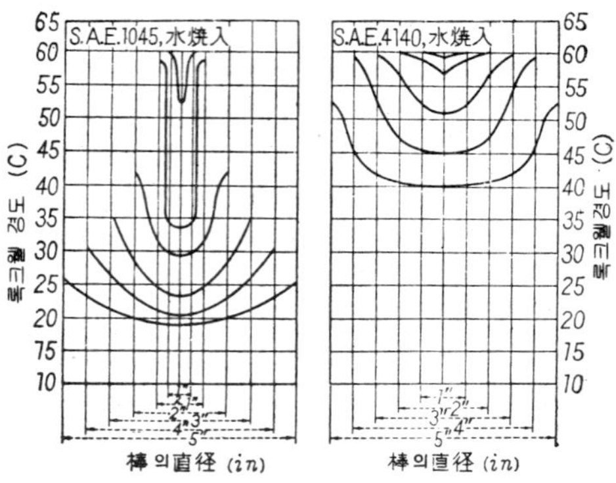

図 6.38　水燒入한 丸棒鋼斷面의 硬度分布

는 그보다 늦지만 燒入性이 충분히 깊은 鋼에서는 열영향부가 완전하게 마르텐사이트가 되어 최대의 燒入硬化를 나타내는데 반하여 燒入性이 얕은 鋼에서는 주로 微細퍼얼라이트가 생겨 마르텐사이트의 量이 감소하므로 열영향부의 硬化가 훨씬 적게 된다. 일반적으로 最高燒入硬度는 주로 鋼中의 炭素量에 依存하고 合金元素의 영향은 第二次的인 것에 반하여 燒入性은 合金元素量에 의한 영향이 매우 크고 탄소량의 영향은 약간 적다.

(3) 죠미니試驗

죠미니試驗 (Jominy test)은 直徑 1 인치 (25.4mm), 길이 4 인치 (100mm) 의 標準치수丸棒을 定해진 時間동안 충분히 가열하여 오오스테나이트로 한 다음, 爐에서 꺼낸 試驗片을 그림 6.39와 같은 試驗用지그에 매달아서 그 밑面으로 향하여 물을 噴出시켜 냉각하는 시험방법이다.[이 方法은 KSD0206 철강의 경화능시험방법 (一端燒入方法) 으로서 규정되고 있다]. 噴水의 水溫, 水壓, 水量은 指定되어 있고, 물은 試料의 밑에만 닿게 되므로 熱流는 거의 一方向으로만 생긴다. 따라서 斷面의 冷却速度는 燒入端부터의 距離에 따라 連續的으로 감소해 나간다. 燒入後, 棒에 沿하여 表面을 平滑하게 硏摩하고 燒入端부터의 硬度分布를 측정한다. 그 一例는 그림 6.40과 같다. 이 硬度分布曲線에 있어서 燒入端부터 中間硬度 또는 50%마르텐사이트點까지의 距離가 죠미니燒入性의 尺度로서 쓰인다.

鋼을 注文하는 경우에는 그 燒入性을 指定하는 경우가 많아졌으나, 이때는 죠미니硬度와 깊이를 指定한다 예를 들어 燒入性으로서 J 57=16mm라 할 때는, 죠미니시험에 있어 端面부터 16mm깊이까지의 硬度가 록크웰C57 이상이어야 하는 것을 뜻하고 있다. 그림 6.40에 이것을 적용하면 16mm=5/8in이므로, SAE 4145만이 이 要求에 合致하는

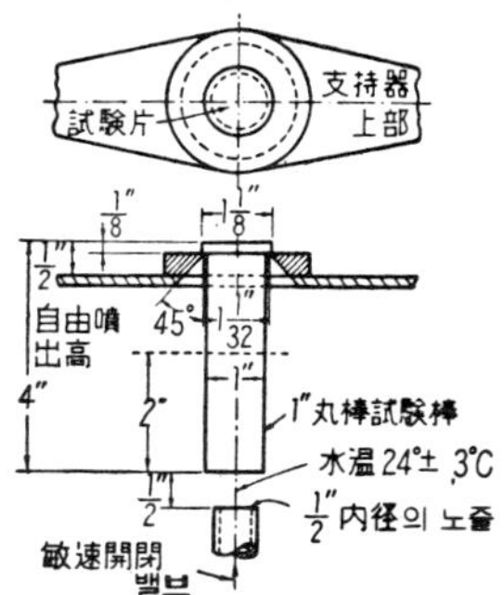

図 6.39 죠미니試驗片과 지그
(KSD0206—1971에서는
이것과 비슷한 치수를
사용하고 있다)

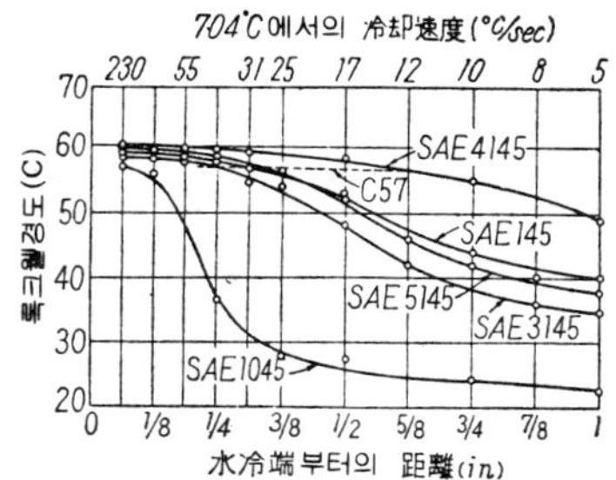

図 6.40 0.45%炭素鋼 및 同一炭素의
合金鋼의 죠미니硬度分布

것을 알 수 있다.

죠미니시험의 결과가 實物의
燒入에 應用되기 위하여는 兩
者의 冷却速度를 비교할 필
요가 있다. 즉, 冷却曲線이 完
全히 同一하지 않아도 적당한
온도, 예를 들어 Ar 溫度(약
550℃)에서의 냉각속도가 같으
면 燒入硬度가 대략 같은 것으
로 생각해도 된다. 그림 6.
41은 丸棒을 水燒入 및 油燒
入한 경우의 斷面各部 冷却速
度의 實測値와 죠미니試驗의
冷却速度와의 관계에 대한 一
例이다. 단, 冷却速度는 1300°
F(704℃)에서의 값을 비교
한 것이다.

(4) 燒入性에 影響하는 要因

燒入性을 깊게 하기 위하여는
臨界冷却速度를 적게 하면 된다. 따라

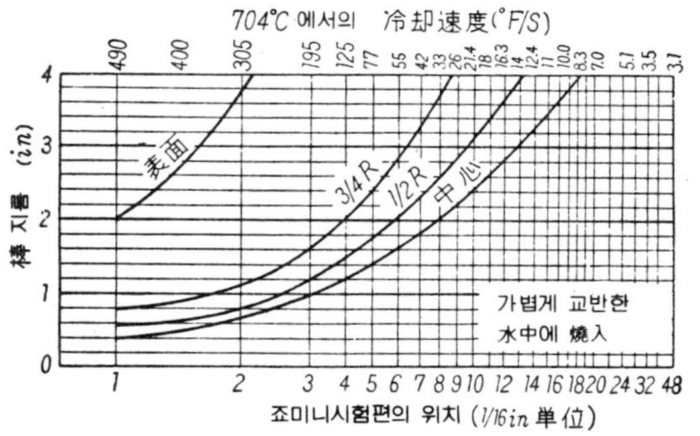

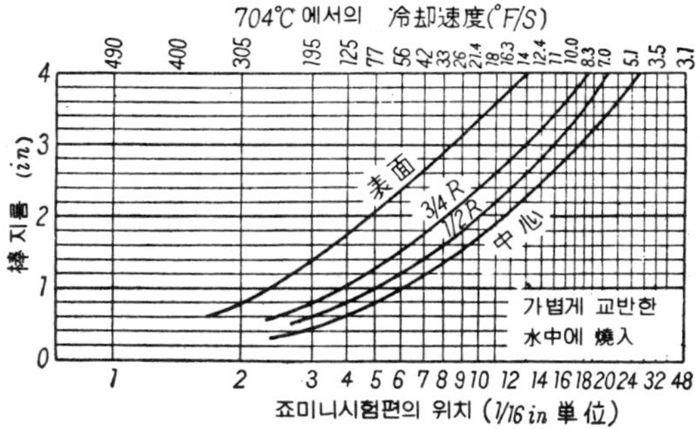

図 6.41 直徑이 다른 丸棒에 대한 水 및 油燒入과
죠미니試驗의 冷却速度 와의 關係

서 임계냉각속도에 영향을 미치는 要因이 소입성을 左右하게 된다. 이에는 (1) 오오스
테나이트粒度, (2)오오스테나이트의 均一性, (3)오오스테나 이트의 化學成分이 있다.

燒入性은 오오스테나이트結晶粒이 클수록 또한 均質일수록 增加한다. 熔接部에서는 용접금속에 직접 접하는 母材部分이 高溫加熱되며, 따라서 오오스테나이트粒度가 必然的으로 粗大化하게 되므로 細粒오오스테나이트의 경우보다 硬化하기 쉽다.

合金元素의 영향을 생각할 때, 分析한 化學成分보다도 오오스테나이트中의 成分이 중요하다. 特히 熔接에서는 加熱이 短時間이므로 分析에 의한 元素量과, 가열로 인한 오오스테나이트에 용해된 元素量間에 차이가 생기지만 일반적인 열처리에서는 가열시간이 충분히 길므로(두께 1 인치當 약 1時間), 오오스테나이트의 成分이 대략 分析成分과 같은 것으로 생각해도 된다. 따라서 試驗片을 長時間 가열하는 죠미니시험의 결과가 용접과 같은 急熱急冷의 경우에는 그대로 적용될 수 없는 경우도 있게 된다.

合金成分中, 燒入性에 가장 영향을 미치는 것은 炭素이다. 탄소강 또는 低合金鋼의 燒入最高硬度는 그림 6. 37과 같이 거의 탄소 함유량에 의하여 결정되어 버릴뿐만 아니라 또한 탄소량은 燒入깊이에도 큰 영향을 미친다. 炭素外에 燒入性을 현저하게 증가시키는 것은 몰리브덴, 크롬, 망간 等이며 이에 대하여 니켈, 珪素, 銅 등은 훨씬 弱하다. 이들 合金元素는 單獨으로 多量인 경우보다, 少量씩 多數 있는 쪽이 效果가 相乘的으로 증가하게 된다.

元素에 따라서는 불과 0. 1~0. 005% 以下의 微量이라도 燒入性增加에 크게 영향을 미치는 것이 있다. 예를들어, 바나듐, 티탄, 보론(硼素) 등의 元素이며, 최근 현저하게 발달한 **보론鋼**에서는 보론0. 001% 이하에서도 그 함유량에 비례하여 燒入性이 증가하지만, 0. 003%에서는 그 效果가 감소하고 實用量은 보통 0. 005% 以下의 微少量이다.

6.5　熔 接 熱 影 響

탄소강이나 저합금강을 아야크용접 또는 點熔接한 용접부의 마크로斷面은 그림 6. 42와 같이 **熔接金屬** (weld metal), **熱影響部** (heat affected zone) 및 **열영향을 받지 않은 母材部分** (base metal)로 구성되고 있다.

용접금속은 한번 용융한 금속이 응고한 부분이며, **鑄造組織**이 나타나 母材부터 분명하게 區別할 수 있다. 融接에서는 용접금속의 대부분이 **熔加材** (filler metal)가 熔着된 것이므로 이것을 **熔着金屬** (deposited metal)이라고도 한다. 그러나 點熔接과 같은 壓接에서는 일반적으로 용가재를 쓰지 않으므로, 용접금속이라 하는 것이 더 적당하다.

용접금속과 모재와의 경계를 **본드** (bond)라 한다. 이 본드는 모재가 融點 (melting point) 또는 凝固溫度範圍 (melting range)까지 가열된 부분이다. 鋼에서는 본드周邊의 數mm 部分이 마크로腐蝕에 의하여 모재와 識別될 수 있으므로 이것을 열영향부라 한다. 이 부분은 대략 Ac₁點 이상으로 가열되기 때문에 현미경조직과 기계적 성질이 현저하게 변화한 부분이다.

열영향부에 **隣接**한 母材中, 약200~700℃로 가열된 부분에

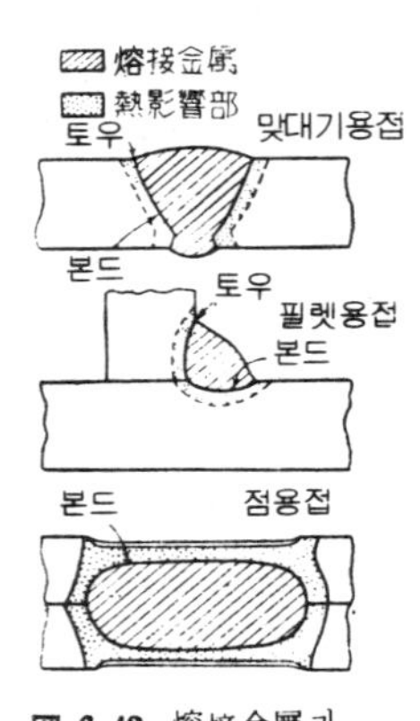

圖 6.42 熔接金屬과
熱影響部

서는 현미경 조직의 변화를 볼 수 없으나, 機械的性質의 변화가 인정되므로 **準熱影響部**라 할 수 있는 곳이다. 이 部分은, 軟鋼의 경우는 노치靭性이 低下하므로 **脆性領域**이라고도한다. 또한 이보다 外部의 母材는 組織的 및 機械的性質에 아무 變化도 없는 곳이다.

오오스테나이트鋼, 페라이트鋼, 銅合金 및 알루미늄合金 등에서는 變態가 되지 않으므로 퍼얼라이트鋼과 같이 분명한 열영향부를 용접단면의 마크로組織에서 보기 힘들다. 그러나, 後述하는 바와 같이 **結晶粒의 粗大化** 또는 **再結晶** 및 기계적 성질과 **物理的性質**의 변화가 나타나는 領域이 있다.

6.5.1 熔接中의 温度變化

熔接熱에 의한 母材의 材質變化, 용접물의 變形, 殘留應力의 발생 等, 모든 열영향은 용접부의 온도변화가 그 원인이 되고 있다. 따라서 용접중 재료의 온도변화는 중요한 연구과제이며, 이론적 및 실험적으로 여러가지로 연구되고 있다.

(1) 熱影響部의 熱사이클

용접중의 가열에 의하여 용접금속에 接하는 母材의 各點은 용착금속부터의 거리에 따라 各種温度로 急熱急冷된다. 이 急熱急冷의 온도변화를 **熱사이클**(thermal cycle)이라 한다. 그림 6.43은 熱사이클의 實例이며, 이것은 板두께20mm의 넓은 軟鋼板表面에 4mm의 被覆熔接棒으로 긴 버이드를 용접한 경우, 열영향부의 各點에 대한 열사이클이다. 예를들어, 최고가열온도가 1100℃의 장소는 불과 약 4초 정도의 短時間에 1100℃까지 가열되며, 이 것이 500℃까지 냉각되는데는 12초 정도

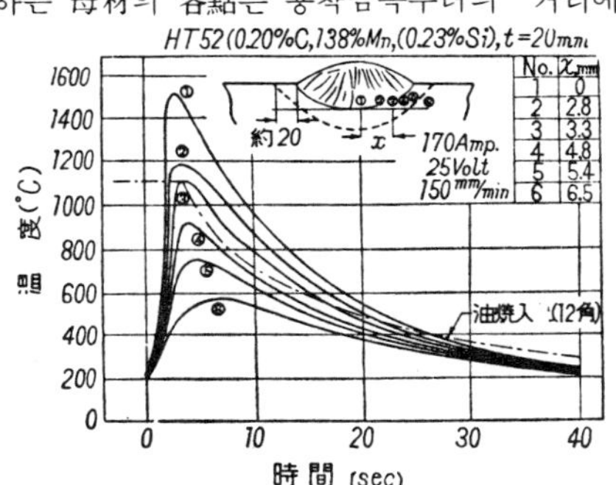

図 6.43 아아크熔接에 의한 鋼의 熱사이클

의 短時間이다. 그러나 200℃까지 냉각되는데는 약 1분정도 걸린다. 圖表中의 破線은 12mm角棒을 1100℃부터 油燒入한 경우의 冷却曲線인데, 550℃부근까지의 냉각시간은 열영향부의 냉각시간과 대략같다.

용접열사이클의 속도는 용접방법, 용접入熱, 이음形狀, 板두께, 용접전의 母材温度, 모재의 温度擴散率 및 融點 등에 따라 현저하게 달라지는 것이다.

아아크용접의 여러가지 이음에 대한 냉각속도에 대하여는 第11章의 高張力鋼의 용접項에서 상세히 설명하므로 本章에서는 간단히 설명한다.

(i) 熔接方法

가스용접은 아아크용접에 비하여 加熱이 能率的이 아니고 용접금속以外의 모재를 넓게 가열해야 하므로 그 가열냉각의 熱사이클이 아아크용접의 경우보다훨씬 늦다. 또한 抵抗熔接, 예를들어 點熔接이나 시임熔接中의 熱사이클은 매우 빠르다. 板두께2mm인 鋼의 점용접에서는 불과 0.1초의 短時間內에 접촉면이 용융되고, 數秒정도의 단시간내에 냉각되어 버릴 정도이다.

鋼의 대표적 용접법에 있어서, 열영향부가 임계온도域 (약800~700℃) 부근까지 냉각
되는 속도는,

　　가스熔接 ……30~110℃/min. (0.5~2℃/s)
　　아아크熔接……110~5 600℃/min. (2~100℃/s)
　　點 熔 接 ……2 800~22 200℃/min. (50~370℃/s)
정도이다.

(ii) 熔 接 入 熱

용접에 의하여 熔接線의 單位길이에 가해지는 熱量이 많을수록 冷却이 늦어진다. 예
를들어, 被覆金屬아아크熔接棒을 쓴 경우, 용접속도 125~300mm/min의 범위에서는 아
아크電壓 E, 아아크電流 I, 및 용접속도 v 의 영향은 용접선의 단위길이當 용접입열
$E I / v$ 에 의하여 整理될 수 있는 것이 실험적으로 알려져 있다. 이中 아아크電壓의
영향은 비교적 적고, 오히려 아아크전류가 클 수록 또한 용접속도가 늦을수록 용접입
열이 커져서 열영향부의 냉각속도가 늦어지게 된다. 비이드의 開始點과 終了點 및 아
아크스트라이크 (點弧)에서는 入熱이 적으므로 냉각속도가 비교적 빨라진다.

(iii) 이 음 形 狀

入熱이 同一한 경우에는 母材中에 熱이 逸散하기 쉬운 形狀의 이음일수록 냉각속도
가 빨라진다. 즉, 맞대기용접의 경우보다 필렛용접의 경우가 冷却速度가 빠르다.

이음形狀에 의하여 열영향부의 냉각속도가 달라지고 이때문에 鋼의 最大硬度에 현
저한 차이가 생기는 例에 대하여는 第11章을 참조하기 바란다.

(iv) 板두께와 熔接前의 母材溫度

同一熔接入熱에 대하여는 板두께 (thickness) 가 두꺼울수록 냉각속도가 빨라진다. 예
를들어, 直徑 4~5mm의 棒을 쓰는 被覆金屬아아크熔接에서는 板두께 약25mm까지는 板
두께에 의한 영향이 커지나, 그 이상의 두께에서는 거의 관계없이 一定하다. 즉, 두께
25mm이상의 板은 無限大로 두꺼운 것으로 보아도 되는 것이다. 그림 6. 44는 두께 12mm
와 25mm鋼板의 아아크용접에 있어서 705°, 540°, 370℃에서의 본드의 냉각속도를 비교한
例이다. 이 圖表에서 보면, 용접전의 모재의 豫熱이 냉각속도를 현저하게 低下시키는 것
을 알 수 있다.

(v) 母材의 溫度擴散率

母材의 熱傳導度 (thermal conductivity) 가 좋을수록 용접열이 母材中에 널리 逸散하기
쉽다. 이에 의하여 母材가 온도상승을 일으키는 量은 그 溫度擴散率(thermal diffusivity)
로서 결정된다. 온도확산율은 熱傳導度 k 를 比熱 c 와 密度 ρ 의 積으로 나눈 값 $k/c\rho$
이며, 이것은 재료의 溫度變化速度를 정하는 定數이다. 알루미늄의 溫度擴散率은 軟鋼
의 약10倍크기이므로 그만큼 온도변화가 빨리 일어나며 또한 용접금속이외의 母材가
넓은 면적에 걸쳐 高溫으로 가열되므로 熔接後의 變形이 현저하다.

탄소강과 저합금강에서는 온도확산율과 融點이 거의 같으므로 熱사이클이 實用上 같
다고 생각해도 된다. 그러나 스테인리스鋼, 銅合金, 알루미늄合金 등은 온도확산율과
융점이 크게 다르므로 탄소강의 열사이클과 현저하게 달라지는 것은 당연하다.

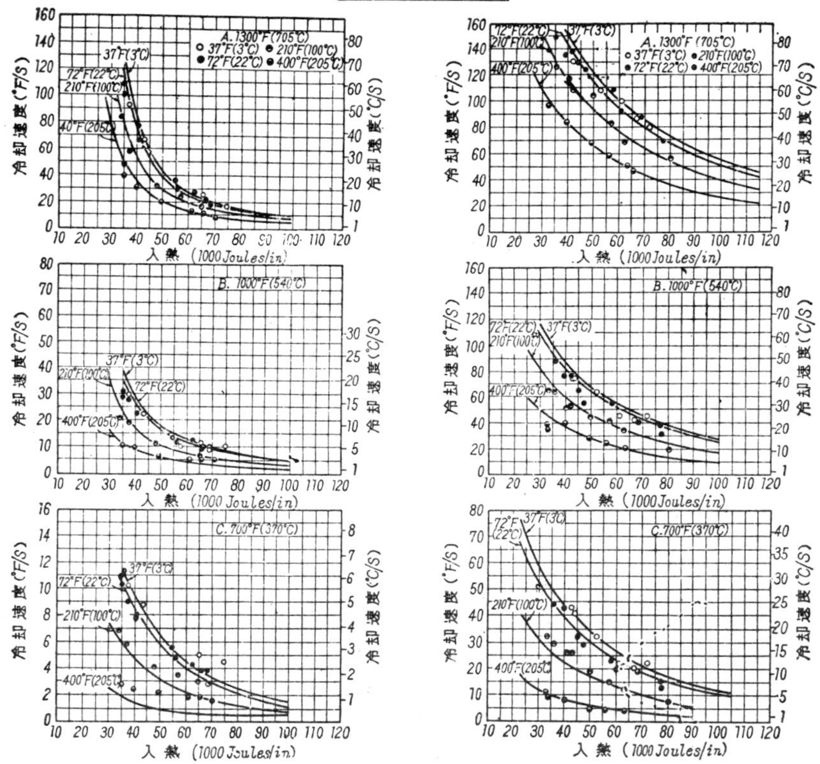

図 **6.44**　厚板의 비이드熔接본드의 冷却速度比較　　（左）12mm, （右）25mm

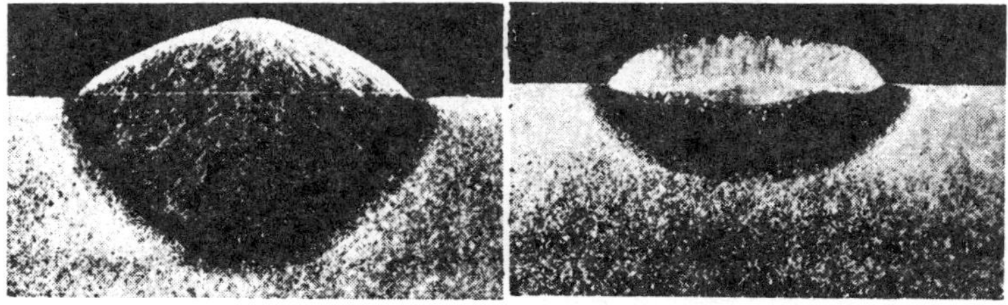

図 **6.45**　入熱이 같은 경우의 熔入比較, 左는 서브머어지드아아크熔接,　右는 被覆
아아크熔接

（2）熔着金屬의 크기

以上과 같이 單位길이當의 熔接入熱로 冷却速度를 整理하는 방법은, 용접속도가 약
300mm/min보다 늦을 때는 妥當性이 있다. 그러나 용접속도가 이보다 현저하게 빠르면
이와같은 방법이 적용될 수 없게 된다. 예를들어, 대략 같은 熔接熱量（46000～48000

Joule/in)에서 손용접과 서브머어지드아아크용접의 **斷面마크로組織**을 비교하면 그림 6.45와 같이 된다. 左圖 (서브머어지드아아크)에서는 **大電流高速熔接**을 하기 때문에 **熔入**이 깊고 용착금속의 **斷面積**이 크다. 반면, 右圖에서는 **小電流**이기때문에 용입이 얕고, 또한 용접속도가 늦기 때문에 용접열이 **母材中**에 **逸散**한 결과 **入熱**이 유효하게 이용되고 있지 않다. 左圖에서는 열영향부가 좁고, 右圖에서는 넓다. 그리고 左圖의 냉각속도는 右圖의 그것보다 훨씬 늦으므로 열영향에 의한 **燒入硬化**가 훨씬 적게된다.

또한, 연구결과에 의하면 아아크용접의 용입이나 용착금족의 단면적은 단위길이當의 **入熱**($E I / \nu$)보다 오히려 $I\sqrt{\nu}$를 써서 **整理**하는 것이 좋고, 또한 냉각속도는 I/ν로 **整理**하는 것이 좋다. 즉, 아아크**電壓**과는 거의 관계가 없으며, 아아크**電流**의 영향이 가장 크고 그다음 용접속도가 중요한 영향을 미치게 되는 것이다.

6.5.2　熱影響部의 組織과 機械的性能

(1) 組　　　織

용접금속부근의 모재는 **鋼**의 **融點**부터 **室溫**까지의 모든 온도범위에 걸친 복잡한 열사이클을 받는다. 특히 **最高加熱溫度**가 **鋼**의 낮은 쪽의 **變態點**(Ac_1)보다 높은 경우에는 **鋼**의 조직에 중대한 변화가 생기며, 그림 6.45의 마크로**寫眞**에서 까맣게 보이는 것과 같이 **母材**로부터 **明確**하게 **識別**될 수 있다.

低炭素鋼의 용접부에 대한 현미경사진은 그림 6.46과 같다. 조직은 연속적으로 변화하고 있으므로 명확한 구별은 어렵지만, 表 6.3과 같이 분류될 수 있다.

表 6.3　軟鋼熔接部의 組織変化

名　　　称	加熱된溫度 (°C)	摘　　　　要
熔　接　金　属	>1 500	完全하게 熔融한 다음 凝固한 部分이며, 樹枝狀結晶組織이 되어 있다.
半　融　解　部	>1 400	母材의 一部는 融解하고, 一部는 固体狀態로 남어 매우 粗粒인 위드만組織이 發達하고 있다.
粗　粒　部	1 400~1 200	過熱로 인하여 粗粒化, 위드만組織도 보인다.
微　細　部	1 200~ 900	粗粒均質(노오말라이징微細粒) (Ac₃ 以上으로 加熱) 靭性이 크다
粒狀퍼얼라이트部	950~ 750	퍼얼라이트가 細粒狀으로 分割된 部分 (Ac₁ ~Ac₃ 범위로 加熱)
脆　化　部	700~ 100	機械的性質이 脆化. 단 현미경조직에는 거의 변화 없음.
原　質　部	100~室溫	熔接熱의 영향을 받지 않은 母材部分

이中, 색다른 조직은 **粒狀퍼얼라이트部**이며, 이것은 모재의 퍼얼라이트粒이 細分되어 **微小**한 퍼얼라이트粒群으로 변한 부분이다. 이 부분은 Ac₁ ~Ac₃ 범위로 가열된 **領域**이며, 페라이트粒에는 거의 변화가 일어나지 않고 단지, 퍼얼라이트粒이 한번 오오스테나이트로 **變態**한 다음 **急冷**됨으로 인하여 **細粒**의 퍼얼라이트(대부분이 소르바이트**組織**)로 **分解**되어 생긴 것이다.

용접열사이클은 극히 **短時間內**에 끝나게 되므로 합금원소의 용해와 **擴散**이 충분히 **行**해질 틈이 없다. 일반적으로 **低炭素鋼**에서는 모재조직내에 **帶狀**으로 배열된 퍼얼라이트列이 본드에 가까운 **粗粒部**까지 남아 있는 것을 알 수 있다.

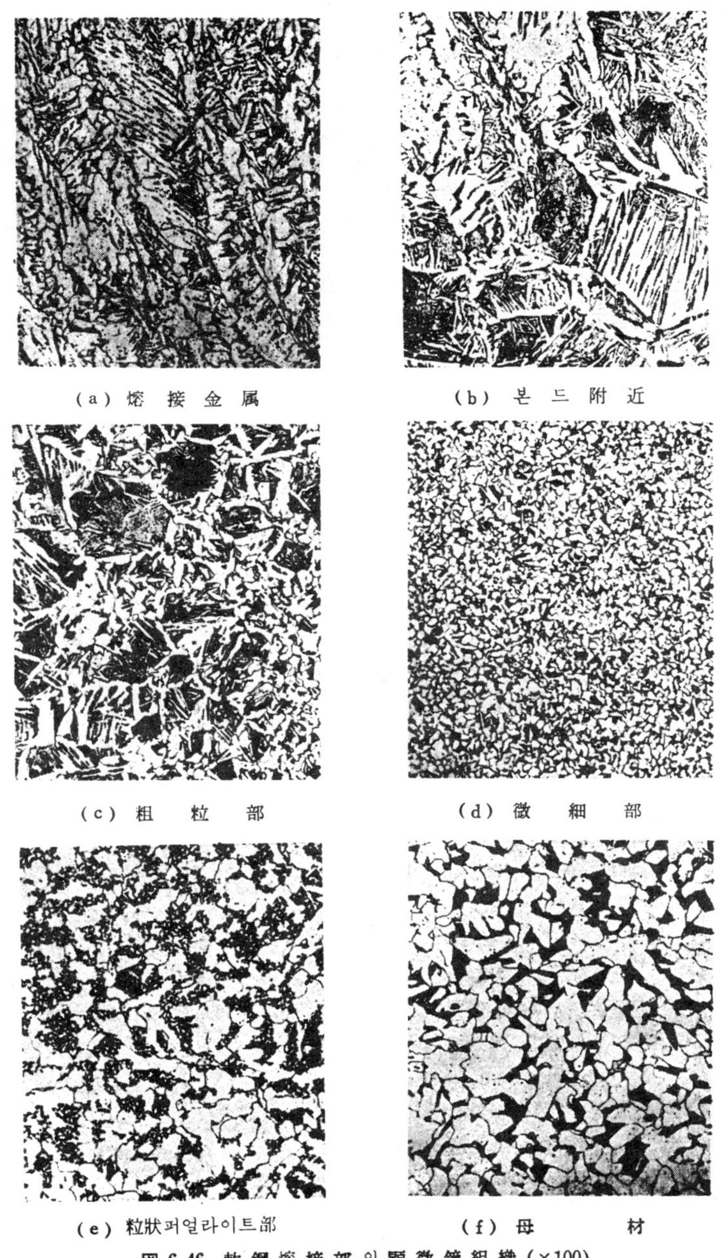

図 **6.46** 軟鋼熔接部의顯微鏡組織（×100）

　前述한 바와 같이 용접입열의 **多少**, **豫熱**의 **有無**, **板**두께의 **大小** 등에 따라 냉각속도가 다르며, 따라서 열영향부의 조직이 변화한다. 그림 6.47은 그 **一例**이다. 이것은 **板**두께 20㎜의 0.25% 탄소강에 대한 아아크용접 열영향**粗粒部**의 현미경사진이다. 左

(a)의 사진은 入熱이 크고 냉각이 늦은 경우이고, 퍼얼라이트**粗粒界**부근에 細片의 페라이트가 보인다. 까만 四角은 빅커스硬度(Vickers hardness)를 측정하는 오목部이며, 경도는 221이다. 右(b)의 사진은 入熱이 적고 냉각이 빠른 경우이며, 밝게 에치

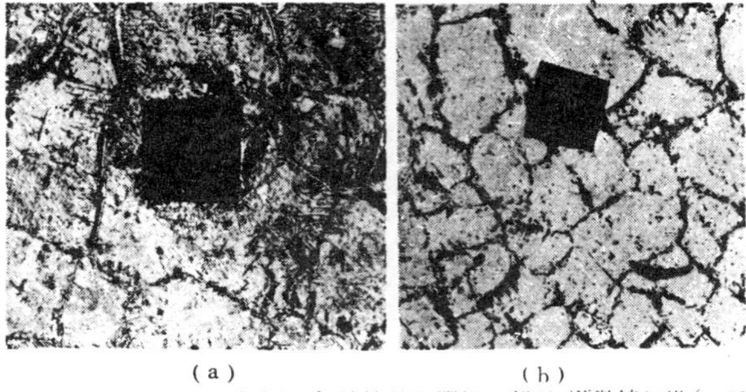
(a)　　　　　　　　　(b)

図 6.47　0.25%炭素鋼의 熔接熱影響粗粒部의 顯微鏡組織(×50)　2% picral부식. (a) 徐冷, (b) 急冷.

(etch)된 **粗粒**은 마르텐사이트이며, 粒界에 **僅少**한 트루우스타이트와 **羽毛狀**의 베이나이트가 보인다. 이때의 경도는 432이다.

(2) **機械的性質과 硬度分布**

　鋼의 열영향부는 본도에서 멀어짐에 따라, 최고가열온도가 낮아지며, 또한 냉각속도도 늦으므로 그 현미경조직에 차이가 있는 것과 같이 기계적 성질도 변화되고 있다. 열영향부에서 작은 **引張試驗**片을 잘라내서 기계적성질의 분포를 구하면 일반적으로 본드에 가까운 **粗粒部**는 **燒入硬化**때문에 **强度**가 증가하고 있으나 **延伸**이 적고 부서지기 쉽다. 그러나 노오말라이징**微細部**는 기계적성질, 특히 **延性**과 **靭性**이 좋다.

　이들 기계적성질의 변화를 가장 간편하게 조사하는 데는 열영향부의 **硬度分布**가 잘 쓰인다. 특히 **荷重**이 적은(1∼0.025kg) **顯微鏡硬度計**를 쓰면, 그 **分布**를 잘 알 수 있다. 그림 6.48은 **板**두께 20㎜의 **高張力鋼**열영향부의 경도분포이다. 본도에서는 **硬度**의 **不連續**이 있으며 **最高硬度**(maximun hardness)가 생긴다. 일반적으로 **最高硬度**가 클수록 열영향부가 **脆弱**하게 되므로 최고경도는 낮은 것이 좋다(**第11章**참조).

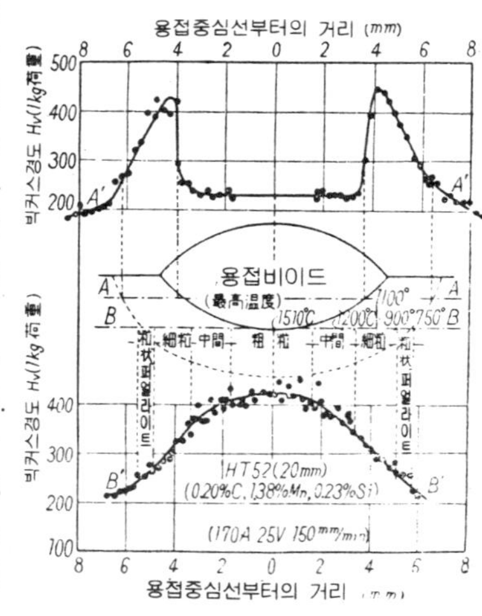

図 6.48　高張力鋼의 비이드熔接部의 硬度分布

　燒入硬化性이 없는 오오스테나이트系스테인리스**鋼**에서는 최고경도가 생기지 않으므로 오히려 **粗粒部**가 **軟**하고 **弱**하게 된다.

6.5.3 母 材 균 裂

母材의 용접열영향부에는 용접금속의 近接部에 현미경적 또는 肉眼的인 균裂이 생기는 경우가 있다. 鋼의 균裂에는 2種類가 있으며, 하나는 비교적 高溫에서 발생하는 高溫터짐(hot cracking)이며, 일반적으로 균열표면이 공기에 접촉酸化되어 變色하고 있다. 또하나는 약 200℃ 이하에서 생기는 低溫터짐(cold cracking)이다.

(1) 高溫 및 低溫터짐

鋼의 高溫터짐은 그 赤熱脆性에 起因하는 것이다. 鋼의 적열취성의 원인은 약1000℃ 이상의 고온도에서 강의 結晶粒界에 있는 低融點의 不純物이 녹아서 粒界의 結合力이 零이 됨으로 인하여 破斷되기 쉽게 되기 때문이며, 이때문에 壓延이나 鍛鍊中에 터지는 것이다. 不純物로서 有害한 것은 硫化鐵, 酸化物, 銅 등이다.

鋼의 低溫터짐은 그림 6.49와 같은 合金鋼의 예와 같이 熔接끝터짐(toe crack) 및 비이드밑터짐(underhead crack)이 많다. 이외에 低合金强靭鋼에는 비이드에 平行인 세로터짐 및 이에 直角인 가로터짐이 母材部에 생기는 일이 있다. 보통, 용접끝터짐은 용접후 數分지나면 생기기 시작하고 비이드밑터짐은 數時間後에 발생하며, 가로터짐은 더욱 시간이 지난다음 발생한다. 때로는 數個月後에 발생하는 母材균裂도 있다. 이中 비이드밑터짐만이 水素와 깊은 관계가 있으며, 기타는 水素와 거의 관계가 없는 拘束균裂이다.

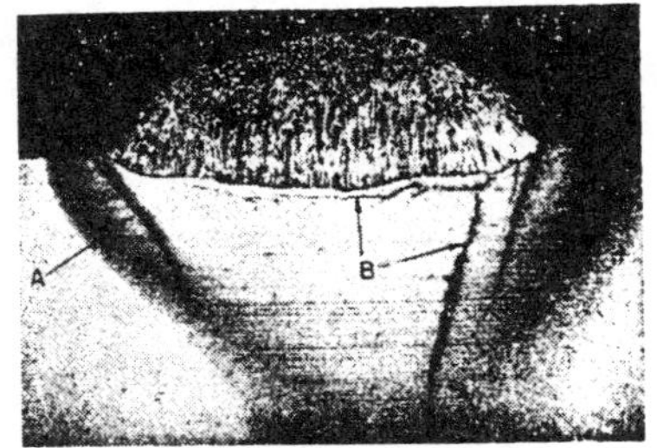

図 6.49 SAE4130鋼板의 비이드熔接斷面, (A) 용접끝터짐, (B) 비이드밑터짐

(2) 비이드밑터짐

비이드밑터짐(언더비이드크래크)는 低合金高張力鋼에 생기기 쉬운 微小균裂이며, 비이드直下에 생기는 것이다. 그림 6.50은 0.17%C, 1.17%Mn의 고장력강(板두께25mm)의 비이드밑터짐試驗片에 생긴 비이드밑터짐의 사진이다. 이 터짐은 보통 본드에 接하는 粗粒部에 생긴다. 비이드밑터짐의 발생은 용접중의 용융금속에 흡수된 수소가 중요한 원인으로 생각되고 있다. 美國바테르硏究所의 多年間에 걸친 연구에 의한 비이드밑터짐의 理論은 다음과 같으며, 현재 일반적으로 認定되고 있다.

비이드 밑터짐은 다음 세가지 원인에 의한 應力으로 인하여 약 200℃이하의 低溫에서 발생한다. 즉, (가)熔着鋼 및 열영향부의 收縮, (나) 오오스테나이트 → 마

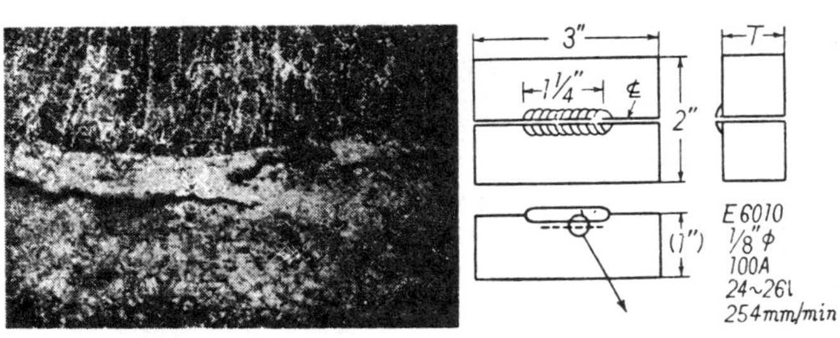

図 6.50 高張力鋼(0.17%C, 1.17%Mn)의 비이드밑터짐(×50)

르텐사이트**變態** 및 (다) **水素**이며, 이들에 의하여 생긴 **應力**이 비이드밑터짐을 일으키는 **機構**는 다음과 같다.

A) **水素**를 발생하기 쉬운 용접봉으로 용접하면 **棒**부터 아아크분위기를 통과한 **金屬粒子**가 수소를 흡수하므로, 용접금속은 수소를 다량으로 함유하게 된다.

B) 용접금속이 응고할 때, 수소의 용해도가 급격히 감소하므로 남은 수소는 용융금속으로부터 이탈하고자하지만, 그 일부가 용착금속중에 남게 되며 또한 일부는 **加熱**에 의하여 오오스테나이트로 된 열영향부내에 **擴散**한다. 이것은 오오스테나이트가 특히 수소를 다량으로 흡수하는 능력을 갖기 때문이다.

C) **冷却**에 수반하여 **熔着鋼**자신은 수소흡수능력이 점차 감소하고, 일부는 가스로 되어 **表面**에서 **大氣中**으로 빠져나가지만, 일부는 **近接**하는 열영향부내로 확산을 계속하여 열영향부의 수소량은 더욱 증가하게 된다.

D) 한편, 열영향부도 냉각됨에 따라, 오오스테나이트**狀態**부터 **變態**함에 따라 수소의 흡수 능력이 감소한다.

E) 예를들어, **低炭素鋼**의 경우에도 오오스테나이트상태에서 급격히 냉각하면 **室溫附近**에서 마르텐사이트로 **變態**하는 오오스테나이트가 어느 정도 **殘留**한다.

F) **殘留**오오스테나이트는 **水素**로 **過飽和**되어 있기 때문에 마르텐사이트로 **變態**할 때에 새로 생긴 **組織中**에 **微細**한 균열이 생기는 일이 있다

이 **균열**은 i) 마르텐사이트**格子中**의 **水素로 인한 脆弱化**, ii) **熔着鋼** 및 열영향부의 **收縮應力** iii) 오오스테나이트→마르텐사이트**變態**의 **体積膨脹**에 의한 **變態應力** iv) **微視的**인 **空孔中**에 존재하는 **分子狀 水素**가 갖는 **靜力學的 壓力**에 의하여 **誘起**되는 것으로 생각되고 있다.

그림 6. 51은 아아크**雰圍氣中**의 수소량과 **低合金鋼**의 비이드밑터짐과의 관계를 나타내는 바테르의 **實驗結果**이다. 바테르의 **實驗**에 의하면, E6010, 6012, 6013, 6020 등의 용접봉은 아아크분위기중에 수소를 35~40% 함유하므로 **低合金鋼**의 비이드밑터짐을 일으키기 쉽다.

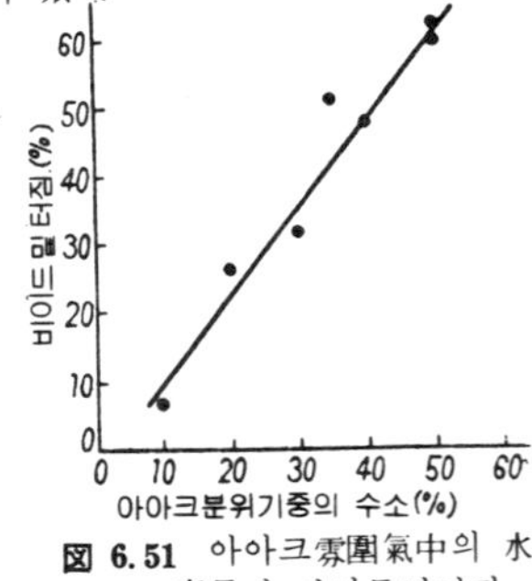

圖 6.51 아아크**雰圍氣中**의 **水素量**과 비이드밑터짐

또한 실험에 의하면 비이드밑터짐은 마르텐사이트**生成**이나 **水素**가 없으면 전연 발생치 않는다. 따라서 **低水素系의 熔接棒**을 사용하거나 또는 마르텐사이트의 **生成**을 감소시키기 위하여 100~150℃로 **豫熱**하는 것이 비이드밑터짐**發生防止**에 **有效**하다. 이 밖에 **오오스테나이트Cr-Ni熔接棒**도 비이드밑터짐**防止**에 효과가 매우 좋다. 이것은 용착강이 실온에서도 오오스테나이트이므로 그 **自体**가 수소를 다량으로 흡수할 수 있으며, 따라서 열영향부에 수소가 **過飽和**로 용해되는 것을 피할 수 있기 때문이다.

上記한 마르텐사이트**生成**을 수반하는 비이드밑터짐외에 **鋼材內**에 가늘고 길게 **壓延**된 **不純物**이 **多數** **介在**하는 경우에는 **板두께方向**의 **引張强度**가 매우 약해지며 비이드밑의 **介在物**이 **開口**되여 **微小**균열이 생기는 경우가 있다. 이것도 비이드밑터짐의 일종이지만, 이것은 마르텐사이트가 **生成**치 않는 **軟鋼**에서도 일어날 수 있다. 비이드

밑터짐에 영향을 미치는 **母材成分**과 **施工法**의 영향에 대해서는 **第11章**에서 설명한다.

6.5.4 熱影響部의 脆化

용접열영향 및 사용조건에 의하여 **母材**에는 **燒入脆化**, **粗粒化**와 **軟化**, 템퍼링**脆化**, **時効**, **耐蝕性**의 **低下**, **黑鉛化** 等, 여러가지 **脆化**가 생기며, 용접부가 약해진다.

(1) 燒入脆化

燒入硬化性의 **鋼**에서는 열영향부가 **急冷硬化**하며, 균열은 발생치 않는다 할지라도 **延性**이 부족하게 된다.

(2) 粗粒化 및 軟化

모든 **金屬**은 **融點**가까이 가열하면 **結晶**이 **粗大**하게 되며 이것이 냉각하여 **室溫**에 도달했을 때 脆化하기 쉽다. 이것이 **粗粒化**(grain coarsening)이다. 예를들어 硬化性이 없는 오오스테나이트系나 페라이트系의 **鋼**에서는 **燒入硬化**는 없지만 **過熱部**는 현저하게 **粗粒化**하여 **脆化**한다. 이것은 오오스테나이트系 **Cr-Ni**스테인리스**鋼**, 마찬가지로 **面心立方格子**의 알루미늄, **銅** 및 페라이트系의 **高Cr**스테인리스**鋼** 등에서 모두 볼 수 있는 경향이 있다.

冷間加工한 금속을 어떤 온도이상으로 가열하면 원래의 **結晶粒內**에 새로운 **結晶粒**이 생겨 **再結晶**이 일어난다. 재결정은 **核**의 발생과 성장에 의하여 이루어지므로 **再結晶溫度**의 **直上**에서는 **長時間** 걸리지 않으면 **全組織**이 새로운 결정조직으로 되지 않지만 온도가 높아지면 **短時間**에 재결정이 끝나고 또한 이들 새로운 결정이 서로 맞물려서 粒이 커지게 된다. 이것을 **粒子의 成長**(grain growth)이라 한다. 이때문에 **融點** 가까이 **高溫**으로 가열하면 극히 **粗大**한 粒子가 되며, **變態**하지 않는 **鋼**이나 **非鐵金屬**에서는 이것을 냉각하여도 **粒子**의 크기가 그대로 유지된다. 이것을 **定性的**으로 표시하면 그림 6.52와 같이 된다. 이때, 한번 粒子가 커진 것은 열처리하여도 **微細**하게 할 수 없으므로, **熱間壓延** 또는 **冷間壓延**하여 **粒子**를 **細分**할 수 밖에 없다. **熔接**에서는 본도

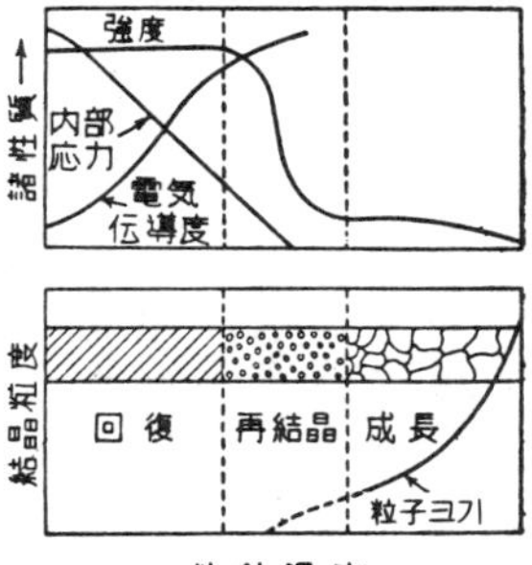

図 6.52 冷間加工한 金屬의 再結晶과 軟化

에 가까운 열영향부가 **粗粒**이 되며, **强度**가 약하고 **伸**도 적어져 매우 **脆化**한다. 또한 **冷間加工**하므로서 증가한 **强度**는 **再結晶**과 함께 감소하여 **軟化**(softening)가 일어나며, 용접부는 **引張力**을 받으면 그부분에서 **切斷**한다.

(3) 템퍼링脆化

어떤 **合金鋼**은 템퍼링**脆化**(temper brittleness)가 일어난다. 이 **脆性**은 실온 또는 약간 **低溫下**에서의 노치**衝擊値**의 **低下**로서 명확하게 나타나며 그 원인은 분명치 않지만 **某種**의 **析出**(precipitation)이 그 원인인 것으로 여겨지고 있다. 이 **脆化**를 방지하기 위하여는, 600℃부근에서 물 또는 **油燒入**을 하거나, **特別**한 **合金元素**(예를들어, 몰리브덴)를 조금 첨가한다. 용접의 경우에는 본드에서 **數**밀리 내지 **十數**밀리 떨어진 부근이 이 템퍼링**脆化**를 받는다.

이 템퍼링脆化가 현저한 合金鋼으로는 低Cr鋼, Ni-Cr鋼(Ni 1～5%, Cr 0.6～2%)
등이 있다. 引張强度 약 70kg/mm² 이상의 용착금속에서는 **多層熔接**에 있어 앞서 용접한
층이 後續層에 의하여 템퍼링되어 脆化되는 일이 있으며, 또한 600℃부근의 **應力除去
어니일링**에 의하여 현저하게 脆化되는 일이 있다.

(4) 時　　　効

　燒入 또는 冷間加工한 鋼을 室溫에서 放置하면, 그 성질이 시간이 경과함에 따라 변
화한다. 이 변화는 鋼을 약간 加熱(100～300℃)하면 급속하게 진행되며, 이것을 **時効**
(aging)라고 한다. 時間에 의한 성질의 변화는, 硬度의 증가, 　伸의 **減少**, 충격치의
低下 등에 의하여 명확하게 인식될 수 있다. 燒入後의 時効를 **燒入時効**(quench aging)
이라 하며, 冷間加工後의 時効를 **變形時効**(strain aging)이라 한다.

　鋼中의 탄소, 산소 및 질소가 페라이트中에 용해하는 량은, 그림 6.53과 같이 일반
적으로 溫度降下와 함께 감소한다. 따라서 變態點보다 약간 낮은 온도로부터　急冷하
면, 過飽和의 탄소나 질소는 急冷中에　충분히 析出되지 않고 거의 그대로 室溫에

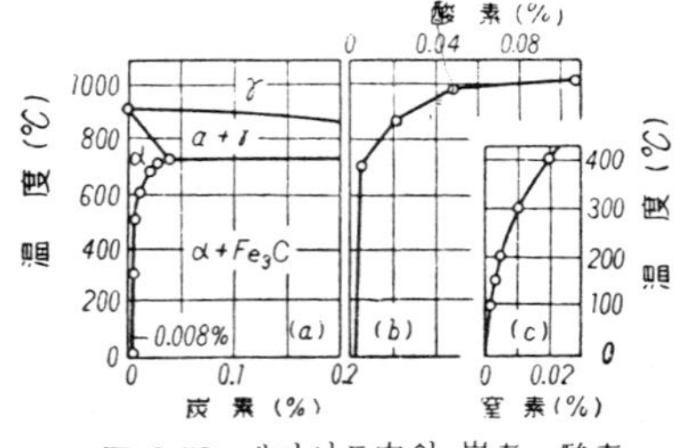

図 6.53 페라이트内의 炭素, 酸素,
窒素의 固熔度

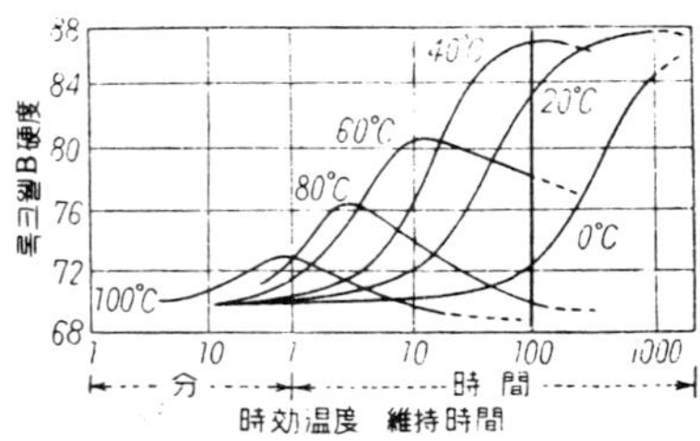

図 6.54　0.06%炭素鋼의 燒入時効

도달한다 따라서 이것을 放置하면 시간이 경과함에 따라, 이들 **過飽和元素**가 점차 析
出하여 鋼이 소위 **析出硬化**(precipitation hardening)한다. 예를들어, 0.06%炭素鋼을
720℃에서 急冷한 다음, 여러가지 온도로 時効시킨 경우의 **硬度變化**를 나타내 보면
그림 6.54와 같다. 온도가 낮으면 最大硬度에 도달할 때까지 **長時日(數個月)**이 걸리
며 현저하게 硬化되지만, 時効溫度를 100℃로 높이면, **短時間(약 1時間)**에 最大硬度에
도달한 다음 얼마후에는 다시 軟化한다.

　變形時効는 鋼材를 冷間으로 數% 塑性變形시킨 後의 時効이며, 硬度의 時間的變化
는 燒入時効의 경우와 매우 비슷한 傾向을 나타낸다. 어느 경우에도 室溫에서 최초의
數日間에는 변화가 심하지만, 약 8日째부터는 時効速度가 완만하게 된다. 時効의 原因
으로서 현재 인정되고 있는 것은, 燒入時効는 주로 **炭素의 析出**에 의한 것이고, 變形
時効는 주로 **窒素의 析出**에 의하여 일어난다는 說이다. 따라서, 時効를 **輕減**시키기 위
하여는 炭素나 窒素를 安定化시키는 元素, 예를들어, Si, Al, Ti, V 등을 첨가한다.
특히 바나듐이나 티탄處理의 軟鋼은 時効가 극히 적으므로 **非時効鋼**(non-aging steel)
이라 부르고 있다.

　용접열로 Ac₁點이하로 가열된 구조용강의 準熱影響部는, 燒入時効 및 어느정도 變

形時效를 받는다. 예를들어, 어떤 **軟鋼**림드**鋼**에 용접열영향부의 열사이클과 비슷한 急熱急冷을 한 경우, 室溫衝擊値는 그림 6.55와 같이 300~700℃ 범위로 가열된　것이 현저하게 低下하고 있다. 이에 반하여 대략 同一成分의　킬드 **鋼**에서는 同圖의 B線과 같이 그 脆化가 매우 적다. 이와같이 燒入脆化는 **鋼種**이나 脫酸의 정도에 따라 크게 달라진다. 이 300℃~700℃로 가열된 부분은 **熔接脆化領域**이라 불리우며, 보통의 아아크용접에서는 비이드端에서 3~10mm정도의 곳에 있으나, 다행히도 그 部分에는 應力集中을 일으키는 노치 (notch)가 없으므로 이에 의하여 구조물이 破斷된 예는 적다.

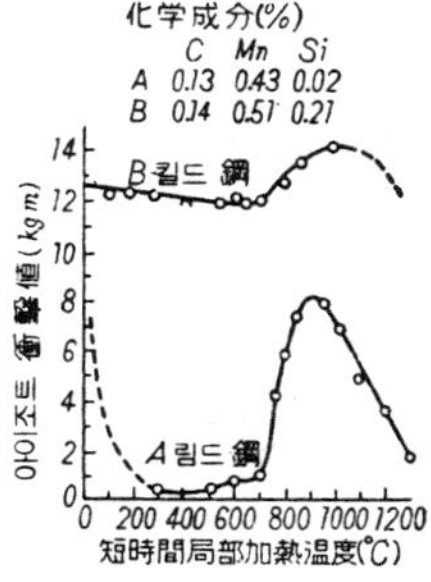

図 6.55 軟鋼림드鋼과 킬드鋼의 熔接燒入脆化의 比較

（5）耐蝕性의 低下

析出硬化된 알루미늄合金, 예를 들어, 듀랄루민系와 오오스테나이트系 스테인리스鋼 등에서는 용접열영향부中 어떤 온도범위로 가열된 부분의 耐蝕性이 현저하게 저하하는 경우가 있다.

（6）黑　　鉛　　化

용접한 **보일러用鋼**을 400~700℃로 長時間 가열하면 열영향부에 특히 **黑鉛狀炭素**가 발생하여 鋼이 脆化하는 경우가 있다. 이것은 從來 시멘타이트가 어떤 과정을 거쳐 分解하여 결과적으로 鐵과 黑鉛狀의 遊離炭이 된다. 즉,

$$Fe_3C \rightarrow 3Fe + C$$

라고 생각되고 있다. 이것을 **黑鉛化** (graphitization)라 한다. 이때문에 **高壓蒸氣管**과 같이 용접후 상당한 年月을 사용한 것은 이 脆化가 일어나 大事故를 일으킨 예가 적지 않다.

이것을 방지하기 위하여는 鋼에 크롬, 몰리브덴을 少量 첨가한다. 또한 알루미늄의 添加는 黑鉛化를 촉진하므로 보일러플레이트에는 禁物이다.

6.6 熔接金屬 및 欠陷

6.6.1 熔接金屬 및 가스

（1）熔融金屬과 가스의 吸收

용접금속은 高溫이므로 극히 短時間內에 多量의 가스(산소, 질소, 수소 等)를 吸收하기 쉽다. 吸收된 가스는 有害한 化合物을 만들뿐만 아니라, 溫度降下에 수반하여 용해도가 감소하므로 용접금속에 여러가지 惡影響을 미친다. 過飽和가 된 가스는 直接 또는 間接으로 氣孔, 균裂 및 脆化의 原因이 된다.

가스의 熔解度　용융금속中으로의 가스의 용해량은 가스壓力의 平方根에 正比例하여 증가하며, 또한 1氣壓의 가스壓力下에서는 溫度의 증가에 正比例하여 용해도가 증가한다. 예를들어, 1氣壓下에서 1600℃ 및 2000℃의 熔融鐵中의 가스의 單獨熔解度는 다음과 같다.

溫度	熔解度 %			100g의 鉄中 熔解量 標準狀態 (1 氣壓, 0°C) c.c./100gFe		
°C	酸素	窒素	水素	酸素	窒素	水素
1 600	0.33	0.040	0.0026	228	39	30
2 000	0.84	0.046	0.0037	590	45	43

이 熔解度에서 보면, 산소가 가장 많고, 질소, 수소의 順으로 적어진다. 上表에 의하면, 1600℃에서의 용해도는 炭素鋼의 平爐鋼이 室溫에서 함유하고 있는 가스량의 數倍의 量이 된다. 용해량은 다른 가스와 함께 용해되는 경우에는 위값보다 감소한다.

(2) 酸　　　素

(i) 酸素의 溶解量

산소는 熔融鐵에 다량으로 용해하나 固体의 鐵中으로는 응고온도에 있어서 0.1~0.2%, 1000℃이하에서는 최고 0.1%, 다시 溫度가 내려가면 용해도가 급속하게 감소한다(그림 6.53).

아아크용접중의 산소의 根源은 大氣中의 산소, 피복제중의 산화물, 용가재 및 모재 이음의 습기나 수분이다. 軟鋼의 아아크용착금속내의 산소全含有量은 0.04~0.10%(被覆棒), 또는 0.15~0.30%(裸棒) 정도이며 또한 보통의 塩基性平爐鋼에서는, 림드鋼 약 0.1%(주로 FeO) 以下, 킬드鋼에서는 0.005~0.020% 정도이다.

(ii) 酸　　　化

산소와 鐵이 化合하면, 酸化第一鐵(FeO, 22.3%산소), 黑色의 四三酸化鐵(Fe$_3$O$_4$, 27.7%산소) 및 赤色의 酸化第二鐵(Fe$_2$O$_3$, 30.1%산소)이 생긴다. 鐵은 高溫에서는 固体라도 산화되기 쉬우며, 용융상태에서는 더욱 강하게 산화되어 FeO가 된다.

$$Fe+O \rightleftarrows FeO$$

(iii) 脫　　　酸

산화철이 많아지면, 鋼이 赤熱脆性을 나타내서 기계적성질이 나빠지므로 被覆劑 또는 心線中에 첨가한 망간, 실리콘, 알루미늄 등을 써서 용융금속중의 산소를 강제적으로 탈산하는 것이 보통이다 즉,

$$FeO+Mn \rightleftarrows MnO+Fe$$
$$2FeO+Si \rightleftarrows SiO_2+2Fe$$
$$3FeO+2Al \rightleftarrows Al_2O_3+3Fe$$

이 脫酸能力은 Al이 最强이고 Si, Mn의 順으로 약해진다.

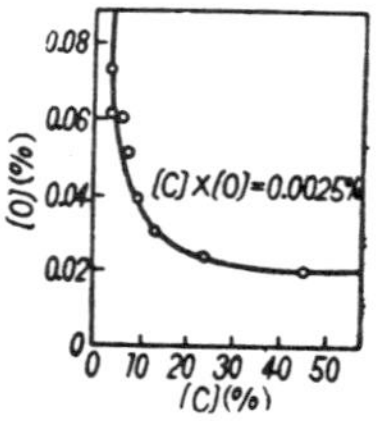

(iv) 氣　　　孔

평형상태에 있어서는 鐵中의 산소가 그림 6.56과 같이 탄소량에 반비례하여 감소한다. 鋼은 응고할 때에 우선 高融點의 低炭素鋼結晶이 晶出되므로 殘液은 탄소함유량이 증가하게 되고 따라서 過飽和로 된 산소는 다음 反應

図 6.56 熔鋼中에서 平衡하는 酸素와 炭素(1600°C)

$$FeO+C \rightleftarrows CO+Fe$$

에 의하여 一酸化炭素CO가스를 발생하며, 이것이 熔鋼中에 남게 되면 氣孔이 된다. 림드鋼의 氣孔이 주로 CO가스로 인한 것은 전술한 바 있다.

(v) 影　　　響

鋼中의 산소는 少部分이 FeO, 大部分이 기타 元素의 酸化物이나 珪酸塩 등 不純物로서 存在한다. 또한 특별한 경우, 예를 림드鋼에서는 氣孔中의 CO가스로서 존재한다.

용접금속중의 산소는 延伸 및 衝擊値를 감소시킨다. 또한 赤熱脆性의 原因이 된다. 이외에 불순물로서의 脫酸生成物이 용접금속의 柱狀晶粒界에 介在하여 용접금속을 脆化하는 일이 있다.

(3) 窒　　素

(i) 窒素의 溶解量

熔融鐵의 질소용해도는 응고와 함께 不連續的으로 감소한다. 1 氣壓下에서 γ 鐵에는 2％이상 固溶하나, α 鐵에는 590℃에서 약 0.1％이고, 온도강하에 수반하여 감소해서 室溫에서는 0.001％以下에 불과하다(그림 6.53).

아아크용접중의 질소의 根源은, 大部分 大氣中의 질소이므로 아아크의 시일드(shield)가 필요하다. 軟鋼의 아아크용착금속내의 질소량은 0.01~0.03％(피복봉), 또는 0.10~0.15％(裸棒) 정도이며 裸棒의 경우가 휠씬 많다. 또한 보통의 塩基性平爐鋼에서는 질소함유량이 약 0.005％정도이다. 그러나 電氣爐鋼에서는 平爐鋼의 2 배정도가 되며, 從來의 下吹轉爐鋼에서는 0.015％정도로 많지만 上吹轉爐의 경우는 휠씬 적다.

(ii) 窒　　化

窒素는 室溫에서 不活性의 가스이지만 아아크와 가스熔接의 高温에서는 分子狀窒素 (N₂) 가 解離하여 原子狀窒素 (N) 가 되며, 이것이 용융금속에 활발하게 작용한다.

용융철에 용해한 질소는 응고중에 거의 방출되지 않으므로 일반적으로 γ 鐵中에 固溶되고 있으나, 온도가 내려가면 過飽和가 된 질소가 窒化鐵Fe₄N이 되어 地中에 析出된다. 질화철은 그림 6.57과 같이 針狀을 나타내며 荷重을 받으면, 이것이 노치 (notch) 가 되어 鋼이 破斷되는 原因이 된다.

図 6.57　針狀의 窒化鐵 (Fe₄N) (×600)

(iii) 影　　響

용접금속의 질소함유량이 증가하면 引張强度가 증가하지만 延伸과 충격치가 저하하여 脆弱해진다. 또한 보통의 용접속도에서는 가끔 過飽和가 된 질소가 그 一部만이 針狀의 Fe₄N이 되어 析出하게 될 뿐이며, 나머지는 時間經過 또는 變形加工에 자극되어 析出해서 鋼을 時効硬化시킨다. 이밖에 질소는 템퍼링脆性, 靑熱脆性의 主原因이라 생각되고 있다.

(4) 水　　素

(i) 水素의 溶解量

水素는 原子狀水素 (H)로서 鐵中에 固溶한다. 1氣壓下에서 鐵中으로의 용해도는 그림 6.58과 같으며, 응고 및 γ→α 變態時에 不連續的으로 감소한다.

용융철에 용해하는 수소량은 그림 6.59와 같이 鐵中의 酸化鐵(FeO) 의 量으로 제한된다. 킬드鋼은 림드鋼에 비하여 용접에 적합하는 것으로 생각되고 있으나 림드鋼에 비하여 FeO의 함유량이 적으므로 逆으로 水素를 다량으로 흡수하기 쉽고, 이 때문에 여러가지 障害를 일으키기 쉽다(後述).

鋼의 아아크용접중, 수소는 최초부터 氣体水素로서 공급되는 일은 드물고 거의 대부분이 水分(H_2O)의 분해에 의하여 공급된다. 그리고 이 水分은 피복제중의 有機物(예를들어 셀루로우즈)

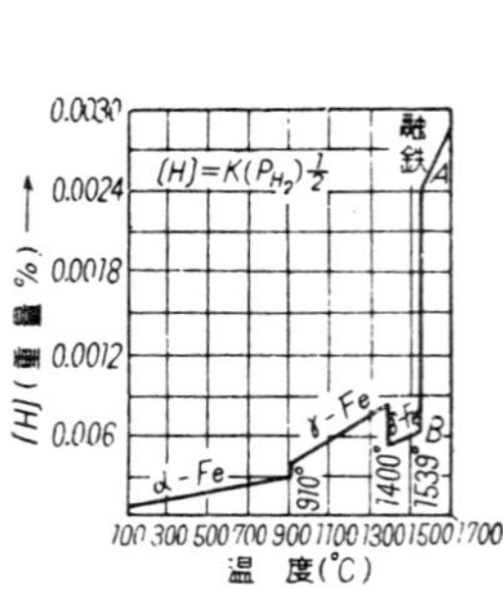

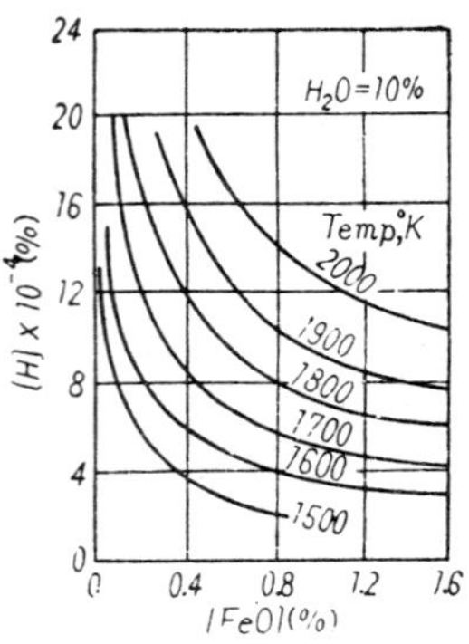

図 6.58 鐵中의 水素熔解度
(1 気圧)

図 6.59 熔融鐵에 熔解한
FeO와 H의 關係

의 연소, 피복제중에 함유되는 微小한 물방울, 피복제중의 어떤 鑛物性原料中에 함유되는 結晶水, 心線이나 용접이음 홈面 및 大氣中의 습기 等에 의하여 공급된다. 따라서 용착금속내의 수소량을 감소시키기 위하여는 용접봉, 粒狀플락스 및 용접이음의 건조와, 크리이닝(油脂, 水分, 기타 異物의 除去)이 매우 중요하다.

(ii) 熔着鋼의 水素放出

용융금속에 흡수된 수소는 냉각중에 상당히 방출된다. 美國, 日本 및 우리나라에서는 熔接直後부터 2日間에 걸쳐 용착비이드부터 방출되는 수소가스를 글리세린中에 捕集定量하여 이에 의하여 低水素系熔接棒(D X X 15,   D X X 16)의 수소량이 熔着鋼의 1g당 0.100cc (약 0.0008%) 이하이어야 하는 것으로 규정하고 있다.

용착금속을 室溫에서 放置하면 그림 6.60과 같이 점차 수소를 방출하여 용착강내의 수소량이 감소하게 되며, 가열하면 더욱 급속하게 감소한다. 400℃이상에서는 1 시간내에 거의 제거된다. 應力除去어니일링은 水素除去란 點에서도 有效하다.

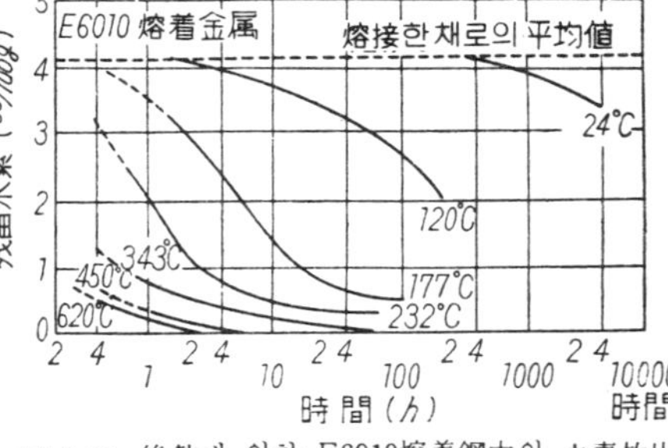

図 6.60 後熱에 의한 E6010熔着鋼中의 水素放出

(iii) 影   響

鋼中에 過飽和로 함유되고 있는 수소는 일반적으로 鋼을 脆弱하게 만든다. 後述하는 바와 같이, 용착강내에 氣孔, 異狀組織(銀點, 線狀組織) 및 균裂을 발생시킬 뿐만 아니라, 母材中에 前述한 바와 같이 비이드밑터짐이 생기게 한다.

6.6.2 熔接金屬의 凝固

아아크용접의 용융금속은 그림 6.61과 같이, 아아크의 直下를 제외하고 슬래그의 얇은 被膜으로 덮여 있다. 아아크直下에서는 슬래그의 細粒이 일단, 熔融푸울 속에 混

入하고는 즉시 上昇하여 용융금속의 표면을 덮는 液狀슬래그層中 에 들어간다. 한편, 용융금속내에서는 냉각할 때 後方側面부터 응고가 시작하여 結晶이 中央上部로 향하여 成長한다. 따라서 單層熔接의 용접금속내의 결정은 그림 6.62와 같이 柱狀으로 발달한다. 이때 최초로 응고하는 것은 비교적 高融點의 純度높은 鋼이며, 최후로 응고하는 용착금속의 中央上部, 또는 柱狀晶의 間隙에는 비교적 많은 불순물이 고이게 된다. 따라서 柱狀晶을 그 길이方向에 직각方向으로 잡아당기면 伸과 引張强度가 특히 약하게 되기 쉽다.

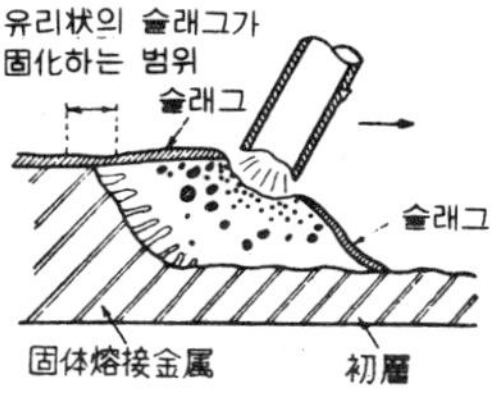

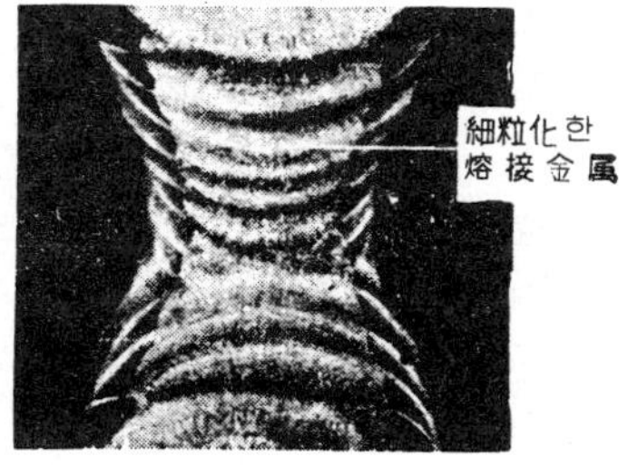

図 6.61 熔融金屬과 그 凝固

鋼의 多層熔接에서는 앞서의 層이 다음 層의 용접열로 再加熱

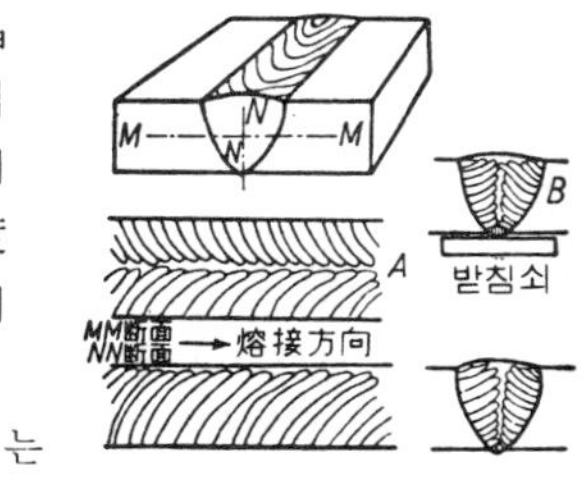

図 6.62 單層熔接金屬內의 結晶發達

図 6.63 多層熔接에 의한 熔着鋼結晶의 微細化

되므로 鑄造組織이 그림 6.63과 같이 微細한 열처리조직이 된다. 피복용접봉에 의한 多層熔接에서는 용착금속의 두께를 3 mm정도로 해두면 먼저한 용접층이 모두 微細化된다. 용접금속이 微細化되면 延伸 및 충격치가 현저하게 改善되는 利點이 있다.

6.6.3 熔接金屬의 欠陷

용접금속에는 여러가지 결함이 따르기 쉬우며, 이때문에 용접부의 성능이 크게 손상된다. 이와같은 용접금속의 결함으로서 보통 생각되고 있는 것은, (1) 용접금속의 균裂, (2) 氣孔, (3) 슬래그섞임, (4) 銀點, (5) 線狀組織 및 (6) 形狀不良이다. 熔接欠陷 (weld defect)에는 이외에 母材에 생기는 균裂(예를들어, 비이드밑터짐)이 있으나, 이

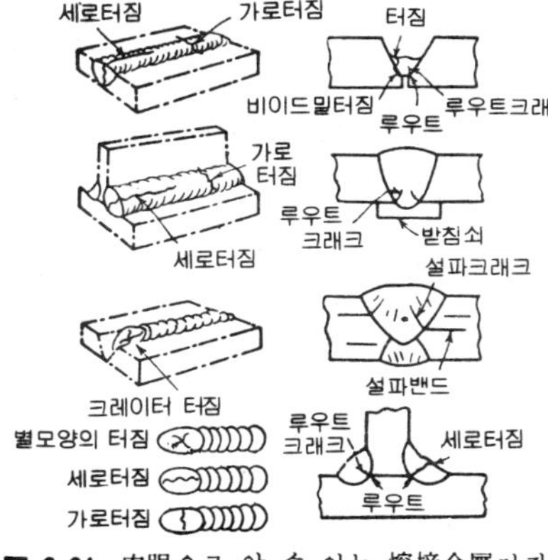

図 6.64 肉眼으로 알 수 있는 熔接金屬터짐

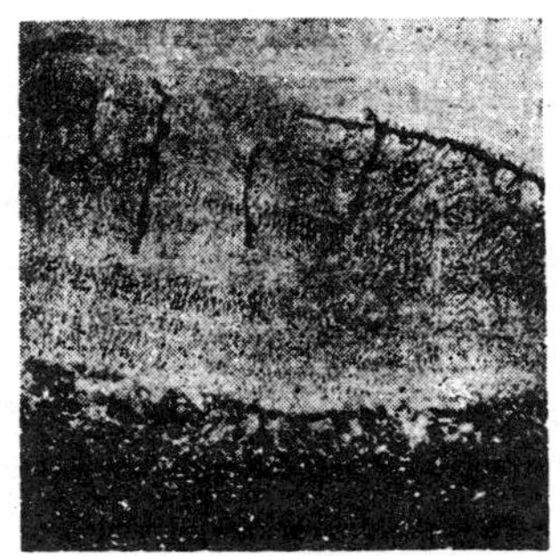

図 6.65 두께12mm의 2％Cr- 1％Mo鋼板上의 25－20CrNi 스테인리스비이드 스타아트部의 마르텐사이트熔着鋼에 생긴 顯微鏡的 터짐(×50)

에 대해서는 前述한 바 있다.

（1） 熔接金屬의 터짐

용접금속터짐(weld metal cracking)은 자주 발생하는 가장 중대한 용접결함이며 이에는 그림 6.64와 같이 肉眼으로 보이는 각종 터짐외에 현미경으로나 겨우 보이는 微小한 것(그림 6.65)이 있다. 용접금속의 균열은 凝固溫度範圍 또는 그 直下에서 발생하는 高溫터짐과 약 300℃이하에서 발생하는 低溫터짐으로 大別될 수 있다.

（i） 高溫터짐

高溫터짐은 鑄型內에서 拘束된 鑄鋼內의 고온터짐과 같은 성질의 것이며, 응고직후 아직 延性이 부족한 용접금속이 收縮應力에 의하여 당겨져서 結晶粒界에서 터지는 것이다. 이 터짐은 필렛용접이나 크레이터에서 가장 많이 나타난다. 고온터짐은 破斷面이 酸化하고 또한 肉眼으로도 용이하게 식별될 수 있을 정도로 開口하고 있는　것이 보통이다.

가）　成分의 影響　凝固直後 粒界에 있는 低融點의 불순물이 원인이 되어 고온터짐이 생기는 경우가 많다. 예를들어, 母材의 유황성분이 많으면 硫化鐵FeS가 생겨, 이것이 低融點(988℃)의 共晶을 만들고, 鋼의 結晶粒界에 모여서 粒子相互間의　固着을 방해한다. 따라서 그곳에 수축응력이 작용하면 고온의 粒界균裂發生의 가능성이 생긴다. 이 유황에 의한 고온터짐을 감소시키기 위하여는 망간含量을 증가시키면 된다. 망간은 유황과 화합하여 유화물MnS를 만들고 유해한 유화철FeS를 감소시키는 것이다. 또한 규소와 燐은 유황의 偏析을 촉진하므로 간접적으로 균裂을 조장한다. 탄소가 증가하면 용착금속의　高溫延性을 감소시키므로 터지기 쉽게 되며 니켈은 0.5%정도의 낮은 含量에서도 유황을 粒界에 偏析시키므로 고온터짐을 촉진하는 것으로 알려있다.

나）　설파크래크　림드鋼板은 일반적으로 유황편석이 層狀으로 壓延된 多數의 설파밴드를 함유하고 있다. 이것을 서브머어지드아아크용접하면 强한 설파밴드로　인하여 그림 6.66과 같이 용착금속내에서 粒界에 沿하여 균裂이 가는 일이 많다. 이것을 **설파크래크** (sulphur crack, 硫黃터짐)이라 한다. 설파크래크發生의 또하나의 조건은 **水素**의 存在이다. 수소가 용착금속中으로 흡수되지 않는 限, 설파크래크가 발생하는 일은 거의 없다. 설파크래크를 방지하는데는 적당한 心線과 플락스를 組合

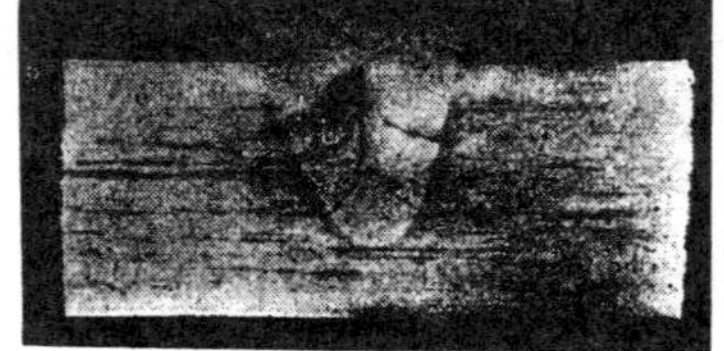

図 6.66　림드鋼의 서브머어지드아아크
熔接에 있어서의 설파크래크

하여　사용하여야　하며, 또한　서브머어지드아아크용접 대신에 손용접으로 **多層熔接**하는 것이 좋다. 根本的인 對策으로는 세미킬드鋼이나 킬드鋼을 쓰는 것이다.

（ii） 低溫터짐

저온터짐은 용접금속이 약300°C이하로 냉각됐을 때 발생하는 것으로 알려있다. 이 저온터짐은, 특히 그림6.64와 같이 맞대기나 필렛용접의 第1層에 **루우트 크래크** (root crack)로서 발생하기 쉽다. 또한 비이드밑터짐에서 용접금속내로 들어간 저온터짐도 있다. 그림6.67은 맞대기용접의 第1層에서 보이는 루우트크래크이며, 비이드밑터짐에서 용접금속내로 균열이 進行되고 있다.
이밖에, 軟鋼의 용착금속내에 발생하는 현미경
적균裂도 중요하다.

가) 루우트크래크 용착금속주위의 어딘가에 應
力集中을 이르키는 노치(notch)가 있으면, 그곳에
균裂이 생기기 쉽다. 그 一例가 루우트크래크이다.
그 원인은 다음과 같이 생각된다. 루우트 크래크는
실험에 의하면 약200°C이하의 低溫에서 일어난다.
즉, 용착금속이 냉각되어 수축할 때 母材는 左右로

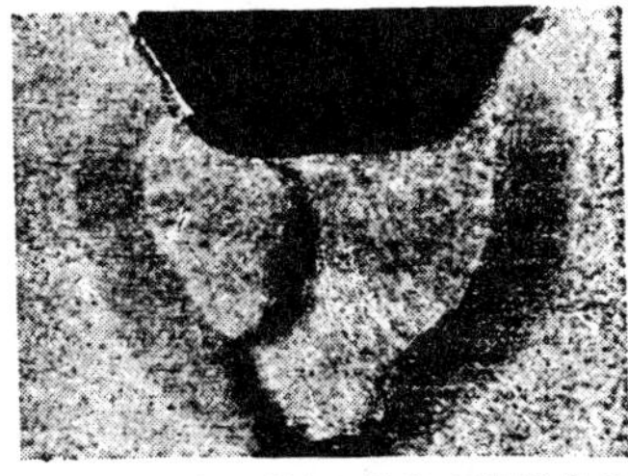

図 6.67 맞대기熔接部의 低溫루우트
터짐

引張된다. 용착금속이 아직 고온이고 延性이 충분할 때에는 自身이 늘어남으로 금이
가지 않는다. 그러나 온도가 100도 부근이 되면, 강도는 증가하지만, 延性이 저하하
여 루우트의 노치部가 應力集中에 의하여 局部的으로 塑性變形한다. 따라서 그 部分
이 加工硬化와 變形時效를 받아 脆弱하게 된다. 이와같이 하여 室溫까지 냉각되기까
지 균裂의 위험성이 증가하게 되며 용접후 數時間지나서 터지는 경우도 있다. 루우
트크래크는 비이드가 작을 수 록 일어나기 쉽다.

나) 軟鋼熔着鋼의 미크로피셔 美國의 후라니간 等은 셀루로우즈系軟鋼熔接棒(E
6010)의 용착금속内에 그림6.68과 같은 多數의 현미경적
균裂이 저온에서 발생하여, 용착금속의 굽힘延性이 현저
하게 감소하는 것을 확인하여, 이것을 **미크로피셔**(micro-
fissure)라고 부르고 있다. 이 균裂은 용착금속의 200°C
이하에서의 냉각속도를 늦추어 줌으로써 현저하게 감소
시킬 수 있다. 또한 低水素系熔接棒에서는 미크로피셔가

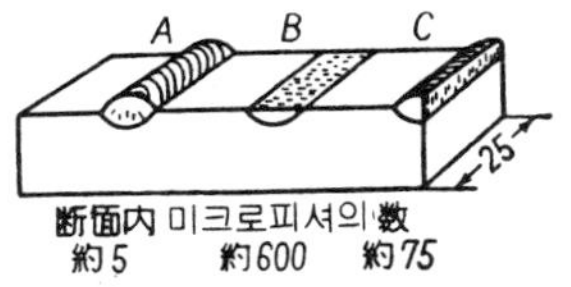

図 6.68 E6010熔着金屬内의 미
크로피셔(Flanigan. 等)

매우 적었으므로 미크로피셔의 발생은 水素의 영향에 인한 것으로   생각되고 있다.

(iii) 熔接金屬터짐에 대한 對策

용접금속터짐의 발생은 收縮에 의한 引張應力이 第一의 原因이다. 따라서 수축응력
의 大小에 영향하는 要因, 예를들어, 용접금속의 形狀 및 크기, 이음形狀 및 拘束의
大小等이 균열發生에 크게 영향을 미친다. 용접금속의 터짐을 방지하기 위하여는, (가)
적당한 용접봉과 모재의 선택, (나) 적당한 용접설계, (다) 적당한 豫熱과 徐冷, (라)
적당한 용접조건, 技法, 및 順序, 및 (마) 피이닝의 利用等에 의하여야 한다. 이에 대
하여는 第2章 表2.21을 참조하기 바란다.

(2) 氣   孔

용착금속내의 **氣孔**(blow hole, porosity)은 매끈하고 밝은 内面을 갖는 球狀의 中空
孔이다. 그 크기는 1mm정도에서 0.01mm정도의 것까지 여러가지이다. 기공은 용융금
속내의 어떤 가스氣泡가 表面에 浮上하지 못하고 용접금속내에 붙잡히게 된 것이다.
거의 모든 경우, 용접금속내에 생기는 氣孔의 原因으로는 첫째 水素를 들 수 있다. 이
것은 응고에 수반하는 용해도의 激減때문에 放出된 수소기포가 氣孔이 되는 것이다.
이밖에 軟鋼에서는 前述한 바와 같이 C+FeO⇌CO+Fe의 반응에 의한 CO가스가 氣

孔의 원인이 된다. 또한, 아래보기용접에서는 용융금속내의 기포가 浮上되기 쉬우나, 위보기용접에서는 그렇지 못하므로 氣孔發生이 많아진다. 또한 아아크스타이트部는 氣孔을 많이 內包하기 쉽다.

氣孔의 影響　氣孔을 현저하게 함유하는 용접금속은 强度, 延伸 및 굽힘延性이 적은 것이 보통이다. 그러나 작은 氣孔은 引張强度, 延伸 및 굽힘角 등에 대하여 영향이 없다. JISZ2341-1958에서는 X線透過寫眞에 나타나는 용접금속의 氣孔을, 그 多少에 따라 級別로 분류하고 있으나 보통 JIS 4 級의 氣孔(板두께 10～20mm의 경우 10× 50mm²의 面積內에 9～15個의 氣孔이 있는 것)보다도 적은 기공이 있어도 기계적성질에는 거의 영향이 없는 것이 실험적으로 인정되고 있다. 그러나 기공은 일종의 노치가 되어 그곳에 應力集中을 이르켜서 다음節에서 기술하는 노치脆性을 이르킬 위험성이 있다. 또한 기공이 있는 용착금속은 부식되기 쉽고 氣密性이 나쁜 결점이 있다.

(3) 슬래그섞임

용착금속내의 介在物은 두가지 원인에 의하여 생긴다. 첫째는, 앞서層의 殘留슬래그가 그대로 다음層의 용착금속내에 남게 되거나 또는 용접작업이 불량하여 용융금속내에 슬래그가 混入된 경우이다. 이와같은 **슬래그섞임**(slag inclusion)은 그림 6.69와 같이 큰 것이며, X線透過寫眞에 의하여 쉽사리 발견된다. 두번째 원인은 아아크분위기중의 산화성가스나 공기와 용융금속중의 鐵, 망간, 규소 등이 반응하여 생기는 酸化物, 窒化物 등의 미소한 介在物이며, 이들은 보통 용접금속내에 微細하게 분포하고 있으나, 過度하게 존재하지 않는 限, 거의 無害하다. 이러한 **顯微鏡的介在物**은 X線으로 檢出할 수 없으나 이 分布가 偏在하게 되면, 예를 들어 線上組織 등의 원인이 되므로 용접금속이 취약하게 된다.

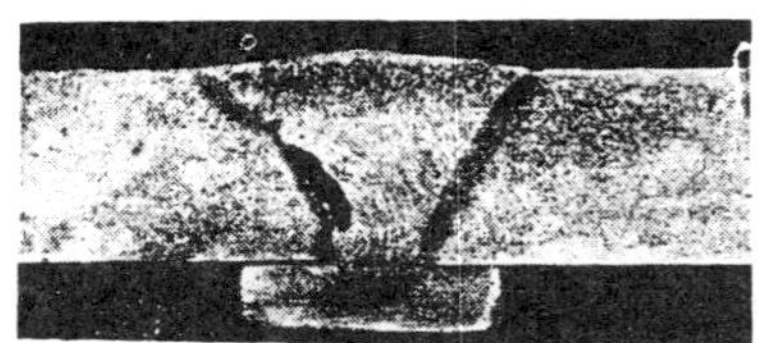

図 6.69　슬래그섞임　(×1)

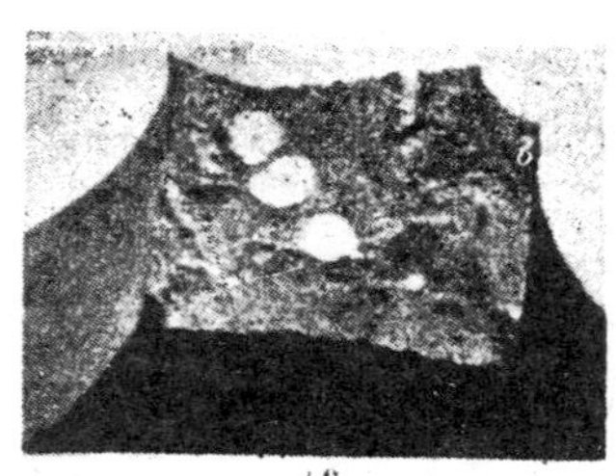

図 6.71　線　状　破　面

図 6.70　銀　　　点

슬래그 섞임은 아래보기 용접의 경우보다, 수직이나 위보기자세에서 많아지는 것은 당연하다. 슬래그섞임은 용접금속의 기계적성질을 크게 손상시킨다. 또한 耐蝕性도 저하한다. 특히 가스용접에서는 加熱이 불충분한 경우에 필름狀의 酸化膜의 섞임이 일어나기 쉬우나 이것은 예리한 노치가 되어 이음이 破壞되기 쉬우며 危險하다.

(4) 銀 點

휘슈아이(fish eye)는 銀點이라고도 하며, 용착금속의 引張 또는 屈曲試驗의 破斷面에 나타나는 그림 6.70과 같은 둥글거나 타원형의 銀白色의 취약한 破面이다. 그 中心에는 보통 작은 氣孔, 슬래그섞임 等이 있다. 銀點주위의 破面은 보통 쥐色의 치밀한 매끄러운 破面으로 되어있어 銀白色의 銀點부분과 좋은 對照를 보이고 있다.

銀點生成의 主要原因은 水素의 析出脆化라 생각되고 있다. 은점은 용착금속의 降伏點이나 引張强度에 거의 영향이 없으나 延伸을 감소시킨다. 이 延伸감소는 水素放出과 동시에 回復한다. 용접후 室溫으로 數個月間 放置하거나, 또는 數100℃로 가열한 試驗片은 水素放出때문에 銀點이 생기지 않는다.

(5) 線 狀 組 織

線狀組織(霜柱組織 ice flower structure)은 아아크용접부에 생기는 特異組織이며, 그림 6.71과 같이 극히 微細한 柱狀晶이 霜柱(ice flower)狀으로 併立하고, 그 粒사이에 현미경적미세한 非金屬介在物과 氣孔이 존재하는 것으로, 일부 용착금속의 破面에서 볼 수 있는 것이다. 따라서 이것을 線狀破面이라고도 한다.

선상조직부의 기계적 성질은 柱狀晶의 상태, 氣孔 및 介在物의 分布와 量에 따라서 매우 달라지므로 전연 信賴性이 없다. 그 生成에는, 冷却速度, SiO_2, Al_2O_3, Cr_2O_3 등의 脫酸生成物 및 水素가 중요한 원인이 되고 있다.

(6) 形 狀 不 良

용접금속의 결함중, 形狀에 관계하는 것으로는 그림 6.72 와 같이 (i) 용입불량 (poor penetration), (ii) 언더컷(undercut), (iii) 오우버랩(overlap), (iv) 치수不良(improper weld size) 등이 있다. 이것은 어느것 이나 應力集中을 일으키는 노치가 되므로 용접'부의 기계적성질을 크게 손상하는 것이다. 이것은 주로 不適當한 熔接技法에 起因하여 생기는 것들이다.

(7) 熔接欠陷의 原因과 對策

以上 기술한 각종 용접결함 및 脆化의 원인과 대책에 대하여는 第2章 表 2.21에 一覽되어 있으므로 참조하기 바란다. 第9章 에서도 기술키로 한다.

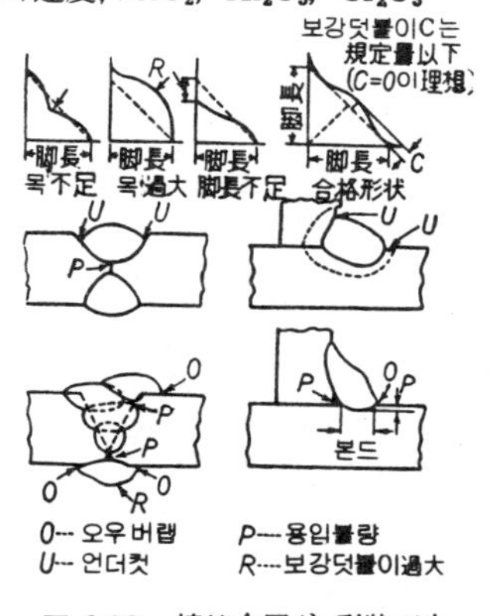

圖 6.72 熔接金屬의 形狀不良에 의한 諸欠陷

6.7 鋼材의 노치脆性

鋼材 특히 構造用鋼材의 脆性破壞(brittle fracture) 의 문제는 현재 세계적인 연구

과제로 되어 있다.

최근의 **船舶, 橋梁, 水壓鐵管, 大型貯藏**탱크, **壓力容器** 등의 **大型熔接構造物**에 대하여는 이러한 **脆性破壞**를 예방하기 위하여 **設計, 工作** 및 **材料面**에서 **特別**한 **注意**가 기울여지고 있는 것이 보통이다.

강구조물의 취성파괴는 **鋼**이 **低溫, 衝擊荷重**, 또는 노치의 **應力集中** 등에 대하여 약해지는 성질, 즉 **노치脆性**(notch brittleness, notch sensitivity)에 **起因**하여 발생하는 것이다. 또한 노치脆性에 **對應**하는 **尺度**를 **노치靭性**(notch toughness)이라 한다.

6.7.1 鋼材의 脆性破壞

(1) 脆性破壞

(i) 實   例

鋼材의 **脆性破壞問題**가 크게 대두하기 시작한 것은 1940年頃부터이며, **大型**의 **鋼構造物**에 용접이 **實用化**되기 시작해서부터 일어난 문제이다. **最初**로 1938~1940年에 구라파에서 용접된 **鐵橋**가 **冬季**의 **低溫下**에서 갑자기 그림 6.73과 같이 취성파괴된 **有名**한 **事故**가 일어났으며 이어 **美國**에서 **多數**의 **全熔接船**의 취성파괴가 일어났다. **第二次大戰當時**, **美國**에서는 **短期間**에 **輸送船**을 **多量生産**해야 하는 **必要性**때문에 **當時**로는 **全熔接船**의 **設計, 工作, 材料**에 관한 **知識**과 **經驗**이 불충분하였음에도 불구하고, 그대로 약 4700隻의 **商船**을 거의 **全熔接**으로 **建造**하였다. 그런데 **就航後** 얼마 안가서 1943~1946年동안에 그中 1/5에 상당하는 약 1000隻이 **外因**에 의하지 않은 자체적인 취성파괴를 일으켰으며, 그中 약 190隻은 중대한 파괴이었다. 더우기, 그中 10數隻은 그림 6.74와 같이 **船体**가 두조각난 **破斷事故**를 이르킨 것이다.

図 6.73 한세르트熔接橋의 脆性破壞(벨기에. 1938)

용접선의 파괴는 **美國**뿐만 아니라 **他國**의 **船舶**에서도 생겼으며 **日本近海**의 사고例로서 1952年 2月 **銚子**앞바다에서 스웨덴**船舶** 크리스타사아렌號, **翌年** 1月 **奄美大島** 앞바다에서 마찬가지로 스웨덴**船舶** 아반티號가 두조각으로 **破斷**한 예가 있다.

그後, **美國**의 조사에 의하면 **熔接船**뿐만 아니라 **陸上**의 **熔接構造物**, 예를들어 **橋梁, 貯藏**탱크, **壓力容器**, 파워셔벨, 펜스토크, 가스管 등에서도 64件이상의 **類似事故**가 발생한 것이 판명되었다.

(ii) 脆性破壞의 特徵

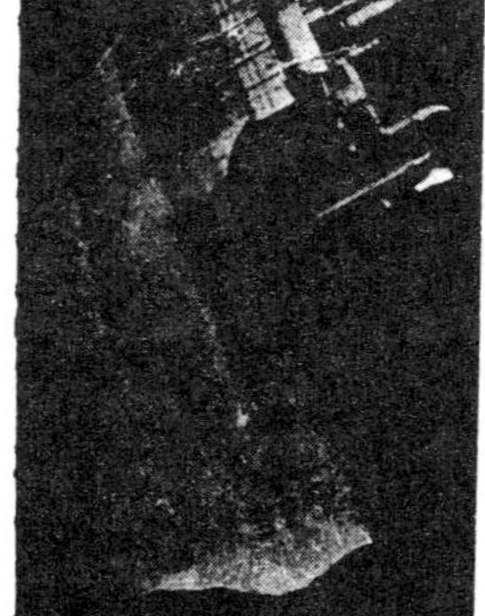

図 6.74 두조각으로 脆性 破斷된 美國의 全熔接船

이들 용접구조물의 破面은 대부분 그림 6.75와 같이, 마치 유리나 **陶器**를 **破斷**한 때처럼 취약한 **破面**을 갖고 있으며, 일반적으로 **靜荷重下**에서 갑자기 **一大音響**과 함께 순간적으로 발생하는 것이 **特**

徵이었다.

脆性균裂의 傳播는 鋼中에서 音速(4900m/sec)의 40% 또는 그 以下의 매우 高速으

로 일어나는 것이 實測되고 있다. 또한
파괴는 冬季低溫에서 노치로부터 발생
하는 것이 많았다. 더우기 脆性破壞面
부근에서 잘라낸 鋼材를 引張試驗하면

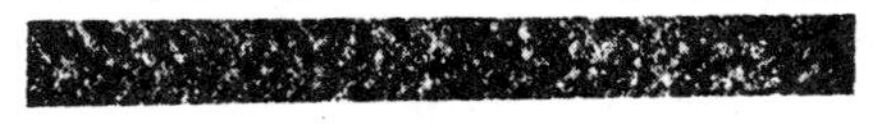

図 6.75 鋼材의 脆性破面(헤링보운模樣에 주의)
화살표는 크래크進行方向

强度도 延伸도 충분히 규격에 合格하는 것이 보통이었으나 단지 어느것이나 衝擊値가
극히 적어 소위 노치韌性이 부족한 것이었다.

以上과 같은 구조물의 취성파괴는 용접구조물에 한하여 일어나는 것은 아니고, 그
밖에 鋲接船이나, 기타구조물에 있어서도 발생하고 있는 것이 판명되고 있다. 그러나
鋲接構造物에서는 다행히 파괴가 어디에 발생하여도 균裂이 1枚의 連續된 板에서만
傳播되고 대부분의 경우 鋲接部에서 끄쳐 다른 板으로 進行하지 않으므로 큰 사고로
는 되지 않았다. 그러나 용접구조물에서는 연속한 1枚의 넓은 板으로 됨으로 에너지
가 供給되는 限, 균열이 멀리까지 進行하여 重大한 破壞를 이르키는 것이다.

詳細한 實驗硏究結果 脆性破壞가 일어나기 위하여는,

가) 鋼이 体心立方晶系일 것.   나) 노치가 있을 것.

다) 低溫(室溫부터 0℃附近의)

인 것이 필요조건으로 되는 것으로 판명되었다. 軟鋼이나 低合金炭素鋼과 같은 構造
用鋼이나 페라이트系高크롬鋼은 노치나 低溫에 의하여 취약해지는데 이것들은 모두 体
心立方晶系이다. 이에 반하여 알루미늄, 銅, 오오스테나이트系스테인리스鋼 등은 취성
파괴되지 않으며, 이들은 모두 **面心立方晶系**이다.

(iii) 노   치

以上에서 기술한 **노치**(notch)란, 應力集中을 이르키는 넓은 의미의 노치를 뜻하는
것이다. 즉 구조상의 不連續部뿐만 아니라, 용접금속과 母材間의 材質的不連續 및 용
접결함도 노치가 된다.

실제로 美國의 損傷船에 대하여 조사한 결과, 脆性破壞의 開始點은 船艙口 모서리部
分, 舷側厚板의 노치部, 通風器의 開口部, 弯局部奄骨의 부착部, 기타 **構造上의 不連**
續部가 全体의 약50%를 차지하고 있으며 용접의 언더컷, 용입불량, 균裂, 슬래그섞임
등의 **용접결함**이 全体의 약40%이고, 기타는 가스切斷의 끝, 용접열영향부 등 材料의
不均一에 의한 **冶金學的노치**에 의한 것이었다. 이것들은 모두 넓은 의미의 노치라 생각될
수 있는 것이며 여기에 應力의 集中과, 三次元的應力이 생겨서 体心立方晶系의 鋼材가
극히 취약하게 파괴되는 契機를 만드는 것이다.

(2) 鋼材의 延性破壞와 脆性破壞

金屬을 彈性限度以內의 荷重으로 잡아당기면, 結晶格子間隔이 均一하게 늘어날 뿐이
고 하중을 제거하면 格子間隔이 완전하게 원상회복된다. 그러나 탄성한도이상의 하중
을 가하면, 結晶이 슬라이드(slide) 또는 双晶變形이 되어 永久變形, 즉 **塑性變形**
(plastic deformation)을 이르킨다.

　　金屬이 荷重을 받아 충분히 塑性變形한 다음, 파단하는 경우에는 結晶이 剪斷變形을 받아 가늘고 길게 늘어나서 微細 하게 되어 마치 絹糸를 배열한 것과 같은 쥐色의 破面이 되므로 이것을 延性破面(ductile fracture) 또는 剪斷破面(shear fracture)라 한

다. 현미경으로 이 파면을 보면 그
림 6.76과 같이 各單結晶의 內部에
多數의 滑動面이 있으며, 破面은 이
활동면을 따라 지그자그로 通하고 있
다. 이에 대하여 延伸이 적은 금속을
引張하면, 滑動變形이 일어나기 힘들
고 材料는 引張方向과 대략 直角方
向으로 破斷되기 쉽다. 이러한 破面

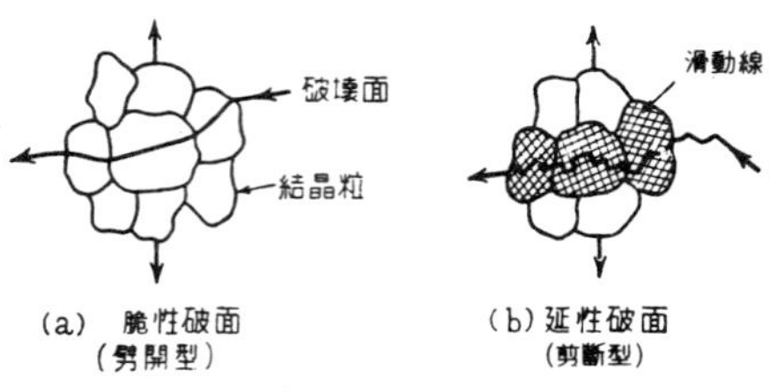

図 6.76　延性破面과 脆性破面

을 脆性破面(brittle fracture)라 한다. 현미경적으로 이것을 조사하면 취성파면은 그
림 6.76과 같이 各單結晶內의 特定한 結晶面에 沿하여 切斷되고 있으므로 劈開型破面
(cleavage fracture)이라고도 한다. 따라서 脆性破面에 빛을 대면, 各單結晶의 劈開

面이 反射하여 반짝이며, 銀白色의 粒狀
으로 보인다. 軟鋼의 脆性破壞에 대한 현
미경적 연구에 의하면, 脆性균裂은 약간
高溫에서는 퍼얼라이트粒內에서 최초로
일어나고 低溫에서는 대부분의 경우 페
라이트粒內에 双晶이 발생한 後에 그 粒
이 劈開破斷하며 더욱 低溫에서는 双晶
의 發生없이 페라이트가 劈開破斷하는 것
같다. 또한 노치衝擊試驗片의 脆性破斷
에서는 그림 6.77과 같이 노치底部의 數
個의 페라이트에 不連續的인 劈開型의
균裂이 발생하고 이들이 不規則的인 通

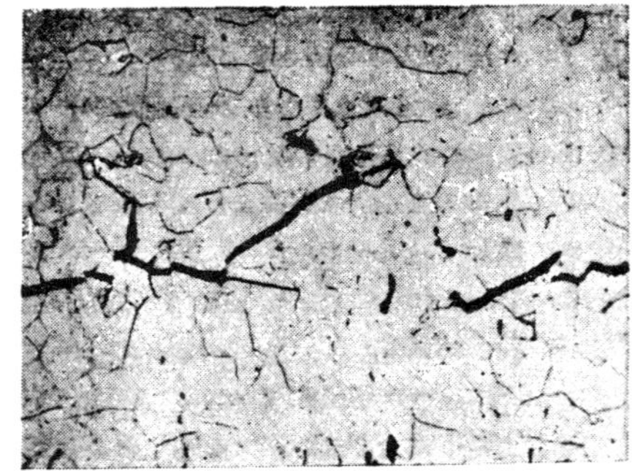

図 6.77　純鐵의 Ｖ샤르삐試驗片노치底部에 생
긴 劈開型균裂(×100) (溫度－100°C, 吸
收에너지 0.3kgm/cm²)

路로 이어져서 하나의 긴 균裂이 되어 노치底部가 開口하는 것으로 보고 되고 있다.

（3）脆性破壞의 機構

（ⅰ）延性부터 脆性으로의 遷移

　　構造物의 脆性破壞現象은 실험실내에서 노치가 붙은 小型試驗片을 써서 조사할 수
있다. 예를 들어, 그림6.78은 高張力鋼板(두께20 mm)의 카안引裂試驗(Kahn tear test)
의 결과이다. 크기75×125mm의 시험편에 깊이25mm의 열쇠구멍式노치(밑半徑 1 mm)를
붙이고, 핀구멍에 삽입한 핀을 上下로 靜荷重으로 당겨서 시험편을 노치底部에서 잡아
당겨 찢으면, 시험溫度의 高低에 따라, 破壞樣式에 현저한 차이가 생긴다. 즉, 極低溫
A에서는 노치底部의 橫收縮이 거의 없고 全破面이 취약한 劈開型破面이 된다. 이보다
약간 高溫B에서는 노치底部가 상당히 橫收縮하여 破面B와 같이 노치底部에 接續한 작
은 三角形의 延性破面이 생기며, 이것에 이어 순간적인 脆性破壞가 생긴다. 더욱 高溫

C에서는 노치底部에 三角形의 연성파면 (a) 가 생기고, 그 尖端에서 취성파괴 (b) 가 일어나며, 이어서 시험편 側面에 제 2 의 연성파면 (c) 가 생긴다. 이 파면 (c) 를 **쉬어 립**(shear lip, 唇狀延性破面)이라 한다. 온도가 높을 수록 그 幅이 두꺼워진다.

다시 高温D에서는, 파면의 50%가 연성이고, 나머지가 취성이 된다. 더욱 高温E가 되면, 파면이 거의 전부 연성인 剪斷破面이 되며, 시험편은 板두께 方向으로 큰 橫收縮이 생긴다.

以上의 例와 같이 노치시험편의 파괴양식은 온도가 낮아짐에 따라 延性에서 脆性으로 急激하게 변화한다. 이것을 破壞樣式의**遷移**(transition)라 하며, 이 遷移域을 대표하는 온도를 遷移溫度(transition temperature)라 한다. 이에 대해서는 後述한다.

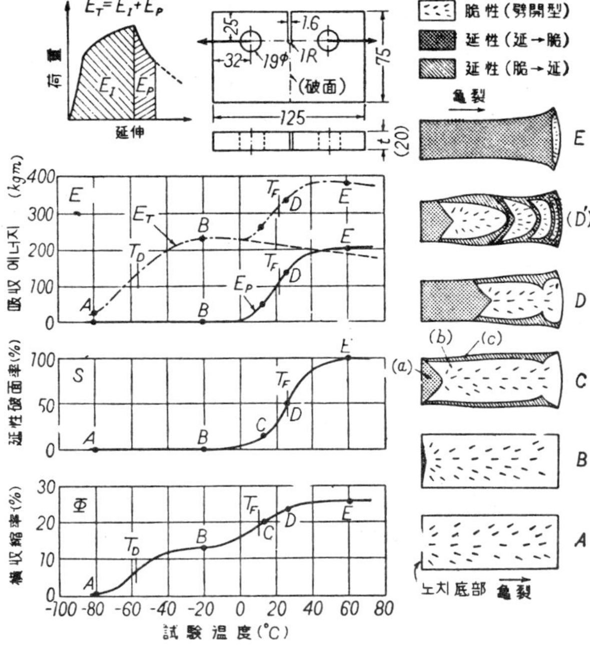

図 6.78 板두께20mm의 高張力鋼(0.19C, 1.38Mn, 0.19Si, 60.1 kg/mm²)에 대한 카안引裂試驗에서의 破壞樣式의 遷移

(ii) 노치底部의 三軸引張應力

노치시험편은 그림6.79와 같이, x軸方向으로 잡아당기면, 노치底部에 變形이 集中하여 x軸방향으로 늘어난다. 금속재료는 一方向으로 늘어나면, 가로방향으로 收縮하는 성질이 있으므로, 노치底部의 x軸方向의 延伸에 따라 底部는 x軸과 直角인 y, z軸方向으로 수축하고자 한다. 그러나, 노치

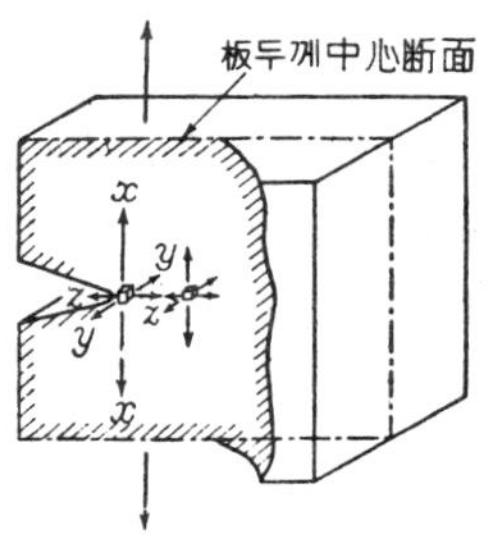

図 6.79 노치底部의 三軸引張應力

底部以外의 다른 部分은 變形量이 적으므로, 노치底部의 橫收縮을 억제하는 결과가 되며, 이때문에 노지底部에는 x軸方向의 引張應力外에 y, z軸方向의 橫引張應力이 발생하여, 應力狀態가 三軸引張이 된다. 따라서 노치底部는 塑性變形이 극히 적은 채로 취약하게 파단되어 균裂이 생긴다. 노치底部부터 母材中으로 균裂이 진행하면, 균裂尖端部가 에리한 노치가 됨으로, 그곳부터 균열이 內部로 進展하게 된다.

(iii) 脆性균열의 傳播

취성균열이 발생하여, 그것이 傳播하는가, 안하는가를 判定하는데는 그리피스와 오르완(Griffith, Orowan)의 방법이 잘 쓰인다. 즉, 均一한 應力 σ 로 上下로 잡아당겨지는 鋼板中에, 그림6.80과 같이, 幅 $2l$ 의 균裂이 생긴 것으로 하면, 이 균裂에 인접하는 上下領域의 應力이 감소하고, 鋼板의 彈性에너지는 計算結果, 紙面에 직각인 單位길이當,

$$W_E = \frac{\pi\sigma^2 l^2}{E}$$

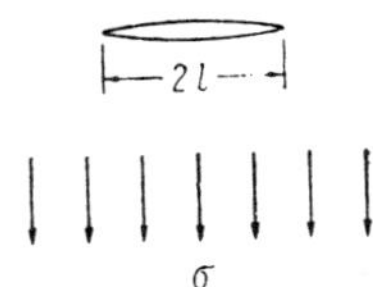

만큼 감소한다. 단, E 는 Young 率. 이와 동시에, 균裂의 발생을 위하여 表面에너지 W_P 가 필요함으로, 單位表面積當의 表面에너지를 S 라·할 때,

$$W_P = 4lS$$

이다. 그런데, 균裂의 길이가 兩側에 각각 dl 만큼 증가할 때의 W_E 와 W_P 의 變化는 δW_E δW_P 이지만, 만일,

$$\delta W_E \geqq \delta W_P$$

図 6.80 그리피스의 균裂傳播

라 하면, 解放되는 彈性에너지量이 균열의 成長에너지보다 많으므로, 脆性균열은 이 應力下에서 單獨으로 成長하게 될 것이다. 즉, 길이 $2l$ 의 취성균열이 더욱 成長하기 위하여는

$$\delta W_E - \delta W_P = \left(\frac{2\pi\sigma^2 l}{E} - 4S\right) dl \geqq 0$$

$$\therefore \ \sigma \geqq \sqrt{\frac{2SE}{\pi l}} \tag{1}$$

이어야 한다. 이 條件式이 그리피스의 式이다. 즉, 균열의 길이가 증가함에 따라 應力은 적어도 된다.

오로완의 실험에 의하면, 취성균열의 表面薄層은 僅少하게 塑性變形(平面加工度 1～2%)하고 있으므로, S 로는 금속의 **表面張力**(surface tension)이 아니고 **表面塑性일**(surface plastic energy)을 취하지 않으면 안된다. 人工的으로 예리한 노치를 軟鋼板의 側面에 붙은 시험편을 잡아당겨, 오로완이 (1)의 式을 검토한 결과에 의하면,

$$S \approx 0.05 \ \text{kgm/cm}^2$$

로 취할 때, 理論과 實驗이 잘 일치하였다. 또한 이 값은 軟鋼의 劈開破面의 X線回折像에 의하여 推定되는 塑性加工度를 뒷받침하는데 타당한 값이다.

6.7.2 遷移温度와 노치脆性試驗

(1) 破壞樣式의 遷移温度

구조용강의 丸棒引張試驗片은 $-190°$C부근의 저온에서 延性을 상실하여 취약하게 破斷되지만, 室温에서는 연성이 충분하며, 현저한 斷面収縮이 생긴 다음 파단된다. 그러나 노치시험편을 실온에서 衝擊하면 비교적 취약하게 파단된다, 예를 들어, **軟鋼**을

低溫에서 屈曲試驗하여 파괴될 때 까지 흡수한 에너지를 구하면 노치의 有無, 荷重速度의 차이에 따라 그림6.81과 같이 큰 차이가 생긴다. 시험온도의 강하에 수반하여, 어떤 온도에서는 흡수에너지가 급격히 감소하고, 이 온도보다 고온에서는 파단면이 延性이고, 저온에서는 脆性이다. 즉, 파괴양식이 延性에서 脆性으로 분명하게 遷移한다. 이 遷移溫度域은 어떤 幅을 갖으며, 이 遷移域을 대표하는 온도를 遷移溫度(transition temperature)라 한다. 천이온도는 그림6.78에서와 같이 시험편이 파괴될때까지 흡수한 에너지의 最大와 最小의 平均으로 주어지는 溫度 T_{rE}(에너지遷移溫度, eneygy transi·tion temperature)를 취할 때도 있으며, 또한, 全破面中 몇%가 延性인가 하는 延性破面率(shear fracture percentage)이 50%로 되는 溫度 T_{rs} (破面遷移溫度 fracture transition temperature) 를 사용할 경우도 있다.

이상과 같이 천이온도는 여러가지로 취할 수 있으며, 또한 노치形式이나 荷重速度에 따라 그 값이 변화한다. 만일 실제의 구조물과 같은 것을 많이 만들어, 이것을 여러가지 시험온도로 파괴시켜보면, 그 구조물의 천이온도가 구해지며, 구조물은 이 천이온도이상에서 사용하기만 하면 취성파괴될 염려가 없는 것으로 생각해도 된다. 그러나 실제로는, 船舶이나 橋梁과 같은 큰 구조물을 위와같이 파괴시험한다는 것은 바라기 힘들므로, 그 대신 실험실내의 소형 노치시험편에 의하여 천이온도를 측정하여 비교해 보게 된다. 물론, 실제 구조물의 천이온도와 시험편의 천이온도는 반드시 일치하는 것이 아니므로, 兩者間의 관계를 잘 구하는 것이 중요하며, 현재도 큰 연구과제가 되고 있다.

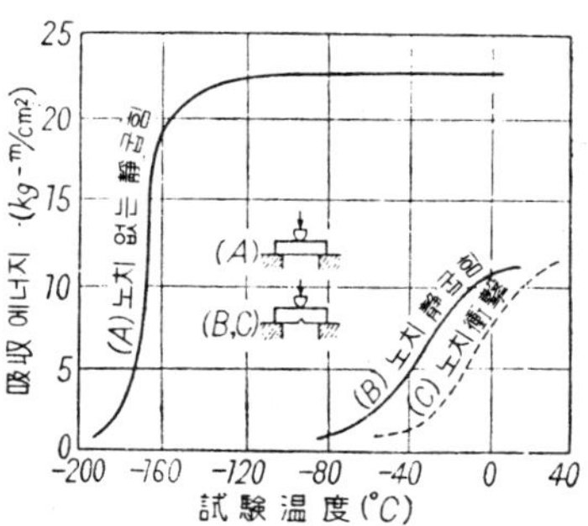

図 6.81 軟鋼의 굽힘試驗에 미치는 노치와 荷重速度의 影響

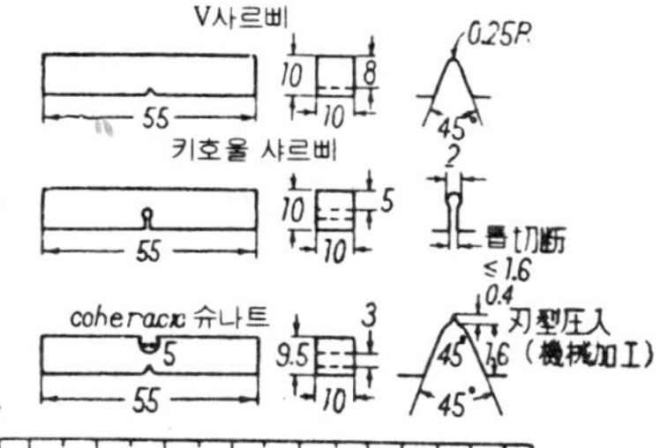

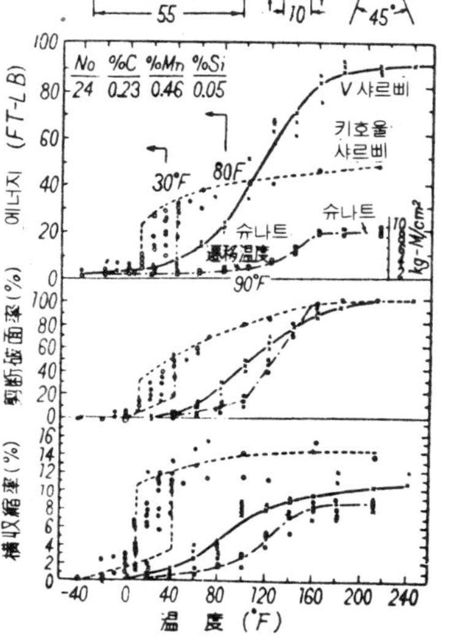

図 6.82 샤르삐 및 슈나트衝擊試驗結果

(2) 母材의 노치脆性試驗法

母材의 노치 脆性試驗法에는 여러가지가 있으나, 주요한 것은 (ⅰ) 노치衝擊試驗,

(ii) 노치引張試驗, (iii) 노치屈曲試驗등이 있다.

(i)　노치衝擊試驗

오늘날 국제적으로 널리 쓰이는 것은 그림 6.82와 같은 V샤르삐衝擊試驗(V-Cha-py impact test)이다. 노치의 깊이 2.00mm, 底部半徑0.25mm, 頂角45°의 V노치(또는 아이조트노치)가 붙은 시험편을 振子로 충격한다. 이외에 키이호울(keyhole)샤르삐 및 슈나 트(Schnadt) 시험편도 쓰인다. 이와같은 노치충격굴곡시험에서는 흡수에너지(衝擊値) 및 때로는 破斷樣式, 파단후의 노치底部의 橫收縮을 측정한다. 이들諸量은 溫度에 대하여 그림6.82와 같은 **遷移曲線**(transition curve)을 나타낸다. 따라서, 이들 曲線의 最高, 最低의 平均値에 대한 온도가 천이온도로서 쓰이고 있다. 천이온도가 낮고 또한 충격치가 높을 수록, 그 鋼材는 노치靭性이 우수한 것이 된다. 또한 V샤르삐충격시험에서는 吸収에너지가 15ft-lb($2.6kg\text{-}m/cm^2$)가 되는 온도를 15ft-lb(푸트파운드) 천이온도 Tr_{15} 라 하며, 잘 쓰인다. 또한 Tr_{15} 대신에 $0°C$의 충격치 E_0를 노치 靭性의 尺度로서 쓸 때가 있는데, 軟鋼의 경우 Tr_{15}와 E_0의 관계는 그림6.83과 같다.

(ii)　노치引張試驗

노치인장시험에는 각종형식이 있다. 예를 들어, 英國에서는 黑皮鋼板의 兩側에 깊이1/8인치(3.2mm)의 V노치를 붙인 **티퍼試驗**(Tipper test)이 있으

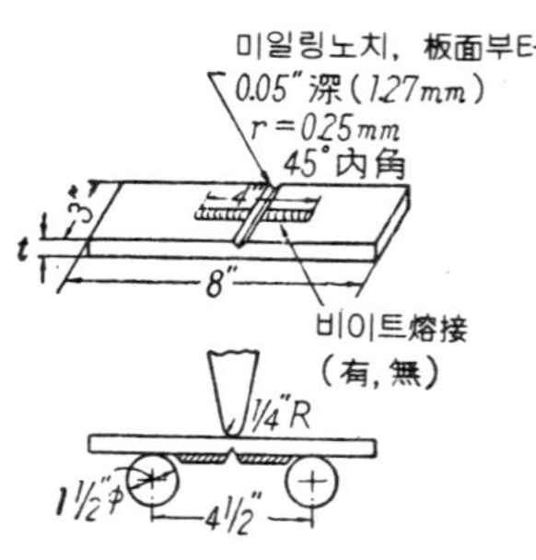

図 6.84　킨젤試驗

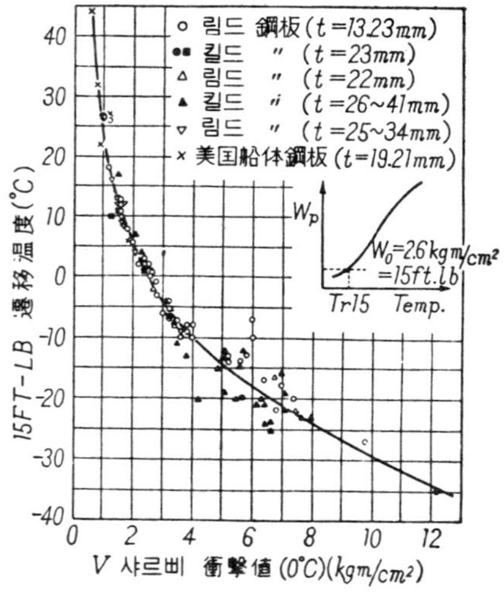

図 6.83　15ft-lb遷移溫度와 0°C衝撃値
（V샤르삐衝撃試驗）

며, 또한 片側에 노치를 붙이는 引裂試驗에는 前述한 그림6.78과 같은 美國海軍의 **카안試驗**(Kahn tear test)이 있다.

(iii) 노치굽힘試驗

노치굴곡시험으로서 잘 쓰이는 것은 그림6.84의 **킨젤試驗**(Kinzel test), 또는 **리이하이試驗**(Lehigh test)이다. 어느것이나, 8″×3″×板두께의 시험편에 V노치가 붙어 있으나, 그 깊이는 킨젤에서는 **1.27mm**, 리이하이에서는 **2.00mm**이다. 또한 리이하이쪽

이 시험편을 지지하는 로울러의 中心距離가 넓다(7 ″). 이 방법들은 모두 後述하는 비이드熔接한 경우의 시험에도 쓰인다.

(iv) 其 他

以上은 鋼材의 노치脆性을 상대적으로 시험하는 보통의 방법이지만, 나아가 구조물의 취성파괴의 本質을 조사하기 위하여는 특별한 시험편이 연구되고 있다. 예를 들어, 美海軍技術研究所의 크래크스타아터試驗, 英國의 로버트슨試驗, 또한 그 改良型인 美國의 S. O. D試驗, 日本에서는 東京大學 吉識, 金澤의 二重引張試驗등이 있다. 이들 시험에 의하면 鋼材에 따라 어떤 溫度(脆性溫度 brittle temperature) 以下에서는 降伏點의 以下 낮은 應力下에서 脆性균裂이 傳播할 수 있으나, 그 온도이상에서는 취성균열이 전파될 수 없는 것이 입증되고 있다. 또한 용접부부근에서는 殘留應力이 존재함으로, 低溫에서는 板全体를 항복점의 半에 가까운 응력으로 引張하였을 때, 용접부부터 취성파괴가 발생하여 板中을 전파할 수 있는 것이 실험에서 입증되고 있다. 이에 대해서는 後述한다. (第9章 9.3참조)

(3) 熔接部의 노치脆性試驗法

용접한 鋼材의 노치취성시험법으로서 주요한 것은 (1) 縱비이드屈曲試驗, (2) 橫비이드屈曲試驗, 및 (3) 其他가 있다. 용접의 영향을 보기 위하여는 表面에 단순히 비이드 용접하는 型式외에, 실제의 맞대기 용접 및 필렛용접을 이용하는 시험편이 쓰인다. 또한 노치를 붙인 것과 안붙인 것이 있다. 이에 대하여는 第9章에서 後述한다.

(i) 세로비이드굽힘試驗

縱비이드굴곡시험(longitudinal bead bend test)에는 노치를 붙인 美國의 킨젤試驗과 노치를 안붙인 오스트리아의 코머렐試驗(Kommerell bend test)이 있다. 이 시험들은 용접부의 延性을 시험하는 뜻에서 중요한 것이다.

킨젤시험에서는, 그림6.84와 같이, 8″×3″×(黑皮板두께)의 片側表面에 세로 길이로 비이드용접하여, 이에 直角으로 V노치를 붙인 시험편을 구부린다. 노치의 깊이는 母材表面부터 1.27mm임으로, 노치底部에는 용착금속, 열영향부, 未影響母材가 배열하게 됨으로, 이中 가장 노치靭性이 부족한 부분에 최초의 균열이 생기고, 그 나머지의 母材에 傳播된다. 용접조건으로는 4 mm棒으로 아아크전류180A, 아아크전압27V, 용접속도 150mm/min(6 in/min)이 종래 잘 쓰이고 있다.

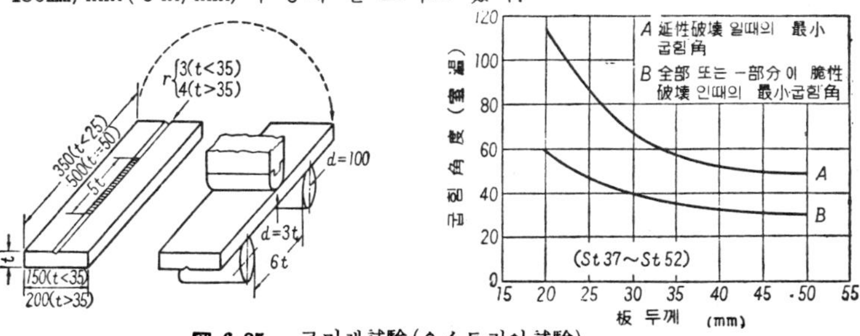

図 6.85 코머렐試驗(오스트리아試驗)

코머렐시험은 구라파(주로 독일)에서 二次大戰直前에 있었던 熔接橋의 취성파괴에
자극되어 사용되기 시작된 시험법이며, 現在 오스트리아의 規格으로서 채용되고 있는
것이 널리 소개된 결과, 우리나라에서는 **오스트리아試驗法**(Austrian test)이라고도 불
리우고 있다. 이 시험편은 그림6.85와 같이, 시험편표면에 半円形의 작은 홈을 파고,
그곳에 一定條件으로 비이드를 용접한 것을 所定의 지그를 써서 구부린다. 引張強度
37~62kg/mm²의 軟鋼 및 Si-Mn系高張力鋼板에 대하여는 破斷까지의 屈曲角을 그림6.85
A 또는 B曲線으로 표시된 最小角이어야 하는 것을 요구하고 있다. 코머렐시험에서는
노치를 미리 붙이지 않으므로, 노치취성의 시험이 될 수 있을까 하는 의문이 생기겠
지만, 이것은 屈曲初期에 비이드 또는 열영향부에 발생한 균열이 노치의 작용을 한다
는 점에서 노치취성시험이라 생각해도 좋은 것이다. 高張鋼力에서는 열영향부에 최초
로 균열이 발생하는 각도가 중요한 뜻을 갖고 있다. (第11章 참조).

(ii) 가로비이드굽힘試驗

橫비이드굴곡시험은 縱비이드굴곡시험보다 感度가 떨어짐으로 최근에는 별로 쓰이지
않는다.

(iii) 其   他

실제로 용접한 시험편을 쓰는 노치취성에는, 예를들어, 美軍海技研의 **爆破膨脹 試驗**
(explosion bulge test), 맞대기용접노치屈曲試驗등, 여러가지가 있다. 또한 용접부各
點의 노치취성을 시험하는데는 여러곳에서 切取한 샤르삐충격시험편이 쓰인다. 이들은
각각 목적에 따라서 사용되나, 그 詳細는 생략한다(第9章 참조).

(4) 各種遷移溫度와 그 相關性

以上 각종 노치취성시험에서는, 시험편을 약－100°C부터 ＋80°C의 범위에서 파괴하
여 보면, 破斷까지의 全吸收에너지의 천이곡선에는 그림6.86과 같이 2段의 遷移가 인
정되는 것이 보통이다. 이中, 온도가 높은 쪽 은

破面遷移溫度T_F(fratcure transition temperature)
라 하며, 낮은 쪽을 **延性遷移溫度** T_D (ductility
transition temperature)라 한다. 前者의 T_F는 균
裂이 母材中을 **傳播**(crack propagation) 하는데
요하는 에너지에 關聯한 것이다. 또한 後者의 T_D
는 노치底部에 최초로 균열이 **發生**(crach initiat-
ion)하는 에너지에 關聯한 것이며, 노치底部의 延
性에 깊은 관계가 있다. 일반적으로 파면천이온도
는 용접의 영향을 거의 받지 않으나, 연성천이온
도는 용접에 예민하다.

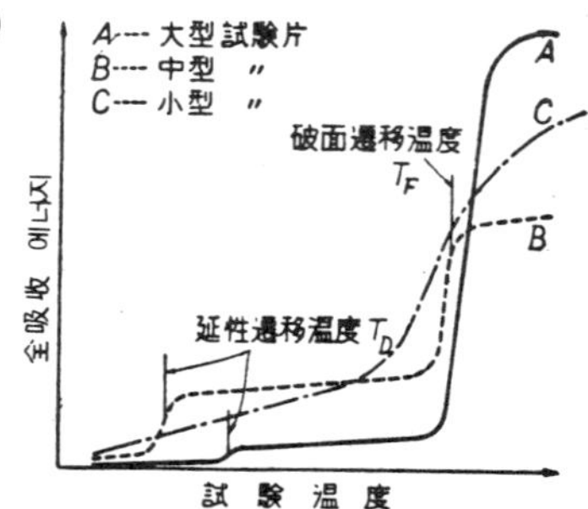

図 6.86 遷移溫度의 2種類

실제구조물의 취성파괴의 천이온도와 실험실의 노치시험편의 천이온도와의 관련성은
복잡한 문제이며, 또한 잘 해결되어 있지 않다. 단지, 美國商船의 취성파괴의 스타아
트가 된 鋼板(板두께11mm～36mm)에서는 V샤르삐 15ft-lb 천이온도가 60°F(15°C)이상
이었던 것이 보고되고 있다. 이것은 美國熔接船에 特有의 값이므로, 기타 구조물에 이

것을 그대로 적용하는 것은 타당치 않다.

6.7.3 노치脆性에 影響하는 試驗條件과 치수效果

鋼材의 노치취성에는, 低溫, 變形速度, 노치形狀등의 시험조건 및 치수效果가 영향을 미친다.

(1) 低   溫

低溫의 單純引張試驗에서는 구조용강재의 變形抵抗이 증가하고 延性이 없어져 취약해진다. 그림6.87은 그 一例이며, $-180 \sim -190°$C부근에서 급격하게 취약해지고 있다. 이것은 体心立方格子에서 특유한 경향이며, 面心立方格子의 알루미늄, 銅 및 오오스테나이트系 Cr-Ni 스테인리스鋼에는 이러한 傾向이 없다.

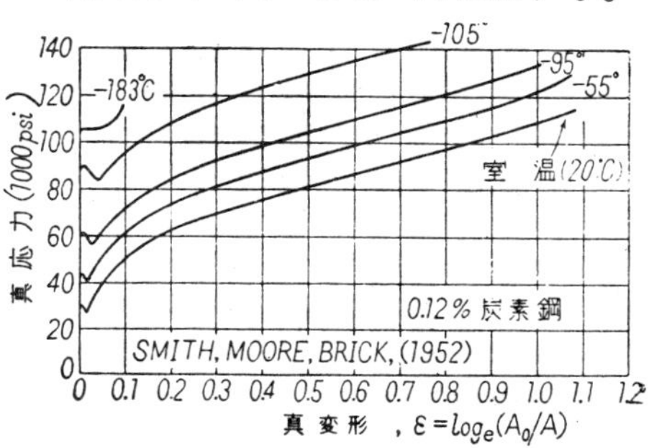

図 6.87 低溫에서의 鋼의 引張應力－變形線圖

(2) 變 形 速 度

銳利한 노치가 붙은 시험편에서는 變形速度(strain rate) V가 빠를 수록, 천이온도 Tr가 높아진다. 그 관계는 호로몬에 의하면,

$$\log_e V = B - \frac{Q}{RTr}$$

이며, B, Q, R는 定數이다. 그러나, 鈍한 노치시험편에서는 충격에 의한 變形發熱에 의하여 천이온도가 오히려 내려갈 때가 있다.

(3) 노 치 形 狀

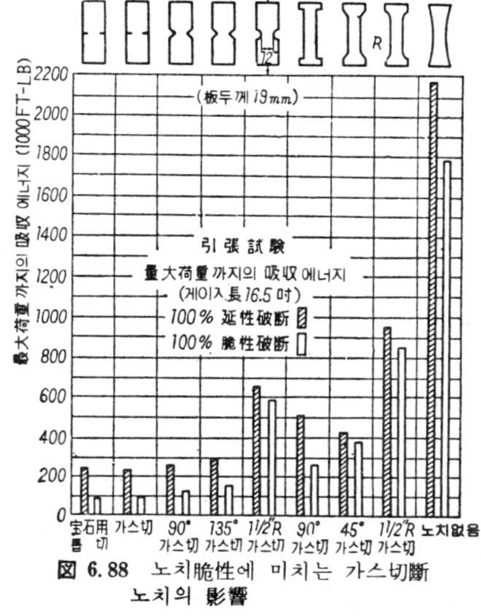

図 6.88 노치脆性에 미치는 가스切斷 노치의 影響

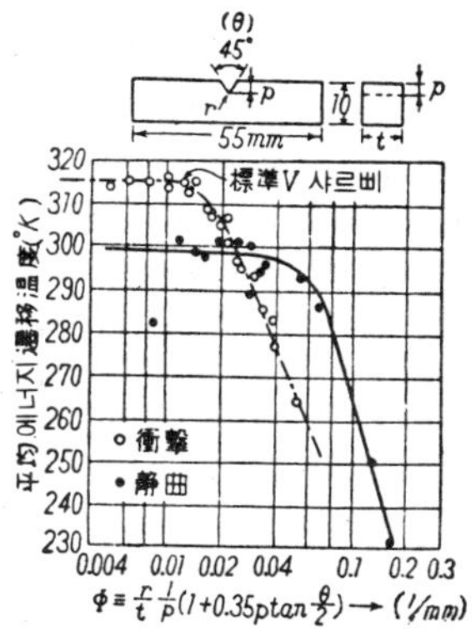

図 6.89 V샤르삐遷移溫度에 미치는 노치半徑 r와 板두께 t 의 影響

노치形狀(notch geometry)이 銳利할 수 록, 鋼材의 노치靭性이 低下한다. 예를 들어, 그림6.88은 板두께 19mm의 **軟鋼板**에 여러가지 形狀의 가스切斷노치를 붙인 경우의 吸收에너지를 비교한 것이다. 노치가 없는 시험편에 비하면, 노치가 붙은 시험편의 吸收에너지는 1/2 ∼ 1/10로 감소하고 있다. 이에 수반하여, (圖表에는 표시되지 않고 있지만) 引張强度는 3∼35% 감소되고, 예리한 가스노치 및 寶石用톱에 의한 노치인 경우에는, 항복점에 到達하자 마자 즉시 취약하게 파단돼 버린다.

노치가 예리하면, 즉, 노치半径 r가 적으면, 일반적으로 천이온도가 상승한다. 그러나, 그 영향은 半徑r單獨이 아니고, 板두께 t와의 比, 즉, r/t에 의하여 결정된다. 그러나, r/t가 어느정도 적어지면, 그以上, 천이온도가 上昇하지 않게 되는 飽和値가 있다. 吉識, 金澤兩氏의 연구에 의하면, 軟鋼의 V샤르삐衝擊試驗에서는 그림6.89와같이 r/t=0.025, 즉, $t=10$mm일 때는 $r=0.25$mm에서 천이온도가 飽和하였다. 즉, 노치半徑을 이以上 예리하게 하여도 천이온도가 上昇치 않았다.

(4) 치 수 효 과

실험에 의하면, 幾何學的形狀이 相似하여도, 大型試驗片일 수 록, 노치靭性이 떨어진다. 이것을 **치수效果**(size-effect)라 한다. 예를들어, 부우드바이그 等의 廣幅引張試驗에서는 그림6.90과 같이 시험편의 幅이 250mm(10in)以上이 되면, 引張應力이 降伏點가까이까지 低下하였다. 즉, 小型노치시험편의 强度에서 大型構造物의 强度를 推定하는 것은 매우 危險하다.

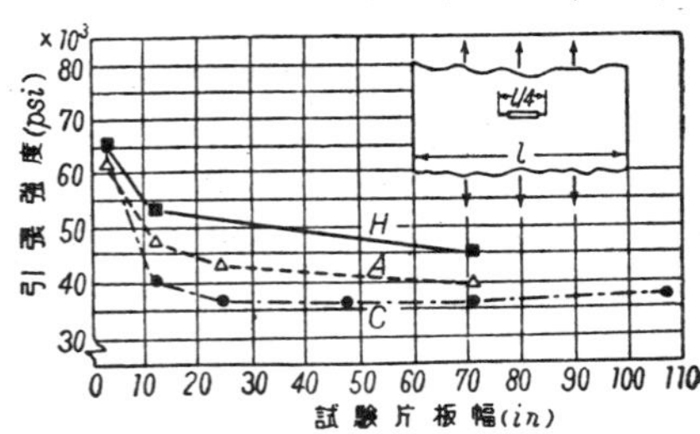

図 6.90 노치試驗片의 板너비와 引張强度

6.7.4 노치脆性에 미치는 冶金的諸因子의 影響

노치취성에 미치는 冶金的諸因子로는, 化學成分, 製鋼法, 熱處理 및 燒入時效, 板의 異方性, 冷間加工과 變形時效, 腐蝕, 黑鉛化, 및 疲勞등이 있다.

(1) 化學成分과 壓延

軟鋼의 노치靭性을 높이고, 천이 온도를 낮게 하기 위하여는 炭素量이 적고, 망간量을 많게 하는 것이 效果的이다. 예를 들어 그림6.91과 같이 Mn/C의 比가 증가함에 따라. 천이온도는 낮아진다. 또한 低合金鋼의노치靭性에 미치는 化學成分의 영향에 대하여는 라인볼트等의 연구결과가 있으나, 이에 대하여는 第11章에서 기술한다.

(i) 脫酸方式(deoxidization practice)

구조용강재에서는 脫酸이 잘된 것일 수 록, 노치靭性이 좋아지는 傾向이 있다. 즉, 림드鋼(Si= 0 ∼ 0.03%)보다 세미킬드鋼 (Si= 0.03∼0.10%), 完全한 킬드鋼(Si=0.15∼0.30%)쪽이 일반적으로 천

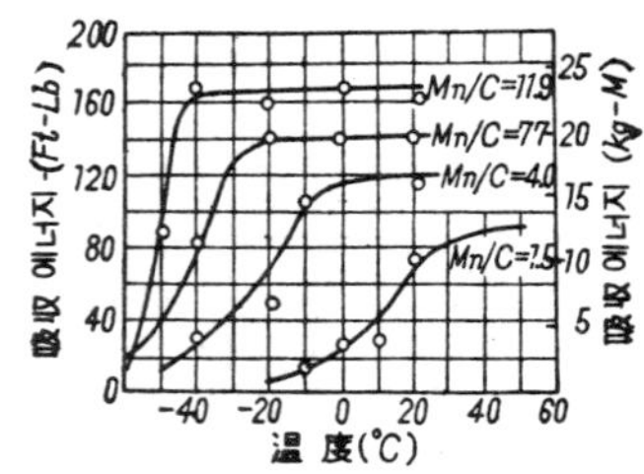

図 6.91 V샤르삐遷移曲線에 미치는 Mn/C의 影響

이온도가 낮다. 또한 알루미늄을 약간 加한 細粒킬드鋼에서는 더욱 천이온도가 낮게 된다. 그림6.92는 美國의 造船用軟鋼板(19mm두께)에 대한 V샤르삐 15ft-lb천이온도 Tr_{15} 의 비교이다. 最上部는 戰時中의 세미킬드鋼이며, Mn/C가 낮고(1〜2), 그 Tr_{15} 는 15°C以上의 높은 값이 많다. 1948年 美國船級協會(A. B. S)는 鋼材現格을 개정하여 燐, 硫黄外에 C, Mn, Si 量도 規定하게 되었으며, 두께에 따라 다음表와 같이 3클라스로

클라스	板두께 (in)	化 學 成 分 (%)					備 考
		C	Mn	Si	P	S	
A	$t\leqq1/2$	—	—	—	<0.04	<0.05	—
B	$1/2<t\leqq1$	≦0.23	0.60〜0.90	—	″	″	—
C	$1<t$	≦0.25	0.60〜0.90	0.15〜0.30	″	″	細 粒 鋼

분류하였다. 現用의 A, B클라스鋼板은 세미킬드鋼, C클라스는 알루미늄을 첨가한 細粒킬드鋼이다. 板두께에 따라 鋼質을 다르게한 것은, 板두께가 얇을 수록, 熱間壓延에 의한 組織의 微細化가 진척되어 노치靭性이 좋아지는 것을 고려했기 때문이다.

(ii) 細 粒 化(grain-refining)

細粒化鋼은, 노오말라이징에 의하여 結晶粒이 微細化되며, 또한 少量의 Al, Ti, Zr, V, La, Ce 등을 첨가하면, 壓延그대로도 細粒鋼이 얻어지고, 노치靭性이 向上되는 傾向이 있다. 또한 이들特殊元素는 탄소와 질소를 安定시켜 鋼의 時效性을 감소시키므로, 이러한 點에서도 노치靭性 向上에 도움이 된다.

(iii) 熱 間 壓 延(hot-rolling)

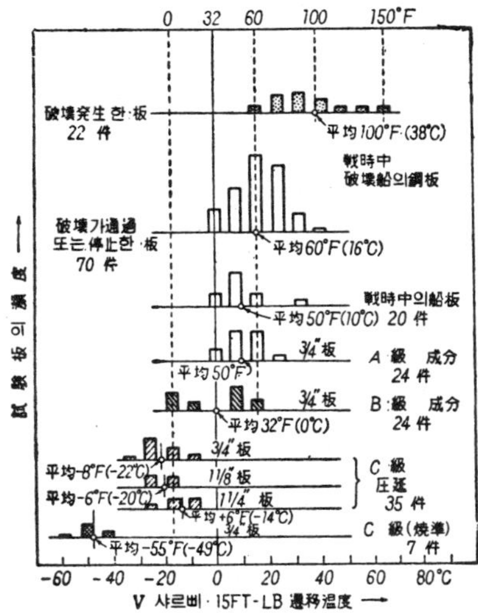

図 6.92 二次大戰當時와 現用의 美國 (A, B. S.) 造船用熔接鋼板의 遷移溫度 比較

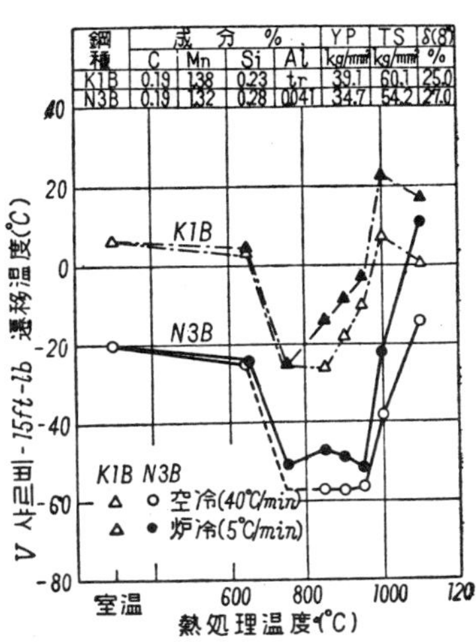

図 6.93 高張力鋼의 V샤르삐15ft-lb 遷移溫度에 미치는 熱處理의 影響

　열간압연의 壓延溫度, 특히 壓延終了溫度가 높거나, 또는 壓延後 徐冷되면, 페라이트粒度가 거칠어져, 노치靭性이 低下한다. 예를들어, 실험에 의하면, 軟鋼板의 壓延마무리溫度는, 820~930°C에서는 천이온도에 거의 영향이 없지만, 약1000°C이상이 되면 천이온도를 현저하게 상승시킨다. 이때문에 壓延溫度가 낮은 쪽이 좋지만, 너무 낮게 하면, 冷間加工硬化가 생겨 오히려 노치靭性에 有害하게 된다. 일반적으로 열간압연이 잘 될 수록, 조직이 치밀해져서 노치靭性이 향상한다.

(2) 熱處理와 燒入時效

　열처리는 鋼의 노치靭性에 현저한 영향을 미친다. 그림6.93은 板두께20mm의 고장력강의 예이며, 850~900°C부터의 空冷(노오말라이징)에 대하여는 최저의 천이온도, 즉 最良의 노치靭性을 나타내고 있으나, 1000°C이상의 가열에서는 천이온도가 上昇하고 있다. 또한 750°C의 加熱에 의해서도 천이온도의 低下를 볼 수 있다.

　低合金鋼의 燒入 - 템퍼링 또는 燒入後 球狀化한 조직은 壓延만 한것에 비하여 노치인성이 매우 뛰어난 것을 알 수 있다.. 이것을 이용하여 降伏點60~70kg/mm²의 超高張力鋼(T-1鋼)이 만들어지고 있으나, 이에 대해서는 第11章에서 기술한다.

　용접후의 熱處理 및 變形加工, 時效後의 열처리에 대해서는 後述한다.

　鋼은 過熱(overheating) 되면, 상술한 바와 같이 노치인성이 저하한다. 즉, 용접열영향부 및 가스절단의 粗粒部가 이에 해당한다. 이밖에 鋼을 A_1點直下의 溫度부터 急冷한 다음, 放置하면 燒入時效가 되는데, 이에 의하여도 노치인성이 손상된다. 예를·들어, 용접열영향부外側의 母材에서 이러한 脆化가 일어난다. 그림6.94는 軟鋼을 690°C부터 水中燒入하여 時效시킨 일예이며, 急冷後 1~8日間에 현저하게 脆化하고, 1~3年 경과하면, 더욱 취약해져 노치인성이 상실돼버린다. 喪失된 靭性을 完全하게 回復시키려면, 어니일링 (또는 노오말라이징) 이 필요한데, 600~650℃

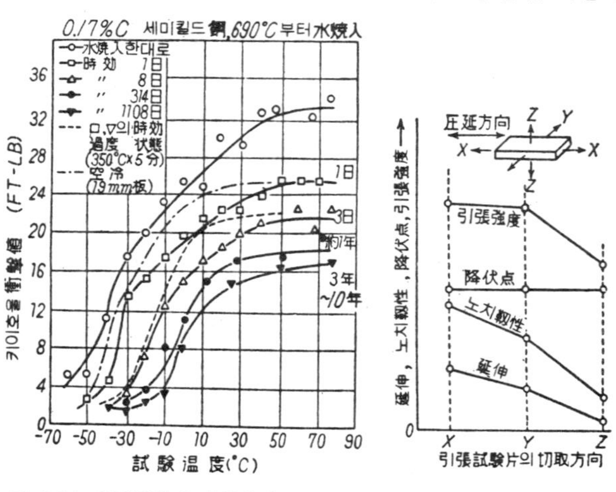

図 6.94　690°C부터 水燒入한 軟鋼의 燒入時效　　図 6.95 壓延鋼板의 異方性

의 應力除去어니일링에 의하여도 상당히 回復하게 된다(後述).

(3) 板의 異方性과 偏析

　壓延된 鋼材는 그속의 不純物이나 偏析이 纖維狀으로 늘어나, 마치 木材와 같이 되어 있으므로, 鋼材는 當然히 異方性이다. 예를들어, 그림 6.95는 板의 壓延方向(X),

橫方向(Y), 및 表面에 直角方向(Z)의 3方向에서의 板의 強度, 延伸, 및 노치인성 (衝擊値)를 비교해 본 것이다. 항복점은 3方向에서 거의 차이가 없으나, 인장강도는 일반적으로 Z方向이 약하다. X方向으로 지나치게 열간압연한 鋼은 Z方向의 인창강도가 항복점가까이 低下하며, 따라서 Z方向의 延伸이나 靭性이 현저하게 약한 경우가 있다. 板을 맞대기용접할 경우에는 이 弱點이 나타나지 않지만, 필렛용접에서는 용착금속이 母材와의 경계(본드)로부터 완전히 떨어져 나올 때가 있다. 鋲接에서는 板의 Z方向強度가 문제로 되지 않았으나, 용접에서는 Z方向의 強度가 문제로 되는 경우가 많다.

(4) 冷間加工과 變形時効

低炭素鋼은 冷間加工과 變形時効로 인하여 노치인성이 크게 손상된다. 예를들어 그림 6.96은 보일러用킬드鋼의 變形加工과 變形時効의 영향을 나타내는 실험결과이지만, 1%의 변형가공에서도 천이온도가 상승하고, 10%加工에서는 천이온도가 60℃나 상승하여 노치인성이 크게 惡化하고 있다. 또한 킬드鋼보다 림드鋼쪽이 僅少한 變形加工(가령 1%)에 의하여 훨씬 약하게 됨으로 주의를 요한다. 또한 圖表에서 破線은 260℃에서 30分間 人工時効시킨 경우이며, 加工度가 클 수록 脆化가 현저하다.

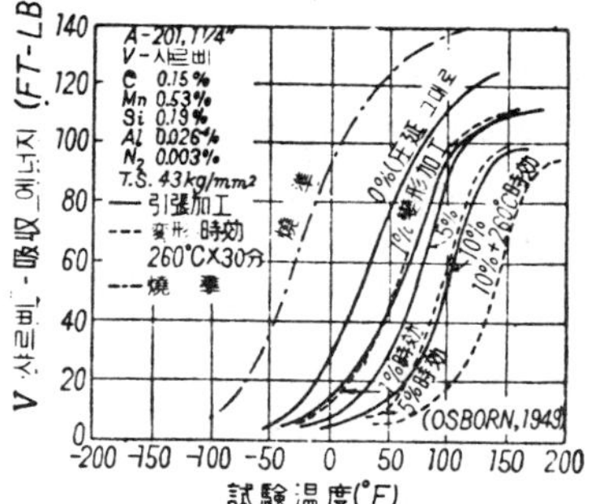

図 6.96 킬드鋼의 加工, 變形時効 및 노오말라이징의 影響

變形時効는 冷間加工한 鋼材에서는 물론 발생하지만, 冷間加工치 않은 강재에서도 용접 또는 가스절단중의 열팽창과 수축에 수반하는 僅少한 冷間加工에 의하여 일어나기 쉽다. 이 變形時効에 의한 脆化를 일단 回復시키려면 600～650℃로 가열하여 徐冷하면 된다. 그러나 一般的으로 變形加工에 의한 脆化는 일부밖에 회복시킬 수 없다. 이것을 완전하게 회복시키려면, 더 높은 온도, 이상적으로는 노오말라이징(약 880℃ 加熱, 徐冷)해야 한다.

끝으로, 벨기에 및 독일에서 취성파괴한 熔接橋梁의 鋼材는, 變形時効에 의하여 극히 脆化되는 材質이었던 것이 보고되고 있다.

(5) 腐蝕, 黑鉛化, 疲勞

(i) 腐　　蝕

일반적으로, 常溫附近에서 사용하는 船舶, 橋梁, 壓力容器 등, 구조용강의 취성파괴의 대부분은 그 使用年月에 관계가 없었으므로, 腐蝕이 파괴의 중요한 원인 이라고는 생각될 수 없다. 따라서 부식에 의한 노치취성파괴는 극히 특수한 경우에 한정되는 것으로 생각해도 좋다.

腐蝕中 重要한 것에 應力腐蝕(stress corrosion)이 있다. 鋼이 부식되면, 表面에 피트(pit)나 홈이 생기고, 또한 노치部分이 특히 부식되기 쉬우므로, 부식에 의하여 우선 노치가 깊게 된다. 만일 引張應力이 작용하고 있으면, 이 노치에 應力이 집중하여 노치尖端에 微小한 균열이 생긴다. 이 균열의 尖端이 새로 부식되면, 引張應力때문

에 균열이 더욱 깊게 進展된다. 이 균열은 主로 結晶粒界에 沿하여 진행되며, 극히 예리한 노치가 됨으로 마침내 취성破斷을 이르키는 결과도 초래될 수 있다.

一例로서 高溫蒸氣보일러用鋼材에서는 使用中에 水中에 존재하는 苛性소오다(NaOH)와 인장응력의 共同作用으로 粒間應力腐蝕이 생겨서, 마침내 파괴된 前例가 있다. 이러한 응력부식은 **苛性脆化**(caustic embrittleness)라고 불리운다. 용접부에는 큰 殘留應力이 남게 됨으로, 특히 응력부식이 일어나기 쉽다.

응력부식은 보일러用鋼材의 苛性脆化외에, 스테인리스鋼, 銅合金, 某種의 알루미늄合金, 마그네슘合金등에서도 일어난다. 이것을 방지하기 위하여는 용접후의 應力除去熱處理가 필요하며, 또한 응력부식이 생기지 않는 材質을 선정하는 것이 중요하다.

(ii) 黑 鉛 化

鋼을 高溫으로 長時間 加熱하면, 遊離炭素가 析出하여, 소위 **黑鉛化**(graphitization)가 일어나는 것은 前述한 바 있다. 例를 들어, 450°~540℃로 長時間 사용한 高溫高壓用의 C-Mo鋼의 蒸氣파이브의 용접열영향부周邊에 생긴 黑鉛化에서는, 흑연화를 이르킨 부분의 幅이 0.025~0.25mm이고, 이 부분은 數미크론의 微小黑鉛粒子가 鎖狀으로 연속되고 있었으므로, 매우 위험한 노치가 되어, 이것을 경계로 하여 파이프가 취성 파괴하였다. 黑鉛化를 방지하기 위하여는, 알루미늄의 添加量을 最少限으로 하고, 크롬을 少量, 약 0.5% 첨가해야 한다. 또한 용접후 620℃ 정도의 응력제거 어니일링으로는 방지할 수 없으나, 750℃ 정도의 後熱로서 防止할 수 있는 것이 인정 되고 있다.

(iii) 疲 勞

疲勞(fatigue)에 의하여 천이온도가 上昇하는 것은 많은 실험에서 인정되고 있다. 피로에 의한 균열은 매우 예리한 노치가 된다. 예를들어, V샤르삐시험편의 노치底部에 미소한 피로균열이 생기면, 천이온도가 약30℃ 상승하는 것으로 보고되고 있다.

美國의 熔接船의 파괴는, 船舶의 使用 年數에 無關係인 것, 船体가 받는 應力의 크기, 破面狀況등에서 볼 때, 피로가 直接原因이 된 것으로는 생각되지 않고 있다.

6.7.5 노치脆性에 미치는 熔接 및 其他의 影響

노치취성은 용접, 가스절단, 剪斷加工, 機械切削, 피이닝等에 의하여 현저하게 영향을 받는다.

(1) 熔 接 金 屬

軟鋼 및 低合金構造用鋼의 熔接棒에는 보통 C=0.10~0.15%, Mn=0.35~0.65%의 림드鋼心線에 적당한 被覆劑를 바른 페라이트系被覆熔接棒이 쓰인다. 또한 피복제의 종류에 따라, 종류가 다른 용접봉이 제조되고 있는 것은 第2章에서 기술한바 있다. 이러한 용접봉에 의한 熔着鋼은 탄소량이 매우 적으므로, 일반적으로 노치靭性이 母材보다 훨씬 좋은 것이 보통이다.

高張力鋼, 特히 60kg/㎟ 以上의 低合金鋼의 용접에는, 몰리브덴을 0.40~0.60% 첨가한 피복용접봉이 널리 쓰이고 있으나, 특히 80kg/㎟ 이상의 페라이트系熔着鋼은 應力除去어니일링(爐冷)에 의하여 템퍼링脆化를 이르키는 일이 있으므로 주의를 요한다.

또한 서브머어지드아아크용접의 용접금속은 노치인성이 피복봉에 의한 것보다 떨어지는 경향이 있다.

被覆劑의 影響　피복제에 따라 용착금속의 천이온도에 어느 정도 차이가 생기는가는, 實驗者에 따라 다르지만, 일반적으로 低水素系가 우수하며, 티타니아系가 특히 좋지 않은 것이 인정되고 있다. 또한 板表面에 비이드용접한 경우에는 低水素系以外의 熔着金屬內에 顯微鏡的균열이 생기기 쉬우나, 이것이 一原因이 되어, 低水素系熔着鋼보다도 遷移溫度가 높아지는 것이 인정되고 있다. 또한 피복제를 쓰지 않는 裸棒의 용착강에는 산소와 질소가 多量으로 포함되며, 또한 氣孔도 생기기 쉬우므로, 그 V샤르삐충격치가 피복봉의 경우의 1/8정도에 불과하다.

熔接金屬의 欠陷　용접의 용입불량, 언더컷, 균열, 비이드表面의 큰 凹凸등은 용접구조물의 취성파괴의 원인이 되는 경우가 많은 것으로 보고되고 있으므로, 용접결함이 생기지 않도록 특히 주의가 필요하다. 이를 위하여는 적당한 용접봉과 施工法을 씀과 동시에, 될 수 있는대로 아래보기자세로 용접될 수 있도록 設計와 工作法에 유의하고, 중요한 부분에는 X線檢査등 非破壞檢査를 할 필요가 있다.

(2) 熱 影 響 部

열영향부의 노치취성은 복잡한 변화를 나타내는 것으로 알려져 있다. 즉, 母材와 용착강의 境界(본드)는 融點까지 가열된 곳이며, 그 부근의 母材는 過熱組織이 되어 충격치가 낮고 천이온도가 높다. 아아크용접에서는 본드부터 1~2mm 떨어진 부분, 즉 약 900℃부근까지 가열된 부분이 細粒의 노오말라이징組織이 되어 있어, 천이온도가 그림 6.97과 같이 가장 낮다. 그리고 그 外側에서는 最高加熱溫度 400~600℃에 도달한 부근에 가장 脆化한 領域이 생긴다. 이것은 용접냉각중의 變形時效와 燒入時效의 綜合的인 영향에 의한 것으로 생각될 수 있다. 예를들어, 두께 20mm의 鋼板의 맞대기손 용접에서는 용착境界부터 약10mm 부근의 위치가 그 脆化領域에 상당하지만, 多幸히도 幾何學的으로 노치가 없는 部分임으로 이곳에서 脆性破壞가 시

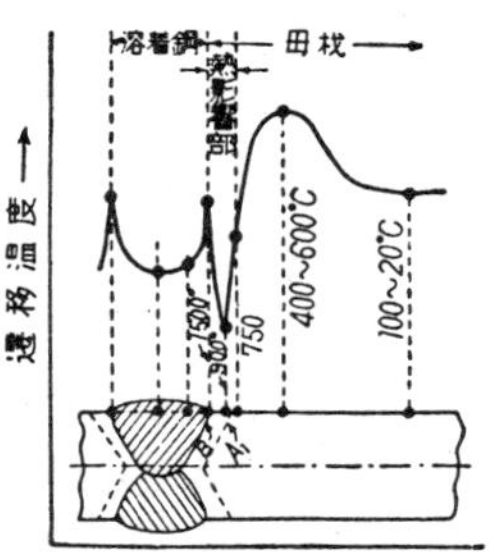

圖 6.97 熔接部의 遷移溫度分布(定性的)

작된 일은 없는 것같다. 그러나, 이 부분에 아아크스트라이크나 치핑홈等 노치를 붙이면 위험하다. 이에 대하여 용착강과 모재의 境界(용접끝)는 形狀의 不連續에 의하여 應力集中을 이르키기 쉽고, 또한 비이드表面의 波形에 의한 노치도 있으며, 더우기 언더컷이 생기기 쉬운 場所임으로, 노치취성이란 點에서는 매우 위험한 곳이다.

(3) 熔接部의 延性

용착금속, 열영향부 및 未熱影響母材部를 포함하는 용접부전체의 노치인성에 대하여 기술키로 한다. 여기서는 노치靭性대신에 熔接部의 **延性**(ductility)이란 술어가 잘 쓰인다. 즉, 연성이 없으면, 靭性이 부족하고, 따라서 脆性破壞가 일어나기 쉽다. 용접부의 연성을 시험하는 데는 코머렐試驗, 킨젤試驗, 리이하이試驗과 같은 縱비이드屈曲試驗이 가장 感度가 좋다.

용접부의 延性 또는 노치靭性은 다음과 같은 諸量의 영향을 받는다.

(i) 試 驗 條 件

킨젤 및 코머렐試驗에서는, 試驗片의 幅, 로울러의 스팬(間隔), 加押펀치의 直徑等, 시험조건에 의하여 상당히 영향을 받는다. 따라서 표준시험조건이 정해지고 있다.

(ii) 母   材

용접부의 연성은 용착금속 또는 모재의 열영향부에서 발생한 균열이 母材에 의하여 어느 정도 阻止되는가에 따라 결정됨으로, 모재의 노치靭性의 영향이 큰 것은 당연 하다. 일반적으로 모재의 노치인성이 좋을 수록, 용접부의 연성이 우수하다. 또한 열영 향부의 硬化性이 적고 延性이 좋은 것일 수 록, 용접부의 연성이 좋은 것은 당연하다. 이에 대해서는 第11章에서 기술한다.

母材의 板두께나 幅이 커지게 되면, 延性이 감소한다. 이것은, 板두께나 幅의 증가 에 의하여 屈曲變形이 制限되는 것, 및 열영향부의 最高硬度가 커지기 때문이다. 또한 厚板일 수 록, 材質的으로 노치인성이 劣化하는 것에도 起因되고 있다.

(iii) 熔 接 棒

前述한 바와 같이, 용착금속의 노치인성은 용접봉의 종류에 따라 상당한 차이가 있 다. 低水素系의 용접봉으로 용접한 高張力鋼에서는 용착비이드보다 母材의 열영향부에 최초의 균열이 발생하는 경향이 있다. 저수소계용접봉은 열영향부를 水素脆化 시키지 않는 利點외에 그 자신이 延性이 좋으므로, 용접부전체의 延性向上에 크게 寄與하게 되는 것이다.

(iv) 熔 接 條 件

母材와 熔接棒이 一定한 경우에는, 용접조건에 따라 열영향부의 硬化나 熔着깊이가 결정됨으로, 이에 의하여 용접부의 延性이 크게 영향을 받는다. 예를들어, 그림 6. 98 은 두께 19mm의 0. 25% 炭素鋼을 E6010棒으로 용접한 경우에 대한 豫熱 및 後熱의 영향을 나타낸 실험결과이다. 용접속도 5 in/min와 10 in/min의 차이로 延性遷移溫度에 큰 차이가 생기는 것을 알수 있다. 그러나, 破面遷移溫度 에는 差가없다. 그러므로 용 접속도의 증가에 의하여 열 영향부가 더욱 硬化하여 연 성천이온도가 상승하는데 대 하여, 母材自身은 大部分이 未影響部임으로 全破面에 관 한 천이 온도는 용접의 영향 을 거의 받지 않게 되는 것 이다.

용접전류가 크면, 용입이 깊고, 또한 열영향부의 硬化가 적으므로, 용접부의 연성이 좋아지는 경향이 있다. 또

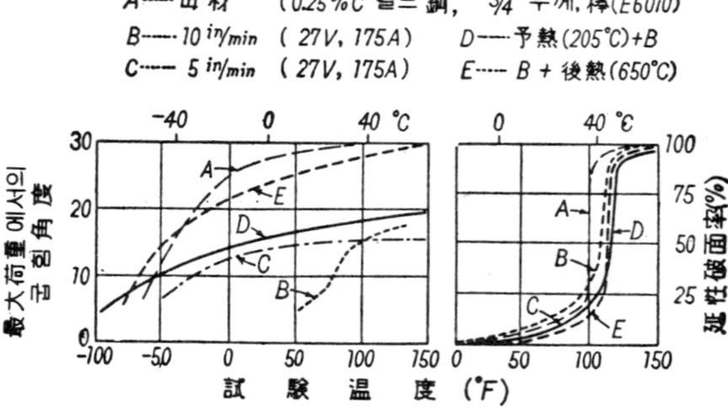

図 **6.98** 두께19mm의 0.25%炭素鋼의 縱비이드노치굽힘試驗 (리이하이式) 遷移溫度에 미치는 熔接施工法의 影響

한 補强덧붙임이 높을 수 록, 굽힘에 의한 三軸應力發生이 强해져서 용접부의 연성이 나빠지기 쉽다.

용접비이드가 짧은 경우, 예를들어, 假용접이나, 아아크스트라이크의 경우에는 열영향부의 硬化가 현저해서, 용접부의 연성이 크게 나빠짐으로 주의를 요한다. 熔接船의 가스切斷面에 아아크스트라이크를 하여, 그곳부터 脆性균裂이 발생한 例가 있다.

(v) 豫熱 및 後熱

僅少한 豫熱(100~200℃)은 열영향부의 硬化를 적게 하며, 또한 비이드터짐等을 감소시키므로, 용접부의 延性增加에 効果的이다. 그 一例는 前述한 그림 6.98에도 表示되고 있다. 또한 軟鋼이나 低合金鋼의 應力除去어 니일링(약 600~650℃)은 熱影響硬化層의 延性增加, 때 로는 水素를 함유하는 熔着鋼의 延性을 증가하게 됨으 로, 全體的으로 용접부의 연성을 현저하게 향상시키게 된다. 그림 6.99는 그 ·例이다.

(vi) 時   効

용접후의 時効에 의하여 용접부의 延性은 점차 向上한 다. 低水素系용접봉으로 용접한 縱비이드노치屈曲試驗의 延性은, 時効에 의하여 변화하지 않으나, 기타의 棒에서 는 일반적으로 용접후 數日間에 연성이 크게 증가하게 되

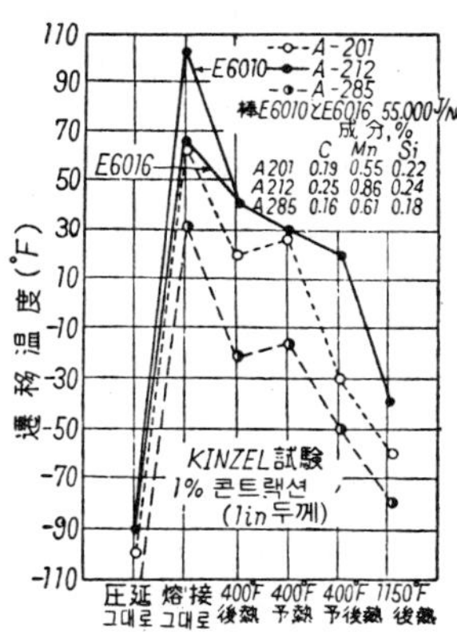

図 6.99 軟鋼킬드鋼의 킨젤試驗遷移溫度에 미치는 豫熱과 後熱의 影響

며, 이것은 용착금속 및 열영향부부터의 수소의 逸失때문이라고 생각되고 있다. 용접 후 室溫으로 3時間 放置한 것은 그이상 연성이 변화치 않는다. 이와 같은 効果는 100℃ 로 16時間 가열한 때도 얻어지는 것으로 보고되고 있다. 이에 대해서는 第11章에서도 설명한다.

(vii) 가스切斷面

가스절단면은 急熱急冷에 의하여 일반적으로 硬化하고 있으나, 軟鋼 및 HT 정도 의 高張力鋼의 자동가스절단면은 노치靭性이 매우 우수하다. 그러나, 手動절단면과 같 이 표면의 凹凸이 심한 경우에는 표면층의 硬化영향보다 凹凸에 의한 노치효과로 인 하여 절단면의 노치인성이 현저하게 저하하고 있는 것이 실험으로 인정되고 있다. 또 한 이와같은 가스절단면에서 실제로 취성파괴가 일어난 例가 보고되고 있다. 따라서 이러한 표면은 凹凸을 깎아낸 다음, 硏摩하여 平滑하게 하는 것이 보통이다.

6.7.6 脆性破壞防止上의 注意

취성파괴는 구조용강의 용접구조물에 대하여 극히 중요한 문제이므로, 다음에 그 要 點을 一括하여, 이에 대한 주의사항을 들기로 한다.

(1) 脆 性 破 壞

가) 熔接 및 鋲接構造物의 취성파괴는 体心立方晶系, 노치, 및 低温이 원인이며, 충 격하중은 脆化를 촉진한다.

나) 노치(notch)에는, 應力集中을 이르키는 구조상의 기하학적노치나 용접결함 뿐
    만 아니라, 조직의 불연속으로 인한 冶金學的노치도 포함된다.

다) 용접구조물의 취성파괴를 예방하는데는, 설계, 공작, 재료면에서, 리벳構造物
    과는 전연 다른 고려가 필요하다.

라) 설계상의 주의사항으로는, 구조상의 노치를 완만하게 할 것, 즉, 충분하게 둥그
    스름하게, 또는 補强을 하여 구조물의 노치인성을 높임과 동시에, 용접공작이 용
    이하게 되도록 하여 용접결함이 생기지 않는 設計나 熔接用型材를 쓸 것.

마) 材料上의 주의사항으로는, 용접결함이 생기지 않는 용접성이 양호한 鋼材를 선
    정함과 동시에, 만일의 경우 노치가 발생하여도 安全하도록 노치인성이 우수한 강
    재를 써야 한다. 이것은 리벳用鋼材로는 일반적으로 달성되지 못하는 條件이다.

바) 工作上의 주의사항으로는, 熔接熱加工, 冷間加工 및 切斷의 결과, 구조물의 노
    치인성이 손상되지 않도록 주의할 것. 즉, 有形, 無形의 노치발생의 방지와 제거,
    손상된 강재에 대한 노치인성의 회복조치, 예를들어 應力除去어니일링等 대책을강
    구하는 것이다.

(2) 노 치 靭 性

가) 강제의 노치인성의 尺度로는, 延性破壞에서 脆性破壞로의 遷移溫度 또는 低溫
    (예를들어, 0°C, −20°C등)에서의 노치衝擊値가 사용된다.

나) 노치인성을 증가시키면, 균열의 傳播뿐만 아니라 균열발생도 防止할 수 있다.

다) 동일강도의 鋼에서는, 노치인성은 탄소량이 적을 수 록, 망간이 많을 수 록,
    脫酸이   잘 될 수 록, 細粒鋼일 수 록, 壓延마무리溫度가 적당히 낮고 조직이
    치밀할 수 록, 우수하다. 低合金鋼에서는 有效한 합금첨가 또는 열처리에 의하여
    노치인성이 증가한다. 노오말라이징은 노치인성改善에 매우 有效하다.

라) 鋼의 노치인성은 두께가 두꺼울 수록, 또한 試驗片의 面積이 클 수록, 나빠진
    다. 小型試驗片은 實物大模型에 비하여 강도 및 노치인성이 훨씬 좋으므로, 소형
    모형의 실험결과를 그대로 설계에 적용하는 것은 위험하다.

마) 同一規格材라도 강재에 따라 노치인성이 상당히 다르다. 즉, 製鋼, 壓延과정에
    의하여 크게 영향을 받는다.

바) 變形加工, 變形時効, 急冷時効나 疲勞는 鋼의 노치인성을 손상시킨다.
    그러나, 應力除去어니일링에 의하여 部分的으로, 또한 노오말라이징에 의하여
    完全하게, 노치인성을 회복시킬 수 있다.

사) 노치가 없는 從來의 屈曲試驗이나 引張試驗으로는, 노치인성의 判定이 곤란하
    다. 즉, 노치시험편을 사용함으로써, 비로서 그것이 가능하다. 특히 低溫度에서의
    시험이 有利하다.

아) 構造物의 노치인성은, 노치인성이 우수한 강재의 사용에 의하여 현저하게 改善
    될 수 있다. 低水素系熔接棒을 올바르게 使用하는 것도 매우 有效하다.

(3) 노치靭性 및 工作

가) 취성파괴는 용접결함에 起因하는 경우가 많았다.

나) 工作上의 주의사항으로는, 용접하기 쉬운 상태에서 용접을 하는 것이 결함을
적게하는 가장 좋은 方法이며, 결함의 有無를 확인하기 위하여는 필요에 따라 엄
밀한 非破壞檢査를 하여야 한다.

다) 아아크스트라이크 또는 假熔接등 짧은 비이드는 有害한 冶金學的노치가 되며,
노치인성을 크게 손상시키므로 주의를 요한다.

라) 熔接線에 沿하는 용접殘留應力은 降伏値와 거의 같은 값이지만, 용접부에 결
함이 潛在하는 경우에는 잔류응력이 취성파괴를 이르킬 위험성도 있으며, 구조물
이 使用中 열팽창이나 수축을 할 때의 熱應力도 위험한 요소라 생각될 수 있다.
따라서 취성파괴의 위험이 큰 경우에는 용접잔류응력의 제거가 요망된다.

마) 쉬어링(shearing)이나 치핑(chipping)한 表面은 노치인성이 현저하게 손상됨으
로, 그대로 사용하는 것은 좋지 않다.

바) 軟鋼이나, 高張力鋼의 가스절단면은 凹凸이 심하지 않은 限, 노치인성이 그렇
게 나쁘지 않지만, 미스커트(mis-cut) 하여 오목部가 생기면 노치인성이 현저하
게 손상된다. 따라서 표면을 平滑하게 다듬질 하도록 하여야 한다.

(4) 脆性破壞에 대한 鋼材의 選擇方法

任意의 鋼構造物, 예를들어 船舶, 橋梁, 壓力容器, 重機械等을 설계하는 경우에는,
취성파괴의 위험에 대하여 어느정도 노치인성이 좋은 재료를 써야 하는가 하는鋼材選
擇의 問題는 현재 세계적인 연구과제이다. 從來는 주로 경험적으로 이것을 취급해 왔
으나, 가장 合理的으로 이문제를 다루는 試圖가 國際熔接學會(IIW)의 第9分科委員會
(熔接性)에서 취급되고 있으며, 1959年 7月에 同委員會에 독일의 鋼構造硏究委員會 의
試案이 제출되었다. 다음에 이것을 소개해 두기로 한다.

鋼의 취성파괴는 주로 材質, 溫度, 變形速度 및 三軸應力度에 의하여 결정되는데,
일반구조물에 있어서는 재질, 사용온도를 제외하고 나머지는 不明하다. 그러므로, 취
성파괴에 영향을 미치는 것으로 생각되는 外的要素, 즉 板두께, 溫度, 이음의 重要性,
應力狀態등에 따라 취성파괴에 대한 危險點數(danger point)를 정하고, 그 합계점수
에 따라, 鋼種을 선정하는 것이다.

위험점수 Z의 算出은 다음과 같이 한다.

가) 熔接線에 沿하는 세로方向의 잔류응력 또는 外力을 받는 세로이음(시임seam) 의
위치에 관한 點數〔특히, 굽힘모우먼트를 받는 보의 웨보(web) 의 세로 이음〕. 시임
이,

中性軸附近이면 $Z = 2$

外側에 있으면 $Z = 4$

만일, 壓力容器나 管과 같이,

應力이 2軸方向에 作用한다면 $Z = 5$

나) 永久荷重 또는 自重에 의한 永久應力 σ_p의 大小에 관한 點數. σ_p가 許容應力의

0.5〜0.65이면 $Z = 1$

0.66〜0.80이면 $Z = 2$

　　　　　　0.80을 넘을 때는　　　　　　　　　　Z＝3

다)　熔接線의 位置(板의 中央, 端) 또는 용접의 困難性에 관한 點數

　　　　　　　　　　　　　　　　　　　　　Z＝0～5

라)　板두께에 관한 點數

　　　　板두께 15mm以下　　　　　　　　　Z＝1

　　　　　　5mm增加할 때마다　　　　　　　Z＝1

　　　　　　35mm以上　　　　　　　　　　　Z＝5

마)　加工硬化에 대한 點數　　　　　　　　　　Z＝0～3

바)　低温에 대한 點數

　　　　溫度－11°C以上　　　　　　　　　　Z＝1

　　　　　5°C低下할 때마다　　　　　　　　Z＝1

　　　　　－30°C 以下　　　　　　　　　　　Z＝5

사)　熔接部의 重要性에 관한 點數, 그 部分의 파괴가 구조물전체의 파괴에

　　　　　영향치 않을 때　　　　　　　　　Z＝0

　　　　　영향할 때·　　　　　　　　　　　Z＝5

以上의 위험점수중, 조건이 中間일 때는 中間值를 채용한다. (가)～(사)까지의 점수합계는 조건이 나빠질 수 록, 크게된다. 즉, 板두께 및 용접부의 응력이 클 수 록, 또한 사용온도가 낮을 수 록, 취성파괴의 위험이 커짐으로, 그만큼 노치인성이 우수한 강재가 필요하게 되는 것이다.

이상의 위험점수를 독일의 DIN 17100規格의 普通鋼에 적용하는 경우에는 다음과 같이 된다.

　　　危險点 14 以下　　　　　　　　　鋼種 No. 1⎫
　　　 〃　14 超過　21 以下　　　　　　 〃 No. 2⎬ DIN 17100
　　　 〃　21 超過　26 以下　　　　　　 〃 No. 3⎭
　　　 〃　26 超過　　　　　　　　DIN 17100 에 없는 細粒킬드鋼

이것을 IIW第9分科委員會의 鋼材分類에 對應시키면 表6.4와 같이 된다.

表 6.4　熔接構造의 危險點數와 鋼材의 使用區分

危　　險　　点　　數	IIW 鋼 種	V 샤르삐衝擊値	
		温　　度	衝擊値(kgm/cm²)
14 以下	A 級	－	－
14 超過　21 以下	B 〃	－	－
21 超過　26 以下	C 〃	0°C	3.5 以上
26 以上	D 〃	－20°C	3.5 〃

以上의 方式은 困難한 問題解決의 一步로서 興味있는 취급방법이라 할 수 있으며, 이외에 잔류응력제거의 有無에 의한 點數에 대해서도 고려해야 할 것이라 여겨진다.

文　　献

1)　岡田実, 鈴木春義："熔接冶金," 熔接叢書第4巻 (1955), 日本熔接協会, 1-170.

2)　Stout, R.D. and Doty, W.D.: "Weldability of steels," Weld. Res. Council, 1953, 1-381.

3)　AWS: "Welding Handbook," section I, 3.1-3.114.

第7章 熔 接 設 計

7.1 概 說

熔接設計(design in wedling)은 넓은 意味에서 용접施工의 중요한 一部門을 차지하는 것이며, 어떤 구조물의 일부 또는 전부의 공작에 용접을 채용하는 경우에, 적당한 용접재료와 이음形狀을 선정하고, 타당한 용접방법과 용접순서를 결정함과 동시에, 용접후의 검사 및 事後處理의 방법을 선정하는 것이다.

용접설계에 있어서는, 우선 구조물의 사용목적이나 조건을 고려하여야 하며, 그것이 받는 하중의 성질과 크기를 검토하여, 安全하고 耐久力있는 용접이음을 施工하는 방법을 고려하여야 한다. 충격 또는 反復荷重에 견디게 하기 위하여는, 그에 적합한 재료와 이음形狀을 선정하고, 또한 耐蝕性이 필요한 경우에는 부식을 촉진하게 될 노치(n-otch)나 隙間의 존재, 또는 異種金屬의 接合을 피할 필요가 있다. 熔接設計가 제대로 안되어 있으면, 실제의 熔接施工이 困難해지며, 그 결과, 용접결함의 발생이 초래되기 쉽고, 지나친 熔接變形이나 잔류응력이 발생함과 동시에, 용접비용이 크게 된다. 또한 事後處理의 指定이 不適當하면, 재질의 변화 또는 이음의 脆化를 초래할 위험성이 있다. 이와같이 올바른 용접설계를 하는데는, 이에앞서 용접재료, 이음의 기계적성질, 용접시공법, 변형과 잔류응력의 발생, 용접비의 산정, 용접검사법등에 관한 정확한 지식이 필요하다.

7.2 熔接이음의 設計

7.2.1 이음의 種類와 홈의 形狀

아아크용접 및 가스용접등의 融接에 쓰이는 이음의 종류는 數種으로 한정되고 있으며, 이것을 만들기 위한 홈의 形狀에도 標準型이 사용되고 있다. 또한 **熔接이음**(wel-ded joint)에는 다음과 같은 종류가 있다.

(1) 熔接이음의 종류

融接에 쓰이는 이음의 종류로는 그림7.1과 같은 基本形이 있다. 즉,

a) 맞대기이음	b) 모서리이음	c) 변두리 이음
d) 겹치기 이음	e) T이음	f) 十字形이음
g) 한面 덮깨板이음(前面 필렛이음)		h) 側面필렛이음
i) 兩面덮깨板이음		

이 있다.

(2) 홈의 形狀(joint geometry)

融接에 있어서는 接合部를 熔融시켜 접속하게 되는데, 그 목적에 따라 그림7.2와 같이 板끝을 끝加工(edge preparation)하여, 兩板사이의 홈(groove)을 메꾸어 熔着시

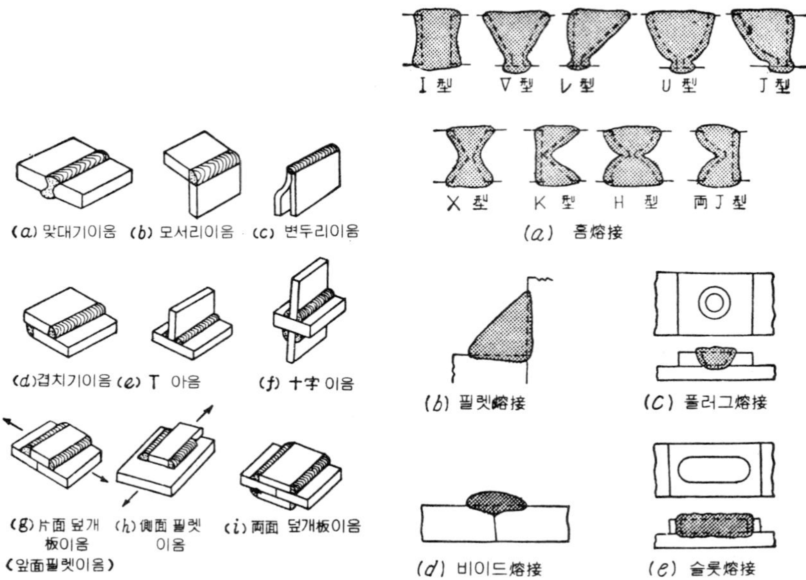

(a) 맞대기이음　(b) 모서리이음　(c) 변두리이음

(d) 겹치기이음　(e) T 이음　(f) 十字 이음

(g) 片面 덮개板이음　(h) 側面 필렛이음　(i) 兩面 덮개板이음
〈앞面필렛이음〉

図 7.1　熔接이음의 基本形式

(a)　홈熔接

(b)　필렛熔接　　(C)　플러그熔接

(d)　비이드熔接　　(e)　슬롯熔接

図 7.2　熔接의 種類(融接)

킨다. 그림7.2는 용접에 쓰이는 각종용접의 종류이다.

　맞대기 용접(butt weld)은 대략 同一平面에 있는 두部材를 맞대서 용접하는 이음이며, 그 홈形狀은 그림7.2와 같이

i)　Ⅰ型 (아이형,　square groove)

ii)　V型 (부이형,　single-Vee groove)

iii)　レ型 (베벨형, single-bevel groove)

iv)　U型 (유우형,　single-U groove)

v)　J型 (제이형,　single-J groove)

vi)　X型 (엑스형,　double-Vee groove)

vii)　K型 (케이형,　double-bevel groove)

viii)　H型 (에이치형,　double-U groove)

ix)　兩面 J型 (double-J groove)

이 있다.

　필렛熔接(fillet weld)은 겹치기 또는 T이음의 구석부분에 용접한 것이며, T이음의 경우는 홈을 加工하는 경우도 있다.

　또한 **비이드熔接**(bead weld)은 平板上에 용접비이드를 熔着시킨 것이다. 또한 **플러그熔接**(plug weld)은 겹쳐진 2枚의 板에서 한쪽板에 둥근 구멍을 뚫어, 그곳에 덧붙이 용접하는 방법이며, 또한 **슬롯熔接**(slot weld)은 둥근 구멍대신 가늘고 긴 홈에 비이드를 붙이는 용접방법이다.

(3) 標準 홈形狀

피복아아크용접, 不活性가스아아크용접, 및 가스용접에 쓰이는 홈의 표준형에 대한 一覽圖는 그림7.3(a), (b), (c)와 같다. 또한 서브머어지드아아크용접에 쓰이는 홈은

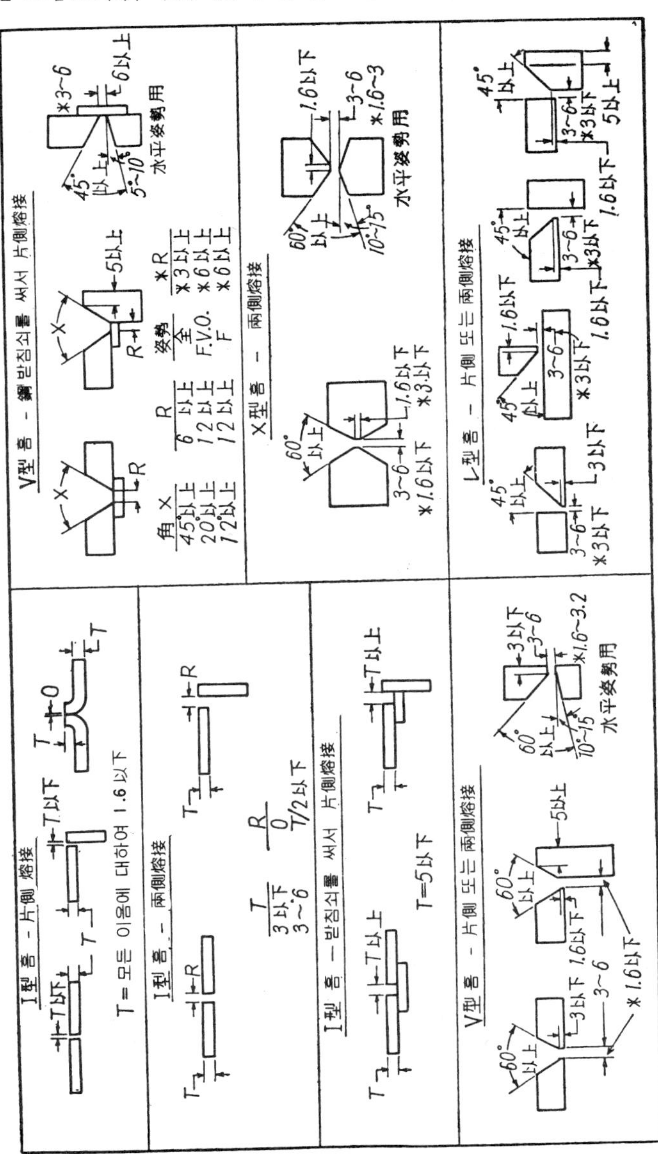

圖 7.3 (a)　被覆아아크 및 不活性가스아아크熔接 및 가스熔接에 쓰이는 標準홈形狀
(＊표는 특히 不活性가스아아크熔接에 適合)

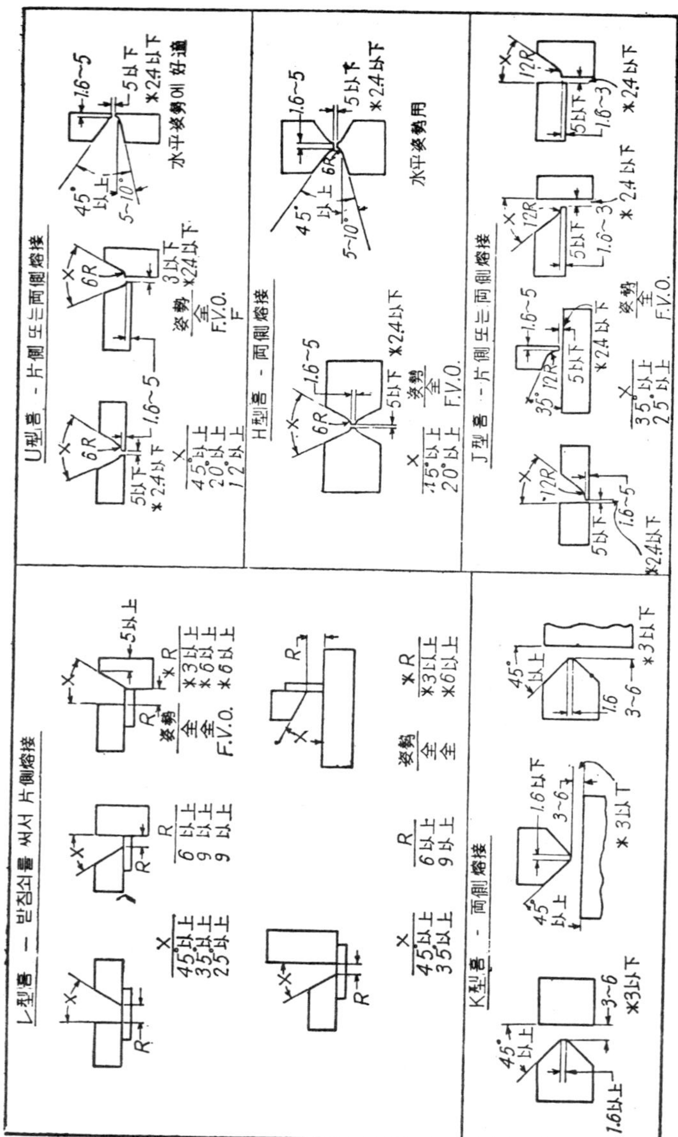

図 7.3 (b)　被覆아아크 및 不活性 가스아아크熔接 및 가스熔接에 쓰이는 標準홈形狀
（＊ 표는 특히 不活性 가스아아크熔接에 適合）

그림7.4와 같다.

　이러한 표준홈中에서, **I型이음**(square groove joint)은 대략 板두께 6 mm以下에, V型이음은 板두께 6～20mm에, 그以上 두꺼운 板에는 X型, U型 또는 H型을 사용한다. 홈의 幅을 좁히면 용접시간이 적어지지만, **루우트**(root)의 용입이 불량하게 된다. **덮깨板이음**(strapped joint)에서는 루우트간격을 크게 취할 수 있으므로 홈의 각도는 너무 크게 하지 않는 것이 좋다. I型 또는 V型의 루우트間隔의 最大値는 使用棒徑(즉, 心線의 直徑을) 限度로 한다.

　X型이음은 厚板에 대해서는 매우 有利하나, 밑면따내기가 약간 곤란하다. 따라서 간격은 될 수 있는대로 넓게 루우트面은 될 수 있는대로 작게 하는 것이 루우트의 용입이 좋고 밑면따내기도 용이하게 된다. 또한 X型홈의 形狀은 반드시 表裏對稱으로 할 필요는 없고, 非對稱X型이 많이 쓰인다.

　U型홈은 비교적 厚板의 경우에도 V형에 비하여 홈의 幅이 작아도 되고 또한 간격을 0으로 하여도 作業性이 좋고, 루우트의 용입도 양호하다. 특히 두꺼운 板에 대하여는 **H型**을 사용한다. H형, U형, X형의 루우트간격 최대치는 使用棒徑을 限度로 한다.

　모서리熔接 또는 모든 T型필렛용접의 홈에 쓰이는 **レ型홈**(베벨형)은 V형에 비하여 작업성이 좋지 않다. 따라서 홈을 취한 쪽에 너무 접근하여, 작업에 방해가 되는 구

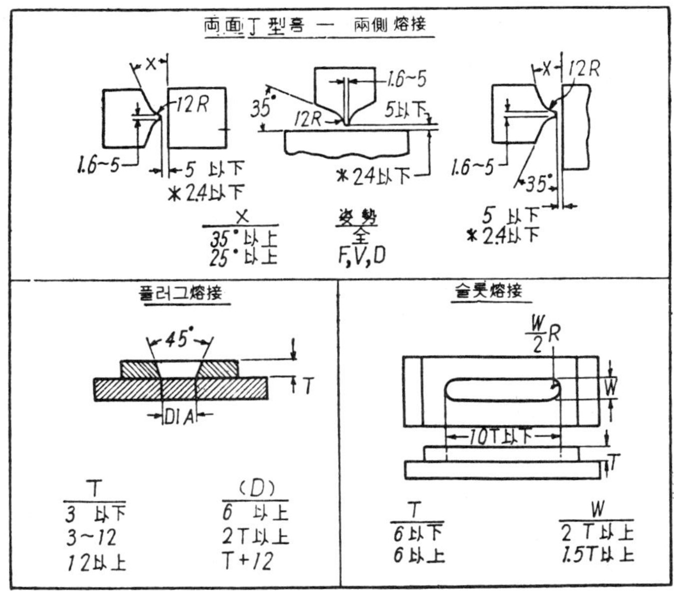

圖 7.3 (c)　被覆아아크 및 不活性가스아아크熔接 및 가스熔接에 쓰이는　標準홈形狀
（* 표는 특히 不活性가스아아크 熔接에 適合）

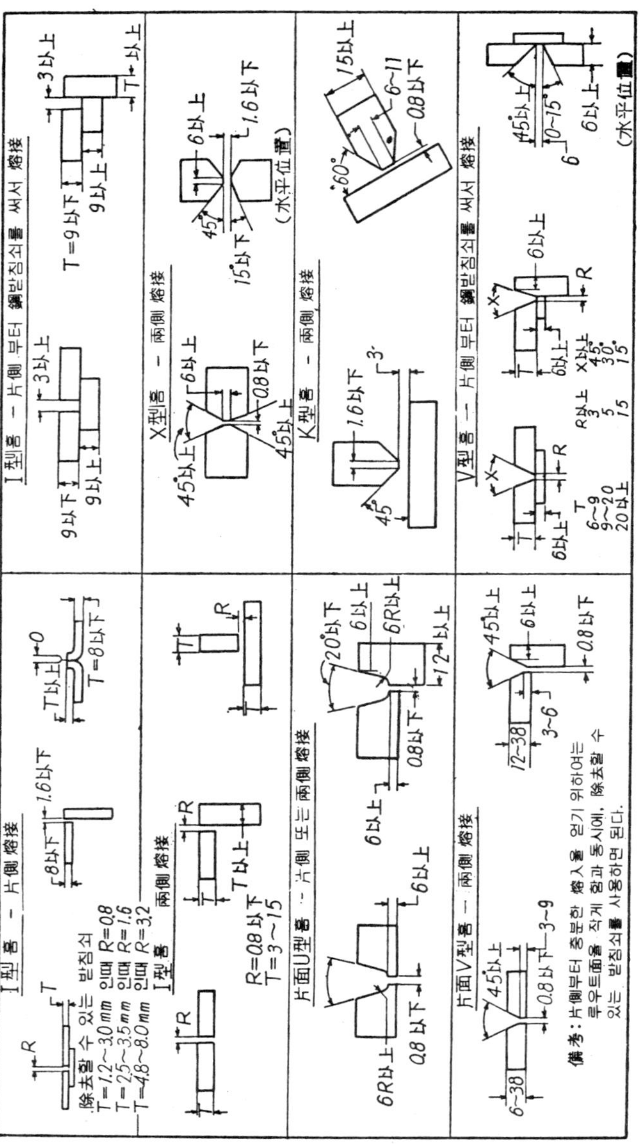

図 7.4　서브머어지드아아크熔接에 쓰이는 標準홈形狀

조물부분이 오지 않도록 설계에 주의를 요하며, 또한 水平熔接의 경우에는 홈을 취한 面이 아래쪽이 되지 않도록 하여야 한다. 단, ㄴ型에서도 덮개板용접이음에서는 간격을 크게 취할 수 있으므로 작업성이 좋다.

K型홈은 ㄴ형의 경우보다 약간 두꺼운 板에 쓰이나, 작업성이 좋지 않는 점이나 기타 설계상 주의해야 할 점은 ㄴ형의 경우와 전적으로 동일하다. 그리고, 밑면따내기가 매우 곤란하지만, ㄴ형에 비하여 熔接變形이 적은 잇점이 있다.

7.2.2 熔接이음의 選擇

용접이음의 强度, 耐蝕性 및 기타 諸性質은 여러가지 因子의 영향을 받는다. 예를들어, 母材 및 용접봉의 재질, 홈과 용입의 形狀, 뒷면용접의 有無에 따라 크게 좌우되며, 이에 대하여는 다음節7.3에서 설명하나, 여기서는 용접이음 선택상의 一般的通則을 설명한다.

荷重이 적고, 충격이나 반복하중의 우려가 없고, 또한 중요치 않은 이음에는 그림 7.5와 같이 용입이 적은 이음 또는 한면용접이음으로 해도 되지만, 큰 하중이나 충격 또는 반복하중에 대하여는 그림7.6과 같이 노치가 없고 용입이 충분한 용접이음이 필요하며, 이때는 밑면따내기를 한 양면이음이 일반적으로 사용된다. 또한, 場所的制約

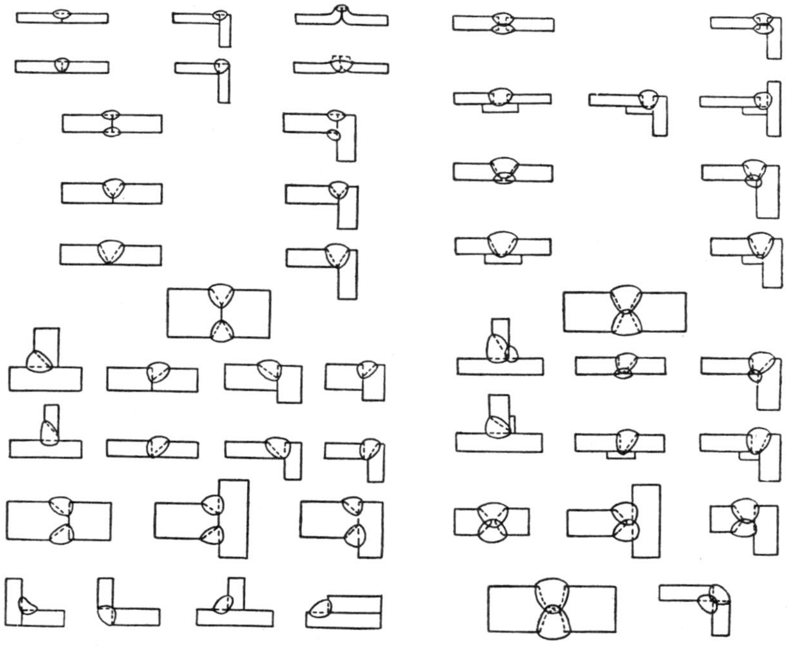

図 7.5 衝擊이나 反復荷重을 받지않고, 小荷重만을 받는 重要치 않은 경우에만 許容될 수 있는 이음 形狀

図 7.6 低溫使用 또는 衝擊이나 反復 荷重 또는 큰 引張荷重을 받는 重要한 場所에 필요한 이음形狀

때문에 한면으로 부터의 용접밖에 할 수 없는 중요한 이음에는, 母材와 同一材質의 받
침쇠를 사용하여 그림7.6의 위에서 두번째 그림과 같이 이것을 용착하는 방법이 일반
적으로 쓰인다. 그러나 이러한 이음形狀은 부식에 약함으로, 예를들어 스테인리스 鋼
의 맞대기용접에서는 최근, 받침쇠를 쓰지 않고 TIG토오치로 第1層의 비이드의 뒷면
波形이 매끈하게 母材에 접속되는 方式(그림4.63 참조)이 쓰인다.

7.2.3 熔 接 記 號

용접구조물의 제작도면에, 설계자가 의도하는 이음形式과 홈形狀, 필렛의 다리 길이,
용접길이, 뒷면용접이나 비이드面의 다듬질 필은여부를 명시하기 위하여 KSB 0052에

는 **熔接記號**(welding
symbol)이 제정되고
있다. 이것은 美國方
式의 利點이 인정되어
이에 준하여 결정된것
이다.

KS의 용접기호는, 그
림7.7에서와 같은 원
칙에 따라, 説明線(基
線, 指示線, 화살), 基
本的熔接記號, 치수 및
기타 資料補助記號 및
꼬리로 이루어지며, 그
記入場所는 그림7.7과
같이 지정되어 있다.

설명선에는 기선을 경
계로 하여 위, 아래의
부분이 있으며, 용접
하는 쪽이 화살쪽 또
는 자기앞쪽인 경우에
는 용접기호와 치수를
기선의 아랫쪽에 기입
하고, 화살표의 반대

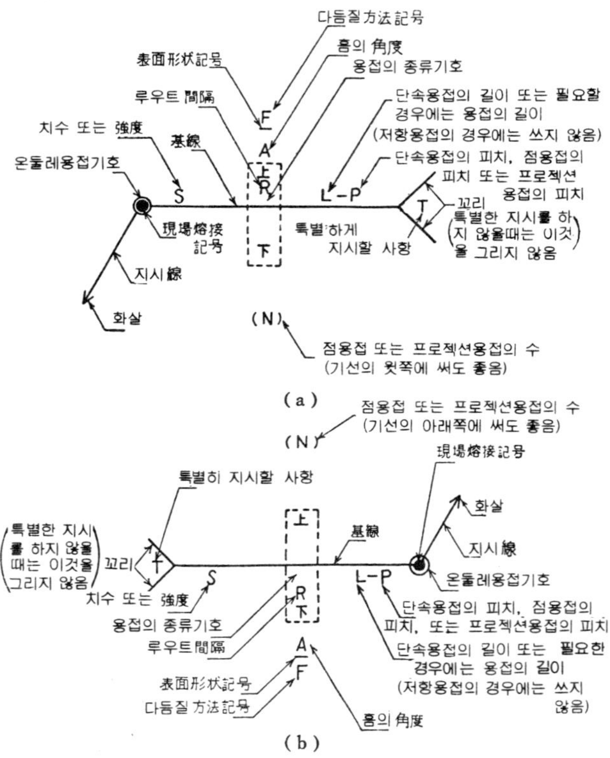

図 7.7 (a), (b) 熔接記號 記入標準位置

쪽 또는 맞은쪽에 있을 때는 기선의 윗쪽에 기입한다.

本書에 관계있는 아아크 및 가스용접의 기호는 表7.1과 같이 정해지고 있다.

용접치수의 記入法, 용접부의 表面狀況(平 , 볼록, 오목) 및 다듬질방법(칩핑, 硏
削, 切削) 및 現場熔接과 온둘레熔接의 表現方法은 그림7.13에서 實例를 든다. 또한
ㄴ型, K형, J형 및 양면J형에 있어서 홈이 파인 部材面을 지시할 필요가 있을 때는
그림7.8의 例와 같이 홈이 파인 部材쪽에 기선을 그리고, 지시선은 折線으로 하여 홈

表 7.1 融接의 種類 및 그 記號

熔接의 種類		記號	作図法	記入例		備考
맞대기熔接	I 形	‖		(기호)	화살의 반대측 부터 熔接.	
				(기호)	화살쪽부터 용접	
				(기호)	兩側부터 용접.	
	V 形	∨	角度는 90°	(기호)	화살反對側에 홈	
				(기호)	화살쪽에 홈.	
	X 形	✕	交角은 90°	(기호)	양측에 V홈.	
	U 形	(기호)	사이ㅁ으로 하며 직선부분은 半徑의 약1/2.	(기호)	화살반대쪽에 홈.	
				(기호)	화살쪽에 홈.	
	H 形	(기호)		(기호)	양쪽에 U홈	홈을 만드는 部材쪽에 基線을 취하고, 指示線에 折線을 붙인다.
	V 形	V	垂直線과 이와 45°로 교차하는 直線을 그리고 높이를 같게한다.	(기호)	화살반대쪽에 홈.	
				(기호)	화살쪽에 홈	
	K 形	K		(기호)	양쪽에 V홈	
	J 形	(기호)	1/4ㅁ을 그리고 직선부분은 半徑의 約1/2	(기호)	화살반대쪽에 홈.	
				(기호)	화살쪽에 홈.	
	両面 J 形	K		(기호)	양쪽에 J홈.	
필렛熔接	連續	(기호)	直角二等邊三角形으로 하고, 垂直線의 中點을 통하는 橫線을 긋는다. 다리가 같지 않을 때도 사용하고, 치수를 記入한다.	(기호)	화살반대쪽에 용접.	
				(기호)	화살쪽에 용접.	
				(기호)	양쪽에 용접	
	斷續 片側만 熔接	(기호)	直角二等邊三角形	(기호) L-P	화살반대쪽에 용접	L : 熔接길이 P : 피치
				(기호) L-P	화살쪽에 용접	
	斷續 並列	(기호)		(기호) L-P		
	斷續 지그재그	(기호)		(기호) L-P		
			両側의 필렛이 같을때도 이記號를 쓸수있다.	(기호) L-P		
플러그熔接		(기호)	斜邊60°의 사다리꼴로 하고 아랫변은 윗변의 약1/2	(기호)	화살반대쪽부터 용접.	
				(기호)	화살쪽부터 용접	
비이드		(기호)	弧의 높이는 半徑의약 1/2	(기호)	화살반대쪽 비이드	
				(기호)	화살쪽비이드	
덧붙이		(기호)	비이드記號를 2개 이어댄다.	(기호)		

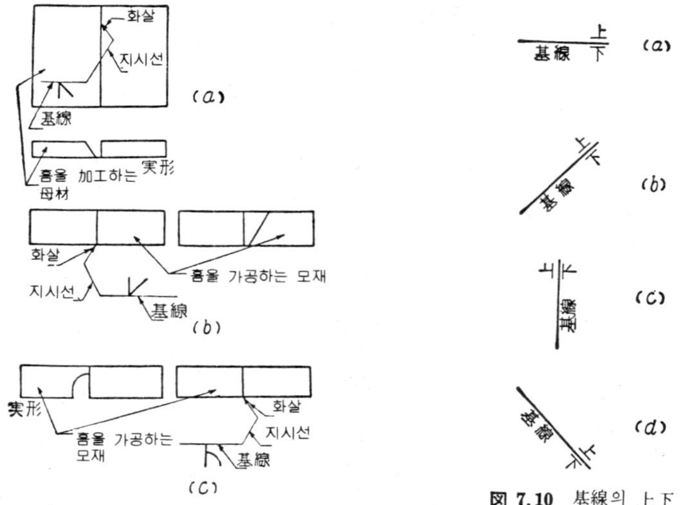

図 7.8　片側홈을 指示하는 例

図 7.10　基線의 上下

図 7.9　指示線과 꼬리의 角度

図 7.11　指示線을 꺾는 方法

이 파인 面에 화살표를 향하게 한다. 또한 기선은 水平으로 그리는 것을 原則으로 하고, 指示線과 꼬리의 角度는 그림 7.9를 표준으로 한다. 지시선을 하나의 線으로 그릴 수 없을 때는 그림7.11과 같이 折線으로 하여도 된다. 만일 기선을 수평으로 그릴 수 없을 때는 그림 7.10과 같이 기선의 위, 아래를 정하고 있다.

　각종 기호와 치수 기타의 記載例는 그림7.12와 같다. 용접기호를 쓴 一例 로서 복잡한 기둥과 보의 용접전부를 그림7.13에 표시한다.

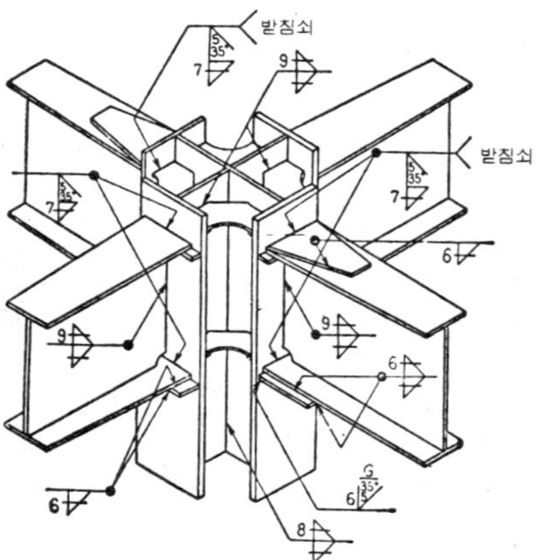

図 7.13　熔接記號 使用例

図 7.12 熔接記號와 치수 其他의 記載 例(KSB0052-1967)

I 形 熔 接	記号	‖	

熔 接 部	実 形	図 示
화 살 쪽		
화살반대쪽		
양 쪽		
루우트간격 2 mm의 경우		
루우트간격 2 mm의 경우		
루우트간격 0 mm의 경우		

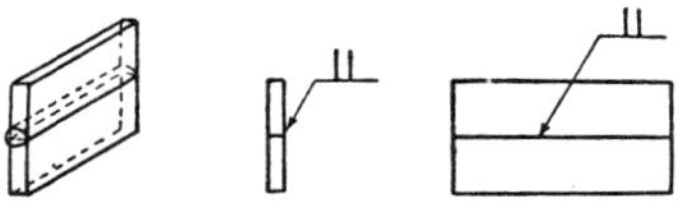

X 形 熔 接	記号	✕	交角 90°

熔 接 部	実 形	図 示
홈의 깊이 　화살쪽 16mm 　화살반대쪽 9 mm 홈의 각도 　화살쪽 60° 　화살반대쪽 90° 루우트간격 3 mm 의 경우		

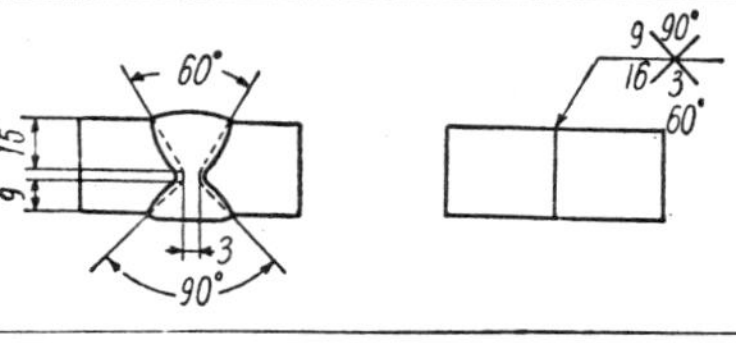

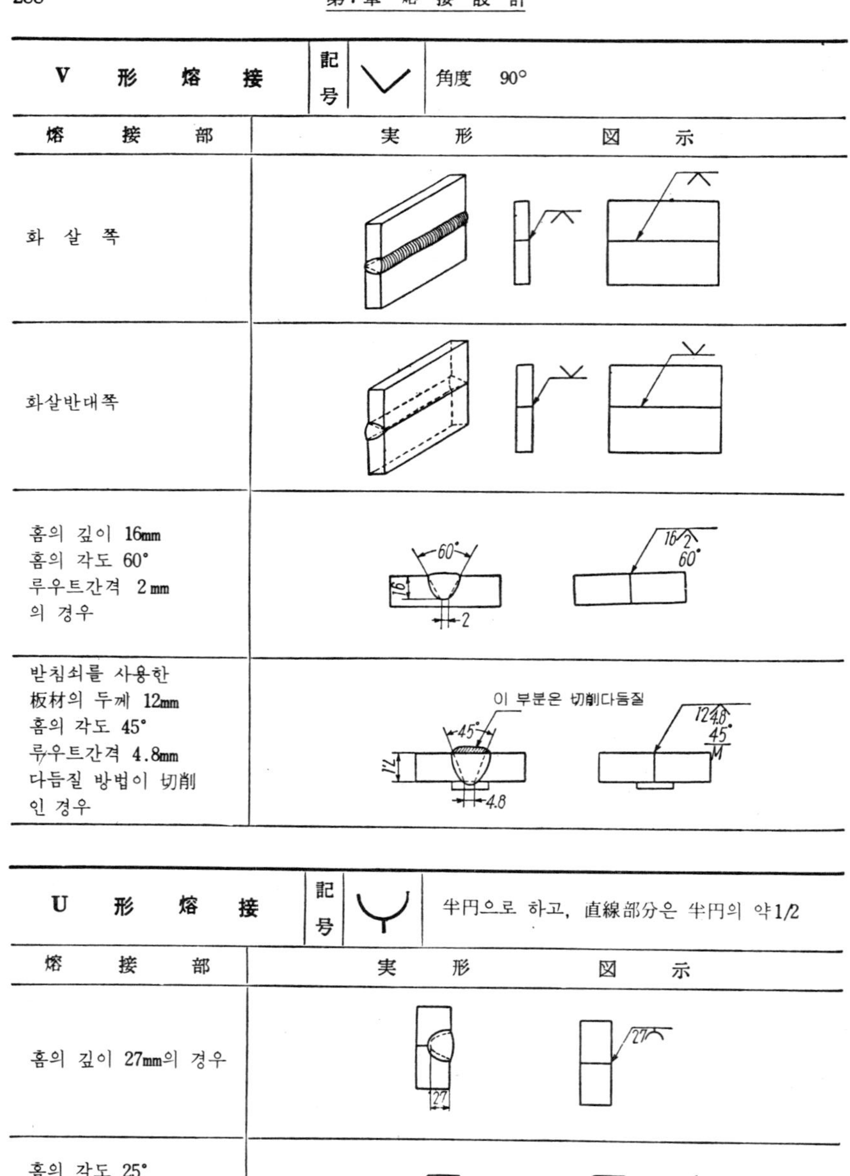

V　形　熔　接	記号	$\vee$	角度　90°

熔　接　部	実　形	図　示
화 살 쪽		
화살반대쪽		
홈의 깊이 16mm 홈의 각도 60° 루우트간격 2mm 의 경우		
받침쇠를 사용한 板材의 두께 12mm 홈의 각도 45° 루우트간격 4.8mm 다듬질 방법이 切削 인 경우		

U　形　熔　接	記号	$\underset{\smile}{}$	半円으로 하고, 直線部分은 半円의 약1/2

熔　接　部	実　形	図　示
홈의 깊이 27mm의 경우		
홈의 각도 25° 루우트半徑 6mm 루우트間隔 0mm 의 경우		

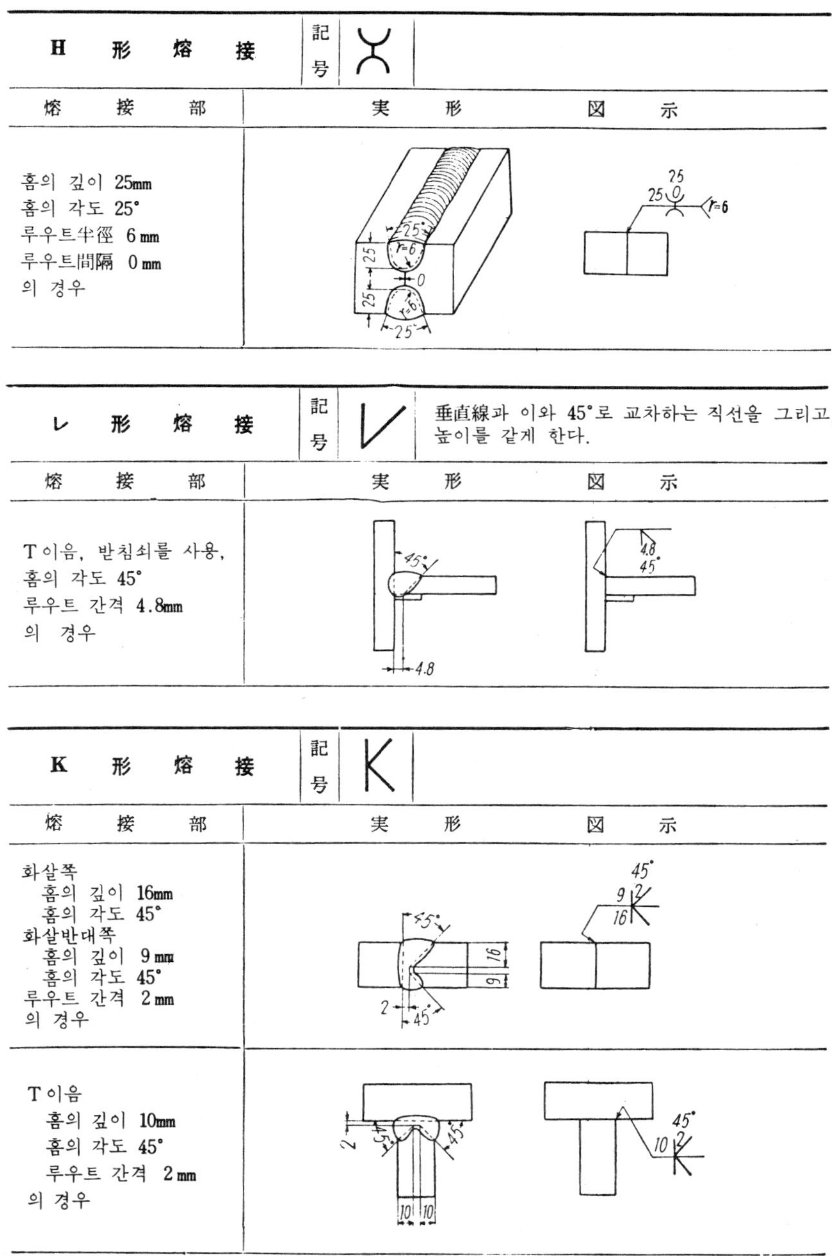

<table>
<tr><td colspan="2">H 形 熔 接</td><td>記
号</td><td colspan="2">Y</td></tr>
<tr><td colspan="2">熔 接 部</td><td></td><td>実 形</td><td>図 示</td></tr>
<tr><td colspan="2">홈의 깊이 25mm
홈의 각도 25°
루우트半徑 6 mm
루우트間隔 0 mm
의 경우</td><td></td><td></td><td></td></tr>
</table>

<table>
<tr><td colspan="2">レ 形 熔 接</td><td>記
号</td><td>V</td><td>垂直線과 이와 45°로 교차하는 직선을 그리고,
높이를 같게 한다.</td></tr>
<tr><td colspan="2">熔 接 部</td><td></td><td>実 形</td><td>図 示</td></tr>
<tr><td colspan="2">T이음, 받침쇠를 사용,
홈의 각도 45°
루우트 간격 4.8mm
의 경우</td><td></td><td></td><td></td></tr>
</table>

<table>
<tr><td colspan="2">K 形 熔 接</td><td>記
号</td><td colspan="2">K</td></tr>
<tr><td colspan="2">熔 接 部</td><td></td><td>実 形</td><td>図 示</td></tr>
<tr><td colspan="2">화살쪽
　홈의 깊이 16mm
　홈의 각도 45°
화살반대쪽
　홈의 깊이 9 mm
　홈의 각도 45°
루우트 간격 2 mm
의 경우</td><td></td><td></td><td></td></tr>
<tr><td colspan="2">T이음
　홈의 깊이 10mm
　홈의 각도 45°
　루우트 간격 2 mm
의 경우</td><td></td><td></td><td></td></tr>
</table>

J 形 熔接	記号	↳	垂直線과 1/4 円을 그리고, 円바깥쪽의 직선 부분은 半徑의 약1/2

熔接部	実形 図示
홈의 깊이 28mm 홈의 각도 35° 루우트半徑 13mm 루우트間隔 2 mm 의 경우	

両面 J 形 熔接	記号	Ϟ

熔接部	実形 図示
홈의 깊이 24mm 홈의 각도 35° 루우트半徑 13mm 루우트間隔 3 mm 의 경우	

필 렛 熔 接	連続	記号	◺	直角二等邊三角形이며, 수직선의 中點을 지나는 水平線을 그린다. 용접단면이 不等邊인 경우에는 이 기호를 그리고 치수를 기입한다.

熔接部	実形 図示
다리길이 6 mm의 경우	
다리길이가 다른 경우 작은 다리의 치수, 큰 다리의 치수를 차례로 쓰고 괄호로 묶는다.	
용접길이 500mm의 경우	
양쪽다리길이가 다 같이 6 mm의 경우	
양쪽다리길이가 서로 다른 경우	

| 필 렛 熔 接 | 斷 続 | 記 号 | 並列 | △L-P | 直角二等邊三角形이며, L (용접의 길이)와 P (피치)를 기입한다. |
| | | | 지재그그 | ⧄L-P | ⋈ 양쪽의 필렛이 같은 경우에는 左記記號를 써도 좋다. |

熔 接 部	実 形	図 示
並列熔接 용접길이 50mm 피치 150mm 의 경우		50-150　　50-150
지그재그熔接 앞쪽다리길이 6 mm 화살반대쪽다리길이 9 mm 용접길이 50mm 피치 300mm의 경우		9 50-300　　9 50-300
지그재그熔接 양쪽다리길이 6 mm 용접길이 50mm 피치 300 mm 의 경우		6 50-300　　6 50-300

| 플 러 그 熔 接 | 記 号 | ⏢ | 斜邊60°인 等邊사다리꼴을 꺼꾸로 한 것이며, 아랫변은 윗변의 1 / 2 |

熔 接 部		実 形	図 示
円形	화 살 쪽		
홈形	화살반대쪽		
円形	구멍지름 22mm 피치 100mm 홈의 각도 60° 용접깊이 6 mm 의 경우		6 60° 22-100
홈形	홈의 폭 22mm 홈의 길이 50mm 피치 150mm 홈의 각도 0° 용접깊이 6 mm 의 경우		6 0° 22×50-150

비이드 또는 덧붙이	記号		弧의 높이는 반지름의 약1/2. 덧붙이의 경우에는 이 기호를 2개 나란히 기입.

熔　接　部	実　形	図　示
화 살 쪽	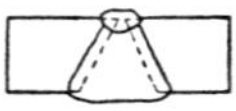	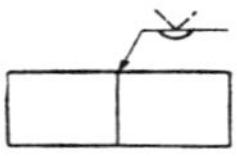
화살반대쪽		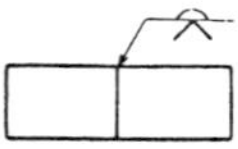
덧붙이의 　두께　6 mm 　폭　50mm 　길이 100mm 의 경우	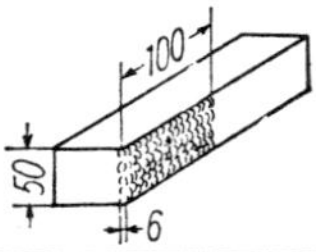	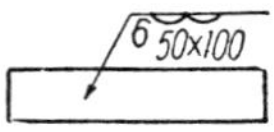 6 50×100

熔　接　部　의 表　面　形　狀	平	記号	─
	볼록		⌒
	오목		⌣

熔　接　部	実　形	図　示
맞 대 기 熔 接		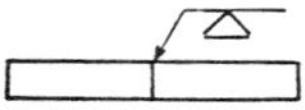
필 렛 熔 接	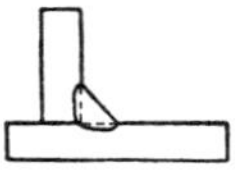	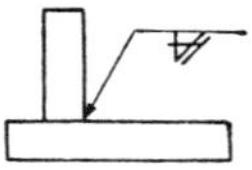
맞 대 기 熔 接	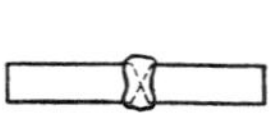	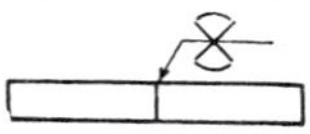
필 렛 熔 接	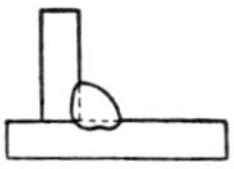	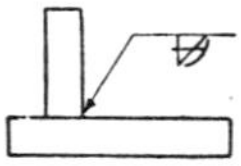
필 렛 熔 接	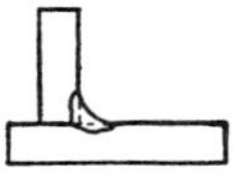	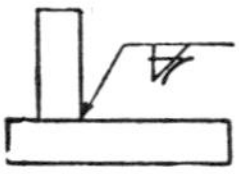

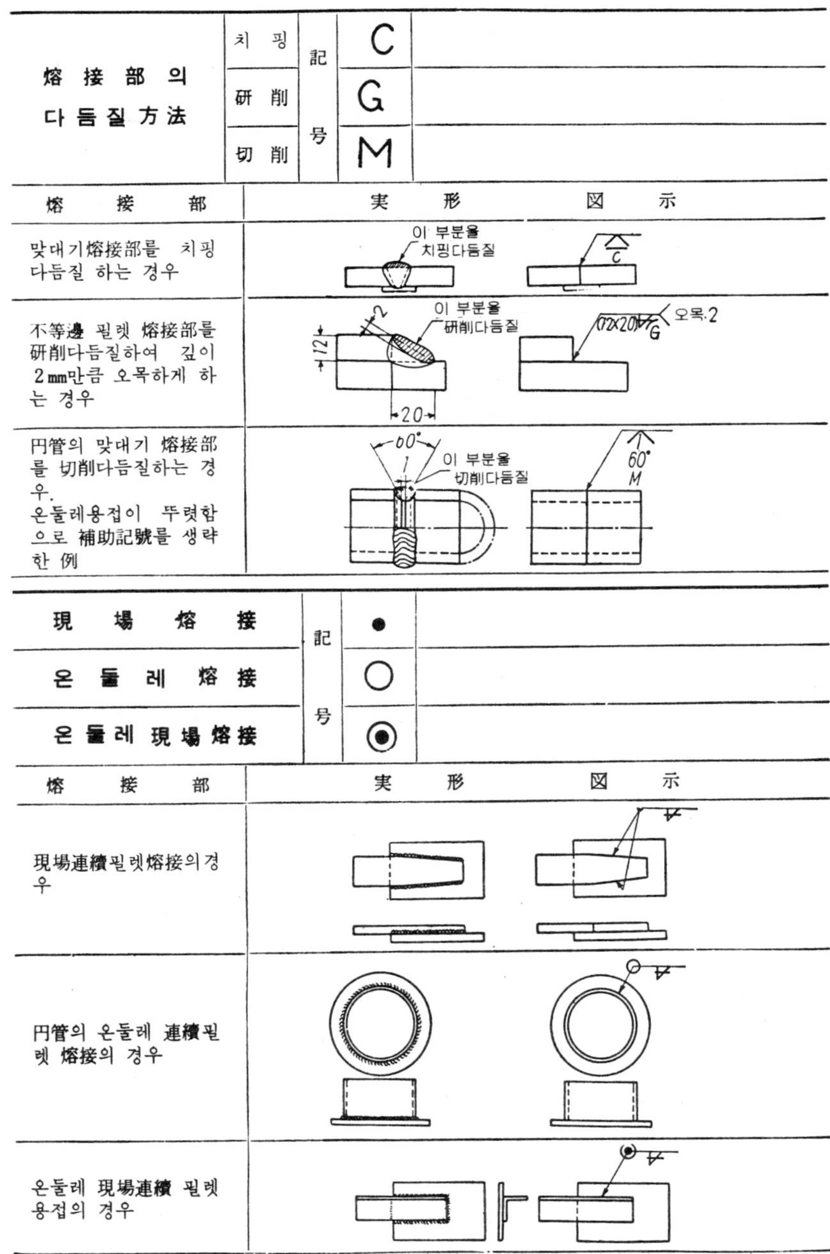

熔 接 部 의 다 듬 질 方法
치 핑　研 削　切 削
記 号
C
G
M
熔 接 部　実 形　図 示
맞대기熔接部를 치핑 다듬질 하는 경우
이 부분을 치핑다듬질
C
不等邊 필렛 熔接部를 研削다듬질하여 깊이 2mm만큼 오목하게 하는 경우
이 부분을 研削다듬질
12
2
20
12×20 오목.2 G
円管의 맞대기 熔接部를 切削다듬질하는 경우. 온둘레용접이 뚜렷함으로 補助記號를 생략한 例
이 부분을 切削다듬질
60°
60° M
現 場 熔 接
온 둘 레 熔 接
온 둘 레 現 場 熔 接
記 号
熔 接 部　実 形　図 示
現場連續필렛熔接의 경우
円管의 온둘레 連續필렛熔接의 경우
온둘레 現場連續 필렛 용접의 경우

記號의 結合使用法	
熔　　接　　部	実　形　　図　示
ν(bevel) 型熔接과 비이드와의 結合	
K型熔接과 필렛熔接과의 結合	
ν型熔接과 필렛 熔接과의 結合	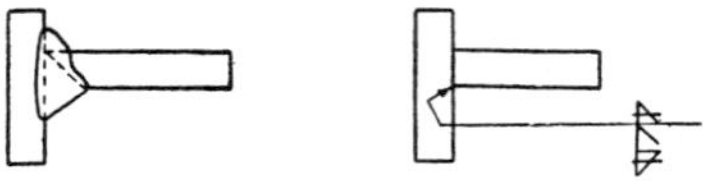
J型熔接과 필렛熔接과비이드와의 結合	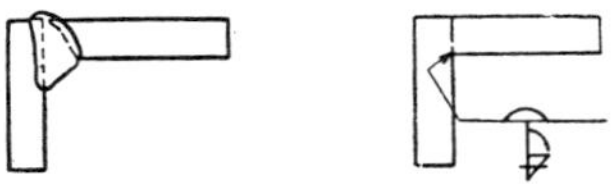
兩面J型熔接과 필렛熔接과 硏削다듬질 記號와오목記號와의 結合	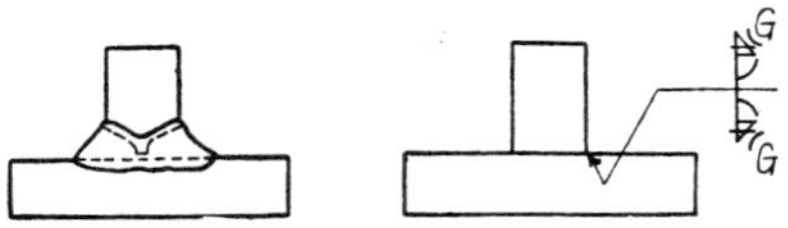

7.3　熔接이음의 諸性質

　용접설계를 하는데는 예상되는 이음의 기계적성질, 耐蝕性, 또는 기타 제성질이 定量的으로 推定되지 않으면 안된다. 특히, 구조물의 수명에 민감하게 영향을 미치는 것으로는, 靜的인 기계적성질, 衝擊抵抗力, 즉, 노치韌性 및 疲勞强度가 중요하며, 이에 영향하는 因子로는, 母材와 용착금속의 재질, 이음의 기하학적形狀과 용접결함의 유무 및 그 정도, 용접후의 열처리나 기계적처리 등이 있다. 本章에서는 주로 軟鋼의 기계적성질에 대하여 기술하고, 기타금속이나 合金의 용접이음의 성질에 대하여는 第11章에서 기술한다.

7.3.1　軟鋼熔着金屬의 機械的性質

(1)　常　　　溫

　軟鋼은 熔接되는 全材料의 90%以上을 차지할 정도로 多量으로 쓰이는 것이므로, 세계각국 共히 그 熔接棒은 飛躍的으로 進步되고 있다. 그 熔着金屬의 기계적성질은 第2章〔2, 4, 3〕에서 설명한 바와 같이 모재와 거의 같을 정도로 우수함으로, KS規格에 합격한 연강용접봉을 써서 결함없는 용접만 한다면, 용접부의 강도가 母材以上이 되는 것이 보통이다. 그러나, 용착금속의 延伸과 충격치는 피복제의 종류에 따라 큰 차이가 있다. 材料의 延伸이 큰 것은, 예기치 않은 過負荷에 견디고, 또한 충격치가 큰 것은 충격하중이나 低溫취성파괴에 대한 安全性을 확보하기 위하여 필요한 성질이다. 따라서 기타 용접봉에 비하여 延伸과 충격치가 상당히 뒤떨어진 高酸化티탄系(D4312, D4313)는, 높은 靜荷重을 담당하는 强度上 중요한 이음에는 사용치 않는 것이 좋다. 또한 셀루로우즈系(D4310, D4311)는 그 자신은 양호한 용착금속의 성질을 갖고 있으나, 아아크분위기에 수소를 다량 함유하고 있으므로, 母材의 材質이 良質이 아니면 균裂이나 線狀組織등, 결함이 생기기 쉬운 결점이 있다. 따라서 강도상 중요한 이음에는 사용을 삼가하고 있다. 이에 대하여 低水素系는 매우 좋은 성질이 있으며, 延性과 靭性이 우수하지만, 棒의 건조에 주의를 요하고 또한 작업성이 약간 나쁘므로 용접결함이 생기기 쉬운 不利한 점이 있다. 그리고, 일메나이트系는 低水素와 가스시일드系의대략 中間정도의 성질을 갖고 있고, 현재 가장 많이 쓰이고 있다. 또한 아래 보기용접용에는 기계적성질이 매우 양호한 高酸化鐵系의 용접봉이 유리하며, 造機方面에 잘 쓰이고 있다.

軟鋼熔着金屬의 Young率 Poisson比, 比重, 膨脹係數등은 母材와 대략 같은 것으로 보아도 된다. 또한 疲勞强度에 대하여는 7, 3, 4項에 기술한다.

(2) 高　　　溫

그림7.14는 SS41材와 비교한 연강용접금속의 高溫에서의 延伸에 대한 一例이며, 400°C 이상에서는 강도가 급격히 감소하는 것을 알, 수 있다. 150～300°C에서는 引張强度가 커지지만, 延伸이 半減하는 靑熱脆化(blue shortness)의 범위가 있다. 이때문에 예를들어, 그림7.15와 같이 두께 10～25mm의 軟鋼板의 필렛용접 언더컷部分이, 반대쪽의 필렛용접에 의하여 靑熱脆化範圍의 加熱(약200～400°C)로 인하여 母材에 균열이 생기는 경우가 있다. 이것을 방지하기 위한 예를들면, 필렛용접에서는 용접끝의 應中集中을 감소하기 위하여 비이드表面과 용접끝을 平滑하게 硏削한 다음, 반대쪽의 필렛용접을 하면, 균열을 방지할 수 있다.

高溫에서의 탄소강의 충격시험에서도, 역시 靑熱脆化의 범위가 있으나, 그 온도는 靜的試驗의 경우보다 훨씬 高溫側(약400～500°C)으로 옮겨가는 것이 보통이다.

또한 高溫의 크리이프强度에 대하여는, 軟鋼 및 低合金

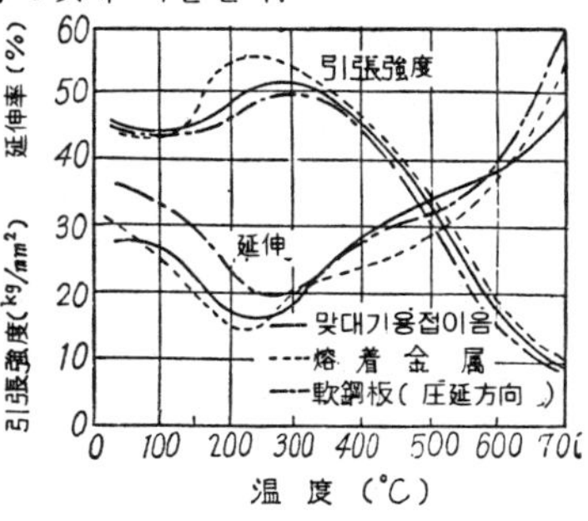

図 7.14 高溫에서의 軟鋼과 熔接金屬의 機械的性質

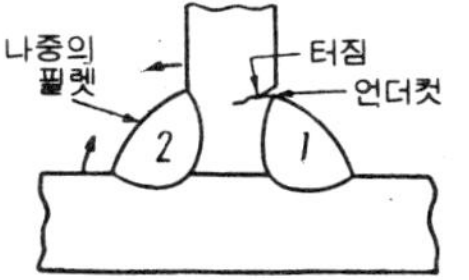

図 7.15 反對側의 熔接으로 인한 필렛熔接언더컷부터의 母材터짐發生 (軟鋼)

鋼용착금속은 용접결함이 없는 限, 母材에 못지 않는 특성을 나타내는 것이 實驗的으로 인정되고 있다. 또한 耐熱鋼이나 耐熱合金의 용접부의 크리이프特性에 대하여는 公表된 레이터가 비교적 적다.

(3) 低 温

저온에서의 탄소강의 기계적성질은, 시험편이 노치를 갖는가 안갖는가에 따라 매우 달라지게 된다. 노치가 없는 경우에는, 그림7.16과 같이 저온일 수 록, 降伏點과 引張强度가 커지며 또한 이兩者가 가까워진다. 延伸과 絞縮은 $-100°C$까지 거의 변화가 없고, $-160\sim170°C$부근부터는 급격하게 延性이 없어진다. (그림6.87 참조). $-183°$C(液体酸素)의 온도에서는, 軟鋼의 延伸이 약10%이하로 저하한다. (실온에서의 延伸

은 약35%). 용착금속에 대하여도 대략 똑같다. 이에 반하여 노치가 있는 시험편에서는, 0°C부근 에서도 靭性이 상당히 저하한다. V노치충격시험에 의하면, 그림7.17의 代表例에서와 같이, 일반적으로 低水素系 熔接棒이 가장 靭性이 좋고(노치인성이 좋다), 다음, 셀루로우즈로 및

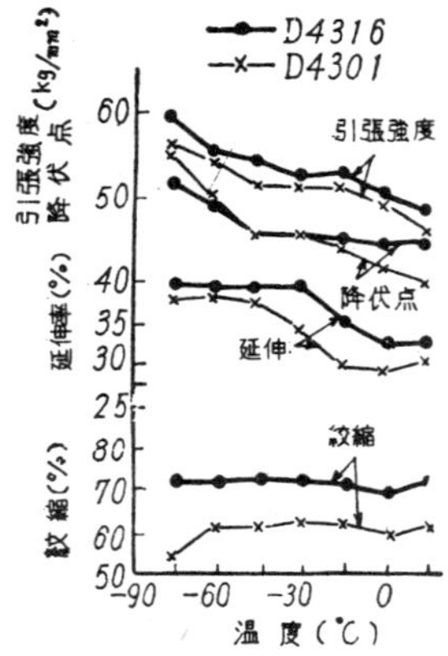

圖 7.16 低温에서의 軟鋼熔着 金屬의 機械的性質

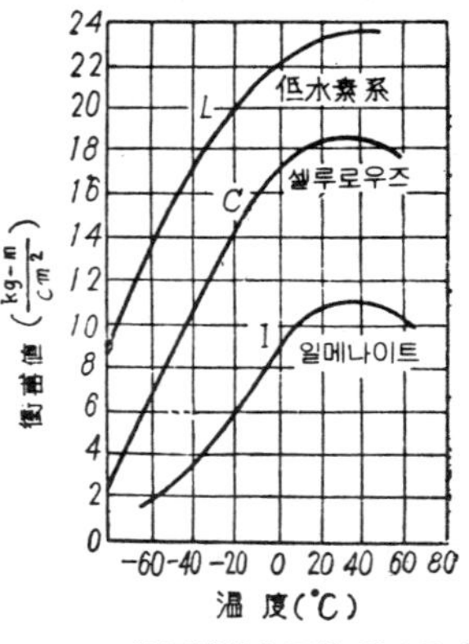

圖 7.17 軟鋼熔着金屬의 V샤르삐 衝擊遷移曲線

일 메나이트系의 順으로 되어있다. 造船用船体材中, 가장 중요한 强度材에 대하여 船級協會의 國際會議에서는, $-20℃$에서 6kgm/cm²이상이 V샤르삐충격치를 요구하고 있으나, 용착금속은 일반적으로 탄소량이 적으므로, 圖表와 같이 비교적 양호한 충격치를 나타내는 것이 보통이다. 물론, 용접봉의 종류(저수소계, 셀루로우즈 等)가 같아도, 製造元 또는 로트生産(lot production) 時마다 상당히 달라지는 것이므로 주의를 요한다.

7.3.2 熔接이음의 靜的强度

(1) 맞대기 이음

맞대기용접이음은 일반적으로 그림 7,18과 같이 용접금속부분을 母材表面보다 조금 높게 덧붙이는 것이 보통이다. 이 부분을 덧붙이 (reinforcement)라고 한다. 엣날에는 용접금속내에 약간의 결함이 있어 有效斷面積이 감소하는 경우에는 이것을 보강하는 목적으로 덧붙였으므로, 補强덧붙임이라 부르고 있었으나, 현재의 연강 용접봉은 용착금속의 기계적성질이 모재강도보다 약간 높게 만들어 지고 있으므로, 용입이 완전한 이음에서는 덧붙이를 削除하여 옆으로 잡아당겨도 그림 7.19와 같이 용접금속이외

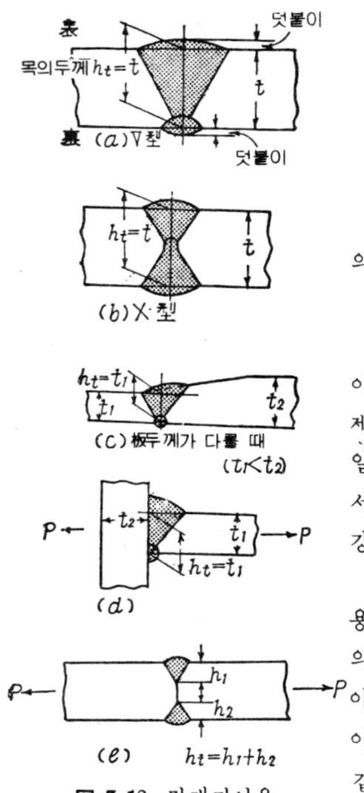

図 7.18 맞대기이음

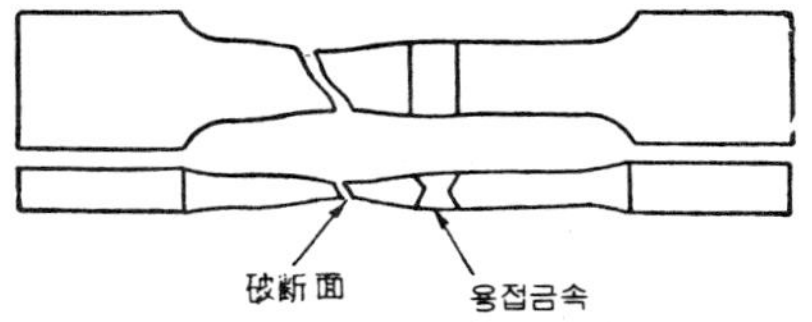

図 7.19 軟鋼熔接引張試驗片의 破斷狀況

의 母材部分에서 切斷되며, 따라서,

$$이음效率 = \frac{(熔接試驗片의 \ 引張强度)}{母材의 \ 引張强度} \times 100$$

이 100%가 되는 것이 보통이다. 그러므로, 덧붙이를 삭제하지 않는 상태에서는 引張破斷이 當然히 母材內에서 일어난다. 따라서, 軟鋼에서는 덧붙이는 보강덧붙임으로서의 價値가 거의 없고, 오히려 다음節에서와 같이 피로강도를 감소시키는 不利한 점이 있다.

加工硬化한 알루미늄合金이나 오오테나이트鋼에서는, 용접금속에 인접한 數mm내지 數十mm의 부분이 용접열에 의하여 軟化하여 강도가 감소함으로, 이것을 옆으로 잡아당기면, 용접금속부가 파탄되지 않고 軟化한 母材부분이 절단된다. 이 强度는 어니일링材의 引張强度와 대략 같게됨으로, 이때의 이음效率은 최초의 母材加工硬化정도에 따라 90~80% 또는 그以下로 한다. 軟鋼도 薄板을 加工硬化한 때는 어느정도 母材의 軟化로 인하여 이음 效率이 저하할 경우가 있다.

용접부의 **熔接끝**(toe of weld)에서는 表面形狀이 약간 급격하게 변화하고 있으므로, 橫引張應力을 가하면, 용접끝에 **應力集中**(stress concentration)이 생긴다. 光彈性으로 조사한 一例로는, 그림 7.20과 같이 약1.8정도의 응력집중이 인정되었다. 이 응력집중은, 용접 끝부근에 局所的으로 일어날뿐이며, 또한 이음에 塑性變形이 생기면 이 응력집중이 저감됨으로, 이음의 橫

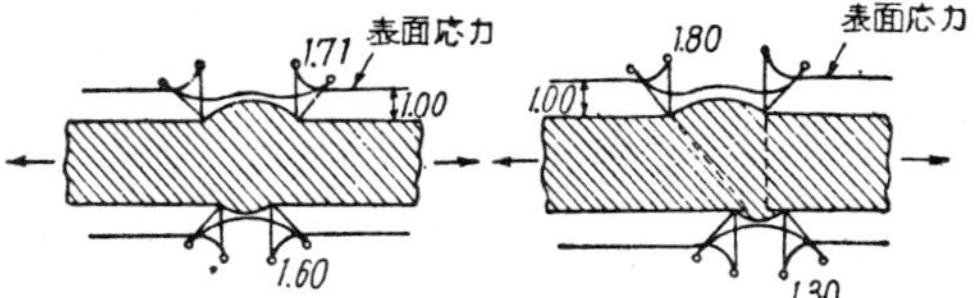

図 7.20 맞대기熔接이음의 熔接끝應力集中

引張試驗에서는 용접끝부터 破斷이 일어나는 것은 극히 드물고, 따라서 용접끝의 응력집중은 이음의 靜的强度에 영향하지 않는 것으로 생각해도 된다. 그러나 다음 節에서 기술하는 바와 같이 疲勞强度에는 크게 영향을 미치며 또한 이음에 반복하여 熱應力이 가해지는 경우에는 그 惡影響이 나타난다.

맞대기용접이음의 인장강도는 安全側으로 취하여 덧붙이의 存在를 무시하고, 그림 7.18 (a), (b)와 같은 **목의 理論두께**(theoretical throat) h_t (mm)의 단면적이 荷重을 지지하는 것으로 가정하는 것이 보통이다. 지금 이 용접봉의 熔着金屬의　인장강도를 σ_w (kg/mm²) 로 하고 맞대기용접금속의 인장강도로서 σ_w 를 쓰면, 길이 l (mm) 의 맞대가이음의 最大引張荷重 P (kg) 는,

$$P=\sigma_w \cdot h_t \cdot l=\sigma_w \cdot tl \qquad (t \text{ 는 } 板두께) \qquad (1)$$

이라고 생각하여도 大差없다.

만일 그림 7.18(c) 와 같이 左右의 板두께가 다를 때는, 安全을 위하여 목의 두께를 얇은 쪽의 板두께와 같게 취하고,

$$P=\sigma_w \cdot h_t \cdot l=\sigma_w \cdot t_1 l \qquad\qquad (2)$$

라고 보아도 된다.

또한, (d) 와 같은 이음의 強度도 (2)式으로 계산한다. 그리고 (e) 와 같이 不熔着部를 남긴 이음도, 목의 두께 h_t 를 써서 강도를 계산한다. 그러나, 이 이음은 延伸이 적고, 충격이나 반복하중에 내하여 위험한 形狀임으로 밑면따내기를 하지않는 맞대기 이음과 마찬가지로, 強度上 중요한 개소에는 사용하지 않는 것이 通則이다.

맞대기용접이음의 始終端, 즉, 스타아트와 크레이터 部分에서는 비이드가 急冷하여, 결함이 수반되기 쉬우므로 強度上 중요한 이음에는 그림 7.21과 같이 이음의 兩端에 **엔드탭**(end tab, 延長板)을 붙여 용접완료

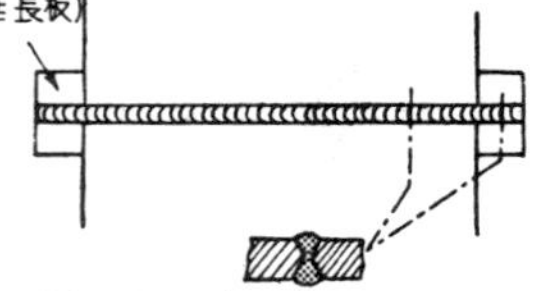

図 7.21 엔드탭

후에 떼어내는 일이 많다. 엔드탭은 모재와 같은 두께로서 같은 홈을 판 것을 쓴다. 손용접에서는 幅50mm, 서브머어지드아아크용접에서는 幅 100mm 정도의 것 을 사용한다.

(2) 앞面필렛熔接

(i) 목의 두께

필렛용접이음의 강도는 목의 두께를 기준으로 하여 整理된다. 그림 7.22의　필렛 용접의 橫斷面内에서, 이에 内接하는 二等邊三角形을 생각하고, 약간의 용입을 무시하여 이음의 루우트(底部, 二邊의 交點)부터 斜邊까지의 거리를 **목의 理論두께**(theoretical throat)라 한다. 또한 용입을 고려한 용접의 루우트 (용접금속底部와 母材表面의 交點)부터 필렛용접의　표면까지의 最短距離를 **목의 實際두께** (actual throat) 라고 한다. 여기서, 목의 이론두께를 h_t, 필렛용접의 치수를 h 라 하면,

$$h_t=h\cos 45^\circ=0.707h \qquad\qquad (3)$$

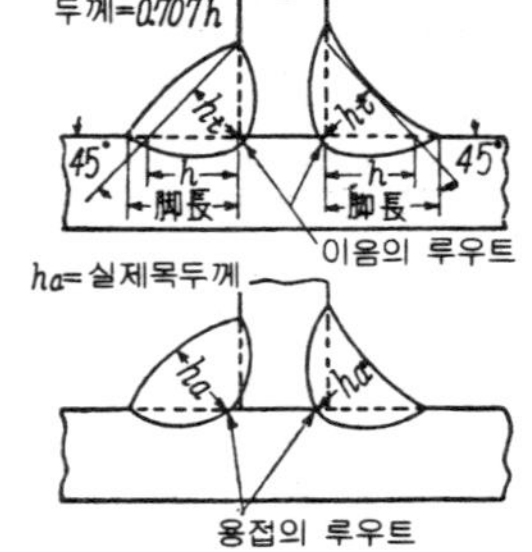

図 7.22 필렛熔接의 치수

가 되는데, h_t 와 목의 실제 두께와의 관계는　필렛용접의 단면용입을 측정치 않으면 알 수 없다. 용접설계에서는 필렛의 치수를 지정하여 工作 시키므로, 실계의 應力計算에는 주로 목의 이론두께가 쓰이며, 단순히 **목의 두께**라　할 때는 이것을 말하는 것이다.

일반적으로 비이드의 스타아트와 크레이터는 결함을 수반하기 쉬우므로, 英國의 規格(BSS)에서는 實際의 필렛용접의 길이 l'부터 始終端에서 각각 치수와 같은 길이 h 를 差引하여,

$$l=l'-2h \qquad\qquad (4a)$$

를 强度計算上의 **有効길이**로 하고 있다. 단지, 여하한 경우에도

$$l \geq 50\,\text{mm} \quad \text{또는} \quad 6h \text{ 以上} \tag{4b}$$

이어야 하는 것으로 하고 있다.

(ii) 應力分布

熔接線의 方向이 전달해야 할 應力方向에 거의 직각인
필렛용접을 **앞面필렛熔接**(fillet weld in normal shear,
front fillet weld)라 한다. 필렛용접은 形狀이 불연속이
고, 또한 不熔着部가 있기 때문에, 應力分布가 복잡하므로
光彈性을 사용하여 실험적으로 여러가지로 조사되고 있다.

앞面필렛용접에 彈性應力이 걸린 경우의 主應力線方向은
그림 7.23의 실험결과와 같이 매우 복잡한 分布를 나타낸
다. 그림의 a點(루우트) 및 용접끝 b點에서는 應力集中이
극히 크고, 루우트部에서 6~7, 용접끝에서 약 4.7이며, 表
7.2와 같다.

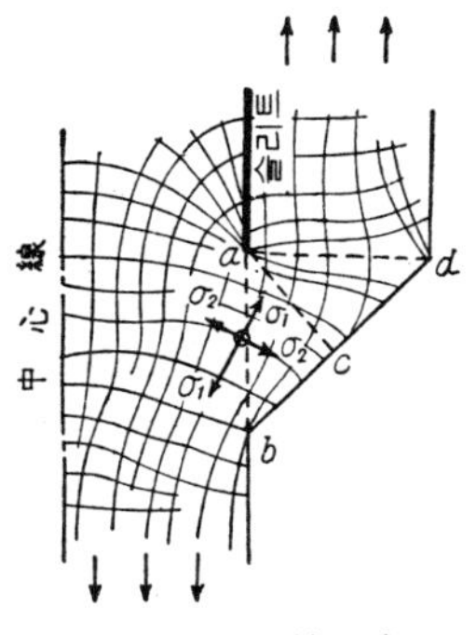

図 7.23 필렛熔接의 主
           應力線

이 表는 겹치기용접에 대한 것이므로, T형필렛의 루우트部에서의 응력집중은 더욱
심하게 된다.

表 7.2 앞面필렛의 應力集中度(그림 7.23) 參照(彈性應力分布)

필 렛 의 形 狀	応 力 集 中 係 數		
	a 点 (루우트)	b 点 (용접끝)	c 点 (비이드의) (表面中央)
標準의 45°필렛	6.92	4.75	1.27
45°필렛 (루우트에서 4 mm의 熔入)	6.20	4.68	1.04
b點에서 지름 38mm의 曲線으로 한 것	6.55	2.24	1.42
30°의 扁平한 필렛	6.05	2.12	1.62

以上의 응력집중은 탄성범위내의 것이나, 應力集中이 큰 곳에 局所的인 **塑性變形**(永
久變形)이 일어나면, 응력집중이 상당히 편탄하게 되어버린다. 이어 계속 이것을 잡
아당기면, 용접끝(b部分)에서는 表面의 角度가 점차 둔해져서 응력집중이 감소하나,
루우트(a部分)에서는 緩和되지 않고 현저한 **塑性變形**을 받게 되므로, 실제적인 破斷
은 루우트부터 일어나기 쉽게 된다.

(iii) 引張强度

軟鋼의 前面필렛용접의 最大引張荷重, P_f 를 荷重을 부담한 合計의 목의 이론두께斷
面積으로 나눈 값을 **앞面필렛熔接의 引張强度**라 한다. 즉,

$$S = \frac{P_f}{h_t \cdot l} \tag{5}$$

이 강도는 全熔着金屬의 인장강도 σ_w 와 대략 비례하는 것으로 생각되고 있지만, 그
比例定數는 實驗者에 따라서 상당히 달라지고 있다. 그 이유는, 용착강의 化學成分이
모재에 영향을 미치는 것, 용입의 量, 덧붙이의 大小, 및 다리길이 等, 諸因子가 이음
의 강도에 미치는 영향이 크기 때문이다.

　현재 쓰이는 軟鋼熔接棒 D43級에서 全용착금속의 인장강도가 $\sigma_w=45\text{kg/mm}^2$ 정도의 것을 대상으로 하는 경우에, 겹치기 및 덮개板이음에 있어서의 앞面필렛의　인장강도 S는, 목의 이론두께斷面에 대하여 平均 약 40kg/mm^2, 즉,

$$S \fallingdotseq 0.90 \times \sigma_w \tag{6}$$

이며, 필렛용접의 치수, 용접봉, 시공조건의 차이에 따라 약 $35\sim50\text{kg/mm}^2$의 범위에서 변화하고 있다.

　또한, T이음에서는 앞面 필렛용접의 인장강도가 약간 적어서, 약 36kg/mm^2이며, 위에서와 같은 이유로 약 $32\sim42\text{kg/mm}^2$의 범위에서 변화하는 것으로 생각하면 된다.

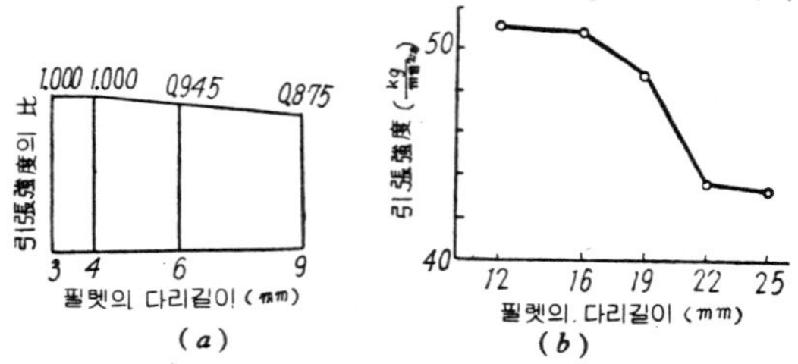

　일반적으로 필렛의 다리길

図 7.24　앞面필렛의 引張强度와 다리길이

이가 증가하면, 앞面필렛의 인장강도가 그림 7.24 (a), (b)와 같이 漸減하여, 다리길이가 3mm에서 9mm로 증가하면 인장강도가 약 12.5% 低下하고 (a圖), 또한 다리길이가 특히 길게 되면, 인장강도의 감소가 현저하게 된다 (b圖).

(iv) 引張强度의 理論

　앞面필렛이음의 引張破斷直前의 塑性應力分布는 아직 알려져 있지 않으므로, 적당한 假定에 의거한 理論이 만들어지고 있다.

　가) 主應力法　Jenning 의 방법에서는 목斷面을 위험하다고 생각치 않고, 最大主應力이 작용하는 面을 危險面이라 假定하고 있다. 그림 7.25에서 루우트 A를 통하는 斷面內에서는 應力이 均一하게 分布하는 것으로 가정하고, 그 合力의 方向은 荷重 P의 방향에 일치

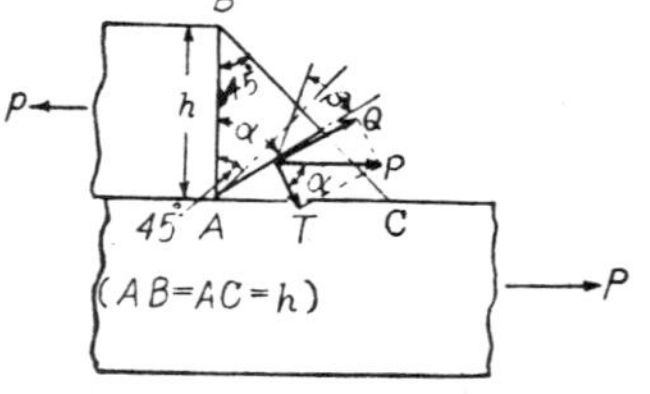

図 7.25　앞面필렛의 破斷應力
（主應力法）

하는 것으로 가정한다. 角度 α의 단면에서는,

$$\text{剪斷力} \qquad Q=P\sin\alpha$$
$$\text{引張力} \qquad T=P\cos\alpha$$

임으로, 필렛용접의 치수를 h, 용접길이를 l라 하면,

$$\text{剪斷應力} \qquad \tau=P\sin\alpha \bigg/ \left\{ \frac{hl}{\sqrt{2}} \frac{1}{\cos(\alpha-45°)} \right\}$$
$$=\frac{\sqrt{2}\,P}{hl}\sin\alpha\cdot\cos(\alpha-45°)$$
$$\text{引張應力} \qquad \sigma=\frac{\sqrt{2}\,P}{hl}\cos\alpha\cdot\cos(\alpha-45°)$$

따라서, 最大合成引張應力 σ_m 는 公式에 의하여,

$$\sigma_m=\frac{1}{2}\sigma+\sqrt{\tau^2+\frac{1}{4}\sigma^2}$$

　σ_m가 최대가 되는 각도 α를 구하면, 그것이 主應力面이 됨으로, $d\sigma_m/d\alpha=0$ 라 두어서 α를 구하면,

$$\alpha = 48.5°$$

이 때의 σ_m 은 主應力 (σ_{mp}) 이며,

$$\sigma_{mp} = 1.624\frac{P}{hl} \tag{7}$$

여기서, 簡單하게 主應力이 $\alpha = 45°$ 의 面에서 일어나는 것으로 가정하면,

$$\sigma_{mp} = 1.618\frac{P}{hl} \tag{8}$$

가 되며, (7)式과의 차이는 僅少하다. (8)式은 强度計算式으로서 勸奬되는 公式의 하나이며, 다음에서 기술하는 實驗値와도 잘 合致한다.

나) **簡便法** 最小斷面인 $45°$ 방향의 목斷面으로 荷重을 나누고, 인장응력 σ 를 구하는 방법이 있다, 즉,

$$\sigma = P\Big/\frac{hl}{\sqrt{2}} = \frac{1.414P}{hl} \tag{9}$$

이 式에는 理論的根據가 없으나, 荷重을 목斷面으로 나누면 되므로, 매우 간단함으로, 이음강도의 實用計算에 널리 쓰이고 있다. 그러나, 이式에서, 예를들어, 破斷荷重 P_B 를 推定하는데는 σ 대신 全熔着金屬의 인장강도 σ_w 를 두면 되는데, 이 때는,

$$P_B = \frac{hl}{1.414}\sigma_w$$

가 되며, 실제하중은 (6)式에서 기술한 바와 같이, 이 값의 약 **90%**의 크기이다. 이에 대하여는 (8)式을 쓰면, $\sigma_{mp} = \sigma_w$ 라 두어,

$$P_B = \frac{hl}{1.618}\sigma_w = 0.88 \times \frac{hl}{1.414}\sigma_w$$

가 되어, 대략 實驗値와 일치하는 값이 얻어진다.

이밖에, 理論的인 취급으로는, 剪斷應力 最大의 面에서 破斷이 일어나는 것으로 생각하는 계산방법, 剪斷變形에너지 最大의 面에서 破斷되는 것으로 가정하는 방법등이 있으며, 비슷한 결과가 얻어진다.

（ⅴ） **필렛熔接의 剝離**

健全한 필렛용접의 破斷은, 그림 7.26(a)와 같이, 파단이 루우트에서 시작하여 필렛內를 $60 \sim 70°$ 의 각도로 가로질러 파단하는 것이 보통이나, 경우에 따라서는 同圖(b)와 같이 필렛全体가 본드(境界)의 곳에서 **剝離** (pull-out type fracture))하는 일이 있다. 이 것은 브라케트(bracket)의 필렛熔接본드터짐으로써 일어나기 쉬우며, 下板에 강한 層狀의 偏析이 존재하는 鋼材에 일어나기 쉽고, 이러한 板은 두께方向으로 延伸이 數%라는 적은 것들이다. 板表面에 직각방향의 강도는 리벳接合에서는 문제가 되지 않았으나, T型필렛 용접이 많이 쓰이는 建築 또는 機械의 용접에서는 중요한 문제가 되고 있다. 필렛용접의 剝離性을

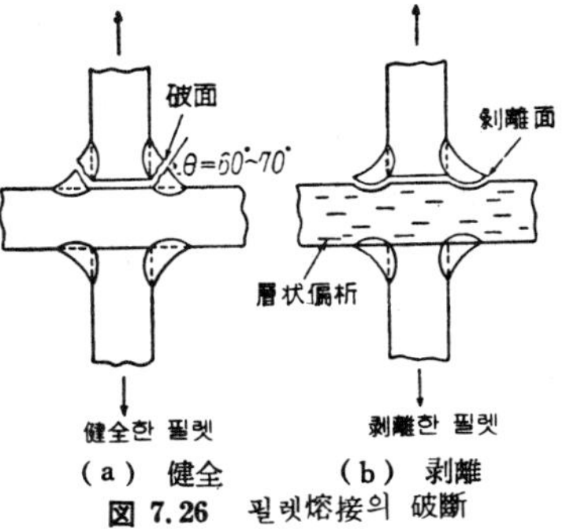

図 7.26 필렛熔接의 破斷

간단하게 조사하는데는 **탭테스트**(tab test) 또는 필렛용접의 **破面試驗方法**(第 9 章 그림 9.12 참조)이 적당하다. 前者는 板끝에 50~75mm角의 小板(tab)을 Ｔ型으로 필렛용접하여, 약간 豫熱(50~60℃)하고, 이것을 뒷쪽부터 해머로 두둘려 꺾어서 剝離有無를 검사하는 것이다. 이 박리방지하는, 低水素系용접봉은 효과가 없고, 母材를 교환하거나, 또는 필렛의 본드가 깊게 용입하게끔, 홈形狀과 施工方法을 연구하여야 한다.

（3） 側面필렛이음

（i）　應力分布

하중방향이 용접선과 平行인 필렛을 **側面필렛熔接**(fillet weld in parallel shear, side fillet weld)이라고 한다(그림 7.1 참조). 이에 대해서도 하중이 걸린 경우의 彈性的應力分布가 실험 및 近似計算에 의하여 조사되고 있다. 예를들어, 兩面덮개板 側面필렛이음의 용접부와 덮개板에 대하여 應力分布를 조사한 결과는 그림 7.27 과 같다. 左下는 AB上의 x方向 (용접선 방향)과, 그에 직각인 y 方向의 수직응력(斷面에 수직인 응력)의 분포이며, 덮개板에서는 周邊에 갈 수록 인장응력이 커진다. 또한 필렛용접내의 剪斷應力(단면내에 작용하는 응력, 여기서는 x 방향)의 분포는 그림의 右上과 같이 中央部가 적고, 兩端이 크다. 비이드 末端의 전

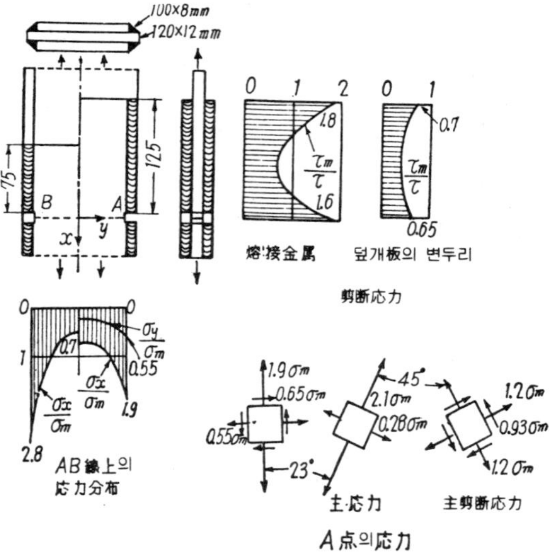

図 7.27　側面필렛이음의 덮개板應力分布

단응력은 비이드길이가 片側 125cm의 경우에는 평균전단응력(r_m)의 1.8배이며, 그 倍率은 비이드 길이가 33~65mm 의 범위에서는 급격하게 감소하고, 비이드길이 33mm 일 때는 평균응력의 1.27배정도로 저하한다. 따라서, 彈性理論的으로 볼때는, 너무 긴 필렛용접은 有效치 않다. 또한, 이 영향은 疲勞强度에서 나타날지도 모른다.

（ii）　破斷强度

側面필렛용접이음의 破斷强度 즉 **剪斷强度**(shear strength)　는 다음式

$$\tau = \frac{P}{h_t l} = \frac{1.414P}{hl} \tag{10}$$

로 주어진다. 단, h_t 는 목의 이론두께, l 는 용접길이, P 는 길이 l 의 필렛이 분담하는 최대하중이다.

측면필렛의 전단강도 τ 는 전면필렛의 인장강도 S〔(5)式〕에 비하여 약간 낮은 것이 일반적이나, 이것은 전용착금속의 인장강도에 비하여, 전단응력이 상당히 낮은 것에 起因되고 있다.

종래의 시험결과에 의하면, D43級軟鋼熔接棒(용착강의 인장강도 45kg/mm² 級)에 의한 측면필렛의 전단강도 τ 는 목斷面積에 대하여 약 32kg/mm²(인장강도의 약 70%), 즉,

$$\tau \fallingdotseq 0.70 \times \sigma_w \tag{11}$$

이며, 필렛용접의 방법, 용접봉, 시공조건의 차이에 따라, 약 28~38kg/mm²의 범위에서 변화한다.

(6)式과 (11)式에 의하여

$$\eta \equiv \frac{側面필렛의\ 剪斷强度}{前面필렛의\ 引張强度} = \frac{\tau}{S} = \frac{0.70\sigma_w}{0.90\sigma_w} = 0.78$$

이지만, 각종실험결과에 의하면,

$$\eta = 0.70 \sim 0.86$$

의 범위에서 달라지고 있다.

측면필렛의 전단강도는, 목斷面積에 의하여 결정되며, 용접길이에 거의 관계가 없다. 그림 7.27과 같이, 彈性的應力分布에서는 측면필렛의 兩端에 큰 응력집중이 있었으나, 더욱 큰 인장하중이 작용하면, 그 부분이 최초로 降伏하여 塑性變形하고, 다시 하중이 증대하게 되면, 용접선全長에 걸쳐 降伏이 진행해서 응력분포가 대략 均一하게 되어 마침내 절단되는 것으로 생각된다. 따라서, 破斷의 剪斷强度는 용접길이에 거의 관계가 없게 된다.

측면필렛의 전단강도도 다리길이가 길어지면, 그림 7.28과 같이 감소한다.

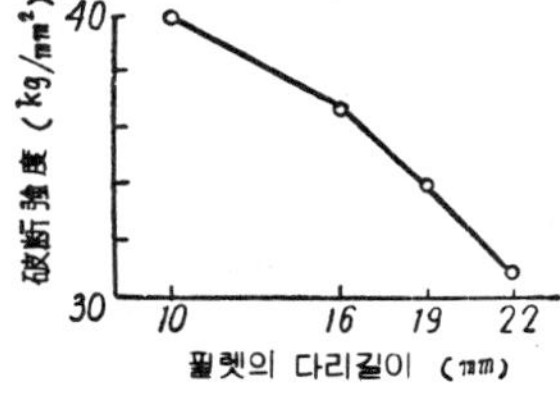

図 7.28　側面필렛의 剪斷强度와 다리길이의 關係

（4）其他의 이음

（ⅰ）併用필렛이음

덮게板이음, 겹치기이음, 또는 받침쇠補强等에는, 前面필렛과 側面필렛을 併用한, 소위 併用이음(conbined joint)이 잘 쓰인다. 實驗에 의하면, 병용필렛의 破斷强度는 前面필렛과 側面필렛의 中間的인 값이며, 오히려 側面필렛에 가깝고, 軟鋼에서는 목斷面積當 약30kg/mm²이다. 그러므로, 병용이음에서는 전면필렛도 측면필렛이라 생각하여 이음의 강도 계산을 하면, 실제와 가까운 安全値가 얻어질 수 있을 것이다.

（ⅱ）斜方필렛이음

斜方필렛이음의 引張强度는 그림 7.29와 같이, 熔接線이 荷重方向과 이루는 角度에

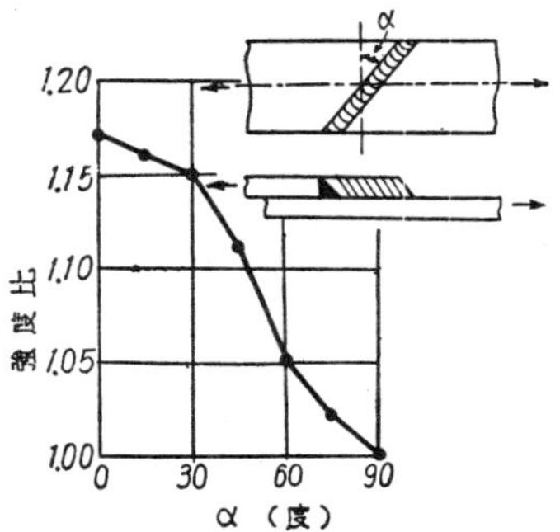

図 7.29　斜方필렛이음의 引張强度

따라, 前面필렛 또는 側面필렛의 强度에 가까운 값을 나타내게 된다.

(iii) 플러그熔接 및 슬롯熔接

플러그 및 슬롯熔接에서는 용접금속이 전단응력을 부담하는 경우가 많다. 이때는, 용접금속내에서 上下板의 경계부근에 큰 응력집중이 일어나는 것이 당연하며, 光彈性 試驗에 의하면, 플러그용접부의 최대응력집중係數는 2.5~5.5의 높은 값을 나타내고 있다. 또한 플러그용접의 전단강도는 구멍의 면적當 全熔着鋼의 引張强度의 60~70% 정도이다

7.3.3 熔接이음의 衝擊强度

충격시험은 보통, 노치를 붙인 시험편을 충격에 의하여 굽힘 또는 잡아당겨 破斷시키고, 이때 파괴에 요한 吸收에너지나 破面狀況을 측정하는 것이다. 이것은 재료의 충격에 對한 저항력을 조사하기 위하여 사용되고 있다. 금속재료는 靜的荷重과 충격

적하중에 대한 變形抵抗이 材質에 따라 다르므로, 靜的强度가 강한 것이 반드시 衝擊抵抗力(靭性 toughness)이 강하다고는 할 수 없다. 또한 前述한 바와 같이 노치가 없는 軟鋼 試驗片은 −160℃부근의 저온에서도 靜的 및 충격적으로도 상당한 延性을 갖지만, 이것에 노치를 붙이면, 室溫부근에서도 취약하게 破斷되는 特性이 있으며, 소위 노치脆性破壞가 일어나게 된다. 특히 충격을 받으면 더욱 취약하게 된다. 이와같이, 노치충격시험은, 최근 鋼의 脆性破壞에 대한 抵

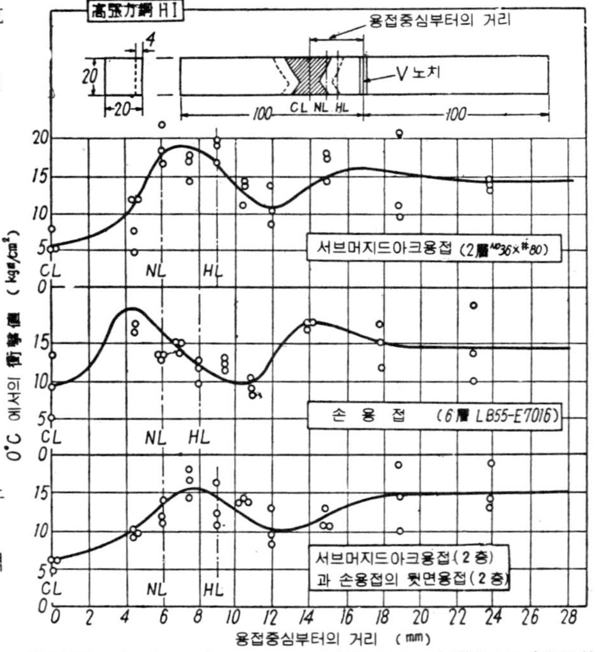

圖 7.30 板두께20mm의 高張力鋼H 1 熔接部의 大型V샤르삐衝擊値 分布

抗力(노치靭性 notch toughness)을 판정하는 목적에서, 특히 重視되고 있다.

용접이음의 노치충격저항은, 용접금속, 열영향부 및 母材저항력의 合成에 의하여 결정되지만, 노치를 붙이는 位置에 따라 크게 달라진다. 예를들어, 그림 7.30은 板두께 20mm의 Mn-Si系高張力鋼H1(C 0.15, Mn 1.21, Si 0.37, P 0.015, S 0.020, Cu 0. 18 , Al 0.0 25%)의 용접부에 대한 大型V샤르삐충격시험에서 0℃의 충격치 분포인데

노치위치에 따라 그값이 매우 달라지고 있다. 서브머어지드아아크용접의 용접에서는 용접금속의 충격치가 低水素系손용접금속보다 약간 적으나, 열영향부의 NL부터 HL 부근에서는 그속에 노오말라이징에 의한 것과 비슷한 靭性있는 細粒組織을 함유함으로 충격치가 크고, 그 外側의 용접금속中心부터 약 10~12mm 位置는 용접중에 약 500 ~600℃로 가열된 곳이며 충격치가 낮다. 이것은 용접중의 變形時效에 의한 脆化이다. 그러나 실제의 용접부에서는 이 부분에 노치가 없으므로 이 부분에서 취성균열이 발생한 실예는 드물다.

그림 7.30의 시험편에서는 용접금속 경계 (본드)의 過熱組織部만을 취하여 충격치를 구할 수는 없으나, 四角의 V샤르삐충격시험편에 熔接熱사이클을 再現시켜 본드와 同一한 현미경조직을 갖게 한다음 충격시험하면, 충격치가 현저하게 낮어지는 것이 보통이다. 만일 용접끝에 언더컷이 있으면, 그곳이 노치가 되어 취약한 본드에 따라 취성균열이 진행되는 경우가 있다.

또한 용접한 채로의 大型軟鋼試驗片을 爆破하여 충격파괴시키면, 용접금속내의 最終層의 樹枝狀組織부터 취성균열이 발생하는 것을 알 수 있다. 용접부에는 X線으로도 檢出되지 않는 微細한 균열을 비롯하여, 슬래그섞임, 용입부족, 氣孔, 언더컷, 등 결함이 노치로서 존재함으로, 이에 의하여 취성파괴가 발생할 가능성이 내포되어 있다.

7.3.4 熔接이음의 疲勞强度

反復荷重을 받는 용정이음의 강도, 즉, 疲勞强度는, 그 靜的强度와 전연 無關係이고, 이음形狀이나 용접부의 표면 狀況에 의하여 예민하게 영향을 받는다. 용접구조물의 파괴는, 보통의 인장시험과 같이 靜的荷重이 너무 걸려서 塑性變形이 일어나 파괴되는 일은 드물고, 오히려 노치部에서 低氣溫時에 발생하는 취성파괴나, 또는 반복하중에 의하여 疲勞破壞되는 경우가 많다. 특히, 기계, 차량, 항공기등 반복하중을 받는 용접부의 경우에는 더욱 그러하다.

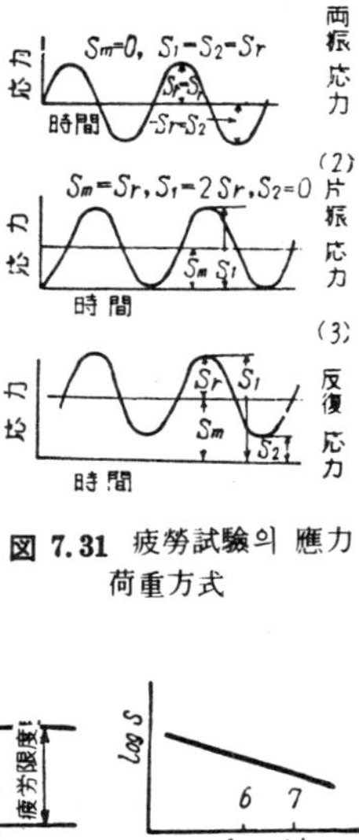

疲勞試驗에서는 그림 7.31과 같이 세가지 반복하중, 즉,

　가) 兩振荷重 (reversed load)
　나) 片振荷重 (pulsating load)
　다) 反復荷重 (repeated load)

中 한가지에 의하여 시험한다.

또한 시험편의 응력 S와, 파단되기까지의 하중 반복回復 N와의 관계는 그림 7.32 (a)와 같이 S對log N曲線 (疲勞曲線)으로 표시되는 것이 보통이다. 鋼에 대하여는, $N=10^6 \sim 10^7$ 間의 어떤 回數以上인 경우에 S~N線이 平坦하게 되며, 이 應力 (疲勞限度, 耐久限 endurance limit) 以下에서는 아무리 많은 回數의 하중을 가해도 파단되지 않다.

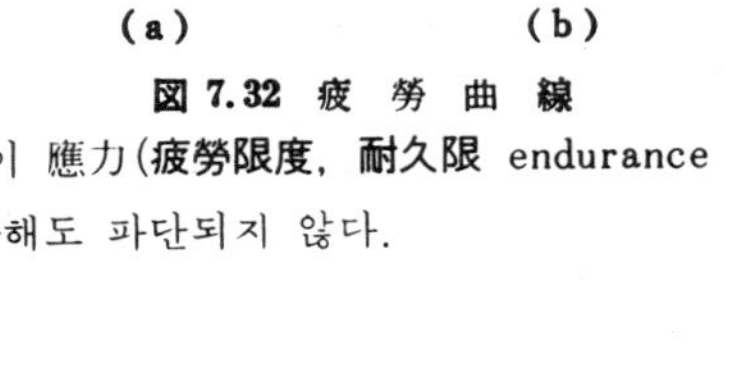

図 7.31 疲勞試驗의 應力 荷重方式

図 7.32 疲勞曲線

용접이음의 피로곡선에서는 (a)圖와 같이 平坦部分이 나타나기 힘들때가 많으나, (b) 圖와 같이 log S~log N로 표시하면, 直線關係가 얻어지는 경우가 많다. 이때는, 적당한 반복회수(예를들어, $20×10^6$, $6×10^6$ 等)에 대한 應力을 求하고, 이것을 그 回數에 대한 **疲勞强度**(fatigue strength)라 한다. (b)圖의 경우에, 어떤 反復數(n)에 대한 피로강도(s)는, 既知의 回數(N)에 대한 피로강도(S)를 알고 있을 때, 다음式,

$$s = S\left(\frac{N}{n}\right)^k \tag{12}$$

정도의 값이 된다.

여기서 k는 이음형식, 하중방향, 재질중에 의하여 정해지는 定數이며, 용접이 음의 경우는,

$$k \approx 0.18 \quad (0.05\sim0.35)$$

(1) 熔 着 金 屬

軟鋼熔接棒의 전용착금속의 피로한도는 용접결함이 없는 한, 대략 母材와 맞먹는다. 예를들어, 표 7.3과 같이 回轉굽힘(兩振) 피로한도는 인장강도의 40~50%정도, 항복점점의 55~70% 정도이다.

表 7.3 軟鋼의 全熔着金屬의 機械的性質과 疲勞限度(回轉굽힘)

種　　　類		引張强度 (kg/mm²)	降伏点 (kg/mm²)	延伸率 (%)	(兩振) 疲勞限度 (kg/mm²)
被覆아아크	D4301 (일메나이트系)	44~50	37~42	22~28	20~23
	D4310, D4311 (셀루로오즈系)	44~52	37~43	22~28	20~23
	D4312, D4313 (酸化티탄系)	48~55	39~46	17~22	25~30
	D4315, D4316 (低水素系)	48~54	39~44	22~35	25~30
	D4320 (酸化鉄系)	44~48	37~41	25~30	21~24
서브머어지드아아크熔着鋼	熔接한 그대로	49.6	—	37.5	25.1
	応力어니일링	44.3	—	38.5	21.1

(2) 맞 대 기 이 음

연강의 맞대기이음의 피로강도는, 하중을 목의 두께로 나눈값(kg/mm^2)으로 표시되며, 덧붙이의 大小, 뒷면용접의 有無, 용접결함의 存在에 따라서 크게 영향을 받는다. 뒷면용접이 불충분하면 피로강도가 약 20~50% 저하하며, 뒷면 용접을 하지 않으면 惡影響이 더욱 심하다. 표 7.4는 용접선에 직각으로 外力이 가해질 때, 열처리중 각종 처리를 하지 않는 軟鋼맞대기용접이음의 피로강도標準値이며, 용접부의 表面切削에 의한 效果가 현저한 것을 알 수 있다.

表 7.4 軟鋼맞대기이음의 疲勞强度(kg/mm^2)

	片　　振		兩　　振	
	$2×10^6$	$5×10^6$	$2×10^6$	$5×10^6$
뒷面熔接하지 않는것	8.0	7.0	5.0	4.0
뒷面熔接한 것	16.0	14.0	10.0	8.0
덧붙이를 機械다듬질한 것	24.0	20.0	15.0	12.0

또한, 용접부의 덧붙이削除, 應力除去어니일링, 研削等의 영향이 맞대기이음의 피로강도에 크게 영향한다. 예를들어 表 7.5는 大型피로시험편에 의한 결과이며, 切削加工이나, 研削의 有利함을 나타내고 있다.

表 7.5 두께22mm軟鋼板의 맞대기이음의 疲勞强度

| | 疲 勞 强 度 (kg/mm²) | | | | | |
| 応力範囲 | $+\sigma \longleftrightarrow -\sigma$ | | $0 \longleftrightarrow +\sigma$ | | $+1/2\sigma \longleftrightarrow +\sigma$ | |
反復回數:N	10^5	2×10^6	10^5	2×10^6	10^5	2×10^6
熔接한 그대로	16.38	10.12	23.27	15.82	37.47	25.94
덧붙이하여 応力除去	15.68	10.62	22.43	16.66	—	26.44
덧붙이를 機械切削하여 応力除去 하지않는 것	20.32	—	34.31	19.97	—	26.43
덧붙이를 글라인더로 除去하고 応力除去하지 않는 것	17.93	11.67	34.73	19.55	—	30.51
밀스케일이 붙은 平板	19.48	12.02	35.01	22.36	—	35.15
밀스케일을 機械切削하여 研摩 다듬질한 平板	—	—	41.90	—	—	—
맞대기熔接後 덧붙이와 밀스케일을 機械切削하여 研摩다듬질한것	—	—	37.90	—	—	—

맞대기용접이음에 결함이 있으면 피로강도가 현저하게 저하한다. 예를들어 시험편의 斷面積中 각종결함부가 차지하는 總面積의 百分率을 **欠陷度**로서 표시하면, 그림 7.33과 같이 軟鋼맞대기이음의 피로강도는 결함도의 증가에 따라 급속하게 저하한다. 이 圖表에는 靜的 및 축격시험에 대한 強度低下도 표시되고 있다,

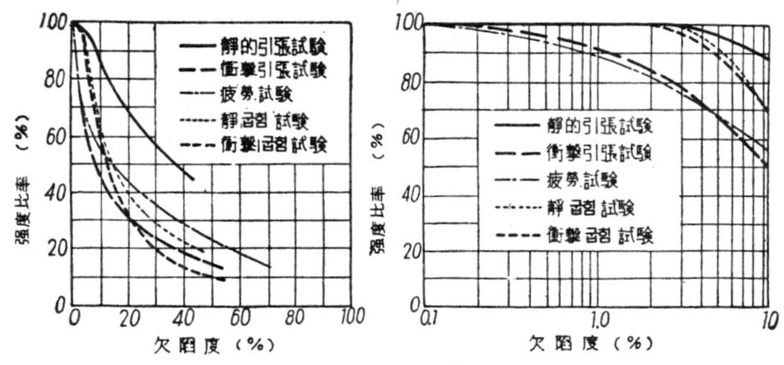

圖 7.33 軟鋼맞대기熔接部의 欠陷度에 수반하는 強度의 低下

또한 용입不良의 영향에 대하여는, 板두께 22mm의 軟鋼맞대기이음에서 앞뒤兩面부터의 용입을 5mm 및 6mm(合計 10, 12mm)로 할 때, 이음의 引張疲勞强度는 表 7.6과 같이 된다. 여기서 보면, 용접선에 平行으로 引張할 때는 용입불량에 의한 악영향이 거의 없으나, 直角으로 당길 때는 피로강도가 현저히 저하한다. 이와같이 용접불량이나 氣孔등 용접결함의 존재는 피로강도에 매우 나쁜 영향을 미친다.

또한 균열의 영향은, 예를 들어 크롬몰리브렌鋼의 맞대기용접이음의 경우, 微小한

表 7.6　熔入不良에 의한 軟鋼熔接이음의 疲勞强度低下

熔入의 깊 이 mm	이음의 方向	비이드表面 의 다듬질	疲勞强度 (片振)	
			$N=10^5$ kg/mm²	$N=2\times10^6$ kg/mm²
6	L	다듬질않음 다 듬 질	26.4 29.3	20.1 20.1
6	T	다듬질않음 다 듬 질	10.1 7.5	5.6 5.9
5	L	다듬질않음 다 듬 질	25.8 31.6	18.9 21.3
5	T	다듬질않음 다 듬 질	8.7 6.8	4.9 3.8

균열이 있으면 피로강도가 약 **50%**저하고, 약 **1mm**깊이의 균열이 있으면　피로강도가 1/4정도로 저하하는 것이 실험으로 입증되고 있다. 요컨데, 균열이나　슬래그섞임은 용입불량의 경우와 마찬가지로 이음의 피로강도에 致命的惡影響을 미치므로 충분한 주의를 요한다. 그런데 이 결함들이 靜的强度에 미치는 영향은 이만큼　심하지는 않다.

(3) 겹 치 기 이 음

　필렛용접이음의 피로강도는 하중을 목斷面으로　나눈 값 (kg/mm²)로 표시되며　보통 맞대기 이음에 비하여 상당히 낮다. 이것은 필렛용접에서는 루우트의　응력집중이 현저하기 때문이며, 光彈性實驗에 의하면 루우트部나 용접끝部에서 약 8에 달하는 높은 응력집중이 있을 정도이다. 이때문에 반복하중을 받는 强度上 중요부분에는 필렛이음을 될 수 있는대로 쓰지 않는 것이 좋은 것으로 되어 있다.

　각종실험결과를 종합하면, 軟鋼의　前面 및 필렛용접이음의 피로강도로서 표 7.7 의 값을 標準으로 생각하면 된다.

表 7.7　軟鋼필렛熔接이음의 疲勞强度 (목斷面積을 基準) (kg / mm²)

種　類　　回數 N	片　振		兩　振		破斷位置
	2×10^6	5×10^6	2×10^6	5×10^6	
(겹침)앞面필렛　　(a)	12	10	7	6	목의 두께部分
앞面 필렛　　(b)	8	—	—	—	용접끝부터 母材
(겹침)側面필렛 치 (c)	11	9	6.5	5.5	목의 두께部分
충분히 긴 側面필렛	7	—	—	—	받침쇠
併用필렛　　(d)	7	—	4	—	목의 두께部分

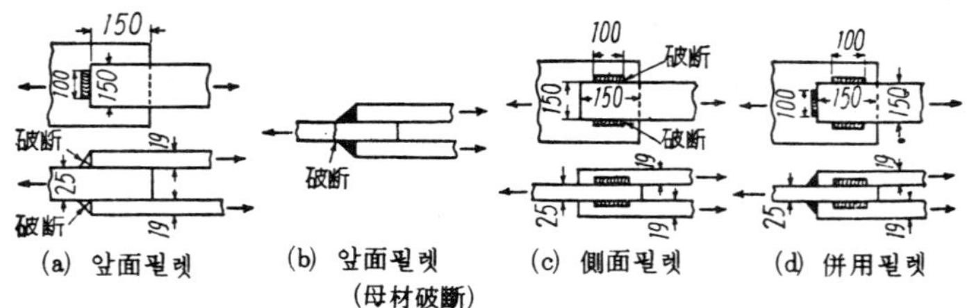

(4) T 型 이 음

T형이음은 중요부분에 쓰이는 경우가 많으나 그 피로강도를 증가시키기 위하여는 그림 7.22와 같이 不熔着部를 남기지 말고, 그림 7.18(d)와 같이 홈을 파서 맞대기이음形式으로 하는 것이 좋다.

(i) 引張荷重

T형필렛의 피로강도는 겹치기이음의 前面필렛이나 側面필렛보다 훨씬 낮다. 板두께 19mm軟鋼板의 T형필렛(다리길이 7.8mm)의 引張피로강도는 表 7.8과 같다.

필렛의 다리길이 h가 너무 길면, 母材보다 용접부가 강해져서, 용접끝부터 母材가 破斷하게 된다. 그림 7.34의 시험편에서, 그 臨界치수는 실험적으로 다음 式으로 구해진다.

$$2h/T = 1.7$$

단, h 는 필렛의 다리길이, T 는 立板의 두께이다. 목의 두께를 a라 하면, $a = 0.707h$ 임으로

$$2a/T \fallingdotseq 1.2$$

가 된다.

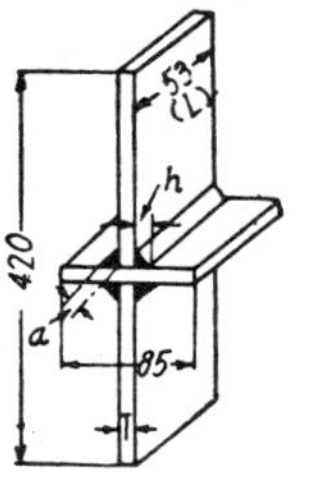

용착강의 표면을 다듬질하여 母材面으로 이어지는 용접끝형상을 円滑하게 하면, 應力集中이 감소하고, 母材切斷時의 피로강도는 數10% 改善될 수 있다.

또한 그림 7.35의 右側과 같이 不熔着部가 있는 필렛용접의 피로강도는, 左側과 같이 홈을 취하여 불용착부가 없는 것의 약半이 된다.

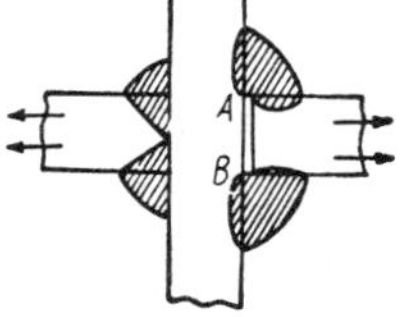

(ii) 굽 힘 荷 重

T형필렛의 굽힘疲勞는, 필렛의 루우트로부터 파단되지 않고, 용접끝에서 부터 모재가 파단되는 것이 보통이며, 軟鋼에 대한 一例는 表 7.9와 같다.

또한, 필렛表面의 다듬질効果는 그림 7.36과 같이, 表面을

表 7.8　T型필렛의 引張疲勞强度 (목破斷의 경우) (N = 2 × 10⁶)

両振	$(S \sim -S)$	$4.4 \mathrm{kg/mm^2}$ $(k = 0.25)$
片振	$(0 \sim S)$	6.8　〃　$(k = 0.25)$
反復	$(1/2S \sim S)$	12.8　〃　$(k = 0.25)$

図 7.34　母材가 切斷되기 시작하는 T型필렛의 臨界치수.

図 7.35　不熔着鋼이 있는 필렛과 없는 필렛

表 7.9　軟鋼T型이음의 가로굽힘疲勞强度 (両振, N = 10 × 10⁶) (kg/mm²)

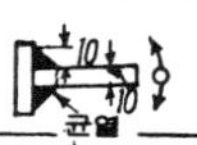

16.5	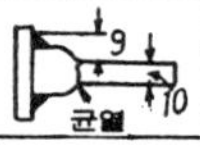	20.0	
15.0	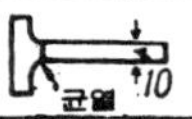	30.0	
16.0			

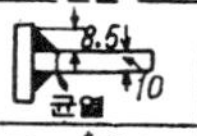

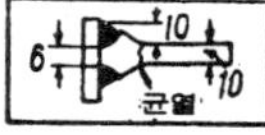

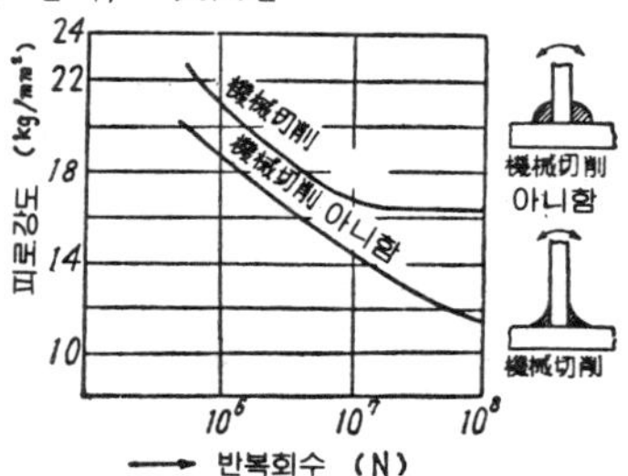

図 7.36　T型이음의 疲勞强度에 미치는 필렛의 表面形狀의 影響(굽힘)

오목하게 기계다듬질하기만 해도, 피로강도가 크게 향상된다.

(5) 疲勞强度의 標準値

　　實驗으로 얻어진 용접이음의 피로강도를 정리하여, 信賴性있는 標準値가　日本造船協會電氣熔接研究委員會에 의하여 보고되고 있다. 이것은 표 7.10~7.13과 같다. 對象이 되는 鋼板은 引張强度 41~50kg/mm², 降伏點, 23kg/mm² 以上을 갖는 JIS SM41W (용접구조용압연강판)에 준하는 것으로, 용접봉은 인장강도가 平均45kg/mm² 정도의 JI

표 7.10 荷重方向에 直角인 이음의 疲勞 强度標準値 * (kg/mm²)

荷 重 의 種 類		片　振			兩　振		
反　復　數		2×10^6	5×10^6	k	2×10^6	5×10^6	k
맞대기용접이음	兩面機械다듬질	24	20	0.18	14.5	12	0.18
	덧붙이만 削除	20	17	〃	12	10	〃
	熔接한 그대로(뒷面熔接한 것)	16	14	〃	10	8	〃
	熔接한 그대로(뒷面熔接 안한것)	8 以下	7 以下	〃	5 以下	4 以下	〃
겹치기용접이음	얕은 兩面맞물림	(11.0)	(10.4)	(0.10)	6.9	6.5	(0.10)
	깊은 片面맞물림	(6.3)	(5.8)	(0.10)	3.8	3.5	(0.10)
	앞面필렛 (목)	12.0	(11.0)	0.17	7.0	(6.3)	(0.10)
	側面필렛 (목)	11.0	(9.8)	0.12	6.5	(5.5)	0.12
	필렛이 强大하고 덮개板이 破斷할 때	6.8	(5.3)	0.27	4.0	(3.2)	0.25
플러그용접이음		8.8	(7.5)	0.19	4.6	(3.9)	0.19
		7.8	(5.9)	0.31	4.3	(3.2)	0.31
		7.2	(5.9)	0.22	3.7	(3.0)	0.22
	内板破斷時	7.1	(5.2)	0.34	3.8	(2.8)	0.34
	外板破斷時	8.2	(6.5)	0.25	4.7	(3.7)	0.25

〔註〕 * 괄호內는 推定値

표 7.11 荷重方向에 平行인 이음의 疲勞强度標準値 * (kg/mm²)

		片　振			兩　振		
		2×10^6	5×10^6	k	2×10^6	5×10^6	k
맞 대 기 熔 接		15~24	13~20	(0.18)	10~15	8.5~12	(0.18)
겹치기이음	兩 側 連 続 熔 接	15.0	13.0	(〃)	(10.0)	(8.0)	(〃)
	片 側 連 続 他 側 斷 続 熔 接	12.0	10.0	(〃)	(7.0)	(6.0)	(〃)
	片 側 連 続 鋲 併 用	14.0	12.0	(〃)	(8.5)	(7.0)	(〃)
	片 側 連 続 플러그熔接併用	13.0	11.0	(〃)	(8.0)	(6.5)	(〃)

〔註〕 * 괄호內는 推定値

表 7.12 付加物이음의 疲勞强度標準値* (kg/mm²)

橫 引 張		片 振			両 振		
(1) 플랜지를 사이에 두는 것.		2×10^6	5×10^6	k	2×10^6	5×10^6	k
片側	플러그熔接	17.6	16.0	(0.10)	10.5	9.5	(0.10)
	플러그熔接	10.0	9.0	(0.12)	(6.0)	(5.4)	(0.12)
	필 렛 熔 接 (連續오목)	8.4	7.0	(0.20)	(5.0)	(4.2)	(0.20)
	필 렛 熔 接 (斷續지그재그)	7.2	6.0	(0.20)	(4.2)	(3.5)	0.20
両側	필 렛 熔 接 (連續오목)	12.3	11.0	0.12	(7.5)	(6.8)	(0.12)

(2) 웨브를 사이에 두는 것.

		片 振			両 振		
片側	連続필렛熔接	20.0	18.0	0.12	13.3	(12.0)	0.10
	斷続필렛熔接 (지그재그平)	15.5	14.0	0.11	11.1	(10.0)	(0.11)
	斷続필렛熔接 (並列平오목)	13.5	12.0	0.12	10.0	(9.0)	(0.12)
両側	連続필렛熔接 (오목)	13.5	12.0	0.12	10.0	(9.0)	(0.12)
	連続필렛熔接 (平)	11.4	10.0	0.14	9.3	(7.9)	(0.18)

縱 引 張

		片 振			両 振		
웨브가 連続한 것		14.0	11.5	0.20	(8.5)	(7.0)	(0.20)
웨브가 中断한 것		6.7	5.0	0.32	(4.0)	(3.0)	(0.32)

가 로 굽 힘		片 振			両 振		
(1) 플랜지를 사이에 두는 것		2×10^6	5×10^6	k	2×10^6	5×10^6	k
필렛熔接 (輕連続))		(18.0)	16.0	(0.13)			
필렛熔接 (斷続지그재그)		(10.8)	9.0	(0.13)			
필렛熔接 (斷続並列)		(12.0)	10.0	(0.20)			

(2) 웨브를 사이에 두는 것.

		片 振			両 振		
필렛熔接 (連続)		(25.0)	23.0	(0.08)			
필렛熔接 (片側連続)		(25.0)	23.0	(0.08)			

세 로 굽 힘

		片 振			両 振		
필렛熔接 (連続)		(13.3)	12.0	(0.11)			
필렛熔接 (斷続지그재그)		(10.0)	9.0	(0.11)			

〔註〕 * 괄호内는 推定値

表 7.13 T이음의 疲勞强度標準値* (kg/mm²)

		片	振		両	振	
		2×10^6	5×10^6	k	2×10^6	5×10^6	k
引張을 받는 것 (목에서)		6.8	(5.5)	0.25	4.4	(3.5)	0.25
引張을 받는 것 (목에서)		(10.0)	(8.3)	(0.20)	(6.0)	5.0	(0.20)
橫屈曲을 받는것 (목에서)		(5.0)	(4.2)	(0.20)	(3.0)	2.5	(0.20)
橫屈曲을 받는 것 (板에서)		(16.0)	(13.6)	(0.18)	(10.0)	8.5	(0.18)
縱屈曲을 받는 것 (목에서)		18.6	(16.0)	0.19	12.2	(10.7)	0.14
縱屈曲을 받는 것 I 비임이음 (목에서)		10.5	(9.7)	0.08	3.5	(3.1)	0.12

〔註〕 * 괄호内는 推定値

S D43級의 軟鋼用피복아아크용접봉이다. 表는, 물론, 용접결함이 없는 양호한 용접에 대한 표준치이다. 피로강도가 낮아도 되는 이음에서는, 形狀的인 應力集中이 보다 큰 영향을 미치므로, 용접은 그렇게 高級이 아니라도 되지만, 이음이靜的荷重만을 받는 경우보다는 愼重하게 施工해야 한다. 특히, 균열, 不熔着部, 슬래그섞임, 큰 언더컷은 대부분의 경우 피해야 한다.

표 7.10~7.13에 표시된 결과는, 우선 大型構造物에 그대로 적용하여도 지장없으나, 시험편과 실제의 대형구조물사이에 應力狀態의 차이가 없어야 하는 것이   前提條件이다.

7.3.5 熔接이음의 耐蝕性

屋外에서 風雨에 노출된 構造物이나, 특히 부식성의 媒質에 접촉하는 용접구조물에서는 그 耐蝕性(corroson resistance)이 문제가 된다. 용접이음이 화학성분 및 현미경조직이 다른 2以上의 部分으로 이루어지고 있을 때는 부식되기 쉽고, 또한 용접열에 의하여 모재의 내식성이 손상되는 경우도 있으므로, 용접후의 열처리가 필요하다. 그 좋은 예로는, 18-8 Cr-Ni系스테인리스鋼, 듀랄루민系의 알루미늄合金등이다.

용접이음의 내식성에 영향을 미치는 요인은, 이음형상, 슬래그의 제거, 잔류응력 및 재질이 있다.

이음形狀 : 어떤 종류의 용접이음形狀은 부식되기 쉬운 것이 있다. 예를들어, 겹치기이음에서는 2枚의 部材間에 습기가 스며들어 그곳에서 부식이 촉진된다. 이 부식은 겹쳐진 母材間의 表面 및 水分사이에 생기는 電解作用에 의하여 일어나는 것으로 생각된다. 또한 殘留플락스에 의한 부식의 촉진도 일어날 수 있다. 용접에 플락스가 필요한 경우에는 용접후의 殘留플락스가 除去되도록 이음形狀을 선정하여야 한다. 즉, 필렛용접이나 받침쇠의 사용은 바람직하지 못하다.

플락스의 除去 : 플락스는 알루미늄合金, 마그네슘合金, 스테인리스鋼등의 용접에 사용되며, 그 역할은 용융금속의 表面에 浮上하는 酸化膜을 제거하여 용착을 돕는 것이지만, 이것이 모재에 잔류하면 부식을 촉진한다. 따라서, 용접직후 플라스를 제거할 필요가 있다. 이를 위하여는, 와이어브러시, 水洗, 酸, 기타 化學藥品에 의한 처리가 행해지고 있다. 또한 용접물에 페인트를 바르거나, 또는 化學處理, 陽極處理를 할 때 플라스를 완전히 제거치 않으면, 페인트가 박리하거나, 또는 局部的인 부식을 이르킬 우려가 있다.

殘留應力 : 용접후에 큰 찬류응력이 존재하면, **應力腐蝕** (stress corrosion)을 이르킬 위험성이 있다. 응력부식은 어떤 재료가 응력을 받은 상태하에서 特定媒質에 노출되면, 국부적인 부식이 진행하여, 마침내 구조물이 파괴될 때가 있다. 예를들어, Al-Mg合金에서는 Mg 5.5%이상의 경우, 또한 오오스테나이트系 스테인리스鋼에도 應力腐蝕이 일어나기 쉽다. 이와같은 우려가 있을 때는 용접후의 잔류응력을 제거할 필요가 있다.

7.4　熔接이음의 强度計算

7.4.1　强度의 計算式

용접이음의 應力分布나 破斷强度는 그렇게 單純한 것은 아니지만, 이음形式과 치수를 결정하기 위한 강도계산에서는, 목斷面內의 應力分布를 均一한 것으로 가정하여 간단하게 하는 것이 보통이다. 그리고 목단면에 대하여 계산한 直應力(단면에 수직으로 작용하는 應力) 또는 剪斷應力(단면에 平行으로 작용하는 응력)이 許容應力 보다 낮게 되도록 이음形狀과 치수를 설계한다(應力의 定義에 대해서는 第9章 참조).

이음의 靜的强度로는 7.3.2項에서 기술한 바와 같이, 맞대기이음에서는 母材强度와 같게 취하고, 또한 필렛용접이음에 대하여는 실험적으로 목斷面에 대한 破斷强度를 구해두고, 이에 의하여 이음의 강도를 계산한다. 또한 軟鋼의 용접이음 강도는,

맞대기	約 45 kg/mm²
前面필렛 (겹치기)	約 40　〃
前面필렛 (T型)	約 35　〃
側面필렛	約 32　〃

라 생각해도 된다. 또한, 피로강도에 대하여는, 7.3.4項(5)피로강도의 표준치를 기준으로 취하면 된다. 대표적인 용접이음에 대하여, 목斷面의 平均應力을 계산하는 式은 다음과 같다. 단, 記號는 아래와 같은 것으로 한다.

σ 또는 σ_t …… 直應力(단면에 수직인 응력)

σ_b …………… 굽힘荷重에 의한 直應力

τ ………………… 剪斷應力(단면내에 작용하는 응력)

h ……………… 맞대기용접의 목의 두께 또는 필렛용접의 치수

l ……………… 용접길이(필렛용접에서는 실제 길이 l'에서 2h를 뺀 값)

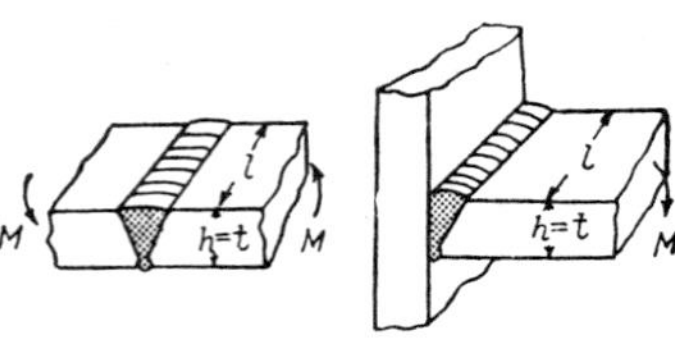

A_w ············· 용접부의 목斷面積

Z_w ············· 목斷面의 斷面係數

P ·········· 荷　　重

M ·········· 굽힘모우멘트

(1) 굽힘을 받는 맞대기이음(그림 7.37)

$$Z_w = lh^2/6 = lt^2/6$$

$$\sigma_{b\,max} = M/Z_w = 6M/lt^2 \tag{13}$$

図 7.37

물론, 이음形狀은, I型, V型, レ型, J型, X型, H型, 어느것이나 이 公式을 그대로 적용할 수 있다.

(2) 굽힘과 剪斷을 받는 맞대기이음(그림 7.38)

$$\sigma_{b\,max} = 6PL/lt^2 \tag{14a}$$

最大剪斷應力은 板두께의 中心에 일어나며,

$$\tau_{max} = 3P/2lt \tag{14b}$$

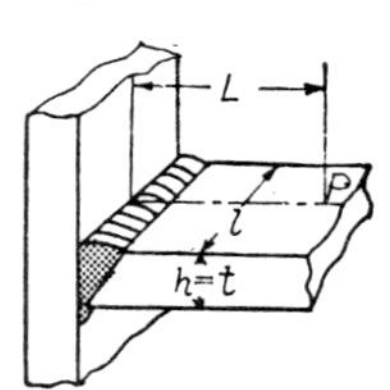

図 7.38

(3) 비틀림을 받는 맞대기이음(그림 7.39)

$$\tau_{max} = \frac{M}{l^2 t^2}(3l + 1.8t) \tag{15}$$

(4) 굽힘과 비틀림 및 전단을 받는 맞대기이음(그림 7.40)

$$\sigma_{b\,max} = 6PL_1/lt^2 \tag{16a}$$

$$\tau_{1\,max}\,(剪斷) = 3P/2lt \tag{16b}$$

$$\tau_{2\,max}\,(비틀림) = \frac{PL_2}{l^2 t^2}(3l + 1.8t) \tag{16c}$$

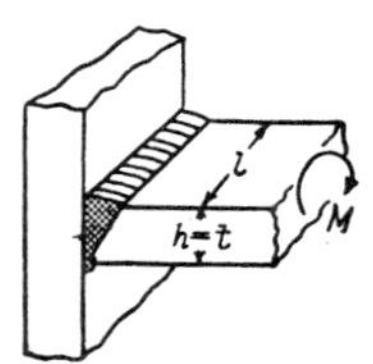

図 7.39

이中, $\tau_{1\,max}$는 목斷面의 板두께中心部에 일어나지만, 이 部分은 $\sigma_b = 0$ 이다. 그러나, 그림의 A點에서는 $\tau_{2\,max}$ 와 $\sigma_{b\,max}$ 와 同一場所에서 일어나며, 兩者 重疊效果는 다음式으로 계산한다.

$$\sigma_{max} = \frac{1}{2}\left(\sigma_{b\,max} + \sqrt{\sigma_{b\,max}^2 + 4\tau_{2\,max}^2}\right) \tag{16d}$$

(5) 세로굽힘을 받는 맞대기이음(그림 7.41)

$$Z_w = l^2 t/6$$

$$\sigma_{b\,max} = 6M/l^2 t \tag{17}$$

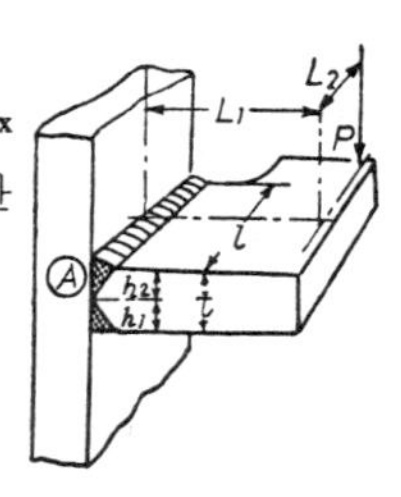

図 7.40

(6) 세로굽힘과 비틀림 및 剪斷을 받는 맞대기이음(그림 7.42)

$$\sigma_{b\,max} = 6PL_1/l^2 t \tag{18a}$$

$$\tau_{1\,max}\,(剪斷) = 3P/2lt \tag{18b}$$

$$\tau_{2\,max}\,(비틀림) = \frac{PL_2}{l^2 t^2}(3l + 1.8t) \tag{18c}$$

그림의 A點에서는 $\sigma_{b\,max}$ 와 $\tau_{2\,max}$ 가 동시에 일어난다.

(7) 引張을 받는 不熔着部가 있는 맞대기이음(그림 7.43)

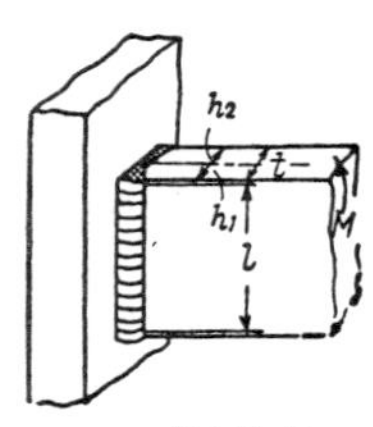

図 7.41

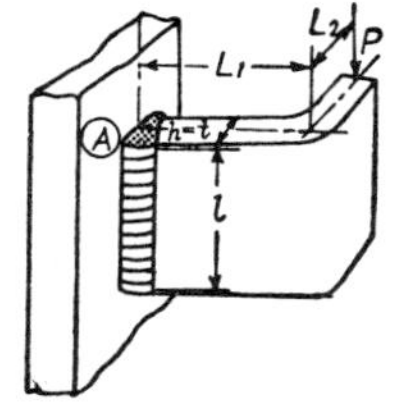

図 7.42

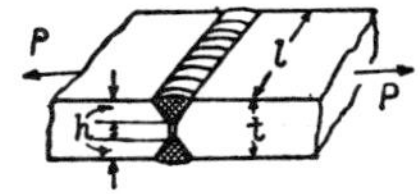

図 7.43

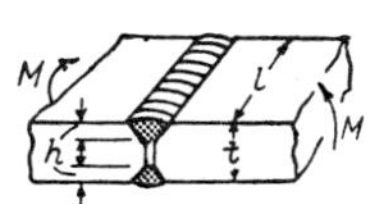

図 7.44

$$\sigma = P/2lh \qquad (19)$$

(8) 굽힘을 받는 不熔着部가 있는 맞대기이음 (그림 7.44)

$$Z_w = lh(3t^2 - 6th + 4h^2)/3t$$

$$\sigma_{b\,max} = \frac{3Mt}{lh(3t^2 - 6th + 4h^2)} \qquad (20)$$

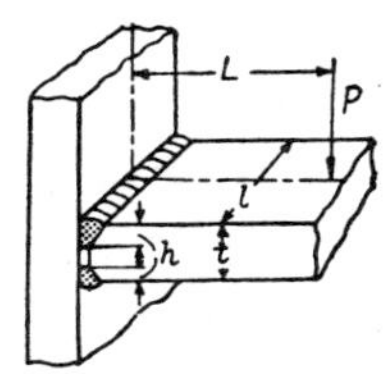

図 7.45

(9) 굽힘과 剪斷을 받는 不熔着部가 있는 맞대기이음 (그림 7.45)

$$\sigma_{b\,max} = \frac{3PLt}{lh(3t^2 - 6th + 4h^2)} \qquad (21)$$

上下의 맞대기용접이 각각 같은 전단력을 부담하는 것으로 하면,

$$\tau_{max} = \frac{3P}{4lh}$$

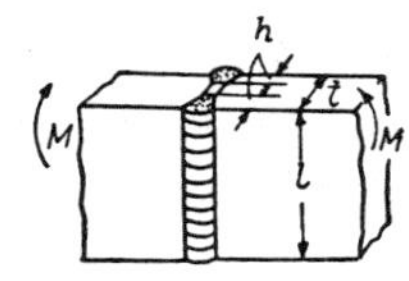

図 7.46

(10) 세로굽힘을 받는 不熔着部가 있는 맞대기이음 (그림 7.46)

$$Z_w = \frac{l^2 h}{6} \times 2 = \frac{-l^2 h}{3}$$

$$\sigma_{b\,max} = 3M/l^2 h \qquad (22)$$

(11) 引張을 받는 온둘레용접이음 (그림 7.47)

$$A_w = lt - (l-2h)(t-2h) = 2h(l+t-2h)$$

$$\sigma = P/2h(l+t-2h) \qquad (23)$$

(12) 굽힘을 받는 온둘레용접맞대기이음 (그림 7.48)

$$Z_w = \frac{2}{t} \times \frac{lt^3 - (l-2h)(t-2h)^3}{12}$$

$$\sigma_{b\,max} = \frac{6Mt}{lt^3 - (l-2h)(t-2h)^3} \qquad (24)$$

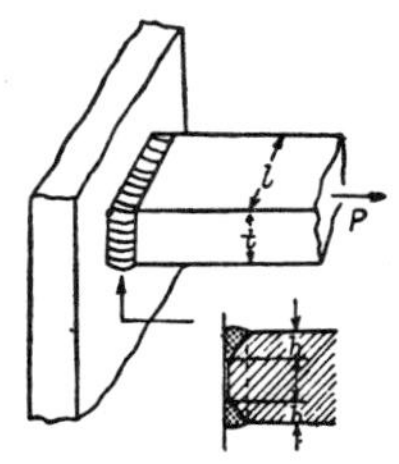

図 7.47

(13) 세로굽힘을 받는 온둘레용접맞대기이음 (그림 7.49)

$$\sigma_{b\,max} = \frac{6Ml}{l^3 t - (l-2h)^3(t-2h)} \qquad (25)$$

(14) 비틀림을 받는 온둘레용접맞대기이음 (그림 7.50)

$$\tau_{max} = M/2(l-h)(t-h)h \qquad (26)$$

(15) 引張을 받는 前面필렛이음 (그림 7.51)

簡便式은

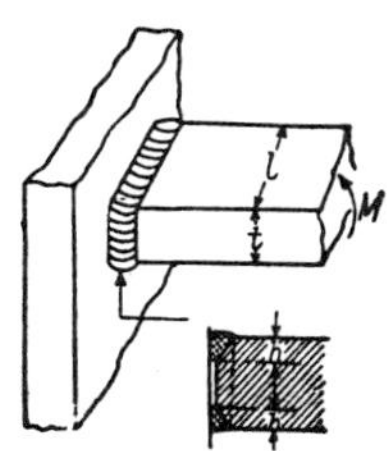

図 7.48

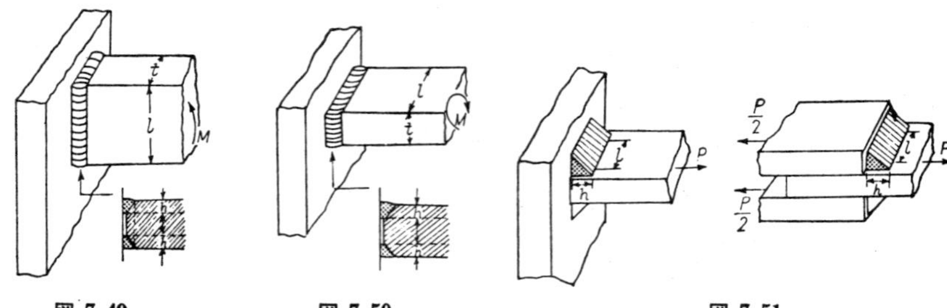

図 7.49　　　　　　　図 7.50　　　　　　　　　図 7.51

$$\sigma = P/2 \times 0.707lh = 0.707P/lh \tag{27}$$

실제로 45°의 목斷面에 작용하는 應力은, 이것과 銳角으로 交叉하고, 直應力과 剪斷應力의 中間的인 것이므로, 上式文字 σ 대신에 外國에서는 τ 를 쓸때도 있다.

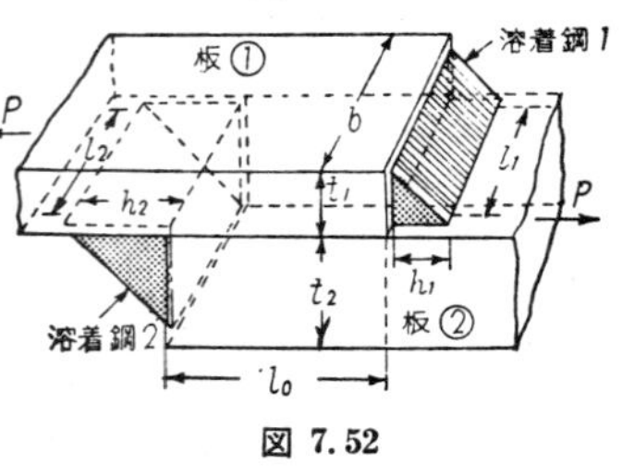

図 7.52

(16) 引張을 받는 前面필렛이음 (板두께가 다른 경우) (그림 7.52)

熔着鋼 1 과 2 가 각각 P_1, P_2 의 荷重을 부담하는 것으로 하면,

$$P_1 + P_2 = P$$

材料의 Young率을 E 라 하면, 겹친部分 (l_0) 의 兩板의 伸張 e 는

$$\frac{e}{l_0} = \frac{P_1}{bt_1}\frac{1}{E} = \frac{P_2}{bt_2}\frac{1}{E}$$

$$\therefore \frac{P_1}{P_2} = \frac{t_1}{t_2}$$

$$\left. \begin{aligned} \therefore \ P_1 &= P\frac{t_1}{t_1+t_2} \\ \therefore \ P_2 &= P\frac{t_2}{t_1+t_2} \end{aligned} \right\}$$

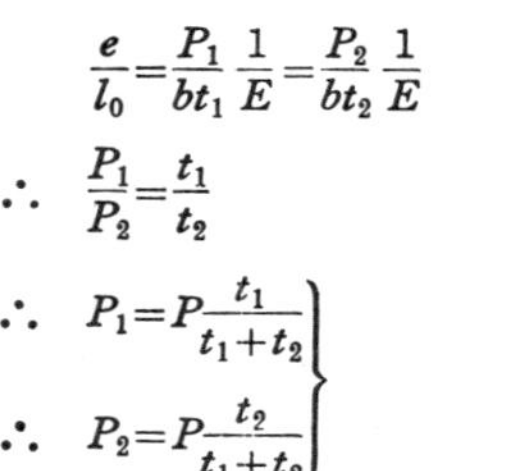

図 7.53

그러므로

$$\left. \begin{aligned} \sigma_1 &= 1.414Pt_1/l_1h_1(t_1+t_2) \\ \sigma_2 &= 1.414Pt_2/l_2h_2(t_1+t_2) \end{aligned} \right\} \tag{28}$$

(17) 引張을 받는 側面필렛이음 (한면덮깨板) (그림 7.53)

$$\tau = P/2 \times 0.707lh = 0.707P/lh \tag{29}$$

(18) 引張을 받는 側面필렛이음 (兩面덮깨板) (그림 7.54)

$$\tau = P/4 \times 0.707lh = 0.354P/lh \tag{30}$$

(19) 引張을 받는 側面필렛이음 (熔接길이가 다른 경우) (그림 7.55)

그림과 같이 非對稱山形鋼을 용접할 때, 左右 2개 필렛의

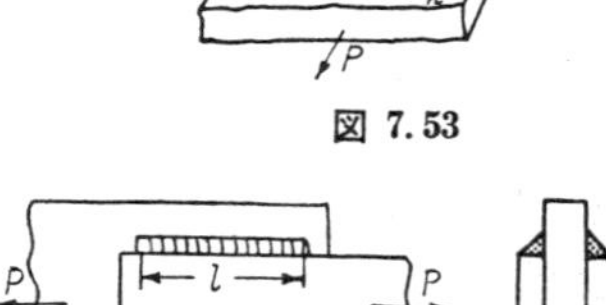
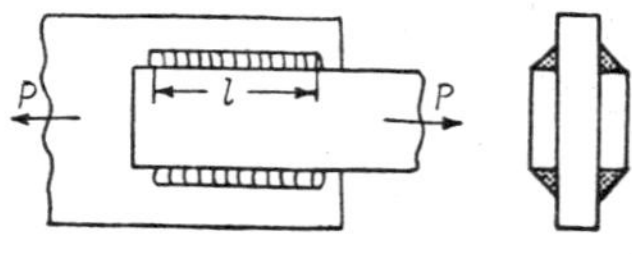

図 7.54

図 7.55

목斷面合成重心과, 山形鋼横斷面의 重心이 一致하도록 용접하는 것이 가장 合理的이다. 이때 左右의 필렛이 부담하는 荷重은 필렛의 목斷面積에 비례하며, 剪斷應力은 共히,

$$\tau = 1.414P/(l_1h_1 + l_2h_2) \tag{31}$$

단, 兩필렛의 목斷面積의 比는

$$A_{w1} : A_{w2} = x_2 : x_1$$

여기서, x_1, x_2는 山形鋼斷面의 重心부터 兩필렛까지의 距離. (그림 7.55 참조)

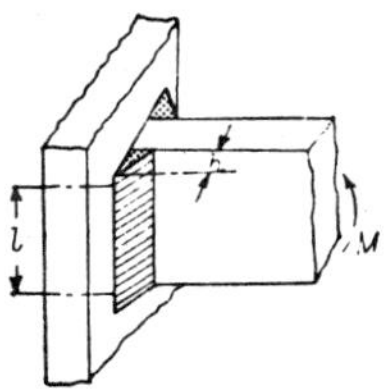

図 7.56

(20) 세로굽힘을 받는 필렛이음 (그림 7.56)

$$Z_w = 2l^2 \times 0.707h/6 = 0.236l^2h$$

$$\sigma_{b\,max} = 4.24M/l^2h \tag{32}$$

(21) 세로굽힘과 剪斷을 받는 필렛이음 (그림 7.57)

$$\sigma_{b\,max} = 4.24PL/l^2h \tag{33}$$

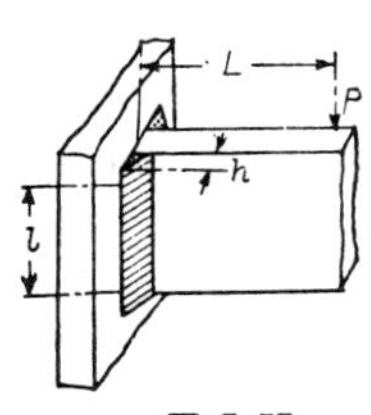

図 7.57

$\sigma_{b\,max}$는 필렛端에 생기고, 또한 τ_{max}는 $l/2$의 필렛部에 일어나며,

$$\tau_{max} = \frac{3}{2} \times \frac{P}{1.414lh} = 1.06P/lh \tag{34}$$

(22) 굽힘을 받는 前面필렛이음 (그림 7.58)

$$Z_w = \frac{2}{(d+1.414h)} \times \left\{ \frac{l(d+1.414h)^3}{12} - \frac{ld^3}{12} \right\}$$

$$= \frac{l}{6(d+1.414h)} \times 4.242h^2d \left\{ \frac{d}{h} + 1.414 + 0.667\frac{h}{d} \right\}$$

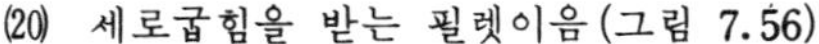

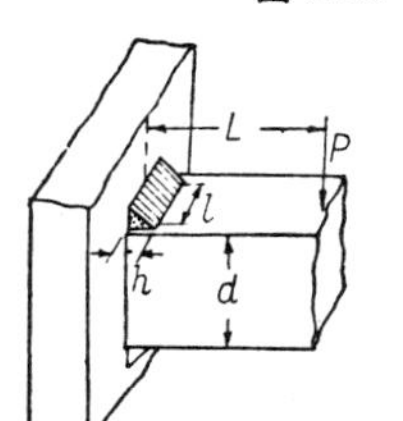

図 5.58

보통, $d > 2h$이며, 또한 $0.667\frac{h}{d}$를 생략하여도 誤差는 10 %이하이다. 이때는,

$$Z_w \fallingdotseq 0.707ldh$$

$$\therefore \quad \sigma_b = M/0.707ldh = 1.414M/ldh \tag{35}$$

(23) 굽힘과 引張 및 壓縮을 받는 前面필렛이음 (그림 7.59)

上下의 필렛이 1/2씩 수직하중을 부담 (각각 引張과 壓縮) 하는 것으로 가정한다. 목斷面에는 前面필렛과 같은 應力 σ_t와 굽힘에 의한 응력 σ_b가 생기고 있다.

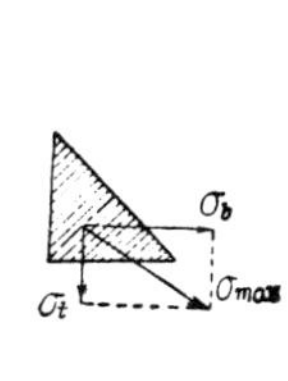

図 7.59

$$\sigma_t = \frac{P}{2}/0.707lh = 0.707P/lh$$

또한,

$$\sigma_b = 1.414PL/ldh$$

σ_t 와 σ_b의 合成應力은,

$$\sigma_{max} = \sqrt{\sigma_t^2 + \sigma_b^2} = \frac{0.707\,P}{lh} \times \sqrt{1 + \frac{4L^2}{d^2}} \tag{36}$$

(24) 굽힘을 받는 온둘레필렛熔接(그림 7.60)

$$Z_w = \frac{2}{(d+1.414h)} \times \left\{ \frac{\pi(d+1.414h)^4}{64} - \frac{\pi d^4}{64} \right\}$$

$$= \frac{(d+1.414h)^4 - d^4}{10.2(d+1.414h)}$$

$$\sigma_{b\,max} = \frac{10.2M(d+1.414h)}{(d+1.414h)^4 - d^4} \tag{37a}$$

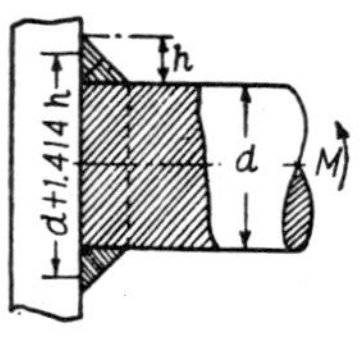

図 7.60

만일 $h \ll d$ 이면,

$$\sigma_{b\,max} \fallingdotseq 1.76M/h(d+0.707h)^2 \tag{37b}$$

(25) 비틀림을 받는 온둘레필렛熔接(그림 7.61)

비틀림에 대하여는,

$$Z_w = \frac{2}{(d+1.414h)} \left\{ \frac{\pi(d+1.414h)^4}{32} - \frac{\pi d^4}{32} \right\}$$

$$= \frac{\pi}{16(d+1.414h)} \{ (d+1.414h)^4 - d^4 \}$$

$$\tau = \frac{M}{Z_w} = \frac{5.1M(d+1.414h)}{(d+1.414h)^4 - d^4} \tag{38a}$$

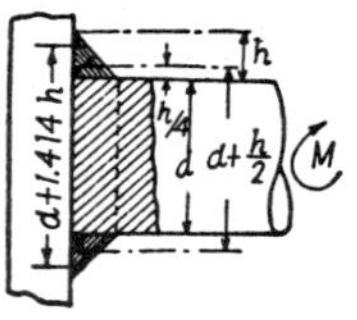

図 7.61

목端面의 中心에 均一한 剪斷力 P_s 가 작용하는 것으로 하여 구하는 近似式을 쓸 때도 있다.

$$P_s = M / \left(\frac{d+h/2}{2} \right)$$

$$A_w = \pi \left(d + \frac{h}{2} \right)(0.707h) = 2.23h \left(d + \frac{h}{2} \right)$$

$$\tau \fallingdotseq P_s/A_w = 0.9M/h(d+h/2)^2 \tag{38b}$$

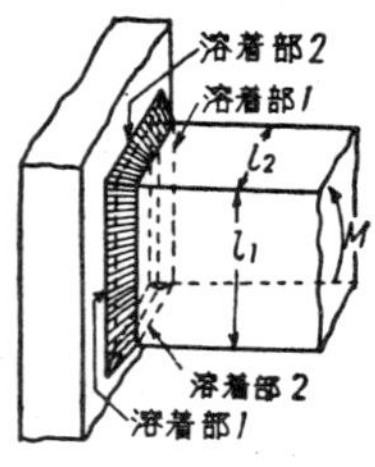

図 7.62

(26) 굽힘을 받는 온둘레필렛熔接(矩形斷面) (그림 7.62)

熔接部 1과 2가 각각 M_1, M_2를 부담하는 것으로 하면, 前述한 例에서와 같이,

$$\sigma_{1\,max} = 4.24M_1/l_1^2 h$$

$$\sigma_{2\,max} = 1.414M_2/l_1 l_2 h$$

또한, $M = M_1 + M_2$ 임으로, $\sigma_{1\,max} = \sigma_{2\,max}$ 라 假定하여,

$$\sigma_{max} = \sigma_{1\,max} = \sigma_{2\,max} = \frac{4.24M}{h(l_1^2 + 3l_1 l_2)} \tag{39}$$

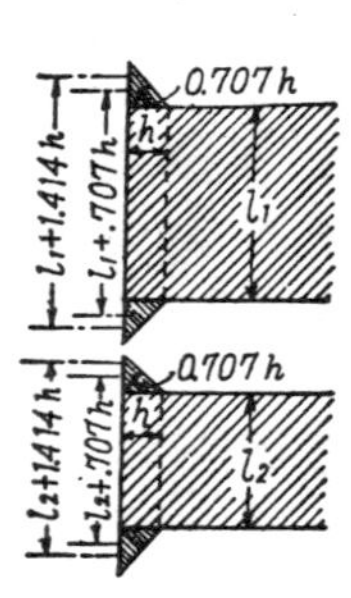

図 7.63

(27) 비틀림을 받는 온둘레熔接(矩形斷面(그림 7.63)

例 (14)와 같이하여 τ를 계산한다.

$$\tau_{max} = M / \{ 2(l_1 + 0.707h) \times (l_2 + 0.707h) \times 0.707h \}$$

$$= 0.707M / h(l_1 + 0.707h)(l_2 + 0.707h) \tag{40}$$

(28) 橫荷重을 받는 온둘레필렛熔接(그림 7.64)

비틀림에 의한 剪斷應力은 例 (25)와 마찬가지로 하여

$$\tau_{max} \text{(비틀림)} = 0.707PL / h(l_1 + 0.707h)(l_2 + 0.707h) \tag{41a}$$

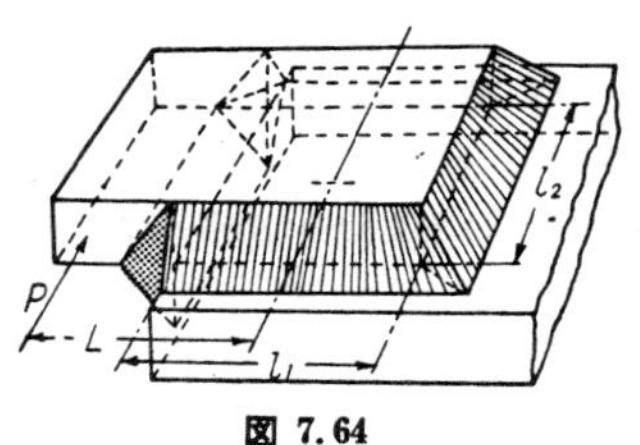

図 7.64

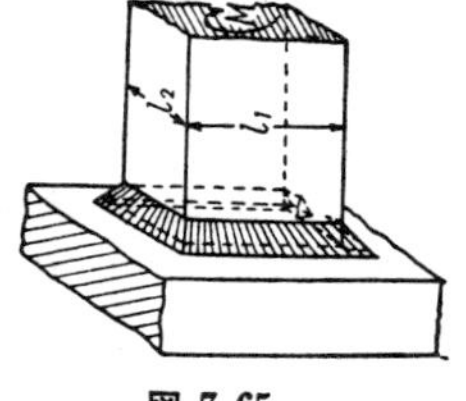

図 7.65

P의 剪斷τ는 P에 수직인 필렛部分을 무시하여,

$$\tau_{max} \ (剪斷) \ = P/2 \times (0.707 l_2 h) = 0.707 P/l_2 h \tag{41b}$$

(29) 비틀림을 받는 三方필렛熔接(矩形斷面) (그림 7.65)

그림과 같은 三方필렛용접의 비틀림剪斷應力은

$$\tau \ (비틀림) = 3M/l_0 (0.707h)^2$$

단,

$$l_0 \fallingdotseq 2l_1 + l_2 + h$$

$$\therefore \ \ \tau = 6M/(2l_1 + l_2 + h) h^2 \tag{42}$$

7.4.2 安全率 및 許容應力

(1) 安　全　率

용접이음의 形狀과 치수의 결정에 있어서는, 실제로 이음에 걸리는 設計應力이, 熔着部의 材料强度(보통, 引張强度, 또는 剪斷强度)의 몇分의 1에 상당하는 安全한 應力, 즉 許容應力(allowable stress)을 넘지 않도록 설계한다. 일반적으로 材料强度가 許容應力의 몇倍인가 하는 數値를 安全率(safety factor)라고 한다.

安全率은 材料力學上, 材質이나 荷重의 性質에 따라 적당히 취해지고 있으나, 熔接이음의 安全率에 영향을 미치는 因子로는 다음事項이 고려되고 있다.

(1) 母材 및 熔着金屬의 기계적성질, 즉 耐力(降伏點), 인장강도 및 延伸, 絞縮 및 衝擊値

(2) 材料의 熔接性

(3) 施　工　條　件

　　　용접공의 技能

　　　용접방법(수동, 자동, 아아크, 가스용접등)

　　　용접자세

　　　이음의 종류와 形狀

　　　작업장소(공장, 현장의 區別)

　　　용접후의 처리와 非破壞試驗

(4) 荷重의 種類(靜, 動, 振動荷重)와 溫度 및 雰圍氣

또한 設計上, **이음效率**(joint efficiency)이 중요하지만, 이것은 이음의 破斷强度가 母材의 파단강도의 몇**%**인가하는 크기를 나타내는 數値이다. 引張에서는 이음과 母材

의 引張强度比, 剪斷에서는 이음과 모재의 전단응력比를 사용한다.

이음의 許容應力을 결정하는 주요한 방법에는 2種類가 있다. 그中 하나는 용착금속의 기계적성질을 기본으로 해서 安全率을 고려하여 이음의 허용응력을 직접 지정하는 방법이며, 또 하나는 이음效率을 정하여, 母材의 허용응력에 이음효율을 곱한 값을, 이음의 허용응력으로 하는 방법이다.

鋼材의 허용응력으로는, 보통 靜荷重에 대하여 引張强度의 1/4의 값(軟鋼에서는 降伏點의 약 1/2)이 취해지고 있으며, 최근, 高降伏點을 갖는 高張力鋼에 대하여는, 인장강도의 1/3 (항복점의 약40%)의 응력이 쓰인다. 이것은 구조물이 負荷를 받았을 때에 재료가 항복하지 않는 것을 前提로 한, 소위 彈性設計(elastic design)에 의한 것이지만, 최근의 용접구조에 대하여는 材料의 局部的降伏을 허용하는 소위 **塑性設計** (plastic design)가 이용되어서 材料와 製作費의 節約이 圖謀되고 있다.

실제의 구조물에서는 局所的으로 항복하여도, 全体的으로는 보다 큰 荷重에 견딜 수 있다. 즉, 彈性限界를 넘은 塑性領域에 까지 배려 하여 구조물을 설계하면, 彈性設計의 경우보다 훨씬 재료를 절약할 수 있다. 단, 塑性設計에서는 재료가 충분한 延性을 갖는 것으로 가정하고 있으므로, 强한 應力集中, 脆性破壞 또는 疲勞破壞가 일어날 수 있는 구조물에는 쓸 수 없다.

(2) 許 容 應 力

軟鋼은 引張强度41～50kg/mm², 降伏點23kg/mm²이상, 軟鋼熔着鋼에서는 인장강도41～50kg/mm², 항복점29～39kg/mm²라는 강도를 갖고 있으나, 각종 용접이음의 허용응력으로는 표 7.14와 같은 제닝스의 數値가 쓰이고 있다. 필렛에 대하여는 前面, 側面, 共

表 7.14 「제닝스」에 의한 軟鋼熔接이음의 許容應力

이 음		裸　　棒				被　覆　棒			
		靜 荷 重		動 荷 重		靜 荷 重		動 荷 重	
		(lb/in²)	(kg/mm²)	(lb/in²)	(kg/mm²)	(lb/in²)	(kg/mm²)	(lb/in²)	(kg/mm²)
맞 대 기	引　張	13 000	9.1	5 000	3.5	16 000	11.2	8 000	5.6
	圧　縮	15 000	10.5	5 000	3.5	18 000	12.6	8 000	5.6
	剪　斷	11 300	7.9	3 000	2.1	10 000	7.0	5 000	3.5
앞面, 側面 필렛		11 300	7.9	3 000	2.1	14 000	9.8	5 000	3.5

히 同一値를 취하고 있다. 제닝스는 前節의 각종이음에 대한 强度計算式을 確立한 사람이며, 實驗値에 의거하여 각종검토를 한 결과 上表의 數値를 준 것이다.

또한, 日本機械學會提案의 許容應力을 表 7.15에 표시한다. 本表는 熔接法 其他를 완전한 것으로 하여 정해지고 있는 것이다.

(3) 이 음 效 率

이음효율을 미리주고, 母材의 허용응력에 이것을 곱하여, 이음의 허용응력을 구하는 방식은 옛날부터 채용되고 있다. 단, 이음효율의 값은 각종규정에 따라 각각 다르다

表 7.15 日本機械學會提案의 軟鋼熔接이음의 許容應力

荷　　　重		이음強度 (kg/mm²)	安　全　率	許容応力 (kg/mm²)	備　　　考
静 荷 重	引　張	28〜34	3.3〜4.0 (3.0)	7.0〜10.0 [9.0〜12.0]	(1) 괄호내의 숫자는 母材에 대한 값을 參考삼아 倂記한 것이다.
	圧　縮	30〜35	3.0〜4.0 (3.0)	7.5〜12.0 [9.0〜12.0]	
	剪　断	21〜28	3.3〜4.0 (3.0)	5.0〜8.5 [7.2〜10.0]	(2) 필렛熔接에서는 本表中의 許容応力에 이음效率 80%를 곱한다.
懸垂動荷重	引張圧縮		6.0〜8.0 (5.0)	3.5〜6.0 [5.4〜7.0]	
	剪　断		6.0〜8.0 (4.5〜5.0)	2.5〜4.5 [4.3〜5.6]	
振動荷重	引張圧縮		9.5〜13.0 (8〜12)	2.0〜3.5 [4.8〜6.0]	
	剪　断		9.5〜13.0 (8〜12)	1.5〜3.0 [3.6〜4.8]	

表 7.16 構造用鋼의 各種熔接이음의 許容應力比.
(f_t, f_a, f_s 는 각각 母材의 引張, 壓縮, 剪斷許容應力)

			맞 대 기 熔 接			필렛熔接	플러그熔接
			引　張	圧　縮	剪　断	引張·굽힘 ·圧縮·剪斷	
日	建 基 1950	(1)	$0.87 \times f_t$	$0.87 \times f_a$	$0.87 \times f_s$	$1.00(f_s)$	
		(2)	0.75	0.75	0.75	0.87	
美	캘리포니아	1948	0.565	0.75		0.87	$0.87 \times f_s$
	AISC	1951	1.00	1.00	1.00	1.04	1.04
	AWS	1950	1.00	1.00	1.00	1.04	1.04
英	BSS 449	1948	1.00	1.00	1.00	1.00	
	LCC	1951	1.00	1.00	1.00	1.00	
독일	DIN E 4100	1955	1.00	1.00	0.86〜1.20	1.20	

〔註〕　日建基＝日本建築基準法施行令 1950.
AISC＝American Institute of Steel Construction, 1951.
캘리포니아　＝California Administrative Code for Public Works, 1948.
AWS＝American Welding Society.
BSS＝British Standard Specification 449, 1948.
LCC＝London Country Council, Building By-laws, 1951.
DIN E 4100＝Geschweisste Stahlbauten Entwurf, 1955.

표 7.16은 구조용강재의 용접이음의 허용응력과, 노재에 대응하는 허용응력과의 比, 즉, 許容應力比 또는 이음효율을 표시한 것이다. 이 규격에서는 필렛에 대해서 응력의 종류에 관계없이 일정한 허용응력치를 취하고 있으므로, 그 比도 일정하다. 최근에는 이음효율을 100%로 취하고 있는 규격이 많으나, 이것은 용접기술이 많이 진보되었다는 것을 나타내는 것이다.

또한 독일의 熔接道路橋示方書(DIN 4101)에 규정된 허용응력도는 표 7.17과 같다.

뒷면용접이 불가능한 것에 대하여는, 효율을 바꾸고 있다. 表 7.18은 현재　日本에서 慣用되고 있는 것이다.

이음효율을 용접후의 처리 및 非破壞檢査를 고려하여 결정한 예로서,　美國機械學會

표 7.17　독일熔接道路橋示方書의 許容應力(DIN 4101)

이 음 의 種 類	応力의種類	許 容 応 力		備　　考
		St 37	St 52	
(a) 맞대기이음, 뒷面熔接하는 것.	引　張 圧　縮 剪　断	0.8 σ_{zul} 1.0 σ_{zul} 0.65 σ_{zul}	0.8 σ_{zul} 1.0 σ_{zul} 0.65 σ_{zul}	σ_{zul} 는 DIN 1073에. 規定된 熔接되는 材料의 許容引張応力
(b) 맞대기이음, 뒷面熔接不可能한 것.	引　張 圧　縮 剪　断	0.72 σ_{zul} 0.9 σ_{zul} 0.55 σ_{zul}	0.65 σ_{zul} 0.8 σ_{zul} 0.5 σ_{zul}	(St 37　1 400 kg/cm²) (St 52　2 100　〃)
(c) 필 렛 熔 接 (앞面 및 側面)	引　張 圧　縮 剪　断	0.65 σ_{zul} 0.65 σ_{zul} 0.65 σ_{zul}	0.65 σ_{zul} 0.65 σ_{zul} 0.65 σ_{zul}	

〔註〕　(1) 道路橋에 관하여는 交番応力에 대한 疲勞效果를 考慮치 않는다.
　　　　(2) 現在改正中의 示方書에서는 引張에 대한 係數를 1.0으로 하고 있는 것으로 알려져 있다.

표 7.18　日本에서 現在慣用되는 道路橋의 許容應力

이 음 의 種 類	応 力 의 種 類	工 場 熔 接 (kg/mm²)	現 場 熔 接 (kg/mm²)
맞 대 기 이 음	引　張	13.0	11.7
	圧　縮	13.0	11.7
	剪　断	10.4	8.4
필 렛 이 음	剪　断	10.4	8.4

표 7.19　ASME 規格 熔接이음效率

이 음 의 種 類	適 用 範 囲	基礎이음效率(%)	応力除去 어니일링	放射線檢査	이음效率(%)
맞대기兩側熔接	無　制　限	80	施行않음	施行않음	80
받침쇠를 사용한 맞대기片側熔接	길이方向이음은 두께 1 1/4″以下. 円周이음 에는 制限없음	80	施　行 施行않음 施　行	施行않음 施　行 施　行	85 90 95
받침쇠를 사용치 않는 맞대기片側熔接	두께 5/8″以下의 円周이음	70	施行않음 施　行	施行않음 施行않음	70 70
兩側全厚필렛겹치기이음	두께 5/8″以下의 길이方向이음	70	施行않음 施　行	施行않음 施行않음	70 75
플러그熔接한 片側全필렛겹치기熔接	두께5/8以下, 外徑24″以下의 円周이음	60	施行않음 施　行	施行않음 施行않음	60 65
플러그熔接 안한 片側全필렛 겹치기熔接	두께 5/8″以下	50	施行않음 施　行	施行않음 施行않음	50 55

(ASME)의 規格例는 表 7.19와 같다.

또한 日本의 육용증기보일러 규격 용접이음효율에서는 表 7.20과 같이 이음효율을 정하고 있다. 여기서 이음효율이란, 재료의 인장강도에 대한 값을 기준으로하여 정하고 있다. 필렛용접의 강도에 대하여 목斷面을 취하는 것은 종전대로이다.

表 7.20 JIS B 8201 蒸氣보일러規格 熔接이음效率(引張强度에 대한 값)

이 음 의 種 類	이 음 의 基準效率 (%)	応力除去의 如否	덧붙이의 削除法	鋼材의種類	이 음 效 率 (%)	
					放射線檢査에 合格한 것 1.18	放射線檢査를 하지 않은것. 1.00
맞대기兩側熔接 및 받침쇠를 사용한 맞대기片側熔接	80	施 行 1.00	충분히 削除 1.00	A 1.0 B 0.95 C 0.9	94.4 89.7 85.0	80.0 76.0 72.0
			가볍게 削除하거나 削除치 않음 0.95	A 1.0 B 0.95 C 0.9	89.7 85.2 80.7	76.0 72.2 68.4
		施行않음 0.95	가볍게 削除하거나 削除치 않음 0.95	A 1.0 B 0.95 C 0.9	85.2 80.9 76.7	72.2 68.6 65.0
받침쇠를 사용치 않은 맞대기片側熔接	70	施 行 1.00	가볍게 削除하거나 削除치 않음 0.95	A 1.0 B 0.95 C 0.9	78.5 74.5 70.6	66.5 63.2 59.9
		施行않음 0.95	가볍게 削除하거나 削除치 않음 0.95	A 1.0 B 0.95 C 0.9	74.5 70.8 67.1	63.2 60.0 56.9
兩側全厚필렛 겹치기熔接	65	施 行 1.00		A 1.0 B 0.95 C 0.9		65.0 61.8 58.5
		施行않음 0.95		A 1.0 B 0.95 C 0.9		61.8 58.7 55.6
片側全厚필렛 겹치기熔接	50	施 行 1.00		A 1.0 B 0.95 C 0.9		50.0 47.5 45.0
		施行않음 0.95		A 1.0 B 0.95 C 0.9		47.5 45.1 42.8

種 別	鋼 材 의 種 類
A	JIS 보일러用圧延鋼材 第1種乙, 第2種乙, 丙, 第3種乙, 丙 및 板以外의 鋼材로서 이에 準하는 것.
B	JIS 보일러用圧延鋼材 第1種甲, 第2種甲, 第3種甲 및 板以外의 鋼材로서 이에 準하는 것.
C	其他의 鋼材.

7.5 熔 接 經 費

7.5.1 一般的注意事項

熔接工事에 필요한 **經費**(cost)의 **見積**, 또는 算出에는, **勞賃, 材料費, 電力料, 一般**間接費 및 利益을 고려치 않으면 안됨으로, 용접봉사용량, 용접작업시간, 용접준비비, 전력사용량 또는 산소, 아세틸렌가스等의 사용량을 산출하고, 이밖에 용접기, 용접용지그, 안전보호구等, 용접장치의 유지 및 **償却費**, 또는 특별한 경우에는 열처리비, 검사비등을 加算함과 동시에 **熔接工勞賃**에 비례하여 間接費를 計上할 필요가 있다.

용접경비를 적게 하려면 다음**諸事項**에 留意할 필요가 있다.

(1) 용접봉의 적당한 선정과 그 경제적사용방법

(2) 재료절약을 위한 연구.

(3) 固定具(fixture)의 사용에 의한 일의 능률향상

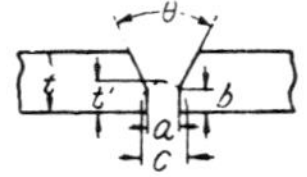

(a) V 型 맞대기이음

t	4.5	6	9	12	16	19
$\theta°$	60	60	60	60	60	60
a	1.0	1.0	1.5	1.5	1.5	1.5
b	0	0	1.0	1.0	1.5	2.0
c	5	5	6	7	7	10
t'	1.5	2.0	2.5	3.0	3.0	4.0

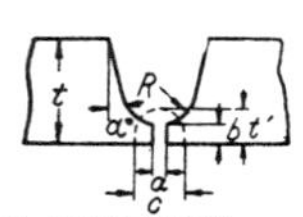

(b) // 型 맞대기이음

t	12~16	17~25	26~38	39~55	56~65
a	1.5	2.0	2.0	2.0	3.0
b	1.5	1.5	1.5	1.5	2.5
c	5	6	7	8	9
R	5	6		7	
t'	4	5		6	
α	13.5°				

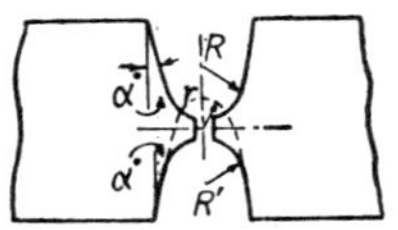

(c) H 型 맞대기이음

t	19~32	33~45	46~65	66~100
a	2.0	2.0	2.0	3.0
b	1.5	2.0	2.0	2.5
R	5	6	7	8
R'	6	7	8	9
r	4	5	6	7
t'	2/3 t			
α	13.5°			

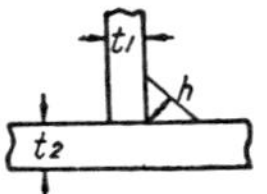

(d) 필렛이음

$$t_1 \leqq t_2$$
$$t_1 = l$$
$$h = 0.7l$$

図 7.66 図 7.67, 7.68, 7.69의 諸量算出에 사용한 홈形狀(치수 : mm)

(4)　熔接지그(jig)의 사용에 의한 아래보기자세의 採用.

(5)　용접공의 작업능율의 향상

(6)　적당한 품질관리와 검사를 勵行함으로써 再熔接하는 浪費를 없앤다

(7)　적당한 용접방법의 채용

또한 용접설계의 良否, 홈加工의 適否 및 용접전의 部材狀態의 良, 不良이 용접시간에 크게 영향을 미치고, 이들이 不良한 때는 용접 經費가 많아지게 된다. (이에 대해서는 第10章 10.5節 참조).

또한 용접경비는 용접길이 1 m當 諸資料에 의하여 算出하는 경우가 많다.

7.5.2 熔接棒所要量

용접봉소요량의 산출은, 이음의 용착금속단면적에 용접길이를 곱하여 얻어지는　熔

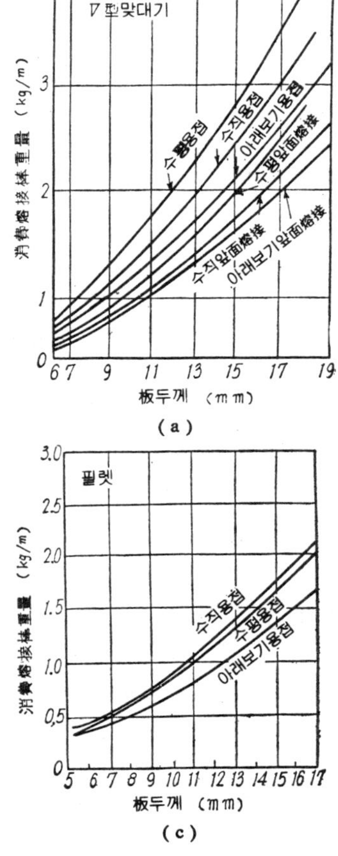

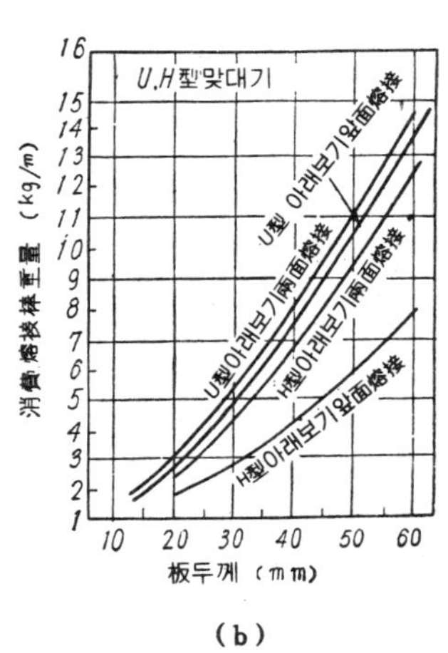

(a)　V型맞대기이음

(b)　U및 H型맞대기이음

(c)　필렛용접

図 7.67　길이 1 m를 熔接하는데 필요한 全熔接棒消費量

着金屬重量에, 스패터 및 燃燒에 의한 損失量 및 露出心線部의 廢棄量(40~50mm)을 가산하여 얻어진다. 이들을 고려하여 용착금속중량과 사용용접봉전중량(피복포함)의 比를 熔着率(deposition efficiency)이라 하며, 이것은 피복의 종류, 두께, 슬래그量, 아아크電流, 용접자세에 따라 차이가 있으며, 棒徑4~5mm의 보통연강봉에서는 50~60%이다. 6mm棒에서는 60~70%에 이르는 일이 있으며, 鐵粉入熔接棒에서는 이보다 더 많고 70~75%이다.

　용접봉의 소요량산출예로서, 그림7.66과 같은 용접홈에 덧붙이와 밑면따내기를 포함한 斷面積에 대하여 필요한 熔接線上의 전용접봉의 소요량은 그림7.67(a), (b), (c)와 같다. 또, 용접봉은 軟鋼 일메나이트系이고 交流熔接에 대한 것이나, 鐵粉型을 제외하고 기타棒種에도 대략 적용될 수 있다.

7.5.3 熔接作業時間

　용접작업에 요하는 시간은, 棒種, 姿勢 및 製品의 形狀種類에 따라 달라지게 된다. 특히, 용접자세가 아래보기이면, 옆보기나 위보기에 비하여 용접시간이 약半이면 된다.

　아아크타임　용접작업시간중에는, 준비, 棒의 交換, 슬래그除去 및 홈의 청소등 작업이 필요함으로, 실제로 아아크가 발생하고 있는 시간은 상당히 짧다. 일반적으로 實動7時間에 대한 아아크發生時間을 百分率로 표시한 **아아크타임**(arc time) 또는 **作業率**(operator factor)은, 造船所등의 例를 들면,

　　　　손熔接의 平均 40~50% (1日)
　　　　自動熔接의 平均 40~50% (1日)

이다. 물론, 하나의 용접물을 용접하는 경우에 전작업시간이 數時間이란 경우에는 아아크타임으로서 그 시간에 대한 아아크發生率을 취하지 않으면 안되지만, 이때는 60%에 가까운 값이 될 때도 있고, 용접물의 크기와 形狀, 이음形狀의 良否, 용접장소, 용접자세등에 의하여 10~60%정도로 변동한다.

　그림7.68(a) (b) (c)는 그림7.66과 같은 홈이 파인 軟鋼을 길이 1m, 보통으로 용접완료하는데 필요한 전작업시간이며, 각각 V型, U 및 H型맞대기, 및 필렛용접에 대한 값이다. 또한 大型의 용접물에서는 아아크타임이 圖表의 경우보다 저하하기 쉬우므로, 圖表의 2~5배의 시간이 걸린다.

表 7.21　1時間當의 熔着金屬 最少重量(kg/h)

棒　徑 (mm)	軟　鋼　熔　接　棒					D310 스테인리스鋼
	D4310	D4311	D4315 D4316	D4313	D4320	
3.2	0.90	0.90	0.90	0.97	0.97	0.90
4.0	1.17	1.17	1.17	1.24	1.24	1.17
4.8	1.50	1.44	1.50	1.69	1.69	1.44
5.6	1.80	1.64	1.80	2.09	2.09	1.64
6.4	2.25	1.98	2.25	2.34	2.34	1.98
8.0	—	2.79	—	—	3.06	2.79

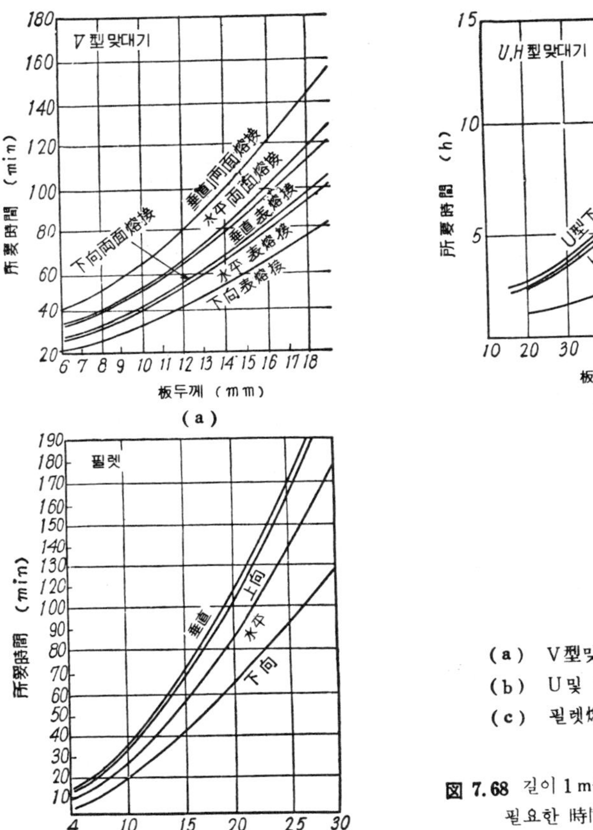

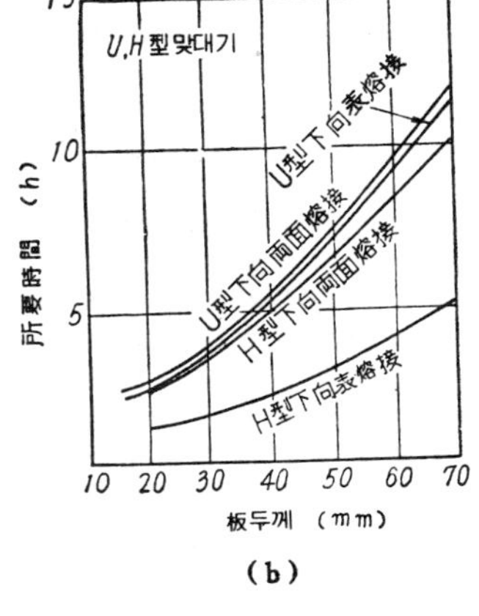

(a)　V型맞대기이음
(b)　U및 H型맞대기이음
(c)　필렛熔接

図 7.68 길이 1m를 被覆아아크熔接하는데
필요한 時間(홈은 図 7.66 참조)

　그림7.68의 圖表가 없어도 용접이음의 용접에 사용하는 棒徑과 필요한 용착금속량 (熔着量)을 알 것 같으면, 그 용착량을 表7.21의 數值로 나누어, 용접의 소요시간이 산출될 수 있다. 이 表는 軟鋼외에 低合金鋼 및 18-8系스테인리스鋼에도 적용될 수 있으며, 또한 이음形狀에 관계없이 이용될 수 있다.

7.5.4 消費電力量

　그림7.66과 같은 홈形狀의 軟鋼을 交流아아크熔接하는 경우의 電力消費量은 그림7.69 (a) (b) (c)와 같다. 용접기는 일반적인 變壓器와 달라서 그 效率이 나쁘므로, (60~90%), 주의를 요한다.

7.5.5 換算熔接長

용접작업량은 용접의 크기와 形狀, 용접봉의 직경, 용접자세, 및 작업장소에 따라 큰

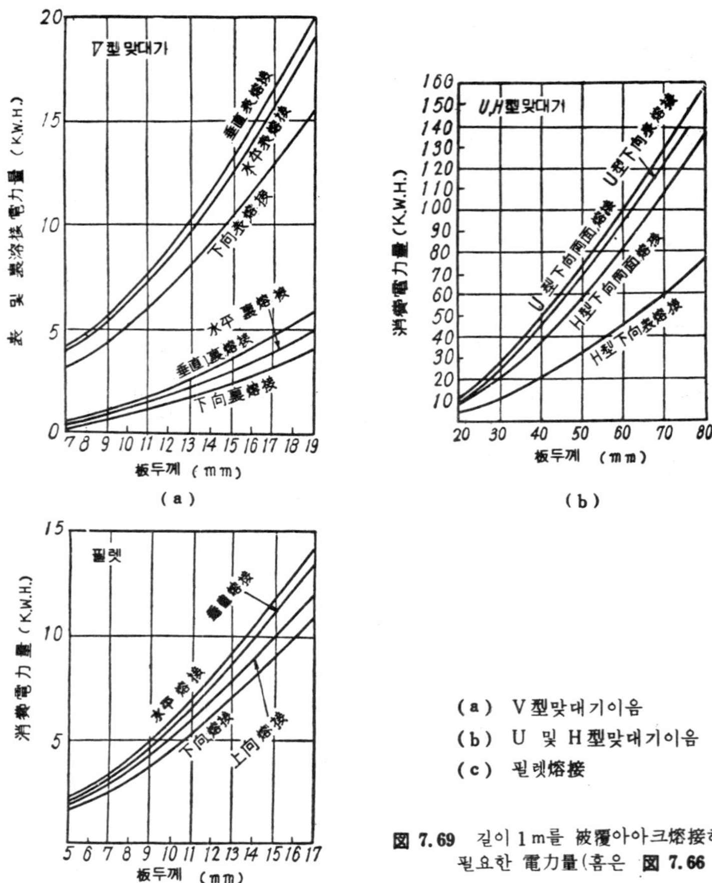

(a) V型맞대기이음
(b) U 및 H型맞대기이음
(c) 필렛熔接

圖 7.69 길이 1 m를 被覆아아크熔接하는데 필요한 電力量(홈은 **圖 7.66** 참조)

차이가 있다. 그러므로 소요작업시간, 용접봉사용량을 알기 위하여는 **換算熔接長**(equivalent weld length)을 사용한다. 그 一例는 表7.22와 같다. 이 表는 용접의 板두께, 다리길이, 자세, 작업장소의 상이에 따라 각각 係數로서 표시하고, 이 係數를 실제의 용접길이에 곱하면, 基準의 용접, 즉 **板두께100mm 의 現場아래 보기 맞대기 熔接**으로 환산한 경우의 **基準熔接長**이 구해진다. 따라서, 이 기준조건에서 1시간에 몇 m를 용접할 수 있는가를 알면(보통1.4~1.7m정도), 이 용접작업에 필요한 시간을 알 수 있으며, 또한 기준조건에서 **1m當** 용접봉소요량을 알 수 있으면, 이 일에 필요한 용접봉이 산출되고, 또한 사용전력량도 계산될 수 있다.

表 7.22 換算熔接長의 換算係數 **(軟鋼)** (板두께10mm의 現場아래보기맞대기용접길이 換算用)

熔接場所	姿勢 (板두께)	6 以下 (mm)		7〜10 (mm)		11〜14 (mm)		15〜18 (mm)		19〜22 (mm)		23〜26 (mm)		27 以上 (mm)	
地上熔接 F	下 向 F	0.6	T0.48 V0.72	0.9	T0.72 V1.08	1.4	T1.12 V1.68	2.0	T1.60 V2.40	2.8	T2.24 V3.36	4.0	T3.20 V4.80	5.5	T4.40 V6.60
	垂直 V 水平 H	0.9	T0.72 V1.03	1.3	T1.04 V1.56	2.1	T1.68 V2.52	3.0	T2.40 V3.60	4.2	T3.30 V5.04	6.0	T4.80 V7.20	7.7	T6.16 V8.24
	上 向 O	1.2	T0.96 V1.44	1.8	T1.44 V2.16	2.3	T2.44 V3.36	4.0	T3.20 V4.80	5.6	T4.48 V6.72	8.0	T6.40 V9.60	10.0	T8.0 V12.0
現場熔接 S	下 向 F	0.8	T0.64 V0.96	1.1	T0.88 V1.32	1.6	T1.28 V1.92	2.4	T1.92 V2.88	3.4	T2.72 V4.08	4.7	T3.76 V5.64	6.5	T5.20 V7.80
	垂直 V 水平 H	1.2	T0.96 V1.44	1.6	T1.28 V1.92	2.4	T1.92 V2.88	3.6	T2.58 V4.32	5.1	T4.68 V6.12	7.0	T5.60 V8.42	8.7	T5.82 V10.44
	上 向 O	1.6	T1.28 V1.92	2.2	T1.76 V2.64	3.2	T1.96 V3.94	4.8	T3.84 V5.76	6.8	T5.44 V8.76	9.4	T7.52 V11.23	13.0	T10.40 V15.60

(備考) T 는 필렛用 ; V는 맞대기用 ; T, V 의 위쪽은 平均値

7.5.6 其　　　　他

(ⅰ)　熔接準備費

용접홈의 加工費, 假組立과 假熔接費, 準備費등이 필요하게 되는데, 이것은 때와 경우에 따라서 千差萬別이다. 大量의 製品을 만들때는, 가조립이나 가용접용의 지그를 제작하여 일을 하면, 작업능율이 향상됨과 동시 제품의 精度도 향상된다. 또한 車輛과 같이 대형의 용접물도 용접지그(jig)를 써서 순서적으로 조립해가면, 능율적으로 용접할 수 있으며, 아래보기용접을 이용함으로써 능율향상을 도모할 수 있다. 특히 자동용접을 이용할 때는 준비시간의 감소를 꾀하는 것이 중요하다.

(ⅱ)　熱 處 理 費

軟鋼厚板, 高炭素鋼, 合金鋼, 其他에서는 豫熱이 필요하며, 또한 壓力容器, 보일러, 水門等에서는 용접후의 應力除去어니일링이 필요하다.

예를들어 大型電氣爐에 의하여 어니일링을 할 때는 표7.23과 같은 加熱費가 필요하다.

表 7.23 電氣炉에 의한 어니일링費

	個 數	製品重量 (kg)	最大板두께 (mm)	運転 및 準備時間 (h)	所要電力量 (kWH)
汽 罐 胴	4	4 020	25	21	8 920
特 殊 汽 罐*	1	40 500	30	43	22 560
機 械 部 品	1	36 000	50	20	12 100

* 2回어니일링

(ⅲ)　検 査 費

용접부의 검사에 대하여는 放射線, 超音波, 染色, 螢光, 磁氣, 其他의 非破壞試驗을 비롯하여, 보일러, 壓力容器등에서는 熔接線으로부터 인장, 굽힘, 기타시험편을 잘라내서 하는 破壞檢査, 또한 용접전의 용접공의 기능검정 및 시공법검정 시험등이 필요할 때가 많다.

(iv)　熔接設備, 其他

용접기, 안전보호구, 캡타이어코우드, 또는 포지셔너와 같은 용접장치, 기타는 耐用年數를 고려하여 償却費를 計上하고, 또한 유지비도 고려하여야 한다.

7.6　熔接構造物設計의 基礎

7.6.1　熔接構造의 欠點

용접이 다른 工作法, 예를들어 리벳接合, 鑄造에 비하여 여러가지로 뛰어난 점이 있는데 대하여는 前述한바 있으나, 용접설계에 있어서는 오히려 용접의 결점에 대하여 이해해 두는 것이 중요하다.

용접의 결점을 들면,

　1) 變形이나 歪曲이 생겨, 용접한 그대로는 정확한 치수의 것을 만들기 힘들다.
　2) 용접부의 收縮에 의하여 內部에 降伏點에 가까운 잔류응력이 남기 쉬우며,
　　이것이 다음에 변형이나 파괴의 원인이 될 위험성이 있다.
　3) 대형용접구조물에서는, 低氣溫에서 노치부터 생긴 脆性균열을 途中에서 防止
　　하기 곤란하나, 리벳接合에서는 이것을 接合部에서 저지할 수 있다.
　4) 용접열영향에 의하여 材質의 脆化를 초래하기 쉽다.
　5) 용접공의 기능에 依存하는 바 크므로, 所定의 기능시험에 합격한 용접공을 채
　　용치 않으면 안된다.
　6) 중요부분에서는 용접부의 결함유무를 확인하기 위하여 非破壞檢査가 필요하며,
　　더우기 完璧한 검사를 바라기 힘들므로, 용접시공중에 사전에 細心한 검사와 품
　　질관리를 요한다.

따라서, 용접구조물의 설계에 있어서는 이와같은 결점이 될 수 있는대로 나타나지 않도록, 母材 및 용접봉의 선택에 신중을 기하고, 또한 용접변형이 적어지는 施工을 할 수 있도록, 설계를 하여야 한다. 또한 필요한 경우는 잔류응력의 제거와 열영향부의 材質改善을 위하여 적당한 事後處理를 지정하여야 한다. (第8章 참조).

7.6.2　設計上의 注意事項

용접설계상, 일반적주의사항은 다음과 같다.

(1) 용접에 적합한 설계를 할 것.

용접에서는, 리벳接合이나, 鑄鍛造에 비하여 설계상의 制約이 적고, 자유로히 새로운 이음形狀을 선정할 수 있다. 이에 의하여 材料의 節約과 이음의 健全性을 증가시킬 수 있다. 또한 型材로는 그림7.70과 같은 용접용형강의 이용도 고려하는 것이 좋다. 이러한 종류의 것은 독일에서 板桁을 맞대기용접으로 만드는 목적에 이용되고 있다. 필렛용접에서는 결함을 수반하기 쉬우나, 맞대기용접에서는 健全한 이음을 용이하게 얻을 수 있다.

(a) 熔接用形鋼 (旧 JIS)

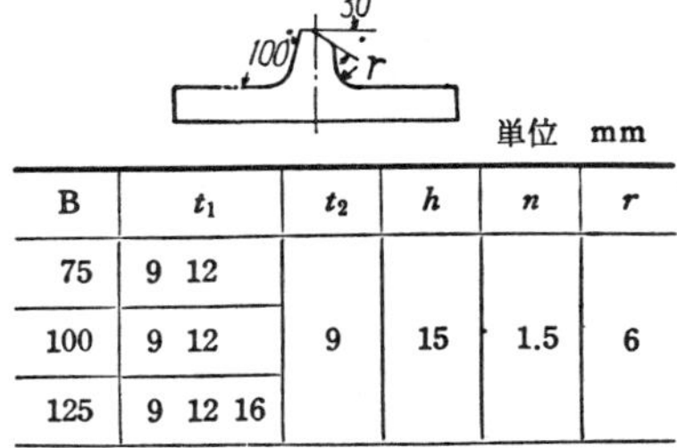

単位 mm

B	t_1	t_2	h	n	r
75	9 12				
100	9 12	9	15	1.5	6
125	9 12 16				

(備考) 길이는 9 m 以下로 한다.

単位 mm

B	t_1	t_2	h	n	r
150	10 15 20	12	25	1.5	12
200	15 20 25 30	12	30	1.5	15
300	20 25 30 35	16	35	1.5	20
400	25 30 35 40	16	40	1.5	25

(備考) 길이는 13m 以下로 한다.

(b) 熔接用 NK 形鋼 (日本鋼管製)

熔接用形鋼 및 組立形鋼断面係數表
(200×55×15×10)

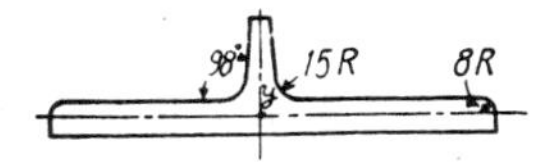

A (cm)	I_x (cm⁴)	I_y (cm⁴)	Z_x (cm³)	Z_y (cm³)	K_x (cm)	K_y (cm)
36.67	46.6	976.3	8.7	97.6	1.13	5.16

熔接用形鋼 및 組立形鋼断面係數表
(250×65×25×12)

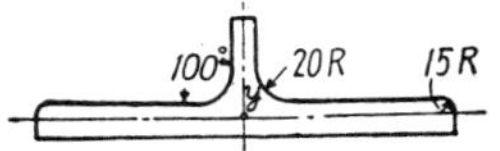

A (cm)	I_x (cm⁴)	I_y (cm⁴)	Z_x (cm³)	Z_y (cm³)	Z_x (cm)	Z_y (cm)
70.28	105.3	3 117.0	21.5	249.3	1.22	6.66

熔接用形鋼 및 組立形鋼断面係數表
(300×70×25×12)

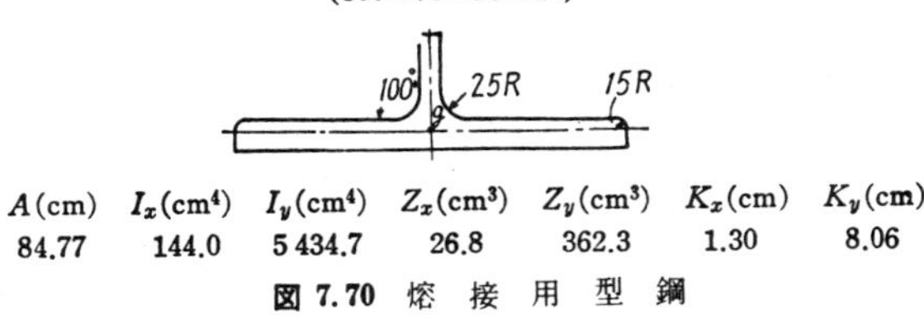

A (cm)	I_x (cm⁴)	I_y (cm⁴)	Z_x (cm³)	Z_y (cm³)	K_x (cm)	K_y (cm)
84.77	144.0	5 434.7	26.8	362.3	1.30	8.06

図 7.70 熔 接 用 型 鋼

(2) 용접길이는 될 수 있는대로 짧게, 또한 용착량도 強度上 필요한 최소한으로 할 것.

熔接線을 감소시키기 위하여는 廣幅의 板을 利用, 또는 간단한 주단조部品을 倂用하는 것이 上策인 경우가 있으며, 또한, 용접량이 過大하게 되면 變形이 증대하고, 過大한 덧붙이는 오히려 피로강도를 저하시켜 有害하다.

(3) 용접이음形狀에는 많은 종류가 있으나, 그 특성을 잘 알아서 쓸 것.

이에 대해서는 7.2, 7.3節 참조.

(4) 용접하기 쉽도록 설계할 것.

가끔, 용접봉도 들어가지 않게 소홀한 설계를 할 경우가 있으나, 적어도 그림7.71과 같은 정도의 여유가 필요하다.

(5) 용접이음이 한군데 집중하거나, 또는 너무 접근하지 않도록 할 것.

용접선이 너무 접근하면, 변형이 커지며, 경우에 따라서는 균열이 생기기 쉽다. 그림7.72와 같은 주의를 요한다.

(6) 결함이 생기기 쉬운 용접은 피할 것.

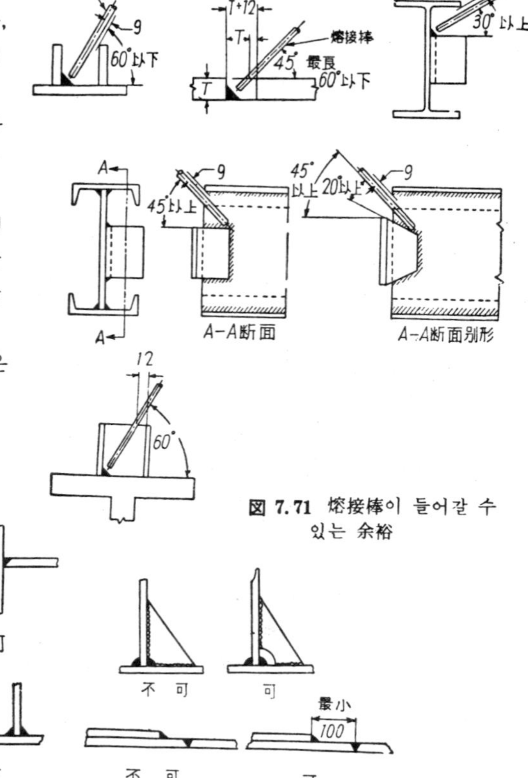

図 7.71 熔接棒이 들어갈 수 있는 余裕

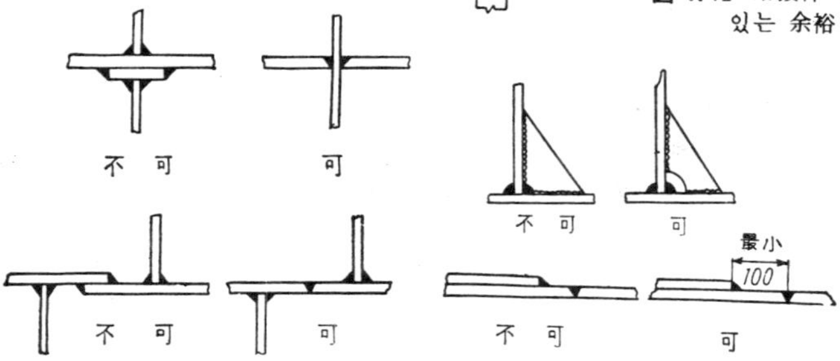

不可   可

不可   可

不可   可

最小
100
不可   可

図 7.72 熔接線의 集中을 避한 이음.

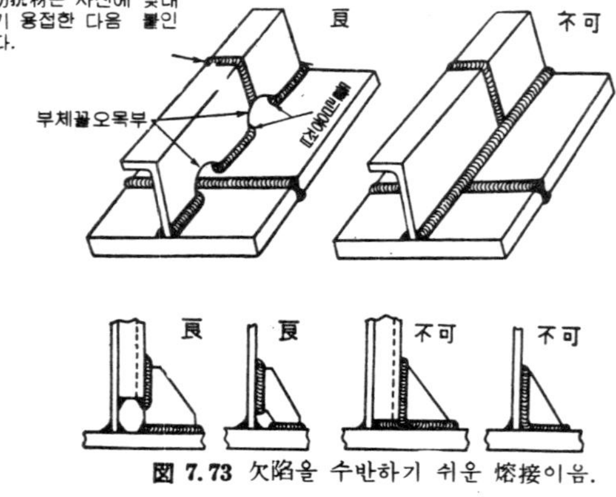

図 7.73 欠陷을 수반하기 쉬운 熔接이음.

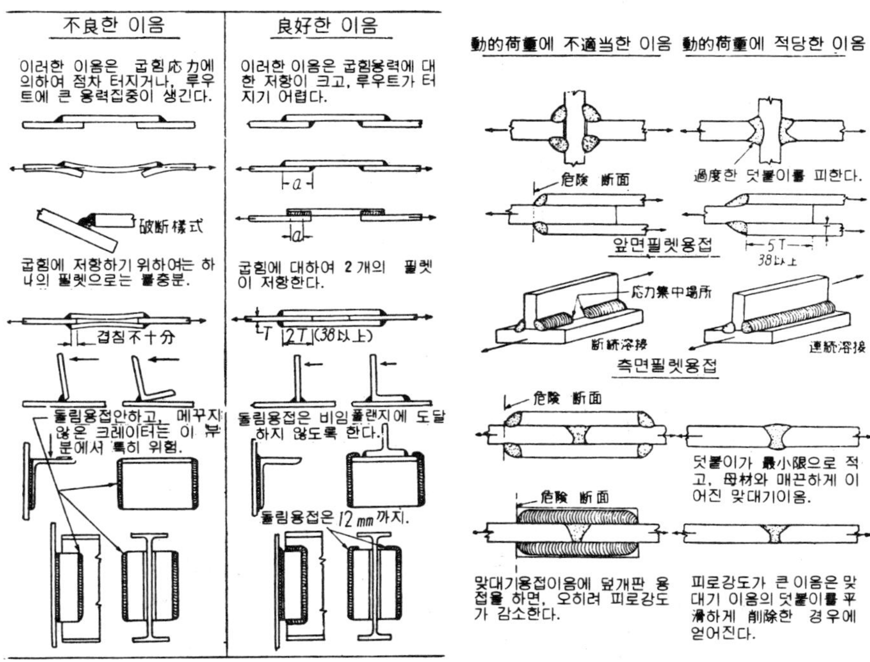

図 7.74 필렛이음의 良, 不良　　　　**図 7.75** 反復荷重에 適, 不適當한 이음形狀

그림7.73과 같이 스티프너(stiffener, 防撓材)의 필렛과, 板의 맞대기용접은 부채꼴 오목부를 붙여서 交叉하지 않도록 하고, 또한 모서리에 용접선의 집중 또는 교차하는 것을 피할 것.

(7) 약한 필렛용접이음을 피할 것.

그림7.74와 같이 필렛용접에 굽힘應力이 걸리면 특히 약해진다. 또한 그림의 最下部와 같은 이음에서는 크레이터에 인장응력이 걸리면 위험함으로, 약간 돌림熔接을 할 것.

(8) 반복하중을 받는 이음에서는, 특히 이음表面이 平滑하게 되도록 고려할 것.

그림7.75 右側과 같은 이음形狀이 바람직하다.

(9) 構造上의 노치를 피할 것.

용접한 그대로의 구조물에서는, 용접선의 주변에 큰 잔류응력이 남으며, 또한 노치로 부터 脆性破壞를 이르키기 쉬우므로, 응력집중의 원인이 되는 形狀의 不連續部, 또는 용접결함을 極力 피하여야 한다. 이것은 피로강도를 확보하는 의미에서도 매우 중요한 사항이다. 예를들어 그림7.76과 같이 모서리는 완만한 곡선으로 하고, 또한 板두께가 다른 이음에서는 斷面變化를 적게 하기 위하여 그림과 같이 경사(약20°)를 붙인다.

중요한 이음은 7.3에서 기술한 것과 같이, 반드시 밑면따내기를 하여 뒷면용접을 하여야 한다.

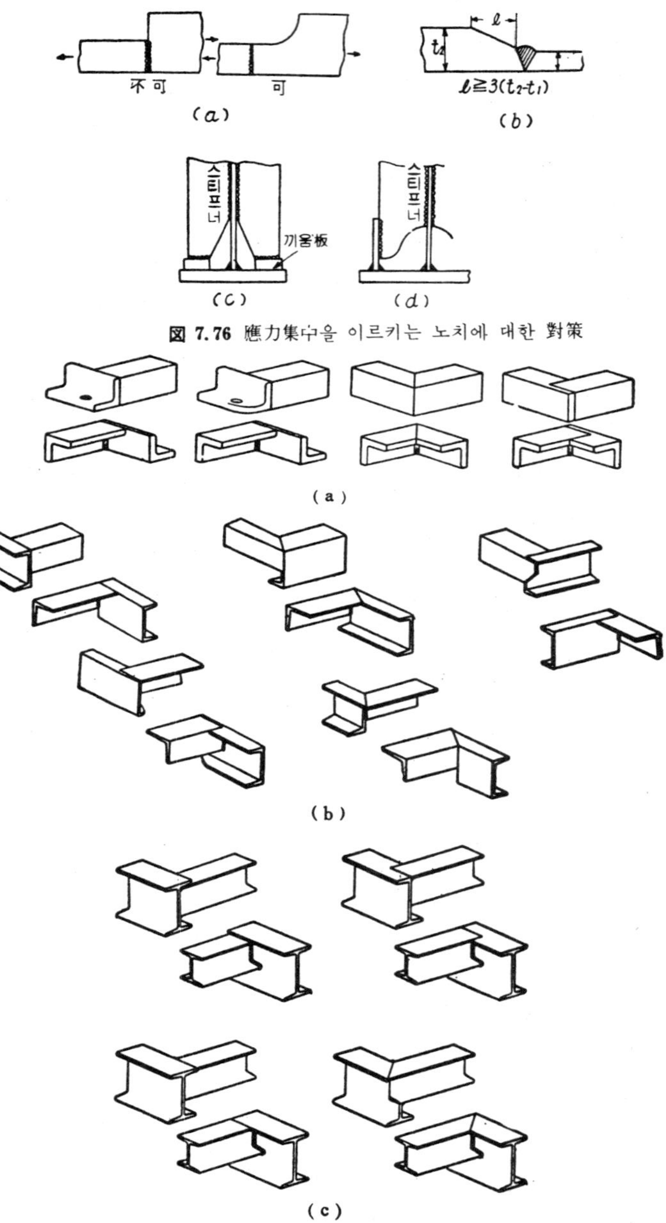

図 **7.76** 應力集中을 이르키는 노치에 대한 對策

(a)

(b)

(c)

図 **7.77** 形鋼 의 熔接形式

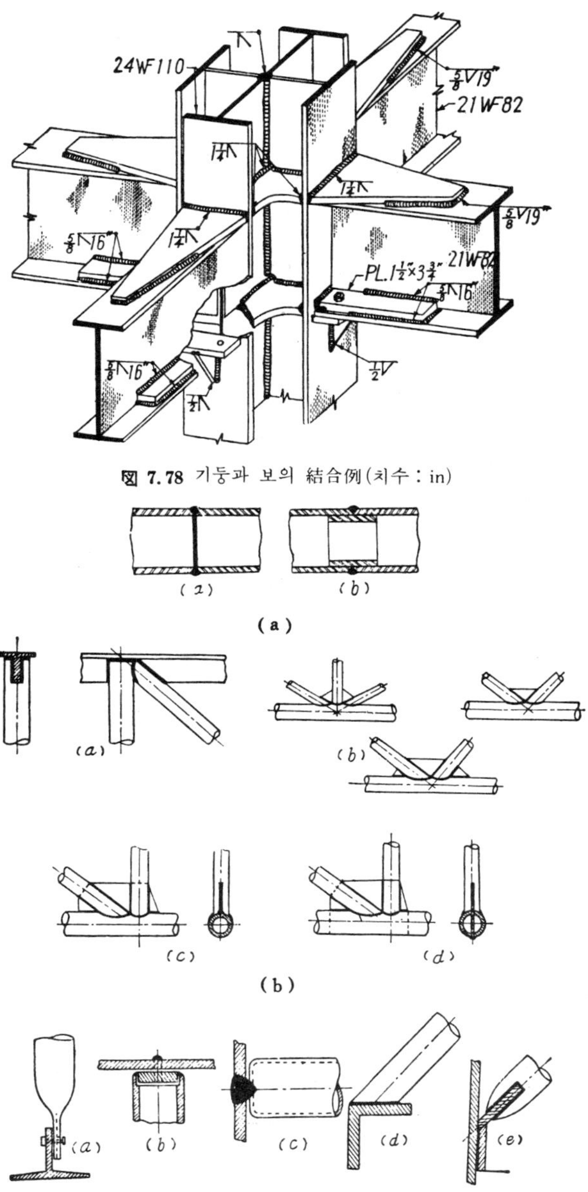

図 **7.78** 기둥과 보의 結合例(치수：in)

(a)

(b)

(c)

図 **7.79** 管 의 熔 接 諸 例

7.6.3　基本的이음形式

（1）形鋼의　熔接

기계, 교량, 건축等에는 形鋼의 용접이 잘 이용된다. 그 數例를 들면, 그림7.77(a) (b) (c)와 같다. 그림7.78은 건축에 쓰이는 기둥과 보의 結合例이다.

（2）鋼管의　熔接

中空円管은 비틀림에 대하여 가장 有效함으로, 특히 航空機構造에 잘 쓰인다. 그接合例를 들면, 그림7.79(a) (b) (c)와 같다. 또한 최근에는 중요한 鋼管의 맞대기용접을 받침쇠없이 텅스텐不活性가스아아크熔接으로 하는 방법이 발달하고 있으나, 이에 대해서는 第4章 그림4.63을 참조하기 바란다.

또한 管과 플랜지의 接合方式으로서 그림7.80과 같은 KS規格에 의한 플랜지이음매의 양식이 있다. 플랜지와 파이프를 맞대기용접한 것이 가장 좋으나, 기타의 것에서는 플랜지를 보울트로 조였을 때, 相當히 큰 應力이 플랜지의 필렛部에 작용함으로 결함이 없는 용접이 필요하다.

（3）壓延板의　熔接

板을 용접하여 기계를 용접하는 방식은, 최근 널리 채용되고 있다. 그 一例로서, 그

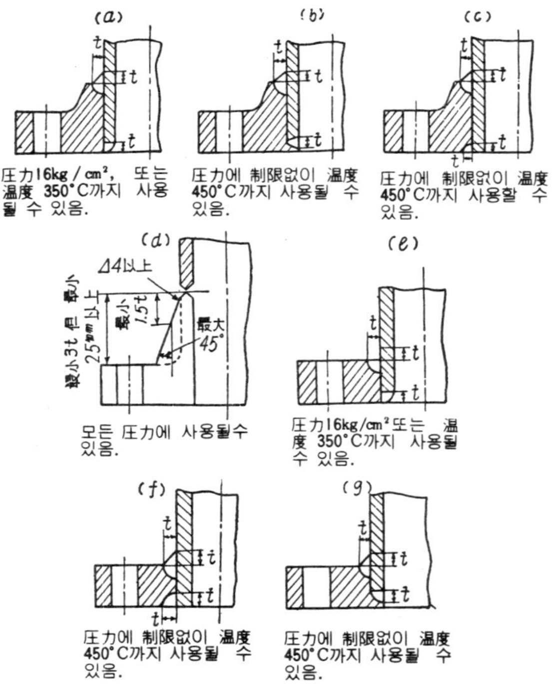

図 7.80　JIS規格에 의한 파이프와 플랜지의 熔接

림7.81과 같이, 300톤矯正프래스의 中央에 세운 프레임은 원래 그림7.82 왼쪽과 같은 鑄造品이었으나, 이것을 오른쪽의 용접프레임으로 교환한 예를 들 수 있다. 이것은 두께32mm의 側板 및 45mm의 底板으로 되어 있다. 또한 그림7.83은 750톤의 프레스헷드를 용접으로 제작한 例이다.

図 7.81 鋼板을 熔接해서 만든 300톤의 矯正프레스.

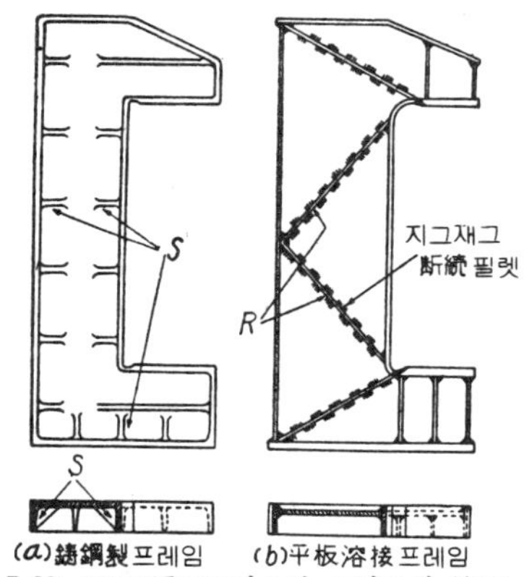

図 7.82 300톤矯正프레스의 프레임의 熔接

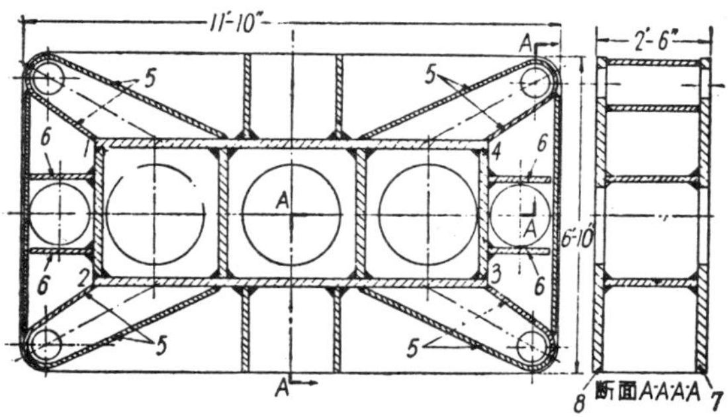

図 7.83 750톤 프레스의 헷드

文　　献

1) 熔接学会編： "溶接便覧", (1956), 697～756, (丸善).

2) The Lincoln Electric·Co.:　" Procedure Handbook of Arc Welding Design and Practice,"
11 版 (1957), 1.1-8.41 (リンカーン社).

3) 中根金作, 大谷碧： "熔接接手の強度", 熔接叢書第 5 巻 (1956), 1-163 (熔接協会).

4) 渡辺正紀, 中村孝： "溶接設計", 熔接叢書第 3 巻 (1955), 1-112 (熔接協会).

5) AWS： "Welding Handbook," 4 版, Section 1 (1957), 4.1-4.44, 6.1-6.36, 7.1-7.34.

6) Koenigsberger, F.:　" Design for Welding in Mechanical Engineering," (1948) 1-210
(Longmans).

7) 熔接研究所編： "溶接工学テキスト", (1956), 163-228 (森北).

8) そのほか AWS の " The Welding Journal," 英国の " British Welding Journal," わが国
の熔接学会誌, 熔接技術などに溶接構造に関した文献が多数掲載されている.

第8章　殘留應力 및 收縮變形

8.1　熔接에 의한 殘留應力

8.1.1　殘留應力의 發生

（1）應　　　力

그림8.1과 같이, 단면적 A의 棒을 外力P인 힘으로 잡아당기면, 횡단면A에 있어서는 윗쪽의 가部分이 아랫쪽의 나部分에 의하여 P 와 같은 內力으로 아랫쪽으로 당겨지며, 이와반대로 나部分은 가部分에 의하여 윗쪽으로 동일크기의 內力으로 당겨지게 된다. 이 內力은 단면A에 직각으로 작용하고 있으며, 그 단위면적當의 크기를 **直應力**（normal stress）이라 하고, 보통 σ （시그마）의 記號로서 표시한다. 즉,

$$\sigma = P/A$$

또한, 棒內에 假想한 斜角 θ （시타）의 斷面 에는 역시 上下方向으로 크기P의 內力이 작용하고 있으나, 이것을 面에 직각 및 平行인 分力, N와 T로 나누어 생각할 수 있으며, 이들을 단면적S로 나누면, 각각 직응력 및 **剪斷應力**（shearing stress） τ （타우）가 얻어지며,

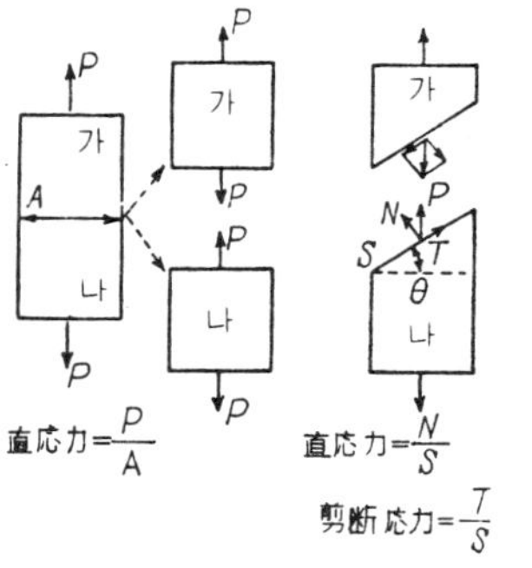

$$\sigma_\theta = N/S \qquad \tau_\theta = T/S$$

가 된다. 그런데,

$$N = P\cos\theta, \qquad T = P\sin\theta, \qquad S = A/\cos\theta$$

임으로.

$$
\left.
\begin{aligned}
\sigma_\theta &= \frac{P\cos\theta}{A/\cos\theta} = \frac{P}{A}\cos^2\theta = \sigma\cos^2\theta \\[2mm]
\tau_\theta &= \frac{P\sin\theta}{A/\cos\theta} = \frac{P}{A}\sin\theta\cos\theta = \sigma\sin\theta\cos\theta \\[2mm]
&= \frac{\sigma}{2}\sin 2\theta
\end{aligned}
\right\}
$$

가 된다. 上式에 의하여 전단응력이 최대가 되는 것은 $\theta = 45°$ 의 단면이며, 이때는,

$$\tau_{\max} = \frac{\sigma}{2}$$

가 된다. 金屬棒을 上下로 引張하여 降伏시키면, 대략 **最大剪斷應力**이 작용하는 面內에서, **剪斷變形**이 일어나는 것이 보통이므로, 引張方向으로 약45° 의 面內에 滑動變形이 생기게 된다.

図 8.1　応　力

일반적으로 복잡한 外力이 작용하고 있는 物体內部에, 그림8.2와 같이 直角座標軸 $0-xyz$ 를 취하고, 그 속에 微小한 立方体ABCDEFG를 생각하면, x軸에 직각인 表面ABCD에 작용하는 응력을,

重直應力　　　　σ_x
剪斷應力　　　　τ_{xy}와 τ_{xz}

이 되며, y軸 및 z軸에 直角인 表面에도 각각,

垂直應力　　　　σ_y; 　σ_z
剪斷應力　　　　τ_{yz}, τ_{yx}; 　τ_{zx}, τ_{zy}

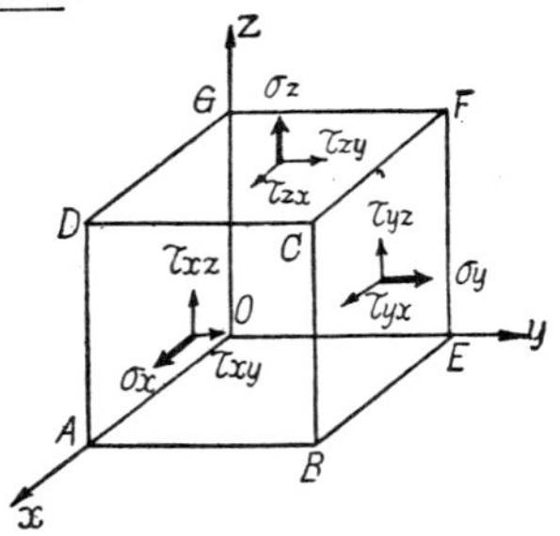

図 8.2　一般的 應力狀態

가 작용하게 된다. 또한 剪斷應力사이에는 平衡의 條件에 의하여,

$$\tau_{xy}=\tau_{yx}, \qquad \tau_{yz}=\tau_{zy}, \qquad \tau_{zx}=\tau_{xz}$$

의 關係가 성립하고 있다. 應力은 x, y, z軸의 正의 方向에 작용하는 경우에는 ＋記號를 반대로 작용하는 경우를 －記號로 나타낸다.

（2）殘留應力의 發生機構

金屬材料는 가열하면 팽창하며, 길이 l 의 물체가 온도변화 ΔT (델타티)를 받아 늘어나는 量 Δl 는, 線膨脹係數를 α로 할 때,

$$\Delta l = l\alpha \cdot \Delta T$$

가 된다. 軟鋼의 선팽창계수는 室溫에서는 $11.9 \times 10^{-6}/°C$이며, 高溫에서는 다음과 같다.

温度 °C	100	200	300	400	500	600	700	800
線膨脹係数 $10^{-6}/°C$	11.9	12.3	13.1	13.7	14.4	14.7	14.9	14.9

여기서, 그림8.3과 같이 兩端이 두꺼운 壁으로 固定된 均一 斷面의 棒을 均等하게 가열한 경우를 생각하면, 팽창으로 인한 彈性變形 $\Delta l/l$ 에 의하여 棒內部에는 壓縮의 熱應力(thermal stress) σ_c가 생기며, 그 量은 棒의 양그率(Young's modulus)을 E라 할 때,

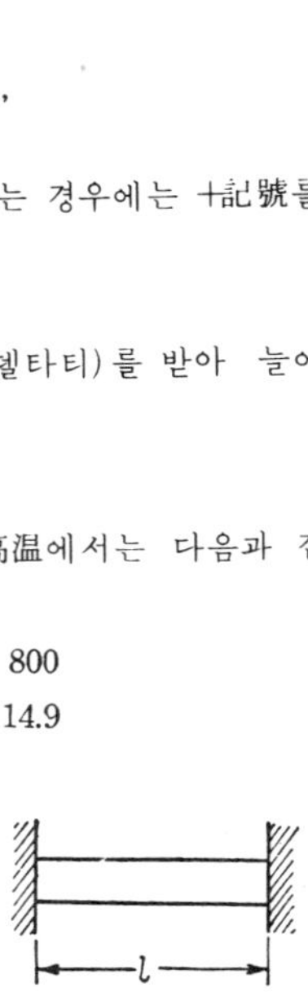

図 8.3　兩端固定의 均一한 棒의 膨脹

$$\sigma_c = E\frac{\Delta l}{l}$$

$$= E\alpha \cdot \Delta T$$

이다.

軟鋼의 高溫度에서의 降伏點과 양그率은 그림8.4와 같이 고온일 수록 低下하고, 항복점은 $700°C$부근에서 0이 되어 버린다. 실온부근에서는 약$120 \sim 150°C$의 온도변화에서 壓縮應力이 항복점에 도달하며, 그이상의 온도차에서는 壓縮의 塑性變形이 일어나 棒이 부풀어오른다. 또한 온도가 약$500°C$이상에서는 비교적 약간의 압축응력으로도 항복이 일어나며, 다시 $700°C$이상에서는 熱應力이 거의 0이 된다.

이와 반대로, 그림8.3의 軟鋼棒이 $700°C$이상의 高溫부터 냉각되는 경우에는 일반

적으로 $E\alpha \cdot \varDelta T$ 가 항복점보다 크므로 棒內部
에는 收縮引張應力이 생긴다. 그 크기는 냉각
도중의 任意溫度에 있어서의 항복응력과　같
고, 室溫으로 냉각한 때는 실온의　항복점과
같은 것으로 생각해도 된다.　용접이음에서는
물체에 外力이 작용치 않아도 용접부의 온도
변화에 수반하여 응력이 발생하며, 특히 냉각
시의 수축응력이 크므로 완전하게　실온까지
냉각한 경우에는 일정크기의 응력이 잔류하게
된다. 이 殘留應力(residual stress)은 이음

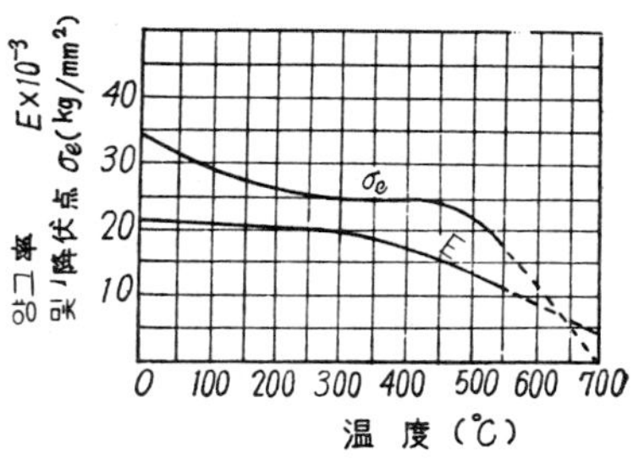

図 8.4　軟鋼의 高溫度에서의
降伏點 및 양그率

形成, 용접입열, 板두께, 모재의 크기, 용착순서, 용접순서, 外的拘束등의 因子에　의
하여 크게 영향을 받는다. 특히 厚板에서는 모재의 變形이 거의 허용되지 않으므로 잔
류응력이 커지며, 이때문에, 용접부가 터지는 경우가 있다. 또한 薄板에서는　모재가
變形되기 쉬우므로, 殘留應力이 적게 되나, 그 대신, 熔接變形(welding distortion)이
현저하여 실제의 製品上 매우 곤란한 문제가 된다.

　예를들어, 그림 8.5와 같이 兩端을 고정한 板을 맞대기용접한 경우, 兩端의 外力拘
束으로 인하여 용접부부터 떨어진 $a-a'$斷
面에 있어서도 큰　引張應力이 생기며, 이
것을 拘束應力(reaction stress 또는 loc-
ked-in stress)이라 한다. 또한　용접선에
직각인 橫斷面($c-c'$)內에 용접비이드부근
에서 큰　引張應力이 생기고 있으며, 그 兩
側에 낮은 壓縮應力의　領域이 있다. 또한
$a-a'$ 에서 절단되어 버 $b-b'$ 단면의 直角
應力分布는　그림과 같다.

（3） 殘留應力의 分布例

（ⅰ） 맞대기이음의 應力分布

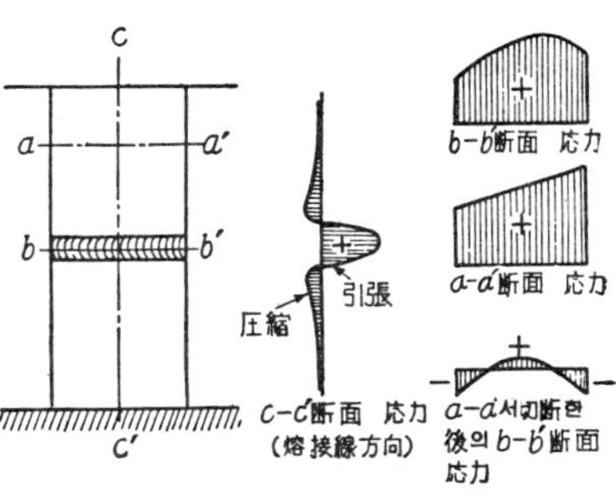

図 8.5　拘束된 맞대기이음의 殘留應力

　그림8.6은 周邊自由인 맞대기試驗片의 殘留應力例이다. 용착부에서는　용접선방향으
로 강하게 수축되고자 하는
힘이 周圍部分에 의하여 방
해되고 있으므로,용접선에
직각단면에서는 (b)圖와 같
이, 용착부는 대략 항복응
력과 같은 응력에 의하여
용접선방향으로　되고 있
다. 또한 비이드幅의 數倍
인 약60mm의　領域中에서 인

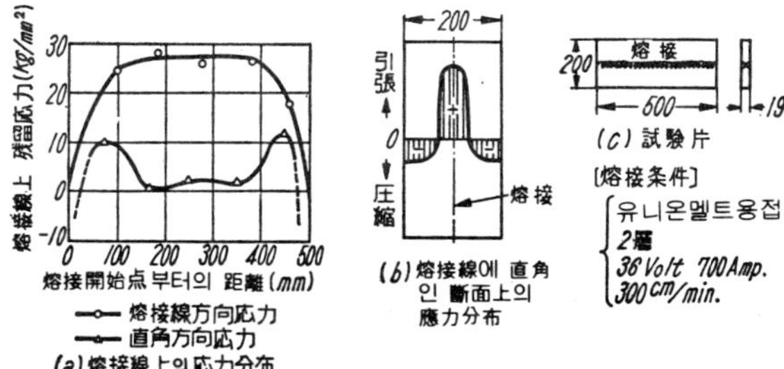

図 8.6　外的拘束이 없는 맞대기 熔接試驗片內의 殘留應力

장응력이 작용하고 있는데, 그 兩側은 반대로 壓縮應力이 작용하여, 이것은 인장응력의 약 1/4 정도의 크기에 이르고 있다.

　周邊自由인 板에서는 應力의 平衡條件에 의하여, (b) 圖의 해칭 (hatching) 面積의 ＋－記號部分넓이가 같게 된다. 또한, 용접선에 沿하여 생각하면, (a) 圖와 같이 비이드의 兩端부근 약100mm부분에서 용접선방향의 인장응력이 급격히 감소하고 있다. 그리고, 용접선상에서 이것에 직각방향의 응력은 (a) 圖와 같다.

　그림8.6에서 알 수 있는 바와 같이 만일 용접선길이가 약200mm보다 짧아지면 板의 拘束力이 감소하게 되므로 용접선에 沿한 引張殘留應力은 항복점보다 낮아진다.

(ii) 円板의 끼워넣기熔接

　넓은 板의 円孔部에 円板을 끼워넣고 용접하는 경우에는, 구속력이 커서 용접부가 터지기 쉬우므로, 이것을 이용한 터짐試驗方法도 있을 정도이다. 그림8.7은 두께25mm의 軟鋼板에 대하여 円板直徑을 변화시켰을 때 용접선에 沿한 最大殘留引張應力値를 측정한 것이며, 板幅에 비하여 円板이 작을 수록, 잔류응력이 커지고 항복응력에 가까운 값이 된다.

(iii) 円筒의 맞대기이음

　管壁두께에 비하여 직경이 매우 큰 円筒을 맞대기용접한 이음의 잔류응력은 넓은 板을 맞대기용접한 그림8.6의 경우와 비슷하며, 그림 8.8과 같다. 그러나 管壁두께에 비하여 직경이 별로 크지 않는 管의 맞대기용접에서는 사정이 약간 다르다. 예를 들어 外徑137mm, 관벽두께12mm의 軟鋼管의 맞대기이음을 「자크스」의 削除方法 (管內面을 조

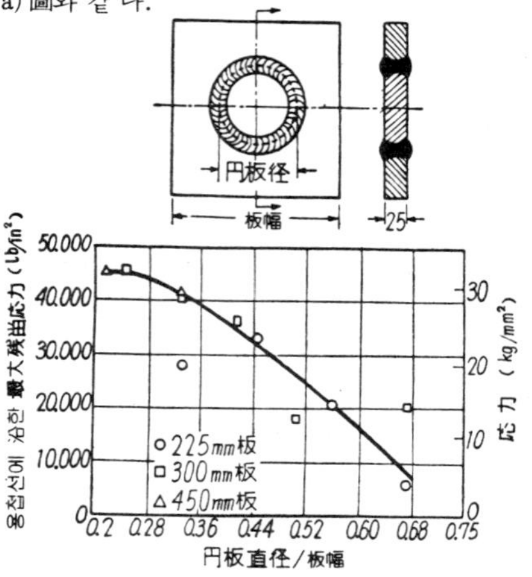

図 8.7　軟鋼円板의 끼워넣기熔接에서 熔接線에 沿한 殘留引張應力과 끼워넣기比와의 關係

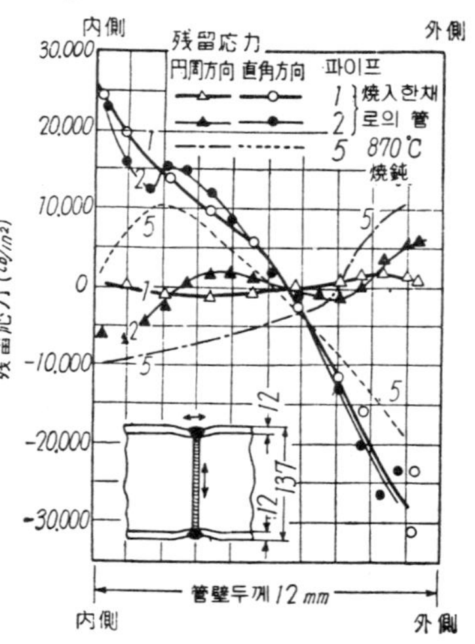

図 8.9　軟鋼管의 맞대기熔接部斷面内의 殘留應力分布

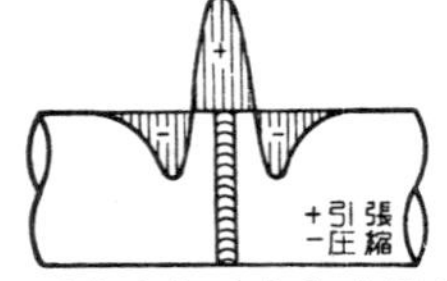

図 8.8　살두께에 비하여 直徑이 현저하게 큰 円筒의 맞대기이음殘留應力

금씩 切削除去하여 그때마다 表面의 變形差를 측정하고, 그 資料에 의하여   斷面內의 잔류응력을 算出하는 方法)을 써서 실측한 결과를 표시하면 그림8.9와 같다. 즉 용착 금속단면내에 작용하는 용접선에 平行인 円周応力은 비교적 적으나, 이것은 용접부가 수축하여 管의 이음매가 쉽게 소여지기 때문이다. 그러나 용접선에 직각방향에는   內 部에 큰 인장응력이 생기고, 표면부근에서는 압측응력이 생기고 있다. 이것도 역시 이 음매가 약간 조여지기 때문이라고 생각된다. 또한, 管을 購入한 狀態대로는 內部応力 이 잔류하고 있었으므로 이것을 870°C× 2 h 어니일링을 하여 완전하게 응력을 제거한 다음, 용접한 경우에는 그림과 같이 잔류응력의 分布狀況이 약간 달라지고 있다.

8.1.2 殘留應力의 測定法

(1) 測定法의 分類

잔류응력의 측정은 용접에 있어서 難問題의 하나이다. 종래 여러가지방법이 시도되 고 있으나, 精度좋고 信賴性있는 방법은 극히 적은 現狀이다. 최근에는 800°C 정도의 高温까지 應力을 측정할 수 있는 變形度計가 발달하고 있으므로, 冷却中의 잔류 응력 發生狀況을 계측할 수 있다.

잔류응력의 측정법에는 다음과 같은 방법이 있다.

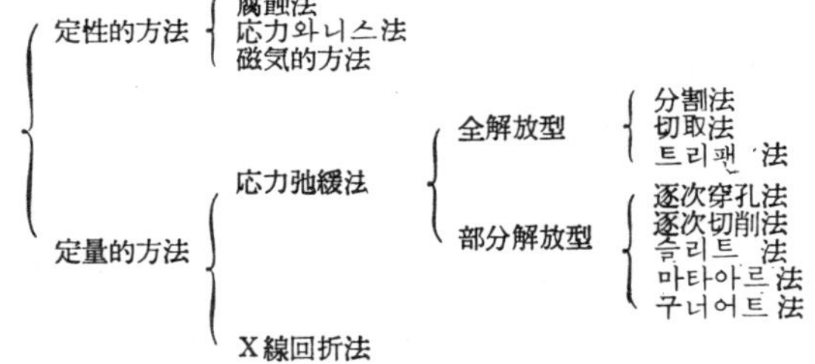

定性的方法中, 부식법이란, 잔류응력이 있는 부분을 적당한 試藥으로 부식시키면 主應力線에 직각으로 터지는 성질을 이용한 것이다 응력와니스法이란, 脆弱한 래커(la- cquer)를 表面에 바르고 물체에 구멍을 뚫으면 이에 의하여 應力이 변화하며, 따라서 래커가 主應力線에 직각으로 금이 가게 됨으로, 이것을 이용하여 응력분포를 알 수 있 는 것이다. 또한 磁氣的方法이란, 잔류응력이 磁性에 미치는 영향을 이용하여 잔류응 력을 측정하는 것이다. 이러한 방법들은 어느것이나 定性的인 것이며, 용접의 경우에 는 별로 이용되지 않는다.

(2) 應 力 弛 緩 法

잔류응력을 定量的으로 측정하는데는, X線을 이용하는 경우를 제외하고, 切削 또는 穿孔등 機械加工에 의하여 응력을 解放하고, 이때 생기는 彈性變形을 電氣的 또는 機 械的變形度計를 써서 측정하는 경우가 많다.

잔류응력의 측정에는 抵抗線変形度計 (wire strain gage)가 잘 쓰이며, 이것은 가느 다란 Cu- Ni 合金 또는 温度係数가 적은 電気抵抗線 (약 120Ω)을 그림8.10과 같이 平行

으로 종이, 베이클라이트紙 등에 붙이고, 보통 위를 펠트로 싼 게이지 (商標 SR- 4) 및 計測器로 구성되는 것이다. 사용법은 그림8.10과 같은 게이지를 시험품에 붙이고, 시험품과 함께 여기에 荷重을 걸면, 게이지에 길이 変化가 생기며, 電気抵抗은 変形에 正比例的으로 변화함으로, 이것을 휘이스토운 브리지 (Wheatstone bridge) 其他를 이용하여 측정함으로써, 逆으로 変形量을 알 수 있는 것이다. 그리고 시험품의 彈性変形(ε)에 의하여 応力$(\sigma = \varepsilon E$, E는 양그率)을 알 수 있다. 게이저에는 1 方向의 変形을 측정하는 것과, 3 方向의 変形을 동시에 측정하는 것이 있다. 그림8.11은 大型밸브의 各部에 게이지를 붙이고, 内圧을 걸어서 表面의 変形을 計測하고 있는 모습이며, 全応力分布를 알수 있다.

(ⅰ) 全 解 放 型

抵抗線変形度計 (SR - 4 게이지)를 사용하여 용접의 잔류응력을 측정하는데는 용접물표면에, 예를들어 그림8.12와 같

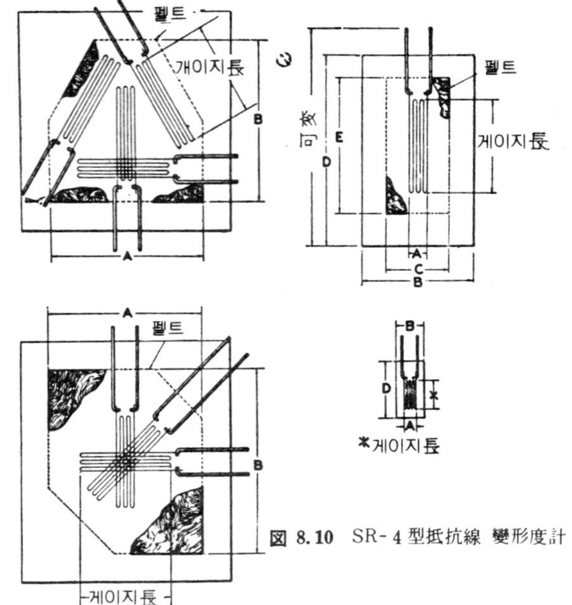

図 8.10   SR- 4 型抵抗線 変形度計

図 8.11   SR- 4 에 의한 応力測定例

이 SR- 4 게이지를 붙인다. 이때 게이지의 指示는 0 (겉보기 0 応力)이지만 그림 8.12 와 같이 게이지 周辺을 절단하여 小片으로 분할하거나, 잘라내면, 그때까지 잔류응력에 의하여 左引로 당겨지고 있던 小片이 인장응력에 의하여 해방되어 수축함으로, 따라서 게이지에 圧縮変形이 지시된다. 이 変形을 용접시험片의 양그率에 곱하면, 압축

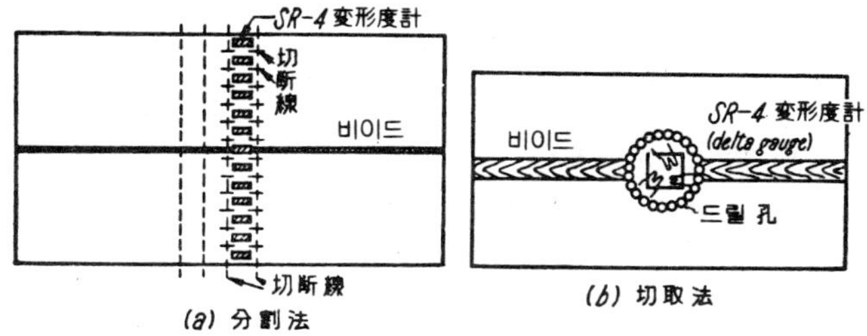

図 8.12   SR-4를 쓴 殘留應力測定方法(全解放型)

응력이 얻어지게 되는데 그 크기는 잔류응력의 크기와 같고 방향은 正反對이다. 이 방법에 의하면 비교적 精度가 좋은 잔류응력측정치가 얻어진다. 게이지를 붙인 小片을 잘라내는데는 그림 8.12의 방법외에 트리팬소오(trepan saw)로 절취하는 일도 있다. 그러나 보통은 그림 8.12(b)와 같이 드릴을 사용하여 小片을 잘라내는 경우가 많다. 이때 小片의 크기가 크면 응력이 해방되지 않고 남게 되므로, 측정이 不正確하게 된다. 이 小片은 될 수 있는데로 작게 하여야 하며, 특히 용접부부근은 잔류응력이 장소적으로 급격히 변화하고 있으므로, 게이지길이 數 mm 정도의 작은 게이지를 쓸 필요가 있다.

(ii) 部分 開放型

잔류응력이 있는 円柱나 円筒을 內側에서 조금씩 穿孔해 나가면 削除된 부분의 잔류응력이 제거됨으로, 나머지 물체는 직경 및 길이가 조금씩 變形함으로, 이 變化를 計測하여 최초의 잔류응력을 推定할 수 있다. 이것을 逐次穿孔法 또는 자크스(Sachs)法이라 한다. 이 방법은 円柱, 円筒, 円板등의 円形物體에서, 応力이 中心軸에 관하여 對稱임과 동시에 軸方向에 均一한 경우에 적용될 수 있다.

또한 이와반대로, 円筒, 円柱, 板등의 外側으로부터 조금씩 薄層으로 깎아내는 경우의 変形을 측정하여 잔류응력을 구하는 방법을 逐次切削法이라 한다. 예를들어, 그림 8.13과 같은 殘留応力分布의 경우에는, 길이가 逐次的으로 길어지는 것을 이용하여 軸方向의 잔류응력이 구해진다. 이 方法은 길이方向에 均一한 크기의 응력만이 존재하고, 또한 中心軸에 관하여 對稱인 경우에 적용된다.

또한 一例로서 그림 8.14와 같이 中央에 압축, 양측에 인장응력이 생기고있는 平板에서 平板의길이方向에 균일한 응력이 잔류하고, 그것이 두께 方向

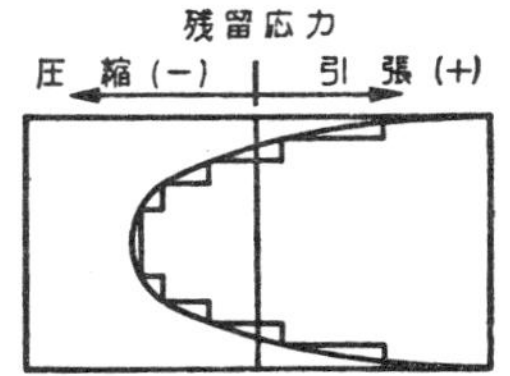

図 8.13 逐次切削法에 의한 円柱의
殘留応力測定法

에서 다를때는, 두께를 片側에서 逐次 削除해가 면, 板이 휘게 됨으로 그 彎曲度를 측정함으로써, 잔류응력을 계산할 수 있다.

잔류응력이 존재하고 있는 部分에 드릴로 구멍을 뚫으면, 그 周辺이 多少 변형함으로, 그 변형을 측정함으로써 穿孔部分에 잔류되고 있던 응력을 측정할 수 있다. 이것을 穿孔法이라 하며, 또한 發明者의 이름을 따서 마타아르(Mathar)法이라고도 한다.

(3) 구너어트 法

용접이음의 잔류응력측정법에 대해서는 國際熔接学会(IIW)에서 검토한 결과, 국제적인 표준측정방법으로서 **구너어트**(Gunnert)**法**이 비교적 信賴性있는 方法으로서 추천되고 있다. 이 방법은 극히 작은 面積內에서 応力測定을 할 수 있고, 支点摩擦이 극히 적은 機械的変形度計를 사용함으로 感度좋고 安定度가 좋은것이 특징이다.

이 방법은, 物体表面에 그림 8.15와 같이 直徑 9 mm의 円周上에 8個의 小孔(직경 2 mm의 円錐孔)을 뚫고, 그 周圍 15~20 mm의 円周上의 面積部分을 수직으로 트리팬소오로 削除하여 잔류응력을 해방한 다음, 解放前後의 小孔間距離変化를 그림 8.16과 같은 장치로 정밀하게 측정함

으로써 잔류응력을 알아내는 것이다. 이 장치에 쓰이는 変形度計는 그림 8.17과　같이

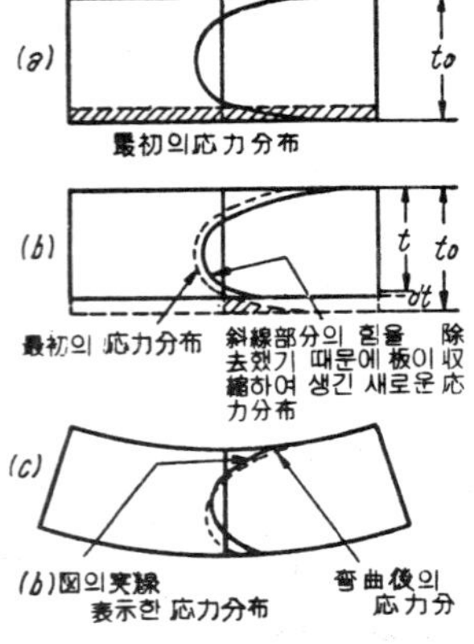

図 8.14　平板의 平面切削에 의한 應力變化와 彎曲

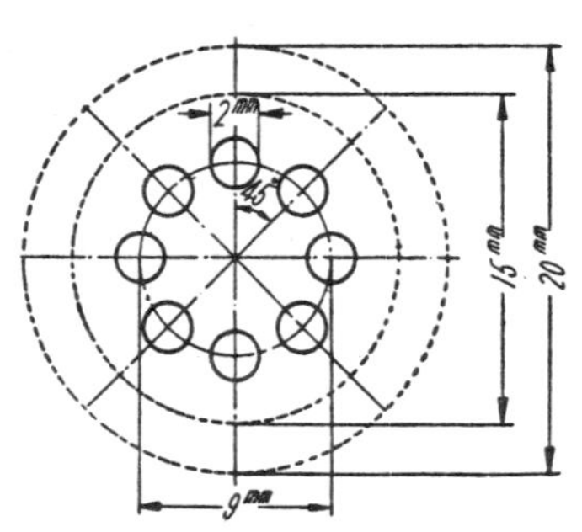

図 8.15　구너어트式測定用 円錐孔

図 8.16　구너어트式殘留應力測定用 變形度計

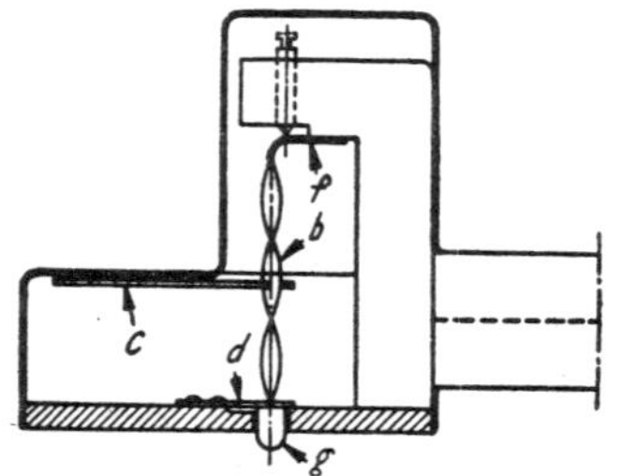

図 8.17　구너어트式變形度計의 構造

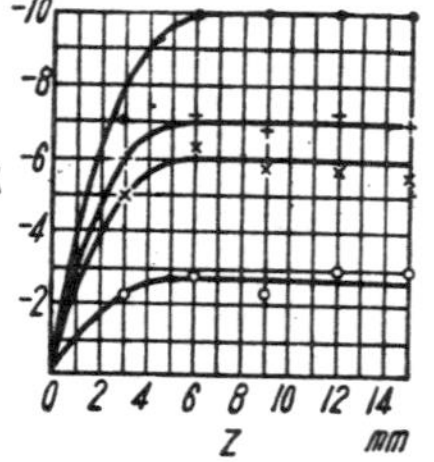

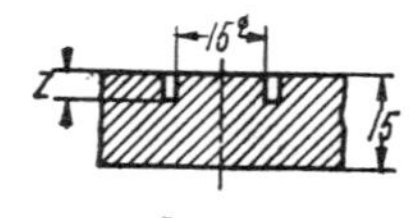

図 8.18　트리팬加工의 깊이 Z와 變形解放域깊이와의 關係

비틀린 리본(b)을 이용하여 (f), (g)間의 微小한 変位를 리본의 指針(c)의 回転으로 크게 拡大하는 것이다.

또한 트리팬加工의 길이는 板두께全部에 걸쳐 할 필요는 없고, 예를들어 두께 15 mm 軟鋼板의 용접이음의 비이드中心에서의 応力測定例에서는 그림 8.18과 같이 깊이 6 mm 정도가 되면 表面応力이 완전하게 해방되게 된다. 変形量을 λ, l를 接点距離, E를 양 그率로 하면 応力 σ 는

$$\sigma = \frac{\lambda}{l} E$$

로 주어진다.

구너어트法의 精度는 ±1.3 kg/mm² 이나 조작이 기계적임으로 측정도중 誤差가 들어 가는 일이 적은 특징이 있으며, 또한 잔류응력을 측정한 자국은 깎아버리고 補修할 수 있는 잇점이 있다.

(4) X 線 回 折 法

금속재료는 金屬原子가 空間에 規則的으로 配列된 結晶格子構造를 갖고 있다. 이 결정에 波長 λ (람다)의 X線을 비치면, 결정내의 原子面(원자가 배열되고 있는 平面)에서 X線이 반사된다. 이것은 거울面에서 빛이 반사하는 것 과 비슷하며, 이때, 原子面에 대한 X선의 入射角을 θ, 原子面間隔 d라 하면,

$$n\lambda = 2d \sin \theta, \quad (n = 1, 2, 3 \cdots\cdots)$$

인 條件을 만족시키는 方向으로 選擇的인 反射가 일어난다. 지금 어떤 方向의 반사(n =一定)에 대하여 생각할 때, 결정에 彈性応力이 가해지면, 原子面間隔 d가 比例的으로 변화함으로, 反射 X線의 방향이 변화한다. 이 반사방향의 변화를 측정하면 원자면 간격 d의 변형을 알 수 있고, 이것에 양그率을 곱하면 응력을 알 수 있다. 이 변화가 가장 感度좋게 측정되는 것은 $\theta = 90°$부근임으로, 실제의

측정에 있어서는 그림 8.19와 같이, 背面反射의 X線을 이용한다. 이것이 X線回折法에 의한 잔류응력측정방법이다. X線필름에 의하여 反射方向을 사진으로 찍는데는 数時間걸리게 됨으로, 최근에는 計数管을 사용하여 数分정도의 短時間内에 반사방향을 精度좋게 측정하는 기계가 발달되고 있다. X선에 의한 잔류응력측정은 시험물을 전연 손상시키지 않고 応力을 측정할 수 있고, 극히 작은 面積(數 mm以下)의 응력을 측정할 수 있으므로, 応力이 場所的으로 급격히 변화하는 경우에는, 다른 기계적 또는 전기적인 방법에 비하여 훨씬 뛰어나고 있다. 또한 塑性変形을 받는 경우에도 彈性変形만을 측정 하여 응력을 알 수 있으며, 또한 表面의 얕은層에 대한 잔류응력이 측정될 수 있다. 그러나 이

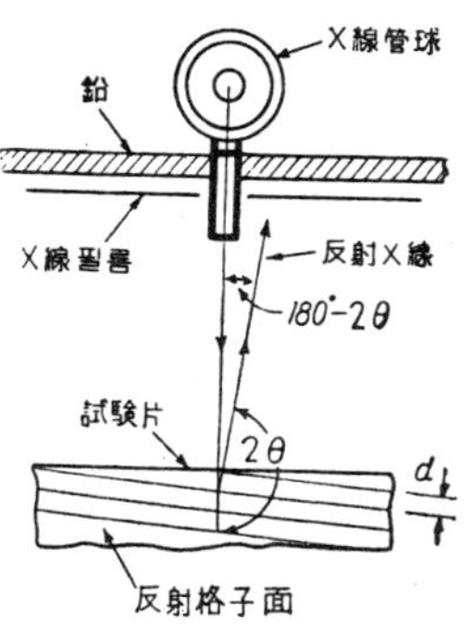

図8.19 X線回折法에 의한 殘留應力測定

方法에서는　誤差가 数 kg/mm²에 이르고 操作이 곤란한 결점이 있다.

8.1.3 殘留応力의 影響

용접이음의 잔류응력은, 厚物에서는 항복점에 가까운 값이며, 軟鋼에서는 20~30 kg/mm²에 이르는 것도 있다. 그런데, 鋼構造物의 許容應力은 靜荷重에 대하여는 10~14kg/mm² 정도이며, 動的荷重에 대하여는 더욱 적다. 따라서 殘留応力은 허용응력보다 훨씬 큰 값이 됨으로, 이것이 구조물의 安定性에 미치는 영향이 문제가 된다.

(1) 靜 的 强 度 (延性破壞)

材料에 延性이 있어 파괴되기까지에 얼마간의 塑性変形이 일어나는 경우에는, 항복점에 가까운 잔류응력이 존재하고 있어도 强度에는 영향이 없는 것으로 생각해도 된다. 그 이유는 잔류응력이 있는 물체에 引張外力이 가해지면, 예를들어, 그림 8.20의 軟鋼맞대기세로이음의 예와 같이,

비이드부근에서 처음에 높은 인장응력이 잔류하고 있던 부분이 外力의 증가에 수반하여 즉시 항복하고, 그 부분은 塑狀変形을 시작하게 되나, 응력은 별로 증가치 않는다. 가령 이음시험편全体에 0.18% 伸張変形을 주면, 全断面이 항복하여 abcde 의 응력분포가 된다. (이 상태에서 外力을 제거하면 잔류응력이 破線과 같이 현저하게 감소하며, 이음에 僅少한 塑性変形을 주면 잔류응력의 輕減을 할 수 있는 것이다). 그後, 시험편의 소성변형이 2~8%로 진행됨에 따라, 응력분포는 図示와 같이 대략 平坦하게 증가하고, 처음부터 잔류응력이 없던 경우와 거의 마찬가지로 破断하게 되며, 强度에는 거의 변화가 나타나지 않는다.

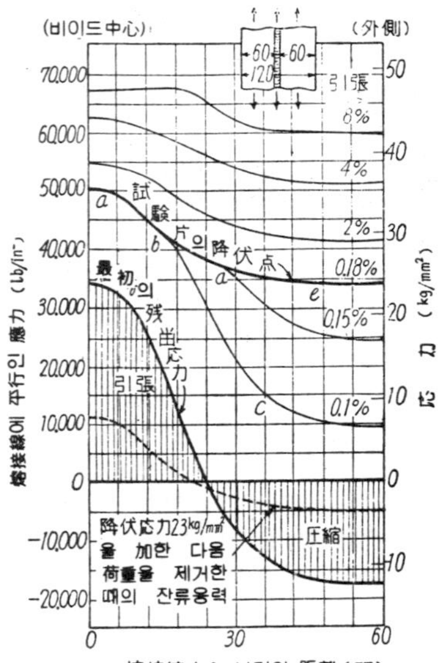

図 8.20 세로이음의 靜的引張에 의한 應力變化(熔接線에 直角인 斷面의 引張應力, 片側만 表示)

(이와같이 약간의 소성변형을 주어서, 잔류응력을 緩和하는 것에 대해서는 後述한다.)

(2) 脆 性 破 壞

재료가 延性이 부족하여 거의 소성변형하지 않고 파괴되는 경우에는, 잔류 응력의 영향이 나타난다. 즉 그림 8.20에 있어서 全断面이 항복하기 전에 파괴가 일어나면 분명히 잔류응력이 클 수록 小荷重에서 파괴되는 것이되며, 유리, 현저하게 硬化된 燒入鋼, 鑄鋼등이 이러한 경우에 상당한다. 또한 軟鋼에서도, 低溫에서는, 延性이 상실됨으로, 이경우에 해당된다. 특히 軟鋼용접구조물, 예를들어, 船舶, 橋梁, 圧力容器, 水門, 貯藏탱크, 送給管등이 冬季의 低溫, 靜荷重下에서 突然 마치 유리나 도자기와 같이 脆性破壞한 사고가 続発하고 난 다음부터는, 구조물의 잔류응력을 완전히 제거해야 하는가 하는 문제가 중요한 연구과제로 되어 있다. 이에 대해서는 日本東大 木原博士와

運研 增淵博士의 研究가 있으며, 이에 의하면, 잔류응력이 脆性破壞에 미치는 영향은 다음과 같다.

英國의 로버트슨 其他의 연구에 의하면, 취성파괴가 軟鋼板中에 傳播하는데 는 그림 8.21과 같이, 온도가 어떤 값(傳播停止温度)보다 낮고, 또한 応力이 어떤 傳播限界応力보다 높아야 한다. 限界応力은 数 kg/mm^{2}의 크기로서, 항복점보다 상당히 낮으며, 또한 설계응력보다도 더욱 낮은 값이다.

이와같이 취성파괴는, 일단 이것이 開始되면, 낮은 応力으로 전파되지만 취성파괴가 시작되는데는 항복점정도의 높은 인장응력이 노치部分 부근에 작용할 필요가 있는 것이 많은 실험결과에서 확인되고 있다. 그런데 용접부부근에서는 항복점에 가까운 큰 잔류인장응력이 존재함으로 外部荷重에 의한 僅少한 응력이 加算되기만 해도 취성파괴가 생길 가능성이 있게 되는 것이다.

예를들어, 그림8.22와 같이, 板두께25mm 幅 1 m 의 軟鋼大型引張試驗片을 그 中央의 세로이음에 직각으로 예리한 노치를 붙여 低温에서 잡아당기면, 그림8.23과 같은 결

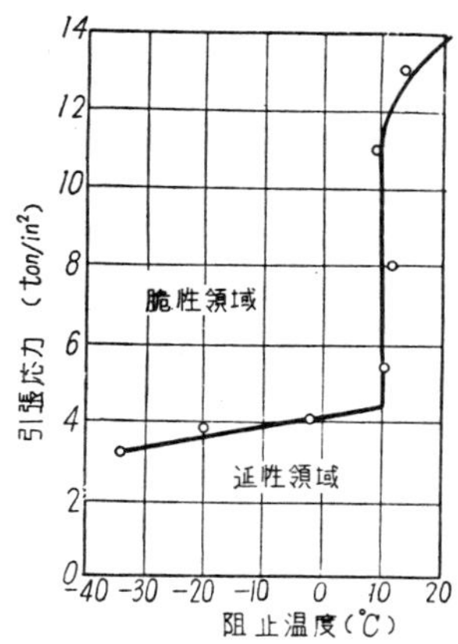

図 8.21 로버트슨試驗에 의한 脆性破壞傳播應力과 温度特性

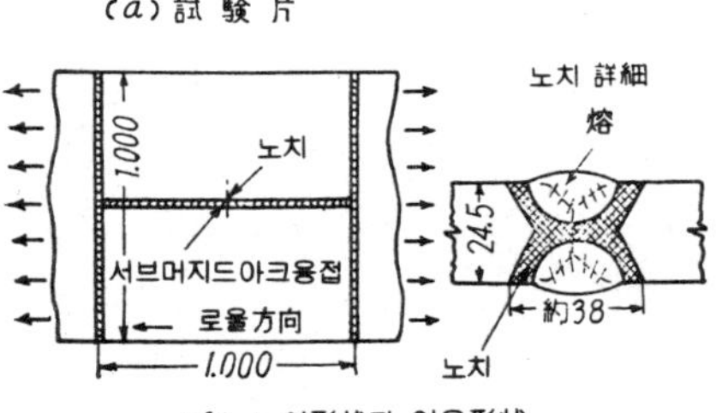

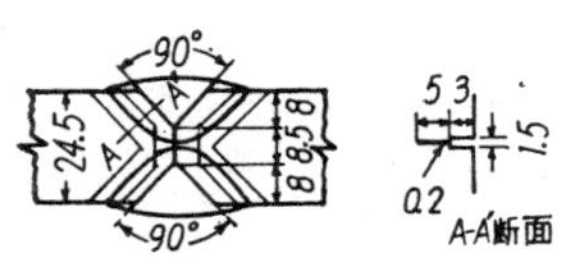

図 8.22　人工的인 銳利한 노치를 붙인 세로이음引張試驗片

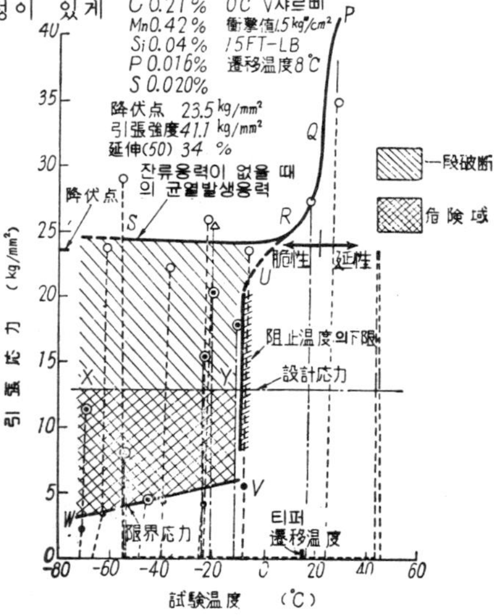

図 8.23　軟鋼熔接試驗片(図 8.22)의 破斷應力(木原, 增淵)
…●…○… 熔接後 터짐없고, 部分破斷(●) 및 完全破斷(○) 했을 때의 應力
…▲…△… 熔接後 自然터짐이 있어, 部分破斷(▲) 및 完全破斷(△) 했을 때의 應力
◎　▲　一段破斷(應力20kg / mm² 以下에서의 多段破斷 包含)

과가 얻어지며, 파괴에있어 다음과 같은 形式의 것을 볼 수 있었다.

　가)　우선 어떤温度(그림과 같은 시험재에서는 약20℃)以上에서는 延性破斷이 생기고, 그以下에서는 脆性破壞가 일어났다.

　나)　低応力下의 一段破斷…항복점이하의 低応力에서, 균裂이 생기고 瞬時間에 시험편全幅에 걸쳐 파단되는 경우가 있으며, 이러한 파단은 균열 發生応力이 어느정도 以上 높은 경우에 생긴다(圖表의 二重点과 二重三角표).

　다)　多段破斷…一段破斷보다 낮은 応力(대략 $3 \sim 6 \, kg/mm^2$)에 있어서, 균열이 발생하면, 균열은 어떤 길이까치 進展된 다음 일단 정지하고(一部分破斷),그後는 상당히 높은 応力으로 引張되어서 균열이 재차 진전하여 破斷된다.

　라)　高応力下의 破斷…항복점정도의 높은 응력으로 파단되는 경우이며, 이것에는 初期균裂의 進展이 없이 갑자기 一段破斷되는 경우와, 용접후의 균裂로 부터 일단 균열이 진전된 다음 停止되는 多段破斷의 경우가 있다.

　殘留応力이 없는 경우의 低温脆性破壞의 發生은 항복응력, 즉 그림8.23의 RS線以上에서 일어나지만, 잔류응력이 있는 경우에는 낮은 外力下에서 노치部分의 응력이 RS선에 도달하여 균열이 발생한다. 이때, 먼곳의 응력이 限界応力 VW以下이면 균열이 어떤 길이만큼 진전하여 정지되지만, 일단 정지하면 잔류응력이 거의 解消됨으로, 그 결과 荷重応力이 다시 증가하여 RS선에 도달한 때에 파단된다. 이에 반하여, 全体的인 응력이 VW 以上인 경우는, 일단 발생한 균열이 끝없이 진전하여 低

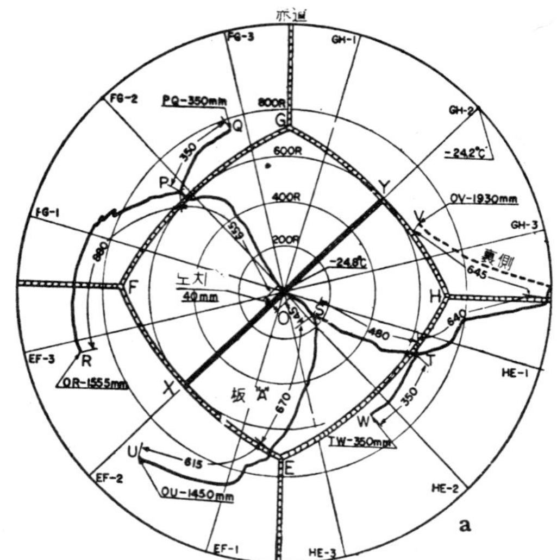

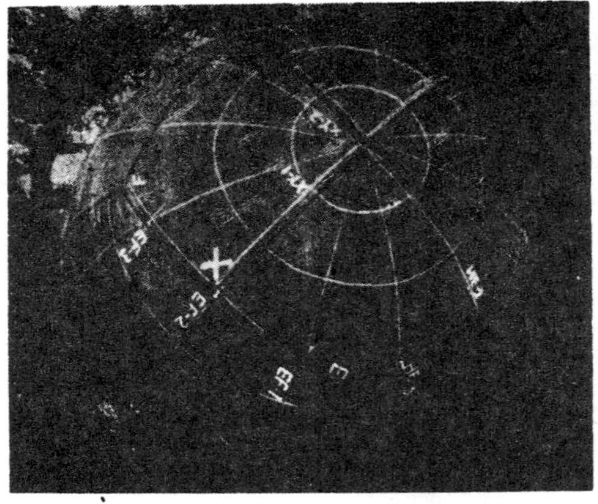

圖 8.24　低應力에서 脆性破壞된 軟鋼熔接球容器

応力下에서 一段破断이 생긴다. 이 파괴는 設計応力(XY)以下의 荷重応力에서도 ·일어
날 수 있으므로, 가장 위험한 상태이며, 어것이 실제의 용접구조물에 있어서의　취성
파괴사고에 상당하는 것으로 생각된다.

以上과 같이 잔류응력이 취성파괴에 미치는 현저한 영향은 취성파괴阻止溫度以下에
서 나타난다. 이 온도는 鋼材의 板두께와 材質(화학성분과 현미경조직)에 의하어 달라
지는 것이나, 板兩側에 V노치를 붙인 티퍼試驗片의 破断遷移溫度보다 낮고 또한 이에
가까운 값이다. 따라서, 殘留應力을 제거치 않고 구조물을 사용하는 경우에는 使用溫
度가 그 구조물의 阻止溫度(安全을 위하여 티퍼천이온도)以上이 되도록 材質을 선정함
과 동시에 용접부에 결함이 없어야 한다.

또한 용접한 그대로의 軟鋼壓力容器가 低溫에서 設計應力보다 적은 응력으로 취성파
괴된 예가 있으며, 그 一例는 그림8.24(日本石井鐵工所)와 같다.

(3) 疲 勞 强 度

잔류응력이 용접이음의 피로강도에 영향을 미치는가의 如否에 대해서는 아직 확실한
結論이 내려져 있지 않다. 이것은 實驗이 곤란하기 때문이다 보통의 小型피로시험편
에서는 잔류응력이 남지 않으므로 실험에는 大型시험편을 써야 한다. 보통의 軟鋼용접
이음에서는, 항복점에 가까운 靜荷重을 가하면 그림8.20과
같이 잔류응력이 크게 감소한다. 반복하중시험편에 있어서
도 마찬가지이다. 예를 들어, 두께15mm의 軟鋼板의 片側에
비이드용접한 시험편을 피로강도보다 약간 낮은 하중으로
2×10^6회 반복하중을 가한 경우, 용접선에 직각인 단면내
의 잔류응력은 그림8.25와 같이 약 半減하였다. 이 예에
서는 잔류응력이 감소한 다음 피로파괴가 일어남으로, 잔
류응력은 피로강도에 별로 영향이 없다는 결론이 얻어진다.
그러나, 용접터짐, 언더컷, 또는 슬래그섞임과 같이 예리
한 노치가 되는 용접결함이 있을 때는, 항복점에 비하여 훨
씬 낮은 응력으로도 피로파괴가 일어남으로, 이러한 小荷

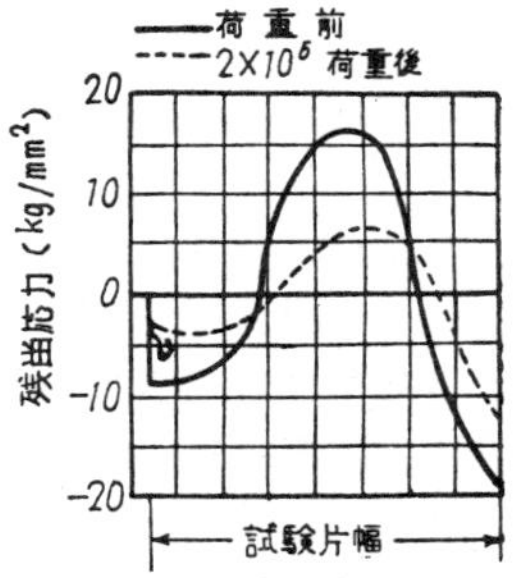

図 8.25 反復荷重에 의한 殘
留應力의 減少(軟鋼,
疲勞强度보다 약간 낮
은 荷重, 2×10^6回後)

重으로는 잔류응력이 별로 消滅되지 않게 되어, 결국 잔류응력의 존재로 인하여 피로
강도가 감소할 가능성이 생기게　된다.

잔류응력의 영향을 시험하는 경우에는 용접후 처리를 안한 것과, 應力除去어니일
링處理를 한 것을 비교하는 예가 많다. 軟鋼의 용접이음에서는, 응력제거어니일링에
의하여 피로강도가 약간 증가하는 것이 보통이다. 응력제거처리에 의하여 잔류응력이 거
의 소멸하는 것은 사실이지만, 이와 동시에 용접열영향부가 軟化되어 延性이 증가한다
는 冶金學的材質改善의 效果가 크게 영향을 미치므로, 단순히 잔류응력의 존재가 피로
강도를 감소시키는 것으로 速断해서는 안된다.

(4) 腐 蝕

응력이 존재하는 상태에서는 재료의 부식이 촉진되는 경우가 많으며, 이것을 **應力
腐蝕**(stress corrosion)이라 한다. 용접잔류응력에서는 항복점에 가까운 높은 인장

응력이 존재함으로, 이것이 응력부식의 원인이 될 위험성이 크다. 금속재료에는 현미
경적으로 보아 부식을 받기 쉬운 부분이 있으며, 그곳이 選擇的으로 침식되면 작은 노
치가 된다. 만일, 인장응력이 재료에 가해지고 있으면, 이 노치에 응력이 집중하여 先
端에 작은 균열이 생기고, 이 균열의 끝이 다시 선택적으로 부식되어 어느정도 약해
지면 응력집중으로 다시 새로운 균열이 진행한다. 따라서 應力腐蝕이 생기는데는 材
質, 腐蝕媒質, 應力의 크기와 保持時間 및 溫度등이 크게 영향을 미친다.

응력부식이 생기기 쉬운 재질로는, 알루미늄合金, 마그네슘合金, 銅合金, 오오스테
나이트系스테인리스鋼 및 軟鋼을 들 수 있다. 銅, 마그네슘, 亞鉛을 함유하는 알루미
늄合金은 응력부식을 이르키기 쉽다. 예를 들어 海水에 대한 耐蝕性이 우수한 것으로
유명한 合金 히드로나륨은 Al-Mg合金이지만, Mg 가 5.5%이상인 壓延材는 응력부식
의 위험이 있으므로, 용접용으로는 좋지 않다. 그러므로 보통, Al 5%이하가 常用되고
있다. 또한 航空機用으로 쓰이는 超超듀랄루민(75S)은 용접열영향에 의하여 가열되어
過時效된 부분의 耐蝕性이 저하해서 응력부식에 약해진다.

銅合金, 특히 α黃銅이나 靑銅은 일반적으로 응력부식을 받기 쉽다. 잔류응력이 존
재하는 상태에서 高溫으로 數個月以上 放置하면, 거의 塑性變形없이 취약한 균열이 발
생하여 파괴되는 일이 있으며, 이것을 시이즌크래크(season crack) 라 한다. Cu-40%
Zn 의 黃銅에서는 특히 시이즌크래크가 생기기 쉽다. 따라서 잔류응력제거를 위한 어
니일링이 필요하다(8.2.2.參照).

마그네슘合金에서는, 强力한 Mg-6.5Al-1Zn-0.2Mn(AZ61X)이 응력부식을 이르켜
파단되기 쉽다. 균열은 粒界에 沿하여 생기는 경우와 粒內에 일어나는 경우가 있다.

軟鋼 및 低合金高張力鋼은 알루카리性零圍氣에서 특히 응력부식이 생기기 쉬우며, 이
것을 알루카리脆性 또는 보일러脆性이라 한다. 균열은 주로 粒界에 沿하여 생기며, 균
열의 발생은 특히 알루카리性의 보일러水가 浸入할 때 일어나기 쉽다. 맞대기 이음이
나 모서리이음의 용입불량부등 틈새는 이러한 점에서 보아 바람직하지 않다. 또한 鐵
鋼은 硝酸溶液中에서 응력부식이 생기기 쉽다. 특히 HCN은 위험하다. 그러나 軟鋼이
海水나 大氣中에서 응력부식을 이르킨 예는 거의 없다.

스테인리스鋼의 응력부식은 중요한 문제이다. 특히 零圍氣가 塩素酸이나 希塩酸인
경우에 일어나기 쉽다. 특히 沸騰하는 42%MgCl$_2$液中에서 18-8 Cr-Ni 스테인리스鋼
은 급속한 응력부식을 이르킨다. 이때는 응력이 14kg/mm^{2}에 미달하는 작은 값에서도
응력부식균열이 생긴다.

일반적으로 Ni, Cr量이 많아지면, 응력부식이 강해지며, 또한 18-8 Cr-Ni系보다,
페라이트系의 高Cr鋼(Cr >16%) 쪽이 응력부식이 일어나기 힘들다. 응력부식을 제거
하기 위하여는 잔류응력의 제거가 필요 하다.

8.2　殘留応力의 輕減과 緩和

8.2.1 熔接施工法에 의한 殘留応力의 軽減

　잔류응력을 경감시키는데는, 응접시공법에 주의하는 것이 第一의 방법이다. 이를 위하여는 다음과 같은 사항에 주의할 필요가 있다.

　가)　熔着金属의 量을 될 수 있는대로 減小시킬것.

　나)　適當한 熔着法과 熔接順序를 선정 할 것.

　다)　適當한 포지셔너(positioner)의 利用

　라)　予熱의 利用

　용착금속의 量을 적게 하는 것은 收縮과 變形量을 감소시켜, 그 결과로서 잔류응력을 경감시키게 된다. 따라서, 이음形狀도 熔接操作에 불편하지 않는 범위에서, 角度나 루우트 間隔을 적게 하는 것이 바람직하며, 특히 拘束応力을 감소시키는데 有效하다.

　용착법도 잔류응력에 영향을 미친다. 그림8.26은 두께 6 mm, 幅100mm, 길이 500mm의 軟鋼板 2枚를 맞대기용접하는 경우 各種熔着法(第10章)과 殘留応力 關係를 비교한 것이며, 이에 의하면, 스킴熔接法이 가장 잔류응력이 적다. 其

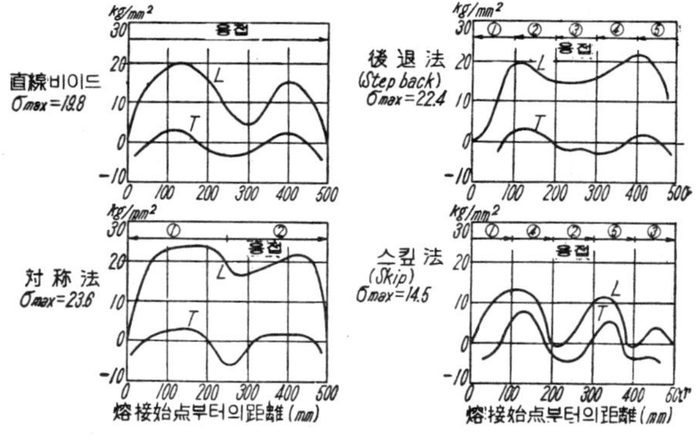

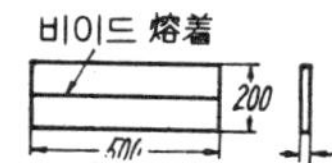

圖 8.26 熔接線上應力分布에 미치는 各種熔着法의 影響
(L : 熔接線方向応力, T : 直角方向応力)

他 直線비이드法, 後退法, 対稱法은 어느것이나 항복점에 가까운 잔류응력이 생기고있다. 또한 그림8.27은 2円孔拘束試驗片의 잔류응력과, 용접선中央의 橫收縮量에 미치는 각종용착법의 영향을 나타낸 것이나, 1層熔接의 경우에는 漸進블록法(progressive

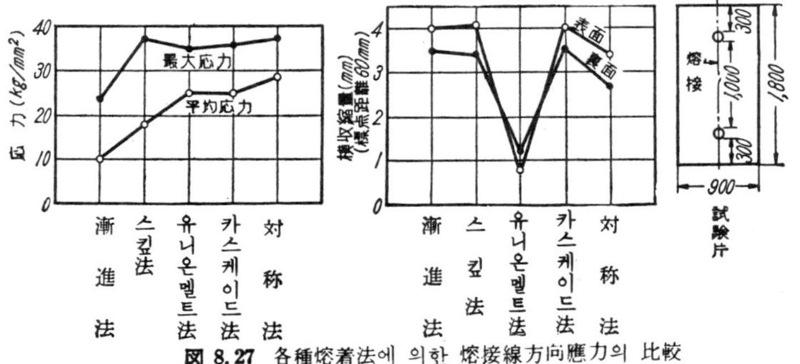

圖 8.27 各種熔着法에 의한 熔接線方向應力의 比較

block sequence) 이나 **스킵블록
法**(skip block sequence)을 쓰면
잔류응력이 비교적 낮다. 또한 용
접선의 **兩側標点距離60mm의 橫収縮
量**은 서브머어지이드아아크용접이
가장 적고(약 1 mm), 其他는 대략 同
一정도 (약 3 ~ 4 mm) 이다.

용접구조물의 部材熔接順序는 수
축변형에 크게 영향할 뿐만 아니라,
잔류응력, 특히 구속응력에도 영향
을 미친다. 용접순서 選定의 一般
原則은,

가) 収縮은 自由로히 일어나도
록 고려 할 것.

나) 収縮量이 가장 크게 될 가능
성이 있는 이음을 먼저
용접하고, 수축량이 적은
것을 나중에 한다.

다) 左右는 될 수 있
는대로 同時에, 対稱으로
용접한다.

그림8.28은 造船에 있
어서 多數의 板을 용접
하는 용접순서이며, 그림
8.29는 大型디젤엔진 벳
드의 용접순서에 대한
예이다. 또한 最適의 용
접순서를 채용하기 위하
여는 용접물을 자유로운
자세로 바꿀 수 있도록
포지셔너를 이용한다.

이음部를 50~150°C정
도로 예열하여 용접하면,
熔接時의 溫度勾配가 완
만하게 되어 용접후의 수
축량이 상당히 감소되고
또한 拘束應力도 겸감될
수 있다.

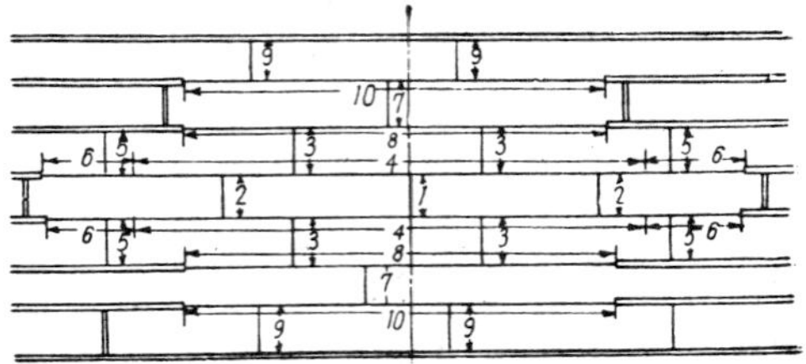

図 8.28　多數의 板을 熔接할 때의 熔接順序

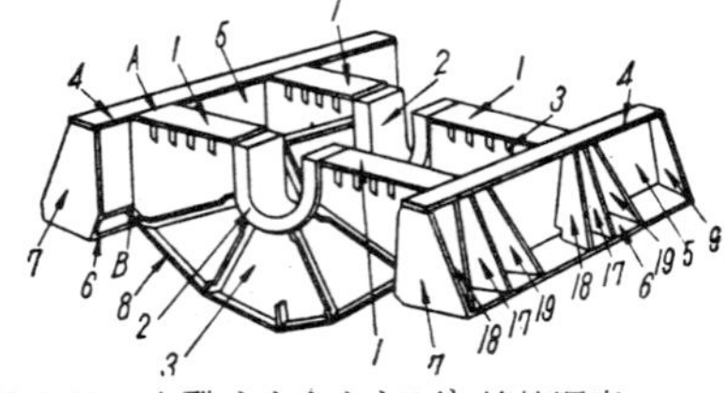

図 8.29　大型디젤에진벳드의 熔接順序

順序	位　置	熔接部材	熔接方法
1	表　側	2+3	中央에서 兩側으로
2	〃	1+3	1, 2 의 이음에서 外側으로
3	〃	3+8	中央에서 兩側으로
4	〃	2+3	〃
5	1, 2, 3 의 裏側	1+3	1, 2 의 이음에서 外側으로
6	〃	3+8	中央에서 兩側으로
7	〃	3+5	〃
8	表　側	3+5	〃
9	7 의 裏側	4+5	〃
10	表　側	4+5	〃
11	9 의 裏側	5+6	〃
12	裏　側	5+6	〃
13	11 의 裏側	17, 18, 19+5	内側에서 外側으로
14		5+7	〃
15	13 의 裏側	17, 18, 19+5	〃
16	14 의 〃	5+7	〃
17		17, 18, 19+4	〃
18	17 의 裏側	〃	〃
19		17, 18, 19+6	〃
20	19 의 裏側	〃	〃
21	21 의 裏側	4+7	〃
22		4+7	〃
23	23 의 裏側	6+7	〃
24		6+7	〃
25		各리브의 仮熔接 및 本熔接	

8.2.2 殘留應力의 緩和法

용접시공법에 주의하여도 잔류응력을 현저히 낮게 하는 것은 곤란하다. 따라서 용접 잔류응력을 제거 또는 경감할 필요가 있을 때는 용접후 人爲的인 應力除去法을 채용하 여야 한다. 이에는 용접부를 가열하는 방법 및 기계적처리를 하는 두가지 방법이 있다.

잔류응력제거법으로서 가장 널리 쓰이는 것은 응력제거어니일링이며, 이것은 용접물 전체를 爐中에서 가열, 또는 국부적으로 가열하여 적당한 高溫度로 유지한 다음 徐冷 하는 방법이다. 또한 100~200°C前後의 特殊한 가열방법에 의하여 잔류응력을 제거하 는 방법으로서 低溫應力除去法이 있으며, 이밖에 기계적으로 약간의 塑性變形을 주는 방법 및 피이닝(peening)이 이용된다.

또한 응력어니일링은 잔류응력의 제거뿐만 아니라, 용접부의 성질개선에 이용되는 경우가 많다.

(1) 應力除去어니일링(stress-relief annealing)

(i) 原　　理

금속은 高溫이 되면, 항복점이 현저하게 저하하고, 또한 항복점이하에서도 應力을 걸어 放置하면, 應力을 감소하는 방향으로 크리이프(creep)하여 塑性變形이 생긴다. 잔류응력이 있는 용접물에서는 인장응력부분과 압축응력부분이 서로 당기고 있으므로, 이것을 적당한 고온으로 유지하면, 크리이프에 의한 소성변형으로 인하여 잔류응력이 거의 消失되어 버린다.

軟鋼의 高溫에서의 기계적성질은 表8.1과 같이, 약550~650°C정도에서는 항복점이 현저하게 저하한다. 또한 軟鋼以外의 저합금강에서도 약600~650°C에서 항복점이 현

表 8.1 軟鋼의 高溫에서의 機械的性質 (短時間引張)

溫度 (°C)	降伏点 (kg/mm²)	引張強度 (kg/mm²)	延伸 (2″) (%)	絞縮 (%)
20	27.4	42.1	48	66
150	25.6	47.1	28	60
260	22.5	47.4	29	62
370	18.2	41.8	36	68
480	13.7	28.8	45	76
590	8.8	14.8	57	86
700	4.2	7.4	69	96

저하게 저하함으로, 이 온도범위에서의 應力除去어니일링이 실제로 채용되고 있다.

잔류응력의 완화는 維持溫度가 높을 수록, 또한 維持時間이 길 수록, 크리이프가 일어나기 쉬우므로, 그 결과 응력의 완화가 현저하게 된다. 예를들어, 직경10mm의 0.24 %炭素鋼丸棒의 兩端을 고정하여 최초로 일정한 인장응력을 가한것을 각각550,650, 및 750°C로 유지한 경우에는, 그림8.30과 같이 유지시간의 증대에 수반하여 응력이 급속 하게 감소한다. 최초의 응력이 半減하기까지의 시간은 550°C의 경우 약 75分, 650°C 에서는 약12분, 750°C에서는 약3분이다. 또한 550°C에서는 이 軟鋼의 降伏點은 약

12 kg/mm²이지만, 약 半크기의 應力을 가한 경우에도 응력이 漸減하여 2時間後에는 半減되어 버린다. 表 8.1에 의하면, 이러한 軟鋼에서는 590°C의 항복점이 약 9 kg/mm²이지만, 이것을 약 2시간 590°C로 유지하면 잔류응력이 약 2 kg/mm² 정도까지 저하할 가능성이 있게 된다.

(ii) 應力除去어니일링條件

以上과 같이 잔류응력의 완화는, 주로 高溫에서의 短時間크리이프에 의한 것이다. 그런데 高溫의 크리이프強度는 재료의 종류에 따라 달

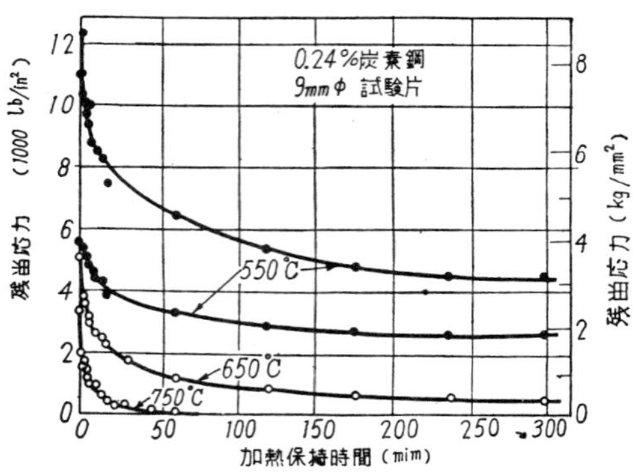

図 8.30 軟鋼丸棒의 應力緩和에 미치는 溫度와 維持時間의 影響

라진다. 따라서 응력제거어니일링溫度는 재료종류에 따라 달라져야 하는 것이다. 예를 들면, 스테인리스鋼에서는 600°C정도의 가열로는 거의 잔류응력이 제거되지 않는다. 각종 탄소강, 합금강, 스테인리스鋼, 銅合金, 마그네슘合金, 및 니켈合金에 대한 응력제거어니일링온도와 시간의 표준치는 表8.2와 같다. 鋼材의 가열시간으로는, 板두께25 mm當 1～2時間이 보통이다.

表 8.2 各種金屬 및 合金의 應力除去어니일링標準溫度와 維持時間

金　屬	溫度 (°C)[a]	維持時間 (h) [b] (板두께25mm当)
灰 鑄 鉄 ······	430～590	5～1/2
炭 素 鋼		
C 0.35% 以下, 19 mm 未満 ······	普通, 応力除去不必要[c]	...
C 0.35% 以下, 19 mm 以上 ······	(590～680)	1
C 0.35% 以上, 12 mm 未満 ······	普通, 応力除去不必要[c]	...
C 0.35% 以上, 12 mm 以上 ······	(590～680)	1
低温使用目的의 特殊킬드鋼 ······	(590～680)	1
炭素몰리브덴鋼(모든 板두께)		
C 0.20% 未満 ······	(590～680)	2
C 0.20%～0.35% ······	(680～760)	3～2
크롬몰리브덴鋼(모든 板두께)		
Cr 2%, Mo 0.5% ······	(720～750)	2
Cr 2.25%, Mo 1%, 및 Cr 5%, Mo 0.5% ······	(730～760)	3
Cr 9%, Mo 1% ······	(745～775)	3
크롬스테인리스 鋼 (모든 板두께)		
AISI 410 및 430型 ······	(775～800)	2
同 405, 19 mm 未満 ······	普通, 応力除去不必要[c]	...
크롬니켈스테인리스鋼[d]		
AISI 304, 321, 347, 19 mm 未満 ······	普通, 応力除去不必要[c]	...
同 316, 19 mm 以上 ······	815	2
同 309, 310, 19 mm 以上 ······	870	2
異種材料의 이음[d]		
Cr-Mo 鋼과 **炭素鋼** 또는 C-Mo 鋼 ······	730～760	3

AISI 410, 430 및 其他鋼種 ················	730~760	3
Cr-Ni 스테인리스鋼 및 其他鋼種 ··········	Cr-Ni 스테인리스鋼에 接合되는 鋼種에 필요한 応力除去	

銅 合 金

銅 ···················	150	1/2
90 Cu-10 Zn ·············	200	1
80 Cu-20 Zn, 70 Cu-30 Zn ········	260	1
63 Cu-37 Zn ·········	245	1
60 Cu-40 Zn ·············	190	1/2
70 Cu-29 Zn ·1 Sn ··········	300	1
85 Cu-15 Ni, 70 Cu-30 Ni ·········	245	1
64 Cu-18 Zn· 18 Ni ·········	245	1
95 Cu-5 Sn, 90 Cu-10 Sn ········	190	1

마그네슘合金

M-1, 圧延硬化材, 1.5 Mn ·········	205	1
M-1, 押出材, 1.5 Mn ··········	260	1/4
AZ31X, 圧延硬化材, 3Al, 1Zn, 0.3 Mn ······	150	1
AZ31X, 押出材, 3Al, 1 Zn, 0.3 Mn ·····	260	1/4
AZ51X, 圧延硬化材, 5Al, 1Zn, 0.25 Mn ······	190	1
AZ61X, 押出材, 6Al, 1Zn, 0.25 Mn ······	260	1/4
AZ80X, 押出材, 8.5Al, 0.5 Zn, 0.15 Mn ·····	205	1
AZ80X·HTA, 押出材, 8.5 Al, 0.5 Zn, 0.15 Mn ······	315	1/4

니켈合金

니켈 및 모넬 ··········	275~315	3~1
K 모넬 및 KR 모넬 ··············	275~315	3~1
80 Ni-20 Cr, 잉코넬 , 60 Ni-25 Fe-15 Cr ··········	370~480	3~1

(a) 괄호內溫度는 不完全応力除去. (b) 部品全体가 그 溫度로 유지되는 時間. 板두께가 25mm 보다 두꺼울 때는 表의 값을 比例的으로 增加시킨다. (c) 치수틀림을 방지할 필요가 있을 때는 応力除去要. (d) 加熱速度는 두께25mm當 110℃/h 以下. 其他鐵合金은 220℃/h 以下. 모 든 鐵合金의 応力除去溫度부터의 冷却速度는 110℃/h 以下로 한다. 板두께가 25mm 以上인 때 는 加熱과 冷却速度를 反比例的으로 적게한다. 가령 50mm의 경우는 速度를 半減한다.

또한 탄소강의 용접부에 대한 응력제거어 니일링온도, 시간 및 완화정도는 대략 그림 8.31과 같다.

(iii) 效   果

응력제거어니일링은 잔류응력의 제거에 유효할 뿐만 아니라, 다음과 같은 여러가지 잇점이 있다. 특히 열영향부의 延性이 증가하는 冶金的效果쪽이 잔류응력의 제거보다 중요한 의미를 갖는 경우가 많다. 응력제거어니일링의 效果를 열거하면 다음과 같다.

가) 용접잔류응력의 제거

나) 치수틀림의 防止

다) 응력부식에 대한 저항력의 증대

라) 열영향부의 템퍼링軟化

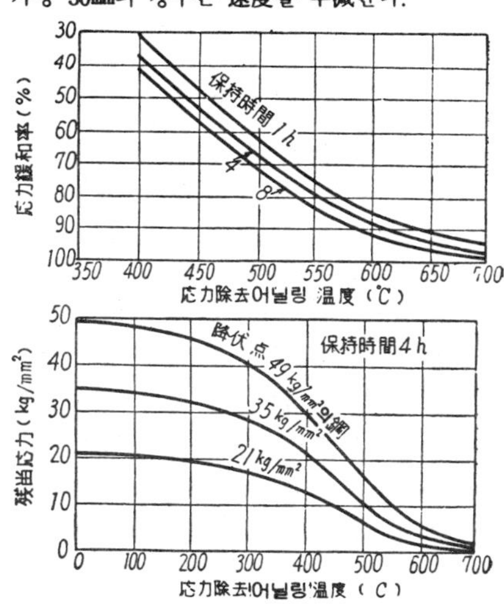

図 8.31 炭素鋼熔接部의 応力除去어니 일링條件 및 緩和量

마) 용착금속중의 水素除去에 의한 延性의 증대

바) 충격저항의 증대

사) 크리이프强度의 向上

아) 强度의 증대 (析出硬化)

잔류응력을 제거하면, 脆性破壞, 疲勞强度, 挫屈强度, 耐蝕性등이 改善되는 외에, 構造物치수의 安定化를 실현할 수 있다. 용접잔류응력이 存在한 채로 室溫으로 長年月放置한 때의 時效, 또는 使用中의 過負荷에 의하여 잔류응력이 국부적으로 완화됨에 수반하여 구조물의 치수에 틀림이 생긴다. 특히 高精度를 요하는 工作機械, 兵器, 其他를 위하여는 치수의 安定化를 위한 잔류응력제거를 채용할 필요가 있다. 이때는 특히 응력제거온도로 부터의 冷却을 서서히 하는 것에 주의하여 응력이 잔류하는 것을 방지하여야 한다. 보통의 구조물에서는 表8.2와 같이 110°C/h以上의 徐冷을 하고 또한 특히 厚板의 경우에는 50°C/h정도로 徐冷하는 것이 보통이다.

저합금강 및 합금강은 용접한 대로는 열영향으로 인하여 硬化脆弱하게 되어 있으나, 이것을 응력제거어니일링하면 열영향부가 軟化되어 延性과 靭性이 증가하는 것은 이미 第6章 노치脆性 및 第11章에서 기술되고 있다. 가열에 의하여 용접부부터 有害한 水素가스放出이 일어나, 이것이 용접부의 延性증가를 이루는 경우가 있다. 또한 含銅低介金高張力鋼의 경우와 같이 600~650°C에서의 後熱에 의하여 析出硬化를 시켜 鋼材의 강도를 증가시킬 경우가 있다. 이것은 보일러 또는 壓力容器에 가끔 채용되고 있다.

그러나, 材料에 따라서는 응력제거어니일링이 有害할 때가 있다. 예를들어, 18 - 8 Cr-Ni 스테인리스鋼에서는 600~650°C의 가열은, 炭化物의 粒界析出을 초래하여 耐蝕性을 저하시킬 위험성이 있으며, 또한 加工硬化한 材料의 後熱은 材料의 全体的軟化를 초래하여 强度가 低下한다. 더우기 引張强度80kg/mm²이상의 低合金鋼의 용착금속은 몰리브덴이나 바나듐을 함유하는 것이 많으나, 이것은 650°C정도의 템퍼링을 하면 오히려 취약해지며, 특히 靭性이 저하되기 쉽다(템퍼링 脆化). 그리고 일반적으로 熔着鋼은 응력제거어니일링에 의하여 延性이 증가하는 대신, 强度가 약간 저하할 우려가 있으므로, 그정도를 예상하여 적당한 용접봉을 선정하여야 한다.

(iv) 方　　　法

응력제거열처리에는 大型爐內에 구조물전체를 넣는 爐內應力除去(furnace stress relief) 또는 용접부부근만 국부적으로 가열하는 局部加熱應力除去(local stress-relief)방법이 있다. 韓國에서는 KS B 0884 爐內 및 KS B 0883 局部로서 규정하고 있다.

가) **爐內어니일링** 이것은 구조물전체를 爐內에 넣는 것을 原則으로 하나, 부득이 2回以上에 나누어 할 때는 被加熱部分의 겹침을 1.5m이상으로 하고 爐外로 나오는 부분의 溫度勾配가 材質에 有害하지 않도록 보온하지 않으면 안된다. 피가열물을 爐內에 出入시키는 溫度는 300°C를 넘어서는 안된다. 또한 300°C以上의 온도에서의 가열 또는 냉각속도R(°C/h)는 다음式에 의한다.

$$R \leqq 200 \times \frac{25}{t} \quad (°C/h)$$

단, t(mm)는 板두께이다. 즉, 1 in. (25mm)에 대하여 200°C/h보다 늦은 속도로 한다. 단, 被加熱部의 各部를 통하여 4.5m의 범위내에서는 100°C이상의 온도차가 없도록 徐熱, 徐冷하여야 함으로, 厚物에서는 50～150°C/h정도로 되는 경우가 많다.

　보통 쓰이는 구조용강재에 대한 応力除去는 表8.3과 같은 유지온도로 일정하게 가

表 8.3 炉內 및 局部어니일링維持温度 및 時間(JIS)

記号	鋼材		C	Mn	Si	Cr	Mo	保持温度 *	保持時間
S B	보일러用圧延鋼材		0.15 ～0.30	0.90 以下	0.15 ～0.30			625±25°C	두께 25 mm 에 대하여 1 h
S M	熔接構造用圧延鋼材		〃	2.5C 以上	〃			〃	〃
S S	一般構造用圧延鋼材		〃	〃	〃			〃	〃
S－C	機械構造用炭素鋼		0.05 ～0.60	0.30 ～0.60	0.15 ～0.35			〃	〃
S C	炭素鋼鋳鋼品		〃	〃	〃			〃	〃
S F	炭素鋼鍛鋼品		〃	〃	〃			〃	〃
S T B	보일러用鋼管	1～5種	0.08 ～0.20	0.25 ～0.80	0.10 ～0.50		0 ～0.65	1～5 種 ·625±25°C	두께 25 mm 에 대하여 1 h
		6, 7, 8種			〃	0.80 ～2.50	0.20 ～1.10	6, 7, 8 種 725±25°C	〃　2 h
S T T	高温高圧配管用鋼管	1, 2 種	0.10 ～0.20	0.30 ～0.80			0.10 ～0.65	1, 2 種 625±25°C	두께 25 mm 에 대하여 1 h
		3, 4, 5種			0.10 ～0.75	0.80 ～6.00	0.20 ～0.65	3, 4, 5 種 725±25°C	〃　2 h
S T P	圧力配管用鋼管		0.08 ～0.30	0.25 ～0.80	0.35 以下			625±25°C	1 h
S T S	特殊高圧配管用鋼管		0.08 ～0.30	0.30 ～0.80	0.10 ～0.35			625±25°C	1 h
S T C	化学工業用鋼管	1, 2 種	0.08 ～0.18	0.25 ～0.60	0.35 以下			1, 2 種 625±25°C	두께 25 mm 에 대하여 1 h
		3, 4 種			0.10 ～0.75	0.80 ～6.00	0.20 ～0.65	3, 4 種 725±25°C	〃　2 h

* 1) 被加熱物 全体에 걸쳐 50℃ 以下의 温度差로 유지하여야 한다.
　2) 温度計測에는 熱電對를 사용한다.
　3) 高温에서의 酸化를 피하도록 한다. (中性分圍氣 또는 窒素가스로 시일드한다)

열하고 所要時間 유지한 다음, 냉각하도록 정해지고 있다. 또한 가열중, 炉內의 物品温度差는 50°C以內로 규정되고 있다.

　응력제거온도가 낮아지면, 잔류응력을 제거하는데 있어 그만큼 長時間열처리하지 않으면 안된다. 예를들어 JIS 보일러規格이나 美國의 ASME規定등에서는, 탄소강에 대하여 다음과 같이 유지시간을 延長하여 인정하고 있다.

維持温度 (°C)	두께 25mm에 대하여 必要한 維持時間(h)
600	1
570	2
540	3
510	4

즉, 600°C에서 10°C내려갈 때마다 20分의 延長이 필요하다.

나) 局部加熱어니일링 매우 긴 또는 大型의 구조물은 爐에 안들어가며, 또한 現場熔接한 대형구조물은 爐內어니일링을 할 수 없으므로, 용접부만 局部어니일링을 한다. 이것은, 용접선의 左右兩側 각각 약250mm의 領域, 또는 板두께의 12倍以上에 이르는 범위를 가열하고, 各材料에 대하여 表8.3의 온도와 시간을 유지시킨 후 徐冷하는 것이다. 가열, 냉각의 속도는 爐內어니일링의 경우와 同一(두께25mm當 200°C/h이하) 하게 규정되고 있다.

국부어니일링의 加熱裝置로는, 電氣, 가스, 石炭 및 重油등 熱源은 어느것이나 좋으나, 가열부의 온도유지중, 또는 가열냉각중에는 被加熱各部가 될 수 있는대로 균일한 온도로 될 수 있는 구조의 것이라야 한다. (第10章 참조). 電氣的으로는 誘導加熱이

잘 쓰인다.

특히 壓力容量의 円周 이음에 잘 쓰이는 誘導加熱方式에는 60사이클交流를 쓰는 일이 많다. 또한 가스炎으로 가열하는 경우에는 多數의 팁을 平行으로 배열한 토오치를 定速度로 이동시키면서 가열한다. 가스에는 산소아세틸렌 또는 프로판가스炎등이 쓰인다.

(2) 低溫應力緩和法(low-temperature stress-relief)

이 방법은 그림8.32와 같이, 용접선의 兩側을 定速度移動가스炎에 의하여 幅 약150mm에걸쳐 150~200°C로 가열한 다음 즉시 水冷함으로써, 주로 용접선방향의 인장응력을 완화하는 방법이다. 이것은 美國린데社에서 연구한 것이므로 **린데法**이라고도 한다. 그림8.33은 두께19mm의 軟鋼板에 대한 應用例이며, 잔류응력이 현저하게 감소하고 있는 것을 알수 있다. 그 이유는 용접선兩側의 압축응력부분을 가열하면 용착부에 인장열응력이 생기고, 이것이 잔류인장응력과 겹쳐 용착부에 引張塑性變形이 생기며, 이에

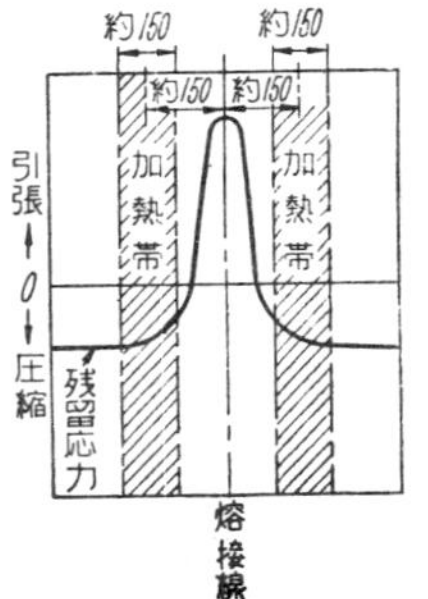

図 8.32 低溫應力緩和法 (左) 加熱帶, (右) 裝置의 一例

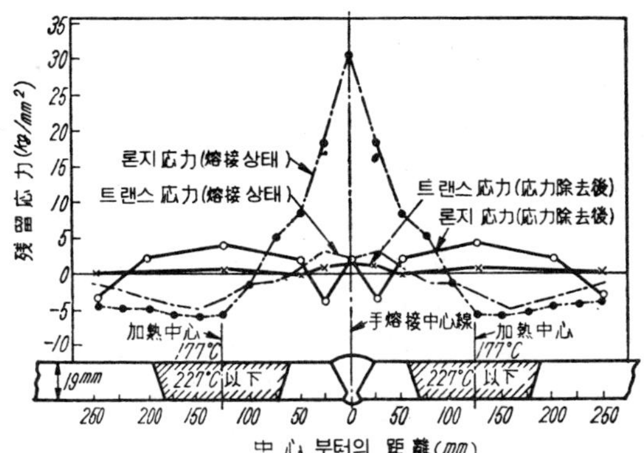

図 8.33 低温應力媛和法에 의한 應力除去의 一例

의하여 그림8.20의 이유로 잔류응력이 완화되는 때문이라고 생각된다. 表8.4는　板두께 12~32mm의 맞대기 용접에 대한 施工條件의 一例이다.

表 8.4 低温應力緩和法의 最適施行條件

板두께 (mm)	移動速度 (cm/min)	토오치의 型式 *	熔接線부터 加熱中心까지의 距離 (mm)	加熱 幅 (mm) 180℃	加熱 幅 (mm) 100℃	팁끝부터撒水管까지의 距離 (mm)
12	60	E 6	125	100~125	— —	150
16	50	〃	〃	125~140	— —	150
19	40	〃	〃	125~150	… —	150~200
22	30	〃	〃	〃	〃	〃
25	25	〃	〃	〃	25~75	〃
32	23	〃	〃	〃	〃	〃

〔註〕 * 150mm幅의 特殊한 토오치. 팁끝에서 板까지의 거리를 8~30mm로 바꿀 수 있다.

또한 板두께 25mm이상에서는 板의 앞뒤兩面에서 동시에 가열하는 것이 좋다. 그리고, 이 방법에서는, 용접부의 軟化, 延性, 靭性의 증가등, 冶金的인 效果를 거의 바랄 수 없다. 18-8 Cr-Ni 스테인리스鋼의 응력부식을 예방하기 위한 잔류응력완화에는 유효한 것으로 생각된다.

(3) 機械的應力緩和法 (mechanical stvess-relief)

이 방법은 잔류응력이 존재하는 구조물에 어떤 하중을 걸어 용접부를 약간　塑性變形시킨 다음, 하중을 제거하면, 잔류응력이 현저하는 감소하는 현상(그림8.20)을 이용하는 방법이다. 그러나, 실제의 용접구조물에는 응용이 곤란하다.

(4) 피 이 닝

피이닝(peening)은 용접부를 球面狀의 先端을 갖는 特殊해머(hammer)로 연속적으로 타격하여 表面層에 소성변형을 주는 操作이며, 용착부의 인장응력을 완화하는 효과가 있다. 피이닝은 잔류응력의 완화외에 용접변형의 경감이나 용착금속의 균열방지等을위하여도 가끔 쓰인다.

　피이닝으로 잔류응력을 완화시키는데는 高溫에서 하는 것보다 室溫으로 냉각한 다음
하는 것이 효과가 있는 것은 당연하며, 또한 多層熔接에서는 最終層에 대해서만 하면
충분하다. 잔류응력제거의 목적에서 보면, 피이닝을 용착금속부분뿐만 아니라 그 左右
의 母材部分에도 어느정도(幅약50mm)하는 것이 효과적이다. 그러나, 피이닝의 효과는
板表面근처밖에 미치지 못함으로, 板두께가 두꺼운 것은 內部應力이 완화되기 힘들며,
또한 용접부를 加工硬化시켜 延性을 해치는 결점이 있다. 軟鋼에서는 피이닝에　의
하여 靭性이 低下하고, 또한 變形時效를 일으켜 취약하게 됨으로, 無條件 피이닝을 하
는 것은 좋지않다. 그러나, 加工硬化한 알루미늄合金의 아아크용접부는 용접금속과, 인
접하는 모재의 小部分이 軟化됨으로, 이 부분을 피이닝하여 强度를 증가시킨 예가 있
다. 또한 最終層을 제외하고 層間에 피이닝을 하면, 厚板의 용접변형을 輕減시키고 용
접터짐을 방지하는데 有效하다. 이에대해서는 後述한다.

8.3　熔接에 의한 收縮 및 變形

8.3.1　收縮變形의 發生과 그 種類

(1) 收縮變形의 種類

　용접을 하면 加熱中의 팽창 및 冷却中의 수축에 의하여 용접후에 收縮(contraction)
이나 變形(deformation, distortion)이 생긴다. 이것은 製品의 다듬질精度를 저하시켜,
商品價値를 손상시킴과 동시에 또한 구조물의 性能에도 惡影響을 주는 것이다. 또한,
變形의 矯正에는 대단한 勞力과 시간이 걸리므로 그 발생을 最低限으로 누르는 것이
施工上의 큰 問題가 된다.

　수축변형을 그 나타나는 모양에 따라 분류하면 다음과 같다.

<pre>
面内의 收縮變形 { a)　橫 收 縮
                 b)　縱 收 縮
                 c)　回 轉 變形

面外의 디플렉션 d)　橫屈曲(角變形)
變形   e)　縱屈曲
                 f)　挫屈變形
</pre>

　橫收縮은 그림 8.34(a)와 같이 용접선에 직각방향인 수축이며, 특히 맞대기이음의 횡수축은 量的으로 크고 가장 기본적인 것이다. 縱收縮은 그림 (b)와 같이 용접선 방향의 수축이다.

　回轉變形은 그림 (c)와 같이 맞대기이음에서 용접의 진행에 수반하여 홈間隔이 벌어지거나 좁혀지는 변형을 말한다. 용접 전류가 많고 용접속도가 빠른

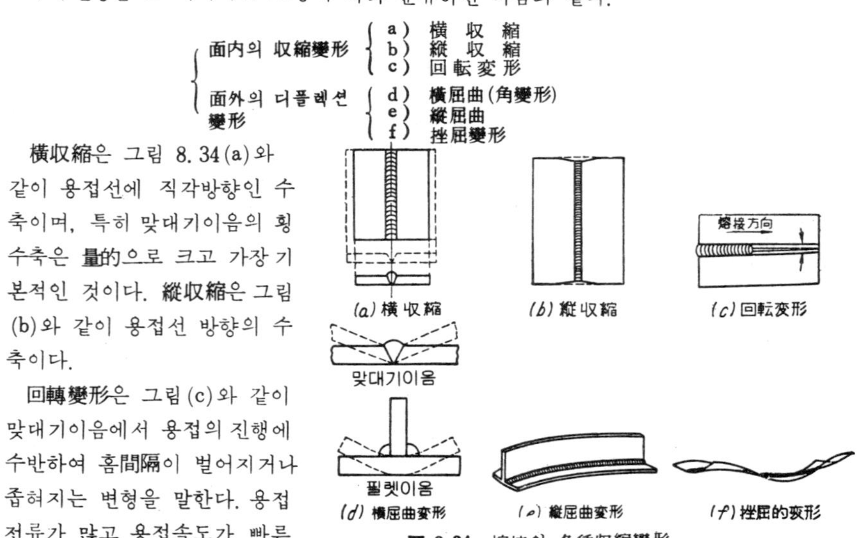

図 8.34　熔接의 各種收縮變形

경우, 예를들어 유니온멜트용접에서는 홈이 벌어지는 경향이 있으며, 반대로 용접속도가 늦은 손용접의 경우에는 홈간격이 좁혀지게 된다.

그림 8.34(d)와 같이, 厚板의 맞대기용접 또는 필렛용접에서는 용접시의 溫度分布가 板두께方向으로 不均一하기 때문에 母材가 용접부에서 꺾여 굽혀지는 것 같이 變形한다. 이것을 가로굽힘變形 또는 角變形(angular distortion)이라 하며 중요한 변형이다. 또한 板두께方向의 收縮量變化는 縱收縮을 이르키게 하며, 그림(e)와 같이 세로굽힘이 생긴다.

薄板을 용접할 때에는 용접선에 沿한 收縮應力에 의하여 板이 挫屈할 때가 있다. 즉, 그림(f)와 같이 되는 것이다.

(2) 收縮變形에 影響을 미치는 因子

수축변형에 영향을 미치는 인자로는, 가) 熔接入熱(아아크전압, 전류, 용접속도, 棒지름, 棒種), 나) 板의 豫熱溫度, 다) 板두께와 이음形狀, 라) 拘束, 마) 熔接順序와 熔着順序, 바) 熔接方法, 예를들어 손용접과 자동용접의 차이 等이 있다. 이들 因子의 작용에 대해서는 後述한다.

8.3.2 橫收縮과 縱收縮

(1) 橫 收 縮

맞대기이음의 횡수축에 대하여는 많이 연구가 되어 여러가지 實驗公式이 발표되고 있다.

용접에서는 薄板을 제외하고 多層熔接이 쓰이는데, 맞대기용접의 횡수축량 u (mm)은 그림 8.35와 같이 層이 겹쳐져 單位길이當의 용착금속량 w (g/㎝)이 증가함에 따라 증가하지만 그 증가율은 漸減된다. 이것은 앞서 용착된 금속이 새로 용착된 금속의 수축을 阻止하는 정도가 점차 强化되기 때문이다. 實驗式으로 이것을 표시하면,

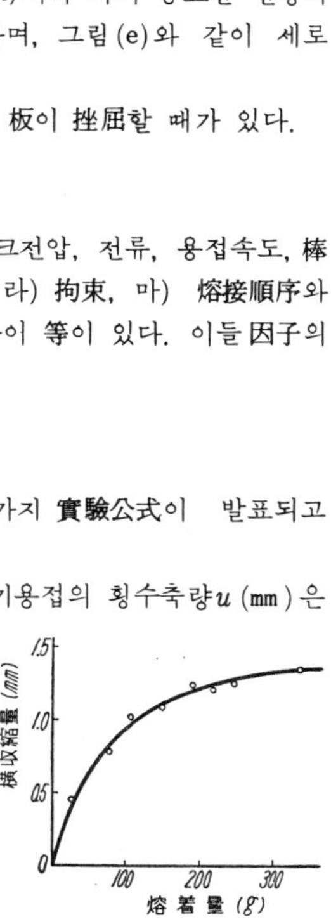

$$u = u_0 + b(\log w - \log w_0)$$

또는

$$w = w_0 e^{\frac{u-u_0}{b}}$$

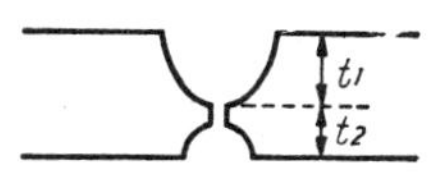

圖 8.35 多層熔接에서의 橫收縮量의 增加

여기서 w_0 및 u_0는 각각 第1層을 용접한 때의 용착량 및 수축량이며, b는 수축 의 증가방향을 나타내는 係數이다.

수축율에 미치는 용접시공법의 영향은 表 8.5와 같다. 이에 의하면 수축량에 가장 크게 영향하는 것은 底部間隔과 홈形狀이며, 간격이 넓으면 수축이 증대하고, X型홈보다는 V型홈이 수축이 크다. 이것은 용착금속의 量 및 그 幅이 V型쪽이 크게 되기 때문이다. 또한 서브머어지드아아크熔接(유니온멜트)에서는 손용접의 수축량의 약1/3정도이다. 이것은 홈形狀이 전연 다르고, 용접량이 손 용접보다 훨씬 적기 때문이다. 實驗的으로 橫收縮이 적게 되는 것으로 여겨지는 손용접시공은 그림 8.36과 같은 形狀의 홈으로 처음부터 大徑棒을 써서 용착단면적을

圖 8.36 收縮量이 적은 홈과 施工方法

表 8.5 収縮量에　미치는　熔接施工條件의　影響

施 工 条 件	効　　　　　果
底　部　間　隔	**底部間隔**이 클 수록 **収縮大**
홈　의　形　狀	**V型**이음은 **X型**이음보다 **収縮大** (단, **對稱X型**은　오히려 좋지 않음)
棒　　　　　徑	**大棒徑**쪽이 **収縮小**
運　棒　法	위이빙을 하는 쪽이 **収縮小**
拘　束　度	**拘束度**가 크면 **収縮小**
被　覆　剤　의　種　類	별로 크지 않음
피　이　닝	피이닝을 하면 **収縮**이 **減少**한다.
밑 면 따 내 기 (플레임가우징)	밑면따내기 (치핑)에서는 **収縮**이 **變化**하지 않으며, **再熔接**을 하면 밑면따내기 **前**과 대략 **平行**으로 **增加**한다. 플레임가우징을 하면 **熱**이 **加**해지므로, 가우징 **自体**에 의하여도 **収縮**한다. **以後**는 **平行**으로 **增加**한다.
유 니 온 멜 트 熔接	**橫収縮**이 휠씬 적고, 손**熔接**의 약 1/3 정도이다. (단, 이때는 I**型** 이음의 경우이며, **熔着量**도 약 1/3로 되어있다)

작게하는 것이다.

　그리고 각종이음에 대하여 용접前의 이음홈의 **幅**과 수축량과의 관계는 그림 8.37과 같으며, 이것을 **實驗式**으로 표시하면　　　　　$P_m = 0.179 L$

이며, P_m은 **橫収縮量mm**, L는 이음의 **平均幅mm**이다. 上式의 적용범위는

　　　　　V型이음:　5～30 mm　　　　　　X型이음:　16～22 mm

이며, 또한 **上式**의 **誤差**는 ±14.4%이다. 실험에 의하면, **同一이음**의 용접에서는 표 8.6과 같이 **層數**가 많아질수록 수축량이 커진다. 또한 **層間溫度**는 수축량에

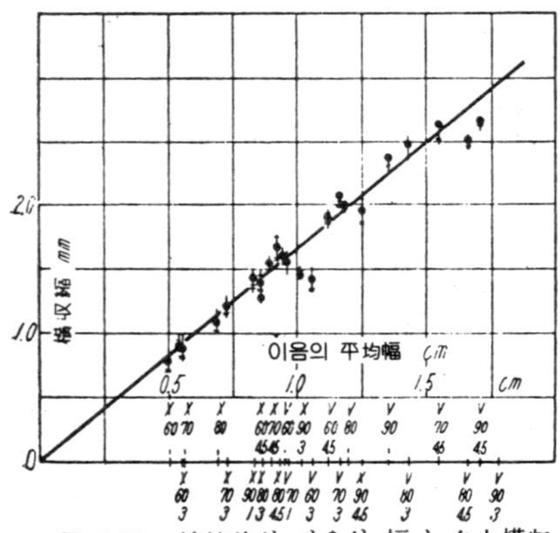

図 8.37　熔接前의 이음의 **幅**과 **自由橫収縮量**과의 **關係** (Campus)

表 8.6 橫収縮에 미치는 **層數**의 **影響**

層數	橫 收 縮 mm
7	3.25
9	3.66
10	3.96
12	4.42
15	4.62

（板두께 14, 90°V, 底部間隔 3 mm　棒지름 4 mm, 熔接電流 160～250 A）

별로 영향이 없다.

（2）縱 收 縮

종수축은 용접길이의 약1/1000정도이며, 횡수축에 비하여 그 量이 적다. 이것은 비이드의 收縮이 모재에 의하여 억제되기 때문이다.

8.3.3 굽 힘 變 形

（1）맞대기이음의 굽힘變形（角變化）

厚板의 용접에서는 용착금속이 表裏對稱으로 되는 일이 거의 없으므로 溫度分布가 非對稱이 되며, 이때문에 橫收縮이 板의 表裏面에서 달라지게 되므로 板이 角變化하게 된다. V型이음에서는 角變化가 一方向에만 일어나며 X型이음에서는 뒷面용접의 角變化가 逆方向임으로 어느정도 矯正되어 전체적인 각변화가 적어지게 된다. 이에 대한 일예를 들면 각각 그림 8.38, 그림 8.39와 같다. V型에서는 大徑棒을 쓰는

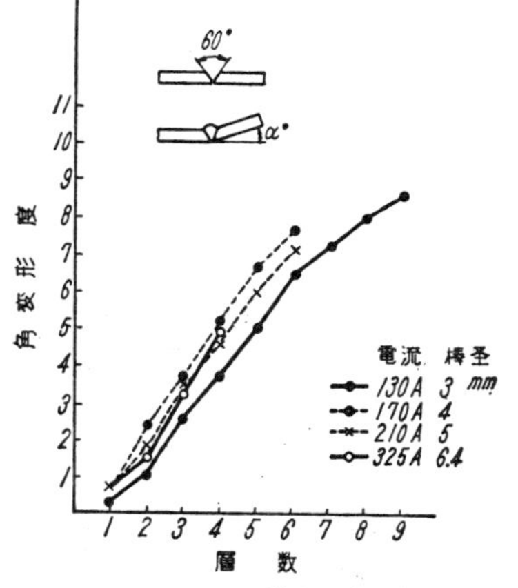

図 8.38 60°V型이음의 角變化

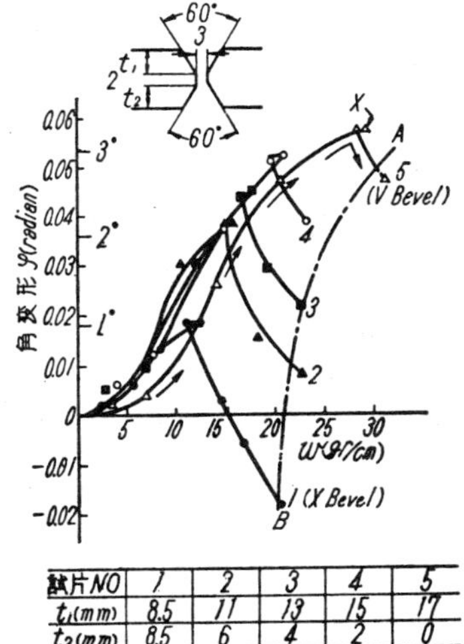

試片 NO	1	2	3	4	5
t_1(mm)	8.5	11	13	15	17
t_2(mm)	8.5	6	4	2	0

図 8.39 맞대기이음의 角變化에 미치는 홈形狀의 影響

쪽이 각 변화가 약간 적어지게 되는 것을 알 수 있으며, 또한 X型홈의 경우는 初層 또는 第2層에서는 각 변화가 별로 진행치 않으나, 3層째부터 급격하게 증가하여 다음, 밑면따내기하여 뒷面을 용접하면 반대측에 각변화가 일어난다. 그림에서 알 수 있는 바와같이 처음부터 홈의 上下非對稱度를 적당히 취해 두면, 각변화를 거의 0으로 할 수 있다. 이것은 表6 對 裏4 정도이지만 밑면따내기의 크기를 고려할 때 **表7 對 裏3**정도가 적당한 것으로 되어있다.

熔接入熱의 영향은 용착금속량에 미치게 되므로, 예를들어, 비이드용접의 각변화의 경우는 용접입열과 板두께의 比로서 각변화가 규정된다. 그림 8.40은 그 일예이다. 각변화 δ의 **實驗値**는 日本大阪大學 遼辺敎授팀의 연구에 의하면 실험식,

$$\delta = K x^m e^{-nx},$$

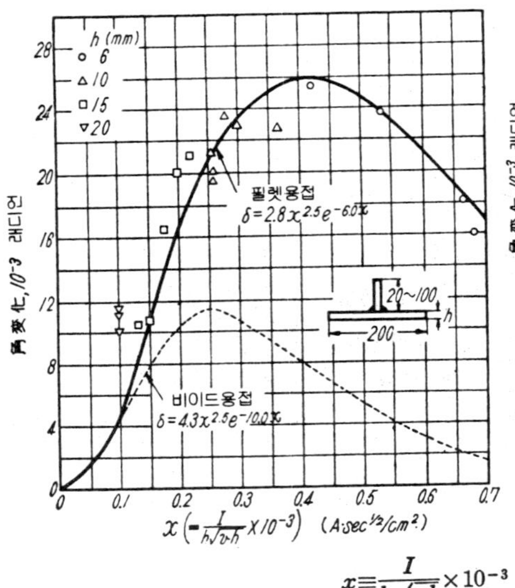

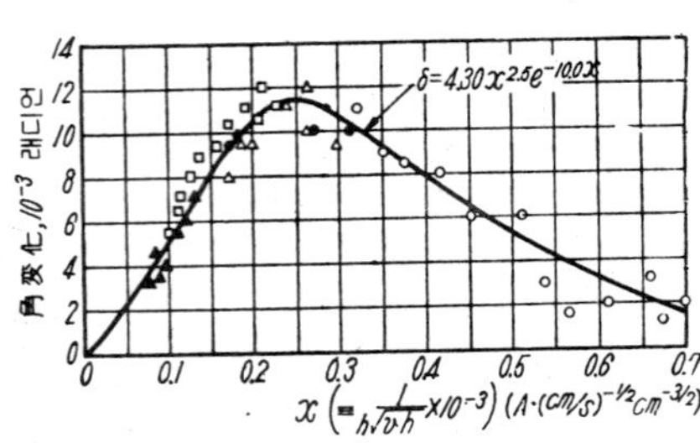

図 8.40　비이드 및　T型필렛熔接의　横굽힘變形과　熔接條件 및　板두께의　影響

$$x \equiv \frac{I}{h\sqrt{vh}}\times 10^{-3}$$

로 주어진다. 여기서 I 는 용접전류, ν 는 용접속도, h 는 板두께이다.

（2） 필렛熔接의　角變形

　自由T型필렛용접의　角變化는 그림 8.40과 같이 맞대기용접의 경우와 비슷한 公式으로 주어진다. 多層熔接時는　媒介變數 x 보다 용착금속량을 쓰면, 實用上 편리하다. 필렛용접의 다층용접에서는 각변화가 실험적으로 대략 層數에 比例的으로 증가한다. 그

그러므로, 전용착금속량을 W, 板두께를 h 라 하면, 그림 8.41 과 같은 결과가 얻어진다.

　T型필렛용접의 각변화를 輕減시키는 방법으로는 미리　逆方向으로　板을 휘어 놓는 방법이 가장　有效하다. 예를들어　自由이음에서는 그림 8.42(a)와　같이,　板이　多角形으로　弯曲하나,　拘束되어 있으면 그림(b)와 같이　波形變形이 생긴다. 이것을 방지하기 위하여는 미리 그림 8.43 과 같이　逆굽힘 (逆變形)을 주어 용접하면 완성된　板이 똑바로 된다. 예를들어　横板(플랜지)의 두께가

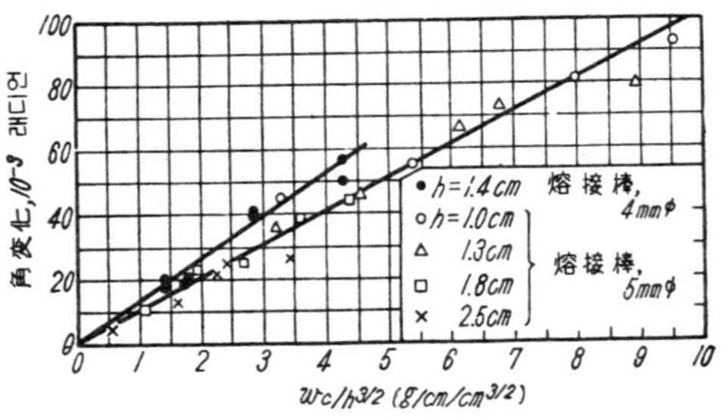

図 8.41　T型필렛이음의　角變化에 미치는　全熔着量 w 와　板두께 h 의　影響

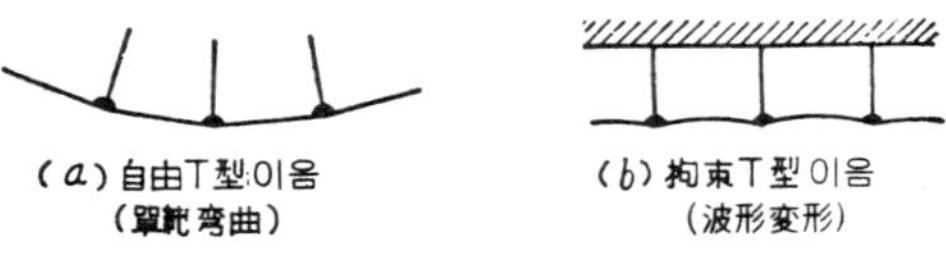

図 8.42　拘束이음에 생기는　波狀變形

t mm인 **T型**필렛용접의 다리길이가 6, 7.5 및 10mm인 경우, 사전에 주어야 할 적당한 **逆變形**의 **量**은 **橫板**의 **表面應力値**가 그림 8.44와 같이 되도록 하면 된다. 따라서 그림 8.43의 굽힘半徑을 ρ, 板의 양그率과

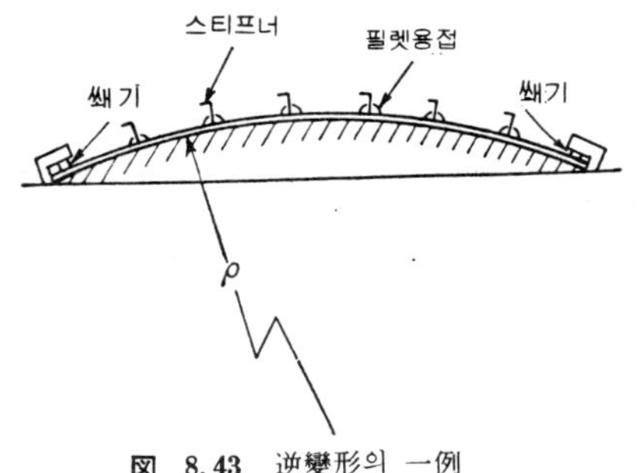

図 8.43 逆變形의 一例

図 8.44 逆變形을 주어 角變形을 解消시키는데 필요한 彈性굽힘의 表面應力

板두께를 각각 E 및 t 라 하면,

$$\rho = \frac{Et}{2\sigma}$$

에 의하여 ρ를 구할 수 있다. 여기서 σ 는 그림 8.44의 表面應力値이다.

8.3.4 構造物의 變形

실제의 구조물에서는 上述한 基本變形과 收縮이 混合되어 발생한다. 그 例는 그림 8.45와 같다.

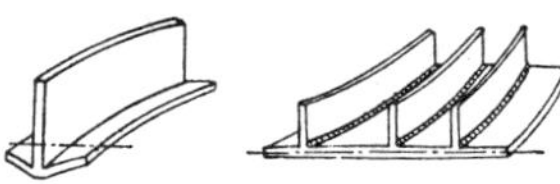

図 8.45 構造物에서의 變形例.

8.3.5 熔接變形의 輕減과 矯正

용접변형을 용접후에 교정하는데는 많은 經費와 時間을 요하므로 사전에 그 발생을 輕減시키는 措置가 필요하게 된다. 이를 위하여는 拘束力을 크게 하여 變形發生을 阻止하는 것이 가장 효과적이지만 이에 의하여 잔류응력이 크게 되고 또한 용접터짐이 일어나기 쉽게 된다. 변형을 적게 하는데 필요한 방법에는 다음과 같은 것이 있다.

가) 全供給熱量을 될 수 있는대로 적게 한다.

나) 熱量을 1個所에 集中시키지 않도록 한다.

다) 처짐變形의 防止에 주의한다 (교정곤란)

面内의 수축을 어느정도 허용하고, 굽힘變形을 방지하는데는 적당한 固定具 또는 重

量物로 누르거나 또는 前述한 바와 같이 逆變形을 주는 방법이 채용된다. 또한 홈은
V 型보다 X 형 또는 H 형으로 하고 앞뒷面의 용착량比를 적당 (6 : 4 또는 7 : 3) 하
게 하는 것은 전술한 바와 같다.

　변형을 교정하는 방법으로는 기계적으로 하는 방법과 가열하여 하는 방법이 있다.
後者는 주로 加熱部分을 수축시켜·全体的으로 張力을 생기게 히여 弯曲을 교정하는 방
법이며, 특히 薄板에 잘 쓰인다. 즉, 火炎에 의하여 직경50~100mm정도의 領域을 국부
적으로 赤熱하여 즉시 水冷하여 교정하는 방법 (點收縮方法) 이 잘 쓰이며, 또한 型材
에 대하여는 直線的으로 가열하여 수축시키는 방법이 있다. 그러나 이 加熱에 있어서
는 주의하지 않으면 鋼材를 粗粒化 또는 燒入硬化시키는 경우가 있으므로 低合金高張
力鋼以上의 燒入硬化性이 있는 鋼에 加熱矯正方法을 이용할 때에는 冶金的惡影響에 대
하여 미리 검토해 볼 필요가 있다〔第10章 (10. 4. 2) 참조〕.

文　　　　献

1) 木原博, 増淵興一："溶接変形と残留応力," 熔接叢書 (1955), 1-196, 熔接協会.
2) AWS： "Thermal and Mechanical Treatment of Weldments," Welding Handbook,
　　　Sec. I (1957) 5.1-5.86.
3) Cape, G. and Jehn, L.： "Distortion Control in Structural Fabrication," Weld. J.,
　　　(1952) No. 11, 1009-1016.
4) Parker, E. R.： "Stress Reliving of Weldments," Weld. J., (1957) No. 10, 433s-441s.
5) Watson, S. J.： "Post-weld Treatment of Welded Units for the Relief of Stress,"
　　　Weld. Met. Fab., (1958) No. 9, 318-322.

第9章 熔接의 試驗 및 檢査

9.1 総   説

9.1.1 熔接의 試驗 및 檢査의 意義

용접은, 이것을 소홀하게 하면 각종 용접결함이 발생하기 쉽고, 또한 용접열에 의한 모재의 변질, 변형과 수축, 잔류응력의 발생 및 용접부·내의 화학성분과 조직의 변화를 어느정도 피할 수 없으므로, 그 결과 용접물이 所望되는 性能을 발휘하지 못할 경우가 있다.

일반적으로, 용접부의 健全性과 信賴性을 조사하기 위하여는 여러가지 方法이 쓰이고 있으나, 이것을 大別하면 作業檢査(procedure inspection)과 受入檢査(acceptance inspection)로 나누어진다. 작업검사란 良好한 용접을 하기 위하여는 熔接前, 熔接中 및 熔接後에 있어서, 용접공의 기능, 용접재료, 용접설비, 용접시공상황, 용접후 열처리 等의 適否를 검사하는 것을 말하며, 受入檢査란 용접후에 제품이 요구대로 완성되고 있는가의 如否를 검사하는 것이다.

용접제품의 주문자 입장에서 보면, 수입검사, 즉 제품검사를 철저하게 하고 작업검사는 될 수 있는대로 간단하게 하고 싶을 것이다. 그러나, 완성된 용접부를 100%의 精度로 非破壞檢査할 수 있는 방법이 아직 確立되어 있지 않는 現狀에서는 주문자와 제작자의 어느편에서 보나 제작과정의 검사, 즉 작업검사에 중점을 두는 것이 편리하다. 즉, 실제문제로는 작업검사에 의하여 용접결함의 발생을 될 수 있는대로 방지하고, 그 다음 수입검사에 의하여 제품의 신뢰성을 조사하는 것이 보통이다.

9.1.2 熔接檢査의 種類

(1) 熔接前의 作業檢査

용접전의 작업검사대상은, 용접설비, 용접봉, 모재, 용접시공법 및 용접공이다.

우선, 용접설비에서는, 용접기, 부속기구, 안전기구, 지그 및 固定具의 適否 및 作動의 正常性을 조사할 필요가 있다.

용접봉의 검사에서는, 그 外觀과 치수 外에 용착금속의 성분과 諸性質, 모재와 組合한 이음의 제성질을 조사한다. 특히 作業性과 터짐試驗이 重視되고 있다.

母材의 검사에서는, 화학성분, 기계적성질, 물리적화학적성질 및 각종의 결함(介在物, 라미네이션(la ination), 表面의 凹凸, 平滑度, 表面의 홈, 기타)의 유무를 조사한다. 또한 용접준비로서, 홈의 각도, 루우트간격, 이음面의 표면상황(酸化膜, 녹, 塗料, 油脂, 구리스, 먼지, 기타의 有無), 이음의 맞춤(fit up), 假熔接의 良否, 받침쇠의 狀況등을 조사한다. 이밖에 지그, 逆變形, 固定狀況등 組立에 관하여 검사한다.

모재와 용접봉이 결정되면, 本熔接에 사용되는 홈의 形狀, 용접조건, 예열 및 후열처리의 適否를 조사하기 위하여 熔接施工法試驗(welding procedure test)을 한다. 이

것은, 용접물과 同一한 모재, 용접봉 및 용접시공방법을 써서 別個의 이음시험편을 만
들어서, 外觀檢査와 放射線透過檢査 또는 기타의 비파괴시험을 하여, 용접부의 健全
性을 조사하는외에, 이음의 引張, 굽힘, 충격等의 기계적시험 및 斷面의 조직검사를 함
으로써 용접부의 完全度를 확인하는 것이다.

용접공의 기능검정은, 諸規定으로 정해진 기능시험을 하여 확인한다. (付録 KSB 0885
-1971 참조).

(2) 熔接中의 作業檢査

용접중에 실시해야 할 작업검사로는, 용접봉의 보관과 건조상태, 이음의 表面淸掃狀
況을 조사함과 동시에, 各層마다의 비이드形狀, 融合狀況, 용입不足, 슬래그 섞임, 터
짐, 비이드波形, 크래이터의 處理, 밑면따내기狀況등을, 外觀檢査 또는 浸透, 磁氣, 渦
流, 방사선투과검사등으로 조사한다. 이밖에, 용접전류, 용접전압, 용접속도, 용착순서,
용접순서, 運棒法, 용접자세, 필요에 따라서는 예열온도와 層間溫度등이 사전에 지정
된 조건과 일치하는가를 조사한다. 그리고 결함이 발견되면 補修熔接을 한다.

(3) 熔接後의 作業檢査

용접후에 해야 할 작업검사로는, 後熱處理, 變形矯正등, 용접후에 부가된 작업에 관
련한 검사가 있다. 적당한 온도, 유지시간, 가열과 냉각속도, 기타의 작업조건이 지
정된 조건대로 실시되고 있는가를 조사하고, 또한 균裂, 變形, 치수틀림의 有無를 검사
한다.

(4) 受 入 檢 査

용접물의 수입검사는, 보통 좁은 의미에서 용접검사라 불려지고 있는 것이다. 물론,
용접물이 완성한 다음, 용접부 또는 구조물전체로서의 결함유무를 조사하게 된다. 이
검사에는, 용접부를 파괴하지 않고 하는 非破壞檢査와, 파괴하여 하는 破壞檢査가 채용
된다. 검사의 主眼은, 당연히 용접부에 집중되지만, 구조물의 종류와 所要되는 성능에
따라. 全熔接에 대한 全般檢査를 하거나, 또는 결함이 발생하기 쉬운 장소를 골라서
拔取檢査를 한다. 이 검사결과, 受入의 可否를 판단하며, 受入不能時는 보수용접을
한다. 보수후에는 재검사를 하여 안전한 것을 확인한다.

(5) 熔接部檢査法의 分類

수입검사에 쓰이는 방법은 表9.1과 같이 破壞試驗法 (destructive testing) 과 非破壞
試驗 (non-destructive testing) 으로 大別된다. 파괴시험법은 被檢査物을 절단, 굽힘, 引
張, 또는 기타 塑性變形을 주어 시험하는 방법이나, 非破壞試驗法은 被檢査物을 손상
하지 않고 검사하는 방법이다. 이러한 검사들은 材質, 熔接部의 形狀 및 目的에 따라
單独 또는 適當히 組合하여 사용된다.

9.1.3 熔接欠陷의 種類

용접검사에서 대상이 되는 주요한 용접결함으로는 表9.2와 같은 종류가 있다. 이에
대한 大部分에 대해서는 6章 6.6節에서 설명하였다.

表 9.1　熔接部檢査法의 分類

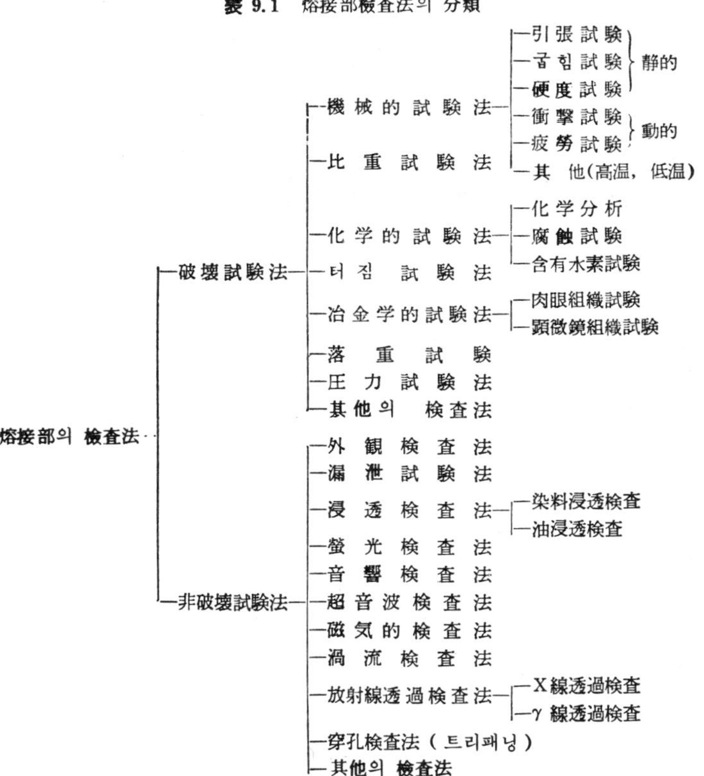

（1）치수上의 欠陷

　가)　**變　形**　용접변형의 발생과 그 抑制法에 대하여는 이미 第8章에서 설명하였다. 예를들어, 맞대기용접에서는 그림9.1의 上圖와 같이 角變化가 일어나 좋지 않으나, 試驗板을 逆으로 굽혀(이것을 逆變形이라 한다) 용접하면, 下圖와 같이 똑바른 용접이음을 얻을 수 있다.

　나)　**치수不良**　용착부의 치수不良에는 덧붙이의 過不定, 필렛다리길이나, 목의 두께치수의 不良등이 있으며, 게이지를 써서 外觀檢査로 조사할 수 있다.

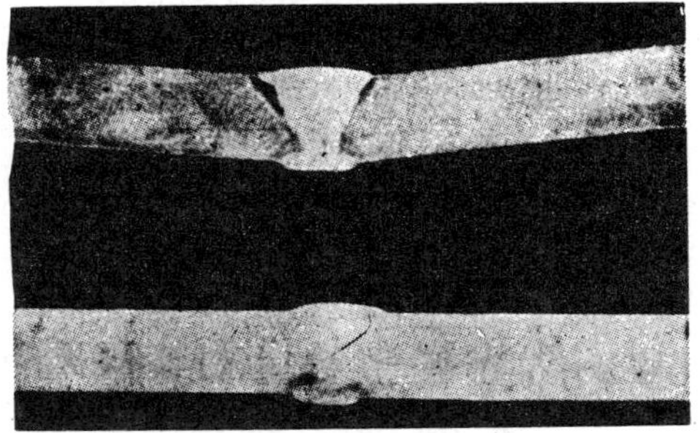

圖 9.1　맞대기熔接이음의 角變化(上圖) 및 逆變形에 의한 防止(下圖)

表 9.2 熔接欠陷의 種類

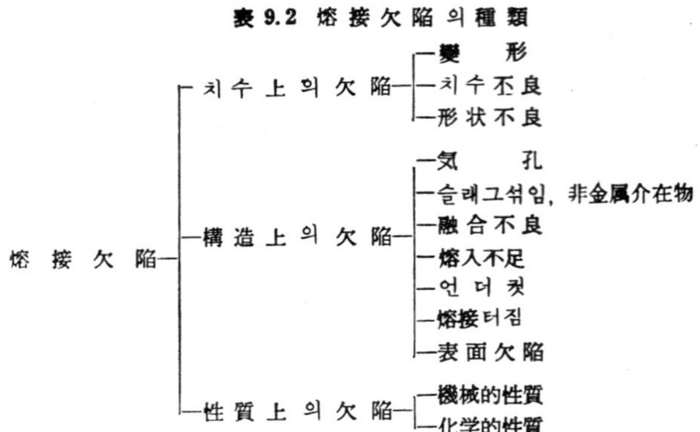

다) 形狀不良 용접금속의 形狀不良으로는 이미 그림 6.72에서 설명한 바와 같이 비이드形狀의 不良, 언더컷, 오우버랩이 있다. 이러한 결함들은 용접봉의 종류나 納品會社의 變更, 용접조건과 運棒法의 適正化, 용접자세의 아래보기 等의 조작을 써서 改善될 수 있다. 이러한 결함은 보통 적당한 게이지를 써서 외관검사 또는 침투검사로 조사될 수 있다.

（2）構造上의 欠陷

구조상의 결함으로는 그림 9.2와 같은 氣孔, 슬래그섞임, 非金屬介在物, 融合不良, 용입부족, 언더컷, 용접터짐 및 表面欠陷(피트, 波形의 不均一 等)이 있다. 이에 대하여는 이미 第 6 章 6.6節에서 설명한 바 있다.

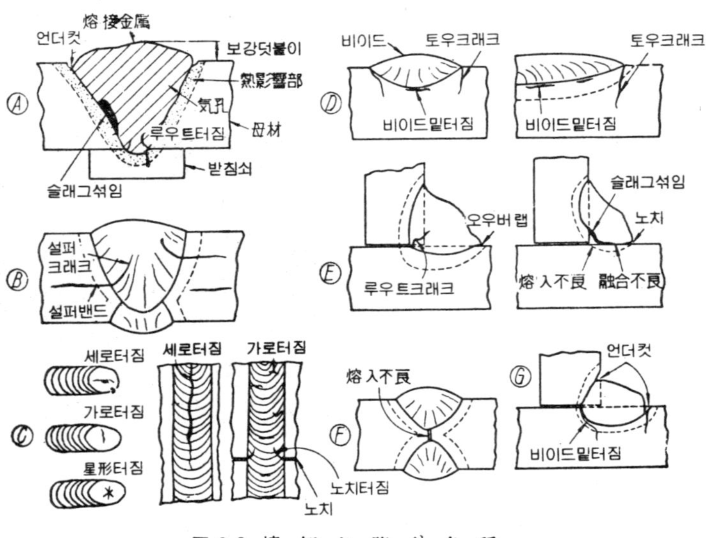

圖 9.2 熔接欠陷의 各種

（3） 性質上의 欠陷

　용접구조물에는 어느 것이나 기계적, 물리적, 화학적성질에 대한 일정한 요구가 있다. 따라서 이러한 요구들을 만족시키지 않는 것은 廣意의 결함이라 생각될 수 있다. 기계적성질로는 降伏點, 引張強度, 延性, 硬度, 衝擊値, 疲勞強度, 高溫크리이프 特性 등을 들 수 있다. 화학적성질로는 化學成分, 耐蝕性 등을, 물리적성질로는 熱 및 電磁氣的性質이 대상이 된다.

（4） 欠陷과 檢査法

　上記한 各 欠陷에 대한 검사법의 適用 및 組合例를 표시하면 表 9.3과 같다.

表 9.3　熔接金屬과 母材의 欠陷 및 그 試驗과 檢査法

欠　陷　의　種　類	試　驗　과　檢　査　法
치수上의 欠陷 　變　形(일그러짐) 　熔接金屬部의 크기 不適當 　熔接金屬部의 形狀不適當	 適當한 게이지類를 사용하는 外觀肉眼檢査 熔接金屬用게이지를 사용하는 肉眼檢査 同　　　上
構造上의 不連續 (欠陷) 　氣　　孔 　非金屬介在, 슬래그介在 　融合不良 　熔入不良 　언 더 컷 　균　裂 　表面欠陷	 放射線檢査, 電磁気檢査, 渦流檢査, 超音波檢査, 破斷檢査, 　顕微鏡檢査, 마크로組織檢査 同　　　上 同　　　上 同　　　上 外觀肉眼檢査, 放射線檢査, 굽힘試驗 外觀肉眼檢査, 放射線檢査, 超音波檢査, 顕微鏡檢査, 마크로 　組織檢査, 電磁気檢査, 浸透檢査, 螢光檢査, 굽힘試驗 外觀肉眼檢査, 其他
材質上의 欠陷 　引張強度의 不足 　降伏強度의 不足 　延性의 不足 　硬度의 不適當 　疲勞強度의 不足 　衝擊에 의한 破壞 　化學成分의 不適當 　耐蝕性의 不良	 全熔着金屬引張試驗, 맞대기熔接引張試驗, 필렛熔接剪斷 　試驗, 母材引張試驗 全熔着金屬引張試驗, 맞대기熔接引張試驗, 母材引張試驗 全熔着金屬引張試驗, 自由굽힘試驗, 型틀굽힘試驗, 母材引張試 　驗 硬　度　試　驗 疲　勞　試　驗 衝　擊　試　驗 化　學　分　析 腐　蝕　試　驗

9.2　破壞試驗法

　파괴시험법은 용접부를 파괴하여 그 良否를 조사하는 방법이므로, 同一한 多數의 제품중에서 拔取한 것, 또는 특별한 시험용접부에 대하여 검사하게 된다. 이 시험법에는 기계적, 화학적, 冶金的, 물리적 각종시험 방법이 있다.

9.2.1　機 械 試 驗 法

母材 및 용접이음의 기계시험으로는 일반적으로 材料試驗法이 적용된다.

(1) 引張試驗 (tensile test)

인장시험은, 角狀, 管狀, 또는 丸棒狀의 細長한 試驗片(그림 9.3, 9.6 참조)을 인장시험기로 잡아당겨 破斷시켜서 그 強度 및 延性을 측정하는 방법이다. 예를 들어 軟鋼의 인장시험에서, 荷重을 P (kg), 시험편의 최초단면적을 A (mm²)라 하면,

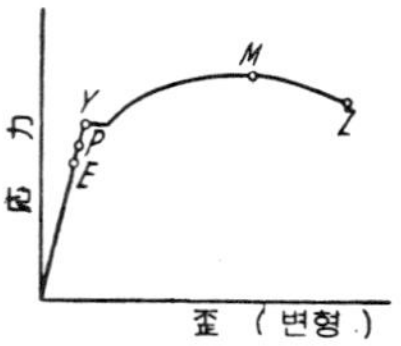

$$\sigma = P/A \quad (\text{kg/mm}^2)$$

로서 주어지는 σ (시그마)를 應力 (stress)이라 한다. 또한 시험편의 標點間距離 l 의 최초길이 l_0 부터의 伸張量을 $\Delta l\ (= l - l_0)$ 라 하면, 變形度 ε 는

$$\varepsilon = \Delta l / l_0$$

로서 주어지며, 應力·變形度曲線은 그림9.3과 같이 된다.

図 9.3　軟鋼의 應力·變形曲線

應力이 크게 되면, 제일 먼저 彈性限(E), 다음에 比例限(P) 및 降伏點(Y)에 도달하고, 그 以後는 변형도가 증대하여도 荷重의 증가가 비교적 적다. 最大荷重 P_M에 대한 응력 $\sigma_M = P_M/A$를 引張強度 (tensile strength)라 한다. 그 다음부터는 시험편이 국부적으로 조여져서 마침내 破斷(rupture)(Z點)된다.

特殊鋼, 非鉄金屬에서는 분명한 항복점이 나타나지 않으므로 0.2%의 永久変形에 대한 응력을 降伏応力 또는 耐力이라 부르고 있다.

破斷後의 標点間距離를 l' 라 하면 伸張 (elongation) δ (델타)는,

$$\delta = \frac{l' - l_0}{l_0} \times 100 \quad (\%)$$

로서 주어진다. δ 中에는 最大荷重까지의 均等한 伸張과 그後의 局部的斷面收縮部의 신장이 가산되어 있으므로, 伸張値는 표점거리($G,\ L.$)와 단면적 (A)의 比에 의한 영향이 크다. $(G.\ L.)/(A)$의 比가 클수록 신장이 적은 값이 된다.

파단후의 시험편의 최소단면적을 A' 라 하면, 絞縮(斷面收縮率 reduction of area) ψ (프시)는

$$\psi = \frac{A - A'}{A} \times 100 \quad (\%)$$

式으로 주어진다.

(2) 굽힘試驗 (bending test)

모재 및 용접부의 延性을 조사하는데는 굽힘시험이 잘 쓰인다. 즉, 그림 9.4와 같이 短冊狀의 시험편을 적당한 지그를 써서 굽혀서, 표면의 標点間거리의 伸張

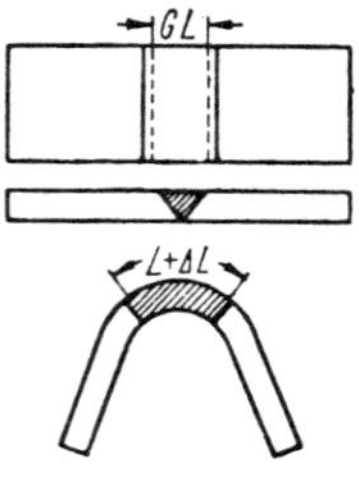

$$\delta_B = \frac{\Delta l}{l_0} \times 100 \quad (\%)$$

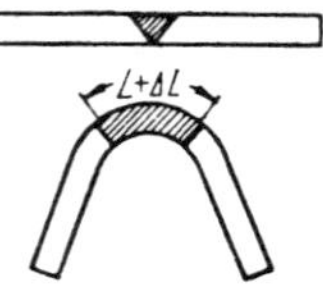

図 9.4　굽힘試驗

또는, 表面에 발생하는 균열의 유무, 및 균열발생의 굽힘角度등을 조사한다.

(3) 硬度試驗 (hardness test)

금속의 경도를 조사하는데는, 보통, 압력을 일정하중 P (kg) 으로 시험편표면에 押入하여 이때 생긴 오목部分의 表面積 A (mm²)를 측정하여 다음式

$$H=\frac{P}{A} \quad \text{(無名數)}$$

으로 경도 H를 계산한다. 경도는 금속의 인장강도에 대한 간단한 尺度가 되는 것이며, 재질, 冷間加工, 열처리등의 영향을 받고, 또한 측정방법에 따라 그 값이 크게 달라진다. 가장 많은 것은 브리넬 (Brinnel), 빅커스 (Vickers), 록크웰 (Rockwell) 등이며, 表 9.4와 같이 측정된다. 브리넬과 빅커스硬度는 대략 같으며, 록크웰 C 스케일의 경도 (Rc)는 이들의 약 1/10의 값이다. 최근에는 数十그램의 微小荷重을 쓰는 顯微鏡硬度計 (microhardness tester) 가 용접부의 細部組織檢査에 잘 쓰인다.

表 9.4 實用硬度試驗機의 要目比較

名 称	型 式	壓子 또는 해머의 材質, 形狀	荷 重	備 考 (表 示 例)		
브 리 넬	押込式	燒 入 鋼 球 直径 10mm 5mm	3000 kg 1000 750 500	鋼球의 直徑과 荷重은 材質과 硬度에 따라 다음과 같은 組合이 適當.		
				鋼球 直径 (mm)	**荷 重 (kg)**	**記 号**
				5	750	H_B (5/750)
				10	500	H_B (10/500)
				10	1 000	H_B (10/1000)
				10	3 000	H_B (10/3000)
				硬度 例示 : H_B (10/500)92 $\quad$ H_B (10/500/30)92		
록 크 웰	押込式	"B" 스케일 燒入鋼球 直径 1/16″	100 kg	$H_{R}B\,30$ (또는 $R_B\,30$)		
		"C" 스케일 다이아몬드코운 頂角 120°	150 kg	$H_{R}C\,59$ (또는 $R_C\,59$)		
빅 커 스	押込式	다이아몬드 四角 錐頂角 136°	1~120 kg	H_V (30) 250		
쇼 아	反撥式	先端을 둥글게 한 다이아몬드를 붙인 해머 해머重量 2.6g	落下高 25cm	$H_S\,51$ $H_S\,25.5$		

押入式대신, 先端에 다이아몬드를 붙인 小重錘를 일정높이에서 시험편표면에 落下시켜, 그 튀어오르는 높이에 의하여 경도를 구하는 쇼아硬度 (Shore hardness) 計 도 널리 実用되고 있다.

以上의 各種硬度는 鉄鋼과 非鉄金屬에 대하여 각각 다른 換算図表가 만들어져 있다 (付録 表 1.4 참조)

（4）衝擊試驗 (impact test)

인장시험에서는 1～2分걸려 시험편을 파단함으로, 이것을 靜的試驗이라 하며, 재료가 변형되는 데에 충분한 시간이 주어지고 있다. 그러나 変形速度가 인장시험편 의 数萬倍 또는 数千萬倍인 충격시험에서는 금속이 충분하게 변형될 시간여유없이 파단하게 되며, 靜的試驗의 경우와 그 樣相이 다르다. 또한 노치가 있으면 변형이 더욱 제한되어 금속이 취약하게 된다. 노치衝擊試驗片이 파단까지에 흡수하는 에너지가 클수록, 재료는 靭性 (toughness)이 큰 것으로 한다. 에너지의 측정은 그림 9.5와 같이, 振子 (해머)의 振上角α_1 과 튀어오르는 角度 α_2 의 差에 의하여 다음式으로 구해진다.

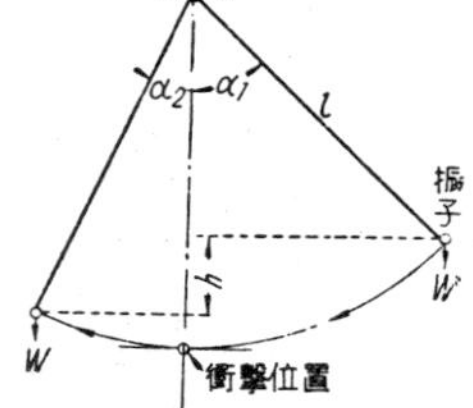

図 9.5 衝擊値의 測定

$$\text{吸収에너지}\quad E = Wh = Wl(\cos\alpha_2 - \cos\alpha_1)\quad (\text{kg-m})$$

$$\text{衝擊値} = E/A \quad (\text{kgm'cm}^2)$$

단, W 는 振子무게(kg), l 는 振子回転 中心에서 重心까지의 거리(m), A 는 시험편의 有効断面積(cm²)이다. 英美에서는 衝擊値로서 吸収에너지 (kgm)를 쓰지만, 우리나라에서는 断面積(샤르삐試驗片에서는 0.8cm²)으로 나눈 比吸収에너지로 표시하는 것이 慣例이다.

노치충격시험에서는 일반적으로 샤르삐시험편이 쓰이지만, 英國에서는 아이조드試驗도 쓰이고 있다. 이에 대해서는 이미 第 6 章 그림6.82에서 설명한 바 있다.

（5）疲勞試驗 (fatigue test)

動的試驗의 하나로서 피로시험이 있다. 이것은 시험편에 매분 數百～數萬回의 반복하중을 걸어, 2×10^6回 또는 $6 \times 10^6 \sim 10^7$回정도까지 견딜 수 있는 最高荷重을 구하는 방법이며, 용접시험편에 대한 실험결과는 이미 第 7 章7.3에서 설명한 바 있다.

9.2.2　化学的, 冶金的試驗法

（1）　化学分析 (chemical analysis)

용접봉心線, 모재 및 용접금속의 化學組成 또는 不純物含量을 조사하기 위하여 시험편에서 試料를 切取하여 화학분석을 한다. 그러나, 이것으로는 試料全体의 平均値만 알 수 있을 뿐이며, 硫黄, 燐등의 强한 偏折을 알 수 없다. 금속중의 불순물을 조사하기 위하여는 금속母体를 녹여서 불순물만을 남기고, 이것을 화학적, 分光學的, 또는 電子回折, X 線回折, 光學 및 電子顯微鏡으로 검사한다. 또는 組織内의 不純物에 직접 電子線을 대서 解折하는 방법도 있다.

（2）腐蝕試驗 (corrosion test)

용접물이 風雨, 河水, 海水, 土砂 또는 有機酸, 無機酸등에 접촉하는 경우에는 사전에 실제와 同一 또는 그에 가까운 부식시험을 한다. 그러나, 이러한 시험은 매우 복잡하고 長時間을 요함으로, 그대신, 비교적 短時間의 實驗室的부식시험이 실시되는 경우가 많다. 단, 시험에 쓰이는 腐蝕液의 종류, 농도, 및 온도에 따라 시험결과가 매우 달라지게 됨으로 주의를 요한다. 스테인리스鋼은 특히 耐蝕性을 대상으로 하고 있으므로 부식시험법이 사용된다. 表9.5는 이러한 시험법의 일부이다. 18-8 Cr-Ni스테인리스鋼용접부에 대하여는 表中의 휴이(Huey) 및 스트라우스아본(Strauss-Aborn) 시험이 많이 쓰인다. (9.2.3 參照)

表 9.5 스테인리스의鋼 代表的腐蝕試驗法

試　　　　驗	溶　液　의　組　成	試驗溫度	試驗周期	通常의腐蝕 測　定　法	応　　　用
Huey	65% HNO_3	沸　　騰	5~48 hr	重量減少	—
Strauss-Aborn	① 50g $CuSO_4 \cdot 5H_2O$ 50cc H_2SO_4 420cc 蒸留水 ② 13g $CuSO_4 \cdot 5H_2O$ 47cc H_2SO_4를 蒸溜水 에 의하여 1l 로 稀釋	沸　　騰	72~1 000 hr	굽 힘 試驗	—
HNO_3-HF	10~15% HNO_3+3% HF	約 80°C	1, 2 내지 4 hr	重量減少	— 널리 쓰이지 않음
H_3PO_4	85% H_3PO_4	沸　　騰	24 hr	〃	

(3) 冶金的斷面檢査

단면검사로는 (가) 破面試驗, (나) 肉眼組織試驗 및 (다) 현미경조직시험이 있다. 대부분의 示方書나 規定에서는 이러한 시험들이 强制되고 있지는 않지만, 용접시공의 완전을 기하고 용접부의 성질을 판단하는데 있어 매우 중요한 시험방법이며, 다음과 같은 목적에서 실시된다.

　i)　非金屬介在物, 粒界슬래그膜, 미크로 터짐의 檢出

　ii)　積層結果의 檢査

　iii)　熔接金屬 및 熱影響母材部의 結晶 組織檢査

가)　破面檢査(fractography, fracture test) 용접금속 및 모재의 파면에 대하여 결정의 粗密, 累層數, 터짐, 氣孔, 슬래그섞임, 線狀組織, 銀点등을 肉眼 내지 低倍率의 拡大鏡을 써서 관찰하는 간단한 방법이다. 구조용강의 脆性破面은 銀白色으로 번쩍이고 있으나 延性破面은 쥐色의 치밀한 표면을 갖는 것에 대해서는 이미 第6章에서 설명한 바 있다.

나)　肉眼組織試驗　(macrography) 용접부를 글라인더, 金鋼砂紙로 적당히 연마하여 그것을 적당히 腐蝕(etch)시켜서, 용입의 良否, 열영향부의 범위, 결함의 분포 상황을 조사한다. 鉄鋼用에 勸獎되고 있는 腐蝕液의 예를 들면 다음과 같다.

　a)　塩酸溶液　(濃 HCl 50cc, H_2O 50cc), 70°C

　b)　混　　酸　(濃 HCl 38cc, 濃 H_2SO_4 12cc, H_2O 50cc)

　c)　硝酸溶液　(濃 HNO_3 25cc, H_2O 75cc)

　d)　함프레이　(Humfrey) **試藥** (塩化銅암모니움- 120g, 濃 HCl 50cc, H_2O 1 000cc)

또한, 이 시험의 하나로서 **설파프린트**(sulphur print) 가 있다. 이것은 鉄鋼中에 함유된 硫化物의 含量 및 그 分布狀態를 검출하는데 쓰인다. 2%의 稀硫酸液에 적신 寫眞用브로마이드紙를 단면에 붙였다 벗겨내면 유황의 偏析部에 상당하는 부분이 褐

色으로 変色되며, 第 6 章 그림6.24와 같은 설파프린트가 얻어진다.

다) 顯微鏡組織試驗(micrography) 斷面을 육안조직시험의 경우보다 더욱 平担하게 연마하여 적당히 부식시키고 약50~2000배로 확대해서 현미경조직을 조사하는 방법이다. 이것은 이미 第 6 章 그림6.5에서 설명한 바 있다.

현미경용 腐蝕液으로는 재질에 따라 여러가지가 提案되고 있다. 炭素鋼用으로는

5 % 硝酸알코올溶液

5 % 피크린酸알코올溶液

이 널리 사용되고 있다.

9.2.3 熔着金屬試驗

용착금속의 시험은 재료의 종류에 따라 상당히 다르다. 치수, 偏心率, 外觀, 包裝檢査외에 必要한 항목은 表9.6과 같다.

즉, 용접금속의 인장시험은 강도의 判定上 어떠한 規格에서도 쓰이고 있으며, 다

表 9.6 熔接棒의 熔接試驗 種類 (○標必要)

棒 種 →	軟鋼피복아아크熔接棒	軟鋼用가스熔接棒	스테인리스鋼피복아아크熔接棒	軟鋼피복아아크熔接棒 (美國)	耐蝕Cr-Ni피복아아크熔接棒 (美國)	銅 및 銅合金아아크熔接棒 (美國)	耐蝕耐熱合金피복아아크熔接棒 (美國)
規 格 →	KS D7004	KS D7005	JIS Z 3221	ASTM A 233	ASTM A 298	ASTM B225	MIL-E-6844A
熔着金屬 化學分析	···		○	···	○	○	○
引張	○	○	○	○	○	○	○
型틀굽힘	○	○	○	○	···	○	···
필렛熔接		···	○	○	○	···	○
衝擊	○	···	···	···	···	···	···
腐蝕	···	···	○	○	···	···	···
水素	○	···	···	···	···	···	···
硬度	···	···	···	···	···	○	···
맞대기이음 引張	···		···	···	···	···	(3.2∅ 以下) ○
X線檢査	··	···	···	···	···	··	○
螢光檢査	···	···	···	···	···	··	○

음 용접봉의 작입성과 健全性을 조사하기 위하여는 型틀굽힘 및 필렛용접시험이 많이 쓰인다. 스테인리스鋼에서는 용착금속의 화학분석이 요구되며 부식시험은 美國에서는 필수적이 아니다. 銅合金은 덧붙이의 경도를 알기 위하여 경도시험이 요구되고 있다. 다음에 각시험법에 대하여 설명한다.

(1) 熔着金屬化學分析

스테인리스鋼熔接棒規格 JIS Z 3221에서는, 용착금속은 두께12mm이고, 25mm角以上

의 板(棒 지름1.6, 2.0, 2.6mm), 38mm角以上의 板(棒 지름3.2, 4.0, 5.0mm) 및 50mm 角以上의 板(棒 지름 6.0mm)에 용착금속두께 12mm로 多層덧붙이熔接하여, 母材面부터 6mm이상 떨어진 부분에서 分析試科를 취하게 되어 있으며, 용접전류와 전압 및 냉각조건이 상세하게 규정되고 있다 板은 軟鋼도 스테인리스鋼노, 어느것이나 써도 된다.

(2) 全熔着金屬引張試驗(all-weld-metal tensile test)

全熔着全屬의 引張試驗方法(KS B 0821-1973) 에 의하면 시험편은 그림9.6과 같으며, 그림9.7과 같이 반침쇠를 쓴 広幅V型홈에 붙인 全熔着多層 용접금속으로부터 切取한다. 또한 스테인리스鋼용접봉의 경우에 軟鋼母材를 쓸때는, 받침쇠 및 左右이음面을 시험되는 용접봉으로 2層以上의 용착금속으로

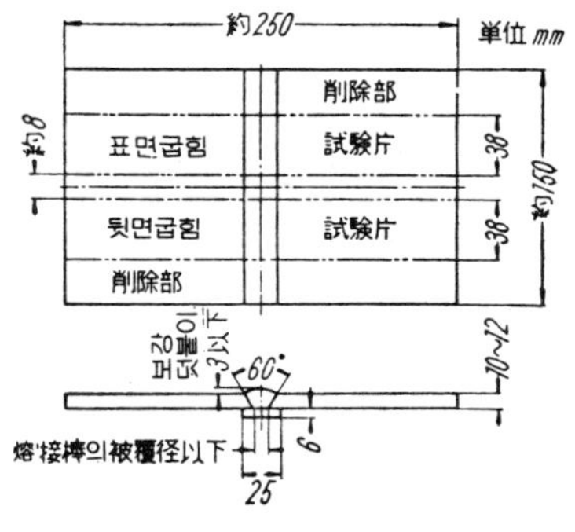

単位mm

試驗片의 種類	A1号	A2号	A3号
直　徑　　(D)	12.5	6	3
標点距離(L)	50	24	12
平行部길이(P)	60	32	18
肩部의半徑(R)	15 以上	6 以上	3 以上

図 9.6 熔着金屬引張試驗片의 形狀

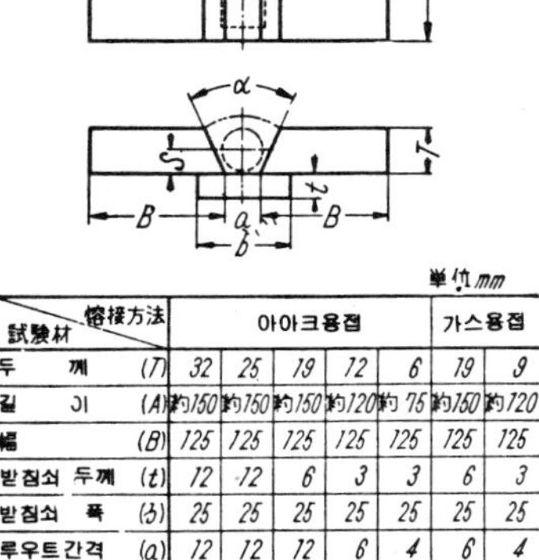

単位mm

試驗材 \ 熔接方法	아아크용접					가스용접	
두　께　　(T)	32	25	19	12	6	19	9
길　이　　(A)	約150	約150	約150	約120	約75	約150	約120
幅　　　　(B)	125	125	125	125	125	125	125
받침쇠 두께 (t)	12	12	6	3	3	6	3
받침쇠 폭 (b)	25	25	25	25	25	25	25
루우트간격 (a)	12	12	12	6	4	6	4
홈의 角度(α)	45°	45°	45°	45°	45°	75°	75°
試驗片採取位置(S)	約25	約19	約12	約9	約4	約12	約9
採取試驗片	A1号			A2号	A3号	A1号	A2号

図 9.7 熔着金屬引張試驗材의 形狀

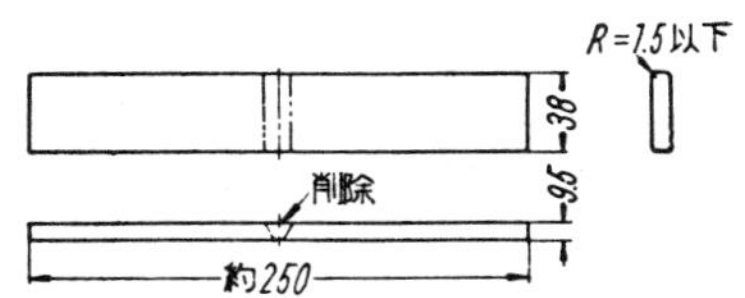

図 9.8 型틀굽힘試驗材와 試驗片

덮지 않으면 안 된다. (덧붙이)

(3) 型틀굽힘試驗(guided-bend test)

형틀굽힘시험은 용접봉의 작업성시험 및 용접공의 기능검정에 쓰이는 중요한 시험 방법이다. 즉, 板두께 10~12mm의 맞대기이음부터 그림9.8과 같은 短冊形의 시험편을 절취하여, 덧붙이部分을 板面까지 削除하여 두께9.5mm로 한 平滑한 굽힘試驗片을, 그림9.9와 같은 형틀굽힘시험지그에 밀어넣어 펀치半徑19mm로 180°까지 구부린다. 이때, 外表面의 용착금속에 길이3.2mm以上의 균열 또는 현저한 결함이 생기지 않아야 한다. 시험편은 용접의 앞과 뒷面이 각각 바깥쪽이 되도록 두가지로 굽힌다. 이

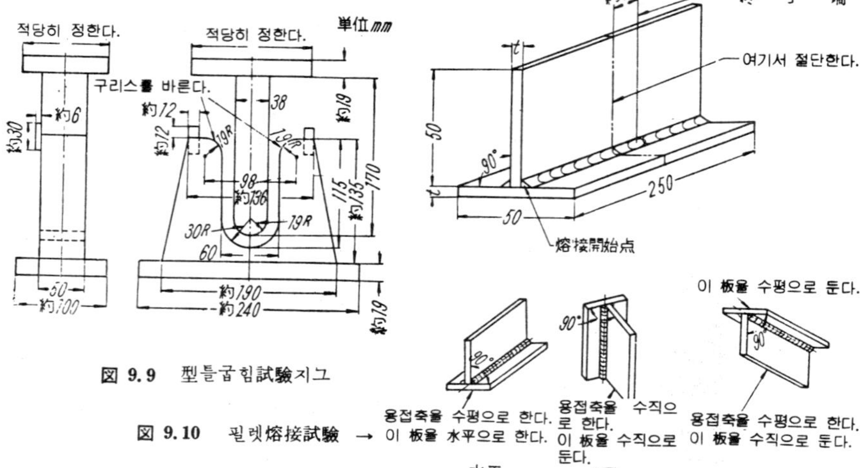

図 9.9　型틀굽힘試驗지그

図 9.10　필렛熔接試驗 →

형틀굽힘시험편은 아래보기, 수직, 위보기의 각자세로 용접하여 만드는 것이　보통
이다.

또한 KSB0832 – 1968에서는 薄板用의 小型지그가 다음과 같이 規정되고 있다.

지그의 型式	A 1 型	A 2 型	A 3 型
펀치의 半徑 mm	7	13	19
홈底部 半徑 mm	12	21	30
試驗片의 板두께 mm	3.0～3.5	5.5～6.5	8.5～9.5
試驗片의 幅 mm	19～38	19～38	19～38
試驗片의 길이 mm	約 150	約 200	約 250

（4）필렛熔接試驗 (fillet weld test)

이 시험도 역시 용접봉의 작업성을 조사하는데 중요한 시험이다. 즉, 그림9.10의
T型 필렛용접을 水平, 수직, 및 위
보기의 3자세로 하고, 그림에서 第
1비이드의 終了端부터 약25mm의 위
치에서 절단하여, 그림9.11과　같이
斷面肉眼試驗片을 만들어서, 용입, 다
리길이의 差, 부풀음을 조사한다. 이
때, 균열, 氣孔, 언더컷, 오우버랩,
슬래그섞임등의 결함이 없어야 한다.
母材는 용접봉과 같은 종류의 板을 사용한다.

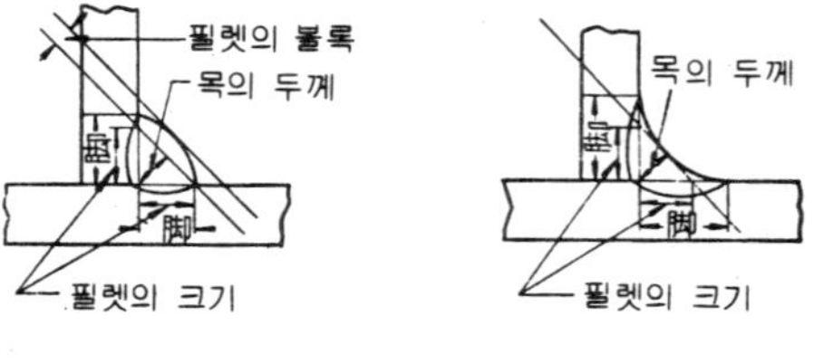

図 9.11　필렛熔接斷面의 檢査

용접공의 기능의 優劣 또는 필렛용접의 良否를 간단하게 조사하는 방법으로서, 필

렛이음의 **破面試驗方法**(fillet-weld break test)(KS B 0843)이 있다. 이것은 용접봉의 규격시험에는 들어 있지 않으나, 필렛용접내부의 **健全性**, 용입의 **良否**, 균열 및 모재의 **良否**를 조사하는데 편리한 방법이다. 즉, 그림9.12의 L型시험편을 만들고, 필렛용접부를 해머 또는 프레스로 굽힘破斷하여, 그 破面의 용입良否, 결함의 유무, **異常組織**등을 **肉眼**으로 검사하는 방법이다.

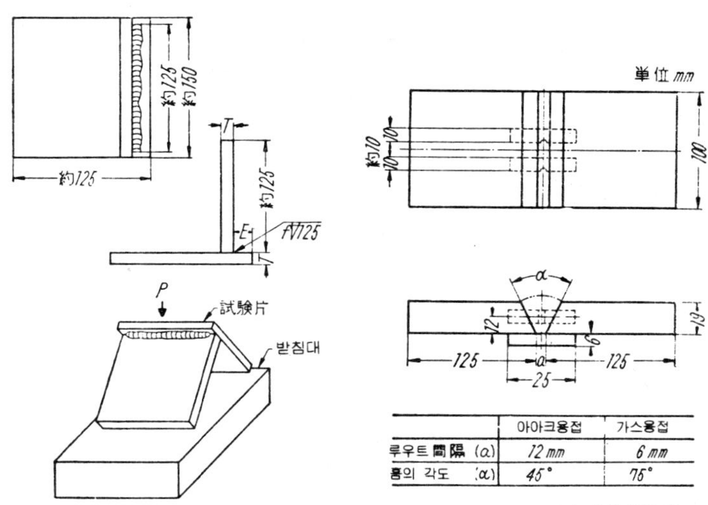

図 **9.12** 필렛熔接의 破面試驗

図 **9.13** 熔着金屬의 衝擊試驗片

	아아크용접	가스용접
루우트 間隔 (a)	12 mm	6 mm
홈의 각도 (α)	45°	75°

(5) 衝 擊 試 驗

용착금속의 충격시험편(KSB 0822 - 1967)은 그림9.13과 같이 용접선에 직각으로 잘라내고, 노치(notch)는 **板面**에 직각으로 붙이는 것이 보통이다. 노치位置는 용접금속內, 본드(熔融境界), 열영향부, 기타에 적당히 취할 때가 있다. 노치는 지금까지 U型이 보통이었으나, **軟鋼**의 노치**靭性試驗**用에는 V노치가 주로 쓰인다. 보통 2～3個의 시험편을 써서 平均值를 구한다.

(6) 腐 蝕 試 驗

스테인리스鋼용착금속의 부식시험(KS B 0824)은 그림9.14와 같이 덧붙이용접부에서 직경 10mm× 길이30mm의 **円棒**시험편을 4個 **切取**하여, **研摩**(KSL 6003 400番까지)한 다음, **窒酸** 및 **黃酸**中에서 부식시험을 한다. 4個의 시험편의 **腐蝕減量平均值**는 表9.7의 값以下이어야 한다. 단, 시험장치에는 **逆流콘덴서付** 플래스크를 사용하고, 500cc液中에서 각 1개씩 **連續 8時間 沸騰**한 다음, 시험편의 **減量**을 측정한다.

(7) 水素量試驗(hydrogen test)

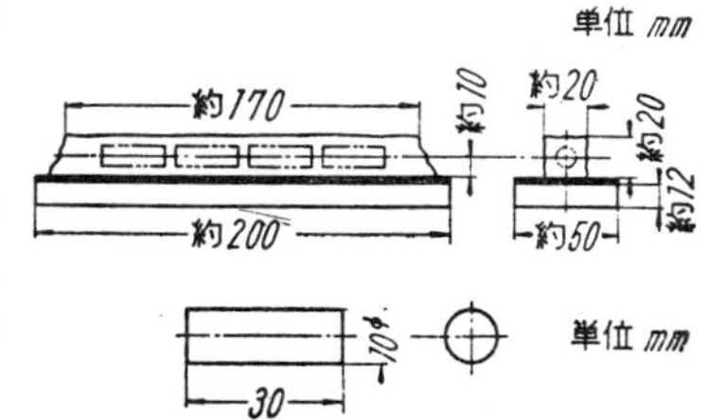

図 **9.14** 熔着金屬의 腐蝕試驗片

軟鋼 및 低合金鋼의 용착부에 함유되는 수소는 비이드밑터짐, 銀点, 線狀組織 기타의 결함에 중요한 영향이 있다. 수소량의 측정에는, 진공중에서 高溫으로 가열 (예를들어 800℃ × 1h) 하여 全水素를 방출시켜 定量하는 **眞空抽出法**외에, 常溫에서 방출되는 **拡散性水素量** (diffusible hydrogen) 을 측정하는 방법이 잘 쓰인다. KSB 0823 – 1968에서는, 시험재로서 미리 수소를 제거한 두께12mm, 幅25mm, 길이130mm의 板(그림 9.15) 위에 1줄의 비이드를 115mm길이로 용

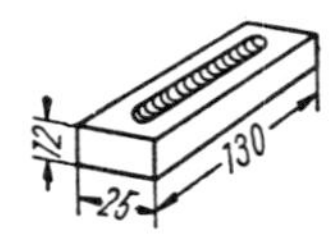

圖 9.15　放出水素量試驗片

표 9.7 스테인리스鋼熔着金屬의 腐蝕減量 許容限 (JIS Z 3221)

熔接棒의種類	腐　蝕　量　(g/m²h)	
	40% (重量) 硝酸沸騰溶液	5% (重量) 硫酸沸騰溶液
D 308	0.20	—
D 308 L	0.20	—
D 309	0.20	—
D 310	0.20	—
D 316	—	6.0
D 316 L	—	5.0
D 316 Cu	—	5.0
D 316 Cu L	—	4.0
D 317	—	5.0
D 347	0.20	—

착하고, 용착완료후 30초이내에 20℃의 물에 담구어 急冷한 다음 청소하여, 그림9.16과 같은 **글리세린置換法**에 의한 水素捕集器에 挿入하는 것으로 (용착후 2분以內에 완료) 규정하고 있다. 시험편은 약 45℃의 글리세린中에 48時間 담구어 가스를 捕集한다. 용착금속 1 g 当의 水素量(0℃에서의 容積cc으로 換算)을 구하고, 4個의 시험편에 대

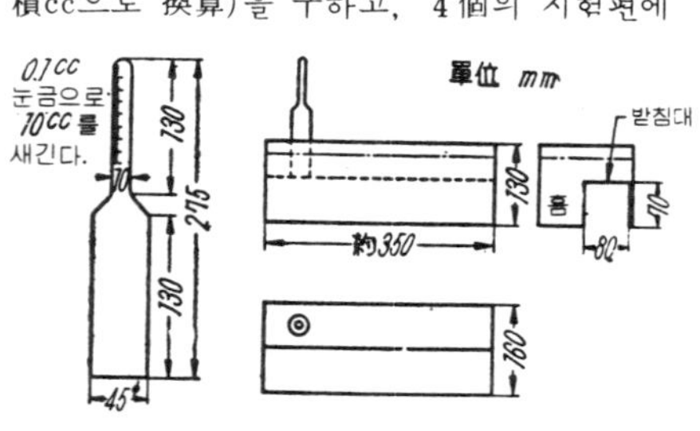

圖 9.16　글리세린水素捕集器

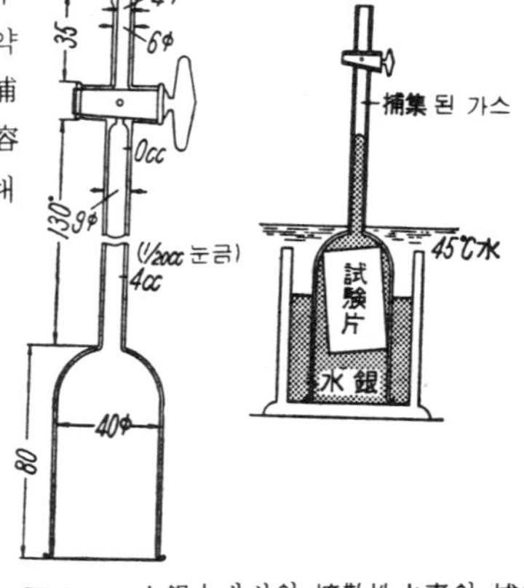

圖 9.17　水銀中에서의 擴散性水素의 捕集

한 平均値를 취한다. 軟鋼用低水素系용접봉에 대 하여는 捕集水素量이 0.1cc/g 以下로 규정되고 있다(KS D 7004).

최근에는 글리세린代身에 水銀中에서 捕集하는 방법도 잘 쓰인다. 그림9.17은 그 捕集器의 一例이다.

9.2.4　熔接이음試驗 (welded joint test)

용착금속시험은, 모재의 영향을 받지않은 전용착금속부분의 성질을 시험하는 것이

나, 용접이음시험은 실제로 모재를 용착금속이 융합한 이음의 성질을 시험하는 목적
으로 실시된다.

(1) 맞 대 기 이 음

  대부분의 示方書(specification) 나 規定(code) 또는 規格(standard) 에서는, 중
요한 용접구조물의 工作前에 용법시공법의 檢定試驗이 요구되는 경우가 많다. 이것
은 모재, 용접봉, 용접조건 및 용접방법을 本용접과 동일하게 한 시험용의 용접이음
을 별도로 만들어, 방사선투과시험을 한 다음, 용접이음의 引張, 自由굽힘, 충격등
의 기계적시험 및 단면검사를 하는 것이 보통이다.

  맞대기용접이음시험으로는 그림9.18과 같이, 幅150mm× 길이 약500mm× 板두께의 板
을 2枚 세로길이방향으로 맞대기용접하여, 용접선의 兩端을 각각 幅약50mm 잘라버

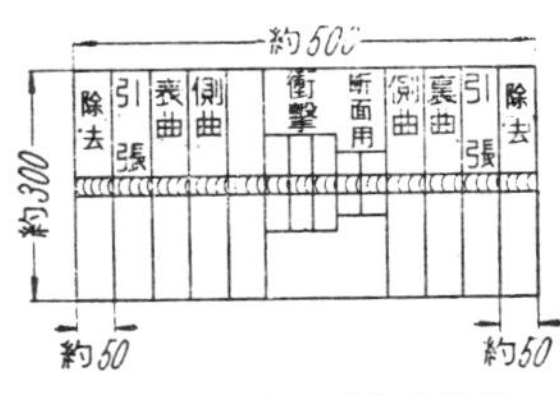

図 9.18 熔接이음試驗材

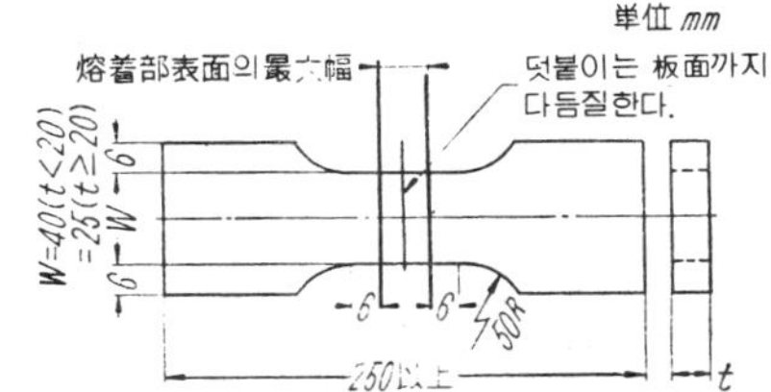

図 9.19 맞대기熔接이음의 引張試驗片
(reduced section)

리고 나머지에서 시험편(引張 2個, 表面굽힘, 뒷面굽힘 각 1個, 또는 側面굽힘 2個,
충격 3個, 斷面用 2個) 을 기계加工에 의하여 切取하는 것이 보통이다. 또한 용접은
아래보기외에 水平, 수식 및 위보기의 각자세로 하는 경우가 많다.

  施工法試驗의 기계시험편의 形狀은 각 규정에 의하여 조금 달라지나, 표준적으로
맞대기이음의 引張, 型틀굽힘 및 自由
굽힘試驗方法이 KSB 0833, 0832, 0834
에 규정되고 있다. 즉, 板의 맞대기용
접 이음의 인장시험편은 그림9.19와 같
은 것(reduced section) 이 보통이며,
특히 加工硬化材 또는 燒入템퍼링材 의
시험에는 그림9.20(a) , (b) 와 같이 標
点間거리를 더 길게(예를들어 200mm) 한
것(full section) 이 쓰인다. 또한 自由
굽힘試驗片 (free-bend specimen) 은
그림9.21과 같은 것을 미리 中央部를
굽힌 다음 兩端을 上下로부터 압축하여
표면에 균열이 發生할 때까지 굽인다.
이때 標線間의 伸張이 示方書 其他에 규

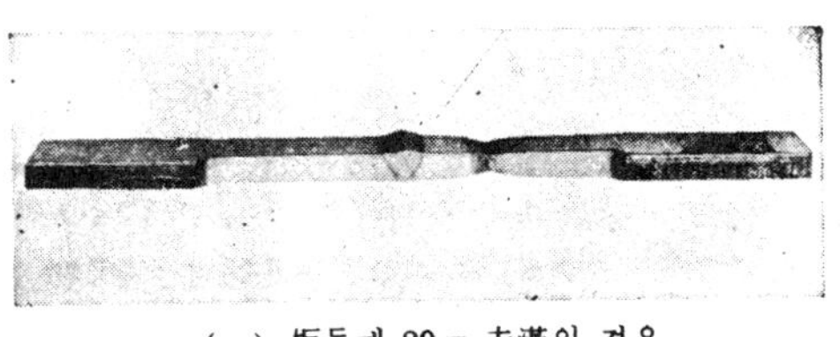

(a) 板두께 20mm 未滿의 경우

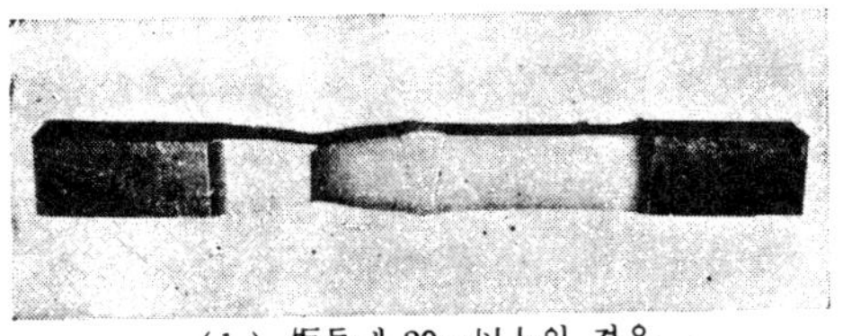

(b) 板두께 20mm以上의 경우

図 9.20 特히 標點距離가 긴 맞대기 熔接이음
引張試驗片 (full secton) (母材部에서 切斷)

정된 값以上이어야 한다. 예를들어, 그림9.22는 결함없이 굽혀진 高張力鋼용접이음의

예이다.

　중격시험편은 전용착금속시험편과 마찬가지로, 이음에 직각으로 잘라내서　노치는
板面에 직각으로 붙이는 것이 보통이다. 또한 노치를 용접금속, 열영향부 및 모재부

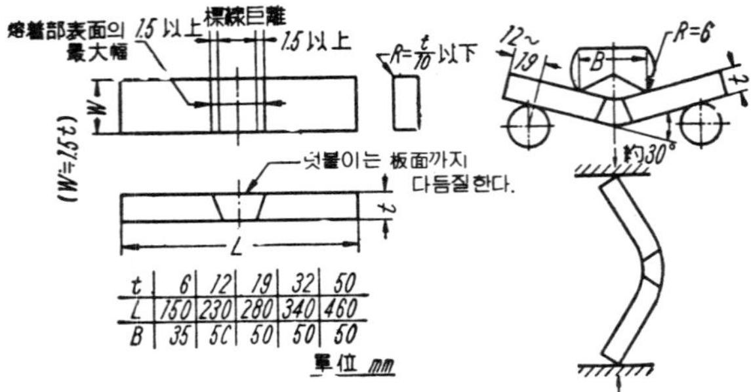

図 9.21　自由굽힘試驗片

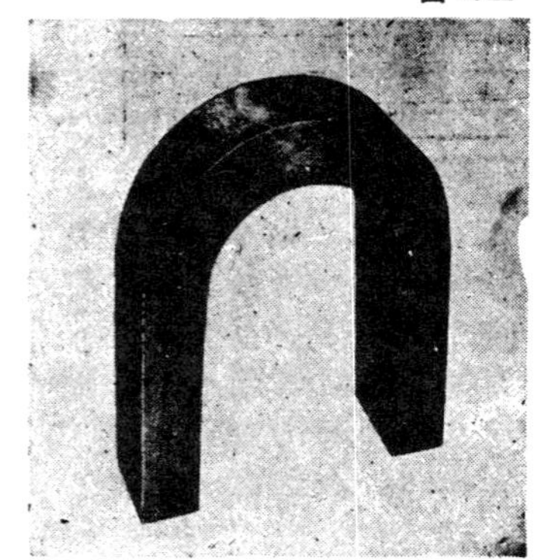

**図 9.22　欠陷없이 굽혀진 自由굽힘
試驗片(高張力鋼熔接部)**

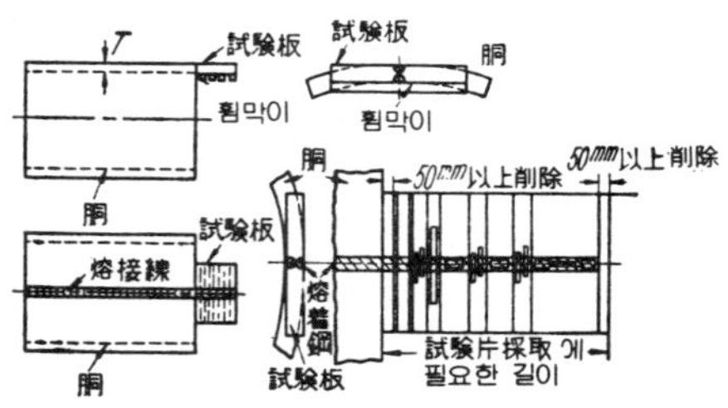

図 9.23　이음의 施工法確認試驗材

의 적당한 위치에 붙여서 노치인성의 국부적변화를 시험할 경우도 있다.

　施工法試驗과 비슷한 이음試驗은 실제의 용접물을 용접할 때에도 잘 실시된다. 즉,
그림9.23과 같이 용접선의 끝에 試驗板을 붙여서, 제품과 동일한 용접을 그 부분까
지 연장시킨 다음, 그곳부터 이음시험편을 잘라내서 施工法의 良否에 대한 確認을 하
는 것이다. 이 방법은 보일러缶胴, 壓力容器등의 용접에서 잘 이용된다.

(2) 필 렛 이 음

　필렛용접이음의 기계시험은 KSB 0841~0842에 규정되고 있다. 즉, 앞面필렛용접
이음의 인장시험편에는 덮깨板를 쓴 것과, 十字形의 2種이 있으며 덮깨板 이음의
것은 그림9.24와 같은 것을 쓴다. 용접은 幅약150mm의 시험재를 용접하여 兩端을 削
除하여 中央部부터 2個를 切取한다. 또한 十字形필렛용접이음 시험편은 그림9.25의
치수形狀의 것이며, 어느것이나 용접선에 직각으로 引張하는 것이다. 필렛용접은 용

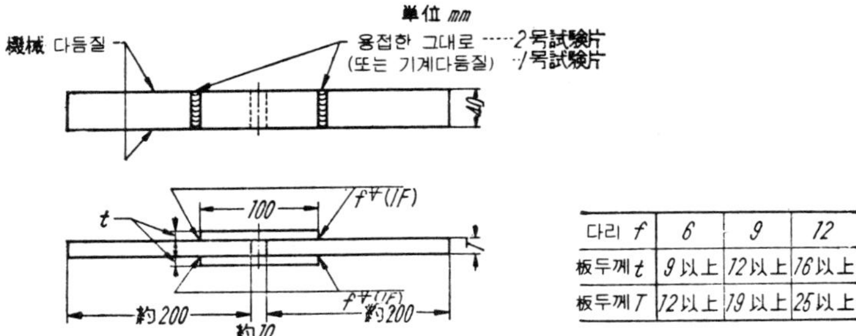

다리 f	6	9	12
板두께 t	9 以上	12 以上	16 以上
板두께 T	12 以上	19 以上	25 以上

圖 9.24 덮개板앞面필렛熔接이음引張試驗片

접한 그대로의 것과, 다리길이를 6 mm로 깎아낸 것이 있다. **앞面필렛용접이음의 引張强度** S는 다음식으로 계산한다.

$$S=0.7\times\frac{P}{f_m l}\quad (\mathrm{kg/mm^2})$$

여기서, P: 最大引張荷重 (kg)

f_m: 試驗片의 兩端面에서의 8個의 필렛다리길이의 平均 (mm)

l: 필렛용접의 4個의 길이平均 (mm)

필렛의 다리길이를 같게 되도록 機械다듬질한 경우에는, 最大荷重의 1/2을 필렛의 목의 理論두께斷面積으로 나눈 값이 S가 된다.

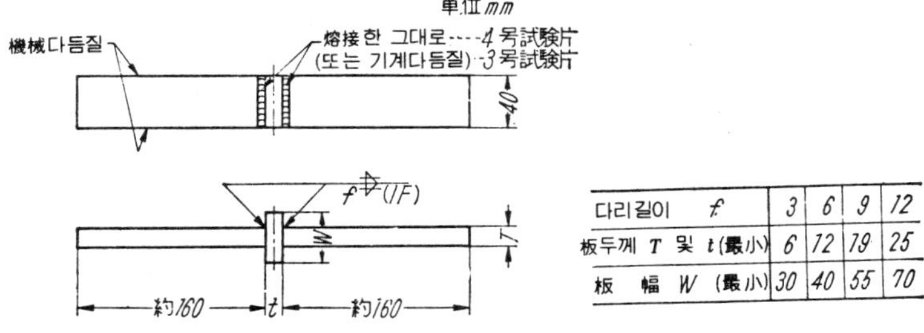

다리길이 f	3	6	9	12
板두께 T 및 t(最小)	6	12	19	25
板幅 W (最小)	30	40	55	70

圖 9.25 十字形필렛熔接이음引張試驗片

다리 f	3	6	9	12
板두께 t. 最小	9	12	19	25
板두께 T 最小	9	19	25	32
板幅 W	75	75	75	90

圖 9.26 側面필렛熔接剪斷試驗片

側面필렛용접의 剪斷試驗片은 그림9.26과 같은 形狀치수의 것을 쓴다. 필렛은 용접한 그대로의 것과 기계다듬질한 것이 있다. 시험재는 그림9.27과 같이 側面을 連續용접한다. 또한 側面필렛용접이음의 剪斷强度 τ (타우)는

$$\tau = 0.35 \times \frac{P}{f_m l} \quad (\mathrm{kg/mm^2})$$

로서 주어진다. 여기서

P : 最大荷重 (kg)

f_m : 熔接部 8個의 필렛다리길이의 平均 (mm)

l : 필렛용접 8개의 길이의 平均 (mm)

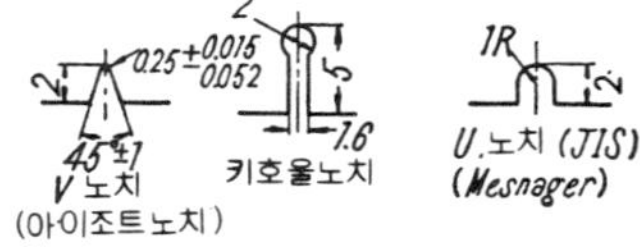

圖 9.27　側面필렛熔接試驗材

이다. 이것은 荷重을 필렛의 목의 이론 두께斷面積으로 나눈 것이다.

9.3　主要한 熔接性試驗

金屬材料의 熔接性은, 第11章에서 기술하는 바와 같이, 그것을 용접하여 만든 구조물이 所定의 使用性能을 어느정도 만족시키는가를 나타내는 尺度이지만, 이것을 조사하기 위하여는, 각종 용접성시험법이 쓰이고 있다. 이中, 특히 중요한것은

　가)　노치脆性試驗, 나)　熔接延性試驗　다)　熔接터짐試驗이다.

9.3.1　노치脆性試驗

노치취성은 구조용강의 용접성을 判定하는데 있어 매우 중요한 요소이며, 이것에 쓰이는 시험법의 일부에 대해서는 이미 第6章에서 기술한 바 있다.

(1) 샤르삐衝擊試驗

이에 대해서는 第6章그림6.82 및 本章그림9.5에서 설명하였다. 노치形狀에는 그림9.28의 것이 있으며, 橫造用鋼의 노치취성시험에는 **V 노치** (V-notch, 아이조트노치)가 세계각국에서 공통적으로 쓰이고 있다.

최근에는 V노치를 刃型으로 壓入한 **프레스노치** (pressed notch) 샤르삐試驗片도 가끔 쓰이고 있으며, 이 시험결과는 大型橫造物의 취성파괴와 관련성이 깊은 것이 인정되고 있다.

(2) 슈나트試驗 (Schnadt test)

이것은 샤르삐衝擊試驗片의 圧縮側을 일부 제거하고, 그대신 硬度가 높은 円柱 (텅스텐카이바이드)로 置換한 것이며, 그일예로

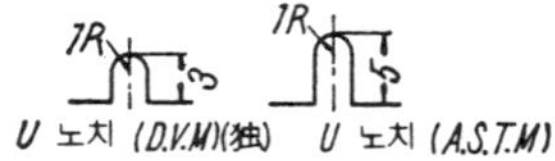

圖 9.28　샤르삐衝擊試驗片의 各種노치

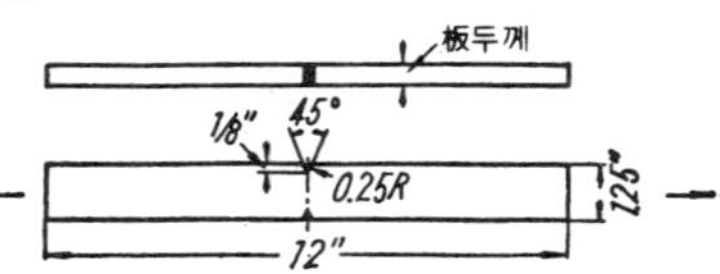

圖 9.29　티퍼試驗片 (t＝12〜19mm用. 板두께가 이보다 클 때는, 幅과 板두께의 比를 2〜2.5가 되도록 한다)

서 第6章그림6.82와 같은 形狀의 시험편을 쓴다. 노치先端半徑을 여러가지로 바꾸어 銳利한 것과 鈍한 것이 쓰인다. 이것은 주로 구라파의 일부지역에서 쓰이고 있다.

(3) 티퍼試驗(Tipper test)

이것은 英國에서 처음 시작된 방법이며, 그림9.29와 같이 兩側面에 V노치가 붙은 시험편을 여러가지 低溫度에서 靜的으로 引張破斷시켜, 破面의 遷移溫度를 구하는 것이다. 軟鋼熔接船의 脆性破壞의 發生은, 티퍼시험의 천이온도보다 낮은 온도에서는 일어나기 힘든다는 英國의 調査事實이 있다.

(4) 반데어비인試驗(Van der Veen test)

구라파에서 처음 시작된 노치굽힘시험이며, 그림9.30과 같이 板의 側面에 프레스노치를 붙여 굽힘試驗하고, 最大荷重時의 시험편中央의 처짐이 6mm가 되는 온도를 延性遷移溫度로 하고, 또한 延性破面의 깊이가 32mm (板幅의 中央)가 되는 온도를 破面遷移溫度로 하고 있다.

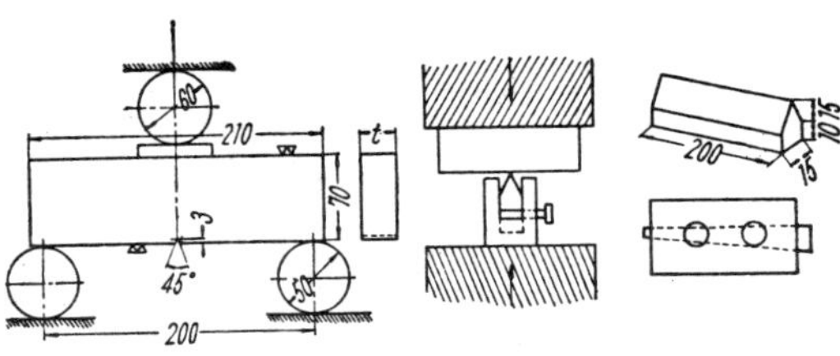

図 9.30 반데어비인試驗

(5) 카안引裂試驗(Kahn tear test)

美海軍引裂試驗(Navy tear test)이라고도 하며, 그림9.31의 시험편을 핀구멍에 삽입한 핀으로 잡아당겨 파괴시켜서 破面狀況을 조사하는 것이다. 이것도 티퍼시험과 마찬가지로 파면천이온도가 높게 나타나며, 大型広幅노치시험편의 천이온도와 거의

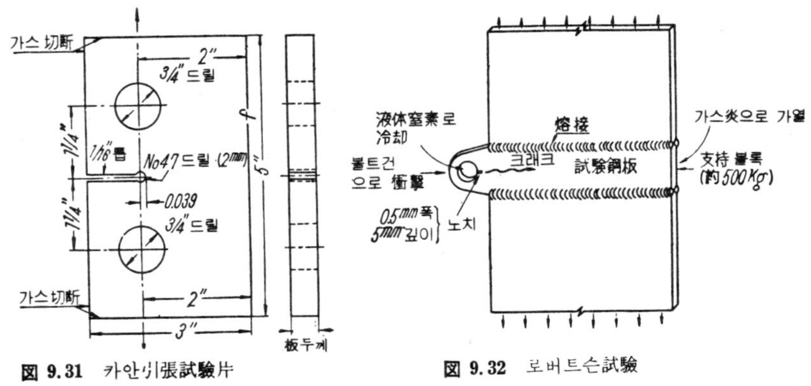

図 9.31 카안引張試驗片   図 9.32 로버트슨試驗

일치하는 것이 인정되고 있다.

(6) 로버트슨試驗(Robertson test)

실제의 취성파괴는 항복점보다 상당히 낮은 인장하중에서 발생하고, 또한 傳播함으로, 이 상태를 실험실내에서 再現하는 하나의 試圖로서 英國에서 시작된것이 그림 9.32와 같은 로버트슨試驗이다. 이것은 左側노치部를 액체질소로 냉각하고, 右端을

가스炎으로 가열하여 거의 직선적인 온도구배를 주고, 어떤 荷重을 가한 상태에서 左端노치部를 보울트건으로 충격을 가하여 脆性균열을 발생시켜서, 右進하는 균열이 어디에서(온도가 몇도인 곳에서) 정지하는가를 조사한다. 어떤 軟鋼에서는 그림9.33과 같이 應力이 6.5kg/mm² 이하이고 상당히 低溫에서도 취성균열을 阻止할 수 있으나, 더 큰 應力下에서는 온도10°C以上이 아니면 阻止할 수 없다. 이 온도를 로버트슨試驗의 천이온도라 하며, 鋼板을 이 온도이상에서 사용하면, 취성파괴의 염려가 없는 것으로 생각되고 있다.

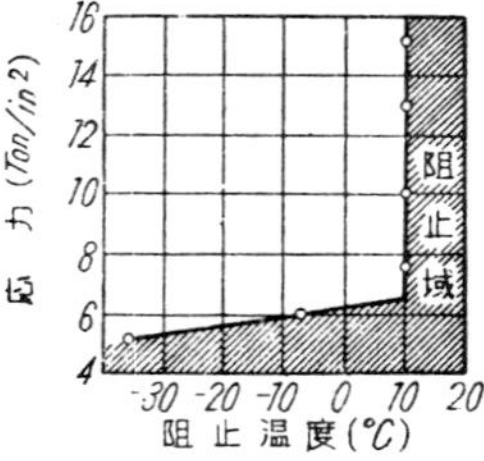

図 9.33 로버트슨試驗의 應力과
터짐 阻止溫度의 一例(軟鋼)

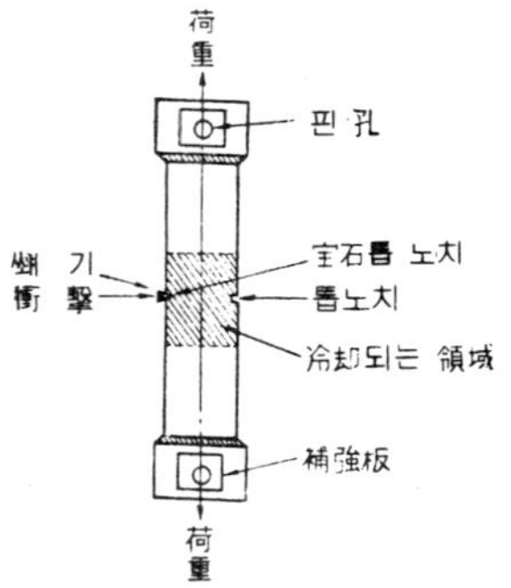

図 9.34 ESSO (SOD) 試驗片

(7) ESSO 試驗 (SOD 試驗)

엣소시험 또는 에스오디시험은 美國에서 시작된 것이다. 그림9.34의 시험편을 각종 시험온도로 여러가지 荷重으로 引張한 狀態下에서, 片側부터 쇠기를 銃彈으로 박아 넣어 취성균열을 발생시키고, 이것이 시험편에 傳播되는 온도를 조사한다. 이 시험에서는, 標準火藥量을 쓰고 應力12.6kg/mm²에서 취성균열이 通過하는가 안하는가의 境界溫度를 **ESSO 脆化溫度** (Brittleness temperature)라 부르고 있다. 그림9.35는 軟鋼板에 대한 취화온도와 V샤르삐15ft-lb 또는 30ft-lb온도와의 관계를 나타낸 것이다. 보통의 림드鋼 및 세미킬드鋼에는 15ft-lb를, 킬드鋼과 低炭素高망간鋼에는 30ft-lb를 취하고 있다. 이에 의하면 킬드鋼들은 同一安全性을 확보하기 위하여는 림드鋼보다 높은 샤르삐충격치가 필요한 것이 된다. 이것은 샤르삐시험에서는 시험편이 板中央部에서 切取되고 있으나, 림드鋼의 兩表面層에는 低炭素의 靭性이 좋은 림層이 있으므로 板全体로서 상당히 인성이 증가하게 되며, 따라서 ESSO 시험의 성적을 올리는데 도움이 되고 있기 때문이다.

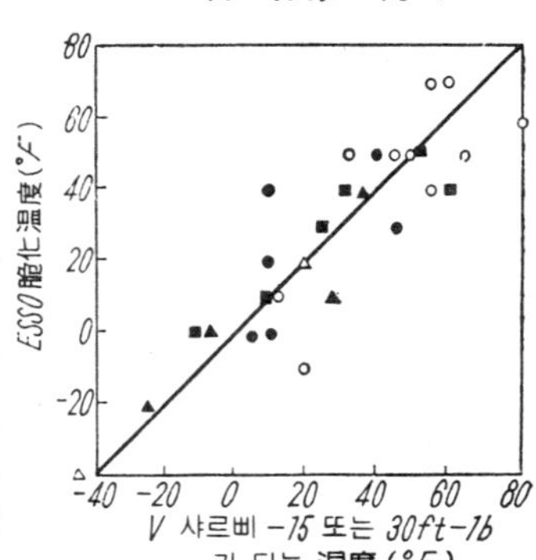

図 9.35 V샤르삐衝擊値가 15ft-lb
또는 30ft-lb 가 되는 溫度와
ESSO脆化溫度의 關係

(8) 二重引張試驗

日本에서 시작된 시험방법이며, 그림9.36의 시험편左側을 잡아당겨서 취성균열을 발생시키고, 균열이 右側의 本體를 貫通되는가 阻止되는가를 조사한다. 이 방법의 잇점은 균열발생에 큰 충격력을 쓰지 않아도 되는 것이며, 실제의 취성파괴의 발생조건에 보다 가까운 것으로 생각되고 있다. 軟鋼에 대한 測定結果의 一例는 그림9.37과 같다.

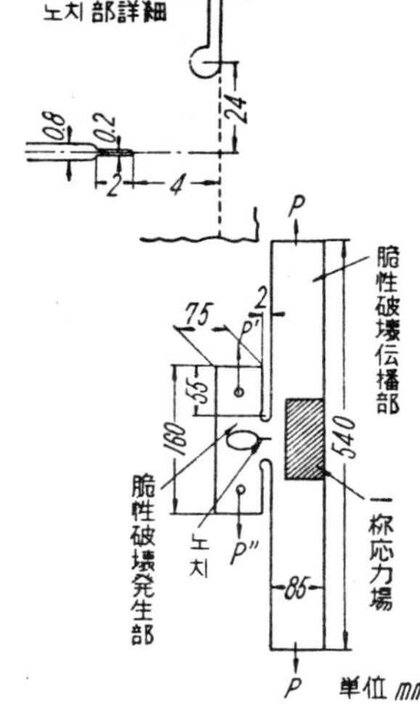

図 9.36 二重引張試驗片

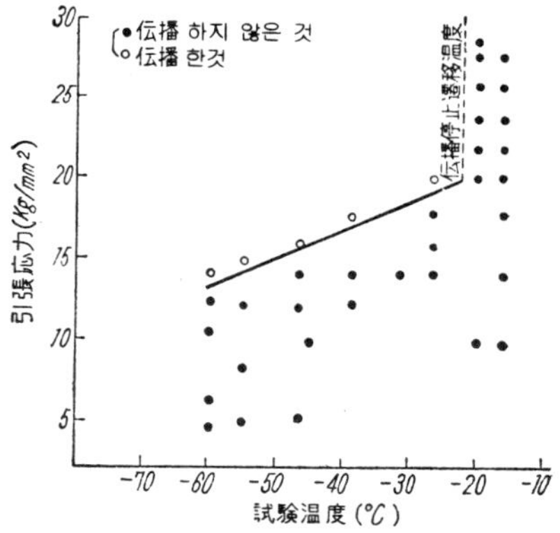

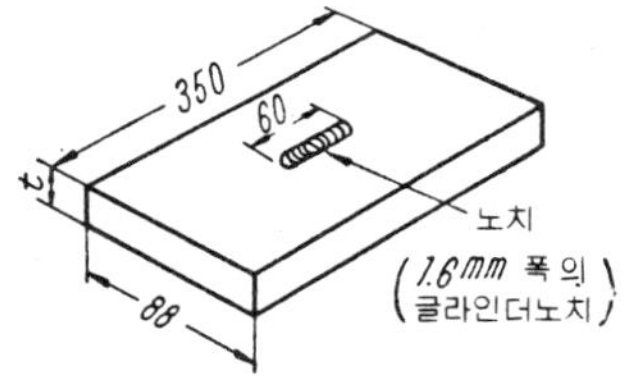

図 9.37 二重引張試驗에서의 應力과 溫度

(9) DWT 試驗(落重試驗)

美海軍技研에서 시작한 방법이며, 그림9.38과 같이 鋼板의 表面에 덧붙이用의 딱딱하고 부서지기쉬운 비이드를 용접하고 이것에 예리한 노치를 붙여 反對側에서 重錘를 낙하시켜 破斷한다. 크래크스타아터試驗(crack starter test)라고도 한다. 이때 뒷面에 스토퍼(stopper)를 두어 굽힘角이 2度를 넘지 않도록 하여, 그 범위내에서 취성파단이 일어나게 되는 境界溫度를 延性遷移溫度(ductility transition temperature)라 부르고 있다. 무게27kg의 重錘를 1.83m높이에서 낙하 시킨다.

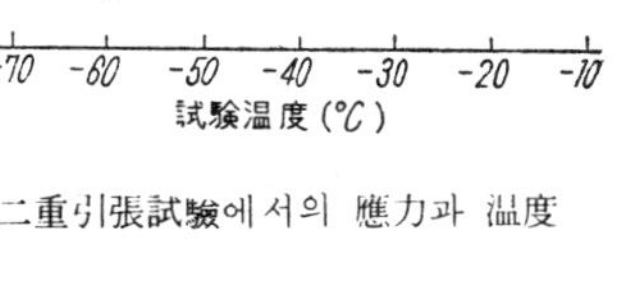

図 9.38 DWT 試驗片 (NRL test)

(10) 爆破試驗(explosion bulge test)

이것도 美海軍技研에서 시작한 方法이며, 크기 500mm角의 시험편을 片側에서 加한 火藥의 폭발력으로 變形시켜 취성파괴발생과 전파상황을 조사한다. 균열의 스타아트를 용이하게 하기 위하여 취약한 비이드를 이용할 경우도 있다.

(11) 円筒形爆破試驗

이것은 日本運輸技研과 川崎重工業에서 시작한 방법이며 그림9.39의 시험편에 물을 채

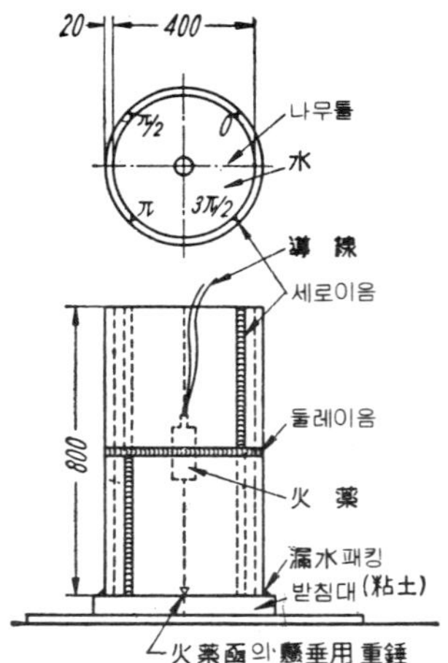

図 9.39　円筒形爆破試驗片　　　　図 9.40　円筒形爆破試驗片의 破斷例

워서, 內部의 火藥爆發力으로 시험편을 파단시킨다. 재료의 종류와 용접부의 시공법을 바꾸어 多數의 시험편에 대하여 실험하였다. 파단된 시험편의 일예는 그림 9.40과 같다.

(12) 大型引張熔接試驗

용접부의 취성파괴에 미치는 잔류응력의 영향을 조사하기 위하여 日本運輸技研과 川崎重工業에서 실시된 시험방법이며, 1m角의 대형시험편에 交叉熔接시험편을 만들고, 미리 붙인 노치로부터 低溫에서 취성파괴를 일으키게 함으로써 잔류응력과 시공법이 취성파괴발생과 전파에 미치는 영향을 조사하는 것이다.

9.3.2　熔 接 延 性 試 驗

(1) 코머렐試驗(Kommerell test)

코머렐시험은 세로비이드굽힘시험으로서 매우 중요한 것이며, 이미 第 6 章 그림6.85에서 설명하였다. 이것은 오스트리아의 規格試驗에서 채용되고 있으므로, 別名 오스트리아試驗(Austrian test)이라고도 한다. 시험은 韓國에서는 KS B 0861-1971熔接비이드의 굽힘시험으로 규정되고 있다. KS에서 규정된 시험편은 그림9.41과 같은 치수의 板中央홈에 용접비이드를 붙인 것이며, 토울러굽힘을 한다. 보통, 시험편을 미리 一定溫度로 냉각시켜 두고, 로울러(오스트리아試驗에서는 직경100mm) 위에 올려놓고 펀치速度每分75mm의 속도로 굽힌다. 液槽中에서 굽히는 것은 매우 번거로우므로 大氣中에서 굽혀도 되지만, 이때는 시험편이 굽힘角에 비례하여 變形發熱하여 온도가 상승한다. 예를 들어 板두께20mm의 시험편을 60°굽힐때는 약15~20°C 상승한다.

구조용강재의 시험편은 굽힘에 수반하여, 용접금속 또는 열영향부에 균열이 발생한다. 그림9.42는 高張力鋼시험편의 균열상황이다. 이 균열발생의 굽힘角은 그림9.43과

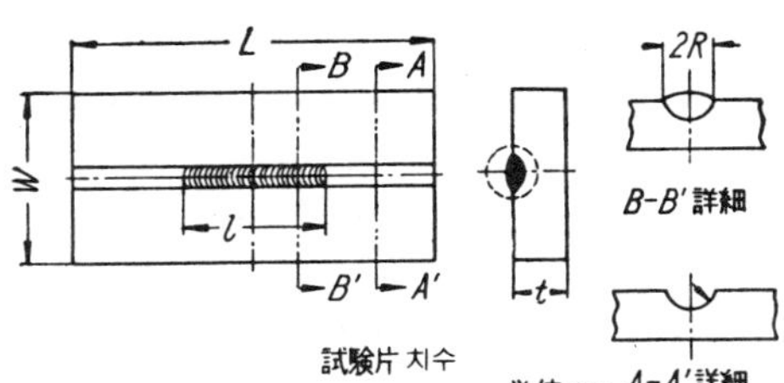

試驗片 치수   單位 mm

板두께 (t) / 치수	L	W	R	l
19以上25以下	350	150	3	125
25 초과 30 〃	380	150	3	150
30 〃 35 〃	410	150	3	175
35 〃 40 〃	440	200	4	190
40 〃 45 〃	470	200	4	220
45 〃 50 〃	500	200	4	250

（a） 試 驗 片

図 9.41 코머렐型熔接비이드의 굽힘試驗
(KSB0861 - 1971)

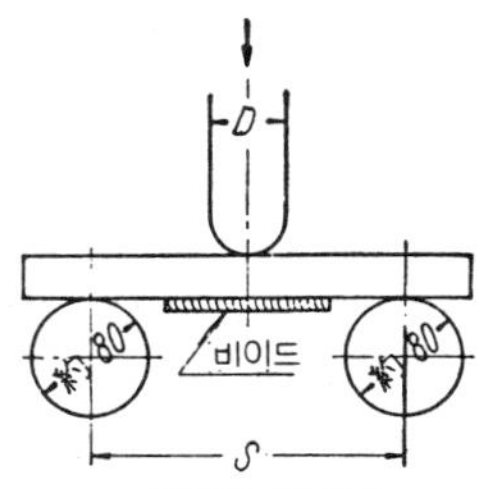

試驗지그의 치수   單位 mm

板두께 (t) / 치수	D	S
19以上25以下	75	240
25 초과 30以下	90	260
30 초과 35以下	105	290
35 초과 40以下	120	320
40 초과 45以下	135	350
45 초과 50以下	150	380

（b） 굽힘 지그

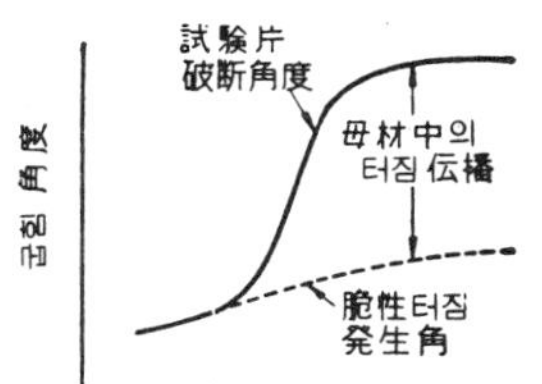

図 9.43 코머렐試驗의 遷移曲線

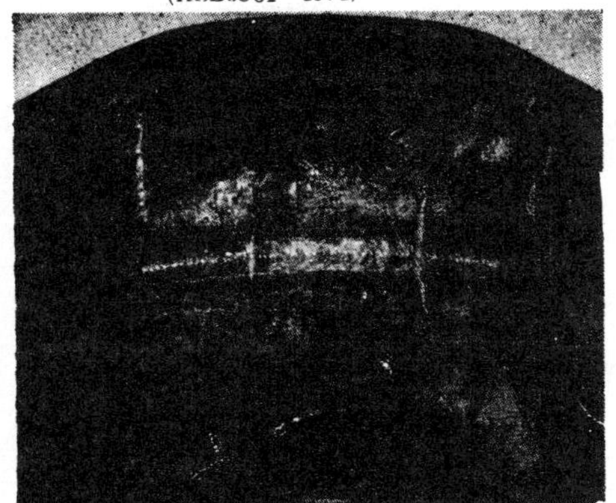

図 9.42 코머렐試驗片에 發生한 균열

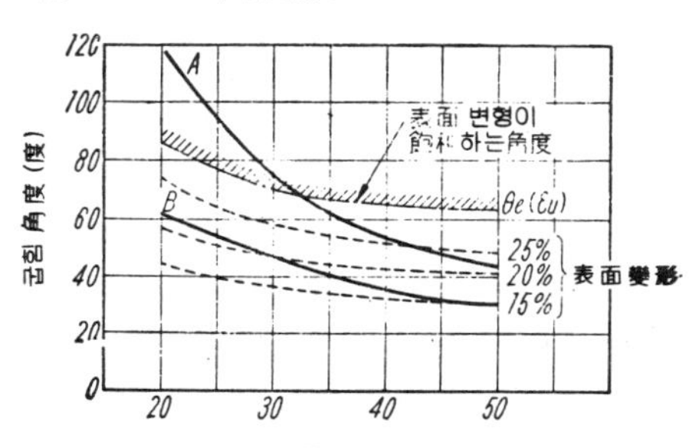

図 9.44 오스트리아試驗片의 表面變形과 굽힘
角度〔θι(εu) 는 變形이 飽和하는 角度〕

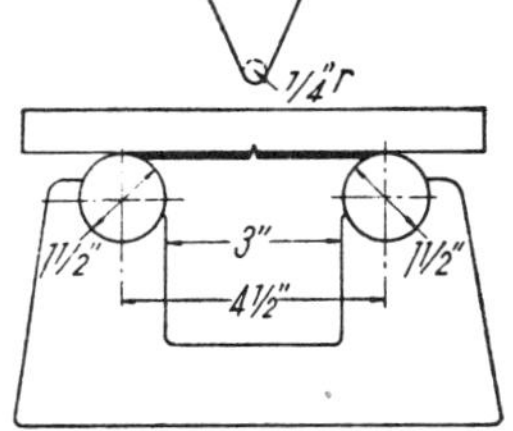

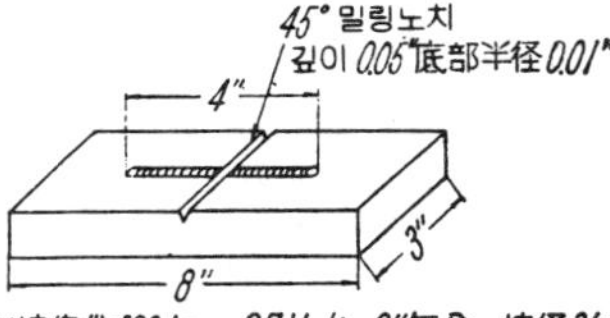

熔接條件 180 Amp, 27 Volt, 6"'毎分 棒径 3/16"
図 9.45 킨젤試驗

같이 온도가 내려감에 따라 漸減한다. 발생한 균열은 굽힘角度의 증가에 따라 증대하며, 最大荷重에 도달하면 시험편이 파단된다. 균열발생이후 파단까지의 굽힘은 균열전파에 대한 모재의 저항력, 즉 노치靭性의 大小에 따라 크게 영향을 받으나, 균열발생은 용접금속이나 열영향부의 延性에 의하여 左右된다. 따라서 이 시험에서는 균열발생각도가 重視된다. 이 각도는 板의 材質, 용접봉의 종류, 용접조건, 豫熱後熱의 有無에 따라 크게 영향을 받는다. 용접속도는 홈이 메꾸어질 정도로 적당히 선정한다.

오스트리아시험에서는 遷移曲線을 구하는 대신, 室溫에서의 굽힘角度만으로 용접부의 延性을 비교하도록 되어 있으나, 실제로는 0°C와 -20°C에서의 실험이 바람직하다. 室溫만으로는 용접성의 차이가 나타나기 힘들고, 시험의 再現性도 좋지 않다.

코머렐시험의 굽힘用펀치의 直徑은 상당히 큰 것이므로, 시험편이 어느정도 굽혀지면 表面의 變形伸張이 더 이상 증가치 않게 되는 限界가 있다. 예를 들어, 두께가 다른 板의 오스트리아시험의 굽힘角度와 表面變形度의 관계는 그림 9.44와 같이, 板두께20mm에서는 表面變形이 굽힘角85°에서 飽和됨으로, 120°까지 굽혀도 表面變形이 그이상 증가치 않는다. 또한 오스트리아規格의 板두께20mm以上에서의 適否判定曲線(B曲線)은 表面變形度가 15∼22%에 상당한다.

(2) 킨 젤 試 驗 (Kinzel test)

이것은 美國에서 잘 쓰이는 세로 비이드노치굽힘시험방법이며(그림 9.45), 韓國에서는 KS B 0862로서 規定되고 있다. 이 방법은 용접하지 않는 母材도 시험할 수 있는 잇점이 있다. V노치의 깊이는 1.27mm이며 그 底部에는 용접금속, 열영향부 및 未영향母材部가 並列되어 있으므로,

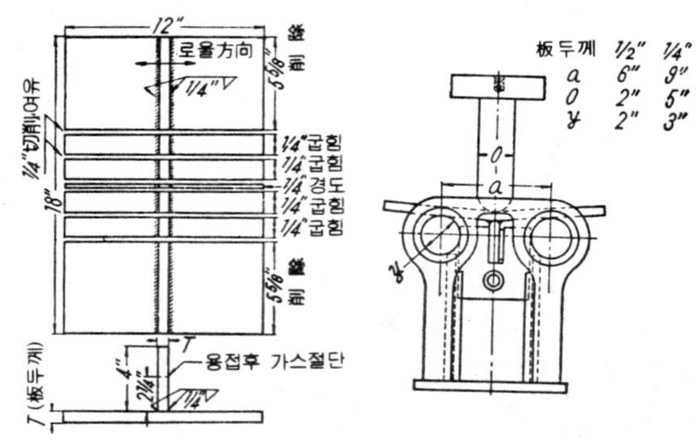

図 9.46　T굽힘試驗

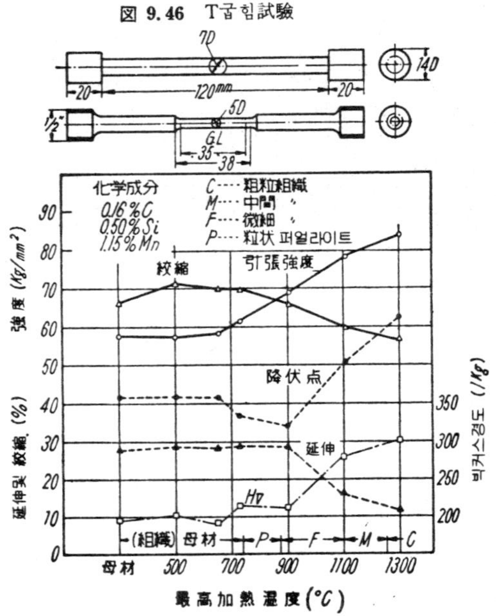

図 9.47　再現熱影響部의 引張試驗結果

이中 가장 延性이 부족한 弱點이 최
초의 균열발생점이 된다. 노치部의
시험편 의 橫收縮이 1%가 되는
온도를 **延性遷移溫度**의 尺度로 취
하고 있다. 킨젤시험에서는 열영향
부의 연성을 조사하기 곤란함으로,
母材의 노치인성의 영향이 매우 크다.

(3) T 굽힘試驗(Tee bend test)

이것은 주로 美國에서 쓰이는 것
이며 (그림9.46), 韓國에서도 KS B
0844로서 規定되고 있다. 균열발생
의 굽힘각도, 흡수에너지, 필렛용접
끝下0.8mm에서의 橫收縮率등을 쓰
고, 또한 필렛용접의 破斷型式에서
板이나 용접봉의 良否를 判定한다.

(4) 再現熱影部試驗

低合金高張力鋼의 열영향부의 延
性을 조사하는 방법에 著者의 再現
熱影部試驗이 있다. 그림9.47은 測
定結果의 一例이며, 이것은 直徑 7
mm의 丸棒試驗片에 大電流를 흐르
게 하여, 그 온도변화가 아아크용
접열영향부 본드의 加熱冷却熱사이
클과 同一하게 되도록 電子管으로
自動制御되는 **熔接熱사이클再現裝
置**(그림9.48)를 사용함으로써, 각
종 再現熱影部의 인장시험을 하는
것이다.

재현열영향 시험편의 伸張은 코
머렐시험의 균열발생角度와 良好한
관련이 있는 것이 나타나고 있으므
로, 작은 시험편을 써서 大型의 코
머렐시험의 대용이 될 수 있고, 용
접성시험으로서 중요한 의미를 갖고

(5) 連續冷却變態試驗(CCT test)

低合金高張力鋼의 열영향부의 延
性을 조사하는 有力한 방법으로 連續冷却變態試驗(continuous cooli-

図 9.48 熔接熱사이클再現裝置

図 9.49 (a) CCT曲線測定用熱膨脹記錄裝置

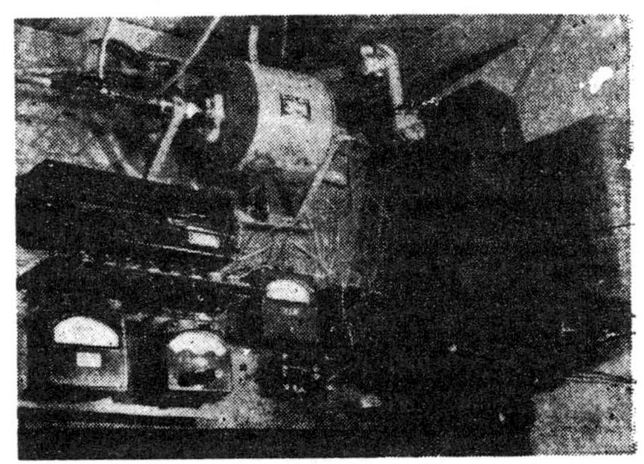

図 9.49 (b) CCT曲線測定用熱分析記錄裝置

ng transformation test)이 있다. 이것은 그림9.49와 같은 장치
를 써서 急速加熱한 丸棒시험편을 여러가지速度로 냉각하여, 變
態의 生成과 終了溫度를 구하고, 室溫에서의 硬度와 조직시험 및
굽힘충격시험을 하는 것이다. 측정결과의 例는 第11章에서 표시
한다.

（ 6 ）　IIW 最高硬度試驗

이것은 鋼板上에 비이드용접을 하고, 그 直角斷面内의 본드의
최고경도를 측정하는 방법이며, 國際熔接學會에서 결정된 것이다.
그림9.50은 그 시험편이며, 용접조건으로는

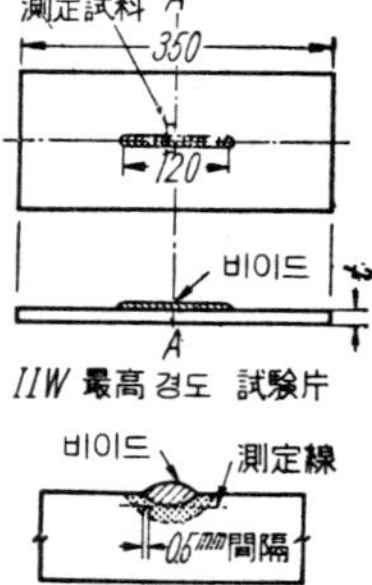

図 9.50　IIW最高硬度試驗片

　　아아크電壓　　　24±4V　　　熔接速度　　　150±10mm/min
　　아아크電流　　　170±10A

로 규정되고 있다. (그리고, 아아크電壓의 영향은 거의 없다).
　　또한 KS B 0893으로 규정되고 있다.

9.3.3　熔接 터 짐 試 驗

용접터짐시험에는, 맞대기 및 T형필렛의 兩者가 있으며, 또한 高溫터짐에 적당한 것
과 低溫터짐에 적당한 것의 區別이 있다.

（ 1 ）　T型필렛터짐試驗 (T-fillet weld cracking test)

독일에서 軟鋼, 高張力鋼 및 스테인리스鋼熔接棒의 高溫터짐시험에 쓰이는 것으로서
그림9.51과 같은 것이 있다(DIN50129, 및 JIS Z 3153). 이것은 縱板의 兩端을 橫
板에 假용접한 다음, 片側의 필렛(1)을 용접하고, 계속해서 反對側(2)를 逆方向으로 용접

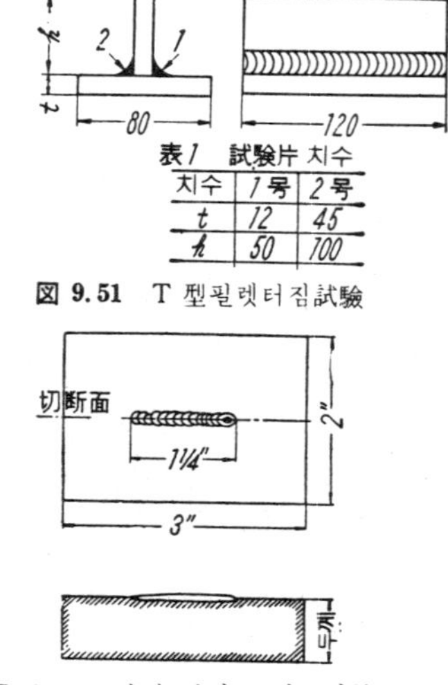

表 1　試驗片 치수

치수	1号	2号
t	12	45
h	50	100

図 9.51　T 型필렛터짐試驗

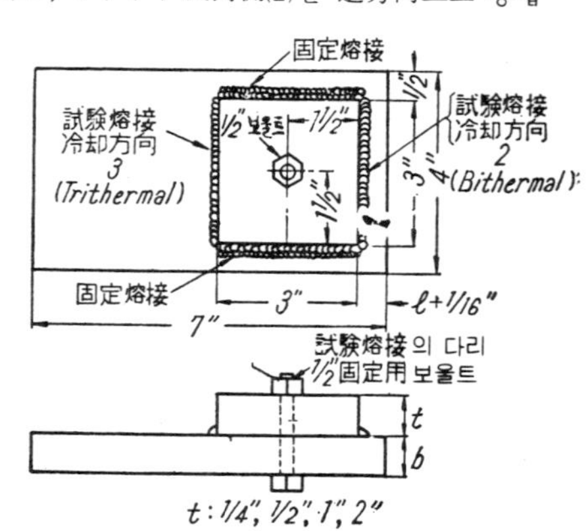

ℓ. 試驗熔接의 다리길이
t. 上側鋼板의 두께
b. 下側鋼板의 두께

図 9.52　CTS터짐試驗片

図 9.53　바렐 비이드 밑터짐試驗片

한다. (2)側이 시험비이드가 된다.

(2) CTS터짐試驗(Controlled thermal severity cracking test)

이것은 英國에서 널리 쓰이는 방법이며, 그림9.52와 같이 시험편을 겹쳐서 兩側을 固定용접한 다음, 左右兩面에 필렛의 시험용접을 한다. 다음 시험비이드를 3個所에서 절단하여 斷面內의 균열(주로 비이드밑터짐)을 조사한다. 이것은 맞대기拘束 터짐試驗에 비하여 약간 感度가 떨어진다.

(3) 바델비이드밑터짐試驗(Battelle underbead cracking test)

低合金鋼의 비이드밑터짐의 試驗에 쓰이는 간단한 방법이며, 그림9.53의 小型試驗片 表面에 所定條件(E6010型 3.2ϕ 용접봉, 100A, 24~26V, 250mm/min)으로 비이드를 붙이고, 24時間 放置한 다음 절단하여 균열을 검사한다. 결과는 비이드길이에 대한 균열길이의 比(%)로서 표시한다. 보통 5個의 平均을 취한다.

(4) 리이하이拘束터짐試驗(Lehigh restraint cracking test)

이것은 그림9.54와 같이 周邊에 加工하는 슬리트(slit)의 길이를 변경시킴으로써, 시험비이드에 미치는 熱的條件(冷却速度)을 같게 한 채로 力學的拘束을 바꾸어 터짐시험하는 것이 특징이다. 일반적으로 슬리트길이를 감소시켜 拘束이 어떤 값以上이 되면 균열이 발생하기 시작하는 臨界의 슬리트길이, 즉, 拘束度가 있다.

이 시험은 상당히 엄격한 터짐시험이며, 보통 루우트部에서 비이드의 中央을 통하 高溫터짐 또는 低溫의 拘束터짐이 檢出된다.

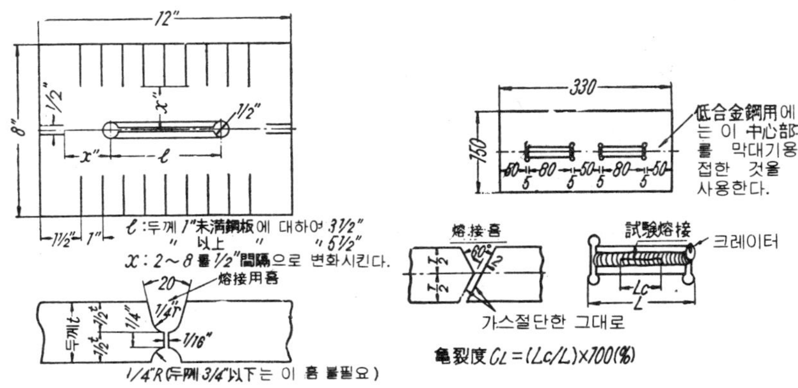

図 9.54 리이하이拘束터짐試驗片   図 9.55 鐵硏式터짐試驗片

(5) 鐵硏式터짐試驗

이것은 日本鐵道技術硏交所에서 완성된 방법이며, 그림9.55와 같은 y字型시험편에 第1層용접을 하여, 비이드方向의 균열길이 또는 斷面內의 균열높이를 측정한다. 이 방법은 슬리트가 비스듬함으로, 루우트의 應力集中이 크고, 따라서 매우 敏感한 시험방법이다. 軟鋼熔接棒에서는 이 시험으로 균열이 약20%이하이면 실제작업에 지장이 없는 것으로 알려져 있다. 또한 低合金鋼用에는 가스切斷한 채로의 슬리트를 쓰는 대신,

기계가 공한 홈面을 맞대기용접하여 조립한 것을 사용한다.

(6) 휘스코터짐試驗(Fisco cracking test)

구라파에서 시작한 터짐시험이며, 특히 高温터짐에 적합하고, **再現性**이 좋고, 시험 재를 절약할 수 있는 것이 큰 잇점이다. 그림9.56와 같은 지그(jig) 에 맞대기시험편을 보울트로 세게 조여 붙인 다음 비이드를 붙이고, 균열의 유무를 조사한다. 시험편은 두께 1~40mm, 길이200mm, 幅120mm의 板이 쓰이며, 용접부를 細長하게 절단 제거하면,

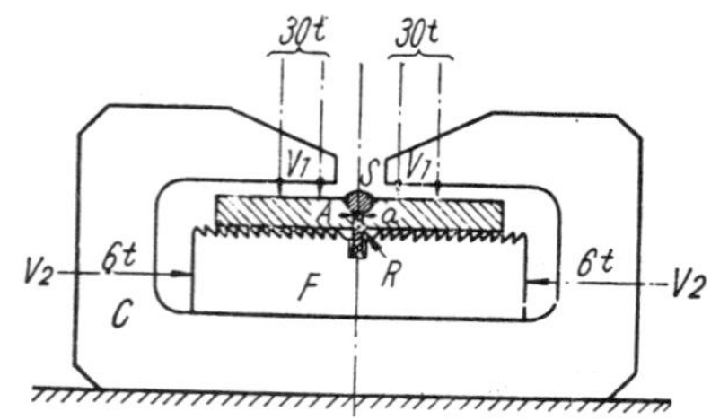

図 9.56 피스코 터짐 **試驗**

나머지部分을 다시 시험에 쓸 수 있는 것이 잇점이다.

(7) 分割型円周홈試驗片(segmented circular-groove test)

이것은 그림9.57과 같이, 50mm角의 分割片을 4個모아서 假용접하고, 円周홈을 파서 이것에 徑4mm의 용접봉으로 S点에서 F點까지 速度6 in/min로 時計方向으로 비이드

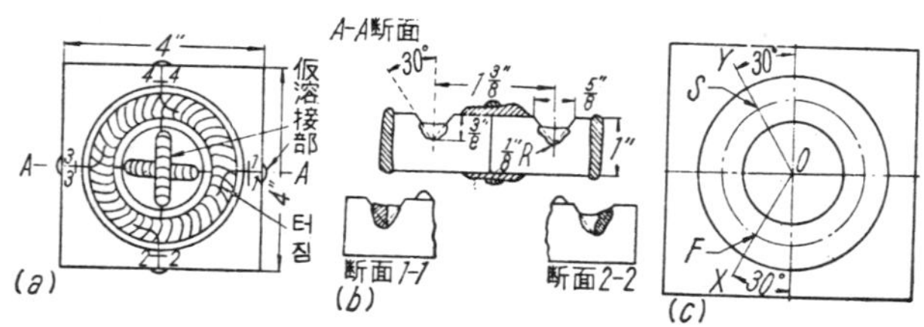

図 9.57 分 割 型 円 周 홈 試 驗

를 붙인다(42抄). 그리고 시험편이 냉각된 다음 나머지 비이드를 붙인다 (21초). 그다 음 分割片을 찢어서 비이드破面內의 균열을 조사한다. 이 시험법은 오오스테나이트系 스테인리스鋼의 균열시험에 잘 쓰인다.

9.4 非破壞檢査 (Ⅰ)

9.4.1 非破壞檢査와 그 種類

재료 또는 제품의 재질이나 形狀치수에 변화를 주지 않고, 그 재료의 健全性을 조사 하는 방법을 非破壞檢査(nondestructive testing or inspection), 略稱, NDT 또는 NDI라 하며, 壓延材, 鑄造品, 熔接物에 널리 이용되고 있다. 이에 의하여 재료의 선택, 工作

이나 加工方法의 결정, 제품의 均一化와 材料의 節約 및 그 信賴性의 확인이 매우 容
易하게 되었다.

비파괴검사방법은 재료와 제품의 原形이나 形態에 변화를 주지 않도록, 振動이나 電
磁氣등의 物理的現象을 이용한다. 즉, 放射線, 音波, 超音波, 熱, 光, 電氣, 磁氣, 微
粒子등이 쓰인다.

현재 非破壞檢査에서 주요한 것은, 다음과 같다.

(i) 肉眼檢査	(v) 磁気檢査
(ii) 漏泄檢査	(vi) 渦流檢査
(iii) 浸透檢査	(vii) 放射線透過檢査
(iv) 超音波檢査	(viii) 其 他

용접물의 비파괴검사에는 上記한 모든 방법이 이용되지만, 오오스테나이트系스테인
리스鋼 및 一般非鐵合金은 非磁性임으로 磁氣檢査法을 쓸 수 없으나, 그대신, 渦流檢
査法을 쓸 수 있다. 비파괴검사로 검사할 수 있는 재료의 결함은 다음과 같다.

가) 물건에 전연 상처를 입히지 않는 檢出

   a) 表面 또는 表面부근의 흠……균열, 引巣, 収縮巣, 介在物, 氣孔, 언더컷, 湯
      돌림 (run)不良, 용입불량, 융합부족, 白點, 겹침, 줄모양흠.

   b) 래미네이션, 湯境, 블리스터 (blister), 피트 (pit), 表面거치름, 板두께, 電磁氣
      的諸性質.

나) 準非破壞檢査

硬度, 組織 또는 變形에 敏感한 諸性質, 材料選別, 炭素量, 各種分析 과 選別, 冶
金學的組織.

9.4.2 肉眼檢査 (visual inspection)

육안검사는 가장 널리 쓰이는 비파괴검사방법이며, 簡便, 迅速, 低廉하다. 可視光線
또는 자외선을 사용하여 검사한다. 렌즈, 반사경, 현미경, 망원경등을 써서 작은 결함
을 확대하여 조사한다. 또한 게이지와 비교하여 치수의 適否를 조사한다. 素材檢査,熔
接中의 작업검사 및 제품의 검사를 하는데 있어 육안검사는 특히 중요하다.

9.4.3 漏泄檢査 (leak test)

누설검사는 탱크, 용기둥 용접부의 氣密, 水密을 조사하는 목적으로 한다. 가장 일
반적인 것은 靜水壓, 空氣壓에 의한 방법이며, 이밖에 化學指示藥, 할로겐 가스, 헬륨
가스等을 쓰는 方法이 있다.

가장 簡單한 液体靜壓試驗은 시험용기중의 압력을 外壓보다 높게 하여 누설을 압
력의 변화, 또는 용기를 물이나 石油中에 넣어 氣泡의 發生에 의하여 누설장소를 아는
방법이다. 이보다 感度를 向上시키기 위하여는 螢光液体, 浸透液, 放射能가스 또는 液
体, 프레온, 암모니아, 無水亞硫酸 및 헬륨等의 가스를 쓰는 方法이 있다.

할로겐漏泄試驗(halogen leak detector) 에서는 塩素, 弗素, 臭素 또는 沃素中 하나
의 가스가 쓰이며, 그 最高檢出感度 는
10^{-5} mmHg l/sec 이다. 즉, 空氣中의
10^{-3} % (단, 流量은 1 cc/sec 以上으로 한
다)라는 僅少한 할로겐濃度가　檢出될
수 있으나, 이것은 0.6 g의 할로겐가
스가 1 年間에 걸쳐 결함부분을 통하여
누설하는 量 이다. 加熱된 白金表面에
被試驗空氣를 불어대서 할로겐混入을
안다. 그림 9.58은 原子炉用熔接鋼管의
檢査狀況을 나타낸 것이며, 管內에 할
로겐을 넣고, 外部에 누설하는 가스를
검출하고 있는 모습이다.

図 9.58 原子爐用熔接鋼管의 할로겐漏泄試驗

헬륨漏泄試驗(helium leak test)은,
누설하는 헬륨量을 質量分析器로 檢出
하는 것이며, 그 最高檢出感度는 10^{-9}
mmHg l/sec이다. 이것은 空気中의 10^{-7}
% (단, 流量은 1 cc/sec 以上) 이란, 僅少
한 헬륨을 檢知할 수 있다. 漏泄場所
의 探知方法 는, 被檢査容器를 直空
으로 하여, 이것을 헬륨漏泄試驗器에
直結한다. 그리고 注射針의 細孔으로부
터 噴出된 헬륨을 容器外側에서 불어
대면, 漏泄場所에서 용기중으로 침
입한 헬륨이 試驗器에 의하여 檢知
된다. 이대신, 피시험물인 용기
를 플라스틱袋속에 넣고 그 내부
에 헬륨을 채워서 용기내부를 진
공으로하는 방법도 있고, 그림
9.59와 같이, 용기내부에 헬륨을
채워서 그 外部를 헬륨 리이크테
스터에 직결한 스니퍼 (sniffer)
로 검사해도 된다.

図 9.59 스니퍼에 의한 헬륨漏泄試驗

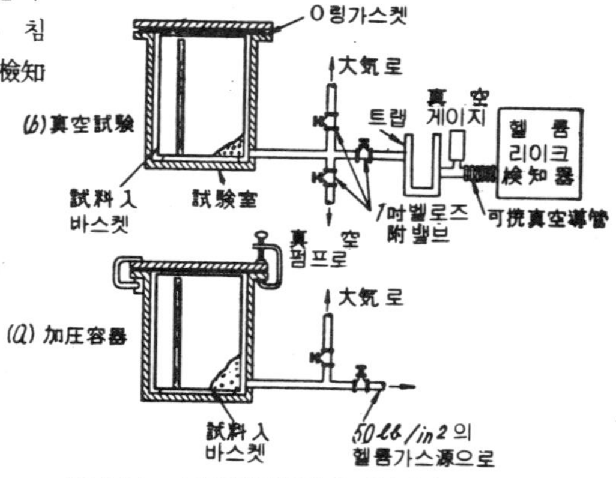

図 9.60　中實試料表面欠陷헬륨 리이크試驗
　　(a) 헬륨가스를 表面欠陷에 浸透
　　(b) 浸透한 헬륨가스의 檢出

中空이 아닌 試料表面의 微小
孔이나 균열을 찾아내는데는, 시
료를 그림 9.60 (a)와 같이 50 lb
/in² 로 가압한 헬륨容器內에　넣
고, 헬륨을 균裂部에　浸透시킨

다음, 이 시료를 그림 (b)와 같이 밀폐된 진공용기내에 넣고, 1.5×10^{-4} mmHg 로 감압하여, 헬륨누설검지기에 직결하면, 균열에서 스며나오는 헬륨가스의 有無에 의하여 균열이나 小孔의 存在를 알 수 있다.

헬륨누설시험방법은, 原子炉用燃料要素의 被覆에 대한 누설검사에 잘 쓰이며, 또한 化學處理用의 복잡한 配管系의 누설시험에 편리하다. 이것은 보통의 누설시험 또는 기타의 비파괴검사로는 알 수 없는 미소한 누설도 檢出할 수 있는 高感度를 갖고 있다. 또한 材質에는 관계없이 적용될 수 있는 것도 큰 잇점이다.

9.4.4 浸透檢査 (penetrant inspection)

침투검사는 表面에 開口한 미소한 균열이나 小孔등을 신속, 용이하게 高感度로 검출할 수 있는 방법이며, 鉄, 非鉄의 각재료에 널리 적용되고, 특히, 磁気檢査를 할수 없는 非磁性材料에 잘 쓰인다.

침투검사의 원리는 物品表面의 不連續部에 侵透液을 表面張力의 作用으로 침입시킨 다음, 表面의 浸透液을 씻어내고, 現像液을 써서 결 함中에 남아있던 침투액을 吸出하여 표면에 出現시키는 방법이다. 침투액으로는 染料 를 함유하는 것 (dye penetrant) 과, 螢光物質을 함유하는 것 (fluorescent penetrant) 의 2種이 있다.

(1) 螢光浸透檢査 (fluorescent penetrant inspection)

有機高分子油溶性螢光物을 低粘度의 油에 녹인 것이 침투액으로서 잘 쓰인다. 商品名으로는 예를들어, 자이그로(美國), 크로몰(英國), 슈퍼그로(特殊塗料), 미크로(日本松竹產業), 루나그로, (日本小川研究所), 루미넥스(日本島律), 기타 日本東芝등에서 販賣되고 있다. 이것은 表面張力이 적으므로 매우 미세한 表面흠이나 균열에 침투한다. 또한 現像液은 흠에 침투한 형광물질을 吸出하여 幅을 넓게하고 자외선 또는 블랙 라이트(보통, 超高圧水銀灯에 적당한 필터를 붙여서, 약 3650옹그스트로움의 紫外線을 낸다)로 비쳐서 잘 보이게 한다. 현상액으로는 炭酸칼슘, 珪砂粉末, 酸化마그네슘, 알루미나, 滑石粉등을 건조한 분말상태, 또는 물, 메틸알코올등에 懸濁시킨 액체로서 사용한다. 형광침투검사의 조작은 다음과 같다.

가) 洗滌 (rinse, washing, cleaning) 우선, 검사면에 油脂, 스케일, 기타異物이 없도록 충분히 씻어낸다. 이를 위하여는 비누물, 蒸気, 洗滌油, 四塩化炭素, 가솔린, 또는 알루카리洗滌, 酸洗등을 피검사물의 재질, 表面다듬질, 부착물, 檢査數量등에 따라 적당히 사용한다. 만일, 흠속에 有機物이 막혀 있을 때는 70~100 ℃로 가열하여, 제거한다.

나) 浸透 (penetration) 침투액은 브러시塗布, 뿜어붙임, 또는 液中浸漬에 의하여 물품표면에 부착시킨다. 浸漬의 標準時間은 스테인리스鋼의 表面흠, 예를들면, 鑄物의 收縮균열, 引巢, 表面多孔質, 湯境에는 最短약20分, 주조품이나 圧延物의 균열, 겹침, 줄흠등에는 最短약30分, 또한 熱處理균열, 研摩균열, 疲勞균열에는 약30分, 그리고 熔接物에는 最短약20分으로 규정되고 있다. (KS B 0819). 그中에는 2時間정도 필요한 것도 있다. 단 塗布 및 뿜어붙임인 경우에는 시간을 길게 잡고, 때때로 새로

도포 또는 뿜어붙이도록 한다. 加熱은 좋지 않다.

다) **水洗** (rinse)　침투가 끝나면, 表面의 침투액을 水洗한다. 低圧의 샤워모양으로 多数의 小孔에서 분출시켜 씻어내도록 한다. 紫外線을 予備照射하여 水洗정도를 본다. 鑄物의 경우는 특히 잘 씻어내야 한다.

라) **現像** (developing) **과** **乾燥** (drying)　濕式現像의 경우는 水洗後乾燥前에 검사물을 현상액에 담근 다음 꺼내서 신속하게 건조시킨다. 또한 스프레이하는 방법도 있다. 건조는 熱風炉 또는 赤外線램프로 50~70℃에서 5~10分間 放置하여 건조 시킨다. 乾式現像에서는 粉末의 현상재를 씀으로, 水洗直後 물품을 일단 신속하게 건조시킨 다음, 건조한 **粉末狀現像材**를 스프레이건으로 뿜어 붙이거나, 작은 물건이면 **粉末中**에 집어 넣어서 부착시킨다. **現像時間**으로는 **粉末**이 붙은 다음, **浸透時間**의 약 半정도의 시간이 경과할 필요가 있다.

마) **檢査** (inspection)　검사는 超高壓水銀燈 (블랙라이트) 下에서 어두컴컴한 상태에서 검사한다. 흠은 螢光을 내서 빛나 보인다. 寫眞撮影에는 Y_1 또는 Y_2 의 필터를 써서 紫外線을 막고 촬영하게 되나, 그대로는 被寫体가 찍어지지 않으므로. 샷터를 누르기 전에 電燈을 數分의 1秒 정도 비치면 좋다.

바) **応用**　石油工業, 化學工業 및 食品化學工業用의 壓力容器나 貯藏탱크는 非磁性의 스테인리스鋼으로 용접하여 만드는 경우가 많으나, 이들에는 침투액을 塗布 또는 스프레이하여 검사한다. 침투시간은 약 2시간이다. 보통, 熱間乾燥를 할 수 없으므로, 乾式現像이 이용된다.

航空機, 제트엔진部品과 같은 小物에는 30min~ 2 h의 浸漬, 浸透를 사용하고, 濕式現像과 熱風乾燥를 쓴다. 그림9.61은 鐵道用디젤엔진 排氣밸브의 微小균열을 螢光檢査로 檢出한 例이다.

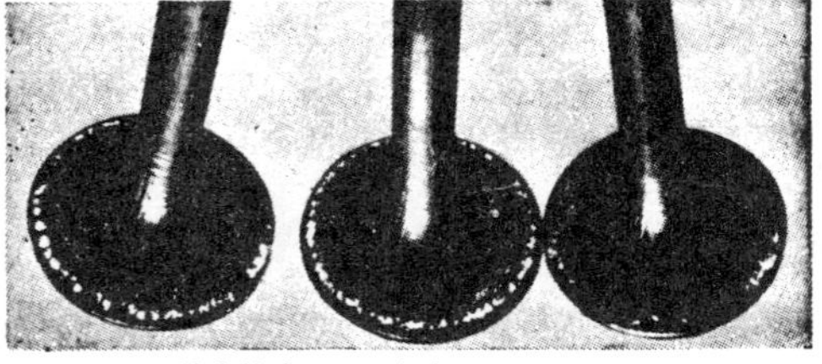

図 9.61 螢光檢査로 周邊의 터짐이 檢出된 鐵道用 디젤엔진의 排氣밸브

형광검사는 용기의 라이닝熔接部의 檢査와 누설시험에도 쓰이며, 또한 스테인리스鋼 細管의 表面흠 檢査에도 이용된다. (濕式).

（2） **染料浸透檢査** (dye penetrant inspection)

염료침투검사는 형광침투액 대신에 赤色染料를 主体로 한 침투액을 쓰는 방법이며, 원리적으로 형광침투법과 동일하나, 普通의 전등 또는 日光밑에서도 검사할 수 있는 것이 특징이다. 商品名으로는 다이체크, 스포트체크, 레드체크, 다이마아크, 슈퍼체크 等이 있다.

市販의 침투액은 물로 씻어내지 못하므로, 세척에는 침투제를 녹이는 적당한 액체를 쓴다. 현상방법은 스프레이法이 보통 쓰인다. 이 방법은 현장검사에 특히 有效하다. 条件이 좋을때는 幅0.002mm의 균열이 검출될 수 있으나, 형광침투검사의 경우보다 感度가 약간 떨어진다.

9.4.5 超音波檢査 (ultrasonic inspection)

초음파검사는 可聽音을 넘은 音波를 피시험물내부에 침입시켜, 내부의 결함, 또는 不均一層의 存在를 검출하는 방법이며, 보통0.5~15Mc (메가사이클) 의 주파수의 초음파가 쓰인다.

(1) 原　　　理

적당한 두께의 水晶板 또는 티탄酸바륨板의 兩端面에 라디오周波의 電氣的振動을 가하면, 板이 기계적진동을 이르키고, 반대로 초음파의 기계적진동을 받으면 兩端面에 陰, 陽의 電氣를 발생하여 전기적진동으로 바뀐다. 초음파는 波長이 짧음 (鋼中 10Mc 에서는 약0.6mm의 波長)으로, 直進하는 성질이 있다. 또한 초음파는 그 파장보다 짧은 대상물로부터는 反射하기 힘들다.

2개의 媒質의 境界에 直角으로 入射한 초음파는 일부 반사되고 나머지는 透過한다. 반사된 에너지 R와 入射에너지 R_0의 比는

$$\frac{R}{R_0} = \left[\frac{\rho_1 V_1 - \rho_2 V_2}{\rho_1 V_2 + \rho_2 V_2}\right]^2$$

로서 주어지며, 또한 透過에너지 Rt와 入射에너지 R_0의 比는

$$\frac{Rt}{R_0} = \frac{4\rho_1 V_1 \rho_2 V_2}{(\rho_1 V_1 + \rho_2 V_2)^2}$$

이다. 添字 1, 2는 媒質을 표시하며, ρ는 密度, V는 초음파의 속도이다. 초음파의 속도는 공기중에서 330m/s, 水中에서는 약 1500m/s, 鋼中에서는 약 6000m/s임으로, 공기와 鋼의 경계면에서는 초음파가 거의 100% 반사되는 것을 알 수 있으며, 鋼中에 초음파를 침입시키기 위하여는 물, 油 또는 글리세린등을 鋼表面에 발라 초음파의 發振用探觸子를 접촉시켜야 하는 것을 알 수 있다. 또한 내부의 결함부에서 초음파가 강하게 반사되는 것도 이해될 수 있다.

초음파는 주파수가 높을 수록, 초음파의 흡수가 커짐으로, 사용주파수에는 자연히 實用限界가 있게 된다.

超音波探傷法에는 (가) 透過法, (나) 펄스反射法, (다) 共振法(連續波法)이 있다.

(2) 種　　　類

가) 透過法 그림 9.62(a)와 같이 물체의 한쪽에서 送波器 S에 의하여 連續초음파를 入射시키고, 반대측의 受波器 R에 도달하는 초음파의 강도를 비교하는 방법이며, 결함이 있는 곳에서 透過波가 없게 됨으로 홈을 探知할 수 있는 이 방법은 精度가 낮지만, 薄板製品 또는 表面層부근의 결함발견에 편리하다.

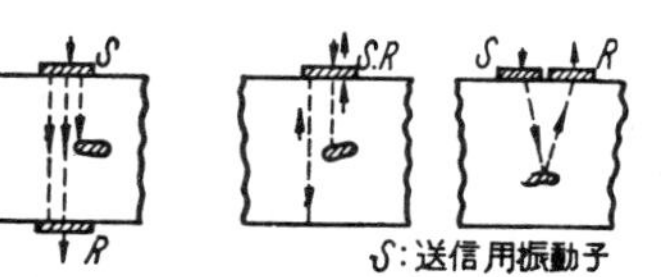

圖 9.62 超音波探傷法의 種類

나) 펄스 反射法 그림 9.62(b), (b')와 같이, 초음파의 펄스(pulse, 短時間의 脈

流)를 물체의 一面부터　探触子 S 에 의하여, 입사시키고, 他端面 및 內部欠陷부터의 反射波를 同一面上의 探触子 R 로 받아서 發生하는 電壓펄스를 브라운管上에서 관찰하는 방법이다. 현재 초음파탐상법으로는 熔接部鑄物鍛造品 및 圧延素材의 결함검사에 쓰이는 것은 이 방법이 많다. 이 방법에서는 그림 9.63과 같이, 入射面에서의 反射波 T, 他端面부터의 反射波 B 외에 만일 결함이 있으면, 그 途中에서 反射波 F 가 생기게 되며, 이것이 나타 나는 위치에 따라 결함이 있는 깊이를 알 수 있다. 또한　초음파送波器 S 와 受波器 R 를 별도의 探触子로 하는 것 (二探触子法)과 1 개로 겸용하는 방식 (1 探触子法)이 있다.

　펄스反射法에서는 그림 9.64와 같이 초음파의 입사각도에 따라, 垂直探傷法과　斜角探傷法으로　나누어진다. 특히　後者는 실제의 용접구조물검사에　잘 쓰이며, 이것은 용접비이드表面의　波形을 다듬질하지 않아도 되는 잇점이 있다.

　다) 共振法　그림 9.62 (c)와 같이 金屬板中에 입사시키는 초음파의 파장을 연속적으로 바꾸어줌으로써 半波長의　整數가 板두

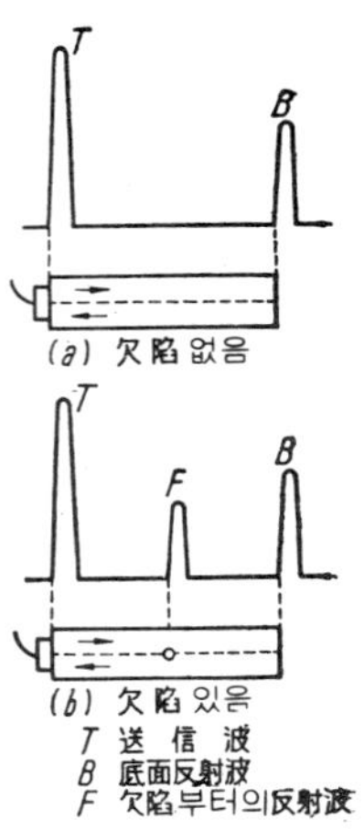

図 9.63　超音波探傷圖形 (펄스反射法)

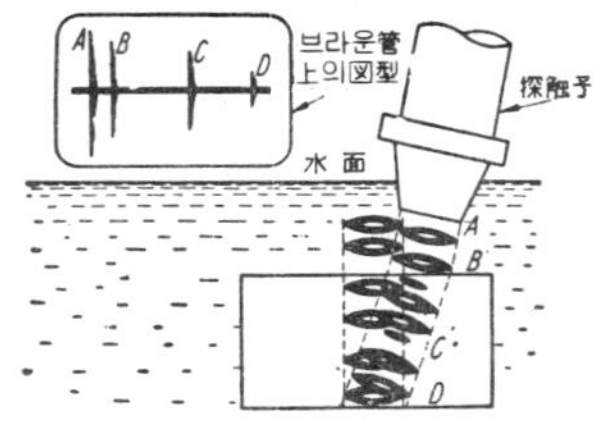

図 9.65　水浸探傷法의　原理

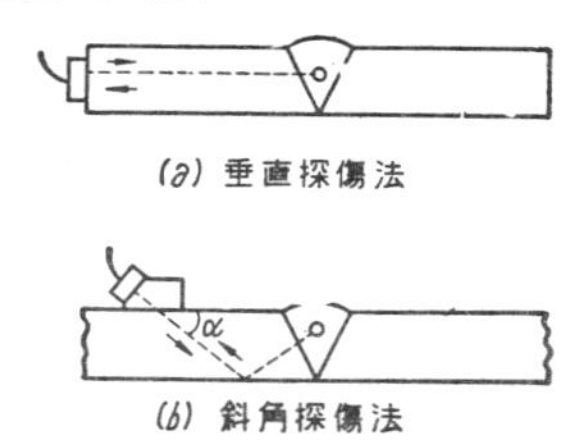

図 9.64　垂直探傷法과　斜角探傷法

께와 같게 될때　入射波와　反射波가 共振하여 定常波가 되는 것을 利用하여　板두께의　測定 또는　共振의　强度에　의하여 腐蝕程度,　內部欠陷等을 檢知하는 방법이다. 이 방법은 薄板의 두께測定, 板中의　欠陷 (래미네이션) 검사, 또는　操業中의　化学反応容器두께를　측정하여 腐蝕狀況을 알아내는 目的에　사용된다.

　라)　水浸探傷法　그림 9.65와 같이 被檢査物을 水中에 담구어 초음파를 水中을 통하여 물체로 입사시키는 방법이며, 探触子와 피검사물과의 거

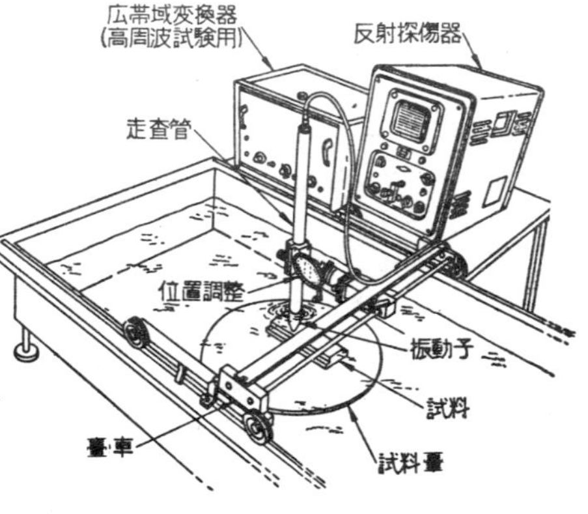

図 9.66　水浸探傷裝置의　一例

리를 100~1000 mm 떨어지게 하여 탐촉자와 피검사물表面間에 생기는 多重反射가 檢査에 방해가 되지 않도록 한다. 이 방법은 표면形狀이 복잡한 것 또는 거치른 것도 지장없다. 또한 흠의 面이 물체표면에 대하여 어떤 角度를 갖고 있어도, 물체를 水中에서 傾斜시켜, 음파가 흠에 대하여 수직으로 닿게 할 수 있다. 또한 탐촉자를 摩耗시킴이 없이 水中에서 자유로히 이동시킬 수 있는 잇점이 있다. 또한 物体表面에 스폰지고무로 만든 小孔이 있는 마스크를 덮으면 흠의 위치를 정확하게 결정할 수 있으며, 높은 주파수를 쓸 수 있으므로 미세한 흠도 발견할 수 있다. 그림 9.66은 水浸探傷裝置의 略図이며, 航空機用非鉄部分品의 초음파검사는 水浸法에 의하는 경우가 많다.

마) **表面探傷法** 表面波의 傳播가 材料表面狀態에 따라 현저하게 영향을 받는 것을 이용하여, 表面에 있는 깊이 數分의 1 mm의 작은 흠도 발견할 수 있다.

9.5 非破壊検査 (Ⅱ)

9.5.1 磁気検査 (magnetic flux inspection)

磁氣検査는 그림 9.67과 같이, 피검사물을 磁化한 상태에서 表面 또는 表面에 가까운 흠에 의하여 생기는 漏泄磁束을, 磁粉 또는 檢査코일을 사용하여 檢出함으로써, 흠의 存在를 발견하는 비파괴검사방법이다. 肉眼으로 보이지 않는 미소한 흠 (균열, 줄흠, 介在物, 偏析, 気孔, 용입불량等)을 검출할 수 있으나, 오오스테나이트系스테인리스鋼등의 非磁性体에는 적용할 수 없다. 漏泄磁束의 검출에는

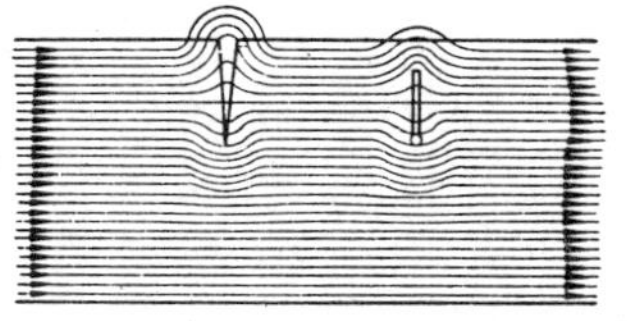

図 9.67 磁氣検査의 原理

探査코일을 쓰는 방법과, 磁性粉末을 이용하는 방법이 있으나, 주로 後者가 쓰이므로, 자기검사법을 **磁粉検査法** (magnetic particle inspection)이라 할 정도이다.

피검사물의 磁化方法은 물품의 形狀, 및 흠의 方向에 따라 여러가지가 있으며, JIS W 4031 航空엔진의 磁気粉末検査에서는 그림 9.68의 다섯 가지方法, 즉,

a) **軸通電法 (円形磁場)**
b) **貫通法 (円形磁場)**
c) **直角通電法 (円形磁場)**
d) 코일法 **(直線磁場)**
e) **極間法 (直線磁場)**

이 規定되고 있다.

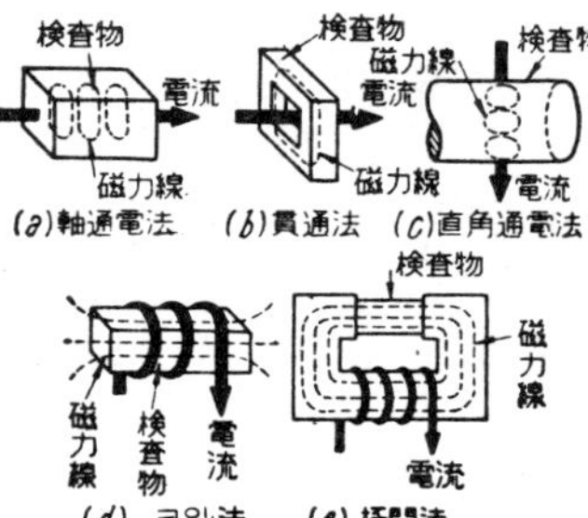

図 9.68 磁 化 方 法

磁化電流에는 500~5000 A 정도의 交流 (3~5 秒間通電) 또는 直流 (0.2~0.5秒間)를 短時間 通電한 다음, 殘留磁気를 이용하는 것이 보통이다. 또한 半波整流의 1山만, 즉 0.01秒間정도를 通電하는 경우도 있다. 그러나 軟鋼에서는 殘留磁気가 적으므로, 연속적으로 磁化할 필요가 있으며, 特殊鋼이나 燒入鋼에서는 殘留磁気가 많으므로 短時間의 磁化後의 잔류자기를 이용한다. 교류는 直接 通電法을 쓴 경우는 表皮効果가 큼으로,

表面에 가까운 결함검출에 효과적이며, 직류는 내부결함의 검출에 있어 뛰어나고 있다.

（1）磁 粉 檢 查

결함에 의하여 누설자속이 생기고 있는 장소에 導磁性이 높은 미세한 磁性体粉末을

撤布하면 磁極이 결함부에 凝集吸引되어 흠의 위치가 肉眼으로 檢知된다. 表面에 開口한 흠의 경우에는 그림 9.69와 같이 磁粉이 가느다란 線에 沿하여 密集하며, 内部의 흠에 의하여는 磁粉集中이 幅넓게 된다.

磁粉으로는 鉄粉 및 酸化粉 등이 쓰이며, 檢查面과의 対照性을 좋게 하기 위하여 白, 赤, 褐, 黑色의 것이 市販되고 있다. 또한 螢光을 발하는 자분도 쓰이며, 이때는 어두컴컴한 속에서 블랙라이트를 비

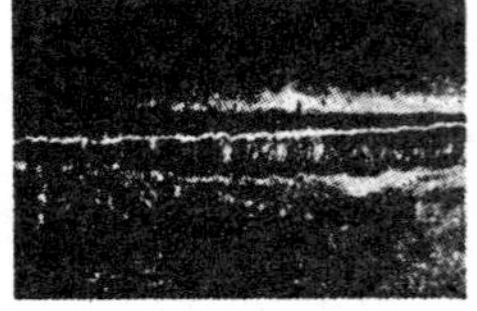
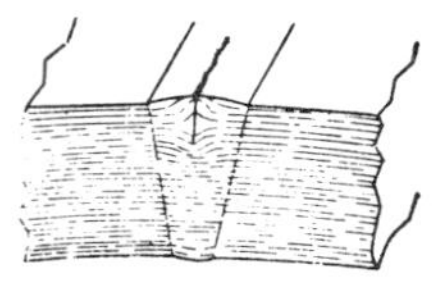
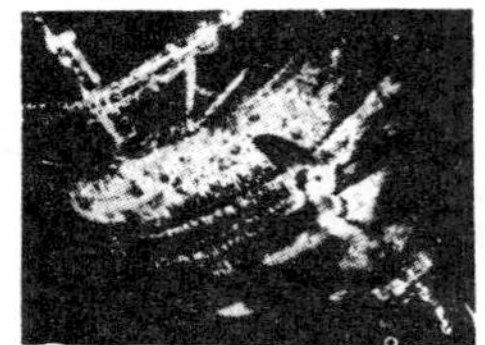
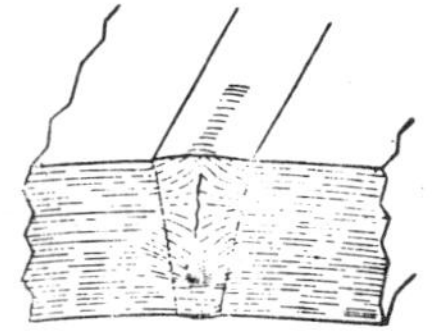

図 9.69 磁粉檢查에 의한 터짐의 檢出
（磁束은 터짐에 直角）

쳐서 검사한다. 磁粉은 건조한 상태에서 사용하는 방법(乾式法), 檢查液으로 分散시켜 사용하는 방법(濕式法)의 兩者가 있다. 乾式法에서는 磁粉을 직접部材面에 뿜어붙이거나 살포한 다음 가볍게 두들기면 된다. 濕式法에서는 灯油등의 媒劑에 자분을 분산시킨 것을 사용한다. 磁粉의 크기는 0.3~5 μ 정도이다.

자기검사를 한 다음은, 적당한 방법으로 脫磁해 두지 않으면 안된다. 이를 위해서는 交流磁界中에서 脫磁하는 것이 보통이다.

（2）搜查코일法

線材, 棒材, 管材, 와이어로우프, 軌條등과 같이 斷面이 균등한 재료의 결함검사를 위하여는 磁粉法보다 搜查코일方式이 더 신속하고 적당한 방법이다. 이것은 磁化코일과 搜查코일을 물건의 表面가까이 移動시키면서, 누

図 9.70 湿式磁粉探傷機

설자속의 存在場所를 搜查코일内의 電磁誘導電流로서 感知하는 방법이다.

（3）応　　用

자기검사는 磁性材에 通用된다. 熔接部의 검사는 最終層뿐만 아니라, 途中의 各層에도 응용되는 경우가 있다. 応力除去어니일링을 하는 용접물에는 그 열처리후에 자기검사를 하는 것이 보통이다. 큰 현장용접부의 검사에는 프로드法 (prod technique) 이

편리하다. 이것은 그림 9.71과 같이 왼손으로 잡고 있는 2개의 丸棒電極(프로드, 100~250 mm의 間隔)으로 被檢査物을 누르고, 그 사이에 强電流(600~1000A)를 通電하여, 전류에 직각인 磁場을 발생시키고, 乾式磁粉을 뿜어붙여서 磁氣檢査를 한다. 表面에 開口하고 있는 균열檢査에는 交流를 内部의 균열을 조사하는데는 半波의 整流電流를 쓴다. 그림 9.71에서는 파이프의 맞대기용

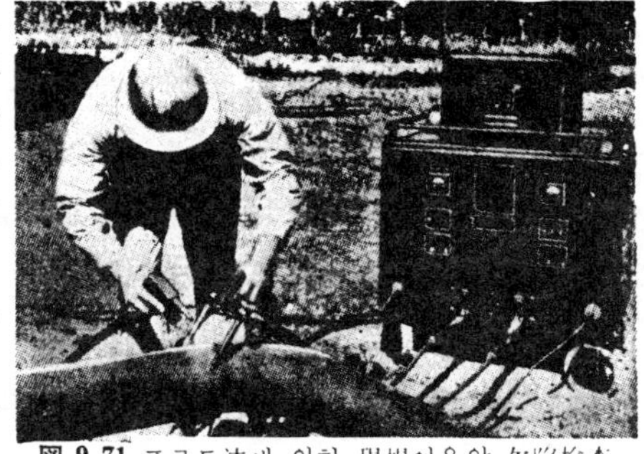

図 9.71 프로드法에 의한 現場이음의 欠陷檢査

접선에 沿하여 通電하고 있으므로, 비이드에 沿하는 세로균열 또는 용입불량을 조사하게 된다.

9.5.2 渦流檢査 (eddy current inspection)

渦流檢査는 金屬内에 誘起되는 渦動電流 (eddy current)의 작용을 이용하는 비교적 새로운 비파괴검사방법이며, 금속표면 또는 표면에 가까운 内部의 결함 (균열, 氣孔, 空孔, 줄흠, 介在物, 表面피트, 언더컷, 겹침, 용입부족, 融合不良, 오목부)은 물론 금속의 화학성분, 현미경조직, 및 기계적, 熱的履歷도 검사할 수 있으며, 또한 細管의 치수檢査, 各種材料의 選別에도 이용할 수 있는 매우 效果的인 비파괴검사방법이다. 특히 자기검사를 응용하지 못하는 非磁性金屬材料에 편리하다. 최근에는 原子力 工業 및 化學工業에 多量으로 쓰이는 오오스테나이트系스테인레스鋼管(特히 細管)의 결함검사나 腐蝕度검사에 威力을 발휘하고 있다.

(1) 原　　　理

交流電流를 通한 코일을 그림 9.72와 같이, 非磁性試驗片에 近接시키면, 그 交流磁場에 의하여 금속내부에 輪狀의 渦動電流(渦流)가 誘起된다. 이 渦流는 원래의 磁場에 반대인 새로운 交流磁場을 발생시키므로, 이에 의하여 感応한 코일내에 새로운 交流電圧을 誘起시킨다. 만일, 시험편의 表面 또는 表面 부근内部에 不連續的인 欠陷이나 不均質部가 있으면, 渦流의 크기나 방향이 변화하게 되며, 따라서 코일에 생기는 誘起電圧이 변화함으로, 이것을 檢知하면 결함이나 異質의 存在를 알 수 있게 된다.

그림 9.72는, 一次勵磁코일과 二次의 피컵코일이 單一코일로서 兼用되는 경우이나, 일반적으로 결함의 존재는 피컵코일内의 誘起電圧変化 또는 코일의 임피던스変化로서 측정된다. 이

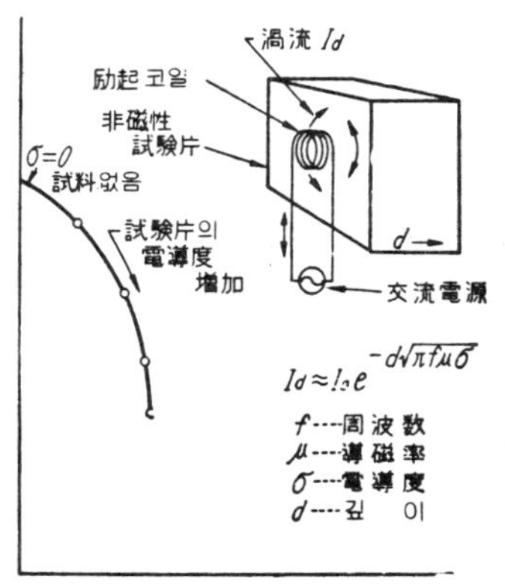

図 9.72 渦流檢査法의 原理

임피던스에 영향을 미치는 因子는, 励磁交流 의 주파수, 시험편의 電気電導度와 導磁率, 試料의 形狀과 치수 및 코일과의 相対位置, 部品内의 결함과 不均質이다. 試料의 기계적성질과 熱的履歷은 그 電氣電導度를 변화시키며, 또한 一例로서 오오스테나이트系스테인레스鋼의 경우에는 導磁率에도 영향을 미치므로, 이러한 기계적, 熱的履歷이 임피던스에 영향하여 검출될 수 있게 되는것이다.

피컵코일의 임피던스는 크기뿐만 아니라 그 位相도 변화함으로, 그림 9.73과 같은 임피던스図表로서 표시하게 된다. 縱軸은 인덕턴스抵抗 Lw (L : 인덕턴스, $w = 2\pi \times$ 주파수)를, 橫軸은 直流抵抗 R 를, 각각 시험편이 존재치 않을 때의 인덕턴스抵抗 wLo 로서 나눈 無次元量으로 표시하고 있다. 일반적으로 인덕턴스는 주로 코일과 試料의 空間的配置에 依存하며, 直流抵抗成分은 주로 시험편의 電気傳導度에 의존하고 있다. 그림 9.73은 코일이 中実의 金屬棒을 둘러싸는 경우의 임피던스 図形이다. 이와같은 임피던스図形은 모든 渦流檢査의 理論에 있어 不可欠의 것이며, 実線은 直徑이 同一하고 電導度와 導磁率이 다른 試料棒이 코일內에 놓아진 경우에 주파수에 의한 임피던스変化를 나타내고 있다. 여기 서,

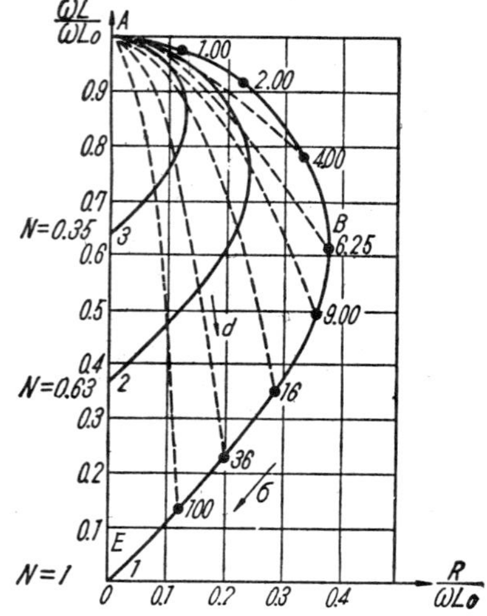

図 9.73 渦流檢査에 重要한 임피던스圖形

$$\sigma = \frac{f}{fc}, \qquad fc \equiv \frac{2\rho}{\pi\mu D_p{}^2}$$

이다. f 는 주파수, ρ 는 比抵抗 ($\Omega\cdot$m), μ 는 導磁率 (henry/m), D_p 는 棒의 直徑이다. (또한 非磁性体에서는 $\mu = 4\pi \times 10^{-7}$ h/m)이다. 또한 $N = D_p/D_c$ (D_c 는 코일의 有效直徑이며, 破線은 電導度가 同一하고 外徑이 다른 試料棒을 코일內에 두었을 때의 임피던스変化를 표시한 것이다.

일반적으로, 渦流의 分布는 試料의 表面부근에 限定된다. 内部의 渦流強度가 表面의 값의 37%크기가 되는 깊이를, 渦流의 透入깊이 (depth of penetration)라 하며, 다음式으로 주어진다.

$$\delta = 3.16\sqrt{\frac{\rho}{f\mu}}$$

δ : 透入깊이 (in)

f : 周波数 (1/s)

μ : 非磁性体에 대한 導磁率의 比, 非磁性材에서는 1.

ρ : 比抵抗 ($10^{-6}\Omega\cdot$in)

예를들어, 오오스테나이트系 18－8 스테인리스
鋼에서는 $\rho \risingdotseq 30 \times 10^{-6}\,\Omega \cdot \mathrm{in}$, $\mu = 1$ 임으로,
$\rho/\mu \risingdotseq 30$이 되며,

$$\delta = 3.16 \times \sqrt{\frac{30}{f}}\ \ (\mathrm{in})$$

로서 주어진다. 따라서 $f = 3 \times 10^3\ (1/\mathrm{s})$ 에서
는 $\delta = 0.32\,(\mathrm{in})$가 된다. 그림 9.74는 δ 와 f
의 관계를 나타내는 図表이다. 励起周波数를 변
화시키면, 探傷깊이를 변화시킬 수 있다.

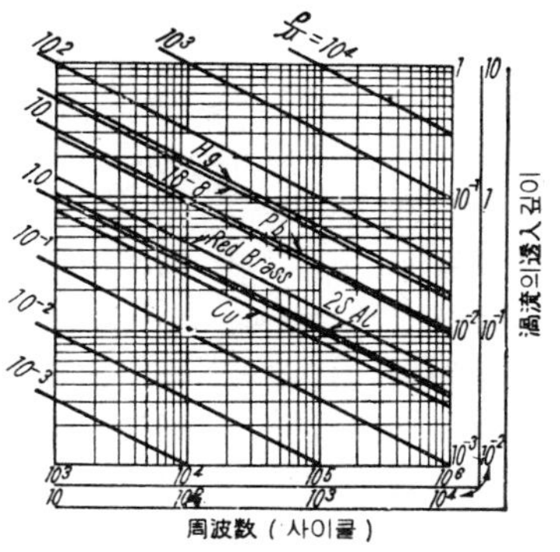

図 9.74 渦流의 周波數와 透入깊이

（2）搜 査 코 일

코일의 크기와 形狀은, 被檢査物의 종류와 形
狀에 따라 달라진다. 보통, 1回감기, 또는 2
回감기로 하여 鉄心을 쓰지 않지만, 感度를 증가시키기 위하여 鉄心을 쓸 때도 있다.
또한 코일을 磁性材 또는 銅으로 시일드하여 分解力을 증가시킬 때가 있다.　棒 또는
管의 檢査에는 이것을 둘러싸는 코일이 쓰이며, 또한　幅넓은　試驗片의　片側表面으로
부터 검사할 때는 小徑의 平坦한 코일을 쓴다. 이때는 透入깊이에 관계없이 결함은 코
일直徑의 1～2倍깊이까지 밖에 검출할 수 없다. 결함의 所在를 정확하게 파악하기
위하여는 直徑이 어느정도 적은 것이 좋다.

（3）檢 出 方 法

檢査코일의 임피던스変化 또는 渦流에의한 誘起電圧을 측정하기 위하여는 여러가지
市販品이 있다. 간단한 것으로는 指示式電圧計, 電流計에서 복잡한 解析裝置까지 있다.

(가)　振幅測定器(交流電圧 또는 電流計)
(나)　임피던스브릿지(振幅과 位相을 측정한다.)
(다)　指示計付 또는 陰極線오시로그래프付振幅, 位相檢出器.
(라)　搜査코일과 試驗片을 回路의一
　　部로 하는 自励型振動発生回路

（4）스테인리스鋼管의 欠陷檢査

原子炉 및 化学工業用에 쓰이는 多数
의 오오스테나이트系스테인리스 鋼細管
(外徑 5～25 mm, 管壁두께는 外徑의 20
～5％)에서는 그 內外兩面의 결함검사
가 매우 번거롭다. 즉, 細管임으로 超
音波檢査를 하기 힘들고, 非磁性임으로
磁気檢査를 쓸 수 없고, 浸透檢査로는
內面檢査를 할 수 없다. 더우기 X線
도 쓰기 힘들다. 그런데, 이와같은 경

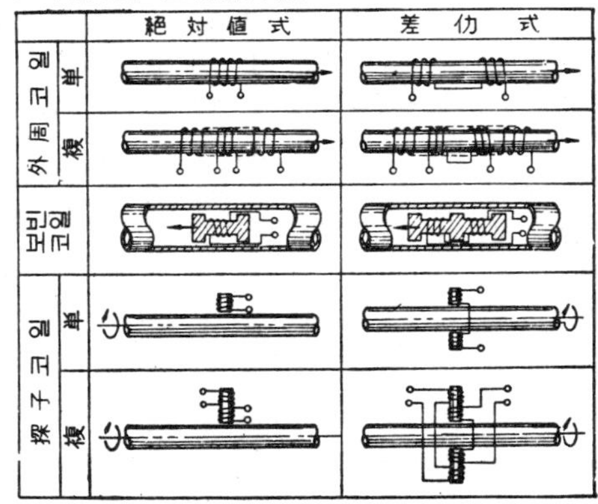

		絶 対 値 式	差 仂 式
外周코일	單		
	複		
貫通코일			
探子코일	單		
	複		

図 9.75 細徑管의 渦流檢査用試驗코일의 型式

우에는 渦流檢査가 매우 적합하며 精度가 높다.

細管의 渦流檢査에 쓰이는 搜査코일은 그림 9.75와 같은 各種形式이 쓰인다. 交流를 第 1 의 코일에 통해서 励磁하고, 第 2 의 코일로 渦流를 檢知하여, 소위 피컵작용을 시키는 方式과 이것을 單一코일로 兼用하는 方式, 및 코일로 管外周를 둘러싸 는 것과 管內에 넣는 方式이 있다.

또한 管外表面에 小徑의 探子코일(probe coil)을 近接시키는 方法은, 너무 細徑의 管에는 쓰일 수 없지만, 결함의 존재 장소를 명확하게 지시할 수 있는 利点이 있다.

그림 9.76은 오오스테나이트系스테인리스鋼細管에 外周코일을 써서 연속적으로 渦流檢査를 하는 방법이다. 이때는 渦流는 管의 円周에 따라 발생함으로, 管의 길이 方向

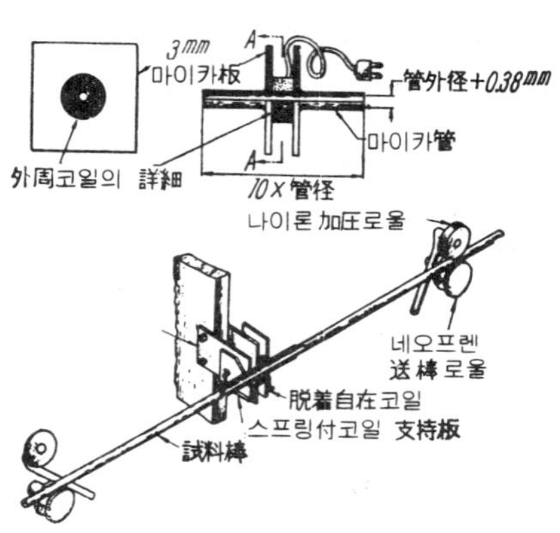

図 9.76　오오스테나이트系스테인리스鋼
細徑管의 渦流檢出(連續式)

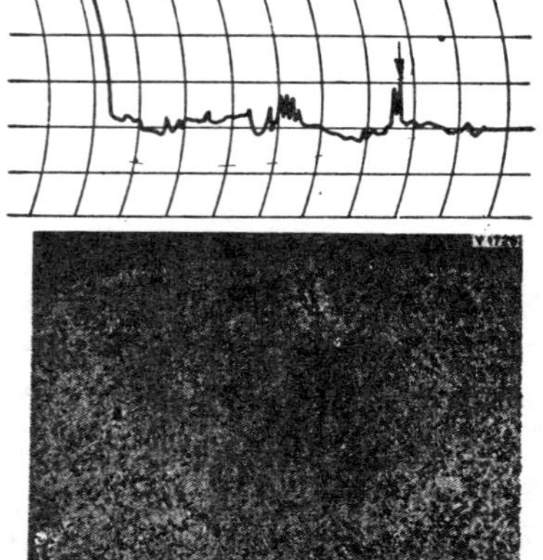

図 9.77　外徑 6 mm, 管壁두께 1.2mm의
하스테로이管에 대한 渦流檢査
사이크로그래프探傷圖

의 결함이 예민하게 檢知될 수 있다. 그러나 그것이 円周上의 어느位置인가는 알 수 없다. 그림 9.77은 外徑 6 mm의 하스테로이管 길이方向의 작은 흠을 사이크론 그래프로 檢出한 例이다. 사이크로그래프는 搜査코일의 임피던스変化中 直流抵抗成分을 기록하는 것이며, 주파수와 관계가 없는 利点이 있으므로, 管의 直徑, 管壁두께, 材質이 어떠하건間에 內外兩表面을 조사하는 最適의 주파수를 選定하여 검사할 수 있다. 또한 사이크로그래프 보다 더 진보한 임피이드그래프로 만들어지고 있다. 이것을 쓰면 管의 不均一, 內外表面의 흠은 물론, 使用한 管의 粒間腐蝕狀況도 신속하게 검사할 수 있다.

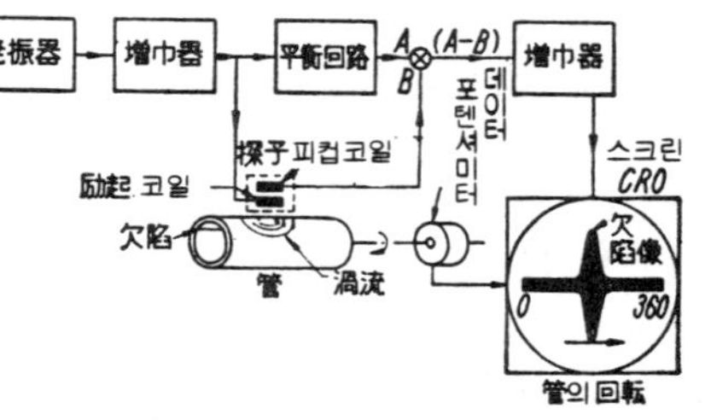

図 9.78 管 의 渦 流 檢 査

또한 그림 9.78은 管外의 探子코일에 의하여 흠을 검사하는 방법의 略図이며, 管을 管

軸中心으로 回転시켜, 檢査하여, 브라운管의 오시로그래프上에 비치게 하는 것이다.

9.5.3 放射線透過検査 (radiographic inspection)

방사선투과검사는 X線 또는 γ (감마)線으로 투과하여 결함의 유무를 조사하는 방법이며, 現在의 비파괴검사방법중 가장 信賴性있고 가장 널리 쓰이는 방법이다. 磁性의 유무, 두께의 大小, 形狀, 表面狀態의 良否에 불구하고, 어떤 것에나 이용될수 있고, 또한 透過두께의 1 ~ 2 %까지의 크기의 결함을 확실하게 검출할 수 있다. 검사결과를 사진필름으로 보존할 수 있는 것도 큰 잇점이다. 그러나 미크로터짐이나 래미네이션 (lamination) 등의 검출은 곤란하다.

(1) X線透過検査의 原理

X선은 물체를 투과하나, 일부는 물체중에 흡수되는 성질이 있으며, 투과X선의 세기는 투과두께, 결함의 유무, 재질에 따라 변화한다. X선은 螢光物質에 부딪쳐 그곳에서 可視光線을 내거나, 또는 사진필름을 感光시키는 성질이 있다. X선투과법은 이러한 원리를 이용하여 금속내부 또는 표면에 있는 결함을 조사하는 것이다. 그림9.79는 이 원리를 나타낸 것이며, X線管球의 対陰極(타아게트)에 高速의 電子를 충돌시

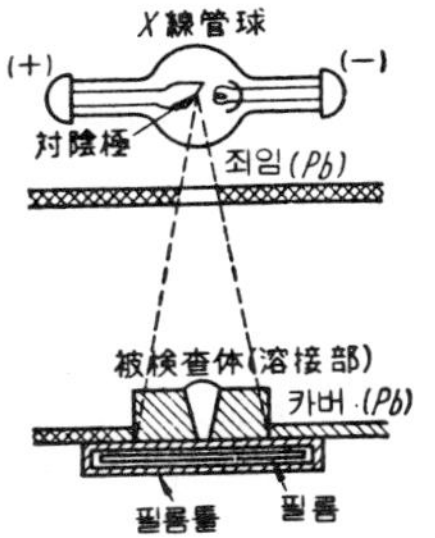

図 9.79 X線透渦檢査의 原理

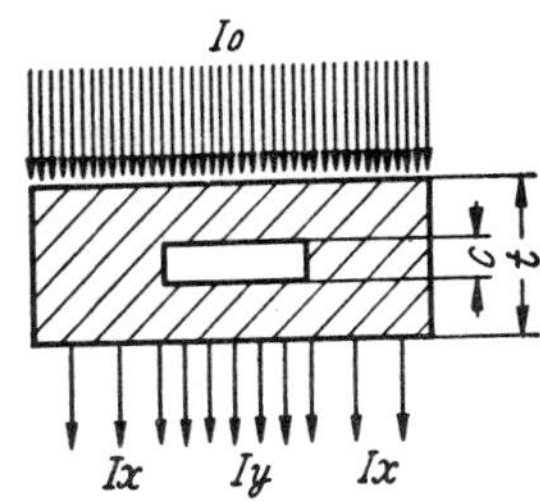

図 9.80 欠陷에 의한 X線의 吸収差

켜, 그곳에서 발생하는 X線을 구멍이 뚫린 鉛板슬리트로 적당히 조여 被検査物에 비쳐서 투과한 X선을 사진필름으로 촬영한다.

여기서, 波長λ 로 均一强度 I_0 의 X선을 그림9.80과 같이 均一두께 t 인 金屬에 透過시킬 때, 無欠陷部의 투과X선의 세기를 I_x, 欠陷部(길이c)의 투과강도를 I_y 라 하면, X線吸収法則에 따라,

$$I_x = I_0 e^{-\mu t}$$
$$I_y = I_0 e^{-\mu(t-c)-\mu'c}$$

이다. 여기서 μ 는 材質과 X線波長λ 로서 결정되는 吸収係數이며, 波長이 적을 수록, μ 는 적어진다. (즉, 吸収率이 적다). 따라서 上式에 의하여,

$$I_y/I_x = e^{(\mu-\mu')c}$$

欠陷이 氣体인 경우에는 $\mu' \ll \mu$ 임으로,

$$I_y/I_x = e^{+\mu c}$$

즉, 결함이 있는 곳과 없는 곳의 투과 X 선의 强度比는, 入射 X 선의 세기와는 관계가 없고, 결함의 길이 c 와 물질의 흡수계수에 의하여 결정된다. I_y/I_x 가 클수록, 사진 필름에 나타나는 明暗 의 差가 크게 되어, 콘트라스트 (contrast) 가 증가함으로, μ 가 될 수 있는대로 크게 되도록 波長이 긴 X 선을 쓰는 것이 바람직하다. 그러나 파장이 길어지면, 厚物을 투 과하기 힘들게 됨으로, 透過可能限度內에서 파장이 길어지도록 管電壓을 낮추어 사용하는 것이 좋다. 그런데 鑄物등 形狀이 복잡한 것에서는 너무 콘트라스트가 높으면, 薄肉部分을 투과한 방사선의 線量이 지나치게 되어 헐레이션 (halation) 을 이르킬 정도로 까맣게 되고, 반 대로 厚肉部分은 線量이 부족해서 하얗게 됨으로, 이럴때는 高電壓의 X 선을 써서 콘트라스트를 低下시키는 쪽이 良好한 X 선 사진을 얻을 수 있다

(2)　X 線 裝 置

X 선검사실에 被檢査物을 반입하여 투과시험을 하기 위하여는 보통 150～400KV (15 ～40萬볼트) 의 X 선장치를 사용한다. 이러한 장치에서는 變壓器로 高壓의 交流를 발 생시켜, 케노트론으로 整流시켜 X 線管球에 접속한다. 투과검사에 이용하는 X 선은 白 色 X 線이라 불려지는 連続스펙터이며, 그 最高에너지 (最短波長) 는 管球電壓의 波高值 로서 결정된다. 따라서 X 선의 값은 관구전압의 波高値 k Vp (킬로볼트피크) 로서 표 시된다.

現場에서 검사할 경우는 携帶用 X 선장치를 쓴다. 이 장치는 X 선관구와 고압 변압기

表 9.8　放射線源과 實用透過板두께

放　射　線　源	스크린	實用板두께 (mm)	
		鋼	알루미늄
50kV　X線	없　음	0.12～0.60	2.0～12
100kV　X線	없　음	1.0～4.8	12～25
150kV　X線	없음, 鉛箔	25 까지	100 까지
	螢　光	38 까지	160 까지
250kV　X線	鉛　箔	50 까지	25～200
	螢　光	75 까지	～300
400kV　X線	鉛　箔	75 까지	25～225
	螢　光	100 까지	～325
1 000kV　X線	鉛　箔	25～125	25～300
	螢　光	25～175	～400
2 000kV　X線	鉛　箔	25～225	…
15MeV　베타트론	鉛　箔	30～300	…
24MeV　베타트론	鉛　箔	50～500	…
Ra	鉛　箔	25～100	…
Co^{60}	鉛　箔	25～150	…
Ir^{192}	鉛　箔	12～70	25 以上
Cs^{137}	鉛　箔	20～75	…

를 同一容器에 수납한 X線發生器와 그
調整器로 구성되며, 무게는 보통 50 kg
以下로서 운반하기 쉽게 되어 있다. 可
搬式은 波高値 125～200 kVp 이고, 두께
30 mm 以下의 鋼板透過檢査에 쓰인다.

　보통의 X線管球에서는, 타아게트
表面의 電子線集点크기가 약 0.5 mm
～5 mm, 管球電流는 3～6 mA 정도
이다. 그림 9.81은 175 kVp의 可搬
式의 예이며, 그림 9.82는 英國의 코
울더호울原子炉의 壓力容器(軟鋼, 두
께 50 mm)용접부를 現場 X선 검사하는
사진이다. 달비계위에 X선장치를 올
려놓고 투과사진을 찍고 있다.

　최근에는 超厚板用으로 100萬볼트,
또는 200萬볼트의 共振変圧器式高電圧의 X선발생장치가 실용화되고 있다.

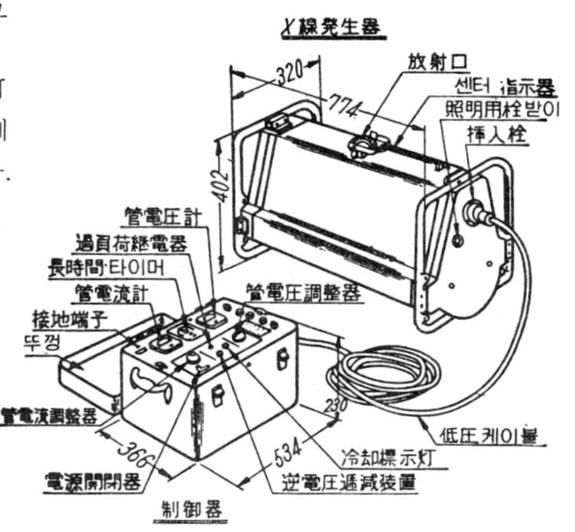

図 9.81　可搬式 X 線検査装置 （175kVp, 5mA 連続）

図 9.82　코울더홀原子爐의 大型壓力容器
　　　　(두께 50mm)에 대한 現場熔接部 X
　　　　線透渦檢査作業

図 9.83　2 000kVp X線裝置에 의한 보일러
　　　　드럼의 세로이음檢査

　그림 9.83은 200萬볼트의 일예이다. 또한 베에타트론이라 하여, 円周軌道上을 電
子를 回転運動시켜 1回転마다 数十볼트씩 加速함으로써, 最終的으로 数 100萬 내 지
1億電子볼트정도의 高에너지를 주어, 이것을 타아게트에 충돌시켜서 X선을 발생하는
장치도 쓰여지고 있다. 베에타트론은 비교적 廉価로 高電圧의 X선을 얻을 수 있고,
集点을 작게 (徑 0.1mm以下) 할 수 있으므로, 鮮明하고 예민한 像을 얻을 수 있는 것에
큰 잇점이 있다.

(3)　X 線透過試驗材料와 條件

(i)　感 光 材 料

X 線用필름에서는, 醋酸셀루로우즈 의 베이스兩面에 乳劑가 두껍게 塗布되고 있으나, X 선은 이것에 흡수되지 않고 그대로 투과하는 것이 많으므로, 螢光增感스크린을 필름兩面에 密着시켜, 스크린에서 발생하는 螢光에 의하여 필름의 感光度를 20～100 倍 높일 경우가 많다. 이 스크린은 텅스턴酸칼슘, 硫酸바륨, 硫化亞鉛등의 螢光性 物質에 鉛이나 銀을 活性体로서 微量 첨가하여 燒成한 것을 종이等에 塗布한 것이다. 그러나, 이 增感스크린을 쓰면, 像이 不鮮明하게 됨으로, 이것을 쓰지 않고, X 선필름自体가

表 9.9　富士X線필름工業用의 種類와 用途

	感 度	콘트라스트	粒狀性	增 感 紙 의 種 類	用 途
工業用 #80	低	最 高	極微細	鉛스크린 노오스크린	微粒子, 最高콘트라스의 特性에 의하여 鉛스크린을 併用해서 精密檢査 를 하는데 適合. 輕金屬의 低電壓X線檢査用 薄鋼鐵의 中電壓X線檢査用 厚鋼鐵의 高電壓X線檢査用 감마線用
工業用 #200	中 庸	高	微 細	鉛스크린	工業用 #80보다 高感度, 工業用 #300 보다 高콘트라스트를 갖으며, 鋼鐵 의 中電壓X線, 감마線用.
工業用 #300	高	中 庸	中 庸	鉛스크린 노오스크린	노오스크린型中, 最高感度는 適度의 콘트라스트를 갖고 있다. 上記用途 에 適合.
工業用 #400	最 高	高	中 庸	螢 光 增減스크린	螢光增減스크린을 併用하면 最高感度 를 발휘하고 高콘트라스트이기때문 에, 高電壓X線 장치를 이용할 수 없는 경우 厚鐵鋼의 檢査에 適合.

表 9.10　數分程度의 露出時間으로 撮影될 수 있는 軟鋼의 두께 (mm)

（撮影距離 600mm 의 경우）

X 線 裝 置 ＼ 增減스크린 ／ X線 필름	螢光 增減스크린		鉛箔增感 스크린	
	高 感 度 用	高 解 像 力 用	鉛箔 增減스크린用필름	
	螢光 增減스크린用필름		高 感 度 用	高 解 像 力 用
125 kVP	30	25	15	10
175 〃	55	50	30	20
200 〃	65	60	40	25
250 〃	80	70	50	30
300 〃	100	90	60	35
400 〃	130	110	90	55
1 MeV	180			130
2 〃				210
20 〃				340

X선을 잘 받도록 만들어진 노오스크린필름을 쓸 때도 있다. 이때는 보통 鉛箔增感스크린을 併用하여 露出시킨다. 鉛箔增感스크린은 鉛箔으로 필름을 끼워서 放射線이 이것에 닿아서 발생하는 二次電子에 의하여 增感(数倍)하는 것이다.

醫療用X線필름은 스크린型이지만, 최근의 工業用X線필름에는, 스크린型외에 노오스크린型으로 感度는 약간 떨어지지만 微粒子이고 콘트라스트가 强한 필름이 販賣 되고 있다.

現用X線필름의 종류와 用途를 表9.9에, 또한 数分정도의 露出로 촬영할 수 있는 軟鋼의 두께를 表9.10에 표시한다. 鉛箔增感스크린보다도 螢光增感스크린을 쓰면, 1.5～2배의 板두께까지도 검사할 수 있다.

(ii)　撮 影 條 件

X線투과사진촬영에 성공하는데는 다음과 같은 要因을 고려할 필요가 있다.

- a)　波長(管球電圧 kVp)
- b)　强度(管球電流 mA)
- c)　타아게트부터 필름까지의 距離.
- d)　被檢査物의 두께
- e)　被檢査物의 密度
- f)　X線源의 焦点크기
- g)　露 出 時 間
- h)　필름의 種類
- i)　스크린의 種類

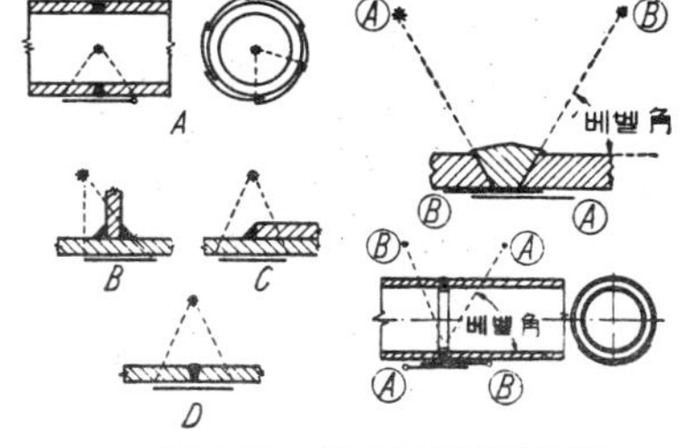

図 9.84　X線透過検査配置例

용접부를 X 선촬영하는 配置例는 그림 9.84와 같다. *標에 X線源을 둔다. 配置에 있어서 注意할 條件은,

- a)　X線源부터 被檢物까지의 距離 d 와, 物品의 照射前面부터 필름까지의 距離 t 와의 比 d/t 는 1/7以上으로 한다.
- b)　필름은 될 수 있는대로 物品에 密着시킨다. 절대로 25 mm 以上 떨어지게 하지 말 것.
- c)　필름 1枚에 들어가는 試料의 두께変化는 X線露出로 하여 12.5 %를 넘지 말 것.
- d)　透過度計는 필름周邊가까이에 둘 것. 그 板두께의 2 %에 상당하는 線이 필름上에서 判別될 수 있을 것.
- e)　필름上에서 물품두께의 2 %의 결함이 판별될 수 있을 것.
- f)　高解像用, 微粒子性의 필름에 鉛箔스크린을 쓰건 안쓰건간에 필름濃度는 1.5 ～2,5일 것. 螢光스크린型필름의 필름濃度는 1.0～1.5일 것.(필름濃度란, 빛을 投射한 경우, 入射光强度 I_0 과 透過光의 强度 I 와의 比의 対数.

$$D=\log_{10}(I_0/I)$$

로 표시된다.)

(iii) 透過度計 (penetrameter)

JIS Z 2341의 규정에서는 두께의 2%의 결함이 검출되지 않으면 안되나, 이것을 확인하기 위하여 被檢查物表面에 透過度計를 두어 그 像을 同時에 촬영한다. 투과도계로는 鉄系型이 採用되고 있다. 이것은 直徑이 약간 다른 철사를 平行으로 7개 또는 10개 等間隔으로 臺紙 또는 프레임에 붙인 것으로, 예를들어 板두께 5～50mm 의 試料에 대하여는 線直徑 0.1, 0.2, 0.3……1.0 mm라는 식으로 0.1mm씩 다른 10개의 철사가 쓰이며, 板두께 2%에 상당하는 直徑의 철사가 필름像으로 판별될 수 있는가를 조사한다. X선검사에서는 조건만 좋으면 두께의 1%까지, 베에타트론에서는 0.3% 정도까지 검출될 수 있다.

(iv) 露 出 表

탄소강에 대한 X 선필름露出表의 一例는 그림 9.85와 같다. 노출 표는 縱軸이 (管球電流 mA)×(露出時間 min)로 표시되고, 橫軸은 鋼板두께 (mm)가 취해지고 있다. 또한 參考로서 γ 線에 대한 노출시간을 그림 9.86에 도시한다.

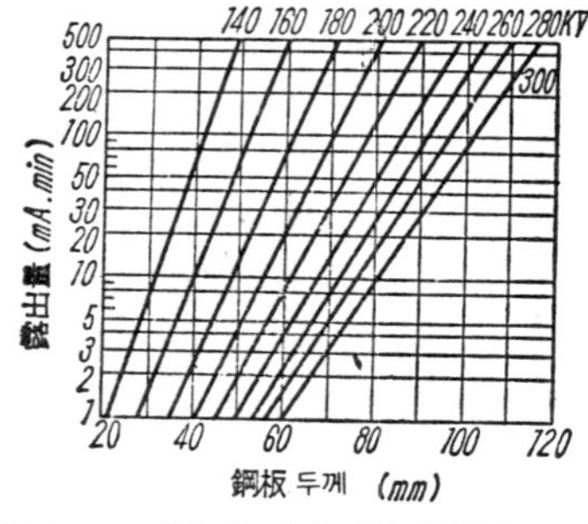

図 9.85 X 線에 대한 露出表(Villard式, 螢光增感紙使用, 距離 70cm, 濃度 0.8～1.0)

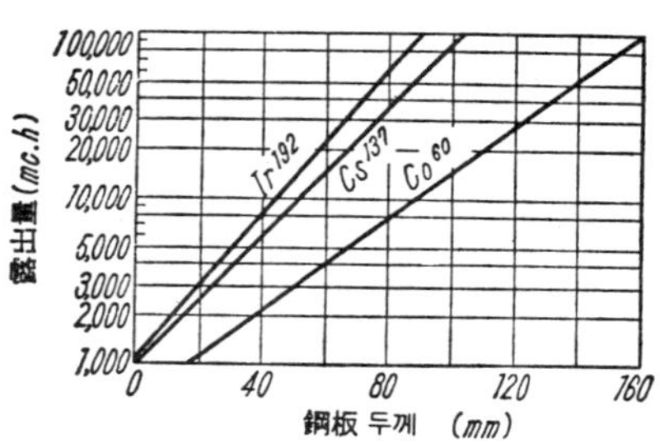

図 9.86 γ 線에 대한 露出表(濃度1.5 距離 Co에 대하여 70cm, Cs, Ir에 대하여 50cm)

表 9.11 鋼에 대한 數種金屬의 放射線等價板두께係數
(鋼에 대한 實用板두께를 表의 係數로 나눈다)

金 屬	比 重	放射線等價板두께係數					
		140	220	250	400	1 MeV	2 MeV
알 루 미 늄	2.7	0.083	0.24	0.24	…	…	…
마 그 네 슘	1.7	0.05	0.08	0.08	…	…	…
鋼	7.8	1.0	1.0	1.0	1.0	1.0	1.0
스테인리스鋼(18-8)	7.9	1.0	1.0	1.0	1.0	1.0	1.0
銅	8.9	1.8	1.4	1.4	1.4	…	…
亜 鉛	7.1	…	1.3	1.3	1.3	…	…
黃 銅	8.4	…	1.3	1.3	1.3	…	…
鉛	11.3	…	11.0	…	…	5.0	2.5
鋼에 대한 實用板두께 (mm)	…	25	40	50	75	125	225

그림 9.85, 9.86, 表 9.10은 鋼에 대한 것이나, 他材料에 대하여는 適用板두께가 상당히 달라지게 된다. 이때는 表 9.11을 써서 板두께를 換算한다. 예를들어, 250 kVp의 X선장치는 軟鋼에서는 50 mm까지의 두께에 이용될 수 있으나, 알루미늄에서는 表 9.11의 係數가 0.24임으로 50/0.24≒250 mm 두께까지 이용될 수 있는 것을 알 수 있다.

(ⅴ) 影像增幅器 (image intensifier)

사진촬영에는 시간이 걸리므로 최근 그림 9.87과 같은 影像增幅器를 써서 直接透視에 의하여 檢查能率을 向上시키는 장치가 실용화되고 있다. 이것은 피검사물을 투과한 X선이 眞空管內의 螢光板에 닿아 可視光線을 내고, 이것에 密着시킨 세슘 光電極부터 電子를 放出시킨다. 이 陰極과 右側의 陽極間에 25 kV의 高電壓을 주어 光電子를 加速시키고, 靜電렌즈를 통하여 觀察用의 螢光板上에 收歛시키면, 여기에 밝은 螢光像이 얻어지며, 이것을 현미경으로 확대하여 實物大의 像으로 해서 관찰하는 것이다. 이에 의하여, 밝기는 전체적으로 약 1000 배로 확대되며, 예를들어 약 175 kVp, 5 mA의 X선으로 板두께 20 mm의 鋼을 透視檢查할 수 있다. 그러나, 결함검출도는 약간 떨어지며, 板두께의 3%정도이다.

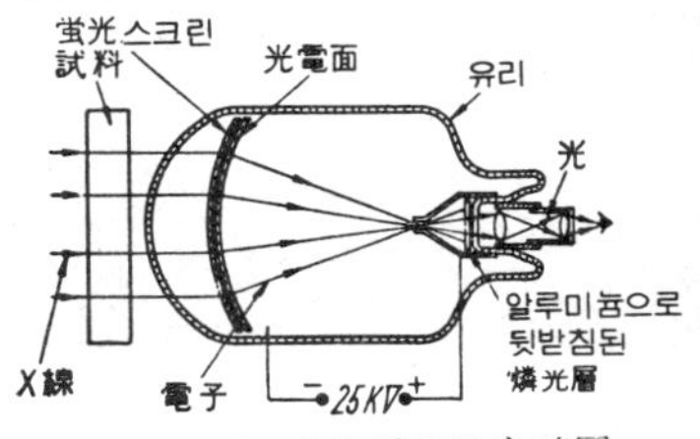

図 9.87 影像增幅器의 略圖

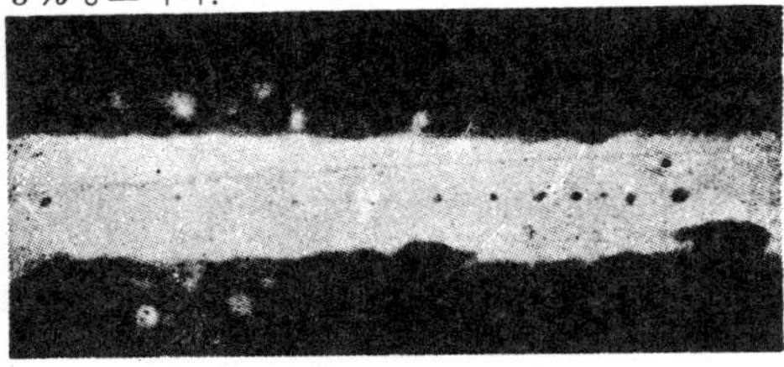

図 9.88 비이드中央直線上에 줄지은 氣孔(둥근 黑點)

(4) X 線 欠 陷 像

현재의 방사선투과검사는 주로 용접부 및 鑄造物의 결함검사에 사용된다. 이때 필름上의 欠陷像은 다음과 같이 찍혀진다. 우선, 용접금속부분은 덧붙이를 깎아내지 않는 限, 일반적으로 母材보다 두꺼우므로, X선필름에서는 하얗게 얇게 보이며, 母材部分은 까맣게 나온다.

気空은 보통, 球狀中空임으로 X선吸收가 적으며, 따라서 필름에서는 그림 9.88과 같이 까만 点(크기 0.1 mm정도에서 數 mm까지)이 된다. 그림에서 비이드兩側의 白点은 板表面에 남은 스패터가 나타난 것이다.

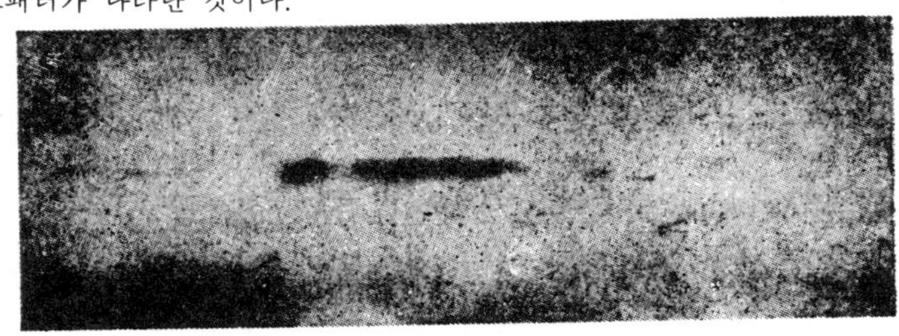

図 9.89 슬래그 섞임 (細長한 까만 部分)

슬래섞임部分도 X선흡수가 적으므로 역시 까만 班点이 되나, 그 모양이 球形인 것이 적고, 그림 9.89 과같이 円, 長角形, 細長으로 나타난다. 균열은 그 破斷이 X선투과방향에 대략 平行인 때는 까만 예리한 線으로 분명하게 나타나지만. 직각인 경우는 거의 알 수 없다. 그림 9.90은 18— 8 Cb 스테인리스鋼용접금속내의 毛細균열을 나

図 9.90　18— 8 Cb 스테인리스鋼熔接金屬內의　毛細균裂 (陽画) (비이드中央세로길이의細白線)

타낸 것이며, 이 사진은 필름을 印画紙에 인화한 陽画임으로, 균열은 하얀 白線이 되어 나타난다. 또한 용입부족부도 흡수가 적어짐으로, 필름上에는 그림 9.91과 같이 까만 直線이 되어 나타난다. 언더컷은 용접금속의 周辺에 따라 細長한 黑線으로 나타난다.

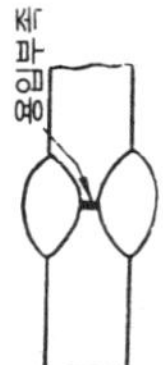

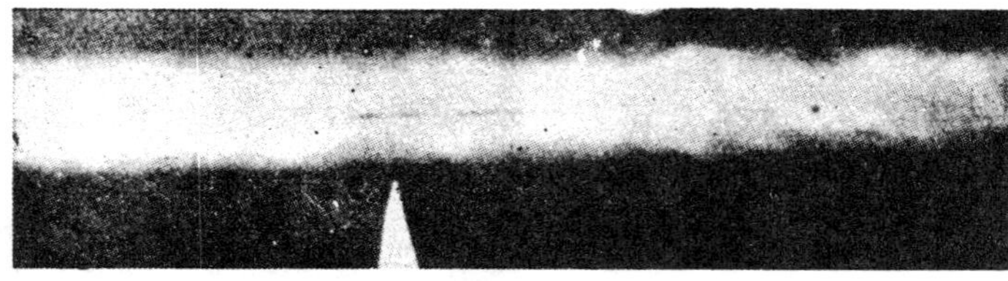

図 9.91　熔　入　不　足

(5) γ 線 透 過 檢 査

두께가 두꺼워지면 보통의 X선으로 투과하기 힘들게 됨으로, X선보다 더욱 波長이 짧고, 透過力이 强한 放射線, 즉 γ선을 이용하는 검사법이 쓰인다. γ線源으로는 天然의 放射線元素 (예를들어 라듐) 외에, 최근에는 原子炉에서 만들어지는 人工放射性同位元素 (RI, radio-isotope) 가 잘 쓰인다. 이 방법은 장치가 간단하고 현장에서의 취급이 용이함과 동시에 可搬性이 있고 廉價이다.

표 9.12 透過檢査에 쓰이는 放射性同位元素

同 位 元 素	半 減 期	放射線 에 너 지 MeV	
		베 타 線	감 마 線
코 발 트　60 Co^{60}	5.27 年	0.306	1.17 1.33
세　슘　134 Cs^{134}	2.3 年	0.090 (25%) 0.148 (75%)	0.568 (25%) 0.601 (100%) 0.794 (100%)
이 리 듐　192 Ir^{192}	74 日	0.67	0.137〜0.651
세 레 늄　75 Se^{75}	127 日	없 음	0.067〜0.405
탄　텔　182 Ta^{182}	115 日	0.525	0.066〜1.223
투　룸　170 Tu^{170}	129 日	0.836 0.970	0.084 0.054 (X-線)

방사선동위원소로서 현재 쓰이는 것은 表9.12와 같다. 表中의 半減期란, 방사선의 세기가 최초의 半이 되기까지의 기간을 말한다. 表中, Co⁶⁰, Cs¹³⁴, Ir¹⁹² 이 가장 많이 쓰인다. 이러한 방사성물질의 방사능强度는 큐리(c)로 표시되며, 1g의 라듐强度가 1c이다. γ선의 線量은 X선의 경우와 동일하며 렌트겐(r)단위로 측정되고, 1c의 線源에서 방사되는 Co⁶⁰ 의 γ선강도는 線源부터 1m의 거리에서 약 0.8r/h 이다.

γ線源은 人体에 照射되면 危害함으로, 보통 알루미늄製의 캡슐에 넣고, 이것을 鉛, 텅스텐 製容器에 넣어서 보관하며, 두껑을 열어서 사용한다. 그림 9.92는 Co⁶⁰을 쓴 γ선투과검사장치이다. 多數의 물품을 γ선원 둘레에 배열해서 동시에 촬영하는 방법도 자주 쓰인다.

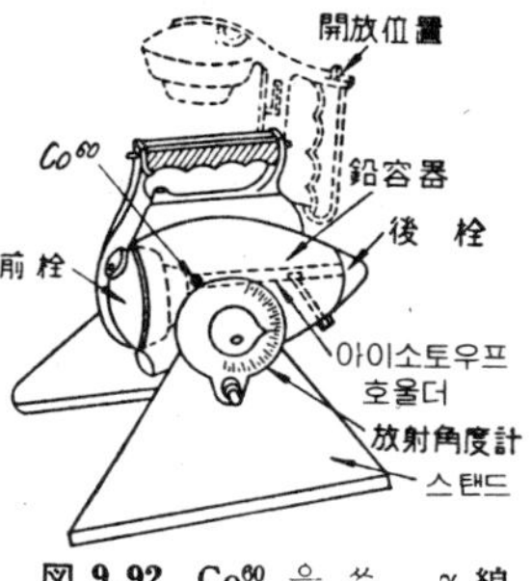

図 9.92 Co⁶⁰ 을 쓴 γ 線 透過檢査裝置

(6) 放射線透過檢査規格

金屬材料의 放射線透過試驗 JIS Z 2341에 規定된 鋼의 용접부결함等級은 表9.13과 같이 1級(無欠陷)부터 6級으로 나누고 있다. 그러나 각 용접구조물의 合格, 不合格은 구조물마다 결정되어야 하는 立場을 취하고 있다. 몇級까지의 결함이 허용되는가는 구

表 9.13　熔接部欠陷의 級別 (JIS Z 2341)

等　級 ＼ 試驗部의最大두께 mm	5.0 以下	5.1~10.0	10.1~20.0	20.1~50.0	50.1 以上
1 級	0	0	1 以下	1 以下	1 以下
2 級	2 以下	3 以下	4 以下	5 以下	6 以下
3 級	4 以下	6 以下	8 以下	10 以下	12 以下
4 級	8 以下	12 以下	15 以下	18 以下	20 以下
5 級	12 以下	18 以下	25 以下	30 以下	40 以下
6 級	欠陷數가 級보다 많은 것				

(備考) 表中의 숫자는 결함이 가장 조밀하게 존재하는 부분의 $10 \times 50mm^2$ 내에 존재하는 결함수이다.
　　또한 결함의 크기는, 길이 2mm以下로 하고, 2mm를 넘는 크기의 결함에 대해서는 다음 係數를 곱한다. 단, 결함의 크기가 12mm를 넘는 경우 및 균열이 존재하는 경우에는 6級으로 한다.

欠陷의 크기　mm	2.0 以下	2.1~4.0	4.1~6.0	6.1~8.0	8.1~10.0	10.1~12.0
係　數	1	4	6	10	15	20

조물의 종류, 形狀, 치수, 재질 및 荷重負擔의 輕重에 따라 달라지게 되는 것이다. 日本에서는 表9.14와 같은 기준으로 실시되고 있다. 또한 日本通產省의 發電用 보일러技術基準에서는 균열과 용입부족에 대하여, 氣孔은 JIS 2級以上 슬래그섞임은 3級以上을 不合格이라는 기준을 세우고 있다.

또한 美國의 ASME의 보일러規定에서는 表9.15와 같이 정해지고 있다.

其他 英國의 로이드協會의 規定에서는 보일러, 高壓容器에 대하여 여하한 결함도 인

表 9.14　日本에서의 熔接部檢査基準實施例

No.	構造物名	採用規格	合格基準	檢査 拔取率 및 備考
I	船 　i　탱커 및 旅客船	JIS Z 2341	2級 以上	0.2~0.5%, 強力材
			3級 以上	0.2~8%, 拔取率은 場所에 따라 또는 會社에 따라 달라진다.
		A. B. 또는 N. K. Navy. St.	Group 3 以上	0.5%
	ii　軍艦	JIS Z 2341	2級 以上	縱強力材 (中央 2L/3 間)
			3級 以上	縱強力材 (中央以外) ｝ 內業 0.5% 橫強力材 (主要隔壁包含) ｝ 岸壁 1%
			4級 以上	其他의 部分
II	펜 스 톡	JIS Z 2341	1級 以上	12.5%
			2級 以上	縱熔接, 熔入不足, 融合不良의 欠陷, 工場 2~8%, 現地 8~26%
			3級 以上	周熔接, 슬래그의 欠陷, 工場 2~8%, 現地 8~26% 径에 따라 1m 以下 10%, 1~2m 15%, 2m 以上 20% 気泡, 現地 8~13%
III	高 圧 容 器	JIS Z 2341	1級 以上	40~100%
			2級 以上	50%, 25kg/cm² 以上 100%
			3級 以上	25kg/cm² 以下 100% 16kg/cm² 以下 10%
		高圧가스規則 (JIS 換算)	縱 1級以上	25%
			橫 2級以上	50~100 個中에서 1個 拔取하여 檢査한다.
IV	보 일 러	N. K., A. B. L. Loyds' Reg ASME Boil. C.	JIS 換算 1級 以上	100% 船舶用 이 規則은 高圧容器에도 적용되고 있다.
		JIS Z 2341	1級 以上	100% 또는 最初의 3缶 100% 4~10缶 25% (印度国鉄)
			2級 以上	50%, 25kg/cm² 以上 100%
			3級 以上	25kg/cm² 以下 100%
V	車 輛	JIS Z 2341	2級 以上	11% 特殊탱크車
			3級 以上	1%
VI	鉄 橋	JIS Z 2341	1級 以上	맞대기이음, 引張主材 100%, 平均 50%
			2級 以上	引張主材 70%, 圧縮材 30%
			3級 以上	人道橋 0.5~5%
VII	其 他 　파 이 프	JIS Z 2341	2~5級以上	1~100%, 使用場所에 따라 合格規準 및 拔取率이 달라진다.
	減速 기어	〃	2級 以上	重要部分 50%
	建築用鉄骨	〃	3級 以上	0.1~0.5%
	土木用材	〃	5級 以上	50%

表 9.15 보일러規定의 判定基準

	터짐	熔入 不足	気孔, 슬래그섞임	
	不 合 格	不 合 格	熔接길이 12T에 대하여 欠陷最大길이의 合計가 板두께 T를 넘는 것은 不合格. 欠陷間의 간격이 最大欠陷길이의 6倍以下일 때 不合格.	標準写真에 의함
100% 檢査 의 경우			1個의 크기 1/3T 또는 3/4″를 넘는 것. 不合格. 단. 길이 1/4″以下의 슬래그는 合格.	
拔取檢査 의 경우			1個의 크기 2T/3 또는 3/4″를 넘는 것은 不合格. 단. 길이 1/4″以下의 슬래그는 合格.	100% 檢査 일때 의 2倍 까지 合格

정치 않고 있다.

欠陷의 許容度에 대하여는 現在까지도 각구조물에 대하여 연구가 계속되고 있으나, 軟鋼의 機械的性質에 대해서는,

引張强度, 降伏點…JIS 3級까지는 惡影響이 없다.

JIS 4級부터 약간 低下하기 시작한다.

굽힘延性……JIS 3級부터 漸次 低下하기 시작한다.

疲勞强度……JIS 3～4級에서 피로강도가 10~30% 減少.

로 생각해도 된다. 그림9.93은 日本造船研究協會 第32研究部會에서 軟鋼의 용접결함과 강도의 關聯性에 대하여 광범위한 연구를 한 결과이나, 이에 의하면, 靜的引張이나 굽힘試驗에서는 内部欠陷의 惡影響이 비교적 나타나기 힘들지만, 引張疲勞 및 引張衝擊試驗에서는 그 영향이 현저한 것을 알 수 있다. 예를들어, 板두께 15mm의 맞

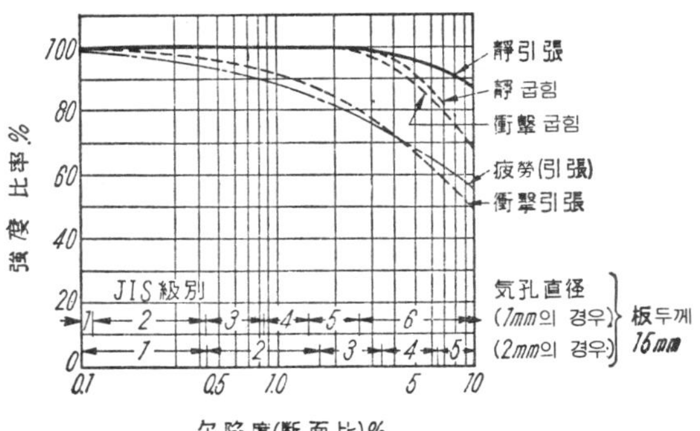

図 9.93 軟鋼强度에 미치는 맞대기 熔接部欠陷의 影響(主로 氣孔 및 슬래그섞임)

대기용접부에 직경이 각각 1 mm와 2 mm의 気孔이나 슬래그섞임이 있을 때는, JIS 3～4級에서 피로강도가 10~30% 감소하고 있을 뿐이다. 즉, 이와같은 결함을 수반하는 용접부에서도 気孔이나 슬래그섞임의 경우에는, JIS 3級정도의 용접으로도 기계적성질에는 無欠陷의 경우와 거의 차이가 없다는 점에 주의하여, 쓸데없이 JIS 1級의 용접을 요구할 필요는 없는 것이다.

9.6 熔接工의 技術檢定

용접공의 기능검정에 대하여는 KS B 0885 에 규정되고 있다. 이 規格의 全文은 付

録에 계재되어 있으므로 참조하기 바란다. 또한 학교 및 감독관청 또는 注文者에　따라서는 KS 와 약간 다른 기능검정을 요구하고 있으나, 최근 통일되는 機運이 있다.

文　　献

1) 橋本宇一, 手塚敬三: "熔接部の検査." 熔接叢書第 16 巻 (1957), 1-193. (日本熔接協会).
2) 石井勇五郎: "非破壊検査法," 工業物理講座, I-2 (1956), 1-142. (日刊工業).
3) AWS: "Welding Handbook," 4th Ed. Section 1 (1957), 8.1-8.68, 9.1-9.28.
4) 熔接学会編: "溶接便覧" (1956), 807-844. (丸善).
5) ASTM: "Symposium on Nondestructive Tests in the Field of Nuclear Energy," Spec. Tech. Pub. No. 223 (1958), 1-395.
6) Mc Gonnagle, W.J.: "Some Nondestructive Testing Methods for Testing Welds," Weld. J., (1956) No. 11, 1110-1119.
7) Harrer, J.R.: "Greater Acceptance of Welding through the Use of Inspection Methods," Weld. J., (1957) No. 3, 252-256.

第10章 熔 接 施 工

10.1 熔接施工과 그 計劃

熔接施工(welding procedure)은 적당한 **仕樣書**에 따라 **所望**되는 구조물을 제작하는 방법이며, 용접설계나 사양서作製가 부적당하면 **施工**이 매우 곤란하게 되고, 그 성공을 기대하기 힘들다. 따라서, 용접설계자는 **施工**에 관하여 충분히 이해함과 동시에, 최신의 용접기술과 시공요령을 항상 익혀 두어야 한다.

용접구조물의 제작은 다음과 같은 과정을 거쳐서 행해진다. 단, ( )內는 생략될 경우도 있다.

計劃→設計→製作図→材料調整, 試驗(矯正)→原치수본뜨기→줄치기→材料切斷→(変形矯正)→(削稜)→組立→仮용접→(予熱)→熔接→(熱処理)→(変形矯正)→다듬질→檢査→(仮組立)→(塗裝)→輸送→現場架設→現場熔接→檢査→(塗裝)→竣工→檢査

용접공사를 **能率的**으로 하여 **良好**한 **製品**을 얻기 위하여는, 工程, 設備, 資材, 施工順序, 準備, 事後處理, 作業管理등에 대하여 적당한 시공계획을 세울 필요가 있다.

10.1.1 工 程 計 劃

일반적으로 용접의 **工事量**과 **設備能力**을 기본으로 하여 **全体**의 **工程**이 결정되고 상세한 용접의 **工程計劃**이 세워지게 된다. 즉, 우선 (가) **工程表**, **山積表**를 만들고 (나) **工作法**을 결정하고, 나아가 (다) **人員配置表** 및 **加工表**를 만든다.

工程表에는 **完成予定日**, 材料 및 **主要部品**의 **入手時期**를 표시하고, **作業 區分別**의 **工程表**를 모아서 **熔接所要工数**의 **山積表**를 만들어, 될 수 있는대로 山이 **平坦**하게 되도록, **工事量**의 **平均化**를 도모한다.

다음, **各構造**의 設計図에 따라 상세한 **工作法**을 **立案**한다. 이를 위하여는 가스**切斷條件**과 홈 및 용접조건의 결정, 용접법의 선택, 용접순서의 결정, **変形除去方法**의 선정, 및 열처리방법의 결정이 필요하다.

끝으로, 각구조의 블록別로 **人員配置表**를 즉, **設備能力**을 고려하여, **工事期間中**의 **所要人員変動**이 적게 되도록, **組立關係者**와 잘 **協議**하여 결정한다. 특히, **人員 変動**이 많아지면, **各工程間**의 **空間**이 길어져 **能率**을 저하시키게 됨으로 좋지 않다. 또한 **熔接前**의 **材料加工要領**에 대하여는 **材料**치수別로 절단과 홈加工의 **予定表**를 만든다.

10.1.2 設 備 計 劃

各工程計劃은 **工場**의 **現有設備**에 맞게끔 **立案**되나, **長期工程計劃**이나 **將來工事量**에 대하여는 **工場設備**를 이에 **적합**하도록 **立案整備**하여야 한다. **本格的**인 **多量生産方式**을 취할 수 없을 때도, 어느정도 **分業化**할 필요가 있다. 그림 10.1은 흐름作業(flow pr-

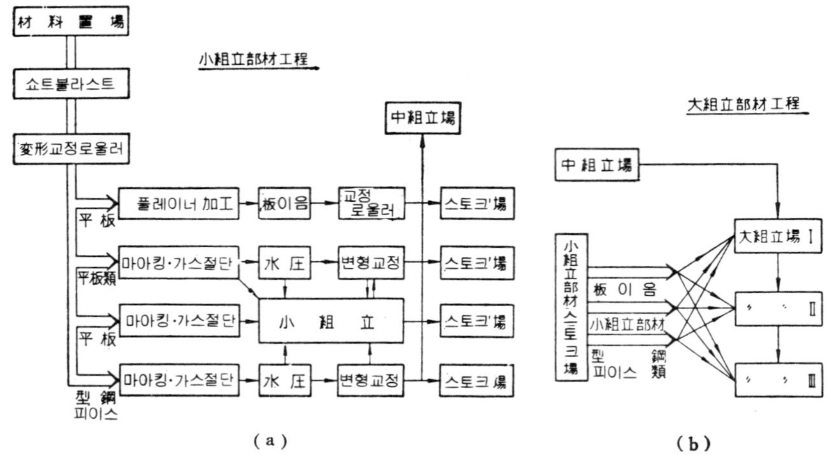

圖 10.1 造船에서의 小組立 및 大組立의 흐름工程

ocess)이 비교적 곤란한 造船에서의 小組立과 大組立의 흐름工程이다.

　설비로서 우선 중요한 것은 熔接定盤의 넓이와 運搬能力 및 熔接能力이다. 定盤이란, 물품을 정확하게 조립하는 臺로서 사용하는 것이며, 간단한 것은 平板을 平坦하게 깐 것으로부터, 帶板을 格子도 짠 것, 벌집狀定盤, 平行의 조여붙임用홈이 붙은 定盤등이 있으며, 또한 定盤自体가 全方向으로 회전하는 **포지셔너**(positioner)가 있다. 또한 용접에 의한 変形을 방지하고물품의 形狀을 올바르게유지하기 위하여, 각종 **지그 및 固定具**(Jig and fixture)가 쓰인다. 이에 대해서는 後述한다.

　용접에 직접 관계있는 설비로는 용접기, 케이블, 電源変壓器 및 電線(地下케이블) 및 가스切斷裝置등이 있다(第 2 章, 第 5 章 참조).

10.1.3 工事量의 見積

　용접의 工事量 및 工事費를 정확하게 見積하는 것은 매우 중요한 事項이다. 이것에는, 工質, 熔接棒, 副資材도 고려하여야 하나, 이밖에 용접작업에 수반에는 준비작업 및 용접의 事後處理費用이 필요하다.

　工事量의 見積에서는, 우선 용접길이의 推定이 필요하며, 보통 換算長을 사용한다. 또한 이에 수반하는 용접봉의 所要量이 필요하다(第 7 章 7.5節 참조).

　熔接工數는 本熔接工數, 仮熔接工數 및 間接工數의 3 者로 이루어 진다. 本熔接工數의 予想은 前述한 換算熔接길이에 의하여, 직접 계산으로 구할 수 있다. 즉, 1 工數当의 平均換算熔接길이를 미리 從來의 実驗에 의하여 구해두면(第 7 章 表7.22 에 의한 1 工數 7 時間의 平均換算熔接길이는 약 10〜12 m 정도), 간단하게 구할 수 있다. 또한 仮熔接工數는 本용접공수의 20%정도로 생각하면 된다. 그리고 間接工數는 監督工 및 配線工에 대한 것이다. 일반적으로 감독공은 용접공 20〜30명에 1 명정도가 적당하며, 配線工 즉 케이블의 準備, 保全, 假設등을 하는데는 용접공數의 약 2～5％정도가 필요하다. 그리고 間接工數로는 本熔接工數의 5～10％ 정도로 예상하면 된다.

準備費는 設計, 原치수본뜨기, 줄치기, 절단, 홈加工, 組立의 一連作業에 수반하 는 것이며, 일반적으로 용접작업비용보다 많은 것이 보통이다. 홈加工에는 臺切, 엣지플레이너(板端을 切削하는 플레이너), 플레임플레이너(가스切斷型-平削機), 선반, 플레이너等 여러가지가 쓰인다.

事後處理費는 熔接後의 어니일링, 変形除去作業, 檢査 및 原狀回復作業에 수반하는 것이다. 어니일링費는 加熱方法, 구조의 大小에 따라 크게 달라진다. 変形除去作業은 材料의 板두께가 얇을 수 록 커지며, 예를들어 400톤級의 漁船에서는 板두께 9 mm 에서 용접공수가 약 1000인네 대하여 変形除去工數는 5～6％의 量이다. 또한 檢査費中, 肉眼檢査에서는 1名의 檢査工이 30～40名의 용접공의 작업을 검사할 수 있으므로, 대체로 용접공수의 2～3％로 보면 된다.

副資材費로는, 용접기, 케이블, 防護具, 其他의 使用料(償却費) 및 電力料등이 있다. 용접기의 耐用年數는 약 10～15年이나, 現地作業등에서는 그 1/2～1/3정도로 低下한다. 또한 케이블의 耐用年數는 약 2～3年이다.

10.2 熔接準備

용접제품이 잘 되고 못되고는 용접전의 준비가 잘 되고 못되는데 따라 크게 영향을 받는다. 이 준비사항으로는, 재료, 용접공, 지그, 組立과 假熔接, 홈의 加工과 청소작업이 있으며, 준비가 완전하면, 용접은 90％ 성공한 것으로 보아도 좋을 정도이다.

10.2.1 一般的準備

(1) 熔接材料

용접은 극히 短時間에 행해지는 冶金的操作임으로, 모재, 및 용접봉의 선택이 매우 중요한 문제라는 점에 대해서는 이미 各章에서 설명한 대로이다. 따라서 모재의 화학성분 및 履歷을 조사하고, 이에 적합한 용접봉을 사용하여야 한다. 만일 모재의 재질을 사전에 밀시이트(製造履歷書)등으로 확인할 수없는 경우에는, 될 수 있으면 사전에 화학분석 및 기계시험을 하는 것이 바람직하다. 또한, 각종 용접성확인시험과 시공법 시험을 하여야 한다. 화학분석을 할 수 없을 때는, 간단한 불꽃檢査로서 鋼의 炭素量 을 推定하는 것도 有効하며, 이것을 할 수 없을 때는 필렛용접破面試驗등에 의하여 板의 용접성을 간단하게 판단하는 것도 하나의 방법이다(第9章 참조).

(2) 熔接工

용접공의 기능과 성격은 용접결과에 중대한 영향을 미친다. 용접공은 일의 重要度에 따라 소정의 기능검정에 합격한 者를 채용하여야 한다. 十余年의 유경험자라 할지라도 자기나름대로 용접을 익힌 사람은, 예를들어 KS B 0885 의 기능시험(付錄참조)에 불합격이 되는 者가 많지만, 正規의 敎育을 받으면, 數個月의 훈련만으로도 훌륭하게 합격할 수 있는 기술을 익힐 수 있다.

용접공은 기술이 우수함은 물론, 精神的素質이 중요하다. 正直하고 責任感이 强하고, 硏究心이 왕성하고 注意깊으며, 솔직하고 열심인 성격의 사람이 환영받는다. 재료 및 용접기술에 관한 어느정도의 기초지식만 갖추고 용접을 하면 훌륭한 용접을 할 수 있다. 本人이 만든 용접부의 X線透過寫眞을 용접공에 보이는 것은 용접공의 잘못된 버릇을 교정하고 기능을 연마하는데 큰 도움이 된다.

10.2.2　熔　接　지　그

　재료의 準備가 끝나면, 組立 및 仮용접에 착수한다. 피용접물을 정확한 치수로 완성시키기 위하여는 定盤 또는 적당한 熔接臺上에 組立固定한다. 部品을 조립하는데 쓰는 도구를 熔接지그(welding jig) 라 하며, 특히 부품을 누르는 固定作用에 쓰이는 것을 熔接固定具(welding fixture)라 한다. 薄物은 특히 용접변형이 심하므로, 이것을 억제하기 위하여 적당한 지그를 사용한다. (그림 10.2~그림 10.5) 形狀이 복잡한 물건은 자유로 히

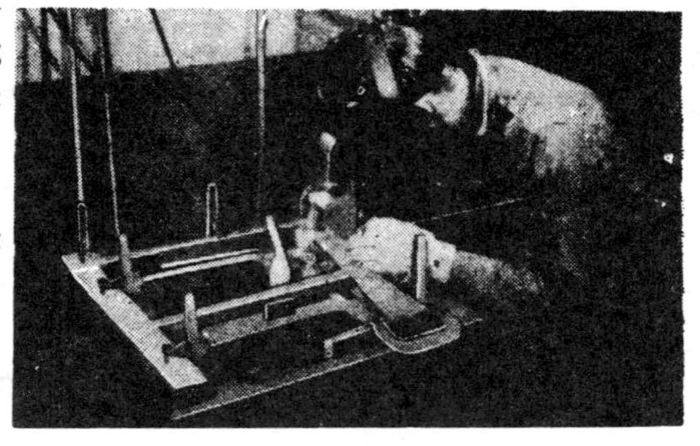

図 10.2　熔接지그의 例(航空機用 마그네슘 製座席틀)

図 10.3　車輪의 熔接用지그(左는 지그, 右는 組立熔接中)

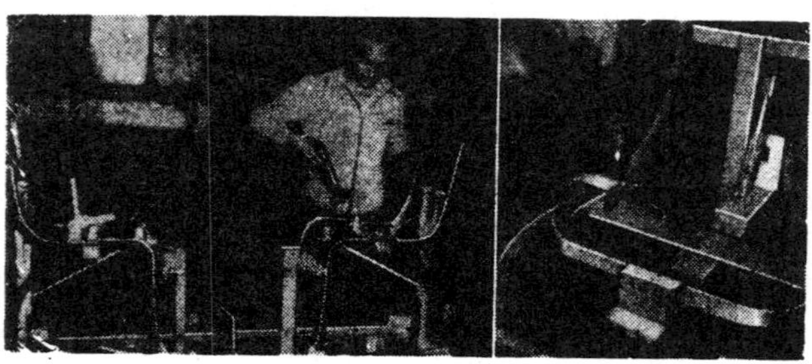

図 10.4　椅子熔接用지그

회전시킬 수 있는 臺上에 붙여놓고 아래보기자세로 용접하는 것이 가장 좋은용접법이다. 이러한 목적으로 쓰이는 回轉臺를 熔接**포지셔너**(welding positiner) 또는 熔接**마니퓰레이터**(welding manipulator)라 하며, 大小여러가지가 있다. 그림 10.6은 容量 2톤의 포지셔너이며, 定盤(a)上에 용접물을 붙여놓고 水平軸주위로 左右로 회전함과 동시에 軸 B주위에 定盤이 回轉할 수 있는 것이다. 그림 10.7은 포지셔너를 이용하여 아래보기 용접을 하는 모습이다. 또한 그림 10.8 은 鐵道車輛프레임의 용접용포지셔너

図 10.5　파이프맞대기假熔接用지그

図 10.6　熔接用포지셔너(2톤)

図 10.7　포지셔너에 의한 熔接

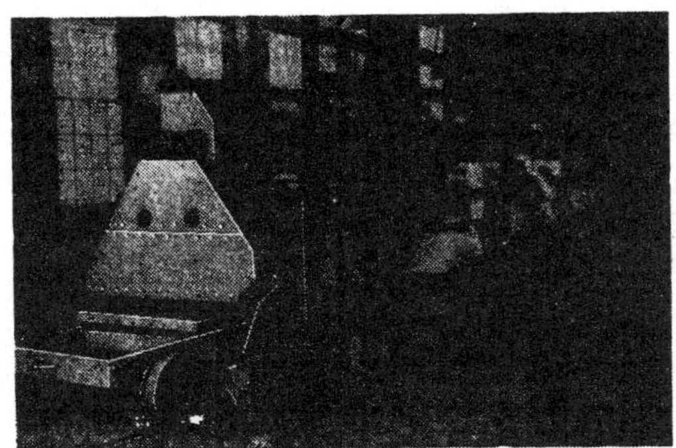

図 10.8　鐵道車輛프레임의 熔接用포지셔너
(兩端을 支持하여 自由로히 回轉될 수 있다)

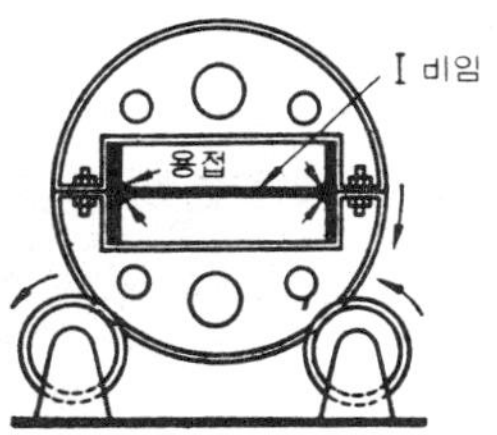

図 10.9　I型 비임熔接用回轉지그

이다. 그림 10.9는 橋梁 또는 建築用의 I 빔 또는 트러스等을 조립할 때 쓰는 回転지그의 一例이며, 이것도 포지셔너의 変形이다. 그리고 그림 10.10은 回転로울러上에 缶胴을 올려놓고, 맞대기용접을 하고 있는 모습이며 (스테인레스鋼, MIG 용접), 용접기는 操作臺 (마니퓰레이터 manipulator) 위에 설치하고 있다.

図 10.10　回転로울러上에 올려 놓고 하는 스테인리스鋼缶胴의 맞대기MIG熔接, 熔接機는 操作臺위에 설치되고 있다.

図 10.11　大型포지셔너에 설치한 原子爐用스테인리스鋼鑄造펌프의 両半部를 맞대기MIG熔接中

図 10.12　自動熔接機用大型마니퓰레이터

重量物의 용접例로서 그림 10.11은 発電用原子炉에 사용되는 大型스테인리스鑄鋼펌프의 兩半部分을 포지셔너에 올려놓고 맞대기MIG용접중의 사진이다. 또한 그림 10.12는 大型마니풀레이터이며, 十字型의 水平프레임左端에 자동용접기를 설치하여, 이것을 上下, 水平으로 자동이동시켜서 대형구조물을 용접하는 것이다.

10.2.3 組立 및 仮熔接

組立(assembly)과 仮熔接(tack welding)은 용접공사에 있어서 중요한 工程의 하나이며, 그 良否는 용접결과에 직접 영향을 미친다. 조립순서는 용접순서 및 용접작업의 특성을 고려하여 계획하며, 용접不能의 個所가 없도록 또한 불필요한 変形 또는 残留応力이 남지 않도록 미리 檢討하여 조립순서를 결정한다. 그림 10.13은 貨物船의 二重바닥構造의 조립순서를 나타낸 것이며, 各工程에 있어 될 수 있는대로 자유롭고 작업이 용이한 상태에서 용접할 수 있도록 계획되고 있다. 일반적으로 収縮이 큰 맞대기이음을 제1로 하고, 필렛용접을 第2로 하는 것이 常識으로 되어있다.

仮熔接은 本熔接전에 左右의 홈部分을 暫定的으로 고정하기 위한 짧은 용접이나, 터짐, 氣孔, 슬래그섞임, 등의 결함을 수반하기 쉬우므로, 原則的으로 本熔接을 하는 홈內에 가용접하는 것은 좋지 않다. 만일 부득이 한 경우에는 本용접전에 깍아 내도록 하여야 한다.

가용접은 생각보다 곤란한 일이므로 본용접과 동일정도의 기능을 갖는 용접공으로 하여금 용접시켜야 한다. 造船에서는 특히 仮熔接工의 기

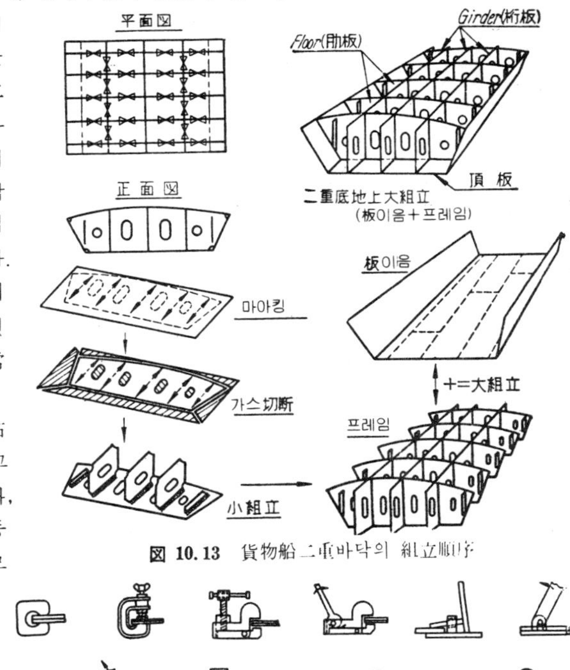

図 10.13 貨物船二重바닥의 組立順序

図 10.14 假熔接用 各種피이스類

능검정시험이 규정되고 있다. 仮용접용의 용접봉은 本용접보다 약간 적은 것을 쓰며, 4 mm 또는 3.2 mm 정도의 棒徑의것이 가장 많이 쓰인다. 仮용접의 간격은 3 mm정도의 薄板에는 약 50 mm마다, 厚板에서는 약 300 mm 마다 붙인다. 仮용접비이드의 길이는 造船의 경우는 比較的 中, 厚板이 많으므로 약 35 mm 정도로 하고 있다. 너무 짧으면 결함이 생기기 쉽다.

仮용접용의 피이스 및 工具類는 그림 10. 14, 15, 16과 같은 여러가지가 있다.

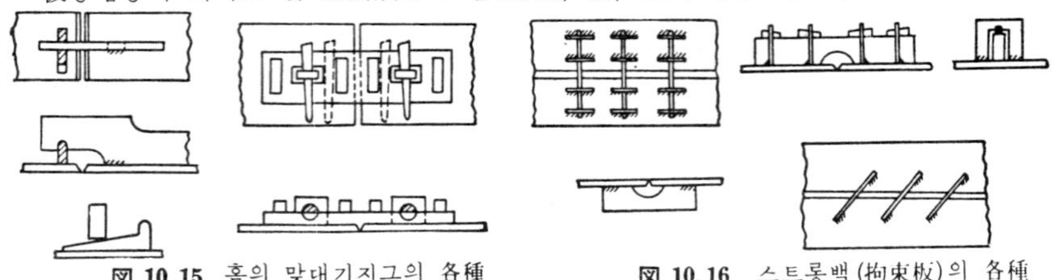

図 10.15　홈의 맞대기지그의 各種　　　図 10.16　스트롱백 (拘束板)의 各種

10.2.4　홈의 確認 및 淸掃

(1) 홈의 確認 및 補修

용접홈의 상태가 올바른 것인가를 사전에 확인하는 것은 용접공 또는 檢査員이 하는 중요한 작업이다.

홈의 루우트間隔, 루우트面, 홈角度에는 손용접과 자동용접에 따라 許容限界가 있다. 손용접에서는 그 精度가 상당히 낮아도 되지만 (第 7 章 그림 7.3 참조), 서브머어지드 아아크 自動熔接에서는 熔落을 방지하기 위하여 그림 10.17과 같이 엄격한 제한이 있다.

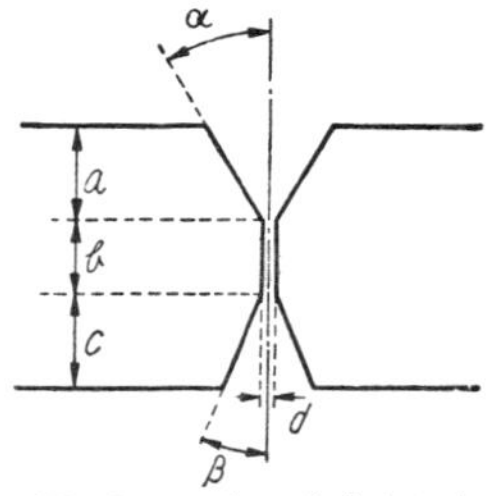

図 10.17　서브미어지드아아크熔接의 홈精度 (角度 α, β는 그 $\pm 1/10$, a, b, c.는 ± 1mm, d=0~0.8mm)

이음홈의 **엇갈림**(stagger)이 過大하게 되면, 용접결함이 생기기 쉽고, 또한 이음에 굽힘應力이 생기므로, 許容限度內로 矯正한다. 例를들어, 日本通産省의 發電用보일러 技術基準에서는 보일러缶胴 맞대기이음面의 엇갈림은,

길이方向이음은 板두께의 5 %(단, 板두께20mm以下는 1 mm, 板두께 60mm以上은 3 mm), 円周이음은 板두께의 10%(단, 板두께 15mm以下는 1.5mm, 板두께60mm以上은 6 mm)를 넘어서는 안되는 것으로 하고 있다.

이음面이 너무 벌어지고 있을 때는 다음과 같이 補修한다. 맞대기이음에서는

(a) 間隙 6 mm以下, (b) 間隙 6~15mm, (c) 間隙15mm以上.

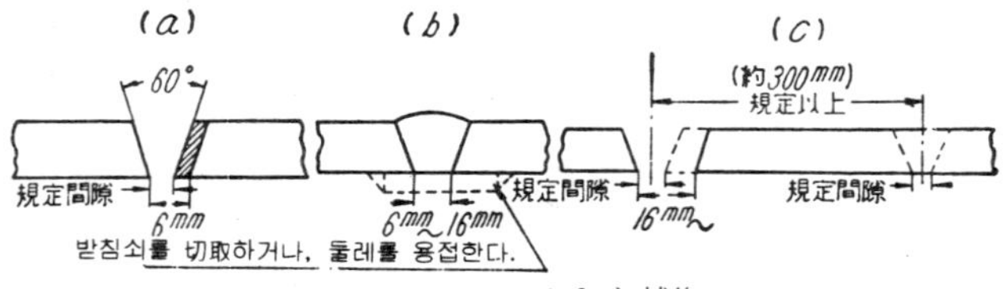

図 10.18　맞대기이음홈의 補修

으로 나누어, 그림 10.18과 같이 (a)의 경우는 片側 또는 兩側에 덧붙이하여　깎아내서 正規의 홈으로 만든 다음 용접한다. (b)의 경우는 板두께　6 mm정도의 받침쇠를 대서 용접한다. 이 받침쇠는, 떼어내서 뒷面용접을 해도 되나, 그대로 남겨두어도 된다. (c)의 경우는 板을 전부 또는 일부(약 300 mm 길이) 교환한다.

　필렛이음의 경우에, 그림 10.19와 같이 間隙이 커지면 다음과 같이 補修한다. 즉 (a) 間隙이 1.5 mm以下이면 그대로 規定한 다리길이로 용접을 한다. (b)　間隙 1.5~4.5 mm 의 경우에는 그대로 용접해도 되나, 벌어진 만큼 다리길이를 증가시킬 필요가 있다. (c)　間隙이 4.5 mm 이상일 때는 라이너를 넣거나 不足된 板을 300 mm以上　잘라내서 교환한다.

　以上과 같은 補修方法대신에 그림 10.20과 같이 쇠붙이를 채워넣는 속임수를 써서는 안된다. 이와같이 하면, 반드시 결함이 생겨 이음強度가 不足하게 된다.

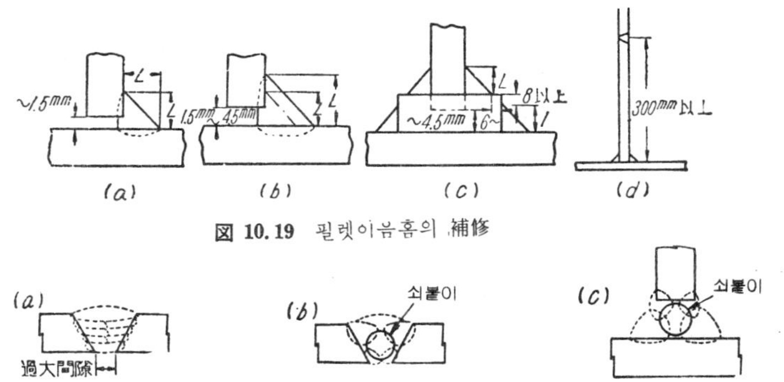

図 10.19　필렛이음홈의 補修

(a) 無理하게 걸치게 하여
　　熔接한다.
(b) 쇠붙이로 메꾸고 熔接한다.
(c) 쇠붙이로 메꾸고
　　熔接한다.

図 10.20 해서는 안될 不良補修의 例

(2) 홈 의 淸掃

　용접에 惡影響을 미치는, 것, 특히 氣孔 및 균열의 原因이 되는 것으로는 水分, 빨간 녹, 밀스케일, 페인트, 油, 구리스, 먼지, 슬래그等이 있다. 이러한 것들은 용접결함의 원인이 됨으로, 용접전에 또는 各層마다 완전하게 슬래그를 제거하고,　와이어브러시, 글라인더, 쇼트블라스트 또는 化學藥品에 의하여 청소할 필요가 있다. 자동용접에서는 大電流高速熔接임으로 上述한 영향이 크다. 따라서 용접전에 가스炎으로 홈面을 약80°C 정도로 구워서 水分이나 油脂를 제거하는 방법을 쓰면 매우 有益하다.

10.3 本　熔　接

10.3.1 熔着法과 熔接順序

(1) 熔　着　法

本熔接의 熔着法(welding sequence)에는 그림 10.21과 같이 여러가지가 있다. 즉,

용접방향에 따라 **前進法** (progressive method), **後退法** (backstep method), **対稱法** (symmetric method), **스킵法** (skip method)으로 나누어지며, 積層法에 의하여 **빌드업法** (buildup sequence) **카스케이드法** (cascade squence), **블록法** (block squence) 等이 있다. 이러한 방법들은 용접에 수반하는 変形과 收縮 및 용접잔류응력의 輕減, 工數의 低減, 모재의 재질 및 용접방법에 따라 적당히 선택된다.

前進法은 가장 간단한 방법이며, 自動熔接에서는 주로 이 방법이 쓰인다. 그러나, 熔接長이 길어지면 終端으로 향하여 收縮과 殘留応力이 커짐으로, 이러한 欠点을 피하기 위하여는 後退法, 対稱法 또는 스킵法을 쓰는것이 좋다. 잔류응력을 적게 하는데는 後退法이 좋고, 変形의 非対稱을 피하기 위하여는 対稱法을 쓰도록 한다. 薄板에서는 変形을 적게해야 하기 때문에 스킵

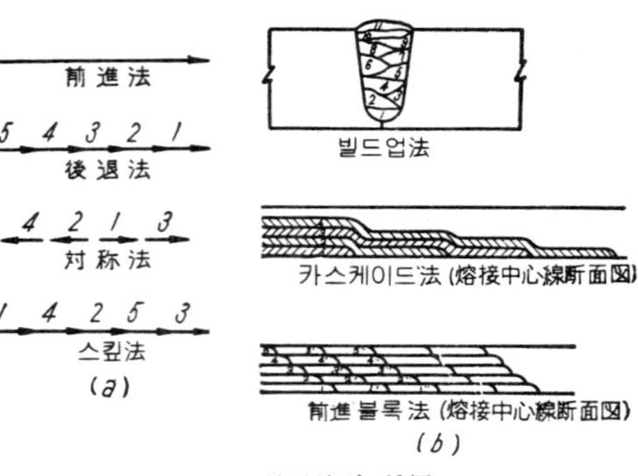

図 10. 21　熔着法의 種類

法이 바람직하다. 가령, 두께 2.4mm 의 軟鋼板의 맞대기용접에서는, 棒지름 3.2mm에 대하여 25~50mm의 비이드길이가 적당한것으로 알려 있다.

多層熔接에서는 그림10. 21과 같이 빌드업法에 의하여 비이드를 붙이는 것이 보통이나, 変形 및 殘留応力을 적게 하기 위하여는 카스케이드法 또는 블록法을 써서 부분적으로 용접을 완료한 다음, 全体의 용접을 완성시키는 방법이 자주 쓰인다.

용착을 할때는 直線비이드를 붙이는 대신, 棒을 進行方向에 직각으로 약간씩 振動시켜 용착하는 소위 위이빙法이 쓰여지는 것에 대하여는 이미 第二章 2.5節에서 기술한 바 있다. 이밖에 피복아아크용접技法에 대하여도 同章에서 설명하였으므로 생략한다.

(2) 熔 接 順 序

용접순서란, 용접선을 완료시키는 순서를 말하며, 이것은 제품의 조립이 용이하게 되도록 선정된다. 이를 위하여는 (가) 組立이 進行됨에 따라 熔接不能 또는 곤란한 장소가 생기지 않도록 주의하고, (나) 收縮이 될 수 있는대로 자유롭게 일어날 수 있도록 中央에서 四周로 미치게 하고, 또한 対稱的으로 용접을 진행시키도록 하여야 한다(第 8 章 8.2 참조)

10. 3. 2 밑面따내기 및 뒷面熔接

薄板의 맞대기용접에서는 **밑면따내기** (back chipping)를 하지 않고, 뒷面용접을 할 때가 있으나, 일반적으로 맞대기이음의 第 1 層째는 용입불충분等의 결함이 생기기 쉬우므로, 第 2 層以後가 완료한 다음 밑면따내기에 의하여 제거하여 뒷面을 용접할 때가 있다. 특히 强度가 필요한 이음에서는 밑면따내기가 반드시 필요하다.

밑면따내기의 방법에는,

가)　機械的方法 세이퍼, 플라이스盤等에 의하는 切削.

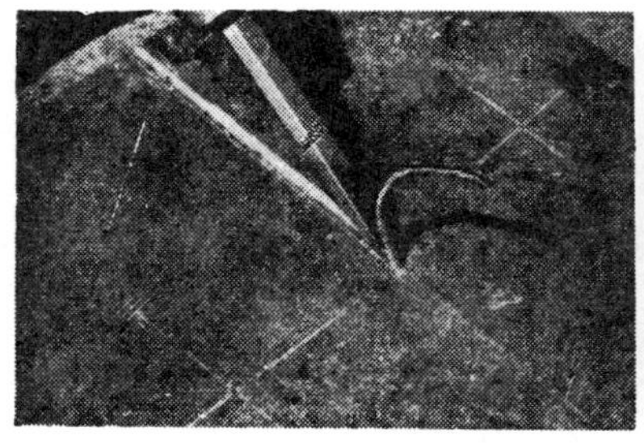
(a)

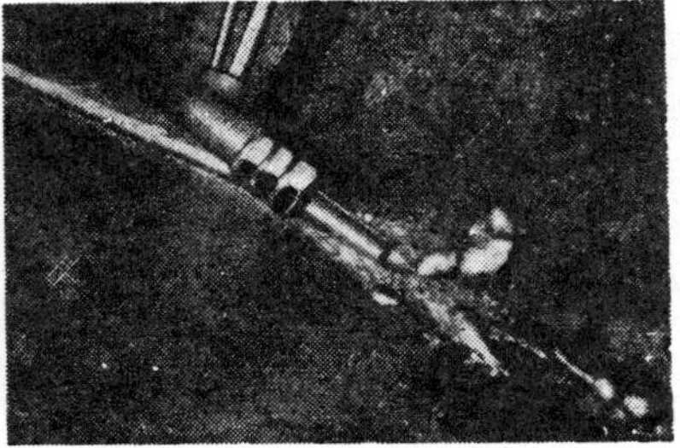
(b)

図 10.22 가우징 및 밑면따내기

나) 정으로 깎아내는 方法 그림10.22(a)와 같이 정과 해머를 써서 손으로 따내는 대신, 최근에는 압축공기압을 이용하는 뉴우매틱해머(pneumatic hammer)를 쓰는 경우가 많다. 이 방법은 용입불량부분을 정끝으로 밀어붙이는 경우가 있으나 変形은 적다. 1工數當의 따내기 길이는 V型아래보기에서는 25~30m, 위보기에서는 약 7~10m 이다.

최근에는 정대신에 가스炎을 쓰는 플레임 가우징(flame gouging, 火炎홈파기) 또는 炭素電極아아크와 압축공기를 쓰는 아아크 에어 가우징(arc air gouging)이 능율좋게 사용되고 있다. 그림10.22(b)는 플래임가우징用토오치이다. 이에 대하여는 이미 第5章5.6, 및 5.7節에서 설명한 바 있다. 또한 플레임가우징의 能率은 1工數当 약50~60m 이며, 이러한 방법에서는 모재를 가열하게 됨으로 変形이 생기는 것이 결점이다.

10.3.3 予　　　熱

軟鋼에서도 두께 약25mm以上의 板, 또는 低合金鋼, 强靭鋼, 마르텐사이트系스테인리스鋼等, 열영향부가 急冷硬化하여 비이드 밑처짐이 일어나기 쉬운 재료에서는,　材質에 따라 50~350℃ 정도로 용접홈을 예열한 다음 용접한다. 軟鋼도 0℃以下에서는 低温터짐이 생기기 쉬우므로, 이음의 両側약100mm幅을 약40~75℃로 가열하는 것이 좋다. 물론 第2層째이후 는 前層의 熱로 인하여 母材가 加熱 되어 있으므로 예열을 생략할 수 있는 경우가 많다. 또한 鑄物, 高級耐熱合金등의 용접터짐을 방지하기 위해서도 예열이 이용된다. 그리고 厚板알루미늄合金, 銅, 또는 銅合金에서는 熱傳導가 너무 좋아서, 이음部分의 加熱이 不足하게 되어 融合不良이 생기므로 200~400℃의 예열이 필요하다. 材質에 따른 予熱温度에 대하여는 第11章에서 기술한다.

이러한 予熱操作에는 일반적으로 酸素아세틸렌, 프로판가스, 또는 都市가스等, 가스炎에 의한 加熱이 사용되며, 용접물이 小物인 경우에는 電氣炉, 가스炉등에 넣어 予熱한다.

가스토오치로는, 單一팁의 것이 드물며, 보통, 긴 용접선을 동시에 가열할 수 있도록 多數의 팁을 배열한 多管式토오치가 사용된다. 그림10.23(a)는 그 일예이며, 두꺼운 Cr-Mo鋼의 缶胴円周이음을 예열하고 있는 모습이다. 또한 그림10.23(b)는 두께가 125mm Cr-Mo鋼圧力容器의 이음을 예열하는 모습이며, 予熱温度의 測定은 表面測温用

(a) 가스炎에 의한 圓周이음의 豫熱

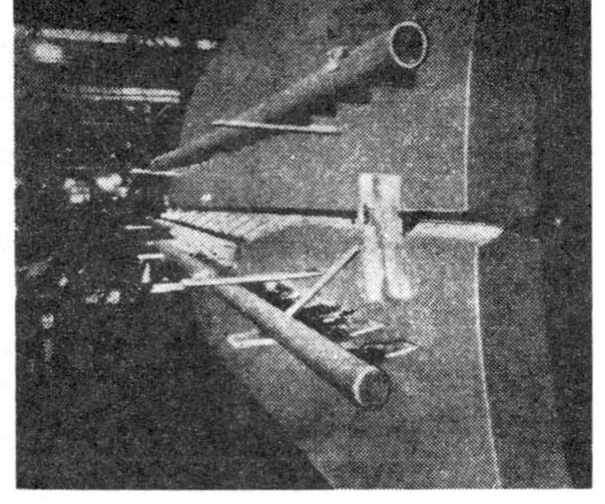

(b) 두께 125mm의 缶胴시임의 豫熱(2개의 파이프에 多數의 팁이 붙어 있다).

図 10.23　缶胴이음의 豫熱狀況

熱電対溫度計, 또는 **템필스틱**(tempilstick, 연필크기로 여러가지 融点이 다른　물질을 凝固시킨 棒)의 先端으로 加熱表面을 문질러서, 表面에 붙은 스틱粉末이 녹을 때의 온도로서 測溫한다.

10.3.4　熔　接　條　件

피복아아크용접에 있어서 용접전류와 아아크電壓의 適正値는, 용접봉의 종류, 치수에 따라 달라지며, 각각 용접봉의 데이터에서 指示되고 있다. 일반적으로 아아크電壓은 플락스의 종류 및 아아크길이에 관계가 있고, 大体로 20~40V이며, 同種의 棒에서는 棒지름이 클 수 록, 높다.

아아크길이를 짧게 하고 아아크電壓을 너무 낮게 하면, 쇼오트하기 쉽게 되며, 아아크를 무리하게 길게 하고 電壓을 높이면 아아크가 不安定하게 되며, 또한 **酸化物**, **窒化物**이 용접금속중에 混入하기 쉽게 된다. (第 2 章 2 . 5 参照)

용접전류는 適性範圍内에서 용접자세, 홈形狀, 모재의 종류에 따라 조정사용한다. 일반적으로, 아래보기에서는 强電流를, 위보기에서는　그 10~20%減, 수직자세에서는 아래보기의 20~30%減의 비교적弱電流를 쓴다. 電流過大의 경우에는 언더컷, 氣孔, 슬래그섞임이 생기기 쉽고, 表面의 波形이 거칠게 되며, 또한 용접봉의 호울더 부근의 피복이 녹아 떨어져서 사용할 수 없게 되거나, 또는 크레이터에 결함이 생기기 쉽다. 또한 電流過小의 경우는 용입이 나빠져서 오우버랩의 경향이 생기고, 슬래그섞임이 생겨 强度不完全이 된다. 물론, 용접능율을 높이기 위하여는 될 수 있는대로 熔接入熱을 크게 하여야 함으로 上述한 결함이 생기지 않는 범위에서 高電流高速熔接을 하는 것이 좋다.

熔接速度는 홈의 形狀, 특히 루우트間隔의 大小, 母材와 용접봉의 材質, 및 熔接電

표 10.1 아래보기 I型맞대기熔接이음의 作業標準(橫田)

비이드를 붙이는 法.	板두께 (t)mm	루우트間隔 (S)mm	熔接棒直径 mm	熔 接 電 流 A	비이드數
	1.6	0	2.0	40	1
	2.3	0	2.6	60	1
	3.2	1.5	3.0	90~100	1
	4.0	2.0	4.0	120~140	1
	5.0	2.0	4.0	130~140	1 · 2
	6.0	2.0	4.0	140~150	1 · 2
	8.0	2.0	4.0	180~200	1 · 2*
	10.0	2.0	5.0	300~340	1 · 2*

* 深熔入熔接棒을 使用한다.

표 10.2 아래보기 V型맞대기熔接이음의 作業標準(橫田)

비이드를 붙이는 法.	板두께 (t)mm	루우트間隔 (S)mm	熔接棒直径 mm	熔 接 電 流 A	비이드數
	6.0	1.0	4.0	130~150	1 · 2 · B
	9.0	1.5	4.0	140~160	1···3 · B
			4.0 5.0	140~160 180~190	1 · 2 · B 3
	12.0	1.5	4.0	150~160	1···5 · B
			4.0 5.0	150~160 190~200	1 · B 2···4
	16.0	2.0	4.0 5.0	150~160 200~210	1 · B 2···7
			4.0 6.0	150~160 250~270	1 · B 2···5
	19.0	2.0	4.0 6.0	150~160 270~290	1 · B 2···7

〔註〕 B는 뒷面熔接이고 1層붙임. 또한 表中 熔接棒의 項에 2種以上의 棒徑이 記入되어 있는 것은 兩者를 併用하는 뜻이며, 또한 비이드數의 項에서 1·B, 2···4 라 記入되어 있는 것은, 第1層과 뒷面熔接을 4.0mm熔接棒으로, 2層에서 4層까지를 5.0mm熔接棒으로 한다는 뜻이다.

表 10.3　아래보기 X型맞대기熔接이음의 作業標準(橫田)

비이드를 붙이는 法,	板두께 (t)mm	루우트間隔 (S)mm	熔接棒直径 mm	熔 接 電 流 A	비이드數
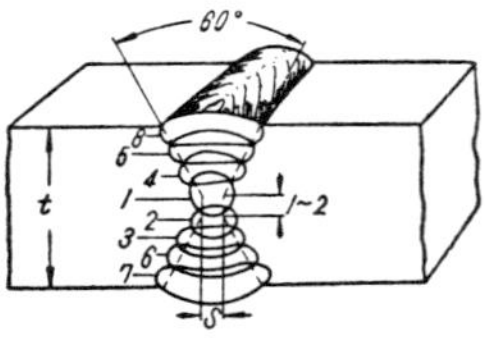	12	1.0	4.0	140～160	1…4
	16	1.5	4.0 5.0	140～160 190～200	1・2 3・4
	19	2.0	4.0 5.0	140～160 200～210	1・2 3…6
	22	2.0	4.0 5.0	150～160 200～210	1・2 3…8
	28	2.0	4.0 6.0	150～160 270～290	1・2 3…8

表 10.4　아래보기 U型 및 H型맞대기熔接이음의 作業標準(橫田)

비이드를 붙이는 法.	板두께 (t)mm	루우트間隔 (S)mm	熔接棒直径 mm	熔 接 電 流 A	비이드數
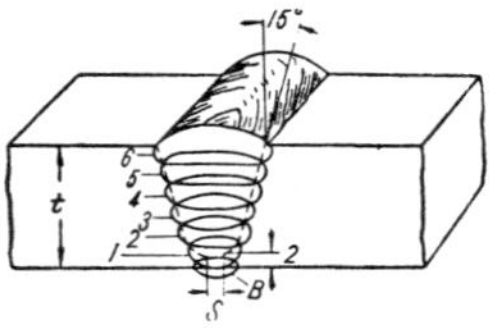	16	1.0	4.0 5.0	140～150 190～200	1・2・B 3…6
	22	1.5	4.0 6.0	140～150 270～290	1・2・B 3…7
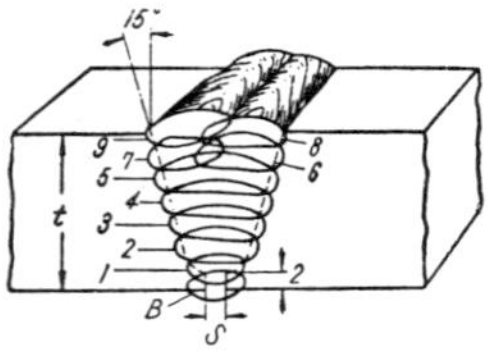	28	2.0	4.0 6.0	140～150 270～290	1・2・B 3…9
	32	2.0	4.0 6.0	140～150 270～290	1・2・B 3…11
	38	2.0	4.0 6.0	140～150 270～290	1・2・B 3…14
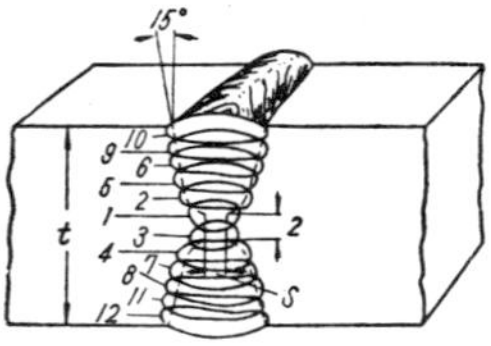	28	2.0	4.0 6.0	140～150 270～290	1…3 4…8
	32	2.0	4.0 6.0	140～150 270～290	1…3 4…10
	38	2.0	4.0 6.0	140～150 270～290	1…3 4…12
	45	2.0	4.0 6.0	140～150 270～290	1…3 4…16
	50	2.0	4.0 6.0	140～150 270～290	1…3 4…18

表 10.5　垂直 맞대기熔接이음의　作業標準(橫出)

비이드를 붙이는 法.	板두께 (t)mm	루우트間隔 (S)mm	熔接棒直径 mm	熔 接 電 流 A	비이드數
	4.0	1.0	3.0	65~75	1・2
	6.0	2.0	3.0	75~85	1・2
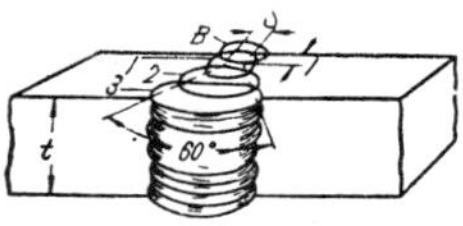	9.0	2.0	3.0 4.0	80~90 120~130	1 2・3・B
	12.0	2.0	4.0	120~130	1…4・B
	14.0	2.0	4.0 5.0	125~135 170~180	1・B 2…4
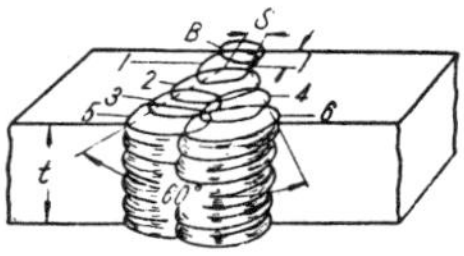	16.0	2.0	4.0 5.0	125~135 170~180	1・B 2…4
	19.0	2.0	4.0 5.0	125~135 170~180	1・2・B 3…5
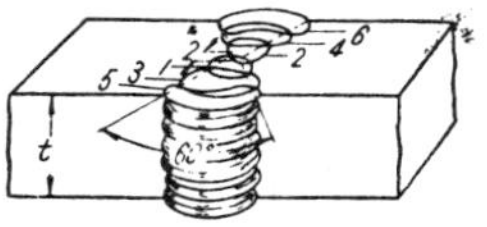	25.0	2.0	4.0 5.0	125~135 170~180	1・2 3…6
	28.0	2.0	4.0 5.0	125~140 170~180	1・2 3…8

表 10.6　水平맞대기熔接이음의　作業標準(橫出)

비이드를 붙이는 法.	板두께 (t)mm	루우트間隔 (S)mm	熔接棒直径 mm	熔 接 電 流 A	비이드數
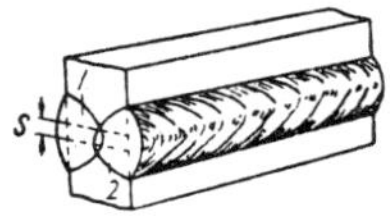	4.0	2.0	4.0	125~135	1・2
	6.0	2.0	4.0	130~140	1…3
	9.0	3.0	4.0	135~145	1…5
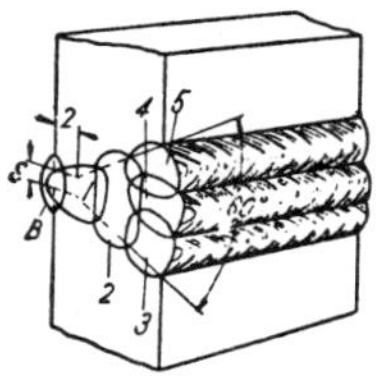	12.0	3.0	4.0 5.0	135~145 190~200	熔接工의 덧붙이法 에　따라 달라진다.
	16.0	3.0	4.0 5.0	135~145 190~200	
	19.0	3.0	4.0 5.0	135~145 190~200	
	25.0	3.0	4.0 5.0	135~145 190~200	

表 10.7　위보기 맞대기 熔接이음의 作業標準(橫田)

비이드를 붙이는 法.	板두께 (t)mm	루우트間隔 (S)mm	熔接棒直径 mm	熔接電流 A	비이드數
	4.0	3.0	4.0	130~140	1·2
	6.0	4.0	4.0	130~140	1…3
	9.0	5.0	4.0	135~145	1…4
	12.0	5.0	4.0	135~145	熔接工의 덧붙이法에 따라 달라진다.
	16.0	5.0	4.0	135~145	
	19.0	5.0	4.0	135~145	

表 10.8　K型 및 J型熔接이음의 作業標準(橫田)

비이드를 붙이는 法.	板두께 (t)mm	루우트間隔 (S)mm	熔接棒直径 mm	熔接電流 A	비이드數
	10.0	2.0	4.0	160~180	4
	12.0	2.0	4.0 5.0	160~180 190~210	1·2 3·4
	14.0	2.0	4.0 5.0	160~180 190~210	1·2 3…6
	16.0	2.0	4.0 5.0	160~180 190~210	1·2 3…6
	19.0	2.0	4.0 5.0	160~180 190~210	1·2 3…10
	25.0	2.0	4.0 5.0	160~180 190~210	1·2 3…16
	28.0	2.0	4.5 5.0	160~180 190~210	1·2 3…18
	32.0	2.0	4.0 6.0	160~180 200~220	1·2 3…20
	38.0	2.0	4.0 6.0	160~180 260~280	熔接工의 덧붙이法에 따라 달라진다.
	45.0	2.0	4.0 6.0	160~180 260~280	
	50.0	2.0	4.0 6.0	160~180 260~280	

表 10.9 水平모서리溶接이음의 作業標準(橫田)

비이드를 붙이는 法.	板두께 (t)mm	루우트間隔 (S)mm	熔接棒直径 mm	熔接電流 A	비이드數
	3.0	0	3.0	80〜90	1
	4.0	0	4.0	120〜130	1
	6.0	0	4.0	130〜140	1
	9.0	0	4.0 5.0	130〜140 170〜180	1 2
	14.0	0	4.0 5.0	140〜150 180〜190	1 2…4
	16.0	0	4.0 5.0	140〜150 180〜190	1 2…5
	19.0	0	4.0 6.0	150〜160 220〜240	1 2…7
	22.0	0	4.0 6.0	150〜160 240〜260	1 2…9
	25.0	0	4.0 6.0	150〜160 240〜260	1 2…12
	6.0	0	4.0	140〜150	1
	9.0	0	4.0	150〜160	2
	14.0	0	4.0 5.0	150〜160 200〜210	1 2…4
	19.0	0	4.0 6.0	150〜160 250〜270	1 2…5

表 10.10   水平필렛熔接이음의 作業標準(橫H)

비이드를 붙이는 法.	板두께 (t)mm	루우트間隔 (S)mm	熔接棒直径 mm	熔接電流 A	비이드數
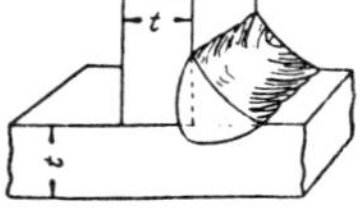	4.0	0	4.0	160～180	1
	6.0	0	5.0	200～220	1
	9.0	0	6.0	280～300	1
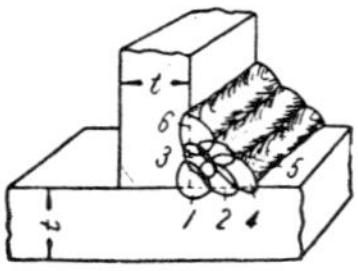	12.0	0	4.0	160～180	1…3
	16.0	0	5.0	190～210	1…3
	19.0	0	5.0	190～210	1…6
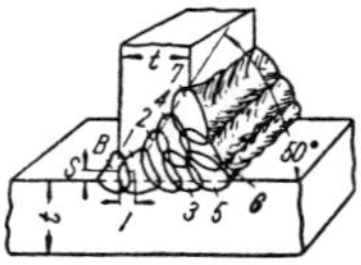	9.0	1	4.0 5.0	160～180 190～210	1・B 2…4
	12.0	1	4.0 5.0	160～180 190～210	1・B 2…7
	14.0	1	4.0 5.0	160～180 190～210	1・B 2…7
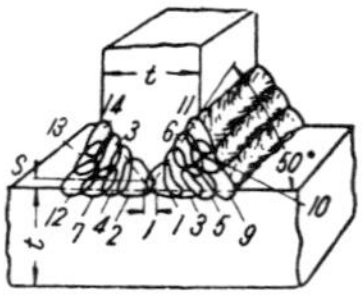	12.0	1	4.0 5.0	160～180 190～210	1・2 3…6
	16.0	1	4.0 5.0	160～180 190～210	1・2 3…8
	19.0	1	4.0 5.0	160～180 190～210	1・2 3…14
	22.0	1	4.0 5.0	160～180 200～210	1・2 3…14
	25.0	1	4.0 5.0	160～180 200～220	1・2 3…22

表 10.11　垂直필렛熔接이음의 作業標準(橫田)

비이드를 붙이는 法	板두께 (t)mm	루우트間隔 (S)mm	熔接棒直径 mm	熔接電流 A	비이드數
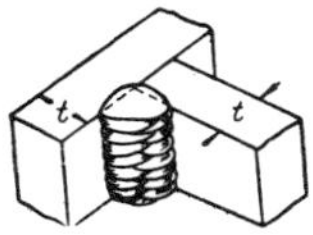	3.0	0	2.6	50〜70	1
	4.0	0	3.0	80〜100	1
	6.0	0	3.0	90〜110	1
	9.0	0	4.0	130〜150	1
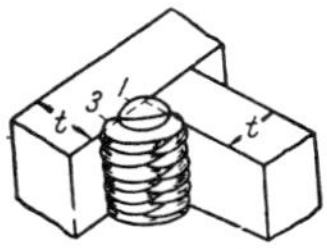	12.0	0	4.0	140〜160	1・2
	14.0	0	4.0 5.0	140〜160 170〜190	1 2
	16.0	0	4.0 5.0	140〜160 170〜190	1 2
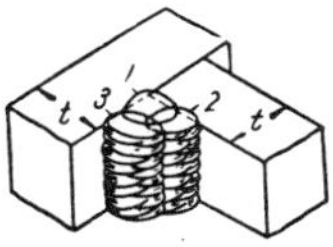	19.0	0	4.0 5.0	140〜160 170〜190	1 2…3
	22.0	0	4.0 5.0	140〜160 170〜190	1 2…3

表 10.12　위보기T型필렛熔接이음의 作業標準(橫田)

비이드를 붙이는 法	板두께 (t)mm	루우트間隔 (S)mm	熔接棒直径 mm	熔接電流 A	비이드數
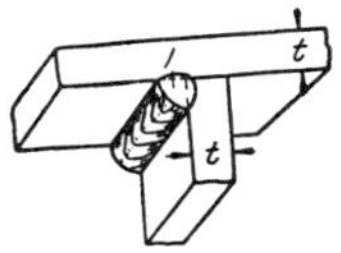	3.0	0	3.0	80〜100	1
	4.0	0	4.0	140〜160	1
	6.0	0	4.0	140〜160	1
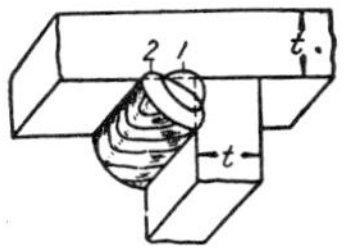	9.0	0	4.0 5.0	140〜160 170〜190	1 2
	12.0	0	4.0 5.0	140〜160 170〜190	1 2
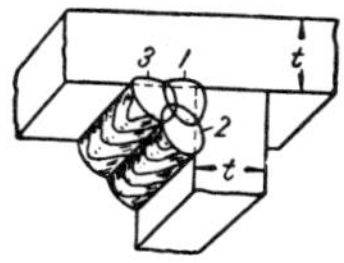	14.0	0	4.0 5.0	140〜160 170〜190	1 2…3
	16.0	0	4.0 5.0	140〜160 170〜190	熔接工의 덧붙이法에 따라 달라진다.
	19.0	0	4.0 5.0	140〜160 170〜190	
	22.0	0	4.0 5.0	140〜160 170〜190	

流値에 따라 달라진다. 용입의 大小는, 주로 용접전류對용접속도의 比에 의하여 결정
됨으로, 大電流의 경우에는 전류에 대략 비례하여 속도를 빠르게 할 수 있 다.

　피복아아크용접봉에 의한 용접속도는, 예를들어, 棒지름 4 mm에서는 아아크전류170A
에 대하여 每秒100∼200 mm 정도가 보통이다.

　表10.1∼10.12는 맞대기 및 필렛용접의 各姿勢에 대한 용접조건의 標準例이다. 이것
은 일반적인 指標에 불과하며, 물론 이 表보다 大電流로 高速熔接을 할 수 있다는 점
에 유의하기 바란다. 大電流高速熔接의 一例는 第 2 章 表 2.20과 같다.

　또한 용접이음의 홈面積은 收縮量의 推定, 용접봉의 所要量등의 계산에 중요함 으로
그림10.24에 이것을
표시해 둔다.

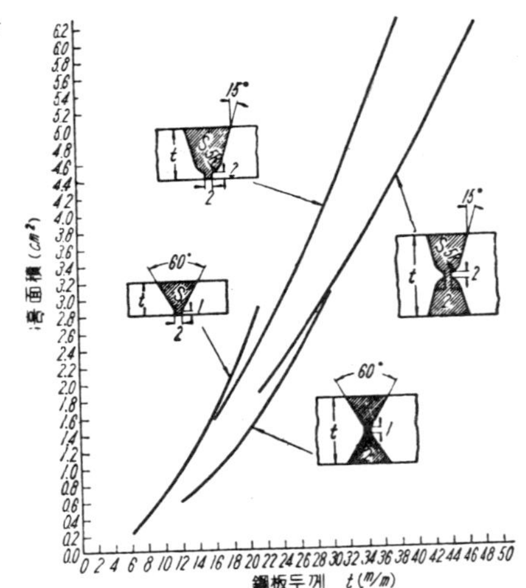

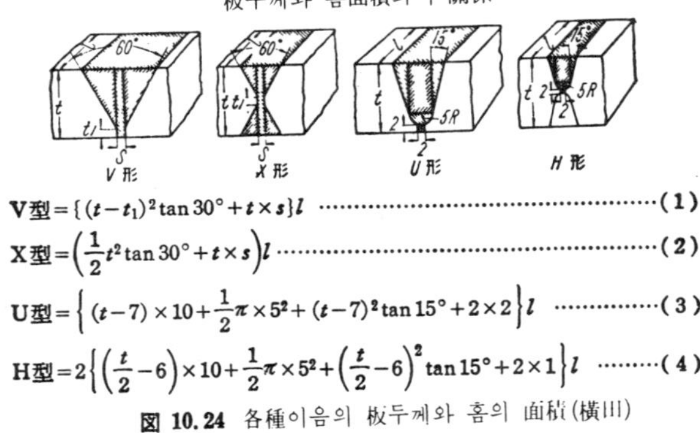

$$\mathbf{V}型=\{(t-t_1)^2\tan 30°+t\times s\}l \quad\cdots\cdots\quad(1)$$

$$\mathbf{X}型=\left(\frac{1}{2}t^2\tan 30°+t\times s\right)l \quad\cdots\cdots\quad(2)$$

$$\mathbf{U}型=\left\{(t-7)\times 10+\frac{1}{2}\pi\times 5^2+(t-7)^2\tan 15°+2\times 2\right\}l \quad\cdots\cdots\quad(3)$$

$$\mathbf{H}型=2\left\{\left(\frac{t}{2}-6\right)\times 10+\frac{1}{2}\pi\times 5^2+\left(\frac{t}{2}-6\right)^2\tan 15°+2\times 1\right\}l \quad\cdots\cdots\quad(4)$$

圖 10.24 各種이음의 板두께와 홈의 面積(橫川)

10. 3. 5　其他　注意事項

　仮용접 또는 母材의 固定이 끝나서 本熔接에 들어갈 때는, 무엇보다도 용접 결합이

생기지 않도록 주의한다. 즉, 아아크길이를 적당하게 유지하고, 適正熔接電流, 棒의 角度, 運棒法, 용접속도를 유지함으로써, 언더컷, 오우버랩, 슬래그섞임이 생기지 않도록 주의한다.

棒이음의 個所는 결함이 생기기 쉬우므로, 특히 슬래그를 청소하고 용입을 완전하게 한다. 또한 용접의 始点과 終点(크레이터)은 용입이 불충분하고, 또한 비이드中央部에 비하여 터짐이나 氣孔發生이 초래되기 쉬우므로, 응접선의 兩端에 엔드탭을 붙여 결함부를 板外로 옮기도록 하는 것이 좋다.

寒冷時 0℃이하의 경우에는 30~40℃로 예열하여 용접한다. 이것은0℃以下에서는 홈에 水分이 氷結되어 있어 용접부에 흡수되는 水素量이 증가하여 터짐이 생기기 쉽게 되기 때문이다. 各層의 슬래그는 완전하게 제거하여 異常有無를 확인한 다음에 上層의 용접을 한다.

바람이 센 날씨에는, 아아크가 끊기기 쉬우므로 防風措置를 취하고, 雨天에는 홈의 뒷쪽이 젖어 있을 때가 많으므로 水分을 건조시킨 다음 용접한다. 용접이 교차하는 곳에는, 예를들어 그림10.25와 같이 스캘롭(scallop, 부채꼴오목부)을 붙여 될 수 있는대로 용접열영향부를 멀리하도록 하여야 한다.

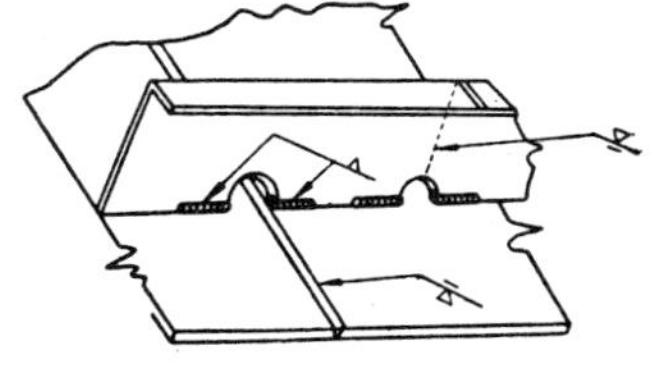

図 10.25 熔接線이 交义하는 경우의 스캘롭의 ·例

필렛용접은 언더컷이나 용입불량이 생기지 않도록 될 수 있는대로 아래보기 자세로 용접하는 것이 좋다.

10.4 熔接後의 處理

熔接後의 處理로는, 應力除去處理, 變形矯正, 檢査 및 補修가 있다.

10.4.1 応 力 除 去

殘留応力의 除去方法에는 A,変態点以下의 応力除去어니일링, 150~200℃로 가열하는 低溫応力除去法, 및 피이닝等이 있으며, 이에 대해서는 이미 第8章8.2節에서 설명한 바 있으므로, 여기서는 생략한다.

10.4.2 変 形 矯 正

용접구조물은 逆変形등을 주어서, 용접후에 일그러지지 않도록 하는 것이 理想的이지만, 変形의 抑制는 곤란한 문제이며, 특히 薄板에서는 어느정도의 変形은 피하기 힘들다. 따라서 이 変形을 輕減하는 방법이 잘 쓰인다.

変形矯正方法에는 로울링, 피이닝, 및 燒付가 있다. 로울링은 板狀 또는 直線狀과같이 形狀이 간단한것이 아니면 적용할 수 없다. 피이닝은 金属表面을 때려서 塑性変形을 주어 伸張시킴으로써, 変形을 矯正하는 것이다.

燒付는 가장 일반적으로 쓰이는 방법이며,

　가)　薄板에 대한 点燒
　나)　型材에 대한 直線燒
　다)　加熱後에 해머로 때리는 方法
　라)　厚板 또는 大構造의 것에 대하여 拘束板등에 의하여 圧力을 주면서 加熱水冷하는 方法

等이 있다. 이러한 方法은 彎曲部分의 母材一部를 가열한 다음, 水冷하여, 이때의 收縮応力에 의하여 다른 部分을 잡아당겨, 구조물표면의 変形이 상당히 軽減하게 되는 것이다. 그림10.26에 그 要領을 나타낸다. 예를들어 車輛外板의 変形除去에 쓰이는 点熱急冷法에서는 多數의 円孔(직경 20mm, 피치55～70mm)을 뚫은 厚板을 外板上에 대고, 또한 反対側에도 原板을 대서, 이 3者를 緊締한 다음 가스바아너로 円孔內의 外板部를 高温(500～550℃)으로 가열하고, 즉시 물을

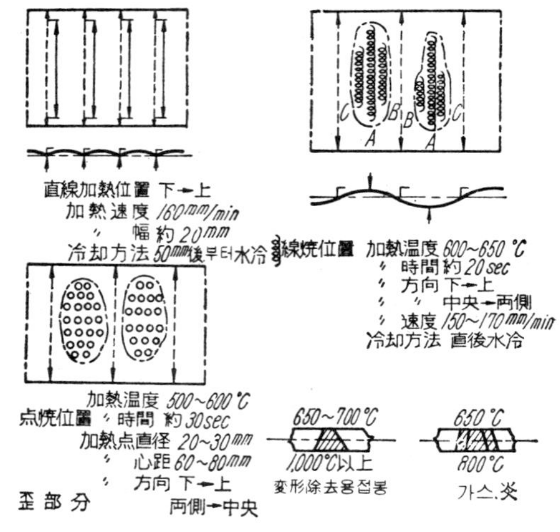

図 10.26　變 形 除 去

끼얹어 急冷하면, 가열부분의 수축에 의하여 板面의 凹凸이 고쳐지게 된다.

10.4.3　檢　　　査

檢査에 대하여는 이미 前章에서 詳述한 바 있다.

10.4.4　欠陷의 補修

용접부에 결함이 발견되는 경우에는, 교정하도록 하고, 氣孔 또는 슬래그섞임의 경우는 깎아내서 재용접한다. 만일 균열이 발견되었을 때는, 그림10.27과 같이 그 両端에 드릴로 구멍을 뚫어(스톱호울) 균열部를 削除하여 재차 正規의 홈으로 만들고, 필요할 때는 부근의 용접부도 일부절단하여, 될 수 있는대로 自由로운 狀態에서 균裂部를 재용접한다. 결함이 언더컷 또는 오우버랩인 경우에는,　그림

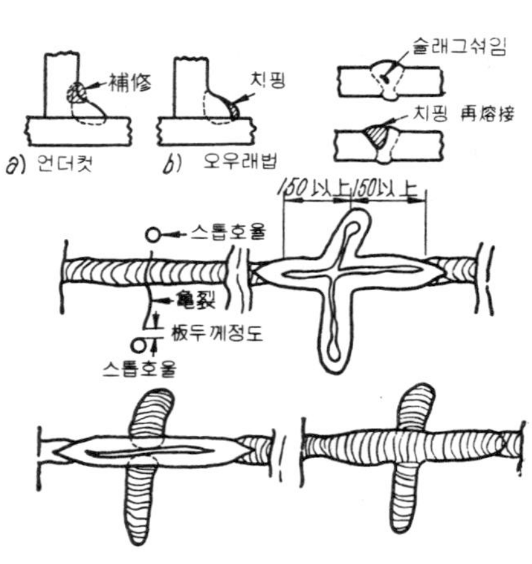

図 10.27　欠陷部의 補修

10.27과 같이 前者는 小徑棒으로 주의깊게 고치고, 後者는 일부 깎아내서 再熔接한다.

10.5 熔接의 管理

용접을 올바르고 능율적으로 하는 것은 매우 중요한 事項이지만, 이를 위하여는 熔接技術의 적당한 管理(control)가 필요하다.

10.5.1 統計的管理의 基礎

(1) 用　　語

(가) 平　均　値

n個의 데이터 $x_1,\ x_2,\ x_3, \cdots\cdots,\ x_n$의 平均値 (mean, average) $\bar{x}$는 다음式으로 주어진다.

$$\bar{x}=\frac{1}{n}(x_1+x_2+\cdots\cdots+x_n)=\sum_{i=1}^{n}\frac{x_i}{n}$$

(나) 殘差平方計

$x_i\ (i=1, 2, \cdots\cdots, n)$의 平均値를 $\bar{x}$라하면, 殘差平方計 또는 平方計 (sum of squares) S는 다음式으로 주어진다. 이것은 데이터의 分布를 아는 量으로서 중요한 것이다.

$$S=\sum_{i=1}^{n}(x_i-\bar{x})^2=\sum_{i=1}^{n}x_i^2-n\bar{x}^2$$

(다) 分散 및 標準偏差

殘差平方計 S를 데이터의數 n로 나눈것이 分散(variance) 이며, 그 平分根을 標準偏差(standard deviation) σ (시그마)라 한다. 標準偏差 σ는 원래의 데이터 x_i와 同一 單位를 갖으며, 平均値주위의 데이터의 벌어짐을 나타내고 있다.

$$標準偏差\ \sigma=\sqrt{\frac{S}{n}}$$

$$=\sqrt{\frac{1}{n}\sum_{i=1}^{n}(x_i-\bar{x})^2}$$

$$=\sqrt{\frac{\sum x_i^2}{n}-\bar{x}^2}$$

(라) 中央値 및 範圍

中央値(mediam) $\tilde{x}^2$는 데이터를 크기順으로 배열한 때의 中央의 값이다. 이때, 데이터의 個數 n가 홀數이면, 問題가 없으나, 짝數일 때는 中央의 두 값에 대한 평균치를 취한다. 範圍(range) R는 x_i中 最大의 것과 最小의 것의 差이다.

(마) 히스토그램 및 累積度數圖

데이터의 數가 많을 때는, 그 發生度數(頻度)를 柱狀그래프로 표시한 것이 잘 쓰인다. 이것을 히스토그램(histogram)이라 한다. 이 그래프로서 어떤 값이하 또는 未滿의 度數의 合計를 圖示한 것을 累積度數図라 한다. 累積度數図는 히스토그램의 積分図이다.

(바) 散布図 및 相關表

두가지의 量 x, y 를 한쌍으로 하여 데이터 (x_1, y_1), (x_2, y_2), ……, (x_n, y_n) 가 얻어진 것으로 한다. 이것을 한눈으로 볼 수 있도록 図示하기 위하여는 x 를 橫軸에 y 를 縱軸으로 취하여 그래프紙에 플로트하면 된다. 이것을 **散布図**(scatter diagram) 라 한다. 또한 이러한 데이터를 組合하여 表로 만든 것을 **相關表**라 한다.

(사) 相 關 係 數

두 量사이의 關聯度를 나타내는 것으로서 다음式의 相關係數(coefficient of correlation) r 가 쓰인다.

$$r = \frac{S_{xy}}{\sqrt{S_x \cdot S_y}} \qquad 단, \qquad \begin{aligned} S_x &= \sum (x_i - \bar{x})^2, \quad S_y = \sum (y_i - \bar{y})^2 \\ S_{xy} &= \sum (x_i - \bar{x})(y_i - \bar{y}) = \sum x_i y_i - n\bar{x}\bar{y} \end{aligned}$$

이며, S_{xy} 를 共変動(co-variance) 라 한다. 相關係數 r 는 殘差의 積의 合計 S_{xy} 를 x, y의 平方計의 幾何平均 $\sqrt{S_x \cdot S_y}$ 로 나눈 것이며, 항상 $-1 \leqq r \leqq 1$ 이며, $r > 0$ 의 경우는 x 가 증가하면 y 가 증가하는 경향이 있으며, $r < 0$ 인 경우는 x 가 증가하면 y 가 감소하는 경향이 있는 것을 나타낸다. 또한 r 의 값이 ± 1 에 가까울 수 록, x, y 兩者間의 相關度가 강하다.

(2) 品 質 管 理

용접물의 生産過程을 安定시켜 品質이 均一하고, 性能을 향상시키는 목적으로 행하는 管理를 品質管理(quality control) 이라 한다. 이것에 는 品質調整과 品質向上의 두가지 문제가 있다.

품질조정이란, 제품의 품질을 유지하고, 均一한 특성을 갖게 하는 것이며, 狹義 의 統計的品質管理(statistical quality control) 는 이러한 목적으로 행해진다. 品質向上이란, 品質変動의 要因을 분석연구하여 이상적으로 품질향상을 꾀하는 것이며, 따라서 管理水準의 向上을 의미한다. 이 **管理水準**(level of control) 이란, 統計的管理水準을 定量的으로 表現하기 위한 指標이며, 보통平均値 $(\bar{x})$ 나 標準偏差 (σ) 가 쓰인다. 표준편차를 쓰지 않고 다음의 不同率(irregularity) V 가 特性値의 分布를 나타내는 量으로서 채용되는 경우가 있다.

$$V(\%) = \frac{\sigma}{\bar{x}} \times 100\%$$

이 V 를 均齊率(uniformity)이라 부를 때도있다.

품질관리의 실제작업에서는 **管理図**(quality control chart) 가 잘 쓰인다. 관리도란, 그림10.28과 같은 것이며, 여기에는 管理限界(control limit)가 기입되고 있다. 이것은 平均値를 가운데로 한 두개의 直線으로 표시되며, 아랫쪽의 $\bar{x}_1$ 을 下限, 윗쪽의 x_2 를 上限이라 한다. 적당한 確率下에서 上下限以內의 區域에 많은 点이 존재하고, 또한 이 点들이 總平均値 $\bar{x}$ 부근에 보다 많이 集積하게 된다면, 品質変動은 統計的으로 管理된 狀態에 있다고 判斷될 수 있다.

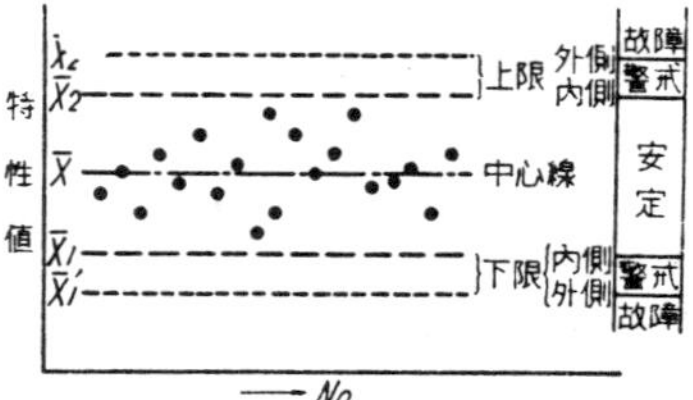

図 **10.28** 品質管理圖의 概念

10.5.2 熔接技術의 管理

용접제품의 品質의 安定化를 꾀하고, 용접능률을 향상시켜 原價의 低減을 도모하기 위하여, 용접기술의 管理方法이 日本日立製作所에 의하여 발표되고 있는것을 여기에 소개해 두기로 한다.

(1) 管理의 對象項目과 方法

관리대상이 되는 항목은, 不良項目과 不良要因을 조사하여, 그 過半數를 차지하는사항을 摘出하여 관리대상으로 한다. 예를들어, 表10.13은 피복아아크용접부의 不良項目과 그 要因을 분류하여, 서로間의 影響程度의 大小를 ○와 △로 經驗的으로 區別採点한 것이며, 順位 1, 2, …에 의하여 관리대상으로서의 重要度를 알 수 있다. 이에 의

表 10.13 熔接不良과 原因과의 關係
(○…関係大, △…関係小)

不良項目	1 材料의保管清浄	2 使用材料의材質	3 熔接機의管理	4 電源및아아스	5 지그및포지셔너	6 熔接員教育管理	7 熔接棒의選定	8 熔接棒의管理	9 設計	10 홈의치수	11 組立의精度	12 熔接姿勢	13 熔接順序	14 熔接条件	15 熔接作業基準	○의数	△의数	得点	(%)	順位
1. 언 더 컷	○		○	△	○	○	○	○	△	△	○	○		○	△	9	4	22	7.2	6
2. 오 우 버 랩			○	△	△	○	○	△	△	△	△	△		○		4	7	15	4.9	11
3. 비 이 드 不整	△		○	○	○	○	○	○	△	○	○	○		○	△	10	3	23	7.5	3
4. 균 열		○	△			△	○	△	○	○	○		○	○	○	8	3	19	6.2	8
5. 슬래그 残留						○	△					△				1	2	4	1.3	19
6. 스패터 付着	△		△	△		○	○	○				△		△		3	5	11	3.6	14
7. 피 팅	○	△				△	○	○						△		3	3	9	2.9	16
8. 블 로 우 홀	○	△	○	△	○	○	○	○	○	○	○	○		○	△	11	3	25	8.2	1
9. 슬래그 섞임			○	○	○	○	○	○	○	○	○	○		○	△	11	1	23	7.5	3
10. 熔 入 不 良			○	○	△	○	○	△	○	○	○	△	△	○	△	8	5	21	6.8	7
11. 歪, 치수不良						○	○	△	○	○	○	△	○	○	○	8	2	18	5.9	9
12. 残 留 応 力						△	△		○	○	○	△	○	○	○	6	3	15	4.9	11
13. 接 合 部 破 壊		○				○	○	△	○	○	○	△		○	△	7	3	17	5.5	10
14. 腐 蝕	△	○					○		○					△	○	4	2	10	3.3	15
15. 熔接 치수不良						○			○				△		○	3	1	7	2.3	17
16. 熔接位置不良						△			○		○				○	3	1	7	2.3	17
17. 不 安 全			○	○	△	○	○	△	△			△			△	4	5	13	4.2	13
18. 工 費 増 大	△	△	○	△	○	○	○	△	○	○	○	○	△	○	○	10	5	25	8.2	1
19. 材料費 増 大			△	△	○	○	○	○	○	○	○	○	△	○	○	10	3	23	7.5	3
○ 의 数	3	3	8	4	7	14	14	7	12	10	12	6	3	12	8	123				
△ 의 数	4	3	3	6	3	4	3	6	4	2	2	8	3	3	7		61			
得 点	10	9	19	14	17	32	31	20	28	22	26	20	9	27	23			307		
(%)	3.3	2.9	6.2	4.6	5.5	10.4	10.1	6.5	9.1	7.2	8.5	6.5	2.9	8.8	7.5				100	
順 位	13	14	10	12	11	1	2	8	3	7	5	8	14	4	6					

하면, 不良項目에 대하여는 19項目中 順位No.1～8 까지를, 要因項目에 대하여는 15項目中 No.1～7 까지를 管理하면, 合計得点%의 計에서 보아 全体의 60%의 不良이 해결될 수 있는 것을 알 수 있다.

　이러한 不良項目의 管理方法으로는, 表10.14와 같은 방법에 의하여 용접작업결과를 검사측정하여 不良状況을 判定하고, 이것을 管理図에 打点하거나, 또는 적당한 방법에 의하여 推移를 管理한다.

表 10.14　不良項目의 判定과 管理方法

不　良　項　目	檢査測定法	檢査測定의基準	管理法
1. 언　더　컷	外　観　検　査	標準 샘플에 의한 外観検査基準	管　理　図
2. 오　우　버　랩	〃		
3. 비 이 드 不 整	〃		
4. 균　　　　裂	〃 磁　気　検　査　칼 리 체 크		
5. 슬 래 그 殘 留	〃		
6. 스 패 터 付 着	〃		
7. 피　　　팅	〃　X線検査	x線検査 其他 非破壞檢査基準 및 判定基準	管　理　図
8. 블 로 우 홀	〃　〃		
9. 슬 래 그 섞 임	〃　〃		
10. 熔　入　不　良	〃　〃		管　理　図
11. 變形 — 치 수 不 良	치수測定, 變形測定	變形 치수 檢査基準	確　認
12. 殘　留　応　力	殘留応力測定	必要에 따라 實施	
13. 接 合 部 破 壞	強度試驗, 事故記錄	強度試驗基準	確認 또는 管　理　図
14. 腐　　　蝕	腐蝕試驗, 〃	試驗標準	
15. 熔 接 치 수 不 良	치　수　試　驗	圖面과 對照, 公差에 의함.	確　認
16. 熔 接 位 置 不 良	〃		
17. 不　安　全	安　全　統　計	安全管理規定	管　理　図
18. 工　費　增　大	工　數　測　定　아아크타임 測定	工費算定基準　아아크타임管理基準	管　理　図
19. 材 料 費 增 大	棒　使　用　量　殘　棒　測　定	棒使用量算定基準　殘棒管理基準	管　理　図

　또한 不良要因管理에는 表10.15와 같이, 각종標準이나 基準을 工場内에서 作製해두지 않으면 안된다.

　以上의 각종기준이 정비되면, 이것에 의하여 作業指導票를 만들고, 그 實施狀況 을 확인해서 必要事項은 그 결과를 관리도에 의하여 관리하고, 不良項目의 관리결과와 対比하여 대책을 강구하여　逐次的으로 改善해나감으로써, 용접기술의 安定과 進步가 얻어진다. 이러한 관리에 필요한 管理体系의 一例로서 表10.16을 들 수 있다. 물론, 이러한 体系는 作業規模나 範圍에 따라 달라지게 되는 것이다.

（2） 熔接設計의 管理

　용접설계는 表10.13과 같이 용접불량원인中 매우 중요한 因子이다. 종래, 용접 시공의 細部事項은 작업현장의 기술자들의 判斷에 마끼고 있었으나, 최근과 같이 용접응용의 범위가 넓어진 오늘날에 는 용접설계를 할 때, 明確한 施工基準을 올바르게 図示하는 것이 바람직하다. 따라서 용접작업에 조예가 깊은 사람들을 용접설계부문에 쓸 필

表 10.15 熔接作業各要因의 管理에 필요한 諸基準과 管理方法

要　因　項　目	制定해야 할 基準 또는 標準	管　理　法
1. 材料의 保管과 清掃	1. 材種別, 防錆, 変形防止取扱基準 2. 材質別, 色別, 保管規定 3. 自動熔接, 点熔接等에 대한 清浄基準	確　　認
2. 材料의 材質管理	1. 用途別材質基準 2. 材質別試驗基準 3. 熔接用材料에 대한 檢査基準	確　　認
3. 熔接機管理	1. 熔接機保守基準 2. 熔接機管理規定 3. 自動熔接機, 点熔接機整備保守基準 4. 熔接機稼働率管理基準 5. 機械熔接活用基準	保守整備管理 臺帳確認 管　理　図
4. 電源 및 아아스整備	1. 電源整備基準 2. 아아스整備基準 3. 熔接電纜호울더整備保守基準	定期点檢 確　　認
5. 지그 포지셔너	1. 지그포지셔너整備基準 2. 同上 活用基準	点檢票 管理図
6. 熔接員敎育管理	1. 熔接員敎育訓練基準 2. 特殊熔接敎育基準 3. 技術檢定基準 4. 技能敎練實施基準 5. 熔接員配置基準	實　　施 記　　錄
7. 熔接棒選択	1. 軟鋼熔接棒使用基準 2. 其他　　〃	点檢票에 의한 確認
8. 熔接棒管理	1. 受入檢査基準 2. 熔接棒受払基準 3. 熔接棒保管乾燥基準 4. 棒所要量算定基準 5. 棒使用量 6. 熔接棒残棒管理基準	確　　認 管　理　図 〃 〃 〃 〃
9. 熔接設計	1. 熔接設計標準 2. 熔接構造要素標準 3. 熔接構造標準 4. 熔接記号, 図示法基準 5. 필렛熔接치수 6. 플러그熔接치수標準 7. 各種이음標準	圖面檢討 및 確認
10. 홈의 치수	1. 맞대기熔接홈치수標準 2. T型맞대기이음홈치수標準 3. 管이음홈치수標準等	設計図面檢討 工作指導票 홈管理票에 의한 確認
11. 組立의 精度	1. 組立치수標準 2. 홈맞춤의 치수公差	点檢票에 의한 確認 組立檢査成績
12. 熔接姿勢	1. 作業標準 또는 作業指導票	点檢確認
13. 熔接順序	1. 同　　上	〃
14. 熔接条件	1. 同　　上 2. 電流測定管理基準	〃 管　理　図
15. 其他의 熔接作業標準	1. 高張力鋼板取扱工作基準 2. 其他, 材質別熔接作業標準 3. 板두께, 棒지름別, 홈形狀別, 積層基準 4. 豫熱, 後熱, 어니일링基準 5. 피이닝施工基準 6. 自動서브머어지드아아크熔接作業標準 7. 點熔接作業標準 8. 其他熔接作業標準	各其 該當作業指導票에 짜넣음 確認票에 의한 點檢確認

第10章 熔接施工

表 10.16 熔接技術管理系統의 一例

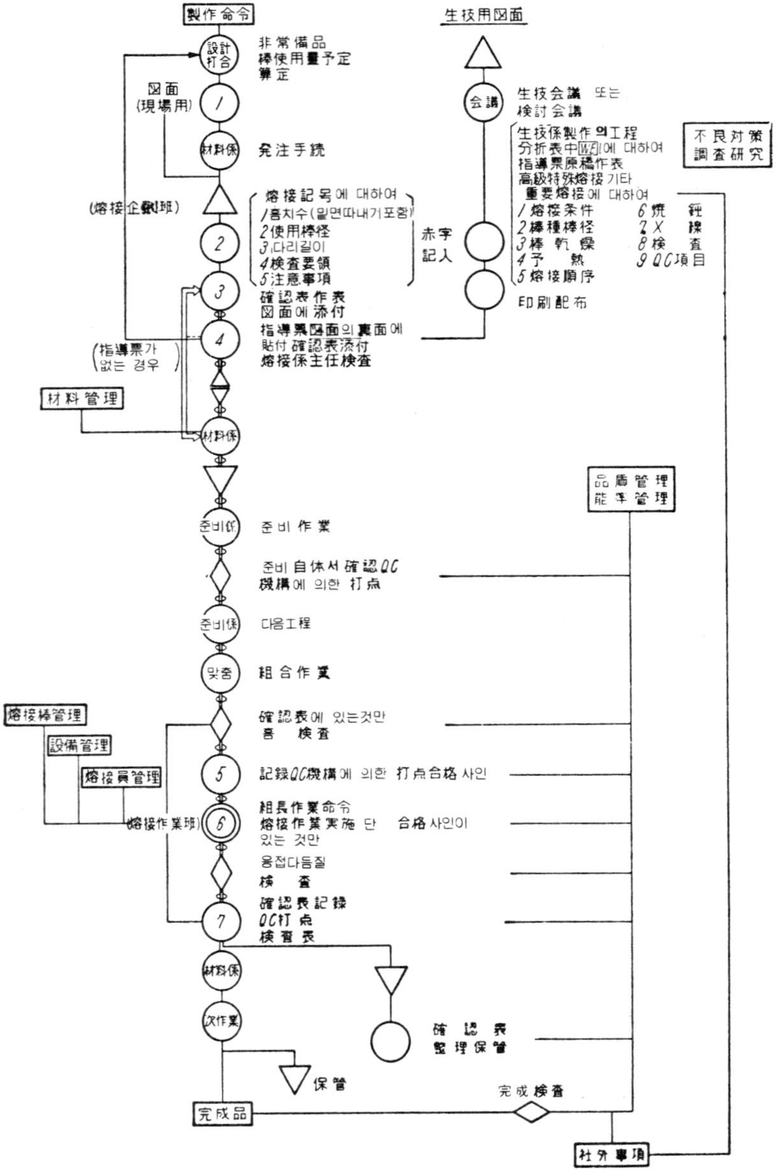

요가 있다. 工作図面에는 용접기호를 써서 施工의 細部까지 指示하도록 하여야 한다.

또한 용접설계와 시공을 용이하게 하기 위하여 용접이음의 形狀을 基準化하여, 설계자마다 각각 달라지게 되는 일이 없도록 해야 한다.

그리고, 용접구조물에 있어서, 일반적으로 자주 쓰이는 單位構造物의 形式을　設計要素標準으로서 規定해 두는 것도 중요하다. 또한 一括整理된 용접구조물의 良好한 代表例도 標準으로서 모아 둘 필요가 있다.

（3） 設備와 지그의 管理

용접설비중 가장 중요한 것은 용접기의 관리이다. 그 工場의 製品內容, 作業性質, 및 작업량에 가장 적합한 容量 및 種別의 용접기를 所要數整備하고, 또한 稼動率이 높게 되도록 配置한다. 그리고 용접기에는 管理規定을 만들어, 1대마다 책임자를 정하여 항상 取扱保全의 책임을 지게 함과 동시에 全体용접기에 대한 관리책임자를　두도록 한다. 용접기의 管理카아드를 만들어, 그 履歷을 분명히 하고, 定期淸掃와 点檢을 한다. 정기청소는 週1回, 內外의 청소와 함께 摺動部의 注油, 接續部의 조임, 스위치 나이프의 硏摩, 케이블이나 호울더等의 補修를 한다. 点檢은 月1回 실시한다. 또한, 接地方法의 不備나 리이드線(케이블)의 配置가 난잡하게 되는 것들은, 용접조건의 確保에 크게 지장을 초래함으로 세심하게 設備해 둘 필요가 있다.

熔接지그는 용접능률향상과 품질확보에 중요한 것이므로, 작업목적에 적합한　지그(jig)를 제작하여 定期的으로 点檢해서 치수精度維持에 유의한다.

（4） 熔接工의 管理

용접공의 관리는 敎育, 技術檢定, 技能競技, 適正配置等이다. 교육에는 未経驗者의 養成敎育과 경험자에 대한 특수교육 및 敎養이 있다. 이것은 基準을 정하여 忠實하게 實行함으로써 소기의 목적을 달성할 수 있다.

용접공의 個人管理는 各個人의 기능정도와 長短点을 보아서 指導管理한다. 個人마다 管理차아트를 만들어, 月3回 용접선의 검사를 하여, 비이드의 品質管理의 一定基準(表10. 19)에 따라 용접길이 1 m 当의 비이드外觀欠陷數를 구하여 採点管理한다. 결함의 要因으로는, 使用용접봉의 適否, 乾燥度, 홈의 事前處理, 호울더의 狀況, 용접조건, 運棒法, 자세, 시공법등이 있으므로, 각각 基準 및 指導票에 의하여 敎育한다. 특히　용접전류와 비이드이음의 運棒法에 重点을 두어 管理指導한다.

（5） 熔接棒의 管理

용접봉의 관리는 表10. 15의 要因項目 (8)과 같이 관리항목이 상당히 많다. 이中, 중요한 2, 3項目에 대하여 설명한다.

용접봉의 보관과 건조는 중요한 사항이다. 棒의 보관이 나빠서, 피복제의 吸濕이나 피복에 균열 또는 국부적파손이 생기면, 表10. 13과 같이 각종용접결함이 생기기 쉽다. 용접봉은 使用前에 表10. 17과 같이 건조가 필요하며, 특히 低水素系용접봉에서는　高温乾燥가 필요하다.

低水素系용접봉은 250～300℃×1時間 건조후, 2日間은 사용할 수 있으나, 湿氣가 많은 날, 특히 雨期에는 4～5時間밖에 건조의 効力이 유지되지 못한다. 또한　한번

表 10.17 被覆아아크熔接棒의 乾燥條件

棒　　　　　種	被覆材의種類	乾燥溫度 (°C)	乾燥時間 (h)	有效期間 (日)
軟　　鋼　　棒	低水素系以外	60~80	2	2
合　金　鋼　棒	低水素系	250~300	1	2
非　鉄　金　屬　棒	——	60~80	2	2

250~300℃로 건조한 棒은 棒庫에 넣어 약80℃로 유지하면, 再乾燥하지않고 언제나 그대로 사용할 수 있다. 棒庫는 작업장에 가깝고, 습기가 적은 곳에, 電熱加熱式의 恒溫室을 만들어 內部를 60~80℃로 유지하고, 1日 2回 온도의 自記測定·管理를 한다.

　熔接棒使用量의 管理도 중요한 사항이다. 사전에 所定의 용접작업에 필요한 용접봉량을 算出해 두고, 실제사용량과 비교하면 작업능율을 알 수 있다. 또한 아아크타임(아아크가 發生하고 있는 實物時間)을 측정하면, 適正電流로 適正量의 용접이 실시되었는가의 如否를 알 수 있 다. 보통, 손용접의 아아크타임은 작업시간의 35~45%이며, 자동용접에서는 40~50%이다. 狹小한 장소에서는 작업하기 힘들므로 10%정도가 된다.

　용접봉의 乾燥保管, , 受入, 拂出등의 管理系統은 表10. 18과 같다.

　또한 參考로 보통의 피복아아크용접봉에 의한 熔着率(熔着金屬 重量과 용접봉重量의 比)은, 아래보기90%, 수직80%, 수평85%, 위보기75%정도이다.

表 10.18 아아크熔接棒의 管理系統

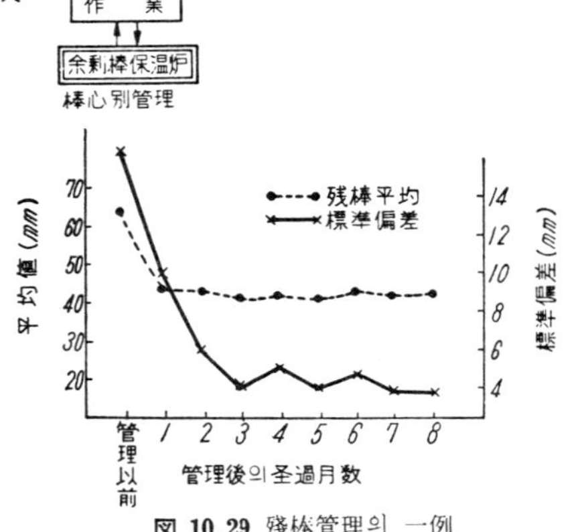

圖 10.29 殘棒管理의 一例

（6） 熔接殘棒의 管理

　용접봉의 호울더에 끼워진 부근 數cm는 사용할 수 없으므로 殘棒으로서 버려진다. 그 量은 용접전류의 大小 및 용접공의 素養에 따라 상당한 차이가 있다. 이것을 될 수 있는대로 짧게 되도록 관리하는 것은 작업능율의 向上뿐만 아니라 용접의 품질 향상에도 좋은 결과가 기대될 수 있다. 그림10. 29는 殘棒管理 一例이며, 管理以前에 비하여 殘棒의 길이가 현저하게 짧게(약20mm), 그리고 一定하게 되고 있다. 또한 殘棒은 반드시 回收하여 그 數에 따라 新棒을 내주도록 관리하여야 한다.

（7） 熔接作業의 管理

　용접작업검사에서 기술한 바와 같이, 良好한 용접을 실시함과 동시에 그 再現性 을 유지하기 위하여는 熔接前의 준비작업, 특히 組合部品의 精度管理와 홈치수의 管理가 중요하다. 이것이 不良한 때는 용접작업이 곤란하게 될 뿐만 아니라, 용접물의 変形도 증가하여 용접후의 変形除去作業이 必要하게 됨으로 좋지 않다.

(i) 홈의 치수管理

이것은 角度, 루우트面치수, 루우트間隔, 엇갈림에 대하여 관리하는 것이다. 이 검사에는 手製의 隙間게이지, 짧은 눈금차, 手製의 角度게이지等을 쓴다. 管理의 勵行에 의하여 홈의 精度가 현저하게 向上한 예를 그림 10.30에 表示한다.

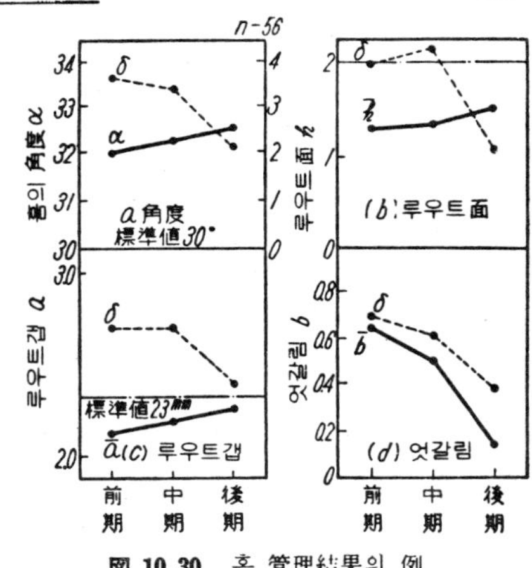

図 **10.30** 홈 管理結果의 例

(ii) 熔接電流의 管理

이것은, 용접기의 整備와 適正配置, 그리고 리모트콘트롤(remote control, 遠隔制御)의 이용에 의하여, 용접공이 필요한 電流調整을 하는데 가장 편리하도록 設備를 함과 동시에, 一定한 計劃을 수립하여 常時 各作業者의 電流測定을 하고, 또한 標準비이드 見本을 만들어 이것과 비교하거나 X선 其他의 방법에 의하여 內部欠陷檢査結果를 提示함으로써 不適正作業者에 대한 교육지도를 하는 것이다. 이와같이 함으로써 항상 適正電流範圍內로 관리할 수 있게 된다.

(iii) 熔接結果의 特性管理

이를 위하여는 各種欠陷管理가 重要하다. 예를들어, 비이드外觀, X 線檢査結果, 유니온멜트熔接에 있어서의 터짐과 氣孔등이다.

가) 熔接비이드外觀管理 熔接비이드外觀의 良·不良은, 일반적으로 觀念的으로 論議될 경우가 많으나, 이것을 管理向上시키기 위하여는 數量的으로 評價할 필요가 있다. 外觀을 나타내는 因子로는 비이드波形, 비이드幅, 및 다리길이의 不均衡, 및 언더컷, 오우버랩等이 있으며, 表10.19와 같은 基準에 따라 이것을 數量化한다. 예를들어, 27名의 용접공에 대하여 週1回 용접선 1m를 拔取하여 그 外觀을 上記基準에 따라

表 **10.19** 비이드外觀의 判定基準

欠 陷 別	欠陷 限度	採 点 法	1 m當의 許容欠陷點數			
			1 級	2 級	3 級	4 級
波形이 고르지 않음	<1 mm	15 mm 1 点	1	2	4	8
비이드幅이 고르지 않음	<2 mm	20 mm 1 点	1	2	4	8
다리길이가 고르지 않음	<±1 mm	20 mm 1 点	1	2	5	12
언 더 컷	<0.2 mm	10 mm 1 点	0	1	3	10
오 우 버 랩	<1.5 mm	10 mm 1 点	0	0	2	6

測定管理한 結果를 통계적으로 處理하여 平均欠陷數 $\overline{C}$ 의 推移를 나타내면 그림10.31과 같다. 各項目 共히 管理의 繼續에의하여 결함수가 低下하고, 특히 비이드幅, 다리길이의 不整, 언더컷의 改善이 현저하게 눈에 띄고 있다.

비이드外觀中, 비이드이음이 가장 問題이므로, 비이드이음施工基準을 만들어, 被覆系統을 달리하는 棒種別로 상세한 操作指示를 하고, 表10.20과 같은 管理基準을 作成施行함과 동시에, 標準샘플을 비치하여 個人管理를 하면, 技術改善에 있어 눈부신 成果를 얻을 수 있다.

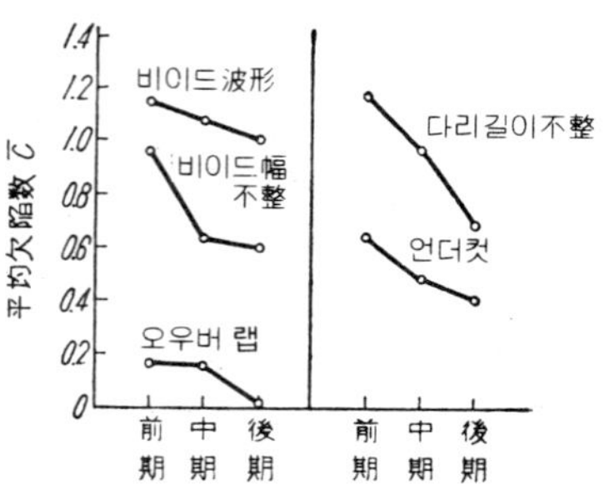

図 10.31　비이드外觀管理에 의히 欠陷推移

表 10.20　비이드이음 管理基準

欠　陷　別	欠陷　限度	採　点　法	이음 10 個當의 欠陷數			
			1 級	2 級	3 級	4 級
이음높이 지나침	<0.5 mm	15 mm　1 点	1	3	5	8
이음살 不足	<0.2 mm	5 mm　1 点	0	1	3	6
비 틀 림	<±1.5 mm	15 mm　1 点	0	1	2	4
幅이 고르지 않음.	<2 mm	15 mm　1 点	1	3	5	8

나)　X線檢査不良率管理　壓力容器의 용접부等, 중요한 용접부에 대하여는, X선검사에 의한 내부결함 검사를 하게 되는데, 上述한 용접조건의 관리외에, 假熔接不良管理, 용접조건의 改善管理등에 의하여 X선검사불량관리를 한다. 그 成果의 一例는 그림10.32와 같으며, 不良率이 현저하게 감소하게 되는 것을 알 수 있다.

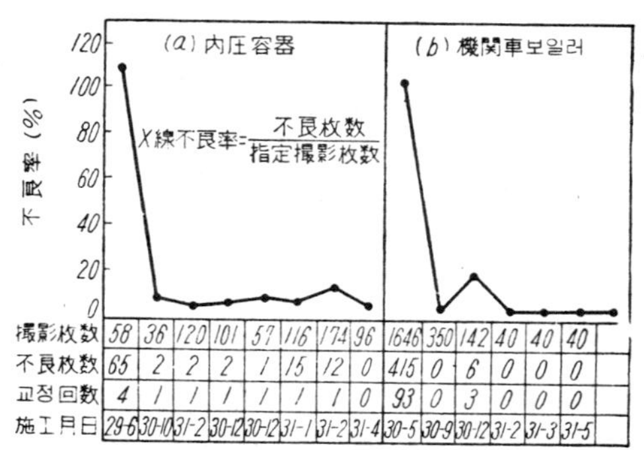

撮影枚数	58	36	120	101	57	116	174	96	1646	350	142	40	40	40	
不良枚数	65	2	2	2	1	15	12	0	415	0	6	0	0	0	
교정回数	4	1	1	1	1	1	1	0	93	0	3	0	0	0	
施工月日	29-6	30-10	31-2	30-12	30-12	31-1	31-2	31-4	30-5	30-9	30-12	31-2	31-3	31-5	

図 10.32　X線檢査不良管理結果

다) 薄板유니온멜트熔接部의欠陷管理

1.6~2.3mm의 薄鋼板의 유니온멜트용접에서는, 맞대기 間隔이나 板表面處理와 같은 용접준비와, 용접전류, 속도, 플럭스의 처리와 같은 용접조건의 適止比와 엄격한 관리를 하지 않으면, 비이드터짐이나 氣孔등의 결함이 생기기 쉽다. 따라서 愼重한 硏究結果 적당한 용접조건을 결정하고 各要因의 管理를 실시하면, 그림10.33과 같이 管理前後의 欠陷數의 推移에 현저한 관리효과가 나타나게 된다.

(8) 熔接能率의 管理

용접능율의 관리는, 以上에 설명한 諸管理를 충실하게 시행만 하면, 自動的으로 그

成果가 나타나게 되는 법이다.

용접의 능률화에 있어서는 作業工費와 材料費의 低減을 도모하여야 한다. 兩者共히 용접설계의 合理化, 作業法의 機械化, 지그의 活用等에 의한 적극적인 능율향상을 꾀하는 것이 效果的이며, 또한 不良低減이나 浪費排除등의 소극적인 능율향상도 필요하다.

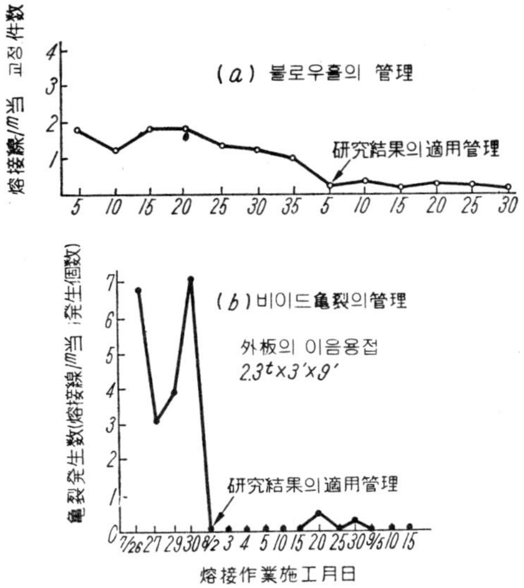

製作工費의 能率管理에 關聯되는 사항으로는 다음과 같은것이 있다.

가) 合理的인 熔接設計 - 홈形狀의 適正, 프레스 加工의 利用에 의한 熔接線의 短縮等.

圖 **10.33** 薄板유니온멜트熔接欠陷의 **管理結果**

나) 作業의 機械化 - 自動熔接機, 各種抵抗용접기, 지그 및 포지셔너의 活用率 向上.

다) 熔形変形의 防止 - 適正지그의 利用, 용접순서의 검토

라) 能率棒의 利用 - 大径棒, 深熔入棒等의 使用率增大 및 半自動용접법의 採用.

마) 熔接量의 適正化 - 組立精度의 確保 및 適正한 용접량의 指定等,

바) 아아크타임의 增大 - 준비작업의 能率化, 工程管理에 의한 待期時間의 減少.

사) 熔接欠陷의 防止 - 適正한 용접봉의 사용, 용접전류, 기타 규정조건의 適正化等

以上의 諸項目에 대하여 改善을 도모함과 동시에 實際作業에 있어서도, 다음과 같은 점을 관리하여 合理化対策을 세우는 것이 바람직하다.

가) 單位時間当의 熔接線 길이

나) 單位時間当의 使用熔接棒量

다) 아아크타임의 統計

라) 자동용접기, 포지셔너等의 活用率

마) 熔接時間当의 変形除去時間

바) 熔接不良率

예를들어, 홈치수의 不良이 용접능율에 영향하는 一例를 들면 表10.21과 같다. 홈치수의 不良에 의하여 作業時間이 1.6倍로, 용접봉사용량이 1.4倍로 증대하고 있는 것을 알 수 있으며, 能率管理上 얼마나 중요한 가를 알 수 있다.

表 10.21 홈의 不良과 熔接能率比較例

測 定 項 目		A	B
熔 接 層 數		3	5
熔 接 線 길 이	(mm)	1 330	1 330
熔 接 棒 使 用 本 數	(本)	35	50
棒 熔 融 길 이	(mm)	10 730	15 020
使 用 棒 重 量	(kg)	1.17	1.60
作 業 時 間	(分)	70	110
아 아 크 타 임	(分)	45.5	60.5
棒 使 用 量 比	(B/A)	1.37	
作 業 時 間 比	(B/A)	1.57	
아 아 크 타 임 比	(B/A)	1.34	

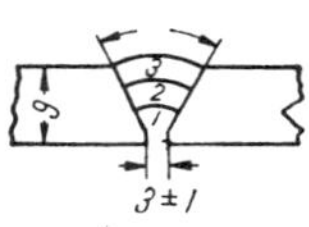

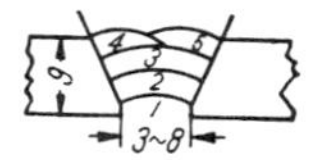

10.6 衛 生 및 安 全

10.6.1 아아크熔接의 安全

아아크熔接作業者는, 눈의 障害, 火傷, 感電등의 災害를 받기 쉽다. 災害要素로는 (가)電擊에 의한 것, (나) 아아크光에 의한 것, (다) 스패터링 및 슬래그에 의한 것. (라) 中毒性가스에 의한 것, (마) 爆發性가스에 의한 것, 및 (바) 火災其他에 의한 것이 있다.

(1) 電擊에 의한 災害

電擊(感電)에 의한 災害는 다른 災害에 비하여 死亡率이 높다. 感電의 危險度는 体內에 흐르는 電流値와 通電場所에 의하여 달라지며, 일반적으로 10mA에서는 견디기 힘든 苦痛, 20mA에서는 筋肉收縮, 50mA에서는 상당히 위험하여 死亡의 우려가 있으며, 100mA에서는 致命的인 것으로 알려 있다. 電流値는 人體에 걸리는 電壓을 人體의 電氣抵抗値로 나눈 값이므로, 電壓이 높을 수 록, 또한 人體의 抵抗値가 낮을 수 록, 위험하다. 抵抗値는 피부가 젖어 있을 수록 적어짐으로, 低電壓일지라도 死亡하는 경우가 있다. 용접작업시에는 용접기의 二次側에서 한쪽이 接地되어 있으므로, 호울더側의 電壓이 걸려 있는 導體에 닿으면 電擊을 받는다. 특히 몸이 땀으로 젖어 있을 때, 衣服이 비로 젖어 있을 때, 발밑에 물이 고여 있을 때, 호울더의 通電部分이 露出되 있을 때. 熔接棒端에 身體가 접촉했을 때, 케이블의 一部가 露出되어 있을 때, 용접기의 絕緣이 不良할 때, 電源스위치의 開閉時등이 위험하다. 용접기에 의한 死亡事故中 95%는 호울더의 通電部에 접촉한 것이다. 그러므로 安全호울더의 사용이 바람직하다.

용접작업에 있어 電擊予防上 주의사항은 다음과 같다.

가) 無負荷電壓이 필요(90V) 이상으로 높은 용접기를 쓰지 말 것. 될 수 있으면, 感電防止制御回路가 있는 自動電擊防止裝置(그림10.34 참조)를 사용할 것.

나) 安全호울더 및 安全한 保護具를 사용할 것. 특히 호울더의 손잡이部分은 충분히

絶緣되고 乾燥한 것을 사용할 것.

다)　狹小한 작업장소에서는 용접공의 몸이 熱氣로 인하여　땀에 젖어 있을 때가 많으므로, 身体가 노출하지 않도록 주의함과 동시에 監視人을 세워 두는　것도 중요하다.

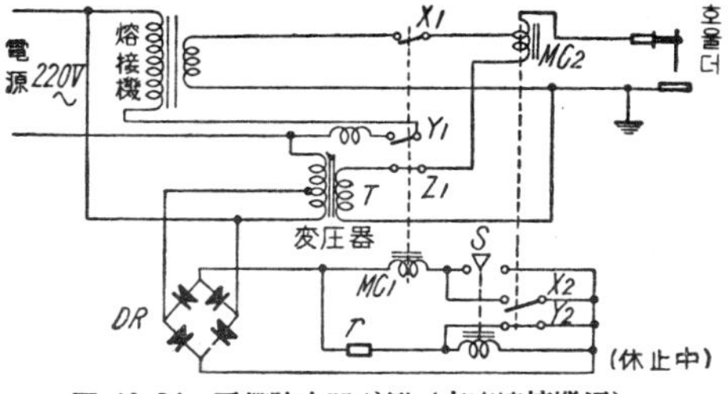

図 10.34　電擊防止器의例 (交流熔接機用)

라)　電擊의 위험성이 많은 장소에서는 용접봉의 交換時等에 옆에 두고 操作할 수 있는 開閉器를 설치하거나, 램프의 点滅 기타의 방법으로 監視人에 送信하여 그때마다 스위치를 끊게 하는 장치가　필요하다.

마)　作業完了時, 또는 長時間 作業中止時에는 반드시 용접기의 스위치를 끊을 것

바)　스위치의 開閉는 指定한 방법으로 하고, 절대로 젖은 손으로 開閉하지 말 것, 만일 퓨우즈가 끊어졌을 때는 함부로 교환하지 말고, 係員에게 그 原因을 조사의뢰하여 교환할 것.

사)　救急處置　電擊仮死狀態의 사람을 발견했을 때는, 우선 스위치를 끊는다.　만일, 스위치가 멀리 있을 때는, 고무장갑, 고무長靴등을 사용하여 衣服을 붙잡아 떼어 놓거나, 케이블을 잡아당겨야 하며, 直接 本人에게 손을 대면 안된다. 医師에게　연락 후, 의식불명의 경우는 蘇生法을, 호흡정지의 경우는 人工呼吸을 시킨다. 또한　흥분하여 날뛸 때는 진정시켜 머리를 식혀주거나 차거운 것을 먹이는 것이 좋다.

(2) 아아크光에 의한 災害

아아크는 多量의 紫外線과 少量의 赤外線이 포함되어 있으므로, 이것이 직접　또는 반사하여 눈에 들어오면, 電光性眼炎 또는 일반적으로 電眼炎이라 하는 障害가 나타난다. 急性의 것은, 아아크光에 露出後 4～8時間에 일어나며, 24～48時間내에 回復하지만, 露出이 길어지면, 慢性結膜炎을 이르킨다. 또한 아아크光에 노출된 피부는 가벼운 火傷을 입게 되며, 특히 不活性가스아아크의 強力한 빛 을 얼굴에 받으면, 海水浴 에서 경험하는 바와 같이 1週日後에 피부가 벗겨지게 된다.

눈의 障害를 방지하기 위하여는, 헬멧型 또는 손잡이型의 遮光面, 遮光幕 또는 遮光 간막이를 사용한다. 만일, 아아크로 눈병이 났을 때는, 冷水로 얼굴을 씻은 후 冷湿布로 찜질하거나 의사에게 洗点眼을 부탁한다.

(3) 가스中毒에 의한 災害

용접공의 가스中毒에 의한 災害中, 주요한 것에는, 우선 亞鉛鍍金한 鋼管 또는　鋼板을 용접할 때 발생하는 酸化亞鉛가스에 의한 中毒(頭痛發熱急性肺炎과 같은 症狀, 2日以內에 回復한다)이 있다. 予防策으로는 防毒마스크의 사용 및 作業場所의　換氣를 충분히 할 필요가 있다.

아아크용접의 분위기에는 炭酸가스 및 有毒한 一酸化炭素가 발생하며, 또한 어떤 용

접봉에서는 슬래그의 流動性을 좋게 하기 위하여 피복제중에 첨가한 성분에 의하여 弗素가스가 발생하여 中毒을 일으킬 때가 있다. 또한 四塩化炭素를 써서 청소한 알루미늄等의 이음홈에서는 塩素가스가 발생하는 경우가 있다. 이러한 발생가스를 換氣하기 위하여는 室內의 換氣도 有效하지만, 그림10.35와 같이 용접장소로부터 직접 큰 導管을 通하게 하여 屋外로 排氣하는 것이, 最善의 방법이다.

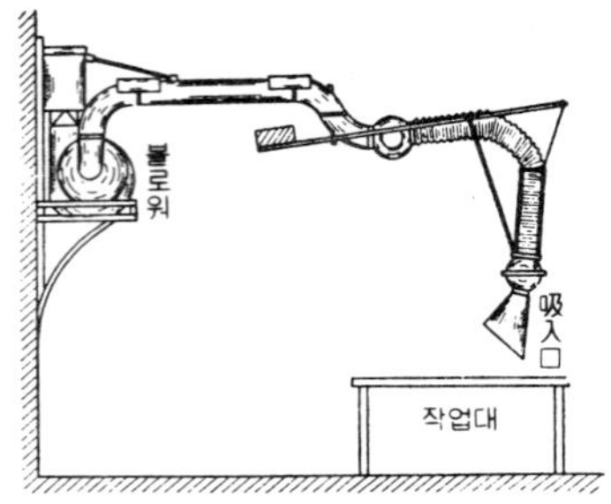

図 10.35 아아크의 有毒가스排氣裝置

10.6.2 가스熔接 및 切斷時의 安全

가스熔接 및 切斷時에는 산소아세틸렌炎, 酸水素炎, 酸素石炭가스炎, 酸素프로판 가스炎등이 사용되고 있다. 이中, 산소아세틸렌炎이 가장 일반적으로 사용되고 있다.

아세틸렌은 공기 또는 산소와 혼합하여 매우 광범위(공기중2.5~80容量%)에서 폭발을 이르키거나, 또는 可燃性가스, 引火性夜体의 증기에 引火하여 폭발을 이르켜는 경우가 많다. 全爆發事故中, 아세틸렌 發生器에 의한 사고가 過半數를 차지하고 있으며, 多數의 死傷者를 내고 있다. 發生器의 폭발원인은 대부분이 發生器內에 混入된 空氣또는 산소에 의한 아세틸렌의 酸化爆發에 의한 것이나, 그 원인은 安全器의 橫造上欠陷또는 使用上의 不注意로 인한 逆火爆發이 가장 많다. 이에 대해서는 앞서 第5章에서 설명하였으므로, 생략한다.

文　　　献

1) 熔接学会編： “ 溶接便覧 ”, (1956).
2) A W S： “ Welding Handbook,” (1957), 10.1-10.36, 11.1-11.27.
3) 福田烈, 吉田兎四郎： “ 熔接施工法 ”, 熔接叢書第 15 巻 (1954), 1-170.
4) 横田清義： “ 写真熔接 ”, (1955), 1-187.
5) “ Procedure Handbook of Arc Welding Design and Practice,” Lincoln 社, (1957), 1.1 ~8.41.

第11章 各種金屬의 熔接

11.1 総 説

11.1.1 各種金屬의 熔接法

오늘날 용접의 대상이 되는 주요한 금속재료로는 表11.1과 같은 각종이 있으며 이러한 재료에 쓰이는 용접방법으로는 40種以上이 實用化되고 있다. 同一材料라도 용접의 難易(熔接性)는 용접법에 따라 상당히 다르게 된다. 表11.1은 各種의 融接, 抵抗熔接 및 硬납땜(brazing)에 대한 各材料의 熔接性을 비교해 본 것이다.

表 11.1 各種金屬材料의 熔接難易一覽表
(A…一般的使用, B…때때로使用, C…드물게使用, D…使用않음)

金 屬 및 合 金 名	被覆金屬아크熔接	서브머어지드아크熔接	不活性가스아크熔接	酸素아세틸렌熔接	가스压接	點시임熔接	플래시맞대기熔接	테르밋熔接	납땜
純 鉄	A	A	C	A	A	A	A	A	A
炭 素 鋼									
低 炭 素 鋼	A	A	B	A	A	A	A	A	A
中 炭 素 鋼	A	A	B	A	A	B	A	A	B
高 炭 素 鋼	A	B	B	B	A	D	A	A	B
工 具 鋼	B	B	B	A	A	D	B	B	B
含 銅 鋼	A	A	B	A	A	A	A	B	B
鑄 鋼									
炭 素 鋼	A	A	B	A	B	B	A	A	B
高망간鋼	B	B	B	B	D	B	B	B	B
鑄 鉄									
灰鑄鐵	B	D	B	A	D	D	D	B	C
可 鍛 鑄 鉄	B	D	B	B	D	D	D	B	C
合 金 鑄 鉄	B	D	B	A	D	D	D	A	C
低 合 金 鋼									
니켈鋼	A	A	B	A	A	A	A	B	B
니켈銅鋼	A	A	…	A	A	A	A	B	B
망간몰리브덴鋼	A	A	…	A	B	A	A	B	B
炭素몰리브덴鋼	A	A	…	A	B	…	A	B	B
니켈크롬鋼	A	A	…	A	A	D	A	B	B
크롬몰리브덴鋼	A	A	B	A	A	D	A	B	B
니켈크롬몰리브덴鋼	B	A	B	B	A	D	B	B	B
니켈몰리브덴鋼	B	B	A	B	B	D	B	B	B
크롬鋼	A	B	…	A	A	D	A	B	B

金属 및 合金名	被覆金屬아아크熔接	서브머어지드아아크熔接	不活性가스아아크熔接	酸素아세틸렌熔接	가스壓接	點시임熔接	플래시맞대기熔接	테르밋熔接	납땜
低 合 金 鋼									
크롬바나듐鋼	A	A	…	A	A	D	A	B	B
망간鋼	A	A	B	A	B	D	A	B	B
스테인리스鋼									
크롬鋼(마르텐사이트系)	A	A	A	B	B	C	B	D	C
크롬鋼(페라이트系)	A	A	A	B	B	A	A	D	C
크롬니켈鋼	A	A	A	A	A	A	A	D	B
（오오스테나이트系）									
耐熱超合金	A	A	A	A	B	A	A	D	C
高니켈合金	A	A	A	A	B	A	A	D	B
輕 金 屬									
純알루미늄	B	D	A	A	C	A	A	D	B
알루미늄合金(非熱處理性)	B	D	A	A	C	A	A	D	B
알루미늄合金(熱處理性)	B	D	B	B	C	A	A	D	C
純마그네슘	D	D	A	B	C	A	A	D	B
마그네슘合金	D	D	A	B	C	A	A	D	C
純티타늄	D	D	A	D	D	A	D	D	C
티타늄合金(α系)	D	D	A	D	D	A	D	D	D
티타늄合金(其他)	D	D	B	D	D	B	D	D	D
銅 合 金									
純銅	B	C	A	B	C	C	C	D	B
黃銅	B	D	A	B	C	C	C	D	B
燐靑銅	B	C	A	C	C	C	C	D	B
알루미늄靑銅	B	D	A	D	C	C	C	D	C
니켈靑銅	B	D	A	C	C	C	C	D	B
지르코늄, 니오브	D	D	B	D	D	B	D	D	C

11. 1. 2 金属의 熔接性과 試驗法

(1) 熔接性의 定義

金属의 熔接의 難易를 표시하기 위하여 **熔接性**(weldability)이란 술어가 쓰인다. 前述한 바와 같이 용접의 難易는 채용되는 용접법이나 시공법과도 關聯性이 크다. 예를 들어, 알루미늄의 용접은 보통의 피복아아크, 가스熔接으로는 하기 어렵지만, 不活性가스아아크熔接으로 하면 매우 쉽게 할 수 있다. 또한 低合金高張力鋼은 보통의 용접봉으로는 열영향부에 비이드 밑터짐이 생겨 곤란한 경우에도, 충분히 予熱하거나 低水素系용접봉을 쓰면 터지지 않고 비교적 용이하게 용접할 수 있다. 따라서, 금속재료 의 용접성을 상대적으로 비교하는 경우에는, 사용하는 용접법과 시공법을 같게 하여 비교해야 한다. 또한 高價이고 번거로운 용접법 및 시공법을 필요로 하는 재료일 수록, 용접성이 떨어진다고 생각해야 할 것이다.

용접용의 금속재료는 결함없이 接合되는 性質(接合性)을 갖고 있음과 동시에, 용접 구조물이 荷重에 충분히 견디고, 또한 노치靭性, 耐蝕性, 氣密性(때로는 高溫크리 이프)이란 점에서 보아, 충분히 長期間의 사용에 적합한 성능(使用性能)을 갖는 것이절 대적으로 필요하다. 따라서 오늘날에 와서는 용접성의 概念으로는 接合性(joinability) 과 使用性能(performance)를 포함한 広義의 것이 필요하다고 생각되고 있 다.

(2) 熔接性의 分類와 因子

(i) 分　類

용접성 및 이것에 영향을 미치는 因子는 다음과 같이 분류될 수 있다.

(A)　工作에 관한 熔接性(接合性)

　(가)　母材 및 용접금속의 熱的性質

　(나)　熔接欠陷

　　1)　母材의 高溫 및 冷間터짐.

　　2)　용접금속의 高溫 및 冷間터짐

　　3)　용접금속내의 氣孔과 슬래그섞임

　　4)　용접금속의 形狀 및 外觀不良

(B)　使用性能에 관한 熔接性

　(가)　母材 및 용접부의 기계적성질

　(나)　母材의 노치靭性

　(다)　용접부의 延性(노치靭性)

　(라)　母材 및 용접부의 물리적, 화학적성질

　(마)　変形과 殘留応力

(ii)　工作上의 熔接性(接合性)

工作上의 접합성의 良否는, 용접의 難易 및 용접부의 健全性(결함이 적은 것) 에 의하여 判定된다.

가)母材 및 熔接金属의 熱的性質 材料의 融点이 낮을 수 록, 熱傳導度 및 温度拡散 率이 적을 수 록, 또한 板두께가 얇을 수 록, 용접중의 加熱이 용이하다. 鋼, 鑄鉄, 티 타늄等은 熱傳導가 나쁘므로, 局部的으로 融点까지 가열하기 쉽지만, 銀, 銅, 또는 알

表 11.2　主要金属의　熱的性質

金　　　　属	凝固範囲 (°C)	熱伝導度 (室温) (cal/cm²/cm/°C/sec)	熱収縮率 (融点부터 室温까지%)	線膨脹係数 (1/°C)(温度域)(°C)
0.2%C軟鋼	1 520—1 490	0.108	3.0	14.3×10^{-6}(0—600)
0.5%C高炭素鋼	1 500—1 420	0.100	3.4	14.6 〃 (0—600)
18—8Cr-Ni 스테인리스鋼	1 420—1 395	0.038	3.7	19.0 〃 (0—600)
黄　銅 (70Cu—30Zn)	950—915	0.290	2.2	18.6 〃 (0—500)
모　넬 (70Ni—30Cu)	1 350—1 300	0.060	2.5	16.0 〃 (0—500)
鋳　鉄 (低 燐)	1 240—1 120	0.148	1.6	13.0 〃 (0—500)
알루미늄	660	0.520	1.7	28.5 〃 (0—500)

루미늄에서는 熱의 逸散이 신속 함으로 融点까지의 가열이 상당히 곤란하다. 이것은 특히 抵抗熔接에 있어서 현저하다. 또한 融点이 낮고 膨脹係數가 적을 수 록, 용접중의 팽창과 수축에 의한 變形이 적고 용접하기 쉽게 된다. 代表的金屬의 熱的性質은 表11.2와 같다.

　나)　熔接欠陷 용접부에는 모재 또는 용접금속의 균열, 氣孔, 슬래그섞임, 용입불량 언더컷, 오우버랩, 치수不良, 外觀不良(酸化, 窒化를 포함)등 여러가지 결함이 생기기 쉽다. 이 결함의 발생이 적을 수 록, 재료의 接合性이 좋은 것이 된다. 그러나, 용접결함의 발생은, (가) 母材의 材質과 板두께에 따라 영향을 받을 뿐 만 아니라, (나) 이음의 설계와 拘束, 및 　(다)용접시공법(棒, 入熱, 方法, 順序, 予熱, 後熱, 피이닝 等)에 의한 영향이 크다. 거의 모든 金屬材料는 이음의 설계, 拘束減少 및 시공법에 특별한 주의만 하면, 거의 결함없이 용접될 수 있는 것으로 생각해도 되지만, 이러한 특별한 주의가 적어도 되는 材料일 수 록 接合性이 좋은 것이 된다.

　(iii)　使用性能에 관한 熔接性

　가)　母材 및 熔接部의 機械的性質 용접구조물이 충분한 사용성능을 발휘하기 위하여는, 母材 및 용착부가 다음과 같은 기계적성질을 갖어야 한다. 즉, 强度(strength), 延性(ductility) 및 노치靭性(notch toughness)이 필요하다. 재료의 강도에는 靜的荷重에 대한 것과 反復荷重에 대한것이 있다. 靜的强度는 보통, 引張試驗의 降伏点, 引張强度로 표시되며, 反復强度는 疲勞限度로서 표시된다. 降伏点 및 疲勞限度는 　構造物이 견디는 荷重의 크기를 決定하는 要素이며, 다른 因子를 제외하면, 强度는 강할 수 록 좋다. 재료의 延性은 引張試驗의 伸張으로 측정할 수 있으나, 이것은 材料의 冷間加工能力 및 구조물의 사용중에 자주 일어나는 過負荷에 견디는 能力의 大小를 　표시하는 것이다. 伸張은 일반적으로 대략 强度에 逆比例하여 감소한다.

　高溫에서 사용하는 재료에는, 高溫强度 외에 크리이프(creep), 熱衝擊(thermal shock), 熱疲勞(thermal fatigue) 등에 대한 저항력도 필요하다.

　나)　母材의 노치靭性 노치인성은 第6章에서 기술한 바와 같이, 용접결함이나 　구조상의 노치로부터 시작될 지도 모르는 脆性균裂의 發生 및 傳播를 阻止할 수 있는 能力을 나타내는 것이다.

　다)　熔接部의 延性 용접부는 노치의 存在로 인하여 延性을 잃게 되기 쉬움과 동시에, 용접금속과 모재의 열영향부가 酸化, 窒化 또는 水素脆化를 일으키기 쉽고, 燒入硬化, 粗粒化와 軟化, 템퍼링脆化, 時効, 黑鉛化등 여러가지 원인으로 脆弱하게 됨으로, 용접부全體로서 延性이 현저하게 低下한다. 이때문에 용접구조물이 사용중에 파괴되는 일이 있으므로 용접부의 延性은 熔接性判定의 重要項目의 하나로 되어 있다.

　라)　母材 및 熔接部의 物理的, 化学的性質 구조물은, 경우에 따라서는, 高溫, 腐蝕性雰圍氣中에서 長時間 사용되는 경우가 있으므로, 酸化, 腐蝕, 黑鉛化등에 대한 저항력이 필요하다. 또한 使用中의 急熱急冷에 의하여 母材나 용접부에 溫度勾配가 생겨 熱応力이 발생되거나, 또는 팽창계수의 차이에 의하여, 팽창수축중에 큰 응력이 생겨 均裂이 발생하는 경우가 있다.

　마)　**変形과 残留応力**　용접에 의한 변형은 사용성능을 저해하는 경우가 있으며, 또한 잔류응력때문에 사용중에 국부적인 **塑性変形**이 일어나 구조물이 휘거나, 파괴되거나, **応力腐蝕**의 원인이 되는 경우가 있다. 変形과 잔류응력의 발생에는, **母材의　熱的性質, 高温의 降伏点, 拘束, 施工法**등이 영향을 미친다.

（3）熔接性判定試験
　所定의 용접법을 써서 所定의 용접구조물을 **工作**할 경우에는, 어떤 금속재료가　이 목적에 사용될 수 있는가의 **可否**를 판정하는 다음과 같은 **綜合試驗**을 하도록 한다.
　（가）　**基礎試驗**
　　A）　**母材**의 **化学組織**（**分析試驗**）　　　　B）　**母材**의 **機械的性質**（인장, 굽힘, 충격, 피로시험）　　　　C）　**母材**의 **欠陷**（**肉眼組織, 非破壞檢査**）
　（나）　**主要熔接性**
　　A）　**母材**의 노치**靭性**（노치시험）　　　　B）　**熔接部**의 **延性**（세로비이드굽힘**試驗**, 硬度試驗）　　　　C）**母材**의 **熔接金属**의 터짐**感受性**（터짐시험）
　（다）이음**試驗**
　　A）이음의 **健全性**（**非破壞檢査, 断面試驗**）
　　B）　이음의 **機械的性質**（인장, 굽힘, 충격, 피로시험）
　（라）　**特殊試驗**
　　사용목적에 따른 **母材** 및 용접부의 **耐蝕性, 熱的性質, 電磁氣的性質, 高温性能, 加工性**등의 특수성능시험.
　　以上에서 용접시공 및 용접구조물의 사용조건에 의하여 영향을 받는 **諸性質**에 대하여는, **予熱, 後熱, 熱處理, 時効, 低温, 高温**등의 **変數**를 **加味**하여 시험하지　않으면 안된다.
　가）　基礎試驗　（1）　**母材**의 **化学組成**은 용접성**判定**의 필수요소이며, 이에 의하여 용접성의 **太牛**을 **予知**할 수 있을 뿐만 아니라, **施工法**도 **推定**할 수 있다. （2）　**機械的性質中**, 항복점, 인장강도 및 **延伸**은 반드시 시험이 요구되나, 피로강도는 요구되지 않는 경우도 있다. （3）　**母材**의 결함은, 래미네이션, 설파밴드, **不純物**（**清淨度**） 등이며, 때로는 그 **檢査**가 요구된다. 이를 위하여 **断面檢査** 또는 **超音波探傷器**에 의한　비파괴 검사를 할 때가 있다.
　나）　主要熔接性　（1）　**母材**의 노치**靭性**은 보통, Ｖ 샤르삐**衝擊試驗**（그림9.28）또는 기타의 노치시험으로　**判定**한다. 보일러플레이트와 같이 **冷間加工後** 용접하여 **応力除去** 어니일링을 하는 경우에는, **母材**를 **冷間加工, 時効**, 및 **熱處理**한 상태에서의　노치인성이 요구될 때가 있다. （2）　용접부의 **延性**은 코머렐**試驗**（그림9.41）이나 킨젤**試驗**（그림 9.45）등의 세로비이드굽힘**試驗**이 많이 쓰인다. 또한 비이드**熔接熱影響部**의　**最高硬度試驗**（그림9.50）도 잘 쓰인다. 이러한 시험에서의 용접조건은 **標準條件**외에,　필요에 따라 **熔接棒, 入熱**（아아크**電流, 電圧, 速度**）, **予熱, 後熱**, 비이드길이, 및 피이닝**等**의 **諸條件**을 변화시켜 시험할 때가 있다. （3）　**母材** 및 용접금속의 터짐**感受性**시험에는 바텔연**究所**의 비이드 밑터짐**試驗**（그림9.53）, **鉄研式**（그림9.55）, 또는 리이하이**型拘束**터짐試

驗(그림9.54) 및 T型터짐試驗(그림9.51)등이 쓰인다. 물론, 이밖에 여러가지　터짐시험이 쓰여오고 있으나, 上述한 시험법만 쓰면 충분하다고 생각된다. 이러한　터짐시험에서는 棒의 종류, 입열, 예열등의 제조건을 바꾸어 시험할 때가 많다.

다)　이음試驗　(1) 이음의 健全性은 실제로 이음으로서 完成된 용접부의 X線透過試驗, 磁氣檢査, 超音波檢査, 螢光試驗, 斷面肉眼試驗등으로 조사된다.　　(2)　이음의 기계적성질은 맞대기이음의 인장 및 굽힘시험외에 세로, 가로필렛이음, 또　十字型필렛이음의 인장시험등에 의하여 시험된다. 경우에 따라서는 이음의 피로시험도실시된다.

라)　特殊試驗　以上의 시험외에, 구조물의 사용목적에 따라서 耐蝕性試驗, 高溫性能試驗(高溫强度, 크리이프, 黑鉛化, 熱衝擊. 高溫疲勞, 低溫性能試驗, 加工法, 또는 膨脹係數, 熱傳導度등의 물리적성질에 대한 시험이 실시되는 경우가 있다.

11.2　鉄, 炭素鋼 및 鑄鋼의 熔接

11.2.1　鉄

（1）種　　　類

보통 鉄鋼中의 炭素含有量은 0〜4.5%정도이며, 이中, Fe-C狀態図에서는 C=0〜0.008%의 것을 鉄(iron), C=0.008〜2.0%의 것을 鋼(steel), C=2.0〜4.5%의 것을 鑄鉄(cast iron)이라 한다. 鉄은 炭素 및 기타 合金成分이 거의 없으므로, 燒入硬化치 않는다.

工業用의 주요한 鉄로는 錬鉄(wrought iron)과 熔製鉄(ingot iron)이 있다.

（2）錬鉄의 熔接

錬鉄의 대표적 화학성분과 기계적성능은 다음과 같다.

C	Mn	Si	P	S	슬래그 (鋼滓)
<0.05%	<0.05%	0.08〜0.15%	0.10〜0.15%	<0.01%	1〜3.5%

引張强度 34kg/mm² 以上, 降伏点 19kg/mm² 以上, 延伸 (8″) 14% 以上

연철은 熔鋼 또는 銑鉄을 脫炭하여 半熔融狀態에서 鍛錬製造한 것이며, 高純度의 鉄과 1〜3.5%정도의 珪酸塩이 單純히 기계적으로 混合된 상태이다. 슬래그의　珪酸塩은 그림11.1과 같이 줄기 또는 纖維狀으로 地鉄中에서 壓延方向으로 늘어나고 있다.

錬鉄中의 地鉄(페라이트 ferrite)은 融点이 약1500℃이나, 슬래그는 그보다 약300℃ 낮은 온도, 즉 약1200℃에서 融解한다. 따라서 별도로 플럭스를 加하지 않아도　錬鉄은 高溫加熱中에 슬래그로 덮이게 됨으로, 용접될 때는 이 效果에 의하여 치밀한　용착금속이 얻어진다.

錬鉄은 燒入硬化하지 않으므로, 鍛接, 抵抗熔接, 가스熔接과 같은 보통의　용접방법에 의하여 용이하게 용접되며, 母材와 같은 기계적성질을 갖는 용착금속이　얻어짐으로 아무런 곤란도 없다. 応力除去어니일링温度는 보통 370〜420℃로서 충분하다. 부식성 液体에 접촉하는 용접물에 응력부식을 피하기 위하여 응력제거처리가 바람직하다.

가스용접에서는 軟鋼과 마찬가지로 용접할 수 있으나, 용접봉으로는 탄소량이 적은

것이 좋고, KSD7005의 **軟鋼用가스熔接棒 G A
43및 GB43**(어느것이나, PS0.04%以下,   C u
0.3%以下, 용착인장강도43kg/mm² 以上, 延伸20
以上)에 합격한 봉을 쓰도록 한다. 가스용접에
는 中性炎을 쓴다.

金属아아크熔接에서는, 同一두께의 軟鋼의 경
우보다 약간 낮은 용접전류와 용접속도를 사용
한다. 용접속도를 감소시치면, 가스放出 및 슬
래그의 浮上이 좋아지며, 용접전류를 적게 하면
薄板의 熔落을 방지할 수 있다. 용착금속 中에
슬래그가 지나치게 들어가지 않도록, 母材로의
過剰熔入은 피하여야 한다. 용접봉으로는 KSD
7004 軟鋼用被覆아아크熔棒의 E 43型이 적당하다.

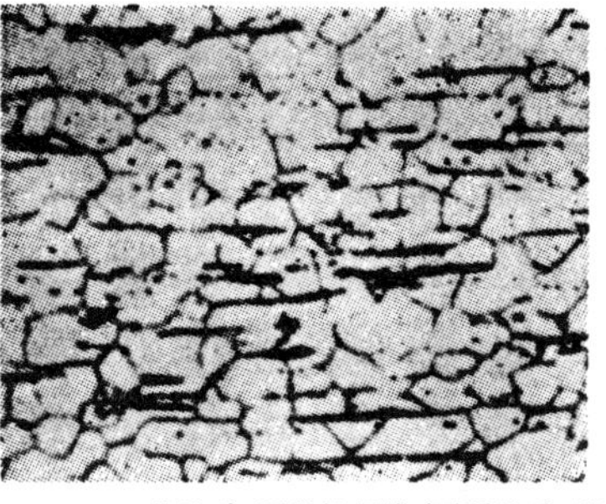

図 **11.1** 錬鉄의 顯微鏡組織(壓延材의 縱
斷面)×100
層状黒色部 : 壓延方向에 줄진 슬래그
白 色 部 : 페라이트
網状黒線 : 페라이트結晶粒界

錬鉄의 鍛接은 鋼의 경우보다 약간 높은 온도 (1370~1400℃)로 실시된다.

熔接에 의한 錬鉄管의 組立은 融雪設備, 스케이트場등의 加熱 또는 冷却用에 利用되
며, 또한 下水管, 탱크, 굴뚝, 鉄道橋의 밸러스트데크板이나 橋脚保護板등에 쓰인다.

(3) 熔製鉄의 熔接

용제철(ingot iron)은 平爐에서 多量으로 제조되는 工業用純鉄이며,   美國의 **아암코
鉄**(Armco iron)은 이에 속한다. 炭素, 망간 및 其他의 元素가 0.10%以下의 비교적
순수한 鉄이며, 軟하고 可撓性이 있다. 그 대표적인 化学成分과 기계적성질은 다음과
같다.

C	Mn	P	S	Si
0.015%	0.035%	0.005%	0.025%	0.003%

引張強度 32kg/mm², 降伏点 21kg/mm², 延伸 (2″, L/D=4) 35%

또한 耐触性을 증가시키기 위하여 適量의 銅을 加한 것이 있다.

용제철의 현미경조직은 그림11.2와 같이 순수
한 페라이트(純鉄)組織이며, 錬鉄組織에서 슬래
그를 제거한 경우와 類似하다.

용제철은 純度가 높고, 結晶粒이 均一하며,
또한 가스發生의 原因이 되는 不純物이 거의 함
유되어 있지 않으므로, 용접성이 매우 좋다. 또
한 탄소를 거의 함유치 않으므로 용접열영향부
가 燒入硬化되지 않는다. 그러나 高温加工에서는
균열발생을 방지하기 위하여, 860~1050℃의臨
界加工温度範囲를 피하여야 한다. 白熱温度域
및 暗赤熱温度(815℃ 以下)에서 용이하게 高温
加工할 수 있다.

용제철은 金属아아크용접, 가스용접 및 저항

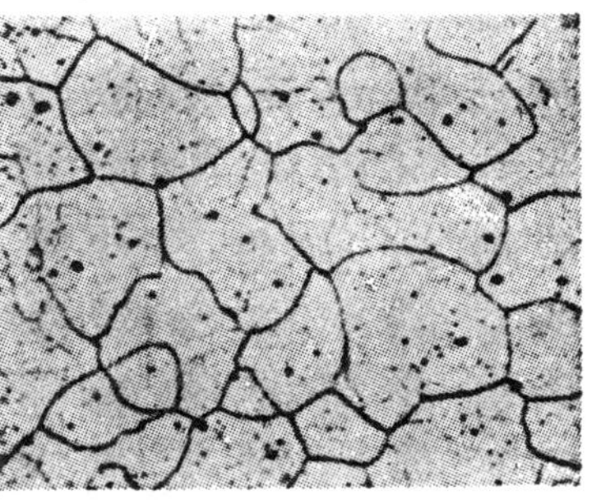

図 **11.2** 熔製鉄의 顯微鏡組織(어니일링)
×100 (아암코鉄, 0.03%C, 0.04%
Mn, 0.008% Si)

용접등 보통의 용접법으로
쉽게 접합할 수 있다.　피
복아아크용접은　低炭素鋼
과 마찬가지로 하면 되나,
이것은 비교적 높은 온도
에서 용접하게 됨으로,　同
一두께의　軟鋼의　경우보다
용접속도를 약간 늦게　한
다. 용접봉의 선정은 軟鋼

표 11.3　熔製鉄의 두께에 適合한 熔接棒지름

板 의 두 께	金屬아아크熔接의 경우 電極棒徑 (mm)	酸素아세틸렌熔接의 경우. 熔接棒徑 (mm)
1.6mm 未滿	1.6	1.6
1.6mm 以上, 3.2mm 未滿	2.4 또 는 3.2	3.2
3.2mm 以上, 4.8mm 未滿	4.0	4.0
4.8mm 以上, 6.4mm 未滿	4.8	4.8
6.4mm 以上, 9.5mm 未滿	6.4	6.4

의 경우와 같은 基準을 따르면 된다. 3.2mm以下의 薄板熔接에서는 全姿勢用의 용접봉을
채용한다. 表11.3은 각종두께의 용제철에 적합하는 電極棒의 直徑이다.

가스용접법은 低炭素鋼의 경우와 마찬가지로 하면 되나, 용접봉으로는 母材와 같은
化学成分의 것이 바람직하다. 또한 母材의 一部를 剪断機로 線狀으로 잘라내서　裸熔
接棒으로 쓸 수 있다.

11.2.2 炭　素　鋼

(1) 種　　類

純鉄은 軟해서 구조재료로는　쓸 수 없으나, 이것에 少量의 탄소를 가하면,　強度
가 뛰어난 구조재료를 얻을 수 있다. **炭素鋼**(carbon steel)은　鉄(Fe)와　炭素(C)　의
合金이며, 이것에 少量의　珪素(Si, silicon), 망간(Mn, manganese), 燐(P, phosphorous),
硫黄(S, sulphur) 및 銅(Cu, copper) 등의 원소를 약간씩 함유한 보통의　鋼이다. 이中
Si와 Mn은 意識的으로 그 量을 增減하는 것이며, Cu및 P는 耐蝕性을 증가시키기 위
하여 특히 첨가하는 경우를 제외하고 S와 함께 不純物로 취급된다. 탄소강은 기본 적
인 鋼이며, 특별한 元素를 첨가하고 있지 않으므로, 普通鋼이라고도　한다.

탄소강은 탄소함유량의 多少에 의하여 다음과 같이 분류된다. (第 6 章表6.1 참조)

 低炭素鋼　　　　　　C 0.30% 以下
 中炭素鋼　　　　　　C 0.30~0.45%
 高炭素鋼　　　　　　C 0.45~1.7%

탄소강의 현미경조직은 第 6 章그림6.17에서 설명하였으므로 여기서는 생략한다.　여
기서 주의할 사항은, 탄소강조직은 어니일렁, 노오말타이징, 燒入, 템퍼링, 등의 열처
리 및 인장, 압축, 冷間圧延, 引拔등의 冷間加工에 의하여 상당히 변화한다는 점이다.
특히 열처리로 인한 조직변화가 현저하고, 이에 따라 기계적성질이 크게 변화한다. 그
정도는 탄소량이 많을 수록 심해지고, 이에 수반하여 용접성도 저하한다. 일반적 으로
低炭素鋼은 어떠한 용접방법으로도 接合이 용이하나, 中, 高炭素鋼의 용접에서는　특
별한 주의를 요한다.

탄소강의 용접에 대하여는 第 6 章에서 일반적으로 기술한 바 있으므로, 여기서는 그
밖에 특수한 사항에 대해서만 설명키로 한다.

(2) 低炭素鋼(軟鋼)의 熔接

低炭素鋼(low carbon steel)은 0.30%以下의 탄소를 함유하고 있으므로, 그中, 대부분 은 보통 軟鋼이라 부르고 있으며, 일반구조용강으로서 쓰이고 있다.

軟鋼(mild steel, soft steel)은, 燒入硬化가 거의 無視될 수 있는 範圍의 저탄소강을 뜻하지만, 특별하게 탄소함유량에 대한 엄밀한 定義는 없다. 보통, 연강으로서 취급되는 범위는 아암코鉄과 같이, 痕跡정도의 근소한 탄소를 함유하는 것에서 대략 0.25%C 까지의 것이다. 또한, 厚板에서는 C≥0.25%이면 용접에 있어 특별한 주의가 기울여지는 것이 보통이다.

從來의 리벳構造에서는, 일반구조용압연강재(SS)가 많이 쓰여져 왔다. 그 화학성분은 表11.4와 같이, 燐과 硫黃에 대한 制限이 있을 뿐이며, 용접성이 언제나 無條件 良好하다고는 할 수 없다. 그래서, 용접구조용으로서 SM(JIS G 3106)가 규정되게 되었으며, 鋼板 SM41W에 대하여는 t≤25.4mm(1인치以下)에 대하여는 Mn/C≥2.5란 化学成分上의 조건을 붙이고, P, S 의 값도 제한되고 있다. 또한 일반적으로 킬드鋼 또는 良質의 低炭素세미킬드鋼이 쓰이고 있다.

보일러用厚板은 表 11.4 와 같이, 화학성분이 상세하게 규정되고 있다. 특히 厚板(t=25～100mm)에서는, 강도를 내기 위하여 상당히 많은 탄소량을 쓰고 있으며, 이때문에 용접에 의한 열영향부가 약간 硬化될 우려가 있다. 그러나, 보일러用厚板은 용접후 응력제거어니일링을 하게 됨으로 이 硬化가 消減된다.

(가) 低炭素鋼의 熔接性

저탄소강의 용접성으로서 특히 문제가 되는 것은 노치인성과 용접터짐이다.

노치 靭性 우리나라의 용접용厚鋼板SM41W中, 板두께25.4mm이하는 대부분 림드鋼으

表 11.4　JIS壓延鋼板의 規格拔萃 가)

			一般構造用		熔接構造用 SM41W	보일러用	
			SS41	SS50		SB42C	SB46C
	板 두께	mm	—	—	$t \leq 25.4$ 나)	$t \leq 25$ 다)	$t \leq 25$ 라)
化学成分	Cmax	%	—	—	—	0.24	0.28
	Mn	%	—	—	$\geq 2.5\,C$	≤ 0.80	≤ 0.90
	Si	%	—	—	—	0.15～0.30	0.15～0.30
	Pmax	%	0.060	0.060	0.040	0.040	0.040
	Smax	%	0.060	0.060	0.050	0.050	0.050
引張試験	降伏点　kg/mm²		≥ 23	≥ 28	≥ 23	$\geq T/2$ 마)	$\geq T/2$
	引張強度　kg/mm²		41～50	50～60	41～50	42～50	46～55
	延伸率(8″)　%		≥ 20	≥ 18	≥ 21	$\geq 1\,060/T$	$\geq 1\,090/T$

(備考) (가) 板두께 9mm以上의 厚板.
　　　(나) t >25.4mm에서는 P. S以外의 化學成分을 指定할 수 있다. (一般的으로 킬드鋼이 實用된다).
　　　(다) C≤0.27%(t=25～50mm), C≤0.30%(t=50～100mm).
　　　(라) C≤0.31%(t=25～50mm).
　　　(마) T는 引張強度.

로 만들어지고, 있으며, 英國의 로이드協會式으로 Mn/C≧2.5란 조건이 붙여지고는 있
으나, 그 노치인성이 반드시 충분하다고는 할 수 없다. 예를들어, 그림11.3은 日本에
서 現在 쓰이는 SM41W規格材에 대하여, 림드鋼(板두께12～25mm Mn/C≒2.5～3.6),
세미킬드鋼(Mn/C≒3.2～5.0), 및 킬드鋼(Mn/C＝4.8～6.3, ABS-C級鋼)의 노치인성 을
V 샤르삐충격시험을 써서 조사한 결과이다. 國際熔接学會(IIW)에서는, 인장강도 37～
65kg/mm² 인 용접구조용강재의 노치인성으로서 0℃의 V 샤르삐충격치가 3.5kgm/cm²以
上을 勸奬하고 있으며(C級鋼), 구조물의 사용온도가 특히 낮고, 큰 응력을 받는 경우
에는 －20℃에서 3.5kgm/cm²以上의 충격치(D級鋼)를 요구하고 있다. 後者는　0℃에
서　6 kgm/cm²以上의 충격치에 상당한다. 그리고, 참고로서, 지금까지 脆性破壞된　鋼
材에서는 0℃의 충격치가　1 kgm/cm² 未滿이라는 貧弱한 것이 많았었다.

　그림11.3에서 알 수 있는 바와 같이, 日本의　SM41W材에서는 IIW에서　規定하는 C
級鋼(E₀≧ 3.5kgm/cm²) 에 不合格하는 림드鋼이 상당히 많고 또한 脆性破壞한 美國

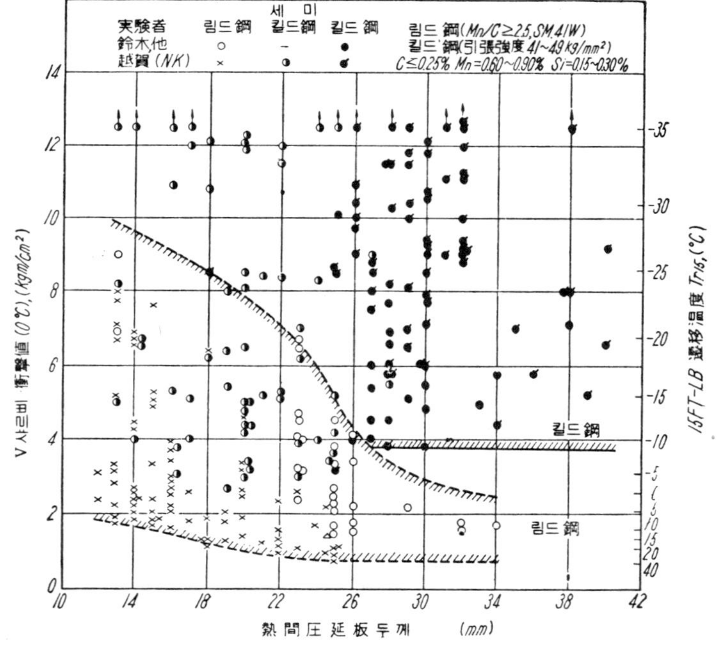

図 11.3　日本의　現用熔接用軟鋼(SM41W)의 노치韌性 比較

熔接船에서 균열이 시작된 軟鋼板(Tr₁₅≧15℃以上, E₀≦1.3kgm/cm²) 과 같은　정도의
림드鋼이 板두께 18～25mm中에 몇가지 포함되어 있는 것은 조심해야 할 사항이다. 遷
移溫度가 20～30℃의 림드鋼中에는, 페라이트結晶이 현저하게 粗粒의 것, 및 샤르삐
試驗片을 잘라낸 板두께中心部(코아)의 分析値가　C＝0.25～0.28%, Mn/C＝1.6～2.0이

란 좋지 않는 數例가 있다. 이것은 림드鋼의 림과 코아의 현저한 偏析에 기인하는 것이며, 래들(ladle) 分析에서는 Mn/C≧2.5라 하여도, 코아가 Mn/C=1.6~2.0이 되는 것이 당연하다. 이에 비하여, 偏析이 훨씬 적은 세미킬드鋼이나 킬드鋼에서는 이러한 결함을 없이할 수 있다. 그림11.3과 같은 現用 림드鋼의 노치인성을 높이기 위하여는, (가) Mn/C比를 약간 더 높일것, (나) 壓延溫度를 너무 높게 하지 말 것, (다) 대신, 세미킬드鋼 또는 킬드鋼을 쓰는것, 等에 의하여 해결될 수 있을 것이다.

최근의 造船用鋼材는 熔接船의 脆性破壞를 방지하기 위하여, 그 노치인성에 대한 要求가 엄격해지고 있다. 從末, 各國의 船級協會에서는 각각 다른 規格들을 쓰고 있었으나, 이것을 統一하는 목적으로 表11.5와 같은 案이 나와 있다. 이에 의하면, 船体用鋼材를 普通級(A), 中級(B), 高級(C, D) 및 高노치靭性鋼(E)로 분류하고, 노치취성파괴의 우려가 있는 用途에는 V샤르삐衝擊値로서 0℃에서 6.6kgm/cm² 또는 −10℃에서 7.8kgm/cm² 이상이란 높은 靭性을 요구하고 있다.

熔接터짐: 軟鋼의 용접금속터짐의 하나로서 第6章에서 설명한 서브머어지드 아아크용접에 의한 림드鋼의 설파크대크의 문제가 있다. 최근, 림드鋼대신에 설파밴드가 적은 세미킬드鋼이 쓰이게 되었으므로 이 문제는 解消될 수 있을 것이다. 그러나, 킬드鋼에서도 보일러플레이트와 같이 극단적으로 큰 厚板에서는 多少의 설파밴드를 피할 길이 없으므로, 설파크래크의 가능성이 있게 된다.

厚板은 용접에 의하여 拘束터짐이 생기기 쉽고, 또한 노치인성이 나쁘므로, 어느정도의 두께(예를들어, 25: 4mm, 29mm또는 36mm) 以上에서는 노오말라이징한 것을 쓰는 일이 많다. 노오말라이징을 하면 터짐感受性이 감소하고, 동시에 노치인성이 크게 向上된다.

軟鋼은 지나치게 壓延되거나, 현미경적인 非金屬介在物이 層狀으로 다수 함유되면 (마이크로래미네이션), 板두께方向(表面에 直角)으로 延伸이 크게 감소하여, 필렛용접에서 비이드밑터짐이 생기기 쉽고, 또한 균열이 생기지는 않아도 비이드밑에서 剝離 (pull out fracture) 하기 쉽게 된다. 마이크로래미네이션(micro-lamination)에 의한 비이드밑터짐은 마르텐사이트変態에 의한 보통의 비이드밑터짐이 아니고, 低炭素의 軟鋼에서도 생기는 일이 있다.

(나) 低炭素鋼의 熔接施工條件

저탄소강의 용접시공에 대하여는 第2.3, 5, 7, 10章에서 기술하였으므로, 여기서는 생략한다. 板두께가 25mm정도까지는 용접에 특별한 주의가 필요없으나, 탄소량이 많고(C ≧0.25%), 두꺼운 경우(t≧25mm)에는 용접에 특별한 주의를 요한다. 종래의 경험에 의하면, 板두께의 增大에 수반하여, 보통의 피복아아크용접으로는 용접터짐이 발생하기 쉽게 됨으로, 적당한 予熱 또는 低水素系용접봉이 필요하게 된다. 또한 서브머어지드아아크용접에서는 용착금속의 노치인성이 낮아지는 것이 문제가 된다. 그리고 厚板의 용접에서는 多層덧붙이때문에 角變形이 현저하게 됨으로, 表裏兩面부터 적당하게 積層(예를들어 홈깊이7 : 3)하여, 最終的인 角変形이 없도록 연구하거나, 初層과 最終層을 제외하고 피이닝을 하는 경우가 많다.

表 11.5 造船用鋼材의 統一規格案(1958, 船級協会代表起草委員会)

鋼　種　(級)	A	B	C	D	E
1) 製　鋼　法	平炉, 電氣炉 또는 船級協會서 特認한 製鋼法		船級協會에서 特別하게 承認한 製鋼法		
2) 脱　　酸	림드鋼이 아닌것을 指定할 수 있음.	킬드鋼 또는 세미킬드鋼.	킬드鋼, 細粒法 (알루미늄處理)	림드鋼以外의 任意	킬드鋼, 細粒法 (알루미늄處理)
3) 오오스테나이트結晶粒度 (ASTM No)	—	—	6以上의 細粒, 各차아지의 最大板두께 當試驗	—	6以上의 細粒, 各차아지의 最大板두께 當試驗.
4) 化学成分 C ％ (래 들)	} Mn/C2.5 以上 (1/2″ 두께以上)	0.21 以下	0.21 以下	0.21 以下	0.18 以下
Mn ％		0.80 以上*	0.60〜1.40	0.60〜1.40	0.90〜1.50
Si ％	—	—*	0.15〜0.35	0.35 以下	0.10〜0.35
S ％	0.05 以下	0.05 以下	0.05 以下	0.05 以下	0.05 以下
P ％	0.05 以下	0.05 以下	0.05 以下	0.05 以下	0.05 以下
総　 N ％	N≦0.009 로 指定됨	N≦0.009 로 指定됨	N≦0.009 로 指定됨	N≦0.009 로 指定됨	N≦0.009 로 指定됨
総　 Al ％	—	—	—	—	0.05 以上
5) 引張試驗　引張強度 t/in^2	26〜32	26〜32	26〜32	26〜32	26〜33
延伸 (5.65 $\sqrt{A}$)**	22 以上	22 以上	22 以上	22 以上	22 以上
6) V샤르삐 衝擊試驗	길이 方向을 最終壓延方向에 平行하게 하고, 壓延表面부터 1.5mm 以上 內部에서 切取한다. 但, 가스切斷面 또는 剪斷面부터 1 in以上 멀어진 곳에서 切取할 것. 노치는 板面에 直角, 試驗은 `3個의 平均을 取한다. (加工精度길이 55±0.60mm, 幅 10±0.11mm, 두께 10±0.11mm, 노치角 45°±1°, 노치깊이 8±0.11mm, 노치半徑 0.25±0.025mm)				
温　　度 ℃	—	—	—	0	−10
에 너 지 ft.lb	—	—	—	35以上 (6.0kgm/cm²)	45以上(7.5kgm/cm²)
脆性破面率 ％	—	—	—	参考資料로서 記錄	参考資料 로서 記錄 (各板)
7) 굽힘試驗 (D≦3t)	試驗片幅은 板두께以上, 또한 1 in. 以上으로 取하고, 두께는 壓延表面을 남겨서 原板두께대로, 모서리는 1/16″半徑으로 줄릴 또는 切削하여 모를 딴다. 굽힘直徑은 板두께의 3倍를 넘지 말것. 180°굽힌다. 균열 또는 래미네이션이 나타나지 않으면, 合格板에 대하여는 試驗片의 길이方向을 最終壓延方向에 直角으로 取한다.				
8) 熱　處　理	壓延한 대로, 또는 適當한 熱處理.		1¼″ 以上은 燒準.	壓延한대로, 또는 適當한 熱處理	燒準

* (B級) Si ≧0.15%(킬드鋼)일 때는 Mn ≧0.60%로 해도 된다.

** (延伸) 標點間距離(L)와 試驗片斷面積(A)와의 關係가 $L=5.65\sqrt{A}$ 인 경우, 기타의 경우에는, 延伸의 最小値 n 를 $n=44\,(\sqrt{A}/L)^{2/5}$ 로서 계산한다.　標準의 板狀試驗片(板두께×幅 1″角型, 標點距離 8″)의 延伸率(8″)의 最小値는 15%(板두께＝6mm). 21%(板두께 20mm以上)

그림11.14는 厚板의 용접시공에 관한 日本川崎重工業의 實驗例이다. 이것은 화학성분이 0.16%C, 0.65%Mn, 0.25%Si인 造船用軟鋼板(두께40.5mm인 때, 인장강도43kg/mm², 延伸31%, 노오말라이징)의 리이하이型拘束 터짐試驗의 터짐率과 予熱溫度와의 關係를 나타낸 것이며, 저수소계 연강용접봉(D 4316)으로는 室溫에서 균열이 생기지 않는다. 이에 대하여 일메나이트系 (D 4301)에서는 板두께 25mm의 경우는 실온에서 터지지 않으나, 두께가 30~47mm로 될때는 80~140℃ 정도의 예열을 하지 않으면, 균열 발생을 방지할 수 없는 것이 표시되고 있다.

또한 이 정도의 **軟鋼厚板**은, 코머렐시험의 천이온도가 그림 11.5와 같으며, 예열하지 않을 때는 低水素系에 비하여 일메나이트系가 약30℃ 높지만, 75℃ 정도로 예열하면 일메나이트系도 저수소계와 같은 성적이 나타나고 있다. 그러나 第1層의 터짐을 방지하기 위하여는 75℃보다 더 높은 예열온도(약120~140℃)가 필요한 것은 前圖에서와 같다.

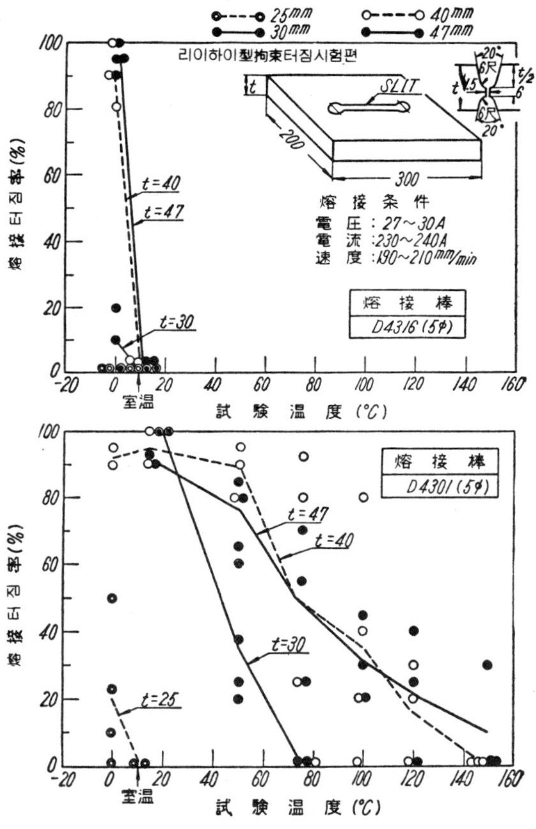

圖 11.4 造船用軟鋼厚板의 리이하이型拘束터짐試驗에 미치는 熔接棒과 豫熱의 影響(0.16%C, 0.65% Mn, 0.25% Si, 引張强度 43kg/mm², 노오말라이징) (川崎重工業)

그림11.6은 室溫 및 低溫에서 굽힌 코머렐시험편의 2例이다. 오스트리아시험의 規格에서는 室溫에서 굽힘시험을 하게 되어 있으나, 이 온도에서는 그림11.5에 의하면, 어떠한 경우에도 충분히 잘 굽혀져 規格에 합격되는 것을 알 수 있다.

또한 두께40mm와 47mm의 맞대기용접의 積層條件은 그림11.7과 같다. 여기서, 홈加工은 自動가스切斷에 의하게 됨으로, H型홈대신, X型홈을 쓰고 있다.

보일러 및 原子炉用壓力容器의 용접에서는 두께25~250mm의 低炭素鋼板의 용접이 필요하게 되는데, 이때는 적당히 예열(80~150℃)하여 서브머어지드아아크용접 또는 現場에서는 손용접을 한다. 그림11.8은 두께165mm의 보일러用缶板(SB46材 C<0.33%,

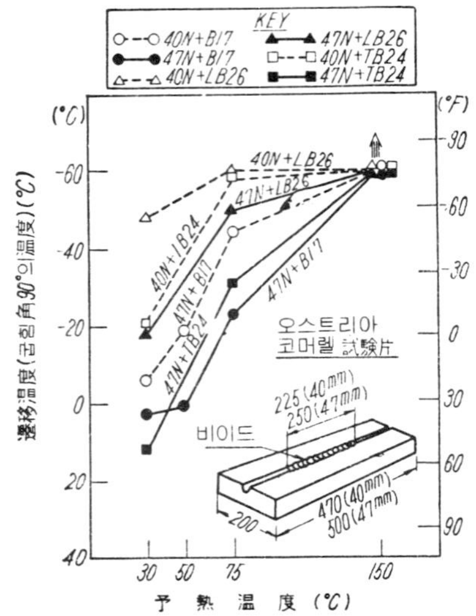

図 11.5　造船用軟鋼厚板의 코머렐試驗의 遷移溫度에 미치는 熔接棒과 豫熱溫度의 影響(熔接電流 230~240A)（川崎重工業）

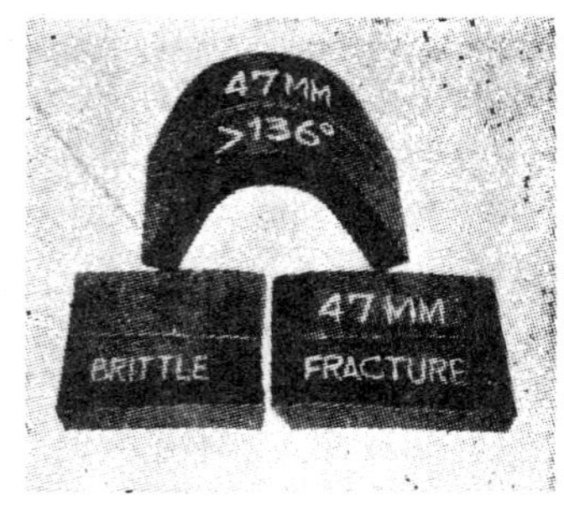

図 11.6　두께 47mm의 造船用軟鋼板의 코머렐試驗片(0.16%C, 0.65% Mn, 0.25% Si, 熔接電流 230~240A)（川崎重工業）

熔接棒 (D4301, B17)

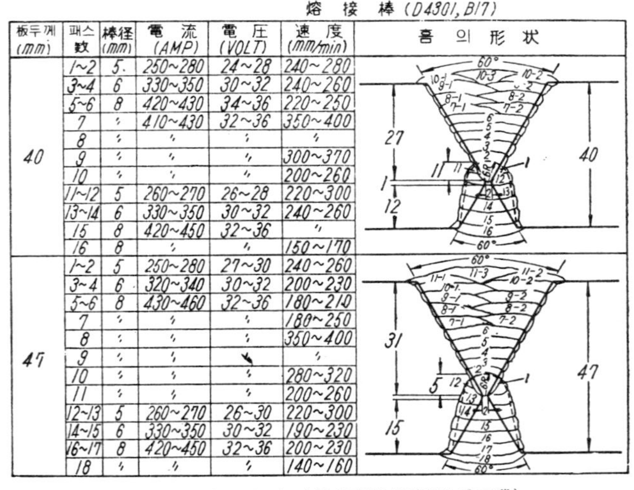

板두께 (mm)	패스數	棒径 (mm)	電流 (AMP)	電圧 (VOLT)	速度 (mm/min)	홈 의 形状
40	1~2	5.	250~280	24~28	240~280	
	3~4	6	330~350	30~32	240~260	
	5~6	8	420~430	34~36	220~250	
	7	〃	410~430	32~36	350~400	
	8	〃	〃	〃	〃	
	9	〃	〃	〃	300~370	
	10	〃	〃	〃	200~260	
	11~12	5	260~270	26~28	220~300	
	13~14	6	330~350	30~32	240~260	
	15	8	420~450	32~36	〃	
	16	8	〃	〃	150~170	
47	1~2	5	250~280	27~30	240~260	
	3~4	6	320~340	30~32	200~230	
	5~6	8	430~460	32~36	180~210	
	7	〃	〃	〃	180~250	
	8	〃	〃	〃	350~400	
	9	〃	〃	〃	〃	
	10	〃	〃	〃	280~320	
	11	〃	〃	〃	200~260	
	12~13	5	260~270	26~30	220~300	
	14~15	6	330~350	30~32	190~230	
	16~17	8	420~450	32~36	200~230	
	18	〃	〃	〃	140~160	

図 11.7　軟鋼厚板의 손熔接條件例（川崎重工業）

Mn<0.90%, Si 0.15~0.30%)의 서브머어지드아아크용접斷面의 사진이나, 용접금속의 노치靭性低下를 막기 위하여, 비교적 小電流의 多層용접을 실시하고 있다. 홈形狀은 그림(b)와 같이 용접봉 Oxweld No.40A, 플락스Grade No.50을 써서 層數60~70, 아아크

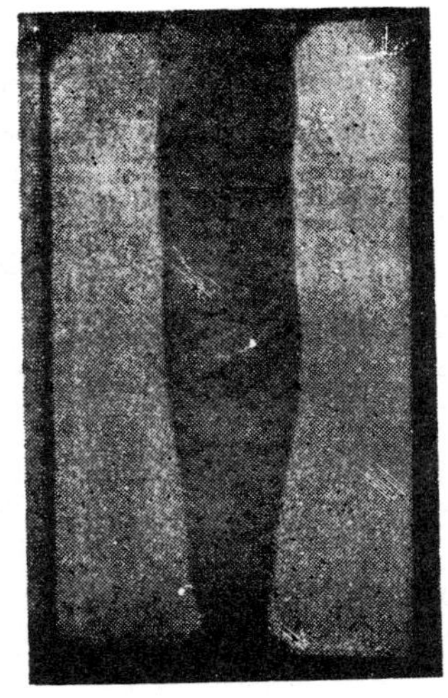
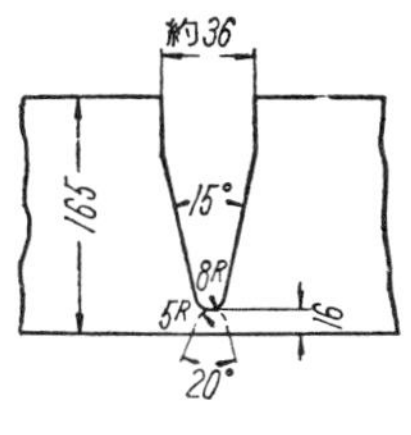

(a)

図 11.8 超厚軟鋼板의 서브머어지드아아크
熔接部의 (a) 斷面마크로組織과 (b)
홈形狀(板두께 165mm) (新三菱重工業)

전류500~800 A, 아아크電圧25~30 V, 용접속도10~20in/min로 용접한 것 이다. 內側
의 數層은 저수소계용접봉으로 손용접한 것
이다.

(3) 中炭素 및 高炭素鋼의 熔接

中炭素鋼(C=0.30~0.45%) 및 高炭素鋼(C
=0.45~1.70%)은 그림11.9와 같이, 저탄소
강보다 열영향부의 硬化가 현저함으로, 비이
드밑터짐이 일어나기 쉽고. 또한 母材와 同一
强度의 용착금속을 쓰면 延伸이 적어져 용접
터짐이 일어나기 쉽다. 이것을 방지하기 위하
여는 탄소량의 多少에 의하여 다음과같은 예
열온도를 사용할 필요가 있다. 물론, 薄板의
경우에는 용접후의 냉각이 완만함으로 예열온
도를 내릴 수 있으며, 또한 저수소계용접봉을

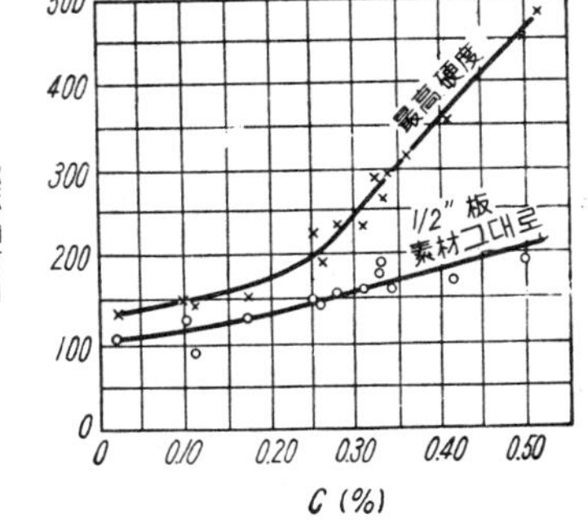

図 11.9 炭素鋼의 熔接熱影響部 最高
硬度와 炭素量의 關係

쓸 때는 예열온도가 100~150℃ 낮아도
된다.

炭 素 量 (%)	予熱温度 (℃)
0.20 以下	90 以下
0.20~0.30	90~150
0.30~0.45	150~260
0.45~0.80	260~420

열영향부의 硬化가 현저한 경우에는, 용접후의 急冷을 피하고, 또는 後熱에 의하여
硬化部를 軟化시킬 필요가 있다. 高炭素鋼을 용접하는 일은 비교적 적으나, 레일, 破
損品, 摩耗部分의 補修등에 쓰인다.

中炭素鋼 및 高炭素鋼用용접봉은 아직KS로서 규정되어 있지 않으나, 美國에서는 軟鋼보다 훨씬 强한 페라이트系용접봉(E70XX, E80XX, E90XX, E100XX, E110XX, E120XX等)이 사용되고 있다. 이것은 軟鋼용착금속의 화학성분에 Mo, Cr, Ni等을 0.15～3%정도 첨가한 것이다. 이음의 强度가 별로 엄격하게 규제되지 않을 때는 중, 고탄소강의 용접에도 軟鋼棒이 쓰인다.

또한, 硬납땜 또는 테르밋熔接이 잘 쓰인다. 특히 後者는 레일 烎合에 채용되고 있다. 그러나, 高炭素鋼의 가스切斷이나 글라인더硏摩는 균裂의 原因이 됨으로 피하도록 해야 한다.

(4) 工具鋼의 熔接

工具鋼(tool steel)은 C=0.80～1.50%의 高炭素鋼이며, 딱딱하고 취약함으로 용접터짐이 생기기 쉽고, 용접은 매우 곤란하다.

가스용접에 의하면, 工具鋼은 비교적 쉽게 용접될 수 있다. 특히 炭素가 적을 때는 하기 쉽다. 補修에 쓰이는 용접봉은 용착금속의 탄소량이 母材의 탄소량과 거의 같고, 또한 燒入, 템퍼링後의 물리적성질이 母材와 대략 같게 되도록 선정한다. 가스炎은 炭化炎, 즉, 아세틸렌過判炎을 쓰는 쪽이 강한 용착금속을 얻을 수 있는 利点이 있으며, 주의하면서 토오치와 용접봉을 조작한다. 予熱 및 後熱이 필요하며, 또한 용접후 완만한 어니일링을 한다.

아아크용접은 急冷을 수반함으로 工具鋼의 용접에는 부적당하며, 실제로는 거의 쓰이지 않고 있다. 그러나, 부득이 할 때는, 피복아아크용접봉에 예열과 후열처리를 倂用하거나, 또는 予熱하여 오오스테나이트鋼용접봉으로 용접한다. 또는 이음兩面에 피복봉을 버터링(buttering) 하여, 稀釈된 덧붙이部分끼리를 용접한다.

工具鋼은 가스壓接, 硬납땜, 플래시용접으로 보다 廉價인 鋼에 용접하여, 드릴 其他의 切削工具를 만드는데, 쓰인다. 용접후 熱처리하여 소정의 성질을 얻는다.

11.2.3 鑄　　　鋼

鑄鋼(cast steel)은 문자그대로 鋼의 鑄造品이나, 그 종류는 매우 많다. 이것은 化學成分的으로 목적에 따라 각종合金元素를 前述한 탄소강에 첨가한 것이라 생각하면 된다. 즉,

耐摩耗用: C 0.40% 以上, 其他 Cr, Al, Ni-Cr, 또는 Cr-V-Mn 等을 添加

耐蝕用; Cr, Ni, 또는 Cu 를 添加

耐熱用 (540℃ 까지): Cr, W, Mo, Ti 等을 添加

주강의 용접은, 두께 및 화학조성이 같은 鍛鍊鋼의 경우와 대략 같은 것으로 생각해도 된다. 용접방법에는, 아아크용접, 가스용접, 브레이징, 납땜 및 때로는 壓接이 쓰인다.

페라이트系鑄鋼은 일반적으로 아아크용접할 수 있으나, 軟鋼에 비하면 물론, 용접성이 좋지 않다. 탄소량이 0.25%이상 또는 合金成分을 함유하는 주강은 용접열영향부의 영향을 방지하기 위하여 적당한 예열 및 후열처리를 할 필요가 있다. 주강은 두께가 큰 것이 많으므로, 용접후의 냉각이 빠르며, 따라서 그만큼 더 予熱 및 層間溫度의 유

지가 重要하다.

　용접봉으로는 母材와 비슷한 化学組成의 것이 가장 좋다. 특히 온도변화에 노출되는 주강품에서는 이음部의 팽창계수가 달라지게 되는 것은 좋지 않다.

　오오스테나이트 系鑄鋼은 耐熱, 耐蝕用으로서 쓰인다. 따라서 熔着金屬의 化學組成과 特性에 엄격한 요구가 있으며, 母材와 類似成分의 용접봉을 쓸 필요가 있다. 普通의 Cr-Ni型 오오스테나이트鋼을 아아크熔接하는데는 豫熱이 필요없으나, 더욱 복잡한 型의 오오스테나이트 合金은 熔接터짐을 이르키기 쉬우므로, 적당한 예열을 함과 동시에 拘束을 감소시키게끔 연구하여야 한다. 오오스테나이트 鑄鋼의 後熱은 페라이트鋼의 경우와 같이 普遍的이 못됨으로, 특수 목적이외는 별로 쓰이지 않는다.

　鑄鋼에는 薄物이 적으므로 가스熔接은 별로 쓰이지 않는다. 이것은 厚物에서는 예열이 필요하고 또한 가스용접은 용접속도가 늦어서, 아아크熔接쪽이 환영되기 때문이다.

　주강의 用途는 발전소 기타 動力室의 諸裝置나 機械類組立에 많이 쓰인다. 터어빈, 케이싱, 밸브室, 水力터어빈 및 그 翼車, 電動機 및 發電機의 架構에는 주강이 많다. 또한 각기계의 架構基礎, 오오토크레이브, 각종밸브, 土木機械, 重砲, 船尾材, 舵架構 등에도 쓰인다. 大型鑄鋼의 용접에는 엘렉트로슬래그熔接이 편리하다.

11.3　鑄　　　鉄

11.3.1　種　　　類

(1)　概　　　説

　鑄鉄(cast iron)은 Fe-C系平衡狀態図에서는 C2.0~6.7%의 Fe-C合金이지만, 보통 C=2.0~3.5%, Si=0.6~2.5%, Mn=0.2~1.2%, P ≦0.5, S ≦0.1%의 組成을 갖으나, 이밖에 Ni, Cr, Mo등을 함유하는 것도 있다. 주철은 강에 비하여 熔融点이 낮고 (약1150℃), 湯의 흐름이 좋으므로, 鑄物을 만들기 쉽고, 또한 값이 싸므로, 大小各種의 주물을 만드는데 쓰인다. 그러나, 주철은 鑄造한 그대로는 可鍛性이 없고 또한 室温에서는 거의 延性이 없는것이 보통이다. 주철의 용접은 주로 주물의 결함보수 또는 파괴된 주물의 修理에 쓰이게 되는데, 주철은 취약하므로 용접이 매우 곤란하다. 따라서 용접을 함에 있어서는, 우선 주철의 특성을 잘 알아두는 것이 중요하다.

　주철내의 탄소는 두가지形態로서 存在한다. 즉, 하나는 炭化鉄(Fe₃C 시멘타이트)로서, 또하나는 黑鉛(graphite)로서 주철의 조직내에 混在하고 있다. 前者를 化合炭素(combined carbon), 후자를 遊離炭素(free carbon)라 한다. 이 兩者를 合한 炭素量을 全炭素(total carbon)라 한다. 탄화철은 주철을 딱딱하고 취약하게, 또한 切削性을 나쁘게 함과 동시에 破面을 하얗게 만든다 (그림11.10의 白色帶). 黑鉛은 보통 片狀(flake)으로 주철의 地中에 混在하여 예리한 노치가 되고, 이때문에 주철을 약하게 만들지만, 반면, 절삭성을 향상시키고(그림11.11의 片狀黑鉛), 破面을 쥐色으로 한다.

　化合炭素와 遊離炭素의 量은 凝固温度부터의 冷却速度와, 다른 元素, 예를들면, 珪

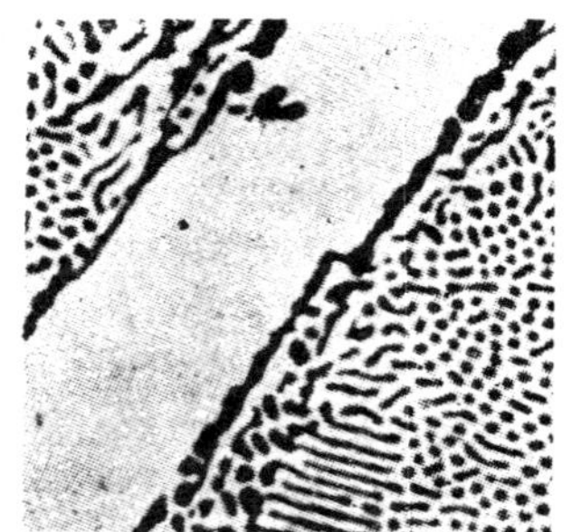

図 11.10　白鑄鉄의　組織(×500)
〔白色帶；初晶시멘타이트,
地；레데브라이트(共晶)〕

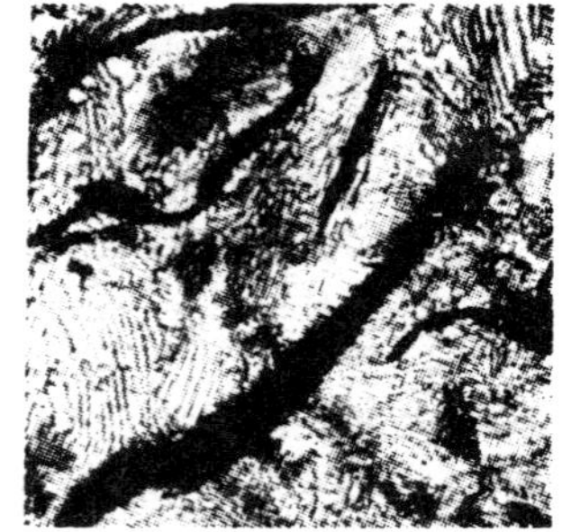

図 11.11　灰鑄鉄의　組織(×500)
〔黑色；片狀黑鉛,　地；퍼
얼라이트(共析)〕

素의 量에 의하여 결정된다. 용융상태에서는 물론 全炭素가 용해되고 있다. 주물이 徐冷되면 炭素의 大部分이 片狀黑鉛으로서 遊離되나 急冷時는 탄소가 화합탄소로 남는다.

灰鑄鉄(gray cast iron)은 그 현미경조직내에 흑연이 비교적 다량으로 析出되고 있는 관계로, 破面이 灰色으로 되어 있으므로 그 이름이 붙은 것이다. 또는 灰銑 이라고도 한다. 회주철의 地(matrix)의 조직은 그림11.11과 같이 보통 퍼얼라이트와 페라이트 가 主体이며, 페라이트는 黑鉛의 周圍에 析出하고 있다.

灰鑄鉄에는 보통주철, 고급주철 및 합금주철이 있으며, 강도 및 조직(地의 종류와 片狀黑鉛의 分布)가 달라지고 있다.

黑鉛이 片狀이면, 주철이 취약해짐으로, 주철에 마그네슘(Mg) 또는 셀륨(Ce)을 少量 가하여 球狀黑鉛을 生成시켜서 延性을 준 것이 있다. 이것을 延性鑄鉄(ductile cast iron) 이라 한다.

白鑄鉄(white cast iron)은 보통 白銑이라 하며, 黑鉛의 析出이 없고, 탄화철의 형식으로 함유되고 있으므로 破面이 銀白色으로 되어 있다. 그림11.10 은 그 현미경조직이다. 白鑄鉄의 일부가 黑鉛化하여 破面이 부분적으로 흑연화한 黑色部가 보이는 주철을 班鑄鉄(mottled cast iron) 또는 班銑이라 한다.

주철의 조직과 화학조성과의 관계는 그림11.12 와 같이, 어떤 일정한 冷却條件에 대하여 C와 Si 가 적어지는 領域Ⅰ가 白銑이며, 그 右側Ⅱa가 班銑으로, 그보다 C와 Si가 많을 때는 회주철이 된다. 그러나, 주철의 조직은 동일화학성분하에서도

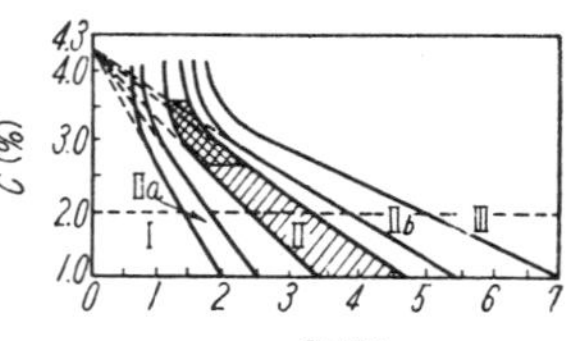

Ⅰ：白銑　Ⅱa：斑銑　Ⅱ：퍼얼라이트
鑄鉄　Ⅱb：軟鑄鉄　Ⅲ：極軟鑄鉄

図 11.12　마우러의　組織圖(75mmφ
丸棒을 1250℃부터 砂型에
標準冷却速度로 鑄入한
普通鑄鉄)

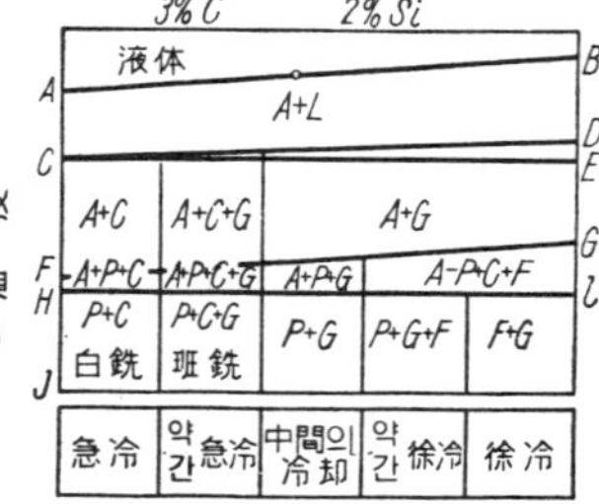

L：液体　A：오오스테나이트 C：시멘타이트 P：퍼얼라이트 G：黑鉛　F：地鉄

図 11.13　冷却速度와　組織
(3% C, 2% Si 鑄鉄)

냉각속도에 따라 크게 변화한다. 가령, 3％C, 2％Si의 주철의 예를 들면 그림11.13과 같이, 急冷時는 백주철로, 徐冷時는 회주철이 된다.

　백주철의 일종에 칠鑄物(chill casting)이 있다. 이것은 주철주물의 표면에 金型을 대서 急冷시켜, 그 조직을 白銑化하여 硬度를 높여서, 耐摩耗性과 耐衝擊性을 준 것이며, 內部를 질긴 회주철로 하여 전채적으로 취약하게 되는 것을 방지하고 있다. 이 주철의 용도는 压延用로울러, 운반차의 車輪, 粉碎機의 部分品등이다.

　鑄造性이 좋은 주철을 이용하여 白銑鑄物을 만들고, 그 다음 900~950℃로 가열하여 시멘타이트로 하거나(黑心), 또는 表面부터 脫炭하여(白心), 鋼과 비슷한 성질을 준 주물을 可鍛鑄鉄(malleable cast iron)이라 한다. 가단주철내의 흑연은 대략 球狀化하고 있으므로 延伸이 5～8％以上의 延性있는 주철이 된다.

(2) 普通鑄鉄

　회주철은 화학조성과 조직이 광범위하게 달라지고 있다. 그中, 보통주철은 인장강도가 약10~25kg/mm²의 軟鑄鉄이며, C＋Si가 약5~5.5％ 포함되고 있다. 그 물리적성질을 軟鋼과 비교하면, 表11.6과 같다. 融点, 熱傳導度, 電氣抵抗, 양그率이 상당히 다르다. 또한 KSD4301灰鑄鉄品(GC10~35)의 규격을 表11.7에 표시한다. 두께에 따라 인장강도가 지정되어 있으나, 화학성분은 규정되어 있지 않다. 또한 3種～6種의 P및S의 含有量은 注文者와 製造者와의 協定에 의하는 것으로 되어 있다. 인장강도25kg/mm²이상은 소위 高級鑄鉄이 된다.

　회주철의 高温度에서의 인장강도는 400~500℃까지는 거의 低下하지 않지만, 600℃에서는 약2/3~1/2의 크기로 감소한다. 보통의 회주철은 인장, 延伸이 거의0이고, 인장강도가 적으나, 압축강도는 인장강도의 약3배이다.

表 11.6　普通鑄鉄과 軟鋼의 物理定數 比較

	比重	熔融点 (℃)	電気抵抗 ($\mu\Omega$/cm³)	熱伝導度 (cal/cm·sec/℃)	線膨脹係数 (0~100℃)	比熱 (0~100℃)	양그率 (kg/mm²)
鋳鉄	7.1~7.3	1150~1250	30~150	0.07~0.13	$10\sim11\times10^{-6}$	0.08~0.12	7000~11000
軟鋼	7.9	1510	17	0.12	12×10^{-6}	0.12	21000

(3) 高級鑄鉄과 合金鑄鉄

　고급주철(high grade cast iron)은 別名 强韌鑄鉄(高力鑄鉄)이라고도 하며, 인장강도가 25kg/mm² 또는 30kg/mm²이상인 우수한 片狀黑鉛鑄鉄을 말한다. 이것은 C＋Si가 4～5％로 白銑化를 막고, 또한 地는 퍼얼라이트이며, 그 속에 片狀黑鉛을 미세하게 分散시키기 위하여 여러가지 방법이 실시되고 있다. 퍼얼라이트주철이라하는 것이 이것에 속한다. 表11.8은 그 數例를 표시한 것이다. 이中, 미이하나이트(meehanite)주철은 白銑鉄 또는 班鑄鉄에 出湯時에 칼슘, 실리콘을 0.3~0.8％정도 첨가하여 소위 接種(inoculation)을 하여 黑鉛化를 촉진하고, 微細黑鉛을 均一하게 分散시킨 주철의 商品名이다.

　合金鑄鉄(alloy cast iron)은 特殊鑄鋼이라고도 하며, 보통주철에 Ni, Cr, Cu, Mo, V, Ti, Al, Zr, Ca, Mg, Ce, B 등의 特殊元素 또는 5元素의 Si, Mn, P를 특별하게 많이 含有시킨 것이다. 그 代表例는 表11.9와 같다.

表 11.7　灰鑄鉄의 規格 (KSD 4301 GC 10~35)

種　類		記号	鑄鉄品의主要두께 mm		供試材의鑄造된狀態의지름 mm	引張試驗 引張强度 kg/mm^2	抗　折　試　驗 最大荷重 kg	디플렉션 mm	硬度 試驗 브리넬 HB
灰鑄鐵品	1種	GC 10	4以上	50以下	30	10以上	700以上	3.5以上	201以下
灰鑄鐵品	2種	GC 15	4以上 8　以上 15　以上 30　以上	8以下 15以下 30以下 50以下	13 20 30 45	19以上 17以上 15以上 13以上	180以上 400以上 800以上 1 700以上	2.0以上 2.5以上 4.0以上 6.0以上	241以下 223以下 212以下 201以下
灰鑄鐵品	3種	GC 20	4以上 8　以上 15　以上 30　以上	8以下 15以下 30以下 50以下	13 20 30 45	24以上 22以上 20以上 17以上	200以上 450以上 900以上 2 000以上	2.0以上 3.0以上 4.5以上 6.5以上	255以下 235以下 223以下 217以下
灰鑄鐵品	4種	GC 25	4以上 8　以上 15　以上 30　以上	8以下 15以下 30以下 50以下	13 20 30 45	28以上 26以上 25以上 22以上	220以上 500以上 1 000以上 2 300以上	2.0以上 3.0以上 5.0以上 7.0以上	269以下 248以下 241以下 229以下
灰鑄鐵品	5種	GC 30	8以上 15　以上 30　以上	15以下 30以下 50以下	20 30 45	31以上 30以上 27以上	550以上 1 100以上 2 600以上	3.5以上 5.5以上 7.5以上	269以下 262以下 248以下
灰鑄鐵品	6種	GC 35	15以上 30　以上	30以下 50以下	30 45	35以上 32以上	1 200以上 2 900以上	5.5以上 7.5以上	277以下 269以下

表 11.8　高級鑄鉄의 化學組成과 引張强度

製　造　法	化　學　組　成(%)			引張强度 (kg/mm^2)	特　　　色
	全 C	Si	Mn		
란　　츠　　式	約 3.2	0.8~1.1	0.7~0.8	28~35	珪素를 적게 하고, 鑄型을 加熱하여 徐冷시켜 퍼얼라이트 鑄鐵로 한다.
티 쎈 엔 멜 式	2.5~3.0	2.0~2.5	0.8~1.4	30~35	全炭素를 낮게 하여 黑鉛을 微細化한다.
코 르 사 크 式	2.8	2.0~2.2	1.3	35~39	大略 上同.
피 오 왈 스 키 式	2.7~3.0	1.6~2.7	—	30~40	黑鉛을 微細化시키기 위하여 熔鐵을 過熱한다.
미 이 한 式	2.8	1.2~1.6	0.6~0.8	32~34	래들에 珪素鐵 또는 珪化칼슘을 加하여 黑鉛의 接種을 한다.

表 11.9　合金鑄鉄과 延性鑄鉄의 化學組成과 機械的性質

種　　類	化　　学　　組　　成(%)						引張強度 (kg/mm²)	브 리 넬 硬　度
	全 C	Si	Mn	Ni	Cr	Mo		
니켈鑄鐵	2.8~3.3	1.2~1.7	0.55~1.0	0.5~1.5	—	—	25~30	180~230
니켈크롬鑄鐵	2.7~3.3	1.3~1.7	0.55~1.0	0.5~1.5	0.3~0.8	—	28~34	200~250
니켈몰리브레鑄鐵	2.5~3.0	2.0~2.5	0.5~0.9	1.5~1.9	0.08~0.3	0.7~1.0	39~46	250~300
휘오드 크랑크샤프트	1.35~1.6	0.85~1.1	0.6~0.85	—	0.4~0.5	Cu (1.5~2.0)	約 76	約 270
耐熱니크로시럼	1.8	6.0	—	18	2.0	—	25	110
耐熱니레지스트	2.75~3.10	1.25~2.0	1.0~1.5	12~15	1.5~4.0	Cu 5~7	20	120~170
延性鑄鉄	3.3~3.9	2.2~2.9	0.2~0.6	0.5~2.0	Mg (処理後) 0.05~0.08	鑄放 燒準材	(延伸 2~6%) 55~80 (延伸 12~20%) 45~55	280~320 140~180

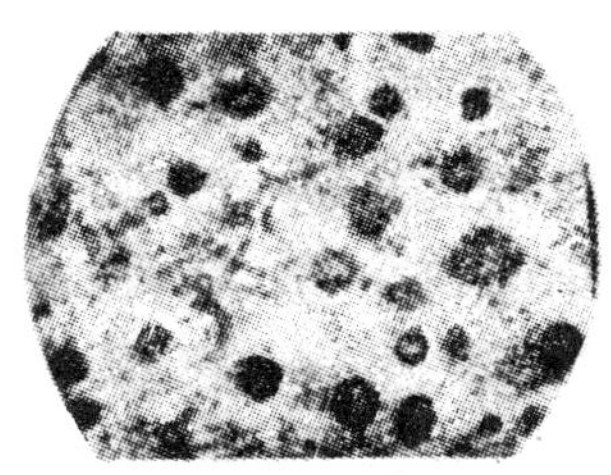
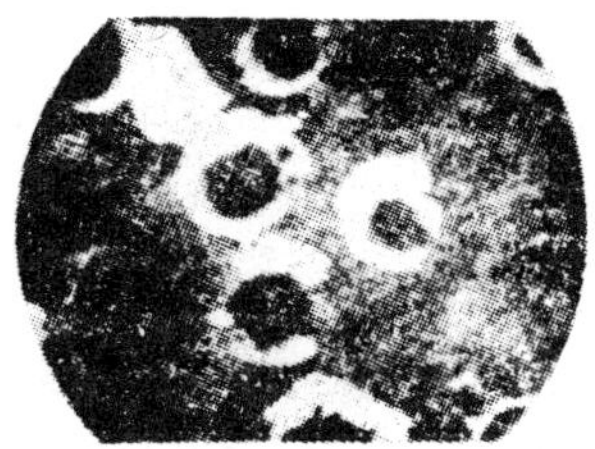

図 11.14　延性鑄鉄의 球狀黑鉛組織〔(左)퍼얼라이트型, (右) 페라이트型 ×80〕

(4) 延 性 鑄 鉄

연성주철은 **노듈라鑄鉄**(nodular cast iron)또는 **球狀黑鉛化鑄鉄**(spheroidal graphite cast iron) 이라고도 하며, 工業的으로는 Mg處理를 하여 그림11.14와 같이 현미경조직내의 黑鉛을 球狀化시킨 주철이며, 表11.9와 같은 화학조성과 기계적성질을 갖고 있다. 鑄造한 그대로도 2~6%의 延伸이 있으며, 어니일링을 하면 12~20%의 뛰어난 延性을 갖고 있다.

球狀黑鉛化促進을 위하여 보통 50%Mg이하의 母合金을 熔銑에 첨가하고, 또한 珪化칼슘을 鑄造時에 가하여 接種作用(어떤 물질을 熔湯에 가하여 그凝固組織을 変更修正하여 目的하는 性質로 改善하는 것)을 시킨다. 주철로서는 우수한 延性을 갖고 있으므로 최근 널리 이용되고 있다.

11.3.2　灰鑄鉄의 熔接

(1) 槪　　説

회주철의 용접은 軟鋼에 비하여 매우 곤란하다. 그 이유는 주철은 매우 취약해서 비교적 작은 국부적수축에도 견디지 못하고 터지는 일이 많기 때문이다. 또한 회주철의 일부가 녹은 다음, 急冷되어 白銑이 되어 터지기 때문이다. 白銑은 그림11.15와 같이 회주철에 비하여 收縮量이 매우 크다(鋼에 가깝다). 따라서 더 터지기 쉬운 것이다. 表面에 白銑이 생겼을 때는 줄질을 해도 줄이 먹지 않으므로 쉽게 알 수 있다.

회주철은 녹지 않으면 高溫으로 가열되어도 白銑이 되지 않는다. 그러나 高溫에서 急冷되면 마르텐사이트가 생겨서, 鋼의 경우와 마찬가지로 500~600℃의 後熱로서 軟化된다. 그런데 白銑이 생긴 경우에는 더 높은 온도(800~900℃)로 數時間 가열하여 黑鉛化를 促進하지 않으면 硬化帶가 解消되지 않는다. 주물의 용접중에 金屬性의 소리가 나는것은 小均裂이 생긴 증거이다.

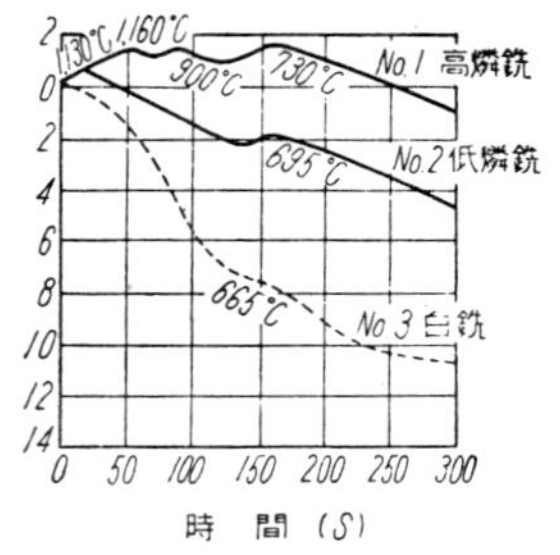

図 11.15 鑄鉄의 凝固時 收縮量 比較(高燐銑은 黑鉛化되기 쉽고. 低燐銑은 黑鉛化가 약간 늦다)

주철의 용접터짐을 방지하는 한 방법은 母材를 예열하여 냉각속도를 완만하게 하는 것이다. 이것이 高溫予熱熔接法이다. 이에 대하여 비교적 低溫予熱 또는 전연 예열치 않는 경우에는 주물의 용접되는 局所를 용접열로 필요이상 長時間, 또는 過度하게 가열해서는 안된다. 그대신, 短時間에 작은 비이드를 붙이고. 용접부가 냉각하는 것을 기다려 다음 비이드를 붙이도록 한다.

또한 용접물에 不均一한 팽창이나 수축이 초래되지 않도록 주의할 필요가 있다. 이를 태만하면 균열의 원인이 된다.

(2) 高溫予 熱熔接法

이것은 용접하는 주물을 약540~560℃로 全体 또는 일부를 예열하여 鑄鉄棒을 써서 아아크용접 또는 가스용접하는 방법이다. 용접중에도, 용접직후에도 될 수 있는대로 高溫으로 유지함과 동시에 後熱 또는 徐冷을 勵行한다. 600℃로 10時間 어니일링을 하면 殘留応力이 제거된다. 白銑化를 방지하기 위하여는 黑鉛化를 촉진할 필요가 있으며,

種 類	C	Si	Mn	P	S	Al		備 考
R C 1 } (가) E C 1	3.25~3.50	2.75~3.00	0.6~0.75	0.5~0.75	<0.12	—		AWS가스棒 아아크 棒
R C1-A(나)	3.2 ~3.50	2.00~2.50	0.5~0.70	0.20~0.40	<0.10	Mo 0.25~0.45	Ni 1.20~1.60	AWS 가스 棒
(다)	3.0 ~3.64	3.1 ~3.5	0.5~0.6	0.3 ~0.4	<0.10	0.5~1.0		田村·塩原 가스 棒

이때문에 Si. Al를 適量 含有한 용접봉의 사용이 勸奬되고 있다. 예를들어 용착금속의 화학성분(%)으로는 다음과 같은 것이 적당하다. 또한 强度를 증가시키기 위하여 Ni를 2~2.5%첨가한 용접봉이 쓰이고 있다.

회주철의 고온예열용접법은 주로 가스용접에 쓰인다. 가스 용접봉은 한국에서는 아직 規格이 없고, 市販品도 적으므로 사용자의 대부분은 自家製作하고 있다. 용접봉은 4~8mmφ, 길이600~1000mm의 砂型鑄物棒을 쓴다. 表面의 모래를 완전히 제게하고 글라인더다듬질한 다음 사용한다. 가스용접에는 中性炎 또는 弱還元炎을 쓰며. 1回의 덧붙이두께를 3mm이하로 누르고. 또한 600℃의 後熱을 한 다음, 벗짚재, 모래 또는

어니일링爐에 넣어 徐冷한다. 주철의 가스용접에서의 플락스의 機能은 산화물의 용해제거, 용융금속의 보호와 流動性을 주는 것이며, 예를들어 다음과 같은 것이 사용된다.

(가) 硼砂15%, 炭酸소오다15%, 重炭酸소오다 70%

(나) 硼砂15%, 炭酸소오다40%, 重炭酸소오다40%, 珪砂 5 %

(다) 苛性소오다50%＋重炭酸소오다50%＋물

(라) 二酸化망간50%, 靑酸칼리 4 ～ 6 %, 珪素1.0%, 알루미늄0.3%, 珪酸소오다 34%

(마) 燒成소오다 80%, 硼酸18%, 珪砂 2 %

(3) 低温予熱熔接法 및 予熱없는 熔接法

이 방법은 母材를 예열하지 않거나 또는 약간 예열하여 용접하는 것이다. 이것은 아아크용접 및 가스용접에 쓰이며, 용접봉으로는

(가) 純니켈棒　　　　　　　　　　　　(나) 高니켈鉄合金棒 (Ni ＞60%)

(다) 모넬메탈棒 (70Ni-30Cu)　　　　　(라) 토오빈靑銅棒 (60 Cu-39 Zn-1 Sn)

(마) 軟鋼棒

또한, 주철용 피복아아크용접봉은 KSD. 7008 - 1973으로 규정 되고 있다.

(가) 니켈合金에 의한 熔接 니켈은 응고할 때, 용해탄소의 대부분을 黑鉛化하는 작용이 있으며, 시멘타이트의 成分이 적으므로 그만큼 용접금속은 예열하지 않아도 터지기 힘들게 된다. 용접봉에는 보통 60%이상의 Ni合金〔AWS規格에서는 ENi(Ni ＞ 98.0%): ENiCu-A (Ni＝55～60%, 나머지 Cu)〕이 쓰인다. 그러나 용접금속의 수축에 의하여, 인접하는 취약한 母材部分에 균열이 생기는 경우가 있다. 그러므로, 니켈棒을 사용한 때에도 1回의 용접길이를 짧게 (30～50mm)로 하고, 용착금속이 高温인 동안에 해머로 두들겨 圧縮応力이 加해지도록 한다. 즉, 그림11. 16과 같이 小部分씩 용접하는 것이 중요하다.

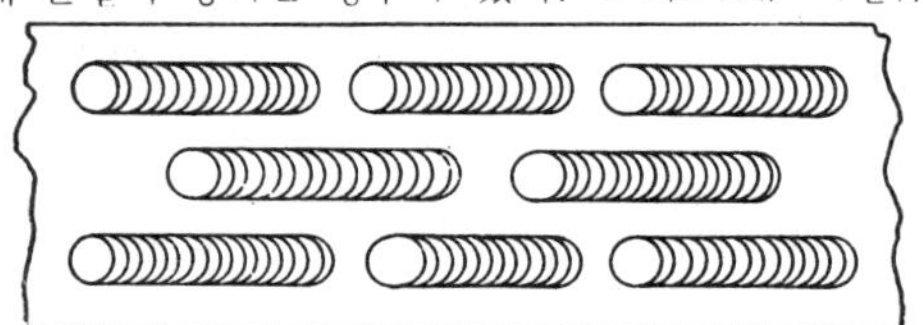

図 11.16　收縮應力을 減少시키기 위한 小비이드熔接法 (低温熔接)

(나) 靑銅熔接 청동용접(bronze welding)은 산소아세틸렌炎의 弱酸化炎을 쓰고, 용접봉으로는 6 : 4 黃銅에 가까운 토오빈靑銅

	Cu	Zn	Sn	Pb	Fe
	65～53	33～43	1～2	0.1～0.2	0.1～0.2

棒등을 써서 용접하는 방법이며, 주철 母材보다 훨씬 融点이 낮은 靑銅을 이음의 홈에 용융접하게됨으로, 브레이즈熔接(braze welding)의 一種이다〔硬 납땜(brazing)에서는 홈이 없는 接合面에 납땜材가 表面張力의 작용으로 침투하여 용접되는 것이나, 브레이즈熔接에서는 홈을 表面張力作用에 의하지 않고 용착금속으로 메꾸는 点이 다르다〕

靑銅熔接에서는 약300～400℃로 예열하는것이 좋으며, 용착이 용이하고 氣孔生成을 방지할 수 있다. 플락스는 용접면의 黑鉛除去, 용착금속의 산화막제거, 亞鉛의 氣化防

止등의 목적을 위하여 사용되어야 한다. 플락스는 용접前에 예열된 홈面에 뿌림과 동시에 용접봉에도 부착시켜 둔다. 토오빈브론즈의 용착금속강도는 20～25kg/mm² 이다.

　(다)　**軟鋼棒에 의한 아아크熔接** 軟鋼用피복아아크용접봉을 그대로 주철의 予熱없는

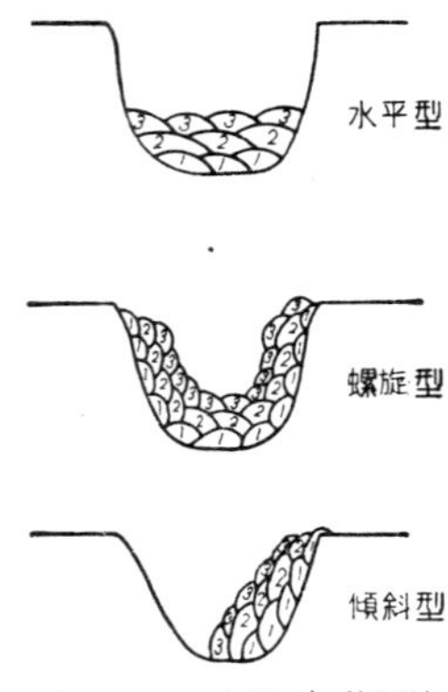

図 11.17　鑄鉄의 積層法

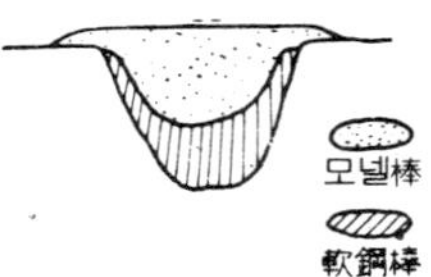

図 11.18　異種金屬組合의 多層熔接例

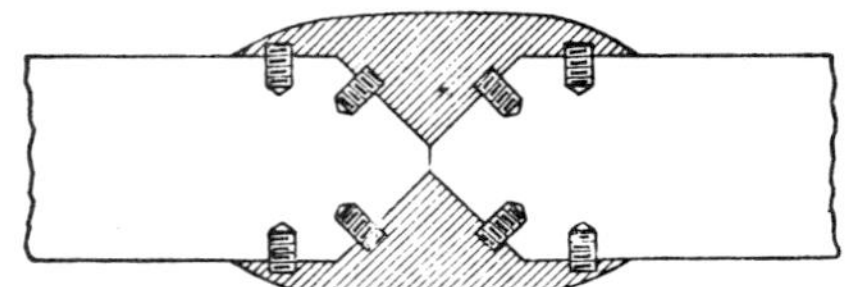

図 11.19　鑄鉄의 熔接에 쓰이는 스터드法

용접에 쓰는 경우가 있다. 이러한 경우에는 용착금속의 냉각속도가 빠르므로, 熔入硬化를 감소시키기 위하여 화학조성에 될 수 있는대로 탄소량이 적은 용접봉이 좋다. (KS D 7004規格의 D 4300, D 4311, D 4315等)

　(4) **熔　着　法**

　低溫予熱熔接에서는 주물의 비교적 작은 開口部를 메꾸는 경우가 가장 많으나, 이때는 그림1.17과 같이 홈 안에 移積層하고, 또한 위에서 보면 渦狀이 되도록 용착한다.

　多層덧붙이 용접의 경우에는 이음의 强度와 표면의 기계가공을 필요로 하는 경우가 많다. 大型鑄物 에서는 實用上 가스용접이 거의 不可能하고 또한 용접후의 어니일링도 할 수 없는 경우가 있다. 그러나 이와같은 경우에도 表面硬度를 낮게 해야 할 때 가 많은데, 이때는 그림11.18과 같이 鑄鉄과 잘 융합되는 軟鋼을 먼저 덧

図 11.20　스터드로 修理한 鑄鉄프레임.

붙이고, 다음 연강과 융합이 잘되는 모넬메탈(Ni-Cu)合金을 덧붙이는 例가 있다.

저온예열용접에서는 母材와 용접금속과의 接合面이 약함으로, 그림11. 19와 같이 이음의 홈面에 스터드(stud)를 세워, 이것과 함께 용접하는 방법이 있다. 스터드의 직경은 6~10mm이며, 깊이는 스터드直徑과 같은 깊이까지 박아넣고 또한 표면에서 5~6mm突出하게끔 나사로 조여 넣은다. 또한 스터드의 斷面積은 용접표면의 25~35%를 차지하게끔 한다. 各스터드의 둘레에는 1~2비이드를 용접하여 스터드와 모재와의 용착을 확실하게 하고, 그다음의 용접은 直線비이드法에 의하지 말고, 斷續的으로 용접함과 동시에 냉각전에 피이닝한다. 그림11. 20은 鑄鉄프레임의 修理 例이다.

（5） 高級鑄鉄과 合金鑄鉄의 熔接

고급주철은 C와 Si의 量을 減하여 黑鉛의 成長을 억제하고, 地를 퍼얼라이트로 하여 강도를 증가시키고 있으므로, 용접에 의하여 국부적으로 용해되면 白銑되는 경향이 많다. 따라서 鑄鉄棒을 사용하는 高溫熔接法에는 보통주철의 경우보다 作業과 徐熱에 주의를 요한다. 目的이 구멍을 메꾸는 경우와 같이 強度를 필요로 하지 않을 때는 黑鉛化促進劑를 함유하는 보통주철용용접봉으로도 되지만, 이음의 強度가 중요한 경우에는 니켈과 같이 黑鉛化를 돕고 강도를 높이는 元素를 첨가한 合金鑄鉄棒을 쓰는것이 좋다.

합금주철은 용도에 따라 합금원소의 종류와 함유량이 다르므로, 조직도 변화하고 용접방법도 그에 따라 검토되어야 한다. 따라서 当然히 합금주철봉을 쓰지 않으면 기계적강도를 얻을 수 없다. 強度를 요하는 경우에는 니켈棒, 모넬棒, 토오빈靑銅棒등을 써서, 예열온도를 너무높게 하지말고 小入熱로 용접함과 동시에, 高溫부터의 냉각중에 망치로 두드려 압축응력이 생기게 하여 터짐을 방지하도록 하여야 한다.

（6） 其他의 鑄鉄

（i）　延性鑄鉄의 熔接

연성주철은 국부적으로 용해되면 球狀黑鉛生成傾向이 없어져, 이음部에서 우수한 특성이 얻어지지 않는다. 강도가 필요한 경우에는 충분하게 高溫予熱을 하여 가스용접법에 의하여 연성주철의 용접봉으로 용접하면 母材의 70~80%의 강도를 얻을 수 있다. 용접봉으로는, 母材와 同一材質의 心線을 쓰고, Mg 및 Si를 혼입시킨 보통주철의 가스용접용플락스를 사용하는 것이 좋다.

（ii）　可鍛鑄鉄의 熔接

가단주철에서는 용접시의 조직이 白銑임으로, 熱處理前의 용접은 거의 불가능하다. 열처리후에도 용해되면 白銑이 됨으로 매우 터지기 쉽다. 용접방법으로는, 白銑化를 막기 위하여 酸化劑를 써서 용융철의 脫炭을 촉진하거나, 또는 될 수 있는대로 母材를 녹이지 않고 용접하는 방법을 채용해야 하며, 後者에 대하여는 硬납땜(brazing)이 권장되고 있다. 이를 위하여는, 망간靑銅, 니켈靑銅, 토오빈靑銅등을 용접봉으로 하고, 적당한 熔劑를 써서 가스용접을 한다. 용접후 白銑이 된 것은 850~950℃로 어니일링을 한다. 두께가·얇은 것은 2時間以內로 黑鉛化된다. 또한 軟鋼棒, 니켈棒, 모넬메탈棒으로 아아크용접이 행해지나, 용접후에는 黑鉛化作用어니일링이·필요하다,

11. 4　低合金高張力鋼의 熔接

11. 4. 1　種　　　類

(1)　槪　　　說

低合金高張力鋼이란, 軟鋼의 强度를 높이기 위하여, 이에 적합한 合金元素를　소량 첨가한 低合金鋼을 뜻하며, 그 사용목적은 구조물의 重量輕減, 재료의 절약 및 熔接工 數의 節減에 있으며, 특히 수송기관에 있어 自重의 감소에 의하여 적재량의 증가와 수 송능력의 향상을 꾀하는데 그 뜻이 있다.

高張力鋼은 강도, 輕量, 耐触性, 耐衝擊性(韌性), 耐摩耗性이 요구되는 구조물에 특 히 적합하며, 現在는 軍艦 및 高性能船舶, 橋梁, 車輛, 自動車, 航空機, 보일러, 壓力 容器, 水壓鉄管, 크레인, 貯藏탱크, 採鉱 및 土木機械, 兵器 및 一般機械에 이용되고 있다. 특히, 최근에는 용접성이 뛰어난 고장력강의 발달과 우수한 용접봉의　출현에 의하여, 종래 軟鋼으로 만들어지고 있던, 용접구조물을 高張力鋼으로 바꾸고자　하는 것이 世界的傾向으로 되어 있다.

용접용고장력강은 기계적성질이 우수할뿐만 아니라, 용접중에 터지거나 취약해 지지 않는 우수한 接合性과, 사용중에 脆性破壞되지 않는 우수한 노치韌性을 갖춘　것이라 야 한다. 또한 熔接前後의 冷間加工이 필요한 경우가 있으므로, 加工性도 좋은 것이라 야 한다. 그리고, 軟鋼에 비하여 상당히 얇은 板두께로서 사용이 됨으로, 오랜　세월 에 걸친 사용에도 견딜 수 있도록, 耐触性이 우수하여야 한다. 또한 經濟的으로도 가 격이 싸고, 多量生産에 적합한 것이 바람직하다.

(2)　低　合　金　鋼

低合金鋼(low alloy steel)은 탄소이외의 合金元素를 비교적 소량　첨가하여, 탄소 강에 비하여 뛰어난 기계적, 물리적, 또는 화학적성질을 얻는 것을 목적으로 하여 만 들어진 鋼의 總稱이다. 그 종류는 매우 많다. 원래, 工業用에 쓰이는 炭素鋼에는 탄소 이외의 합금원소가 소량씩 함유되고 있으며, 예를들어, 諸元素를

$$Mn<0.9\%, \quad Si<0.5\%, \quad Ni<0.25\%, \quad Cr<0.10\%$$
$$Cu<0.30\%, \quad Al<0.01\%, \quad P<0.06\%, \quad S<0.06\%$$

範圍에서 소량 함유되고 있는 것을 炭素鋼이라 하며, 合金含有量이 그以上이고 그　合 計가 數%以內의 것을 低合金鋼이라 부르고 있다.

저항금강중 에는, 우선 軟鋼과 같은 정도의 강도(약49kg/mm²以下)의 것이 있으며, 이 것은 비교적 탄소량이 낮고(C ≦0.15% 또는 C ≦0.20%), 熔接性은 비교적 양호하다.

저합금강중, 연강보다 우수한 강도를 갖는 高張力鋼(high strengh steel)中에는, 특 히 용접성에 重点을 둔 용접용고장력강이 있으며, 최근 현저한 발달을 보이고 있다. 이

에 대하여 용접성보다 기계적성질에 중점을 둔 저합금강이 주로 기계, 자동차, 항공기용, 兵器등에 많이 쓰이고 있다. 이것들은 대부분이 燒入, 템퍼링을한 熱處理鋼(調質鋼, heat treated steel)이며, 강도가 특히 우수하고 靭性에 뛰어남으로 強靭鋼이라고도 한다. 그러나, 이들은 용접되는 경우가 드물다. 이에 속하는 것으로는 表 11. 10과 같은 構造用合金鋼들이 있다.

(3) 熔接用高張力鋼

용접용으로서 가장 중요한 고장력강은 各國에서 여러가지로 만들어지고 있으며, 그 代表例를 들면, 表11. 11, 表11. 12와 같다. 최근에는 용접성의 向上과 노치인성의 증가를 꾀하기 때문에, 특히 탄소함유량이 적은 것(C <0.18% 또는 C <0.16%)이 특징이며, 또한 燒入템퍼링한 低炭素調質鋼의 進出이 현저한 바 있다.

용접용고장력강은 大別하여 2種이 있으며, 引張强度52~70kg /mm², 降伏点32~38 kg/mm²이상의 HT52(인장강도 52~60kg/mm²) 및 HT60(인장강도 60~70kg/mm²)이 그중 하나에 속한다. 이들은 보통, 圧延한 그대로(HT52), 또는 노오말라이징한 것(HT52, HT60)이 쓰이며, 비교적 용이하게 용접할 수 있는 것들이다. 보통, 고장력강이라 하면, HT52를 의미하며, HT60은 약간 高價임으로 사용범위가 좁아지고 있다.

또 한 種類는 超高張力鋼이라 할 수 있는 것으로, 引張强度70~90kg/mm² ,降伏点50kg /mm²이상의 HT70, HT80이 이에 속한다. 이러한 고장력강은 低合金鋼이라기 보다 合金鋼이라 할 수 있는 것이며, 대부분 燒入템퍼링(600~650℃)의 열처리한 것이 쓰인다. 이 鋼種은 아아머플레이트의 炭素量을 低下시킨 것이라 생각해도 되고 주로 第二次大戰中 軍用으로 발달하고, 그後 일반적용도로 바뀌게 된 고장력강아다. 용접에는 어느정도 주의를 요하나, 後述하는 바와 같이, 軟鋼과 同一정도로 용접성이 뛰어난 超高張力鋼이 최근 실용되고 있다. (2 H, T - 1鋼)

(i) 망간(실리콘) 鋼

망간 및 실리콘은 강도를 증가시키는 가장 廉價이고 일반적인 합금원소임으로, Mn鋼 또는 Mn-Si鋼으로서 널리 쓰여져 왔다. 구라파大陸의 ST52, Aldur58 및 英國의 BSS968鋼, 日本의 防衛庁規格材 및 各社製品(表11. 12)이 이에 속한다. 이것은 인장강도50~60kg /mm², 항복점32kg /mm²이상이며, 두께25mm 이하의 것은 圧延한 그대로의 Mn-Si系로서 용접성이 좋은 고장력강이 얻어지나, 더욱 강도를 증가시킨 것에는 노오말라이징이나 템퍼링等의 材質改善이 필요하다. 또한 耐蝕性을 증가시키기 위하여 銅이 첨가되는 경우도 있다.

(ii) Vanity 型

강도를 증가시키기 위하여 망간을 증가시키면, 燒入硬化性이 현저하게 되어, 용접성이 나쁘게 됨으로, Mn의 一部를 燒入硬化性이 적은 실리콘으로 置換한 것이 前述한 Mn-Si系이다. 그러나, 실리콘은 인장강도를 높이지만, 항복점을 높이는데 별로 효과가 없다. 또한 지나치게 많아지면, 용접터짐을 이르킬 우려가 있으므로, 그대신, 바니

表 11.10　構 造 用 合 金 鋼

種　類	系　統	記　号	化　学　成　分 *　（%）				
			C	Si	Mn	Ni	Cr
JIS G4102	Ni-Cr	SNC 1～3	0.32～0.40	0.15～0.35	0.35～0.80	1.00～3.50	0.50～1.00
		SNC 21, 22	0.12～0.18	0.15～0.35	0.35～0.65	2.00～3.50	0.25～1.00
JIS G4103	Ni-Cr-Mo	SNCM1～9	0.27～0.50	0.15～0.35	0.35～1.00	0.40～3.50	0.40～1.50
		SNCM21～25	0.12～0.23	0.15～0.35	0.30～1.10	1.60～4.50	0.40～2.00
JIS G4104	Cr	S Cr 1～5	0.28～0.43	0.15～0.50	0.60～1.00	…	0.80～1.20
		S Cr 21, 22	0.13～0.23	0.15～0.35	0.60～0.85	…	0.90～1.20
JIS G4105	Cr-Mo	SCM 1～5	0.27～0.48	0.15～0.35	0.30～0.85	…	0.90～1.50
		SCM 21～23	0.13～0.23	0.15～0.35	0.60～1.00	…	0.90～1.20

* 種別 1～9, 21～25에 따라, 化學成分에 差가 있으나, 本表는 이들 上下兩限을　一括하여

表 11.11　各 国 現 用 主 要 高 張 力 鋼　의

国名	成 分 系	鋼種, 鋼名	化　学　成						
			C	Mn	Si	P	S	Cu	Ni
日本	Mn-Si	防 衛 庁 規 格	<0.16	<1.35	<0.55	<0.040	<0.040	—	—
	Mn-Si	旧 海 軍 規 格	0.15/0.20	0.90/1.20	0.30/0.70	<0.035	<0.035	<0.2	<0.3
	Mn-Si-Ni-Mo-Ti	防 HT 60	<0.16	<1.35	<0.55	<0.040	<0.040	—	<1.0
	Mn-Si	2 H	<0.18	<1.35	<0.55	<0.040	<0.040	—	—
美國	Mn-V-Ti	Vanity （海軍）	<0.18	<1.30	0.15/0.35	<0.04	<0.05	<0.35	<0.25
		Vanity 実用成分	0.16/0.18	1.10/1.30	0.20/0.30	〃	〃	〃	0.10/0.20
	Mn-V	Jalten ♯1	<0.15	<1.30	<0.10	<0.04	<0.05	<0.30	—
	Cr-P-Cu-Si	Cor-Ten	<0.12	0.20/0.50	0.25/0.75	0.07/0.15	<0.05	0.25/0.55	<0.65
	Cr-P-Cu-Ni	Mayari-R	<0.12	0.50/1.00	0.10/0.50	0.08/0.12	<0.05	0.50/0.70	0.25/0.75
	Cu-Ni-P	Yoloy HS	<0.15	<0.75	<0.30	0.05/0.10	<0.05	0.75/1.25	1.5/2.0
	Ni-Mo-V-B	Carilloy T-1	<0.18	0.70/1.00	0.15/0.35	—	—	0.20/0.40	0.70/1.00
	Ni-Cr-Mo	HY 80	<0.22	0.10/0.40	0.15/0.35	<0.035	<0.040		2.00/2.75
英國	Mn-Cr-Cu	BS 968	<0.23	1.30/1.80	0.10/0.35	<0.05	<0.05	<0.60	<0.50
	Mn-Mo-Ni	Ducol W 25	0.16/0.20	1.3/1.5	—	—	—	—	0.3/0.5
	Mn-V-Mo-Cr	Ducol W 30	<0.18	<1.4	—	—	—	<0.50	<0.50
	Mo-B	Fortiweld	<0.15	<0.60	<0.40	<0.05	<0.05	—	—
	Mn-Cr-Ni-Mo	Mn-Cr-Ni-Mo	0.14	1.14	0.30	0.016	0.027	—	0.23
독일	Mn-Si	ST 52	<0.20	<1.20	<0.60	<0.06	<0.06	—	—
	Mn-Si-Mo	ST 52 Mo	<0.20	1.00	0.40	<0.06	<0.05	—	—
	Cr-Cu	ST 52 Cr-Cu	<0.20	0.80	0.30	<0.06	<0.05	0.40	—
	Ni-Cu-Mo-(Al)	HSB 55	<0.20	0.80	0.40	<0.05	<0.05	0.90	0.70
	Mn-Si-(Al)	HSB 50	<0.20	0.95	0.45	<0.05	<0.05	—	—
오리스아트	Mn-Si	ST 52 T	<0.20	<1.30	<0.60	<0.06	<0.06	—	—
	Mn-Si-Cu	Aldur 58	0.20	1.40	0.45	<0.04	<0.04	0.35	—
프랑스	Cr-Cu	AC 54	0.20	0.60	0.30	—	—	0.45	—
이태리	Ni-Cr-Cu-Mn-Si	104	0.14/0.17	0.80/1.00	0.50/0.80	—	—	0.40/0.70	0.80/1.00

(JIS, 熱 処 理 鋼)

Mo	熱 処 理 (°C)		引張強度 (kg/mm²)	用　　途
	燒入	템퍼링		
…	820~880油冷	550~650	60~80 以上	보울트·너트·齒車·軸類
…	(1) 850~900油冷 (2) 750~800油冷	150~200空冷	60, 80 以上	表面硬化用(피스턴핀·齒車)
0.15~0.30	820~870油冷	570~680急冷	85~105以上	크랑크軸·齒車·軸類
0.15~0.30	(1) 850~900油冷 (2) 750~850油冷	150~200空冷	90~110以上	表面硬化用(强力軸·齒車類)
…	830~880油冷	580~680急冷	85~100以上	軸·보울트·너트·키이·핀
…	(1) 850~900油冷 (2) 800~850油冷	150~200空冷	80, 85 以上	表面硬化用(핀·캠軸·齒車類)
0.15~0.35	830~880油冷	580~680急冷	90~105以上	보울트·軸·齒車·아암類
0.15~0.35	(1) 850~900油冷 (2) 800~850油冷	150~200空冷	85~100以上	表面硬化用(齒車·피스턴·軸類)

表示한 것이다. 全鋼種 P ≤0.030 %, S ≤0.030%

成 分 과 機 械 的 性 質

分 (%)					機 械 的 性 質			試驗板두께	備　考
Cr	Mo	V	Ti	其 他	降伏点 kg/mm²	引張強度 kg/mm²	延伸率(8 in) (%)	mm	
—	—	—	—	—	>32	48~56	>20	13~30	1957, Hvmax<350, $E_0>6$ kgm/cm²
<0.2	—	—	—	—	—	>55	>20		또는 3.5 〃
<0.5	<0.3	<0.2	<.03	—	>40	58~66	>18	<20	燒準　Hvmax $<350(380)$ 1957
—	—	—	—	—	>46	60~68	>17	<20	燒入템퍼링
<0.15	<0.05	>0.02	>0.005	—	>33	<62	>20	13~39	1951
<0.05	〃	0.05	0.02	0.02 Al	〃	〃	〃	〃	1 2 in以上. 燒準
—	—	0.035/0.065	—	—	>35	>45		13	壓延한 그대로
0.50/1.25	—	—	—	—	>35	>49	>1050/σ_B	13	壓延한 그대로
0.40/1.00	—	—	—	—	>35	>49	>1050/σ_B	13	壓延한 그대로
—	—	—	—	—	>35	>49	>22(2 in)	13	壓延한 그대로
—	0.35/0.50	0.03/0.08	—	B 約0.003	>63	>74	>18(2 in)	6~50	燒入템퍼링
0.90/1.40	0.23/0.35	—	—	—	>60	>70	>25(2 in)	35以上	燒入템퍼링
<0.80	—	—	—	(Ni 隨意)	>33	55~65	>18	13~25	壓延한 그대로
0.15/0.30	0.24/0.30	—	—	—	>43	>58		<19	壓延, 템퍼링
<0.80	<0.25	<0.10	—	—	>47	>60		<25	燒準, 템퍼링
—	0.40/0.55	—	—	B 0.0015/0.0035	>46	>58	>20(2 in)	<38	壓延한 그대로
0.66	0.24	—	—	—	44	59	R.A.=46	13~38	燒準, 템퍼링
—	—	—	—	P+S<0.10	>35	52~62	>19	16~30	1946
—	0.20	—	—	〃	>35	52~62	>18		
0.40	—	—	—	—	>35	52~62	>18		
—	0.15	—	—	Al 處 理	>46	55~68	>18		特殊圧延
—	—	—	—	Al 處 理	>36	50~60	>20		〃
—	—	—	—	—	>33	52~64	>22(2 in)		
—	—	—	—	—	>40	58~68	>22(2 in)		
0.45	—	—	—	—	>36	54~64	>22		
0.80/1.00	—	—	—	—	—	60~80	—		燒準

表 11.12　日本의 市販高張力鋼의 化學成分과 機械的性質

製品名	製造所	化　學　成　分　(%)						機械的性質			備　考
		C	Si	Mn	P	S	Cu	引張強度 kg/mm²	降伏点 kg/mm²	延伸率 %	
NS 30 B	防衛庁暫定規格①	<0.16	<0.55	<1.35	<0.40	<0.040	—	46~58	>31	>20	두께　6~13 mm
NS 30 C								45~56	>30	>20	〃　　13~20 mm
WEL-TEN 50	八幡製鉄	<0.18	0.25~0.45	0.90~1.20	<0.045	<0.045	—	50~58	>33	>20 / >21 / >22	두께　<10 mm / 〃　10~20 mm / 〃　20~30 mm
WEL-TEN 55		<0.18	0.35~0.55	1.20~1.50	<0.045	<0.045	—	55~63	>36	>18 / >19 / >20	〃　<10 mm / 〃　10~20 mm / 〃　20~30 mm
FHT 50	富士製鉄 (FUJI-HITEN)	<0.18	0.20~0.40	0.90~1.20	<0.045	<0.045	—	50~58	>32.5	>21	型　鋼
FHT 55		<0.18	0.30~0.50	1.20~1.50	<0.045	<0.045	—	55~63	>35.5	>19	棒　鋼
FTW 50		<0.18	<0.40	0.70~1.20	<0.030	<0.040	—	50~58	>33	>27 / >23 / >24	두께　<10 mm / 〃　10~20 mm / 〃　20~30 mm
FTW 55		<0.18	<0.50	0.80~1.40	<0.030	<0.040	—	55~63	>36	>20 / >21 / >22	〃　<10 mm / 〃　10~20 mm / 〃　20~30 mm
FTW 60		<0.24	<0.60	1.00~1.60	<0.030	<0.04	—	60~70	>33	>18	〃　　>30 mm
HS-1	日本鋼管 (NK-HITEN)	<0.18	0.30~0.60	1.00~1.50	<0.040	<0.040		52~60	>33	>20	壓延한 그대로
HS-2		<0.20	0.30~0.60	1.20~1.50	<0.040	<0.040		55~63	>34	>20	壓延한 그대로
HS-3		<0.25	0.30~0.60	1.30~1.60	<0.040	<0.040	—	62~70	>37	>18	壓延한 그대로
HS-1A		<0.18	0.30~0.60	1.00~1.30	<0.040	<0.040		>45	>32	>20	薄鋼板 어니일링
HS-2A		<0.20	0.30~0.60	1.20~1.50	<0.040	<0.040		>50	>34	>20	薄鋼板 어니일링
HTP 47 W	川崎製鉄	<0.16	0.20~0.40	0.70~1.20	<0.030	<0.030	<0.30	>47	>30	>21	
HTP 52 W		<0.18	0.30~0.50	0.80~1.40	<0.030	<0.030	<0.30	>52	>33	>20	GL=200 mm
HTP 57 W		<0.18	0.40~0.60	0.90~1.60	<0.030	<0.030	<0.30	>57	>36	>19	
SHIS 49	三菱製鋼 (HER-TEN)	—	—	—	<0.022	<0.015	<0.40	49~57	>32	>22	壓延한 그대로
SHIS 54		—	—	—	<0.022	<0.015	<0.40	54~62	>35	>20	壓延한 그대로
SHIS 60								60~70	>38	>17	
SHIS 65		—	—	—	—	—	—	65~75	>40	>15	
SHIS 70								>70	>42	>12	
HS-A1	東都製鋼 (HISTREN)	0.15~0.18	0.35~0.60	1.10~1.40	<0.045	<0.045	>0.20	49~57	>32	>20	어니일링狀態
HS-A2		0.15~0.18	0.35~0.60	1.10~1.40	<0.045	<0.045	>0.20	55~65	>36	>18	壓延한 그대로
HS-B		0.19~0.26	<0.40	1.10~1.40	<0.045	<0.045	>0.20	60~70	>38	>17	壓延한 그대로
HS-C		0.27~0.30	<0.40	1.40~1.60	<0.045	<0.045	>0.20	>65	>43	>17	壓延한 그대로
Cu 1	大同製鋼	<0.15	0.40~0.60	1.40~1.60	<0.035	<0.035	0.20~0.40	>55	>36	>18	
Cu 2		0.13~0.18	0.40~0.60	1.40~1.60	<0.035	<0.035	0.20~0.40	>55	>36	>18	
Cu 3		0.24~0.28	0.40~0.60	1.40~1.60	<0.035	<0.035	0.20~0.40	>67	>42	>12	

〔註〕：① 1957年 11月制定 NDSXXG 3102·0°C 에서의 V노치샤르삐衝擊試驗에 있어 가 NS30C에 대하여 要求되고 있다. 두께 13 mm 以上 16 mm 未滿…3.5 kg-m/cm² 以上 / 〃 16 mm 以上 …6 kg-m/cm² 以上

듐이나 티타늄을 쓴 Mn-V鋼 또는 Mn-V-Ti鋼이 쓰인다. 이것은 고장력강에서 중
요한 항복점을 높이는 잇점외에, 용접에 의한 硬化性도 輕減시키는 작용이 있는 것으
로 알려져 있으며, 용접성이 매우 좋다. 美國海軍의 유명한 Mn-V-Ti鋼(Vanity型)은
表11.11과 같은 성분범위가 실용되고 있다. 바나듐을 과도하게 첨가하면, 노치인성이
나 硬化性이 오히려 惡化하게 됨으로, C<0.15%, 0.02<V<0.10%가 이상적인 것
으로 되어 있다.

(iii) 含銅析出鋼

銅은 0.6%부근까지 첨가하여도, 용접성이 별로 손상되지 않는다. 더우기 耐蝕性의
증가에 현저한 효과가 있으며, 항복점도 높아진다. 또한 이것을 약간 많이 첨가하여,
용접물의 応力除去어너일링溫度(600~650℃)에서의 銅의 析出硬化를 이용하면, 더욱
높은 항복점의 고장력강이 얻어진다. 독일의 HSB55, ST52Cr-Cu, 美國의 Mayari-R
Yoloy HS, 오스트리아의 Aldur58, 프랑스의 AC54, 이태리의104等은 모두 銅이 함유
되고 있다. 이러한 고장력강에 대한 銅의 析出硬化는 変態附近까지의 再加熱에 있어
일어남으로, 용접후650℃부근에서 응력제거어너일링을 하는 高圧보일러나 水門, 其他
의 구조물에는 매우 적합하다. 銅은 熱間터짐을 이르키기 쉬우므로, 이것을 방지하기
위하여 니켈을 銅의 약半量 첨가하고 있다.

(iv) 含燐鋼

燐은 항복점을 매우 높게 하고, 大氣中에서의 耐蝕性을 증가시키므로, P=0.07~
0.15%의 고장력강도 쓰인다. 美國의 Cor-Ten이나, Mayari-R等이 그 例이며, 이러
한 경우에는 특히 低炭素C<0.12%로 제한하지 않으면, 퍼얼라이트의 帶狀組織이 현
저하게 되어 터지기쉽게 된다.燐은 노치인성을 손상시키므로, 탄소성분을 그만큼 적게
하여, 이것을 補完할 필요가 있으며, C+P<0.25%内로 탄소나 燐을 누르지 않으면 안
된다. Cor-Ten이나 Mayari는 Cr-P-Cu系이며, 燐이외에 銅도 함유하고 있으므로,
大氣中에서의 耐蝕性이 매우 우수하고 보통 軟鋼의 4~5倍나 된다. 용접성도 우수함
으로 橋梁, 車輛, 크레인, 土木機械등에 널리 쓰이고 있다. 그러나, 含燐銅은 노치靭
性이 낮으므로 薄板에 사용된다.

(v) 몰리브덴含有鋼

강도가 큰 고장력강(항복점40kg/mm² 이상, 인장강도 60kg/mm² 이상)에는 몰리브덴이
첨가될 경우가 많다. 몰리브덴은 용접터짐을 감소시키고, 항복점을 높이는데 효과가
크며, 특히 高温強度를 증가시키는데 도움이 됨으로, Mn-Mo, Cr-Mo, Mn-Mo, Mn-
Ni-Mo鋼등이 高圧보일러用에 잘 쓰이고 있다. 英國의 艦船用Du_olW는, Mn-Mo 系
이며, 소량의 니켈, 크롬, 바나듐이 첨가되고 있다. 또한, 이와 비슷한 Mn-Ni-Mo
鋼이 英國에서 裝甲自動車等에 쓰이고 있다.

(vi) 몰리브덴-보론鋼

최근 英國에서 實用化된 Fortiweld는 表11.11과 같이 몰리브덴을 0.40~0.55%, 弗
素를 0.0015~0.0035% 함유한 低炭素의 Mo-B鋼이다. 이 鋼은 항복점이 매우 높아

軟鋼의 2倍의 강도이나, 용접성도 軟鋼과 같은 정도로 좋은 것으로 알려 있다. 弗素에는 몰리브덴이 共存치 않으면, 항복점도 용접성도 좋아지지 않는다.

(vii)　HSB鋼

Mn-V, Mn-Ti鋼은 高價임으로, 廉價의 Mn-Al鋼을 1000℃이하에서 圧延함으로써 微細한 窒化알루미늄을 析出시켜, 높은 항복점을 갖게 한 고장력강이 독일에서 연구되어 보일러等에 쓰이고 있다. 이것은 强度에 비하여 합금원소량이 적으므로 용접성이 좋은 것으로 알려 있다.

(viii)　調　質　鋼

燒入, 템퍼링에 의하여 강도와 인성을 높인 고장력강(表11.11의 T-1, 2H等) 에 대하여는 後述키로 한다.

11.4.2　機 械 的 性 質

高張力鋼의 기계적성질로서 중요한 것은, 항복점, 인장강도, 延伸率 및 때로는 피로강도이다. 高張力鋼에는 인장강도를 重視하는 High tensile strength steel (예를들어, 독일의 St52, St60)과, 인장강도보다 오히려 항복점을 重視하는 High yield strength steel(예를들어, 美國의 Vanity, HY80, T-1, 독일의 HSB, 日本의 2H)이 있다.

구조물의 設計応力의 基礎를 항복점에 두는 경우에는, 인장강도는 별로 의미가 없다. 고장력강은 軟鋼에 비하여 降伏比(降伏点과 引張强度의 比)가 훨씬 큼으로 인장강도를 기본으로 하는 것보다 항복점을 기본으로 하는 것이 설계응력을 높게 할 수 있어 有利하다. 美國의 圧力容器委員會의 報告를 보아도 최근에는 高降伏鋼을 사용하는 경향이 있다. 그러나, 구조물은 形狀이 不連續이되고 용접에 수반하는 여러가지 결함이 생기기 쉬우며, 이것이 노치가 되어 応力이 집중하여 국부적으로 塑性變形이 일어나서 파괴의 원인이 되는 경우가 있으므로, 鋼은 될 수 있는대로 延性이 좋은 것이 바람직하다. 즉, 인장시험의 延伸率이 뛰어난 것이라야 한다. 延伸이 좋은 鋼은 冷間加工性도 양호하다.

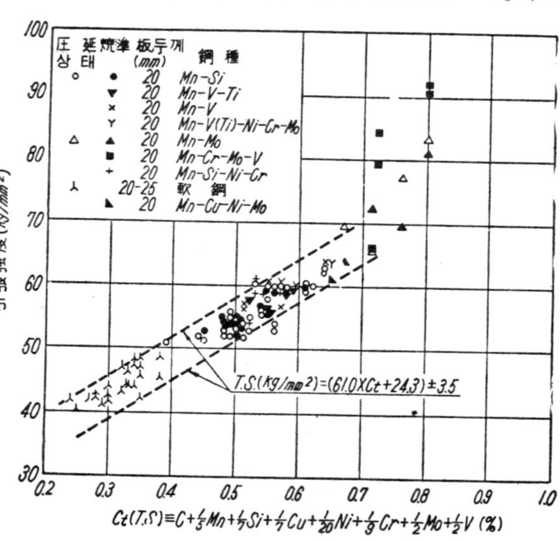

図 11.21　高張力鋼의 引張强度에 미치는 合金元素의 影響

고장력강의 기계적성질은 합금원소의 종류에 따라 그리고 그 함유량에 대량 비례하여 변화함으로, 이것을 적당하게 組合하여 강도의 증가와 延性의 확보를 기하고 있다. 일반적으로 합금원소를 첨가하면, 강도가 증가하지만, 때로는 감소할 때도 있다. 그러나 延性은 반드시 감소하고 있다. 가장 손쉽게 강도를 증가시키기 위하여는 탄소량을 증가시키면 되지만, 이와 함께 연성이 激減하게 되며, 또한 용접성도 惡化함으로, 용접용고장력강에서는 低炭素量(보통C ≦0.18%)이 쓰이고 있다. 따라서 탄소대신에 다른 원소를 첨가하여 강도를 증가시키고 있다. 그림11.21은 壓延 또는 노오말라이징한 70kg/mm²이하의 고장력강에 대하여, 인장강도에 미치는 화학성분%의 영향을 나타낸 것이며, 합금원소의 영향은 1의 炭素当量Ct로서 정리될 수 있다.

$$Ct(\%) \equiv C + 1/5\,Mn + 1/7\,Si + 1/7\,Cu + 1/20\,Ni + 1/9\,Cr + 1/2\,Mo + 1/2V$$

기계적성질에만 착안한다면, 합금원소로는 강도를 높임과 동시에 될 수 있는대로 延性을 감소시키지 않는 것이 좋다. 壓延한그대로, 또는 노오말라이징狀態의 고장력강에 있어서, 延性을 될 수 있는 대로 감소시키지 않고, 강도를 높일 수 있는 원소를, 우수한 順位로 배열해 보면,

(降伏点에 着眼) ……(Si, Mn, Cu) V, P, C, Ni, Mo, Cr;

(引張强度에 着眼)····Si, (Mn, Cu), (C, P), (Ni, V), Cr, Mo

가 된다. 단, ( )内는 同順位를 나타낸다. 이에 의하면, Si, Mn, Cu, V, P, Ni 의 첨가가 바람직하다. 이것은 實用되는 고장력강의 組成(表11. 11)을 보아도 분명하게 알 수 있다. 그러나, V, Cr, Mo등은 연성을 저하시키는 결점이 있다.

고장력강의 강도를 높이는 수단으로는 燒入, 템퍼링處理(調質鋼)도 유효하며, 특히 超高張力鋼에 이용되고 있다. 이에 대해서는 後述한다.

11.4.3 노 치 靭 性

고장력강의 노치인성에 미치는 합금원소의 영향은 美國의 Kinebolt의 실험에 의하면, 그림11.22와 같다. 이것은, 0.30% C, 1.00%Mn 및 0.30%Si를 기본 성분으로 하는 고장력강에, 각합금 원소량을 단독으로 0.1%씩 증가시 켰을 때의 V샤르삐15ft-1b 遷移溫度 의 변화를 나타낸 것이다. 이 図表 기타의 실험결과에 의하면, 천이온 도를 높이고 노치 인성을 저하시키 는 원소로는 P, V, Mo, C, N 等이 있으며, 반대로 천이온도를 내리는 원소로는 Mn, Ni, Ti, Al등이 있다. 이때문에, 2～3%Ni鋼이 저온용 구조물에 잘 쓰인다. 또한 함유량 이 비교적 적은 범위에서 노치인성

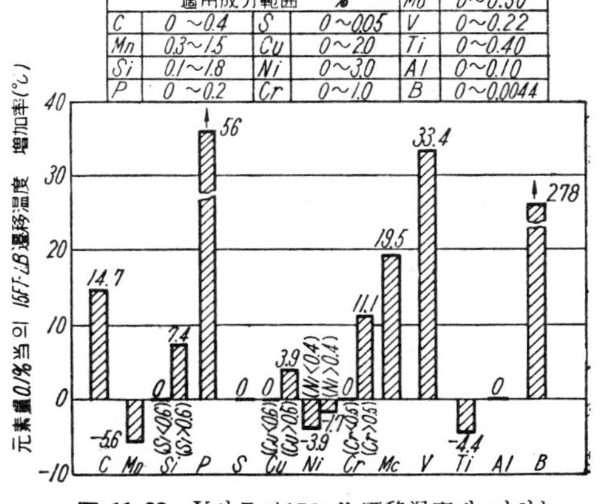

図 11.22   V샤르삐15ft-1b遷移溫度에 미치는 合金元素의 影響

에는 거의 영향을 미치지 않는 원소로는 Si(<0.6%), Cu(<0.6%). Cr(<0.5%) 등이 있다. 그러나, 그 以上의 함유량에서는이들 3元素는 어느것이나 천이온도를 증가시켜 역효과가 생긴다. 그림11.22에서는 Al의 영향을 볼 수 없으나, 이것은 今後 더욱 검토를 요하는 문제이다. 최근의 연구에 의하면, 셀륨 等의 稀元素를 소량 첨가하여 노치인성이 크게 개선되는 것으로 알려 있다.

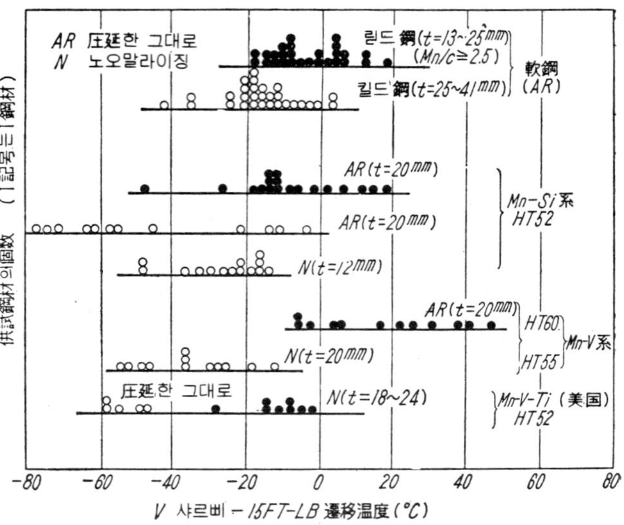

図 11.23   軟鋼 및 高強力鋼의 15 ft-lb 遷移溫度 比較

現用高張力鋼의 노치인성에 대한 실험예는 비교적 적으나, 일예를 표시하면 그림 11.23과 같다. 이 그림은 日本의 Mn-Si鋼, 美國 및 日本의 배니티鋼(Mn-V-Ti) 의 V샤르삐15ft-lb천이온도를 軟鋼의 천이온도와 비교한 것이다. 日本의 現用Mn-Si系 HT 52는 壓延한 그대로도 노치인성이 충분한 것이 많으나, 더욱 노오말라이징하면 노치인성이 현저하게 향상 (천이온도가 저하)하여 軟鋼킬드鋼에 뒤떨어지지 않게 된다. 고장력강은 두께 1 in以上 에서는 노오말라이징이 바람직하다.

壓延한 그대로 또는 노오말라이징하여 사용하는 고장력강의 노치인성은, 인장강도가 63~65kg/mm²를 넘으면 급격하게 감소한다. 그림 11.24는 그 一例이다. 이에 의하면 合金成分의 組合만으

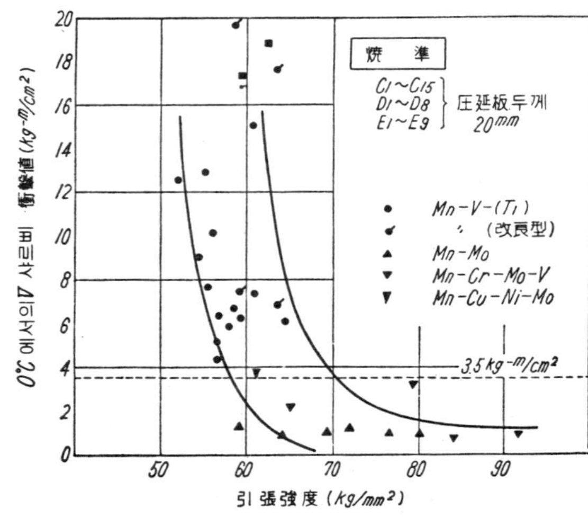

図 11.24   노오말라이징高張力鋼의 引張强度와 V샤르삐 衝擊値의 關係

로 강도와 노치인성의 兩者를 얻기란 HT60이상에서는 힘드는 것같다. 이에 반하여, 저탄소고장력강을 水燒入하여 이것을 600~650℃로 템퍼링한 조직(調質鋼)(보통, 소르바이트)은 노치인성이 특히 우수하다. 그 좋은 例가 後述하는 2H鋼 및 T-1鋼이다. 그림11.25는 각종의 대표적고장력강의 V샤르삐충격치와 온도와의 관계(천이곡선)을 비교한 것이며, 壓延한 그대로의 SM鋼(JIS SM41W), V鋼(Mn-V-Ti系, HT50), 및 Mn-Si鋼(HT50)

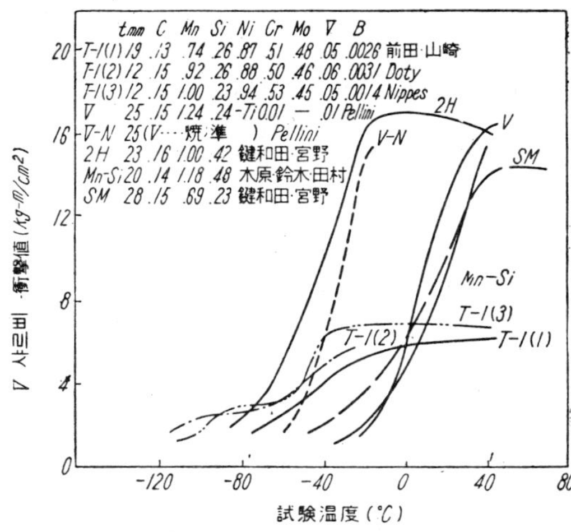

図 11.25　各種高張力鋼의 V샤르삐衝擊値의 遷移曲線

에 비하여, 노오말라이징鋼(V-N) 또는 調質鋼 2H(HT60) 및 T-1鋼(HT80)이 특히 뛰어난 低溫노치靭性을 갖고 있다. 또한, T-1鋼의 충격치는 室溫부근에서 훨씬 낮은 것이 특수하다.

以上은 노치靭性에 대한 合金元素의 영향이지만, 화학성분 못지 않게 큰 영향을 미치는 것은 鋼의 현미경조직이다. 보통의 고장력강은 結晶粒이 미세할 수록 노치인성이 우수함으로, 壓延溫度가 너무 높거나, 壓延後 徐冷되면 結晶粒이 粗大化하여 노치靭性이 劣化한다. 또한 Al, Ti, Zr등을 小量 첨가하여 結晶粒을 微細化하고, 동시에 窒素를 安定된 窒化物로 만들어 安定化시키는 것은 노치인성의 향상에 매우 有效하다. 이와같이 鋼의 노치인성은 그 화학성분만으로는 判定하기 힘들다.

고장력강의 노치인성 은 슁間加工과 그後의 時效에 의하여 현저하게 감소한다. 예를들어, 그림11.26은 어떤 Mn-Si鋼을 1~20%冷間加工한 다음, 250℃로 30分

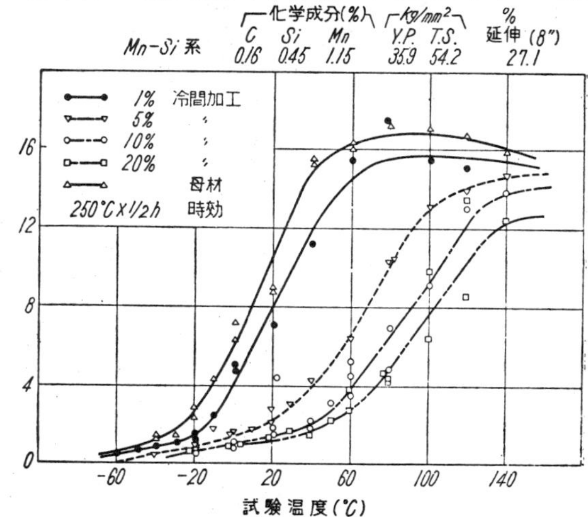

図 11.26　Mn-Si系高張力鋼의 V샤르삐衝擊値에 미치는 變形時效의 影響

間가열하여 人工変形時効시킨 狀態에서의 V샤르삐충격치의 低下를 나타낸 것이며, 1
～5%의 근소한 냉간가공으로도 현저하게 脆化되고 있는 것을 알 수 있다. 또한 変形
時効한 Mn-Si系고장력강은 600～650℃의 응력제거어니일링에 의하여 충격치가 약 70
% 회복되는 것을 알 수 있다.

11.4.4　冷　間　터　짐

(1)　冷間터짐 및　最高硬度

고장력강의 용접열영향부는 硬化가 현저함으로, 冷却中에 母材가 터지기 쉽다. 그 대
부분은 약200℃以下에서 발생하는 冷間터짐이며, 고장력강의 용접성을 손상시키는 중
요한 현상이다.

고장력강의 냉간터짐으로서 중요한 것은, 그림6.50과 같은 비이드밑터짐, 용접끝터
짐(toe crack) 및 그림11.27과 같은 루우트에서 열영향부로 진행되는 拘束터짐 이다.

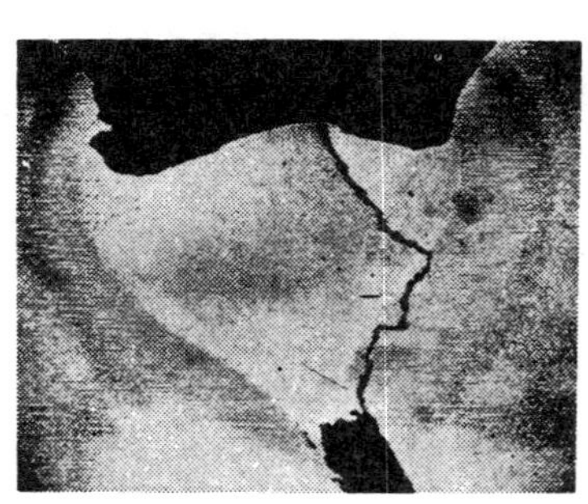

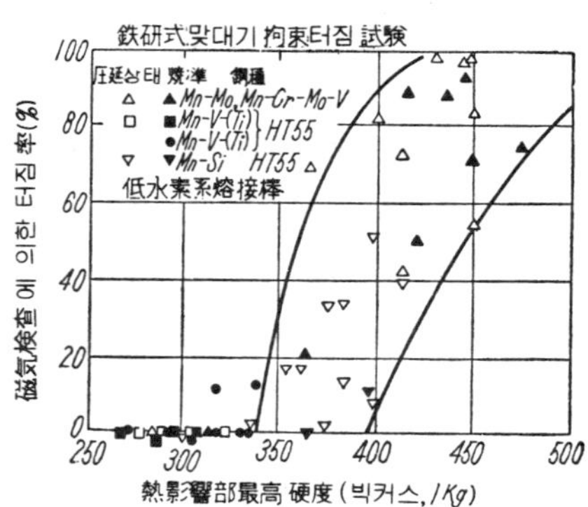

図 11. 27　高張力鋼의　鉄研式맞대기拘束터
짐試驗에서의　典型的균裂

図 11. 28ʼ 高張力鋼의　熱影響部最高硬度와
冷間터짐의　關係(맞대기拘束터짐
試驗 ; 大谷)

冷間의 拘束터짐은 열영향부의 硬化가 현저한 鋼材일 수 록, 발생하기 쉽다.　그림
11. 28은 鉄研式 맞대기拘束터짐試驗片을 써서 板두께20mm의 各種高張力鋼의 균열感度
(비이드에 沿하는 터짐길이의 百分率, 全長균裂이 100%)를 시험한 실험결과이나, 低水
素系용접봉을 사용하여도 열영향부의 最高硬度가 약340(빅커스)以上이 되면,　母材의
열영향부에 拘束터짐이 생기기 쉽게 되었다. 그러나 용접금속의 직각단면내의　균열을
조사하면, 터짐은 수축응력이 강력하게 집중하는 뒷面루우트部의 노치部分부터 발생하
여 열영향부를 통하여 途中에서 용접금속내로 꺾어 구부러지고 있다. 斷面檢査에 의하
여 발견되는 균열의 높이는 그림11. 29와 같이 열영향부의 最高硬度가 빅커스(1 kg)
270以上에서는 급격하게 커지며, 硬度가 약350이상이 되면 터짐이 表面에 나타나게 되
어, 그림11. 28의 결과와 잘 일치한다.

아아크전류170 A, 아아크電圧24～28 V, 용접속도 150mm/min로 비이드용접한 경우의

열영향부의 最高硬度 (이것을 國際熔接學會 IIW의 最高硬度 라 한다)에 대하여는 빅커스 300이상에서는 비이드밑터짐이 일어나며, 400이상에서는 터짐 이 表面에 미치게 된다. 국제 용접학회에서는 IIW 最高硬度 가 빅커스350이상이 되면 용접 부가 취약하게 됨으로, 熔接前 의 母材의 予熱 또는 低水素系 용접봉의 使用等 格別한 주의 가 필요하다고 警告하고 있다.

(2) 비이드밑터짐과 合金成分

비이드밑터짐과 그 成因에 대하여는 第6章에서 기술하였 으므로, 여기서는 合金元素의 영향에 대해서만 설명한다.

비이드밑터짐에 미치는 合金 元素의 영향에 대하여는, 美國 의 바텔研究所의 연구가 유명 하다. 우선, 板두께38mm의 Mn -Si系고장력강의 비이드밑터 짐에 대한 연구 (시험편 그림 6.50)에 의하면, 그림11.30 中 에 표시된 棒種(가스시일드系) 과 용접조건하에서는, 비이드 밑터짐의 百分率이 炭素当量

$$Ceq = C + \frac{1}{6}Mn + \frac{1}{24}Si$$

가 0.37%以上 및 열영향부의 최고경도 약260이상에서 급격 하게 증가하였다. 단, 여기서 주의할 사항은, 그림11.30에 있 어서 만일 용접입열을 증가하여

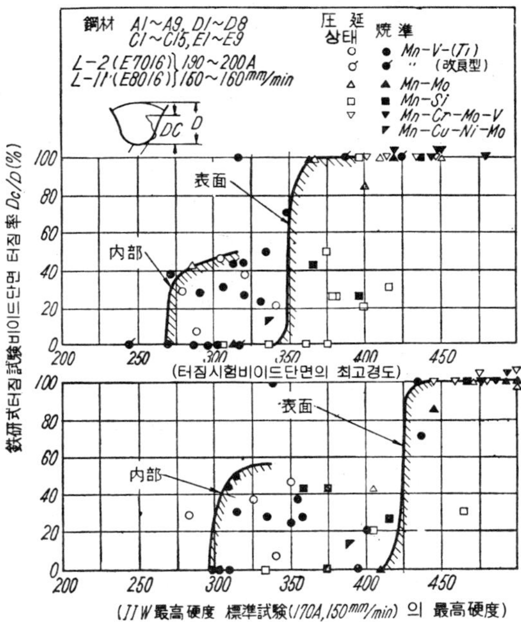

図 11.29 熔接의 冷間터짐에 미치는 最高硬度의 影響(鉄研式터짐試驗片)

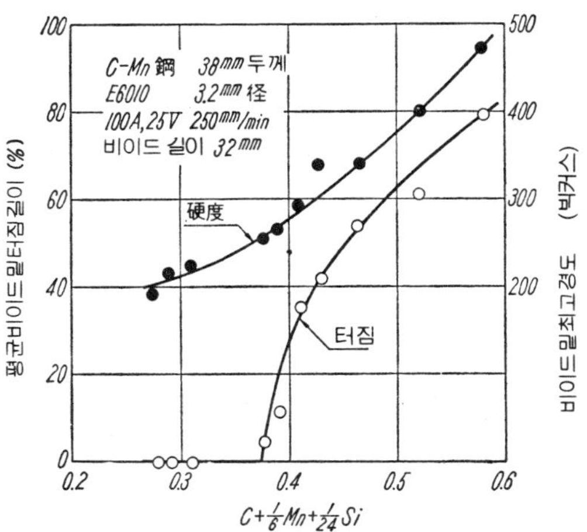

図 11.30 Mn-Si系高張力鋼의 비이트밑터짐과 炭素 當量 (Williams 等)

비이드밑터짐시험을 하는것으로 한다면, 최고경도 곡선과 균열곡선이 함께 오른쪽.

으로 이동하여 炭素当量이 0.37%보다 커져도 터지지 않게 된다. 그러나, 이때도 균열이 나타나기 시작하는 최고경도는 260정도가 될 것이다. 이 臨界硬度는 水素含量이 많은 가스시일드棒에 의한 板上비이드熔接에 대한 값이므로, 그림11.29의 低水素系棒에 대한 맞대기이음의 臨界硬度270과 무조건 일치해야 하는 것은 아니다.

비이드밑터짐에 미치는 數種의 合金元素의 영향을 상세하게 조사한 것에 美國바텔研究所의 심스 및 반타(Sims, Banta)의 실험이 있다. 이것은 기본성분으로서 0.21% C, 1.35%Mn, 0.28% Si, 0.015%Ti, 0.4lb/ton Al의 고장력강에 개별적으로 합금원소를 첨가한 두께25mm鋼板의 비이드밑터짐시험이며, 이에 의하면, 비이드밑터짐에 영향이 가장 큰 것은 炭素이며, 다음이 망간이다. 만일, 비이드밑터짐에 미치는 合金元素의 영향을 炭素当量으로 표시하면,

$$Ceq \,(\text{비이드밑터짐}) \equiv C + \frac{1}{6}Mn + \frac{1}{24}Si + \frac{1}{28}Mo + \frac{1}{14}V + O \times Cr$$

가 된다. 즉, 珪素, 몰리브덴, 크롬은 비이드밑터짐에 별로 영향이 없는 결과가 나와 있다. 그러나, 筆者等의 실험에서는 Mn-Si系高張力鋼에 대하여 Ni<1.0%, Cr<0.5%의 冷間터짐이 助長되지 않지만, 그以上의 含有量에 대하여는 터짐이 증가하는 경향이 보였다.

(3) 비이드밑터짐의 防止

비이드밑터짐을 방지하는데는, 冷却速度를 늦게 하여, 마르텐사이트変態를 피하고, 過度한 水素吸收를 방지해야 한다. 즉,

(가) 予熱(50~100℃)

(나) 熔接熱의 增加

(다) 熔接後의 徐冷

(라) 低水素系(페라이트) 熔接棒의 使用

(마) 오오스테나이트系熔接棒의使用

이 有效하다. (가), (나), (다)는 冷却速度를 늦게 하는 것을 목적으로 하며, (라), (마)는 열영향부로의 수소흡수를 감소시키는 것이다.

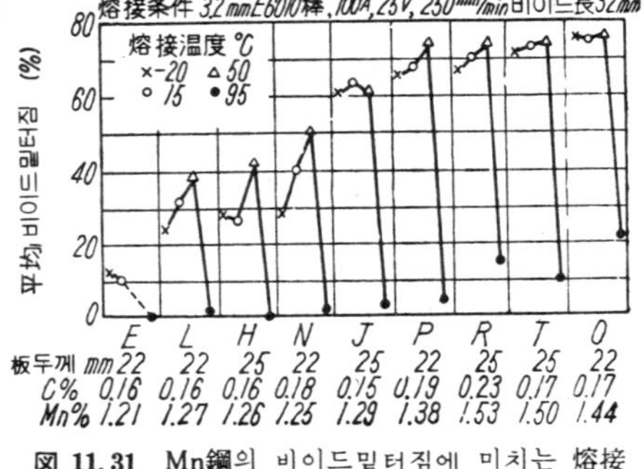

図 11.31 Mn鋼의 비이드밑터짐에 미치는 熔接 温度의 影響 (Voldrich)

예열은 비이드밑터짐의 防止에 매우 有效하다. 예를들어, Voldrich의 실험에 의하면, Mn鋼의 비이드밑터짐은 그림11.31과 같이 予熱温度50℃까지는 별로 변화없으나, 100℃로 예열하면, 거의 방지할 수 있다. 이点은 日本의 고장력강에서도 마찬가지로 확인되고 있으며, HT50, HT60고장력강에 대하여도 대략75℃의 예열로 균열이 방지될 수 있는 것이 확인되고 있다.

비이드밑터짐은 200℃以下에서 일어나며, 또한 英國의 Cottrell等의 연구에 의하면, 300℃부근의 냉각속도의 大小가 그 발생에 크게 영향을 미치므로, 100℃정도의 予熱이 비이드밑터짐防止에 극히 有效하게 된다. 이에 대하여 最高硬度를 감소시키기 위

하여는, 550℃부근에서 냉각속도를 감소시켜야함으로, 예열온도를 100℃보다 약간 높게(100~200℃) 취하지 않으면 안 된다.

熔接入熱(용접전류와 용접속도의 比로 代表시킬 수 있다)의 증가는 용접후의 냉각을 늦게 하는데 매우 효과적이지만, 지나친 入熱은 이음形狀이나 용접봉의 성능에 의하여 스스로 制限된다. 또한, 용접직후 비이드가 200℃정도(또는 室溫附近)로 냉각하기 전에 後熱하거나, 또는 炉, 짚재, 石綿등의 속에 넣어 保溫하는 것도 상당히 有效하다.

저수소계용접봉과, 오오스테나이트계용접봉의 사용은, 어느것이나 수소의 감소에 의한 효과 및 용착금속의 우수한 延性에 의하여, 비이드밑터짐 또는 拘束터짐의 방지에 유효하다. 그러나, 용착금속의 루우트部 또는 용접끝部分의 예리한 노치에 의한 拘束收縮터짐은 저수소계용접봉을 사용하여도 방지할 수 없는 한계가 있으므로(그림11 28, 29 참조), 대략 HT60以上의 고장력강에는 예열의 併用이 바람직하다. 이에 대하여 그림11.56을 참조하기 바란다.

11.4.5 熔接部의 延性

고장력강의 열영향부 및 용착금속은 軟鋼의 경우에 비하여 일반적으로 延性이 부족함으로, 용접부의 延性이 전체적으로 저하된다. 특히 세로비이드굽힘시험을 하면, 이 결점이 잘 나타낸다.

(1) 세로비이드굽힘延性

(가) **굽힘角과 表面의 伸張** 세로비이드굽힘시험에 있어서 板表面의 열영향부의 伸張은 굽힘角에 대략 비례하여 증가한다. 그림11.32는 板두께50mm의 Mn-Si系 고장력강의 코머렐試驗의 예이다. 즉, 열영향부에 최초로 균열이 발생할 때의 굽힘角은 熱影響硬化層의 延性(伸張)의 尺度가 되는 것이다. 第6章에서 기술한 바와 같이, 脆性破壞된 독일의 용접교량50mm두께 St 52 는 6~11°의 굽힘角에서 열영향부에 균열이 발생하였으므로, 그 部分의 伸張은 불과 4~7%밖에 없었던 것이 된다. 코머렐研究에 의하면 板두께 50mm의 St 52의

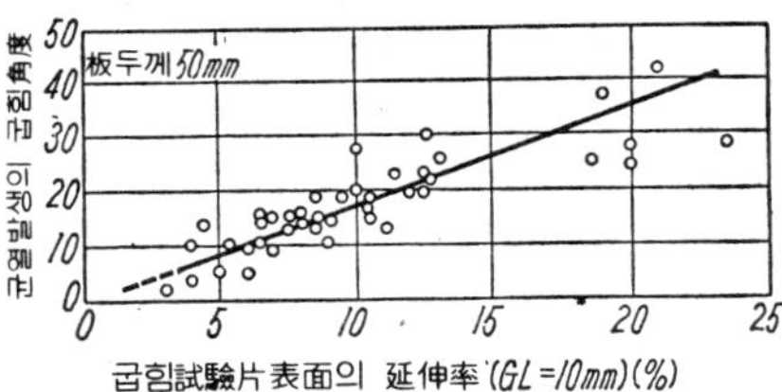

図 11.32 코머렐試驗의 均裂發生時의 굽힘角과 表面熱影響部의 延伸率 (GL=10 mm, Kommerell)

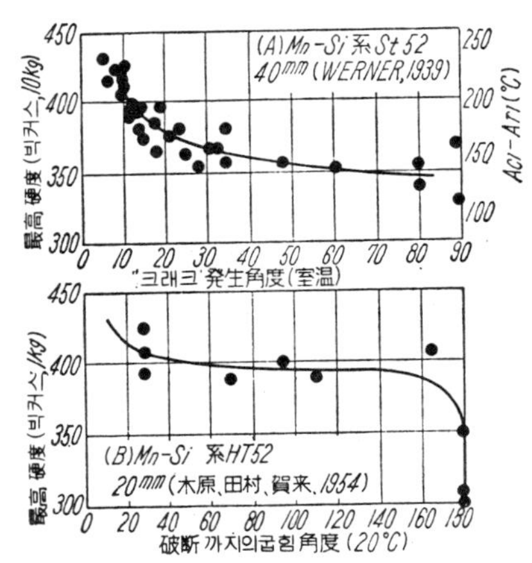

図 11.33 Mn-Si系高張力鋼의 세로비이드 굽힘角과 열영향부의 最高硬度 (Werner, 木原等)

용접성으로는 균열발생의 굽힘角이 20°以上이어야 하는 것으로 要求하고 있다.〈오스트리아規格에서는 板두께50mm에 대하여 굽힘角30°이다〉.

  (나) 굽힘延性과 熱影響部의 最高硬度 열영향부의 최고경도가 높을 수 록, 일반적으로 그 延性이 감소됨으로, 균열발생까지의 굽힘角이 감소하는 것이 당연히 像期될수 있다. 그림11.33(A)는 두께40mm의 ST52(Mn-Si系)에 대한 Welner 의 실험결과이고, 또한 同圖(B)는 板두께 20mm에 대한 日本에서의 Mn-Si系에 대한 실험결과이며, 最高硬度 약350(빅커스)以上에서 굽힘延性이 급격하게 감소하고 있는 것을 알 수 있다.

  용접부의 延性이 상실될 때의 열영향부의 최고경도는, 鋼種에 따라 달라지는 것에 주의하여야 한다. 예를들어 板두께 20mm의 各種高張力鋼에서는 그림11,34와 같이 열영향부의 최고경도가 빅커스300~400以上에서는, 균열발생까지의 굽힘연선이 현저하게 喪失된다. 또한 그림11.35는 2種의 高張力鋼의 최고경도와 굽힘角의 관계를 나타낸 것이나, 연성이 상실되는 最高硬度값가 鋼種에 따라 크게 달라지는 것(300~400 VHN)을 나타내고 있다. 여하간에 하나의 鋼材에 대하여는 최고경도를 감소시킬 수 록, 용접부의 耐균裂性과 延性을 증가시킬 수 있는 것은 事實이다.

  (다) 굽힘延性과 板두께 및 施工法 두께가 얇을 수 록, 또한 예열온도가 높을 수 록, 열영향부의 硬化가 적으므로, 용접부의 굽힘延性이 向上된다. 그 일예로서,

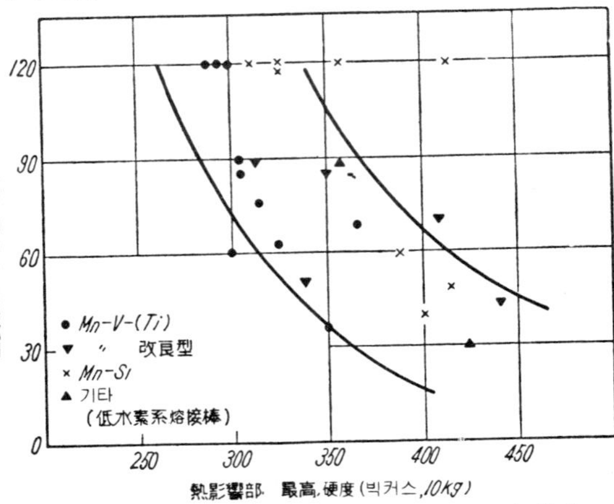

図 11.34 코머렐試驗片의 均裂發生까지의 굽힘角度에 미치는 最高硬度의 影響.

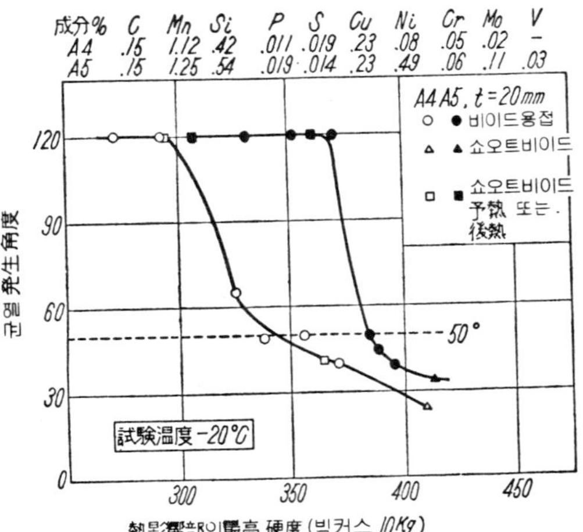

図 11.35 供試鋼의 비이드굽힘試驗에서의 均裂發生角과 열영향부의 最高硬度의 關係

그림11.36은 軟鋼 및 Mn-Si系 HT52의 예열온도와 코머렐試驗의 굽힘延性(最大荷重까지의 굽힘角)과의 관계를 표시한 日本川崎重工業의 실험결과이며, 延性을 증가시키는데 炭素當量 $C + \frac{1}{6}Mn + \frac{1}{24}Si$ 가 0.27, 0.37, 0.44% 증가함에 따라 豫熱溫度를 50, 100, 200℃로 증가시켜야 하는 것을 알 수 있다.

（2） 세로비이드노치굽힘試驗

노치가 붙은 킨젤시험에 의하면, 最高荷重까지의 굽힘角과 最高硬度 와의 관계는 그림11.37과 같이 최고경도가 높을 수 록, 굽힘延性이 감소하고 있다. 그러나, 鋼을 노오말라이징한 경우에는 열영향부의 硬度는 대략 같아도 최대하중까지의 굽힘角이 현저하게 증대한다. 이것은 노오말라이징에 의하여 母材의 노치靭性이 향상되는 결과 균열傳播에 대한 抵抗力이 증가하는 까닭이다.

（3） 가로비이드노치굽힘試驗

美國바델硏究所의 Voldrich等은 16種의 軟鋼 및 Mn-Si系고장력강에 대하여 가로비드굽힘 시험을 하고 있다. 즉, 13, 19, 25 mm의 厚板에 棒지름 5 mm의 E 6010系용접봉으로 아아크전류180A, 아아크 전압 26V의 조건으로 3種의용접속도 4, 6, 9 in/min 로

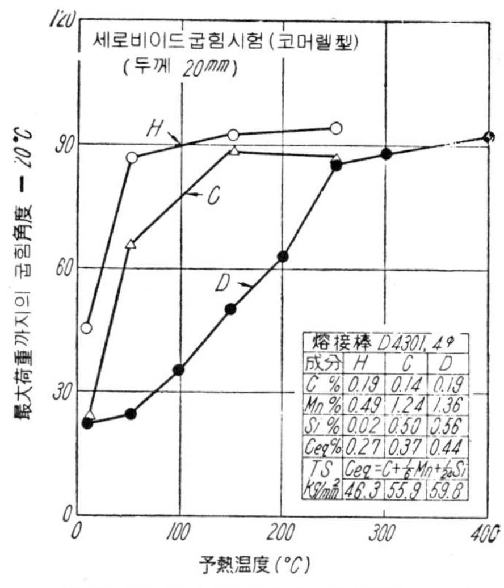

熔接棒 D4301, 4ᵠ			
成分	H	C	D
C %	0.19	0.14	0.19
Mn %	0.49	1.24	1.36
Si %	0.02	0.50	0.56
Ceq%	0.27	0.37	0.44
TS $Ceq = C + \frac{1}{6}Mn + \frac{1}{24}Si$			
KS/mm²	46.3	55.9	59.8

図 11.36 코머렐試驗片의 굽힘延性과 豫熱溫度의 關係 (川崎重工業)

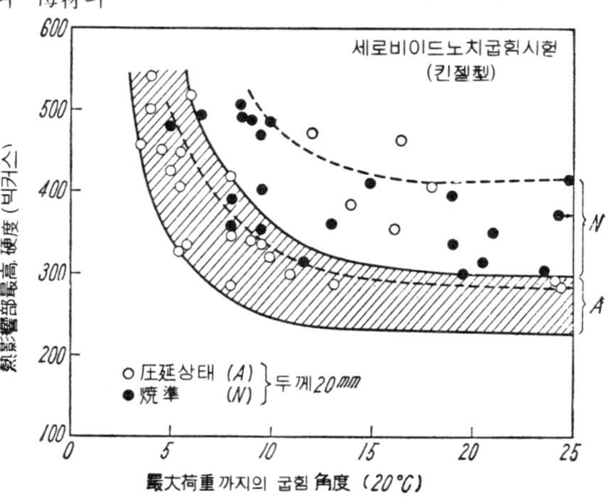

図 11.37 킨젤試驗의 最大荷重까지의 굽힘角과 열영향부의 最高硬度 (運硏)

비이드를 붙이고, 여기에 1.6mm半徑의 U型노치를 붙인 시험편을 썼을 때의 굽힘延性은, 그림11.38과 같이 合金成分(炭素当量, $Ceq = C + \frac{1}{6}Mn + \frac{1}{24}Si$ 를 취하고 있음), 板두께 및 入熱에 따라 크게 영향을 받는다. Ceq가 클 수 록, 入熱이 적을 수 록, 板두께가 클 수 록, 굽힘延性이 低下하고 있다. 고장력강에서는 板두께의 영향이 19mm以上에서는 비교적 적으나, 19mm에서 13mm로 되면 延性의 向上이 크다. 그림11.38의 曲線中에 기입된 숫

자는 열영향부의 最高硬度 (槪略値)를 표시하는 것이나, 이 시험에서는 최고경도가 약250(빅커스)이상에서 급격하게 연성이 낮아지기 시작하고 있다. 그러나, 이 硬度의 臨界値(250)는 코머렐시험의 延性 臨界値(350)와 크게 틀린다.

또한 그림11. 39는 가로비이드V노치굽힘角과 최고 경도의 관계를 Luther 等이 정리한 것이나, 이에 의하면 最高硬度가 누우프로 약310(빅커스硬度의 약250에 相當)以上에서 延性이 급속하게 낮아지고 있다.

이와같이, 延性이 급속하게 저하되는 최고경도의 臨界値는, 세로비이드굽힘시험에서는 약350, 가로비이드노치굽힘시험에서도 약250이 되나, 이것은 鋼種, 熱處理, 試驗片形狀 및 굽힘 延性의 判定方法의 차이에 기인하는 것이며, 이것은 今後의 研究課題이다

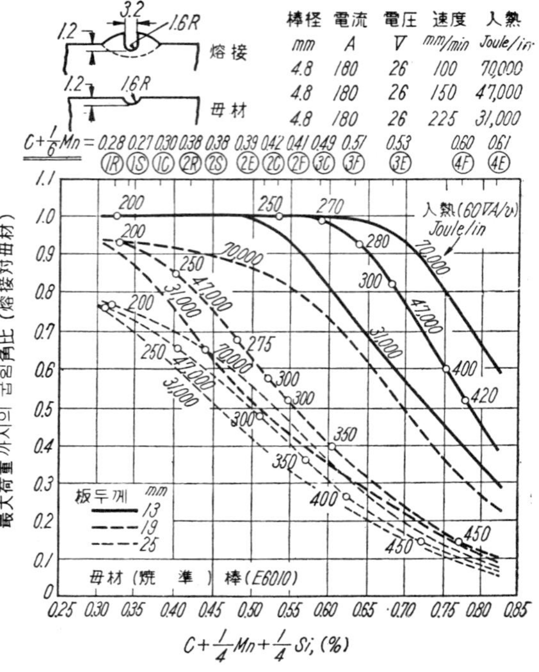

図 11. 38 가로비이드굽힘延性에 미치는 炭素當量, 板두께 및 入熱의 影響(Voldrich 等)

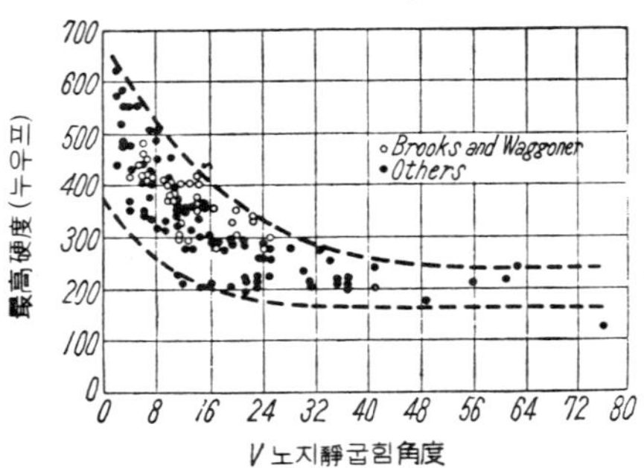

図 11. 39 高張力鋼의 最高硬度와 室溫의 굽힘角 (가로비이드노치굽힘試驗, Luther 等)

（4）再現熱影響部組織試驗

열영향부의 硬化部分의 기계적성질은 직경 1～2 mm의 小型인장시험편을 切取하여 측정하는 것이 試図되고 있으나, 아아크용접의 열영향부幅은 2～3 mm정도임으로 정확한 측정을 바랄 수 없다.

그러므로, 큰 丸棒試驗片에 熔接熱사이클을 再現시켜, 그 기계적성질을 시험하는 방법이 개발되었다.

著者等은 그림11.40과 같은 시험편(a)에 열사이클(板두께20mm의 鋼板上에 각종조건으로 비이드용접한 때의 본드의 熱사이클, 단, 最高加熱溫度부근만을 1300℃로 修正)을 再現시킨 다음, 그림의(b)와 같은 인장시험편을 切取하여 室溫에서 인장시험을 하였다. (그림11.41). 이에 의하면 540℃에서의 냉각속도의 增大 또는 300~800℃間의 냉각시간의 短縮에 따라 再現組織의 强度는 증가하지만, 伸張과 絞縮이 감소하였다. 또한, 4種의 Mn-Si系고장력강에 대하여는, 그림11.42와 같이

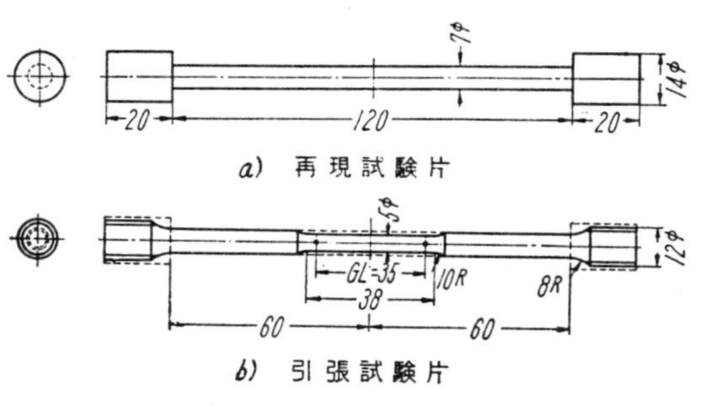

図 11.40　熔接熱사이클再現試驗片

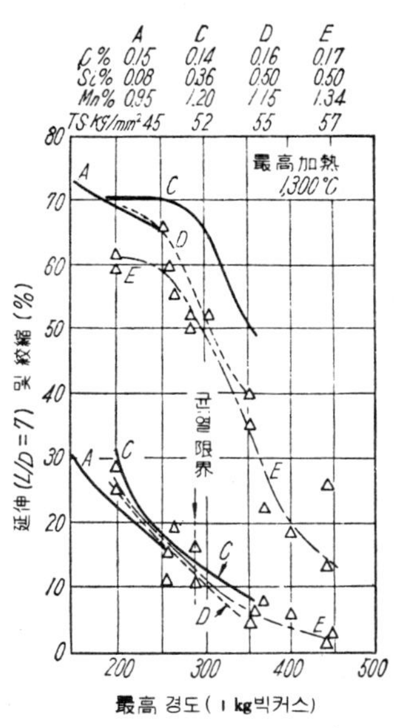

図 11.42　再現熱影響組織의 硬度와 延性의 關係

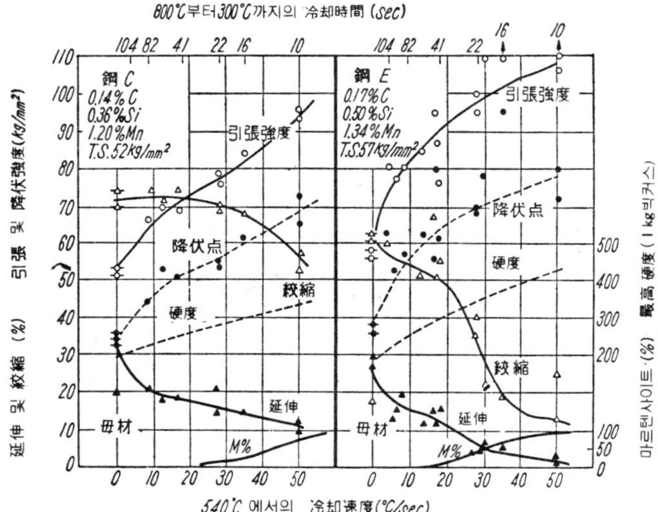

図 11.41　再現熱影響組織의 機械的性質에 미치는 冷却速度의 影響 (最高加熱 1300℃)

伸張 및 絞縮과 最高硬度와의 관계가 대략 同一하였다. 또한 이 鋼板(두께20mm)에서는 鉄硏式터짐시험의 斷面內루우트터짐(비이드밑)발생시의 최고경도(빅커스290)가 再現시험편의 伸張(L/D= 7) 약12%에 相当하였다. 이것과 별도로 再現시험편의 伸張은, 코머렐型세로비이드굽힘試驗의 균열發生角度와 좋은 關聯性을 보이고 있으며, 따라서 再現試驗은 코머렐試驗의 代用으로 쓰일 수 있는 것이 표시되고 있다.

(5) 後　　熱

600～650℃의 応力除去어니일링은 高張力鋼의 最高硬度를 거의 母材의 경도까지 감소시키며, 동시에 굽힘延性도 母材와 같은 정도로 회복시킨다. 따라서 고장력강의 厚板에서 열영향부의 硬化가 염려되는 경우에는 後熱이 매우 有効하다. 그러나, 70kg/mm²以上強度의 고장력강중, 低Cr鋼, Ni-Cr鋼(Ni= 1～5%, Cr0.6~2%) 및 용착강중에 바나듐을 함유하는 것에는 응력제거어니일링에 의하여 템퍼링脆化가 나타날 수 있으므로 주의를 요한다.

11.4.6 熱影響部의 最高硬度와 그 推定法

前述한 바와 같이, 고장력강의 용접 을 방지하고, 용접부의 延性을 향상시키기 위하여는 우선 열영향부의 최고경도를 최소한으로 누를 필요가 있다. 열영향부의 최고경도는 주로 母材의 화학성분과 용접가열온도부터의 냉각속도의 大小에 따라 결정된다.

(1) 合金元素의 影響

고장력강의 열영향부가 최고경도에 미치는 합금원소의 영향은 Dearden-O'neill 의 炭素当量에 Si의 項을 더한 다음 式 :

$$Ceq = C + 1/6\,Mn + 1/24\,Si$$
$$+ 1/15\,Ni + 1/5\,Cr$$
$$+ 1/4\,Mo + (1/13\,Cu$$
$$+ 1/2\,P)$$

로 근사적으로 표시할 수 있다.

式中의 元素記号는 그 含有量(%)으로 표시되며, 銅과 燐은 각각0.5% 및 0.05%以上의 경우에만 加算한다. 이 式의 뜻은, 예를들어. 망간0.6%를 증가한 경우의 硬度의 증가는, 炭素0.1%를 증가시킨 경우의 硬度 증가와 같은 것을 나타내는 것이다. 이에 의하면, 탄소가 가장 硬化性이 강하고. 다음 燐, 몰리브덴. 크롬, 망간等의 順位로 되어 있다. 銅과 니켈은 비교적 영향이 적다.

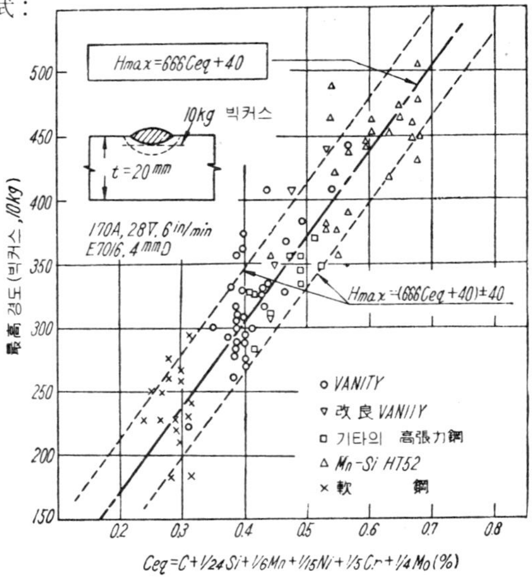

図 11.43 ⅠⅠW 最高硬度에 미치는 炭素量의 影響

以上과 같은 炭素當量을 쓰면, 低合金鋼의 열영향부의 최고경도   Hmax 는,

$$H_{\max} = a\, Ceq + b$$

로 표시된다. 단. a(>0), b는 定數이며, 板두께, 이음形狀, 熔接法, 熔接條件(入熱, 予熱)으로 정해진다. 예를들어, 板두께20mm高張力鋼의 IIW最高硬度試驗(熔接條件: 棒 지름 4 mm. 아아크電流170±10 A, 아아크電压24± 4 V, 용접속도150±10mm/min)에 있어 서는, 그림11.43과 같은 實驗式

$$H_{\max}(10\,\mathrm{kg} \quad \text{빅커스}\ ) = (666 \times Ceq\,\% + 40) \pm 40$$

$$\left[\begin{array}{c} (t=20\ \mathrm{mm},\ \text{비이드}\ \boldsymbol{溶接}) \\ (170\mathrm{A},\ 24\,\mathrm{V},\ 150\ \mathrm{mm/min}) \end{array} \right]$$

이 成立한다. 이러한 實驗式은 板두께, 이음形式, 熔接條件에 따라 크게 달라지므로, 조건이 다른 경우에 함부로 亂用해서는 안된다. 예를들어. 조건이 다른 각종용접에 대하여는, 최고경도와 탄소당량의 관계가 그림11.44와 같다.

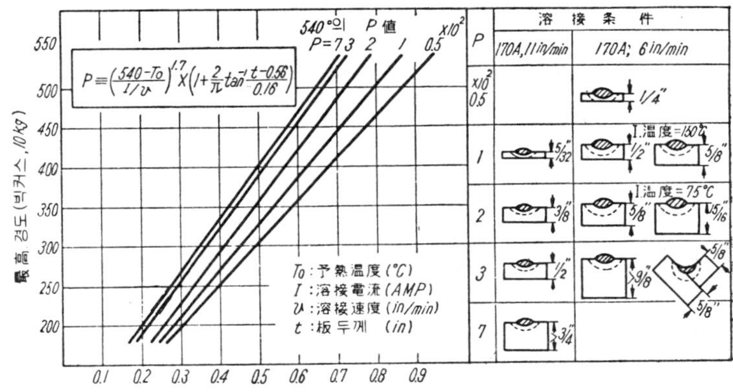

図 11.44   各種熔接에서의 最高硬度와 炭素當量의 關係

(2) 冷却速度의 影響

(i) 熔接硬化曲線

고장력강의 화학성분이 주어진 경우에는, 용접열영향부의 최고경도가 融點부터의 본 드의 冷却速度 또는 冷却時間에 따라 결정된다. 예를 들어, 그림11.45는 세가지   고장 력강의 540°C에서의 본드冷却速度와 최고경도의 관계이다. 이러한 曲線을 熔接硬化曲 線(weld herdening curve)이라 한다. 이것은 鋼의 熔接性判定上 기본이 되는 特性이 다. 일반적으로 냉각속도가 어떤 값이상이 되면, 최고경도가 거의 飽和되어   一定値가 된다. 板上의 긴 비이즈용접의 경우에 비하여, 짧은 필렛용접의 경우에는 硬化가 현저 하다. 또한 그림의 左上部에는 標準熔接條件(170A, 24V, 150mm/min)에 대하여 橫軸의 冷却速度를 나타내는 板두께와 豫熱溫度가 표시되고 있다.

(ii) 連續冷却變態圖

용접열영향부의 最高加熱溫度부터의 冷却速度에 따라 조직과 최고경도가 변화하는 狀

況을 一覽하는데는, 連續冷却變態圖(continuous cooling transformation diagram. CCT圖)가 편리하다. 이 변태도는 최고가열온도가 높아지면 右側으로 移動함으로, 1350°C부근의 高溫부터의 冷却曲線에 대한 것이 필요하다. 그림 11.46은 그 一例이며, 최고가열온도 1350°C, 橫軸의 時間은 A_s點通過後의 時間을 취하고 있다. 圖中의 各冷却曲

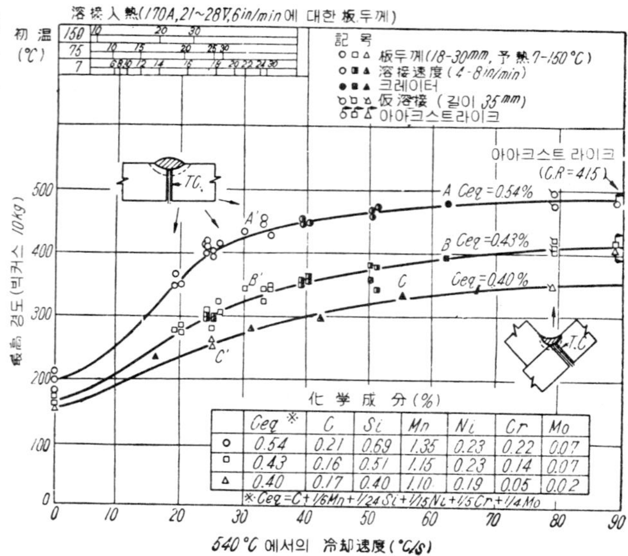

図 11.45　3種의 高張力鋼의 熔接硬化曲線

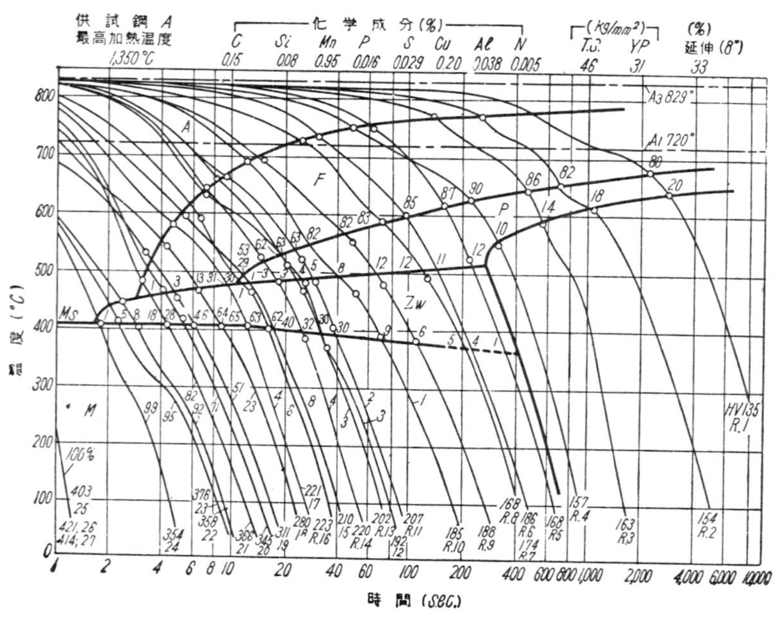

図 11.46　低炭素鋼의 連續冷却變態曲線(最高加熱溫度 1350℃)　(關口, 稻垣)

線은 生成組織의 百分率과 室温의 硬度가 표시되고 있다. 따라서 이 鋼을 어떤 용접
조건하에서 용접할 때의 냉각곡선을 미리 알 수 있으면, 얻어지게 될 조직과 최고경도
를 이 CCT圖를 써서 推定할 수 있게 된다. 이와같이 CCT曲線은 鋼의 용접성과 시
공조건을 판정하기 위하여, 熱影響再現試驗과 함께 매우 중요한 역할을 하게 된다.

　또한 日本의 關口, 稻垣兩氏의 연구에 의하면 變態에 의하여 硬化된 시험편의 굽
힘延性은 빅커스硬度 약300以上에서 급격히 감소하는 것이 나타나고 있다.

(3) 熔接諸因子의 影響

　최고경도는 본드의 冷却速度를 左右하는 여러가지 因子, 예를 들어 板두께, 入熱(熔
接條件), 豫熱, 이음形狀, 및 비이드길이等에 의하여 영향을 받으며, 또한 後熱에 의
하여 경도가 크게 감소한다. 이러한 諸因子의 영향을 명확하게 해두는 것은 용접시공
상 매우 중요하다.

(i) 板두께와 豫熱温度

　일반적으로 그림11.47과 같이 同一熔接
入熱에 대하여는, 板두께가 두꺼울 수록,
冷却速度가 빠르게 되나, 손용접에서는 대
략 1 in(25mm)이상에서 一定하게 된다. 또
한 豫熱温度가 높아짐에 따라 냉각속도가
감소한다.

(ii) 入　熱

　용접입열로는 單位 비이드길이當의 아아
크의 電氣的에너지 EI/v(E:아아크 電壓,
I:電流, v:速度) 를 취하는 경우가 있으나,
실험결과에 의하여 아아크電壓(아아크길
이)의 영향을 無視할 수 있는 것이 확인
되고 있다. 이것은 아아크가 길어져서 電
壓이 높아지면, 輻射에 의한 에너지損失
이 커지는 결과, 용접본드의 유효열량이
감소되는 것이 원인이라 생각되고 있다.
그러므로 냉각속도에 미치는 용접입열의
영향을 단순히 I/v(電流 / 速度)로 취급하
는 것이 간편하다. 또한 퍼래미터(para-
metev) I/√v도 가끔 쓰이나, 냉각속도 에 대하여는 I/v를 쓰는 것이 훨씬 整理하
기 쉽게 된다. 그림11.48은 용접입열 과 냉각속도의 관계이다.

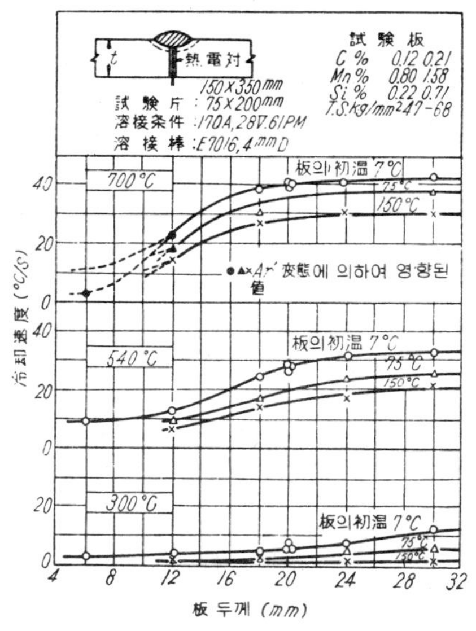

図 11.47　700℃, 540℃ 및 300℃에서의 본드
冷却速度에 미치는 板두께와 豫熱温度
의 影響

(iii) 被覆의 種類

　같은 아아크電流와 速度下에서 被覆의 종류를 低水素系,　일　나이트系, 高쎌루로
우즈系로 바꾸어도 냉각속도의 差는 많아도 5～10%임으로, 이 영향은 無視 될 수 있
다.

(ⅳ) 퍼래미터 P

긴 비이드熔接의 경우의 본드冷却速度 CR는 다음과 같은 퍼래미터P를 써서 실험식으로 그림11.49와 같이 표시된다.

$$CR(\text{°C/s}) = 0.35\,P^{0.8}$$

$$P \equiv \left(\frac{T - T_0}{I/v}\right)^{1.7}$$

$$\times \left(1 + \frac{2}{\pi}\arctan\frac{t - t_0}{\alpha}\right),$$

T: 冷却速度에 대한 温度 °C

T_0: 板의 豫熱温度 °C

I: 아아크電流 A

v: 熔接速度 in/min

t: 板두께 in

$t_0,\ \alpha$: 定數(그림11.49 참조)

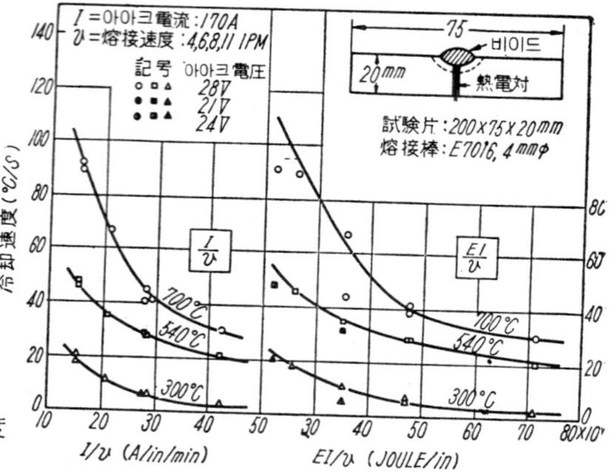

図 11.48　본드冷却速度와 熔接入熱 EI/v 및 I/v 의 關係 (I/v 쪽이 整理하기 쉽다)

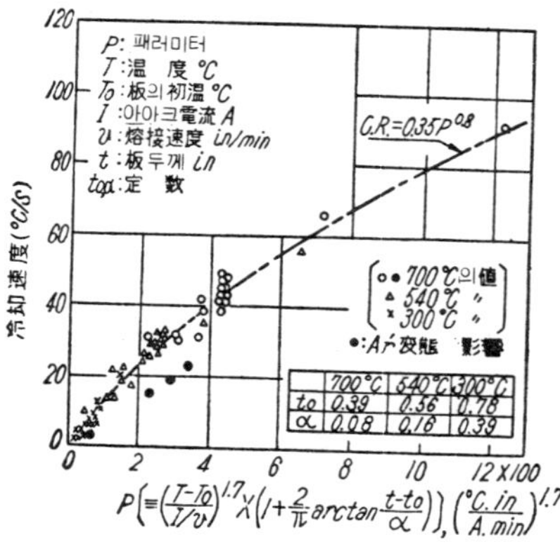

図 11.49 패러미터P에 의한 各種비이드 熔接의 본드冷却速度

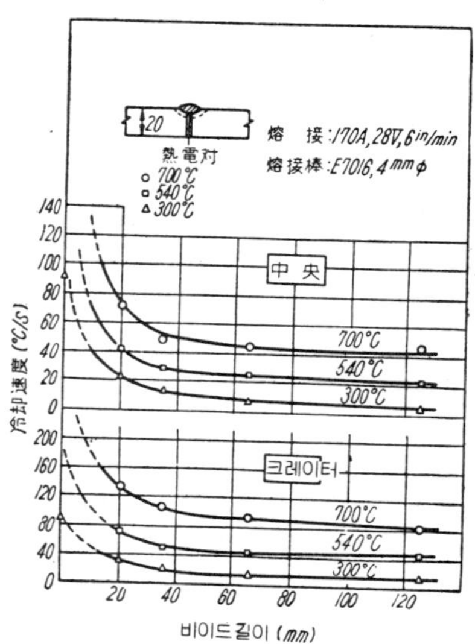

図 11.50　비이드中央部와 크레이터의 冷却速度에 미치는 비이드길이의 影響

이다. (퍼래미터는 스테인리스鋼이나 알루미늄의 경우에도 근사적으로 應用될 수 있다)

(ⅴ) 비이드길이

비이드길이가 약35mm보다 짧아지면, 그만큼 單位길이當의 入熱이 감소함으로, 그림11.50과 같이, 냉각속도가 늦어진다. 또한, 크레이터의 냉각속도는 비이드길이에 관계가 없이, 비이드中央의 냉각속도의 약 2 배가 된다.

（vi）　이음形狀

　X型홈의 第1層의 본드冷却速度는 板上비이드 용접의 경우와 대략 같은 것을 그림 11.51에서 알 수 있다. V型홈에서는 비이드용접의 경우보다 냉각속도가 약간 늦다. 또한·필렛비이드의 냉각속도는 그림11.52와 같이, 비이드용접의 경우의 1.4배가 된다. 이것은 비이드길이와 溫度에 관계없이 成立된다.

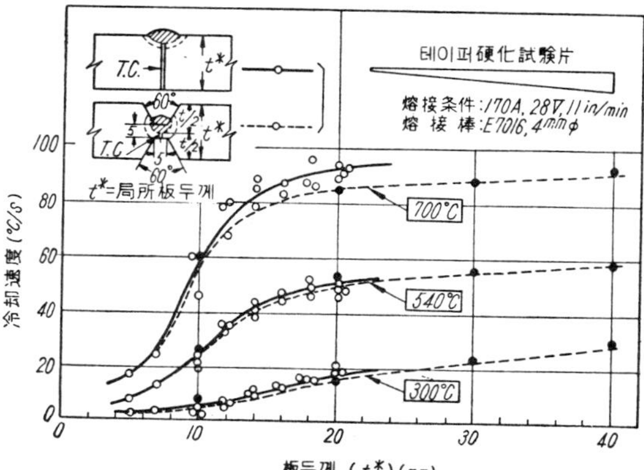

図 11.51 X型홈熔接(黑點)과 비이드熔接(白點)의 본드 冷却速度 比較

11.4.7　熔接條件

　高張力鋼의 용접에는, 軟鋼에 쓰이는 각종용접방법이 그대로 적용될 수 있다. 즉 피복아아크용접, 가스용접, 서브머어지드 아아크용접等, 融接法을 비롯하여, 點, 시임, 플래시 맞대기等의 抵抗熔接도 사용될 수 있다. 그러나 軟鋼의 경우보다 열영향부의 硬化가 심함으로, 주의를 요하고, 이때문에 豫熱 또는 後熱의 併用이 바람직하다. 여기서는 특히 피복아이크용접에 대하여 설명한다.

　고장력강의 피복아아크용접조건중, 이음形狀은 軟鋼과 같아도 되나, 冷間터짐을

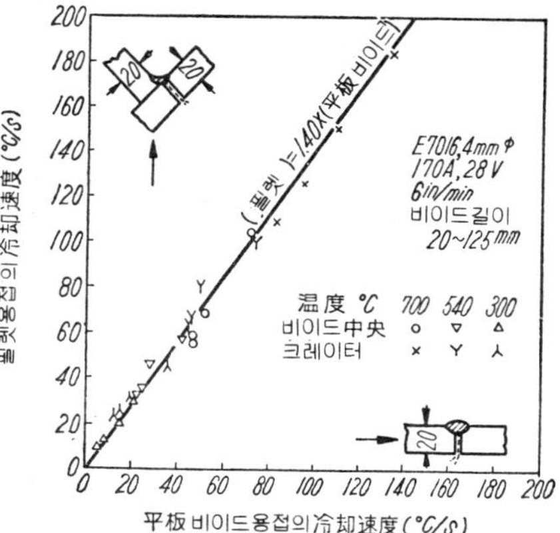

図 11.52 同一條件下의 필렛熔接과 平板비이드熔接의 본드冷却速度 比較

방지하고, 용접부의 延性을 확보하기 위하여, 열영향부의 최고경도가 危險値(鋼種에 따라 빅커스 300~400으로 變化)를 넘지 않도록 용접조건을 선정하여야 한다.　이에 대하여 著者等은 다음과 같은 방법을 提案하였다.

　그림11.53의 노모그래프는 그 一例이며, 이에 의하여 고장력강의 板두께, 용접전류, 아아크電壓, 용접속도 및 예열온도가 주어진 경우, 비이드용접 및 필렛용접의 본드(熔融境界)冷却速度(540°C에서의 값) 및 퍼래미터P의 값을 구할 수 있다. 이 P의 값과 母材의 炭素當量을 사용하여 그림11.54에 의하여 最高硬度가 推定될 수 있다. 또한 X型홈이나 U型홈의 第1層은 비이드용접의 경우와 냉각속도가 대략 같으므로, 그림11. 53을 그대로 쓸 수 있다. 이 圖表들은 최고경도가 어떤 값, 예를 들어, 350이나 300 이라는 指定値보다 낮아지도록 용접하는데 필요한 適正熔接條件의 豫測에도 쓰이는

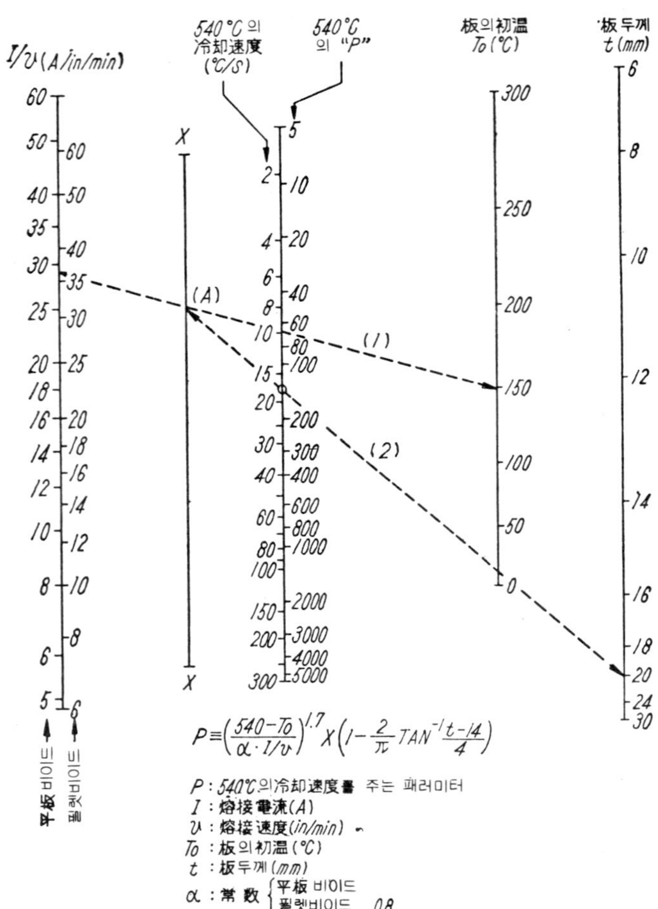

$$P \equiv \left(\frac{540-T_0}{\alpha \cdot I/v}\right)^{1.7} \times \left(1 - \frac{2}{\pi} TAN^{-1}\frac{t-14}{4}\right)$$

P : 540℃의 冷却速度를 주는 패러미터
I : 熔接電流 (A)
v : 熔接速度 (in/min)
T_0 : 板의初溫 $(℃)$
t : 板두께 (mm)
α : 常數 平板 비이드 / 필렛비이드　0.8

図 11.53

熔接條件에 의하여 高張力鋼의 熔接본드의 540℃에서의 冷却速度 및 패러미터
P値를 구하는 노모그래프(긴 비이디의 경우, 비이드길이 35mm 以上)

것이다. 이 노모그래프의 適用例는 그림11.55와 같으며, 노모그래프에 의한 최고경도
의 推定値(曲線)는 測定値와 잘 一致되는 것이 인정되고 있다.

以上은 비이드가 긴 경우에 대한 熔接硬化에 대한 것이나, 실제의 용접에 있어서는
假용접에 쓰는 35~50mm정도의 짧은 비이드용접이 많고, 아아크 발생을 용이하게 하
기 위하여 용접봉先端의 被覆筒을 깨서 棒端을 板에 부디치게 할때의 순간적인 아아
크 발생에 수반하는 아아크스트라이크等이 생기기 쉽다. 이러한 경우에는 현저한 急
冷을 수반하게 됨으로 긴 비이드의 경우보다 더욱 硬化가 심하게 되어 그림11.45 의

용접경화곡선에서와 같이, 냉각속도가 빨라짐에 따라 열영향부의 최고경도가 증가함으로 350以上으로 되기 쉽다. 필렛假熔接(540°C에서의 冷却速度 약80°C/s) 및 아아크스트라이크(540°C에서의 냉각속도 415°C/s) 에서는, 비이드용접의 경우보다 상당히 경도가 높다. 따라서, 이러한 部分에서는 균열이 생기기 쉽고, 또한 脆性破壞의 스타아트가 되기 쉬우므로, 고장력강의 용접에서는 아아크 스트라이크를 피하고, 假용접의 경우는 豫熱을 하는 等, 특히 주의가 필요하다.

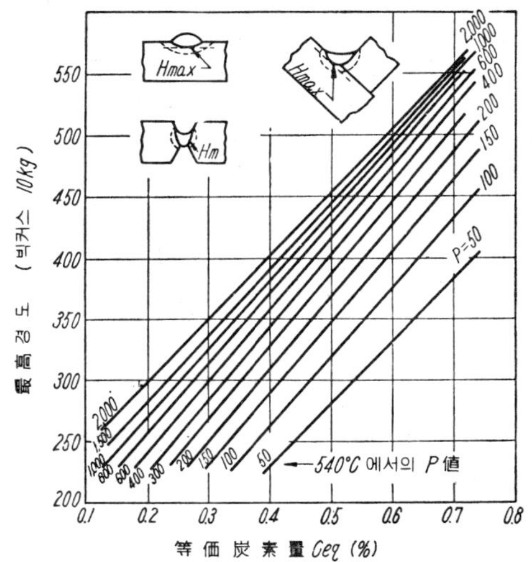

圖 11.54 熔接部의 最高硬度에 대한 炭素當量과 패러미터 P의 影響.

고장력강의 용접에서는 비이드밑터짐을 방지하는 목적으로, 低水素系용접봉이 쓰인다. 이것은 피복제의 성분에 有機物의 사용을 피하여 아아크분위기中의 水素量을 특히

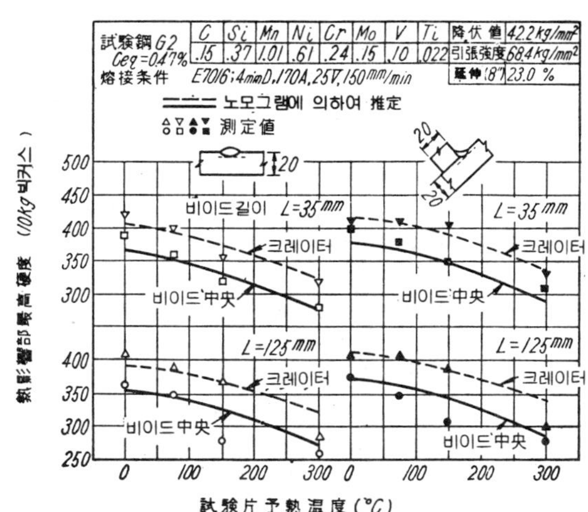

圖 11.55 板두께 20mm의 改良 Vanity 型高張力鋼(길이 125mm와 35mm)의 비이드熔接 및 필렛熔接의 熱影響部最高硬度에 미치는 豫熱溫度의 影響(E 7016, 4 mmφ, 170A, 25V, 150mm/min), 노모그래프推定曲線과 實測値의 比較

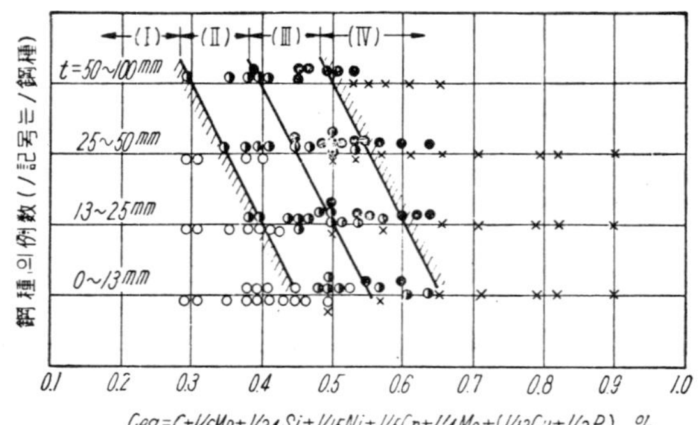

$$Ceq = C + \tfrac{1}{6}Mn + \tfrac{1}{24}Si + \tfrac{1}{15}Ni + \tfrac{1}{5}Cr + \tfrac{1}{4}Mo + (\tfrac{1}{13}Cu + \tfrac{1}{2}P)\ \%$$

記号	熔接性 分類	(普通棒) 予熱°C	(低水素系棒) 予熱°C	応力除去 어니일링	피이닝
○	(Ⅰ) 秀	不要	不要	不要	不要
◐	(Ⅱ) 優	>40~100	>-10	任意	任意
●	(Ⅲ) 良	>150	>40~100	希望	希望
×	(Ⅳ) 可	>150~200	>100	必要	希望

(注意) Cu 와 P 는 Cu>0.5%, P>0.05% 인 경우에만 加算한다.

図 11.56 炭素當量을 基本으로 한 軟鋼 및 高張力鋼의 熔接施行條件

적게 한 용접봉이며, 그 용착금속은 특히 靭性과 延性이 양호하다. 단지, 作業性이 약간 멀어지므로, 스타아트部에 氣孔발생의 우려가 있으므로, 이것을 제거하기 위하여 용접봉의 先端形狀을 달리하거나, 二重被覆으로 하거나, 또는 용접기를 개량하여 아아크發生時에 短時間만 특히 大電流를 흐르게 하는 소위 핫스타아트(hot stort)방법등이 연구되고 있다.

　普通棒을 고장력강에 사용하기 위하여는, 적당한 豫熱이 필요하다. 그림11.56은 美國熔接學會가 多數의 고장력강이나 强靭鋼에 대하여, 板두께에 따라 적당한 용접시공조건을 정한 것을 炭素當量을 써서 整理해 놓은 結果이다. 이에 의하면 合金成分이 많은 것은 板두께가 두꺼운 것과 마찬가지로 용접을 곤란하게 하는 要因이라는 것을 알 수 있다.

　그림11. 57, 58은 高張力鋼의 용접예들이다.

図 11.57 1500톤級警備艦의 船体組立 (Mn-Si系高張力鋼)

(川崎重工業)

圖 11.58 熔接高張力鋼橋梁의 工場內試驗組立(新三菱重工神戶造船所)

11.4.8 熱 處 理 鋼

壓延한 그대로, 또는 노오말라이징을 하여 사용하는 고장력강에 대하여, 그 강도를 증가시키기 위하여는 合金元素의 종류와 含量을 증가시켜야 하는데 引張 强度가 60~65kg/mm² 以上인 경우는 노치韌性이 낮아지고 용접경화가 심하게 되어 좋지 않다. 따라서 합금원소의 함유량을 감소시킴과 동시에 강도를 증가시키기 위하여는, 燒入 또는 冷間加工에 의하는 것도 하나의 方法이 된다. 冷間加工에 의하면, 延性과 韌性이 함께 떨어져서 좋지 않으나, 燒入은 여기에 600~650℃ 정도의 템퍼링處理를 併用하면 소르바이트組織에 의하여 韌性이 매우 증가하게 된다. 이때, 燒入은 水冷하여 가능한 限 完全한 마르텐사이트組織으로 만든 다음, 高溫度로 템퍼링하는 것이, 低合金鋼의 延性 및 韌性을 確保하는 좋은 방법이라는 것은 다 아는 사실이다. 그러나 이와같은 熱處理鋼은 용접할 때 그 열영향으로 인하여 모처럼 만든 熱處理組織이 파괴되어 강도가 약해지고 이음效率이 부족하게 되는 것으로 생각되고 있었으나, 최근에 와서 그것이 쓸데없는 걱정이었다는 것이 판명되었으며, 그 결과 우수한 고장력강으로서 열처리강이 實用化하게 되었다. 그 좋은 例가 美國 US Steel社의 캐릴로이(Carilloy) **T-1鋼** 및 日本製鋼所의 2H鋼이다. 이들 化学成分 및 **機械的性質**은 表11.11과 같은 것이다.

어느것이나, 詳細한 熔接性試驗이 실시되고 있으며, 또한 實際構造物에 應用되어 좋은 成果를 거두고 있다.

(1) T-1 鋼

T-1鋼은 降伏点 63kg/mm² 以上, 引張强度 74kg/mm² 以上, 延伸率 (2 in) 18% 以上이란. 低炭素 Ni-Mo-V-B 鋼이며, 그 化学成分範圍는 C 0.10~0.20%, Mn 0.60~1.00%, Si 0.15~0.35%, P≦0.04%, S≦0.050%, Ni 0.70~1.00%, Cr 0.40~0.80%, Mo 0.40~0.60%, V 0.03~0.10%, Cu 0.15~0.50%, B 0.002~0.006% 이다. 前述한 바와 같이

템퍼링後의 노치靭性向上에는 우선 水燒入에 의하여 될 수 있는대로 完全한 마르텐사이트조직을 얻을 필요가 있다. 이때문에 두께50mm板에서도 中心이 95%이상의 마르텐사이트가 되게끔 Ｔ－１鋼의 燒入性을 증가시키기 위하여, 약12mm以上의 板두께에는 硼素를 첨가하고 있다. 또한 650℃부근의 높은 템퍼링溫度에서 强度가 낮아지지 않도록 바나듐이 少量 添加되고 있다.

　　Ｔ－１鋼의 특징은,

　(가)　우수한 降伏点과 引張强度

　(나)　우수한 노치靭性

　(다)　熔接터짐이 일어나기 어려운 것,

　(라)　熔接에 予熱과 後熱이 필요없는 것.

이라 알려져 있다. 실제의 Ｔ－１鋼에서는 항복점이 80〜90kg/mm²(軟鋼의 약 3 배), 인장강도 약90〜95kg/mm² 정도이며, 또한 伸張이 크다(丸棒 2 in에서 18%以上) 또한 화학성분은 특히 低炭素(C≈0.15%)임으로, 그 合金元素가 많은데 비하면 熔接硬化가 적다. 예를들어, 板두께20mm의 Ｔ－１鋼에 대하여 日本石川島重工業에서 한 실험결과에

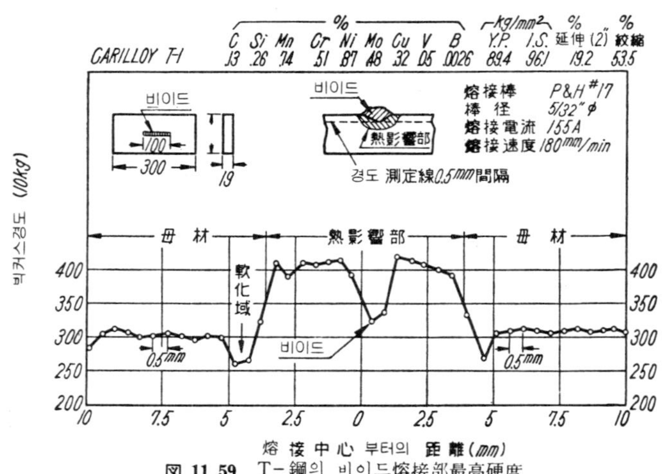

図 11.59　Ｔ－鋼의 비이드熔接部最高硬度

의하면, IIW最高硬度가 그림 11.59와 같이 빅커스410〜420이며, 종래의 Mn-Si系 HT 50에 대한 判定値350보다 훨씬 높지만, 美國에서 한 킨젤型의 縱비이드노치굽힘試驗에서는 遷移溫度가 매우 낮아, 우수한 노치靭性을 나타내고 있다. 그러나 노치가 없는 코머렐型의 縱비이드굽힘시험(오스트리아시험)을 하면, 板두께20mm의 경우에 그림11.60과 같이 균열발생의 굽힘角이 30度前後가 되며, Mn-Si系HT50에 대한 判定値(板두께20mm에서는 60度以上)에 비하면 약 半의 값이다. 그러나, Mn-Si系에 비하여 Ｔ－１鋼의 경우에는 시험편의 굽힘 모양이 特異함으로, 굽힘角이 아니라 表面의 塑性変形量을 써서 비교하면 Ｔ－１鋼의 延性이 立証될 가능성이 있다.

T－1鋼의 큰 특징은 그림11.25의 例와 같이 그 천이온도가 매우 낮으며, 따라서 室温부터 －40℃부근에서는 脆性破壞가 일어나기 어렵다 는 것이다. 이에 대하여는 美國에서 大規模의 壓力容器模型을 －40℃의 低温에서 落重衝擊試 驗한 결과, 취성파괴가 전연 일어나지 않고 延 性破壞만이 일어난 것으로도 입증되고 있다. 즉, T－1鋼은 적어도 －40℃以上의 온도에서 사용 할 때는, 만일의 경우 용접결함, 기타로 부터 균열이 발생한 경우에도 한꺼번에 취성 파괴될 염려는 없는 것으로 생각해도 되는 것이다.

T－1鋼 및 그 용접부의 피로강도는 항복점이 높은데 비하면 충분치가 않다. 예를들어, 反復 兩振굽힘試驗의 疲勞强度는

덧붙이削除   約20kg/mm²

덧붙이붙음   約10kg/mm²

정도이며, 이것을 T－1鋼의 항복점63kg/mm²에 비하면 매우 낮다. 이것은. T－1鋼은强度가커 도 伸張이 軟鋼에 비하여 훨씬 낮은 것, 및 피로 파괴中, 균열先端의 發熱로 인한 템퍼링作用 에 의하여 국부적으로 강도가 낮아지는데 원인이 있

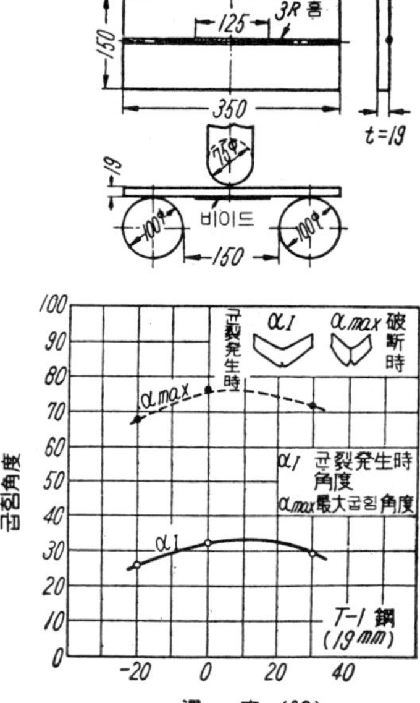

図 11.60 T－鋼의 코머렐試驗의 굽힘 角度

는것 같다. 그러나, 後述하는 바와 같이 壓力容器에 사용할 때는, 荷重의 反復이 그 耐 用期間中에도 數千 내지 數萬回임으로, 數百萬回에 대한 피로강도가 낮은 것은 별로 문 제가 되지 않는다. 壓力容器에서는 塑性变形을 수반하는 數千 내지 數萬回의 피로파괴 가 문제이며, 이에 대하여는 美國에서 여러가지로 연구되고 있다.

T-1 鋼의 許容應力 T－1鋼은 항복점과 인장강도의 차이가 적으며, 伸張이 약간 적다. 軟鋼 또는 壓延한 그대로 사용될수 있는 HT50에 비하여 伸張이 상당히 뒤떨어 지고 있다. 종래 구조물의 설계응력으로서 보통 인장강도의 1/4의 값을 쓰고 있었으나, T－1鋼은 항복점이 인장강도의 85%정도라는 높은 값임으로. 항복점을 重視하는 설 계방식에 의하면 설계응력을 더 크게 할 수 있다. 美國의 ASME의 壓力容器規定에 서 는 새로운 T－1鋼에 대하여는 허용응력과 인장강도의 比率을 1/4보다 증가시키도록 檢討中이나, NACA에서는 板두께32mm, 직경10ft, 길이 51ft의 T－1鋼壓力容器의 설 계에 있어, 全용접부의 X선투과검사를 하는 前提條件下에서 항복점의 40%인 설계응 력(인장강도의 약1/3)을 허용하고 있으며, 또한 日本에서는 가스호울더에 대하여도同 一條件이 허용되고 있다. 美國의 ASME에서도 T－1鋼에 대하여는 인장강도의 1/3許 容応力을 인정하는 것을 提案하고 있다.

（2）2H 鋼

　T － 1鋼은 HT80에 속하는 强度를 갖고있으나, 伸張이 약간 적고, 또한 室溫 및 低
溫에서의 衝擊値가 그 强度에 비하여 약간 낮다. 또한 拘束이 큰 용접에서는 100℃ 정
도의 予熱이 필요하고, 용접봉의 건조에 특별한 주의가 필요하다. 이에 대하여, 2 H 鋼
은 Mn-Si系HT50고장력강에 燒入템퍼링處理를 한 것이며, 强度, 靭性, 熔接性이 모두
우수하고, 값도 싸므로, T － 1鋼 못지 않게 各方面에 応用될 수 있는 有望한 高張力
鋼이라 할 수 있다.

　그림11. 61은 板두께31mm의 2 H鋼으로 제작된 용접구조의 液体프로판球形탱크이며,
그 容量은 300m³, 最高使用圧力은 18氣圧이다.

　2 H鋼은 熱圧延直後, 水燒入한 다음, 600～650℃ 정도로 템퍼링處理를 한 調質鋼이
다. T － 1鋼은 圧延後 냉각된 것을 再熱하여 水燒入을 하고 있으나, 2 H鋼은 압연후
의 高溫을 그대로 利用하여 燒入함으로, 加熱量이 절약되지만, 그대신, 圧延溫度의 不
均一을 補完하기 위한 燒入操作의 調節이 불편하다.

図 11. 61　板두께 31mm의 2H鋼으로 熔接하여 제작한 液体
프로판球形탱크(新三菱重工業)

2 H鋼의 V샤르삐遷移温度는 그림11. 25와 같이, −40℃에서도 6 kgm/㎠ 以上의 충격치를 나타내며, 靭性은 T − 1鋼보다 훨씬 뛰어나고 있다. 또한 縱비이드굽힘 코머렐試験成績에서는 보통의 Mn-Si系HT50에 못지 않는 좋은 성적을 나타내며, T − 1 鋼보다는 훨씬 우수하다. 強度는 HT60級이라도 合金成分은 HT50級임으로, 열영향부의 硬化도 거의 문제가 되지 않는다. 또한 T − 1鋼의 경우와 같이 용접금속의 微小균裂이 일어나지 않으므로, 완전하게 예열없이 용접할 수 있으며, 또한 2 H鋼의 V샤르삐 충격치가 충분히 크게 되는(6 kgm/㎠이상) 온도에서 사용하면, 용접후의 응력제거열처리도 불필요한 것으로 생각해도 될 것이다. 단, 2 H鋼 및 T−1鋼과 같은 熱處理鋼에 대하여는 다음과 같은 사항에 留意하여야 한다.

2 H鋼의 용접열영향부中, 650∼750℃부근으로 가열된 小部分은 그림11. 59의 例와 같이, 母材보다 어느정도 軟化된다. 만일, 이 軟化域의 幅이 板두께 또는 시험편의 幅에 비하여 상당히 큰 경우에는, 맞대기이음의 橫引張試験을 할 때 軟化部가 먼저 降伏하여 절단됨으로, 母材의 항복점 및 인장강도보다 낮은 값이 얻어진다. 예를들어 板두께20mm의 2 H鋼의 손용접에서는 이 軟化域 의 幅이 板두께에 비하여 훨씬 적으므로, 인장시험을 하면, 軟化域의 変形이 左右의 강한 부분에 拘束되는 까닭에 거의 弱点 이 되지않는 것이 實験的으로 인정되고 있다. 그러나, 薄板의 손용접이나, 入熱이 큰 유니온멜트용접에서는 軟化域의 幅이 板두께에 비하여 상당히 넓어짐으로, 軟化部의 惡影響이 항복점이나 인장강도의 低下로서 나타날 우려가 있다. 이러한 弱点은 T − 1 鋼에 대하여도 마찬가지로 적용된다.

2 H鋼은, HT60뿐만 아니라, 합금원소를 약간 증가시키면 HT70〔항복점 56kg/mm² 이상에 상당하며, 美國에서는 이미 HY80(降伏点800001lb/in²) 이 艦船用으로 쓰이고 있다. 表11. 11참조〕을 제작할 수도있다. 予熱없이 용접할 수 있는 열처리강은 대체로HT 70까지인 것으로 여겨지며, T − 1鋼과 같이 HT80이 되면, 용착금속의 미크로터짐을 방지하기 위하여 予熱을 없이할 수 없는 것이 現實情이다(다음節 참조).

11.4.9 熔 接 棒

(1) 一 般 用

고장력강의 용접봉은 KSD7006 − 1973로서 규정되고 있으며, 이것은 연강용피복아아크용접봉의 규격을 그대로 연장하여, 인장강도50kg/mm² 이상이고 항복점40kg/mm² 이상 의 E 50X X系와 인장강도53kg/mm²이상이고 항복점42kg/mm² 이상의 E53 X X系 및 인장강도 58kg/mm²이상이고 항복점 50 kg/mm²인 E58 X X 系 를 규정한 것이며, 이것은 美國熔接学會(AWS) 規格의 E 70X X系, E80X X系, E90X X系에 상당하는 것이다. 이러한 용접봉의 용접금속은 軟鋼의 용착금속에 Mo, Cr, Ni, V 等을 少量 添加한 것이다.

表11. 13은 高張力鋼用熔接棒의 용착금속의 성질을 표시한 것이며, 表11. 14는 T − 1 鋼用의 美國熔接棒의 例이다. 이들은 모두 우수한 노치靭性을 갖고 있다.

表 11.13 高張力鋼用熔接棒 熔着金屬의 性質

使用鋼種	製品名	化 学 成 分 (%)								降伏点 kg/mm²	引張強度 kg/mm²	延伸率 (2″) (%)	備 考*
		C	Si	Mn	Ni	Cr	Mo	V	Cu				
H T50	LB-55	0.07	0.46	1.05	0.06	…	…	…	0.04	48.1 44.9	54.3 51.7	32.8 36.0	AW 620°C×1h SR
H T60	LB-60	0.07	0.57	0.95	0.06	…	…	0.08	0.05	55.4 60.0	63.9 68.4	30.0 25.8	AW 620°C×1h SR
2 H	LB-62	0.07	0.48	1.00	0.62	0.05	0.16	…	…	53.7 51.4	63.0 60.8	29.2 32.8	AW 620°C×1h SR
T-1	LB-116	0.06	0.46	1.30	1.65	0.05	0.72	…	…	73.1 72.6	83.8 82.6	23.2 23.4	AW 620°C×1h SR

* AW: 熔接한 그대로
SR: 応力除去어니일링

（2） T-1 鋼의 熔接棒

　T－1鋼의 母材는 熱處理에 의하여 强度를 높이고 있으나, 용접봉은 용착한 그대로 母材에 맞먹는 강도와 靭性을 갖어야 함으로, 그 제작상 상당히 곤란한 문제가 있다.

　지금까지 여러가지 용접봉이 T－1鋼에 쓰여 왔으나, 그중 良好한 것의 용착금속의 화학성분, V샤르삐충격치 및 기계적성질을 들면, 表11.14와 같다. 表中, No.1 의 Ni-Mo-V系와 No.3 의 Mn-Mo系는 실제로 日本의 T－1鋼가스호울더에 쓰인 것인데, No.1은 强度가 너무 커서, V샤르삐충격치가 No.3 보다 약간 뒤떨어지고 있다. 또한, No.4 도 低温의 靭性에 뛰어나고 있는 것으로 알려 있다. 인장강도가 약40kg/mm²이상의 용착금속, 예를들어, E 12016의 1.8Ni-0.8Mo-0.25V와 같이 Ni, V 의 함유량이 많으면, 多層熔接中의 反復加熱 또는 応力除去어니일링에 의한 템퍼링脆化를 일으키는 傾向이 있으나, 기타용착금속의 화학성분은 어느것이나 그와같은 우려가 거의 없도록 제작되고 있는 것이다.

　T－1鋼은 予熱하지 않아도 母材터짐이 생기지 않는다고 알려져 있으나, 拘束이 큰 용접을 할 때는 용착금속에 微小한 가로터짐이 생기기 쉽다. 이것을 방지하기 위하여는 低水素系용접봉의 피복제중에 함유되고 있는 湿氣量을 극도로 감소시키고, 용접시에는 100～170°(최저85℃)의 예열을 할 필요가 있다. 저수소계용접봉의 피복제흡습량은 250～300℃에서 건조상태에서는 피복제중량의 0.2～0.5%정도 내려가지만, 이런 정도로는 아직 불충분하며, 피복봉을 470℃로 1時間 燒成하여 吸湿量을 0.1%이하로 낮춰 주어야만 예열없이도 용착강의 터짐이 현저하게 적어진다. 그러나 균열을 완전하게 없애기 위하여는, 上述한 予熱을 併用하여야만 된다. 이러한 不便을 없애기 위하여는 용접봉의 개량이 요망되고 있다. 용접봉으로는 高温(470℃)으로 再熱할 필요가 없이 보통의 건조만으로도, 모재의 예열없이 용접이 가능한 것임과 동시에, 强度와 低温(－40℃부근까지)의 노치인성이 뛰어난 것이 바람직하다.

　또한, 美國海軍에서는 75℃의 예열로 아아머플레이트를 용접하기 위한 용접봉, (예를 들어, 表11.14의 No.2) E 10016(MIL-230-16, MIL-260-15)에 대하여 피복제중의 흡습량을 0.2%이하로 규정하고 있다. 美國에서의 실험에 의하면, 이 量이 0.3%이상이 되

表 11.14 T-鋼用 熔接棒의 全熔着金屬의 化學成分과 機械的性質(熔接한 그대로)

No.	種　別	鋼　種		化 学 成 分 (%)							V샤르삐 衝擊值 kgm/cm²			降伏点 kg/mm²	引張強度 kg/mm²	延伸率 (2in) %	絞縮 %
				C	Si	Mn	Cr	Ni	Mo	V	20°C	−20°C	−40°C				
1	P&H#17	Ni-Mo-V	心線	0.05	0.04	0.39	0.10	0.09	—	—	—	—	—	—	—	—	—
			全熔着	0.06	0.36	0.54	0.28	0.84	0.47	0.24	6.0	4.7	2.5	79.5	80.9	20.0	59
2	E 10016	Ni-Mo-V	〃	0.07	0.45	0.75	—	1.75	0.30	0.10	16.5	—	5.5	67.8	73.4	25.0	60.0
	E 12016		〃	0.07	0.40	0.95	—	1.80	0.75	0.28	11.8	—	4.2	81.6	86.4	21.0	55.0
3	E 10016	Mn-Mo	〃	0.06	0.70	1.77	—	—	0.46	—	14.4	9.5	6.6	70	75	25	61
4	E 11016	Ni-Mn-Mo	〃	0.06	0.35	1.40	0.30	1.75	0.45	—	13.8	9.5	8.3	70	78	24	62
5	E 12016	Ni-Mo	〃	0.06	0.29	0.96	—	3.30	0.64	0.02	13.5	9.0	4.8	67.5	77.0	21.6	55.1

면 맞대기拘束터짐試驗에서 균열이 생기는 것으로 되어 있다. 또한 이러한 용접봉의 건조는 370℃×2h의 건조에 의하여 흡습량이 0.2%이하로 내려간다. 또한 건조한 용접봉이 有害量0.3%의 吸湿을 하기 까지의 시간은 棒種에 따라 약간 차이가 있기는 하나,

相対湿度　　85% 일 때　　1~4 h

〃　　　68%　〃　　7~30 h

〃　　　50%　〃　　数週間

걸린다. 그리고 80℃이상의 온도에서 보관하면 吸湿이 무시될 수 있다.

以上과 같이, T-1鋼의 熔接時, 強한 拘束과 湿氣下에서는, 용착강의 용접균열을 이르키지 않도록 특별한 주의 (棒의 乾燥와 母材의 予熱)가 필요하다.

文　　献

1) 熔接学会編："溶接便覧"(1956) 457-509.
2) 岡田実, 鈴木春義："熔接冶金,"熔接叢書第4巻 (1955), 132-170.
3) 柴田晴彦, 田村元："鋳物の熔接" 熔接叢書第12巻 (1956), 1-171.
4) Stout, R. D., and Doty, W, D. : "Weldabilily of Steels," Weld. Res. Council, (1953), 1-381.
5) 木原博, 鈴木春義, 田村博："Researches on Weldable High Strength Steels," 造船協会 60 周年記念英文叢書第1巻 (1957) 1-247.
6) 鈴木春義："最近の溶接構造用高力鋼とその溶接," 機械学会誌第62巻, (1959) No. 1 (第 480 号), 113-125.
7) 木原博, 鈴木春義, 金谷文善："高張力鋼の溶接硬化と適正溶接条件の予測に関する研究," 金属材技研報告, (1958) No. 1, 115-144.
8) Wepfer, G. S. : "The Development. and Investigation of High Tensile High Impact Electrode, " Weld., J. (1956) No. 3, 229-235.
9) Arnold, P.C. : "Problems Associated with the Welding of T-1 Material," Weld. J., (1957) No. 8, 373s-381s.
10) Carpenter, O.R. and Floyd, C. : "Heat Treatment of Carbon and Low-Alloy Press-

ure Vessel Steels," Weld. J., (1957) No. 2, 67s–76s.

11) Bibber, L. C. : "Suitability of Quenched and Tempered Steels for Pressure-Vessel Construction," Weld. J., (1955) No. 9, 449s–464s.

12) Jaffe, L.D. : "Temper Brittleness of Pressure Vessel Steels," Weld. J., (1955) No. 3, 141s–150s.

13) Murphy, J.J. et al. : "Considerations Affecting Future Pressure-Vessel Codes," Weld.

付　　　　錄

한 국 공 업 규 격
KOREAN INDUSTRIAL STANDARDS

KS B 0885
제 정 1971. 10. 20
상공부고시 제 7523 호

Ⅰ. 용접 기술검정에 있어서의 시험 방법 및 그 판정기준
Standard Qualification Procedure for Welding Technique

1. 총 칙

1.1 적용 범위　이 규격은 아아크 및 가스용접(이하 용접이라 한다)의 기술검정에 있어서의 시험 방법과 그 판정기준에 대하여 규정한다.

다만, 기계 또는 기타의 방법으로 자동적으로 용접하는 경우는 제외한다.

1.2 시험 방법　용접 방법과 용접 작업 등의 종류에 따라 **표 1**과 같이 분류하고 그 명칭 및 기호는 그 표의 표시에 따른다.

표　　　1

시험 종류		시험재의 작성 방법		시험 명칭	시험 편의	기　호
용접자세	용접작업의 구분	이음의 종류	용접방법의 구분		시험 종류	
아래 보기 (¹)	박 판	판 두께 3.2 mm	N	박판 아래 보기 시험	표면 굽힘시험	N－1 F
			G		뒷면 굽힘시험	G－1 F
	중 판	판 두께 9 mm	A	중판 아래 보기 시험	표면 굽힘시험	A－2 F
			N			N－2 F
			G		뒷면 굽힘시험	G－2 F
	후 판	판 두께 2.5mm 이상	A	후판 아래 보기 시험	측면 굽힘시험	A－3 F
			N		뒷면 굽힘시험 (³)	N－3 F
직 립	박 판	판 두께 3.2 mm	N	박 판 직립 시험	표면 굽힘시험	N－1 V
			G		뒷면 굽힘시험	G－1 V
	중 판	판 두께 9 mm	A	중 판 직립 시험	표면 굽힘시험	A－2 V
			N			N－2 V
			G		뒷면 굽힘시험	G－2 V
	후 판	판 두께 25mm 이상	A	후 판 직립 시험	측면 굽힘시험	A－3 V
			N		뒷면 굽힘시험 (³)	N－3 V
옆 보기	후 판	판 두께 25mm 이상	A	후 판 옆보기시험	측면 굽힘시험	A－3 H
			N		뒷면 굽힘시험 (³)	N－3 H
위 보기	중 판	판 두께 9 ㎜ 이상	A	중 판 위보기시험	표면 굽힘시험	A－2 O
			N			N－2 O
			G		뒷면 굽힘시험	G－2 O

(표 전체의 "이음의 종류" 아래에는 "판의 맞대기 용접"이 세로로 공통 표기됨)

시험 종류		시험재의 작성 방법		시험명칭	시험편의 시험종류	기호
용접자세	용접작업의 구분	이음의 종류	용접방법의 구분			
고정관	박관	관의 맞대기 용접 두께 4.0~5.3mm 바깥 지름 100~120mm	N	박고정관 시험	뒷면 굽힘시험	N-1P
			G			G-1P
	중후관	두께 9~11mm 바깥 지름 150~170mm	A	중후고정관 시험	표면 굽힘시험	A-2P
			N		뒷면 굽힘시험	N-2P
			G			G-2P
	후관	두께 20mm 이상 바깥 지름 200~300mm	A	후고정관 시험	측면 굽힘시험	A-3P
			N		뒷면 굽힘시험[3]	N-3P

주[1] 아래 보기 용접은 용접 기술의 기본이 된다.

　[2] A : 아아크용접(받침쇠 있음)

　　　N : 아아크용접(받침쇠 없음)

　　　G : 가스용접(받침쇠 없음)

　[3] 경우에 따라 생략하여도 무방하다.

2. 시험재의 작성

2.1 시험재용 강재　판 시험재에 대하여는 **K S D 3503**(일반구조용 압연강재)에 규정되어 있는 S S −41 또는 **K S D 3514**(용접구조용 압연강재)에 규정되어 있는 S M 41(A ~C) 이어야 하며 관 시험재에 대해서는 **K S D 3563**(보일러 및 열교환기용 탄소강강관)에 규정되어 있는 S T B 42, **K S D 3562**(압력배관용 탄소강강관)에 규정되어 있는 S T R G 42 또는 상기 판시험재에서 사용된 압연강재로서 가공한 것으로 한다.

2.2 시험에서 사용하는 용접봉　아아크용접에서는 **K S D 7004**(연강용 피복 아아크 용접봉)을 사용하고 가스용접에서는 **K S D 7005**(연강용 가스용접봉)을 사용한다.

2.3 용접상의 주의

(1) 시험재는 용접의 전 후를 통하여 각종의 처리(열처리, 피이닝 등)를 하여서는 안된다.

　　다만, 판두께 38mm 이상의 시험재를 사용하였을 경우에는 용접을 완료한 후로부터 시험재를 600~650℃로 1.5시간 유지한 후에 250℃ 이하가 될 때까지 로 내에서 서서히 냉각하여 응력을 제거한 후에 시험편의 절삭 가공을 하는 것은 상관이 없다.

(2) 아아크용접의 시험재를 제작하는데 사용하는 용접기는 직류 또는 교류 어느 것이나 무방하다.

(3) 가스용접의 시험재를 제작하는데 사용하는 용접 기구는 **K S B 4602**(저압식 가스용접기)로 한다. 가스는 **K S M 1102**(용해 아세틸렌) 또는 청정한 아세틸렌으로 하고 산소는 **K S M 1101**(산소)을 사용한다.

(4) 판의 맞대기 용접을 하는 자세는 **그림 1**과 같으며 고정관의 용접을 하는 자세는 **그림 2**와 같다.

그림1　판의 용접 자세

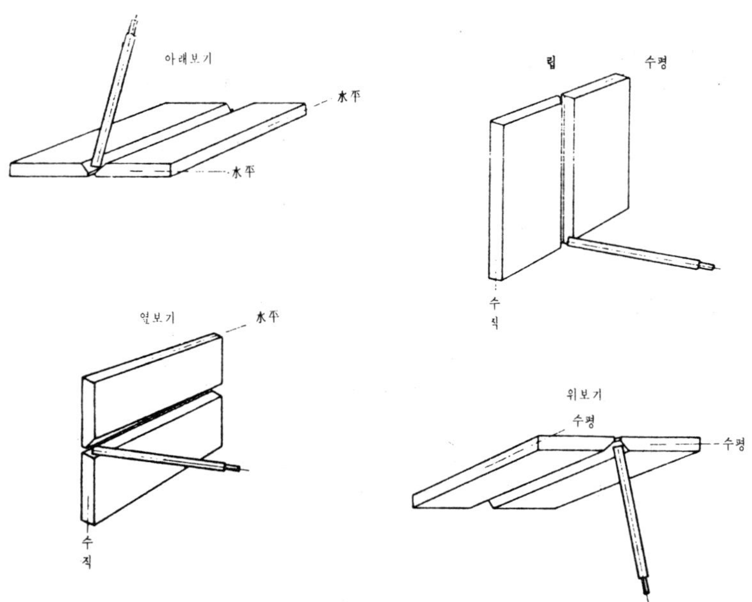

그림 2　관의 용접 자세

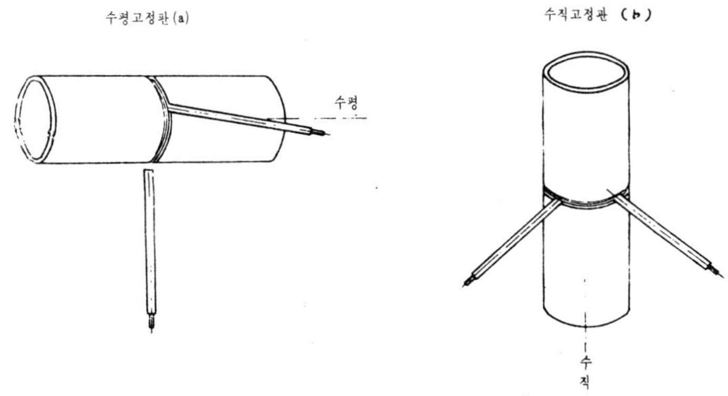

(5) 맞대기 용접의 직립 및 옆보기용 시험재는 용접을 시작하여 끝마칠 때까지 시험재의　위아래 좌우의 방향을 바꾸어서는 안된다.

(6) 판의 맞대기 용접의 시험재는, 역변형 구속 등의 방법은 원칙으로 용접후의 변형률이 5 도를 넘지 않도록 작성한다.

2.4　박판의 시험재

(1) I 형 또는 V 형 맞대기 용접으로 하고 그 모양 및 칫수는 **그림 3** 에 따른다.

그림 3　박판의 시험재

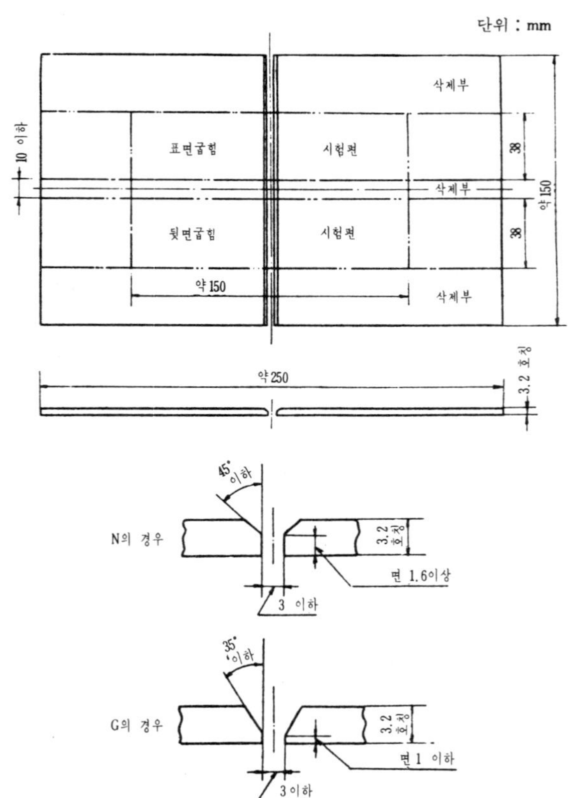

⑵ 용접은 한쪽으로 부터 하는 것으로 하며 뒷면 용접을 하여서는 안된다.

2.5 중판의 시험재

⑴ V형 맞대기 용접으로 하며 그 모양 및 칫수는 **그림 4**에 따른다.

그림 4 중판시험재

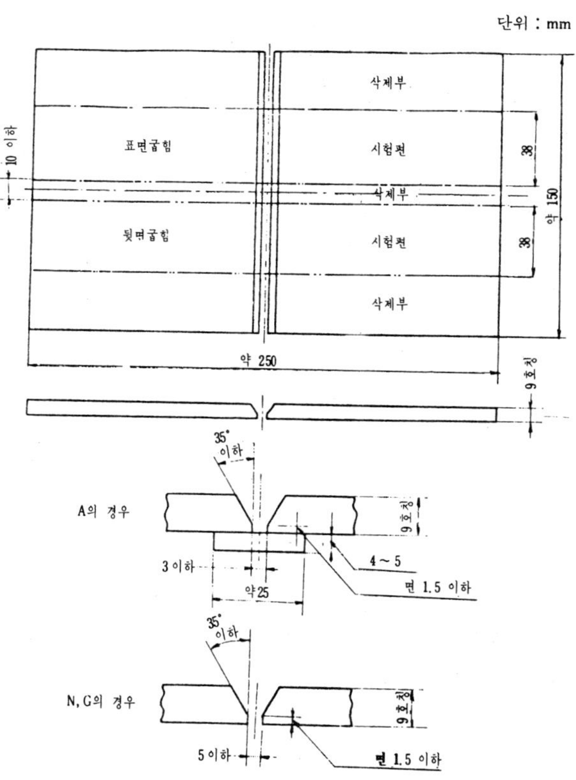

(2) 용접은 한쪽으로부터 하는 것으로 하며, 뒷면 용접을 하여서는 안된다.

2.6 후판의 시험재

(1) V형 맞대기 용접으로 하며 그 모양 및 칫수는 **그림 5**에 따른다.

그림 5　후판의 시험재

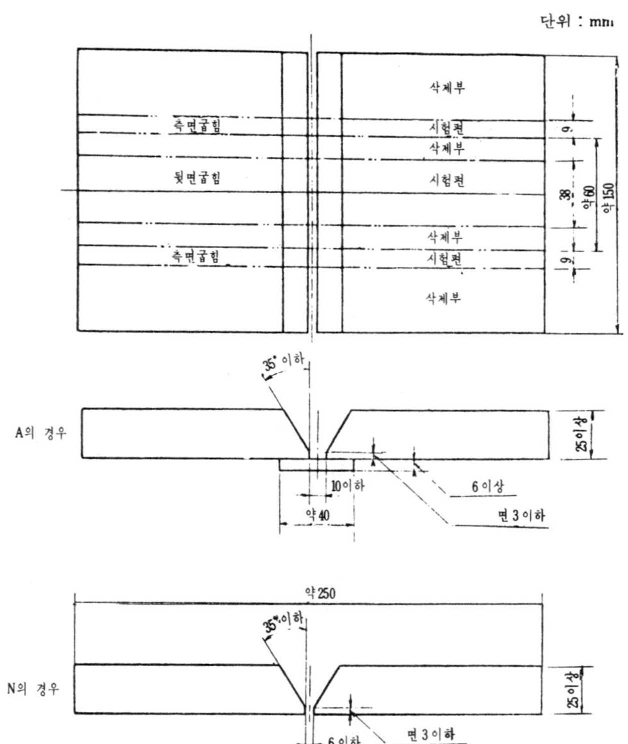

(2) 용접은 한쪽으로부터 하는 것으로 하며 뒷면 용접을 하여서는 안된다.

2.7 박관의 시험재

(1) V형 맞대기 용접으로 하며 그 모양 및 칫수는 **그림 6**에 따른다.

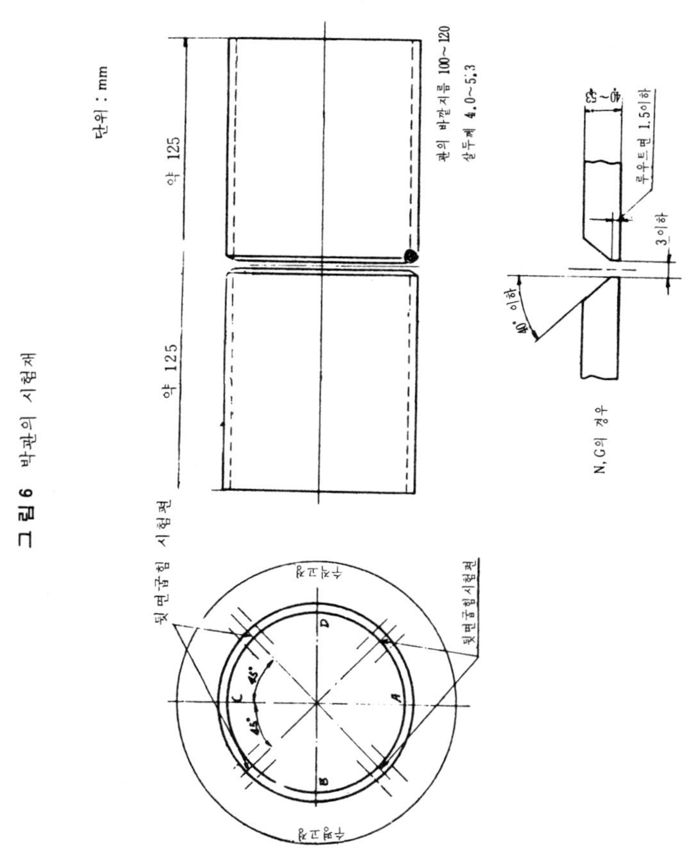

그림 6 박관의 시험재

(2) 시험재는 적당한 방법을 사용하여 우선 **그림 2(a)**와 같이 고정하고 **그림 6**에 표시한 A B C(또는 A D C)사이를 용접한다. 이 경우에 **그림 6**의 A점과 C점을 수평축에 대하여 바로 아래 및 바로 위의 위치에 오도록 한다. 다음에는 **그림 2(b)**와 같이 시험재를 수직으로 고정하여 **그림 6**에 표시한 A D C(또는 A B C)사이를 용접한다.

(3) 용접은 한쪽으로부터 하는 것으로 하며, 뒷면 용접을 하여서는 안된다.

2.8　중후관의 시험재

(1) V형 맞대기 용접으로 하며 그 모양 및 칫수는 **그림 7**에 따른다.

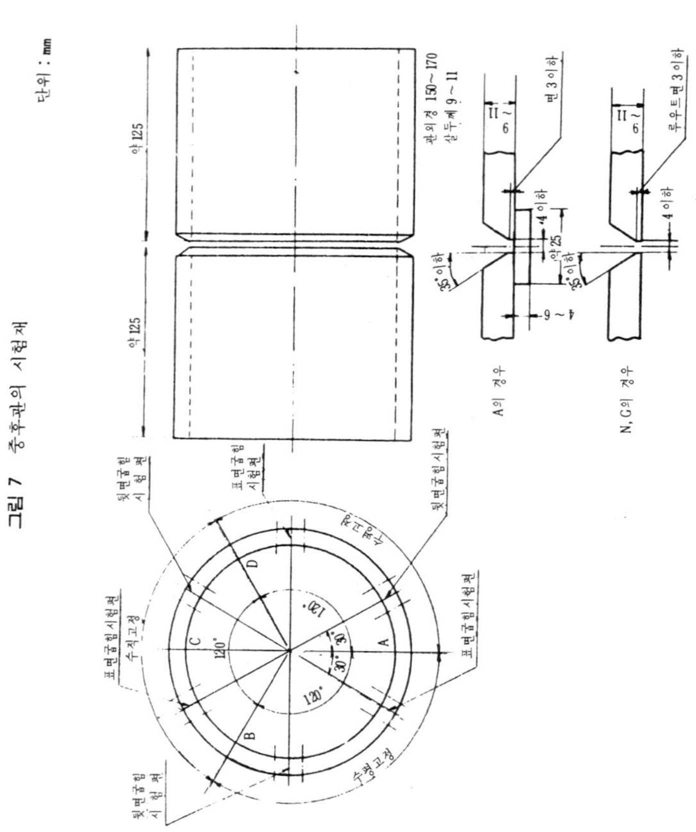

(2) 시험재는 적당한 방법을 사용하여 우선 **그림 2**(a)와 같이 수평으로 고정하고 **그림 7**에 표시한 A B 및 A D 사이를 용접한다. A점은 수평축에 대하여 바로 아래의 위치로 한다. 다음에 **그림 2**(b)와 같이 시험재를 수직으로 고정하여 **그림 7**에 표시한 B C D 사이를 용접한다. 용접은 B점, D점의 어느 점으로부터 시작하여도 좋다.

(3) 용접은 한쪽으로부터 하는 것으로 하며 뒷면 용접을 하여서는 안된다.

2.9 후관의 시험재

(1) V형 맞대기 용접으로 하여 그 모양 및 칫수는 **그림 8**에 따른다.

그림8　후관의 시험재

단위 : **mm**

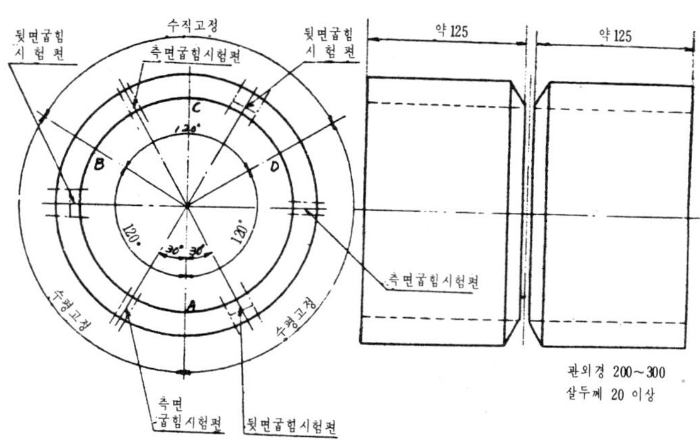

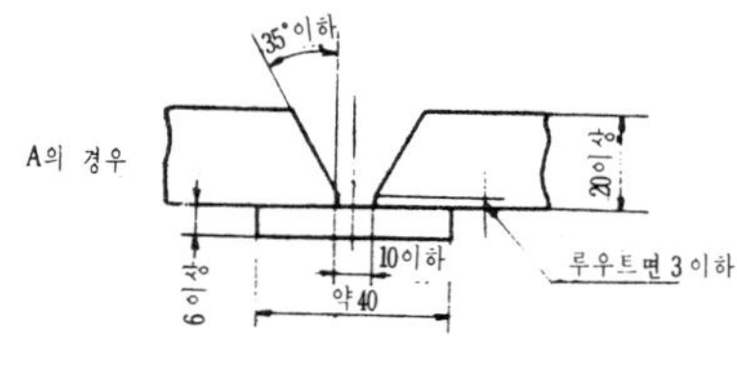

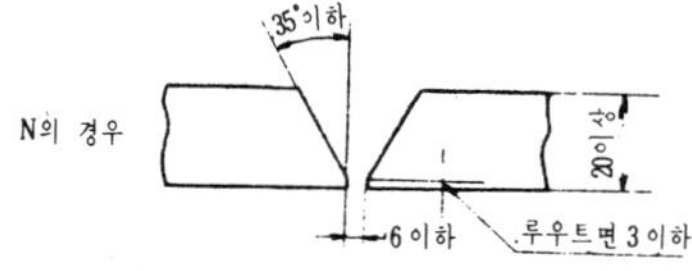

(2) 시험재는 적당한 방법을 사용하여 **그림 8**에 표시한 A B 및 A D 사이를 용접한다. A점은 수평축에 대하여 바로 아래 위치로 한다. 다음에 **그림 2 (b)**와 같이 시험재를 수직으로 고정하여 **그림 8**에 표시한 B C D 사이를 용접한다.

용접은 B점 또는 D점의 어느 점에서 시작하여도 좋다.

(3) 용접은 한쪽으로부터 하는 것으로 하며, 뒷면 용접을 하여서는 안된다.

2.10 각종 시험재의 다듬질

(1) 굽힘시험편은 **그림 3，4，5，6，7** 및 **그림 8**에 표시하는 바와 같이 절단하고 **그림 9**와 같이 다듬질 한다.

그림 9 각종 시험재　　　　　　　　　단위 : ㎜

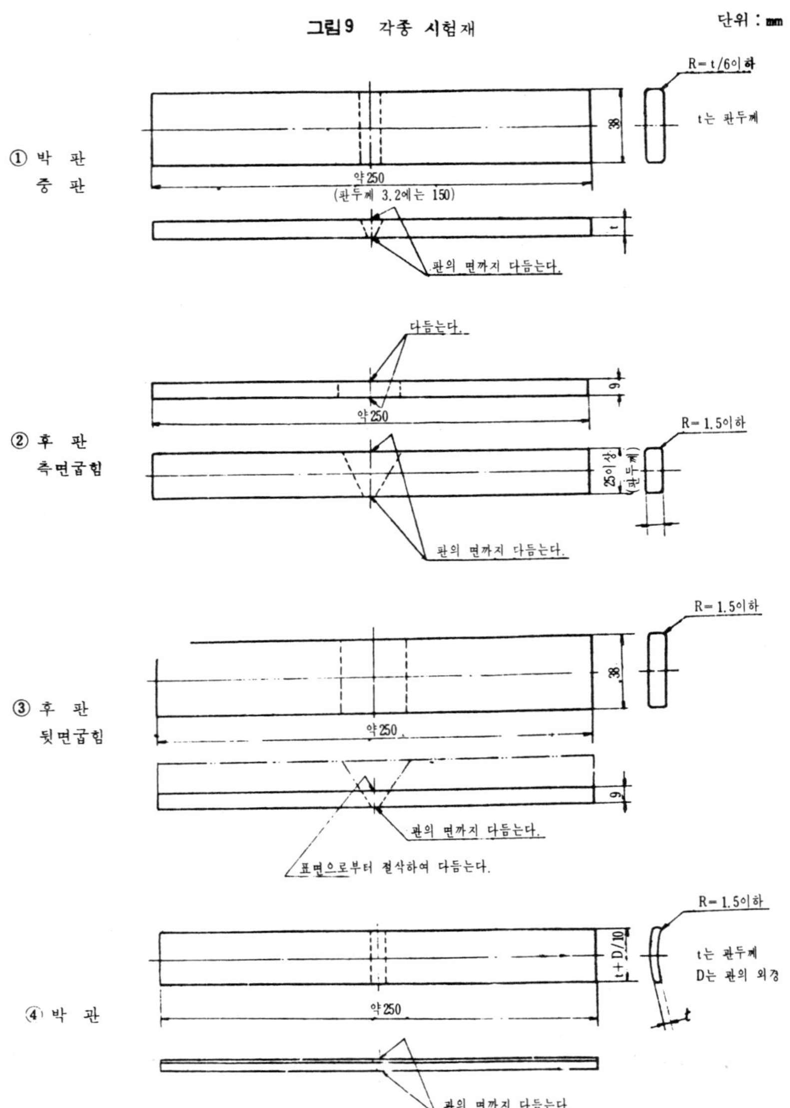

⑤ 중후관 표면굽힘

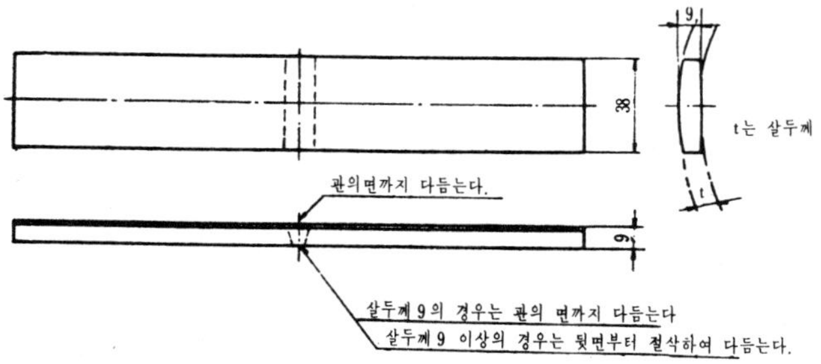
38
9
t는 살두께
관의면까지 다듬는다.
살두께 9의 경우는 관의 면까지 다듬는다
살두께 9 이상의 경우는 뒷면부터 절삭하여 다듬는다.

⑥ 중후관 뒷면굽힘

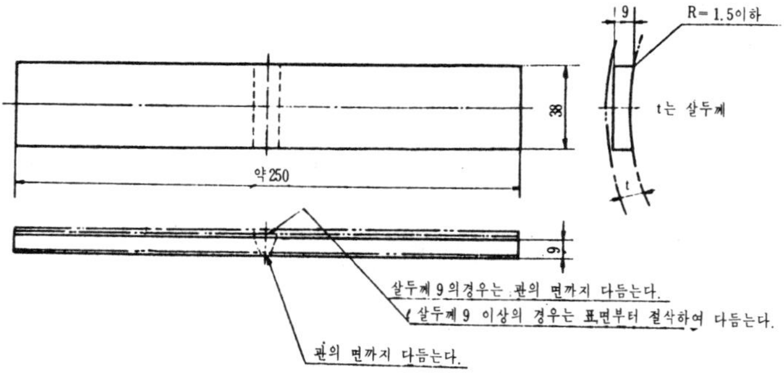
9
R= 1.5이하
38
t는 살두께
약 250
살두께 9의경우는 관의 면까지 다듬는다.
살두께 9 이상의 경우는 표면부터 절삭하여 다듬는다.
관의 면까지 다듬는다.

⑦ 후　관 측면굽힘

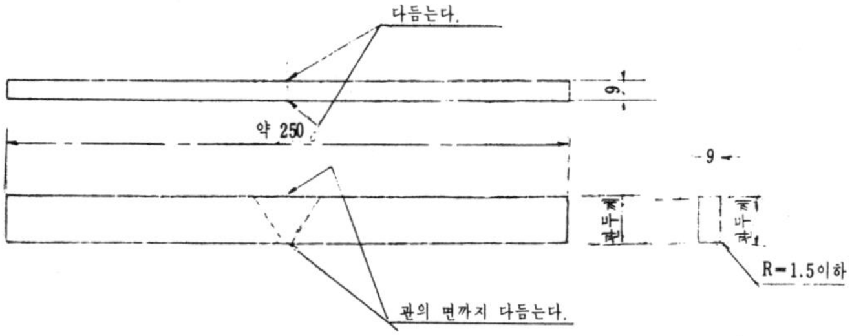
다듬는다.
9
약 250
9
R=1.5이하
관의 면까지 다듬는다.

⑧ 후　관 뒷면굽힘

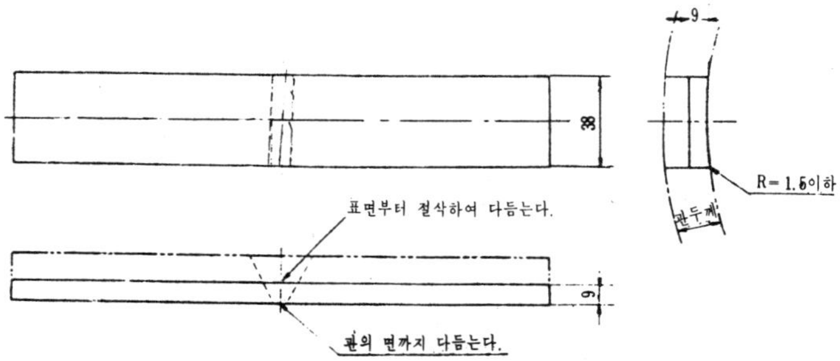
9
38
R= 1.5이하
관두께
표면부터 절삭하여 다듬는다.
관의 면까지 다듬는다.

(2) 가스를 써서 절단하는 경우에는 절단한 단면으로부터 3 mm이상 깎아낸다.

(3) 과분한 용접살 및 뒷면 받침쇠는 판 두께까지 평탄하게 절삭한다.

(4) 시험편의 수는 **표 2**에 따른다.

표 2　굽힘시험편의 갯수

기 호	판의 맞대기용접											고정관의 맞대기용접					
	아래 보기			직 립 선			옆 보 가			위 보 기		수　평			수　직		
	표면	뒷면	측면	표면	뒷면	측면	표면	뒷면	측면	표면	뒷면	표면	뒷면	측면	표면	뒷면	측면
N−1 F	1	1															
G−1 F																	
A−2 F																	
N−2 F	1	1															
G−2 F																	
A−3 F																	
N−3 F		1(0)	2														
N−1 V				1	1												
G−1 V																	
A−2 V																	
N−2 V				1	1												
G−2 V																	
A−3 V																	
N−3 V					1(0)	2											
A−3 H																	
N−3 H								1(0)	2								
A−2 O																	
N−2 O										1	1						
G−2 O																	
N−1 P																	
G−1 P													2			2	
A−2 P																	
N−2 P												2	2		1	1	
G−2 P																	
A−3 P																	
N−3 P													2(0)	2		1(0)	1

비고　(　)의 숫자는 뒷면 굽힘시험을 생략한 경우의 시험편 갯수

3. 굽힘시험편의 시험 방법과 그 합격 여부의 판정기준

3.1 굽힘시험 방법

(1) 시험 방법은 **K S B 0834**(맞대기용접 이음의 형틀 굽힘시험 방법) 또는 **K S B 0835** (맞대기용접 이음의 로울러 굽힘시험 방법)에 따른다.

(2) 시험에 사용하는 지그는 **표 3**에 따른다.

표 3　시험에 사용하는 굽힘지그

기　　호	맞대기용접 이음의 형틀 굽힘시험 방법	K S B 0835 맞대기이음의 로울러 굽힘시험 방법
N－1 F	A 1 형	
G－1 F		
A－2 F	A 3 형	
N－2 F		
G－2 F		
A－3 F	A 3 형	
N－3 F		
N－1 V	A 1 형	
G－1 V		
A－2 V	A 3 형	
N－2 V		
G－2 V		
A－3 V	A 3 형	
N－3 V		
A－3 H	A 3 형	
N－3 H		
A－2 O	A 3 형	
N－2 O		
G－2 O		
A－2 P	A 3 형	
N－2 P		
G－2 P		
A－3 P		
N－3 P		

단위 : mm

적당히 정한다.　50　50이상

t는 판두께　R　S　R

기　　호	R	S	A	굽힘각도 (도)
N－1 P	$1.5l$	$\dfrac{16}{3}R+3$	$5R+100$ 이상	90
G－1 P	$2.0l$	$5R+3$	$5R+80$ 이상	90

3.2 합격 여부의 판정 기준

굽힘시험을 한 결과 굽혀진 바깥면에 있어서 어느 방향으로도 길이 3mm이상의 터짐 또는 현저한 결함이 있어서는 안된다.

용접 기술검정에 있어서의 시험 방법 및 그 판정 기준 해설

1. 총 칙

이 규격은 용접 기술을 검정할 때의 시험 방법과 그 판정 기준만을 규정한 것이다. 따라서 용접공의 자격등은 이 규격을 채택하여 시험을 실시하는 사용자 측에서 적당히 결정할 성질의 것이다. 또한 실제로 검정시험을 실시하는데 있어서는 세부항목에 이르는 실시규정을 작성할 필요가 있을 것으로 생각되나, 이것은 이 규격을 기준으로 하여 검정을 실시하는 기관에서 적의 결정할 성질의 것이며 이 규격은 골자만을 규정한 것이다.

1.1 적용 범위

이 규격은 아아크 및 가스용접(이하 용접이라 한다)의 손용접만을 대상으로 한 것이며, 그 이외 것은 제외하였다. 이것은 기계 기타의 방법에 의한 자동 및 반자동 용접까지를 포함시키면, 각각에 대하여 조건이 달라 범위만 대단히 크게 되어 처리하기 곤난하게 되기 때문이다.

따라서 사용자측에서 여기에 표시한 범위외에 이 규격을 준용하는 경우에는 잘 검토한 후에 사용하여야 한다.

1.2 시험 방법

시험은 시험 방법 및 용접 작업 종류에 따라서 **표 1**과 같이 아아크용접이 **19 종류**, 가스용접이 **7 종류**로 분류되고 있다. 이것은 각기 전연 별개의 자격이며 각각 독립된 것이다.

다만, 아래 보기 용접 자세는 용접 기술의 기본 기술이므로, 기본 기술은 아래 보기 용접　자세의 시험에 의해서 판정된다. 또 **표 1**의 **주(3)**에 후판과 후관의 뒷면굽힘시험은 생략할 수도　있다 라고 되어있으나, 이 시험의 필요 여부는 결국 시험을 실시하는 단체에서 결정하면 된다는 뜻에서 그렇게 정한 것이다.

이 규격에 따른 시험에 합격한 용접공이 실제로 어떠한 자격을 **획득**하고 어떠한 작업에 **종사할** 수 있는가에 대하여는 이 규격에서는 언급이 없다.

이렇게 한 것은 규격의 본질로부터 벗어나는 것이 되어서 부득이 하나 실제로는 불편하다. 이것을 보충하는 것으로는 **KS B 0903**(용접 자세의 정의)과 (용접공의 자격과 표준작업 범위) (가령 일본용접협회 규격 **WES 105** 등)가 있다. 이 양자에는 표시 방법에 차이가 있고 근소한 부분에 본질적인 차이가 있으나, 전자로부터 용접 자세를 채택하고 후자로부터 작업을 할 수 있는 모재의 범위를 채택하면 대략 타당성 있는 작업 자격을 정할 수 있다. 참고로 이러한 표와 그림을 표시한다. 이 규격의 시험은 맞대기용접에 한 하였으나 구석살 용접의 경우에도 이에 준하여 자격이 부여되어야 할 것이다.

또한 용접 자세에서는 기본 자세에 중간 자세를 가미한 것은 고려하여도 좋을 것으로 생각된다.

표 1　용접 자세의 정도(**KS B 0894**)

용접　자세의　종류		기　　호
기 본 자 세	아 래 보 기	F
	직　　립	V
	옆　보　기	H
	위　보　기	O

용접 자세의 종류		기　호
중간자세	아래보기	1 F
	직　립	1 V
	옆　보　기	1 H
	위　보　기	1 O

표 2　기본 자세의 범위

단위 : 도

자세의종류	맞 대 기 용 접		구 석 살 용 접	
	회 전 각	경 사 각	회 전 각	경 사 각
아 래 보 기	0~10	0~5	0~10	0~5
직　　립	0~180	80~90	0~180	80~90
옆　보　기	70~90	0~5	30~55	0~5
위　보　기	165~180	0~15	115~180	0~15

그림 1　용접 자세의 범위

(a) 막대기 용접의 경우　　　　　　　　　　**(b) 구석살 용접의 경우**

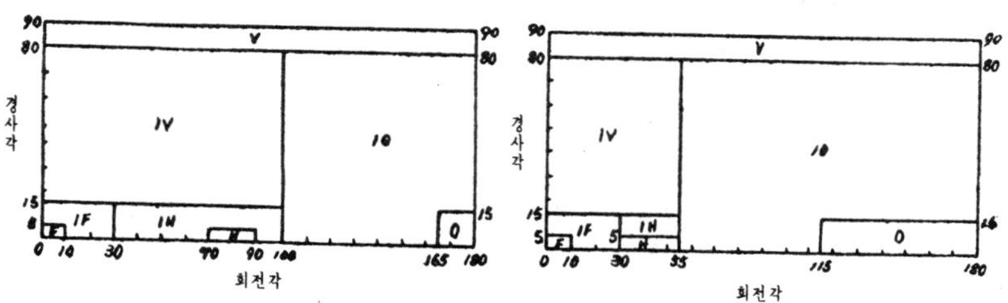

표 3　각종별 용접공이 용접 작업할 수 있는
　　　　용접모재의 범위

종　별	대 상 물	두　께 (mm)	관의 바깥지름 (mm)
박　관	강　판	6.0 이하	—
중　관	강　판	4.5~25.0	—
후　관	강　판	16 이상	—

종 별	대 상 물	두　　께 (mm)	관의바깥지름 (mm)
박 관	강 관	6.0 이하	400 이하
중 후 관	강 관	4.5~20.0	400 이하
후 관	강 관		

2. 시험재의 작성

2.1 시험재용 강재

시험에 사용하는 강재는 용이하게 구득할 수 있도록 범위를 넓게 하였으며, 이 규격에　합격하는 것이면 어느 것을 사용하여도 좋다.

2.2 시험에 사용하는 용접봉

KS품이면 어느 것을 사용하여도 좋으나, 종전에는 동일 시험재의 용접에 있어서는 동일 상표. 동일 용접봉 지름의 것을 사용하는 것이 시험결과의 판단이 용이한 관계로 실제의 시험에서는　대부분 이와 같은 제한이 되여 있었다.

그러나, 이 규격에는 아아크용접에서는 뒷받침쇠가 없는 시험도 많이 포함되어 있으므로 . 제 1 층에는 소위 뒷면 파상용접봉의 사용도 생각할 수 있으며, 뒷 받침쇠가 있는 것과 없는 것에서는 당연히 루우트 간격도 달라지므로 용접 작업의 구분만으로 사용 용접봉의 지름을 일률적으로　규정할 수가 없다. 따라서 동일시험재의 용접에 사용하는 용접봉은 원칙으로는 동일한 상표의 것을　사용한다 하더라도, 제 1 층 용접에는 그것과는 별도로 임의의 계통의 용접봉 사용을 가능케 하여야 할 것이며, 용접봉지름 등은 자유스러운 사용을 허가하여야 할 것으로 생각된다.

2.3 용접상의 주의

각 항목에 일정한 규정을 둔것은 되도록 동일조건으로 시험을 하는 취지에 의한 것이다 의 항에서는 직류기를 주력으로 하는 공장과 교류기를 주력으로 하는 공장이 있으므로 느 것을 사용하여도 좋은 것으로 하였다.

그러나 동일 시험재를 용접하는데 직류기와 교류기를 병용하는 것은 피해야 할 것으로 다.

또 강관의 용접에 있어서는 1 개의 강관을 수평고정 및 수직고정으로　자세를 바꾸어서 용접을 하도록 되어있다. 용접시에 수평고정관의 부분을 완전히 용접을 마친 후에 수직고정관의　부분을 용접하려고 하면 미리 가용접해 둔 끝벌림이 달라지는 일이 있으므로 좋지 않다. 따라서 본문에서는 명시하지 않았으나 수평고정의 부분과 수직 고정의 부분은 초기의 몇개 층에서는 교대　교대로 용접을 하는 것은 무방하다. 특히 후관에서는 교대로 용접한 용착금속의 양을 많이 하여두지 않고 일부분에만 대량의 용접을 하면 용착량이 적은 부분이 터지는 우려가 있으므로 주의하여야 한다. .

2.4~2.9 각종의 시험재

시험재의 판두께 또는 강관의 칫수는 공차 범위내에 있으면 된다. 일반적으로 시험재의　가공공차는 KS B 0412〔보통 칫수차(절삭가공)〕를 사용한다. (표 4 참조) 시험편의 다듬질공차에 관해서는 다음항에서 언급한다.

또 뒷 받침쇠는 규정된 두께의 것을 사용하여야 한다. 이것보다 얇은 것을 쓰면 제 1 층에서 충분한 용입을 얻기 위하여 약간 높은 전류 등으로 용접했을 경우에 구멍이 뚫리는 일이 있으므로 주의하여야 한다. 뒷 받침쇠의 길이는 시험재의 폭보다 약간 길어도 좋다.

표 4　보통 칫수차(절삭 가공) (**K S B 0412**)

단위 : mm

호칭 칫수의 구분	칫　　수　　차		
	정밀급±	중 급 ±	조제급±
1 이상　　4 이하	0.05	0.1	0.3
4 초과　　16 이하	0.07	0.2	0.5
16 초과　　63 이하	0.1	0.3	0.7
63 초과　　250 이하	0.2	0.5	1.2
250 초과　1000 이하	0.3	0.8	2.0

주 : 조제급을 채용한다.

2.10 각종 시험편의 다듬질

굽힘시험편의 다듬질에 대하여 본문에서는 여분 살붙임 및 뒷 받침쇠 또는 뒷면파상을 "판(또는 관)의 면까지 다듬질 한다."는 표시와 시험재를 "표면(또는 뒷면)으로부터 절삭하여 다듬질 한다."라는 표시가 되어 있다. 전자의 경우, 평판의 경우에는 판의 면까지 곡면으로 다듬질하는 것을 뜻한다.

후자의 경우에는, 시험재의 두께가 시험편의 두께보다 두꺼운 경우이므로 각각의 측면도에 표시하는 시험편의 두께로 될 때까지 시험재를 절삭하여 평면으로 다듬질 한다.

그러나 실제로 이것을 다듬질하는데는 대단히 어려운 점이 있다. 여기에 대하여 다음과 같이 정한 것이 있으니 참고로 기술한다.

굽힘시험편의 용접부가 다음에 표시하는 칫수 범위를 벗어나서 다듬질되어 있는 것은 굽힘시험을 하지 않고 그 시험편을 채취한 시험재에 대하여 재시험을 한다.

얇은 판 및 얇은 관의 시험편	판 두께— 0.2mm
중판의 시험편	판 두께— 0.3mm
중후관의 시험편	9—0.3mm
후판 및 후관의 시험편	뒷면 굽힘　9±0.3mm
	측면 굽힘　9±0.1mm

시험재에 변형이 있거나 불가능할 경우에는 그 시험재에 대하여 재시험을 한다.

시험편의 폭(측면 굽힘시험편의 경우에는 판 두께 방향의 칫수가 된다)의 공차는 전기 시험재와 **K S B 0412**의 보통 칫수차(절삭 가공)에 따르면 된다. (**표 4** 참조)

3. 굽힘시험편의 시험 방법과 그 합격 여부의 판정기준

3.1 굽힘시험 방법

박관은 시험편 이외에는 모두 **K S B 0832**(맞대기용접이음의 형틀 굽힘시험 방법)에 따르기로 하였으나 동 규격에는 박관의 시험편에 맞는 지그가 없으므로 여기에 대하여서는 **K S B 0835**(맞대기용접 이음의 로울러 굽힘시험 방법)에 따르기로 하였다.

또한 얇은 관의 시험에 대하여는 **B S**를 참고로 하였으므로 지그의 R 는 아아크용접의 경우에는 1.5t, 가스용접의 경우에는 2.0t를 채택하고 굽힘 각도는 90도로 하였다.

3.2 합격 여부 판정기준

굽힘시험의 결과 굽혀진 바깥면에 있어서 어느 방향에도 길이 3mm를 넘는 터짐 또는 현저한 결함이 있어서는 안된다고 규정하였다.

여기서 터짐이란 육안으로 관찰할 수 있는 것을 말하며 확대경 등을 사용하여 발견할 수 있는것을 말하는 것은 아니다. 다만 터짐의 길이를 측정하는 경우에는 적당한 방법으로 확대하여 측정하는 것이 보통이다.

터짐은 바깥면에 있는 것만이 판정의 대상이 되므로 굽혀진 측면으로 부터 바깥면에　연속하여 존재하는 터짐등도 바깥면 부분의 길이만이 측정되어야 할 것으로 생각된다.

또한 현저한 결함이란 무엇을 뜻하는 가는 설명되어 있지 않으나 보통 아래와 같이 규정되어 있는 것이 있으므로 참고로 표시한다.

　(1) 3mm 이하의 터짐의 합계 길이가 7mm를 초과하는 것.

　(2) 기공 및 터짐의 합계 개수가 10개를 초과하는 것.

　(3) 언더커트, 용입 부족, 스래그 혼입 등이 현저한 것.

열영향부에 발생한 터짐 등은 문제가 되지 않는다.

4. 기 타

시험에 합격한 자에 대하여 기술 증명서를 발행하는 경우에는 그 증명서에 다음 사항을 기재하는 것이 좋다.

　(1) 기술 증명서 발행 기관의 명칭.

　(2) 수험한 용접의 종류(아아크 또는 가스)

　(3) 용접봉의 계통(상표를 첨가하여도 좋다)

　(4) 합격한 시험의 종류(기호를 사용하여도 좋다. 생략의 유무도 병기한다)

　(5) 기술 시험 일자.

　(6) 증명서 발행일자.

　(7) 증명서 유효기간.

　(8) 성명, 생년월일.

　(9) 주 소.

　(10) 용접 자격의 경력.

—　—

한 국 공 업 규 격
KOREAN INDUSTRIAL STANDARDS

KS D 7004

제　정 1964. 12. 31
상공부고시 제1514호

개　정 1971. 12. 31
상공부고시 제8234호

Ⅱ. 연강용 피복아아크 용접봉

Arc Covered Electrodes for Mild Steel

1　적용 범위　이 규격은 연강의 용접에 사용되는 피복아아크 용접봉(이하 용접봉이라 한다)으로서 심선의 지름(이하 봉지름이라 한다)이 3.2～8mm의 것에 대하여 규정한다.

2. 종 류　용접봉의 종류는 용착금속의 인장강도, 피복제의 계통, 용접자세 및 전류의 종류에 의하어 **표 1**과 같이 나눈다.

표　1

종　　　　류	피복제계통	용　접　자　세	사 용 전 류 의　종 류
E 4301	일메나이드계	F.V.O.H.H.	AC 또는 DC(±)
E 4303	라임티타니아계	F.V.OH.H.	AC 또는 DC(±)
E 4311	고세로로즈계	F.V.OH.H.	AC 또는 DC(+)
E 4313	고산화티탄계	F.V.OH.H.	AC 또는 DC(−)
E 4316	저수소계	F.V.OH.H.	AC 또는 DC(+)
E 4324	철분산화티탄계	F.H.-Fil.	AC 또는 DC(±)
E 4326	철분저수소계	F.H.-Fil.	AC 또는 DC(±)
E 4327	철분산화철계	F.H.-Fil.	F용접할 때에는 AC 또는 DC(+) H-Fil 용접할 때에는 AC 또는 DC(−)
E 4340	특수계	F.V.OH.H. H.Fil 중 어느 자세	AC 또는 DC(±)

비고　1. 용접자세에 사용된 기호의 의미는 다음과 같다.

　　　　F : 아래보기자세(Flat Position)

　　　　V : 수직자세(Vertical Position)

　　　OH : 위보기자세(Overhead Position)

　　　　H : 수평자세(Horizontal position)

　　H-Fil : 수평피렡(Fillet)

　　　2. 사용전류의 종류에 사용된 기호의 의미는 다음과 같다.

　　AC : 교류

　　DC(±) : 직류봉 정극성 및 역극성

　　DC(−) : 직류봉 역극성

　　DC(+) : 직류봉 정극성

3. 심 선

　(1) 심선의 화학 성분은 **KS D 3508** (아아크용접봉용 심선재)을 적용한다.

　(2) 심선의 표준칫수는 **표 2**에 따른다.

　(3) 봉지름의 허용치는 ±0.05mm, 길이의 허용치는 ±3mm 이하로 한다.

4. 칫 수

　(1) 용접봉의 평심률은 **3%** 이하이어야 한다.

편심률이라 함은 봉지름의 실측치와 한쪽피복 두께를 보탠 수치의 최대치와 최소치의
평균치에 대한 백분율을 말한다.

(2) 용접봉의 머리노출부는 25±5mm로 한다. 다만, 용접봉의 길이 700mm 및 900mm에 대
해서는 30±5mm로 한다.

(3) 용접봉의 끝은 아아크 발생을 용이하게 하기 위하여 심선을 3mm 이하 범위에서 노
출시키든지 적당한 처리를 하여야 한다.

표 2

단위 : mm

봉지름	길		이			
3.2	350	400	—	—	—	
4	350	400	450	550	—	
4.5	—	400	450	550	—	
5	—	400	450	550	700	
5.5	—	—	450	550	700	
6	—	—	450	550	700	900
6.4	—	—	450	550	700	900
7	—	—	450	550	700	900
8	—	—	450	550	700	900

5. 품 질

5 1 피 복(Flux)

(1) 피복은 보통 취급상 쉽게 파손됨이 없고 두께가 균등하여야 하며 흠, 균열, 기타
해로운 결함이 있어서는 안된다.

(2) 피복은 E 4324, E 4326 및 E 4327의 용접봉을 제외하고는 100 V, 50~60 Hz의 교
류에 대하여 충분한 절연 내력을 가지고 있어야 한다. 또 피복은 용접작업 중 유
해가스가 발생하면 안되며 저장 중에 쉽게 화학변화를 이르키거나 습기를 흡수하여
서는 안된다.

5.2 기계적 성질 용착금속의 인장강도, 항복점, 연신율 및 충격치는 **표 3**의 수치 이상
이어야 한다.

표 3

종　　류	인장강도 (kg/mm²)	항복점 (kg/mm²)	연신율(%)	충격치(0°C V 놋 치 (kg·m)살피)
E 4301	43	35	22	4.8
E 4303	43	35	22	2.8
E 4311	43	35	22	2.8
E 4313	43	35	17	—
E 4316	43	35	25	4.8
E 4324	43	35	17	—
E 4326	43	35	25	4.8
E 4327	43	35	25	2.8
E 4340	43	35	22	2.8

비고 E 4327에 대해서는 연신율이 2% 증가할 때는 항복점과 인장강도는 1kg/mm² 낮아도 지
장은 없다.

다만, 항복점은 33kg/mm² 인장강도는 41kg/mm² 이상이어야 한다.

5.3 굴 곡 7.3의 방법으로 굴곡했을 때 굴곡된 바깥면에 어느 방향이든지 길이 3mm

이상의 균열 또는 기타 결함이 없어야 한다.

다만, 기타 결함이란 핏트(pit) 블로우홀의 수가 10개 이상 균열의 길이 총화가 7mm를 초
과하는 것을 말한다.

5.4 용착금속 중의 수소량　E 4316 및 E 4326의 용접봉은 **6.4**의 방법으로 수소량 시
험을 행하였을 때 수소량이 용착금속 1gr당 0.1cm³를 초과하여서는 안된다.

6. 시 험

6.1 시험 일반

(1) 용접봉의 시험에 사용되는 시험판은 **KS D 3503** (일반구조용 압연강재)의 2종 또는
KS D 3515 (용접구조용 압연강재)의 1종(A,B,C)의 어느 것이든지 적합한 것을 사용
하여야 한다.

(2) 용착금속의 인장시험, 충격시험, 굴곡시험 및 수소량시험은 **표 4**에 따르고 봉지름 3.2,
4, 4.5, 5,5.5mm에 대해서는 5mm 봉으로 봉지름 5.5,6, 6.4, 7 및 8mm에 대해서는
6mm 봉으로 행한다.

표 4

종 류	봉지름	인장시험	충격시험	굴곡시험	수량 소시험
E 4301	$\frac{5}{6}$	F	F	$\frac{V.OH}{F}$	—
E 4303	$\frac{5}{6}$	F	F	$\frac{V.OH}{F}$	—
E 4311	$\frac{5}{6}$	F	F	$\frac{V.OH}{F}$	—
E 4313	$\frac{5}{6}$	F	—	$\frac{V.OH}{F}$	—
E 4316	$\frac{5}{6}$	F	F	$\frac{V.OH}{F}$	$\frac{F}{—}$
E 4324	$\frac{5}{6}$	F	—	$\frac{F}{F}$	—
E 4326	$\frac{5}{6}$	F	F	$\frac{F}{F}$	$\frac{F}{—}$
E 4327	$\frac{5}{6}$	F	F	$\frac{F}{F}$	—
E 4340	$\frac{5}{6}$	F	F	$\frac{F\text{또는}V.OH}{F}$	—

6.2 용착금속의 인장시험 및 충격시험

(1) 시험편은 **KS B 0821** (용착금속의 인장시험 방법)의 A 1호 및 **KS B 0822** (용착금속
의 충격시험 방법)의 4호로 하고 시험판의 칫수는 봉 지름 5mm에는 판두께 19mm,
뒷받침 쇠의 두께 6mm로 하고 봉 지름7mm에는 판두께 25mm, 뒷받침쇠 (Backing
strip)의 두께의 12mm로 한다. 각 층 또는 각 패스의 두께는 3.2mm 이하로 한다.

(2) 시험판은 두께 12mm 이상의 석면으로 정반과 열적으로 차단시키고 벌림끝에 가용접
(Tack welding)을 한 후 용접을 하기 전에 시험판을 끓는 물속에 약 5분간 메운
다. 용접 작업은 아래보기 자세로 하고 실내온도는 15℃ 이상으로 한다.

(3) 한 패스의 용착이 끝날 때마다 시험판을 그대로 석면 위에서 5분간 정지 대기중
에서 냉각시킨후 끓는 물속에 약 5분간 담그었다가 다시 꺼내어 즉시 다음 용착
을 한다. 최종 패스 용착이 끝나면 시험판을 마지막으로 약 5분간 끓는 물속에 담

그어 두어야 한다.

(4) 만일 **(3)**항 규정의 순서를 중단해야 할 필요가 생겼을 때는 시험판을 끓는 물속에 약 5분간 담그었다가 정지대기 중에서 실내온도 까지 냉각시킨다. 재차 용착을 시작할 때는 시험판을 끓는 물속에서 약 5분간 예열하지 않으면 안된다.

(5) 용접이 끝난 시험판으로부터 1개의 용착금속 인장시험편과 2개의 충격시험편을 만든다. 이 때 시험편 절단을 기계절단으로 한다. 또한 시험편은 100±5℃에서 19~24 시간 보존하여 수소 재거를 하여야 한다.

(6) 충격시험에 대한 시험온도는 0℃로 한다.

(7) 인장시험 방법은 **KS B 0802** (금속 재료 인장시험 방법), 충격시험 방법은 **KS B 0810** (금속재료 충격시험 방법)에 따른다.

6.3 屈 굴곡시험

(1) 봉 지름 5mm의 용접봉에 대해서는 표면굴곡 및 이면 굴곡시험, 봉 지름 7mm의 용접봉에 대해서는 측면 굴곡시험을 한다.

시험판의 위치는 **그림 1**과 같이 한다.

용접이 끝난 시험판의 각변형이 5도 이상이 되지 않도록 시험판을 미리 구속하든가 역변형을 미리 주어야 한다.

그림 1

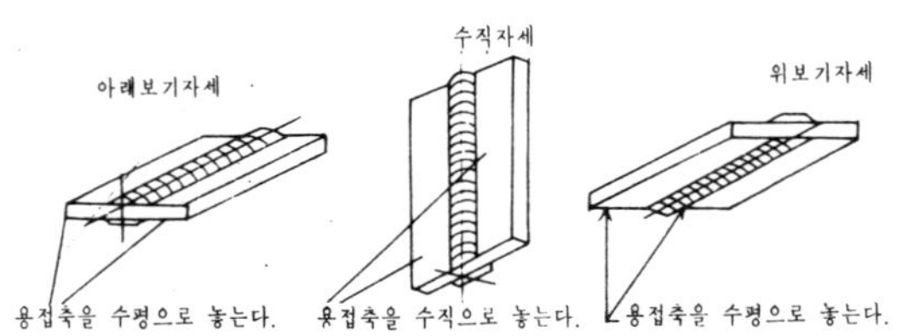

(2) 제 1층의 용접은 시험판의 온도가 15~40℃의 사이에 있을 때 시작한다.

층은 3층 이상으로 한다.

시험판 및 시험편의 응력 세거는 하지 않는다.

(3) 표면굴곡 및 이면굴곡 시험편은 **그림 2**에 표시한 시험판에서 각 1개를 절취하여 **그림 3**과 같이 만든다.

그림 2

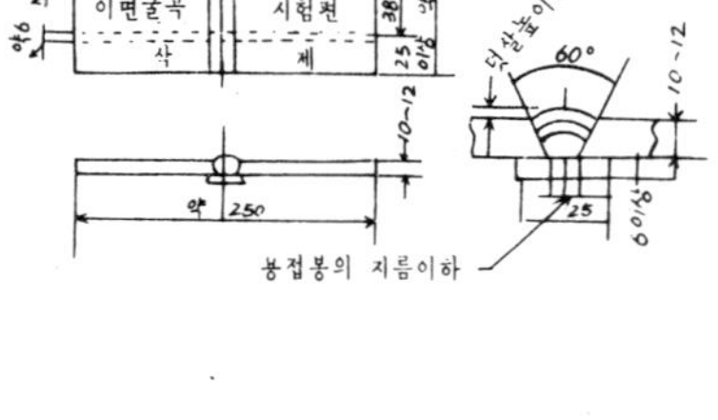

그림 3

단위 : ㎜

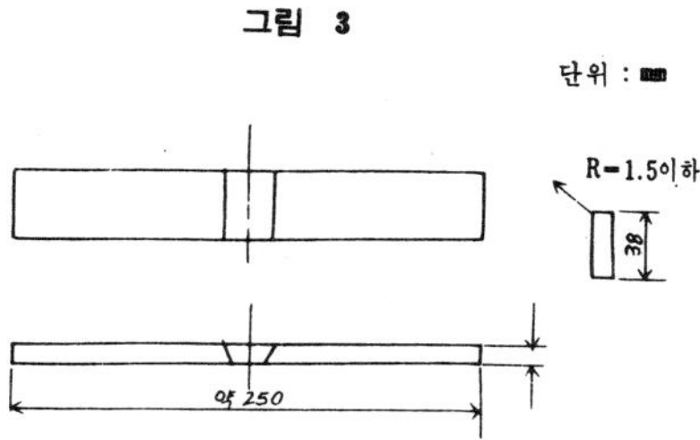

(4) 측면 굴곡시험편은 **그림 1**에 표시한 시험판으로부터 2개를 절취하여 **그림 5**와 같이
만든다.

그림 4

단위 : ㎜

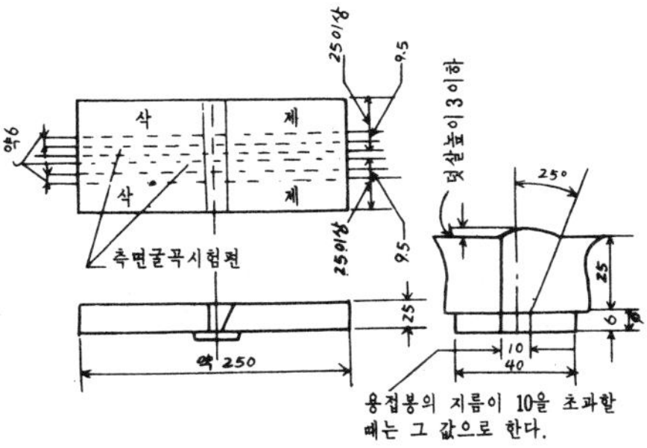

그림 5

단위 : ㎜

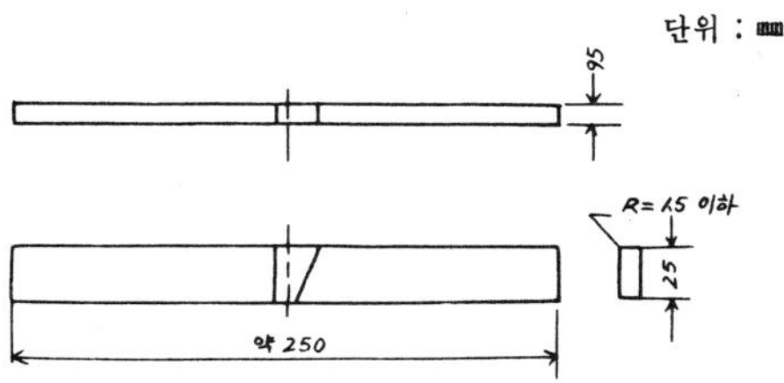

(5) 시험편의 절단은 기계절단으로 한다. 그러나 가스로 절단할 경우에는 깎은 여유를 3mm 이상 남겨 놓아야 한다.

(6) 덧땜 부분과 뒷받침 철판은 모재면까지 깎아버린다.

(7) 표면굴곡, 이면굴곡 및 측면 굴곡시험은 **KS B 0832** (맞대기 이음용접 틀 굴곡시험 방법)에 따른다.

6·4 수소량 시험   시험 방법은 **KS B 0823** (용착금속의 수소량시험 방법)에 따른다. 또한 전류의 종류는 **표 1**에 의하고 이 때의 전류치 및 아아크 전압은 각각 170~200A, 22~28 V로 한다.

7. 검 사

(1) 용접봉의 칫수, 인장시험, **충격** 시험, 틀 굴곡시험 및 수소량 시험의 성적이 **5** 및 **6** 항의 규정에 합격하여야 한다. 다만, 수소량 시험은 E 4316 및 4326의, 용접봉에 적용 한다.

(2) 인장시험, **충격시험**, 틀 굴곡시험 및 수소량시험 중 어느 한 시험이 불합격일 때는 그 시험만 재시험할 수 있으며 그 성적이 규정에 합격하여야 한다. 다만, 이 때의 용접 봉은 동일로트(Lot)에서 취하여야 하며 시험판은 동일한 것이어야 한다.

8. 포 장   용접봉은 수송 또는 저장에 의한 해를 방지하기 위하여 적당히 포장되어야 한 다.

9. 표 시   용접봉은 포장에 대하여 다음 사항을 표시하여야 한다.

(1) 용접봉의 종류

(2) 전류의 종류

(3) 제조자 명

(4) 제조 년 월 일 및 로트 번호

(5) 칫수(봉지름 ×길이)

(6) 무게 또는 갯수(갯수로 표시할 때는 계산중량을 명시한다)

10. 호칭 방법   호칭 방법은 용접봉의 종류, 전류의 종류, 봉지름 및 길이에 따른다. 보기를 들면 봉 지름 5mm, 길이 400mm이며 교류전류로 시험한 저수소계 용접봉은 다음 과 같이 부른다.

시험 전류가 직류일 경우 정극성은 DC(+) 역극성은 DC(−)로 한다.

보기 E4316, AC. 5φ× 400

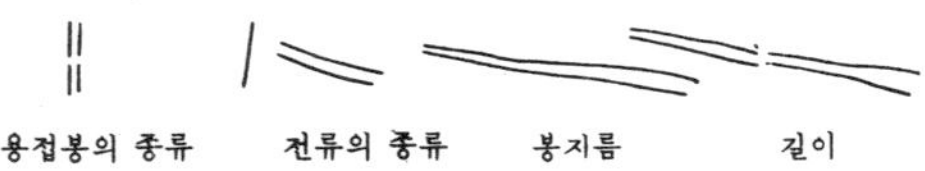

한 국 공 업 규 격
KOREAN INDUSTRIAL STANDARDS

KS B 0895

Ⅲ. 연강용피복 아아크 용접봉의 작업성

Usability of Covered Electrodes for Welding Mild Steel

제 정 1971. 5. 22.
상공부고시 제6812호

1. 총 칙

1.1 적용 범위　이 규격은 연강용 피복아아크 용접봉의 작업성을 비교하여 판정하는 경우의 관찰기준에 대하여 규정한다. 다만 용접봉의 작업성이라 함은 그 용접봉을 사용하여 목적하는 용접을 할 경우에 용접 작업의 ·난이정도를 말한다.

1.2 판정할 때의 구비해야 할 조건　이 판정은 다음과 같은 조건아래에서 시행한다. 여기에 표시한 조건에 따르지않는 경우에는 그 취지를 판정 결과에 부기하는 것으로 한다.

1.2.1 용접공　용접공은 **KS B 0818**(용접기술 검정에 있어서의 시험 방법 및 그 판정기준)에 규정된 시험종류중, 작업성 판정의 목적에 적당한 시험에 합격한 사람이어야 한다.

1.2.2 용접기　용접기는 **KS C 9602**(교류 아아크 용접기) 또는 **KS C 9605**(정류기식 직류 아아크 용접기에 규정된 것이나 또는 이와 동등 이상의 성능을 갖는 것이어야만 **한다.**

1.2.3 기타의 용접용구　용접봉 홀더는 **KS C 9607**(용접봉 홀더), 용접용 케이블은 사용상 지장이 없는 것이어야 한다.

1.2.4 시험재　용접에 쓰이는 시험재는 **KS D 3503**(일반 구조용 압연강재)에 규정된 SS 41 혹은 **KS D 3515**(용접구조용 압연강재)에 규정된 SS 41 이나 또는 이와 동등 이상의 기계적 성질을 가진 연강판으로 하고 판정의 목적에 따라 적당한 판 두께, 용접 이음의 종류를 선택한다.

1.2.5 용접 조건　용접전류, 용접속도, 용접자세, 기타의 용접 조건은 작업성 판정의 목적에 따라 정한다. 다만 판정 결과에는 그 용접 조건을 표시하는 것을 원칙으로 한다.

2. 작업성의 항목

용접봉의 작업성은 **표 1**의 항목에 대하여 관찰한다.

표 1. 용접봉의 작업성의 항목

```
(1) 아아크의 발생 ………┌ (a) 초 아아크
                        └ (b) 재 아아크

(2) 아아크의 상태 ………┌ (a) 안정성 …┌ (i) 지속성
                        │            └ (ii) 집중성
                        └ (b) 불어붙임 세기

(3) 용융 상태 …………┌ (a) 피복통 모양
                      └ (b) 균일성
```

$$\begin{matrix} \text{(4) 슬래그} & \cdots\cdots\cdots\cdots\cdots & \begin{cases} \text{(a) 유동 상태} \\ \text{(b) 제거의 난이} \end{cases} \\ \text{(5) 튐} & \cdots\cdots\cdots\cdots\cdots\cdots & \begin{cases} \text{(a) 발생 상태} \\ \text{(b) 제거의 난이} \end{cases} \end{matrix}$$

(6) 가스 및 냄새의 발생 상태

3. 작업성의 각 항목의 관찰 기준

3.1 아아크의 발생　용접을 시작함에 있어서 용접봉의 앞끝을 시험재의 표면에 접촉하고나서　떼는 동작에 의하여 즉시 지속하는 아아크가 발생하기 쉬운가를 관찰한다. 새로운 용접봉으로 처음에 발생하는 아아크(초 아아크)와 아아크를 중단시킨뒤 다시 발생하는 아아크(재 아아크)와는 발생 상태가 다름으로 이들을 구별한다.

3.2 아아크의 상태　용접 중의 아아크의 상태가 용접 작업을 하는데 적합한가를 관찰한다. 이 내용은 아아크의 안정성과 불어붙임 세기로 분류되고 아아크의 안정성의 내용에는 아아크의 지속성과 집중성이 포함된다. 아아크의 지속성이라 함은 용접 중의 아아크의 길이 그 밖에 운봉조건의 약간의 변동에 대하여 아아크가 안정하게 지속되는 정도를 말한다. 또 용접 중 아아크가 퍼지거나 또는 전후 좌우로 움직일 때는 아아크의 집중성이 나쁘다고 말한다. 일반으로 녹은 방울이 작을수록 집중성이 좋고 작은 방울을 용융프울의 원하는 위치로 옮겨갈 수가 있다. 아아크의 불어붙임 세기라 함은 아아크 바로 밑의 용융 금속이 아아크에 불어붙여져서 오목하게 들어가는 정도를 말한다. 용접봉에는 적당한 불어붙임세기가 요구되고 불어붙임이 강한 봉은 보통 용입이 깊이 녹아들어간다.

3.3 용융 상태　용접봉 끝의 피복통 모양이 좋은가 또는 용접봉의 용융이 시종 균일한가를 관찰한다. 용접봉 끝에 형성되는 피복통은 적당한 깊이가 있는 것이 좋다. 피복통 이 터져서 떨어져 나가거나 피복이 편심되어 있으면 피복 통의 형성이 나빠져서 용접이 불량해진다. 또 용접봉이 짧아져서 피복 통의 형성이 나빠지면 용융 상태가 달라지는 경우가 있다. 이 상태가 심한것은 좋지 못하다.

3.4 슬래그　용접할 때 슬래그의 유동 상태는 용융프울 부근의 슬래그가 응고 할 때까지의 과정이 목적하는 용접을 하는데 적합한가를 관찰한다. 용접자세에 따라 바라는 슬래그의 상태는 매우 다르나 알맞게 용융프울을 덮고 동시에 용접봉에 붙어서 아아크의 지속을 방해하거나 운봉을 곤난하게 하지 않아야 한다. 슬래그의 유동상태는 아아크의 안정성 및 비이드의 상태와 밀접한 관계가 있다. 용접후 비이드를 덮는 슬래그 제거의 난이는 치핑해머로 가볍게 두들일 때의 상황으로써 판정한다.

3.5 튐　용접중에 발생하는 튐 입자의 대소, 양의 다소 및 튐 제거의 난이를 관찰한다. 튐은 보통 입자가 작고 양이 적은 것이 좋다. 튐 제거의 난이는 와이어브러시 또는 치핑해머를 사용해서 판정한다.

3.6 가스 및 냄새　용접 중에 용접봉에서 발생하는 불쾌한 가스 및 냄새의 다소를 조사한다.

연강용 피복아아크 용접봉의 작업성 해설

1. 용접봉의 사용성능이라 함은 그 봉을 사용하였을 때 만족할만한 용접이 가능한 정도를 말하는 것으로서 그 내용은 다음과 같이 분류한다.

용접봉의 사용 상태

```
┌─공작에 있어서        (1) 용접할 때
│  (넓은 뜻의 작업성)      ┌ (a) 용접 작업이 쉬어야 한다.  (좁은 뜻의 작업성)
│                        └ (b) 능률이 좋아야 한다.
│                     (2) 용접 결과
│                        ┌ (c) 표면이 매끈하고 흠이 없어야 한다.
│                        │ (d) 목적에 맞는 단면모양을 가져야 한다.
│                        │ (e) 용접부가 목적에 맞는 기계적 성질을 가져야 한다.
└─구조재로서               └ (f) 목적에 맞는 물리적, 화학적 성질을 가져야 한다.
```

　연강용 피복아아크 용접봉의 사용성능으로서는 좁은 뜻의 작업성이 중요시되어 문제도 많으므로 이 규격에서 내용을 규정하는 것이다.

　용접봉의 작업성은 그 용접봉을 사용하여 용접할 때 운봉조작 난이의 정도에 따라 정해진다. 따라서 그 판정에 미치는 인자는 매우 많고, 그 용접봉 고유의 성질 외에도

　　　　(1) 용접공의 기능

　　　　(2) 용접기의 특성

　　　　(3) 사용하는 기접 기구

　　　　(4) 모재의 재질, 판 두께, 이음의 종류

　　　　(5) 전류, 용접 속도, 용접 자세, 그밖에 용접조건 등에 따라 판정이 달라지므로 판정자는 충분히 객관적인 판단을 하여야 한다. 또 되도록 용접봉 고유의 성질만을 판정하기 위해서 규격속에 특히 판정할 때 구비할 조건을 두었다. 작업성의 항목에는 내용을 명확히 하기위하여 몇가지의 명칭및 배치를 바꿨다. 또 판정을 쉽게 하기위하여 각 항목의 관찰 기준의 설명을 보충하였다. 용접봉을 평가할 때는 1. 좁은 뜻의 작업성 뿐만아니라, 2. 능률, 3. 표면의 모양, 4. 비이드 단면의 모양 등도 동시에 판정하는 것이 좋다. 이 각항의 세목은 다음 표에 따른다.

2. 능 률

　2.1 용융 속도

　2.2 용착 속도

　2.3 용착 률

3. 표면이 매끈하고 패임이 없어야 한다.

　3.1 비이드의 파형이 잘고 균일하며 표면의 요철이 적고 파괴의 원인 될만한 패임이 없어야 한다.

　3.2 슬래그의 혼입, 용입 부족, 또는 경계부에 언더컷, 오우버랩 등의 결함이 없어야 한다.

　3.3 표면에 보이는 패임이나 균열이 없여야 한다.

4. 목적에 적합한 비이드의 단면모양을 갖어야 **한다.**

4.1 용접끝 첫째층에서는 잘 붙은 오목형비이드, 구석살에서는 단면이 이등변 삼각형에 가까운 균일한 비이드가 되어야 한다.

4.2 목적에 적합한 용입이 있어야 한다.

4.3 단면에 기공, 티집 등이 없어야 **한다.**

　이 규격에 의하여 작업성을 판정하는 경우에 부표와 같은 작업성 조사표를 사용하면 편리하다.　판정 결과는 부호 또는 점수로 나타낸다. 각 항목의 중요도는 경우에 따라 다르므로, 단순히 기계적으로 점수를 합하는 것은 별로 의미가 없다.

부표　판정용 조사표의 보기

작　업　성　조　사　표		조　사	년　월　일
명　　칭	봉지름×길이mm	성　　명	자　격
시　험　재　료	판　두　께	이음 모양	
용접기｜극　성	전　류｜용접 자세	용접 속도	
항　목｜세　목			
아아크 반생｜초　아　아　크			
｜재　아　아　크			
아아크 상태｜안　정　성※※			
｜붙　어　붙　임			
용　응　상　태｜피　부　통			
｜균　일　성			
슬　래　그｜유　동　성			
｜균　일　성			
딤｜발　생　상　태			
｜제　　거			
가스, 냄새｜발　생　상　태			
비이드 표면｜비이드의 요철			
｜용합상태※※※			
｜패 임, 터 짐			
비이드 단면｜비 이 드 모 양			
｜용　　입			
｜기 공 터 짐			
능　률｜용　응　속　도			
｜용　착　속　도			
｜손　착　률			
소　　견			

※ 이칸은 임의로 사용한다

※※ 아아크의 지속성과 집중성을 포함한다

※※※ 안더컷·오우버랩·용입불량·슬래그 혼입

IV. 数　　表

表 1.1　度 量 衡 換 算 表

길　이

1 mm = 39.37 밀　= 3 厘 3 毛
1 cm = 0.394 in = 3 分 3 厘
1 m = 39.37 in = 3 尺 3 寸
　　　= 3.281 ft = 1.094 yd
1 km = 3281 ft = 0.257 里
　　　= 0.621 哩 = 1,094 yd
1 밀　= 0.001 in = 0.0254 mm
1 in = 25.4 mm = 8 分 4 厘
1 ft = 30.48 cm = 1.006 尺
1 yd = 0.9144 m = 3.017 尺
1 哩 = 5,280 ft = 1.609 km
1 分 = 3.03 mm = 0.119 in
1 尺 = 30.3 cm = 0.993 ft
1 間 = 1.818 m = 5.956 ft
1 里 = 3.927 km = 2.440 哩
1 浬 = 1.853 km = 1.152 哩

面　積

1 cm² = 0.155 in²
1 ㎡ = 10.76 ft² = 0.3025 坪
1 a = 1,076 ft² = 30.25 坪
1 ha = 2.471 에이커　= 1.008 町步
1 km² = 0.386 哩² = 0.0648 里²
1 in² = 6.451 cm² = 0.703 寸²
1 ft² = 929.0 cm² = 1.011 尺²
1 yd² = 0.836 m² = 9.105 尺²
1 에이커　= 0.4047 ha = 43,560 ft²
1 哩² = 2.590 km² = 0.168 里²
1 尺² = 918.3 cm² = 0.988 ft²
1 坪 = 3.306 m² = 35.58 ft²
1 反步 = 9.917 a = 0.245 에이커

1 町步 = 0.992 ha = 2.451 에이커
1 里² = 15.42 km² = 5.955 哩²

容　積

1 cm³ = 0.061 in³
1 l = 61.03 in³ = 35.94 寸³
1 m³ = 35.31 ft³ = 35.94 尺³ = 264.2 美갤론
1 in³ = 16.39 cm³
1 파인트　= 0.473 l = 28.88 in³
1 ft³ = 28.32 l = 1.018 尺³
1 (英)갤론　= 277.4 in³ = 4.546 l
　　　　　= 2.517 升 = 1.200 (美)갤론
1 (美)갤론　= 231.0 in³ = 3.785 l
　　　　　= 2.098 升 = 0.833 (英)갤론
1 合 = 180.4 cm³ = 11.00 in³
1 升 = 1.804 l = 110.0 in³
1 斗 = 18.04 l = 0.637 ft³
1 石 = 1.804 kl = 47.66 (美)갤론
1 立坪 = 6.011 m³
1 尺³ = 27.83 l = 7.351 (美)갤론

重　量

1 kg = 2.205 lbs = 266.6 匁
1 캘럿　= 200 mg = 0.533 匁
1 온스　= 28.35 g = 7.560 匁
1 lb = 453.6 g = 121.0 匁
1 貫 = 3.750 kg = 8.267 lb
1 t (미터制) = 2,205 lbs = 1.102 t (美)
　　　　　　= 0.984 t (英) = 266.7 貫
1 t (英) = 2,240 lbs = 1.12 t(美)
　　　　= 1.016 t (미터制) = 271 貫
1 t (美) = 2,000 lbs = 0.893 t(英)
　　　　= 0.907 t (미터制) = 242 貫

表 1.2　合 成 単 位 換 算 表

速　　度

$1\,\mathrm{cm/s} = 0.6\,\mathrm{m/min} = 0.0328\,\mathrm{ft/s} = 1.969\,\mathrm{ft/min}$
$1\,\mathrm{km/h} = 27.78\,\mathrm{cm/s} = 0.9113\,\mathrm{ft/s} = 0.621\,哩/h$
$1\,哩/h = 88\,\mathrm{ft/s} = 1.609\,\mathrm{km/h}$
$1\,節 = 1.853\,\mathrm{km/h} = 1.52\,哩/h$

密　　度

$1\,\mathrm{g/cm^3} = 0.0361\,\mathrm{lb/in^3} = 62.43\,\mathrm{lb/ft^3}$
$1\,\mathrm{lb/in^3} = 27.68\,\mathrm{g/cm^3} = 1{,}728\,\mathrm{lb/ft^3}$
$1\,\mathrm{lb/ft^3} = 0.01602\,\mathrm{g/cm^3}$

圧　　力

$1\,気圧 = 29.92\,\mathrm{in}\,(水銀柱) = 33.90\,\mathrm{ft}\,(水柱) = 760\,\mathrm{mm}\,(水銀柱)$
$\qquad = 980\,밀리바아 = 14.70\,\mathrm{lb/in^2} = 1.033\,\mathrm{kg/cm^2}$
$1\,\mathrm{cm}\,(水銀柱) = 0.0132\,気圧 = 27.85\,\mathrm{lb/ft^2} = 0.446\,\mathrm{ft}\,(水柱)$
$1\,\mathrm{ft}\,(水柱) = 0.8826\,\mathrm{in}\,(水銀柱) = 0.4335\,\mathrm{lb/in^2} = 304.8\,\mathrm{kg/m^2}$
$\qquad = 0.0295\,気圧 = 62.43\,\mathrm{lb/ft^2}$
$1\,\mathrm{in}\,(水銀柱) = 1.133\,\mathrm{ft}\,(水柱) = 0.4912\,\mathrm{lb/in^2} = 345.3\,\mathrm{kg/m^2}$
$1\,\mathrm{kg/cm^2} = 32.8\,\mathrm{ft}\,(水柱) = 14.22\,\mathrm{lb/in^2} = 0.967\,気圧$
$1\,\mathrm{lb/in^2} = 0.068\,気圧 = 0.0703\,\mathrm{kg/cm^2} = 2.31\,\mathrm{ft}\,(水柱)$

強　　度

$1\,\mathrm{kg/mm^2} = 1{,}422\,\mathrm{lb/in^2} = 0.634\,\mathrm{t/in^2}$
$1\,\mathrm{lb/in^2} = 0.7031 \times 10^3\,\mathrm{kg/mm^2}$
$1\,\mathrm{t/in^2} = 1.575\,\mathrm{kg/mm^2} = 2{,}240\,\mathrm{lb/in^2}$

熱

$1\,\mathrm{cal} = 4.185\,\mathrm{W\text{-}s} = 0.427\,\mathrm{kg\text{-}m}$
$1\,\mathrm{kcal} = 4.185\,\mathrm{kW\text{-}s} = 3.97\,\mathrm{BTU} = 427\,\mathrm{kg\text{-}m}$
$1\,\mathrm{BTU} = 0.252\,\mathrm{kcal} = 777.5\,\mathrm{ft\text{-}lb} = 3.927 \times 10^{-4}\,\mathrm{HP\text{-}h}$
$\qquad = 2.928 \times 10^{-4}\,\mathrm{kW\text{-}h} = 107.5\,\mathrm{kg\text{-}m}$
$1\,\mathrm{kW\text{-}h} = 1.341\,\mathrm{HP\text{-}h} = 367{,}000\,\mathrm{kg\text{-}m} = 857\,\mathrm{kcal}$
$1\,\mathrm{ft\text{-}lb} = 1.286 \times 10^{-3}\,\mathrm{BTU} = 0.1383\,\mathrm{kg\text{-}m} = 5.40\,\mathrm{cal}$
$1\,\mathrm{kg\text{-}m} = 0.0093\,\mathrm{BTU} = 7.22\,\mathrm{ft\text{-}lb} = 2.34\,\mathrm{cal}$

工　　率

$1\,\mathrm{kW} = 56.92\,\mathrm{BTU/min} = 737.6\,\mathrm{ft\text{-}lb/s} = 1.341\,\mathrm{HP}$
$1\,\mathrm{BTU/min} = 12.96\,\mathrm{ft\text{-}lb/s} = 0.02356\,\mathrm{HP} = 17.57\,\mathrm{W}$
$1\,\mathrm{kcal/min} = 51.43\,\mathrm{ft\text{-}lb/s} = 0.0935\,\mathrm{HP} = 69.72\,\mathrm{W}$
$1\,\mathrm{ft\text{-}lb/min} = 3.03 \times 10^{-5}\,\mathrm{HP} = 2.26 \times 10^{-5}\,\mathrm{kW}$
$1\,\mathrm{HP} = 42.44\,\mathrm{BTU/min} = 550\,\mathrm{ft\text{-}lb/s} = 0.7457\,\mathrm{kW}$

其　　他

$1\,\mathrm{kg/m} = 0.056\,\mathrm{lb/in} = 0.672\,\mathrm{lb/ft}$
$1\,\mathrm{lb/ft} = 1.488\,\mathrm{kg/m} = 0.0833\,\mathrm{lb/in}$

表 1. 3　인치 · 밀리미터의 換算表

밀 (Mil) = 1 000 分의 1 인치

인　치	밀	밀리미터	인　치	밀	밀리미터
1/64	15.625	0.39688	33/64	515.63	13.097
1/32	31.250	0.79375	17/32	531.25	13.494
3/64	46.875	1.1906	35/64	546.88	13.891
1/16	62.500	1.5875	9/16	562.50	14.288
5/64	78.125	1.9844	37/64	578.13	14.684
3/32	93.750	2.3813	19/32	593.75	15.081
7/64	109.38	2.7781	39/64	609.38	15.478
1/8	125.00	3.1750	5/8	625.00	15.875
9/64	140.63	3.5719	41/64	640.63	16.272
5/32	156.25	3.9688	21/32	656.25	16.669
11/64	171.88	4.3656	43/64	671.88	17.066
3/16	187.50	4.7625	11/16	687.50	17.463
13/64	203.13	5.1594	45/64	703.13	17.859
7/32	218.75	5.5563	23/32	718.75	18.256
15/64	234.38	5.9531	47/64	734.38	18.653
1/4	250.00	6.3500	3/4	750.00	19.050
17/64	265.63	6.7469	49/64	765.63	19.447
9/32	281.25	7.1438	25/32	781.25	19.844
19/64	296.88	7.5406	51/64	796.88	20.241
5/16	312.50	7.9375	13/16	812.50	20.638
21/64	328.13	8.3344	53/64	828.13	21.034
11/32	343.75	8.7313	27/32	843.75	21.431
23/64	359.38	9.1281	55/64	859.38	21.823
3/8	375.00	9.5250	7/8	875.00	22.225
25/64	390.63	9.9219	57/64	890.63	22.622
13/32	406.25	10.319	29/32	906.25	23.019
27/64	421.88	10.716	59/64	921.88	23.416
7/16	437.50	11.113	15/16	937.50	23.813
29/64	453.13	11.509	61/64	953.13	24.209
15/32	468.75	11.906	31/32	968.75	24.606
31/64	484.38	12.303	63/64	984.38	25.003
1/2	500.00	12.700	1	1 000.00	25.400

表 1.4 温　度

中央의 값을 보고, ℃의 값을 구할 때는 왼쪽을,

−459.4 에서 0 까지

C		F
−273	−459.4	
−268	−450	
−262	−440	
−257	−430	
−251	−420	
−246	−410	
−240	−400	
−234	−390	
−229	−380	
−223	−370	
−218	−360	
−212	−350	
−207	−340	
−201	−330	
−196	−320	
−190	−310	
−184	−300	
−179	−290	
−173	−280	
−169	−273	−459.4
−168	−270	−454
−162	−260	−436
−157	−250	−418
−151	−240	−400
−146	−230	−382
−140	−220	−364
−134	−210	−346
−129	−200	−328
−123	−190	−310
−118	−180	−292
−112	−170	−274
−107	−160	−256
−101	−150	−238
−96	−140	−220
−90	−130	−202
−84	−120	−184
−79	−110	−166
−73	−100	−148
−68	−90	−130
−62	−80	−112
−57	−70	−94
−51	−60	−76
−46	−50	−58
−40	−40	−40
−34	−30	−22
−29	−20	−4
−23	−10	14
−17.8	0	32

0 에서 100 까지

C		F	C		F
−17.8	0	32	10.0	50	122.0
−17.2	1	33.8	10.6	51	123.8
−16.7	2	35.6	11.1	52	125.6
−16.1	3	37.4	11.7	53	127.4
−15.6	4	39.2	12.2	54	129.2
−15.0	5	41.0	12.8	55	131.0
−14.4	6	42.8	13.3	56	132.8
−13.9	7	44.6	13.9	57	134.6
−13.3	8	46.4	14.4	58	136.4
−12.8	9	48.2	15.0	59	138.2
−12.2	10	50.0	15.6	60	140.0
−11.7	11	51.8	16.1	61	141.8
−11.1	12	53.6	16.7	62	143.6
−10.6	13	55.4	17.2	63	145.4
−10.0	14	57.2	17.8	64	147.2
−9.4	15	59.0	18.3	65	149.0
−8.9	16	60.8	18.9	66	150.8
−8.3	17	62.6	19.4	67	152.6
−7.8	18	64.4	20.0	68	154.4
−7.2	19	66.2	20.6	69	156.2
−6.7	20	68.0	21.1	70	158.0
−6.1	21	69.8	21.7	71	159.8
−5.6	22	71.6	22.2	72	161.6
−5.0	23	73.4	22.8	73	163.4
−4.4	24	75.2	23.3	74	165.2
−3.9	25	77.0	23.9	75	167.0
−3.3	26	78.8	24.4	76	168.8
−2.8	27	80.6	25.0	77	170.6
−2.2	28	82.4	25.6	78	172.4
−1.7	29	84.2	26.1	79	174.2
−1.1	30	86.0	26.7	80	176.0
−0.6	31	87.8	27.2	81	177.8
0.0	32	89.6	27.8	82	179.6
0.6	33	91.4	28.3	83	181.4
1.1	34	93.2	28.9	84	183.2
1.7	35	95.0	29.4	85	185.0
2.2	36	96.8	30.0	86	186.8
2.8	37	98.6	30.6	87	188.6
3.3	38	100.4	31.1	88	190.4
3.9	39	102.2	31.7	89	192.2
4.4	40	104.0	32.2	90	194.0
5.0	41	105.8	32.8	91	195.8
5.6	42	107.6	33.3	92	197.6
6.1	43	109.4	33.9	93	199.4
6.7	44	111.2	34.4	94	201.2
7.2	45	113.0	35.0	95	203.0
7.8	46	114.8	35.6	96	204.8
8.3	47	116.6	36.1	97	206.6
8.9	48	118.4	36.7	98	208.4
9.4	49	120.2	37.2	99	210.2
			37.8	100	212.0

100 에서 1 000 까지

C		F	C
38	100	212	260
43	110	230	266
49	120	248	271
54	130	266	277
60	140	284	282
66	150	302	288
71	160	320	293
77	170	338	299
82	180	356	304
88	190	374	310
93	200	392	316
99	210	410	321
100	212	413.6	327
104	220	428	332
110	230	446	338
116	240	464	343
121	250	482	349
127	260	500	354
132	270	518	360
138	280	536	366
143	290	554	371
149	300	572	377
154	310	590	382
160	320	608	388
166	330	626	393
171	340	644	399
177	350	662	404
182	360	680	410
188	370	698	416
193	380	716	421
199	390	734	427
204	400	752	432
210	410	770	438
216	420	788	443
221	430	806	449
227	440	824	454
232	450	842	460
238	460	860	466
243	470	878	471
249	480	896	477
254	490	914	482
			488
			493
			499
			504
			510
			516
			521
			527
			532
			538

換　算　表

°F의 값을 구할 때는 오른 쪽 값을 본다.

$$°C = 5/9(°F - 32)$$
$$°F = 9/5°C + 32$$

			1 000 에서 2 000 까지						2 000 에서 3 000 까지				
	F	C		F	C		F	C		F	C		F
500	932	538	*1000*	1832	816	*1500*	2732	1093	*2000*	3632	1371	*2500*	4532
510	950	543	*1010*	1850	821	*1510*	2750	1099	*2010*	3650	1377	*2510*	4550
520	968	549	*1020*	1868	827	*1520*	2768	1104	*2020*	3668	1382	*2520*	4568
530	986	554	*1030*	1886	832	*1530*	2786	1110	*2030*	3686	1388	*2530*	4586
540	1004	560	*1040*	1904	838	*1540*	2804	1116	*2040*	3704	1393	*2540*	4604
550	1022	566	*1050*	1922	843	*1550*	2822	1121	*2050*	3722	1399	*2550*	4622
560	1040	571	*1060*	1940	849	*1560*	2840	1127	*2060*	3740	1404	*2560*	4640
570	1058	577	*1070*	1958	854	*1570*	2858	1132	*2070*	3758	1410	*2570*	4658
580	1076	582	*1080*	1976	860	*1580*	2876	1138	*2080*	3776	1416	*2580*	4676
590	1094	588	*1090*	1994	866	*1590*	2894	1143	*2090*	3794	1421	*2590*	4694
600	1112	593	*1100*	2012	871	*1600*	2912	1149	*2100*	3812	1427	*2600*	4712
610	1130	599	*1110*	2030	877	*1610*	2930	1154	*2110*	3830	1432	*2610*	4730
620	1148	604	*1120*	2048	882	*1620*	2948	1160	*2120*	3848	1438	*2620*	4748
630	1166	610	*1130*	2066	888	*1630*	2966	1166	*2130*	3866	1443	*2630*	4766
640	1184	616	*1140*	2084	893	*1640*	2984	1171	*2140*	3884	1449	*2640*	4784
650	1202	621	*1150*	2102	899	*1650*	3002	1177	*2150*	3902	1454	*2650*	4802
660	1220	627	*1160*	2120	904	*1660*	3020	1182	*2160*	3920	1460	*2660*	4820
670	1238	632	*1170*	2138	910	*1670*	3038	1188	*2170*	3938	1466	*2670*	4838
680	1256	638	*1180*	2156	916	*1680*	3056	1193	*2180*	3956	1471	*2680*	4856
690	1274	643	*1190*	2174	921	*1690*	3074	1199	*2190*	3974	1477	*2690*	4874
700	1292	649	*1200*	2192	927	*1700*	3092	1204	*2200*	3992	1482	*2700*	4892
710	1310	654	*1210*	2210	932	*1710*	3110	1210	*2210*	4010	1488	*2710*	4910
720	1328	660	*1220*	2228	938	*1720*	3128	1216	*2220*	4028	1493	*2720*	4928
730	1346	666	*1230*	2246	943	*1730*	3146	1221	*2230*	4046	1499	*2730*	4946
740	1364	671	*1240*	2264	949	*1740*	3164	1227	*2240*	4064	1504	*2740*	4964
750	1382	677	*1250*	2282	954	*1750*	3182	1232	*2250*	4082	1510	*2750*	4982
760	1400	682	*1260*	2300	960	*1760*	3200	1238	*2260*	4100	1516	*2760*	5000
770	1418	688	*1270*	2318	966	*1770*	3218	1243	*2270*	4118	1521	*2770*	5018
780	1436	693	*1280*	2336	971	*1780*	3236	1249	*2280*	4136	1527	*2780*	5036
790	1454	699	*1290*	2354	977	*1790*	3254	1254	*2290*	4154	1532	*2790*	5054
800	1472	704	*1300*	2372	982	*1800*	3272	1260	*2300*	4172	1538	*2800*	5072
810	1490	710	*1310*	2390	988	*1810*	3290	1266	*2310*	4190	1543	*2810*	5090
820	1508	716	*1320*	2408	993	*1820*	3308	1271	*2320*	4208	1549	*2820*	5108
830	1526	721	*1330*	2426	999	*1830*	3326	1277	*2330*	4226	1554	*2830*	5126
840	1544	727	*1340*	2444	1004	*1840*	3344	1282	*2340*	4244	1560	*2840*	5144
850	1562	732	*1350*	2462	1010	*1850*	3362	1288	*2350*	4262	1566	*2850*	5162
860	1580	738	*1360*	2480	1016	*1860*	3380	1293	*2360*	4280	1571	*2860*	5180
870	1598	743	*1370*	2498	1021	*1870*	3398	1299	*2370*	4298	1577	*2870*	5198
880	1616	749	*1380*	2516	1027	*1880*	3416	1304	*2380*	4316	1582	*2880*	5216
890	1634	754	*1390*	2534	1032	*1890*	3434	1310	*2390*	4334	1588	*2890*	5234
900	1652	760	*1400*	2552	1038	*1900*	3452	1316	*2400*	4352	1593	*2900*	5252
910	1670	766	*1410*	2570	1043	*1910*	3470	1321	*2410*	4370	1599	*2910*	5270
920	1688	771	*1420*	2588	1049	*1920*	3488	1327	*2420*	4383	1604	*2920*	5288
930	1706	777	*1430*	2606	1054	*1930*	3506	1332	*2430*	4406	1610	*2930*	5306
940	1724	782	*1440*	2624	1060	*1940*	3524	1338	*2440*	4424	1616	*2940*	5324
950	1742	788	*1450*	2642	1066	*1950*	3542	1343	*2450*	4442	1621	*2950*	5342
960	1760	793	*1460*	2660	1071	*1960*	3560	1349	*2460*	4460	1627	*2960*	5360
970	1778	799	*1470*	2678	1077	*1970*	3578	1354	*2470*	4478	1632	*2970*	5378
980	1796	804	*1480*	2696	1082	*1980*	3596	1360	*2480*	4496	1638	*2980*	5396
990	1814	810	*1490*	2714	1088	*1990*	3614	1366	*2490*	4514	1643	*2990*	5414
1000	1832				1093	*2000*	3632				1649	*3000*	5432

表 1.5　硬度換算表

브리넬 홈直徑 (mm)	브리넬硬度			다이아몬드 角錐 硬度 數	록크웰硬度			브리넬 홈直徑 (mm)
	10mm 標準球3000 kg 荷重	10mm 할트그렌球3000 kg 荷重*	10mm 카아바이드球 3000 kg 荷重		C 스케일, 150 kg 荷重, 브壓子	A 스케일, 60kg 荷重, 브壓子	D 스케일, 100 kg 荷重 브壓子	
2.35	…	…	682	737	61.7	82.2	72.0	2.35
2.40	…	…	653	697	60.0	81.2	70.7	2.40
2.45	…	…	627	667	58.7	80.5	69.7	2.45
2.50	…	…	…	…	…	…	…	2.50
	…	601	…	677	59.1	80.7	70.0	
	…	…	601	640	57.3	79.8	68.7	
2.55	…	…	…	…	…	…	…	2.55
	…	578	…	640	57.3	79.8	68.7	
	…	…	578	615	56.0	79.1	67.7	
2.60	…	…	…	…	…	…	…	2.60
	…	555	…	607	55.6	78.8	67.4	
	…	…	555	591	54.7	78.4	66.7	
2.65	…	…	…	…	…	…	…	2.65
	…	534	…	579	54.0	78.0	66.1	
	…	…	534	569	53.5	77.8	65.8	
2.70	…	…	…	…	…	…	…	2.70
	…	514	…	553	52.5	77.1	65.0	
	…	…	514	547	52.1	76.9	64.7	
2.75	495	…	…	539	51.6	76.7	64.3	2.75
	…	495	…	530	51.1	76.4	63.9	
	…	…	495	528	51.0	76.3	63.8	
2.80	477	…	…	516	50.3	75.9	63.2	2.80
	…	477	…	508	49.6	75.6	62.7	
	…	…	477	508	49.6	75.6	62.7	
2.85	461	…	…	495	48.8	75.1	61.9	2.85
	…	461	…	491	48.5	74.9	61.7	
	…	…	461	491	48.5	74.9	61.7	
2.90	444	…	…	474	47.2	74.3	61.0	2.90
	…	444	…	472	47.1	74.2	60.8	
	…	…	444	472	47.1	74.2	60.8	
2.95	429	429	429	455	45.7	73.4	59.7	2.95
3.00	415	415	415	440	44.5	72.8	58.8	3.00
3.05	401	401	401	425	43.1	72.0	57.8	3.05
3.10	388	388	388	410	41.8	71.4	56.8	3.10
3.15	375	375	375	396	40.4	70.6	55.7	3.15
3.20	363	363	363	383	39.1	70.0	54.6	3.20
3.25	352	352	352	372	37.9	69.3	53.8	3.25
3.30	341	341	341	360	36.6	68.7	52.8	3.30
3.35	331	331	331	350	35.5	68.1	51.9	3.35
3.40	321	321	321	339	34.3	67.5	51.0	3.40
3.45	311	311	311	328	33.1	66.9	50.0	3.45
3.50	302	302	302	319	32.1	66.3	49.3	3.50
3.55	293	293	293	309	30.9	65.7	48.3	3.55
3.60	285	285	285	301	29.9	65.3	47.6	3.60
3.65	277	277	277	292	28.8	64.6	46.7	3.65
3.70	269	269	269	284	27.6	64.1	45.9	3.70
3.75	262	262	262	276	26.6	63.6	45.0	3.75
3.80	255	255	255	269	25.4	63.0	44.2	3.80
3.85	248	248	248	261	24.2	62.5	43.2	3.85
3.90	241	241	241	253	22.8	61.8	42.0	3.90
3.95	235	235	235	247	21.7	61.4	41.4	3.95
4.00	229	229	229	241	20.5	60.8	40.5	4.00

* 브리넬硬度 601까지는 할트그렌球에 의한 브리넬硬度가 표시되어 있으나, 그 以上의 경도에서는 球가 扁平하게 됨으로, 카아바이드球에 의한 것 보다 硬度의 값이 낮아진다.

表 1.6　金屬 및 合金의 熔融温度

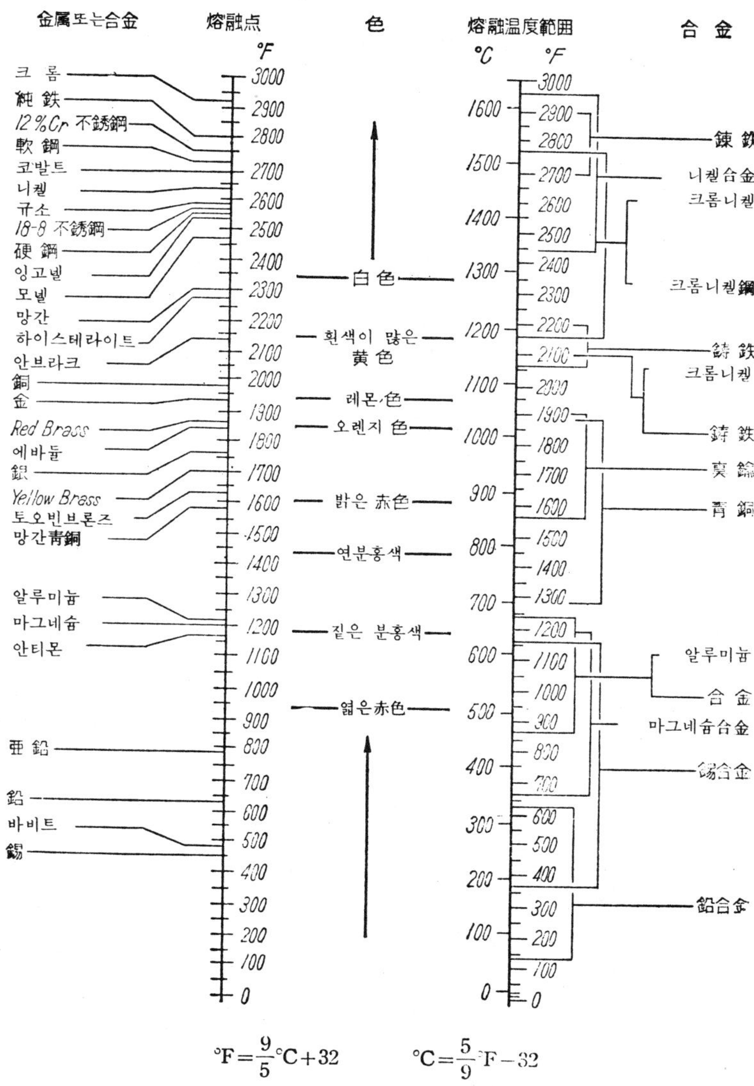

$$°F = \frac{9}{5}°C + 32 \qquad °C = \frac{5}{9}°F - 32$$

熔融點温度範圍가 좁은 것이 왼쪽, 넓은 것이 오른 쪽.

表 1.7　萬國 原子量表

元素名	元素記号	原子番号	原子量
아르곤	A	18	39.944
악티늄	Ac	89	227
銀	Ag	47	107.880
알루미늄	Al	13	26.98
아메리슘	Am	95	〔243〕
砒素	As	33	74.91
아스타틴	At	85	〔210〕
金	Au	79	197.2
硼素	B	5	10.82
바륨	Ba	56	137.36
베릴륨	Be	4	9.013
비스마스	Bi	83	209.00
버클륨	Bk	97	〔245〕
臭素	Br	35	79.916
炭素	C	6	12.011
칼슘	Ca	20	40.08
카드뮴	Cd	48	112.41
세륨	Ce	58	140.13
캘리포늄	Cf	98	〔248〕
塩素	Cl	17	35.457
퀴륨	Cm	96	〔245〕
코발트	Co	27	58.94
크롬	Cr	24	52.01
세슘	Cs	55	132.91
銅	Cu	29	63.54
디스프로슘	Dy	66	162.46
에르븀	Er	68	167.2
유로븀	En	63	152.0
弗素	F	9	19.00
鉄	Fe	26	55.85
프란슘	Fr	87	〔223〕
갈륨	Ga	31	69.72
가드리늄	Gd	64	156.9
게르마늄	Ge	32	72.60
水素	H	1	1.0080
헬륨	He	2	4.003
하프늄	Hf	72	178.6
水銀	Hg	80	200.61
홀뮴	Ho	67	164.94
沃素	I	53	126.91
인듐	In	49	114.76
이리듐	Ir	77	192.2
칼륨	K	19	39.10
크립톤	Kr	36	83.80
란탄	La	57	138.92
리튬	Li	3	6.940
루테슘	Lu	71	174.99
마그네슘	Mg	12	24.32
망간	Mn	25	54.94
몰리브덴	Mo	42	95.95
窒素	N	7	14.008
나트륨	Na	11	22.991
니오브	Nb	41	92.91
네오듐	Nd	60	144.27
네온	Ne	10	20.183
니켈	Ni	28	58.69
넵튜늄	Np	93	〔237〕
酸素	O	8	16.0000
오스뮴	Os	76	190.2
燐	P	15	30.975
프로토악티늄	Pa	91	231
鉛	Pb	82	207.21
파라듐	Pd	46	106.7
프로메슘	Pm	61	〔145〕
포로늄	Po	84	210
프라세오짐	Pr	59	140.92
白金	Pt	78	195.23
프루토늄	Pu	94	〔242〕
라듐	Ra	88	226.05
루비듐	Rb	37	85.48
레늄	Re	75	186.31
로듐	Rh	45	102.91
라돈	Rn	86	222
루테늄	Ru	44	101.1
硫黄	S	16	32.066 ± 0.003*
안티몬	Sb	51	121.76
스칸듐	Sc	21	44.96
세렌	Se	34	78.96
珪素	Si	14	28.09
사마륨	Sm	62	150.43
錫	Sn	50	118.70
스트론튬	Sr	38	87.63
탄탈륨	Ta	73	180.95
테르븀	Tb	65	158.93
테크네튬	Tc	43	〔99〕
텔루륨	Te	52	127.61
토륨	Th	90	232.05
티탄	Ti	22	47.90
탈륨	Tl	81	204.39
툴륨	Tu	69	168.94
우란	U	92	238.07
바나듐	V	23	50.95
텅스텐	W	74	183.92
크세논	Xe	54	131.3
잇트륨	Y	39	88.92
잇테르븀	Yb	70	173.04
亞鉛	Zn	30	65.38
지르코늄	Zr	40	91.22

＊　同位元素의 天然狀態에 있어서의 存在比率 變動에 의한다.

〔　〕內는 가장 安定한 同位元素의 質量數이다.

V. 熔接用語対照表 （韓英獨佛）

韓	英	独	佛
I 型熔接	square butt weld	I-Stoss(m)	soudure bout à bout sur bords droits(f)
아아크	arc	Bogen(m)	arc(m)
接 地	earth connection	Erdung(f)	câble de terre(m)
아아크切斷	arc cutting	Lichtbogenschneiden(n)	coupage à l'arc(f)
아아크電壓	arc voltage	Lichtbogenspannung(f), Schweissspannung(f)	tension à l'arc(f)
아아크의 길이	arc length	Lichtbogenlänge(f)	longuer de l'arc(m)
아아크블로우	arc blow	Blaswirkung (beim Lichtbogen)(f)	souffle de l'arc(m)
아아크熔接	arc welding	Lichtbogenschweissung(f)	soudage à l'arc(m)
어어스클램프	earth clamp, ground clamp	Erdungsklemme(f)	pièce de mise à la terre(f), prise de masse(f)
아세틸렌	acetylene	Azetylen(n)	acétylène(m)
아세틸렌發生器	acetylene generator	Azetylenentwickler(m)	generateur d'acétylène(m)
아세틸렌容器	acetylene cylinder	Azetylenflasche(f)	bouteille d'acétylène(f)
壓 接	pressure welding	Pressschweissen(n)	soudage par pression(m)
덮개板이음	strapped joint	Laschenstoss(m)	assemblage à couvrejoint(m)
오프셋熔接	upset welding	Stachschweissung(f)	soudage par refoulement(m)
아르곤아아크熔接	argonarc welding	Argonschweissung(f)	soudage par le procédé Argonarc(m)
알루미늄	aluminium(英), aluminum(米)	Aluminium(n)	aluminium(m)
언더컷	undercut	Einbrandriefe(f), Einbrandkerbe(f)	caniveau(m)
암페어	ampere	Ampere(n)	ampère(m)
安全밸브	safety valve	Rückschlagsicherung(f)	soupape de sûreté(f)
安全率	safety factor	Sicherheitsgrad(m)	coefficient de sécurité(m)
硫 黃	sulphur	Schwefel(m)	soufre(m)
陰極降下	cathode drop	Kathodenfal(m)	chute de tension cathodique(f)
위이빙	weaving	Pendeln(n)	balancement(m)
薄被覆熔接棒	light coated electrode	Dünnmantelelektrode(f)	électrode à enrobage mince(f)
받침쇠	backing strip	Schweissunterlage(f)	bande support(f)
위보기熔接	overhead welding	Überkopfschweissung(f)	soudage au plafond(m)
X型이음	double Vee butt joint	X-Stoss(m)	soudure bout à bout sur chanfrein en X(f)
X線檢査	X-ray test, X-ray Radiography	Röntgen probe	essai aux rayons X(m), essai radiographique(m)
遠隔操作	remote control	Fernregler(m)	controle à distance(m), réglage a distance(m)
円周熔接	circumferential weld	Schrägnaht(f)	soudure circulaire(f)
오오스테나이트	austenite	Austenit(m)	austénite(f)
오우버랩	overlap	Überlappung(f)	recouvrement(m)
應 力	stress	Beanspruchung(f), Spannung(f)	effort(m), charge(f), travail(m), tension(f)
應力除去	stress relief	Entspannung(f)	libération des tension(f), détente(f)
介在物	inclusion	Eindruck(m), Einpressung(f)	inclusion(f)

韓	英	独	佛
홈의 角度	angle of bevel	Auskreuzwinkel(m)	angle de chanfrein(m)
開路電壓	open-circuit voltage	Leerlaufspannung(f)	tension en circuit ouvert(f)
겹치기 이음	lap joint	Überlappnaht(f)	joint à recouvrement(m), point à clin(m)
겹치기熔接	lap welding	Übereinanderschweissung (f), Überlappungsschweis- sung(f)	soudage à recouvrement(m), soudage à clin(m)
가스切斷	gas cutting	Brennschneiden(n)	oxy-coupage(m), coupage aux gaz(m)
가스切斷機	gas cutting machine	Brennschneidmaschine(f)	machine d'oxy-coupage(f)
가스發生器	gas generator	Gaserzeuger(m)	générateur de gaz(m)
가스熔接	gas welding, autogenous welding	Gasschmelzschweissung(f), Gasschweissung(f), autogene Schweisung(f)	soudage aux gaz(m), soudage autogenène(m)
가스熔接裝置	gas welding equipment	Autogenerät(n)	material de soudage aux gaz(m)
硬 度	hardness	Härte(f)	dureté(f)
可鍛鑄鐵	malleable cast iron	Temperguss(m), Weichguss(m)	fonte malléable(f)
모서리이음	corner joint	Winkelnaht(f), Ecknaht(f)	joint d'angle(m)
모서리熔接	corner weld	Ecknaht(f)	soudure d'angle(m)
假熔接	tack welding	Heftschweissung(f)	pointage(m)
機械的性質	mechanical properties	mechanische Eigenschaft(f), Festigkeitswerte(m), Gütewert(m)	propriété mécanique(f)
노 치	notch	Ausschnitt(m), Kerbe(f), Nut(f)	entaille(m)
노치感度	notch sensitivity	Kerbschlagempfindlichkeit(f)	sensibilité à l'éffect d'entaille(f)
다리의 길이	leg length	Schweissnahthohe(f)	côté(m)
共 晶	eutectic	Eutektikum(n), eutektisch	eutectique(m)
터 짐	crack	Reissen(n), Platzen(n)	fissuration(f)
터짐感受性	crack sensitivity	Rissempfindlichkeit(f)	fissilité(f), aptitude à la fissuration(f)
金	gold	Gold(n)	or(m)
金屬아아크熔接	metallic arc welding	Lichtbogenschweissung(f)	soudage à l'arc métallique(m
金屬스프레이	metal spraying	metallisieren	métallisation(f)
銀 點	fish eyes	Flocken(f)	œils de poisson(m), Flo- cons(m), points blancs(m)
銀 납	silver solder	Silberlot(n)	brasure à l'argent(f)
클래드鋼	clad steel	plattierte Stahl(m)	acier plaqué(m)
크리이프强度	creep strength	Dauerstandfestigkeit(f)	résistance au fluage(f)
크레이터	crater	Krater(m)	cratére(m)
輕合金	light alloy	Leichtmetall(n), Leichtmetall Legierung(f)	alliage léger(m)
結晶粒의 成長	grain growth	Kornwachstum(n), Kornvergröberung(f)	grossissement du grain(m)
케이블	cable	Kabel(n)	câble(m)
原子水素熔接	atomic hydrogen welding	Arcatom Schweissung(f)	soudage à l'hydrogène atomique(m)
顯微鏡組織	microstructure	Kleingefüge(n)	microstructure(f)
高壓發生器	high pressure generator	Verdrängungsentwickler(m)	générateur à haute pression(m)
高溫터짐	hot crack	Warmriss(m)	fissure à chaud(f), crique(f)

韓	英	独	佛
鋼　塊	ingot	Barren(m)	lingot(m)
硬化領域	hardened zone	Härtezone(f)	zone trempée(f)
合金鋼	alloy steel	Sonderstahl(m)	acier allié(m)
高周波熔接	high frequency welding	Hochfrequenzschweissung(f)	soudage à haute fréquence(m)
後進熔接	backhand welding	Rückwärtsschweissung(f) Nachlinksschweissung(f)	soudage en arriere(m), soudage à gauche(m)
高炭素鋼	high carbon steel	hoch gekohlte Stahl(m)	acier à haute teneur en carbone(m)
高張力鋼	high strength steel, high tensile steel	Stahl höhrer Festigkeit(m)	acier à haute resistance(m)
厚被覆熔接棒	heavily coated electrode(f)	Deckmantelelektrode(f)	électrode à enrobage épais(f)
降伏點	yield point	Fliessgrenze(f), Elastizitätsgrenze(f), Streckgrenze(f)	limite élastique(f)
高熔着速度	high deposition rate	schnellfliessend	grande vitesse de dépôt(f)
交　流	alternating current	Wechselstrom(m)	courant alternatif(m)
콘택트熔接棒	contact electrode	Kontaktelektrode(f)	électrode contact(f)
서브머어지드아아크熔接	submerged arc welding	Ellira Verfahren(n)	soudage à l'arc submergé(m)
酸化불꽃	oxidising flame	Schweissflamme mit Sauerstoffüberschuss(f)	flamme oxydante(f)
酸水素熔接	oxy-hydrogen welding	Sauerstoffschweissung(f)	soudage au chalumeau oxy-hydrique(m)
酸素아세틸렌切斷	oxy-acetylene cutting	Sauerstoffschneiden(f)	oxy-coupage oxy-acétylénique(f)
酸素아세틸렌熔接	oxy-acetylene welding	autogene Schweissung(f), Azetylensauerstoffschweissung(f)	soudage oxy-acétylénique(m)
酸素槍切斷	oxygen lance cutting	Schneiden mit der Sauerstoffanze(m)	oxy-coupage à la lance(m)
殘留應力	residual stress	Restspannung(f)	tension résiduelle(f)
磁氣쏠림	magnetic blow	magnetische Blaswirkung(f)	souffle magnétique(m)
지　그	jig	Einspannvorrichtung(f)	gabarit(m), montage(m)
試驗片	test specimen	Probestab(m)	éprouvette(f)
時効硬化	age hardening	Alterungshärtung(f)	vieillissement(m)
아래보기熔接	flat welding, downhand welding	Schweissung von oben(f), Flachschweissung(f)	soudure à plat(f)
自動點熔接	automatic spot welding	Maschin-Punktschweissung(f)	soudage automatique par points(m)
自動熔接	automatic welding	Maschinenschweissung(f)	soudage automatique(m)
시임熔接	seam welding	Nahtschweissung(f)	soudage continu par rèsistance(m)
衝擊試驗	impact test	Schlagprobe(f), Schlagversuch(m)	essai de choc(m)
衝擊試驗機	impact testing machine	Pendelhammer(m)	machine d'essais de choc(f)
衝擊强度	impact strength	Schlagfestigkeit(f)	résistance au choc(f)
어니일링爐	annealing furnace	Ausglühofen(m)	four de recuit(m)
시일드아아크熔接	shielded arc welding	Schutzgasschweissung(f)	soudage à l'arc en atmosphère protégée(m)
心　線	core wire	Kerndraht(m)	ame d'une électrode(f)
水中熔接	underwater welding	Unterwasser Schweissung(f)	soudage sous l'eau(m)
水平熔接	horizontal welding	horizontale Schweissung(f)	soudage en position horizontale(m)

韓	英	独	佛
필렛이음	fillet joint	Kehlnaht(f)	joint d'angle(m)
필렛熔接	fillet welding	Kehlnahtschweissung(f)	soudage en angle(f)
스터드熔接	stud welding	Pressbolzenschweissung(f), Bolzenabbrennschweis-sung(f)	soudage de goujons(m)
스티치熔接	stitch welding	automatische Punktschweissung(f)	soudage continu par points (m)
스텝백法	step back method	Pilgerschrittverfahren(n)	methode à pas de pelerin(f)
스테인리스鋼	stainless steel	rostfreier Stahl(m), Edelstahl(m)	acier inoxydable(m)
스패터	spatter	Spritzer(m)	projection(m)
스패터損失	spatter loss	Spritzverlust(m)	perte par projection(f)
슬래그	slag	Schlacke(f)	laitier(m)
슬래그섞임	slag inclusion	Schlackeneinschluss(m)	inclusion de laitier(f)
整流器	d.c. rectifier	Gleichrichter(m)	redresseur(m)
析出硬化	precipitation hardening	Ausscheidungshärtung(f)	durcissement structural(m), vieillissement(m), tempe structurale(f)
靑熱脆性	blue brittleness	Blaubrüchigkeit(f)	fragilité au bleu(f)
切斷炎	cutting flame	Schneidflamme(f)	flamme de coupe(f)
셀루로우즈	cellulose	Zellstoff(m)	celloulose(f)
剪斷應力	shear stress	Scherspannung(f)	effort de cisaillement(m)
플러그熔接	plug welding	Lochschweissung(f)	soudage en bouchon(m)
全熔着金屬試驗片	all-weld metal specimen	Ganzschweissmetall-probestab(f)	éprouvette d'essai sur métal déposé(f)
層	layer	Schweisslage(f)	passe(f), passe large(f)
耐熱鋼	heat-resisting steel	hitzebeständiger Stahl(m)	acier resistant à chaud(m)
多炎토오치	multi-flame torch	Mehrfachbrenner(m)	chalumeau multiflamme(m)
多極點熔接	multiple spot welding	Mehrfachpunktschweis-sung(f)	soudage par points multiples(m)
多層熔接	multi-layer weld	Mehrlagenschweissung(f)	soudure en plusieurs passes (f)
垂直熔接(法)	vertical welding	senkrecht Schweissung(f)	soudage en position verticale(m)
炭酸가스	carbon dioxide	Kohlensäure(f)	gaz carbonique(m)
鍛接	forge welding	Feuerschweissung(f), Hammerschweissung(f)	soudage à la forge(m)
炭素	carbon	Kohlenstoff(m)	carbone(m), charbon(m)
炭素아아크熔接	carbon arc welding	Kohlenlichtbogen Schweissung(f)	soudage à l'arc au charbon (m)
鍛造	forging	Schmiedestück(m)	forgeage(m)
斷續熔接	intermittent welding	absatzweise Schweissung(f)	soudage discontinu(m)
炭素鋼	carbon steel	Kohlenstoffstahl(m)	acier au carbone(m)
炭素電極	carbon electrode	Schweisskohle(f)	electrode en charbon(f)
지그재그熔接	staggered weld	absatzweise Schweissung(f)	soudure discontinue alternée(f)
中性불꽃	neutral flame	neutrale Flamme(f)	flamme neutre(f)
直流	direct current (d.c.)	Gleichstrom(m)	courant continu(m)
鑄鋼	cast steel	Stahlguss(m)	acier moulé(m), acier coulé(m)

韓	英	独	佛
鑄　鐵	cast iron	Gusseisen(n)	fonte(f)
疲勞强度	fatigue strength	Dauerfestigkeit(f)	resistance à la fatigue(f)
맞대기이음	butt joint	Stossnaht(f), Stumpfstoss(m)	joint bout à bout(m)
맞대기熔接	butt welding	Stumpfschweissung(f)	soudage bout à bout(m)
이　음	joint	Anschluss(m), Stoss(m), Verbindung(f)	joint(m)
低合金鋼	low alloy steel	niedrig legierter Stahl(m)	acier faiblement allié(m)
抵抗熔接	resistance welding	Widerstandschweissung(f)	soudage par résistance(m)
Ｔ이음	tee-joint	T-Stoss(m)	joint en T(m)
담금硬납땜	dip brazing	Tauchhartlötung(f)	brasage au tremper(m)
鐵	iron	Eisen(n)	fer(m)
鐵合金	ferro-alloy	Eisenlegierung(f)	ferro-alliage(m)
손熔接	manual welding	Handschweissung(f)	soudage manuel(m)
테르밋熔接	thermit welding	Thermitschweissung(f)	soudage aluminothermique (m)
電　壓	voltage	Spannung(f)	tension(f)
電氣熔接	electric welding	Elektroschweissung(f)	soudage électrique(m)
點熔接	spot welding	Punktschweissung(f)	soudage par points(m)
銅	copper	Kupfer(n)	cuivre(m)
熔　入	penetration	Einbrand(m)	pénétration(f)
熔入不足	lack of penetration	ungenügender Einbrand(m) nicht durchgeschweisst	manque de pénétration(m)
熔入깊이	depth of penetration	Einbrandtiefe(f)	pénétration(f)
토오치	blowpipe, torch	Brenner(m), Schweissbrenner(m)	chalumen(m)
볼록필렛熔接	convex fillet weld	überwölbte Kehlnaht(f)	soudure d'angle convex(f)
內部應力	internal stress	Eigenspannung(f)	tension interne(f)
軟　鋼	mild steel	Flusseisen(n), Flussstahl(m)	acier doux(m)
軟　납	soft solder	Weichlot(n)	brasure tendre(f)
덧붙이한다.	to build up	aufschweissen	recharger
熱影響部	heat-affected zone	Nachbarzone(f), Übergangszone(f) Wärmeeinflusszone(z)	zone affectée par le traitement thermique(f), zone de transformation(f)
熱應力	thermal stress	Wärmespannung(f)	tension d'origine thermique (f)
熱處理	heat treatment	Vergütung(f), Wärmebehandlung(f)	traitement thermique(m)
灰鑄鐵	gray cast iron	graues Gusseisen(n)	fonte grise(f)
목의 두께	throat depth (of a weld)	Kehlnahtdicke(f)	hauteur de gorge (d'une soudure)(m)
衝擊熔接	percussion welding	Schlagschweissung(f)	soudage par percussion(f)
패　스	pass, run	Lage(f)	passe(f)
裸熔接棒	bare wire electrode	Blankstab(m), Blankdrahtelektrode(f), nackte elektrode(f)	électrode nue(f)
치핑해머.	chipping hammer	Schlackenhammer(m), Pickhammer(m)	marteau à piquer(m)
바아너	burner	Brenner(m)	brûleur(m)
脈動熔接	pulsation welding	Pulsationsschweissung(f) Vibrationsschweissung(f)	soudage par courant pulsé (m)
핸드시일드	handshield	Schutzschild(n), Schweisserschirm(m), Handschild(n), Handmaske(f)	masque(m)

韓	英	独	佛
팁끝 (노즐)	nozzle	Brennermundstück(n), Düse(f)	tubulure(f)
일그러짐 (歪)	strain	Verzerrung(f)	déformation(f)
引張强度	tensile strength	Zerreissfestigkeit(f), Zugfestigkeit(f)	résistance a la traction(f)
비이드	bead	Schweissraupe(f)	dépôt en une passe(m), chenille(f)
피이닝	peening	Warmhämmern(n)	mǝrtelage(m)
被覆熔接棒	covered electrode	umwickelte Elektrode(f)	électrode enduite(f)
標點距離	gauge length	Reisslange(f), Strecklange(f)	longuer(f)
表面硬化	hard surfacing	Auftragschweissung(f)	rechargement(m)
핀호울	pinhole	Feinlunke(m)	piqûre(f)
V 型홈	single-Vee groove	V-Naht(f)	chanfrein en V(m)
沸騰點	boiling point	Siedepunkt(m)	point d'ébullition(m)
플락스 (熔劑)	flux	Flussmittel(n), Schweissmittel(n)	flux(m)
플래시버트熔接	flash-butt welding	Abbrennschweissung(f), Abschmelzpress-Schweissung(f)	soudage bout à bout par étincelage(m)
브리넬硬度數	Brinell hardness number	Brinellzahl(f)	chiffre de dureté Brinell(m)
플레임가우징	flame-gouging	Sauerstoffhobeln(n), Fugenhobeln(n)	gougeage à la flamme(m), gougeage au chalumeau(m
플레임硬化	flame hardening	Flammenhärtung(f)	trempe superficielle au chalumeau(f)
프로젝션熔接	projection welding	Dellenschweissung(f), Warzenpunktschweissung (f)	soudage par projection(m)
프로판	propane	Propangas(n)	propane(m)
블로우홀	blowhole	Gasblase(f), Gaspore(f), Innenlunker(m)	soufflure(f)
오 목	indentation	Eindruck(m), Einpressung(f)	indentation(f), empreinte(f)
오목필렛熔接	concave fillet weld	Hohlkehlnaht(f), Hohlnaht(f)	soudure d'angle concave(f)
페네트로미터	penetrameter	Penetrameter(m)	pénétramètre(f)
헬리아아크 熔接	Heliarc welding	Schutzgasschweissung mit Helium(f), Helium Schweissung(f)	soudage par le procédé Heliarc(m)
변두리이음	edge joint	Ecknaht(f)	joint à bords relevés(m)
변두리熔接	edge welding	Randschweissung(f)	soudage a bords relevés(m)
헬 멧	helmet	Kopfbedeckung(f), Helm(m), Schweisserhelm(m)	casque(m)
變 形	distortion	Verziehung(f), Formänderung(f), Verwerfung(f), Verformung(f), Verziehen (n)	distortion(f)
偏 析	segregation	Absonderung(f), Seigerung (f)	ségrégation(f)
硼 砂	borax	Borax(m)	borax(m)
放射線檢査	radiography	Röntgentechnik(f)	radiographie(f)
補强덧붙이	reinforcement (weld)	Schweisswulst(m), Lunkerung(f)	surepaisseur (d'une soudure) (f)
保眼鏡	goggles	Brille(f)	lunette(f)
母 材	base metal parent metal	Ausgangsmetall(m), Ausgangswerkstoff(m), Grundwerkstoff(m), Urstoff(m)	métal de base(m)

韓	英	独	佛
불 꽃	flame	Flamme(f)	flamme(f)
炎 心	flame cone	Flammenkegel(m)	dard(m)
氣 孔	porosity	Porosität(f), Porenbildung(f), Porigkeit(f), Porengehalt(f)	porosité(f)
호울더	electrode holder	Schweisskolben(m), Schweisszange(f), Zange(f), Elektrodenhalter(m)	porte électrode(m)
굽힘모우먼트	bending moment	Biegemoment(m)	moment de flexion(m)
굽힘角	angle of bend	Biegwinkel(m)	angle de pliage(m)
마크로組織	macrostructure	Grobgefüge(n)	macrostructure(f)
마르텐사이트	martensite	Martensit(m)	martensit(m)
슬롯熔接	slot welding	Dubelschweissung(f), Schlitzschweissung(f), Lochschweissung(f)	soudage sur entaille(m)
脆 性	brittleness	Faulbrüchigkeit(f), Brüchigkeit(f), Spödigkeit (f)	fragilité(f)
담금질 (燒入)	quenching	Abschreckung(f)	trempe(f)
어니일링 (燒鈍)	annealing	Ausglühung(f)	re cuit(n)
冶 金	metallurgy	Metallurgie(f)	métallurgie(f)
融 接	fusion welding	Schmelzschweissung(f), Schmelzschweissen(n)	soudage par fusion(m)
誘導加熱	induction heating	Induktionserhitzung(f)	chauffage par induction(m)
溶解아세틸렌	dissolved acetylene	Dissougas(n), gelöstes Azetylen(n)	acétyléne dissous(f)
熔加材	filler metal	Zusatzmetall(n)	metal d'apport(m)
熔加棒	filler rod	Schweissstab(m), Zusatzstab (m)	baguette d'apport(m)
熔 接	weld	Schweisse(f), Schweissnaht (f), Schweissstelle(f), Schweissung(f)	soudure(f)
熔接機	welding machine, welder	Schweissapparat(m)	machine à souder(f)
熔接工	weldor	Schweisser(m)	soudeur(m)
熔接順序	welding sequence	Schweissfolge(f)	order de soudage(m)
熔接한다.	to weld	s chweissen	souder
熔接性	weldability	Schweissbarkeit(f), Verschweissbarkeit(f)	soudabilité(f)
熔接設計	design for welding	Schweisskonstruktionsent-wurf(m)	project de construction soudée(m)
熔接速度	welding speed	Schweissgeschwindigkeit(f)	vitesse de soudage(f)
熔接이음	welded joint	Schweissverbindung(f)	joint soudé(m)
熔接한 그대로	as-welded condition	nicht nachbehandelt, wie angeliefert	état brut de soudage(m)
熔接棒	electrode	Elektrode(f)	électrode(f)
熔接法	welding process	Schweissgrundart(f)	procédé de soudage(m)
熔着金屬	weld deposit deposited metal	Schweissgut(n), Schweissmetall(n)	métal deposé(m)
熔着速度	rate of deposition	Auftragegescwindigkeit(f)	vitesse de fusion(f)
熔着部	deposit (weld deposit)	Schmelzgut(n), Ablagerung (f), Schweissgut(n)	dépôt(m), métal deposé(m)
熔融방울	globule	Schweissperle(f)	globule(m)
豫 熱	preheating	Vorerhitzung(f)	préchauffage(m)
熔解點	melting point	Schmelzpunkt(m)	point de fusion(m)
熔融푸울	molten pool	Schmelzbad(n), Schweissbad (n)	bain de fusion(m)

韓	英	独	佛
力　率	power factor	Leistungsfaktor(m)	facteur de puissance(m)
粒　界	grain boundary	Korngrenze(f)	joint des grains(m)
粒間균裂	intercrystalline cracking	interkristalline Brüchigkeit (f)	fissuration intercristalline(f)
루티일	rutile	Rutil(m)	rutile(m)
루우트	root	Schweisswurzel(f), Grund einer Schweisse(m)	base(f), racine(f)
루우트間隔	root gap	Wurzelkerbe(f)	écartement à base(m)
루우트面	root face	Wurzel(f)	méplat(m)
連續熔接	continuous weld	durchgehende Schweissnaht (f)	soudure continue(f)
硬납땜	brazing	Hartlötung(f)	brasage(m)
로울러電極	roller electrode	Rollenelektrode(f)	mollette(f)
로울러點熔接	roller spot welding	Rollenschrittverfahren(f)	soudage à mollette(m)

索　引

\<오\>

오스트리아試驗　264,390
오오스테나이트　211
오오스테나이트系스테인리
　스鋼의 MIG熔接條件　142
오오스테나이트變態　229
──粒度　228
温度分布　183
温度擴散率　238
온둘레熔接記號　293
온둘레現場熔接　293
渦流檢査　405
──의 原理　405
와이어(MIG用)　138
完全어니일링　231
完全한 熔接　61
外部特性曲線　31

\<요\>

용접 핸드북

정가 35,000원

발행일	2010년 1월 2일 9쇄 인쇄
편저자	김　교　두
발행인	김　구　연
발행처	도서출판 **대광서림**

서울특별시 광진구 구의동 242-133

TEL. (02) 455-7818(대)
FAX. (02) 452-8690

등록　1972.11.30　25100-1972-2호

ISBN　978-89-384-5039-5　　93550